1.2.1 Analytische Darstellung ... 272
1.2.2 Darstellung durch eine Funktionstabelle (Funktionstafel) ... 273
1.2.3 Graphische Darstellung ... 275
1.2.3.1 Darstellung einer Funktion als Fläche im Raum ... 275
1.2.3.2 Schnittkurvendiagramme ... 281

2 Partielle Differentiation ... 287

2.1 Partielle Ableitungen 1. Ordnung ... 287
2.2 Paritelle Ableitungen höherer Ordnung ... 296
2.3 Das totale oder vollständige Differential einer Funktion ... 301
2.3.1 Geometrische Betrachtungen ... 301
2.3.2 Definition des totalen oder vollständigen Differentials ... 303
2.4 Differentiation nach einem Parameter (Kettenregel) ... 307
2.4.1 Kettenregel für Funktionen mit einem Parameter ... 308
2.4.2 Kettenregel für Funktionen mit zwei Parametern ... 313
2.5 Anwendungen ... 318
2.5.1 Implizite Differentiation ... 318
2.5.2 Linearisierung einer Funktion ... 322
2.5.3 Relative oder lokale Extremwerte ... 326
2.5.4 Extremwertaufgaben mit Nebenbedingungen ... 333
2.5.5 Lineare Fehlerfortpflanzung ... 340

3 Mehrfachintegrale ... 348

3.1 Doppelintegrale ... 349
3.1.1 Definition und geometrische Deutung eines Doppelintegrals ... 349
3.1.2 Berechnung eines Doppelintegrals ... 352
3.1.2.1 Doppelintegral in kartesischen Koordinaten ... 352
3.1.2.2 Doppelintegral in Polarkoordinaten ... 360
3.1.3 Anwendungen ... 366
3.1.3.1 Flächeninhalt ... 366
3.1.3.2 Schwerpunkt einer Fläche ... 373
3.1.3.3 Flächenmomente (Flächenträgheitsmomente) ... 379
3.2 Dreifachintegrale ... 386
3.2.1 Definition eines Dreifachintegrals ... 386
3.2.2 Berechnung eines Dreifachintegrals ... 388
3.2.2.1 Dreifachintegral in kartesischen Koordinaten ... 388
3.2.2.2 Dreifachintegral in Zylinderkoordinaten ... 392
3.2.3 Anwendungen ... 397
3.2.3.1 Volumen und Masse eines Körpers ... 397
3.2.3.2 Schwerpunkt eines Körpers ... 405
3.2.3.3 Massenträgheitsmomente ... 411

Übungsaufgaben ... 418
Zu Abschnitt 1 ... 418
Zu Abschnitt 2 ... 419
Zu Abschnitt 3 ... 426

V Gewöhnliche Differentialgleichungen ... 433

1 Grundbegriffe ... 433

1.1 Ein einführendes Beispiel ... 433
1.2 Definition einer gewöhnlichen Differentialgleichung ... 435
1.3 Lösungen einer Differentialgleichung ... 436
1.4 Anfangs- und Randwertprobleme ... 438

2 Differentialgleichungen 1. Ordnung ... 442

2.1 Geometrische Betrachtungen ... 443
2.2 Differentialgleichungen mit trennbaren Variablen ... 447
2.3 Integration einer Differentialgleichung durch Substitution ... 450
2.4 Lineare Differentialgleichungen 1. Ordnung ... 453
2.4.1 Definition einer linearen Differentialgleichung 1. Ordnung ... 453
2.4.2 Integration der homogenen linearen Differentialgleichung ... 454
2.4.3 Integration der inhomogenen linearen Differentialgleichung ... 456
2.4.3.1 Variation der Konstanten ... 456
2.4.3.2 Aufsuchen einer partikulären Lösung ... 460
2.5 Lineare Differentialgleichungen 1. Ordnung mit konstanten Koeffizienten 463
2.6 Anwendungsbeispiele ... 467
2.6.1 Radioaktiver Zerfall ... 467
2.6.2 Freier Fall unter Berücksichtigung des Luftwiderstandes ... 468
2.6.3 Wechselstromkreis ... 471

3 Lineare Diffentialgleichungen 2. Ordnung mit konstanten Koeffizienten ... 475

3.1 Definition einer linearen Differentialgleichung 2. Ordnung mit konstanten Koeffizienten ... 475
3.2 Allgemeine Eigenschaften der homogenen linearen Differentialgleichung . 477
3.3 Integration der homogenen linearen Differentialgleichung ... 483
3.4 Integration der inhomogenen linearen Differentialgleichung ... 490

4 Anwendungen in der Schwingungslehre ... 501

4.1 Mechanische Schwingungen ... 501
4.1.1 Allgemeine Schwingungsgleichung der Mechanik ... 501
4.1.2 Freie ungedämpfte Schwingung ... 503
4.1.3 Freie gedämpfte Schwingung ... 508
4.1.3.1 Schwache Dämpfung (Schwingungsfall) ... 508
4.1.3.2 Starke Dämpfung (aperiodische Schwingung, Kriechfall) ... 511
4.1.3.3 Aperiodischer Grenzfall ... 515
4.1.3.4 Zusammenfassung ... 519
4.1.4 Erzwungene Schwingung ... 520
4.2 Elektromagnetische Schwingungen ... 530
4.2.1 Schwingungsgleichung eines elektromagnetischen Reihenschwingkreises ... 530
4.2.2 Freie elektromagnetische Schwingung ... 533
4.2.3 Erzwungene elektromagnetische Schwingung ... 536

5 Lineare Differentialgleichungen n-ter Ordnung mit konstanten Koeffizienten ... 540

5.1 Definition einer linearen Differentialgleichung n-ter Ordnung mit konstanten Koeffizienten ... 540
5.2 Integration der homogenen linearen Differentialgleichung ... 541
5.3 Integration der inhomogenen linearen Differentialgleichung ... 548
5.4 Ein Eigenwertproblem: Bestimmung der Eulerschen Knicklast ... 553

6 Numerische Integration einer Differentialgleichung ... 558

6.1 Numerische Integration einer Differentialgleichung 1. Ordnung ... 558
6.1.1 Streckenzugverfahren von Euler ... 558
6.1.2 Runge-Kutta-Verfahren 4. Ordnung ... 563
6.2 Numerische Integration einer Differentialgleichung 2. Ordnung nach dem Runge-Kutta-Verfahren 4. Ordnung ... 569

7 Systeme linearer Differentialgleichungen ... 573

7.1 Systeme linearer Differentialgleichungen 1. Ordnung mit konstanten Koeffizienten ... 573
7.1.1 Ein einführendes Beispiel ... 573
7.1.2 Grundbegriffe ... 574
7.1.3 Integration des homogenen linearen Differentialgleichungssystems ... 577
7.1.4 Integration des inhomogenen linearen Differentialgleichungssystems ... 582
7.1.4.1 Aufsuchen einer partikulären Lösung ... 582
7.1.4.2 Einsetzungs- oder Eliminationsverfahren ... 586
7.1.5 Ein Anwendungsbeispiel: Kettenleiter ... 594
7.2 Systeme linearer Differentialgleichungen 2. Ordnung mit konstanten Koeffizienten ... 599

Übungsaufgaben ... 606
Zu Abschnitt 1 ... 606
Zu Abschnitt 2 ... 606
Zu Abschnitt 3 ... 612
Zu Abschnitt 4 ... 615
Zu Abschnitt 5 ... 619
Zu Abschnitt 6 ... 621
Zu Abschnitt 7 ... 623

VI Laplace-Transformation ... 626

1 Grundbegriffe ... 626

1.1 Ein einführendes Beispiel ... 626
1.2 Definition der Laplace-Transformierten einer Funktion ... 629
1.3 Inverse Laplace-Transformation ... 634

2 Allgemeine Eigenschaften der Laplace-Transformation 635

2.1 Linearität (Satz über Linearkombinationen) 635
2.2 Ähnlichkeitssatz 636
2.3 Verschiebungssätze 638
2.3.1 Erster Verschiebungssatz 639
2.3.2 Zweiter Verschiebungssatz 641
2.4 Dämpfungssatz 643
2.5 Ableitungssätze 644
2.5.1 Ableitungssatz für die Originalfunktion 644
2.5.2 Ableitungssatz für die Bildfunktion 647
2.6 Integralsätze 648
2.6.1 Integralsatz für die Originalfunktion 648
2.6.2 Integralsatz für die Bildfunktion 650
2.7 Faltungssatz 651
2.8 Grenzwertsätze 655

3 Laplace-Transformierte einer periodischen Funktion 658

4 Rücktransformation aus dem Bildbereich in den Originalbereich 663

4.1 Allgemeine Hinweise zur Rücktransformation 663
4.2 Tabelle spezieller Laplace-Transformationen 666

5 Anwendungen der Laplace-Transformation 668

5.1 Lineare Differentialgleichungen mit konstanten Koeffizienten 668
5.1.1 Allgemeines Lösungsverfahren mit Hilfe der Laplace-Transformation 668
5.1.2 Integration einer linearen Differentialgleichung 1. Ordnung mit konstanten Koeffizienten 670
5.1.3 Integration einer linearen Differentialgleichung 2. Ordnung mit konstanten Koeffizienten 672
5.2 Einfache Beispiele aus Physik und Technik 675
5.2.1 Entladung eines Kondensators über einen ohmschen Widerstand 675
5.2.2 Zeitverhalten eines PT_1-Regelkreisgliedes 677
5.2.3 Harmonische Schwingung einer Blattfeder in einem beschleunigten System 678
5.2.4 Elektromagnetischer Reihenschwingkreis 680

Übungsaufgaben 683
Zu Abschnitt 1 683
Zu Abschnitt 2 685
Zu Abschnitt 3 688
Zu Abschnitt 4 689
Zu Abschnitt 5 690

Anhang: Lösungen der Übungsaufgaben 694

I Lineare Algebra 694

Abschnitt 1 694
Abschnitt 2 695
Abschnitt 3 697
Abschnitt 4 701
Abschnitt 5 706
Abschnitt 6 708

II Fourier-Reihen 714

Abschnitt 1 714
Abschnitt 2 715

III Komplexe Zahlen und Funktionen 717

Abschnitt 1 717
Abschnitt 2 719
Abschnitt 3 723
Abschnitt 4 725

IV Differential- und Integralrechnung für Funktionen von mehreren Variablen 727

Abschnitt 1 727
Abschnitt 2 729
Abschnitt 3 736

V Gewöhnliche Differentialgleichungen 744

Abschnitt 1 744
Abschnitt 2 745
Abschnitt 3 752
Abschnitt 4 756
Abschnitt 5 761
Abschnitt 6 765
Abschnitt 7 766

VI Laplace-Transformation 773

Abschnitt 1 773
Abschnitt 2 775
Abschnitt 3 780
Abschnitt 4 780
Abschnitt 5 781

Literaturhinweise 791

Sachwortverzeichnis 792

Inhaltsübersicht Band 1

Kapitel I: Allgemeine Grundlagen

1 Einige grundlegende Begriffe über Mengen
2 Die Menge der reellen Zahlen
3 Gleichungen
4 Ungleichungen
5 Lineare Gleichungssysteme
6 Der Binomische Lehrsatz

Kapitel II: Vektoralgebra

1 Grundbegriffe
2 Vektorrechnung in der Ebene
3 Vektorrechnung im 3-dimensionalen Raum
4 Anwendungen in der Geometrie

Kapitel III: Funktionen und Kurven

1 Definition und Darstellung einer Funktion
2 Allgemeine Funktionseigenschaften
3 Koordinatentransformationen
4 Grenzwert und Stetigkeit einer Funktion
5 Ganzrationale Funktionen (Polynomfunktionen)
6 Gebrochenrationale Funktionen
7 Potenz- und Wurzelfunktionen
8 Algebraische Funktionen
9 Trigonometrische Funktionen
10 Arkusfunktionen
11 Exponentialfunktionen
12 Logarithmusfunktionen
13 Hyperbel- und Areafunktionen

Kapitel IV: Differentialrechnung

1 Differenzierbarkeit einer Funktion
2 Ableitungsregeln
3 Anwendungen der Differentialrechnung

Kapitel V: Integralrechnung

1 Integration als Umkehrung der Differentiation
2 Das bestimmte Integral als Flächeninhalt
3 Unbestimmtes Integral und Flächenfunktion
4 Der Fundamentalsatz der Differential- und Integralrechnung
5 Grund- oder Stammintegrale
6 Berechnung bestimmter Integrale unter Verwendung einer Stammfunktion
7 Elementare Integrationsregeln
8 Integrationsmethoden
9 Uneigentliche Integrale
10 Anwendungen

Kapitel VI: Potenzreihenentwicklungen

1 Unendliche Reihen
2 Potenzreihen
3 Taylor-Reihen

Anhang: Lösungen der Übungsaufgaben

Inhaltsübersicht Band 3

Kapitel I: Vektoranalysis

1 Ebene und räumliche Kurven
2 Flächen im Raum
3 Skalar- und Vektorfelder
4 Gradient eines Skalarfeldes
5 Divergenz und Rotation eines Vektorfeldes
6 Spezielle ebene und räumliche Koordinatensysteme
7 Linien- oder Kurvenintegrale
8 Oberflächenintegrale
9 Integralsätze von Gauß und Stokes

Kapitel II: Wahrscheinlichkeitsrechnung

1 Hilfsmittel aus der Kombinatorik
2 Grundbegriffe
3 Wahrscheinlichkeit
4 Wahrscheinlichkeitsverteilung einer Zufallsvariablen
5 Kennwerte oder Maßzahlen einer Wahrscheinlichkeitsverteilung
6 Spezielle Wahrscheinlichkeitsverteilungen
7 Wahrscheinlichkeitsverteilungen von mehreren Zufallsvariablen
8 Prüf- oder Testverteilungen

Kapitel III: Grundlagen der mathematischen Statistik

1 Grundbegriffe
2 Kennwerte oder Maßzahlen einer Stichprobe
3 Statistische Schätzmethoden für die unbekannten Parameter einer Wahrscheinlichkeitsverteilung („Parameterschätzungen“)
4 Statistische Prüfverfahren für die unbekannten Parameter einer Wahrscheinlichkeitsverteilung („Parametertests“)
5 Statistische Prüfverfahren für die unbekannte Verteilungsfunktion einer Wahrscheinlichkeitsverteilung („Anpassungs- oder Verteilungstests“)
6 Korrelation und Regression

Kapitel IV: Fehler- und Ausgleichsrechnung

1 „Fehlerarten“ (systematische und zufällige Meßabweichungen). Aufgaben der Fehler- und Ausgleichsrechnung
2 Statistische Verteilung der Meßwerte und Meßabweichungen („Meßfehler“)
3 Auswertung einer Meßreihe
4 „Fehlerfortpflanzung“ nach Gauß
5 Ausgleichs- oder Regressionskurven

Anhang: Teil A: Tabellen zur Wahrscheinlichkeitsrechnung und Statistik
Teil B: Lösungen der Übungsaufgaben

I Lineare Algebra

1 Matrizen

1.1 Ein einführendes Beispiel

Wir betrachten den in Bild I-1 skizzierten *Gleichstromkreis*. Er enthält die drei ohmschen Widerstände R_1, R_2 und R_3 sowie eine Spannungsquelle mit der Spannung U.

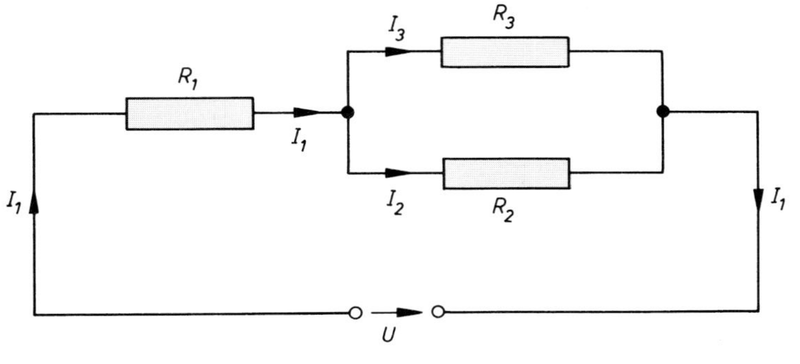

Bild I-1

Die Teilströme I_1, I_2, und I_3 sind dabei durch R_1, R_2, R_3 und U *eindeutig* bestimmt. Zwischen diesen *Größen* bestehen nämlich aufgrund der *Kirchhoffschen Regeln* die folgenden linearen Beziehungen:

Nach der Knotenpunktsregel[1]:

$$I_1 - I_2 - I_3 = 0 \qquad \text{(I-1)}$$

Nach der Maschenregel[2]:

$$\begin{aligned} R_1 I_1 + R_2 I_2 &= U \\ R_2 I_2 - R_3 I_3 &= 0 \end{aligned} \qquad \text{(I-2)}$$

---

1) *Knotenpunktsregel*: In einem *Knotenpunkt* ist die Summe der zu- und abfließenden Ströme gleich *Null* (zufließende Ströme werden positiv, abfließende Ströme negativ gerechnet).

2) *Maschenregel*: In jeder *Masche* ist die Summe der Spannungen gleich *Null*.

Die Teilströme genügen somit dem *inhomogenen* linearen *Gleichungssystem*

$$\begin{aligned} I_1 - \quad I_2 - \quad I_3 &= 0 \\ R_1 I_1 + R_2 I_2 \qquad &= U \\ R_2 I_2 - R_3 I_3 &= 0 \end{aligned} \tag{I-3}$$

Die Koeffizienten dieses Systems fassen wir zu einem Schema mit drei Zeilen und drei Spalten, einer sog. *Matrix* **A**, zusammen:

$$\mathbf{A} = \begin{pmatrix} 1 & -1 & -1 \\ R_1 & R_2 & 0 \\ 0 & R_2 & -R_3 \end{pmatrix} \tag{I-4}$$

A wird in diesem Zusammenhang auch als *Koeffizientenmatrix* des linearen Gleichungssystems (I-3) bezeichnet und beschreibt den *strukturellen* Aufbau des in Bild I-1 dargestellten Netzwerkes.

1.2 Definition einer Matrix

Definition: Unter einer Matrix **A** vom Typ (m, n) versteht man ein aus $m \cdot n$ *reellen* Zahlen bestehendes rechteckiges Schema mit m waagerecht angeordneten Zeilen und n senkrecht angeordneten Spalten:

$$\mathbf{A} = \begin{pmatrix} a_{11} & a_{12} & \dots & a_{1k} & \dots & a_{1n} \\ a_{21} & a_{22} & \dots & a_{2k} & \dots & a_{2n} \\ \vdots & \vdots & & \vdots & & \vdots \\ a_{i1} & a_{i2} & \dots & a_{ik} & \dots & a_{in} \\ \vdots & \vdots & & \vdots & & \vdots \\ a_{m1} & a_{m2} & \dots & a_{mk} & \dots & a_{mn} \end{pmatrix} \leftarrow i\text{-te Zeile} \tag{I-5}$$

$\uparrow$ k-te Spalte

Wir führen weitere Bezeichnungen ein:

a_{ik}: *Matrixelemente* $(i = 1, 2, \dots, m;\ k = 1, 2, \dots, n)$

i: *Zeilenindex*

k: *Spaltenindex*

m: Anzahl der Zeilen (Zeilenzahl)

n: Anzahl der Spalten (Spaltenzahl)

Anmerkungen

(1) Eine Matrix ist ein *geordnetes Zahlenschema* und besitzt daher *keinen* Zahlenwert (im Gegensatz zu den später noch einzuführenden *Determinanten*).

(2) Gebräuchliche Schreibweisen für eine Matrix sind:

$$\mathbf{A},\ \mathbf{A}_{(m,\,n)},\ (a_{ik}),\ (a_{ik})_{(m,\,n)}$$

(3) Eine Matrix vom Typ (m, n) wird auch kurz als (m, n)-Matrix bezeichnet.

(4) Der Platz, den ein Matrixelement a_{ik} innerhalb der Matrix $\mathbf{A}$ einnimmt, ist durch die beiden Indizes i und k *eindeutig* festgelegt (das Indexpaar i, k kann als *„Platzziffer"* aufgefaßt werden). Das Matrixelement a_{ik} befindet sich dabei in der *i-ten Zeile* und der *k-ten Spalte*:

$$\mathbf{A} = \begin{pmatrix} a_{11} & \cdots & \cdot & \cdots & a_{1n} \\ \cdot & \cdots & \cdot & \cdots & \cdot \\ \cdot & \cdots & \boxed{a_{ik}} & \cdots & \cdot \\ \cdot & \cdots & \cdot & \cdots & \cdot \\ a_{m1} & \cdots & \cdot & \cdots & a_{mn} \end{pmatrix} \leftarrow i\text{-te Zeile}$$

$$\uparrow$$
$$k\text{-te Spalte}$$

(5) *Sonderfall $m = n$*: Die Matrix enthält *gleichviele* Zeilen und Spalten und wird daher als *n-reihige, quadratische* Matrix oder Matrix *n-ter Ordnung* bezeichnet (verkürzte Ausdrucksweise: *quadratische* Matrix).

(6) Die obige Definition einer Matrix läßt sich sinngemäß auch auf den *komplexen* Zahlenbereich übertragen. Wir gehen darauf am Ende dieses Kapitels in Abschnitt 5 näher ein.

■ **Beispiele**

(1) Die Matrix

$$\mathbf{A} = \begin{pmatrix} 3 & 1 & 5 & 0 \\ 2 & -3 & 0 & 1 \end{pmatrix}$$

besitzt 2 Zeilen und 4 Spalten und ist daher vom Typ (2, 4). Ihre Elemente lauten der Reihe nach: $a_{11} = 3$, $a_{12} = 1$, $a_{13} = 5$, $a_{14} = 0$, $a_{21} = 2$, $a_{22} = -3$, $a_{23} = 0$, $a_{24} = 1$.

(2) Die Matrix

$$\mathbf{A} = \begin{pmatrix} 1 & 1 & 1 \\ 0 & 2 & 3 \\ 4 & 1 & 0 \end{pmatrix}$$

ist ein Beispiel für eine *3-reihige, quadratische* Matrix. ■

Spezielle Matrizen

Nullmatrix **0**: Matrix, deren Elemente sämtlich *verschwinden*.

Spaltenmatrix: Matrix mit nur *einer* Spalte. Sie ist vom Typ $(m, 1)$ und besitzt die Form

$$\mathbf{A}_{(m,1)} = \begin{pmatrix} a_1 \\ a_2 \\ \vdots \\ a_m \end{pmatrix}$$

Zeilenmatrix: Matrix mit nur *einer* Zeile. Sie ist vom Typ $(1, n)$ und in der Form

$$\mathbf{A}_{(1,n)} = (a_1 \; a_2 \; \dots \; a_n)$$

darstellbar.

Anmerkungen

(1) Eine Spaltenmatrix wird auch als *Spaltenvektor*, eine Zeilenmatrix auch als *Zeilenvektor* bezeichnet [3)].

(2) Die Zeilen einer Matrix werden daher auch als *Zeilenvektoren*, die Spalten einer Matrix auch als *Spaltenvektoren* bezeichnet. Eine (m, n)-Matrix enthält genau m Zeilenvektoren und n Spaltenvektoren:

$$\mathbf{A} = \begin{pmatrix} a_{11} & a_{12} & \dots & a_{1k} & \dots & a_{1n} \\ a_{21} & a_{22} & \dots & a_{2k} & \dots & a_{2n} \\ \vdots & \vdots & & \vdots & & \vdots \\ a_{i1} & a_{i2} & \dots & a_{ik} & \dots & a_{in} \\ \vdots & \vdots & & \vdots & & \vdots \\ a_{m1} & a_{m2} & \dots & a_{mk} & \dots & a_{mn} \end{pmatrix} \begin{matrix} \leftarrow \mathbf{a}^1 \\ \leftarrow \mathbf{a}^2 \\ \\ \leftarrow \mathbf{a}^i \\ \\ \leftarrow \mathbf{a}^m \end{matrix} \left.\vphantom{\begin{matrix} a \\ a \\ a \\ a \\ a \\ a \end{matrix}}\right\} \text{Zeilenvektoren}$$

$$\underbrace{\begin{matrix} \uparrow & \uparrow & \uparrow & \uparrow \\ \mathbf{a}_1 & \mathbf{a}_2 & \mathbf{a}_k & \mathbf{a}_n \end{matrix}}_{\text{Spaltenvektoren}}$$

Wir haben dabei (wie in der Matrizenrechnung allgemein üblich) die Vektoren durch (kleine) lateinische Buchstaben in *Fettdruck* (aber *ohne* Pfeil) gekennzeichnet. Spaltenvektoren werden *unten* rechts, Zeilenvektoren *oben* rechts indiziert. Der *Spaltenvektor* $\mathbf{a}_k$ besitzt dann genau m Komponenten, ist also ein Vektor aus dem $\mathbb{R}^m$, während der *Zeilenvektor* $\mathbf{a}^i$ genau n Komponenten besitzt und damit aus

3) Wir *erweitern* den in Band 1, Kapitel II eingeführten Vektorbegriff und bezeichnen fortan n reelle Zahlen in einer bestimmten Reihenfolge als einen *n-dimensionalen Vektor*.

dem $\mathbb{R}^n$ stammt (der Index „i" im Vektorsymbol $\mathbf{a}^i$ hat hier also *nicht* die Bedeutung eines Exponenten):

$$\underbrace{\mathbf{a}_k = \begin{pmatrix} a_{1k} \\ a_{2k} \\ \vdots \\ a_{mk} \end{pmatrix}}_{\text{Spaltenvektor}} \qquad \underbrace{\mathbf{a}^i = (a_{i1}\ a_{i2} \ldots a_{in})}_{\text{Zeilenvektor}}$$

Die (m, n)-Matrix $\mathbf{A}$ läßt sich dann wie folgt durch Zeilen- bzw. Spaltenvektoren beschreiben:

$$\mathbf{A} = (\mathbf{a}_1\ \mathbf{a}_2 \ldots \mathbf{a}_n) \qquad (\textit{Zeile} \text{ aus } n \text{ Spaltenvektoren})$$

$$\mathbf{A} = \begin{pmatrix} \mathbf{a}^1 \\ \mathbf{a}^2 \\ \vdots \\ \mathbf{a}^m \end{pmatrix} \qquad (\textit{Spalte} \text{ aus } m \text{ Zeilenvektoren})$$

■ **Beispiele**

(1) $\mathbf{0} = \begin{pmatrix} 0 & 0 & 0 \\ 0 & 0 & 0 \end{pmatrix}$ ist eine *Nullmatrix* vom Typ (2, 3).

(2) $\mathbf{A} = \begin{pmatrix} 1 \\ 4 \\ 0 \\ 3 \end{pmatrix}, \quad \mathbf{B} = \begin{pmatrix} 5 \\ -2 \\ 1 \end{pmatrix}, \quad \mathbf{C} = \begin{pmatrix} 1 \\ 9 \end{pmatrix}$

$\mathbf{A}$, $\mathbf{B}$ und $\mathbf{C}$ sind *Spaltenmatrizen*, d.h. *Spaltenvektoren* mit den Dimensionen 4 bzw. 3 bzw. 2.

(3) $\mathbf{A} = (1 \quad 5 \quad 7), \quad \mathbf{B} = (-10 \quad 3 \quad 5 \quad 8 \quad 0)$

$\mathbf{A}$ und $\mathbf{B}$ sind *Zeilenmatrizen*, d.h. *Zeilenvektoren* mit den Dimensionen 3 bzw. 5.

(4) Die (2, 4)-Matrix $\mathbf{A} = \begin{pmatrix} 1 & 4 & 0 & 2 \\ 2 & 0 & 1 & 5 \end{pmatrix}$ enthält *zwei* Zeilenvektoren, nämlich

$$\mathbf{a}^1 = (1 \quad 4 \quad 0 \quad 2) \quad \text{und} \quad \mathbf{a}^2 = (2 \quad 0 \quad 1 \quad 5)$$

und *vier* Spaltenvektoren, nämlich

$$\mathbf{a}_1 = \begin{pmatrix} 1 \\ 2 \end{pmatrix}, \quad \mathbf{a}_2 = \begin{pmatrix} 4 \\ 0 \end{pmatrix}, \quad \mathbf{a}_3 = \begin{pmatrix} 0 \\ 1 \end{pmatrix} \quad \text{und} \quad \mathbf{a}_4 = \begin{pmatrix} 2 \\ 5 \end{pmatrix}.$$

■

1.3 Transponierte einer Matrix

Definition: Werden in einer Matrix $\mathbf{A}$ Zeilen und Spalten miteinander vertauscht, so erhält man die *Transponierte* $\mathbf{A^T}$ der Matrix $\mathbf{A}$.

Anmerkungen

(1) Zwischen den Elementen a_{ik} einer Matrix $\mathbf{A}$ und den Elementen a_{ik}^T der *transponierten* Matrix $\mathbf{A^T}$ besteht der folgende Zusammenhang:

$$a_{ik}^T = a_{ki} \quad \text{(für alle } i \text{ und } k) \qquad \text{(I-6)}$$

(*Vertauschen* der beiden Indizes).

(2) Ist $\mathbf{A}$ eine Matrix vom Typ (m, n), so ist ihre Transponierte $\mathbf{A^T}$ vom Typ (n, m).

(3) Durch *2-maliges Transponieren* erhält man wieder die Ausgangsmatrix, d.h. es gilt stets $(\mathbf{A^T})^\mathbf{T} = \mathbf{A}$.

(4) Die Transponierte einer n-reihigen, quadratischen Matrix ist eine Matrix vom *gleichen* Typ.

(5) Durch Transponieren geht ein *Zeilenvektor* in einen *Spaltenvektor* über und umgekehrt.

■ **Beispiele**

Wir *transponieren* die Matrizen

$$\mathbf{A} = \begin{pmatrix} 1 & 3 \\ 4 & 2 \\ 0 & -8 \end{pmatrix}, \qquad \mathbf{B} = \begin{pmatrix} 1 & 1 & 1 \\ 0 & -2 & 5 \\ 7 & 6 & 0 \end{pmatrix}, \qquad \mathbf{C} = \begin{pmatrix} 1 \\ 2 \\ 9 \end{pmatrix}$$

und erhalten:

$$\mathbf{A^T} = \begin{pmatrix} 1 & 4 & 0 \\ 3 & 2 & -8 \end{pmatrix}, \qquad \mathbf{B^T} = \begin{pmatrix} 1 & 0 & 7 \\ 1 & -2 & 6 \\ 1 & 5 & 0 \end{pmatrix}, \qquad \mathbf{C^T} = (1 \quad 2 \quad 9)$$

Der *Spaltenvektor* $\mathbf{C}$ ist dabei in den *Zeilenvektor* $\mathbf{C^T}$ übergeführt worden. ■

1.4 Spezielle quadratische Matrizen

Quadratische Matrizen spielen in den naturwissenschaftlich-technischen Anwendungen eine besondere Rolle. Sie besitzen die folgende Gestalt:

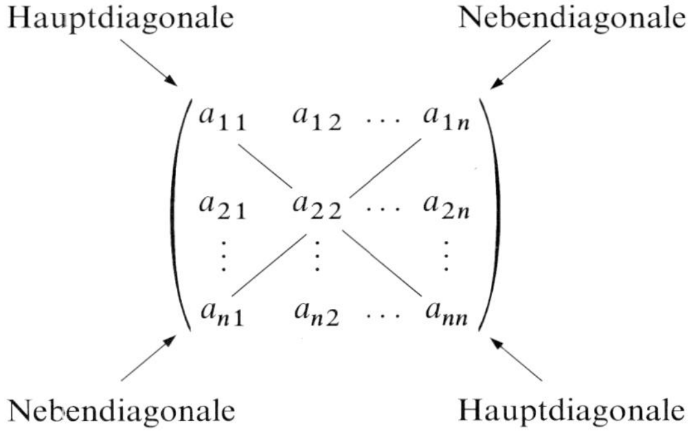

Anmerkungen

(1) Die *Hauptdiagonale* einer quadratischen Matrix verläuft von *links oben* nach *rechts unten*. Sie verbindet die *Diagonalelemente* a_{ii}, $i = 1, 2, \ldots, n$ miteinander. Die *Nebendiagonale* verläuft von *rechts oben* nach *links unten*.

(2) *Transponieren* bedeutet bei einer quadratischen Matrix $\mathbf{A}$: *Spiegelung* der Elemente von $\mathbf{A}$ an der *Hauptdiagonalen*.

Wir beschreiben nun einige *spezielle quadratische* Matrizen, die in den Anwendungen von besonderer Bedeutung sind.

1.4.1 Diagonalmatrix

Definition: Eine *n-reihige*, quadratische Matrix $\mathbf{A} = (a_{ik})$ heißt *Diagonalmatrix*, wenn alle *außerhalb* der Hauptdiagonalen liegenden Elemente verschwinden:

$$a_{ik} = 0 \qquad \text{für } i \neq k \tag{I-7}$$

$(i, k = 1, 2, \ldots, n)$.

Eine *n-reihige Diagonalmatrix* besitzt daher die Gestalt

$$\begin{pmatrix} a_{11} & 0 & \ldots & 0 \\ 0 & a_{22} & \ldots & 0 \\ \vdots & \vdots & & \vdots \\ 0 & 0 & \ldots & a_{nn} \end{pmatrix} \tag{I-8}$$

■ **Beispiel**

$$\mathbf{A} = \begin{pmatrix} 4 & 0 & 0 \\ 0 & 5 & 0 \\ 0 & 0 & -3 \end{pmatrix}$$ ist eine *3-reihige Diagonalmatrix* mit den Diagonalelementen

$a_{11} = 4,\ a_{22} = 5,\ a_{33} = -3.$

■

1.4.2 Einheitsmatrix

Die Einheitsmatrix ist ein *Sonderfall* der Diagonalmatrix:

> **Definition:** Eine n-reihige Diagonalmatrix mit den Diagonalelementen $a_{ii} = 1$ $(i = 1, 2, \ldots, n)$ heißt *n-reihige Einheitsmatrix* **E**.

Die *n-reihige Einheitsmatrix* besitzt also die Gestalt

$$\mathbf{E} = \begin{pmatrix} 1 & 0 & \ldots & 0 \\ 0 & 1 & \ldots & 0 \\ \vdots & \vdots & & \vdots \\ 0 & 0 & \ldots & 1 \end{pmatrix} \qquad \text{(I-9)}$$

■ **Beispiel**

$$\begin{pmatrix} 1 & 0 & 0 \\ 0 & 1 & 0 \\ 0 & 0 & 1 \end{pmatrix}$$ ist eine *3-reihige Einheitsmatrix*.

■

1.4.3 Dreiecksmatrix

Häufig treten Matrizen auf, deren Elemente ober- *oder* unterhalb der Hauptdiagonalen sämtlich *verschwinden*. Sie führen uns zum Begriff einer *Diagonalmatrix*:

> **Definition:** Eine n-reihige, quadratische Matrix wird als *Dreiecksmatrix* bezeichnet, wenn alle Elemente ober- *oder* unterhalb der Hauptdiagonalen verschwinden.

Wir unterscheiden noch zwischen einer *unteren* und einer *oberen* Dreiecksmatrix:

$$\underbrace{\begin{pmatrix} a_{11} & 0 & \dots & 0 \\ a_{21} & a_{22} & \dots & 0 \\ \vdots & \vdots & \ddots & \vdots \\ a_{n1} & a_{n2} & \dots & a_{nn} \end{pmatrix}}_{\text{Untere Dreiecksmatrix}} \quad \text{bzw.} \quad \underbrace{\begin{pmatrix} a_{11} & a_{12} & \dots & a_{1n} \\ 0 & a_{22} & \dots & a_{2n} \\ \vdots & \vdots & \ddots & \vdots \\ 0 & 0 & \dots & a_{nn} \end{pmatrix}}_{\text{Obere Dreiecksmatrix}} \qquad \text{(I-10)}$$

Anmerkung

Für die Elemente einer *unteren* bzw. *oberen* Dreiecksmatrix gilt demnach:

Untere Dreiecksmatrix: $a_{ik} = 0$ für $i < k$
Obere Dreiecksmatrix: $a_{ik} = 0$ für $i > k$

■ **Beispiele**

$\mathbf{A} = \begin{pmatrix} 1 & 0 & 0 \\ 3 & 1 & 0 \\ 4 & 0 & 5 \end{pmatrix}$ ist eine *untere Dreiecksmatrix* der Ordnung 3.

$\mathbf{B} = \begin{pmatrix} 4 & 1 & 0 & 4 \\ 0 & 5 & 0 & 0 \\ 0 & 0 & 0 & 2 \\ 0 & 0 & 0 & 1 \end{pmatrix}$ ist eine *obere Dreiecksmatrix* der Ordnung 4.

■

1.4.4 Symmetrische Matrix

Definition: Eine n-reihige, quadratische Matrix $\mathbf{A} = (a_{ik})$ heißt *symmetrisch*, wenn

$$a_{ik} = a_{ki} \qquad \text{(I-11)}$$

für alle i und k ist $(i, k = 1, 2, \dots, n)$.

Anmerkung

Bei einer *symmetrischen* Matrix sind die Elemente *spiegelsymmetrisch zur Hauptdiagonalen* angeordnet. Daher gilt für eine *symmetrische* Matrix $\mathbf{A}$ stets $\mathbf{A}^{\mathbf{T}} = \mathbf{A}$.

■ **Beispiel**

Die Elemente der 3-reihigen, quadratischen Matrix

$$\mathbf{A} = \begin{pmatrix} 1 & 4 & -2 \\ 4 & 5 & 0 \\ -2 & 0 & 8 \end{pmatrix}$$

liegen *spiegelsymmetrisch* zur Hauptdiagonalen. **A** ist daher eine *symmetrische* Matrix.

■

1.4.5 Schiefsymmetrische Matrix

Definition: Eine n-reihige, quadratische Matrix $\mathbf{A} = (a_{ik})$ heißt *schiefsymmetrisch*, wenn

$$a_{ik} = -a_{ki} \qquad \text{(I-12)}$$

für alle i und k ist $(i, k = 1, 2, \ldots, n)$.

Anmerkungen

(1) Bei einer *schiefsymmetrischen* Matrix **A** verschwinden *sämtliche* Diagonalelemente: $a_{ii} = 0$, $i = 1, 2, \ldots, n$. Dies folgt unmittelbar aus der Definitionsgleichung (I-12) für $i = k$:

$$a_{ii} = -a_{ii} \Rightarrow 2a_{ii} = 0 \Rightarrow a_{ii} = 0 \qquad \text{(I-13)}$$

(2) Beim *Transponieren* einer *schiefsymmetrischen* Matrix **A** ändern sämtliche Matrixelemente ihr *Vorzeichen*. Eine *schiefsymmetrische* Matrix erfüllt demnach die Bedingung $\mathbf{A}^{\mathbf{T}} = -\mathbf{A}$.

■ **Beispiele**

(1) Die 3-reihige, quadratische Matrix

$$\mathbf{A} = \begin{pmatrix} 0 & 4 & 3 \\ -4 & 0 & -5 \\ -3 & 5 & 0 \end{pmatrix}$$

ist *schiefsymmetrisch*:

$a_{11} = a_{22} = a_{33} = 0$ (alle Diagonalelemente verschwinden)

$a_{12} = -a_{21} = 4$, $a_{13} = -a_{31} = 3$, $a_{23} = -a_{32} = -5$

(2) Die 3-reihige, quadratische Matrix

$$\mathbf{B} = \begin{pmatrix} 1 & 4 & -2 \\ -4 & 0 & 3 \\ 2 & -3 & 0 \end{pmatrix}$$

dagegen ist *nicht schiefsymmetrisch.* Begründung: *Nicht alle* Diagonalelemente verschwinden (es ist $a_{11} = 1 \neq 0$).

■

1.5 Gleichheit von Matrizen

Definition: Zwei Matrizen $\mathbf{A} = (a_{ik})$ und $\mathbf{B} = (b_{ik})$ vom gleichen Typ (m, n) heißen *gleich*, $\mathbf{A} = \mathbf{B}$, wenn

$$a_{ik} = b_{ik} \tag{I-14}$$

für alle i, k ist $(i = 1, 2, \ldots, m;\ k = 1, 2, \ldots, n)$.

Anmerkung

Gleiche Matrizen stimmen in ihrem Typ und in sämtlichen einander entsprechenden Elementen überein.

■ **Beispiele**

$$\mathbf{A} = \begin{pmatrix} 1 & 5 \\ 0 & 3 \end{pmatrix}, \qquad \mathbf{B} = \begin{pmatrix} 1 & 5 \\ 0 & 3 \end{pmatrix}, \qquad \mathbf{C} = \begin{pmatrix} 1 & 5 \\ 0 & 7 \end{pmatrix}$$

Es ist $a_{11} = b_{11} = 1$, $a_{12} = b_{12} = 5$, $a_{21} = b_{21} = 0$, $a_{22} = b_{22} = 3$ und somit $\mathbf{A} = \mathbf{B}$.

Aber: Die Matrizen $\mathbf{A}$ und $\mathbf{C}$ sind voneinander *verschieden*, da $a_{22} = 3$, $c_{22} = 7$ und somit $a_{22} \neq c_{22}$ ist: $\mathbf{A} \neq \mathbf{C}$. Die gleiche Aussage gilt für die Matrizen $\mathbf{B}$ und $\mathbf{C}$.

■

1.6 Rechenoperationen für Matrizen

Wir erklären in diesem Abschnitt die folgenden *Rechenoperationen* für Matrizen:

— *Addition und Subtraktion von Matrizen*
— *Multiplikation einer Matrix mit einem (reellen) Skalar*
— *Multiplikation von Matrizen (sie ist nur unter bestimmten Voraussetzungen möglich)*

Die Rechenregeln sind dabei weitgehend die gleichen wie bei *Vektoren* (abgesehen von der Matrizenmultiplikation).

1.6.1 Addition und Subtraktion von Matrizen

Matrizen werden wie Vektoren *elementweise* addiert und subtrahiert.

Definition: Zwei Matrizen $\mathbf{A} = (a_{ik})$ und $\mathbf{B} = (b_{ik})$ vom *gleichen* Typ (m, n) werden *addiert* bzw. *subtrahiert*, indem man die entsprechenden, d.h. *gleichstelligen* Matrixelemente *addiert* bzw. *subtrahiert*. Die Matrix

$$\mathbf{C} = \mathbf{A} + \mathbf{B} = (c_{ik}) \quad \text{mit} \quad c_{ik} = a_{ik} + b_{ik} \tag{I-15}$$

heißt die *Summe* von **A** und **B**, die Matrix

$$\mathbf{D} = \mathbf{A} - \mathbf{B} = (d_{ik}) \quad \text{mit} \quad d_{ik} = a_{ik} - b_{ik} \tag{I-16}$$

die *Differenz* von **A** und **B** $(i = 1, 2, \ldots, m;\ k = 1, 2, \ldots, n)$.

Anmerkungen

(1) *Addition* und *Subtraktion* sind nur für Matrizen *gleichen* Typs erklärt. *Summenmatrix* $\mathbf{C} = \mathbf{A} + \mathbf{B}$ und *Differenzmatrix* $\mathbf{D} = \mathbf{A} - \mathbf{B}$ sind vom *gleichen* Typ wie **A** und **B**.

(2) Weitere übliche Schreibweisen für die *Summe* bzw. *Differenz* zweier Matrizen sind:

$$\begin{aligned} \mathbf{C} &= (c_{ik}) = (a_{ik}) + (b_{ik}) = (a_{ik} + b_{ik}) \\ \mathbf{D} &= (d_{ik}) = (a_{ik}) - (b_{ik}) = (a_{ik} - b_{ik}) \end{aligned} \tag{I-17}$$

Rechengesetze

Kommutativgesetz $$\mathbf{A} + \mathbf{B} = \mathbf{B} + \mathbf{A} \tag{I-18}$$

Assoziativgesetz $$\mathbf{A} + (\mathbf{B} + \mathbf{C}) = (\mathbf{A} + \mathbf{B}) + \mathbf{C} \tag{I-19}$$

■ **Beispiel**

$$\mathbf{A} = \begin{pmatrix} 1 & 5 & -3 \\ 4 & 0 & 8 \end{pmatrix}, \qquad \mathbf{B} = \begin{pmatrix} 5 & 1 & 3 \\ -1 & 4 & 7 \end{pmatrix}$$

Wir bilden die *Summe* $\mathbf{C} = \mathbf{A} + \mathbf{B}$ und die *Differenz* $\mathbf{D} = \mathbf{A} - \mathbf{B}$ und erhalten:

$$\mathbf{C} = \mathbf{A} + \mathbf{B} = \begin{pmatrix} (1+5) & (5+1) & (-3+3) \\ (4-1) & (0+4) & (8+7) \end{pmatrix} = \begin{pmatrix} 6 & 6 & 0 \\ 3 & 4 & 15 \end{pmatrix}$$

$$\mathbf{D} = \mathbf{A} - \mathbf{B} = \begin{pmatrix} (1-5) & (5-1) & (-3-3) \\ (4+1) & (0-4) & (8-7) \end{pmatrix} = \begin{pmatrix} -4 & 4 & -6 \\ 5 & -4 & 1 \end{pmatrix}$$

■

1.6.2 Multiplikation einer Matrix mit einem Skalar

Die Multiplikation eines *Vektors* mit einem reellen Skalar erfolgt *komponentenweise*, die einer *Matrix elementweise*.

Definition: Eine Matrix $\mathbf{A} = (a_{ik})$ vom Typ (m, n) wird mit einem reellen Skalar λ *multipliziert*, indem man jedes Matrixelement a_{ik} mit dem Skalar λ multipliziert:

$$\lambda \cdot \mathbf{A} = \lambda \cdot (a_{ik}) = (\lambda \cdot a_{ik}) \tag{I-20}$$

für alle i und k $(i = 1, 2, \ldots, m;\ k = 1, 2, \ldots, n)$.

Anmerkungen

(1) Die Matrix $\lambda \cdot \mathbf{A}$ ist das *Produkt* aus der Matrix $\mathbf{A}$ und dem Skalar λ.

(2) Die Matrizen $\lambda \cdot \mathbf{A}$ und $\mathbf{A}$ sind vom *gleichen* Typ (m, n).

(3) Der Multiplikationspunkt im Produkt $\lambda \cdot \mathbf{A}$ wird meist weggelassen: $\lambda \cdot \mathbf{A} = \lambda\mathbf{A}$.

(4) Besitzen *alle* Elemente einer Matrix einen *gemeinsamen* Faktor, so kann dieser *vor* die Matrix gezogen werden.

Rechengesetze

λ und μ sind reelle Skalare, $\mathbf{A}$ und $\mathbf{B}$ Matrizen vom gleichen Typ:

Assoziativgesetz $\quad \lambda(\mu\mathbf{A}) = (\lambda\mu)\mathbf{A}$ (I-21)

Distributivgesetze

$$(\lambda + \mu)\mathbf{A} = \lambda\mathbf{A} + \mu\mathbf{A}$$
$$\lambda(\mathbf{A} + \mathbf{B}) = \lambda\mathbf{A} + \lambda\mathbf{B} \tag{I-22}$$

■ **Beispiele**

(1) $\mathbf{A} = \begin{pmatrix} 1 & -5 & 3 \\ 4 & 1 & 0 \end{pmatrix}$

Wir berechnen die Matrizen $\mathbf{B} = 4\mathbf{A}$ und $\mathbf{C} = -3\mathbf{A}$:

$$\mathbf{B} = 4\mathbf{A} = 4 \cdot \begin{pmatrix} 1 & -5 & 3 \\ 4 & 1 & 0 \end{pmatrix} = \begin{pmatrix} 4 & -20 & 12 \\ 16 & 4 & 0 \end{pmatrix}$$

$$\mathbf{C} = -3\mathbf{A} = -3 \cdot \begin{pmatrix} 1 & -5 & 3 \\ 4 & 1 & 0 \end{pmatrix} = \begin{pmatrix} -3 & 15 & -9 \\ -12 & -3 & 0 \end{pmatrix}$$

(2) Die Elemente der Matrix $\mathbf{A} = \begin{pmatrix} 5 & 10 & -20 \\ 0 & -5 & 30 \end{pmatrix}$ besitzen den *gemeinsamen Faktor* 5. Wir ziehen ihn *vor* die Matrix:

$$\mathbf{A} = \begin{pmatrix} 5 & 10 & -20 \\ 0 & -5 & 30 \end{pmatrix} = 5 \cdot \begin{pmatrix} 1 & 2 & -4 \\ 0 & -1 & 6 \end{pmatrix}$$

■

1.6.3 Multiplikation von Matrizen

Wir führen den Begriff der *Matrizenmultiplikation* zunächst anhand eines einfachen Beispiels ein. Dazu betrachten wir die Matrizen

$$\mathbf{A} = \begin{pmatrix} 1 & 5 \\ 2 & 3 \end{pmatrix} \quad \text{und} \quad \mathbf{B} = \begin{pmatrix} 4 & 1 & 2 \\ 1 & 0 & 3 \end{pmatrix} \tag{I-23}$$

Matrix **A** ist vom Typ (2, 2), Matrix **B** vom Typ (2, 3). Die Zeilenvektoren von **A** und Spaltenvektoren von **B** besitzen genau *zwei* Komponenten. Wir bilden nun *Skalarprodukte* aus jeweils einem Zeilenvektor von **A** und einem Spaltenvektor von **B** nach folgendem Schema:

$$\begin{matrix} \text{1. Zeilenvektor} \rightarrow \\ \text{2. Zeilenvektor} \rightarrow \end{matrix} \begin{pmatrix} 1 & 5 \\ 2 & 3 \end{pmatrix} \cdot \begin{pmatrix} 4 & 1 & 2 \\ 1 & 0 & 3 \end{pmatrix} = \begin{pmatrix} c_{11} & c_{12} & c_{13} \\ c_{21} & c_{22} & c_{23} \end{pmatrix} \tag{I-24}$$

$$\begin{matrix} \uparrow & \uparrow & \uparrow \\ 1. & 2. & 3. \end{matrix}$$

Spaltenvektor

Zunächst wird der 1. Zeilenvektor von **A** der Reihe nach mit *jedem* der drei Spaltenvektoren von **B** *skalar* multipliziert. Dann multiplizieren wir den 2. Zeilenvektor von **A** *skalar* der Reihe nach mit *jedem* der drei Spaltenvektoren von **B**. Wir erhalten insgesamt *sechs* Skalarprodukte:

$$\begin{aligned}
c_{11} &= (\text{1. Zeilenvektor von } \mathbf{A}) \cdot (\text{1. Spaltenvektor von } \mathbf{B}) = 1 \cdot 4 + 5 \cdot 1 = 9 \\
c_{12} &= (\text{1. Zeilenvektor von } \mathbf{A}) \cdot (\text{2. Spaltenvektor von } \mathbf{B}) = 1 \cdot 1 + 5 \cdot 0 = 1 \\
c_{13} &= (\text{1. Zeilenvektor von } \mathbf{A}) \cdot (\text{3. Spaltenvektor von } \mathbf{B}) = 1 \cdot 2 + 5 \cdot 3 = 17 \\
c_{21} &= (\text{2. Zeilenvektor von } \mathbf{A}) \cdot (\text{1. Spaltenvektor von } \mathbf{B}) = 2 \cdot 4 + 3 \cdot 1 = 11 \\
c_{22} &= (\text{2. Zeilenvektor von } \mathbf{A}) \cdot (\text{2. Spaltenvektor von } \mathbf{B}) = 2 \cdot 1 + 3 \cdot 0 = 2 \\
c_{23} &= (\text{2. Zeilenvektor von } \mathbf{A}) \cdot (\text{3. Spaltenvektor von } \mathbf{B}) = 2 \cdot 2 + 3 \cdot 3 = 13
\end{aligned}$$

Der *erste* Index im Skalarprodukt c_{ik} kennzeichnet dabei den *Zeilenvektor* von **A**, der *zweite* Index den *Spaltenvektor* von **B**, die an der Skalarproduktbildung beteiligt sind. So ist z.B. c_{21} das skalare Produkt aus dem 2. Zeilenvektor von **A** und dem 1. Spaltenvektor von **B**.

Die sechs Zahlen $c_{11}, c_{12}, c_{13}, c_{21}, c_{22}, c_{23}$ fassen wir nun zu einer *Matrix* **C** vom Typ (2, 3) zusammen:

$$\mathbf{C} = \begin{pmatrix} c_{11} & c_{12} & c_{13} \\ c_{21} & c_{22} & c_{23} \end{pmatrix} = \begin{pmatrix} 9 & 1 & 17 \\ 11 & 2 & 13 \end{pmatrix} \tag{I-25}$$

und bezeichnen **C** als *Produkt* der Matrizen **A** und **B**. Wir schreiben dafür

$$\begin{pmatrix} 1 & 5 \\ 2 & 3 \end{pmatrix} \cdot \begin{pmatrix} 4 & 1 & 2 \\ 1 & 0 & 3 \end{pmatrix} = \begin{pmatrix} 9 & 1 & 17 \\ 11 & 2 & 13 \end{pmatrix} \qquad \text{(I-26)}$$

oder kurz

$$\mathbf{C} = \mathbf{A} \cdot \mathbf{B} \qquad \text{(I-27)}$$

Die Elemente eines Matrizenproduktes $\mathbf{C} = \mathbf{A} \cdot \mathbf{B}$ sind demnach *Skalarprodukte* aus einem *Zeilenvektor* von **A** und einem *Spaltenvektor von* **B**. Die Skalarproduktbildung ist jedoch nur möglich, wenn *beide* Vektoren *gleichviele* Komponenten besitzen, d.h. von *gleicher* Dimension sind. Dies aber bedeutet, daß die *Spaltenzahl* von **A** mit der *Zeilenzahl* von **B** *übereinstimmen* muß. Vertauschen wir etwa in unserem Beispiel die *Reihenfolge* der beiden Faktoren **A** und **B**, so ist das „Produkt"

$$\mathbf{B} \cdot \mathbf{A} = \begin{pmatrix} 4 & 1 & 2 \\ 1 & 0 & 3 \end{pmatrix} \cdot \begin{pmatrix} 1 & 5 \\ 2 & 3 \end{pmatrix} \qquad \text{(I-28)}$$

nicht erklärt: Denn die Zeilenvektoren des linken Faktors **B** sind *3-dimensionale* Vektoren, die Spaltenvektoren des rechten Faktors **A** dagegen *2-dimensionale* Vektoren, eine Skalarproduktbildung ist daher *nicht* möglich.

Nach diesen Vorbereitungen sind wir nun in der Lage, den Begriff eines *Matrizenproduktes* in allgemeiner Form zu definieren.

Definition: $\mathbf{A} = (a_{ik})$ sei eine Matrix vom Typ (m, n), $\mathbf{B} = (b_{ik})$ eine Matrix vom Typ (n, p). Dann heißt die Matrix

$$\mathbf{C} = \mathbf{A} \cdot \mathbf{B} = (c_{ik}) \qquad \text{(I-29)}$$

mit

$$c_{ik} = a_{i1}\, b_{1k} + a_{i2}\, b_{2k} + \ldots + a_{in}\, b_{nk} = \sum_{j=1}^{n} a_{ij}\, b_{jk} \qquad \text{(I-30)}$$

das *Produkt* der Matrizen **A** und **B** $(i = 1, 2, \ldots, m;\ k = 1, 2, \ldots, p)$.

Anmerkungen

(1) Die Produktbildung ist nur möglich, wenn die *Spaltenzahl* von **A** mit der *Zeilenzahl* von **B** *übereinstimmt*.

(2) Das Matrizenprodukt $\mathbf{A} \cdot \mathbf{B}$ ist vom Typ (m, p).

(3) Das Matrixelement c_{ik} des Matrizenproduktes $\mathbf{A} \cdot \mathbf{B}$ ist das *Skalarprodukt*[4] aus dem i-ten Zeilenvektor von $\mathbf{A}$ und dem k-ten Spaltenvektor von $\mathbf{B}$:

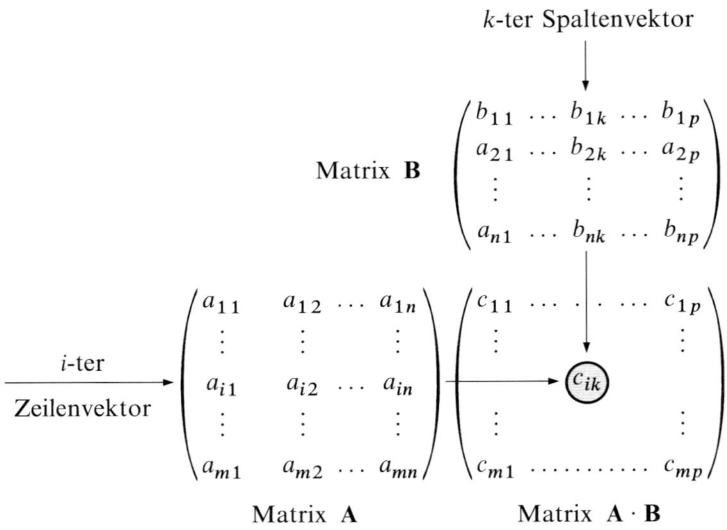

(4) Im Matrizenprodukt $\mathbf{A} \cdot \mathbf{B}$ wird $\mathbf{A}$ als *linker* und $\mathbf{B}$ als *rechter* Faktor bezeichnet.

(5) Es ist i.a. $\mathbf{A} \cdot \mathbf{B} \neq \mathbf{B} \cdot \mathbf{A}$, d.h. die Matrizenmultiplikation ist eine *nicht kommutative* Rechenoperation.

(6) Der Multiplikationspunkt im Matrizenprodukt $\mathbf{A} \cdot \mathbf{B}$ wird meist weggelassen: $\mathbf{A} \cdot \mathbf{B} = \mathbf{A}\,\mathbf{B}$.

Zur praktischen Berechnung eines Matrizenproduktes

Für die *praktische* Berechnung eines *Matrizenproduktes* $\mathbf{C} = \mathbf{A} \cdot \mathbf{B}$ ist das nachfolgende Schema nach *Falk* besonders geeignet. Dabei wird der *linke* Faktor $\mathbf{A}$ *links unten* und der *rechte* Faktor $\mathbf{B}$ *rechts oben* angeordnet. Das Matrixelement c_{ik} des Matrizenproduktes $\mathbf{C} = \mathbf{A} \cdot \mathbf{B}$ befindet sich dann im *Schnittpunkt* der i-ten Zeile von $\mathbf{A}$ mit der k-ten Spalte von $\mathbf{B}$:

[4] Die *Skalarproduktbildung* zweier *n-dimensionaler* Vektoren erfolgt wie im 3-dimensionalen Raum: Entsprechende Komponenten werden *multipliziert* und die Produkte *addiert*.

Falk-Schema zur Berechnung eines Matrizenproduktes $\mathbf{C} = \mathbf{A} \cdot \mathbf{B}$

Matrix $\mathbf{A}$: Typ (m, n)

Matrix $\mathbf{B}$: Typ (n, p)

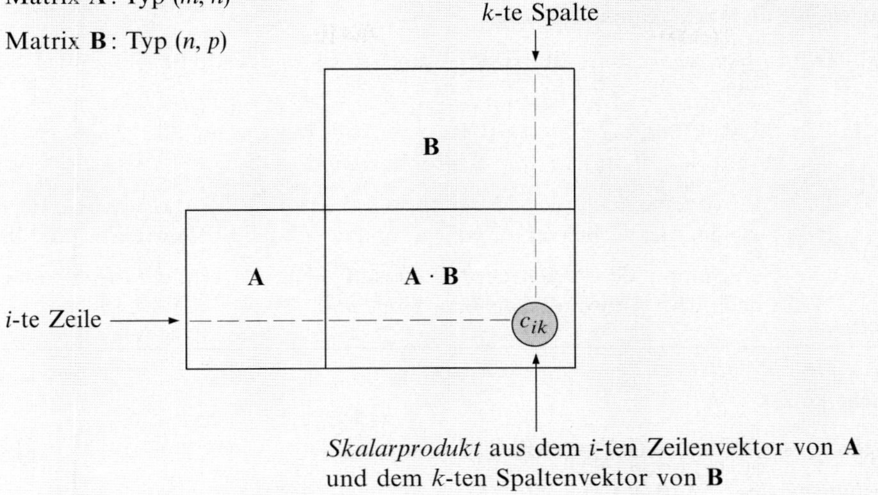

■ **Beispiel**

Wir berechnen das Produkt der Matrizen

$$\mathbf{A} = \begin{pmatrix} 1 & 4 & 2 \\ 4 & 0 & -3 \end{pmatrix} \quad \text{und} \quad \mathbf{B} = \begin{pmatrix} 1 & 1 & 0 \\ -2 & 3 & 5 \\ 0 & 1 & 4 \end{pmatrix}$$

nach dem *Falk*-Schema:

$$\begin{array}{c|ccc|ccc|}
\multicolumn{4}{c|}{} & 1 & 1 & 0 \\
\multicolumn{4}{c|}{\mathbf{B}} & -2 & 3 & 5 \\
\multicolumn{4}{c|}{} & 0 & 1 & 4 \\
\hline
\mathbf{A} & 1 & 4 & 2 & -7 & 15 & 28 \\
 & 4 & 0 & -3 & 4 & 1 & -12 \\
\hline
\multicolumn{4}{c}{} & \multicolumn{3}{c}{\mathbf{A} \cdot \mathbf{B}}
\end{array}$$

Es ist somit

$$\mathbf{C} = \mathbf{A} \cdot \mathbf{B} = \begin{pmatrix} 1 & 4 & 2 \\ 4 & 0 & -3 \end{pmatrix} \cdot \begin{pmatrix} 1 & 1 & 0 \\ -2 & 3 & 5 \\ 0 & 1 & 4 \end{pmatrix} = \begin{pmatrix} -7 & 15 & 28 \\ 4 & 1 & -12 \end{pmatrix}$$

■

Wir fassen die Ergebnisse dieses Abschnitts zusammen:

Regeln für die Matrizenmultiplikation

Bei der *Multiplikation* zweier Matrizen **A** und **B** sind folgende Regeln zu beachten:

1. Die Produktbildung $\mathbf{C} = \mathbf{A} \cdot \mathbf{B}$ ist nur möglich, wenn die *Spaltenzahl* von **A** mit der *Zeilenzahl* von **B** *übereinstimmt.*
2. Das Matrixelement c_{ik} des Matrizenproduktes $\mathbf{A} \cdot \mathbf{B}$ ist das *skalare Produkt* aus dem i-ten Zeilenvektor von **A** und dem k-ten Spaltenvektor von **B**.
3. Die Berechnung des Matrizenproduktes $\mathbf{C} = \mathbf{A} \cdot \mathbf{B}$ erfolgt vorteilhafter Weise nach dem Anordnungsschema von *Falk*.

Rechengesetze

Assoziativgesetz $$\mathbf{A}(\mathbf{BC}) = (\mathbf{AB})\mathbf{C} \qquad \text{(I-31)}$$

Distributivgesetze $$\begin{aligned} \mathbf{A}(\mathbf{B} + \mathbf{C}) &= \mathbf{AB} + \mathbf{AC} \\ (\mathbf{A} + \mathbf{B})\mathbf{C} &= \mathbf{AC} + \mathbf{BC} \end{aligned} \qquad \text{(I-32)}$$

Weitere Gesetze $$(\mathbf{AB})^{\mathrm{T}} = \mathbf{B}^{\mathrm{T}}\mathbf{A}^{\mathrm{T}} \qquad \text{(I-33)}$$

$$\mathbf{AE} = \mathbf{EA} = \mathbf{A} \qquad \text{(I-34)}$$

Anmerkung

Die einzelnen Rechenoperationen müssen natürlich durchführbar sein. So ist beispielsweise das Produkt $(\mathbf{A} + \mathbf{B})\mathbf{C}$ nur erklärt, wenn die Matrizen **A** und **B** vom Typ (m, n) und die Matrix **C** vom Typ (n, p) ist.

■ **Beispiele**

(1) Wir berechnen mit den beiden *3-reihigen* Matrizen

$$\mathbf{A} = \begin{pmatrix} 1 & 4 & -2 \\ 0 & 1 & 1 \\ -3 & 2 & 5 \end{pmatrix} \quad \text{und} \quad \mathbf{B} = \begin{pmatrix} 3 & 0 & 1 \\ -2 & 1 & 5 \\ 2 & 3 & 8 \end{pmatrix}$$

die *Matrizenprodukte* $\mathbf{A} \cdot \mathbf{B}$ und $\mathbf{B} \cdot \mathbf{A}$:

				B	3	0	1
					−2	1	5
					2	3	8
A	1	4	−2		−9	−2	5
	0	1	1		0	4	13
	−3	2	5		−3	17	47
						A · B	

$$\Rightarrow \mathbf{A} \cdot \mathbf{B} = \begin{pmatrix} -9 & -2 & 5 \\ 0 & 4 & 13 \\ -3 & 17 & 47 \end{pmatrix}$$

$$
\begin{array}{c|ccc|ccc|}
\cline{5-7}
 & & & & 1 & 4 & -2 \\
 & & & \mathbf{A} & 0 & 1 & 1 \\
 & & & & -3 & 2 & 5 \\
\cline{2-7}
 & 3 & 0 & 1 & 0 & 14 & -1 \\
\mathbf{B} & -2 & 1 & 5 & -17 & 3 & 30 \\
 & 2 & 3 & 8 & -22 & 27 & 39 \\
\cline{2-7}
\multicolumn{7}{c}{\qquad\qquad\qquad\qquad \mathbf{B} \cdot \mathbf{A}}
\end{array}
\quad \Rightarrow \quad \mathbf{B} \cdot \mathbf{A} = \begin{pmatrix} 0 & 14 & -1 \\ -17 & 3 & 30 \\ -22 & 27 & 39 \end{pmatrix}
$$

Es ist $\mathbf{A} \cdot \mathbf{B} \neq \mathbf{B} \cdot \mathbf{A}$.

(2) Wir bilden das *Matrizenprodukt* $\mathbf{A} \cdot \mathbf{B}$ mit

$$\mathbf{A} = \begin{pmatrix} 1 & -3 & 2 \\ 0 & 2 & 1 \end{pmatrix} \quad \text{und} \quad \mathbf{B} = \begin{pmatrix} 1 \\ 5 \\ 4 \end{pmatrix}:$$

$$
\begin{array}{c|ccc|c|}
\cline{5-5}
 & & & & 1 \\
 & & & \mathbf{B} & 5 \\
 & & & & 4 \\
\cline{2-5}
\mathbf{A} & 1 & -3 & 2 & -6 \\
 & 0 & 2 & 1 & 14 \\
\cline{2-5}
\multicolumn{5}{c}{\qquad\qquad\qquad \mathbf{A} \cdot \mathbf{B}}
\end{array}
\quad \Rightarrow \quad \mathbf{A} \cdot \mathbf{B} = \begin{pmatrix} -6 \\ 14 \end{pmatrix}
$$

■

2 Determinanten

2.1 Ein einführendes Beispiel

Bei der Lösung naturwissenschaftlich-technischer Probleme stößt man immer wieder auf *lineare Gleichungssysteme*. Es stellt sich dabei sofort die Frage nach der *Lösbarkeit* eines solchen Systems:

1. Ist das vorliegende lineare Gleichungssystem überhaupt *lösbar?*
2. Falls *ja*, wie lauten die *Lösungen* des Systems?

Bei der Beantwortung dieser Fragestellungen erweist sich eine gewisse mathematische Größe, die die Bezeichnung „*Determinante*" erhält, als ein außerordentlich nützliches Hilfsmittel.

Zur Einführung des Determinantenbegriffes betrachten wir ein lineares Gleichungssystem mit zwei Gleichungen und zwei Unbekannten:

$$\begin{array}{ll} \text{(I)} & a_{11} x_1 + a_{12} x_2 = c_1 \\ \text{(II)} & a_{21} x_1 + a_{22} x_2 = c_2 \end{array} \qquad \text{(I-35)}$$

Es soll nun untersucht werden, unter *welchen* Voraussetzungen dieses Gleichungssystem *eindeutig* lösbar ist, d.h. genau *eine* Lösung besitzt.

Dazu eliminieren wir zunächst die Unbekannte x_2 wie folgt: Gleichung (I) wird mit a_{22}, Gleichung (II) mit $-a_{12}$ multipliziert, anschließend werden die Gleichungen addiert. Wir erhalten dann eine *Bestimmungsgleichung* für die Unbekannte x_1:

$$\begin{array}{ll} \text{(I)} & a_{11}x_1 + a_{12}x_2 = c_1 \quad | \cdot a_{22} \\ \text{(II)} & a_{21}x_1 + a_{22}x_2 = c_2 \quad | \cdot (-a_{12}) \end{array}$$

$$\left.\begin{array}{ll} \text{(I)} & a_{11}a_{22}x_1 + a_{12}a_{22}x_2 = c_1 a_{22} \\ \text{(II)} & -a_{12}a_{21}x_1 - a_{12}a_{22}x_2 = -c_2 a_{12} \end{array}\right\} +$$

$$\begin{aligned} a_{11}a_{22}x_1 - a_{12}a_{21}x_1 &= c_1 a_{22} - c_2 a_{12} \\ (a_{11}a_{22} - a_{12}a_{21})x_1 &= c_1 a_{22} - c_2 a_{12} \end{aligned} \qquad \text{(I-36)}$$

Analog gewinnen wir eine *Bestimmungsgleichung* für die Unbekannte x_2, indem wir die Größe x_1 wie folgt aus dem ursprünglichen Gleichungssystem (I-35) *eliminieren*: Gleichung (I) wird mit $-a_{21}$, Gleichung (II) mit a_{11} multipliziert, anschließend werden die Gleichungen addiert. Dies führt zu der folgenden *Bestimmungsgleichung* für x_2:

$$(a_{11}a_{22} - a_{12}a_{21})x_2 = c_2 a_{11} - c_1 a_{21} \qquad \text{(I-37)}$$

Damit haben wir für die unbekannten Größen x_1 und x_2 jeweils eine Bestimmungsgleichung gewonnen:

$$\begin{aligned} (a_{11}a_{22} - a_{12}a_{21})x_1 &= c_1 a_{22} - c_2 a_{12} \\ (a_{11}a_{22} - a_{12}a_{21})x_2 &= c_2 a_{11} - c_1 a_{21} \end{aligned} \qquad \text{(I-38)}$$

Falls $a_{11}a_{22} - a_{12}a_{21} \neq 0$ ist, lassen sich diese Gleichungen *nach* x_1 bzw. x_2 auflösen und das lineare Gleichungssystem (I-35) besitzt die *eindeutige Lösung*

$$x_1 = \frac{c_1 a_{22} - c_2 a_{12}}{a_{11}a_{22} - a_{12}a_{21}}, \qquad x_2 = \frac{c_2 a_{11} - c_1 a_{21}}{a_{11}a_{22} - a_{12}a_{21}} \qquad \text{(I-39)}$$

Die aus den vier Elementen der *Koeffizientenmatrix* $\mathbf{A} = \begin{pmatrix} a_{11} & a_{12} \\ a_{21} & a_{22} \end{pmatrix}$ berechnete Größe

$$D = a_{11}a_{22} - a_{12}a_{21} \qquad \text{(I-40)}$$

wird allgemein als *2-reihige Determinante* oder *Determinante 2. Ordnung* bezeichnet und durch das Symbol

$$D = \begin{vmatrix} a_{11} & a_{12} \\ a_{21} & a_{22} \end{vmatrix} = a_{11}a_{22} - a_{12}a_{21} \qquad \text{(I-41)}$$

gekennzeichnet [5]. Unter Verwendung des Determinantenbegriffes können wir damit die folgende Bedingung für die *eindeutige Lösbarkeit* eines linearen Gleichungssystems mit zwei Gleichungen und zwei Unbekannten formulieren:

Über die eindeutige Lösbarkeit eines linearen Gleichungssystems mit zwei Gleichungen und zwei Unbekannten

Ein lineares Gleichungssystem mit zwei Gleichungen und zwei Unbekannten besitzt *genau eine* Lösung, wenn die Koeffizientendeterminante *nicht verschwindet.*

2.2 Zweireihige Determinanten

Aus *didaktischen* Gründen beschäftigen wir uns zunächst mit den *zweireihigen* Determinaten und ihren Eigenschaften.

2.2.1 Definition einer zweireihigen Determinante

Wir ordnen einer *2-reihigen, quadratischen* Matrix nach der folgenden Rechenvorschrift einen Zahlenwert, *Determinante* genannt, zu:

Definition: Unter der *Determinante* einer 2-reihigen, quadratischen Matrix $\mathbf{A} = (a_{ik})$ versteht man die Zahl

$$D = \begin{vmatrix} a_{11} & a_{12} \\ a_{21} & a_{22} \end{vmatrix} = a_{11}a_{22} - a_{12}a_{21} \qquad \text{(I-42)}$$

Anmerkungen

(1) Weitere symbolische *Schreibweisen* für die Determinante einer 2-reihigen Matrix $\mathbf{A}$ sind:

$$D, \ \det \mathbf{A}, \ |\mathbf{A}|, \ |a_{ik}|$$

(2) D heißt auch *2-reihige Determinante* oder *Determinante 2. Ordnung.*

(3) Die *Anordnung* der Elemente in einer Matrix $\mathbf{A}$ und in der ihr zugeordneten Determinante $\det \mathbf{A}$ erfolgt in *gleicher* Weise:

$$\mathbf{A} = \begin{pmatrix} a_{11} & a_{12} \\ a_{21} & a_{22} \end{pmatrix}, \qquad \det \mathbf{A} = \begin{vmatrix} a_{11} & a_{12} \\ a_{21} & a_{22} \end{vmatrix}$$

---

[5] Die *Determinante D* wird in diesem Zusammenhang auch als *Koeffizientendeterminate* des linearen Gleichungssystems (I-35) bezeichnet.

Man beachte aber die folgenden *Unterschiede:*

1. Die Elemente einer *Matrix* werden stets in *runde Klammern* gesetzt, die Elemente einer *Determinante* dagegen zwischen zwei *senkrechte Striche.*
2. Eine *Matrix* ist ein geordnetes *Zahlenschema*, eine *Determinante* repräsentiert dagegen einen *Zahlenwert.*

(4) Determinanten können nur aus *quadratischen* Matrizen gebildet werden (hier: *2-reihige* Matrizen).

Die durch Gleichung (I-42) definierte *2-reihige* Determinante kann dabei mit Hilfe der folgenden *Regel* berechnet werden:

Berechnung einer 2-reihigen Determinante

$$\begin{vmatrix} a_{11} & a_{12} \\ a_{21} & a_{22} \end{vmatrix} = a_{11}\,a_{22} - a_{12}\,a_{21} \qquad \text{(I-43)}$$

——— Hauptdiagonale

– – – – Nebendiagonale

Der Wert einer 2-reihigen Determinante ist gleich dem Produkt der beiden Hauptdiagonalelemente *minus* dem Produkt der beiden Nebendiagonalelemente.

■ **Beispiele**

Wir berechnen die *Determinanten der folgenden 2-reihigen* Matrizen:

$$\mathbf{A} = \begin{pmatrix} 3 & 5 \\ -2 & 4 \end{pmatrix}, \qquad \mathbf{B} = \begin{pmatrix} 5 & 3 \\ -10 & -6 \end{pmatrix}, \qquad \mathbf{C} = \begin{pmatrix} 1 & 0 \\ 0 & 1 \end{pmatrix}$$

Es ist:

$$\det \mathbf{A} = \begin{vmatrix} 3 & 5 \\ -2 & 4 \end{vmatrix} = 3 \cdot 4 - (-2) \cdot 5 = 22$$

$$\det \mathbf{B} = \begin{vmatrix} 5 & 3 \\ -10 & -6 \end{vmatrix} = 5 \cdot (-6) - (-10) \cdot 3 = 0$$

$$\det \mathbf{C} = \begin{vmatrix} 1 & 0 \\ 0 & 1 \end{vmatrix} = 1 \cdot 1 - 0 \cdot 0 = 1$$

■

2.2.2 Eigenschaften zweireihiger Determinanten

In diesem Abschnitt werden wir uns mit den wesentlichen *Eigenschaften* der *2-reihigen* Determinanten vertraut machen und sie zu *Regeln* zusammenfassen. Sie gelten im übrigen *sinngemäß* auch für die später noch zu definierenden Determinanten *höherer* Ordnung.

Regel 1: Der Wert einer 2-reihigen Determinante ändert sich *nicht*, wenn Zeilen und Spalten miteinander *vertauscht* werden.

Anmerkungen

(1) Man bezeichnet diesen Vorgang auch als „*Stürzen* der Determinante".

(2) Die Vertauschung von Zeilen und Spalten kann auch durch eine *Spiegelung* der Elemente an der *Hauptdiagonalen* erreicht werden. Dabei geht die Matrix $\mathbf{A}$ in ihre *Transponierte* $\mathbf{A^T}$ über. Es gilt somit für *jede* 2-reihige Matrix $\mathbf{A}$:

$$\det \mathbf{A^T} = \det \mathbf{A} \tag{I-44}$$

(3) Aus **Regel 1** ziehen wir noch eine wichtige *Folgerung*: Alle für *Zeilen* bewiesenen Determinanteneigenschaften gelten *sinngemäß* auch für *Spalten*. Es genügt daher, alle weiteren Eigenschaften (Regeln) für *Zeilenvektoren* zu beweisen.

Beweis:

Durch *Stürzen* der Determinante

$$\det \mathbf{A} = \begin{vmatrix} a_{11} & a_{12} \\ a_{21} & a_{22} \end{vmatrix} = a_{11}a_{22} - a_{12}a_{21} \tag{I-45}$$

erhalten wir:

$$\det \mathbf{A^T} = \begin{vmatrix} a_{11} & a_{21} \\ a_{12} & a_{22} \end{vmatrix} = a_{11}a_{22} - a_{12}a_{21} = \det \mathbf{A} \tag{I-46}$$

Der Wert der Determinante hat sich dabei *nicht* geändert.

■ **Beispiel**

$$\det \mathbf{A} = \begin{vmatrix} 8 & 5 \\ -3 & 2 \end{vmatrix} = 8 \cdot 2 - (-3) \cdot 5 = 31$$

$$\det \mathbf{A^T} = \begin{vmatrix} 8 & -3 \\ 5 & 2 \end{vmatrix} = 8 \cdot 2 - 5 \cdot (-3) = 31$$

Somit gilt erwartungsgemäß:

$$\det \mathbf{A^T} = \det \mathbf{A} = 31$$

■

Regel 2: Beim Vertauschen der beiden Zeilen (oder Spalten) ändert eine 2-reihige Determinante ihr *Vorzeichen.*

Beweis:

Wir vertauschen in der Determinante $\begin{vmatrix} a_{11} & a_{12} \\ a_{21} & a_{22} \end{vmatrix}$ die beiden *Zeilen* miteinander und erhalten:

$$\begin{vmatrix} a_{21} & a_{22} \\ a_{11} & a_{12} \end{vmatrix} = a_{12} a_{21} - a_{11} a_{22} =$$

$$= -(a_{11} a_{22} - a_{12} a_{21}) = -\begin{vmatrix} a_{11} & a_{12} \\ a_{21} & a_{22} \end{vmatrix} \qquad \text{(I-47)}$$

Es tritt dabei – wie behauptet – ein *Vorzeichenwechsel* ein.

■ **Beispiel**

$$\det \mathbf{A} = \begin{vmatrix} 7 & 3 \\ 4 & -1 \end{vmatrix} = 7 \cdot (-1) - 3 \cdot 4 = -19$$

Wir vertauschen nun beide *Spalten*. Die Determinante ändert dabei ihr *Vorzeichen*:

$$\begin{vmatrix} 3 & 7 \\ -1 & 4 \end{vmatrix} = 3 \cdot 4 - 7 \cdot (-1) = 19 = -\begin{vmatrix} 7 & 3 \\ 4 & -1 \end{vmatrix}$$ ■

Regel 3: Werden die Elemente einer *beliebigen* Zeile (oder Spalte) einer 2-reihigen Determinante mit einem reellen Skalar λ *multipliziert,* so multipliziert sich die Determinante mit λ.

Beweis:

Wir multiplizieren die Elemente der *1. Zeile* der Determinante $\begin{vmatrix} a_{11} & a_{12} \\ a_{21} & a_{22} \end{vmatrix}$ mit dem Skalar λ und erhalten:

$$\begin{vmatrix} \lambda a_{11} & \lambda a_{12} \\ a_{21} & a_{22} \end{vmatrix} = \lambda a_{11} a_{22} - \lambda a_{12} a_{21} =$$

$$= \lambda (a_{11} a_{22} - a_{12} a_{21}) = \lambda \cdot \begin{vmatrix} a_{11} & a_{12} \\ a_{21} & a_{22} \end{vmatrix} \qquad \text{(I-48)}$$

Zum gleichen Ergebnis gelangen wir, wenn wir die Elemente der *2. Zeile* mit λ multiplizieren.

Unmittelbar aus **Regel 3** folgen die **Regeln 4** und **5**:

Regel 4: Eine 2-reihige Determinante wird mit einem reellen Skalar λ *multipliziert*, indem man die Elemente einer *beliebigen* Zeile (oder Spalte) mit λ multipliziert.

Regel 5: Besitzen die Elemente einer Zeile (oder Spalte) einer 2-reihigen Determinante einen *gemeinsamen* Faktor λ, so darf dieser *vor* die Determinante gezogen werden.

Anmerkung

Man beachte den folgenden *Unterschied*:

Eine *Matrix* wird mit einem Skalar λ multipliziert, indem *jedes* Matrixelement mit λ multipliziert wird. Im Gegensatz dazu erfolgt die Multiplikation einer *Determinante* mit einem Skalar λ, indem man die Elemente *einer* beliebigen Zeile (oder Spalte) mit λ multipliziert.

■ **Beispiel**

In der Determinante $\begin{vmatrix} -24 & 7 \\ -32 & 1 \end{vmatrix}$ besitzen die Elemente der *1. Spalte* den *gemeinsamen* Faktor -8, den wir nach **Regel 5** *vor* die Determinante ziehen dürfen. Es ist somit:

$$\begin{vmatrix} -24 & 7 \\ -32 & 1 \end{vmatrix} = \begin{vmatrix} (-8 \cdot 3) & 7 \\ (-8 \cdot 4) & 1 \end{vmatrix} = -8 \cdot \begin{vmatrix} 3 & 7 \\ 4 & 1 \end{vmatrix} = -8(3 \cdot 1 - 4 \cdot 7) =$$

$$= -8 \cdot (-25) = 200$$ ■

Regel 6: Eine 2-reihige Determinante besitzt den Wert *Null*, wenn sie (mindestens) eine der folgenden Bedingungen erfüllt:

1. Alle Elemente einer Zeile (oder Spalte) sind *Null*.
2. Beide Zeilen (*oder* Spalten) stimmen *überein*.
3. Die Zeilen (oder Spalten) sind zueinander *proportional*.

Anmerkungen

(1) Zwei Zeilen (Spalten) sind *gleich*, wenn sie in ihren entsprechenden Elementen *übereinstimmen*.

(2) *Proportionalität* zweier Zeilen (Spalten) bedeutet: Einander entsprechende Elemente stehen in einem *festen* Zahlenverhältnis.

Beweis:

Zu 1.: Wir nehmen an, daß sämtliche Elemente der *1. Zeile* Null sind: $a_{11} = a_{12} = 0$. Dann aber ist – wie behauptet –

$$D = \begin{vmatrix} a_{11} & a_{12} \\ a_{21} & a_{22} \end{vmatrix} = \begin{vmatrix} 0 & 0 \\ a_{21} & a_{22} \end{vmatrix} = 0 \cdot a_{22} - 0 \cdot a_{21} = 0 \qquad \text{(I-49)}$$

Analog verläuft der Beweis, wenn die Elemente der *2. Zeile* verschwinden.

Zu 2.: Die Determinante besitze zwei *gleiche* Zeilen: $a_{21} = a_{11}$, $a_{22} = a_{12}$. Dann aber gilt:

$$D = \begin{vmatrix} a_{11} & a_{12} \\ a_{21} & a_{22} \end{vmatrix} = \begin{vmatrix} a_{11} & a_{12} \\ a_{11} & a_{12} \end{vmatrix} = a_{11} a_{12} - a_{11} a_{12} = 0 \qquad \text{(I-50)}$$

Zu 3.: Wir wollen annehmen, daß die *2. Zeile* das λ-fache der *1. Zeile* ist: $a_{21} = \lambda a_{11}$, $a_{22} = \lambda a_{12}$. Dann folgt:

$$D = \begin{vmatrix} a_{11} & a_{12} \\ a_{21} & a_{22} \end{vmatrix} = \begin{vmatrix} a_{11} & a_{12} \\ \lambda a_{11} & \lambda a_{12} \end{vmatrix} = \lambda \cdot \underbrace{\begin{vmatrix} a_{11} & a_{12} \\ a_{11} & a_{12} \end{vmatrix}}_{0} = \lambda \cdot 0 = 0 \qquad \text{(I-51)}$$

(die Determinante enthält zwei *gleiche* Zeilen und *verschwindet* somit nach **Regel 6**, 2.).

■ **Beispiele**

Die Determinanten der folgenden 2-reihigen Matrizen *verschwinden*:

$$\mathbf{A} = \begin{pmatrix} 1 & 5 \\ 0 & 0 \end{pmatrix}, \quad \mathbf{B} = \begin{pmatrix} 4 & 2 \\ 8 & 4 \end{pmatrix}, \quad \mathbf{C} = \begin{pmatrix} 4 & 3 \\ 4 & 3 \end{pmatrix}, \quad \mathbf{D} = \begin{pmatrix} 1 & 0 \\ 0 & 0 \end{pmatrix}$$

Begründung:

det $\mathbf{A} = 0$: Die Elemente der 2. Zeile sind *Null*.

det $\mathbf{B} = 0$: Die beiden Zeilen (bzw. Spalten) sind zueinander *proportional* (Faktor 2).

det $\mathbf{C} = 0$: Die beiden Zeilenvektoren *stimmen überein*.

det $\mathbf{D} = 0$: Die Elemente der 2. Zeile (bzw. 2. Spalte) sind *Null*.

■

Regel 7: Der Wert einer 2-reihigen Determinante ändert sich *nicht*, wenn man zu einer Zeile (oder Spalte) ein *beliebiges* Vielfaches der *anderen* Zeile (bzw. *anderen* Spalte) elementweise addiert.

Beweis:

Wir addieren zur *1. Zeile* der Determinante $\begin{vmatrix} a_{11} & a_{12} \\ a_{21} & a_{22} \end{vmatrix}$ das λ-fache der *2. Zeile* und erhalten dann:

$$\begin{vmatrix} (a_{11} + \lambda a_{21}) & (a_{12} + \lambda a_{22}) \\ a_{21} & a_{22} \end{vmatrix} = (a_{11} + \lambda a_{21}) a_{22} - (a_{12} + \lambda a_{22}) a_{21} =$$

$$= a_{11} a_{22} + \lambda a_{21} a_{22} - a_{12} a_{21} - \lambda a_{21} a_{22} =$$

$$= a_{11} a_{22} - a_{12} a_{21} = \begin{vmatrix} a_{11} & a_{12} \\ a_{21} & a_{22} \end{vmatrix} \qquad \text{(I-52)}$$

Das gleiche Ergebnis erhalten wir, wenn wir zur *2. Zeile* das λ-fache der *1. Zeile* addieren. Damit ist **Regel 7** bewiesen.

■ **Beispiel**

Addieren wir zur *1. Zeile* der Determinante $\begin{vmatrix} -6 & 5 \\ 1 & 4 \end{vmatrix}$ das 6-*fache* der *2. Zeile*, so hat sich nach **Regel 7** der Wert der Determinante *nicht* geändert. Es ist somit:

$$\begin{vmatrix} -6 & 5 \\ 1 & 4 \end{vmatrix} = \begin{vmatrix} (-6+6) & (5+24) \\ 1 & 4 \end{vmatrix} = \begin{vmatrix} 0 & 29 \\ 1 & 4 \end{vmatrix} = 0 \cdot 4 - 1 \cdot 29 = -29$$

Wir bestätigen dieses Ergebnis, indem wir die Ausgangsdeterminante *direkt* berechnen:

$$\begin{vmatrix} -6 & 5 \\ 1 & 4 \end{vmatrix} = -6 \cdot 4 - 5 \cdot 1 = -29$$

■

Regel 8: Multiplikationstheorem für Determinanten

Für zwei 2-reihige Matrizen **A** und **B** gilt stets

$$\det(\mathbf{A} \cdot \mathbf{B}) = (\det \mathbf{A}) \cdot (\det \mathbf{B}) \qquad \text{(I-53)}$$

d.h. die Determinante eines *Matrizenproduktes* **A** · **B** ist gleich dem *Produkt* der Determinanten der beiden Faktoren **A** und **B**.

Auf den Beweis dieser Regel verzichten wir.

Anmerkung

Mit Hilfe des *Multiplikationstheorems* (**Regel 8**) läßt sich die Determinante eines *Matrizenproduktes* **A** · **B** direkt aus den Determinanten der beiden *Faktoren* berechnen. Die oft mühsame Ausrechnung des Matrizenproduktes *entfällt* somit!

■ **Beispiel**

$$\mathbf{A} = \begin{pmatrix} 1 & 4 \\ 5 & -2 \end{pmatrix}, \qquad \mathbf{B} = \begin{pmatrix} -2 & -3 \\ 4 & 1 \end{pmatrix}$$

Die Berechnung der Determinante des *Matrizenproduktes* $\mathbf{A} \cdot \mathbf{B}$ geschieht am einfachsten nach dem *Multiplikationstheorem* (**Regel 8**). Wir erhalten:

$$\det \mathbf{A} = \begin{vmatrix} 1 & 4 \\ 5 & -2 \end{vmatrix} = 1 \cdot (-2) - 5 \cdot 4 = -22$$

$$\det \mathbf{B} = \begin{vmatrix} -2 & -3 \\ 4 & 1 \end{vmatrix} = -2 \cdot 1 - 4 \cdot (-3) = 10$$

und somit:

$$\det (\mathbf{A} \cdot \mathbf{B}) = (\det \mathbf{A}) \cdot (\det \mathbf{B}) = (-22) \cdot 10 = -220$$

Zu *Kontrollzwecken* berechnen wir jetzt die Determinante $\det (\mathbf{A} \cdot \mathbf{B})$ auf einem *anderen* Wege, müssen dabei allerdings einen Mehraufwand an Zeit und Arbeit in Kauf nehmen. Zunächst bilden wir nach dem Anordnungsschema von *Falk* das Matrizenprodukt $\mathbf{A} \cdot \mathbf{B}$ und im Anschluß daran die Determinante $\det (\mathbf{A} \cdot \mathbf{B})$. Das Ergebnis ist natürlich das *gleiche*:

$$\begin{array}{cc|cc|cc} & & \mathbf{B} & & -2 & -3 \\ & & & & 4 & 1 \\ \hline \mathbf{A} & & 1 & 4 & 14 & 1 \\ & & 5 & -2 & -18 & -17 \\ \hline & & & & \multicolumn{2}{c}{\mathbf{A} \cdot \mathbf{B}} \end{array} \quad \Rightarrow \quad \mathbf{A} \cdot \mathbf{B} = \begin{pmatrix} 14 & 1 \\ -18 & -17 \end{pmatrix}$$

$$\det (\mathbf{A} \cdot \mathbf{B}) = \begin{vmatrix} 14 & 1 \\ -18 & -17 \end{vmatrix} = 14 \cdot (-17) - (-18) \cdot 1 = -220$$

■

Regel 9: Die Determinante einer 2-reihigen *Dreiecksmatrix* $\mathbf{A}$ besitzt den Wert

$$\det \mathbf{A} = a_{11} \, a_{22} \qquad \text{(I-54)}$$

d.h. die Determinante einer *Dreiecksmatrix* ist gleich dem *Produkt der Hauptdiagonalelemente.*

Anmerkungen

(1) Die Diagonalmatrix ist ein *Sonderfall* der Dreiecksmatrix. Daher gilt für ihre Determinante ebenfalls $D = a_{11} \, a_{22}$.

(2) Einheitsmatrix **E** und Nullmatrix **0** wiederum sind *Sonderfälle* der Diagonalmatrix. Für sie gilt daher:

$$\det \mathbf{E} = \begin{vmatrix} 1 & 0 \\ 0 & 1 \end{vmatrix} = 1 \cdot 1 = 1 \qquad \text{(I-55)}$$

$$\det \mathbf{0} = \begin{vmatrix} 0 & 0 \\ 0 & 0 \end{vmatrix} = 0 \cdot 0 = 0 \qquad \text{(I-56)}$$

Beweis:

Wir beweisen **Regel 9** für eine *obere* Dreiecksmatrix:

$$D = \begin{vmatrix} a_{11} & a_{12} \\ 0 & a_{22} \end{vmatrix} = a_{11}\,a_{22} - a_{12} \cdot 0 = a_{11}\,a_{22} \qquad \text{(I-57)}$$

■ **Beispiele**

(1) Die Determinanten der *Dreiecksmatrizen* $\mathbf{A} = \begin{pmatrix} 5 & -4 \\ 0 & -3 \end{pmatrix}$ und $\mathbf{B} = \begin{pmatrix} 7 & 0 \\ -8 & 5 \end{pmatrix}$ besitzen die folgenden Werte:

$$\det \mathbf{A} = \begin{vmatrix} 5 & -4 \\ 0 & -3 \end{vmatrix} = 5 \cdot (-3) = -15$$

$$\det \mathbf{B} = \begin{vmatrix} 7 & 0 \\ -8 & 5 \end{vmatrix} = 7 \cdot 5 = 35$$

(2) $\mathbf{A} = \begin{pmatrix} -6 & 0 \\ 0 & -4 \end{pmatrix}$ ist eine *Diagonalmatrix*. Ihre Determinante besitzt den Wert

$$\det \mathbf{A} = \begin{vmatrix} -6 & 0 \\ 0 & -4 \end{vmatrix} = (-6) \cdot (-4) = 24$$

■

2.3 Dreireihige Determinanten

2.3.1 Definition einer dreireihigen Determinante

Auf *3-reihige* Determinanten stößt man beispielsweise, wenn man ein lineares Gleichungssystem mit drei Gleichungen und drei Unbekannten vom Typ

$$\begin{aligned} a_{11}x_1 + a_{12}x_2 + a_{13}x_3 &= c_1 \\ a_{21}x_1 + a_{22}x_2 + a_{23}x_3 &= c_2 \\ a_{31}x_1 + a_{32}x_2 + a_{33}x_3 &= c_3 \end{aligned} \qquad \text{(I-58)}$$

auf seine *Lösbarkeit* hin untersucht. Wir werden später zeigen, daß ein solches System nur dann genau *eine* Lösung besitzt, wenn der aus den Elementen der 3-reihigen *Koeffizientenmatrix*

$$\mathbf{A} = \begin{pmatrix} a_{11} & a_{12} & a_{13} \\ a_{21} & a_{22} & a_{23} \\ a_{31} & a_{32} & a_{33} \end{pmatrix} \qquad \text{(I-59)}$$

gebildete Term

$$\begin{aligned} D = {} & a_{11}a_{22}a_{33} + a_{12}a_{23}a_{31} + a_{13}a_{21}a_{32} - \\ & - a_{13}a_{22}a_{31} - a_{11}a_{23}a_{32} - a_{12}a_{21}a_{33} \end{aligned} \qquad \text{(I-60)}$$

einen von Null *verschiedenen* Wert besitzt (vgl. hierzu auch Abschnitt 4). Die Zahl D heißt *Determinante* von **A**. Sie wird in diesem Zusammenhang meist als *Koeffizientendeterminante* des Gleichungssystems (I-58) bezeichnet.

Definition: Unter der *Determinante* einer *3-reihigen*, quadratischen Matrix $\mathbf{A} = (a_{ik})$ versteht man die Zahl

$$\begin{aligned} D = \begin{vmatrix} a_{11} & a_{12} & a_{13} \\ a_{21} & a_{22} & a_{23} \\ a_{31} & a_{32} & a_{33} \end{vmatrix} = \\ = a_{11}a_{22}a_{33} + a_{12}a_{23}a_{31} + a_{13}a_{21}a_{32} - \\ - a_{13}a_{22}a_{31} - a_{11}a_{23}a_{32} - a_{12}a_{21}a_{33} \end{aligned} \qquad \text{(I-61)}$$

Anmerkung

Die Determinante D heißt auch *3-reihige Determinante* oder *Determinante 3. Ordnung*. Gebräuchliche Schreibweisen sind:

$$D, \quad \begin{vmatrix} a_{11} & a_{12} & a_{13} \\ a_{21} & a_{22} & a_{23} \\ a_{31} & a_{32} & a_{33} \end{vmatrix}, \quad \det \mathbf{A}, \quad |\mathbf{A}|, \quad |a_{ik}|$$

Die Berechnung einer *3-reihigen* Determinante erfolgt zweckmäßigerweise nach der folgenden, von *Sarrus* stammenden Regel:

Berechnung einer 3-reihigen Determinante nach Sarrus (Regel von Sarrus)

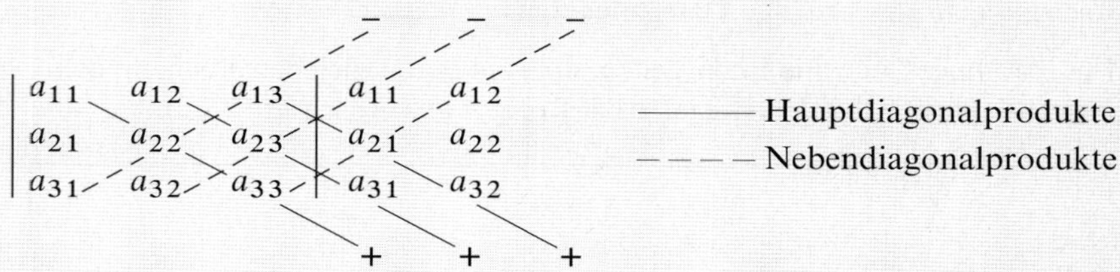

$$D = a_{11}a_{22}a_{33} + a_{12}a_{23}a_{31} + a_{13}a_{21}a_{32} - \\ - a_{13}a_{22}a_{31} - a_{11}a_{23}a_{32} - a_{12}a_{21}a_{33} \qquad \text{(I-62)}$$

Die Spalten 1 und 2 der Determinante werden nochmals rechts neben die Determinante gesetzt. Den Determinantenwert erhält man dann, indem man die drei Hauptdiagonalprodukte (———) addiert und von dieser Summe die drei Nebendiagonalprodukte (– – – –) subtrahiert.

Anmerkung

Es sei ausdrücklich darauf hingewiesen, daß die Regel von *Sarrus* nur für *3-reihige* Determinanten gilt.

■ **Beispiel**

Wir berechnen die Determinante der *3-reihigen* Matrix $\mathbf{A} = \begin{pmatrix} 1 & -2 & 7 \\ 0 & 3 & 2 \\ 5 & -1 & 4 \end{pmatrix}$ nach der *Regel von Sarrus*:

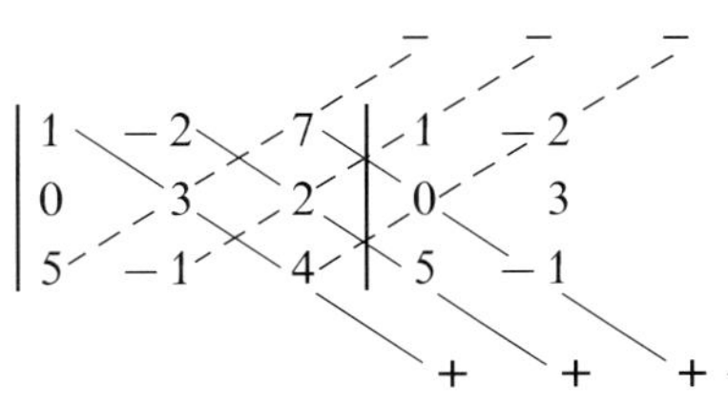

$$\det \mathbf{A} = \begin{vmatrix} 1 & -2 & 7 \\ 0 & 3 & 2 \\ 5 & -1 & 4 \end{vmatrix} =$$

$$= 1 \cdot 3 \cdot 4 + (-2) \cdot 2 \cdot 5 + 7 \cdot 0 \cdot (-1) -$$

$$- 7 \cdot 3 \cdot 5 - 1 \cdot 2 \cdot (-1) - (-2) \cdot 0 \cdot 4 = 12 - 20 - 105 + 2 = -111$$

■

In Abschnitt 2.2.2 hatten wir bereits darauf hingewiesen, daß die für *2-reihige* Determinanten hergeleiteten Rechenregeln *sinngemäß* auch für Determinanten *höherer Ordnung* und somit auch für *3-reihige* Determinanten gültig bleiben.

Rechenregeln für 3-reihige Determinanten

Für *3-reihige* Determinanten gelten *sinngemäß* die gleichen Rechenregeln wir für *2-reihige* Determinanten (Regel 1 bis Regel 9 aus Abschnitt 2.2.2).

■ **Beispiele**

(1) Es ist

$$\begin{vmatrix} 4 & 2 & 1 \\ 10 & 5 & 0 \\ -6 & -3 & 1 \end{vmatrix} = 0$$

Begründung: Die Spalten 1 und 2 sind zueinander *proportional* (Faktor 2). Nach **Regel 6**, (3) aus Abschnitt 2.2.2 besitzt die Determinante daher den Wert *Null*.

(2) Wir berechnen unter Verwendung des *Multiplikationstheorems* (**Regel 8** aus Abschnitt 2.2.2) und der Regel von *Sarrus* die Determinante des Matrizenproduktes $\mathbf{A} \cdot \mathbf{B}$ mit

$$\mathbf{A} = \begin{pmatrix} 1 & 0 & -1 \\ 2 & 5 & 4 \\ 0 & 1 & 5 \end{pmatrix} \quad \text{und} \quad \mathbf{B} = \begin{pmatrix} -3 & 0 & -2 \\ 3 & 2 & 1 \\ 1 & 8 & 1 \end{pmatrix}:$$

$$\det(\mathbf{A} \cdot \mathbf{B}) = (\det \mathbf{A}) \cdot (\det \mathbf{B}) = \underbrace{\begin{vmatrix} 1 & 0 & -1 \\ 2 & 5 & 4 \\ 0 & 1 & 5 \end{vmatrix}}_{19} \cdot \underbrace{\begin{vmatrix} -3 & 0 & -2 \\ 3 & 2 & 1 \\ 1 & 8 & 1 \end{vmatrix}}_{-26} =$$

$$= 19 \cdot (-26) = -494$$

(3) Nach **Regel 9** aus Abschnitt 2.2.2 gilt (**A** ist eine *obere Dreiecksmatrix*):

$$\det \mathbf{A} = \begin{vmatrix} 2 & 1 & 6 \\ 0 & 4 & 2 \\ 0 & 0 & 3 \end{vmatrix} = 2 \cdot 4 \cdot 3 = 24$$

■

2.3.2 Entwicklung einer dreireihigen Determinante nach Unterdeterminanten (Laplacescher Entwicklungssatz)

Wir führen zunächst den Begriff einer „*Unterdeterminante*" ein.

> **Definition:** Die aus einer 3-reihigen Determinante D durch Streichen der i-ten Zeile und k-ten Spalte entstehende 2-reihige Determinante heißt *Unterdeterminante* von D und wird durch das Symbol D_{ik} gekennzeichnet ($i, k = 1, 2, 3$).

So geht beispielsweise die Unterdeterminante D_{12} aus D durch Streichen der *1. Zeile* und *2. Spalte* hervor. Zu einer 3-reihigen Determinante gibt es insgesamt neun zweireihige Unterdeterminanten: $D_{11}, D_{12}, D_{13}, D_{21}, D_{22}, D_{23}, D_{31}, D_{32}, D_{33}$.

Die mit dem *Vorzeichenfaktor* $(-1)^{i+k}$ versehene Unterdeterminante D_{ik} wird als *algebraisches Komplement* A_{ik} des Elementes a_{ik} in der Determinante D bezeichnet. Es ist demnach

$$A_{ik} = (-1)^{i+k} \cdot D_{ik} \tag{I-63}$$

Die algebraischen Komplemente sind somit nichts anderes als die mit *alternierenden* Vorzeichen versehenen *Unterdeterminanten*. Das Vorzeichen kann dabei dem folgenden *Schachbrettmuster* entnommen werden:

	1	2	3
1	+	−	+
2	−	+	−
3	+	−	+

Der Vorzeichenfaktor von A_{ik} steht im Schnittpunkt der i-ten Zeile mit der k-ten Spalte ($i, k = 1, 2, 3$).

Beispiel: A_{23} besitzt einen *negativen* Vorzeichenfaktor (*grau unterlegt*).

■ **Beispiel**

Gegeben ist die *3-reihige* Determinante $D = \begin{vmatrix} 1 & 4 & 6 \\ 5 & -2 & 3 \\ 0 & 1 & 7 \end{vmatrix}$. Wir berechnen die *Unterdeterminanten* D_{11}, D_{23} und die zugehörigen *algebraischen Komplemente* A_{11}, A_{23}:

$$D_{11} = \begin{vmatrix} 1 & 4 & 6 \\ 5 & -2 & 3 \\ 0 & 1 & 7 \end{vmatrix} = \begin{vmatrix} -2 & 3 \\ 1 & 7 \end{vmatrix} = -2 \cdot 7 - 1 \cdot 3 = -17$$

$$A_{11} = (-1)^{1+1} \cdot D_{11} = (-1)^2 \cdot (-17) = -17$$

$$D_{23} = \begin{vmatrix} 1 & 4 & 6 \\ 5 & -2 & 3 \\ 0 & 1 & 7 \end{vmatrix} = \begin{vmatrix} 1 & 4 \\ 0 & 1 \end{vmatrix} = 1 \cdot 1 - 0 \cdot 4 = 1$$

$$A_{23} = (-1)^{2+3} \cdot D_{23} = (-1)^5 \cdot 1 = -1$$

■

Wir sind nun in der Lage, eine 3-reihige Determinante durch *2-reihige Unterdeterminanten* darzustellen. Dazu formen wir die Definitionsformel (I-61) der 3-reihigen Determinante wie folgt um:

$$\begin{aligned} D &= a_{11} a_{22} a_{33} + a_{12} a_{23} a_{31} + a_{13} a_{21} a_{32} - \\ &\quad - a_{13} a_{22} a_{31} - a_{11} a_{23} a_{32} - a_{12} a_{21} a_{33} = \\ &= a_{11} \underbrace{(a_{22} a_{33} - a_{23} a_{32})}_{D_{11}} - a_{12} \underbrace{(a_{21} a_{33} - a_{23} a_{31})}_{D_{12}} + a_{13} \underbrace{(a_{21} a_{32} - a_{22} a_{31})}_{D_{13}} \end{aligned} \tag{I-64}$$

(die Elemente a_{11}, a_{12} und a_{13} treten in jeweils *zwei* Summanden auf; durch *Ausklammern* erhält man den angegebenen Ausdruck). Die drei Klammerausdrücke repräsentieren dabei die *Unterdeterminanten* D_{11}, D_{12} und D_{13} von D:

$$D_{11} = \begin{vmatrix} a_{11} & a_{12} & a_{13} \\ a_{21} & a_{22} & a_{23} \\ a_{31} & a_{32} & a_{33} \end{vmatrix} = \begin{vmatrix} a_{22} & a_{23} \\ a_{32} & a_{33} \end{vmatrix} = a_{22} a_{33} - a_{23} a_{32}$$

$$D_{12} = \begin{vmatrix} a_{11} & a_{12} & a_{13} \\ a_{21} & a_{22} & a_{23} \\ a_{31} & a_{32} & a_{33} \end{vmatrix} = \begin{vmatrix} a_{21} & a_{23} \\ a_{31} & a_{33} \end{vmatrix} = a_{21} a_{33} - a_{23} a_{31} \tag{I-65}$$

$$D_{13} = \begin{vmatrix} a_{11} & a_{12} & a_{13} \\ a_{21} & a_{22} & a_{23} \\ a_{31} & a_{32} & a_{33} \end{vmatrix} = \begin{vmatrix} a_{21} & a_{22} \\ a_{31} & a_{32} \end{vmatrix} = a_{21} a_{32} - a_{22} a_{31}$$

Damit läßt sich die Determinante D auch in der Form

$$D = a_{11} D_{11} - a_{12} D_{12} + a_{13} D_{13} \tag{I-66}$$

oder auch – unter Verwendung der *algebraischen Komplemente* $A_{11} = D_{11}, A_{12} = -D_{12}$ und $A_{13} = D_{13}$ – in der Form

$$D = a_{11} A_{11} + a_{12} A_{12} + a_{13} A_{13} = \sum_{k=1}^{3} a_{1k} A_{1k} \tag{I-67}$$

darstellen. Die einzelnen Summanden sind dabei die *Produkte der Elemente der 1. Zeile mit dem jeweils zugehörigen algebraischen Komplement*. Die Darstellung (I-67) wird daher auch als *Entwicklung der 3-reihigen Determinante nach den Elementen der 1. Zeile* bezeichnet.

Eine 3-reihige Determinante D läßt sich aber ebenso nach den Elementen der *2.* oder *3. Zeile* entwickeln. Die *„Entwicklungsformel"* lautet dann beispielsweise für die 2. Zeile:

$$D = a_{21} A_{21} + a_{22} A_{22} + a_{23} A_{23} = \sum_{k=1}^{3} a_{2k} A_{2k} \qquad \text{(I-68)}$$

Auch eine Entwicklung nach den Elementen der *1., 2. oder 3. Spalte* ist möglich. Bei Entwicklung nach der *1. Spalte* erhalten wir z.B.:

$$D = a_{11} A_{11} + a_{21} A_{21} + a_{31} A_{31} = \sum_{i=1}^{3} a_{i1} A_{i1} \qquad \text{(I-69)}$$

Wir fassen diese wichtigen Aussagen in dem von *Laplace* stammenden *„Entwicklungssatz"* zusammen:

Laplacescher Entwicklungssatz

Eine 3-reihige Determinante läßt sich nach jeder der drei Zeilen oder Spalten wie folgt *entwickeln*:

Entwicklung nach der *i*-ten Zeile:

$$D = \sum_{k=1}^{3} a_{ik} A_{ik} \qquad (i = 1, 2, 3) \qquad \text{(I-70)}$$

Entwicklung nach der *k*-ten Spalte:

$$D = \sum_{i=1}^{3} a_{ik} A_{ik} \qquad (k = 1, 2, 3) \qquad \text{(I-71)}$$

Dabei bedeuten:

$A_{ik} = (-1)^{i+k} \cdot D_{ik}$: *Algebraisches Komplement* von a_{ik} in D

D_{ik}: *2-reihige Unterdeterminante* von D (in D wird die i-te Zeile und k-te Spalte gestrichen)

Anmerkungen

(1) Der Wert einer 3-reihigen Determinante ist *unabhängig* von der Zeile oder Spalte, nach der entwickelt wird.

(2) In der Praxis entwickelt man stets nach derjenigen Zeile oder Spalte, die die *meisten* Nullen enthält, da diese Elemente *keinen* Beitrag zum Determinantenwert leisten.

(3) Bei einer 3-reihigen Determinante bringt die Entwicklung nach *Laplace* in der Regel *keine* nennenswerte Erleichterung. Meist ist es bequemer, die Determinante nach der Regel *von Sarrus* zu berechnen.

■ **Beispiel**

$$D = \begin{vmatrix} 1 & -5 & 3 \\ 4 & 0 & 2 \\ 3 & 6 & -7 \end{vmatrix} = ?$$

Wir wählen die *2. Zeile* als *Entwicklungszeile*, da in ihr *ein* Element verschwindet ($a_{22} = 0$) (aus dem gleichen Grund hätten wir uns auch für die *2. Spalte* entscheiden können). Die Entwicklung lautet dann nach dem Laplaceschen Entwicklungssatz:

$$D = a_{21} A_{21} + \underbrace{a_{22}}_{0} A_{22} + a_{23} A_{23} = a_{21} A_{21} + a_{23} A_{23}$$

Zunächst berechnen wir die benötigten *Unterdeterminanten* D_{21} und D_{23} und daraus die zugehörigen *algebraischen Komplemente* A_{21} und A_{23}:

$$D_{21} = \begin{vmatrix} 1 & -5 & 3 \\ 4 & 0 & 2 \\ 3 & 6 & -7 \end{vmatrix} = \begin{vmatrix} -5 & 3 \\ 6 & -7 \end{vmatrix} = (-5) \cdot (-7) - 6 \cdot 3 = 17$$

$$D_{23} = \begin{vmatrix} 1 & -5 & 3 \\ 4 & 0 & 2 \\ 3 & 6 & -7 \end{vmatrix} = \begin{vmatrix} 1 & -5 \\ 3 & 6 \end{vmatrix} = 1 \cdot 6 - 3 \cdot (-5) = 21$$

$$A_{21} = (-1)^{2+1} \cdot D_{21} = (-1) \cdot 17 = -17$$

$$A_{23} = (-1)^{2+3} \cdot D_{23} = (-1) \cdot 21 = -21$$

Die Determinante besitzt damit den Wert

$$D = a_{21} A_{21} + a_{23} A_{23} = 4 \cdot (-17) + 2 \cdot (-21) = -110$$

■

2.4 Determinanten höherer Ordnung

2.4.1 Definition einer *n*-reihigen Determinante

Determinanten 2. und 3. Ordnung sind *Zahlen*, die den 2- bzw. 3-reihigen, quadratischen Matrizen aufgrund einer bestimmten *Rechenvorschrift* zugeordnet werden. Ihre Eigenschaften und Rechenregeln sind in den beiden vorangegangenen Abschnitten ausführlich behandelt worden.

In diesem Abschnitt soll der Determinantenbegriff *verallgemeinert*, d.h. auf *n-reihige*, quadratische Matrizen übertragen werden. Nach einer bestimmten Rechenvorschrift, die wir im einzelnen noch festlegen müssen, werden wir einer *n-reihigen* Matrix $\mathbf{A} = (a_{ik})$ eine *Zahl* zuordnen, die als *Determinante n-ter Ordnung* oder *n-reihige Determinante* bezeichnet und durch das Symbol

$$D = \det \mathbf{A} = \begin{vmatrix} a_{11} & a_{12} & \dots & a_{1n} \\ a_{21} & a_{22} & \dots & a_{2n} \\ \vdots & \vdots & & \vdots \\ a_{n1} & a_{n2} & \dots & a_{nn} \end{vmatrix} \qquad \text{(I-72)}$$

gekennzeichnet wird. Die Festlegung der *Zuordnungsvorschrift*

$$\mathbf{A} \mapsto \det \mathbf{A} \qquad \text{(I-73)}$$

muß dabei so erfolgen, daß die bekannten Eigenschaften und Rechenregeln der 2- und 3-reihigen Determinanten auch für *n*-reihige Determinanten *unverändert* gültig bleiben. Mit anderen Worten: *Für Determinanten bestehen – unabhängig von der Ordnung – einheitliche Rechenregeln.*

Anmerkung

In Ergänzung zu den 2- und 3-reihigen Determinanten wird der Wert einer *1-reihigen* Determinante wie folgt festgelegt ($\mathbf{A} = (a)$ ist eine *1-reihige* Matrix):

$$\mathbf{A} = (a) \Rightarrow \det \mathbf{A} = a \qquad \text{(I-74)}$$

Der Wert einer *1-reihigen* Determinante entspricht demnach dem Wert des einzigen *Matrixelementes*.

■ **Beispiele**

$\mathbf{A} = (5) \Rightarrow \det \mathbf{A} = 5$

$\mathbf{B} = (-3) \Rightarrow \det \mathbf{B} = -3$

■

Festlegung der Rechenvorschrift für *n*-reihige Determinanten

Eine *3-reihige* Determinante kann bekanntlich aufgrund des *Laplaceschen Entwicklungssatzes* nach den Elementen einer *beliebigen* Zeile oder Spalte entwickelt werden, d.h. aus 2-reihigen *Unterdeterminanten* berechnet werden. Beispielsweise erhalten wir bei einer Entwicklung nach der *1. Zeile*:

$$\det \mathbf{A} = \sum_{k=1}^{3} a_{1k} A_{1k} = a_{11} A_{11} + a_{12} A_{12} + a_{13} A_{13}$$

oder (I-75)

$$\begin{vmatrix} a_{11} & a_{12} & a_{13} \\ a_{21} & a_{22} & a_{23} \\ a_{31} & a_{32} & a_{33} \end{vmatrix} =$$

$$= a_{11} \cdot \begin{vmatrix} a_{22} & a_{23} \\ a_{32} & a_{33} \end{vmatrix} - a_{12} \cdot \begin{vmatrix} a_{21} & a_{23} \\ a_{31} & a_{33} \end{vmatrix} + a_{13} \cdot \begin{vmatrix} a_{21} & a_{22} \\ a_{31} & a_{32} \end{vmatrix}$$

Auch eine *2-reihige* Determinante läßt sich *entwickeln*, etwa nach den Elementen der *1. Zeile*. Die *Entwicklungsformel* lautet dann ganz analog:

$$\det \mathbf{A} = \sum_{k=1}^{2} a_{1k} A_{1k} = a_{11} A_{11} + a_{12} A_{12} \qquad \text{(I-76)}$$

Dabei sind A_{11} und A_{12} die mit einem Vorzeichen nach *Schachbrettmuster* versehenen *1-reihigen Unterdeterminanten* von $\det \mathbf{A}$, die man aus $\det \mathbf{A}$ durch Streichen der 1. Zeile und der 1. bzw. 2. Spalte erhält[6)]:

$$A_{11} = (-1)^{1+1} \cdot \begin{vmatrix} a_{11} & a_{12} \\ a_{21} & a_{22} \end{vmatrix} = (-1)^2 \cdot |a_{22}| = a_{22}$$

$$A_{12} = (-1)^{1+2} \cdot \begin{vmatrix} a_{11} & a_{12} \\ a_{21} & a_{22} \end{vmatrix} = (-1)^3 \cdot |a_{21}| = -a_{21} \qquad \text{(I-77)}$$

Die *Entwicklung* der 2-reihigen Determinante nach den Elementen der *1. Zeile* führt zu der bekannten Definitionsformel (I-42):

$$\begin{vmatrix} a_{11} & a_{12} \\ a_{21} & a_{22} \end{vmatrix} = a_{11} \cdot |a_{22}| - a_{12} \cdot |a_{21}| = a_{11} a_{22} - a_{12} a_{21} \qquad \text{(I-78)}$$

6) Die Größe A_{ik} ist das *algebraische Komplement* von a_{ik} in $\det \mathbf{A}$.

Wir halten fest: Durch *Entwicklung* nach den Elementen einer Zeile oder Spalte läßt sich die Ordnung einer Determinante *reduzieren*. Eine *3-reihige* Determinante wird dabei auf *2-reihige* Determinanten, eine *2-reihige* Determinante auf *1-reihige* Determinanten zurückgeführt. Es liegt daher nahe, den Wert einer Determinante *höherer* Ordnung ($n \geqslant 4$) durch eine Art *Entwicklungsvorschrift* nach dem Muster der 2- und 3-reihigen Determinanten festzulegen. Eine *4-reihige* Determinante würde demnach durch die Rechenvorschrift „*Entwicklung nach den Elementen der 1. Zeile*" wie folgt auf *3-reihige* Determinanten zurückgeführt:

$$D = \begin{vmatrix} a_{11} & a_{12} & a_{13} & a_{14} \\ a_{21} & a_{22} & a_{23} & a_{24} \\ a_{31} & a_{32} & a_{33} & a_{34} \\ a_{41} & a_{42} & a_{43} & a_{44} \end{vmatrix} =$$

$$= a_{11} A_{11} + a_{12} A_{12} + a_{13} A_{13} + a_{14} A_{14} = \sum_{k=1}^{4} a_{1k} A_{1k} \tag{I-79}$$

A_{1k} ist dabei die mit dem *Vorzeichenfaktor* $(-1)^{1+k}$ versehene *3-reihige Unterdeterminante* D_{1k}, die man aus D durch Streichen der 1. Zeile und k-ten Spalte erhält ($k = 1, 2, 3, 4$).

■ **Beispiel**

Wir berechnen die folgende *4-reihige* Determinante nach der *Definitionsvorschrift* „*Entwicklung der Determinante nach den Elementen der 1. Zeile*" und erhalten [7]:

$$\begin{vmatrix} 1 & 2 & -3 & 4 \\ 0 & 4 & 5 & 1 \\ 1 & 1 & 0 & 2 \\ -1 & 3 & 4 & 0 \end{vmatrix} = 1 \cdot \begin{vmatrix} 4 & 5 & 1 \\ 1 & 0 & 2 \\ 3 & 4 & 0 \end{vmatrix} - 2 \cdot \begin{vmatrix} 0 & 5 & 1 \\ 1 & 0 & 2 \\ -1 & 4 & 0 \end{vmatrix} +$$

$$+ (-3) \cdot \begin{vmatrix} 0 & 4 & 1 \\ 1 & 1 & 2 \\ -1 & 3 & 0 \end{vmatrix} - 4 \cdot \begin{vmatrix} 0 & 4 & 5 \\ 1 & 1 & 0 \\ -1 & 3 & 4 \end{vmatrix} =$$

$$= 1 \cdot 2 - 2 \cdot (-6) + (-3) \cdot (-4) - 4 \cdot 4 = 10$$

Die Berechnung der *3-reihigen* Unterdeterminanten erfolgte dabei nach der *Regel von Sarrus* (nachrechnen!).

■

[7] Wir werden später sehen, daß auch *n-reihige* Determinanten nach einer *beliebigen* Zeile oder Spalte entwickelt werden können. In der Praxis wird man daher stets nach derjenigen Zeile oder Spalte entwickeln, die die *meisten* Nullen enthält. An dieser Stelle jedoch müssen wir noch auf die *Definitionsvorschrift* („Entwicklung nach den Elementen der 1. Zeile") zurückgreifen.

Allgemein legen wir für eine *Determinante n-ter Ordnung* die folgende „*Entwicklungsvorschrift*" fest:

Definition: Der Wert einer *n-reihigen Determinante* $D = \det \mathbf{A}$ wird *rekursiv* nach der „*Entwicklungsformel*"

$$D = \det \mathbf{A} = \sum_{k=1}^{n} a_{1k} A_{1k} =$$

$$= a_{11} A_{11} + a_{12} A_{12} + \ldots + a_{1n} A_{1n} \qquad \text{(I-80)}$$

berechnet („*Entwicklung nach den Elementen der 1. Zeile*").

Dabei bedeuten:

$A_{1k} = (-1)^{1+k} \cdot D_{1k}$: *Algebraisches Komplement* von a_{1k} in D

D_{1k}: *2-reihige Unterdeterminante* von D (in D wird die 1. Zeile und k-te Spalte gestrichen)

Anmerkungen

(1) Durch die „*Entwicklungsvorschrift*" (I-80) wird einer n-reihigen quadratischen Matrix $\mathbf{A} = (a_{ik})$ ein Zahlenwert $\det \mathbf{A}$, die *Determinante* von $\mathbf{A}$, zugeordnet.

(2) Durch *wiederholte* (*rekursive*) Anwendung der allgemeinen Entwicklungsformel (I-80) läßt sich eine *n-reihige* Determinante auf *3-reihige* Determinanten zurückführen, deren Berechnung nach der *Regel von Sarrus* erfolgen kann. Allerdings wächst die Anzahl der zu berechnenden 3-reihigen Determinanten mit zunehmender Ordnung rasch ins *uferlose* und führt damit zu einem meist nicht mehr vertretbaren Rechenaufwand. In Abschnitt 2.4.4 werden wir uns mit diesem Problem näher auseinandersetzen.

■ **Beispiel**

Wir berechnen den Wert der *4-reihigen* Determinante

$$\det \mathbf{A} = \begin{vmatrix} 1 & 0 & -5 & 10 \\ 0 & 1 & 2 & 5 \\ 3 & 0 & -6 & 3 \\ 1 & 4 & 3 & 2 \end{vmatrix}$$

nach der „*Entwicklungsvorschrift*" (I-80) und erhalten:

$$\det \mathbf{A} = 1 \cdot \underbrace{\begin{vmatrix} 1 & 2 & 5 \\ 0 & -6 & 3 \\ 4 & 3 & 2 \end{vmatrix}}_{123} + (-5) \cdot \underbrace{\begin{vmatrix} 0 & 1 & 5 \\ 3 & 0 & 3 \\ 1 & 4 & 2 \end{vmatrix}}_{57} - 10 \cdot \underbrace{\begin{vmatrix} 0 & 1 & 2 \\ 3 & 0 & -6 \\ 1 & 4 & 3 \end{vmatrix}}_{9} =$$

$$= 1 \cdot 123 - 5 \cdot 57 - 10 \cdot 9 = -252$$

■

2.4.2 Laplacescher Entwicklungssatz

Die Berechnung einer *n-reihigen* Determinante erfolgt definitionsgemäß durch „*Entwicklung der Determinante nach den Elementen der 1. Zeile*". Von den 2- und 3-reihigen Determinanten her ist bekannt, daß die Entwicklung aber auch nach einer *beliebigen* anderen Zeile oder Spalte vorgenommen werden kann, ohne daß sich dabei der Wert der Determinante ändert. Dieser von *Laplace* stammende *Entwicklungssatz* bleibt auch für *n-reihige* Determinanten unverändert gültig. Er lautet [8]:

Laplacescher Entwicklungssatz

Eine *n-reihige* Determinante läßt sich nach den Elementen einer *beliebigen* Zeile oder Spalte wie folgt entwickeln:

Entwicklung nach der *i*-ten Zeile:

$$D = \sum_{k=1}^{n} a_{ik} A_{ik} \qquad (i = 1, 2, \ldots, n) \tag{I-81}$$

Entwicklung nach der *k*-ten Spalte:

$$D = \sum_{i=1}^{n} a_{ik} A_{ik} \qquad (k = 1, 2, \ldots, n) \tag{I-82}$$

Dabei bedeuten:

$A_{ik} = (-1)^{i+k} \cdot D_{ik}$: *Algebraisches Komplement* von a_{ik} in D

D_{ik}: $(n-1)$*-reihige Unterdeterminante* von D (in D wird die i-te Zeile und k-te Spalte gestrichen)

---

8) Auf den Beweis des Entwicklungssatzes müssen wir im Rahmen dieser Darstellung verzichten (Literaturhinweis: Fetzer/Fränkel: Mathematik, Bd. 1).

Anmerkungen

(1) Der Wert einer n-reihigen Determinante ist *unabhängig* von der Entwicklungszeile oder Entwicklungsspalte.

(2) *Grundsätzlich* gilt: Es wird nach derjenigen Zeile oder Spalte entwickelt, die die *meisten* Nullen enthält (*geringster* Arbeitsaufwand!).

(3) Der Vorzeichenfaktor im algebraischen Komplement A_{ik} kann wiederum nach der *Schachbrettregel* bestimmt werden.

■ **Beispiele**

(1) $$\det \mathbf{A} = \begin{vmatrix} 1 & 2 & -3 & 5 \\ 0 & 12 & 0 & 1 \\ 1 & 0 & -1 & 2 \\ -1 & 2 & 2 & 1 \end{vmatrix} = ?$$

Wir entwickeln die Determinante zweckmäßigerweise nach der *2. Zeile*, da $a_{21} = a_{23} = 0$ ist, und erhalten:

$$\det \mathbf{A} = \underbrace{a_{21}}_{0} A_{21} + a_{22} A_{22} + \underbrace{a_{23}}_{0} A_{23} + a_{24} A_{24} = a_{22} A_{22} + a_{24} A_{24} =$$

$$= 12 \cdot \underbrace{\begin{vmatrix} 1 & -3 & 5 \\ 1 & -1 & 2 \\ -1 & 2 & 1 \end{vmatrix}}_{9} + 1 \cdot \underbrace{\begin{vmatrix} 1 & 2 & -3 \\ 1 & 0 & -1 \\ -1 & 2 & 2 \end{vmatrix}}_{-6} =$$

$$= 12 \cdot 9 + 1 \cdot (-6) = 102$$

(2) Durch Entwicklung nach den Elementen der 4. Spalte erhalten wir:

$$\det \mathbf{A} = \begin{vmatrix} 1 & 5 & 5 & 0 \\ -2 & 1 & -2 & 3 \\ 0 & 1 & 1 & 0 \\ 1 & 2 & 4 & 0 \end{vmatrix} =$$

$$= \underbrace{a_{14}}_{0} A_{14} + \underbrace{a_{24}}_{3} A_{24} + \underbrace{a_{34}}_{0} A_{34} + \underbrace{a_{44}}_{0} A_{44} =$$

$$= 3 \cdot \begin{vmatrix} 1 & 5 & 5 \\ 0 & 1 & 1 \\ 1 & 2 & 4 \end{vmatrix} = 3 \cdot 2 = 6$$

■

2.4.3 Rechenregeln für n-reihige Determinanten

Die in Abschnitt 2.2.2 hergeleiteten *Rechenregeln für 2-reihige* Determinanten gelten sinngemäß auch für Determinanten *höherer Ordnung* (n-ter Ordnung). Wir stellen diese *Regeln* in allgemeiner Form wie folgt zusammen:

Rechenregeln für n-reihige Determinanten

Regel 1: Der Wert einer Determinante ändert sich *nicht*, wenn Zeilen und Spalten miteinander *vertauscht* werden.

Regel 2: Bei *Vertauschen* zweier Zeilen (oder Spalten) ändert eine Determinante ihr *Vorzeichen.*

Regel 3: Werden die Elemente einer *beliebigen* Zeile (oder Spalte) mit einem reellen Skalar λ multipliziert, so multipliziert sich die Determinante mit λ.

Regel 4: Eine Determinante wird mit einem reellen Skalar λ multipliziert, indem man die Elemente einer *beliebigen* Zeile (oder Spalte) mit λ multipliziert.

Regel 5: Besitzen die Elemente einer Zeile (oder Spalte) einen *gemeinsamen* Faktor λ, so darf dieser *vor* die Determinante gezogen werden.

Regel 6: Eine Determinante besitzt den Wert *Null*, wenn sie mindestens eine der folgenden Bedingungen erfüllt:

1. *Alle* Elemente einer Zeile (oder Spalte) sind *Null.*
2. *Zwei* Zeilen (oder Spalten) sind *gleich.*
3. *Zwei* Zeilen (oder Spalten) sind zueinander *proportional.*
4. Eine Zeile (oder Spalte) ist als *Linearkombination* der übrigen Zeilen (oder Spalten) darstellbar.

Regel 7: Der Wert einer Determinante ändert sich *nicht*, wenn man zu einer Zeile (oder Spalte) ein beliebiges Vielfaches einer *anderen* Zeile (bzw. *anderen* Spalte) addiert.

Regel 8: **Multiplikationstheorem für Determinanten**

Für zwei n-reihige Matrizen $\mathbf{A}$ und $\mathbf{B}$ gilt stets

$$\det(\mathbf{A}\cdot\mathbf{B}) = (\det\mathbf{A})\cdot(\det\mathbf{B}) \qquad \text{(I-83)}$$

d.h. die Determinante eines *Matrizenproduktes* $\mathbf{A}\cdot\mathbf{B}$ ist gleich dem *Produkt* der Determinanten der beiden Faktoren $\mathbf{A}$ und $\mathbf{B}$.

Regel 9: Die Determinante einer n-reihigen *Dreiecksmatrix* $\mathbf{A}$ besitzt den Wert

$$\det\mathbf{A} = a_{11}\,a_{22}\ldots a_{nn} \qquad \text{(I-84)}$$

d.h. die Determinante einer Dreiecksmatrix ist gleich dem *Produkt* der Hauptdiagonalelemente.

Anmerkungen

(1) *Zu* **Regel 1:** *Vertauschung* von Zeilen und Spalten bedeutet eine *Spiegelung* der Matrixelemente an der Hauptdiagonalen (auch „*Stürzen*“ der Determinante genannt). Dabei geht die Matrix $\mathbf{A}$ in die *Transponierte* $\mathbf{A}^{\mathrm{T}}$ über. **Regel 1** besagt damit:

$$\det \mathbf{A} = \det \mathbf{A}^{\mathrm{T}} \qquad \text{(I-85)}$$

(2) *Zu* **Regel 4:** Wir weisen ausdrücklich auf den folgenden *Unterschied* zwischen Determinanten und Matrizen bezüglich der Multiplikation mit einem *Skalar* hin:

Die Multiplikation einer *Matrix* $\mathbf{A}$ mit einem Skalar λ erfolgt, indem man *jedes* Matrixelement mit λ multipliziert. Dagegen wird eine *Determinante* mit einem Skalar λ multipliziert, indem man alle Elemente *einer* Zeile (oder Spalte) mit λ multipliziert.

(3) *Zu* **Regel 6:** Zwei Zeilen (oder Spalten) sind *gleich*, wenn sie *elementweise* übereinstimmen. *Proportionalität* zweier Zeilen (oder Spalten) bedeutet, daß einander entsprechende Elemente in einem *festen* Zahlenverhältnis stehen.

Eine *Linearkombination* aus Zeilen- bzw. Spaltenvektoren entsteht, wenn man diese Vektoren mit *Konstanten* multipliziert und anschließend *aufaddiert*.

(4) *Zu* **Regel 8:** Mit Hilfe des *Multiplikationstheorems* läßt sich die Determinante eines Matrizenproduktes $\mathbf{A} \cdot \mathbf{B}$ direkt aus den Determinanten der beiden *Faktoren* $\mathbf{A}$ und $\mathbf{B}$ berechnen. Die oft mühsame Ausrechnung des Matrizenproduktes $\mathbf{A} \cdot \mathbf{B}$ entfällt dabei.

(5) Wir folgern aus **Regel 9:**

1. Für eine *Diagonalmatrix* $\mathbf{A}$ gilt ebenfalls

$$D = \det \mathbf{A} = a_{11}\, a_{22} \ldots a_{nn} \qquad \text{(I-86)}$$

2. $\det \mathbf{E} = 1$ (I-87)

3. $\det \mathbf{0} = 0$ (I-88)

■ **Beispiele**

(1) Die Determinanten der folgenden quadratischen Matrizen besitzen den Wert *Null*:

$$\mathbf{A} = \begin{pmatrix} 1 & 1 & -3 \\ 0 & 0 & 0 \\ 4 & 5 & 3 \end{pmatrix}, \qquad \mathbf{B} = \begin{pmatrix} -1 & 4 & 1 & 0 \\ -5 & 20 & 5 & 0 \\ 1 & 1 & 2 & 3 \\ 1 & 0 & 1 & 1 \end{pmatrix},$$

$$\mathbf{C} = \begin{pmatrix} 4 & 0 & 4 \\ 1 & 3 & 1 \\ 5 & 1 & 5 \end{pmatrix}, \qquad \mathbf{D} = \begin{pmatrix} 1 & 1 & 5 \\ 1 & 0 & 2 \\ 1 & 2 & 8 \end{pmatrix}$$

Begründung:

det $\mathbf{A} = 0$: *Alle* Elemente der 2. Zeile sind *Null* (**Regel 6**, (1)).

det $\mathbf{B} = 0$: Zeile 1 und Zeile 2 sind zueinander *proportional* (**Regel 6**, (3)).

det $\mathbf{C} = 0$: Spalte 1 und Spalte 3 sind *gleich* (**Regel 6**, (2)).

det $\mathbf{D} = 0$: Spalte 3 ist eine *Linearkombination* der Spalten 1 und 2 (**Regel 6**, (4)). Es gilt:

$$\mathbf{a}_1 = \begin{pmatrix} 1 \\ 1 \\ 1 \end{pmatrix}, \qquad \mathbf{a}_2 = \begin{pmatrix} 1 \\ 0 \\ 2 \end{pmatrix}, \qquad \mathbf{a}_3 = \begin{pmatrix} 5 \\ 2 \\ 8 \end{pmatrix}$$

$$\mathbf{a}_3 = 2\,\mathbf{a}_1 + 3\,\mathbf{a}_2 =$$

$$= 2 \begin{pmatrix} 1 \\ 1 \\ 1 \end{pmatrix} + 3 \begin{pmatrix} 1 \\ 0 \\ 2 \end{pmatrix} = \begin{pmatrix} 2 \\ 2 \\ 2 \end{pmatrix} + \begin{pmatrix} 3 \\ 0 \\ 6 \end{pmatrix} = \begin{pmatrix} 5 \\ 2 \\ 8 \end{pmatrix}$$

(2) Wir berechnen mit Hilfe des *Multiplikationstheorems* (**Regel 8**) die Determinante des *Matrizenproduktes* $\mathbf{A} \cdot \mathbf{B}$ für

$$\mathbf{A} = \begin{pmatrix} 1 & 4 & -2 \\ 0 & 3 & 1 \\ 1 & -5 & 2 \end{pmatrix} \quad \text{und} \quad \mathbf{B} = \begin{pmatrix} 0 & 2 & 3 \\ 7 & 1 & 4 \\ -2 & 3 & 1 \end{pmatrix}$$

und erhalten:

$$\det(\mathbf{A} \cdot \mathbf{B}) = (\det \mathbf{A}) \cdot (\det \mathbf{B}) = \underbrace{\begin{vmatrix} 1 & 4 & -2 \\ 0 & 3 & 1 \\ 1 & -5 & 2 \end{vmatrix}}_{21} \cdot \underbrace{\begin{vmatrix} 0 & 2 & 3 \\ 7 & 1 & 4 \\ -2 & 3 & 1 \end{vmatrix}}_{39} =$$

$$= 21 \cdot 39 = 819$$

(3) Nach **Regel 9** ist

$$\det \mathbf{A} = \begin{vmatrix} 4 & 8 & 0 & -2 \\ 0 & 1 & 1 & 4 \\ 0 & 0 & 12 & 1 \\ 0 & 0 & 0 & -3 \end{vmatrix} = 4 \cdot 1 \cdot 12 \cdot (-3) = -144$$

($\mathbf{A}$ ist eine *obere Dreiecksmatrix*). ■

2.4.4 Regeln zur praktischen Berechnung einer *n*-reihigen Determinante

Eine *n-reihige* Determinante läßt sich durch *wiederholte* Anwendung des *Laplaceschen Entwicklungssatzes* auf *3-reihige* Determinanten zurückführen, deren Wert nach der *Regel von Sarrus* bestimmt werden kann. Dabei ist allerdings zu beachten, daß die *Anzahl* der zu berechnenden 3-reihigen Determinanten mit zunehmender Ordnung *n* der Determinanten rasch ansteigt. Wir geben hierzu zwei einfache Beispiele:

■ **Beispiele**

(1) Entwickelt man eine *5-reihige* Determinante nach *Laplace*, so erhält man zunächst *fünf* 4-reihige Unterdeterminanten und aus *jeder* dieser 4-reihigen Determinanten durch abermalige Entwicklung *vier* 3-reihige Unterdeterminanten.

Insgesamt wären somit $5 \cdot 4 = 20$ *3-reihige* Determinanten nach der *Regel von Sarrus* zu berechnen! Schematisch läßt sich diese *Reduzierung* einer 5-reihigen Determinante auf 3-reihige Determinanten wie folgt darstellen:

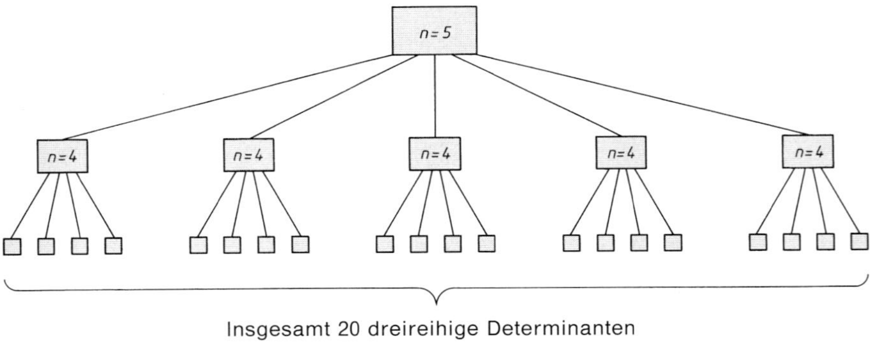

(2) Entwickelt man eine *6-reihige* Determinante nach dem gleichen Schema, so erhält man nach drei Entwicklungsschritten bereits 120 3-reihige Determinanten!

■

Diese Beispiele zeigen, daß die Berechnung einer Determinante *höherer* Ordnung (zunächst) nur unter *erheblichem* und *meist nicht mehr vertretbarem Rechenaufwand* durchführbar ist. Die Rechnung vereinfacht sich jedoch enorm, wenn in einer Zeile (oder Spalte) der Determinante *mehrere* Nullen stehen und die Determinante nach dieser Zeile (bzw. Spalte) entwickelt wird. Enthält eine Zeile (oder Spalte) *nur* Nullen, so besitzt die Determinante nach **Regel 6**, (1) den Wert *Null*. Ansonsten tritt der *günstigste* Fall dann ein, wenn die Elemente einer Zeile (oder Spalte) bis auf *ein* Element verschwinden. Dann führt die Entwicklung der Determinante nach dieser Zeile (bzw. Spalte) zu *einer einzigen* $(n - 1)$-reihigen Unterdeterminante (anstatt von n Unterdeterminanten).

In der Praxis läßt sich dies stets erreichen, indem man die Determinante mit Hilfe bestimmter Regeln zunächst so umformt, daß in einer Zeile (oder Spalte) nur noch *ein einziges* von Null verschiedenes Element steht. Umformungen dieser Art, die den Wert der Determinante *nicht* verändern, heißen *elementare Umformungen*. Zu ihnen zählen wir:

Elementare Umformungen einer Determinante

Die folgenden *elementaren Umformungen* verändern den Wert einer Determinante *nicht*:

1. Ein den Elementen einer Zeile (oder Spalte) *gemeinsamer* Faktor darf *vor* die Determinante gezogen werden.
2. Zu einer Zeile (oder Spalte) darf ein beliebiges Vielfaches einer *anderen* Zeile (oder einer *anderen* Spalte) *addiert* bzw. *subtrahiert* werden.
3. Zwei Zeilen (oder Spalten) dürfen *vertauscht* werden, wenn gleichzeitig das Vorzeichen der Determinante *geändert* wird.

Die aufgeführten *elementaren Umformungen* versetzen uns in die Lage, eine Determinante *höherer* Ordnung (n-ter Ordnung) mit einem *vertretbaren* Rechenaufwand wie folgt zu berechnen:

Praktische Berechnung einer n-reihigen Determinante ($n > 3$)

Die Berechnung einer *n-reihigen* Determinante ($n > 3$) erfolgt zweckmäßigerweise nach dem folgenden Schema:

1. Mit Hilfe *elementarer Umformungen* werden zunächst die Elemente einer Zeile (oder Spalte) bis auf eines zu *Null* gemacht.
2. Dann wird die n-reihige Determinante nach den Elementen dieser Zeile oder Spalte *entwickelt*. Man erhält genau *eine* $(n-1)$-reihige Unterdeterminante.
3. Das unter 1. und 2. beschriebene Verfahren wird nun auf die $(n-1)$-reihige Unterdeterminante angewandt und führt zu einer einzigen $(n-2)$-reihigen Unterdeterminante. Durch *wiederholte Reduzierung* gelangt man schließlich zu einer einzigen *3-reihigen* Determinante, deren Wert dann nach der *Regel von Sarrus* berechnet werden kann.

Anmerkung

Will man in einer *Zeile* Nullen erzeugen, so sind *Spalten* zu addieren und umgekehrt.

■ **Beispiele**

(1) Wir berechnen die *4-reihige* Determinante

$$D = \begin{vmatrix} 2 & 2 & 0 & 0 \\ 4 & 1 & -3 & 2 \\ 0 & -1 & 2 & 1 \\ 1 & -1 & 0 & 0 \end{vmatrix}$$

wie folgt:

1. Zunächst wird zur 1. Zeile das *Doppelte* der 4. Zeile addiert. Der Wert der Determinante bleibt dabei unverändert:

$$D = \begin{vmatrix} 4 & 0 & 0 & 0 \\ 4 & 1 & -3 & 2 \\ 0 & -1 & 2 & 1 \\ 1 & -1 & 0 & 0 \end{vmatrix}$$

2. In der 1. Zeile ist nur noch das 1. Element von *Null* verschieden. Wir entwickeln die Determinante daher nach dieser Zeile:

$$D = 4 \cdot \begin{vmatrix} 1 & -3 & 2 \\ -1 & 2 & 1 \\ -1 & 0 & 0 \end{vmatrix}$$

3. Die verbliebene 3-reihige Determinante wird nach der *Regel von Sarrus* berechnet. Wir erhalten als Ergebnis:

$$D = 4 \cdot 7 = 28$$

(2) Die Berechnung der *5-reihigen* Determinante

$$D = \begin{vmatrix} -1 & 1 & 0 & -2 & 0 \\ 0 & 2 & 1 & -1 & 4 \\ 1 & 0 & 0 & -3 & 1 \\ 1 & 2 & 0 & 0 & 3 \\ 0 & -2 & 1 & 2 & 2 \end{vmatrix}$$

geschieht folgendermaßen:

1. Zur 4. Spalte addieren wir das *Doppelte* der 2. Spalte:

$$D = \begin{vmatrix} -1 & 1 & 0 & 0 & 0 \\ 0 & 2 & 1 & 3 & 4 \\ 1 & 0 & 0 & -3 & 1 \\ 1 & 2 & 0 & 4 & 3 \\ 0 & -2 & 1 & -2 & 2 \end{vmatrix}$$

2. Zur 2. Spalte wird nun die 1. Spalte addiert:

$$D = \begin{vmatrix} -1 & 0 & 0 & 0 & 0 \\ 0 & 2 & 1 & 3 & 4 \\ 1 & 1 & 0 & -3 & 1 \\ 1 & 3 & 0 & 4 & 3 \\ 0 & -2 & 1 & -2 & 2 \end{vmatrix}$$

3. Die Determinante besitzt nun die *gewünschte* Gestalt: In der 1. Zeile sind alle Elemente bis auf das *1. Element* Null. Wir entwickeln die Determinante daher nach dieser Zeile:

$$D = -1 \cdot \begin{vmatrix} 2 & 1 & 3 & 4 \\ 1 & 0 & -3 & 1 \\ 3 & 0 & 4 & 3 \\ -2 & 1 & -2 & 2 \end{vmatrix} = - \begin{vmatrix} 2 & 1 & 3 & 4 \\ 1 & 0 & -3 & 1 \\ 3 & 0 & 4 & 3 \\ -2 & 1 & -2 & 2 \end{vmatrix}$$

4. Von der 4. Zeile subtrahieren wir nun die 1. Zeile:

$$D = - \begin{vmatrix} 2 & 1 & 3 & 4 \\ 1 & 0 & -3 & 1 \\ 3 & 0 & 4 & 3 \\ -4 & 0 & -5 & -2 \end{vmatrix}$$

5. In der 2. Spalte ist nur das *1. Element* von Null verschieden. Wir entwickeln die Determinante daher nach dieser Spalte und erhalten eine einzige *3-reihige* Determinante, deren Wert wir nach der *Regel von Sarrus* bestimmen. Das Ergebnis lautet schließlich:

$$D = -(-1)^{1+2} \cdot 1 \cdot \begin{vmatrix} 1 & -3 & 1 \\ 3 & 4 & 3 \\ -4 & -5 & -2 \end{vmatrix} = \underbrace{\begin{vmatrix} 1 & -3 & 1 \\ 3 & 4 & 3 \\ -4 & -5 & -2 \end{vmatrix}}_{26} = 26$$

■

3 Ergänzungen

Aufgrund des Determinantenbegriffes sind wir nun in der Lage, die folgenden wichtigen Begriffe aus der Matrizenrechnung einzuführen:

— *Reguläre Matrix bzw. singuläre Matrix*
— *Inverse Matrix*
— *Orthogonale Matrix*
— *Rang einer Matrix*

Sie spielen bei der Untersuchung des *Lösungsverhaltens* eines *linearen Gleichungssystems* eine bedeutende Rolle.

3.1 Reguläre Matrix

Definition: Eine n-reihige, quadratische Matrix $\mathbf{A}$ heißt *regulär*, wenn ihre Determinante einen von Null verschiedenen Wert besitzt. Anderenfalls heißt sie *singulär*.

Anmerkungen

(1) $\mathbf{A}$ ist *regulär*, wenn $\det \mathbf{A} \neq 0$ ist, und *singulär*, wenn $\det \mathbf{A} = 0$ ist.

(2) Man beachte: Die Begriffe „*Reguläre Matrix*" und „*Singuläre Matrix*" sind nur für *quadratische* Matrizen definiert.

■ **Beispiele**

(1) Die 3-reihige Matrix $\mathbf{A} = \begin{pmatrix} 1 & 0 & 2 \\ -1 & 4 & 1 \\ -2 & 1 & 2 \end{pmatrix}$ ist *regulär*, da ihre Determinante einen von Null *verschiedenen* Wert besitzt:

$$\det \mathbf{A} = \begin{vmatrix} 1 & 0 & 2 \\ -1 & 4 & 1 \\ -2 & 1 & 2 \end{vmatrix} = 21 \neq 0$$

(2) Die 2-reihige Matrix $\mathbf{A} = \begin{pmatrix} -4 & 2 \\ 6 & -3 \end{pmatrix}$ dagegen ist wegen

$$\det \mathbf{A} = \begin{vmatrix} -4 & 2 \\ 6 & -3 \end{vmatrix} = 0$$

singulär. ■

3.2 Inverse Matrix

Aus der Gleichungslehre ist bekannt, daß die lineare Gleichung $ax = 1$ für $a \neq 0$ *genau eine* Lösung $x = 1/a = a^{-1}$ besitzt. Diese Zahl heißt der *Kehrwert* von a oder die zu a *inverse* Zahl.

In der Matrizenrechnung entspricht der linearen Gleichung $ax = 1$ die *Matrizengleichung* $\mathbf{A} \cdot \mathbf{X} = \mathbf{E}$. Dabei ist $\mathbf{A}$ eine vorgegebene n-reihige Matrix, $\mathbf{E}$ die n-reihige *Einheitsmatrix* und $\mathbf{X}$ eine ebenfalls n-reihige, aber noch *unbekannte* Matrix. Die Lösung dieser Gleichung – falls eine solche überhaupt existiert – führt uns dann zum Begriff einer *inversen Matrix*.

Definition: Gibt es zu einer n-reihigen, quadratischen Matrix $\mathbf{A}$ eine Matrix $\mathbf{X}$ mit

$$\mathbf{A} \cdot \mathbf{X} = \mathbf{X} \cdot \mathbf{A} = \mathbf{E} \qquad \text{(I-89)}$$

so heißt $\mathbf{X}$ die zu $\mathbf{A}$ *inverse Matrix* und wird durch das Symbol $\mathbf{A}^{-1}$ gekennzeichnet.

Anmerkungen

(1) Eine *quadratische* Matrix besitzt – wenn überhaupt – *genau eine* Inverse.

(2) Besitzt eine Matrix $\mathbf{A}$ eine *inverse* Matrix $\mathbf{A}^{-1}$, so heißt $\mathbf{A}$ *invertierbar* (*umkehrbar*). Die Matrix $\mathbf{A}^{-1}$ wird auch als *Kehrmatrix*, *Umkehrmatrix* oder *Inverse* von $\mathbf{A}$ bezeichnet. Sie ist wie $\mathbf{A}$ *n-reihig*.

(3) Es ist $\mathbf{A} \cdot \mathbf{A}^{-1} = \mathbf{A}^{-1} \cdot \mathbf{A} = \mathbf{E}$, d.h. $\mathbf{A}$ und $\mathbf{A}^{-1}$ sind *kommutativ*.

Es läßt sich nun zeigen, daß *nicht jede* quadratische Matrix umkehrbar ist. Vielmehr existiert die Inverse $\mathbf{A}^{-1}$ einer Matrix $\mathbf{A}$ nur dann, wenn $\mathbf{A}$ *regulär*, d.h. $\det \mathbf{A} \neq 0$ ist.

Diese Bedingung ist *notwendig und hinreichend*. Eine *reguläre* Matrix ist somit *stets umkehrbar* und sie besitzt genau *eine* Inverse. *Singuläre* Matrizen dagegen sind *nicht* invertierbar.

Die Matrixelemente der Inversen $\mathbf{A}^{-1}$ können dabei wie folgt aus den algebraischen Komplementen A_{ik} und der Determinante $\det \mathbf{A}$ berechnet werden:

Berechnung der inversen Matrix unter Verwendung von Unterdeterminanten

Zu jeder *regulären* n-reihigen Matrix $\mathbf{A}$ gibt es genau eine *inverse* Matrix $\mathbf{A}^{-1}$ mit

$$\mathbf{A}^{-1} = \frac{1}{\det \mathbf{A}} \cdot \begin{pmatrix} A_{11} & A_{21} & \dots & A_{n1} \\ A_{12} & A_{22} & \dots & A_{n2} \\ \vdots & \vdots & & \vdots \\ A_{1n} & A_{2n} & \dots & A_{nn} \end{pmatrix} \tag{I-90}$$

Dabei bedeuten:

$A_{ik} = (-1)^{i+k} \cdot D_{ik}$: *Algebraisches Komplement* von a_{ik} in $\det \mathbf{A}$

D_{ik}: $(n-1)$-*reihige Unterdeterminante* von $\det \mathbf{A}$ (in der Determinante $\det \mathbf{A}$ wird die i-te Zeile und k-te Spalte gestrichen)

Auf den Beweis verzichten wir.

Anmerkungen

(1) Man beachte die *Reihenfolge* der Indizes. In der i-ten Zeile und k-ten Spalte von $\mathbf{A}^{-1}$ befindet sich das algebraische Komplement A_{ki} und *nicht* etwa A_{ik} (*Vertauschung der beiden Indizes*!).

(2) Damit eine Matrix $\mathbf{A}$ *invertierbar* ist, muß sie folgende Eigenschaften besitzen:

1. $\mathbf{A}$ ist eine *quadratische* Matrix;
2. $\det \mathbf{A} \neq 0$, d.h. $\mathbf{A}$ ist eine *reguläre* Matrix.

(3) Häufig führt man die zu $\mathbf{A}$ *adjungierte* Matrix

$$\mathbf{A}_{\text{adj}} = (\mathbf{A}_{\text{ik}})^{\mathbf{T}} = \begin{pmatrix} A_{11} & A_{12} & \dots & A_{1n} \\ A_{21} & A_{22} & \dots & A_{2n} \\ \vdots & \vdots & & \vdots \\ A_{n1} & A_{n2} & \dots & A_{nn} \end{pmatrix}^{\mathbf{T}} = \begin{pmatrix} A_{11} & A_{21} & \dots & A_{n1} \\ A_{12} & A_{22} & \dots & A_{n2} \\ \vdots & \vdots & & \vdots \\ A_{1n} & A_{2n} & \dots & A_{nn} \end{pmatrix} \tag{I-91}$$

ein. Die *inverse* Matrix $\mathbf{A}^{-1}$ berechnet sich dann aus $\mathbf{A}_{\text{adj}}$ wie folgt:

$$\mathbf{A}^{-1} = \frac{1}{\det \mathbf{A}} \cdot \mathbf{A}_{\text{adj}} \tag{I-92}$$

(4) Die Berechnung der *inversen* Matrix mit Hilfe von *Determinanten* erfordert in der Praxis einen *hohen* Rechenaufwand. Wir werden in Abschnitt 4.5 ein *praktikableres* Verfahren kennenlernen, das auf einer Anwendung des *Gaußschen Algorithmus* beruht.

■ **Beispiel**

Die 3-reihige Matrix $\mathbf{A} = \begin{pmatrix} 1 & 0 & -1 \\ -8 & 4 & 1 \\ -2 & 1 & 0 \end{pmatrix}$ ist wegen $\det \mathbf{A} = -1 \neq 0$ *regulär* und daher *invertierbar* (*umkehrbar*). Wir berechnen zunächst die benötigten *Unterdeterminanten* D_{ik} und daraus die zugehörigen *algebraischen Komplemente* A_{ik} unter Verwendung der *Schachbrettregel*:

$$D_{11} = \begin{vmatrix} 4 & 1 \\ 1 & 0 \end{vmatrix} = -1, \quad D_{12} = \begin{vmatrix} -8 & 1 \\ -2 & 0 \end{vmatrix} = 2, \quad D_{13} = \begin{vmatrix} -8 & 4 \\ -2 & 1 \end{vmatrix} = 0,$$

$$D_{21} = \begin{vmatrix} 0 & -1 \\ 1 & 0 \end{vmatrix} = 1, \quad D_{22} = \begin{vmatrix} 1 & -1 \\ -2 & 0 \end{vmatrix} = -2, \quad D_{23} = \begin{vmatrix} 1 & 0 \\ -2 & 1 \end{vmatrix} = 1,$$

$$D_{31} = \begin{vmatrix} 0 & -1 \\ 4 & 1 \end{vmatrix} = 4, \quad D_{32} = \begin{vmatrix} 1 & -1 \\ -8 & 1 \end{vmatrix} = -7, \quad D_{33} = \begin{vmatrix} 1 & 0 \\ -8 & 4 \end{vmatrix} = 4$$

$$A_{11} = +D_{11} = -1, \quad A_{12} = -D_{12} = -2, \quad A_{13} = +D_{13} = 0,$$

$$A_{21} = -D_{21} = -1, \quad A_{22} = +D_{22} = -2, \quad A_{23} = -D_{23} = -1,$$

$$A_{31} = +D_{31} = 4, \quad A_{32} = -D_{32} = 7, \quad A_{33} = +D_{33} = 4$$

Die zu $\mathbf{A}$ *inverse* Matrix $\mathbf{A}^{-1}$ lautet somit:

$$\mathbf{A}^{-1} = \frac{1}{\det \mathbf{A}} \cdot \begin{pmatrix} A_{11} & A_{21} & A_{31} \\ A_{12} & A_{22} & A_{32} \\ A_{13} & A_{23} & A_{33} \end{pmatrix} =$$

$$= \frac{1}{-1} \cdot \begin{pmatrix} -1 & -1 & 4 \\ -2 & -2 & 7 \\ 0 & -1 & 4 \end{pmatrix} = \begin{pmatrix} 1 & 1 & -4 \\ 2 & 2 & -7 \\ 0 & 1 & -4 \end{pmatrix}$$

Zur *Probe* berechnen wir die Matrizenprodukte $\mathbf{A} \cdot \mathbf{A}^{-1}$ und $\mathbf{A}^{-1} \cdot \mathbf{A}$ und erhalten erwartungsgemäß jeweils die Einheitsmatrix $\mathbf{E}$:

				1	1	−4
			$\mathbf{A}^{-1}$	2	2	−7
				0	1	−4
	1	0	−1	1	0	0
$\mathbf{A}$	−8	4	1	0	1	0
	−2	1	0	0	0	1

$\mathbf{A} \cdot \mathbf{A}^{-1} = \mathbf{E}$

			$\mathbf{A}$	1	0	−1
				−8	4	1
				−2	1	0
	1	1	−4	1	0	0
$\mathbf{A}^{-1}$	2	2	−7	0	1	0
	0	1	−4	0	0	1

$\mathbf{A}^{-1} \cdot \mathbf{A} = \mathbf{E}$

■

3.3 Orthogonale Matrix

Im Zusammenhang mit *Koordinatentransformationen* treten häufig Matrizen auf, deren Spalten- bzw. Zeilenvektoren *orthogonale Einheitsvektoren* darstellen. Wir definieren eine solche Matrix wie folgt:

Definition: Eine n-reihige, quadratische Matrix $\mathbf{A}$ heißt *orthogonal*, wenn das Matrizenprodukt aus $\mathbf{A}$ und ihrer Transponierten $\mathbf{A}^{\mathbf{T}}$ die Einheitsmatrix $\mathbf{E}$ ergibt:

$$\mathbf{A} \cdot \mathbf{A}^{\mathbf{T}} = \mathbf{E} \qquad \text{(I-93)}$$

Wir wollen uns jetzt mit den Eigenschaften einer *orthogonalen* Matrix näher befassen. Bei der Matrizenmultiplikation $\mathbf{A} \cdot \mathbf{A}^{\mathbf{T}}$ wird der i-te Zeilenvektor von $\mathbf{A}$ *skalar* mit dem k-ten Spaltenvektor von $\mathbf{A}^{\mathbf{T}}$ multipliziert:

$$\sum_{j=1}^{n} a_{ij} a_{jk}^{T} \qquad (i, k = 1, 2, \ldots, n) \qquad \text{(I-94)}$$

Unter Berücksichtigung von $a_{jk}^{T} = a_{kj}$ läßt sich dieses Skalarprodukt auch wie folgt schreiben:

$$\sum_{j=1}^{n} a_{ij} a_{jk}^{T} = \sum_{j=1}^{n} a_{ij} a_{kj} \qquad \text{(I-95)}$$

Dies aber ist genau das *Skalarprodukt* aus dem *i-ten* und dem *k-ten Zeilenvektor* von $\mathbf{A}$. Da die Matrizenmultiplikation auf die Einheitsmatrix $\mathbf{E}$ führt, muß man im Falle *gleicher* Zeilenvektoren ($i = k$) den Wert 1 und im Falle *verschiedener* Zeilenvektoren ($i \neq k$) den Wert 0 erhalten. Somit gilt:

$$\sum_{j=1}^{n} a_{ij} a_{kj} = \begin{cases} 1 & \text{für } i = k \\ 0 & \text{für } i \neq k \end{cases} \qquad \text{(I-96)}$$

($i, k = 1, 2, \ldots, n$). Diese Beziehung aber bedeutet, daß die *Zeilenvektoren* einer orthogonalen Matrix $\mathbf{A}$ *normiert* sind, also *Einheitsvektoren* darstellen und zueinander *orthogonal* sind. Ein Vektorsystem mit diesen Eigenschaften wird als *orthonormiert* bezeichnet. Die Zeilenvektoren einer orthogonalen Matrix sind also *orthonormiert* [9]. Die gleiche Aussage gilt auch für die *Spaltenvektoren* einer orthogonalen Matrix.

[9] Aus dieser Eigenschaft erklärt sich auch die Bezeichnung „*orthogonale*“ Matrix.

Eine weitere wichtige Eigenschaft einer orthogonalen Matrix $\mathbf{A}$ ist ihre *Regularität*. Für ihre Determinante erhalten wir unter Verwendung der **Regeln 1** und **8** für Determinanten zunächst die folgende Beziehung:

$$\det(\mathbf{A}\cdot\mathbf{A}^{\mathbf{T}}) = (\det\mathbf{A})\cdot\underbrace{(\det\mathbf{A}^{\mathbf{T}})}_{\det\mathbf{A}} = (\det\mathbf{A})^2 = \det\mathbf{E} = 1 \qquad \text{(I-97)}$$

Daraus folgt dann $\det\mathbf{A} = 1$ *oder* $\det\mathbf{A} = -1$. Somit ist $\det\mathbf{A} \neq 0$ und $\mathbf{A}$ *regulär*. Eine *orthogonale* Matrix $\mathbf{A}$ ist also stets *regulär* und besitzt daher eine (eindeutig bestimmte) *inverse* Matrix $\mathbf{A}^{-1}$. Zwischen diesen Matrizen besteht dann bekanntlich die Beziehung

$$\mathbf{A}\cdot\mathbf{A}^{-1} = \mathbf{A}^{-1}\cdot\mathbf{A} = \mathbf{E} \qquad \text{(I-98)}$$

Wir multiplizieren jetzt die Matrizengleichung $\mathbf{A}\cdot\mathbf{A}^{\mathbf{T}} = \mathbf{E}$ von *links* mit der Inversen $\mathbf{A}^{-1}$:

$$\mathbf{A}^{-1}\cdot(\mathbf{A}\cdot\mathbf{A}^{\mathbf{T}}) = \mathbf{A}^{-1}\cdot\mathbf{E} \qquad \text{(I-99)}$$

Für die beiden Seiten erhalten wir dann:

$$\mathbf{A}^{-1}\cdot(\mathbf{A}\cdot\mathbf{A}^{\mathbf{T}}) = \underbrace{(\mathbf{A}^{-1}\cdot\mathbf{A})}_{\mathbf{E}}\cdot\mathbf{A}^{\mathbf{T}} = \mathbf{E}\cdot\mathbf{A}^{\mathbf{T}} = \mathbf{A}^{\mathbf{T}}$$

$$\mathbf{A}^{-1}\cdot\mathbf{E} = \mathbf{A}^{-1} \qquad \text{(I-100)}$$

Somit ist

$$\mathbf{A}^{\mathbf{T}} = \mathbf{A}^{-1} \qquad \text{(I-101)}$$

d.h. eine *orthogonale* Matrix geht beim *Transponieren* in die *inverse* Matrix über. Aus Gleichung (I-98) folgt dann für $\mathbf{A}^{-1} = \mathbf{A}^{\mathbf{T}}$ die *Vertauschbarkeit* von $\mathbf{A}$ und $\mathbf{A}^{\mathbf{T}}$:

$$\mathbf{A}\cdot\mathbf{A}^{\mathbf{T}} = \mathbf{A}^{\mathbf{T}}\cdot\mathbf{A} = \mathbf{E} \qquad \text{(I-102)}$$

Wir fassen die wichtigsten Eigenschaften einer orthogonalen Matrix wie folgt zusammen:

Eigenschaften einer orthogonalen Matrix

1. Die *Zeilen-* bzw. *Spaltenvektoren* einer *orthogonalen* Matrix $\mathbf{A}$ bilden ein *orthonormiertes* System, stellen also zueinander *orthogonale Einheitsvektoren* dar. Dieser Eigenschaft verdanken die orthogonalen Matrizen auch ihren Namen.
2. Die *Determinante* einer orthogonalen Matrix $\mathbf{A}$ besitzt den Wert $+1$ oder -1:

$$\det \mathbf{A} = +1 \qquad \text{oder} \qquad \det \mathbf{A} = -1 \tag{I-103}$$

   Eine orthogonale Matrix ist daher stets *regulär*.
3. Bei einer orthogonalen Matrix $\mathbf{A}$ sind die Transponierte $\mathbf{A}^{\mathbf{T}}$ und die Inverse $\mathbf{A}^{-1}$ *identisch*:

$$\mathbf{A}^{\mathbf{T}} = \mathbf{A}^{-1} \tag{I-104}$$

4. Das *Produkt* orthogonaler Matrizen ist wiederum eine *orthogonale* Matrix.

Anmerkungen

(1) Die *Einheitsmatrizen* sind *orthogonal.*

(2) n-reihige Matrizen, deren Zeilen- bzw. Spaltenvektoren ein *orthonormiertes* System bilden, sind stets *orthogonal.* Diese Aussage gilt auch für jede n-reihige Matrix $\mathbf{A}$ mit $\mathbf{A}^{\mathbf{T}} = \mathbf{A}^{-1}$.

(3) Zwar gilt für eine orthogonale Matrix $\mathbf{A}$ *stets* $\det \mathbf{A} = \pm 1$. Die Umkehrung jedoch gilt *nicht*, d.h. aus $\det \mathbf{A} = \pm 1$ dürfen wir *nicht* folgern, daß $\mathbf{A}$ orthogonal ist (vgl. hierzu das nachfolgende Beispiel (1)).

■ **Beispiele**

(1) Die 2-reihige Matrix $\mathbf{A} = \begin{pmatrix} 1 & 2 \\ 1 & 1 \end{pmatrix}$ ist wegen

$$\det \mathbf{A} = \begin{vmatrix} 1 & 2 \\ 1 & 1 \end{vmatrix} = -1 \neq 0$$

zwar *regulär*, sie ist jedoch *nicht* orthogonal:

$$\mathbf{A} \cdot \mathbf{A}^{\mathbf{T}} = \begin{pmatrix} 1 & 2 \\ 1 & 1 \end{pmatrix} \cdot \begin{pmatrix} 1 & 1 \\ 2 & 1 \end{pmatrix} = \begin{pmatrix} 5 & 3 \\ 3 & 2 \end{pmatrix} \neq \mathbf{E}$$

Die Bedingung $\mathbf{A} \cdot \mathbf{A}^{\mathbf{T}} = \mathbf{E}$ für eine orthogonale Matrix ist hier also *nicht* erfüllt.

(2) Bei einer *Drehung* des kartesischen x, y-Koordinatensystems um den Winkel φ um den Nullpunkt gelten für einen beliebigen Punkt P der Ebene die folgenden *Transformationsgleichungen*:

$$\begin{pmatrix} u \\ v \end{pmatrix} = \underbrace{\begin{pmatrix} \cos\varphi & \sin\varphi \\ -\sin\varphi & \cos\varphi \end{pmatrix}}_{\mathbf{A}} \begin{pmatrix} x \\ y \end{pmatrix}$$

Dabei sind x, y die Koordinaten im „alten" x, y-System und u, v die Koordinaten im „neuen" u, v-System (Bild I-2).

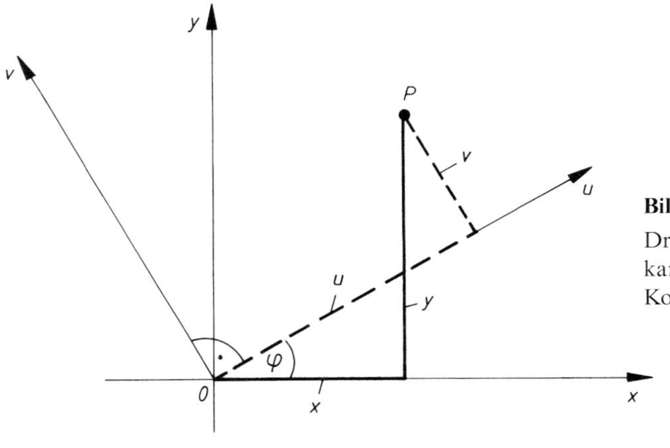

Bild I-2
Drehung eines ebenen kartesischen x, y-Koordinatensystems

Die Transformationsmatrix $\mathbf{A}$ ist *orthogonal*. Denn es gilt:

$$\mathbf{A} \cdot \mathbf{A}^{\mathbf{T}} = \begin{pmatrix} \cos\varphi & \sin\varphi \\ -\sin\varphi & \cos\varphi \end{pmatrix} \cdot \begin{pmatrix} \cos\varphi & -\sin\varphi \\ \sin\varphi & \cos\varphi \end{pmatrix} =$$

$$= \begin{pmatrix} (\cos^2\varphi + \sin^2\varphi) & (-\sin\varphi \cdot \cos\varphi + \sin\varphi \cdot \cos\varphi) \\ (-\sin\varphi \cdot \cos\varphi + \sin\varphi \cdot \cos\varphi) & (\sin^2\varphi + \cos^2\varphi) \end{pmatrix} =$$

$$= \begin{pmatrix} 1 & 0 \\ 0 & 1 \end{pmatrix} = \mathbf{E}$$

(3) Die Vektoren

$$\mathbf{a}_1 = \frac{1}{2} \begin{pmatrix} \sqrt{2} \\ \sqrt{2} \\ 0 \end{pmatrix}, \quad \mathbf{a}_2 = \begin{pmatrix} 0 \\ 0 \\ 1 \end{pmatrix} \quad \text{und} \quad \mathbf{a}_3 = \frac{1}{2} \begin{pmatrix} -\sqrt{2} \\ \sqrt{2} \\ 0 \end{pmatrix}$$

können als *Spaltenvektoren* einer 3-reihigen Matrix $\mathbf{A}$ aufgefaßt werden. Ist diese Matrix *orthogonal*?

Lösung:

Wir zeigen, daß die Vektoren $\mathbf{a}_1$, $\mathbf{a}_2$ und $\mathbf{a}_3$ ein *orthonormiertes* System bilden. Zunächst einmal gilt:

$$|\mathbf{a}_1| = \frac{1}{2}\sqrt{(\sqrt{2})^2 + (\sqrt{2})^2 + 0^2} = \frac{1}{2}\sqrt{4} = 1$$

$$|\mathbf{a}_2| = \sqrt{0^2 + 0^2 + 1^2} = 1$$

$$|\mathbf{a}_3| = \frac{1}{2}\sqrt{(-\sqrt{2})^2 + (\sqrt{2})^2 + 0^2} = \frac{1}{2}\sqrt{4} = 1$$

Die Vektoren sind also *normiert*, d.h. *Einheitsvektoren*. Sie sind auch *orthogonal*, da die aus *verschiedenen* Vektoren gebildeten Skalarprodukte *verschwinden*:

$$\mathbf{a}_1 \cdot \mathbf{a}_2 = \frac{1}{2}\begin{pmatrix} \sqrt{2} \\ \sqrt{2} \\ 0 \end{pmatrix} \cdot \begin{pmatrix} 0 \\ 0 \\ 1 \end{pmatrix} = \frac{1}{2}(0 + 0 + 0) = 0$$

$$\mathbf{a}_1 \cdot \mathbf{a}_3 = \frac{1}{2}\begin{pmatrix} \sqrt{2} \\ \sqrt{2} \\ 0 \end{pmatrix} \cdot \frac{1}{2}\begin{pmatrix} -\sqrt{2} \\ \sqrt{2} \\ 0 \end{pmatrix} = \frac{1}{4}(-2 + 2 + 0) = 0$$

$$\mathbf{a}_2 \cdot \mathbf{a}_3 = \begin{pmatrix} 0 \\ 0 \\ 1 \end{pmatrix} \cdot \frac{1}{2}\begin{pmatrix} -\sqrt{2} \\ \sqrt{2} \\ 0 \end{pmatrix} = \frac{1}{2}(0 + 0 + 0) = 0$$

Die aus den drei Vektoren gebildete *3-reihige* Matrix

$$\mathbf{A} = \begin{pmatrix} \frac{1}{2}\sqrt{2} & 0 & -\frac{1}{2}\sqrt{2} \\ \frac{1}{2}\sqrt{2} & 0 & \frac{1}{2}\sqrt{2} \\ 0 & 1 & 0 \end{pmatrix}$$

ist daher *orthogonal*.

■

3.4 Rang einer Matrix

Unterdeterminanten einer Matrix

Zunächst wollen wir den für *quadratische* Matrizen erklärten Begriff einer *Unterdeterminante* auch auf *nichtquadratische* (m, n)-Matrizen ausdehnen. Zur Einführung betrachten wir dazu die Matrix

$$\mathbf{A} = \begin{pmatrix} 2 & 1 & -4 \\ 0 & 8 & 3 \end{pmatrix} \qquad \text{(I-105)}$$

Sie enthält zwei Zeilen und drei Spalten. Durch Streichen *einer* der drei Spalten lassen sich aus $\mathbf{A}$ insgesamt drei verschiedene 2-reihige Matrizen gewinnen, deren Determinanten wiederum als *2-reihige Unterdeterminanten* von $\mathbf{A}$ bezeichnet werden[10]. Es sind dies, wenn wir der Reihe nach die 1., 2. bzw. 3. Spalte in $\mathbf{A}$ streichen, die folgenden Determinanten:

$$\begin{vmatrix} 1 & -4 \\ 8 & 3 \end{vmatrix} = 35, \qquad \begin{vmatrix} 2 & -4 \\ 0 & 3 \end{vmatrix} = 6, \qquad \begin{vmatrix} 2 & 1 \\ 0 & 8 \end{vmatrix} = 16 \qquad \text{(I-106)}$$

Wir können aus der Matrix $\mathbf{A}$ aber auch *1-reihige Unterdeterminanten* bilden, indem wir jeweils *eine* Zeile und zwei Spalten in $\mathbf{A}$ streichen. Durch Streichen der 1. Zeile und der 1. und 2. Spalte in $\mathbf{A}$ erhalten wir beispielsweise die *1-reihige* Unterdeterminante

$$|3| = 3 \qquad \text{(I-107)}$$

Insgesamt gibt es *sechs* verschiedene *1-reihige Unterdeterminanten*:

$$|3| = 3, \quad |8| = 8, \quad |0| = 0, \quad |-4| = -4, \quad |1| = 1, \quad |2| = 2 \qquad \text{(I-108)}$$

Wir definieren daher den Begriff einer *Unterdeterminante p-ter Ordnung* von $\mathbf{A}$ wie folgt:

Definition: Werden in einer Matrix $\mathbf{A}$ vom Typ (m, n) $m - p$ Zeilen und $n - p$ Spalten gestrichen, so heißt die Determinante der p-reihigen Restmatrix eine *Unterdeterminante p-ter Ordnung* von **A.**

Anmerkungen

(1) Eine *Unterdeterminante p-ter Ordnung* wird auch als *p-reihige Unterdeterminante* bezeichnet.

(2) Ist $\mathbf{A}$ eine *n-reihige*, quadratische Matrix, so sind $n - p$ Zeilen und $n - p$ Spalten zu streichen, um eine *p-reihige* Unterdeterminante von $\mathbf{A}$ zu erhalten.

---

[10] Zu $\mathbf{A}$ selbst läßt sich *keine* Determinante bilden (für $m \neq n$).

■ **Beispiel**

$\mathbf{A} = \begin{pmatrix} 4 & 1 & 0 & -1 \\ 2 & -1 & 5 & 3 \\ 1 & 5 & 0 & 6 \end{pmatrix}$ ist eine Matrix vom Typ (3, 4). Aus ihr lassen sich durch Streichen *einer* Spalte insgesamt vier *3-reihige* Unterdeterminanten bilden. Durch Streichen der 4. Spalte in **A** erhalten wir beispielsweise die folgende *3-reihige* Unterdeterminante:

$$\begin{vmatrix} 4 & 1 & 0 \\ 2 & -1 & 5 \\ 1 & 5 & 0 \end{vmatrix} = -95$$

2-reihige Unterdeterminanten entstehen, wenn in **A** *eine* Zeile und *zwei* Spalten gestrichen werden. Insgesamt existieren 18 verschiedene *2-reihige* Unterdeterminanten. So erhält man beispielsweise durch Streichen der 1. Zeile und der 1. und 2. Spalte die *2-reihige* Unterdeterminante

$$\begin{vmatrix} 5 & 3 \\ 0 & 6 \end{vmatrix} = 30$$

■

Rang einer Matrix

Den äußerst wichtigen Begriff des *Ranges* einer Matrix führen wir aufgrund der folgenden Überlegungen ein:

Von einer vorgegebenen (m, n)-Matrix **A** bilden wir zunächst *alle* möglichen *Unterdeterminanten*, betrachten dann aber nur diejenigen unter ihnen, die einen von Null *verschiedenen* Wert besitzen. Unter ihnen gibt es dann mindestens *eine* Unterdeterminante von **A**, die im Vergleich zu allen übrigen die *höchste* Ordnung besitzt. Die Ordnung r dieser Unterdeterminante von **A** heißt dann der *Rang* r der Matrix **A**. Wir definieren daher:

Definition: Unter dem *Rang* einer Matrix **A** vom Typ (m, n) wird die *höchste* Ordnung r aller von Null verschiedenen Unterdeterminanten von **A** verstanden. Symbolische Schreibweise:

$$\operatorname{Rg}(\mathbf{A}) = r \qquad \text{(I-109)}$$

Anmerkungen

(1) Der *Rang* r einer Matrix **A** ist somit wie folgt bestimmt:

1. Unter den r-reihigen Unterdeterminanten von **A** gibt es *mindestens eine* von Null verschiedene Determinante;
2. *Alle* Unterdeterminanten von **A** mit *höherer* Ordnung verschwinden.

(2) Der Rang r ist höchstens gleich der *kleineren* der beiden Zahlen m und n:

$$r \leqslant \begin{cases} m & \text{für} \quad m \leqslant n \\ n & \phantom{\text{für}} \quad n < m \end{cases} \tag{I-110}$$

(3) Für eine *n-reihige*, quadratische Matrix $\mathbf{A}$ ist stets $r \leqslant n$. Insbesondere gilt für eine *reguläre* bzw. *singuläre* Matrix:

$$\begin{array}{lll} \textit{Reguläre}\ \text{Matrix}\ \mathbf{A}: & \det A \neq \mathbf{0}, & \text{d.h.}\ r = n \\ \textit{Singuläre}\ \text{Matrix}\ \mathbf{A}: & \det A = \mathbf{0}, & \text{d.h.}\ r < n \end{array} \tag{I-111}$$

(4) Für die n-reihige *Nullmatrix* $\mathbf{0}$ wird festgesetzt: $\operatorname{Rg}(\mathbf{0}) = 0$.

Bei der Bestimmung des Ranges r einer (m, n)-Matrix stützen wir uns (zunächst) auf die Definition des Matrizenranges. Für $m < n$ ist r *höchstens gleich* m: $r \leqslant m$. Dies führt zu dem folgenden *Rechenverfahren zur Rangbestimmung* einer Matrix:

Rangbestimmung einer Matrix unter Verwendung von Unterdeterminanten

Der Rang r einer (m, n)-Matrix $\mathbf{A}$ kann wie folgt bestimmt werden (für $m \leqslant n$):

1. Zunächst werden die *m-reihigen* Unterdeterminanten von $\mathbf{A}$ berechnet. Es ist $r = m$, wenn es unter ihnen wenigstens *eine* von Null verschiedene Determinante gibt.
2. Verschwinden aber *sämtliche* m-reihigen Unterdeterminanten von $\mathbf{A}$, so ist r *höchstens gleich* $m - 1$. Es ist daher zu prüfen, ob es wenigstens *eine* von Null verschiedene $(m-1)$*-reihige* Unterdeterminante von $\mathbf{A}$ gibt. Ist dies der Fall, so ist $r = m - 1$. Andernfalls ist r *höchstens gleich* $m - 2$. Das beschriebene Verfahren wird dann solange fortgesetzt, bis man auf eine von Null *verschiedene* Unterdeterminante von $\mathbf{A}$ stößt. Die *Ordnung* r dieser Determinante ist dann der gesuchte *Rang* der Matrix $\mathbf{A}$.

Anmerkungen

(1) Ist $\mathbf{A}$ eine (m, n)-Matrix mit $n \leqslant m$, so ist in dem beschriebenen Verfahren zur Rangbestimmung von $\mathbf{A}$ die Zahl m durch die Zahl n zu ersetzen.

(2) Die Rangbestimmung einer Matrix nach diesem Verfahren kann in der Praxis mit *erheblichem* Rechenaufwand verbunden sein. Ein *geeigneteres* Verfahren werden wir bald kennenlernen (Rangbestimmung einer Matrix mit Hilfe *elementarer Matrixumformungen*).

■ **Beispiel**

Wir bestimmen den *Rang* r der Matrix

$$\mathbf{A} = \begin{pmatrix} 1 & 1 & 1 & 0 \\ 2 & -1 & 1 & 3 \\ 1 & -2 & 0 & 3 \end{pmatrix}$$

vom Typ (3, 4). Er kann *höchstens gleich* 3 sein: $r \leqslant 3$. Wir prüfen zunächst, ob es (wenigstens) *eine* von Null verschiedene *3-reihige* Unterdeterminante von **A** gibt. Dies ist *nicht* der Fall:

$$\begin{vmatrix} 1 & 1 & 0 \\ -1 & 1 & 3 \\ -2 & 0 & 3 \end{vmatrix} = \begin{vmatrix} 1 & 1 & 0 \\ 2 & 1 & 3 \\ 1 & 0 & 3 \end{vmatrix} = \begin{vmatrix} 1 & 1 & 0 \\ 2 & -1 & 3 \\ 1 & -2 & 3 \end{vmatrix} = \begin{vmatrix} 1 & 1 & 1 \\ 2 & -1 & 1 \\ 1 & -2 & 0 \end{vmatrix} = 0$$

Daher ist $r < 3$. Der Matrizenrang kann somit *höchstens* gleich 2 sein, d.h. $r \leqslant 2$. Wir prüfen jetzt, ob es (wenigstens) *eine* von Null verschiedene *2-reihige* Unterdeterminante von **A** gibt. Eine solche Unterdeterminante existiert tatsächlich. Durch Streichen der 1. Zeile und der 1. und 2. Spalte in **A** erhalten wir die folgende *nicht-verschwindende 2-reihige* Unterdeterminante:

$$\begin{vmatrix} 1 & 3 \\ 0 & 3 \end{vmatrix} = 3 \neq 0$$

Die Matrix **A** besitzt somit den Rang $r = 2$.

■

Ein weiteres, in der Praxis *brauchbares* Verfahren zur *Rangbestimmung einer Matrix* beruht auf der Möglichkeit, eine Matrix **A** mit Hilfe sog. *elementarer Umformungen* in eine *ranggleiche* Matrix **B** zu überführen. Die *elementaren Umformungen* sind uns dabei zum Teil bereits von den *linearen Gleichungssystemen* her bekannt (vgl. hierzu Band 1, Abschnitt I.5.2).

Elementare Umformungen einer Matrix

Der *Rang* r einer Matrix **A** ändert sich *nicht*, wenn sie den folgenden *elementaren Umformungen* unterworfen wird:

1. Zwei Zeilen (oder Spalten) werden miteinander *vertauscht*.
2. Die Elemente einer Zeile (oder Spalte) werden mit einer beliebigen von Null verschiedenen Zahl *multipliziert* oder durch eine solche Zahl *dividiert*.
3. Zu einer Zeile (oder Spalte) wird ein beliebiges *Vielfaches* einer *anderen* Zeile (bzw. *anderen* Spalte) addiert.

Man kann nun zeigen, daß sich eine (m, n)-Matrix $\mathbf{A}$ vom Rang r mit Hilfe der oben aufgeführten *elementaren Umformungen* stets in eine *ranggleiche* Matrix $\mathbf{B}$ vom gleichen Typ und von *trapezförmiger* Gestalt überführen läßt[11]:

$$\mathbf{B} = \left(\begin{array}{cccc|cccc} b_{11} & b_{12} & \dots & b_{1r} & b_{1,r+1} & b_{1,r+2} & \dots & b_{1n} \\ 0 & b_{22} & \dots & b_{2r} & b_{2,r+1} & b_{2,r+2} & \dots & b_{2n} \\ \vdots & \vdots & & \vdots & \vdots & \vdots & & \vdots \\ 0 & 0 & & b_{rr} & b_{r,r+1} & b_{r,r+2} & & b_{rn} \\ \hline 0 & 0 & \dots & 0 & 0 & 0 & \dots & 0 \\ 0 & 0 & \dots & 0 & 0 & 0 & \dots & 0 \\ \vdots & \vdots & & \vdots & \vdots & \vdots & & \vdots \\ 0 & 0 & \dots & 0 & 0 & 0 & \dots & 0 \end{array}\right) \begin{array}{l} \left.\vphantom{\begin{array}{c}1\\1\\1\\1\end{array}}\right\} r \text{ Zeilen} \\ \left.\vphantom{\begin{array}{c}1\\1\\1\\1\end{array}}\right\} (m-r) \text{ Zeilen („Nullzeilen")} \end{array} \tag{I-112}$$

r Spalten (linker Block), $(n - r)$ Spalten (rechter Block)

Wir beschreiben nun die *Eigenschaften* dieser Matrix etwas genauer:

1. Die letzten $m - r$ Zeilen enthalten nur *Nullen* („Nullzeilen") und brauchen daher nicht weiter berücksichtigt zu werden. Die verbleibende *Restmatrix* besitzt damit r Zeilen und n Spalten.
2. Alle Elemente *unterhalb* der Hauptdiagonalen (sie verbindet die Elemente b_{11}, $b_{22}, \dots, b_{rr}$) sind *Null.*
3. Die *Hauptdiagonalelemente* sind sämtlich ungleich Null:

$$b_{ii} \neq 0 \quad \text{für} \quad i = 1, 2, \dots, r \tag{I-113}$$

4. Der *Rang* der Matrix $\mathbf{B}$ ist r, da es eine von Null verschiedene *r-reihige* Unterdeterminante von B gibt, nämlich

$$\begin{vmatrix} b_{11} & b_{12} & \dots & b_{1r} \\ 0 & b_{22} & \dots & b_{2r} \\ \vdots & \vdots & & \vdots \\ 0 & 0 & \dots & b_{rr} \end{vmatrix} = b_{11} b_{22} \dots b_{rr} \neq 0 \tag{I-114}$$

aber *sämtliche* Unterdeterminanten von *höherer* Ordnung verschwinden (sie enthalten *mindestens* eine Nullzeile).

[11] Die äußere Form der Matrix $\mathbf{B}$ (*ohne* Nullzeilen) erinnert an ein *Trapez.*

Die *Rangbestimmung* einer Matrix kann daher auch wie folgt geschehen:

Rangbestimmung einer Matrix mit Hilfe elementarer Umformungen

Der *Rang* Rg (**A**) einer (m, n)-Matrix **A** kann auch wie folgt bestimmt werden: Die Matrix wird zunächst mit Hilfe *elementarer Umformungen* auf die folgende sog. *Trapezform* gebracht:

$$\left(\begin{array}{cccc|cccc} b_{11} & b_{12} & \cdots & b_{1r} & b_{1,r+1} & b_{1,r+2} & \cdots & b_{1n} \\ 0 & b_{22} & \cdots & b_{2r} & b_{2,r+1} & b_{2,r+2} & \cdots & b_{2n} \\ \vdots & \vdots & & \vdots & \vdots & \vdots & & \vdots \\ 0 & 0 & \cdots & b_{rr} & b_{r,r+1} & b_{r,r+2} & \cdots & b_{rn} \\ \hline 0 & 0 & \cdots & 0 & 0 & 0 & \cdots & 0 \\ 0 & 0 & \cdots & 0 & 0 & 0 & \cdots & 0 \\ \vdots & \vdots & & \vdots & \vdots & \vdots & & \vdots \\ 0 & 0 & \cdots & 0 & 0 & 0 & \cdots & 0 \end{array}\right) \begin{array}{l} \left.\vphantom{\begin{array}{c}1\\1\\1\\1\end{array}}\right\} r \text{ Zeilen} \\ \left.\vphantom{\begin{array}{c}1\\1\\1\\1\end{array}}\right\} m-r \text{ Nullzeilen} \end{array} \qquad \text{(I-115)}$$

$(b_{ii} \neq 0$ für $i = 1, 2, \ldots, r)$. Der *Rang* von **A** ist dann gleich der *Anzahl* r der *nicht-verschwindenden* Zeilen: $\text{Rg}(\mathbf{A}) = r$.

■ **Beispiel**

Wir bestimmen den *Rang* der (3, 4)-Matrix

$$\mathbf{A} = \begin{pmatrix} 1 & 3 & -5 & 0 \\ 2 & 7 & -8 & 7 \\ -1 & 0 & 11 & 21 \end{pmatrix}$$

indem wir die Matrix **A** der Reihe nach den folgenden *elementaren Umformungen* unterwerfen (die jeweils durchgeführte Umformung wird an die betreffende Zeile geschrieben; Z: Zeile):

$$\mathbf{A} = \begin{pmatrix} 1 & 3 & -5 & 0 \\ 2 & 7 & -8 & 7 \\ -1 & 0 & 11 & 21 \end{pmatrix} \begin{array}{l} \\ -2\,Z_1 \\ +Z_1 \end{array} \Rightarrow \begin{pmatrix} 1 & 3 & -5 & 0 \\ 0 & 1 & 2 & 7 \\ 0 & 3 & 6 & 21 \end{pmatrix} \begin{array}{l} \\ \\ -3\,Z_2 \end{array} \Rightarrow$$

$$\begin{pmatrix} 1 & 3 & -5 & 0 \\ 0 & 1 & 2 & 7 \\ 0 & 0 & 0 & 0 \end{pmatrix} \begin{array}{l} \\ \\ \leftarrow \text{„Nullzeile"} \end{array}$$

Die Matrix hat jetzt die gewünschte *Trapezform* (I-115). Ihr *Rang* beträgt somit $\text{Rg}(\mathbf{A}) = 2$.

■

4 Lineare Gleichungssysteme

4.1 Allgemeine Vorbetrachtungen

Ein *lineares Gleichungssystem* mit m Gleichungen und n Unbekannten vom Typ

$$\begin{array}{lllll} a_{11} x_1 & + a_{12} x_2 & + \ldots + & a_{1n} x_n & = c_1 \\ a_{21} x_1 & + a_{22} x_2 & + \ldots + & a_{2n} x_n & = c_2 \\ \vdots & \vdots & & \vdots & \vdots \\ a_{m1} x_1 & + a_{m2} x_2 & + \ldots + & a_{mn} x_n & = c_m \end{array} \tag{I-116}$$

(im folgenden kurz als *lineares* (m, n)-*System* bezeichnet) läßt sich unter Verwendung von *Matrizen* in einer besonders übersichtlichen Form darstellen. Aus diesem Grunde fassen wir zunächst die Koeffizienten a_{ik} des linearen Systems zu einer *Koeffizientenmatrix* $\mathbf{A}$, die unbekannten Größen $x_1, x_2, \ldots, x_n$ zu einem *Spaltenvektor* $\mathbf{x}$ und die absoluten Glieder $c_1, c_2, \ldots, c_m$ zu einem *Spaltenvektor* $\mathbf{c}$ wie folgt zusammen [12]:

$$\mathbf{A} = \begin{pmatrix} a_{11} & a_{12} & \ldots & a_{1n} \\ a_{21} & a_{22} & \ldots & a_{2n} \\ \vdots & \vdots & & \vdots \\ a_{m1} & a_{m2} & \ldots & a_{mn} \end{pmatrix}, \quad \mathbf{x} = \begin{pmatrix} x_1 \\ x_2 \\ \vdots \\ x_n \end{pmatrix}, \quad \mathbf{c} = \begin{pmatrix} c_1 \\ c_2 \\ \vdots \\ c_m \end{pmatrix} \tag{I-117}$$

Der Spaltenvektor $\mathbf{x}$ wird in diesem Zusammenhang auch als *Lösungsvektor* bezeichnet. Das lineare (m, n)-System besitzt dann in der *Matrizenschreibweise* die besonders einfache Gestalt

$$\mathbf{A}\,\mathbf{x} = \mathbf{c} \tag{I-118}$$

Unter Verwendung des *Falk-Schemas* läßt sich nämlich leicht zeigen, daß das Matrizenprodukt $\mathbf{A}\,\mathbf{x}$ zu einem *Spaltenvektor* führt, dessen Komponenten genau die auf der linken Seite von (I-116) stehenden Ausdrücke sind:

	$\mathbf{x}$	x_1 x_2 $\vdots$ x_n
$\mathbf{A}$	$a_{11} \; a_{12} \ldots a_{1n}$ $a_{21} \; a_{22} \ldots a_{2n}$ $\vdots \quad \vdots \quad \vdots$ $a_{m1} \; a_{m2} \ldots a_{mn}$	$a_{11} x_1 + a_{12} x_2 + \ldots + a_{1n} x_n$ $a_{21} x_1 + a_{22} x_2 + \ldots + a_{2n} x_n$ $\vdots \quad \vdots \quad \vdots$ $a_{m1} x_1 + a_{m2} x_2 + \ldots + a_{mn} x_n$
		$\mathbf{A}\,\mathbf{x}$

[12] *Spaltenvektoren* kennzeichnen wir durch *kleine* lateinische Buchstaben in **Fettdruck**.

Anmerkungen

(1) Das lineare Gleichungssystem (I-118) heißt *homogen*, wenn $\mathbf{c} = \mathbf{0}$ ist, d.h. *alle* Absolutglieder verschwinden. Ein *homogenes* System ist daher stets in der Matrizenform

$$\mathbf{A}\,\mathbf{x} = \mathbf{0} \tag{I-119}$$

darstellbar. Ein *inhomogenes* System liegt vor, wenn *mindestens ein* Absolutglied von Null verschieden ist, d.h. $\mathbf{c} \neq \mathbf{0}$ ist.

(2) Für $m = n$ liegt der in den Anwendungen besonders wichtige *Sonderfall* eines *quadratischen* linearen Gleichungssystem vor (auch *lineares* (n, n)*-System* genannt). Die Koeffizientenmatrix $\mathbf{A}$ ist in diesem Falle *quadratisch*.

Bei späteren Untersuchungen über das *Lösungsverhalten* eines linearen Gleichungssystems spielt die sog. *erweiterte Koeffizientenmatrix* [13]

$$(\mathbf{A} \mid \mathbf{c}) = \left(\begin{array}{cccc|c} a_{11} & a_{12} & \dots & a_{1n} & c_1 \\ a_{21} & a_{22} & \dots & a_{2n} & c_2 \\ \vdots & \vdots & & \vdots & \vdots \\ a_{m1} & a_{m2} & \dots & a_{mn} & c_m \end{array}\right) \tag{I-120}$$

eine bedeutende Rolle. Sie entsteht aus der Koeffizientenmatrix $\mathbf{A}$ durch *Hinzufügen* einer weiteren Spalte mit den Absolutgliedern $c_1, c_2, \dots, c_m$ und ist daher vom Typ $(m, n+1)$.

■ **Beispiele**

(1) Das lineare (2, 3)-System

$$\begin{aligned} x_1 - 2x_2 + x_3 &= 1 \\ x_1 + x_2 - 4x_3 &= 8 \end{aligned}$$

lautet in der *Matrizenform*:

$$\begin{pmatrix} 1 & -2 & 1 \\ 1 & 1 & -4 \end{pmatrix} \begin{pmatrix} x_1 \\ x_2 \\ x_3 \end{pmatrix} = \begin{pmatrix} 1 \\ 8 \end{pmatrix}$$

---

[13] Mit der Schreibweise $(\mathbf{A} \mid \mathbf{c})$ bringen wir zum Ausdruck, daß die Matrix $\mathbf{A}$ um den Spaltenvektor $\mathbf{c}$ *erweitert* wurde.

(2) Das in der *Matrizenform* vorliegende lineare Gleichungssystem

$$\begin{pmatrix} 1 & -3 & 5 \\ 0 & 2 & 8 \\ 5 & 7 & 0 \end{pmatrix} \begin{pmatrix} x_1 \\ x_2 \\ x_3 \end{pmatrix} = \begin{pmatrix} 0 \\ 1 \\ 3 \end{pmatrix}$$

lautet in der herkömmlichen Schreibweise, auch *Komponentenschreibweise* genannt, wie folgt:

$$\begin{aligned} x_1 - 3x_2 + 5x_3 &= 0 \\ 2x_2 + 8x_3 &= 1 \\ 5x_1 + 7x_2 \qquad &= 3 \end{aligned}$$

■

In Band 1, Abschnitt I.5 wurde bereits gezeigt, wie man ein lineares (m, n)-System $\mathbf{A}\,\mathbf{x} = \mathbf{c}$ mit Hilfe des *Gaußschen Algorithmus* lösen kann. Wir erinnern in diesem Zusammenhang an die folgende Aussage über das *Lösungsverhalten* eines solchen Gleichungssystems:

Über die Lösungsmenge eines linearen (m, n)-Systems

1. **Inhomogenes lineares Gleichungssystem $\mathbf{A}\,\mathbf{x} = \mathbf{c}$**

   Das System besitzt entweder genau *eine* Lösung oder *unendlich* viele Lösungen oder überhaupt *keine* Lösung.

2. **Homogenes lineares Gleichungssystem $\mathbf{A}\,\mathbf{x} = \mathbf{0}$**

   Das System besitzt entweder genau *eine* Lösung, nämlich die *triviale* Lösung $\mathbf{x} = \mathbf{0}$, oder *unendlich* viele Lösungen (darunter die triviale Lösung).

Eine Entscheidung jedoch darüber, ob ein vorgegebenes lineares (m, n)-System überhaupt *lösbar* ist und ob das System dann *eine* Lösung oder gar *unendlich* viele Lösungen besitzt, konnte dabei erst im Verlaufe der Rechnung getroffen werden. Häufig interessieren in den Anwendungen weniger die Lösungen an sich als das *Lösungsverhalten* des linearen Systems. Wir werden uns daher in diesem Abschnitt vorrangig mit den folgenden Problemstellungen befassen:

1. Unter *welchen* Voraussetzungen ist ein lineares Gleichungssystem überhaupt *lösbar*?
2. *Wann* besitzt ein lineares Gleichungssystem genau *eine* Lösung, *wann* dagegen *unendlich* viele Lösungen?

4.2 Gaußscher Algorithmus

Vorbemerkung

In Band 1, Abschnitt I.5 wurde bereits gezeigt, *wie* sich ein lineares Gleichungssystem $\mathbf{A}\,\mathbf{x} = \mathbf{c}$ mit Hilfe des *Gaußschen Algorithmus* lösen läßt. In diesem Abschnitt werden wir nun zeigen, daß der *Gaußsche Algorithmus* letztlich auf *elementaren Zeilenumformungen* in der *erweiterten* Koeffizientenmatrix $(\mathbf{A}\,|\,\mathbf{c})$ des linearen Systems beruht. Zum besseren Verständnis der nachfolgenden Überlegungen erscheint es mir daher sinnvoll, daß sich der Leser nochmals mit den im ersten Band, Abschnitt I.5 dargestellten *Grundlagen* vertraut macht. Der *Gaußsche Algorithmus* ist ein in der Praxis weit verbreitetes Lösungsverfahren für ein lineares Gleichungssystem. Er beruht auf *äquivalenten Umformungen* des linearen Systems, die wir im folgenden nochmals einzeln aufführen [14]:

1. Zwei Gleichungen dürfen miteinander *vertauscht* werden.
2. Jede Gleichung darf mit einer beliebigen von Null verschiedenen Zahl *multipliziert* werden.
3. Zu jeder Gleichung darf ein beliebiges Vielfaches einer *anderen* Gleichung *addiert* werden.

Mit Hilfe *äquivalenter Umformungen* läßt sich dann ein lineares (m, n)-System $\mathbf{A}\,\mathbf{x} = \mathbf{c}$ in ein *äquivalentes gestaffeltes* System $\mathbf{A}^*\,\mathbf{x} = \mathbf{c}^*$ überführen, aus dem dann (im Falle der *Lösbarkeit* des Systems) die unbekannten Größen $x_1, x_2, \ldots, x_n$ *sukzessiv* berechnet werden können.

Uns interessieren nun insbesondere die *Veränderungen* in der Koeffizientenmatrix $\mathbf{A}$ und in der *erweiterten* Koeffizientenmatrix $(\mathbf{A}\,|\,\mathbf{c})$, die durch die *äquivalenten Umformungen* des linearen Systems hervorgerufen werden. Die *Wirkungen* der Äquivalenzumformungen auf diese Matrizen wollen wir dabei zunächst anhand eines einfachen Beispiels näher studieren. Wir wählen dazu das lineare (3, 3)-System

$$\begin{aligned} x_1 + 2x_2 - 2x_3 &= 7 \\ 2x_1 + 3x_2 \phantom{{}- 2x_3} &= 0 \\ 2x_1 + x_2 + 8x_3 &= -28 \end{aligned} \qquad \text{(I-121)}$$

aus und unterwerfen dieses System der Reihe nach den folgenden *äquivalenten Umformungen* (*Gaußscher Algorithmus*):

[14] *Äquivalente Umformungen* verändern lediglich die *äußere* Gestalt eines linearen Gleichungssystems, *nicht* aber dessen Lösungsmenge.

	x_1	x_2	x_3	c_i	s_i
$\boxed{E_1}$	1	2	−2	7	8
	2	3	0	0	5
$-2 \cdot E_1$	−2	−4	4	−14	−16
	2	1	8	−28	−17
$-2 \cdot E_1$	−2	−4	4	−14	−16
$\boxed{E_2}$		−1	4	−14	−11
		−3	12	−42	−33
$-3 \cdot E_2$		3	−12	42	33
			0	0	0

Wir haben damit das Gleichungssystem (I-121) in das *gestaffelte* System

$$\begin{aligned} x_1 + 2x_2 - 2x_3 &= 7 \\ -\; x_2 + 4x_3 &= -14 \\ 0x_3 &= 0 \end{aligned} \qquad \text{(I-122)}$$

übergeführt, das nun *sukzessiv* von unten nach oben gelöst werden kann. Die letzte Gleichung $0x_3 = 0$ ist dabei für *jedes* $x_3 \in \mathbb{R}$ erfüllt, d.h. die Unbekannte x_3 ist als *frei wählbarer Parameter* zu betrachten (wir setzen daher $x_3 = \lambda$). Das lineare Gleichungssystem (I-121) besitzt somit *unendlich* viele (noch von einem Parameter λ) abhängige Lösungen, die in der folgenden Form darstellbar sind:

$$\begin{aligned} x_1 &= -6\lambda - 21 \\ x_2 &= 4\lambda + 14 \\ x_3 &= \lambda \end{aligned} \qquad \text{oder} \qquad \mathbf{x} = \begin{pmatrix} -6\lambda - 21 \\ 4\lambda + 14 \\ \lambda \end{pmatrix} \qquad (\lambda \in \mathbb{R}) \qquad \text{(I-123)}$$

Bei den beschriebenen äquivalenten Umformungen des Systems (I-121) wurde sowohl die Koeffizientenmatrix $\mathbf{A}$ als auch die erweiterte Koeffizientenmatrix $(\mathbf{A} \mid \mathbf{c})$ in eine jeweils *ranggleiche* Matrix mit *trapezförmiger* Gestalt übergeführt:

$$\mathbf{A} = \begin{pmatrix} 1 & 2 & -2 \\ 2 & 3 & 0 \\ 2 & 1 & 8 \end{pmatrix} \Rightarrow \mathbf{A}^* = \begin{pmatrix} 1 & 2 & -2 \\ 0 & -1 & 4 \\ 0 & 0 & 0 \end{pmatrix} \qquad \text{(I-124)}$$

$$\operatorname{Rg}(\mathbf{A}) = \operatorname{Rg}(\mathbf{A}^*) = 2$$

$$(\mathbf{A} \mid \mathbf{c}) = \left(\begin{array}{ccc|c} 1 & 2 & -2 & 7 \\ 2 & 3 & 0 & 0 \\ 2 & 1 & 8 & -28 \end{array}\right) \Rightarrow (\mathbf{A}^* \mid \mathbf{c}^*) = \left(\begin{array}{ccc|c} 1 & 2 & -2 & 7 \\ 0 & -1 & 4 & -14 \\ 0 & 0 & 0 & 0 \end{array}\right) \qquad \text{(I-125)}$$

$$\operatorname{Rg}(\mathbf{A} \mid \mathbf{c}) = \operatorname{Rg}(\mathbf{A}^* \mid \mathbf{c}^*) = 2$$

Im übrigen genügt es, wenn wir uns bei unseren Untersuchungen auf die *erweiterte* Koeffizientenmatrix beschränken, da sie die Koeffizientenmatrix *mitenthält*:

$$(\mathbf{A} \mid \mathbf{c}) = \left(\begin{array}{ccc|c} 1 & 2 & -2 & 7 \\ 2 & 3 & 0 & 0 \\ \underbrace{2 \quad 1 \quad 8}_{\mathbf{A}} & & & -28 \end{array} \right) \Rightarrow (\mathbf{A}^* \mid \mathbf{c}^*) = \left(\begin{array}{ccc|c} 1 & 2 & -2 & 7 \\ 0 & -1 & 4 & -14 \\ \underbrace{0 \quad 0 \quad 0}_{\mathbf{A}^*} & & & 0 \end{array} \right) \qquad \text{(I-126)}$$

Die *äquivalenten Umformungen* des linearen Gleichungssystems $\mathbf{A\,x} = \mathbf{c}$ haben also in den Matrizen $\mathbf{A}$ und $(\mathbf{A} \mid \mathbf{c})$ lediglich *elementare Zeilenumformungen* zur Folge und überführen diese Matrizen (im Falle der *Lösbarkeit* des Systems) in die *Trapezform*. Der *Rang* der Matrizen wird dabei *nicht* verändert (vgl. hierzu Abschnitt 3.3). *Zulässige elementare Zeilenumformungen* sind:

1. *Vertauschen* zweier Zeilen.
2. *Multiplikation* einer Zeile mit einer von Null verschiedenen Zahl.
3. *Addition* eines Vielfachen einer Zeile zu einer *anderen* Zeile.

Ein lineares Gleichungssystem $\mathbf{A\,x} = \mathbf{c}$ kann demnach gelöst werden, indem man zunächst die *erweiterte* Koeffizientenmatrix $(\mathbf{A} \mid \mathbf{c})$ des Systems mit Hilfe *elementarer Zeilenumformungen* in die *Trapezform* $(\mathbf{A}^* \mid \mathbf{c}^*)$ bringt (dies ist im Falle der Lösbarkeit des Systems *stets* möglich) und anschließend das dann vorliegende *äquivalente gestaffelte* System $\mathbf{A}^*\,\mathbf{x} = \mathbf{c}^*$ *sukzessiv* löst.

Wir fassen diese wichtigen Aussagen zusammen:

Lösen eines linearen Gleichungssystems $\mathbf{A\,x} = \mathbf{c}$ mit Hilfe des Gaußschen Algorithmus

Den *äquivalenten Umformungen* eines linearen Gleichungssystems $\mathbf{A\,x} = \mathbf{c}$ entsprechen *elementare Zeilenumformungen* in der Koeffizientenmatrix $\mathbf{A}$ und der *erweiterten* Koeffizientenmatrix $(\mathbf{A} \mid \mathbf{c})$. Im Falle der *Lösbarkeit* des linearen Systems lassen sich die Lösungen wie folgt gewinnen:

1. Zunächst wird die *erweiterte* Koeffizientenmatrix $(\mathbf{A} \mid \mathbf{c})$ (und damit auch die Koeffizientenmatrix $\mathbf{A}$ selbst) mit Hilfe *elementarer Zeilenumformungen* in eine *ranggleiche* Matrix mit *Trapezform* übergeführt:

$$\mathbf{A} \Rightarrow \mathbf{A}^* \quad \text{und} \quad (\mathbf{A} \mid \mathbf{c}) \Rightarrow (\mathbf{A}^* \mid \mathbf{c}^*) \qquad \text{(I-127)}$$

2. Das lineare Gleichungssystem liegt dann in der *gestaffelten* Form $\mathbf{A}^*\,\mathbf{x} = \mathbf{c}^*$ vor und läßt sich *sukzessiv* von unten nach oben lösen.

Anmerkung

Man beachte, daß beim *Gaußschen Algorithmus* nur elementare *Zeilenumformungen* zulässig sind. *Ausnahme*: *Umnumerierung* der Variablen, die einer Spaltenvertauschung in der *Koeffizientenmatrix* entspricht.

■ **Beispiel**

Wir kehren zu unserem Anfangsbeispiel zurück und lösen das nun in der *Matrizenform*

$$\begin{pmatrix} 1 & 2 & -2 \\ 2 & 3 & 0 \\ 2 & 1 & 8 \end{pmatrix} \begin{pmatrix} x_1 \\ x_2 \\ x_3 \end{pmatrix} = \begin{pmatrix} 7 \\ 0 \\ -28 \end{pmatrix}$$

dargestellte lineare Gleichungssystem (I-121) mit Hilfe *elementarer Zeilenumformungen* in der *erweiterten* Koeffizientenmatrix $(\mathbf{A} \mid \mathbf{c})$ wie folgt, wobei wir die jeweils durchgeführte *elementare Zeilenumformung* an die entsprechende Zeile der Matrix schreiben (Z: Zeile):

$$(\mathbf{A} \mid \mathbf{c}) = \left(\underbrace{\begin{matrix} 1 & 2 & -2 \\ 2 & 3 & 0 \\ 2 & 1 & 8 \end{matrix}}_{\mathbf{A}} \left| \begin{matrix} 7 \\ 0 \\ -28 \end{matrix} \right.\right) \begin{matrix} \\ -2Z_1 \\ -2Z_1 \end{matrix} \Rightarrow \left(\begin{matrix} 1 & 2 & -2 \\ 0 & -1 & 4 \\ 0 & -3 & 12 \end{matrix} \left| \begin{matrix} 7 \\ -14 \\ -42 \end{matrix} \right.\right) \begin{matrix} \\ \\ -3Z_2 \end{matrix} \Rightarrow$$

$$\left(\underbrace{\begin{matrix} 1 & 2 & -2 \\ 0 & -1 & 4 \\ 0 & 0 & 0 \end{matrix}}_{\mathbf{A}^*} \left| \begin{matrix} 7 \\ -14 \\ 0 \end{matrix} \right.\right) = (\mathbf{A}^* \mid \mathbf{c}^*)$$

Koeffizientenmatrix und *erweiterte* Koeffizientenmatrix besitzen jetzt die gewünschte *Trapezform.* Das *gestaffelte* System lautet somit:

$$\begin{aligned} x_1 + 2x_2 - 2x_3 &= 7 \\ -\ x_2 + 4x_3 &= -14 \\ 0x_3 &= 0 \end{aligned}$$

und wird durch

$$x_1 = -6\lambda - 21, \quad x_2 = 4\lambda + 14, \quad x_3 = \lambda$$

gelöst ($x_3 = \lambda$ ist ein frei wählbarer *Parameter*, d.h. $\lambda \in \mathbb{R}$).

■

4.3 Lösungsverhalten eines linearen (m, n)-Gleichungssystems

Wir untersuchen in diesem Abschnitt das *Lösungsverhalten* eines linearen (m, n)-Systems vom allgemeinen Typ $\mathbf{A}\,\mathbf{x} = \mathbf{c}$ oder (in der Komponentenschreibweise)

$$\begin{array}{ccccccccc} a_{11}x_1 & + & a_{12}x_2 & + \ldots + & a_{1n}x_n & = & c_1 \\ a_{21}x_1 & + & a_{22}x_2 & + \ldots + & a_{2n}x_n & = & c_2 \\ \vdots & & \vdots & & \vdots & & \vdots \\ a_{m1}x_1 & + & a_{m2}x_2 & + \ldots + & a_{mn}x_n & = & c_m \end{array} \tag{I-128}$$

Mit Hilfe *äquivalenter Umformungen* läßt sich dieses System in ein *äquivalentes gestaffeltes* System der Form

$$\begin{array}{rcl} a_{11}^{*}x_1 + a_{12}^{*}x_2 + \ldots + a_{1r}^{*}x_r + a_{1,r+1}^{*}x_{r+1} + \ldots + a_{1n}^{*}x_n & = & c_1^{*} \\ a_{22}^{*}x_2 + \ldots + a_{2r}^{*}x_r + a_{2,r+1}^{*}x_{r+1} + \ldots + a_{2n}^{*}x_n & = & c_2^{*} \\ \vdots \qquad\qquad \vdots \qquad\qquad\qquad \vdots & & \vdots \\ a_{rr}^{*}x_r + a_{r,r+1}^{*}x_{r+1} + \ldots + a_{rn}^{*}x_n & = & c_r^{*} \\ 0 & = & c_{r+1}^{*} \\ 0 & = & c_{r+2}^{*} \\ \vdots & & \vdots \\ 0 & = & c_m^{*} \end{array} \tag{I-129}$$

überführen ($a_{ii}^{*} \neq 0,\ i = 1, 2, \ldots, r$). Unter Verwendung von *Matrizen* läßt sich dafür auch schreiben

$$\mathbf{A}^{*}\,\mathbf{x} = \mathbf{c}^{*} \tag{I-130}$$

Den Übergang vom linearen System $\mathbf{A}\,\mathbf{x} = \mathbf{c}$ zum *äquivalenten* System $\mathbf{A}^{*}\,\mathbf{x} = \mathbf{c}^{*}$ können wir *symbolisch* wie folgt darstellen:

$$\mathbf{A}\,\mathbf{x} = \mathbf{c} \quad \xrightarrow[\text{Umformungen}]{\text{Äquivalente}} \quad \mathbf{A}^{*}\,\mathbf{x} = \mathbf{c}^{*} \tag{I-131}$$

Die Koeffizientenmatrix $\mathbf{A}^{*}$ geht dabei aus der Koeffizientenmatrix $\mathbf{A}$ und die *erweiterte* Koeffizientenmatrix $(\mathbf{A}^{*}\,|\,\mathbf{c}^{*})$ aus der *erweiterten* Koeffizientenmatrix $(\mathbf{A}\,|\,\mathbf{c})$ durch *elementare Zeilenumformungen* hervor:

$$\left.\begin{array}{c} \mathbf{A} \\ (\mathbf{A}\,|\,\mathbf{c}) \end{array}\right\} \xrightarrow[\text{Zeilenumformungen}]{\text{Elementare}} \left\{\begin{array}{c} \mathbf{A}^{*} \\ (\mathbf{A}^{*}\,|\,\mathbf{c}^{*}) \end{array}\right. \tag{I-132}$$

Die Matrizen $\mathbf{A}^*$ und $(\mathbf{A}^* \mid \mathbf{c}^*)$ besitzen die folgenden *Strukturen*:

$$(\mathbf{A}^* \mid \mathbf{c}^*) = \left(\begin{array}{cccccccc|c} a_{11}^* & a_{12}^* & \dots & a_{1r}^* & a_{1,r+1}^* & \dots & a_{1n}^* & & c_1^* \\ 0 & a_{22}^* & \dots & a_{2r}^* & a_{2,r+1}^* & \dots & a_{2n}^* & & c_2^* \\ \vdots & \vdots & & \vdots & \vdots & & \vdots & & \vdots \\ 0 & 0 & \dots & a_{rr}^* & a_{r,r+1}^* & \dots & a_{rn}^* & & c_r^* \\ 0 & 0 & \dots & 0 & 0 & \dots & 0 & & c_{r+1}^* \\ 0 & 0 & \dots & 0 & 0 & \dots & 0 & & c_{r+2}^* \\ \vdots & \vdots & & \vdots & \vdots & & \vdots & & \vdots \\ 0 & 0 & \dots & 0 & 0 & \dots & 0 & & c_m^* \end{array}\right) \tag{I-133}$$

$\underbrace{\qquad\qquad\qquad}_{\mathbf{A}^*}$; die Elemente $c_{r+1}^*, \dots, c_m^*$: Diese Zahlen entscheiden über die Lösbarkeit des Systems

Das lineare (m, n)-System $\mathbf{A}\,\mathbf{x} = \mathbf{c}$ bzw. $\mathbf{A}^*\,\mathbf{x} = \mathbf{c}^*$ ist offensichtlich nur *lösbar*, wenn die Elemente $c_{r+1}^*, c_{r+2}^*, \dots, c_m^*$ *sämtlich verschwinden*. Andernfalls erhalten wir *widersprüchliche* Gleichungen, in denen die *linke* Seite den Wert Null und die *rechte* Seite einen von Null *verschiedenen* Wert besitzt. Die *erweiterte* Koeffizientenmatrix $(\mathbf{A}^* \mid \mathbf{c}^*)$ muß daher im Falle der *Lösbarkeit* die spezielle Form

$$(\mathbf{A}^* \mid \mathbf{c}^*) = \left(\begin{array}{ccccccc|c} a_{11}^* & a_{12}^* & \dots & a_{1r}^* & a_{1,r+1}^* & \dots & a_{1n}^* & c_1^* \\ 0 & a_{22}^* & \dots & a_{2r}^* & a_{2,r+1}^* & \dots & a_{2n}^* & c_2^* \\ \vdots & \vdots & & \vdots & \vdots & & \vdots & \vdots \\ 0 & 0 & \dots & a_{rr}^* & a_{r,r+1}^* & \dots & a_{rn}^* & c_r^* \\ 0 & 0 & \dots & 0 & 0 & \dots & 0 & 0 \\ 0 & 0 & \dots & 0 & 0 & \dots & 0 & 0 \\ \vdots & \vdots & & \vdots & \vdots & & \vdots & \vdots \\ 0 & 0 & \dots & 0 & 0 & \dots & 0 & 0 \end{array}\right) \tag{I-134}$$

$\underbrace{\qquad\qquad\qquad}_{\mathbf{A}^*}$; letzte Zeilen: $(m - r)$ Nullzeilen

annehmen. Beide Matrizen, sowohl $\mathbf{A}^*$ als auch $(\mathbf{A}^* \mid \mathbf{c}^*)$, sind dann von *trapezförmiger* Gestalt und enthalten jeweils in den letzten $m - r$ Zeilen nur *Nullen*. Sie stimmen daher in ihrem *Rang* überein:

$$\operatorname{Rg}(\mathbf{A}^*) = \operatorname{Rg}(\mathbf{A}^* \mid \mathbf{c}^*) = r \tag{I-135}$$

Da das System $\mathbf{A}^*\,\mathbf{x} = \mathbf{c}^*$ durch *äquivalente Umformungen* bzw. *elementare Zeilenumformungen* aus dem System $\mathbf{A}\,\mathbf{x} = \mathbf{c}$ hervorgeht, sind $\mathbf{A}$ und $\mathbf{A}^*$ bzw. $(\mathbf{A} \mid \mathbf{c})$ und $(\mathbf{A}^* \mid \mathbf{c}^*)$ jeweils *ranggleich*. Ein lineares (m, n)-System $\mathbf{A}\,\mathbf{x} = \mathbf{c}$ ist demnach nur *lösbar*, wenn $\mathbf{A}$ und $(\mathbf{A} \mid \mathbf{c})$ vom *gleichen* Rang sind. Die Bedingung

$$\operatorname{Rg}(\mathbf{A}) = \operatorname{Rg}(\mathbf{A} \mid \mathbf{c}) = r \tag{I-136}$$

ist somit *notwendig und hinreichend* für die *Lösbarkeit* eines linearen Systems. Wir halten diese wichtige Aussage in einem Satz fest:

Über die Lösbarkeit eines linearen (m, n)-Systems

Ein lineares (m, n)-System $\mathbf{A}\,\mathbf{x} = \mathbf{c}$ ist dann und nur dann *lösbar*, wenn der Rang der Koeffizientenmatrix $\mathbf{A}$ mit dem Rang der *erweiterten* Koeffizientenmatrix $(\mathbf{A}\,|\,\mathbf{c})$ *übereinstimmt*:

$$\operatorname{Rg}(\mathbf{A}) = \operatorname{Rg}(\mathbf{A}\,|\,\mathbf{c}) = r \qquad \text{(I-137)}$$

$(r \leqslant m;\ r \leqslant n)$

Anmerkungen

(1) Ein lineares (m, n)-System $\mathbf{A}\,\mathbf{x} = \mathbf{c}$ ist *unlösbar*, wenn $\operatorname{Rg}(\mathbf{A}) \neq \operatorname{Rg}(\mathbf{A}\,|\,\mathbf{c})$ ist. In diesem Fall ist stets $\operatorname{Rg}(\mathbf{A}\,|\,\mathbf{c}) > \operatorname{Rg}(\mathbf{A})$.

(2) In einem *homogenen* linearen (m, n)-System $\mathbf{A}\,\mathbf{x} = \mathbf{0}$ ist die *Lösbarkeitsbedingung* $\operatorname{Rg}(\mathbf{A}) = \operatorname{Rg}(\mathbf{A}\,|\,\mathbf{c}) = r$ *stets* erfüllt. Denn die *erweiterte* Koeffizientenmatrix $(\mathbf{A}\,|\,\mathbf{0})$ unterscheidet sich von der Koeffizientenmatrix $\mathbf{A}$ lediglich durch eine *zusätzliche* Spalte mit lauter *Nullen*, die aber den Matrizenrang in *keiner* Weise verändert:

$$(\mathbf{A}\,|\,\mathbf{0}) = \underbrace{\begin{pmatrix} a_{11} & a_{12} & \dots & a_{1n} \\ a_{21} & a_{22} & \dots & a_{2n} \\ \vdots & \vdots & & \vdots \\ a_{m1} & a_{m2} & \dots & a_{mn} \end{pmatrix}}_{\mathbf{A}} \left|\begin{matrix} 0 \\ 0 \\ \vdots \\ 0 \end{matrix}\right) \qquad \text{(I-138)}$$

Diese *Nullspalte* hat *keinen* Einfluß auf den Matrizenrang

Fallunterscheidungen bei einem lösbaren linearen System

Im Falle der *Lösbarkeit* eines linearen (m, n)-Systems $\mathbf{A}\,\mathbf{x} = \mathbf{c}$ müssen wir noch die Fälle $r = n$ und $r < n$ unterscheiden.

1. Fall: $r = n$

Das *gestaffelte* System $\mathbf{A}^*\,\mathbf{x} = \mathbf{c}^*$ besitzt für $r = n$ die *quadratische* Form

$$\begin{aligned} a_{11}^* x_1 + a_{12}^* x_2 + \dots + a_{1n}^* x_n &= c_1^* \\ a_{22}^* x_2 + \dots + a_{2n}^* x_n &= c_2^* \\ \vdots \qquad & \quad \vdots \\ a_{nn}^* x_n &= c_n^* \end{aligned} \qquad \text{(I-139)}$$

Die Koeffizientenmatrix $\mathbf{A}^*$ ist eine (obere) *Dreiecksmatrix*, die *erweiterte* Koeffizientenmatrix $(\mathbf{A}^* \mid \mathbf{c}^*)$ besitzt *Trapezform*:

$$(\mathbf{A}^* \mid \mathbf{c}^*) = \left(\begin{array}{cccc|c} a_{11}^* & a_{12}^* & \ldots & a_{1n}^* & c_1^* \\ 0 & a_{22}^* & \ldots & a_{2n}^* & c_2^* \\ \vdots & \vdots & & \vdots & \vdots \\ 0 & 0 & \ldots & a_{nn}^* & c_n^* \end{array} \right) \tag{I-140}$$

$$\underbrace{\hphantom{a_{11}^* \quad a_{12}^* \quad \ldots \quad a_{1n}^*}}_{\mathbf{A}^*}$$

Das lineare Gleichungssystem besitzt jetzt genau *eine* Lösung, die man *sukzessiv* von unten nach oben aus dem *gestaffelten* System (I-139) berechnet.

2. Fall: $r < n$

Das gestaffelte System $\mathbf{A}^* \mathbf{x} = \mathbf{c}^*$ besitzt für $r < n$ eine *rechteckige* Gestalt:

$$\begin{array}{rcl} a_{11}^* x_1 + a_{12}^* x_2 + \ldots + a_{1r}^* x_r + a_{1,r+1}^* x_{r+1} + \ldots + a_{1n}^* x_n & = & c_1^* \\ a_{22}^* x_2 + \ldots + a_{2r}^* x_r + a_{2,r+1}^* x_{r+1} + \ldots + a_{2n}^* x_n & = & c_2^* \\ \vdots \qquad\qquad \vdots \qquad\qquad\qquad \vdots & & \vdots \\ a_{rr}^* x_r + a_{r,r+1}^* x_{r+1} + \ldots + a_{rn}^* x_n & = & c_r^* \end{array} \tag{I-141}$$

Wir haben in diesem Fall mehr Unbekannte (n) als Gleichungen (r): $n > r$: Daher sind $n - r$ der Unbekannten, z.B. $x_{r+1}, x_{r+2}, \ldots, x_n$, *frei wählbare Größen* (*Parameter*). Das *gestaffelte* System (I-141) wird dann wiederum *sukzessiv* von unten nach oben gelöst. Wir erhalten *unendlich* viele Lösungen, die noch von $n - r$ *Parametern* abhängen.

Ein lineares Gleichungssystem zeigt damit das folgende *Lösungsverhalten*:

Über das Lösungsverhalten eines linearen (m, n)-Systems $\mathbf{A}\,\mathbf{x} = \mathbf{c}$

1. Ein lineares (m, n)-System $\mathbf{A}\,\mathbf{x} = \mathbf{c}$ ist nur *lösbar*, wenn Koeffizientenmatrix $\mathbf{A}$ und *erweiterte* Koeffizientenmatrix $(\mathbf{A} \mid \mathbf{c})$ *ranggleich* sind:

$$\operatorname{Rg}(\mathbf{A}) = \operatorname{Rg}(\mathbf{A} \mid \mathbf{c}) = r \tag{I-142}$$

2. Im Falle der *Lösbarkeit* besitzt das lineare System die folgende *Lösungsmenge*:

Für $r = n$: Genau *eine* Lösung;

Für $r < n$: *Unendlich* viele Lösungen, wobei $n - r$ der insgesamt n Unbekannten *frei wählbare Parameter* sind.

Anmerkungen

(1) Ein lineares (m, n)-System $\mathbf{A}\,\mathbf{x} = \mathbf{c}$ ist *unlösbar*, wenn Koeffizientenmatrix $\mathbf{A}$ und *erweiterte* Koeffizientenmatrix $(\mathbf{A} \mid \mathbf{c})$ von *unterschiedlichem* Rang sind, d.h. $\text{Rg}(\mathbf{A}) \neq \text{Rg}(\mathbf{A} \mid \mathbf{c})$ ist.

(2) Bei einem *homogenen* System $\mathbf{A}\,\mathbf{x} = \mathbf{0}$ ist die *Lösbarkeitsbedingung* $\text{Rg}(\mathbf{A}) = \text{Rg}(\mathbf{A} \mid \mathbf{c})$ *stets* erfüllt. Ein *homogenes* lineares System ist daher *immer* lösbar und besitzt wenigstens die *triviale* Lösung $x_1 = x_2 = \ldots = x_n = 0$. Sie ist die *einzige* Lösung, wenn $r = n$ ist. *Nicht-triviale* Lösungen, d.h. von $\mathbf{x} = \mathbf{0}$ verschiedene Lösungen, existieren nur für $r < n$.

Die oben aufgeführten *Kriterien* für die Lösbarkeit eines linearen Gleichungssystems lassen sich in einem Schema besonders übersichtlich wie folgt darstellen:

Kriterien für die Lösbarkeit eines linearen (m, n)-Systems $\mathbf{A}\,\mathbf{x} = \mathbf{c}$

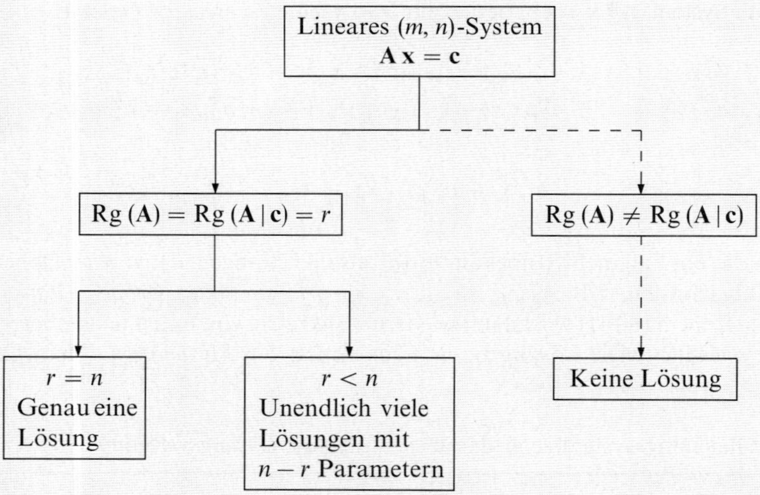

Anmerkung

Ein *homogenes* lineares (m, n)-System $\mathbf{A}\,\mathbf{x} = \mathbf{0}$ ist bekanntlich *stets* lösbar. Der durch den gestrichelten Weg angedeutete Fall kann daher nur für ein *inhomogenes* System eintreten.

■ **Beispiele**

(1) Wir zeigen mit Hilfe von *Determinanten*, daß das lineare (3,2)-System

$$\begin{aligned} 3x_1 - 4x_2 &= 2 \\ -x_1 + 5x_2 &= 4 \\ 5x_1 + 2x_2 &= 12 \end{aligned}$$

nicht lösbar ist.

Der Rang der Koeffizientenmatrix

$$\mathbf{A} = \begin{pmatrix} 3 & -4 \\ -1 & 5 \\ 5 & 2 \end{pmatrix}$$

beträgt $\operatorname{Rg}(\mathbf{A}) = 2$, da es wenigstens *eine* von Null verschiedene *2-reihige* Unterdeterminante, nämlich

$$\begin{vmatrix} -1 & 5 \\ 5 & 2 \end{vmatrix} = -27 \neq 0$$

gibt (in $\mathbf{A}$ wurde die *1. Zeile* gestrichen). Die *erweiterte* Koeffizientenmatrix

$$(\mathbf{A} \mid \mathbf{c}) = \begin{pmatrix} 3 & -4 & 2 \\ -1 & 5 & 4 \\ 5 & 2 & 12 \end{pmatrix}$$

ist *quadratisch* und sogar *regulär*:

$$\det(\mathbf{A} \mid \mathbf{c}) = \begin{vmatrix} 3 & -4 & 2 \\ -1 & 5 & 4 \\ 5 & 2 & 12 \end{vmatrix} = -26 \neq 0$$

Somit ist $\operatorname{Rg}(\mathbf{A} \mid \mathbf{c}) = 3$ und $\operatorname{Rg}(\mathbf{A}) \neq \operatorname{Rg}(\mathbf{A} \mid \mathbf{c})$. Das vorliegende Gleichungssystem ist daher *unlösbar*.

(2) Wir untersuchen mit Hilfe der *Matrizenrechnung* das Lösungsverhalten des folgenden linearen (4,3)-Systems:

$$\begin{aligned} 4x_1 - x_2 - x_3 &= 6 \\ x_1 \qquad + 2x_3 &= 0 \\ -x_1 + 2x_2 + 2x_3 &= 2 \\ 3x_1 - x_2 \qquad &= 3 \end{aligned}$$

Die erweiterte Koeffizientenmatrix des Systems wird zunächst den folgenden *elementaren Zeilenumformungen* unterworfen:

$$(\mathbf{A}\,|\,\mathbf{c}) = \left(\begin{array}{rrr|r} 4 & -1 & -1 & 6 \\ 1 & 0 & 2 & 0 \\ -1 & 2 & 2 & 2 \\ 3 & -1 & 0 & 3 \end{array}\right)\begin{array}{l} \big\updownarrow \\ \\ \\ \\ \end{array} \Rightarrow \left(\begin{array}{rrr|r} 1 & 0 & 2 & 0 \\ 4 & -1 & -1 & 6 \\ -1 & 2 & 2 & 2 \\ 3 & -1 & 0 & 3 \end{array}\right)\begin{array}{l} \\ -4Z_1 \\ +Z_1 \\ -3Z_1 \end{array}$$

$$\Rightarrow \left(\begin{array}{rrr|r} 1 & 0 & 2 & 0 \\ 0 & -1 & -9 & 6 \\ 0 & 2 & 4 & 2 \\ 0 & -1 & -6 & 3 \end{array}\right)\begin{array}{l} \\ \\ +2Z_2 \\ -Z_2 \end{array} \Rightarrow \left(\begin{array}{rrr|r} 1 & 0 & 2 & 0 \\ 0 & -1 & -9 & 6 \\ 0 & 0 & -14 & 14 \\ 0 & 0 & 3 & -3 \end{array}\right)\begin{array}{l} \\ \\ :14 \\ :3 \end{array}$$

$$\Rightarrow \left(\begin{array}{rrr|r} 1 & 0 & 2 & 0 \\ 0 & -1 & -9 & 6 \\ 0 & 0 & -1 & 1 \\ 0 & 0 & 1 & -1 \end{array}\right)\begin{array}{l} \\ \\ \\ +Z_3 \end{array} \Rightarrow \left(\begin{array}{c|c} \underbrace{\begin{matrix} 1 & 0 & 2 \\ 0 & -1 & -9 \\ 0 & 0 & -1 \\ 0 & 0 & 0 \end{matrix}}_{\mathbf{A}^*} & \begin{matrix} 0 \\ 6 \\ 1 \\ 0 \end{matrix} \end{array}\right)\begin{array}{l} \\ = (\mathbf{A}^*\,|\,\mathbf{c}^*) \\ \\ \leftarrow \text{Nullzeile} \end{array}$$

$$\operatorname{Rg}(\mathbf{A}) = \operatorname{Rg}(\mathbf{A}^*) = 3, \quad \operatorname{Rg}(\mathbf{A}\,|\,\mathbf{c}) = \operatorname{Rg}(\mathbf{A}^*\,|\,\mathbf{c}^*) = 3$$

Das lineare Gleichungssystem ist somit wegen $\operatorname{Rg}(\mathbf{A}) = \operatorname{Rg}(\mathbf{A}\,|\,\mathbf{c}) = 3$ *lösbar* und besitzt genau *eine* Lösung, da $r = n = 3$ ist. Die Lösung berechnen wir aus dem *gestaffelten* System $\mathbf{A}^*\,\mathbf{x} = \mathbf{c}^*$ *sukzessiv* wie folgt:

Gestaffeltes System

$$\begin{array}{rrrcll} x_1 & & +\,2x_3 = 0 & \Rightarrow & x_1 = 2 & \\ & -\,x_2 & -\,9x_3 = 6 & \Rightarrow & x_2 = 3 & \uparrow \\ & & -\,x_3 = 1 & \Rightarrow & x_3 = -1 & \uparrow \end{array}$$

Lösung: $x_1 = 2, \quad x_2 = 3, \quad x_3 = -1$

■

4.4 Lösungsverhalten eines quadratischen linearen Gleichungssystems

Für $m = n$ erhalten wir den in den Anwendungen besonders häufigen und wichtigen *Sonderfall* eines *quadratischen* linearen Gleichungssystems mit n Gleichungen und n Unbekannten:

$$\begin{array}{ccccccc} a_{11}x_1 & + & a_{12}x_2 & + \ldots + & a_{1n}x_n & = & c_1 \\ a_{21}x_1 & + & a_{22}x_2 & + \ldots + & a_{2n}x_n & = & c_2 \\ \vdots & & \vdots & & \vdots & & \vdots \\ a_{n1}x_1 & + & a_{n2}x_2 & + \ldots + & a_{nn}x_n & = & c_n \end{array} \quad \text{oder} \quad \mathbf{A}\,\mathbf{x} = \mathbf{c} \tag{I-143}$$

Die Koeffizientenmatrix $\mathbf{A}$ ist dabei *quadratisch*, die *erweiterte* Koeffizientenmatrix $(\mathbf{A}\,|\,\mathbf{c})$ vom Typ $(n, n+1)$:

$$(\mathbf{A}\,|\,\mathbf{c}) = \left(\begin{array}{cccc|c} a_{11} & a_{12} & \ldots & a_{1n} & c_1 \\ a_{21} & a_{22} & \ldots & a_{2n} & c_2 \\ \vdots & \vdots & & \vdots & \vdots \\ a_{n1} & a_{n2} & \ldots & a_{nn} & c_n \end{array}\right) \tag{I-144}$$

(wobei der linke Block unter der Klammer mit $\mathbf{A}$ bezeichnet ist)

Wir beschäftigen uns zunächst mit den *inhomogenen* und anschließend mit den *homogenen* linearen (n, n)-Systemen. Dabei behalten alle für (m, n)-Systeme hergeleiteten Sätze auch für *quadratische* (n, n)-Systeme ihre Gültigkeit.

4.4.1 Inhomogenes lineares (n, n)-System

Nach den Ausführungen über die linearen (m, n)-Systeme in Abschnitt 4.3 ist ein *inhomogenes* lineares (n, n)-System $\mathbf{A}\,\mathbf{x} = \mathbf{c}$ nur *lösbar*, wenn Koeffizientenmatrix $\mathbf{A}$ und *erweiterte* Koeffizientenmatrix $(\mathbf{A}\,|\,\mathbf{c})$ vom *gleichen* Rang r sind:

$$\operatorname{Rg}(\mathbf{A}) = \operatorname{Rg}(\mathbf{A}\,|\,\mathbf{c}) = r \tag{I-145}$$

Ein lineares (n, n)-System besitzt dabei genau *eine* Lösung, wenn $r = n$ und somit $\mathbf{A}$ eine *reguläre* Matrix ist. Dies ist für $\det \mathbf{A} \neq 0$ der Fall. Ist die Koeffizientenmatrix $\mathbf{A}$ dagegen *singulär*, d.h. ist $\det \mathbf{A} = 0$, so erhalten wir entweder *unendlich* viele Lösungen, falls $\operatorname{Rg}(\mathbf{A}) = \operatorname{Rg}(\mathbf{A}\,|\,\mathbf{c}) = r < n$ ist, oder überhaupt *keine* Lösung, wenn nämlich Koeffizientenmatrix $\mathbf{A}$ und *erweiterte* Koeffizientenmatrix $(\mathbf{A}\,|\,\mathbf{c})$ in ihrem Rang *nicht* übereinstimmen, d.h. $\operatorname{Rg}(\mathbf{A}) \neq \operatorname{Rg}(\mathbf{A}\,|\,\mathbf{c})$ ist.

Das *Lösungsverhalten* eines *inhomogenen* linearen (n, n)-Systems $\mathbf{A}\,\mathbf{x} = \mathbf{c}$ läßt sich demnach schematisch wie folgt darstellen:

Kriterien für die Lösbarkeit eines inhomogenen linearen (n, n)-Systems $\mathbf{A}\,\mathbf{x} = \mathbf{c}$

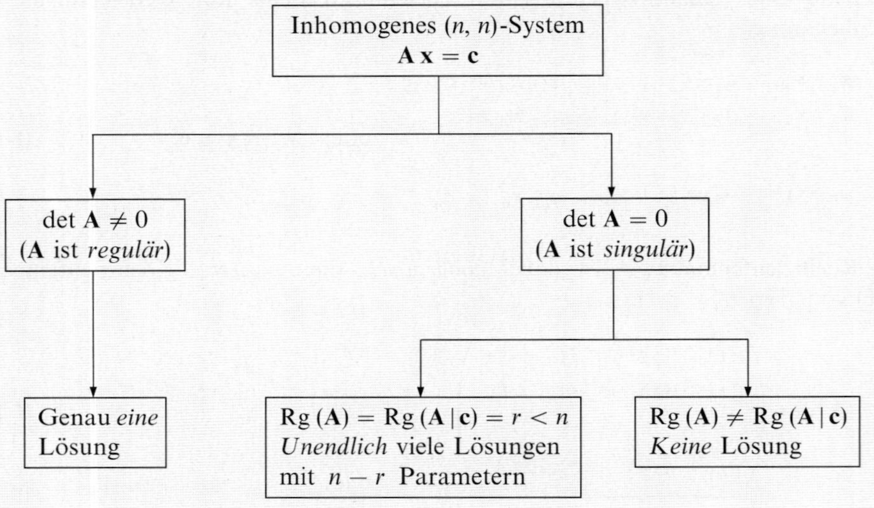

Anmerkung

Ein *inhomogenes* lineares (n, n)-System $\mathbf{A}\,\mathbf{x} = \mathbf{c}$ besitzt demnach genau *eine* Lösung, wenn die Koeffizientenmatrix $\mathbf{A}$ *regulär*, d.h. $\det \mathbf{A} \neq 0$ ist.

■ **Beispiele**

(1) Die Koeffizientenmatrix $\mathbf{A}$ des *inhomogenen* linearen Gleichungssystems

$$\begin{pmatrix} 2 & 3 & 2 \\ -1 & -1 & -3 \\ 3 & 5 & 5 \end{pmatrix} \begin{pmatrix} x \\ y \\ z \end{pmatrix} = \begin{pmatrix} 2 \\ -5 \\ 3 \end{pmatrix}$$

ist *regulär*:

$$\det \mathbf{A} = \begin{vmatrix} 2 & 3 & 2 \\ -1 & -1 & -3 \\ 3 & 5 & 5 \end{vmatrix} = 4 \neq 0$$

Das lineare (3,3)-System besitzt demnach genau *eine* Lösung, die wir mit Hilfe des *Gaußschen Algorithmus* bestimmen (wir verwenden dabei das aus Band 1, Abschnitt I.5 bekannte Lösungsschema):

	x	y	z	c_i	s_i
	2	3	2	2	9
$2 \cdot E_1$	−2	−2	−6	−10	−20
E_1	−1	−1	−3	−5	−10
	3	5	5	3	16
$3 \cdot E_1$	−3	−3	−9	−15	−30
E_2		1	−4	−8	−11
		2	−4	−12	−14
$-2 \cdot E_2$		−2	8	16	22
			4	4	8

Das *gestaffelte* System lautet damit:

$$\begin{aligned} -x - y - 3z &= -5 \quad \Rightarrow \quad x = 6 \\ y - 4z &= -8 \quad \Rightarrow \quad y = -4 \\ 4z &= 4 \quad \Rightarrow \quad z = 1 \end{aligned}$$

Es wird durch $x = 6, \quad y = -4, \quad z = 1$ gelöst.

(2) Wir zeigen mit Hilfe von *Determinanten*, daß das *inhomogene* lineare (3,3)-System

$$\begin{aligned} x_1 + x_2 + x_3 &= 1 \\ -x_1 - 2x_2 + x_3 &= 2 \\ x_1 - x_2 + 5x_3 &= 0 \end{aligned}$$

nicht lösbar ist.

Zunächst einmal ist die Koeffizientenmatrix $\mathbf{A}$ wegen

$$\det \mathbf{A} = \begin{vmatrix} 1 & 1 & 1 \\ -1 & -2 & 1 \\ 1 & -1 & 5 \end{vmatrix} = 0$$

singulär. Daher ist ihr Rang *kleiner* als 3: $\operatorname{Rg}(\mathbf{A}) < 3$. Die *erweiterte* Koeffizientenmatrix

$$(\mathbf{A} \mid \mathbf{c}) = \left(\begin{array}{rrr|r} 1 & 1 & 1 & 1 \\ -1 & -2 & 1 & 2 \\ 1 & -1 & 5 & 0 \end{array}\right)$$

besitzt dagegen den Rang $\text{Rg}(\mathbf{A}\,|\,\mathbf{c}) = 3$, da es *eine* von Null verschiedene *3-reihige* Unterdeterminante von $(\mathbf{A}\,|\,\mathbf{c})$ gibt, nämlich

$$\begin{vmatrix} 1 & 1 & 1 \\ -2 & 1 & 2 \\ -1 & 5 & 0 \end{vmatrix} = -21 \neq 0$$

(in $(\mathbf{A}\,|\,\mathbf{c})$ wurde die *1. Spalte* gestrichen). Somit ist $\text{Rg}(\mathbf{A}) < \text{Rg}(\mathbf{A}\,|\,\mathbf{c})$, d.h. das vorliegende (3,3)-System ist *unlösbar*.

(3) Wir bestimmen die Lösungsmenge des *inhomogenen* linearen (4,4)-Systems

$$\begin{aligned} x_1 + x_2 + x_3 + 3x_4 &= 0 \\ 2x_2 + 2x_4 &= 5 \\ -x_1 - x_2 - 2x_3 - 2x_4 &= 4 \\ 2x_1 + 4x_2 + 2x_3 + 8x_4 &= 5 \end{aligned}$$

mit Hilfe der *Matrizenrechnung*. In der *erweiterten* Koeffizientenmatrix $(\mathbf{A}\,|\,\mathbf{c})$ werden die folgenden *elementaren Zeilenumformungen* vorgenommen:

$$(\mathbf{A}\,|\,\mathbf{c}) = \left(\begin{array}{rrrr|r} 1 & 1 & 1 & 3 & 0 \\ 0 & 2 & 0 & 2 & 5 \\ -1 & -1 & -2 & -2 & 4 \\ 2 & 4 & 2 & 8 & 5 \end{array}\right) \begin{array}{l} \\ \\ +Z_1 \\ -2Z_1 \end{array} \Rightarrow$$

$$\left(\begin{array}{rrrr|r} 1 & 1 & 1 & 3 & 0 \\ 0 & 2 & 0 & 2 & 5 \\ 0 & 0 & -1 & 1 & 4 \\ 0 & 2 & 0 & 2 & 5 \end{array}\right) \begin{array}{l} \\ \\ \\ -Z_2 \end{array} \Rightarrow$$

$$\underbrace{\left(\begin{array}{rrrr|r} 1 & 1 & 1 & 3 & 0 \\ 0 & 2 & 0 & 2 & 5 \\ 0 & 0 & -1 & 1 & 4 \\ 0 & 0 & 0 & 0 & 0 \end{array}\right)}_{\mathbf{A}^*} = (\mathbf{A}^*\,|\,\mathbf{c}^*) \quad \leftarrow \text{Nullzeile}$$

$$\text{Rg}(\mathbf{A}) = \text{Rg}(\mathbf{A}^*) = 3, \quad \text{Rg}(\mathbf{A}\,|\,\mathbf{c}) = \text{Rg}(\mathbf{A}^*\,|\,\mathbf{c}^*) = 3$$

Die *erweiterte* Koeffizientenmatrix hat jetzt die gewünschte *Trapezform*. Wegen $\text{Rg}(\mathbf{A}) = \text{Rg}(\mathbf{A}\,|\,\mathbf{c}) = 3$ ist das lineare System *lösbar*, besitzt aber *unendlich* viele Lösungen mit *einem* Parameter, da $n - r = 4 - 3 = 1$ ist.

Diese Lösungen bestimmen wir aus dem *gestaffelten* System

$$\begin{aligned} x_1 + \quad x_2 + x_3 + 3x_4 &= 0 \\ 2x_2 \qquad + 2x_4 &= 5 \\ -x_3 + \quad x_4 &= 4 \end{aligned}$$

Wir wählen x_4 als *Parameter*: $x_4 = \lambda$ $(\lambda \in \mathbb{R})$. Für die übrigen Unbekannten erhalten wir dann *sukzessiv* die folgenden *parameterabhängigen* Werte:

$$\begin{aligned} -x_3 + \quad x_4 = 4 \quad &\Rightarrow \quad x_3 = x_4 - 4 = \lambda - 4 \\ 2x_2 \qquad + 2x_4 = 5 \quad &\Rightarrow \quad x_2 = -x_4 + 2{,}5 = -\lambda + 2{,}5 \\ x_1 + \quad x_2 + x_3 + 3x_4 = 0 \quad &\Rightarrow \quad x_1 = -x_2 - x_3 - 3x_4 = -3\lambda + 1{,}5 \end{aligned}$$

Das lineare System besitzt somit die *unendliche* Lösungsmenge

$$\left.\begin{aligned} x_1 &= -3\lambda + 1{,}5 \\ x_2 &= -\lambda + 2{,}5 \\ x_3 &= \lambda - 4 \\ x_4 &= \lambda \end{aligned}\right\} \quad \lambda \in \mathbb{R}$$

■

4.4.2 Homogenes lineares (n, n)-System

Ein *homogenes* lineares (n, n)-System von Typ

$$\begin{aligned} a_{11}x_1 + a_{12}x_2 + \ldots + a_{1n}x_n &= 0 \\ a_{21}x_1 + a_{22}x_2 + \ldots + a_{2n}x_n &= 0 \\ \vdots \qquad\quad \vdots \qquad\qquad\quad \vdots \qquad &\ \ \vdots \\ a_{n1}x_1 + a_{n2}x_2 + \ldots + a_{nn}x_n &= 0 \end{aligned} \qquad \text{oder} \qquad \mathbf{A}\,\mathbf{x} = \mathbf{0} \qquad \text{(I-146)}$$

ist als *Sonderfall* eines homogenen (m, n)-Systems nach Abschnitt 4.3 *stets* lösbar, da die *erweiterte* Koeffizientenmatrix $(\mathbf{A} \mid \mathbf{0})$ *ranggleich* mit der (quadratischen) Koeffizientenmatrix $\mathbf{A}$ ist:

$$\operatorname{Rg}(\mathbf{A}) = \operatorname{Rg}(\mathbf{A} \mid \mathbf{0}) = r \qquad \text{(I-147)}$$

Das *homogene* (n, n)-System besitzt dabei genau *eine* Lösung, nämlich die *triviale Lösung* $x_1 = x_2 = \ldots = x_n = 0$ oder $\mathbf{x} = \mathbf{0}$, wenn die Koeffizientenmatrix $\mathbf{A}$ *regulär*, d.h. $\det \mathbf{A} \neq 0$ ist. *Nicht-triviale* Lösungen, d.h. von der trivialen Lösung $\mathbf{x} = \mathbf{0}$ *verschiedene* Lösungen, gibt es nur, wenn $\mathbf{A}$ *singulär*, d.h. $\det \mathbf{A} = 0$ ist. In diesem Fall existieren *unendlich* viele Lösungen, die noch von $n - r$ Parametern abhängen, wobei r der Rang von $\mathbf{A}$ und $(\mathbf{A} \mid \mathbf{0})$ ist.

Das *Lösungsverhalten* eines *homogenen* linearen (n, n)-Systems läßt sich daher wie folgt schematisch darstellen:

Kriterien für die Lösbarkeit eines homogenen linearen (n, n)-Systems $\mathbf{A}\,\mathbf{x} = \mathbf{0}$

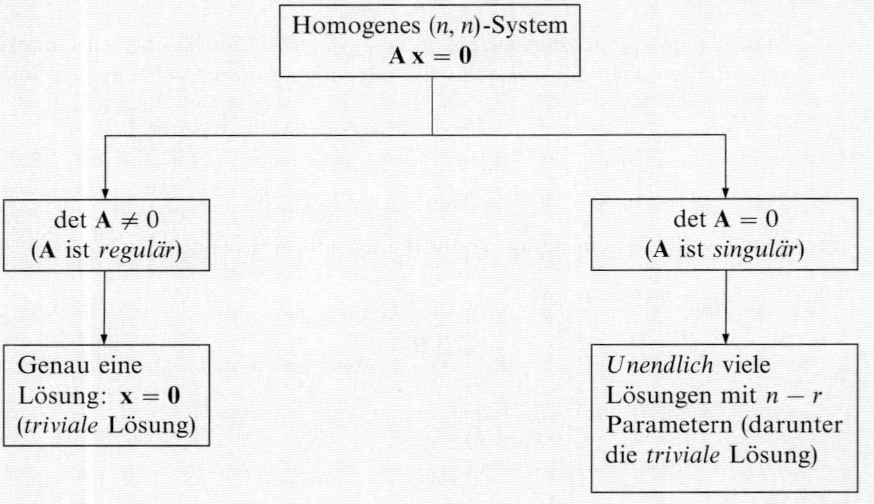

Anmerkung

Ist $\mathbf{A}$ *regulär*, d.h. $\det \mathbf{A} \neq 0$, so besitzt das homogene System *nur* die *triviale* Lösung. *Nicht-triviale* Lösungen, d.h. vom Nullvektor verschiedene Lösungen, liegen nur dann vor, wenn $\mathbf{A}$ *singulär*, d.h. $\det \mathbf{A} = 0$ ist.

■ **Beispiele**

(1) Wir untersuchen das *Lösungsverhalten* des *homogenen* linearen Gleichungssystems

$$\begin{aligned} 2x_1 + 5x_2 - 3x_3 &= 0 \\ 4x_1 - 4x_2 + x_3 &= 0 \\ 4x_1 - 2x_2 \phantom{{}+3x_3} &= 0 \end{aligned}$$

Die Koeffizientenmatrix $\mathbf{A}$ ist wegen

$$\det \mathbf{A} = \begin{vmatrix} 2 & 5 & -3 \\ 4 & -4 & 1 \\ 4 & -2 & 0 \end{vmatrix} = 0$$

singulär. Das homogene Gleichungssystem besitzt somit *nicht-triviale* Lösungen.

Wir überführen nun das homogene System $\mathbf{A}\,\mathbf{x} = \mathbf{0}$ mit Hilfe *elementarer Zeilenumformungen* in ein *äquivalentes gestaffeltes* System $\mathbf{A}^*\,\mathbf{x} = \mathbf{0}$[15]:

$$\mathbf{A} = \begin{pmatrix} 2 & 5 & -3 \\ 4 & -4 & 1 \\ 4 & -2 & 0 \end{pmatrix} \begin{matrix} \\ -2Z_1 \\ -2Z_1 \end{matrix} \Rightarrow \begin{pmatrix} 2 & 5 & -3 \\ 0 & -14 & 7 \\ 0 & -12 & 6 \end{pmatrix} \begin{matrix} \\ :(-7) \\ :6 \end{matrix} \Rightarrow$$

$$\begin{pmatrix} 2 & 5 & -3 \\ 0 & 2 & -1 \\ 0 & -2 & 1 \end{pmatrix} \begin{matrix} \\ \\ +Z_2 \end{matrix} \Rightarrow \begin{pmatrix} 2 & 5 & -3 \\ 0 & 2 & -1 \\ 0 & 0 & 0 \end{pmatrix} = \mathbf{A}^* \quad \leftarrow \text{Nullzeile}$$

$$r = \text{Rg}\,(\mathbf{A}) = \text{Rg}\,(\mathbf{A}^*) = 2$$

Die Lösungen des vorliegenden homogenen (3, 3)-Systems hängen somit noch von *einem* Parameter ab, da $n - r = 3 - 2 = 1$ ist. Wir lösen das *gestaffelte* System

$$\begin{aligned} 2x_1 + 5x_2 - 3x_3 &= 0 \\ 2x_2 - x_3 &= 0 \end{aligned}$$

und erhalten mit dem *Parameter* $x_3 = \lambda$ $(\lambda \in \mathbb{R})$ die folgende *unendliche* Lösungsmenge:

$$\left.\begin{aligned} x_1 &= 0{,}25\,\lambda \\ x_2 &= 0{,}5\,\lambda \\ x_3 &= \lambda \end{aligned}\right\} \quad \lambda \in \mathbb{R}$$

(2) Besitzt das *homogene* lineare Gleichungssystem

$$\begin{pmatrix} 1 & -2 & 0 & -1 \\ 4 & 1 & 1 & 1 \\ 1 & -2 & 1 & 3 \\ 0 & -1 & 4 & 4 \end{pmatrix} \begin{pmatrix} x_1 \\ x_2 \\ x_3 \\ x_4 \end{pmatrix} = \begin{pmatrix} 0 \\ 0 \\ 0 \\ 0 \end{pmatrix}$$

nicht-triviale Lösungen?

Um diese Frage zu beantworten, müssen wir den Wert der Koeffizientendeterminante

$$\det \mathbf{A} = \begin{vmatrix} 1 & -2 & 0 & -1 \\ 4 & 1 & 1 & 1 \\ 1 & -2 & 1 & 3 \\ 0 & -1 & 4 & 4 \end{vmatrix}$$

berechnen. Dies geschieht wie folgt: Zunächst addieren wir zur 4. Spalte die 1. Spalte und zur 2. Spalte das 2-fache der 1. Spalte. Anschließend wird die Determinante nach den Elementen der 1. Zeile *entwickelt*.

---

[15] Bei einem *homogenen* System genügt es, die elementaren Zeilenumformungen an der *Koeffizientenmatrix* $\mathbf{A}$ vorzunehmen (die Absolutglieder des homogenen Systems bleiben Null).

Wir erhalten dann:

$$\det \mathbf{A} = \begin{vmatrix} 1 & 0 & 0 & 0 \\ 4 & 9 & 1 & 5 \\ 1 & 0 & 1 & 4 \\ 0 & -1 & 4 & 4 \end{vmatrix} = 1 \cdot \underbrace{\begin{vmatrix} 9 & 1 & 5 \\ 0 & 1 & 4 \\ -1 & 4 & 4 \end{vmatrix}}_{-107} = 1 \cdot (-107) = -107$$

Wegen $\det \mathbf{A} = -107 \neq 0$ ist das vorgegebenene homogene System nur *trivial* lösbar. *Einzige* Lösung ist somit $x_1 = x_2 = x_3 = x_4 = 0$.

■

4.4.3 Cramersche Regel

Nach den Ausführungen aus Abschnitt 4.4.1 besitzt ein lineares (n, n)-Gleichungssystem $\mathbf{A}\mathbf{x} = \mathbf{c}$ genau *eine* Lösung, wenn die Koeffizientenmatrix $\mathbf{A}$ *regulär* ist. Dann existiert auch die zu $\mathbf{A}$ *inverse* Matrix $\mathbf{A}^{-1}$ und die Lösung des Systems läßt sich wie folgt berechnen: Wir multiplizieren die Matrizengleichung $\mathbf{A}\mathbf{x} = \mathbf{c}$ von *links* mit $\mathbf{A}^{-1}$:

$$\mathbf{A}^{-1} \cdot \mathbf{A}\mathbf{x} = \mathbf{A}^{-1} \cdot \mathbf{c} \qquad \text{(1-148)}$$

Die *linke* Seite dieser Gleichung läßt sich noch wie folgt umformen:

$$\mathbf{A}^{-1} \cdot \mathbf{A}\mathbf{x} = \underbrace{(\mathbf{A}^{-1} \cdot \mathbf{A})}_{\mathbf{E}}\,\mathbf{x} = \mathbf{E}\mathbf{x} = \mathbf{x} \qquad \text{(I-149)}$$

Der Lösungsvektor $\mathbf{x}$ ist somit das *Matrizenprodukt* aus der zu $\mathbf{A}$ *inversen* Matrix $\mathbf{A}^{-1}$ und dem Spaltenvektor $\mathbf{c}$:

$$\mathbf{x} = \mathbf{A}^{-1} \cdot \mathbf{c} \qquad \text{(I-150)}$$

Wir berechnen nun dieses Produkt, wobei wir die Darstellung (I-90) für $\mathbf{A}^{-1}$ verwenden, und erhalten:

$$\mathbf{x} = \mathbf{A}^{-1} \cdot \mathbf{c} = \frac{1}{\det \mathbf{A}} \begin{pmatrix} A_{11} & A_{21} & \dots & A_{n1} \\ A_{12} & A_{22} & \dots & A_{n2} \\ \vdots & \vdots & & \vdots \\ A_{1n} & A_{2n} & \dots & A_{nn} \end{pmatrix} \begin{pmatrix} c_1 \\ c_2 \\ \vdots \\ c_n \end{pmatrix} =$$

$$= \frac{1}{\det \mathbf{A}} \begin{pmatrix} c_1 A_{11} + c_2 A_{21} + \dots + c_n A_{n1} \\ c_1 A_{12} + c_2 A_{22} + \dots + c_n A_{n2} \\ \vdots \qquad\qquad \vdots \qquad\qquad \vdots \\ c_1 A_{1n} + c_2 A_{2n} + \dots + c_n A_{nn} \end{pmatrix} \qquad \text{(I-151)}$$

oder in *komponentenweiser* Darstellung:

$$x_1 = \frac{c_1 A_{11} + c_2 A_{21} + \ldots + c_n A_{n1}}{\det \mathbf{A}}$$

$$x_2 = \frac{c_1 A_{12} + c_2 A_{22} + \ldots + c_n A_{n2}}{\det \mathbf{A}} \qquad \text{(I-152)}$$

$$\vdots \qquad\qquad \vdots$$

$$x_n = \frac{c_1 A_{1n} + c_2 A_{2n} + \ldots + c_n A_{nn}}{\det \mathbf{A}}$$

Im *Nenner* dieser Formelausdrücke steht die *Koeffizientendeterminante* $D = \det \mathbf{A}$. Auch der jeweilige *Zähler* läßt sich durch eine *Determinante* darstellen. Ersetzen wir in der Koeffizientendeterminante beispielsweise die *1. Spalte* durch die Absolutglieder $c_1, c_2, \ldots, c_n$ des Systems, so erhalten wir die *n-reihige* Determinante

$$D_1 = \begin{vmatrix} c_1 & a_{12} & a_{13} & \ldots & a_{1n} \\ c_2 & a_{22} & a_{23} & \ldots & a_{2n} \\ \vdots & \vdots & \vdots & & \vdots \\ c_n & a_{n2} & a_{n3} & \ldots & a_{nn} \end{vmatrix} \qquad \text{(I-153)}$$

Durch *Entwicklung* von D_1 nach den Elementen der *1. Spalte* folgt weiter:

$$D_1 = c_1 A_{11} + c_2 A_{21} + \ldots + c_n A_{n1} \qquad \text{(I-154)}$$

Dies aber ist genau der *Zähler* im Formelausdruck für x_1, den wir damit auch wie folgt schreiben können:

$$x_1 = \frac{D_1}{D} \qquad (D = \det \mathbf{A}) \qquad \text{(I-155)}$$

Entsprechend erhalten wir für die übrigen Unbekannten $x_2, x_3, \ldots, x_n$:

$$x_2 = \frac{D_2}{D}, \quad x_3 = \frac{D_3}{D}, \quad \ldots, \quad x_n = \frac{D_n}{D} \qquad \text{(I-156)}$$

Die *Hilfsdeterminanten* $D_1, D_2, \ldots, D_n$ gewinnt man aus der Koeffizientendeterminante $D = \det \mathbf{A}$ dadurch, daß man der Reihe nach die 1., 2., …, *n*-te Spalte durch die Absolutglieder $c_1, c_2, \ldots, c_n$ ersetzt. Die Lösung eines *eindeutig* lösbaren linearen (n, n)-Systems $\mathbf{A}\,\mathbf{x} = \mathbf{c}$ ist daher in der Form

$$x_i = \frac{D_i}{D} \qquad (i = 1, 2, \ldots, n) \qquad \text{(I-157)}$$

darstellbar (sog. *Cramersche Regel*).

Wir fassen zusammen:

Cramersche Regel

Ein lineares (n, n)-System $\mathbf{A}\,\mathbf{x} = \mathbf{c}$ mit *regulärer* Koeffizientenmatrix $\mathbf{A}$ besitzt die *eindeutig* bestimmte Lösung

$$x_i = \frac{D_i}{D} \qquad (i = 1, 2, \ldots, n) \tag{I-158}$$

Dabei bedeuten:

D: Koeffizientendeterminante $(D = \det \mathbf{A} \neq 0)$

D_i: *Hilfsdeterminante*, die aus D hervorgeht, indem man die *i-te* Spalte durch die Absolutglieder $c_1, c_2, \ldots, c_n$ ersetzt.

Anmerkungen

(1) Man beachte: Die *Cramersche Regel* darf *nur* angewandt werden, wenn die Koeffizientenmatrix $\mathbf{A}$ *regulär*, d.h. $D = \det \mathbf{A} \neq 0$ ist.

(2) Um die Lösung eines (n, n)-Systems nach der *Cramerschen Regel* zu bestimmen, müssen insgesamt $n + 1$ n-reihige Determinanten berechnet werden, nämlich $D, D_1, D_2, \ldots, D_n$. Der Rechenaufwand ist dabei – insbesondere bei Determinanten *höherer* Ordnung – erheblich. In der Praxis wird man daher die Lösung eines linearen (n, n)-Systems für $n > 3$ stets mit Hilfe des *Gaußschen Algorithmus* bestimmen. Die *Cramersche Regel* spielt dagegen bei *theoretischen* Betrachtungen eine gewisse Rolle.

■ **Beispiel**

Das *inhomogene* lineare Gleichungssystem

$$\begin{aligned} 2x_1 + x_2 + 3x_3 &= 8 \\ -x_1 - 4x_2 + x_3 &= 3 \\ x_1 + 2x_2 - 4x_3 &= 1 \end{aligned}$$

besitzt genau *eine* Lösung, da die Koeffizientendeterminante D einen von Null verschiedenen Wert besitzt:

$$D = \det \mathbf{A} = \begin{vmatrix} 2 & 1 & 3 \\ -1 & -4 & 1 \\ 1 & 2 & -4 \end{vmatrix} = 31 \neq 0$$

Die Lösung bestimmen wir nach der *Cramerschen Regel*. Dazu benötigen wir noch die folgenden *Hilfsdeterminanten*:

$$D_1 = \begin{vmatrix} 8 & 1 & 3 \\ 3 & -4 & 1 \\ 1 & 2 & -4 \end{vmatrix} = 155$$

$$D_2 = \begin{vmatrix} 2 & 8 & 3 \\ -1 & 3 & 1 \\ 1 & 1 & -4 \end{vmatrix} = -62$$

$$D_3 = \begin{vmatrix} 2 & 1 & 8 \\ -1 & -4 & 3 \\ 1 & 2 & 1 \end{vmatrix} = 0$$

Das lineare Gleichungssystem besitzt demnach die folgende *Lösung*:

$$x_1 = \frac{D_1}{D} = \frac{155}{31} = 5$$

$$x_2 = \frac{D_2}{D} = \frac{-62}{31} = -2$$

$$x_3 = \frac{D_3}{D} = \frac{0}{31} = 0$$

■

4.5 Berechnung einer inversen Matrix nach dem Gaußschen Algorithmus (Gauß-Jordan-Verfahren)

Das in Abschnitt 3.2 besprochene Verfahren zur Berechnung einer *inversen* Matrix erweist sich in der Praxis infolge des *hohen* Rechenaufwandes als *wenig geeignet*. Von *Gauß* und *Jordan* stammt ein wesentlich praktikableres Verfahren. Es beruht auf den aus Abschnitt 4.2 bereits bekannten *elementaren Zeilenumformungen* einer Matrix (*Gaußscher Algorithmus*).

Im Rahmen dieser Darstellung müssen wir uns auf eine kurze Beschreibung dieses Verfahrens zur Berechnung einer inversen Matrix beschränken:

Berechnung einer inversen Matrix mit Hilfe elementarer Zeilenumformungen (Gauß-Jordan-Verfahren)

Zu jeder *regulären* n-reihigen Matrix $\mathbf{A}$ gibt es genau eine *inverse* Matrix $\mathbf{A}^{-1}$, die schrittweise wie folgt berechnet werden kann:

1. Zunächst wird aus der **Matrix A** und der n-reihigen Einheitsmatrix $\mathbf{E}$ die neue Matrix

$$(\mathbf{A} \mid \mathbf{E}) = \underbrace{\left(\begin{array}{cccc|cccc} a_{11} & a_{12} & \dots & a_{1n} & 1 & 0 & \dots & 0 \\ a_{21} & a_{22} & \dots & a_{2n} & 0 & 1 & \dots & 0 \\ \vdots & \vdots & & \vdots & \vdots & \vdots & & \vdots \\ a_{n1} & a_{n2} & \dots & a_{nn} & 0 & 0 & \dots & 1 \end{array}\right)}_{\mathbf{A} \qquad\qquad\qquad \mathbf{E}} \tag{I-159}$$

vom Typ $(n, 2n)$ gebildet.

2. Diese Matrix wird nun mit Hilfe *elementarer Zeilenumformungen* so umgeformt, daß die Einheitsmatrix $\mathbf{E}$ den ursprünglichen Platz der Matrix $\mathbf{A}$ einnimmt. Die gesuchte *inverse* Matrix $\mathbf{A}^{-1}$ befindet sich dann auf dem ursprünglichen Platz der Einheitsmatrix $\mathbf{E}$:

$$\underbrace{\left(\begin{array}{cccc|cccc} 1 & 0 & \dots & 0 & b_{11} & b_{12} & \dots & b_{1n} \\ 0 & 1 & \dots & 0 & b_{21} & b_{22} & \dots & b_{2n} \\ \vdots & \vdots & & \vdots & \vdots & \vdots & & \vdots \\ 0 & 0 & \dots & 1 & b_{n1} & b_{n2} & \dots & b_{nn} \end{array}\right)}_{\mathbf{E} \qquad\qquad\qquad \mathbf{B} = \mathbf{A}^{-1}} = (\mathbf{E} \mid \mathbf{A}^{-1}) \tag{I-160}$$

■ **Beispiel**

Wir kehren zu dem Beispiel aus Abschnitt 3.2 zurück und berechnen die zur *regulären* 3-reihigen Matrix

$$\mathbf{A} = \begin{pmatrix} 1 & 0 & -1 \\ -8 & 4 & 1 \\ -2 & 1 & 0 \end{pmatrix}$$

gehörige *inverse* Matrix $\mathbf{A}^{-1}$, diesmal nach dem *Gauß-Jordan-Verfahren.* Die jeweils durchgeführten Operationen schreiben wir dabei *rechts* an die Matrix (Z: Zeile):

$$(\mathbf{A} \mid \mathbf{E}) = \left(\begin{array}{ccc|ccc} 1 & 0 & -1 & 1 & 0 & 0 \\ -8 & 4 & 1 & 0 & 1 & 0 \\ -2 & 1 & 0 & 0 & 0 & 1 \end{array}\right) \begin{array}{l} \\ +8Z_1 \\ +2Z_1 \end{array} \Rightarrow$$

(unter der linken Hälfte: $\mathbf{A}$, unter der rechten Hälfte: $\mathbf{E}$)

$$\left(\begin{array}{ccc|ccc} 1 & 0 & -1 & 1 & 0 & 0 \\ 0 & 4 & -7 & 8 & 1 & 0 \\ 0 & 1 & -2 & 2 & 0 & 1 \end{array}\right) \circlearrowleft \Rightarrow$$

$$\left(\begin{array}{ccc|ccc} 1 & 0 & -1 & 1 & 0 & 0 \\ 0 & 1 & -2 & 2 & 0 & 1 \\ 0 & 4 & -7 & 8 & 1 & 0 \end{array}\right) \begin{array}{l} \\ \\ -4Z_2 \end{array} \Rightarrow$$

$$\left(\begin{array}{ccc|ccc} 1 & 0 & -1 & 1 & 0 & 0 \\ 0 & 1 & -2 & 2 & 0 & 1 \\ 0 & 0 & 1 & 0 & 1 & -4 \end{array}\right) \begin{array}{l} + \; Z_3 \\ +2Z_3 \\ \end{array} \Rightarrow$$

$$\left(\begin{array}{ccc|ccc} 1 & 0 & 0 & 1 & 1 & -4 \\ 0 & 1 & 0 & 2 & 2 & -7 \\ 0 & 0 & 1 & 0 & 1 & -4 \end{array}\right) = (\mathbf{E} \mid \mathbf{A}^{-1})$$

(unter der linken Hälfte: $\mathbf{E}$, unter der rechten Hälfte: $\mathbf{A}^{-1}$)

Die zu $\mathbf{A}$ *inverse* Matrix $\mathbf{A}^{-1}$ lautet somit:

$$\mathbf{A}^{-1} = \begin{pmatrix} 1 & 1 & -4 \\ 2 & 2 & -7 \\ 0 & 1 & -4 \end{pmatrix}$$

■

4.6 Lineare Unabhängigkeit von Vektoren

4.6.1 Ein einführendes Beispiel

Die in Bild I-3 dargestellten ebenen Vektoren **a** und **b** sind zueinander *parallel* bzw. *anti-parallel* und somit in beiden Fällen *kollinear*, d.h. sie lassen sich durch Parallelverschiebung in eine *gemeinsame* Linie bringen.

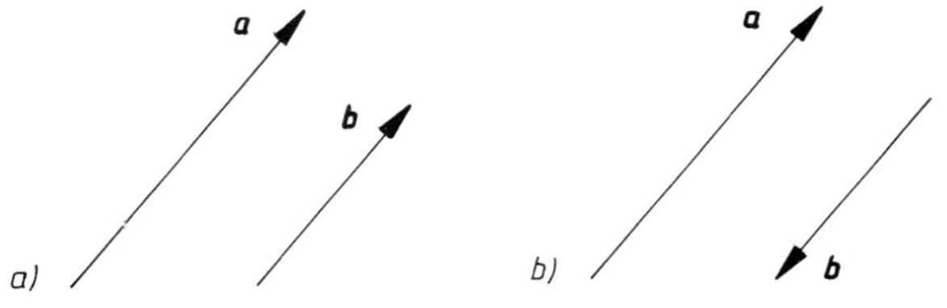

Bild I-3

Kollineare Vektoren
a) parallele Vektoren
b) anti-parallele Vektoren

Jeder der beiden Vektoren ist daher – wie aus Band 1, Kap. II bereits bekannt – als ein bestimmtes *Vielfaches* des anderen Vektors in der Form

$$\mathbf{a} = c_1\,\mathbf{b} \quad \text{bzw.} \quad \mathbf{b} = c_2\,\mathbf{a} \tag{I-161}$$

darstellbar. Im Falle *paralleler* Vektoren sind beide Koeffizienten c_1 und c_2 *positiv*, bei *anti-parallelen* Vektoren beide jedoch *negativ*. Wir können den Zusammenhang zwischen den Vektoren $\mathbf{a}$ und $\mathbf{b}$ aber auch durch eine *lineare* Vektorgleichung vom Typ

$$\lambda_1\,\mathbf{a} + \lambda_2\,\mathbf{b} = \mathbf{0} \tag{I-162}$$

ausdrücken, wobei die Koeffizienten λ_1 und λ_2 beide von Null verschieden sind. Zwischen den beiden Vektoren besteht somit eine *lineare Beziehung* oder *lineare Abhängigkeit*. Sie werden daher folgerichtig als *linear abhängige* Vektoren bezeichnet.
Jetzt betrachten wir zwei ebene Vektoren $\mathbf{a}$ und $\mathbf{b}$ mit *verschiedenen* Richtungen. Solche Vektoren lassen sich durch Parallelverschiebung *nicht* in eine gemeinsame Linie bringen, da sie miteinander einen von 0° und 180° verschiedenen Winkel φ bilden (Bild I-4) [16].

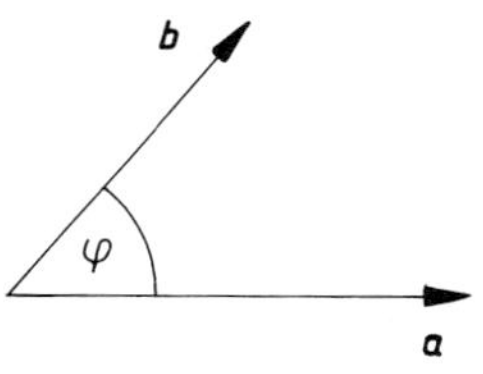

Bild I-4
Nicht-kollineare Vektoren

In diesem Fall kann daher *keiner* der beiden Vektoren als ein Vielfaches des anderen Vektors ausgedrückt werden. Wir haben es hier mit sog. *linear unabhängigen* Vektoren zu tun, zwischen denen es also *keine* Beziehung vom Typ $\mathbf{a} = c_1\,\mathbf{b}$ bzw. $\mathbf{b} = c_2\,\mathbf{a}$ geben kann. Eine lineare Vektorgleichung der Form

$$\lambda_1\,\mathbf{a} + \lambda_2\,\mathbf{b} = \mathbf{0} \tag{I-163}$$

kann demnach bei *linear unabhängigen* Vektoren nur dann bestehen, wenn *beide* Koeffizienten *verschwinden*, also $\lambda_1 = \lambda_2 = 0$ ist. Offensichtlich läßt sich in diesem Fall ein *beliebiger* Vektor $\mathbf{c}$ der Ebene durch eine *Linearkombination* der Vektoren $\mathbf{a}$ und $\mathbf{b}$ wie folgt darstellen:

$$\mathbf{c} = \lambda\,\mathbf{a} + \mu\,\mathbf{b} \tag{I-164}$$

In Bild I-5 wird dieser Zusammenhang verdeutlicht.

Die drei Vektoren $\mathbf{a}$, $\mathbf{b}$ und $\mathbf{c}$ sind dabei – im Gegensatz zu den beiden Vektoren $\mathbf{a}$ und $\mathbf{b}$ – *linear abhängig*, da in der aus Gleichung (I-164) folgenden Vektorbeziehung

$$\lambda\,\mathbf{a} + \mu\,\mathbf{b} - \mathbf{c} = \mathbf{0} \tag{I-165}$$

nicht alle Koeffizienten verschwinden (der Vektor $\mathbf{c}$ beispielsweise tritt mit dem von Null *verschiedenen* Koeffizienten -1 auf).

[16] Die Vektoren $\mathbf{a}$ und $\mathbf{b}$ sind *nicht-kollinear*.

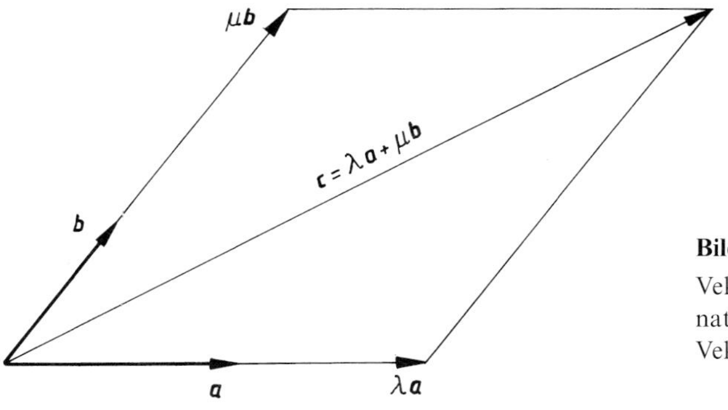

Bild I-5
Vektor **c** ist als Linearkombination der (nicht-kollinearen) Vektoren **a** und **b** darstellbar

4.6.2 Linear unabhängige bzw. abhängige Vektoren

Am Beispiel zweier *nicht-kolllinearer* Vektoren der Ebene haben wir den Begriff der *„linearen Unabhängigkeit von Vektoren"* eingeführt. Wir definieren diesen Begriff daher allgemein wie folgt:

> **Definition:** Die n Vektoren $\mathbf{a}_1, \mathbf{a}_2, \ldots, \mathbf{a}_n$ aus dem m-dimensionalen Raum $\mathbb{R}^m$ heißen *linear unabhängig*, wenn die lineare Vektorgleichung
>
> $$\lambda_1 \mathbf{a}_1 + \lambda_2 \mathbf{a}_2 + \ldots + \lambda_n \mathbf{a}_n = \mathbf{0} \qquad \text{(I-166)}$$
>
> nur für $\lambda_1 = \lambda_2 = \ldots = \lambda_n = 0$ erfüllt werden kann.
> Verschwinden jedoch *nicht alle* Koeffizienten in dieser Gleichung, so heißen die Vektoren *linear abhängig*.

Anmerkung

Im Falle der *linearen Abhängigkeit* gibt es also *mindestens einen* von Null verschiedenen Koeffizienten in der Vektorgleichung (I-166).

■ **Beispiele**

(1) Die beiden Basisvektoren $\mathbf{e}_x = \begin{pmatrix} 1 \\ 0 \end{pmatrix}$ und $\mathbf{e}_y = \begin{pmatrix} 0 \\ 1 \end{pmatrix}$ der Ebene sind *linear unabhängig*. Die Vektorgleichung

$$\lambda_1 \mathbf{e}_x + \lambda_2 \mathbf{e}_y = \mathbf{0}$$

führt nämlich zu dem homogenen linearen Gleichungssystem

$$\lambda_1 \cdot 1 + \lambda_2 \cdot 0 = 0$$
$$\lambda_1 \cdot 0 + \lambda_2 \cdot 1 = 0$$

mit der eindeutigen Lösung $\lambda_1 = \lambda_2 = 0$.

(2) An einem Massenpunkt greifen gleichzeitig drei Kräfte $\mathbf{F}_1$, $\mathbf{F}_2$ und $\mathbf{F}_3$ an. Wir fassen diese Einzelkräfte in der üblichen Weise zu einer *resultierenden* Kraft

$$\mathbf{F}_R = \mathbf{F}_1 + \mathbf{F}_2 + \mathbf{F}_3$$

zusammen. Die vier Kraftvektoren bilden dann in ihrer Gesamtheit ein System aus *linear abhängigen* Vektoren, da in der linearen Vektorgleichung

$$\mathbf{F}_R - \mathbf{F}_1 - \mathbf{F}_2 - \mathbf{F}_3 = \mathbf{0}$$

sogar *alle vier* Koeffizienten von Null *verschieden* sind.

■

Enthält das Vektorsystem $\mathbf{a}_1, \mathbf{a}_2, \ldots, \mathbf{a}_n$ den *Nullvektor* (etwa $\mathbf{a}_k = \mathbf{0}$), so sind die n Vektoren sicher *linear abhängig*. Denn die lineare Vektorgleichung

$$\lambda_1 \mathbf{a}_1 + \lambda_2 \mathbf{a}_2 + \ldots + \lambda_k \mathbf{0} + \ldots + \lambda_n \mathbf{a}_n = \mathbf{0} \qquad \text{(I-167)}$$

läßt sich für ein beliebiges $\lambda_k \neq 0$ und *Nullsetzen* der übrigen Koeffizienten λ_i $(i \neq k)$ stets erfüllen.

Kommen unter den n Vektoren $\mathbf{a}_1, \mathbf{a}_2, \ldots, \mathbf{a}_n$ zwei *gleiche* oder *kollineare* Vektoren vor, so sind sie ebenfalls *linear abhängig*. Diese Aussage gilt auch dann, wenn *mindestens einer* der n Vektoren als *Linearkombination* der übrigen Vektoren darstellbar ist.

Wir fassen diese Aussagen wie folgt zusammen:

Linear abhängige Vektoren

Ein System aus n Vektoren $\mathbf{a}_1, \mathbf{a}_2, \ldots, \mathbf{a}_n$ besitze *mindestens* eine der folgenden drei Eigenschaften:

1. Das Vektorsystem enthält den *Nullvektor*.
2. Das Vektorsystem enthält zwei *gleiche* oder zwei *kollineare* Vektoren.
3. Mindestens einer der n Vektoren ist als *Linearkombination* der übrigen Vektoren darstellbar [17].

Die Vektoren $\mathbf{a}_1, \mathbf{a}_2, \ldots, \mathbf{a}_n$ sind dann *linear abhängig*.

■ **Beispiele**

(1) Die in Bild I-6 dargestellten ebenen Vektoren $\mathbf{e}_x$, $\mathbf{e}_y$ und $\mathbf{a}$ sind *linear abhängig*, da sich der dritte Vektor $\mathbf{a}$ wie folgt als *Linearkombination* der beiden übrigen Vektoren darstellen läßt:

$$\mathbf{a} = 5\,\mathbf{e}_x + 3\,\mathbf{e}_y$$

[17] Hier gilt auch die *Umkehrung*: Sind die Vektoren $\mathbf{a}_1, \mathbf{a}_2, \ldots, \mathbf{a}_n$ *linear abhängig*, so ist mindestens einer der Vektoren als *Linearkombination* der übrigen darstellbar.

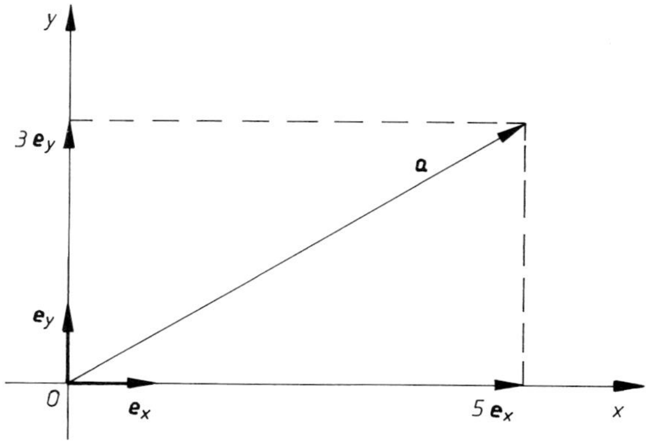

Bild I-6

(2) Die aus n Einzelkräften $\mathbf{F}_1, \mathbf{F}_2, \ldots, \mathbf{F}_n$, die alle an einem Massenpunkt angreifen, gebildete *resultierende* Kraft

$$\mathbf{F}_R = \mathbf{F}_1 + \mathbf{F}_2 + \ldots + \mathbf{F}_n$$

ist eine spezielle *Linearkombination* dieser Kraftvektoren (nämlich die *Vektorsumme*). Die $n + 1$ Kräfte $\mathbf{F}_1, \mathbf{F}_2, \ldots, \mathbf{F}_n$ und $\mathbf{F}_R$ sind daher *linear abhängig*.

■

4.6.3 Kriterien für die lineare Unabhängigkeit von Vektoren

Wir wollen jetzt *Kriterien* für die lineare Unabhängigkeit von n Vektoren $\mathbf{a}_1, \mathbf{a}_2, \ldots, \mathbf{a}_n$ des m-dimensionalen Raumes $\mathbb{R}^m$ herleiten. Die gegebenen Vektoren können dabei wie folgt als *Spaltenvektoren* einer Matrix $\mathbf{A}$ vom Typ (m, n) aufgefaßt werden:

$$\mathbf{A} = \begin{pmatrix} a_{11} & a_{12} & \ldots & a_{1k} & \ldots & a_{1n} \\ a_{21} & a_{22} & \ldots & a_{2k} & \ldots & a_{2n} \\ \vdots & \vdots & & \vdots & & \vdots \\ a_{m1} & a_{m2} & \ldots & a_{mk} & \ldots & a_{mn} \end{pmatrix} \atop \begin{matrix} \uparrow & \uparrow & \ldots & \uparrow & & \uparrow \\ \mathbf{a}_1 & \mathbf{a}_2 & & \mathbf{a}_k & & \mathbf{a}_n \end{matrix} \qquad \text{(I-168)}$$

Der Spaltenvektor $\mathbf{a}_k$ besitzt also der Reihe nach die Komponenten $a_{1k}, a_{2k}, \ldots, a_{mk}$ $(k = 1, 2, \ldots, n)$. Das Matrixelement a_{ik} ist demnach die i-te Komponente des k-ten Spaltenvektors $\mathbf{a}_k$.

Mit diesen Bezeichnungen können wir die lineare Vektorgleichung

$$\lambda_1 \, \mathbf{a}_1 + \lambda_2 \, \mathbf{a}_2 + \ldots + \lambda_n \, \mathbf{a}_n = \mathbf{0} \qquad \text{(I-169)}$$

wie folgt auch als *Matrizengleichung* schreiben:

$$\begin{pmatrix} a_{11} & a_{12} & \dots & a_{1n} \\ a_{21} & a_{22} & \dots & a_{2n} \\ \vdots & \vdots & & \vdots \\ a_{m1} & a_{m2} & \dots & a_{mn} \end{pmatrix} \begin{pmatrix} \lambda_1 \\ \lambda_2 \\ \vdots \\ \lambda_n \end{pmatrix} = \begin{pmatrix} 0 \\ 0 \\ \vdots \\ 0 \end{pmatrix} \quad \text{oder} \quad \mathbf{A}\boldsymbol{\lambda} = \mathbf{0} \qquad \text{(I-170)}$$

Es handelt sich hierbei um ein *homogenes lineares Gleichungssystem* mit den n unbekannten Koeffizienten $\lambda_1, \lambda_2, \dots, \lambda_n$, die wir noch zu dem Spaltenvektor $\boldsymbol{\lambda}$ zusammengefaßt haben. Aus Abschnitt 4.3 wissen wir bereits, daß dieses System *stets* lösbar ist, wobei allerdings noch *zwei* Fälle zu unterscheiden sind, die wir jetzt diskutieren wollen:

1. Fall: $r = n$

Der Rang r der aus den Spaltenvektoren $\mathbf{a}_1, \mathbf{a}_2, \dots, \mathbf{a}_n$ gebildeten Koeffizientenmatrix $\mathbf{A}$ ist *gleich* der Anzahl n der vorgegebenen Vektoren[18]. In diesem Fall gibt es nach den Ausführungen in Abschnitt 4.3 *genau eine* Lösung, nämlich die *triviale* Lösung $\boldsymbol{\lambda} = \mathbf{0}$, bei der also alle Unbekannten $\lambda_1, \lambda_2, \dots, \lambda_n$ *verschwinden*:

$$r = n \quad \Rightarrow \quad \lambda_1 = \lambda_2 = \dots = \lambda_n = 0 \qquad \text{(I-171)}$$

Die n Vektoren $\mathbf{a}_1, \mathbf{a}_2, \dots, \mathbf{a}_n$ sind daher *linear unabhängig*.

2. Fall: $r < n$

Der Rang r der Koeffizientenmatrix $\mathbf{A}$ ist jetzt *kleiner* als die Anzahl n der vorgegebenen Vektoren. In diesem Sonderfall gibt es bekanntlich *unendlich* viele Lösungen für die unbekannten Koeffizienten, d.h. also auch Lösungen, bei denen *nicht alle* λ_i verschwinden:

$$r < n \quad \Rightarrow \quad \text{nicht alle } \lambda_i = 0 \qquad (i = 1, 2, \dots, n) \qquad \text{(I-172)}$$

Die n Vektoren $\mathbf{a}_1, \mathbf{a}_2, \dots, \mathbf{a}_n$ sind in diesem Falle daher *linear abhängig*.

Damit können wir das folgende *Kriterium* für die *lineare Unabhängigkeit* von Vektoren formulieren:

Kriterium für die lineare Unabhängigkeit von Vektoren

n Vektoren $\mathbf{a}_1, \mathbf{a}_2, \dots, \mathbf{a}_n$ des m-dimensionalen Raumes $\mathbb{R}^m$ sind genau dann *linear unabhängig*, wenn die aus ihnen gebildete Matrix $\mathbf{A} = (\mathbf{a}_1 \; \mathbf{a}_2 \; \dots \; \mathbf{a}_n)$ den Rang $r = n$ besitzt. Sie sind jedoch *linear abhängig*, wenn $r < n$ ist.

[18] Wegen $r \leqslant n$, $r \leqslant m$ kann dieser Fall nur für $n \leqslant m$ eintreten.

■ **Beispiele**

(1) Die aus den drei Vektoren $\mathbf{a} = \begin{pmatrix} 1 \\ 0 \\ 1 \end{pmatrix}$, $\mathbf{b} = \begin{pmatrix} 2 \\ 1 \\ 3 \end{pmatrix}$ und $\mathbf{c} = \begin{pmatrix} 4 \\ 1 \\ 1 \end{pmatrix}$ gebildete Matrix

$$\mathbf{A} = \begin{pmatrix} 1 & 2 & 4 \\ 0 & 1 & 1 \\ 1 & 3 & 1 \end{pmatrix}$$

ist *regulär*, da ihre Determinante *nicht verschwindet*:

$$\det \mathbf{A} = \begin{vmatrix} 1 & 2 & 4 \\ 0 & 1 & 1 \\ 1 & 3 & 1 \end{vmatrix} = -4 \neq 0$$

Die Matrix besitzt damit den Rang $r = 3$. Wegen $r = n = 3$ handelt es sich hier also um *linear unabhängige* Vektoren.

(2) Drei Vektoren $\mathbf{a}_1$, $\mathbf{a}_2$ und $\mathbf{a}_3$ des $\mathbb{R}^4$ bilden die folgende (4, 3)-Matrix:

$$\mathbf{A} = \begin{pmatrix} 1 & 0 & 3 \\ 1 & 2 & -1 \\ 1 & 1 & 1 \\ 1 & 0 & 3 \end{pmatrix}$$

Um festzustellen, ob sie *linear unabhängig* sind, bestimmen wir zunächst den *Rang* dieser Matrix mit Hilfe elementarer *Zeilenumformungen*:

$$\mathbf{A} = \begin{pmatrix} 1 & 0 & 3 \\ 1 & 2 & -1 \\ 1 & 1 & 1 \\ 1 & 0 & 3 \end{pmatrix} \begin{matrix} \\ -Z_1 \\ -Z_1 \\ -Z_1 \end{matrix} \Rightarrow \begin{pmatrix} 1 & 0 & 3 \\ 0 & 2 & -4 \\ 0 & 1 & -2 \\ 0 & 0 & 0 \end{pmatrix} \begin{matrix} \\ \\ -0{,}5\,Z_2 \\ \\ \end{matrix} \Rightarrow$$

$$\begin{pmatrix} 1 & 0 & 3 \\ 0 & 2 & -4 \\ 0 & 0 & 0 \\ 0 & 0 & 0 \end{pmatrix} \begin{matrix} \\ \\ \left.\begin{matrix} \\ \\ \end{matrix}\right\} \text{Nullzeilen} \end{matrix}$$

Die Matrix besitzt jetzt die gewünschte *Trapezform*, für ihren Rang gilt somit $\operatorname{Rg}(\mathbf{A}) = r = 2$. Wegen $n = 3$ und somit $r < n = 3$ sind die Vektoren $\mathbf{a}_1$, $\mathbf{a}_2$ und $\mathbf{a}_3$ *linear abhängig*. Zwischen ihnen besteht der folgende Zusammenhang (wie man leicht nachrechnet):

$$\mathbf{a}_3 = 3\,\mathbf{a}_1 - 2\,\mathbf{a}_2 = 3\begin{pmatrix} 1 \\ 1 \\ 1 \\ 1 \end{pmatrix} - 2\begin{pmatrix} 0 \\ 2 \\ 1 \\ 0 \end{pmatrix} = \begin{pmatrix} 3-0 \\ 3-4 \\ 3-2 \\ 3-0 \end{pmatrix} = \begin{pmatrix} 3 \\ -1 \\ 1 \\ 3 \end{pmatrix}$$

■

Wir können aus dem Kriterium für linear unabhängige Vektoren noch weitere Schlüsse ziehen:

Sonderfall $m = n$

Es liegen n Vektoren $\mathbf{a}_1, \mathbf{a}_2, \ldots, \mathbf{a}_n$ aus dem $\mathbb{R}^n$ vor, die aus ihnen gebildete Matrix $\mathbf{A}$ ist daher *quadratisch*. Dann aber gilt:

$\mathbf{A}$ — *regulär*, d.h. $\det \mathbf{A} \neq 0 \;\Rightarrow\;$ *linear unabhängige* Vektoren

$\mathbf{A}$ — *singulär*, d.h. $\det \mathbf{A} = 0 \;\Rightarrow\;$ *linear abhängige* Vektoren

Sonderfall $n > m$

Die Anzahl n der Vektoren ist *größer* als die Dimension m des Raumes, aus dem sie stammen. Für den Rang r der Matrix $\mathbf{A}$ gilt dann:

$$r \leqslant m, \quad r \leqslant n, \quad m < n \;\Rightarrow\; r \leqslant m < n \;\Rightarrow\; r < n$$

Der Rang r der Matrix $\mathbf{A}$ ist somit *kleiner* als die Anzahl n der Vektoren, diese sind daher *linear abhängig*.

Folgerung aus den beiden Sonderfällen: Ist die Anzahl der Vektoren *größer* als die Dimension des Raumes, aus dem sie stammen, so sind die Vektoren *linear abhängig*. Die Dimension des Raumes gibt somit die *Maximalzahl* an *linear unabhängigen* Vektoren in diesem Raum an.

Wir fassen diese wichtigen Ergebnisse wie folgt zusammen:

Über die lineare Abhängigkeit bzw. Unabhängigkeit von Vektoren

1. n Vektoren $\mathbf{a}_1, \mathbf{a}_2, \ldots, \mathbf{a}_n$ des n-dimensionalen Raumes $\mathbb{R}^n$ sind genau dann *linear unabhängig*, wenn die aus diesen Vektoren gebildete n-reihige Matrix $\mathbf{A}$ *regulär* ist, d.h. $\det \mathbf{A} \neq 0$ gilt:

$$\mathbf{A} \text{ regulär} \Leftrightarrow \text{linear unabhängige Vektoren} \qquad \text{(I-173)}$$

2. Ist $\mathbf{A}$ jedoch *singulär*, d.h. gilt $\det \mathbf{A} = 0$, so sind die Vektoren *linear abhängig*:

$$\mathbf{A} \text{ singulär} \Leftrightarrow \text{linear abhängige Vektoren} \qquad \text{(I-174)}$$

   Dies ist der Fall, wenn das Vektorsystem

   a) den *Nullvektor* oder
   b) zwei *kollineare* Vektoren

   enthält oder wenn

   c) einer der Vektoren als *Linearkombination* der übrigen Vektoren darstellbar ist.

3. Unter den Vektoren des n-dimensionalen Raumes $\mathbb{R}^n$ gibt es *maximal* n linear unabhängige Vektoren. *Mehr* als n Vektoren sind jedoch stets *linear abhängig*.

Anmerkungen

(1) *Lineare Abhängigkeit* bedeutet demnach: Mindestens einer der n Vektoren ist als *Linearkombination* der übrigen darstellbar.

(2) Der Rang r einer (m, n)-Matrix $\mathbf{A}$ mit m Zeilen (Zeilenvektoren) und n Spalten (Spaltenvektoren) läßt sich auch wie folgt deuten: r ist die *Maximalzahl* linear unabhängiger *Zeilen-* bzw. *Spaltenvektoren* ($r \leqslant m$, $r \leqslant n$).

■ **Beispiele**

(1) Die drei Basisvektoren $\mathbf{e}_x = \begin{pmatrix} 1 \\ 0 \\ 0 \end{pmatrix}$, $\mathbf{e}_y = \begin{pmatrix} 0 \\ 1 \\ 0 \end{pmatrix}$ und $\mathbf{e}_z = \begin{pmatrix} 0 \\ 0 \\ 1 \end{pmatrix}$ des dreidimensionalen Anschauungsraumes sind *linear unabhängig*, denn die aus ihnen gebildete 3-reihige Matrix

$$\mathbf{A} = (\mathbf{e}_x \;\; \mathbf{e}_y \;\; \mathbf{e}_z) = \begin{pmatrix} 1 & 0 & 0 \\ 0 & 1 & 0 \\ 0 & 0 & 1 \end{pmatrix}$$

ist wegen

$$\det \mathbf{A} = \begin{vmatrix} 1 & 0 & 0 \\ 0 & 1 & 0 \\ 0 & 0 & 1 \end{vmatrix} = 1 \neq 0$$

regulär.

(2) Dagegen sind die drei in einer Ebene liegenden Vektoren

$$\mathbf{a} = \begin{pmatrix} 1 \\ 0 \end{pmatrix}, \quad \mathbf{b} = \begin{pmatrix} 2 \\ 1 \end{pmatrix} \quad \text{und} \quad \mathbf{c} = \begin{pmatrix} -1 \\ 5 \end{pmatrix}$$

linear abhängig.

Begründung: Im $\mathbb{R}^2$ gibt es *maximal zwei* linear unabhängige Vektoren, *mehr als zwei* Vektoren (hier: drei) sind also stets *linear abhängig.*

Zum gleichen Ergebnis führt eine Untersuchung des Ranges r der aus $\mathbf{a}$, $\mathbf{b}$ und $\mathbf{c}$ gebildeten Matrix

$$\mathbf{A} = (\mathbf{a} \;\; \mathbf{b} \;\; \mathbf{c}) = \begin{pmatrix} 1 & 2 & -1 \\ 0 & 1 & 5 \end{pmatrix}$$

Es gilt: $\text{Rg}(\mathbf{A}) = r = 2$ und somit ist $r < n = 3$. Die drei Vektoren sind daher nach dem Kriterium für die lineare Unabhängigkeit von Vektoren *linear abhängig.*

■

4.7 Ein Anwendungsbeispiel: Berechnung eines elektrischen Netzwerkes

Das in Abschnitt 1.1 im Rahmen eines einführenden Beispiels behandelte *elektrische Netzwerk* mit den ohmschen Widerständen R_1, R_2, R_3 und einer Spannungsquelle U führte uns zu dem *inhomogenen* linearen Gleichungssystem

$$\begin{aligned} I_1 - \quad I_2 - \quad I_3 &= 0 \\ R_1 I_1 + R_2 I_2 \qquad &= U \\ R_2 I_2 - R_3 I_3 &= 0 \end{aligned} \qquad \text{oder} \qquad \begin{pmatrix} 1 & -1 & -1 \\ R_1 & R_2 & 0 \\ 0 & R_2 & -R_3 \end{pmatrix} \begin{pmatrix} I_1 \\ I_2 \\ I_3 \end{pmatrix} = \begin{pmatrix} 0 \\ U \\ 0 \end{pmatrix} \qquad \text{(I-175)}$$

(vgl. hierzu auch Bild I-1). Das System besitzt wegen

$$D = \det \mathbf{A} = \begin{vmatrix} 1 & -1 & -1 \\ R_1 & R_2 & 0 \\ 0 & R_2 & -R_3 \end{vmatrix} = -(R_1 R_2 + R_1 R_3 + R_2 R_3) \neq 0 \qquad \text{(I-176)}$$

eine *reguläre* Koeffizientenmatrix **A** und ist somit *eindeutig* lösbar. Die Teilströme I_1, I_2 und I_3 berechnen wir nach der *Cramerschen Regel* unter Verwendung der drei *Hilfsdeterminanten*

$$D_1 = \begin{vmatrix} 0 & -1 & -1 \\ U & R_2 & 0 \\ 0 & R_2 & -R_3 \end{vmatrix} = -R_2 U - R_3 U = -(R_2 + R_3) U$$

$$D_2 = \begin{vmatrix} 1 & 0 & -1 \\ R_1 & U & 0 \\ 0 & 0 & -R_3 \end{vmatrix} = -R_3 U \qquad \text{(I-177)}$$

$$D_3 = \begin{vmatrix} 1 & -1 & 0 \\ R_1 & R_2 & U \\ 0 & R_2 & 0 \end{vmatrix} = -R_2 U$$

und erhalten:

$$I_1 = \frac{D_1}{D} = \frac{(R_2 + R_3) U}{R_1 R_2 + R_1 R_3 + R_2 R_3}$$

$$I_2 = \frac{D_2}{D} = \frac{R_3 U}{R_1 R_2 + R_1 R_3 + R_2 R_3} \qquad \text{(I-178)}$$

$$I_3 = \frac{D_3}{D} = \frac{R_2 U}{R_1 R_2 + R_1 R_3 + R_2 R_3}$$

5 Komplexe Matrizen

Bisher haben wir uns ausschließlich auf Matrizen mit *reellen* Elementen beschränkt. Bei der mathematischen Behandlung von *linearen Netzwerken* und *Vierpolen* (auch „*Zweitore*" genannt) stößt man jedoch auf Matrizen, deren Elemente *komplexe* Größen darstellen. So kann man z. B. die *komplexen Widerstände* in einer solchen Schaltung in einer sog. *Widerstandsmatrix* zusammenfassen. Wir geben in diesem Abschnitt eine kurze Einführung in die *komplexe Matrizenrechnung*, müssen dabei aber grundlegende Kenntnisse über komplexe Zahlen voraussetzen. Eine ausführliche Darstellung dieser Zahlen und der damit verbundenen komplexen Rechnung erfolgt dann etwas später im dritten Kapitel dieses Bandes.

5.1 Ein einführendes Beispiel

Der in Bild I-7 dargestellte *Vierpol*, auch „*Zweitor*" genannt, enthält einen *komplexen Querwiderstand* $\underline{Z}$, bestehend aus einem ohmschen Widerstand R und einer Induktivität L in Reihenschaltung.

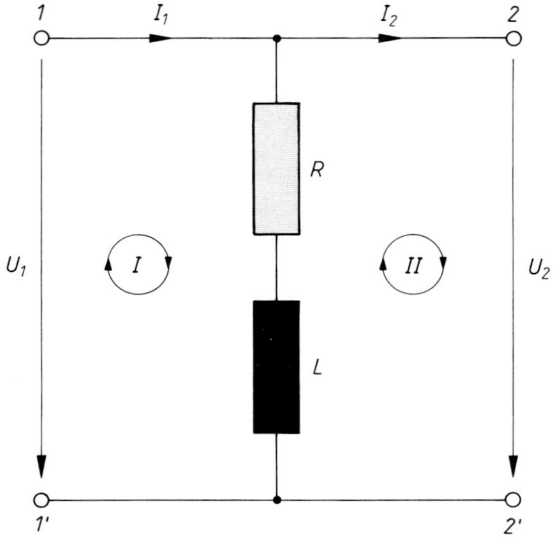

Bild I-7
Vierpol (auch Zweitor genannt) mit einem komplexen Querwiderstand

Am „Eingangstor" (Klemmenpaar 1,1′) liegt die komplexe Eingangsspannung U_1, am „Ausgangstor" (Klemmenpaar 2,2′) die komplexe Ausgangsspannung U_2 [19]. Die (ebenfalls komplexen) Eingangs- und Ausgangsströme I_1 und I_2 besitzen die eingezeichneten Zählrichtungen. Ist ω die Kreisfrequenz der Wechselspannungen und Wechselströme, so besitzt der *komplexe Querwiderstand* den Wert

$$\underline{Z} = R + \mathrm{j}\omega L \tag{I-179}$$

Zur vollständigen Beschreibung des Vierpols oder Zweitors benötigen wir den (linearen) Zusammenhang zwischen den vier Strom- und Spannungsgrößen. Diese linearen Gleichungen erhalten wir durch Anwendung der *Maschenregel* [20] auf die im Bild eingezeichneten Maschen (I) und (II):

$$\begin{aligned} &\text{(I)} \quad -U_1 + \underline{Z}\,I_1 - \underline{Z}\,I_2 = 0 \\ &\text{(II)} \quad U_2 - \underline{Z}\,I_1 + \underline{Z}\,I_2 = 0 \end{aligned} \tag{I-180}$$

---

[19] In der Wechselstromtechnik werden Spannungen und Ströme ebenso wie Widerstände durch *komplexe* (meist zeitabhängige) Größen dargestellt.

[20] *Maschenregel*: In jeder *Masche* ist die Summe der Spannungen gleich *Null*.

Wir lösen diese Gleichungen noch nach U_1 bzw. U_2 auf:

$$\begin{aligned} &\text{(I)} \quad U_1 = \underline{Z}\, I_1 - \underline{Z}\, I_2 \\ &\text{(II)} \quad U_2 = \underline{Z}\, I_1 - \underline{Z}\, I_2 \end{aligned} \qquad \text{(I-181)}$$

Dieses inhomogene lineare Gleichungssystem läßt sich in der *Matrizenform* auch wie folgt darstellen:

$$\underbrace{\begin{pmatrix} U_1 \\ U_2 \end{pmatrix}}_{\mathbf{U}} = \underbrace{\begin{pmatrix} \underline{Z} & -\underline{Z} \\ \underline{Z} & -\underline{Z} \end{pmatrix}}_{\mathbf{Z}} \underbrace{\begin{pmatrix} I_1 \\ I_2 \end{pmatrix}}_{\mathbf{I}} \quad \text{oder} \quad \mathbf{U} = \mathbf{Z}\,\mathbf{I} \qquad \text{(I-182)}$$

In dieser Darstellung sind die beiden Stromgrößen I_1 und I_2 die *unabhängigen* Variablen und die beiden Spannungsgrößen U_1 und U_2 die *abhängigen* Variablen. Zwischen dem *„Spannungsvektor"* $\mathbf{U} = \begin{pmatrix} U_1 \\ U_2 \end{pmatrix}$, dem *„Stromvektor"* $\mathbf{I} = \begin{pmatrix} I_1 \\ I_2 \end{pmatrix}$ und der sog. *„Widerstandsmatrix"*

$$\mathbf{Z} = \begin{pmatrix} \underline{Z} & -\underline{Z} \\ \underline{Z} & -\underline{Z} \end{pmatrix} = \begin{pmatrix} R + \mathrm{j}\omega L & -(R + \mathrm{j}\omega L) \\ R + \mathrm{j}\omega L & -(R + \mathrm{j}\omega L) \end{pmatrix} \qquad \text{(I-183)}$$

besteht dann die *lineare* Beziehung

$$\mathbf{U} = \mathbf{Z}\,\mathbf{I} \qquad \text{(I-184)}$$

Diese Matrizengleichung repräsentiert das *Ohmsche Gesetz* für die in Bild I-7 beschriebene Vierpolschaltung in der speziellen *Matrizenform.* Die *Widerstandsmatrix* (I-183) enthält dabei *komplexe* Größen, nämlich den *komplexen Querwiderstand* des Vierpols oder Zweitors und liefert uns somit ein erstes Beispiel für eine *komplexe Matrix*, d.h. eine Matrix mit *komplexen* Elementen. Durch die *komplexe Widerstandsmatrix* $\mathbf{Z}$ werden die elektrischen Eigenschaften und damit das Verhalten des Vierpols in eindeutiger Weise beschrieben.

5.2 Definition einer komplexen Matrix

Bislang haben wir uns ausschließlich mit *reellen* Matrizen beschäftigt, d.h. also mit Matrizen, deren Elemente *reelle* Zahlen darstellen. Diese Einschränkung wollen wir jetzt fallenlassen und lassen ab sofort auch *komplexe* Matrixelemente zu.

Definition: Eine Matrix $\mathbf{A}$ wird als *komplex* bezeichnet, wenn ihre Matrixelemente a_{ik} *komplexe* Zahlen darstellen. Symbolische Schreibweise:

$$\mathbf{A} = (a_{ik}) = (b_{ik} + \mathrm{j} \cdot c_{ik}) \qquad \text{(I-185)}$$

$(i = 1, 2, \ldots, m;\ k = 1, 2, \ldots, n)$.

Anmerkung

Die reellen Zahlen b_{ik} und c_{ik} sind der *Real-* bzw. *Imaginärteil* des komplexen Matrixelementes $a_{ik} = b_{ik} + \mathrm{j} \cdot c_{ik}$, j ist die *imaginäre Einheit* ($\mathrm{j}^2 = -1$).

■ **Beispiele**

(1) $\mathbf{A} = \begin{pmatrix} 1 - \mathrm{j} & 5 + 2\mathrm{j} \\ 2 & 2 - 3\mathrm{j} \end{pmatrix}$ ist eine 2-reihige *komplexe* Matrix.

(2) $\mathbf{A} = \begin{pmatrix} 2 + 2\mathrm{j} & 3 - \mathrm{j} & 1 + 5\mathrm{j} \\ 4 & 1 + \mathrm{j} & 5 + 2\mathrm{j} \end{pmatrix}$ ist eine *komplexe* Matrix vom Typ (2, 3).

■

5.3 Rechenoperationen und Rechenregeln für komplexe Matrizen

Die für *reelle* Matrizen definierten Rechenoperationen, Rechenregeln und Aussagen lassen sich sinngemäß auch auf *komplexe* Matrizen übertragen. So werden beispielsweise zwei komplexe Matrizen vom *gleichen* Typ wie im Reellen *elementweise addiert* und *subtrahiert*. Die *Multiplikation* einer komplexen Matrix mit einem (reellen oder komplexen) *Skalar* erfolgt ebenfalls *elementweise*. Auch für die *Matrizenmultiplikation* gilt (unter den aus Abschnitt 1.6.3 bekannten Voraussetzungen) die alte Regel *„Zeilenvektor des linken Faktors mal Spaltenvektor des rechten Faktors“*.

Eine komplexe Matrix $\mathbf{A} = (a_{ik}) = (b_{ik} + \mathrm{j} \cdot c_{ik})$ läßt sich daher stets (ähnlich wie eine komplexe Zahl) wie folgt in einen *Realteil* **B** und einen *Imaginärteil* **C** zerlegen oder aufspalten:

$$\mathbf{A} = (a_{ik}) = (b_{ik} + \mathrm{j} \cdot c_{ik}) = (b_{ik}) + (\mathrm{j} \cdot c_{ik}) = \underbrace{(b_{ik})}_{\mathbf{B}} + \mathrm{j} \cdot \underbrace{(c_{ik})}_{\mathbf{C}} = \mathbf{B} + \mathrm{j} \cdot \mathbf{C} \qquad \text{(I-186)}$$

Wir fassen diese Aussagen wie folgt zusammen:

Rechenoperationen und Rechenregeln für komplexe Matrizen

1. Eine *komplexe* Matrix **A** vom Typ (m, n) mit den (komplexen) Matrixelementen $a_{ik} = b_{ik} + \mathrm{j} \cdot c_{ik}$ läßt sich stets in der Form

$$\mathbf{A} = \mathbf{B} + \mathrm{j} \cdot \mathbf{C} \qquad \text{(I-187)}$$

darstellen. Die *reellen* Matrizen

$$\mathbf{B} = (b_{ik}) \quad \text{und} \quad \mathbf{C} = (c_{ik}) \qquad \text{(I-188)}$$

sind der *Real-* bzw. *Imaginärteil* von **A** und dabei vom *gleichen* Typ wie **A**.

2. Für *komplexe* Matrizen gelten sinngemäß die gleichen Rechenregeln wie im *Reellen*:
   - Komplexe Matrizen vom gleichen Typ werden *elementweise addiert* und *subtrahiert*.
   - Die *Multiplikation* einer komplexen Matrix mit einem (reellen oder komplexen) *Skalar* erfolgt ebenfalls *elementweise*.
   - Die *Multiplikation* zweier komplexer Matrizen erfolgt wie im Reellen, indem man die Zeilenvektoren des *linken* Faktors *skalar* mit den Spaltenvektoren des *rechten* Faktors multipliziert [21].
3. Für eine *quadratische* komplexe Matrix läßt sich wie im Reellen eine *Determinante* bilden, die i.a. jedoch einen *komplexen* Wert besitzen wird.

Anmerkung

Eine komplexe Matrix **A** geht durch *Spiegelung* ihrer Matrixelemente an der *Hauptdiagonalen* in ihre *Transponierte* $\mathbf{A}^{\mathrm{T}}$ über.

■ **Beispiele**

(1) $\mathbf{A} = \begin{pmatrix} 3-2j & 1+5j \\ 1-4j & 2+2j \\ 3 & 4-2j \end{pmatrix}, \quad \mathbf{B} = \begin{pmatrix} 1-j & 2+3j \\ 2 & 6-4j \\ j & 1+2j \end{pmatrix}$

Beide Matrizen sind vom *gleichen* Typ und können daher *elementweise* addiert und subtrahiert werden:

$$\mathbf{A} + \mathbf{B} = \begin{pmatrix} 4-3j & 3+8j \\ 3-4j & 8-2j \\ 3+j & 5 \end{pmatrix}$$

$$\mathbf{A} - \mathbf{B} = \begin{pmatrix} 2-j & -1+2j \\ -1-4j & -4+6j \\ 3-j & 3-4j \end{pmatrix}$$

(2) Wir multiplizieren die beiden 2-reihigen komplexen Matrizen

$$\mathbf{A} = \begin{pmatrix} 1+2j & 3-j \\ 2-2j & 1+j \end{pmatrix} \quad \text{und} \quad \mathbf{B} = \begin{pmatrix} j & 5-j \\ 2 & 1-j \end{pmatrix}$$

[21] Hier ist zu beachten, daß die Matrizenmultiplikation nur unter den in Abschnitt 1.6.3 genannten Voraussetzungen möglich ist.

unter Verwendung des *Falk-Schemas*:

			B	
			j	$5-j$
			2	$1-j$
A	$1+2j$	$3-j$	$4-j$	$9+5j$
	$2-2j$	$1+j$	$4+4j$	$10-12j$
			A · B	

$$\mathbf{A}\cdot\mathbf{B}=\begin{pmatrix} 4-j & 9+5j \\ 4+4j & 10-12j \end{pmatrix}$$ ■

5.4 Konjugiert komplexe Matrix, konjugiert transponierte Matrix

Konjugiert komplexe Matrix

Definition: Wird in einer komplexen Matrix $\mathbf{A}$ jedes Matrixelement a_{ik} durch das zugehörige *konjugiert komplexe* Element a_{ik}^* ersetzt, so erhält man die *konjugiert komplexe* Matrix $\mathbf{A}^*$.

Anmerkungen

(1) Den Übergang $\mathbf{A} \to \mathbf{A}^*$ bezeichnet man auch als *Konjugierung*.

(2) Beim Übergang von der komplexen Matrix $\mathbf{A}$ zur zugehörigen *konjugiert komplexen* Matrix $\mathbf{A}^*$ gilt somit:

$$a_{ik} = b_{ik} + j \cdot c_{ik} \;\to\; a_{ik}^* = b_{ik} - j \cdot c_{ik} \qquad \text{(I-189)}$$

$\mathbf{A}^*$ besitzt daher die folgende Darstellung:

$$\mathbf{A}^* = (b_{ik} - j \cdot c_{ik}) = (b_{ik}) - j \cdot (c_{ik}) = \mathbf{B} - j \cdot \mathbf{C} \qquad \text{(I-190)}$$

(3) Der Übergang von der Matrix $\mathbf{A} = \mathbf{B} + j \cdot \mathbf{C}$ zur *konjugiert komplexen* Matrix $\mathbf{A}^* = \mathbf{B} - j \cdot \mathbf{C}$ läßt sich auch durch die *formale Substitution* $j \to -j$ beschreiben:

$$\mathbf{A} = \mathbf{B} + j \cdot \mathbf{C} \xrightarrow{\;j \to -j\;} \mathbf{A}^* = \mathbf{B} - j \cdot \mathbf{C} \qquad \text{(I-191)}$$

(4) Es gelten die folgenden *Rechengesetze*:

$$(\mathbf{A}^*)^* = \mathbf{A} \qquad \text{(I-192)}$$

$$(\mathbf{A} + \mathbf{B})^* = \mathbf{A}^* + \mathbf{B}^* \qquad \text{(I-193)}$$

$$(\mathbf{A} \cdot \mathbf{B})^* = \mathbf{A}^* \cdot \mathbf{B}^* \qquad \text{(I-194)}$$

■ **Beispiele**

(1) $\mathbf{A} = \begin{pmatrix} 1+2\text{j} & 4+5\text{j} & \text{j} \\ 2-3\text{j} & 2 & 3-\text{j} \end{pmatrix}$

Die *konjugiert komplexe* Matrix $\mathbf{A}^*$ lautet:

$$\mathbf{A}^* = \begin{pmatrix} 1-2\text{j} & 4-5\text{j} & -\text{j} \\ 2+3\text{j} & 2 & 3+\text{j} \end{pmatrix}$$

(2) $\mathbf{A} = \begin{pmatrix} \text{j} & 3-2\text{j} \\ 2 & 4+3\text{j} \end{pmatrix}, \quad \mathbf{B} = \begin{pmatrix} 1 & \text{j} \\ \text{j} & 1 \end{pmatrix}$

Wir berechnen die Matrix $(\mathbf{A} \cdot \mathbf{B})^*$ mit Hilfe der Rechenregel (I-194) auf zwei *verschiedene* Arten:

1. Lösungsweg: $\mathbf{A}, \mathbf{B} \rightarrow \mathbf{A} \cdot \mathbf{B} \rightarrow (\mathbf{A} \cdot \mathbf{B})^*$

$$\mathbf{A} \cdot \mathbf{B} = \begin{pmatrix} \text{j} & 3-2\text{j} \\ 2 & 4+3\text{j} \end{pmatrix} \cdot \begin{pmatrix} 1 & \text{j} \\ \text{j} & 1 \end{pmatrix} = \begin{pmatrix} 2+4\text{j} & 2-2\text{j} \\ -1+4\text{j} & 4+5\text{j} \end{pmatrix}$$

$$(\mathbf{A} \cdot \mathbf{B})^* = \begin{pmatrix} 2-4\text{j} & 2+2\text{j} \\ -1-4\text{j} & 4-5\text{j} \end{pmatrix}$$

2. Lösungsweg: $\mathbf{A}, \mathbf{B} \rightarrow \mathbf{A}^*, \mathbf{B}^* \rightarrow \mathbf{A}^* \cdot \mathbf{B}^*$

$$\mathbf{A}^* = \begin{pmatrix} -\text{j} & 3+2\text{j} \\ 2 & 4-3\text{j} \end{pmatrix}, \quad \mathbf{B}^* = \begin{pmatrix} 1 & -\text{j} \\ -\text{j} & 1 \end{pmatrix}$$

$$\mathbf{A}^* \cdot \mathbf{B}^* = \begin{pmatrix} -\text{j} & 3+2\text{j} \\ 2 & 4-3\text{j} \end{pmatrix} \cdot \begin{pmatrix} 1 & -\text{j} \\ -\text{j} & 1 \end{pmatrix} = \begin{pmatrix} 2-4\text{j} & 2+2\text{j} \\ -1-4\text{j} & 4-5\text{j} \end{pmatrix}$$

Somit gilt (wie erwartet):

$$(\mathbf{A} \cdot \mathbf{B})^* = \mathbf{A}^* \cdot \mathbf{B}^* = \begin{pmatrix} 2-4\text{j} & 2+2\text{j} \\ -1-4\text{j} & 4-5\text{j} \end{pmatrix}$$ ■

Konjugiert transponierte Matrix

Durch *Transponieren* der zur Matrix **A** konjugiert komplexen Matrix $\mathbf{A}^*$ erhält man definitionsgemäß die sog. *konjugiert transponierte* Matrix $\overline{\mathbf{A}} = (\mathbf{A}^*)^{\mathbf{T}}$:

Definition: Wird die komplexe Matrix **A** zunächst *konjugiert* und anschließend *transponiert*, so erhält man die *konjugiert transponierte* Matrix

$$\overline{\mathbf{A}} = (\mathbf{A}^*)^{\mathbf{T}} \qquad \text{(I-195)}$$

Anmerkungen

(1) Der Übergang von $\mathbf{A}$ zur zugehörigen *konjugiert transponierten* Matrix $\overline{\mathbf{A}}$ läßt sich wie folgt schematisch darstellen:

$$\mathbf{A} \xrightarrow{\text{Konjugieren}} \mathbf{A}^* \xrightarrow{\text{Transponieren}} (\mathbf{A}^*)^{\mathbf{T}} = \overline{\mathbf{A}}$$

Für die Matrixelemente a_{ik} gilt daher:

$$a_{ik} \rightarrow a_{ik}^* \rightarrow a_{ki}^* \qquad \text{(I-196)}$$

Die *konjugiert transponierte* Matrix $\overline{\mathbf{A}}$ besitzt somit die folgenden Matrixelemente:

$$\bar{a}_{ik} = a_{ki}^* \qquad \text{(I-197)}$$

(2) Die Operationen „Konjugieren" und „Transponieren" sind *vertauschbar*:

$$\overline{\mathbf{A}} = (\mathbf{A}^*)^{\mathbf{T}} = (\mathbf{A}^{\mathbf{T}})^* \qquad \text{(I-198)}$$

(3) Es gelten die folgenden *Rechengesetze*:

$$\overline{\overline{\mathbf{A}}} = \mathbf{A} \qquad \text{(I-199)}$$

$$\overline{(\mathbf{A} + \mathbf{B})} = \overline{\mathbf{A}} + \overline{\mathbf{B}} \qquad \text{(I-200)}$$

$$\overline{(\mathbf{A} \cdot \mathbf{B})} = \overline{\mathbf{B}} \cdot \overline{\mathbf{A}} \qquad \text{(I-201)}$$

■ **Beispiele**

(1) $\mathbf{A} = \begin{pmatrix} 1+\mathrm{j} & 3+2\mathrm{j} & 1+2\mathrm{j} \\ 2 & -1+4\mathrm{j} & \mathrm{j} \\ 2-\mathrm{j} & 5 & 1-3\mathrm{j} \end{pmatrix}$

Wir bilden die zugehörige *konjugiert transponierte* Matrix $\overline{\mathbf{A}}$:

1. Schritt: $\mathbf{A} \rightarrow \mathbf{A}^*$

$$\mathbf{A}^* = \begin{pmatrix} 1-\mathrm{j} & 3-2\mathrm{j} & 1-2\mathrm{j} \\ 2 & -1-4\mathrm{j} & -\mathrm{j} \\ 2+\mathrm{j} & 5 & 1+3\mathrm{j} \end{pmatrix}$$

2. Schritt: $\mathbf{A}^* \rightarrow (\mathbf{A}^*)^{\mathbf{T}} = \overline{\mathbf{A}}$

$$(\mathbf{A}^*)^{\mathbf{T}} = \overline{\mathbf{A}} = \begin{pmatrix} 1-\mathrm{j} & 2 & 2+\mathrm{j} \\ 3-2\mathrm{j} & -1-4\mathrm{j} & 5 \\ 1-2\mathrm{j} & -\mathrm{j} & 1+3\mathrm{j} \end{pmatrix}$$

(2) $\mathbf{A} = \begin{pmatrix} 1+\mathrm{j} & 2-3\mathrm{j} \\ 4-\mathrm{j} & 1-5\mathrm{j} \end{pmatrix}$

Wir bilden die zugehörige *konjugiert transponierte* Matrix $\overline{\mathbf{A}}$ auf zwei *verschiedene* Arten:

1. Lösungsweg: $\mathbf{A} \rightarrow \mathbf{A}^* \rightarrow (\mathbf{A}^*)^{\mathbf{T}} = \overline{\mathbf{A}}$

$$\mathbf{A}^* = \begin{pmatrix} 1-\mathrm{j} & 2+3\mathrm{j} \\ 4+\mathrm{j} & 1+5\mathrm{j} \end{pmatrix} \quad \Rightarrow \quad \overline{\mathbf{A}} = (\mathbf{A}^*)^{\mathbf{T}} = \begin{pmatrix} 1-\mathrm{j} & 4+\mathrm{j} \\ 2+3\mathrm{j} & 1+5\mathrm{j} \end{pmatrix}$$

2. Lösungsweg: $\mathbf{A} \rightarrow \mathbf{A}^{\mathbf{T}} \rightarrow (\mathbf{A}^{\mathbf{T}})^* = \overline{\mathbf{A}}$

$$\mathbf{A}^{\mathbf{T}} = \begin{pmatrix} 1+\mathrm{j} & 4-\mathrm{j} \\ 2-3\mathrm{j} & 1-5\mathrm{j} \end{pmatrix} \quad \Rightarrow \quad \overline{\mathbf{A}} = (\mathbf{A}^{\mathbf{T}})^* = \begin{pmatrix} 1-\mathrm{j} & 4+\mathrm{j} \\ 2+3\mathrm{j} & 1+5\mathrm{j} \end{pmatrix}$$

Somit gilt (wie erwartet):

$$\overline{\mathbf{A}} = (\mathbf{A}^*)^{\mathbf{T}} = (\mathbf{A}^{\mathbf{T}})^* = \begin{pmatrix} 1-\mathrm{j} & 4+\mathrm{j} \\ 2+3\mathrm{j} & 1+5\mathrm{j} \end{pmatrix}$$ ■

5.5 Spezielle komplexe Matrizen

Wir beschreiben in diesem Abschnitt einige besonders wichtige *quadratische* Matrizen, die in den technischen Anwendungen (insbesondere in der Elektrotechnik) eine bedeutende Rolle spielen. Es handelt sich dabei um die *hermiteschen*, *schiefhermiteschen* und *unitären* Matrizen. Sie entsprechen im *Reellen* der Reihe nach den *symmetrischen*, *schiefsymmetrischen* und *orthogonalen* Matrizen.

5.5.1 Hermitesche Matrix

Definition: Eine n-reihige komplexe Matrix $\mathbf{A} = (a_{ik})$ heißt *hermitesch*, wenn

$$\mathbf{A} = \overline{\mathbf{A}} \tag{I-202}$$

ist.

Anmerkung

Für die Matrixelemente einer *hermiteschen* Matrix $\mathbf{A} = (a_{ik})$ gilt somit:

$$a_{ik} = a_{ki}^* \qquad (i, k = 1, 2, \ldots, n) \tag{I-203}$$

■ **Beispiel**

Wir zeigen, daß die komplexe Matrix $\mathbf{A} = \begin{pmatrix} 4 & 2-2\mathrm{j} & 1-3\mathrm{j} \\ 2+2\mathrm{j} & 1 & -\mathrm{j} \\ 1+3\mathrm{j} & \mathrm{j} & 2 \end{pmatrix}$ *hermitesch* ist. Zunächst berechnen wir die zugehörige *konjugiert transponierte* Matrix $\overline{\mathbf{A}} = (\mathbf{A}^*)^{\mathbf{T}}$:

$$\mathbf{A}^* = \begin{pmatrix} 4 & 2+2\mathrm{j} & 1+3\mathrm{j} \\ 2-2\mathrm{j} & 1 & \mathrm{j} \\ 1-3\mathrm{j} & -\mathrm{j} & 2 \end{pmatrix}$$

$$(\mathbf{A}^*)^{\mathbf{T}} = \overline{\mathbf{A}} = \begin{pmatrix} 4 & 2-2\mathrm{j} & 1-3\mathrm{j} \\ 2+2\mathrm{j} & 1 & -\mathrm{j} \\ 1+3\mathrm{j} & \mathrm{j} & 2 \end{pmatrix}$$

Somit gilt

$$\mathbf{A} = \overline{\mathbf{A}} = \begin{pmatrix} 4 & 2-2\mathrm{j} & 1-3\mathrm{j} \\ 2+2\mathrm{j} & 1 & -\mathrm{j} \\ 1+3\mathrm{j} & \mathrm{j} & 2 \end{pmatrix}$$

d.h. **A** ist *hermitesch.* ■

Wir beschäftigen uns noch mit einigen besonders wichtigen Eigenschaften der *hermiteschen* Matrizen:

1. Die *Hauptdiagonalelemente* a_{ii} einer *hermiteschen* Matrix **A** sind immer *reell.* Denn aus (I-203) folgt für $i = k$:

$$a_{ii} = a_{ii}^* \qquad (i = 1, 2, \ldots, n) \tag{I-204}$$

   Eine komplexe Zahl mit dieser Eigenschaft ist aber *reell,* da der in der Gaußschen Zahlenebene dargestellte zugehörige Bildpunkt auf der *reellen* Achse liegt (vgl. hierzu Abschnitt 1.3 in Kapitel III).

2. Im *Reellen* ist $\mathbf{A}^* = \mathbf{A}$. Dann aber gilt dort für eine *hermitesche* Matrix **A**:

$$\mathbf{A} = \overline{\mathbf{A}} = (\mathbf{A}^*)^{\mathbf{T}} = \mathbf{A}^{\mathbf{T}} \;\Rightarrow\; \mathbf{A} = \mathbf{A}^{\mathbf{T}} \tag{I-205}$$

   Die Matrix **A** ist damit *symmetrisch.*

   Folgerung: Im *Reellen* fallen die Begriffe „hermitesche" Matrix und „symmetrische" Matrix zusammen.

3. Wir zeigen noch, daß eine *hermitesche* Matrix $\mathbf{A} = \mathbf{B} + \mathrm{j} \cdot \mathbf{C}$ stets einen *symmetrischen* Realteil **B** und einen *schiefsymmetrischen* Imaginärteil **C** besitzt. Aus $\mathbf{A} = \overline{\mathbf{A}} = (\mathbf{A}^*)^{\mathbf{T}}$ folgt nämlich:

$$\mathbf{A} = \mathbf{B} + \mathrm{j} \cdot \mathbf{C} = \overline{\mathbf{A}} = (\mathbf{B} - \mathrm{j} \cdot \mathbf{C})^{\mathbf{T}} = \mathbf{B}^{\mathbf{T}} - \mathrm{j} \cdot \mathbf{C}^{\mathbf{T}} \tag{I-206}$$

   Real- und *Imaginärteil* müssen auf beiden Seiten dieser Matrizengleichung jeweils übereinstimmen.

Somit gilt

$$\mathbf{B} = \mathbf{B}^{\mathrm{T}} \quad \text{und} \quad \mathbf{C} = -\mathbf{C}^{\mathrm{T}} \tag{I-207}$$

Dies aber bedeutet, daß der *Realteil* **B** eine *symmetrische* und der *Imaginärteil* **C** eine *schiefsymmetrische* Matrix darstellen. *Umgekehrt* gilt (ohne Beweis): Ist $\mathbf{A} = \mathbf{B} + \mathrm{j} \cdot \mathbf{C}$ eine n-reihige komplexe Matrix mit einem *symmetrischen* Realteil **B** und einem *schiefsymmetrischen* Imaginärteil **C**, so ist **A** *hermitesch*.

Wir fassen jetzt die wichtigsten Eigenschaften einer *hermiteschen* Matrix wie folgt zusammen:

Eigenschaften einer hermiteschen Matrix

Eine n-reihige *hermitesche* Matrix $\mathbf{A} = \mathbf{B} + \mathrm{j} \cdot \mathbf{C}$ besitzt die folgenden Eigenschaften:

1. Alle *Hauptdiagonalelemente* a_{ii} sind *reell* ($i = 1, 2, \ldots, n$).
2. Der *Realteil* **B** ist eine *symmetrische*, der *Imaginärteil* **C** dagegen stets eine *schiefsymmetrische* Matrix.
3. Die *Determinante* det **A** einer *hermiteschen* Matrix **A** besitzt stets einen *reellen* Wert.
4. Im *Reellen* fallen die Begriffe „*hermitesche*" Matrix und „*symmetrische*" Matrix zusammen.

Anmerkung

Es gilt auch die *Umkehrung* der *zweiten* Eigenschaft. Besitzt demnach eine *komplexe* Matrix $\mathbf{A} = \mathbf{B} + \mathrm{j} \cdot \mathbf{C}$ einen *symmetrischen* Realteil und einen *schiefsymmetrischen* Imaginärteil, so ist **A** *hermitesch*!

■ **Beispiele**

(1) Wir wollen zunächst zeigen, daß die 2-reihige komplexe Matrix
$\mathbf{A} = \begin{pmatrix} 1 & 3 - 4\mathrm{j} \\ 3 + 4\mathrm{j} & 5 \end{pmatrix}$ *hermitesch* ist. Dazu zerlegen wir **A** in einen *Real-* und einen *Imaginärteil*:

$$\mathbf{A} = \begin{pmatrix} 1 & 3 - 4\mathrm{j} \\ 3 + 4\mathrm{j} & 5 \end{pmatrix} = \underbrace{\begin{pmatrix} 1 & 3 \\ 3 & 5 \end{pmatrix}}_{\text{Realteil } \mathbf{B}} + \mathrm{j} \underbrace{\begin{pmatrix} 0 & -4 \\ 4 & 0 \end{pmatrix}}_{\text{Imaginärteil } \mathbf{C}}$$

Realteil $\mathbf{B}$ ist *symmetrisch*, Imaginärteil $\mathbf{C}$ dagegen *schiefsymmetrisch*. Somit ist $\mathbf{A}$ eine *hermitesche* Matrix. Sie besitzt (wie erwartet) ausschließlich *reelle* Hauptdiagonalelemente, nämlich $a_{11} = 1$ und $a_{22} = 5$, und eine *reellwertige* Determinante:

$$\det \mathbf{A} = \begin{vmatrix} 1 & 3-4\mathrm{j} \\ 3+4\mathrm{j} & 5 \end{vmatrix} = 1 \cdot 5 - (3-4\mathrm{j})(3+4\mathrm{j}) =$$

$$= 5 - (9+16) = 5 - 25 = -20$$

(2) Die Matrix $\mathbf{A} = \begin{pmatrix} 1 & 2-\mathrm{j} \\ 2+\mathrm{j} & 5\mathrm{j} \end{pmatrix}$ kann *nicht* hermitesch sein, da sie ein *nicht-reelles* Hauptdiagonalelement enthält, nämlich das *imaginäre* Element $a_{22} = 5\mathrm{j}$.

■

5.5.2 Schiefhermitesche Matrix

Definition: Eine n-reihige komplexe Matrix $\mathbf{A} = (a_{ik})$ heißt *schiefhermitesch*, wenn

$$\mathbf{A} = -\overline{\mathbf{A}} \tag{I-208}$$

ist.

Anmerkung

Die Matrixelemente einer *schiefhermiteschen* Matrix $\mathbf{A} = (a_{ik})$ erfüllen somit die Bedingung

$$a_{ik} = -a_{ki}^{*} \qquad (i, k = 1, 2, \ldots, n) \tag{I-209}$$

■ **Beispiel**

Wir wollen zeigen, daß die 2-reihige komplexe Matrix $\mathbf{A} = \begin{pmatrix} 2\mathrm{j} & -1+\mathrm{j} \\ 1+\mathrm{j} & 3\mathrm{j} \end{pmatrix}$ *schiefhermitesch* ist. Zunächst berechnen wir daher die zugehörige *konjugiert transponierte* Matrix $\overline{\mathbf{A}} = (\mathbf{A}^{*})^{\mathbf{T}}$:

$$\mathbf{A}^{*} = \begin{pmatrix} -2\mathrm{j} & -1-\mathrm{j} \\ 1-\mathrm{j} & -3\mathrm{j} \end{pmatrix} \quad \Rightarrow \quad (\mathbf{A}^{*})^{\mathbf{T}} = \overline{\mathbf{A}} = \begin{pmatrix} -2\mathrm{j} & 1-\mathrm{j} \\ -1-\mathrm{j} & -3\mathrm{j} \end{pmatrix}$$

Somit gilt

$$\overline{\mathbf{A}} = \begin{pmatrix} -2\mathrm{j} & 1-\mathrm{j} \\ -1-\mathrm{j} & -3\mathrm{j} \end{pmatrix} = -\underbrace{\begin{pmatrix} 2\mathrm{j} & -1+\mathrm{j} \\ 1+\mathrm{j} & 3\mathrm{j} \end{pmatrix}}_{\mathbf{A}} = -\mathbf{A}$$

Aus $\overline{\mathbf{A}} = -\mathbf{A}$ folgt $\mathbf{A} = -\overline{\mathbf{A}}$, d.h. die Matrix $\mathbf{A}$ ist *schiefhermitesch*.

■

Eine *schiefhermitesche* Matrix besitzt stets rein *imaginäre* Hauptdiagonalelemente, wobei die Zahl Null als *Grenzfall* dazu gehört. Denn aus (I-209) folgt unmittelbar für $i = k$:

$$a_{ii} = -a_{ii}^* \qquad (i = 1, 2, \ldots, n) \tag{I-210}$$

Komplexe Zahlen mit dieser Eigenschaft liegen aber in der *Gaußschen Zahlenebene* genau auf der *imaginären* Achse (*Richtungsumkehr* des zugehörigen Zeigers, siehe hierzu Abschnitt 1.2 in Kapitel III). Weitere Eigenschaften einer *schiefhermiteschen* Matrix sind (ohne Beweis):

Eigenschaften einer schiefhermiteschen Matrix

Eine n-reihige *schiefhermitesche* Matrix $\mathbf{A} = \mathbf{B} + \mathrm{j} \cdot \mathbf{C}$ besitzt die folgenden Eigenschaften:

1. Alle *Hauptdiagonalelemente* a_{ii} sind *imaginär* $(i = 1, 2, \ldots, n)$[22].
2. Der Realteil $\mathbf{B}$ ist eine *schiefsymmetrische*, der Imaginärteil $\mathbf{C}$ dagegen stets eine *symmetrische* Matrix.
3. Im *Reellen* fallen die Begriffe „*schiefhermitesche*“ Matrix und „*schiefsymmetrische*“ Matrix zusammen.

Anmerkung

Die *zweite* Aussage läßt sich auch *umkehren*: Eine *komplexe* Matrix $\mathbf{A} = \mathbf{B} + \mathrm{j} \cdot \mathbf{C}$ mit einem *schiefsymmetrischen* Realteil $\mathbf{B}$ und einem *symmetrischen* Imaginärteil $\mathbf{C}$ ist immer *schiefhermitesch*!

■ **Beispiel**

Die 2-reihige komplexe Matrix $\mathbf{A} = \begin{pmatrix} 2\mathrm{j} & -1-\mathrm{j} \\ 1-\mathrm{j} & 5\mathrm{j} \end{pmatrix}$ läßt sich wie folgt in einen *Real-* und *Imaginärteil* zerlegen:

$$\mathbf{A} = \begin{pmatrix} 2\mathrm{j} & -1-\mathrm{j} \\ 1-\mathrm{j} & 5\mathrm{j} \end{pmatrix} = \begin{pmatrix} 0 & -1 \\ 1 & 0 \end{pmatrix} + \begin{pmatrix} 2\mathrm{j} & -\mathrm{j} \\ -\mathrm{j} & 5\mathrm{j} \end{pmatrix} =$$

$$= \underbrace{\begin{pmatrix} 0 & -1 \\ 1 & 0 \end{pmatrix}}_{\text{Realteil } \mathbf{B}} + \mathrm{j} \underbrace{\begin{pmatrix} 2 & -1 \\ -1 & 5 \end{pmatrix}}_{\text{Imaginärteil } \mathbf{C}} = \mathbf{B} + \mathrm{j} \cdot \mathbf{C}$$

Da der *Realteil* $\mathbf{B}$ eine *schiefsymmetrische*, der *Imaginärteil* $\mathbf{C}$ dagegen eine *symmetrische* Matrix darstellt, ist $\mathbf{A}$ selbst eine *schiefhermitesche* Matrix.

■

[22] Die Null wird hier als *Grenzfall* einer imaginären Zahl betrachtet und dazu gerechnet $(0 \cdot \mathrm{j} = 0)$.

5.5.3 Unitäre Matrix

Definition: Eine n-reihige komplexe Matrix $\mathbf{A} = (a_{ik})$ heißt *unitär*, wenn das Matrizenprodukt aus $\mathbf{A}$ und der zugehörigen *konjugiert transponierten* Matrix $\overline{\mathbf{A}}$ die *Einheitsmatrix* $\mathbf{E}$ ergibt:

$$\mathbf{A} \cdot \overline{\mathbf{A}} = \mathbf{E} \qquad \text{(I-211)}$$

Anmerkung

Die Reihenfolge der beiden Faktoren in der Definitionsformel (I-211) darf *vertauscht* werden, d.h. für eine *unitäre* Matrix $\mathbf{A}$ gilt stets:

$$\mathbf{A} \cdot \overline{\mathbf{A}} = \overline{\mathbf{A}} \cdot \mathbf{A} = \mathbf{E} \qquad \text{(I-212)}$$

■ **Beispiel**

Um zu zeigen, daß die 2-reihige komplexe Matrix $\mathbf{A} = \begin{pmatrix} 0 & \mathrm{j} \\ -\mathrm{j} & 0 \end{pmatrix}$ *unitär* ist, berechnen wir zunächst die zugehörige *konjugiert transponierte* Matrix $\overline{\mathbf{A}}$:

$$\mathbf{A}^* = \begin{pmatrix} 0 & -\mathrm{j} \\ \mathrm{j} & 0 \end{pmatrix} \quad \Rightarrow \quad \overline{\mathbf{A}} = (\mathbf{A}^*)^{\mathbf{T}} = \begin{pmatrix} 0 & \mathrm{j} \\ -\mathrm{j} & 0 \end{pmatrix}$$

Für das Matrizenprodukt $\mathbf{A} \cdot \overline{\mathbf{A}}$ erhalten wir dann:

$$\mathbf{A} \cdot \overline{\mathbf{A}} = \begin{pmatrix} 0 & \mathrm{j} \\ -\mathrm{j} & 0 \end{pmatrix} \cdot \begin{pmatrix} 0 & \mathrm{j} \\ -\mathrm{j} & 0 \end{pmatrix} = \begin{pmatrix} 1 & 0 \\ 0 & 1 \end{pmatrix} = \mathbf{E}$$

Die Matrix $\mathbf{A}$ ist somit *unitär*. ■

Ist $\mathbf{A}$ *reell* und *unitär*, so gilt $\mathbf{A}^* = \mathbf{A}$ und weiter $\overline{\mathbf{A}} = (\mathbf{A}^*)^{\mathbf{T}} = \mathbf{A}^{\mathbf{T}}$. Aus der Definitionsformel (I-211) folgt dann:

$$\mathbf{A} \cdot \overline{\mathbf{A}} = \mathbf{A} \cdot \mathbf{A}^{\mathbf{T}} = \mathbf{E} \qquad \text{(I-213)}$$

Die Matrix $\mathbf{A}$ ist somit *orthogonal*. Dies aber bedeutet, daß im *Reellen* die Begriffe „unitäre“ Matrix und „orthogonale“ Matrix zusammenfallen.

Allgemein lassen sich für *unitäre* Matrizen folgende Eigenschaften nachweisen:

Eigenschaften einer unitären Matrix

Eine *unitäre* Matrix $\mathbf{A}$ besitzt die folgenden Eigenschaften:

1. Die *konjugiert transponierte* Matrix $\overline{\mathbf{A}}$ ist identisch mit der *inversen* Matrix $\mathbf{A}^{-1}$:

$$\overline{\mathbf{A}} = \mathbf{A}^{-1} \qquad \text{(I-214)}$$

2. Eine *unitäre* Matrix $\mathbf{A}$ ist stets *regulär*, da ihre Determinante betragsmäßig den Wert *Eins* besitzt und somit immer von Null *verschieden* ist:

$$|\det \mathbf{A}| = 1 \quad \Rightarrow \quad \det \mathbf{A} \neq 0 \qquad \text{(I-215)}$$

   Daher gibt es zu jeder *unitären* Matrix $\mathbf{A}$ eine *Inverse* $\mathbf{A}^{-1}$.

3. Im *Reellen* fallen die Begriffe *„unitäre"* Matrix und *„orthogonale"* Matrix zusammen.

4. Die *Inverse* einer unitären Matrix ist ebenso wie das *Produkt* unitärer Matrizen wiederum eine *unitäre* Matrix.

■ **Beispiel**

Anhand der (bereits als *unitär* erkannten) 2-reihigen komplexen Matrix $\mathbf{A} = \begin{pmatrix} 0 & \mathrm{j} \\ -\mathrm{j} & 0 \end{pmatrix}$ wollen wir die soeben festgehaltenen Eigenschaften einer *unitären* Matrix verifizieren.

Die *Determinante* von A besitzt den Betrag 1 (wie erwartet):

$$\det \mathbf{A} = \begin{vmatrix} 0 & \mathrm{j} \\ -\mathrm{j} & 0 \end{vmatrix} = 0 + \mathrm{j}^2 = -1 \quad \Rightarrow \quad |\det \mathbf{A}| = 1$$

Ferner wollen wir zeigen, daß $\overline{\mathbf{A}} = \mathbf{A}^{-1}$ ist. Dazu berechnen wir zunächst die *konjugiert transponierte* Matrix $\overline{\mathbf{A}}$:

$$\mathbf{A}^* = \begin{pmatrix} 0 & -\mathrm{j} \\ \mathrm{j} & 0 \end{pmatrix} \quad \Rightarrow \quad \overline{\mathbf{A}} = (\mathbf{A}^*)^{\mathbf{T}} = \begin{pmatrix} 0 & \mathrm{j} \\ -\mathrm{j} & 0 \end{pmatrix}$$

Die noch benötigte *inverse* Matrix $\mathbf{A}^{-1}$ berechnen wir mit Hilfe von *Unterdeterminanten* nach Formel (I-90).

Die *algebraischen Komplemente* der vier Matrixelemente in der Determinante von $\mathbf{A}$ lauten dabei wie folgt:

$$A_{11} = (-1)^{1+1} \cdot D_{11} = (-1)^2 \cdot 0 = 0$$

$$A_{12} = (-1)^{1+2} \cdot D_{12} = (-1)^3 \cdot (-\mathrm{j}) = \mathrm{j}$$

$$A_{21} = (-1)^{2+1} \cdot D_{21} = (-1)^3 \cdot \mathrm{j} = -\mathrm{j}$$

$$A_{22} = (-1)^{2+2} \cdot D_{22} = (-1)^4 \cdot 0 = 0$$

Somit ist

$$\mathbf{A}^{-1} = \frac{1}{\det \mathbf{A}} \begin{pmatrix} A_{11} & A_{21} \\ A_{12} & A_{22} \end{pmatrix} = -\begin{pmatrix} 0 & -\mathrm{j} \\ \mathrm{j} & 0 \end{pmatrix} = \begin{pmatrix} 0 & \mathrm{j} \\ -\mathrm{j} & 0 \end{pmatrix}$$

die zu $\mathbf{A}$ gehörende *Inverse* und zugleich *identisch* mit der *konjugiert transponierten* Matrix $\overline{\mathbf{A}}$, was zu erwarten war.

■

6 Eigenwerte und Eigenvektoren einer quadratischen Matrix

In zahlreichen naturwissenschaftlich-technischen Anwendungen stößt man auf sog. *Matrizeneigenwertprobleme.* Die dabei grundlegenden Begriffe wie „*Eigenwert*" und „*Eigenvektor*" einer quadratischen (reellen oder auch komplexen) Matrix wollen wir zunächst an einem einfachen geometrischen Beispiel erläutern.

6.1 Ein einführendes Beispiel

Wir betrachten die *Spiegelung* eines beliebigen Punktes $P = (x_1; x_2)$ an der x_1-Achse einer Ebene (Bild I-8). Der Punkt P geht dabei in den „Bildpunkt" $P' = (u_1; u_2)$ über. Die *Transformationsgleichungen* können wir unmittelbar aus dem Bild ablesen. Sie lauten wie folgt:

$$\begin{aligned} u_1 &= x_1 \\ u_2 &= -x_2 \end{aligned} \qquad \text{oder} \qquad \begin{aligned} u_1 &= 1 \cdot x_1 + 0 \cdot x_2 \\ u_2 &= 0 \cdot x_1 - 1 \cdot x_2 \end{aligned} \qquad \text{(I-216)}$$

Wir bringen diese Gleichungen noch in die *Matrizenform*:

$$\underbrace{\begin{pmatrix} u_1 \\ u_2 \end{pmatrix}}_{\mathbf{u}} = \underbrace{\begin{pmatrix} 1 & 0 \\ 0 & -1 \end{pmatrix}}_{\mathbf{A}} \underbrace{\begin{pmatrix} x_1 \\ x_2 \end{pmatrix}}_{\mathbf{x}} \qquad \text{oder} \qquad \mathbf{u} = \mathbf{A}\,\mathbf{x} \qquad \text{(I-217)}$$

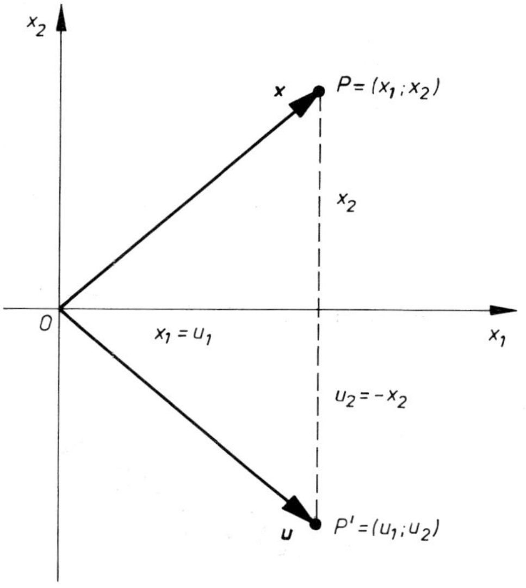

Bild I-8
Spiegelung eines ebenen Punktes P an der x_1-Achse

Der Vektor $\mathbf{x}$ ist dabei der *Ortsvektor* des Punktes P, der Vektor $\mathbf{u}$ der *Ortsvektor* des zugehörigen Bildpunktes P'.

Jetzt interessieren wir uns ausschließlich für alle diejenigen (vom Nullvektor *verschiedenen*) Ortsvektoren, die bei dieser Spiegelung in einen Vektor *gleicher* Richtung oder *Gegenrichtung* übergehen [23]. Diese (noch unbekannten) Vektoren genügen also der Bedingung

$$\mathbf{u} = \lambda \, \mathbf{x} \qquad \text{(I-218)}$$

und somit der folgenden Matrizengleichung:

$$\mathbf{A}\,\mathbf{x} = \lambda\,\mathbf{x} = \lambda\,\mathbf{E}\,\mathbf{x} \quad \text{oder} \quad (\mathbf{A} - \lambda\,\mathbf{E})\,\mathbf{x} = \mathbf{0} \qquad \text{(I-219)}$$

Dabei ist $\mathbf{E}$ die 2-reihige *Einheitsmatrix*.

Die als *charakteristische Matrix* von $\mathbf{A}$ bezeichnete Matrix $\mathbf{A} - \lambda\,\mathbf{E}$ besitzt die folgende Gestalt:

$$\mathbf{A} - \lambda\,\mathbf{E} = \begin{pmatrix} 1 & 0 \\ 0 & -1 \end{pmatrix} - \lambda \begin{pmatrix} 1 & 0 \\ 0 & 1 \end{pmatrix} = \begin{pmatrix} 1-\lambda & 0 \\ 0 & -1-\lambda \end{pmatrix} \qquad \text{(I-220)}$$

Die Matrizengleichung (I-219) lautet daher in ausführlicher Schreibweise:

$$\begin{pmatrix} 1-\lambda & 0 \\ 0 & -1-\lambda \end{pmatrix} \begin{pmatrix} x_1 \\ x_2 \end{pmatrix} = \begin{pmatrix} 0 \\ 0 \end{pmatrix} \qquad \text{(I-221)}$$

[23] Die Vektoren $\mathbf{u}$ und $\mathbf{x}$ sollen also *kollinear* sein.

Dieses *homogene lineare Gleichungssystem* mit den beiden unbekannten Koordinaten x_1 und x_2 enthält noch einen (ebenfalls unbekannten) *Parameter* λ und ist bekanntlich nur dann nicht-trivial lösbar, wenn die Koeffizientendeterminante *verschwindet*, d.h.

$$\det(\mathbf{A} - \lambda\,\mathbf{E}) = |\mathbf{A} - \lambda\,\mathbf{E}| = \begin{vmatrix} 1-\lambda & 0 \\ 0 & -1-\lambda \end{vmatrix} = 0 \qquad \text{(I-222)}$$

gilt. Hieraus erhalten wir die sog. *charakteristische Gleichung* der Matrix **A**:

$$\det(\mathbf{A} - \lambda\,\mathbf{E}) = (1-\lambda)(-1-\lambda) = 0 \qquad \text{(I-223)}$$

Die Lösungen dieser Gleichung heißen *Eigenwerte* der Matrix **A.** Sie lauten hier also:

$$\lambda_1 = 1, \qquad \lambda_2 = -1 \qquad \text{(I-224)}$$

Zu diesen Eigenwerten gehören bestimmte Ortsvektoren, die in diesem Zusammenhang als *Eigenvektoren* der Matrix **A** bezeichnet werden. Man erhält sie, indem man in das homogene lineare Gleichungssystem (I-221) für den Parameter λ den jeweiligen *Eigenwert* einsetzt und anschließend das Gleichungssystem löst. Mit der Bestimmung dieser Eigenvektoren wollen wir uns jetzt näher befassen.

Eigenvektoren zum Eigenwert $\lambda_1 = 1$

Einsetzen des *ersten* Eigenwertes $\lambda_1 = 1$ in die Gleichung (I-221) liefert das homogene lineare Gleichungssystem

$$\begin{aligned} 0 \cdot x_1 + 0 \cdot x_2 &= 0 \\ 0 \cdot x_1 - 2 \cdot x_2 &= 0 \end{aligned} \qquad \text{(I-225)}$$

Dieses System *reduziert* sich auf die *eine* Gleichung

$$-2x_2 = 0 \qquad \text{(I-226)}$$

mit der *Lösung* $x_2 = 0$. Da die *erste* Unbekannte x_1 in dieser Gleichung *nicht* auftritt, dürfen wir über x_1 *frei verfügen* und setzen daher $x_1 = \alpha$. Das Gleichungssystem (I-225) besitzt damit die von dem *reellen Parameter* α abhängige Lösung

$$x_1 = \alpha, \qquad x_2 = 0 \qquad \text{oder} \qquad \mathbf{x}_1 = \begin{pmatrix} \alpha \\ 0 \end{pmatrix} = \alpha \begin{pmatrix} 1 \\ 0 \end{pmatrix} \qquad \text{(I-227)}$$

($\alpha \in \mathbb{R}$). Der zum Eigenwert $\lambda_1 = 1$ gehörige *Eigenvektor* ist somit bis auf einen *beliebigen konstanten* Faktor $\alpha \neq 0$ eindeutig bestimmt. Wir wählen $\alpha = 1$ und erhalten den *normierten Eigenvektor*

$$\tilde{\mathbf{x}}_1 = \begin{pmatrix} 1 \\ 0 \end{pmatrix} \qquad \text{(I-228)}$$

Alle weiteren zum Eigenwert $\lambda_1 = 1$ gehörenden Eigenvektoren sind dann ein *Vielfaches* (α-faches) des *normierten* Eigenvektors $\tilde{\mathbf{x}}_1$ ($\alpha \neq 0$). In der Praxis beschränkt man sich daher auf die Angabe dieses Eigenvektors und betrachtet $\tilde{\mathbf{x}}_1$ als den zum Eigenwert $\lambda_1 = 1$ gehörenden Eigenvektor.

Geometrische Deutung: Die zum Eigenwert $\lambda_1 = 1$ gehörenden Eigenvektoren sind die *Ortsvektoren* der auf der x_1-Achse liegenden Punkte, die bei der Spiegelung an dieser Achse *in sich selbst* übergehen (*ausgenommen* ist der Nullpunkt; Bild I-9).

$$\mathbf{x}_1 = \begin{pmatrix} \alpha \\ 0 \end{pmatrix} \xrightarrow[x_1\text{-Achse}]{\text{Spiegelung an der}} \mathbf{u}_1 = \begin{pmatrix} \alpha \\ 0 \end{pmatrix} = \mathbf{x}_1 \tag{I-229}$$

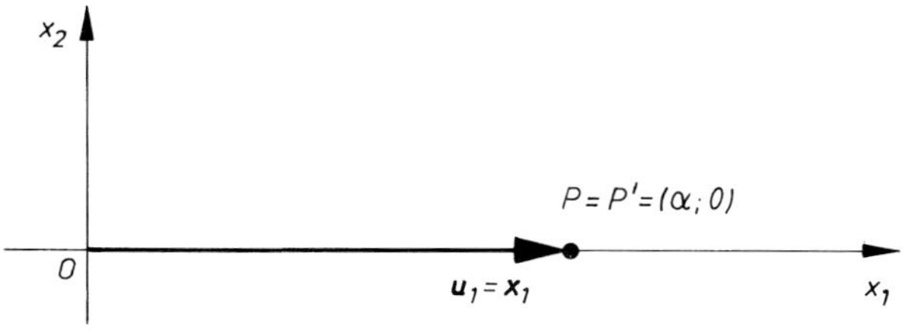

Bild I-9

Eigenvektoren zum Eigenwert $\lambda_2 = -1$

Wir setzen jetzt den *zweiten* Eigenwert $\lambda_2 = -1$ in die Gleichung (I-221) ein und erhalten das homogene lineare Gleichungssystem

$$\begin{aligned} 2 \cdot x_1 + 0 \cdot x_2 &= 0 \\ 0 \cdot x_1 + 0 \cdot x_2 &= 0 \end{aligned} \tag{I-230}$$

Dieses System *reduziert* sich auf die *eine* Gleichung

$$2x_1 = 0 \tag{I-231}$$

mit der *Lösung* $x_1 = 0$. Die *zweite* Unbekannte tritt in dieser Gleichung *nicht* auf, darf daher *frei gewählt* werden. Wir setzen $x_2 = \beta$ und erhalten für das Gleichungssystem (I-230) die von dem *reellen Parameter* β abhängige Lösung

$$x_1 = 0, \quad x_2 = \beta \quad \text{oder} \quad \mathbf{x}_2 = \begin{pmatrix} 0 \\ \beta \end{pmatrix} = \beta \begin{pmatrix} 0 \\ 1 \end{pmatrix} \tag{I-232}$$

($\beta \in \mathbb{R}$). Wiederum ist der Eigenvektor bis auf einen *beliebigen konstanten* Faktor $\beta \neq 0$ eindeutig bestimmt. Wir wählten $\beta = 1$ und erhalten so den *normierten Eigenvektor*

$$\tilde{\mathbf{x}}_2 = \begin{pmatrix} 0 \\ 1 \end{pmatrix} \tag{I-233}$$

Alle weiteren *zum* Eigenwert $\lambda_2 = -1$ gehörenden Eigenvektoren sind dann ein *Vielfaches* (β-faches) dieses *normierten* Eigenvektors $\tilde{\mathbf{x}}_2$ ($\beta \neq 0$).

Geometrische Deutung: Die zum Eigenwert $\lambda_2 = -1$ gehörenden Eigenvektoren sind die *Ortsvektoren* der auf der x_2-Achse liegenden Punkte (wiederum mit *Ausnahme* des Nullpunktes), die bei der Spiegelung an der x_1-Achse in den jeweiligen *Gegenvektor* übergehen (*Richtungsumkehr* des Ortsvektors bei *gleichbleibender* Länge; Bild I-10):

$$\mathbf{x}_2 = \begin{pmatrix} 0 \\ \beta \end{pmatrix} \xrightarrow[x_1\text{-Achse}]{\text{Spiegelung an der}} \mathbf{u}_2 = -\begin{pmatrix} 0 \\ \beta \end{pmatrix} = -\mathbf{x}_2 \qquad \text{(I-234)}$$

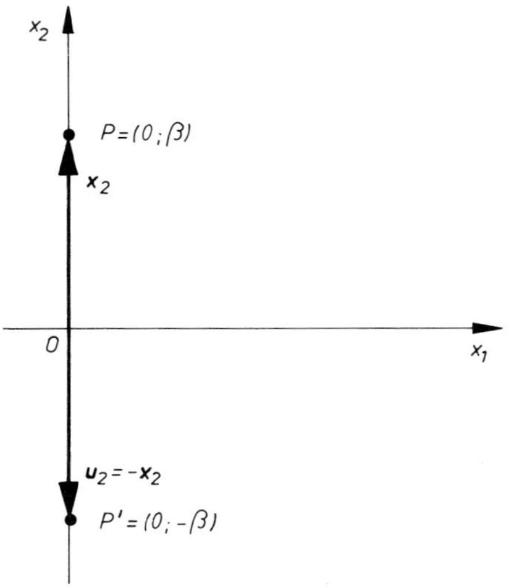

Bild I-10

Fazit

Die *Eigenvektoren* der Transformationsmatrix $\mathbf{A}$ sind in diesem Beispiel diejenigen (vom Nullvektor *verschiedenen*) *Ortsvektoren*, die bei der Spiegelung an der x_1-Achse entweder *in sich selbst* oder in den entsprechenden *Gegenvektor* übergehen. Den beiden Eigenwerten kommt dabei die folgende *geometrische* Bedeutung zu:

$\boldsymbol{\lambda_1 = 1}$: Richtung und Länge des Ortsvektors bleiben bei der Spiegelung *erhalten* (Punkte auf der x_1-Achse mit *Ausnahme* des Nullpunktes; Bild I-9)

$\boldsymbol{\lambda_2 = -1}$: *Richtungsumkehr* des Ortsvektors bei der Spiegelung (Punkte auf der x_2-Achse mit *Ausnahme* des Nullpunktes; Bild I-10)

Die Spiegelung an der x_1-Achse haben wir in eindeutiger Weise durch die 2-reihige *Transformationsmatrix*

$$\mathbf{A} = \begin{pmatrix} 1 & 0 \\ 0 & -1 \end{pmatrix} \qquad \text{(I-235)}$$

beschreiben können.

Die *Eigenwerte* und *Eigenvektoren* dieser Matrix lieferten uns dabei diejenigen Ortsvektoren, die bei dieser Spiegelung entweder *unverändert* blieben oder aber eine *Richtungsumkehr* erfuhren. Man nennt allgemein ein Problem dieser Art ein *Matrixeigenwertproblem*. Die Aufgabe besteht dann darin, die *Eigenwerte* und *Eigenvektoren* der vorgegebenen (quadratischen) Matrix $\mathbf{A}$ zu bestimmen.

6.2 Eigenwerte und Eigenvektoren einer 2-reihigen Matrix

$\mathbf{A}$ sei eine 2-reihige Matrix[24]. Wir ordnen dann jedem Vektor $\mathbf{x}$ der Ebene durch die *Abbildungsgleichung* (*Transformationsgleichung*)

$$\mathbf{y} = \mathbf{A}\,\mathbf{x} \tag{I-236}$$

in eindeutiger Weise einen *Bildvektor* $\mathbf{y}$ der gleichen Ebene zu. Wie in unserem einführenden Beispiel können wir wiederum den Vektor $\mathbf{x}$ als den *Ortsvektor* eines (ebenen) Punktes P auffassen, der bei dieser Transformation in den Ortsvektor $\mathbf{y} = \mathbf{A}\,\mathbf{x}$ des zugeordneten *Bildpunktes* P' übergeführt wird.

Unsere *Problemstellung* lautet jetzt wie folgt: Gibt es bestimmte Richtungen, die sich von den anderen Richtungen dadurch unterscheiden, daß der *Urbildvektor* $\mathbf{x}$ und der zugehörige *Bildvektor* $\mathbf{y} = \mathbf{A}\,\mathbf{x}$ in eine *gemeinsame* Linie (Gerade) fallen? Für eine solche bevorzugte Richtung muß also gelten: Fällt der Urbildvektor $\mathbf{x}$ in diese Richtung, so liegt auch der Bildvektor $\mathbf{y} = \mathbf{A}\,\mathbf{x}$ in dieser Richtung (Bild I-11).

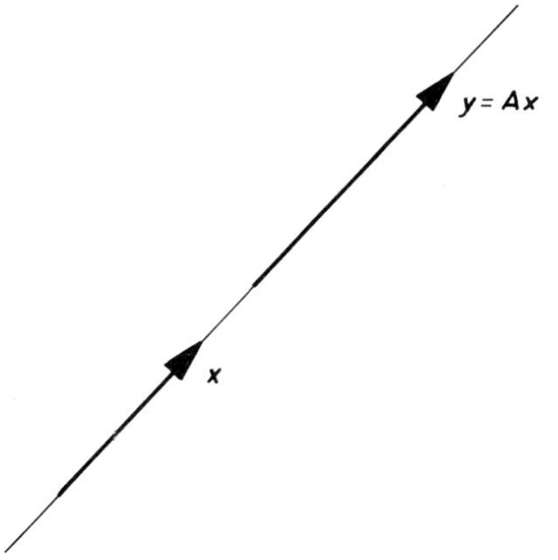

Bild I-11
Sonderfall: Urbildvektor $\mathbf{x}$ und der zugehörige Bildvektor $\mathbf{y} = \mathbf{A}\,\mathbf{x}$ fallen in eine gemeinsame Linie, sind also kollineare Vektoren

[24] Bei unseren weiteren Ausführungen gehen wir zunächst von einer *reellen* Matrix aus, lassen diese Einschränkung jedoch später fallen.

Die Richtung selbst ist dabei durch Angabe des in diese Richtung fallenden *Urbildvektors* $\mathbf{x}$ eindeutig festgelegt. Für solche bevorzugten Richtungen muß also gelten, daß der *Bildvektor* $\mathbf{y} = \mathbf{A}\,\mathbf{x}$ ein (positives oder negatives) *Vielfaches* (λ-faches) des *Urbildvektors* $\mathbf{x}$ darstellt [25]:

$$\mathbf{y} = \mathbf{A}\,\mathbf{x} = \lambda\,\mathbf{x} \tag{I-237}$$

Die (noch unbekannten) bevorzugten Richtungen bzw. die in diese Richtungen fallenden *Urbildvektoren* genügen somit der Matrizengleichung

$$\mathbf{A}\,\mathbf{x} = \lambda\,\mathbf{x} = \lambda\,\mathbf{E}\,\mathbf{x} \qquad \text{oder} \qquad (\mathbf{A} - \lambda\,\mathbf{E})\,\mathbf{x} = \mathbf{0} \tag{I-238}$$

Durch diese Gleichung wird ein sog. *Matrixeigenwertproblem* beschrieben. Die Matrix $\mathbf{A} - \lambda\,\mathbf{E}$ ist die sog. *charakteristische Matrix* von $\mathbf{A}$. In ausführlicher Schreibweise lautet die Matrizengleichung (I-238) wie folgt:

$$\begin{pmatrix} a_{11} - \lambda & a_{12} \\ a_{21} & a_{22} - \lambda \end{pmatrix} \begin{pmatrix} x_1 \\ x_2 \end{pmatrix} = \begin{pmatrix} 0 \\ 0 \end{pmatrix} \tag{I-239}$$

Nicht-triviale Lösungen, d.h. vom Nullvektor $\mathbf{0}$ *verschiedene* Lösungen treten jedoch nur dann auf, wenn die Koeffizientendeterminante des homogenen linearen Gleichungssystems (I-239) *verschwindet*. Dies führt zu der folgenden *charakteristischen Gleichung* mit dem unbekannten Parameter λ:

$$\det(\mathbf{A} - \lambda\,\mathbf{E}) = \begin{vmatrix} a_{11} - \lambda & a_{12} \\ a_{21} & a_{22} - \lambda \end{vmatrix} = 0 \tag{I-240}$$

Die 2-reihige Determinante $\det(\mathbf{A} - \lambda\,\mathbf{E})$ wird dabei als *charakteristisches Polynom* $p(\lambda)$ der Matrix $\mathbf{A}$ bezeichnet. Die Lösungen der charakteristischen Gleichung heißen *Eigenwerte*, die zugehörigen (vom Nullvektor verschiedenen) Lösungsvektoren *Eigenvektoren* der Matrix $\mathbf{A}$.

Die *Eigenwerte* der Matrix $\mathbf{A}$ werden aus der *charakteristischen Gleichung* (I-240) berechnet, sind also die *Nullstellen* des *charakteristischen Polynoms* $p(\lambda)$:

$$p(\lambda) = \det(\mathbf{A} - \lambda\,\mathbf{E}) = \begin{vmatrix} a_{11} - \lambda & a_{12} \\ a_{21} & a_{22} - \lambda \end{vmatrix} = (a_{11} - \lambda)(a_{22} - \lambda) - a_{12}a_{21} =$$

$$= \lambda^2 - \underbrace{(a_{11} + a_{22})}_{\mathrm{Sp}\,(\mathbf{A})}\lambda + \underbrace{(a_{11}a_{22} - a_{12}a_{21})}_{\det \mathbf{A}} = 0 \tag{I-241}$$

Die *Koeffizienten* dieser quadratischen Gleichung haben dabei die folgende Bedeutung: Der *erste* Koeffizient ist die mit einem Minuszeichen versehene sog. *Spur* der Matrix $\mathbf{A}$, definiert durch die Gleichung

$$\mathrm{Sp}\,(\mathbf{A}) = a_{11} + a_{22} \tag{I-242}$$

---

[25] Die Vektoren $\mathbf{x}$ und $\mathbf{y} = \mathbf{A}\,\mathbf{x}$ müssen *kollinear* sein, d.h. sie sind entweder *parallel* oder *anti-parallel* orientiert.

(*Summe der Hauptdiagonalelemente*). Der *zweite* Koeffizient ist die *Koeffizientendeterminante*

$$\det \mathbf{A} = \begin{vmatrix} a_{11} & a_{12} \\ a_{21} & a_{22} \end{vmatrix} = a_{11} a_{22} - a_{12} a_{21} \qquad \text{(I-243)}$$

Sind λ_1 und λ_2 die beiden *Eigenwerte*, d.h. die beiden Lösungen der charakteristischen Gleichung (I-241), so können wir das *charakteristische Polynom*

$$\begin{aligned} p(\lambda) &= \lambda^2 - (a_{11} + a_{22})\lambda + (a_{11} a_{22} - a_{12} a_{21}) = \\ &= \lambda^2 - \operatorname{Sp}(\mathbf{A}) \cdot \lambda + \det \mathbf{A} \end{aligned} \qquad \text{(I-244)}$$

auch in der *Produktform*

$$p(\lambda) = (\lambda - \lambda_1)(\lambda - \lambda_2) = \lambda^2 - (\lambda_1 + \lambda_2)\lambda + \lambda_1 \lambda_2 \qquad \text{(I-245)}$$

darstellen (Zerlegung in *Linearfaktoren*). Durch einen Vergleich der Koeffizienten in den beiden Gleichungen (I-244) und (I-245) erhalten wir dann zwei wichtige Beziehungen zwischen der *Spur* und der *Determinante* von $\mathbf{A}$ einerseits und den beiden *Eigenwerten* λ_1 und λ_2 der Matrix $\mathbf{A}$ andererseits:

$$\begin{aligned} \operatorname{Sp}(\mathbf{A}) &= a_{11} + a_{22} = \lambda_1 + \lambda_2 \\ \det \mathbf{A} &= a_{11} a_{22} - a_{12} a_{21} = \lambda_1 \lambda_2 \end{aligned} \qquad \text{(I-246)}$$

Dies aber bedeutet, daß die *Spur* der Matrix $\mathbf{A}$ gleich der *Summe* und die *Determinante* von $\mathbf{A}$ gleich dem *Produkt* der beiden Eigenwerte ist.

Die Berechnung des zum Eigenwert λ_i gehörenden *Eigenvektors* $\mathbf{x}_i$ erfolgt dann aus dem homogenen linearen Gleichungssystem

$$(\mathbf{A} - \lambda_i \mathbf{E})\, \mathbf{x}_i = \mathbf{0} \qquad (i = 1, 2) \qquad \text{(I-247)}$$

Wir fassen die Ergebnisse wie folgt zusammen:

Eigenwerte und Eigenvektoren einer 2-reihigen Matrix

Durch die Matrizengleichung

$$(\mathbf{A} - \lambda \mathbf{E})\, \mathbf{x} = \mathbf{0} \qquad \text{(I-248)}$$

wird ein *zweidimensionales Eigenwertproblem* beschrieben.

Dabei bedeuten:

- $\mathbf{A}$: 2-reihige (reelle oder komplexe) Matrix
- $\mathbf{E}$: 2-reihige *Einheitsmatrix*
- λ: *Eigenwert* der Matrix $\mathbf{A}$
- $\mathbf{x}$: *Eigenvektor* der Matrix $\mathbf{A}$ zum Eigenwert λ
- $\mathbf{A} - \lambda \mathbf{E}$: *Charakteristische Matrix* von $\mathbf{A}$

Bestimmung der Eigenwerte und Eigenvektoren

Die *Eigenwerte* und *Eigenvektoren* der Matrix $\mathbf{A}$ lassen sich dann schrittweise wie folgt berechnen:

1. Die *Eigenwerte* sind die Lösungen der *charakteristischen Gleichung*

$$\det(\mathbf{A} - \lambda\,\mathbf{E}) = 0 \qquad \text{(I-249)}$$

(*quadratische* Gleichung mit den beiden Lösungen λ_1 und λ_2).

2. Der zum Eigenwert λ_i gehörige *Eigenvektor* $\mathbf{x}_i$ ergibt sich als Lösungsvektor des homogenen linearen Gleichungssystems

$$(\mathbf{A} - \lambda_i\,\mathbf{E})\,\mathbf{x}_i = \mathbf{0} \qquad (i = 1, 2) \qquad \text{(I-250)}$$

Er wird üblicherweise in der *normierten* Form angegeben.

Eigenschaften der Eigenwerte

1. Die *Spur* der Matrix $\mathbf{A}$ ist gleich der *Summe* der beiden Eigenwerte:

$$\operatorname{Sp}(\mathbf{A}) = \lambda_1 + \lambda_2 \qquad \text{(I-251)}$$

2. Die *Determinante* von $\mathbf{A}$ ist gleich dem *Produkt* der beiden Eigenwerte:

$$\det \mathbf{A} = \lambda_1\,\lambda_2 \qquad \text{(I-252)}$$

Anmerkungen

(1) Sind die beiden Eigenwerte voneinander *verschieden*, so sind die zugehörigen Eigenvektoren *linear unabhängig*.

(2) Zu einem *doppelten* (*zweifachen*) Eigenwert gehören mindestens ein, höchstens aber zwei *linear unabhängige* Eigenvektoren.

■ **Beispiele**

(1) Wir berechnen die *Eigenwerte* der 2-reihigen Matrix $\mathbf{A} = \begin{pmatrix} -2 & -5 \\ 1 & 4 \end{pmatrix}$. Sie sind die Lösungen der folgenden *charakteristischen Gleichung*:

$$\det(\mathbf{A} - \lambda\,\mathbf{E}) = \begin{vmatrix} -2-\lambda & -5 \\ 1 & 4-\lambda \end{vmatrix} =$$

$$= (-2-\lambda)(4-\lambda) + 5 = \lambda^2 - 2\lambda - 3 = 0$$

Die *Eigenwerte lauten* demnach: $\lambda_1 = -1$, $\lambda_2 = 3$.

Der zum Eigenwert $\lambda_1 = -1$ gehörende *Eigenvektor* wird aus dem homogenen linearen Gleichungssystem

$$(\mathbf{A} + 1\,\mathbf{E})\,\mathbf{x} = \mathbf{0} \qquad \text{oder} \qquad \begin{pmatrix} -1 & -5 \\ 1 & 5 \end{pmatrix}\begin{pmatrix} x_1 \\ x_2 \end{pmatrix} = \begin{pmatrix} 0 \\ 0 \end{pmatrix}$$

bestimmt. In ausführlicher Schreibweise lautet dieses System wie folgt:

$$\begin{aligned} -x_1 - 5x_2 &= 0 \\ x_1 + 5x_2 &= 0 \end{aligned}$$

Dieses Gleichungssystem *reduziert* sich auf die *eine* Gleichung

$$x_1 + 5x_2 = 0$$

Eine der beiden Unbekannten ist somit *frei wählbar*. Wir entscheiden uns für x_2 und setzen daher $x_2 = \alpha$ ($\alpha \in \mathbb{R}$). Die vom reellen Parameter α abhängige Lösung lautet dann $x_1 = -5\alpha$, $x_2 = \alpha$. Den Lösungsvektor (Eigenvektor)

$$\mathbf{x}_1 = \begin{pmatrix} -5\alpha \\ \alpha \end{pmatrix} = \alpha \begin{pmatrix} -5 \\ 1 \end{pmatrix} \qquad (\alpha \neq 0)$$

wollen wir noch *normieren*:

$$\tilde{\mathbf{x}}_1 = \frac{1}{\sqrt{26}} \begin{pmatrix} -5 \\ 1 \end{pmatrix}$$

Analog läßt sich der zum Eigenwert $\lambda_2 = 3$ gehörende *Eigenvektor* aus dem homogenen linearen Gleichungssystem

$$(\mathbf{A} - 3\,\mathbf{E})\,\mathbf{x} = \mathbf{0} \qquad \text{oder} \qquad \begin{pmatrix} -5 & -5 \\ 1 & 1 \end{pmatrix} \begin{pmatrix} x_1 \\ x_2 \end{pmatrix} = \begin{pmatrix} 0 \\ 0 \end{pmatrix}$$

bestimmen. Dieses Gleichungssystem lautet in ausführlicher Schreibweise wie folgt:

$$\begin{aligned} -5x_1 - 5x_2 &= 0 \\ x_1 + x_2 &= 0 \end{aligned}$$

Es *reduziert* sich auf die *eine* Gleichung

$$x_1 + x_2 = 0$$

die aber noch *zwei* unbekannte Größen enthält. Wir können daher *eine* der beiden Unbekannten *frei wählen* und entscheiden uns dabei für x_2, d.h. wir setzen $x_2 = \beta$ ($\beta \in \mathbb{R}$). Die von dem reellen Parameter β abhängige Lösung ist dann $x_1 = -\beta$, $x_2 = \beta$. Der gesuchte *Eigenvektor* lautet somit

$$\mathbf{x}_2 = \begin{pmatrix} -\beta \\ \beta \end{pmatrix} = \beta \begin{pmatrix} -1 \\ 1 \end{pmatrix} \qquad (\beta \neq 0)$$

oder (in der *normierten* Form)

$$\tilde{\mathbf{x}}_2 = \frac{1}{\sqrt{2}} \begin{pmatrix} -1 \\ 1 \end{pmatrix}$$

Die *normierten* Eigenvektoren $\tilde{\mathbf{x}}_1$ und $\tilde{\mathbf{x}}_2$ der Matrix **A** sind dabei *linear unabhängig*, da sie zu *verschiedenen* Eigenwerten gehören.

(2) Durch die Transformationsmatrix

$$\mathbf{A} = \begin{pmatrix} \cos\varphi & \sin\varphi \\ -\sin\varphi & \cos\varphi \end{pmatrix}$$

wird die *Drehung* eines ebenen x_1, x_2-Koordinatensystems um den Winkel φ um den Nullpunkt beschrieben (Bild I-12). Für welche Drehwinkel erhalten wir *reelle* Eigenwerte ($0° < \varphi < 360°$)?

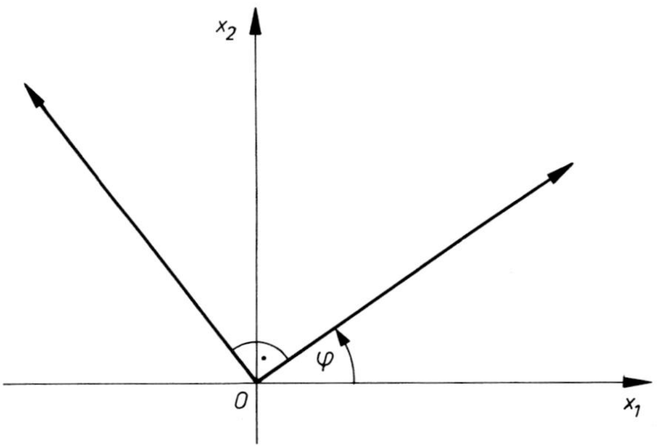

Bild I-12
Drehung eines ebenen kartesischen x_1, x_2-Koordinatensystems um den Koordinatenursprung

Lösung:

Die *Eigenwerte* berechnen sich aus der *charakteristischen Gleichung*

$$\det(\mathbf{A} - \lambda\,\mathbf{E}) = \begin{vmatrix} \cos\varphi - \lambda & \sin\varphi \\ -\sin\varphi & \cos\varphi - \lambda \end{vmatrix} = (\cos\varphi - \lambda)^2 + \sin^2\varphi =$$

$$= \lambda^2 - 2(\cos\varphi)\cdot\lambda + 1 = 0$$

Sie lauten:

$$\lambda_{1/2} = \cos\varphi \pm \sqrt{\cos^2\varphi - 1}$$

Reelle Werte sind demnach nur möglich, wenn die Bedingung

$$\cos^2\varphi - 1 \geqslant 0 \qquad \text{und damit} \qquad \cos^2\varphi \geqslant 1$$

erfüllt ist. Andererseits gilt stets $\cos^2\varphi \leqslant 1$. *Beide* Bedingungen *zusammen* führen dann auf die Gleichung

$$\cos^2\varphi = 1$$

die im Intervall $0^\circ < \varphi < 360^\circ$ genau *eine* Lösung besitzt, nämlich $\varphi = 180^\circ$ oder (im Bogenmaß) $\varphi = \pi$. Dieser Wert entspricht einer *Drehung* des Koordinatensystems um 180° im *Gegenuhrzeigersinn.* Zum Winkel $\varphi = \pi$ gehört der *doppelte Eigenwert* $\lambda_{1/2} = \cos \pi = -1$. Die zugehörigen (linear unabhängigen) *Eigenvektoren* lassen sich dann aus dem homogenen linearen Gleichungssystem

$$(\mathbf{A} + 1\,\mathbf{E})\,\mathbf{x} = \mathbf{0} \qquad \text{oder} \qquad \begin{pmatrix} 0 & 0 \\ 0 & 0 \end{pmatrix} \begin{pmatrix} x_1 \\ x_2 \end{pmatrix} = \begin{pmatrix} 0 \\ 0 \end{pmatrix}$$

bestimmen (in der Matrix $\mathbf{A}$ wurde $\varphi = \pi$ gesetzt). Dieses Gleichungssystem lautet in ausführlicher Schreibweise

$$\begin{aligned} 0 \cdot x_1 + 0 \cdot x_2 &= 0 \\ 0 \cdot x_1 + 0 \cdot x_2 &= 0 \end{aligned}$$

und *reduziert* sich auf die *eine* Gleichung

$$0 \cdot x_1 + 0 \cdot x_2 = 0$$

Die Unbekannten x_1 und x_2 sind somit beide *frei wählbar*. Wir setzen daher $x_1 = \alpha$ und $x_2 = \beta$ $(\alpha, \beta \in \mathbb{R})$. Damit erhalten wir den von *zwei* Parametern abhängigen Lösungsvektor (Eigenvektor)

$$\mathbf{x} = \begin{pmatrix} \alpha \\ \beta \end{pmatrix}$$

und daraus für $\alpha = 1,\ \beta = 0$ bzw. $\alpha = 0,\ \beta = 1$ die beiden *linear unabhängigen* (und bereits normierten) *Eigenvektoren*

$$\tilde{\mathbf{x}}_1 = \begin{pmatrix} 1 \\ 0 \end{pmatrix} \qquad \text{und} \qquad \tilde{\mathbf{x}}_2 = \begin{pmatrix} 0 \\ 1 \end{pmatrix}$$

Der *allgemeine* Lösungsvektor $\mathbf{x}$ ist dann als *Linearkombination* dieser (orthonormierten) Eigenvektoren $\tilde{\mathbf{x}}_1$ und $\tilde{\mathbf{x}}_2$ darstellbar:

$$\mathbf{x} = \alpha\,\tilde{\mathbf{x}}_1 + \beta\,\tilde{\mathbf{x}}_2 = \alpha \begin{pmatrix} 1 \\ 0 \end{pmatrix} + \beta \begin{pmatrix} 0 \\ 1 \end{pmatrix} = \begin{pmatrix} \alpha \\ \beta \end{pmatrix}$$

Er beschreibt den *Ortsvektor* des Punktes $P = (\alpha; \beta)$ und geht bei der Drehung um 180° in den *Gegenvektor*

$$\mathbf{u} = \mathbf{A}\,\mathbf{x} = \begin{pmatrix} -1 & 0 \\ 0 & -1 \end{pmatrix} \begin{pmatrix} \alpha \\ \beta \end{pmatrix} = \begin{pmatrix} -\alpha \\ -\beta \end{pmatrix} = -\begin{pmatrix} \alpha \\ \beta \end{pmatrix} = -\mathbf{x}$$

über. Diese Aussage wird in Bild I-13 verdeutlicht. Der *zweifache Eigenwert* $\lambda_{1/2} = -1$ bewirkt also lediglich eine *Richtungsumkehr* des Ortsvektors $\mathbf{x}$ (*Punktspiegelung* am Koordinatenursprung, der Nullpunkt selbst muß wiederum *ausgenommen* werden).

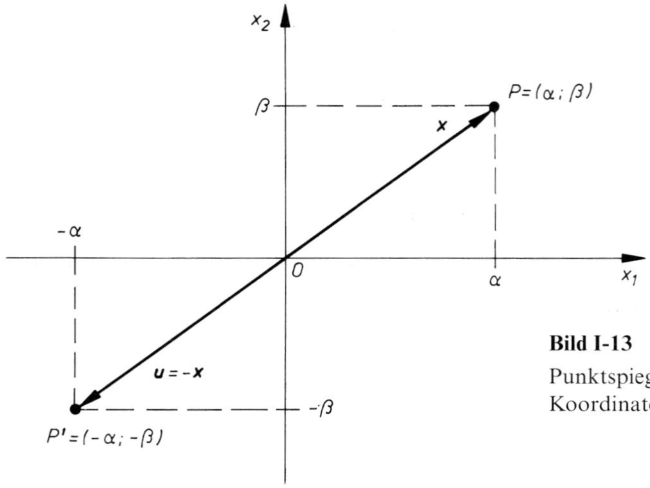

Bild I-13
Punktspiegelung am Koordinatenursprung

■

6.3 Eigenwerte und Eigenvektoren einer *n*-reihigen Matrix

Im vorangegangenen Abschnitt haben wir uns ausführlich mit den Eigenwerten und Eigenvektoren einer *2-reihigen* Matrix beschäftigt. Analoge Betrachtungen führen bei einer *n-reihigen* Matrix **A** auf das *n-dimensionale Eigenwertproblem*

$$\mathbf{A}\,\mathbf{x} = \lambda\,\mathbf{x} \qquad \text{oder} \qquad (\mathbf{A} - \lambda\,\mathbf{E})\,\mathbf{x} = \mathbf{0} \tag{I-253}$$

Die Lösung dieser Aufgabe, d.h. die Bestimmung der *Eigenwerte* und der zugehörigen *Eigenvektoren*, erfolgt dann ähnlich wie bei einer 2-reihigen Matrix.

Eigenwerte und Eigenvektoren einer *n*-reihigen Matrix

Durch die Matrizengleichung

$$(\mathbf{A} - \lambda\,\mathbf{E})\,\mathbf{x} = \mathbf{0} \tag{I-254}$$

wird ein *n-dimensionales Eigenwertproblem* beschrieben.

Dabei bedeuten:

A: *n*-reihige (reelle oder komplexe) Matrix

E: *n*-reihige *Einheitsmatrix*

λ: *Eigenwert* der Matrix **A**

x: *Eigenvektor* der Matrix **A** zum Eigenwert λ

$\mathbf{A} - \lambda\,\mathbf{E}$: *Charakteristische Matrix* von **A**

Bestimmung der Eigenwerte und Eigenvektoren

Die *Eigenwerte* und *Eigenvektoren* der Matrix $\mathbf{A}$ lassen sich dann schrittweise wie folgt berechnen:

1. Die *Eigenwerte* sind die Lösungen der *charakteristischen Gleichung*

$$\det(\mathbf{A} - \lambda\,\mathbf{E}) = 0 \qquad \text{(I-255)}$$

(algebraische Gleichung *n-ten Grades* mit den Lösungen $\lambda_1, \lambda_2, \ldots, \lambda_n$).

2. Der zum Eigenwert λ_i gehörige *Eigenvektor* $\mathbf{x}_i$ ergibt sich als Lösungsvektor des homogenen linearen Gleichungssystems

$$(\mathbf{A} - \lambda_i\,\mathbf{E})\,\mathbf{x}_i = \mathbf{0} \qquad (i = 1, 2, \ldots, n) \qquad \text{(I-256)}$$

Er wird üblicherweise in der *normierten* Form angegeben.
(Bei einem *mehrfachen* Eigenwert können auch *mehrere* Eigenvektoren auftreten, siehe weiter unten.)

Eigenschaften der Eigenwerte und Eigenvektoren

1. Die *Spur* der Matrix $\mathbf{A}$ ist gleich der *Summe* aller Eigenwerte[26]:

$$\operatorname{Sp}(\mathbf{A}) = \lambda_1 + \lambda_2 + \ldots + \lambda_n \qquad \text{(I-257)}$$

2. Die *Determinante* von $\mathbf{A}$ ist gleich dem *Produkt* aller Eigenwerte[26]:

$$\det \mathbf{A} = \lambda_1\,\lambda_2 \ldots \lambda_n \qquad \text{(I-258)}$$

3. Sind *alle* Eigenwerte voneinander *verschieden*, so gehört zu jedem Eigenwert genau *ein* linear unabhängiger Eigenvektor, der bis auf einen (beliebigen) *konstanten* Faktor eindeutig bestimmt ist. Die n Eigenvektoren werden üblicherweise *normiert* und sind *linear unabhängig*.

4. Tritt ein Eigenwert dagegen *k-fach* auf, so gehören hierzu *mindestens ein*, *höchstens* aber k linear unabhängige Eigenvektoren.

5. Die zu *verschiedenen* Eigenwerten gehörenden Eigenvektoren sind immer *linear unabhängig*.

Anmerkungen

(1) Die Eigenwerte der Matrix $\mathbf{A}$ sind die *Nullstellen* des charakteristischen Polynoms $p(\lambda) = \det(\mathbf{A} - \lambda\,\mathbf{E})$.

(2) Eine n-reihige Matrix $\mathbf{A}$ ist genau dann *regulär*, wenn *sämtliche* Eigenwerte von Null *verschieden* sind.

(3) Ist λ_i ein Eigenwert der *regulären* Matrix $\mathbf{A}$, so ist der Kehrwert $1/\lambda_i$ ein Eigenwert der *inversen* Matrix $\mathbf{A}^{-1}$.

(4) Beim Auftreten *mehrfacher* Eigenwerte kann also die *Gesamtzahl* linear unabhängiger Eigenvektoren *kleiner* sein als n.

---

26) *Mehrfach* auftretende Werte werden entsprechend oft berücksichtigt.

■ **Beispiele**

(1) Welche *Eigenwerte* und *Eigenvektoren* besitzt die 3-reihige Matrix

$$\mathbf{A} = \begin{pmatrix} 1 & 0 & 0 \\ -1 & 3 & 0 \\ 0 & -3 & 0 \end{pmatrix}?$$

Lösung:

Die *Eigenwerte* sind die Lösungen der *charakteristischen Gleichung*

$$\det(\mathbf{A} - \lambda\,\mathbf{E}) = \begin{vmatrix} 1-\lambda & 0 & 0 \\ -1 & 3-\lambda & 0 \\ 0 & -3 & -\lambda \end{vmatrix} =$$

$$= -\lambda(1-\lambda)(3-\lambda) = 0$$

Sie lauten: $\lambda_1 = 0, \quad \lambda_2 = 1, \quad \lambda_3 = 3.$

Wir bestimmen jetzt die zugehörigen *Eigenvektoren.*

Eigenvektor zu $\lambda_1 = 0$

Der *Eigenvektor* genügt dem homogenen linearen Gleichungssystem

$$(\mathbf{A} - 0\,\mathbf{E})\,\mathbf{x} = \mathbf{0} \quad \text{oder} \quad \begin{pmatrix} 1 & 0 & 0 \\ -1 & 3 & 0 \\ 0 & -3 & 0 \end{pmatrix} \begin{pmatrix} x_1 \\ x_2 \\ x_3 \end{pmatrix} = \begin{pmatrix} 0 \\ 0 \\ 0 \end{pmatrix}$$

In ausführlicher Schreibweise:

$$\begin{aligned} x_1 \qquad\quad &= 0 \\ -x_1 + 3x_2 &= 0 \\ -3x_2 &= 0 \end{aligned}$$

Die Lösung lautet: $x_1 = 0,\ x_2 = 0,\ x_3 = \alpha$. Dabei ist $\alpha \neq 0$ eine willkürliche Konstante (da x_3 in den Gleichungen *nicht* auftritt, können wir über diese Unbekannte *frei verfügen* und setzen daher $x_3 = \alpha$). Der zum Eigenwert $\lambda_1 = 0$ gehörende *Eigenvektor* lautet somit:

$$\mathbf{x}_1 = \begin{pmatrix} 0 \\ 0 \\ \alpha \end{pmatrix} = \alpha \begin{pmatrix} 0 \\ 0 \\ 1 \end{pmatrix} \qquad (\alpha \neq 0)$$

Er ist bis auf den *konstanten* Faktor $\alpha \neq 0$ eindeutig bestimmt. Durch *Normierung* erhalten wir schließlich den gesuchten *Eigenvektor*

$$\tilde{\mathbf{x}}_1 = \begin{pmatrix} 0 \\ 0 \\ 1 \end{pmatrix}$$

Eigenvektor zu $\lambda_2 = 1$

Das homogene lineare Gleichungssystem lautet jetzt:

$$(\mathbf{A} - 1\,\mathbf{E})\,\mathbf{x} = \mathbf{0} \quad \text{oder} \quad \begin{pmatrix} 0 & 0 & 0 \\ -1 & 2 & 0 \\ 0 & -3 & -1 \end{pmatrix} \begin{pmatrix} x_1 \\ x_2 \\ x_3 \end{pmatrix} = \begin{pmatrix} 0 \\ 0 \\ 0 \end{pmatrix}$$

In ausführlicher Schreibweise:

$$\begin{aligned} -x_1 + 2x_2 \qquad &= 0 \\ -3x_2 - x_3 &= 0 \end{aligned}$$

Da dieses System *drei* Unbekannte, aber nur *zwei* Gleichungen besitzt, kann *eine* der unbekannten Größen *frei gewählt* werden. Wir entscheiden uns für die Unbekannte x_2 und setzen $x_2 = \beta$ ($\beta \in \mathbb{R}$). Das Gleichungssystem wird dann gelöst durch $x_1 = 2\beta$, $x_2 = \beta$, $x_3 = -3\beta$. Damit lautet der zum Eigenwert $\lambda_2 = 1$ gehörende *Eigenvektor* wie folgt:

$$\mathbf{x}_2 = \begin{pmatrix} 2\beta \\ \beta \\ -3\beta \end{pmatrix} = \beta \begin{pmatrix} 2 \\ 1 \\ -3 \end{pmatrix} \qquad (\beta \neq 0)$$

Er ist bis auf den *konstanten* Faktor $\beta \neq 0$ eindeutig bestimmt. Durch *Normierung* folgt schließlich:

$$\tilde{\mathbf{x}}_2 = \frac{1}{\sqrt{14}} \begin{pmatrix} 2 \\ 1 \\ -3 \end{pmatrix}$$

Eigenvektor zu $\lambda_3 = 3$

Diesmal erhalten wir das homogene lineare Gleichungssystem

$$(\mathbf{A} - 3\,\mathbf{E})\,\mathbf{x} = \mathbf{0} \quad \text{oder} \quad \begin{pmatrix} -2 & 0 & 0 \\ -1 & 0 & 0 \\ 0 & -3 & -3 \end{pmatrix} \begin{pmatrix} x_1 \\ x_2 \\ x_3 \end{pmatrix} = \begin{pmatrix} 0 \\ 0 \\ 0 \end{pmatrix}$$

In ausführlicher Schreibweise:

$$\begin{aligned} -2x_1 \qquad\qquad &= 0 \\ -x_1 \qquad\qquad &= 0 \\ -3x_2 - 3x_3 &= 0 \end{aligned}$$

Die Lösung lautet: $x_1 = 0$, $x_2 = -\gamma$, $x_3 = \gamma$. Dabei ist $\gamma \neq 0$ eine *willkürliche* Konstante (wir können über x_2 *oder* x_3 frei verfügen, wobei wir uns für x_3 entschieden und daher $x_3 = \gamma$ gesetzt haben).

Der zum Eigenwert $\lambda_3 = 3$ gehörende *Eigenvektor* ist damit bis auf den *konstanten* Faktor $\gamma \neq 0$ eindeutig bestimmt. Er lautet:

$$\mathbf{x}_3 = \begin{pmatrix} 0 \\ -\gamma \\ \gamma \end{pmatrix} = \gamma \begin{pmatrix} 0 \\ -1 \\ 1 \end{pmatrix}$$

oder in der üblichen *normierten* Form:

$$\tilde{\mathbf{x}}_3 = \frac{1}{\sqrt{2}} \begin{pmatrix} 0 \\ -1 \\ 1 \end{pmatrix}$$

Die drei Eigenvektoren sind – wie erwartet – *linear unabhängig*, da die aus ihnen gebildete 3-reihige Matrix [27)]

$$\mathbf{A} = \begin{pmatrix} 0 & 2 & 0 \\ 0 & 1 & -1 \\ 1 & -3 & 1 \end{pmatrix}$$

wegen

$$\det \mathbf{A} = \begin{vmatrix} 0 & 2 & 0 \\ 0 & 1 & -1 \\ 1 & -3 & 1 \end{vmatrix} = -2 \neq 0$$

regulär ist.

(2) Die *Eigenwerte* der 3-reihigen Matrix $\mathbf{A} = \begin{pmatrix} 0 & 1 & 1 \\ 1 & 0 & 1 \\ 1 & 1 & 0 \end{pmatrix}$ sind die Lösungen der *charakteristischen Gleichung*

$$\det(\mathbf{A} - \lambda \mathbf{E}) = \begin{vmatrix} -\lambda & 1 & 1 \\ 1 & -\lambda & 1 \\ 1 & 1 & -\lambda \end{vmatrix} = -\lambda^3 + 3\lambda + 2 = 0$$

Sie lauten: $\lambda_{1/2} = -1$ und $\lambda_3 = 2$.
Wir bestimmen jetzt die zugehörigen *Eigenvektoren*.

27) Die konstanten Koeffizienten (Normierungsfaktoren) der Eigenvektoren haben wir der Einfachheit halber weggelassen, da sie in diesem Zusammenhang *ohne* Bedeutung sind.

Eigenvektoren zu $\lambda_{1/2} = -1$

Die gesuchten *Eigenvektoren* genügen dem homogenen linearen Gleichungssystem

$$(\mathbf{A} + 1\,\mathbf{E})\,\mathbf{x} = \mathbf{0} \quad \text{oder} \quad \begin{pmatrix} 1 & 1 & 1 \\ 1 & 1 & 1 \\ 1 & 1 & 1 \end{pmatrix} \begin{pmatrix} x_1 \\ x_2 \\ x_3 \end{pmatrix} = \begin{pmatrix} 0 \\ 0 \\ 0 \end{pmatrix}$$

In ausführlicher Schreibweise:

$$\begin{aligned} x_1 + x_2 + x_3 &= 0 \\ x_1 + x_2 + x_3 &= 0 \\ x_1 + x_2 + x_3 &= 0 \end{aligned}$$

Das Gleichungssystem *reduziert* sich somit auf die *eine* Gleichung

$$x_1 + x_2 + x_3 = 0$$

in der *zwei* der drei Unbekannten *frei wählbar* sind. Wir entscheiden uns für die Unbekannten x_2 und x_3, setzen daher $x_2 = \alpha$, $x_3 = \beta$ und erhalten damit die folgende Lösung:

$$x_1 = -\alpha - \beta, \qquad x_2 = \alpha, \qquad x_3 = \beta$$

α und β sind dabei zwei *beliebige* reelle Konstanten. Für $\alpha = 1$, $\beta = 0$ bzw. $\alpha = 0$, $\beta = 1$ erhalten wir die beiden *linear unabhängigen* Eigenvektoren

$$\mathbf{x}_1 = \begin{pmatrix} -1 \\ 1 \\ 0 \end{pmatrix} \quad \text{und} \quad \mathbf{x}_2 = \begin{pmatrix} -1 \\ 0 \\ 1 \end{pmatrix}$$

und daraus durch *Normierung* die gesuchten (linear unabhängigen) Eigenvektoren

$$\tilde{\mathbf{x}}_1 = \frac{1}{\sqrt{2}} \begin{pmatrix} -1 \\ 1 \\ 0 \end{pmatrix} \quad \text{und} \quad \tilde{\mathbf{x}}_2 = \frac{1}{\sqrt{2}} \begin{pmatrix} -1 \\ 0 \\ 1 \end{pmatrix}$$

Eigenvektor zu $\lambda_3 = 2$

Der zum Eigenwert $\lambda_3 = 2$ gehörende *Eigenvektor* wird aus dem homogenen linearen Gleichungssystem

$$(\mathbf{A} - 2\,\mathbf{E})\,\mathbf{x} = \mathbf{0} \quad \text{oder} \quad \begin{pmatrix} -2 & 1 & 1 \\ 1 & -2 & 1 \\ 1 & 1 & -2 \end{pmatrix} \begin{pmatrix} x_1 \\ x_2 \\ x_3 \end{pmatrix} = \begin{pmatrix} 0 \\ 0 \\ 0 \end{pmatrix}$$

ermittelt.

Das Gleichungssystem

$$\begin{aligned} -2x_1 + x_2 + x_3 &= 0 \\ x_1 - 2x_2 + x_3 &= 0 \\ x_1 + x_2 - 2x_3 &= 0 \end{aligned}$$

besitzt die vom *Parameter* γ abhängige Lösung $x_1 = x_2 = x_3 = \gamma$. Der bis auf einen *konstanten* Faktor $\gamma \neq 0$ bestimmte Eigenvektor lautet damit:

$$\mathbf{x}_3 = \begin{pmatrix} \gamma \\ \gamma \\ \gamma \end{pmatrix} = \gamma \begin{pmatrix} 1 \\ 1 \\ 1 \end{pmatrix} \qquad (\gamma \neq 0)$$

Durch *Normierung* wird daraus schließlich

$$\tilde{\mathbf{x}}_3 = \frac{1}{\sqrt{3}} \begin{pmatrix} 1 \\ 1 \\ 1 \end{pmatrix}$$

Die drei normierten Eigenvektoren $\tilde{\mathbf{x}}_1$, $\tilde{\mathbf{x}}_2$ und $\tilde{\mathbf{x}}_3$ sind *linear unabhängig*, da die Determinante der aus ihnen gebildeten Matrix *nicht* verschwindet (die Normierungsfaktoren haben wir dabei der Einfachheit halber weggelassen, da sie in diesem Zusammenhang *keine* Bedeutung haben):

$$\begin{vmatrix} -1 & -1 & 1 \\ 1 & 0 & 1 \\ 0 & 1 & 1 \end{vmatrix} = 3 \neq 0$$

■

6.4 Eigenwerte und Eigenvektoren spezieller Matrizen

6.4.1 Eigenwerte und Eigenvektoren einer Diagonal- bzw. Dreiecksmatrix

Die *Eigenwerte* einer n-reihigen (oberen) *Dreiecksmatrix* vom allgemeinen Typ

$$\mathbf{A} = \begin{pmatrix} a_{11} & a_{12} & \dots & a_{1n} \\ & \ddots & & \\ 0 & a_{22} & \dots & a_{2n} \\ \vdots & \vdots & \ddots & \vdots \\ 0 & 0 & \dots & a_{nn} \end{pmatrix} \qquad \text{(I-259)}$$

sind die Lösungen der *charakteristischen Gleichung*

$$\det(\mathbf{A} - \lambda\,\mathbf{E}) = \begin{vmatrix} a_{11} - \lambda & a_{12} & \dots & a_{1n} \\ 0 & a_{22} - \lambda & \dots & a_{2n} \\ \vdots & \vdots & & \vdots \\ 0 & 0 & \dots & a_{nn} - \lambda \end{vmatrix} = 0 \qquad \text{(I-260)}$$

Nach der **Regel 9** für Determinanten aus Abschnitt 2.4.3 folgt weiter

$$\det(\mathbf{A} - \lambda\,\mathbf{E}) = (a_{11} - \lambda)(a_{22} - \lambda)\dots(a_{nn} - \lambda) = 0 \qquad \text{(I-261)}$$

und somit durch *Nullsetzen* der einzelnen Faktoren schließlich

$$\lambda_1 = a_{11}, \quad \lambda_2 = a_{22}, \quad \dots, \quad \lambda_n = a_{nn} \qquad \text{(I-262)}$$

Die Eigenwerte einer *oberen Dreiecksmatrix* sind demnach genau die Elemente in der *Hauptdiagonalen* der Matrix. Diese Aussage gilt natürlich auch für eine *untere Dreiecksmatrix* und selbstverständlich auch für eine *Diagonalmatrix*, da diese ja einen *Sonderfall* der Dreiecksmatrix darstellt.

Wir fassen zusammen:

Eigenwerte einer Diagonal- bzw. Dreiecksmatrix

Die *Eigenwerte* einer n-reihigen *Diagonal-* bzw. *Dreiecksmatrix* **A** sind identisch mit den *Hauptdiagonalelementen*:

$$\lambda_i = a_{ii} \qquad (i = 1, 2, \dots, n) \qquad \text{(I-263)}$$

■ **Beispiele**

(1) $\mathbf{A} = \begin{pmatrix} 2 & 0 & 0 \\ -5 & 4 & 0 \\ 3 & 0 & 8 \end{pmatrix}$ ist eine *untere Dreiecksmatrix* mit den Eigenwerten $\lambda_1 = 2$, $\lambda_2 = 4$ und $\lambda_3 = 8$.

(2) Die 4-reihige *Diagonalmatrix* $\mathbf{B} = \begin{pmatrix} -2 & 0 & 0 & 0 \\ 0 & 1 & 0 & 0 \\ 0 & 0 & 2 & 0 \\ 0 & 0 & 0 & 1 \end{pmatrix}$ besitzt die Eigenwerte $\lambda_1 = -2$, $\lambda_{2/3} = 1$ und $\lambda_4 = 2$, d.h. also zwei *einfache* und einen *doppelten* Eigenwert.

■

6.4.2 Eigenwerte und Eigenvektoren einer symmetrischen Matrix

In den naturwissenschaftlich-technischen Anwendungen kommt den *symmetrischen* Matrizen ($\mathbf{A} = \mathbf{A}^{\mathrm{T}}$) eine besondere Bedeutung zu. Ihre *Eigenwerte* und *Eigenvektoren* besitzen die folgenden Eigenschaften (ohne Beweis):

Über die Eigenwerte und Eigenvektoren einer symmetrischen Matrix

Die *Eigenwerte* und *Eigenvektoren* einer n-reihigen *symmetrischen* Matrix $\mathbf{A}$ besitzen die folgenden Eigenschaften:

1. Alle n Eigenwerte sind *reell.*
2. Es gibt insgesamt genau n *linear unabhängige* Eigenvektoren.
3. Zu jedem *einfachen* Eigenwert gehört genau *ein* linear unabhängiger Eigenvektor, zu jedem *k-fachen* Eigenwert dagegen genau k linear unabhängige Eigenvektoren.
4. Eigenvektoren, die zu *verschiedenen* Eigenwerten gehören, sind *orthogonal.*

■ **Beispiel**

Die *Eigenwerte* der 2-reihigen *symmetrischen* Matrix $\mathbf{A} = \begin{pmatrix} 1 & 2 \\ 2 & -2 \end{pmatrix}$ erhalten wir aus der folgenden *charakteristischen Gleichung*:

$$\det(\mathbf{A} - \lambda\,\mathbf{E}) = \begin{vmatrix} 1-\lambda & 2 \\ 2 & -2-\lambda \end{vmatrix} = (1-\lambda)(-2-\lambda) - 4 =$$

$$= \lambda^2 + \lambda - 6 = 0$$

Sie lauten: $\lambda_1 = -3$, $\lambda_2 = 2$. Der zum Eigenwert $\lambda_1 = -3$ gehörende *Eigenvektor* wird aus dem homogenen linearen Gleichungssystem

$$(\mathbf{A} + 3\,\mathbf{E})\,\mathbf{x} = \mathbf{0} \qquad \text{oder} \qquad \begin{pmatrix} 4 & 2 \\ 2 & 1 \end{pmatrix} \begin{pmatrix} x_1 \\ x_2 \end{pmatrix} = \begin{pmatrix} 0 \\ 0 \end{pmatrix}$$

bestimmt. Dieses Gleichungssystem lautet in ausführlicher Schreibweise:

$$\begin{aligned} 4x_1 + 2x_2 &= 0 \\ 2x_1 + x_2 &= 0 \end{aligned}$$

Da die beiden Gleichungen zueinander *proportional* sind, dürfen wir eine der beiden Gleichungen weglassen. Das System *reduziert* sich damit auf die *eine* Gleichung

$$2x_1 + x_2 = 0$$

Eine der beiden Unbekannten ist daher *frei wählbar*. Wir entscheiden uns für x_1 und setzen $x_1 = \alpha$ ($\alpha \in \mathbb{R}$).

Das Gleichungssystem besitzt also die von dem *reellen Parameter* α abhängige Lösung $x_1 = \alpha$, $x_2 = -2\alpha$. Somit ist

$$\mathbf{x}_1 = \begin{pmatrix} \alpha \\ -2\alpha \end{pmatrix} = \alpha \begin{pmatrix} 1 \\ -2 \end{pmatrix} \qquad (\alpha \neq 0)$$

der gesuchte *Eigenvektor*, den wir verabredungsgemäß noch *normieren* wollen:

$$\tilde{\mathbf{x}}_1 = \frac{1}{\sqrt{5}} \begin{pmatrix} 1 \\ -2 \end{pmatrix}$$

Der *zweite* Eigenwert $\lambda_2 = 2$ führt auf das homogene lineare Gleichungssystem

$$(\mathbf{A} - 2\,\mathbf{E})\,\mathbf{x} = \mathbf{0} \qquad \text{oder} \qquad \begin{pmatrix} -1 & 2 \\ 2 & -4 \end{pmatrix} \begin{pmatrix} x_1 \\ x_2 \end{pmatrix} = \begin{pmatrix} 0 \\ 0 \end{pmatrix}$$

In ausführlicher Schreibweise:

$$\begin{aligned} -x_1 + 2\,x_2 &= 0 \\ 2\,x_1 - 4\,x_2 &= 0 \end{aligned}$$

Wiederum sind die beiden Gleichungen zueinander *proportional*. Wir dürfen daher die untere Gleichung weglassen und erhalten das *reduzierte* System

$$-x_1 + 2\,x_2 = 0$$

Eine der beiden Unbekannten ist dabei *frei wählbar*. Wir entscheiden uns diesmal für die *zweite* Unbekannte und setzen daher $x_2 = \beta \; (\beta \in \mathbb{R})$. Die Lösung lautet damit in Abhängigkeit von dem *reellen Parameter* β wie folgt: $x_1 = 2\beta$, $x_2 = \beta$. Somit ist

$$\mathbf{x}_2 = \begin{pmatrix} 2\beta \\ \beta \end{pmatrix} = \beta \begin{pmatrix} 2 \\ 1 \end{pmatrix} \qquad (\beta \neq 0)$$

der zum Eigenwert $\lambda_2 = 2$ gehörende *Eigenvektor*, den wir noch *normieren* wollen:

$$\tilde{\mathbf{x}}_2 = \frac{1}{\sqrt{5}} \begin{pmatrix} 2 \\ 1 \end{pmatrix}$$

Die beiden (normierten) Eigenvektoren $\tilde{\mathbf{x}}_1$ und $\tilde{\mathbf{x}}_2$ sind – wie erwartet – *orthogonal*, da sie zu *verschiedenen* Eigenwerten gehören.

In der Tat *verschwindet* das Skalarprodukt dieser Vektoren:

$$\tilde{\mathbf{x}}_1 \cdot \tilde{\mathbf{x}}_2 = \frac{1}{\sqrt{5}} \begin{pmatrix} 1 \\ -2 \end{pmatrix} \cdot \frac{1}{\sqrt{5}} \begin{pmatrix} 2 \\ 1 \end{pmatrix} = \frac{1}{5}(2 - 2) = 0$$

■

6.4.3 Eigenwerte und Eigenvektoren einer hermiteschen Matrix

Über die *Eigenwerte* und *Eigenvektoren* einer *hermiteschen* Matrix $\mathbf{A}\,(\mathbf{A} = \overline{\mathbf{A}})$ lassen sich ähnliche Aussagen machen wie bei einer *symmetrischen* Matrix:

Über die Eigenwerte und Eigenvektoren einer hermiteschen Matrix

Die *Eigenwerte* und *Eigenvektoren* einer n-reihigen *hermiteschen* Matrix $\mathbf{A}$ besitzen die folgenden Eigenschaften:

1. Alle n Eigenwerte sind *reell.*
2. Es gibt insgesamt genau n *linear unabhängige* Eigenvektoren.
3. Zu jedem *einfachen* Eigenwert gehört genau *ein* linear unabhängiger Eigenvektor, zu jedem *k-fachen* Eigenwert gehören dagegen stets k linear unabhängige Eigenvektoren.

Anmerkung

Die Eigenvektoren einer *hermiteschen* Matrix besitzen im allgemeinen *komplexe* Komponenten oder Vektorkoordinaten. Im *Komplexen* wird der *Betrag* eines Spalten- oder Zeilenvektors $\mathbf{x}$ nach der Formel

$$|\mathbf{x}| = \sqrt{\mathbf{x} \cdot \mathbf{x}^*} \tag{I-264}$$

gebildet. Dabei ist $\mathbf{x}^*$ der zugehörige *konjugiert komplexe* Vektor, der aus dem Vektor $\mathbf{x}$ durch *Konjugierung* gewonnen wird (alle komplexen Vektorkompenten werden durch die entsprechenden *konjugiert komplexen* Werte ersetzt) und $\mathbf{x} \cdot \mathbf{x}^*$ das *formale Skalarprodukt* aus $\mathbf{x}$ und $\mathbf{x}^*$ (berechnet wie im *Reellen*).

■ **Beispiel**

Die 2-reihige (komplexe) Matrix $\mathbf{A} = \begin{pmatrix} 1 & \mathrm{j} \\ -\mathrm{j} & 1 \end{pmatrix}$ ist *hermitesch.* Ihre *Eigenwerte* erhalten wir aus der *charakteristischen Gleichung*

$$\det(\mathbf{A} - \lambda\,\mathbf{E}) = \begin{vmatrix} 1-\lambda & \mathrm{j} \\ -\mathrm{j} & 1-\lambda \end{vmatrix} = (1-\lambda)^2 + \mathrm{j}^2 = \lambda^2 - 2\lambda = 0$$

Sie lauten: $\lambda_1 = 0,\ \lambda_2 = 2.$

Der zum *ersten* Eigenwert $\lambda_1 = 0$ gehörende *Eigenvektor* läßt sich aus dem homogenen linearen Gleichungssystem

$$(\mathbf{A} - 0\,\mathbf{E})\,\mathbf{x} = \mathbf{0} \qquad \text{oder} \qquad \begin{pmatrix} 1 & \mathrm{j} \\ -\mathrm{j} & 1 \end{pmatrix}\begin{pmatrix} x_1 \\ x_2 \end{pmatrix} = \begin{pmatrix} 0 \\ 0 \end{pmatrix}$$

bestimmen.

Dieses Gleichungssystem lautet in ausführlicher Schreibweise:

$$\begin{aligned} x_1 + \mathrm{j} \cdot x_2 &= 0 \\ -\mathrm{j} \cdot x_1 + \quad x_2 &= 0 \end{aligned}$$

Es *reduziert* sich auf die eine Gleichung

$$x_1 + \mathrm{j} \cdot x_2 = 0$$

da die beiden Gleichungen zueinander *proportional*, d.h. *linear abhängig* sind [28]. Wir können daher über *eine* der beiden Unbekannten *frei verfügen* und entscheiden uns hier zweckmäßigerweise für x_2, d.h. wir setzen $x_2 = \alpha$ ($\alpha \in \mathbb{R}$). Damit erhalten wir die vom *Parameter* α abhängige Lösung $x_1 = -\mathrm{j}\,\alpha$, $x_2 = \alpha$ und den *Eigenvektor*

$$\mathbf{x}_1 = \begin{pmatrix} -\mathrm{j}\,\alpha \\ \alpha \end{pmatrix} = \alpha \begin{pmatrix} -\mathrm{j} \\ 1 \end{pmatrix} \qquad (\alpha \neq 0)$$

Für die *Normierung* dieses Eigenvektors benötigen wir noch den *Betrag* von $\mathbf{x}_1$:

$$\mathbf{x}_1 \cdot \mathbf{x}_1^* = \alpha \begin{pmatrix} -\mathrm{j} \\ 1 \end{pmatrix} \cdot \alpha \begin{pmatrix} \mathrm{j} \\ 1 \end{pmatrix} = \alpha^2 \left(-\mathrm{j}^2 + 1\right) = 2\,\alpha^2$$

Der *normierte Eigenvektor* $\tilde{\mathbf{x}}_1$ muß also die Bedingung

$$|\tilde{\mathbf{x}}_1| = \sqrt{\tilde{\mathbf{x}}_1 \cdot \tilde{\mathbf{x}}_1^*} = \sqrt{2\,\alpha^2} = \sqrt{2}\,\alpha = 1$$

erfüllen. Der gesuchte *Normierungsfaktor* beträgt somit $\alpha = 1/\sqrt{2}$ und der zum Eigenwert $\lambda_1 = 0$ gehörende *normierte Eigenvektor* lautet demnach wie folgt:

$$\tilde{\mathbf{x}}_1 = \frac{1}{\sqrt{2}} \begin{pmatrix} -\mathrm{j} \\ 1 \end{pmatrix}$$

Der *zweite* Eigenwert $\lambda_2 = 2$ führt auf das homogene lineare Gleichungssystem

$$(\mathbf{A} - 2\,\mathbf{E})\,\mathbf{x} = \mathbf{0} \qquad \text{oder} \qquad \begin{pmatrix} -1 & \mathrm{j} \\ -\mathrm{j} & -1 \end{pmatrix} \begin{pmatrix} x_1 \\ x_2 \end{pmatrix} = \begin{pmatrix} 0 \\ 0 \end{pmatrix}$$

oder (in ausführlicher Schreibweise)

$$\begin{aligned} -x_1 + \mathrm{j} \cdot x_2 &= 0 \\ -\mathrm{j} \cdot x_1 - \quad x_2 &= 0 \end{aligned}$$

Wiederum sind beide Gleichungen zueinander *proportional* (d.h. *linear abhängig*). Denn die *untere* Gleichung geht aus der *oberen* Gleichung durch Multiplikation mit j hervor. Das *reduzierte* System

$$-x_1 + \mathrm{j} \cdot x_2 = 0$$

---

[28] Multipliziert man z.B. die *obere* der beiden Gleichungen mit $-\mathrm{j}$, so erhält man genau die *untere* Gleichung.

wird allgemein durch $x_1 = \mathrm{j}\,\beta$, $x_2 = \beta$ gelöst, wobei wir $x_2 = \beta$ als *freien Parameter* gewählt haben ($\beta \in \mathbb{R}$). Der zweite *Eigenvektor* lautet daher:

$$\mathbf{x}_2 = \begin{pmatrix} \mathrm{j}\,\beta \\ \beta \end{pmatrix} = \beta \begin{pmatrix} \mathrm{j} \\ 1 \end{pmatrix} \qquad (\beta \neq 0)$$

Durch *Normierung* folgt schließlich:

$$\tilde{\mathbf{x}}_2 = \frac{1}{\sqrt{2}} \begin{pmatrix} \mathrm{j} \\ 1 \end{pmatrix}$$

■

6.5 Ein Anwendungsbeispiel: Normalschwingungen gekoppelter mechanischer Systeme

Bild I-14 zeigt zwei *identische* schwingungsfähige mechanische Systeme, die jeweils aus einer Schwingungsmasse m und einer elastischen Feder mit der Federkonstanten c bestehen und über eine *Kopplungsfeder* mit der Federkonstanten k miteinander *verbunden*, d.h. *gekoppelt* sind.

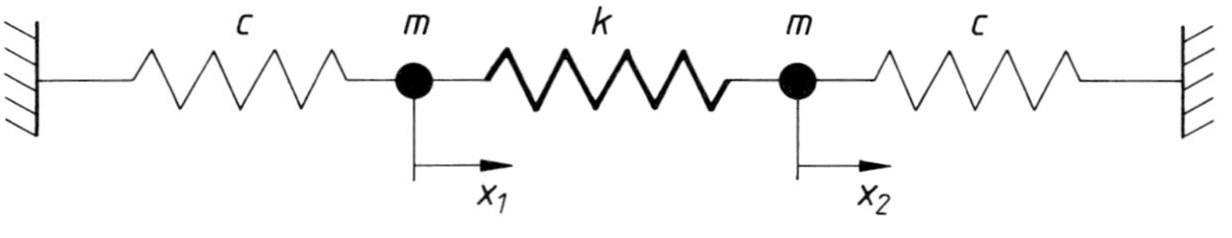

Bild I-14 Kopplung zweier schwingungsfähiger Systeme (Masse m, Federkonstante c) über eine Kopplungsfeder (Federkonstante k)

Dieses System ist zu sog. *Normalschwingungen* in Richtung der Systemachse fähig. Beide Massen schwingen dabei *harmonisch* mit der gleichen Kreisfrequenz ω, ihre Lagekoordinaten x_1 und x_2 sind also *periodische* Funktionen der Zeit mit der Schwingungsdauer $T = 2\pi/\omega$.

Die noch unbekannten Kreisfrequenzen dieser Normalschwingungen sind die *positiven* Wurzeln aus den (reellen) Eigenwerten der sog. „*Systemmatrix*" **A**, die hier das folgende Aussehen hat:

$$\mathbf{A} = \begin{pmatrix} (c+k)/m & -k/m \\ -k/m & (c+k)/m \end{pmatrix} = \begin{pmatrix} \alpha & -\beta \\ -\beta & \alpha \end{pmatrix}$$

(mit den Abkürzungen $\alpha = (c+k)/m$ und $\beta = k/m$).

Die Berechnung der benötigten Eigenwerte erfolgt aus der *charakteristischen Gleichung*

$$\det(\mathbf{A} - \lambda\,\mathbf{E}) = \begin{vmatrix} \alpha - \lambda & -\beta \\ -\beta & \alpha - \lambda \end{vmatrix} = (\alpha - \lambda)^2 - \beta^2 = 0$$

Wir erhalten:

$$(\alpha - \lambda)^2 = \beta^2 \;\Rightarrow\; \alpha - \lambda = \pm\,\beta \;\Rightarrow\; \lambda = \alpha \mp \beta$$

Die *Eigenwerte* der Systemmatrix **A** lauten somit:

$$\lambda_1 = \alpha - \beta = \frac{c + k}{m} - \frac{k}{m} = \frac{c}{m}$$

$$\lambda_2 = \alpha + \beta = \frac{c + k}{m} + \frac{k}{m} = \frac{c + 2\,k}{m}$$

Durch *Wurzelziehen* erhalten wir daraus die gesuchten *Kreisfrequenzen* der Normalschwingungen:

$$\omega_1 = +\sqrt{\lambda_1} = \sqrt{\frac{c}{m}}$$

$$\omega_2 = +\sqrt{\lambda_2} = \sqrt{\frac{c + 2\,k}{m}}$$

Das System besitzt also *zwei* Normalschwingungen in Richtung der Systemachse. Sie erfolgen mit den Kreisfrequenzen ω_1 bzw. ω_2, wobei der *erste* Wert der sog. *„Eigenkreisfrequenz"* ω_0, d.h. der Kreisfrequenz der *entkoppelten* Feder-Masse-Systeme entspricht:

$$\omega_1 = \omega_0 = \sqrt{\frac{c}{m}}$$

Die Massen schwingen dabei *in Phase*, die Kopplungsfeder wird bei dieser Normalschwingung überhaupt *nicht* beansprucht. Bild I-15 verdeutlicht diesen Schwingungstyp.

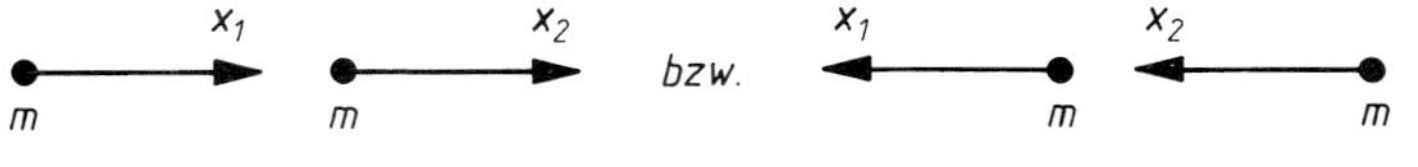

Bild I-15 Die Massen der gekoppelten Systeme schwingen in *Phase*

Bei der *zweiten* möglichen Normalschwingung mit der *größeren* Kreisfrequenz $\omega_2 > \omega_1$ dagegen schwingen die Massen in *Gegenphase*, wobei die Kopplungsfeder diesmal in *maximaler* Weise beansprucht wird. Dieser Schwingungstyp wird in Bild I-16 verdeutlicht.

Bild I-16 Die Massen der gekoppelten Systeme schwingen in *Gegenphase*

Übungsaufgaben

Zu Abschnitt 1

1) *Transponieren* Sie die folgenden Matrizen:

$$\mathbf{A} = \begin{pmatrix} 1 & 5 & 3 \\ -5 & 1 & 0 \\ 4 & 0 & 1 \end{pmatrix}, \quad \mathbf{B} = \begin{pmatrix} 3 & 1 & -2 \\ 4 & -5 & 0 \end{pmatrix}, \quad \mathbf{C} = \begin{pmatrix} 3 & -2 \\ 2 & 5 \\ 8 & 10 \end{pmatrix}$$

2) Welche der nachstehenden Matrizen sind *symmetrisch*, welche *schiefsymmetrisch*?

$$\mathbf{A} = \begin{pmatrix} 0 & 1 & 4 & 0 \\ -1 & 0 & -3 & 5 \\ -4 & 3 & 0 & -8 \\ 0 & -5 & 8 & 0 \end{pmatrix}, \quad \mathbf{B} = \begin{pmatrix} 5 & 0 & -3 \\ 0 & 5 & 7 \\ -3 & 7 & 1 \end{pmatrix},$$

$$\mathbf{C} = \begin{pmatrix} 1 & 0 & -1 \\ 0 & 1 & 5 \\ -1 & 5 & 1 \end{pmatrix}, \quad \mathbf{D} = \begin{pmatrix} 0 & -a & b \\ a & 0 & -1 \\ -b & 1 & 0 \end{pmatrix}, \quad \mathbf{E} = \begin{pmatrix} 1 & -4 & -3 \\ -4 & 0 & 2 \\ -3 & 2 & 8 \end{pmatrix}$$

3) Berechnen Sie mit den (2, 3)-Matrizen

$$\mathbf{A} = \begin{pmatrix} 3 & 2 & 5 \\ -1 & 2 & 3 \end{pmatrix}, \quad \mathbf{B} = \begin{pmatrix} 1 & 8 & -2 \\ 3 & 0 & 1 \end{pmatrix} \quad \text{und} \quad \mathbf{C} = \begin{pmatrix} 5 & 0 & 10 \\ 0 & -2 & 8 \end{pmatrix}$$

die folgenden Ausdrücke:

a) $\mathbf{A} + \mathbf{B} + \mathbf{C}$ b) $3\,\mathbf{A} - 2(\mathbf{B} + 5\,\mathbf{C})$ c) $3\,\mathbf{A}^{\mathbf{T}} - 4(\mathbf{B} + 2\,\mathbf{C})^{\mathbf{T}}$

d) $2(\mathbf{A} + \mathbf{B}) - 3(\mathbf{A}^{\mathbf{T}} - \mathbf{B}^{\mathbf{T}})^{\mathbf{T}} + 5(\mathbf{C} - 2\,\mathbf{A})$

4) Führen Sie mit den Matrizen

$$\mathbf{A} = \begin{pmatrix} 3 & 4 & 0 \\ -1 & 5 & 3 \end{pmatrix}, \quad \mathbf{B} = \begin{pmatrix} -3 & 3 \\ 1 & -1 \\ 0 & 2 \end{pmatrix} \quad \text{und} \quad \mathbf{C} = \begin{pmatrix} 1 & 4 & 0 \\ 2 & 1 & 3 \end{pmatrix}$$

die folgenden Rechenoperationen durch (soweit dies überhaupt möglich ist):

a) $2\,\mathbf{A} + \mathbf{C} - \mathbf{B}^{\mathbf{T}}$ b) $\mathbf{A}^{\mathbf{T}} - \mathbf{B} - 3\,\mathbf{C}^{\mathbf{T}}$ c) $\mathbf{A} - 2\,\mathbf{C} + \mathbf{B}$

5) Berechnen Sie unter Verwendung des *Falk-Schemas* die Matrizenprodukte $\mathbf{A} \cdot \mathbf{A} = \mathbf{A}^2$, $\mathbf{A} \cdot \mathbf{B}$, $\mathbf{B} \cdot \mathbf{A}$ und $\mathbf{B} \cdot \mathbf{B} = \mathbf{B}^2$ (soweit diese überhaupt existieren) für

a) $\mathbf{A} = \begin{pmatrix} 3 & 4 & 2 \\ 1 & 5 & 3 \\ 0 & 1 & 0 \end{pmatrix}, \quad \mathbf{B} = \begin{pmatrix} 1 & 5 & 3 \\ -2 & 1 & 0 \\ -4 & 0 & 3 \end{pmatrix}$

b) $\mathbf{A} = \begin{pmatrix} 1 & 2 & 3 & 7 \\ 0 & 2 & 0 & 1 \end{pmatrix}, \quad \mathbf{B} = \begin{pmatrix} 4 & 1 \\ 1 & 1 \\ 0 & -2 \\ 1 & 3 \end{pmatrix}$

Zeigen Sie ferner anhand dieser Beispiele, daß i.a. $\mathbf{A} \cdot \mathbf{B} \neq \mathbf{B} \cdot \mathbf{A}$ ist.

6) Gegeben sind die Matrizen

$$\mathbf{A} = \begin{pmatrix} 2 & 4 & 1 \\ 1 & 3 & 5 \end{pmatrix}, \quad \mathbf{B} = \begin{pmatrix} 3 & 1 & 1 \\ 0 & 2 & 1 \\ -1 & 5 & 1 \end{pmatrix} \quad \text{und} \quad \mathbf{C} = \begin{pmatrix} -2 & 0 & 3 \\ 2 & 5 & 1 \\ -1 & 1 & 1 \end{pmatrix}$$

Berechnen Sie (falls möglich):

a) $(\mathbf{A} \cdot \mathbf{B}) \cdot \mathbf{C}$ b) $\mathbf{A} \cdot (\mathbf{B} \cdot \mathbf{C})$ c) $\mathbf{A} \cdot (\mathbf{B} + \mathbf{C})^{\mathbf{T}}$ d) $(\mathbf{A} \cdot \mathbf{B})^{\mathbf{T}}$

Zu Abschnitt 2

1) Berechnen Sie die Determinanten der folgenden 2-reihigen Matrizen:

a) $\mathbf{A} = \begin{pmatrix} 2 & 3 \\ 4 & -5 \end{pmatrix}$ b) $\mathbf{B} = \begin{pmatrix} a & a \\ b & b \end{pmatrix}$ c) $\mathbf{C} = \begin{pmatrix} 3 & 11 \\ x & 2x \end{pmatrix}$

2) Welchen Wert besitzen die 3-reihigen Determinanten?

a) $\begin{vmatrix} 1 & 4 & 7 \\ 2 & 5 & 8 \\ 3 & 6 & 9 \end{vmatrix}$ b) $\begin{vmatrix} -2 & 8 & 2 \\ 1 & 0 & 7 \\ 4 & 3 & 1 \end{vmatrix}$ c) $\begin{vmatrix} 3 & 4 & -10 \\ -7 & 4 & 1 \\ 0 & 2 & 8 \end{vmatrix}$

(Berechnung nach der *Regel von Sarrus*).

3) Für welche *reellen* Parameter λ verschwinden die Determinanten?

a) $\begin{vmatrix} 1-\lambda & 2 \\ 1 & -2-\lambda \end{vmatrix}$ b) $\begin{vmatrix} 1-\lambda & 2 & 0 \\ 0 & 3-\lambda & 1 \\ 0 & 0 & 2-\lambda \end{vmatrix}$

4) Begründen Sie (ohne Rechnung), warum die nachstehenden Determinanten verschwinden:

a) $\det \mathbf{A} = \begin{vmatrix} 1 & -2 & 3 \\ -4 & 8 & 0 \\ 0{,}5 & -1 & 3 \end{vmatrix}$ b) $\det \mathbf{B} = \begin{vmatrix} 1 & 0 & -2 \\ 5 & 0 & 3 \\ 0 & 0 & 4 \end{vmatrix}$

c) $\det \mathbf{C} = \begin{vmatrix} 1 & 4 & -3 & 6 \\ 0 & 2 & 3 & 8 \\ 1 & 4 & -3 & 6 \\ 0 & 1 & 1 & 1 \end{vmatrix}$ d) $\det \mathbf{D} = \begin{vmatrix} 6 & -3 & -15 & 24 \\ 3 & 5 & -7 & 0 \\ -2 & 1 & 5 & -8 \\ 1 & 1 & 0 & 0 \end{vmatrix}$

5) Berechnen Sie die 4-reihige Determinante

$$\det \mathbf{A} = \begin{vmatrix} 2 & 5 & 1 & 4 \\ -5 & 3 & 0 & 0 \\ 1 & 7 & 0 & -3 \\ 9 & 3 & 4 & 5 \end{vmatrix}$$

durch *Entwicklung* a) nach den Elementen der *2. Zeile*, b) nach den Elementen der *3. Spalte*.

6) Berechnen Sie den Wert der folgenden 4-reihigen Determinanten mit Hilfe des *Laplaceschen Entwicklungssatzes*:

a) $\det \mathbf{A} = \begin{vmatrix} 1 & 0 & 3 & 4 \\ -2 & 1 & 0 & 3 \\ 1 & 4 & 1 & 5 \\ 0 & 2 & 2 & 0 \end{vmatrix}$ b) $\det \mathbf{A} = \begin{vmatrix} 1 & 0 & 5 & 3 \\ 1 & 2 & 2 & 1 \\ 0 & 1 & 3 & 1 \\ 4 & 0 & 2 & -3 \end{vmatrix}$

Hinweis: Entwickeln Sie nach derjenigen Zeile oder Spalte, die die meisten Nullen enthält.

7) Berechnen Sie mit möglichst geringem Rechenaufwand die Determinante der folgenden Matrizen:

a) $\mathbf{A} = \begin{pmatrix} 1 & 0 & 0 \\ 0 & -2 & 0 \\ 4 & 1 & 5 \end{pmatrix}$ b) $\mathbf{B} = \begin{pmatrix} 1 & 0 & 0 & 0 \\ 0 & 4 & 0 & 0 \\ 0 & 0 & 3 & 0 \\ 0 & 0 & 0 & 4 \end{pmatrix}$

8) Man zeige mit Hilfe *elementarer Umformungen*, die den Wert der Determinante nicht verändern, daß die nachstehenden Determinanten verschwinden:

a) $|\mathbf{A}| = \begin{vmatrix} 4 & 6 & 8 \\ 3 & 1 & 4 \\ -2 & 4 & 0 \end{vmatrix}$ b) $|\mathbf{A}| = \begin{vmatrix} -1 & 1 & 0 & 2 \\ 2 & 4 & 3 & 5 \\ -1 & 8 & 1 & 5 \\ 1 & 3 & 2 & 4 \end{vmatrix}$

9) Berechnen Sie nach dem *Multiplikationstheorem* für Determinanten die Determinante des Matrizenproduktes $\mathbf{C} = \mathbf{A} \cdot \mathbf{B}$ für

a) $\mathbf{A} = \begin{pmatrix} 1 & 4 & 0 \\ 0 & 3 & 4 \\ -1 & 1 & 0 \end{pmatrix}, \quad \mathbf{B} = \begin{pmatrix} 1 & 1 & 1 \\ 2 & 1 & 2 \\ 0 & 1 & 5 \end{pmatrix}$

b) $\mathbf{A} = \begin{pmatrix} -2 & 3 & 9 \\ 7 & 0 & 1 \\ 1 & 1 & 0 \end{pmatrix}, \quad \mathbf{B} = \begin{pmatrix} -1 & 1 & 3 \\ 2 & 5 & 9 \\ 0 & 6 & 1 \end{pmatrix}$

10) Das *Vektorprodukt* $\vec{a} \times \vec{b}$ zweier Vektoren $\vec{a}$ und $\vec{b}$ aus dem Anschauungsraum kann bekanntlich *formal* in Form einer *3-reihigen Determinante* dargestellt werden (vgl. hierzu Band 1, Abschnitt II.3.4)[29]:

$$\vec{a} \times \vec{b} = \begin{vmatrix} \vec{e}_x & \vec{e}_y & \vec{e}_z \\ a_x & a_y & a_z \\ b_x & b_y & b_z \end{vmatrix}$$

Berechnen Sie das Drehmoment $\vec{M} = \vec{r} \times \vec{F}$ für $\vec{r} = \begin{pmatrix} 1 \\ -2 \\ 5 \end{pmatrix}$ m und $\vec{F} = \begin{pmatrix} 10 \\ 20 \\ 50 \end{pmatrix}$ N.

[29] Wir kennzeichnen in dieser Aufgabe – wie in der elementaren Vektorrechnung üblich – Vektoren durch *Pfeile*.

11) Aus Band 1, Abschnitt II.3.5 ist bekannt: Das *Spatprodukt* $[\vec{a}\ \vec{b}\ \vec{c}] = \vec{a} \cdot (\vec{b} \times \vec{c})$ dreier Vektoren aus dem Anschauungsraum kann aus den skalaren Vektorkomponenten mit Hilfe der Determinante

$$[\vec{a}\ \vec{b}\ \vec{c}] = \begin{vmatrix} a_x & a_y & a_z \\ b_x & b_y & b_z \\ c_x & c_y & c_z \end{vmatrix}$$

berechnet werden. Zeigen Sie, daß die drei Vektoren

$$\vec{a} = \begin{pmatrix} 1 \\ 2 \\ 2 \end{pmatrix}, \quad \vec{b} = \begin{pmatrix} 0 \\ -4 \\ 3 \end{pmatrix} \quad \text{und} \quad \vec{c} = \begin{pmatrix} 3 \\ -6 \\ 15 \end{pmatrix}$$

komplanar sind, d.h. in einer Ebene liegen.

Hinweis: Das Spatprodukt $[\vec{a}\ \vec{b}\ \vec{c}]$ muß verschwinden [30].

12) Führen Sie die folgenden Determinanten höherer Ordnung durch *fortlaufende Reduzierung* auf eine einzige 3-reihige Determinante zurück und berechnen Sie diese nach der *Regel von Sarrus*:

a) $\det \mathbf{A} = \begin{vmatrix} -1 & -3 & 1 & 6 \\ 3 & 1 & 4 & 5 \\ -2 & -2 & 3 & 3 \\ -2 & -3 & 1 & 4 \end{vmatrix}$ b) $\det \mathbf{A} = \begin{vmatrix} 1 & 4 & 0 & 0 & 1 \\ 2 & 0 & 1 & 2 & -1 \\ 1 & 1 & -2 & -3 & -4 \\ 3 & 4 & 0 & 0 & 1 \\ 0 & 1 & 1 & 3 & 5 \end{vmatrix}$

Zu Abschnitt 3

1) Welche Matrizen sind *regulär*, welche *singulär*?

$$\mathbf{A} = \begin{pmatrix} 1 & 0 & 2 \\ 0 & 1 & 3 \\ -1 & 5 & 4 \end{pmatrix}, \quad \mathbf{B} = \begin{pmatrix} 4 & 1 & -3 \\ 0 & 1 & 1 \\ -8 & 1 & 9 \end{pmatrix},$$

$$\mathbf{C} = \begin{pmatrix} 1 & 0 & 1 & 2 \\ 0 & 1 & 1 & -1 \\ 3 & 0 & 1 & 4 \\ 2 & 0 & 1 & 3 \end{pmatrix}$$

[30] Wir kennzeichnen in dieser Aufgabe – wie in der elementaren Vektorrechnung üblich – Vektoren durch *Pfeile*.

2) Zeigen Sie, daß **A** eine *reguläre* Matrix ist und bestimmen Sie die *inverse Matrix* $\mathbf{A}^{-1}$. Das Ergebnis ist anhand der Beziehung $\mathbf{A}^{-1} \cdot \mathbf{A} = \mathbf{A} \cdot \mathbf{A}^{-1} = \mathbf{E}$ zu überprüfen.

a) $\mathbf{A} = \begin{pmatrix} \sin\varphi & \cos\varphi \\ -\cos\varphi & \sin\varphi \end{pmatrix}$ b) $\mathbf{A} = \begin{pmatrix} 1 & 2 \\ 0{,}5 & 3 \end{pmatrix}$

c) $\mathbf{A} = \begin{pmatrix} -1 & 0 & 0 \\ 1 & 1 & 0 \\ 1 & 0 & -1 \end{pmatrix}$ d) $\mathbf{A} = \begin{pmatrix} 3 & 1 & 4 \\ 0 & 1 & -2 \\ 1 & 2 & 0 \end{pmatrix}$

3) Zeigen Sie, daß die folgenden 2-reihigen Matrizen *orthogonal* sind. Welchen Wert besitzt die jeweilige *Determinante*?

$$\mathbf{A} = \begin{pmatrix} 1/2 & -\sqrt{3}/2 \\ \sqrt{3}/2 & 1/2 \end{pmatrix}, \quad \mathbf{B} = \frac{1}{10}\begin{pmatrix} -8 & 6 \\ 6 & 8 \end{pmatrix}$$

4) Welche der folgenden 3-reihigen Matrizen sind *orthogonal*?

$$\mathbf{A} = \begin{pmatrix} 1 & 0 & 1 \\ 2 & -2 & 0 \\ 0 & -1 & 3 \end{pmatrix}, \quad \mathbf{B} = \frac{1}{3}\begin{pmatrix} 2 & 2 & 1 \\ 1 & -2 & 2 \\ 2 & -1 & -2 \end{pmatrix},$$

$$\mathbf{C} = \begin{pmatrix} 0 & 1/\sqrt{2} & -1/\sqrt{2} \\ 0 & 1/\sqrt{2} & 1/\sqrt{2} \\ 1 & 0 & 0 \end{pmatrix}$$

5) Zeigen Sie, daß die Matrix $\mathbf{A} = \begin{pmatrix} 1/\sqrt{2} & 1/\sqrt{2} \\ -1/\sqrt{2} & 1/\sqrt{2} \end{pmatrix}$ die für eine *orthogonale* Matrix *hinreichende* Bedingung $\mathbf{A}^{\mathrm{T}} = \mathbf{A}^{-1}$ erfüllt.

6) Matrix **A** beschreibt die *Spiegelung* eines Raumpunktes an der x, y-Ebene, Matrix **B** die *Drehung* des räumlichen Koordinatensystems um die z-Achse um den Winkel α. Zeigen Sie, daß beide Matrizen *orthogonal* sind.

$$\mathbf{A} = \begin{pmatrix} 1 & 0 & 0 \\ 0 & 1 & 0 \\ 0 & 0 & -1 \end{pmatrix}, \quad \mathbf{B} = \begin{pmatrix} \cos\alpha & \sin\alpha & 0 \\ -\sin\alpha & \cos\alpha & 0 \\ 0 & 0 & 1 \end{pmatrix}$$

7) Zeigen Sie, daß die *Zeilen*- bzw. *Spaltenvektoren* der 3-reihigen Matrix

$$\mathbf{A} = \begin{pmatrix} 2/\sqrt{5} & -1/\sqrt{30} & -1/\sqrt{6} \\ 1/\sqrt{5} & 2/\sqrt{30} & 2/\sqrt{6} \\ 0 & 5/\sqrt{30} & -1/\sqrt{6} \end{pmatrix}$$

ein *orthonormiertes* Vektorsystem bilden, die Matrix $\mathbf{A}$ daher *orthogonal* ist. Bestimmen Sie die *inverse* Matrix $\mathbf{A}^{-1}$ sowie die *Determinante* von $\mathbf{A}$.

8) Bestimmen Sie den *Rang* der nachfolgenden Matrizen unter ausschließlicher Verwendung von Unterdeterminanten:

$$\mathbf{A} = \begin{pmatrix} 2 & 1 & 0 \\ 0 & 3 & 4 \\ -4 & 1 & 4 \end{pmatrix}, \quad \mathbf{B} = \begin{pmatrix} 2 & 1 & 1 & -1 \\ 1 & 1 & 2 & 0 \\ 7 & 2 & -6 & 4 \end{pmatrix},$$

$$\mathbf{C} = \begin{pmatrix} 1 & 0 & -2 \\ 2 & 1 & 4 \\ 5 & 3 & 14 \\ 7 & 2 & 2 \end{pmatrix}, \quad \mathbf{D} = \begin{pmatrix} 3 & 1 & 4 \\ 0 & -1 & 5 \end{pmatrix}$$

9) Bestimmen Sie den Matrizenrang mittels *elementarer Umformungen* in den Zeilen bzw. Spalten:

$$\mathbf{A} = \begin{pmatrix} 2 & -1 & -1 \\ 3 & 4 & 1 \\ 1 & 2 & 0 \end{pmatrix}, \quad \mathbf{B} = \begin{pmatrix} 1 & 0 & -1 & 1 \\ 2 & 3 & 1 & 5 \\ 3 & 2 & -1 & 6 \\ 0 & 5 & 5 & 5 \end{pmatrix},$$

$$\mathbf{C} = \begin{pmatrix} -1 & 2 & 1 & 8 & -1 \\ 0 & 3 & -3 & 15 & -3 \\ 2 & 5 & -3 & 29 & -7 \end{pmatrix}, \quad \mathbf{D} = \begin{pmatrix} 1 & 1 & 2 & -3 & 0 & 1 \\ -2 & 3 & 1 & 0 & 1 & 2 \\ -5 & 10 & 5 & -3 & 3 & 1 \\ -1 & 4 & 3 & -3 & 1 & 1 \end{pmatrix}$$

10) Zeigen Sie, daß die folgende 5-reihige Matrix *regulär* ist:

$$\mathbf{A} = \begin{pmatrix} 1 & 5 & 4 & 1 & 6 \\ 5 & 11 & 8 & 2 & 13 \\ 3 & 13 & 11 & 2 & 15 \\ -1 & 1 & 1 & 1 & 1 \\ 3 & 10 & 8 & 2 & 12 \end{pmatrix}$$

Hinweis: Rangbestimmung mit Hilfe elementarer Zeilen- bzw. Spaltenumformungen in der Matrix.

Zu Abschnitt 4

1) Lösen Sie die folgenden nicht-quadratischen linearen Gleichungssysteme mit Hilfe *elementarer Umformungen* in den Zeilen der erweiterten Koeffizientenmatrix (*Gauß-scher Algorithmus*):

a) $$\begin{aligned} 2x_1 - 3x_2 &= 11 \\ -5x_1 + x_2 &= -8 \\ x_1 - 5x_2 &= 16 \end{aligned}$$

b) $$\begin{pmatrix} 1 & 1 & 2 & 0 \\ -3 & 2 & 0 & 1 \\ 8 & -2 & -2 & 2 \end{pmatrix} \begin{pmatrix} x_1 \\ x_2 \\ x_3 \\ x_4 \end{pmatrix} = \begin{pmatrix} 1 \\ 5 \\ 0 \end{pmatrix}$$

c) $$\begin{aligned} 3x_2 - 5x_3 + x_4 &= 0 \\ -x_1 - 3x_2 \qquad - x_4 &= -5 \\ -2x_1 + x_2 + 2x_3 + 2x_4 &= 2 \\ -3x_1 + 4x_2 + 2x_3 + 2x_4 &= 8 \end{aligned}$$

2) Zeigen Sie: Das lineare (4, 3)-System

$$\begin{aligned} x_1 + x_2 - x_3 &= 2 \\ -2x_1 \qquad + x_3 &= -2 \\ 5x_1 - x_2 + 2x_3 &= 4 \\ 2x_1 + 6x_2 - 3x_3 &= 5 \end{aligned}$$

ist *nicht lösbar*.

3) Gegeben ist das *homogene* lineare (4, 3)-System

$$\begin{aligned} 2x_1 - x_2 + 4x_3 &= 0 \\ -4x_1 + 5x_2 + 3x_3 &= 0 \\ 2x_1 - 2x_2 + x_3 &= 0 \\ 6x_1 \qquad + 5x_3 &= 0 \end{aligned}$$

Es ist zu zeigen, daß dieses System nur *trivial* lösbar ist.

4) Ist das *homogene* lineare Gleichungssystem

$$\begin{pmatrix} 1 & 1 & 2 \\ 0 & 1 & -1 \\ 3 & 4 & 5 \\ 3 & 5 & 4 \end{pmatrix} \begin{pmatrix} x_1 \\ x_2 \\ x_3 \end{pmatrix} = \begin{pmatrix} 0 \\ 0 \\ 0 \\ 0 \end{pmatrix}$$

nicht-trivial lösbar? Gegebenfalls sind sämtliche Lösungen zu bestimmen.

5) Zeigen Sie, daß das *homogene* lineare (3, 3)-System

$$\begin{pmatrix} -2 & 1 & 1 \\ 1 & -2 & 1 \\ 1 & 1 & -2 \end{pmatrix} \begin{pmatrix} x_1 \\ x_2 \\ x_3 \end{pmatrix} = \begin{pmatrix} 0 \\ 0 \\ 0 \end{pmatrix}$$

nicht-triviale Lösungen besitzt. Wie lauten die Lösungen?

6) Für welche *reellen* Werte des Parameters λ besitzt das homogene lineare Gleichungssystem *nicht-triviale* Lösungen?

a) $$\begin{pmatrix} -\lambda & 1 \\ 1 & -\lambda \end{pmatrix} \begin{pmatrix} x \\ y \end{pmatrix} = \begin{pmatrix} 0 \\ 0 \end{pmatrix}$$

b) $$\begin{pmatrix} (2+\lambda) & 0 & 0 & 0 \\ 0 & (2-\lambda) & 0 & 0 \\ 1 & -2 & -\lambda & -1 \\ 2 & -4 & 1 & -\lambda \end{pmatrix} \begin{pmatrix} x_1 \\ x_2 \\ x_3 \\ x_4 \end{pmatrix} = \begin{pmatrix} 0 \\ 0 \\ 0 \\ 0 \end{pmatrix}$$

7) Lösen Sie die folgenden *homogenen* linearen (n, n)-Systeme:

a) $$\begin{aligned} x_1 + 2x_2 + 3x_3 &= 0 \\ x_1 + x_2 &= 0 \\ 2x_2 + 5x_3 &= 0 \end{aligned}$$

b) $$\begin{pmatrix} -2 & 1 & 4 & 3 \\ 1 & 2 & 4 & 0 \\ 0 & 2 & 5 & 1 \\ 4 & 1 & 0 & 1 \end{pmatrix} \begin{pmatrix} x_1 \\ x_2 \\ x_3 \\ x_4 \end{pmatrix} = \begin{pmatrix} 0 \\ 0 \\ 0 \\ 0 \end{pmatrix}$$

8) Zeigen Sie: Das *inhomogene* quadratische Gleichungssystem

$$\begin{aligned} 2x_1 + 3x_2 + x_3 &= -1 \\ -4x_1 - 8x_2 - 3x_3 &= 7 \\ -2x_1 - 5x_2 - 2x_3 &= -6 \end{aligned}$$

ist *nicht lösbar*.

9) Untersuchen Sie das *Lösungsverhalten* der folgenden quadratischen linearen Gleichungssysteme und bestimmen Sie im Falle der Lösbarkeit sämtliche Lösungen:

a) $$\begin{pmatrix} 1 & 2 & -3 \\ 0 & 1 & -1 \\ 2 & 9 & 11 \end{pmatrix} \begin{pmatrix} x_1 \\ x_2 \\ x_3 \end{pmatrix} = \begin{pmatrix} 5 \\ 8 \\ 50 \end{pmatrix}$$

b) $$\begin{pmatrix} 2 & 5 & -1 & 0 \\ -1 & 8 & 8 & -4 \\ 4 & 2 & -16 & 10 \\ 0 & 1 & 1 & -4 \end{pmatrix} \begin{pmatrix} x_1 \\ x_2 \\ x_3 \\ x_4 \end{pmatrix} = \begin{pmatrix} -1 \\ -13 \\ 0 \\ -1 \end{pmatrix}$$

c)
$$\begin{aligned} x_1 + 2x_3 - 5x_4 &= 0 \\ x_1 + 4x_2 + 4x_3 - 5x_4 &= 10 \\ x_1 + 2x_2 + 3x_3 - 5x_4 &= 5 \\ 4x_1 + 2x_2 + 9x_3 - 20x_4 &= 5 \end{aligned}$$

d)
$$\begin{pmatrix} 1 & 1 & 0 & -1 & 0 \\ 0 & 1 & 4 & 2 & 6 \\ -4 & 0 & 2 & 5 & -7 \\ 2 & 1 & 3 & 0 & -2 \\ 5 & 3 & 4 & -4 & 1 \end{pmatrix} \begin{pmatrix} x_1 \\ x_2 \\ x_3 \\ x_4 \\ x_5 \end{pmatrix} = \begin{pmatrix} 1 \\ 42 \\ -21 \\ -8 \\ 4 \end{pmatrix}$$

10) Zeigen Sie, daß die folgenden quadratischen linearen Gleichungssysteme genau *eine* Lösung besitzen und bestimmen Sie diese Lösung nach der *Cramerschen Regel*:

a)
$$\begin{aligned} x_1 + 2x_2 &= 3 \\ x_1 + 7x_2 + 4x_3 &= 18 \\ 3x_1 + 13x_2 + 4x_3 &= 30 \end{aligned}$$

b)
$$\begin{pmatrix} 1 & 2 & -4 \\ -3 & 1 & 5 \\ 0 & 4 & 10 \end{pmatrix} \begin{pmatrix} x_1 \\ x_2 \\ x_3 \end{pmatrix} = \begin{pmatrix} 0 \\ 1 \\ 0 \end{pmatrix}$$

c)
$$\begin{pmatrix} 10 & -3 \\ 4 & 5 \end{pmatrix} \begin{pmatrix} x_1 \\ x_2 \end{pmatrix} = \begin{pmatrix} 4 \\ 3 \end{pmatrix}$$

d)
$$\begin{aligned} 10x_1 - 4x_2 + 5x_3 &= -13 \\ 2x_1 + 8x_2 - 7x_3 &= 35 \\ 7x_1 - x_2 + 9x_3 &= 20 \end{aligned}$$

11) Man berechne Teilströme und Gesamtstrom im Netzwerk nach Bild I-17 für die Widerstands- und Spannungswerte $R = 60\,\Omega$, $R_1 = R_3 = 100\,\Omega$, $R_2 = 200\,\Omega$, $U = 10$ V.

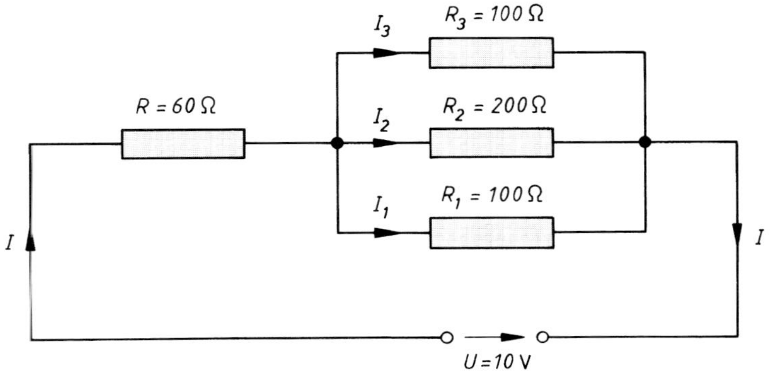

Bild I-17

12) Die nachfolgenden Matrizen sind *regulär*. Berechnen Sie die jeweils zugehörige *inverse* Matrix nach dem *Gauß-Jordan-Verfahren*.

$$\mathbf{A} = \begin{pmatrix} 3 & 1 & 4 \\ 1 & 2 & 0 \\ 0 & 1 & -2 \end{pmatrix}, \quad \mathbf{B} = \begin{pmatrix} 4 & 5 & -1 \\ 2 & 0 & 1 \\ 3 & 1 & 0 \end{pmatrix}, \quad \mathbf{C} = \begin{pmatrix} 3 & 4 & 2 \\ 1 & 5 & 3 \\ 0 & 1 & 0 \end{pmatrix}$$

13) Begründen Sie, warum die folgenden Vektoren *linear abhängig* sind:

a) $\mathbf{a} = \begin{pmatrix} 1 \\ 2 \\ 5 \end{pmatrix}, \quad \mathbf{b} = \begin{pmatrix} 2 \\ 0 \\ 2 \end{pmatrix}, \quad \mathbf{c} = \begin{pmatrix} 0 \\ 0 \\ 0 \end{pmatrix}$

b) $\mathbf{a} = \begin{pmatrix} 1 \\ 0 \\ 1 \end{pmatrix}, \quad \mathbf{b} = \begin{pmatrix} 3 \\ -1 \\ 4 \end{pmatrix}, \quad \mathbf{c} = \begin{pmatrix} -3 \\ 0 \\ -3 \end{pmatrix}$

c) $\mathbf{a}_1 = \begin{pmatrix} 1 \\ 0 \\ 1 \end{pmatrix}, \quad \mathbf{a}_2 = \begin{pmatrix} 1 \\ 1 \\ 0 \end{pmatrix}, \quad \mathbf{a}_3 = \begin{pmatrix} 0 \\ -2 \\ 2 \end{pmatrix}$

d) $\mathbf{a} = \begin{pmatrix} 1 \\ 2 \end{pmatrix}, \quad \mathbf{b} = \begin{pmatrix} 3 \\ 1 \end{pmatrix}, \quad \mathbf{c} = \begin{pmatrix} 2 \\ 0 \end{pmatrix}, \quad \mathbf{d} = \begin{pmatrix} -1 \\ -1 \end{pmatrix}$

14) Zeigen Sie die *lineare Unabhängigkeit* der folgenden Vektoren:

a) $\mathbf{a}_1 = \begin{pmatrix} 2 \\ 1 \\ 0 \end{pmatrix}, \quad \mathbf{a}_2 = \begin{pmatrix} -1 \\ 2 \\ 5 \end{pmatrix}, \quad \mathbf{a}_3 = \begin{pmatrix} -1 \\ 2 \\ -1 \end{pmatrix}$

b) $\mathbf{a} = \begin{pmatrix} -1 \\ 6 \\ 4 \end{pmatrix}, \quad \mathbf{b} = \begin{pmatrix} 1 \\ -2 \\ -2 \end{pmatrix}, \quad \mathbf{c} = \begin{pmatrix} 1 \\ 2 \\ 3 \end{pmatrix}$

c) $\mathbf{a} = \begin{pmatrix} 1 \\ 0 \\ 4 \end{pmatrix}, \quad \mathbf{b} = \begin{pmatrix} 2 \\ 3 \\ 1 \end{pmatrix}$

15) Zeigen Sie zunächst, daß die Vektoren

$$\mathbf{a} = \begin{pmatrix} 1 \\ 2 \\ 0 \\ 1 \end{pmatrix}, \quad \mathbf{b} = \begin{pmatrix} 0 \\ 1 \\ 1 \\ 0 \end{pmatrix} \quad \text{und} \quad \mathbf{c} = \begin{pmatrix} 4 \\ 9 \\ 1 \\ 4 \end{pmatrix}$$

linear abhängig sind und stellen Sie anschließend den Vektor **c** als *Linearkombination* der beiden übrigen Vektoren dar.

16) Zeigen Sie, daß die drei räumlichen Vektoren

$$\mathbf{a} = \begin{pmatrix} 1 \\ 4 \\ 1 \end{pmatrix}, \quad \mathbf{b} = \begin{pmatrix} 2 \\ -1 \\ 2 \end{pmatrix} \quad \text{und} \quad \mathbf{c} = \begin{pmatrix} 10 \\ 4 \\ 10 \end{pmatrix}$$

komplanar sind, d.h. in einer *gemeinsamen Ebene* liegen.

17) Für welchen Wert des Parameters λ sind die Vektoren

$$\mathbf{a}_1 = \begin{pmatrix} 1 \\ 1 \\ 1 \end{pmatrix}, \quad \mathbf{a}_2 = \begin{pmatrix} -\lambda \\ 2 \\ 5 \end{pmatrix} \quad \text{und} \quad \mathbf{a}_3 = \begin{pmatrix} -2 \\ \lambda \\ 7 \end{pmatrix}$$

linear abhängig?

18) Sind die Spalten- bzw. Zeilenvektoren der folgenden Matrizen *linear unabhängig*?

a) $\mathbf{A} = \begin{pmatrix} 1 & 2 & 0 \\ 1 & 4 & 1 \\ -2 & 1 & 0 \end{pmatrix}$ b) $\mathbf{A} = \begin{pmatrix} 1 & 3 & -1 \\ 0 & 1 & -1 \\ 2 & 1 & 3 \end{pmatrix}$

Zu Abschnitt 5

1) Berechnen Sie mit den (2, 3)-Matrizen

$$\mathbf{A} = \begin{pmatrix} 3+\mathrm{j} & 2-\mathrm{j} & 2 \\ 2 & 1+\mathrm{j} & 1 \end{pmatrix}, \quad \mathbf{B} = \begin{pmatrix} 1 & 2+2\,\mathrm{j} & 1 \\ 0 & 4-3\,\mathrm{j} & 1 \end{pmatrix}$$

$$\text{und} \quad \mathbf{C} = \begin{pmatrix} 1-\mathrm{j} & 2 & 3-\mathrm{j} \\ 1+\mathrm{j} & 5 & 1+\mathrm{j} \end{pmatrix}$$

die folgenden Ausdrücke:

a) $\mathbf{A} + \mathbf{B} + \mathbf{C}$ b) $3\,\mathbf{A} - 4\,(\mathbf{B} - 2\,\mathbf{C})$ c) $2\,\mathbf{A}^{\mathbf{T}} - 3\,(\mathbf{B} - \mathbf{C})^{\mathbf{T}}$

2) Berechnen Sie unter Verwendung des *Falk-Schemas* die Matrizenprodukte $\mathbf{A} \cdot \mathbf{A} = \mathbf{A}^2$, $\mathbf{A} \cdot \mathbf{B}$, $\mathbf{B} \cdot \mathbf{A}$ und $\mathbf{B} \cdot \mathbf{B} = \mathbf{B}^2$ (soweit diese überhaupt existieren) für

a) $\mathbf{A} = \begin{pmatrix} 2+\mathrm{j} & 1+\mathrm{j} \\ 2 & 1-\mathrm{j} \end{pmatrix}, \quad \mathbf{B} = \begin{pmatrix} 2\,\mathrm{j} & 3-3\,\mathrm{j} \\ 5\,\mathrm{j} & 1+2\,\mathrm{j} \end{pmatrix}$

b) $\mathbf{A} = \begin{pmatrix} 2 & 1+\mathrm{j} & 1 \\ 1 & 5 & \mathrm{j} \end{pmatrix}, \quad \mathbf{B} = \begin{pmatrix} 1 & 1+2\,\mathrm{j} \\ 1-\mathrm{j} & \mathrm{j} \\ 2 & 1-2\,\mathrm{j} \end{pmatrix}$

3) Welchen Wert besitzt die *Determinante* der nachfolgenden Matrizen?

$$\mathbf{A} = \begin{pmatrix} 2 & 1-\mathrm{j} \\ 1+\mathrm{j} & 3 \end{pmatrix}, \quad \mathbf{B} = \begin{pmatrix} -2\,\mathrm{j} & -1-\mathrm{j} \\ 1-\mathrm{j} & -3\,\mathrm{j} \end{pmatrix},$$

$$\mathbf{C} = \begin{pmatrix} \mathrm{j} & -1 & -\mathrm{j} \\ 1 & 2\,\mathrm{j} & 3 \\ \mathrm{j} & -3 & 3\,\mathrm{j} \end{pmatrix}$$

4) Bilden Sie die jeweils zugehörige *konjugiert komplexe* Matrix $\mathbf{A}^*$ sowie die *konjugiert transponierte* Matrix $\bar{\mathbf{A}}$:

a) $\mathbf{A} = \begin{pmatrix} 2+\mathrm{j} & 1+2\,\mathrm{j} & \mathrm{j} \\ 0 & 2-2\,\mathrm{j} & 1 \\ 1-\mathrm{j} & 5+3\,\mathrm{j} & \mathrm{j} \end{pmatrix}$ b) $\mathbf{A} = \begin{pmatrix} 10+5\,\mathrm{j} & 1-2\,\mathrm{j} \\ 3-2\,\mathrm{j} & 4+2\,\mathrm{j} \\ 5+5\,\mathrm{j} & 1-2\,\mathrm{j} \end{pmatrix}$

5) Welche der nachstehenden Matrizen sind *hermitesch*, welche *schiefhermitesch*?

$$\mathbf{A} = \begin{pmatrix} 1 & \mathrm{j} & 0 \\ -\mathrm{j} & 0 & 1 \\ 0 & 1 & 1 \end{pmatrix}, \quad \mathbf{B} = \begin{pmatrix} 1 & 2-\mathrm{j} & 1-2\,\mathrm{j} \\ 2+\mathrm{j} & 1 & 5-4\,\mathrm{j} \\ 1-2\,\mathrm{j} & 5+4\,\mathrm{j} & 0 \end{pmatrix},$$

$$\mathbf{C} = \begin{pmatrix} -2\,\mathrm{j} & -1-\mathrm{j} \\ 1-\mathrm{j} & -3\,\mathrm{j} \end{pmatrix}, \quad \mathbf{D} = \begin{pmatrix} 2\,\mathrm{j} & -2 & -5+5\,\mathrm{j} \\ 2 & \mathrm{j} & -8+\mathrm{j} \\ 5+5\,\mathrm{j} & 8+\mathrm{j} & 2\,\mathrm{j} \end{pmatrix}$$

6) Zerlegen Sie die folgenden Matrizen in ihre *Real-* und *Imaginärteile* und prüfen Sie dann, welche Matrizen *hermitesch* bzw. *schiefhermitesch* sind:

$$\mathbf{A} = \begin{pmatrix} -\mathrm{j} & -5+2\,\mathrm{j} \\ 5+2\,\mathrm{j} & -4\,\mathrm{j} \end{pmatrix}, \quad \mathbf{B} = \begin{pmatrix} 1 & 2-4\,\mathrm{j} \\ 2+4\,\mathrm{j} & 2 \end{pmatrix},$$

$$\mathbf{C} = \begin{pmatrix} -\mathrm{j} & 0 & 0 \\ 0 & -\mathrm{j} & 0 \\ 0 & 0 & -\mathrm{j} \end{pmatrix}, \quad \mathbf{D} = \begin{pmatrix} 1 & -\mathrm{j} & 1-2\,\mathrm{j} \\ \mathrm{j} & 2 & 4 \\ 1+2\,\mathrm{j} & 4 & 3 \end{pmatrix}$$

Welchen Wert besitzen die zugehörigen *Determinanten*?

7) Zeigen Sie auf möglichst einfachem Wege, daß die Matrix $\mathbf{A} = \begin{pmatrix} \mathrm{j} & \mathrm{j} \\ \mathrm{j} & -\mathrm{j} \end{pmatrix}$ *nicht unitär* sein kann.

8) Zeigen Sie, daß die folgenden Matrizen *unitär* sind:

$$\mathbf{A} = \frac{1}{\sqrt{12}} \begin{pmatrix} 2 & 1-\sqrt{3}\,\mathrm{j} & -1-\sqrt{3}\,\mathrm{j} \\ -2\,\mathrm{j} & \sqrt{3}-\mathrm{j} & \sqrt{3}+\mathrm{j} \\ -2 & 2 & -2 \end{pmatrix},$$

$$\mathbf{B} = \frac{1}{\sqrt{3}} \begin{pmatrix} 1+\mathrm{j} & 1 \\ \mathrm{j} & -1-\mathrm{j} \end{pmatrix}, \quad \mathbf{C} = \begin{pmatrix} \mathrm{j} & 0 \\ 0 & \mathrm{j} \end{pmatrix}$$

Zu Abschnitt 6

1) Bestimmen Sie die *Eigenwerte* und *Eigenvektoren* der folgenden 2-reihigen Matrizen:

a) $\mathbf{A} = \begin{pmatrix} 1 & -1 \\ 0 & 2 \end{pmatrix}$ b) $\mathbf{A} = \begin{pmatrix} 0 & 1 \\ 1 & 0 \end{pmatrix}$ c) $\mathbf{A} = \begin{pmatrix} 5 & 1 \\ 4 & 2 \end{pmatrix}$

2) Welche *Eigenwerte* und *Eigenvektoren* besitzen die Matrizen

$$\mathbf{A} = \begin{pmatrix} -1 & 2 \\ 4 & 1 \end{pmatrix}, \quad \mathbf{B} = \begin{pmatrix} 0 & -\mathrm{j} \\ \mathrm{j} & 0 \end{pmatrix} \quad \text{und} \quad \mathbf{C} = \begin{pmatrix} 1 & -1 \\ 1 & 1 \end{pmatrix}?$$

3) Berechnen Sie die *Spur* und die *Determinante* der Matrix **A** aus den *Eigenwerten* der Matrix:

a) $\mathbf{A} = \begin{pmatrix} 1 & 2 \\ 3 & 0 \end{pmatrix}$ b) $\mathbf{A} = \begin{pmatrix} 1 & -1 \\ -2 & 0 \end{pmatrix}$ c) $\mathbf{A} = \begin{pmatrix} 1 & 0 \\ 0 & -1 \end{pmatrix}$

4) Bestimmen Sie die *Eigenwerte* und *Eigenvektoren* der folgenden 3-reihigen Matrizen:

a) $\mathbf{A} = \begin{pmatrix} 2 & 1 & 1 \\ 2 & 3 & 4 \\ -1 & -1 & -2 \end{pmatrix}$ b) $\mathbf{B} = \begin{pmatrix} -2 & 2 & -3 \\ 2 & 1 & -6 \\ -1 & -2 & 0 \end{pmatrix}$

c) $\mathbf{C} = \begin{pmatrix} 0 & 1 & -1 \\ 1 & 0 & 1 \\ 1 & -1 & 2 \end{pmatrix}$ d) $\mathbf{D} = \begin{pmatrix} 0 & -4 & -2 \\ 1 & 4 & 1 \\ 2 & 4 & 4 \end{pmatrix}$

5) Zeigen Sie: Die Matrix $\mathbf{A} = \begin{pmatrix} a & b & a \\ b & a & a \\ a & a & b \end{pmatrix}$ besitzt u.a. den *Eigenwert* $\lambda_1 = 2a + b$. Wie lauten die übrigen Eigenwerte?

6) Berechnen Sie die *Eigenwerte* der jeweiligen Matrix $\mathbf{A}$ und daraus die *Spur* und die *Determinante* von $\mathbf{A}$:

a) $\mathbf{A} = \begin{pmatrix} 1 & 2 & -1 \\ 0 & -1 & 1 \\ 1 & -1 & 1 \end{pmatrix}$ b) $\mathbf{A} = \begin{pmatrix} 0 & 1 & 0 \\ 0 & 0 & 1 \\ -10 & 1 & 10 \end{pmatrix}$

c) $\mathbf{A} = \begin{pmatrix} 2 & 1 & 1 \\ 2 & 3 & 2 \\ 3 & 3 & 4 \end{pmatrix}$

7) Bestimmen Sie die drei *Eigenvektoren* der Matrix $\mathbf{A} = \begin{pmatrix} 7 & 2 & 0 \\ 2 & 6 & 2 \\ 0 & 2 & 5 \end{pmatrix}$ und zeigen Sie, daß die aus ihnen gebildete 3-reihige Matrix *orthogonal* ist.

8) Welche *Eigenwerte* besitzt die 4-reihige Matrix $\mathbf{A} = \begin{pmatrix} 2 & 0 & 1 & 2 \\ 0 & 2 & -2 & -4 \\ 0 & 0 & 0 & 1 \\ 0 & 0 & -1 & 0 \end{pmatrix}$?

9) Zeigen Sie, daß die Eigenvektoren der 3-reihigen Matrix $\mathbf{A} = \begin{pmatrix} -2 & 2 & -1 \\ 7 & 3 & -1 \\ -4 & -4 & -2 \end{pmatrix}$ *linear unabhängig* sind. Welchen Wert besitzen *Spur* und *Determinante* von $\mathbf{A}$?

10) Welche *Eigenwerte* besitzen die folgenden Matrizen? *Begründen* Sie das Ergebnis *ohne* Rechnung.

$$\mathbf{A} = \begin{pmatrix} 1 & 0 & 0 \\ 0 & 5 & 0 \\ 2 & 1 & 8 \end{pmatrix}, \quad \mathbf{B} = \begin{pmatrix} 4 & 0 & 0 & 0 \\ 0 & 5 & 0 & 0 \\ 0 & 0 & 0 & 0 \\ 0 & 0 & 0 & 1 \end{pmatrix}, \quad \mathbf{C} = \begin{pmatrix} 4 & -1 & 3 \\ 0 & -2 & 1 \\ 0 & 0 & 5 \end{pmatrix}$$

11) Die mathematische Behandlung einer 2-stufigen *chemischen Reaktion* vom Typ $X \rightarrow Y \rightarrow Z$ führt auf das folgende *Eigenwertproblem*:

$$\begin{vmatrix} (-k_1 - \lambda) & 0 & 0 \\ k_1 & (-k_2 - \lambda) & 0 \\ 0 & k_2 & -\lambda \end{vmatrix} = 0$$

Wie lauten die *Eigenwerte*?

12) Wie lauten die *Eigenwerte* und *Eigenvektoren* der folgenden 2-reihigen *symmetrischen* Matrizen?

a) $\mathbf{A} = \begin{pmatrix} 0 & 1 \\ 1 & 0 \end{pmatrix}$ b) $\mathbf{A} = \begin{pmatrix} 1 & 2 \\ 2 & -2 \end{pmatrix}$ c) $\mathbf{A} = \begin{pmatrix} -2 & -4 \\ -4 & 4 \end{pmatrix}$

13) Welche *Eigenwerte* besitzen die Matrizen $\mathbf{A} = \begin{pmatrix} \alpha & \beta \\ \beta & \alpha \end{pmatrix}$ und $\mathbf{B} = \begin{pmatrix} 1 & -0{,}5 \\ -0{,}5 & 1 \end{pmatrix}$?

14) Berechnen Sie die *Eigenwerte* der folgenden *schiefsymmetrischen* Matrix:

$$\mathbf{A} = \begin{pmatrix} 0 & -2 & 2 \\ 2 & 0 & -1 \\ -2 & 1 & 0 \end{pmatrix}.$$

15) Wie lauten die *Eigenwerte* und *Eigenvektoren* der folgenden 3-reihigen *symmetrischen* Matrizen?

a) $\mathbf{A} = \begin{pmatrix} 0 & 1 & 1 \\ 1 & 0 & 1 \\ 1 & 1 & 0 \end{pmatrix}$ b) $\mathbf{A} = \begin{pmatrix} 2 & 1 & 0 \\ 1 & 2 & 1 \\ 0 & 1 & 2 \end{pmatrix}$

16) Welche *Eigenwerte* besitzen die folgenden *symmetrischen* Matrizen?

$$\mathbf{A} = \begin{pmatrix} 2 & 1 & 1 \\ 1 & 2 & 1 \\ 1 & 1 & 2 \end{pmatrix}, \quad \mathbf{B} = \begin{pmatrix} 3 & -1 & 1 \\ -1 & 5 & -1 \\ 1 & -1 & 3 \end{pmatrix}, \quad \mathbf{C} = \begin{pmatrix} a & 1 & 0 \\ 1 & b & 1 \\ 0 & 1 & a \end{pmatrix}$$

17) Bestimmen Sie die *Eigenwerte* der folgenden *symmetrischen* Matrix:

$$\mathbf{A} = \begin{pmatrix} 3 & 1 & -1 & 1 \\ 1 & 3 & 1 & -1 \\ -1 & 1 & 3 & 1 \\ 1 & -1 & 1 & 3 \end{pmatrix}$$

18) Bestimmen Sie die *Eigenwerte* und *Eigenvektoren* der folgenden *hermiteschen* Matrix:

$$\mathbf{A} = \begin{pmatrix} 4 & 2\,\mathrm{j} \\ -2\,\mathrm{j} & 1 \end{pmatrix}.$$

II Fourier-Reihen

1 Fourier-Reihe einer periodischen Funktion

1.1 Einleitung

In einfachen Fällen läßt sich ein *zeitlich periodischer* Vorgang wie beispielsweise die Schwingung eines Federpendels oder eine Wechselspannung durch ein *Sinusgesetz* der allgemeinen Form

$$y(t) = A \cdot \sin(\omega t + \varphi) \quad \text{oder} \quad y(t) = A_1 \cdot \sin(\omega t) + A_2 \cdot \cos(\omega t) \qquad \text{(II-1)}$$

beschreiben. Wir sprechen dann von einer *harmonischen Schwingung* oder *Sinusschwingung* mit der Kreisfrequenz ω und der Schwingungsdauer $T = 2\pi/\omega$ (Bild II-1) [1]:

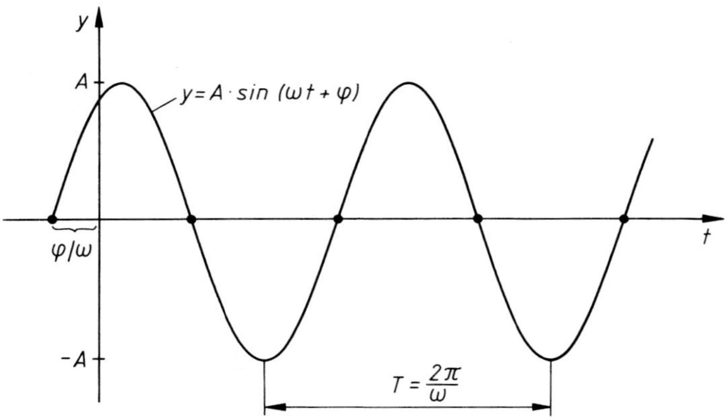

Bild II-1
Harmonische oder Sinusschwingung

In den naturwissenschaftlich-technischen Anwendungen (insbesondere in der Elektrotechnik) treten jedoch häufig auch zeitabhängige Vorgänge auf, die zwar *periodisch*, aber *nicht mehr sinusförmig* verlaufen. Wir nennen zwei einfache Beispiele:

— *Kippschwingung* (*Kippspannung*, auch *Sägezahnimpuls* genannt (Bild II-2))

— *Sinusimpuls* (Sinushalbwellen) eines Einweggleichrichters (Bild II-3)

[1] Die *harmonischen Schwingungen* wurden bereits in Band 1, Abschnitt III.9.5.1 ausführlich behandelt.

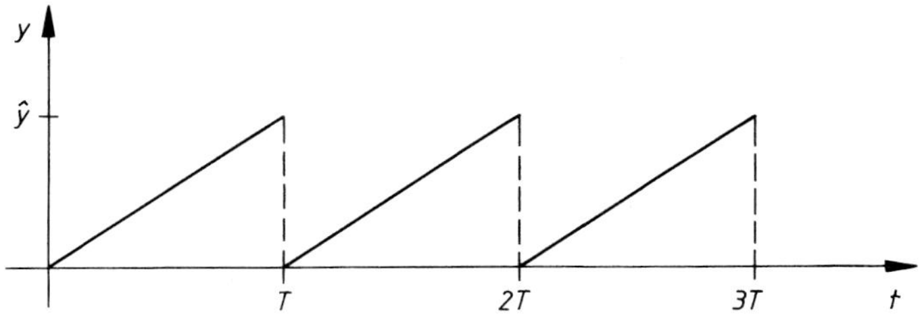

Bild II-2 Kippschwingung (Sägezahnimpuls)

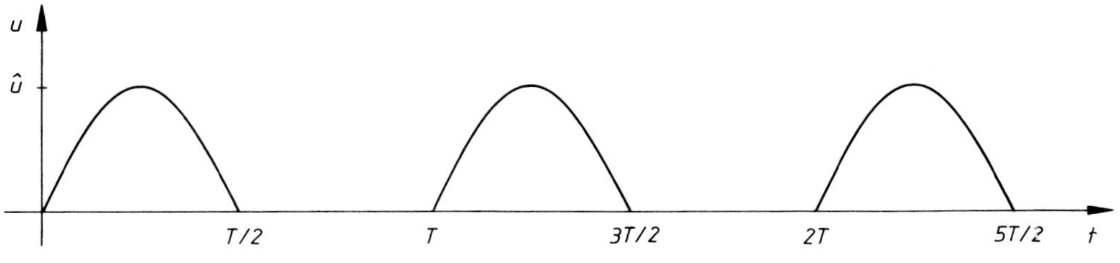

Bild II-3 Sinusimpuls eines Einweggleichrichters

Von *grundsätzlichem* Interesse ist daher die Frage, ob die Möglichkeit besteht, eine *nichtsinusförmige* Schwingung aus *harmonischen Einzelschwingungen* zusammenzusetzen. Wir werden später zeigen, daß es unter gewissen Voraussetzungen tatsächlich möglich ist, einen Schwingungsvorgang $y = y(t)$ mit der Schwingungs- oder Periodendauer T und der Kreisfrequenz $\omega_0 = 2\pi/T$ in eine unendliche Summe aus *sinus-* und *kosinusförmigen* Einzelschwingungen wie folgt zu „*entwickeln*":

$$y(t) = \frac{a_0}{2} + \sum_{n=1}^{\infty} [a_n \cdot \cos(n\omega_0 t) + b_n \cdot \sin(n\omega_0 t)] =$$

$$= \frac{a_0}{2} + a_1 \cdot \cos(\omega_0 t) + a_2 \cdot \cos(2\omega_0 t) + a_3 \cdot \cos(3\omega_0 t) + \ldots$$

$$\ldots + b_1 \cdot \sin(\omega_0 t) + b_2 \cdot \sin(2\omega_0 t) + b_3 \cdot \sin(3\omega_0 t) + \ldots \qquad \text{(II-2)}$$

Diese Darstellung in Form einer unendlichen *trigonometrischen Reihe* [2] heißt *Fourier-Reihe*, die Entwicklung selbst wird als *harmonische* oder *Fourier-Analyse* bezeichnet. In dieser Darstellung erscheint die Gesamtschwingung $y = y(t)$ als *ungestörte Überlagerung* unendlich vieler *harmonischer Teilschwingungen* mit den Kreisfrequenzen $\omega_0, 2\omega_0, 3\omega_0, \ldots$. Die Kreisfrequenzen der einzelnen Schwingungskomponenten sind somit stets *ganzzahlige* Vielfache von ω_0, der sog. *Grundkreisfrequenz*. Die Teilschwingung mit der *kleinsten* Kreisfrequenz (ω_0) heißt *Grundschwingung*, alle übrigen Teilschwingungen werden als *Oberschwingungen* bezeichnet.

---

[2] Die „Zerlegung" (II-2) enthält noch den *zeitunabhängigen* Bestandteil $a_0/2$.

Vom *physikalischen* Standpunkt aus bedeutet die Darstellung einer nicht-sinusförmigen Schwingung $y = y(t)$ durch ihre Fourier-Reihe eine *Zerlegung* der Schwingung in ihre *harmonischen Schwingungskomponenten.* Sie wird daher in den Anwendungen auch als *Fourier-Zerlegung* bezeichnet. Die „Entwicklungskoeffizienten" $a_0, a_1, a_2, a_3, \ldots,$ $b_1, b_2, b_3, \ldots$ heißen *Fourierkoeffizienten.*

1.2 Entwicklung einer periodischen Funktion in eine Fourier-Reihe

Bei den weiteren Überlegungen gehen wir zunächst von einer nicht-sinusförmigen periodischen Funktion $f(x)$ mit der Periode $p = 2\pi$ aus (Bild II-4).

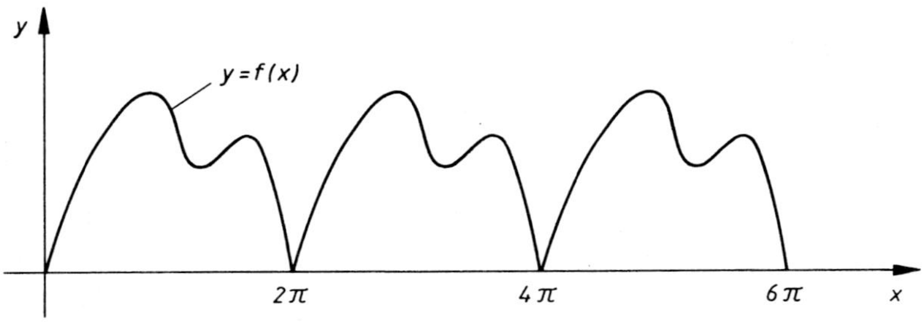

Bild II-4 Schaubild einer nicht-sinusförmigen periodischen Funktion (Periode: $p = 2\pi$)

Sie kann unter gewissen Voraussetzungen, auf die wir später noch eingehen werden, in eine unendliche *trigonometrische Reihe* der Form

$$f(x) = \frac{a_0}{2} + \sum_{n=1}^{\infty} [a_n \cdot \cos(nx) + b_n \cdot \sin(nx)] =$$

$$= \frac{a_0}{2} + a_1 \cdot \cos x + a_2 \cdot \cos(2x) + a_3 \cdot \cos(3x) + \ldots$$

$$\ldots + b_1 \cdot \sin x + b_2 \cdot \sin(2x) + b_3 \cdot \sin(3x) + \ldots \qquad \text{(II-3)}$$

entwickelt werden. Diese Art der Darstellung heißt *Fourier-Reihe* von $f(x)$. Sie enthält neben den Sinus- und Kosinusfunktionen mit den „*Kreisfrequenzen*" 1, 2, 3, ... noch ein *konstantes* Glied $a_0/2$. Die Konstanten $a_0, a_1, a_2, a_3, \ldots, b_1, b_2, b_3, \ldots$ der Entwicklung (II-3) sind die *Fourierkoeffizienten*, mit deren Bestimmung wir uns jetzt beschäftigen werden.

Bestimmung der Fourierkoeffizienten

Für die Bestimmung der Fourierkoeffizienten werden einige Integrale benötigt, die wir in der folgenden Tabelle 1 zusammengestellt haben.

Tabelle 1: Integrale, die für die Berechnung der Fourierkoeffizienten benötigt werden ($m, n \in \mathbb{N}$)

$\int\limits_0^{2\pi} \cos(nx)\,dx = \frac{1}{n}\Big[\sin(nx)\Big]_0^{2\pi} = 0$
$\int\limits_0^{2\pi} \sin(nx)\,dx = -\frac{1}{n}\Big[\cos(nx)\Big]_0^{2\pi} = 0$
$\int\limits_0^{2\pi} \cos(nx)\cdot\cos(mx)\,dx = \begin{cases} \left[\frac{\sin(n-m)x}{2(n-m)} + \frac{\sin(n+m)x}{2(n+m)}\right]_0^{2\pi} = 0 & (n \neq m) \\ \left[\frac{1}{2}x + \frac{1}{4n}\cdot\sin(2nx)\right]_0^{2\pi} = \pi & (n = m) \end{cases}$
$\int\limits_0^{2\pi} \sin(nx)\cdot\cos(mx)\,dx = \begin{cases} -\left[\frac{\cos(n-m)x}{2(n-m)} + \frac{\cos(n+m)x}{2(n+m)}\right]_0^{2\pi} = 0 & (n \neq m) \\ \frac{1}{2n}\Big[\sin^2(nx)\Big]_0^{2\pi} = 0 & (n = m) \end{cases}$
$\int\limits_0^{2\pi} \sin(nx)\cdot\sin(mx)\,dx = \begin{cases} \left[\frac{\sin(n-m)x}{2(n-m)} - \frac{\sin(n+m)x}{2(n+m)}\right]_0^{2\pi} = 0 & (n \neq m) \\ \left[\frac{1}{2}x - \frac{1}{4n}\cdot\sin(2nx)\right]_0^{2\pi} = \pi & (n = m) \end{cases}$

(1) Bestimmung des Fourierkoeffizienten a_0

Wir integrieren die Fourier-Reihe (II-3) *gliedweise* im Periodenintervall $(0, 2\pi)$:

$$\int_0^{2\pi} f(x)\,dx = \frac{a_0}{2} \cdot \int_0^{2\pi} dx + \sum_{n=1}^{\infty} \left[a_n \cdot \int_0^{2\pi} \cos(nx)\,dx + b_n \cdot \int_0^{2\pi} \sin(nx)\,dx \right] \qquad \text{(II-4)}$$

Für die einzelnen Integrale gilt dann unter Verwendung von Tabelle 1:

$$\int_0^{2\pi} dx = 2\pi, \quad \int_0^{2\pi} \cos(nx)\,dx = 0, \quad \int_0^{2\pi} \sin(nx)\,dx = 0 \qquad \text{(II-5)}$$

Gleichung (II-4) reduziert sich daher auf

$$\int_0^{2\pi} f(x)\,dx = a_0\,\pi \qquad \text{(II-6)}$$

Wir erhalten damit für den Fourierkoeffizienten a_0 die Integralformel

$$a_0 = \frac{1}{\pi} \cdot \int_0^{2\pi} f(x)\,dx \qquad \text{(II-7)}$$

(2) Bestimmung der Fourierkoeffizienten a_n $(n = 1, 2, 3, \ldots)$

Wir multiplizieren die Fourier-Reihe (II-3) zunächst mit $\cos(mx)$ $(m \in \mathbb{N})$ und integrieren anschließend wiederum über das Periodenintervall $(0, 2\pi)$:

$$\int_0^{2\pi} f(x) \cdot \cos(mx)\,dx = \frac{a_0}{2} \cdot \int_0^{2\pi} \cos(mx)\,dx +$$

$$+ \sum_{n=1}^{\infty} \left[a_n \cdot \int_0^{2\pi} \cos(nx) \cdot \cos(mx)\,dx + b_n \cdot \int_0^{2\pi} \sin(nx) \cdot \cos(mx)\,dx \right] \qquad \text{(II-8)}$$

Die anfallenden Integrale berechnen sich nach Tabelle 1 wie folgt:

$$\int_0^{2\pi} \cos(mx)\,dx = 0 \qquad \text{(II-9)}$$

Für $m \neq n$:

$$\int_0^{2\pi} \cos(nx) \cdot \cos(mx)\,dx = 0, \quad \int_0^{2\pi} \sin(nx) \cdot \cos(mx)\,dx = 0 \tag{II-10}$$

Für $n = m$:

$$\int_0^{2\pi} \cos(nx) \cdot \cos(mx)\,dx = \int_0^{2\pi} \cos^2(nx)\,dx = \pi \tag{II-11}$$

$$\int_0^{2\pi} \sin(nx) \cdot \cos(mx)\,dx = \int_0^{2\pi} \sin(nx) \cdot \cos(nx)\,dx = 0 \tag{II-12}$$

Daher ist

$$\int_0^{2\pi} f(x) \cdot \cos(mx)\,dx = \int_0^{2\pi} f(x) \cdot \cos(nx)\,dx = a_n \pi \tag{II-13}$$

und somit

$$a_n = \frac{1}{\pi} \cdot \int_0^{2\pi} f(x) \cdot \cos(nx)\,dx \tag{II-14}$$

(3) Bestimmung der Fourierkoeffizienten b_n ($n = 1, 2, 3, \ldots$)

Die Fourier-Reihe (II-3) wird jetzt zunächst mit $\sin(mx)$ ($m \in \mathbb{N}$) multipliziert und anschließend in den Grenzen von $x = 0$ bis $x = 2\pi$ integriert:

$$\int_0^{2\pi} f(x) \cdot \sin(mx)\,dx = \frac{a_0}{2} \cdot \int_0^{2\pi} \sin(mx)\,dx +$$

$$+ \sum_{n=1}^{\infty} \left[a_n \cdot \int_0^{2\pi} \cos(nx) \cdot \sin(mx)\,dx + b_n \cdot \int_0^{2\pi} \sin(nx) \cdot \sin(mx)\,dx \right] \tag{II-15}$$

Die anfallenden Integrale werden wiederum nach Tabelle 1 berechnet:

$$\int_0^{2\pi} \sin(mx)\,dx = 0 \tag{II-16}$$

Für $m \neq n$:

$$\int_0^{2\pi} \cos(nx) \cdot \sin(mx)\,dx = 0, \quad \int_0^{2\pi} \sin(nx) \cdot \sin(mx)\,dx = 0 \tag{II-17}$$

Für $m = n$:

$$\int_0^{2\pi} \cos(nx) \cdot \sin(mx)\,dx = \int_0^{2\pi} \cos(nx) \cdot \sin(nx)\,dx = 0 \tag{II-18}$$

$$\int_0^{2\pi} \sin(nx) \cdot \sin(mx)\,dx = \int_0^{2\pi} \sin^2(nx)\,dx = \pi \tag{II-19}$$

Aus Gleichung (II-15) folgt somit

$$\int_0^{2\pi} f(x) \cdot \sin(mx)\,dx = \int_0^{2\pi} f(x) \cdot \sin(nx)\,dx = b_n \pi \tag{II-20}$$

und hieraus schließlich

$$b_n = \frac{1}{\pi} \cdot \int_0^{2\pi} f(x) \cdot \sin(nx)\,dx \tag{II-21}$$

Die Fourierkoeffizienten $a_0, a_1, a_2, a_3, \ldots, b_1, b_2, b_3, \ldots$ lassen sich demnach aus den Integralformeln (II-7), (II-14) und (II-21) berechnen.

Wir fassen die Ergebnisse wie folgt zusammen:

Fourier-Reihe einer periodischen Funktion

Eine *periodische* Funktion $f(x)$ mit der Periode $p = 2\pi$ läßt sich unter bestimmten Voraussetzungen in eine unendliche *trigonometrische Reihe* der Form

$$f(x) = \frac{a_0}{2} + \sum_{n=1}^{\infty} [a_n \cdot \cos(nx) + b_n \cdot \sin(nx)] \tag{II-22}$$

entwickeln (sog. *Fourier-Reihe* von $f(x)$). Die Berechnung der *Fourierkoeffizienten* $a_0, a_1, a_2, a_3, \ldots, b_1, b_2, b_3, \ldots$ erfolgt dabei aus den Integralformeln

$$a_0 = \frac{1}{\pi} \cdot \int_0^{2\pi} f(x)\, dx$$

$$\left.\begin{aligned} a_n &= \frac{1}{\pi} \cdot \int_0^{2\pi} f(x) \cdot \cos(nx)\, dx \\ b_n &= \frac{1}{\pi} \cdot \int_0^{2\pi} f(x) \cdot \sin(nx)\, dx \end{aligned}\right\} \quad (n \in \mathbb{N}) \tag{II-23}$$

Anmerkungen

(1) Die Entwicklung einer periodischen Funktion $f(x)$ in eine *Fourier-Reihe* ist unter den folgenden Voraussetzungen möglich (sog. *Dirichletsche Bedingungen*):

1. Das Periodenintervall läßt sich in *endlich* viele Teilintervalle zerlegen, in denen $f(x)$ *stetig* und *monoton* ist.
2. In den *Unstetigkeitsstellen* (es kommen nur Sprungunstetigkeiten mit endlichen Sprüngen in Frage) existiert sowohl der links- als auch der rechtsseitige Grenzwert.

Unter diesen Voraussetzungen konvergiert die Fourier-Reihe von $f(x)$ für *alle* $x \in \mathbb{R}$. In den *Stetigkeitsstellen* von $f(x)$ stimmt sie mit der Funktion $f(x)$ überein, während sie in den *Sprungstellen* das *arithmetische Mittel* aus dem links- und rechtsseitigen Grenzwert der Funktion liefert. So besitzt beispielsweise die Fourier-Reihe der in Bild II-5 skizzierten *Kippschwingung* in den Unstetigkeitsstellen (Sprungstellen) $x_k = k \cdot 2\pi$ $(k = 0, \pm 1, \pm 2, \ldots)$ den Funktionswert $(4 + 0)/2 = 2$.

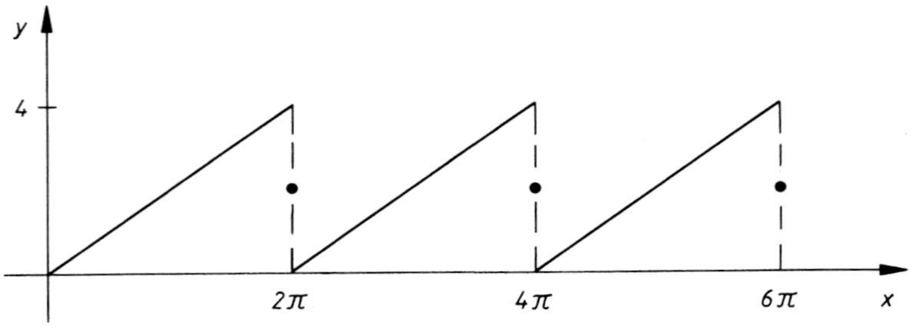

Bild II-5 „Kippschwingung“ mit den Sprungstellen $x_k = k \cdot 2\pi$ $(k = 0, \pm 1, \pm 2, \ldots)$

(2) *Symmetriebetrachtungen*

Die Fourier-Reihe einer *geraden* Funktion $f(x)$ enthält nur *gerade* Reihenglieder, d.h. neben dem *konstanten* Glied nur *Kosinusglieder* ($b_n = 0$ für $n = 1, 2, 3, \ldots$):

$$f(x) = \frac{a_0}{2} + \sum_{n=1}^{\infty} a_n \cdot \cos(nx) \tag{II-24}$$

Die Fourier-Reihe einer *ungeraden* Funktion $f(x)$ enthält dagegen nur *ungerade* Reihenglieder, d.h. *Sinusglieder* ($a_n = 0$ für $n = 0, 1, 2, \ldots$):

$$f(x) = \sum_{n=1}^{\infty} b_n \cdot \sin(nx) \tag{II-25}$$

(3) Die Integration darf über ein *beliebiges* Periodenintervall der Länge 2π erstreckt werden (beispielsweise auch über das Intervall $(-\pi, \pi)$).

(4) Durch *Abbruch* der Fourier-Reihe (II-22) nach *endlich* vielen Gliedern erhält man eine Näherungsfunktion für $f(x)$ in Form einer *trigonometrischen Reihe*. Ähnlich wie bei den Potenzreihen gilt auch hier: Je *mehr* Glieder berücksichtigt werden, um so *„besser“* ist die Näherung (vgl. hierzu das nachfolgende Beispiel).

(5) Die Fourier-Entwicklung ist keineswegs auf periodische Funktionen mit der Periode 2π beschränkt. Sie läßt sich auch auf periodische Funktionen mit *beliebiger* Periode p ausdehnen. Diesen *allgemeinen* Fall behandeln wir im folgenden Abschnitt im Zusammenhang mit der Zerlegung einer nicht-sinusförmigen Schwingung in ihre harmonischen Schwingungskomponenten. Der *allgemeine* Fall kann jedoch stets (mit Hilfe einer geeigneten Substitution) auf den hier dargestellten *speziellen* Fall der Fourier-Entwicklung einer Funktion mit der Periode 2π zurückgeführt werden.

■ **Beispiel**

Wir entwickeln die in Bild II-6 dargestellte *Rechteckskurve* mit der Funktionsgleichung

$$f(x) = \begin{cases} 1 & \text{für} \quad 0 \leqslant x \leqslant \pi \\ -1 & \phantom{\text{für}} \quad \pi < x < 2\pi \end{cases}$$

und der Periode $p = 2\pi$ in eine Fourier-Reihe.

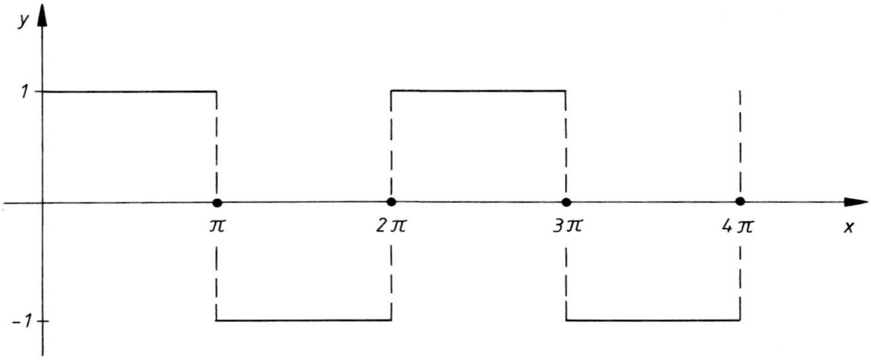

Bild II-6 Rechteckskurve (Rechtecksimpuls)

Da $f(x)$ eine *ungerade* Funktion ist, reduziert sich ihre Entwicklung auf

$$f(x) = \sum_{n=1}^{\infty} b_n \cdot \sin(nx)$$

($a_n = 0$ für $n = 0, 1, 2, \ldots$). Die Berechnung der Fourierkoeffizienten b_n ($n \in \mathbb{N}$) geschieht nach der Formel (II-23):

$$b_n = \frac{1}{\pi} \cdot \int_0^{2\pi} f(x) \cdot \sin(nx)\,dx = \frac{1}{\pi}\left[\int_0^{\pi} 1 \cdot \sin(nx)\,dx + \int_{\pi}^{2\pi} (-1) \cdot \sin(nx)\,dx\right] =$$

$$= \frac{1}{\pi} \cdot \int_0^{\pi} \sin(nx)\,dx - \frac{1}{\pi} \cdot \int_{\pi}^{2\pi} \sin(nx)\,dx =$$

$$= \frac{1}{\pi}\left[-\frac{1}{n} \cdot \cos(nx)\right]_0^{\pi} - \frac{1}{\pi}\left[-\frac{1}{n} \cdot \cos(nx)\right]_{\pi}^{2\pi} =$$

$$= \frac{1}{n\pi}\left[-\cos(n\pi) + \cos 0\right] + \frac{1}{n\pi}\left[\cos(n\,2\pi) - \cos(n\pi)\right] =$$

$$= \frac{1}{n\pi}\left[\cos(n\,2\pi) + \cos 0 - 2 \cdot \cos(n\pi)\right]$$

Dabei ist

$$\cos(n\,2\,\pi) = \cos 0 = 1$$

und

$$\cos(n\,\pi) = \begin{cases} 1 & \text{für} \quad n = \text{gerade, d.h. } n = 2, 4, 6, \ldots \\ -1 & \phantom{\text{für}} \quad n = \text{ungerade, d.h. } n = 1, 3, 5, \ldots \end{cases}$$

Die Fourierkoeffizienten *verschwinden* daher für *gerades* n, d.h. für $n = 2\,k$ ($k \in \mathbb{N}$):

$$b_{2k} = \frac{1}{2\,k\,\pi}\,(1 + 1 - 2) = 0$$

Für *ungerades* n, d.h. für $n = 2\,k - 1$ ($k \in \mathbb{N}$) besitzen die Fourierkoeffizienten dagegen den Wert

$$b_{2k-1} = \frac{1}{(2\,k - 1)\,\pi}\,(1 + 1 + 2) = \frac{4}{(2\,k - 1)\,\pi} = \frac{4}{\pi} \cdot \frac{1}{2\,k - 1}$$

Die *Fourier-Reihe* der *Rechteckskurve* besitzt damit die Gestalt

$$f(x) = \frac{4}{\pi}\left[\sin x + \frac{1}{3} \cdot \sin(3\,x) + \frac{1}{5} \cdot \sin(5\,x) + \ldots\right] =$$

$$= \sum_{k=1}^{\infty} \frac{4}{(2\,k - 1)\,\pi} \cdot \sin(2\,k - 1)\,x = \frac{4}{\pi} \cdot \sum_{k=1}^{\infty} \frac{\sin(2\,k - 1)\,x}{2\,k - 1}$$

Durch *Abbruch* dieser Reihe nach dem 1., 2. bzw. 3. Glied erhalten wir die folgenden *Näherungsfunktionen*:

1. Näherung: $f_1(x) = \frac{4}{\pi} \cdot \sin x$

2. Näherung: $f_2(x) = \frac{4}{\pi}\left[\sin x + \frac{1}{3} \cdot \sin(3\,x)\right]$

3. Näherung: $f_3(x) = \frac{4}{\pi}\left[\sin x + \frac{1}{3} \cdot \sin(3\,x) + \frac{1}{5} \cdot \sin(5\,x)\right]$

Bild II-7, a) bis c) zeigt den Verlauf dieser Näherungskurven im direkten Vergleich mit der Rechteckskurve. Die Approximation wird dabei mit zunehmender Anzahl der Glieder immer besser.

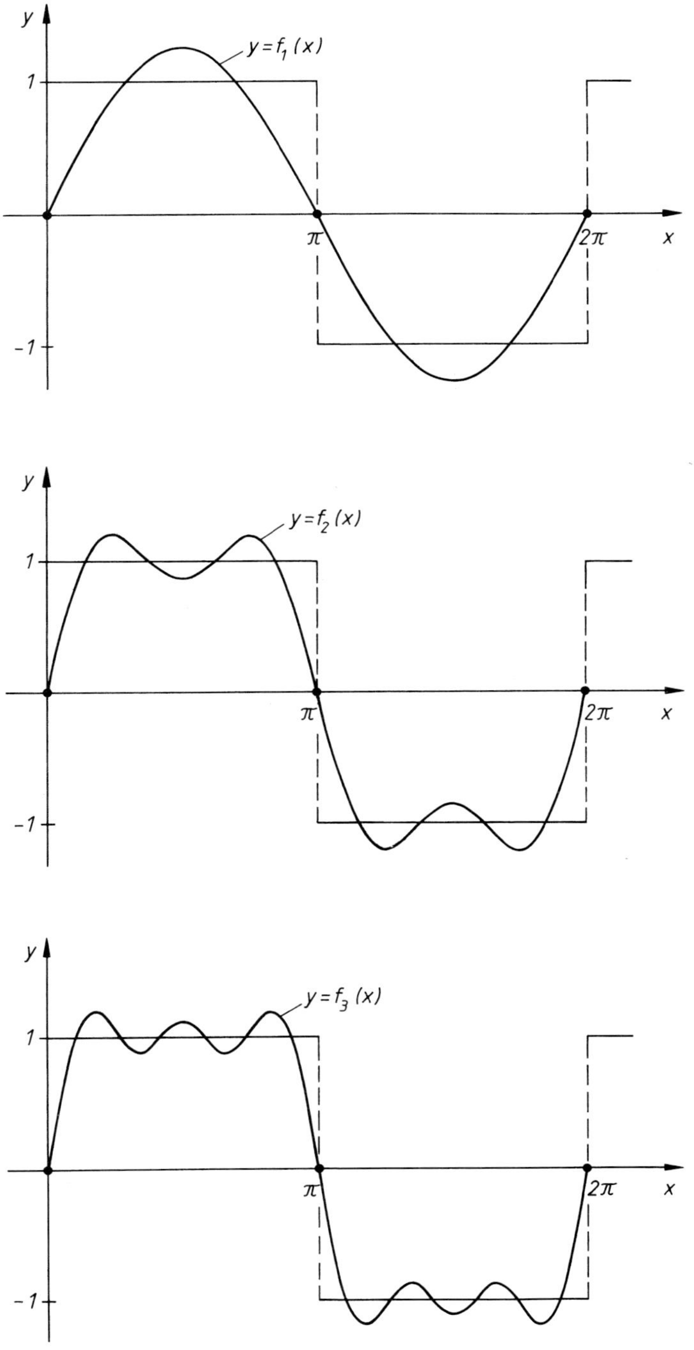

a) 1. Näherung

b) 2. Näherung

c) 3. Näherung

Bild II-7 Näherungsfunktionen der Rechteckskurve

In Bild II-8 sind die Rechteckskurve und ihre ersten drei Näherungskurven skizziert.

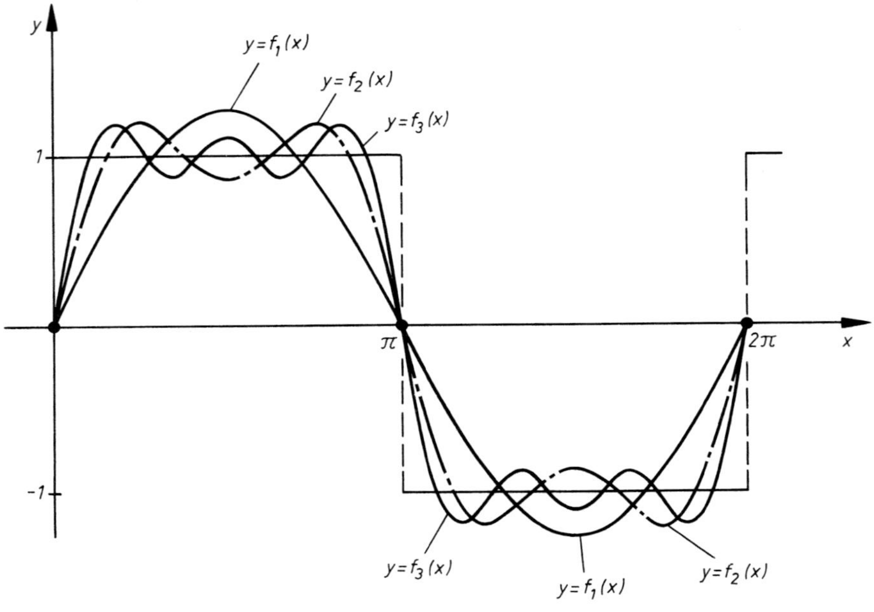

Bild II-8

Rechteckskurve im direkten Vergleich mit ihren ersten drei Näherungsfunktionen

■

2 Anwendungen

2.1 Fourier-Zerlegung einer Schwingung (harmonische Analyse)

Wir betrachten einen *nicht-sinusförmigen* Schwingungsvorgang $y = y(t)$ mit der Schwingungsdauer T und der Kreisfrequenz $\omega_0 = 2\pi/T$ (Bild II-9):

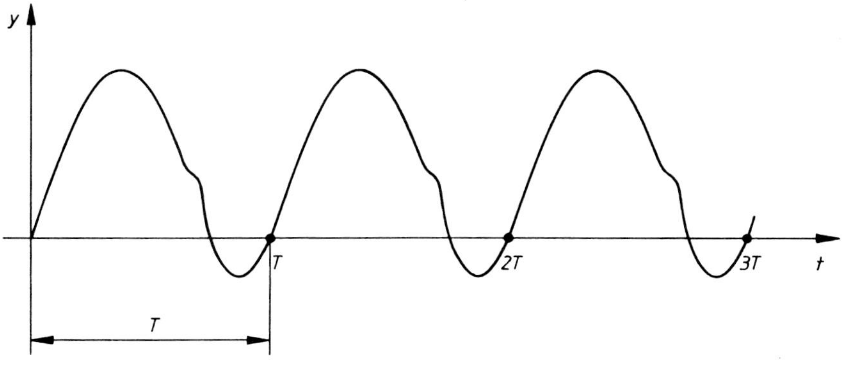

Bild II-9 Nicht-sinusförmiger Schwingungsvorgang

Die *zeitabhängige periodische* Funktion $y(t)$ läßt sich dann unter den bekannten Voraussetzungen [3] in eine *Fourier-Reihe* vom Typ

$$y(t) = \frac{a_0}{2} + \sum_{n=1}^{\infty} [a_n \cdot \cos(n\omega_0 t) + b_n \cdot \sin(n\omega_0 t)] =$$

$$= \frac{a_0}{2} + a_1 \cdot \cos(\omega_0 t) + a_2 \cdot \cos(2\omega_0 t) + a_3 \cdot \cos(3\omega_0 t) + \ldots$$

$$\ldots + b_1 \cdot \sin(\omega_0 t) + b_2 \cdot \sin(2\omega_0 t) + b_3 \cdot \sin(3\omega_0 t) + \ldots \qquad \text{(II-26)}$$

entwickeln. Diese Entwicklung in unendlich viele *Sinus-* und *Kosinusfunktionen* bedeutet aus physikalischer Sicht eine *Zerlegung* der Schwingung $y(t)$ in ihre *harmonischen Bestandteile*, auch Schwingungskomponenten genannt. Sie bestehen aus der *Grundschwingung* mit der Grundkreisfrequenz ω_0 und den *harmonischen Oberschwingungen*, deren Kreisfrequenzen *ganzzahlige* Vielfache der Grundkreisfrequenz sind: $2\omega_0$, $3\omega_0$, $4\omega_0, \ldots$. Bringen wir umgekehrt Grundschwingung und Oberschwingungen zur *ungestörten Überlagerung*, so erhalten wir als *Resultierende* genau die Schwingung $y = y(t)$ (*Superpositionsprinzip* der Physik).

---

[3] $y(t)$ muß im Periodenintervall die *Dirichletschen* Bedingungen erfüllen.

Die Fourierkoeffizienten $a_0, a_1, a_2, a_3, \ldots, b_1, b_2, b_3, \ldots$ bestimmen dabei die *Amplituden* der harmonischen Teilschwingungen und somit letztlich deren *Anteile* an der Gesamtschwingung.

Die als *harmonische Analyse* oder auch *Fourier-Analyse* bezeichnete *Zerlegung* einer nicht-sinusförmigen Schwingung $y = y(t)$ in *Grundschwingung* und *harmonische Oberschwingungen* läuft somit auf die Bestimmung der Fourierkoeffizienten in der Entwicklung (II-26) hinaus. Sie können mit Hilfe der folgenden Integralformeln berechnet werden:

Fourier-Zerlegung einer nicht-sinusförmigen Schwingung

Ein *nicht-sinusförmiger* Schwingungsvorgang $y = y(t)$ mit der Kreisfrequenz ω_0 und der Schwingungsdauer (Periodendauer) $T = 2\pi/\omega_0$ kann wie folgt nach *Fourier* in seine harmonischen Bestandteile (*Grundschwingung* und *Oberschwingungen*) zerlegt werden:

$$y(t) = \frac{a_0}{2} + \sum_{n=1}^{\infty} [a_n \cdot \cos(n\omega_0 t) + b_n \cdot \sin(n\omega_0 t)] \qquad \text{(II-27)}$$

Dabei bedeuten:

ω_0: Kreisfrequenz der *Grundschwingung*

$n\omega_0$: Kreisfrequenzen der *harmonischen Oberschwingungen* ($n = 2, 3, 4, \ldots$)

Die Fourierkoeffizienten dieser Zerlegung werden dabei aus den Integralformeln

$$a_0 = \frac{2}{T} \cdot \int_{(T)} y(t)\,dt$$

$$\left.\begin{aligned} a_n &= \frac{2}{T} \cdot \int_{(T)} y(t) \cdot \cos(n\omega_0 t)\,dt \\ b_n &= \frac{2}{T} \cdot \int_{(T)} y(t) \cdot \sin(n\omega_0 t)\,dt \end{aligned}\right\} \quad n \in \mathbb{N} \qquad \text{(II-28)}$$

berechnet.

Anmerkung

Das Symbol (T) unter dem Integralzeichen bedeutet, daß die Integration über ein (beliebiges) *Periodenintervall* der Länge T zu erstrecken ist.

Ein Beispiel folgt in Abschnitt 2.3.

2.2 Zusammenstellung wichtiger Fourier-Reihen

In Tabelle 2 haben wir die Fourier-Reihen einiger in den Anwendungen besonders wichtiger periodischer Funktionen (Impulse) mit der Perioden- oder Schwingungsdauer T zusammengestellt.

Tabelle 2: Fourier-Reihen einiger besonders wichtiger periodischer Funktionen (T: Periodendauer)

(1) Rechteckskurve

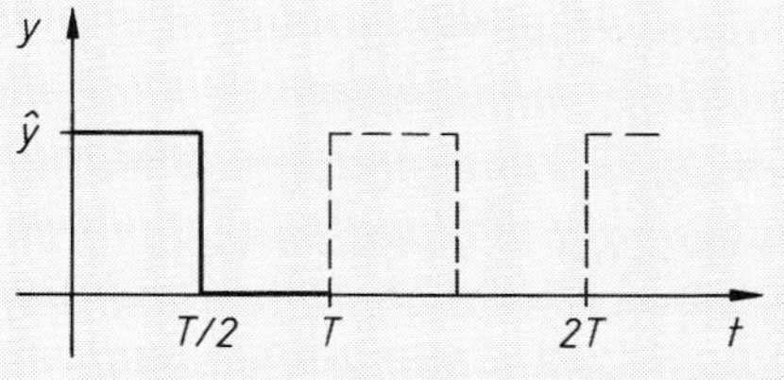

$$y(t) = \begin{cases} \hat{y} & \text{für } 0 \leqslant t \leqslant \frac{T}{2} \\ 0 & \text{für } \frac{T}{2} < t < T \end{cases}$$

$$y(t) = \frac{\hat{y}}{2} + \frac{2\hat{y}}{\pi}\left[\sin(\omega_0 t) + \frac{1}{3} \cdot \sin(3\omega_0 t) + \frac{1}{5} \cdot \sin(5\omega_0 t) + \ldots\right]$$

(2) Dreieckskurve

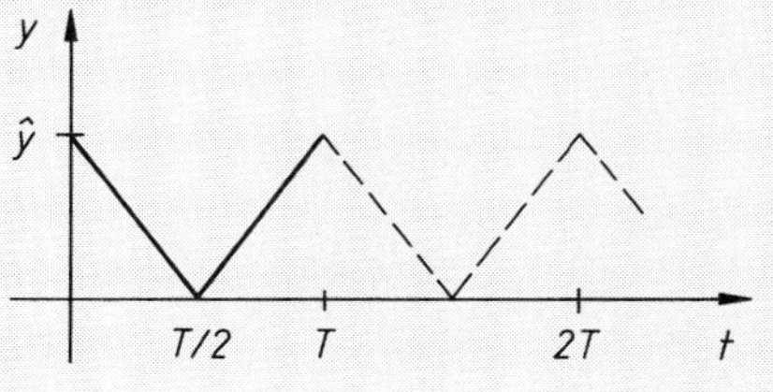

$$y(t) = \begin{cases} -\frac{2\hat{y}}{T}t + \hat{y} & \text{für } 0 \leqslant t \leqslant \frac{T}{2} \\ \frac{2\hat{y}}{T}t - \hat{y} & \text{für } \frac{T}{2} \leqslant t \leqslant T \end{cases}$$

$$y(t) = \frac{\hat{y}}{2} + \frac{4\hat{y}}{\pi^2}\left[\frac{1}{1^2} \cdot \cos(\omega_0 t) + \frac{1}{3^2} \cdot \cos(3\omega_0 t) + \frac{1}{5^2} \cdot \cos(5\omega_0 t) + \ldots\right]$$

(3) Kippschwingung (Sägezahnimpuls)

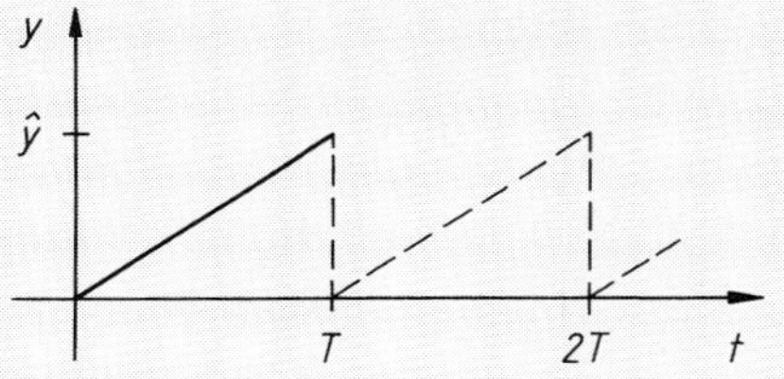

$$y(t) = \frac{\hat{y}}{T}t \qquad (0 \leqslant t < T)$$

$$y(t) = \frac{\hat{y}}{2} - \frac{\hat{y}}{\pi}\left[\sin(\omega_0 t) + \frac{1}{2} \cdot \sin(2\omega_0 t) + \frac{1}{3} \cdot \sin(3\omega_0 t) + \ldots\right]$$

Tabelle 2 (Fortsetzung)

(4) Sinusimpuls (Einweggleichrichtung)

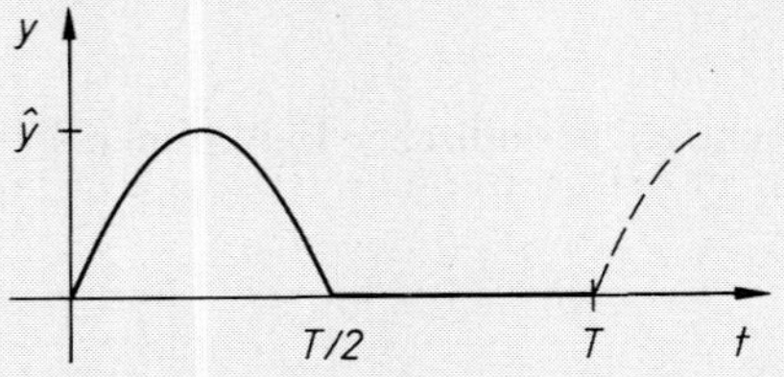

$$y(t) = \begin{cases} \hat{y} \cdot \sin(\omega_0 t) & 0 \leqslant t \leqslant \frac{T}{2} \\ & \text{für} \\ 0 & \frac{T}{2} \leqslant t \leqslant T \end{cases}$$

$$y(t) = \frac{\hat{y}}{\pi} + \frac{\hat{y}}{2} \cdot \sin(\omega_0 t) - \\ - \frac{2\hat{y}}{\pi} \left[\frac{1}{1 \cdot 3} \cdot \cos(2\omega_0 t) + \frac{1}{3 \cdot 5} \cdot \cos(4\omega_0 t) + \frac{1}{5 \cdot 7} \cdot \cos(6\omega_0 t) + \ldots \right]$$

(5) Sinusimpuls (Zweiweggleichrichtung)

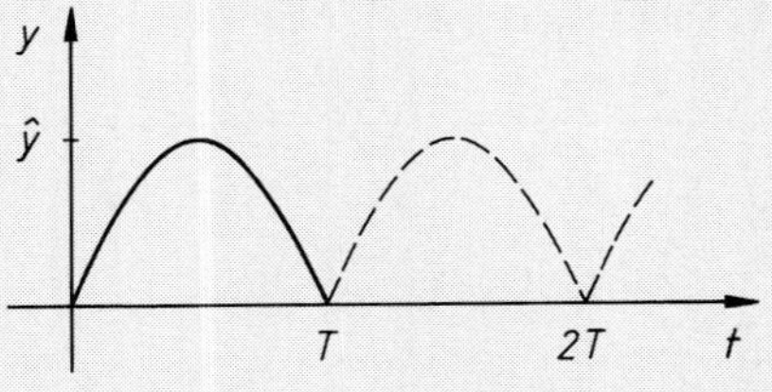

$$y(t) = \hat{y}\ |\sin(\omega_0 t)| \qquad (0 \leqslant t \leqslant T)$$

$$y(t) = \frac{2\hat{y}}{\pi} - \frac{4\hat{y}}{\pi} \left[\frac{1}{1 \cdot 3} \cdot \cos(2\omega_0 t) + \frac{1}{3 \cdot 5} \cdot \cos(4\omega_0 t) + \frac{1}{5 \cdot 7} \cdot \cos(6\omega_0 t) + \ldots \right]$$

2.3 Ein Anwendungsbeispiel: Fourier-Zerlegung einer Kippspannung

Wir betrachten den in Bild II-10 dargestellten zeitlichen Verlauf einer *Kippspannung* mit der Schwingungsdauer T:

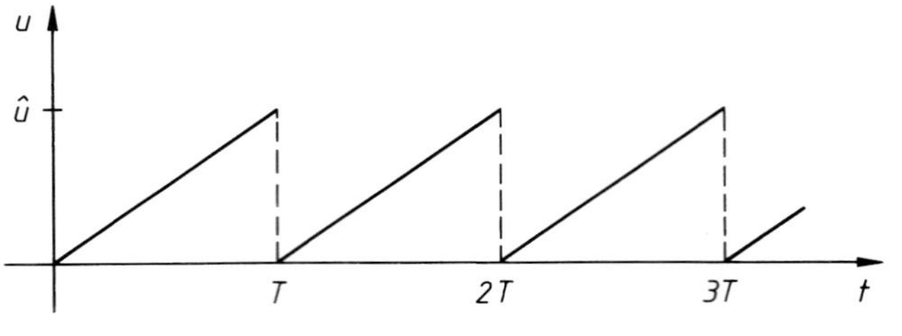

Bild II-10
Zeitlicher Verlauf einer Kippspannung (Sägezahnimpuls)

Dieser *sägezahnförmige* Impuls wird im Periodenintervall $[0, T)$ durch die Funktionsgleichung

$$u(t) = \frac{\hat{u}}{T}\, t \qquad (0 \leqslant t < T) \tag{II-29}$$

beschrieben. Seine *Fourier-Zerlegung* in Grundschwingung und Oberschwingungen erfordert die Berechnung der Fourierkoeffizienten in der Darstellung (II-27). Die dabei auftretenden Integrale haben wir der Integraltafel der Formelsammlung entnommen und stellen sie der Rechnung voran[4]:

Integraltyp (A)

Bei der Integralberechnung werden folgende Beziehungen berücksichtigt:

$$\omega_0 T = 2\pi, \qquad \sin(n\, 2\pi) = 0, \qquad \cos(n\, 2\pi) = 1 \qquad (n \in \mathbb{N}) \tag{II-30}$$

$$\underbrace{\int_0^T t \cdot \cos(n\,\omega_0\, t)\, dt}_{\text{Integral Nr. 232}} = \left[\frac{\cos(n\,\omega_0\, t)}{n^2\,\omega_0^2} + \frac{t \cdot \sin(n\,\omega_0\, t)}{n\,\omega_0} \right]_0^T =$$

$$= \frac{\cos(n\,\omega_0\, T)}{n^2\,\omega_0^2} + \frac{T \cdot \sin(n\,\omega_0\, T)}{n\,\omega_0} - \frac{1}{n^2\,\omega_0^2} =$$

$$= \frac{\cos(n\, 2\pi)}{n^2\,\omega_0^2} + \frac{T \cdot \sin(n\, 2\pi)}{n\,\omega_0} - \frac{1}{n^2\,\omega_0^2} =$$

$$= \frac{1}{n^2\,\omega_0^2} - \frac{1}{n^2\,\omega_0^2} = 0 \tag{II-31}$$

Also:

$$\text{(A):} \quad \int_0^T t \cdot \cos(n\,\omega_0\, t)\, dt = 0 \tag{II-32}$$

[4] Die Integrale lassen sich leicht durch „*Partielle Integration*" lösen (vgl. hierzu Band 1, Abschnitt V.8.2).

Integraltyp (B)

Für den Integraltyp (B) erhalten wir unter Berücksichtigung von (II-30):

$$\underbrace{\int_0^T t \cdot \sin(n\,\omega_0\,t)\,dt}_{\text{Integral Nr. 208}} = \left[\frac{\sin(n\,\omega_0\,t)}{n^2\,\omega_0^2} - \frac{t \cdot \cos(n\,\omega_0\,t)}{n\,\omega_0}\right]_0^T =$$

$$= \frac{\sin(n\,\omega_0\,T)}{n^2\,\omega_0^2} - \frac{T \cdot \cos(n\,\omega_0\,T)}{n\,\omega_0} =$$

$$= \frac{\sin(n\,2\,\pi)}{n^2\,\omega_0^2} - \frac{T \cdot \cos(n\,2\,\pi)}{n\,\omega_0} = -\frac{T}{n\,\omega_0} = -\frac{T^2}{2\,\pi\,n} \tag{II-33}$$

Also:

$$\text{(B)}: \quad \int_0^T t \cdot \sin(n\,\omega_0\,t)\,dt = -\frac{T^2}{2\,\pi\,n} \tag{II-34}$$

Berechnung des Fourierkoeffizienten a_0

Aus der Integralformel (II-28) folgt:

$$a_0 = \frac{2}{T} \cdot \int_0^T u(t)\,dt = \frac{2}{T} \cdot \int_0^T \frac{\hat{u}}{T}\,t\,dt = \frac{2\,\hat{u}}{T^2} \cdot \int_0^T t\,dt = \frac{2\,\hat{u}}{T^2}\left[\frac{1}{2}\,t^2\right]_0^T =$$

$$= \frac{2\,\hat{u}}{T^2} \cdot \frac{T^2}{2} = \hat{u} \tag{II-35}$$

Berechnung der Fourierkoeffizienten a_n ($n = 1, 2, 3, \ldots$)

Wir erhalten für die Fourierkoeffizienten a_n nach Formel (II-28):

$$a_n = \frac{2}{T} \cdot \int_0^T u(t) \cdot \cos(n\,\omega_0\,t)\,dt = \frac{2}{T} \cdot \int_0^T \frac{\hat{u}}{T}\,t \cdot \cos(n\,\omega_0\,t)\,dt =$$

$$= \frac{2\,\hat{u}}{T^2} \cdot \underbrace{\int_0^T t \cdot \cos(n\,\omega_0\,t)\,dt}_{\text{Integraltyp (A)}} = \frac{2\,\hat{u}}{T^2} \cdot 0 = 0 \tag{II-36}$$

Die Fourier-Reihe der Kippspannung (II-29) enthält somit *keine* Kosinusglieder.

Berechnung der Fourierkoeffizienten b_n ($n = 1, 2, 3, \ldots$)

Die Integralformel (II-28) liefert für die Fourierkoeffizienten b_n:

$$b_n = \frac{2}{T} \cdot \int_0^T u(t) \cdot \sin(n \omega_0 t)\, dt = \frac{2}{T} \cdot \int_0^T \frac{\hat{u}}{T} t \cdot \sin(n \omega_0 t)\, dt =$$

$$= \frac{2\hat{u}}{T^2} \cdot \underbrace{\int_0^T t \cdot \sin(n \omega_0 t)\, dt}_{\text{Integraltyp (B)}} = \frac{2\hat{u}}{T^2} \cdot \left(- \frac{T^2}{2 \pi n} \right) = - \frac{\hat{u}}{\pi n} = - \frac{\hat{u}}{\pi} \cdot \frac{1}{n} \qquad \text{(II-37)}$$

Die Fourier-Reihe der Kippspannung besitzt somit die Gestalt

$$u(t) = \frac{\hat{u}}{2} - \frac{\hat{u}}{\pi} \cdot \sum_{n=1}^{\infty} \frac{1}{n} \cdot \sin(n \omega_0 t) =$$

$$= \frac{\hat{u}}{2} - \frac{\hat{u}}{\pi} \left[\sin(\omega_0 t) + \frac{1}{2} \cdot \sin(2 \omega_0 t) + \frac{1}{3} \cdot \sin(3 \omega_0 t) + \ldots \right] \qquad \text{(II-38)}$$

In der Kippspannung sind demnach folgende *Komponenten* enthalten (sog. *harmonische Analyse*):

1. Der *Gleichspannungsanteil* $\hat{u}/2$.
2. Die *Grundschwingung* mit der Kreisfrequenz ω_0 und der Amplitude $\hat{u}/\pi$.
3. *Sinusförmige Oberschwingungen* mit den Kreisfrequenzen $2\omega_0, 3\omega_0, 4\omega_0, \ldots$ und den Amplituden $\hat{u}/2\pi$, $\hat{u}/3\pi$, $\hat{u}/4\pi, \ldots$.

Einen sehr anschaulichen Einblick in die *Struktur* der Kippspannung gewinnt man aus dem sog. *Amplitudenspektrum* (Bild II-11). In ihm werden die *Amplituden* der einzelnen Schwingungskomponenten als Funktion der *Kreisfrequenz* abgetragen. Dem Amplitudenspektrum können wir dabei unmittelbar entnehmen, *welche Schwingungskomponenten* überhaupt in der Kippspannung enthalten sind und mit *welchem (prozentualen) Anteil* sie an der Gesamtschwingung beteiligt sind [5].

[5] Dem Gleichspannungsanteil $\hat{u}/2$ wird dabei die Kreisfrequenz $\omega = 0$ zugeordnet.

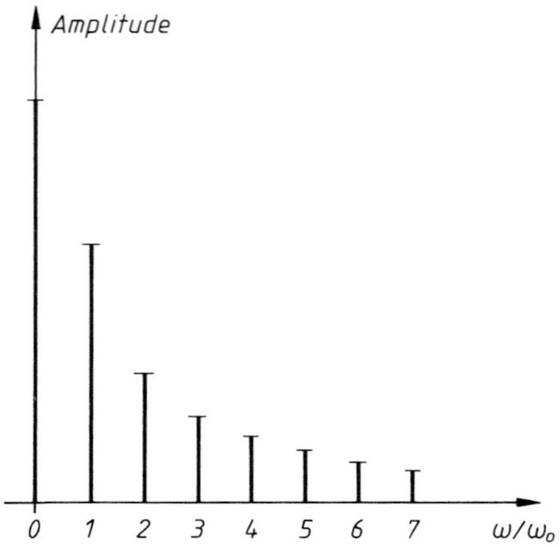

Bild II-11
Amplitudenspektrum einer Kippspannung

Übungsaufgaben

Zu Abschnitt 1

1) Die in Bild II-12 skizzierte periodische Funktion besteht aus *Parabelbögen*. Ihre Funktionsgleichung lautet im Periodenintervall $0 \leqslant x \leqslant 2\pi$:

$$f(x) = x(2\pi - x)$$

Bestimmen Sie die Fourier-Reihe dieser Funktion.

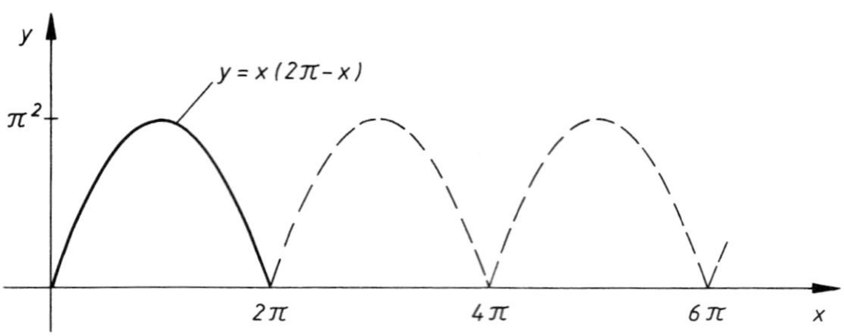

Bild II-12 Parabelförmiger Impuls

2) Wie lautet die Fourier-Reihe der in Bild II-13 dargestellten periodischen Funktion mit der Gleichung

$$f(x) = x \quad \text{für} \quad 0 \leqslant x < 2\pi?$$

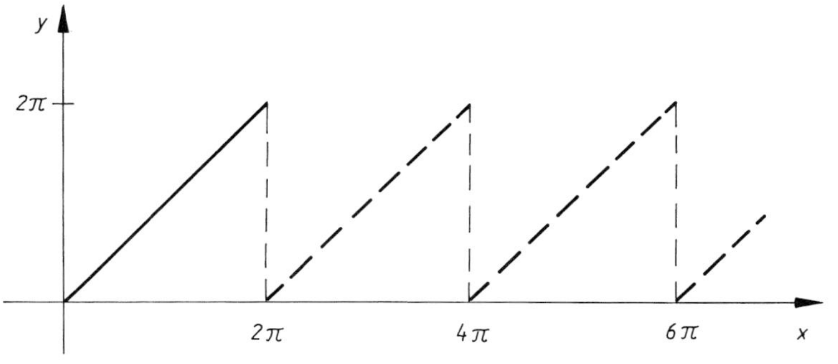

Bild II-13

3) Bestimmen Sie die Fourier-Reihe der in Bild II-14 skizzierten periodischen Funktion, die im Periodenintervall $[-\pi, \pi]$ durch die Gleichung

$$f(x) = |x|$$

beschrieben wird?

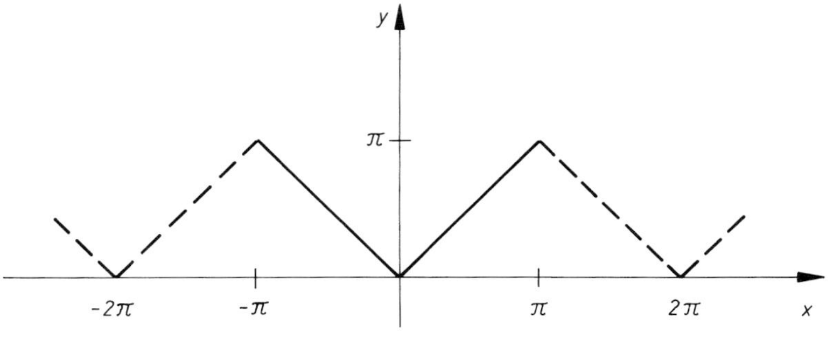

Bild II-14

Zu Abschnitt 2

1) Zerlegen Sie den folgenden *Kosinusimpuls* (*Einweggleichrichtung* nach Bild II-15) in seine *harmonischen* Komponenten (*Fourier-Zerlegung*):

$$u(t) = \begin{cases} \hat{u} \cdot \cos t & -\frac{\pi}{2} \leqslant t \leqslant \frac{\pi}{2} \\ & \text{für} \\ 0 & \frac{\pi}{2} \leqslant t \leqslant \frac{3}{2}\pi \end{cases}$$

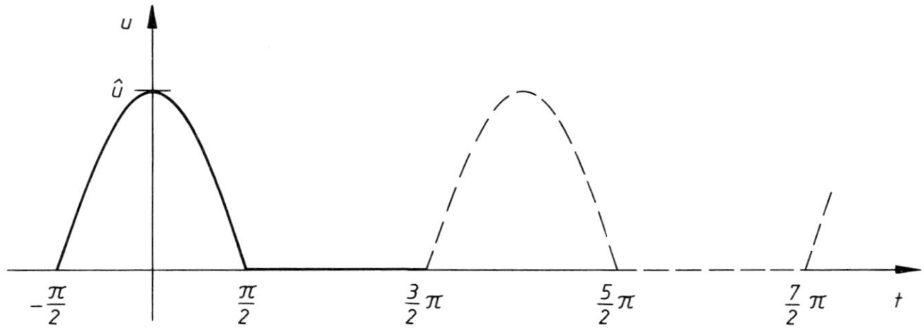

Bild II-15 Kosinusimpuls (Einweggleichrichtung)

2) Wie lautet die *Fourier-Zerlegung* des in Bild II-16 dargestellten *Dreiecksimpulses*?

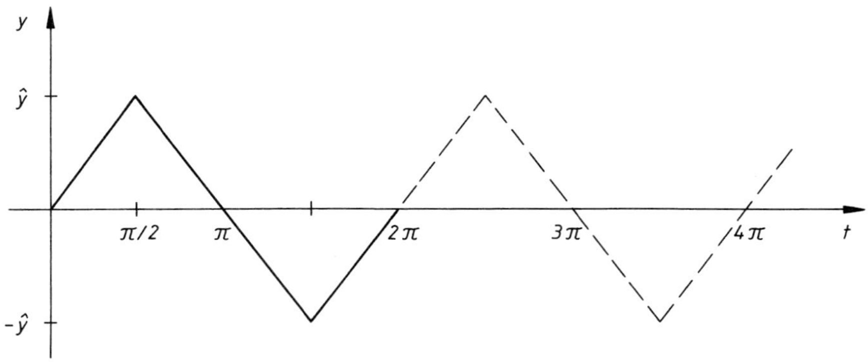

Bild II-16 Dreiecksimpuls

3) Bild II-17 zeigt einen *trapezförmigen* Impuls. Zerlegen Sie diese periodische Funktion in ihre *harmonischen* Komponenten.

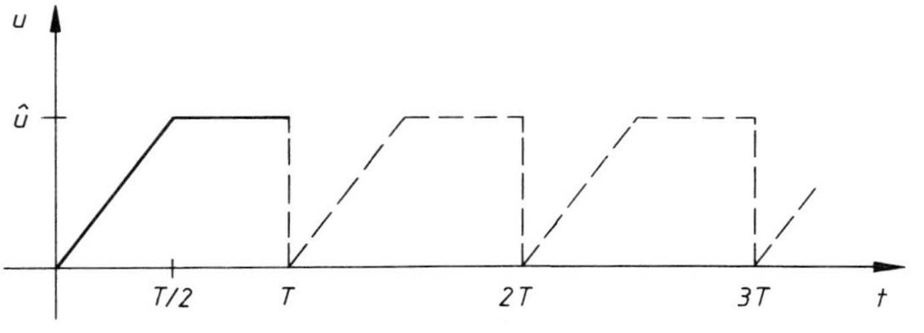

Bild II-17 Trapezförmiger Impuls

4) Wie lautet die *Fourier-Zerlegung* der in Bild II-18 dargestellten *Kippschwingung* (*Sägezahnfunktion*)?

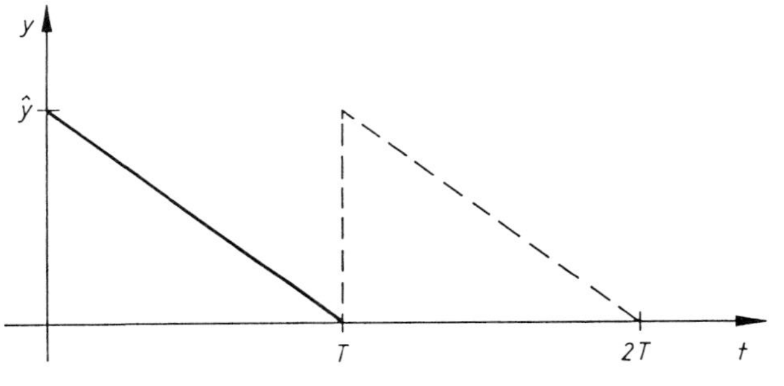

Bild II-18 Kippschwingung (sägezahnförmiger Impuls)

5) Zerlegen Sie den in Bild II-19 dargestellten *Sinusimpuls* (*Zweiweggleichrichtung*) mit der Funktionsgleichung

$$y(t) = \hat{y}\,|\sin(\omega_0 t)| \qquad (0 \leqslant t \leqslant T)$$

in seine *harmonischen* Bestandteile (*Fourier-Analyse*).

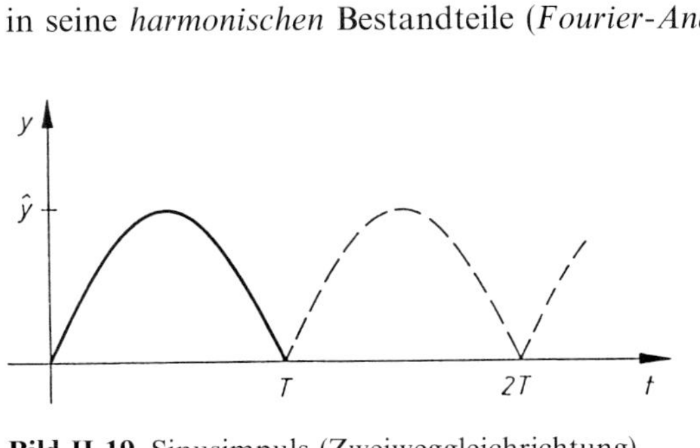

Bild II-19 Sinusimpuls (Zweiweggleichrichtung)

III Komplexe Zahlen und Funktionen

1 Definition und Darstellung einer komplexen Zahl

Die *komplexen Zahlen* stellen eine *Erweiterung der reellen Zahlenmenge* $\mathbb{R}$ dar und erweisen sich in den Anwendungen als ein sehr nützliches mathematisches Hilfsmittel. Ein wichtiges Beispiel dafür bietet die *komplexe Wechselstromrechnung* der Elektrotechnik, auf die wir im Anwendungsteil näher eingehen werden.

1.1 Definition einer komplexen Zahl

Wir gehen bei unseren Betrachtungen von der einfachen *quadratischen* Gleichung

$$x^2 + 1 = 0 \qquad \text{oder} \qquad x^2 = -1 \tag{III-1}$$

aus. Sie hat *keine* reelle Lösung, da das Quadrat einer reellen Zahl stets *größer oder gleich* Null ist.

Ziehen wir rein *formal* auf beiden Seiten der Gleichung die Wurzel, so erhalten wir zwei „formale Lösungen“:

$$x^2 + 1 = 0 \Rightarrow x_{1/2} = \pm \sqrt{-1} \tag{III-2}$$

Dem Symbol $\sqrt{-1}$ geben wir nun durch die folgende Definition einen Sinn und Namen.

Definition: Der formale Wurzelausdruck $\sqrt{-1}$ heißt *imaginäre Einheit* und wird durch das Symbol j gekennzeichnet:

$$\mathrm{j} = \sqrt{-1} \tag{III-3}$$

Das Quadrat der imaginären Einheit j ist die reelle Zahl -1:

$$\mathrm{j}^2 = -1 \tag{III-4}$$

Anmerkung

In der Mathematik wird die *imaginäre Einheit* meist durch das Symbol i gekennzeichnet. Wir werden dieses Symbol jedoch *nicht* verwenden, um Verwechslungen mit der *Stromstärke* i zu vermeiden.

Die „Lösungen“ der Gleichung $x^2 + 1 = 0$ lauten damit unter Verwendung der imaginären Einheit j wie folgt:

$$x^2 + 1 = 0 \Rightarrow x_{1/2} = \pm \mathrm{j} \tag{III-5}$$

Sie können als „Produkte" aus der *reellen Zahl* $+1$ bzw. -1 und der *imaginären Einheit* j aufgefaßt werden:

$$x_1 = 1 \cdot \mathrm{j} = \mathrm{j} \quad \text{und} \quad x_2 = -1 \cdot \mathrm{j} = -\mathrm{j} \tag{III-6}$$

Auf ähnliche „Zahlen" stoßen wir beim *formalen* Lösen der Gleichung $x^2 + 9 = 0$:

$$x^2 + 9 = 0 \Rightarrow x_{1/2} = \pm\sqrt{-9} = \pm\sqrt{9 \cdot (-1)} = \pm\sqrt{9} \cdot \sqrt{-1} = \pm 3\,\mathrm{j} \tag{III-7}$$

Zahlen dieser Art werden als *imaginäre Zahlen* bezeichnet.

Definition: Unter einer *imaginären Zahl* $b\mathrm{j}$ versteht man das formale Produkt aus der reellen Zahl $b \neq 0$ und der imaginären Einheit j.

Anmerkungen

(1) Zulässige Schreibweisen sind: $b\mathrm{j}$, $\mathrm{j}b$ oder $b \cdot \mathrm{j}$, $\mathrm{j} \cdot b$.

(2) Das *Quadrat* einer imaginären Zahl $b\mathrm{j}$ ist stets eine *negative* reelle Zahl:

$$(b\mathrm{j})^2 = b^2 \cdot \mathrm{j}^2 = b^2 \cdot (-1) = -b^2 < 0 \qquad (b \neq 0) \tag{III-8}$$

■ **Beispiel**

Die folgenden Zahlen sind *imaginär*:

$$2\mathrm{j}; \quad -11{,}7\mathrm{j}; \quad \frac{5}{2}\mathrm{j}; \quad \sqrt{3}\,\mathrm{j}; \quad \pi\mathrm{j}$$

■

Bei *quadratischen* Gleichungen treten häufig auch *formale* Lösungen in Form einer *algebraischen Summe* aus einer *reellen* Zahl und einer *imaginären* Zahl auf. So besitzt beispielsweise die Gleichung

$$x^2 - 4x + 13 = 0 \tag{III-9}$$

die *formalen* Lösungen

$$x_{1/2} = 2 \pm \sqrt{4 - 13} = 2 \pm \sqrt{-9} = 2 \pm 3\,\mathrm{j} \tag{III-10}$$

Zahlen dieser Art werden als *komplexe Zahlen* bezeichnet.

Definition: Unter einer *komplexen Zahl* z versteht man die formale Summe aus einer reellen Zahl x und einer imaginären Zahl $\mathrm{j}y$:

$$z = x + \mathrm{j}y \tag{III-11}$$

Anmerkungen

(1) *Komplexe* Zahl bedeutet soviel wie *zusammengesetzte* Zahl, nämlich aus einer reellen *und* einer imaginären Zahl zusammengesetzt.

(2) Die Darstellungsform $z = x + \mathrm{j}\,y$ ist die *Normalform* einer komplexen Zahl. Sie wird auch als *algebraische* oder *kartesische* Form bezeichnet.

(3) Die *reellen* Bestandteile x und y der komplexen Zahl $z = x + \mathrm{j}\,y$ werden als *Realteil* und *Imaginärteil* von z bezeichnet. Symbolische Schreibweise:

Realteil von z: $\operatorname{Re}(z) = x$

Imaginärteil von z: $\operatorname{Im}(z) = y$

(4) Die Menge

$$\mathbb{C} = \{z \mid z = x + \mathrm{j}\,y;\ x, y \in \mathbb{R}\} \qquad \text{(III-12)}$$

heißt *Menge der komplexen Zahlen*.

1.2 Die Gaußsche Zahlenebene

Faßt man *Real-* und *Imaginärteil* einer komplexen Zahl $z = x + \mathrm{j}\,y$ als *kartesische* Koordinaten eines Punktes P der x, y-Ebene auf, so läßt sich *jeder* komplexen Zahl genau *ein* Bildpunkt $P(z) = (x; y)$ zuordnen und umgekehrt (Bild III-1):

$$z = x + \mathrm{j}\,y \quad \leftrightarrow \quad P(z) = (x; y) \qquad \text{(III-13)}$$

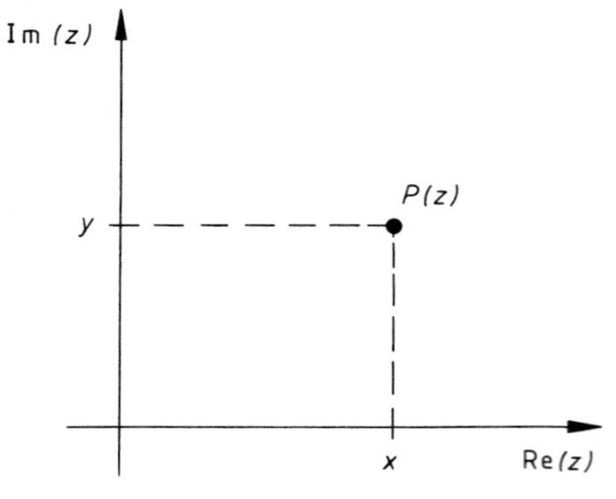

Bild III-1
Bildliche Darstellung einer komplexen Zahl durch einen Punkt in der Gaußschen Zahlenebene

Die Bildebene heißt *komplexe Ebene* oder *Gaußsche Zahlenebene*, die beiden Koordinatenachsen werden – aus später noch ersichtlichen Gründen – als *reelle* und *imaginäre* Achsen bezeichnet.

In den Anwendungen werden *komplexe* Zahlen meist durch sog. *Zeiger* dargestellt. Es handelt sich dabei um eine *bildliche* Darstellung der komplexen Zahl z in Form eines *Pfeils*, der vom Koordinatenursprung aus zum Bildpunkt $P(z)$ gerichtet ist (Bild III-2). Wir kennzeichnen ihn durch das Symbol $\underline{z} = x + \mathrm{j}\,y$ (*unterstrichene* komplexe Zahl).

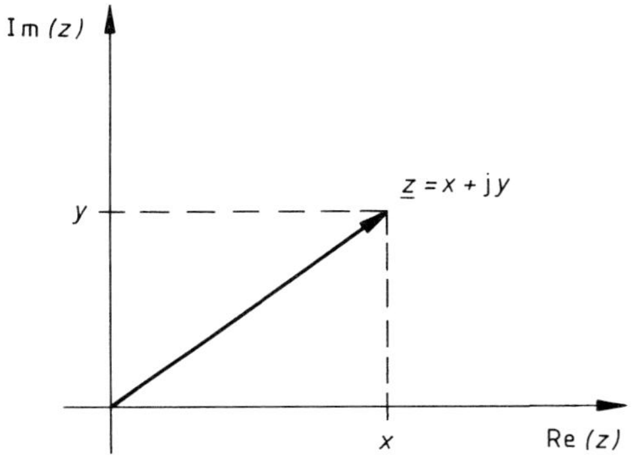

Bild III-2
Bildliche Darstellung einer komplexen Zahl durch einen Zeiger in der Gaußschen Zahlenebene

Wir kommen nun auf die Bezeichnungen der Koordinatenachsen in der *Gaußschen Zahlenebene* zurück. Eine *reelle* Zahl kann als eine komplexe Zahl mit *verschwindendem Imaginärteil* aufgefaßt werden. Die *reellen* Zahlen sind daher in der Form

$$z = x + \mathrm{j} \cdot 0 \equiv x \qquad \text{(III-14)}$$

darstellbar ($\mathrm{Im}(z) = 0$). Ihre *Bildpunkte* liegen auf der *horizontalen* Koordinatenachse, die daher zu Recht die Bezeichnung *reelle Achse* trägt (Bild III-3). Auch die *imaginären* Zahlen sind ein *Sonderfall* der komplexen Zahlen. Bei ihnen *verschwindet* der *Realteil* ($\mathrm{Re}(z) = 0$):

$$z = 0 + \mathrm{j}\,y \equiv \mathrm{j}\,y \qquad \text{(III-15)}$$

Die *Bildpunkte* der *imaginären* Zahlen liegen daher auf der *vertikalen* Koordinatenachse der Gaußschen Zahlenebene, die daher folgerichtig als *imaginäre Achse* bezeichnet wird (Bild III-3).

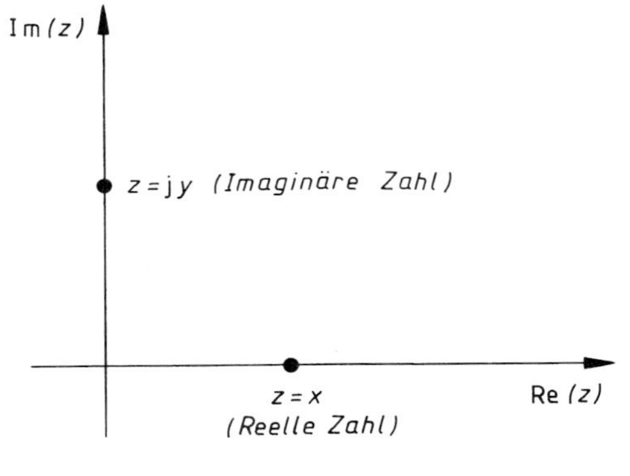

Bild III-3
Zur Lage einer reellen bzw. imaginären Zahl

Wir fassen zusammen:

Geometrische Darstellung einer komplexen Zahl in der Gaußschen Zahlenebene

Eine *komplexe* Zahl $z = x + \mathrm{j}\,y$ läßt sich in der *Gaußschen Zahlenebene* durch den *Bildpunkt* $P(z) = (x;\, y)$ (Bild III-1) oder durch den *Zeiger* $\underline{z} = x + \mathrm{j}\,y$ (Bild III-2) geometrisch darstellen. Die Bildpunkte der *reellen* Zahlen liegen dabei auf der *reellen Achse*, die Bildpunkte der *imaginären* Zahlen auf der *imaginären* Achse (Bild III-3).

Anmerkungen

(1) Der Zeiger $\underline{z}$ ist eine *geometrische* Darstellungsform der komplexen Zahl z und *nicht* mit einem Vektor zu verwechseln (Vektoren und Zeiger unterliegen *unterschiedlichen* Rechengesetzen).

(2) Sowohl die Menge der *reellen* Zahlen als auch die Menge der *imaginären* Zahlen sind echte *Teilmengen* der Menge $\mathbb{C}$.

(3) Wir kennzeichnen den Bildpunkt $P(z)$ einer komplexen Zahl z meist durch das Zahlensymbol selbst.

■ **Beispiele**

(1) Bild III-4 zeigt die Lage der *Bildpunkte* von

$$z_1 = 2 + 4\mathrm{j}, \quad z_2 = 4 + \mathrm{j}, \quad z_3 = 3\mathrm{j}, \quad z_4 = -3, \quad z_5 = -6 + 2\mathrm{j},$$
$$z_6 = -3 - 4\mathrm{j}, \quad z_7 = 2 - 3\mathrm{j}, \quad z_8 = -2 + 7\mathrm{j}$$

in der Gaußschen Zahlenebene.

(2) Die komplexen Zahlen

$$z_1 = 9 + 3\mathrm{j}, \quad z_2 = 4 + 5\mathrm{j}, \quad z_3 = -5 + 6\mathrm{j}, \quad z_4 = -7,$$
$$z_5 = -3 - 6\mathrm{j}, \quad z_6 = 3 - 2\mathrm{j}$$

sind in Bild III-5 durch *Zeiger* in der Gaußschen Zahlenebene dargestellt.

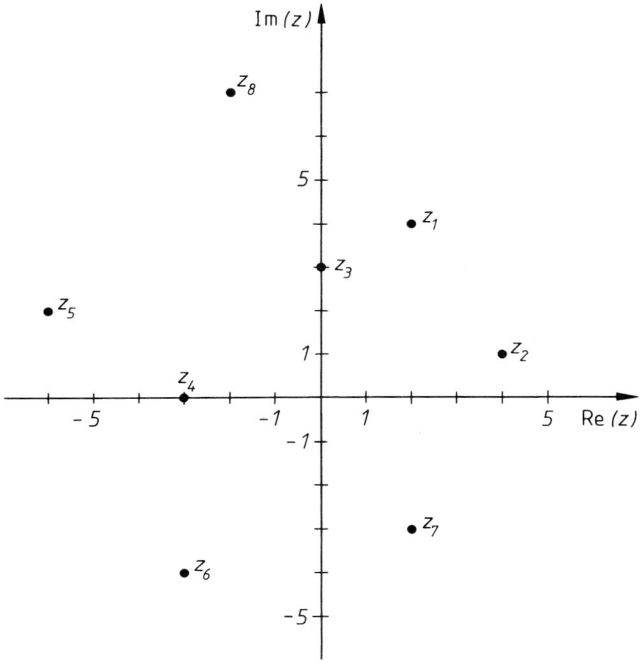

Bild III-4

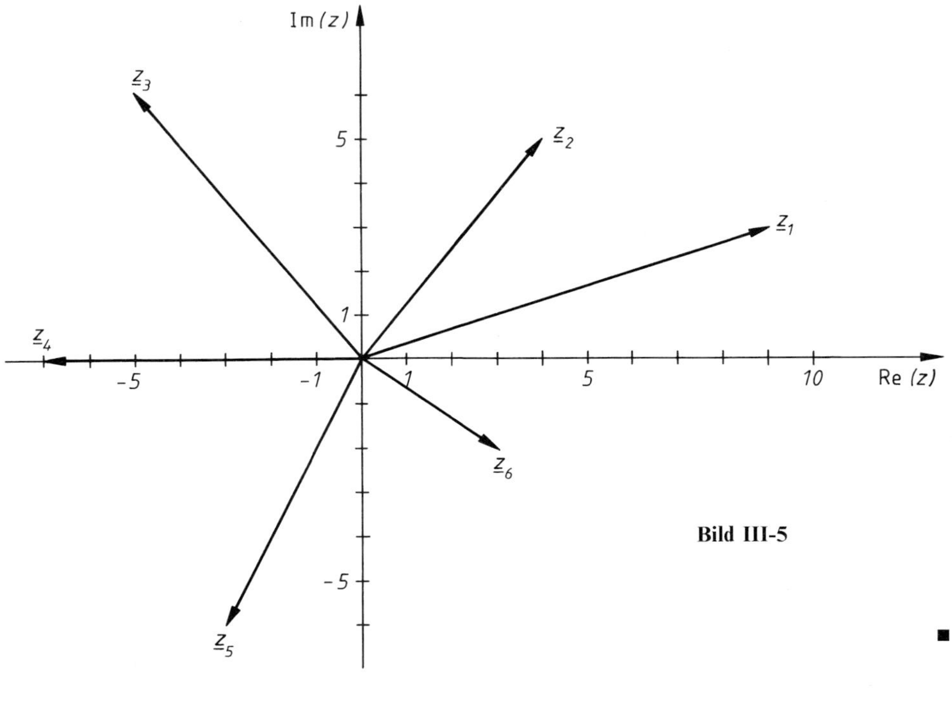

Bild III-5

■

1.3 Weitere Grundbegriffe

Wir behandeln in diesem Abschnitt die folgenden Grundbegriffe: *Gleichheit* zweier komplexer Zahlen, *konjugiert* komplexe Zahl, *Betrag* einer komplexen Zahl.

Gleichheit zweier komplexer Zahlen

Definition: Zwei komplexe Zahlen $z_1 = x_1 + \mathrm{j}\,y_1$ und $z_2 = x_2 + \mathrm{j}\,y_2$ heißen *gleich*, $z_1 = z_2$, wenn

$$x_1 = x_2 \quad \text{und} \quad y_1 = y_2 \tag{III-16}$$

ist.

Zwei komplexe Zahlen sind demnach *gleich*, wenn sie in ihrem *Real-* und ihrem *Imaginärteil* übereinstimmen. Die zugehörigen Bildpunkte bzw. Zeiger fallen dann zusammen.

Konjugiert komplexe Zahl

Definition: Die komplexe Zahl

$$z^* = x - \mathrm{j}\,y \tag{III-17}$$

heißt die zu $z = x + \mathrm{j}\,y$ *konjugiert* komplexe Zahl.

Der Übergang von der komplexen Zahl z zur *konjugiert* komplexen Zahl z^* bedeutet einen *Vorzeichenwechsel* im Imaginärteil, während der Realteil *unverändert* bleibt:

$$\operatorname{Re}(z^*) = \operatorname{Re}(z) \quad \text{und} \quad \operatorname{Im}(z^*) = -\operatorname{Im}(z) \tag{III-18}$$

Die zugehörigen Bildpunkte bzw. Zeiger liegen daher *spiegelsymmetrisch* zur reellen Achse (Bild III-6).

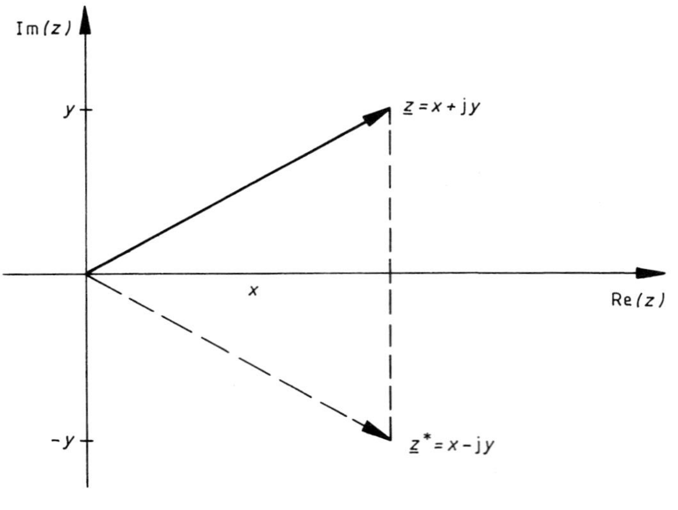

Bild III-6
Zum Begriff der konjugiert komplexen Zahl

Anmerkungen

(1) *Formal* läßt sich der Übergang von der komplexen Zahl $z = x + jy$ zur *konjugiert komplexen* Zahl $z^* = x - jy$ durch die *Substitution* $j \rightarrow -j$ beschreiben.

(2) Für zwei zueinander *konjugiert* komplexe Zahlen z_1 und z_2 gilt:

$$z_1 = z_2^* \quad \text{und} \quad z_2 = z_1^* \tag{III-19}$$

(3) Es ist stets $(z^*)^* = z$ (*zweimalige* Spiegelung an der reellen Achse führt zum Ausgangspunkt zurück).

■ **Beispiele**

(1) Gegeben sind die komplexen Zahlen

$$z_1 = 3 + 5j, \quad z_2 = -2 - 4j, \quad z_3 = 5 - 2j, \quad z_4 = -2j, \quad z_5 = 8$$

Die *konjugiert* komplexen Zahlen lauten:

$$z_1 = 3 + 5j \quad \Rightarrow \quad z_1^* = 3 - 5j$$
$$z_2 = -2 - 4j \quad \Rightarrow \quad z_2^* = -2 + 4j$$
$$z_3 = 5 - 2j \quad \Rightarrow \quad z_3^* = 5 + 2j$$
$$z_4 = -2j \quad \Rightarrow \quad z_4^* = 2j$$
$$z_5 = 8 \quad \Rightarrow \quad z_5^* = 8$$

Bild III-7 zeigt die Lage der zugehörigen *Bildpunkte* und *Zeiger* in der Gaußschen Zahlenebene (Zeigerspitze = Bildpunkt).

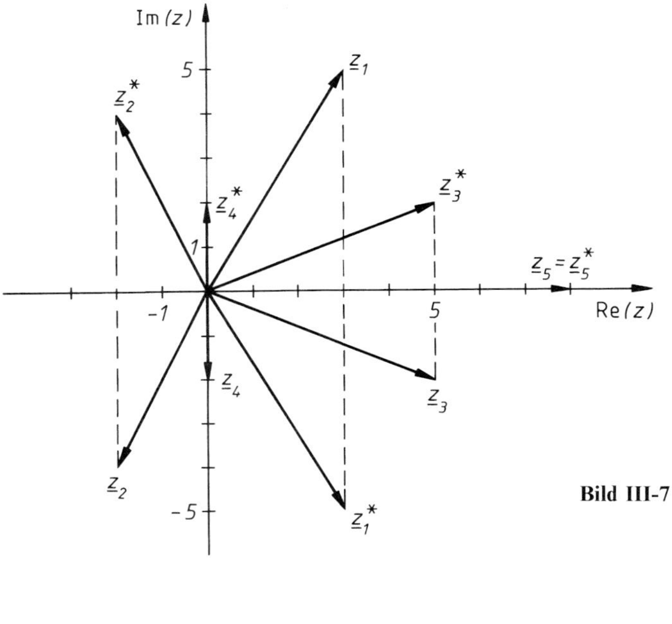

Bild III-7

(2) Wir zeigen *geometrisch*, daß eine komplexe Zahl z mit der Eigenschaft $z = z^*$ *reell* ist.

Die Zeiger zweier *konjugiert* komplexer Zahlen z und z^* liegen bekanntlich *spiegelsymmetrisch* zur *reellen* Achse (vgl. hierzu Bild III-6). Die Gleichung $z = z^*$ bedeutet, daß die Zeiger $\underline{z}$ und $\underline{z}^*$ zusammenfallen. *Beide* Bedingungen sind nur miteinander in Einklang zu bringen, wenn der Zeiger $\underline{z}$ in der *reellen* Achse liegt und somit eine *reelle* Zahl darstellt (Bild III-8).

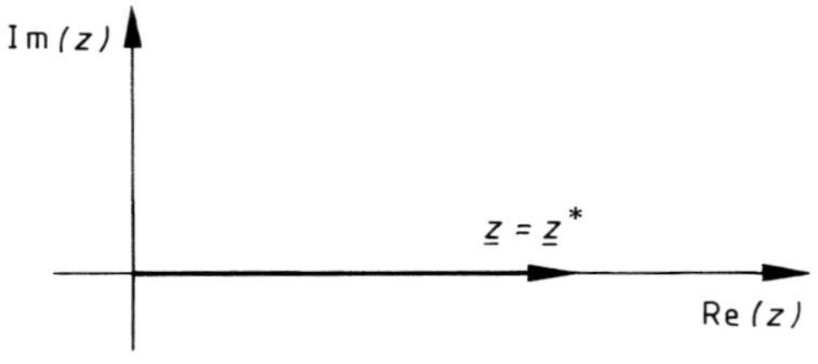

Bild III-8

■

Betrag einer komplexen Zahl

Definition: Unter dem *Betrag* $|z|$ der komplexen Zahl $z = x + \mathrm{j}y$ versteht man die Länge des zugehörigen Zeigers (Bild III-9):

$$|z| = \sqrt{x^2 + y^2} \qquad \text{(III-20)}$$

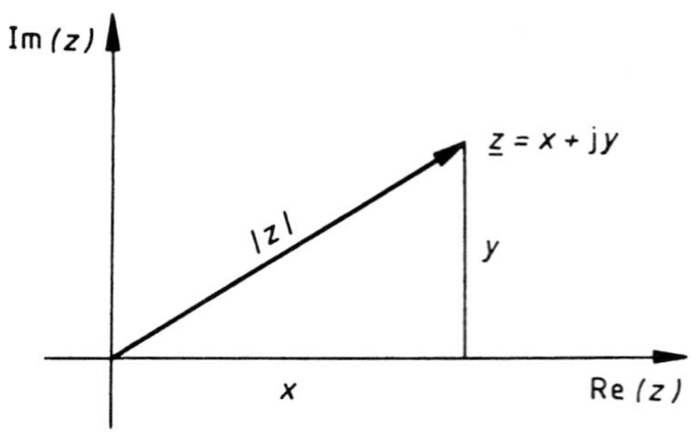

Bild III-9
Zum Begriff des Betrages einer komplexen Zahl

Anmerkungen

(1) Definitionsgleichung (III-20) folgt unmittelbar aus Bild III-9 durch Anwendung des *Satzes von Pythagoras* auf das eingezeichnete rechtwinklige Dreieck.

(2) Der Betrag $|z|$ einer komplexen Zahl ist eine *Abstandsgröße*. Daher ist $|z| \geqslant 0$.

■ **Beispiel**

Die komplexen Zahlen $z_1 = 3 - 4\mathrm{j}$, $z_2 = 3\mathrm{j}$ und $z_3 = -2 - 8\mathrm{j}$ besitzen folgende *Beträge*:

$$|z_1| = \sqrt{3^2 + (-4)^2} = \sqrt{25} = 5$$

$$|z_2| = \sqrt{0^2 + 3^2} = 3$$

$$|z_3| = \sqrt{(-2)^2 + (-8)^2} = \sqrt{68} = 8{,}25$$

■

1.4 Darstellungsformen einer komplexen Zahl

1.4.1 Algebraische oder kartesische Form

In Abschnitt 1.1 wurde die komplexe Zahl z als *algebraische Summe* aus einer *reellen* Zahl x und einer *imaginären* Zahl $\mathrm{j}y$ eingeführt:

$$z = x + \mathrm{j}y \tag{III-21}$$

Diese Darstellungsform heißt daher „*algebraisch*“. Auch für die ebenfalls übliche Bezeichnung *kartesische* Form gibt es eine einleuchtende Erklärung: Real- und Imaginärteil der komplexen Zahl z repräsentieren die *kartesischen* Koordinaten des zugehörigen Bildpunktes $P(z)$ in der Gaußschen Zahlenebene. Die *algebraische* oder *kartesische* Form ist die *Normalform* einer komplexen Zahl.

1.4.2 Trigonometrische Form

Den Bildpunkt $P(z)$ einer komplexen Zahl $z = x + \mathrm{j}y$ können wir auch durch *Polarkoordinaten* r und φ festlegen (Bild III-10). Mit Hilfe der Transformationsgleichungen

$$x = r \cdot \cos\varphi, \qquad y = r \cdot \sin\varphi \tag{III-22}$$

läßt sich dann die komplexe Zahl z aus der *kartesischen* Form in die sog. *trigonometrische* Form

$$z = x + \mathrm{j}y = r \cdot \cos\varphi + \mathrm{j} \cdot r \cdot \sin\varphi = r(\cos\varphi + \mathrm{j} \cdot \sin\varphi) \tag{III-23}$$

überführen.

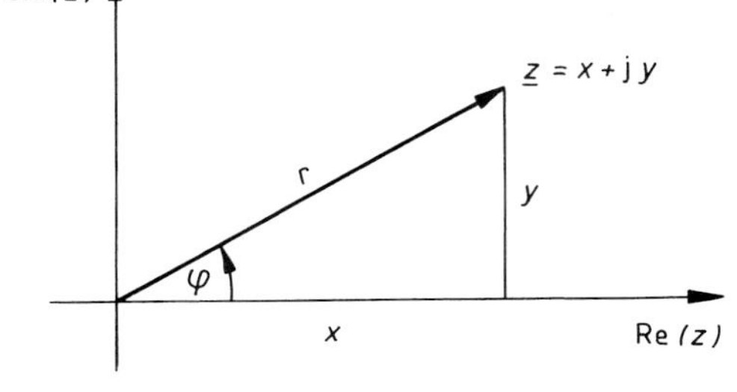

Bild III-10

Zur trigonometrischen Form einer komplexen Zahl

Für r und φ sind in der komplexen Rechnung die Bezeichnungen

r: *Betrag* von z

φ: *Argument*[1], *Winkel* oder *Phase* von z

üblich. Für die *Abstandsgröße* r gilt stets $r \geqslant 0$. Die Winkelkoordinate φ ist *unendlich vieldeutig*, denn jede weitere volle Umdrehung führt zum *gleichen* Bildpunkt. Man beschränkt sich daher bei der Winkelangabe meist auf den im Intervall $0 \leqslant \varphi < 2\pi$ gelegenen *Hauptwert*.

Wichtiger Hinweis

Im *technischen* Bereich wird als Hauptwert des Winkels häufig der *kleinstmögliche* Drehwinkel angegeben. Der 1. und der 2. Quadrant werden dabei durch Drehung im *Gegenuhrzeigersinn*, der 3. und der 4. Quadrant dagegen durch Drehung im *Uhrzeigersinn* erreicht, wobei die Drehung jeweils aus der positiv-reellen Achse heraus erfolgt. Die *Hauptwerte* des Winkels liegen dann im Intervall $-\pi < \varphi \leqslant \pi$.

Der Übergang von der komplexen Zahl z zur *konjugiert* komplexen Zahl z^* bedeutet geometrisch eine *Spiegelung* des Bildpunktes $P(z)$ an der *reellen* Achse (Bild III-11). Dabei tritt ein *Vorzeichenwechsel* im Argument (Winkel) φ ein (Drehung im mathematisch *negativen* Drehsinn), während der Betrag r *unverändert* bleibt. Die zu $z = r(\cos\varphi + \mathrm{j}\cdot\sin\varphi)$ *konjugiert* komplexe Zahl z^* lautet daher in der *trigonometrischen* Darstellungsform

$$z^* = r[\cos(-\varphi) + \mathrm{j}\cdot\sin(-\varphi)] = r(\cos\varphi - \mathrm{j}\cdot\sin\varphi) \qquad \text{(III-24)}$$

Formal kann der Übergang von z nach z^* auch durch die Substitution $\mathrm{j} \to -\mathrm{j}$ beschrieben werden.

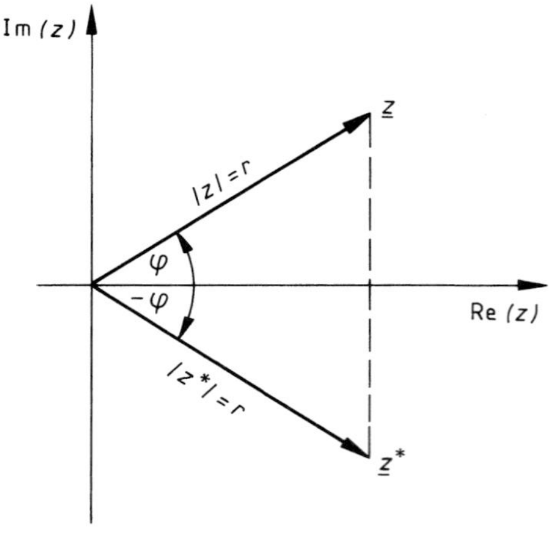

Bild III-11

Zur trigonometrischen Darstellungsform der konjugiert komplexen Zahl

[1] Schreibweise: $\varphi = \arg(z)$

■ **Beispiele**

(1) Die in der *trigonometrischen* Form vorliegenden komplexen Zahlen

$$z_1 = 2\,(\cos 30^\circ + \mathrm{j} \cdot \sin 30^\circ), \qquad z_2 = 3\left[\cos\left(\frac{3}{4}\pi\right) + \mathrm{j} \cdot \sin\left(\frac{3}{4}\pi\right)\right],$$

$$z_3 = 5\,(\cos \pi + \mathrm{j} \cdot \sin \pi), \qquad z_4 = 3\,(\cos 250^\circ + \mathrm{j} \cdot \sin 250^\circ),$$

$$z_5 = 4\left[\cos\left(\frac{\pi}{2}\right) + \mathrm{j} \cdot \sin\left(\frac{\pi}{2}\right)\right], \qquad z_6 = 4\,[\cos(-45^\circ) + \mathrm{j} \cdot \sin(-45^\circ)]$$

sind in Bild III-12 durch *Zeiger* in der Gaußschen Zahlenebene dargestellt.

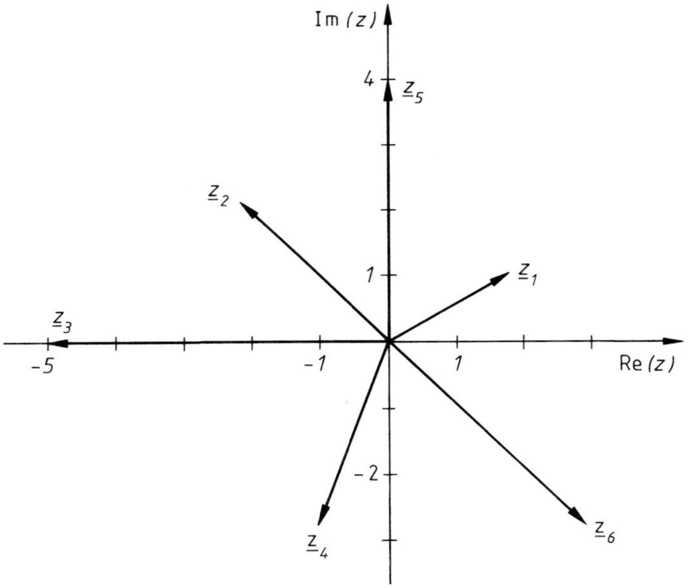

Bild III-12

(2) $z_1 = 3\left[\cos\left(\frac{\pi}{3}\right) + \mathrm{j} \cdot \sin\left(\frac{\pi}{3}\right)\right], \quad z_2 = 4\,[\cos(-160^\circ) + \mathrm{j} \cdot \sin(-160^\circ)]$

Wie lauten die zugehörigen konjugiert komplexen Zahlen?

Lösung:

$$z_1^* = 3\left[\cos\left(\frac{\pi}{3}\right) - \mathrm{j} \cdot \sin\left(\frac{\pi}{3}\right)\right], \qquad z_2^* = 4\,(\cos 160^\circ + \mathrm{j} \cdot \sin 160^\circ)$$

In Bild III-13 ist die Lage der *Bildpunkte* und *Zeiger* in der Gaußschen Zahlenebene anschaulich dargestellt.

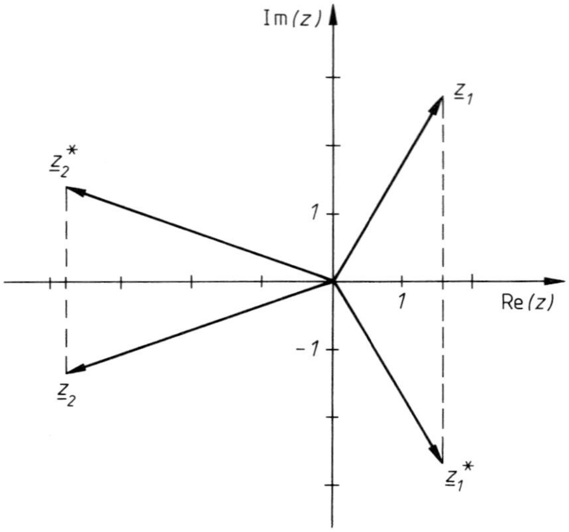

Bild III-13

■

1.4.3 Exponentialform

Unter Verwendung der von *Euler* stammenden Formel [2)]

$$e^{j\varphi} = \cos\varphi + j \cdot \sin\varphi \tag{III-25}$$

erhält man aus der *trigonometrischen* Form $z = r(\cos\varphi + j \cdot \sin\varphi)$ die als *Exponentialform* bezeichnete (knappe) Darstellungsform

$$z = r \cdot e^{j\varphi} \tag{III-26}$$

[2)] Die *Eulersche Formel* erhält man am bequemsten aus der *Mac Laurinschen Reihe* von e^x, wobei man x durch $j\varphi$ ersetzt und die Beziehung $j^2 = -1$ beachtet:

$$e^{j\varphi} = 1 + \frac{(j\varphi)^1}{1!} + \frac{(j\varphi)^2}{2!} + \frac{(j\varphi)^3}{3!} + \frac{(j\varphi)^4}{4!} + \frac{(j\varphi)^5}{5!} + \ldots =$$

$$= 1 + j\varphi - \frac{\varphi^2}{2!} - j\,\frac{\varphi^3}{3!} + \frac{\varphi^4}{4!} + j\,\frac{\varphi^5}{5!} - \ldots =$$

$$= \underbrace{\left(1 - \frac{\varphi^2}{2!} + \frac{\varphi^4}{4!} - + \ldots\right)}_{\cos\varphi} + j\underbrace{\left(\varphi - \frac{\varphi^3}{3!} + \frac{\varphi^5}{5!} - + \ldots\right)}_{\sin\varphi} =$$

$$= \cos\varphi + j \cdot \sin\varphi$$

Die in den Klammern stehenden Potenzreihen sind nämlich die *Mac Laurinschen Reihen* von $\cos\varphi$ und $\sin\varphi$.

Diese Schreibweise wird sich später noch als besonders vorteilhaft bei der Ausführung der Rechenoperationen *Multiplikation* und *Division* erweisen.

Die zu $z = r \cdot e^{j\varphi}$ *konjugiert* komplexe Zahl z^* lautet in der *Exponentialform*:

$$z^* = [r \cdot e^{j\varphi}]^* = r \cdot e^{-j\varphi} \tag{III-27}$$

Anmerkungen

(1) Die in der *Eulerschen Formel* (III-25) auftretende *komplexe* Exponentialfunktion ist im Gegensatz zur *reellen* e-Funktion *periodisch* mit der Periode $j\,2\pi$:

$$e^{(j\varphi + k \cdot j2\pi)} = e^{j(\varphi + k \cdot 2\pi)} = e^{j\varphi} \qquad (k \in \mathbb{Z}) \tag{III-28}$$

(2) Wiederum gilt: Ersetzt man j durch $-j$, so erhält man aus z die *konjugiert komplexe* Zahl z^*.

■ **Beispiele**

(1) Die in der *Exponentialform* vorliegenden komplexen Zahlen

$$z_1 = 3 \cdot e^{j45°}, \qquad z_2 = 4 \cdot e^{j\frac{2}{3}\pi}, \qquad z_3 = 5 \cdot e^{j\frac{3}{2}\pi},$$

$$z_4 = 3 \cdot e^{-j110°}, \qquad z_5 = 6 \cdot e^{j\pi}, \qquad z_6 = 4 \cdot e^{j340°}$$

sind in der Gaußschen Zahlenebene durch *Bildpunkte* und *Zeiger* bildlich darzustellen.

Die Lösung findet der Leser in Bild III-14.

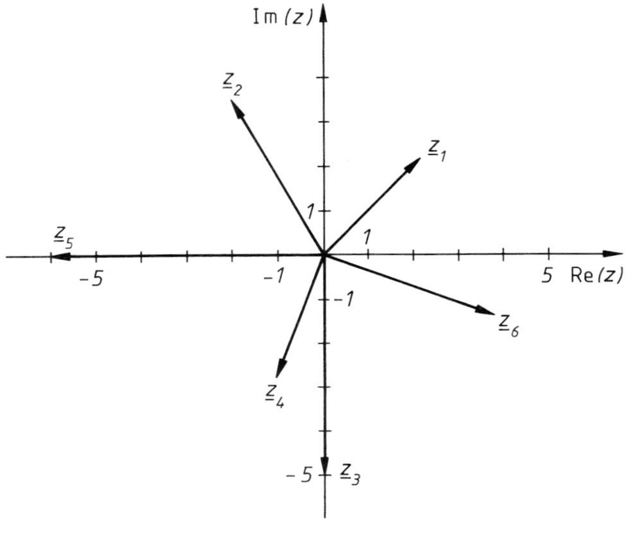

Bild III-14

(2) Wir bestimmen die zu

$$z_1 = 3 \cdot e^{j\frac{\pi}{3}}, \quad z_2 = 5 \cdot e^{j\,160^\circ} \quad \text{und} \quad z_3 = 6 \cdot e^{-j\,20^\circ}$$

konjugiert komplexen Zahlen. Sie lauten:

$$z_1 = 3 \cdot e^{j\frac{\pi}{3}} \quad \Rightarrow \quad z_1^* = 3 \cdot e^{-j\frac{\pi}{3}} = 3 \cdot e^{j\left(-\frac{\pi}{3}\right)}$$

$$z_2 = 5 \cdot e^{j\,160^\circ} \quad \Rightarrow \quad z_2^* = 5 \cdot e^{-j\,160^\circ} = 5 \cdot e^{j(-160^\circ)}$$

$$z_3 = 6 \cdot e^{-j\,20^\circ} \quad \Rightarrow \quad z_3^* = 6 \cdot e^{j\,20^\circ}$$

In Bild III-15 ist die Lage der *Bildpunkte* und *Zeiger* in der Gaußschen Zahlenebene dargestellt.

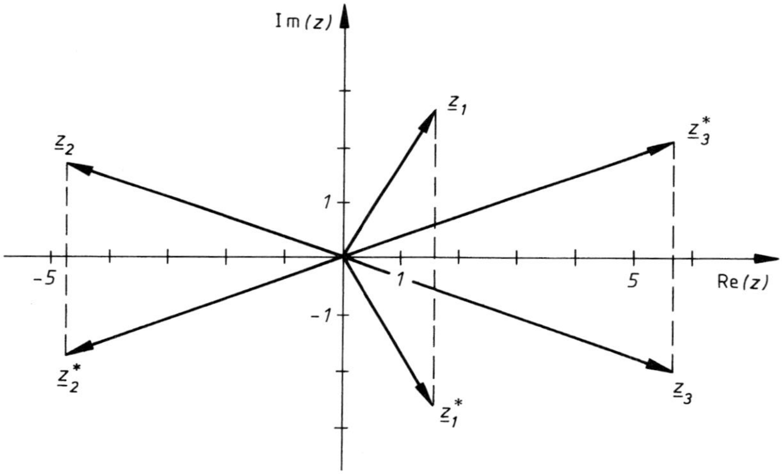

Bild III-15

■

1.4.4 Zusammenstellung der verschiedenen Darstellungsformen

Die nachfolgende Zusammenfassung enthält die verschiedenen Darstellungsformen einer komplexen Zahl.

Darstellungsformen einer komplexen Zahl

1. Algebraische oder kartesische Form

$$z = x + jy \tag{III-29}$$

x: *Realteil* von z

y: *Imaginärteil* von z

2. Trigonometrische Form

$$z = r(\cos\varphi + \mathrm{j}\cdot\sin\varphi) \qquad \text{(III-30)}$$

r: *Betrag* von z

φ: *Argument* (*Winkel*) von z

3. Exponentialform

$$z = r\cdot \mathrm{e}^{\mathrm{j}\varphi} \qquad \text{(III-31)}$$

r: *Betrag* von z

φ: *Argument* (*Winkel*) von z

Anmerkungen

(1) Sowohl der *trigonometrischen* als auch der *exponentiellen* Darstellungsform liegen *Polarkoordinaten* zugrunde. Wir fassen diese Schreibweisen daher unter der Sammelbezeichnung „*Polarformen*" zusammen. Die Exponentialform ist dabei gewissermaßen eine *Kurzschreibweise* für die trigonometrische Form.

(2) Für alle drei Darstellungsformen gilt: Ersetzt man j durch $-\mathrm{j}$, so geht die komplexe Zahl z in die zugehörige *konjugiert komplexe* Zahl z^* über.

1.4.5 Umrechnungen zwischen den Darstellungsformen

1.4.5.1 Umrechnung: Polarform → Kartesische Form

Die komplexe Zahl liegt in der *trigonometrischen* oder in der *Exponentialform* vor und soll in die *kartesische* Form umgerechnet werden. Dies geschieht wie folgt:

Umrechnung einer komplexen Zahl: Polarform → Kartesische Form

Eine in der *Polarform* $z = r(\cos\varphi + \mathrm{j}\cdot\sin\varphi)$ oder $z = r\cdot\mathrm{e}^{\mathrm{j}\varphi}$ vorliegende komplexe Zahl läßt sich mit Hilfe der Transformationsgleichungen

$$x = r\cdot\cos\varphi, \qquad y = r\cdot\sin\varphi \qquad \text{(III-32)}$$

in die *kartesische* Form $z = x + \mathrm{j}\,y$ überführen.

Anmerkung

Die Transformationsgleichungen (III-32) beschreiben den Übergang von den *Polarkoordinaten* zu den *kartesischen* Koordinaten. In der Praxis geht man dabei wie folgt vor:

Zunächst wird die komplexe Zahl von der Exponentialform in die *trigonometrische* Form gebracht, dann wird „ausmultipliziert“[3]:

$$z = r \cdot e^{j\varphi} = r(\cos\varphi + j \cdot \sin\varphi) = \underbrace{(r \cdot \cos\varphi)}_{x} + j\underbrace{(r \cdot \sin\varphi)}_{y} = x + jy$$

■ **Beispiele**

Die in der *trigonometrischen* Form bzw. *Exponentialform* vorliegenden komplexen Zahlen

$$z_1 = 2(\cos 30^\circ + j \cdot \sin 30^\circ), \quad z_2 = 3 \cdot e^{j\frac{3}{4}\pi}, \quad z_3 = 5(\cos\pi + j \cdot \sin\pi),$$

$$z_4 = 3 \cdot e^{j\,250^\circ}, \quad z_5 = 4\left[\cos\left(\frac{\pi}{2}\right) + j \cdot \sin\left(\frac{\pi}{2}\right)\right], \quad z_6 = 4 \cdot e^{-j\,45^\circ}$$

sind in der *Normalform* (*kartesischen* Form) darzustellen (*Zeigerdarstellung* in Bild III-12).

Lösung:

$$z_1 = 2\left(\frac{1}{2}\sqrt{3} + j \cdot 0{,}5\right) = \sqrt{3} + j = 1{,}73 + j$$

$$z_2 = 3 \cdot e^{j\frac{3}{4}\pi} = 3\left[\cos\left(\frac{3}{4}\pi\right) + j \cdot \sin\left(\frac{3}{4}\pi\right)\right] = -\frac{3}{2}\sqrt{2} + \frac{3}{2}\sqrt{2}\,j =$$

$$= -2{,}12 + 2{,}12\,j$$

$$z_3 = 5(-1 + j \cdot 0) = -5 \quad (\textit{reelle}\ \text{Zahl})$$

$$z_4 = 3 \cdot e^{j\,250^\circ} = 3(\cos 250^\circ + j \cdot \sin 250^\circ) = -1{,}03 - 2{,}82\,j$$

$$z_5 = 4(0 + j \cdot 1) = 4\,j \quad (\textit{imaginäre}\ \text{Zahl})$$

$$z_6 = 4 \cdot e^{-j\,45^\circ} = 4[\cos(-45^\circ) + j \cdot \sin(-45^\circ)] = 2\sqrt{2} - 2\sqrt{2}\,j =$$

$$= 2{,}83 - 2{,}83\,j$$

■

[3] Der erste Schritt entfällt natürlich, wenn die komplexe Zahl bereits in der trigonometrischen Form vorliegen sollte.

1.4.5.2 Umrechnung: Kartesische Form → Polarform

Die komplexe Zahl liegt in der *kartesischen* Form (*Normalform*) vor und soll in die *Polarform*, d.h. in die *trigonometrische* oder in die *Exponentialform* umgerechnet werden. Anhand von Bild III-16 ergeben sich dabei folgende *Transformationsgleichungen*:

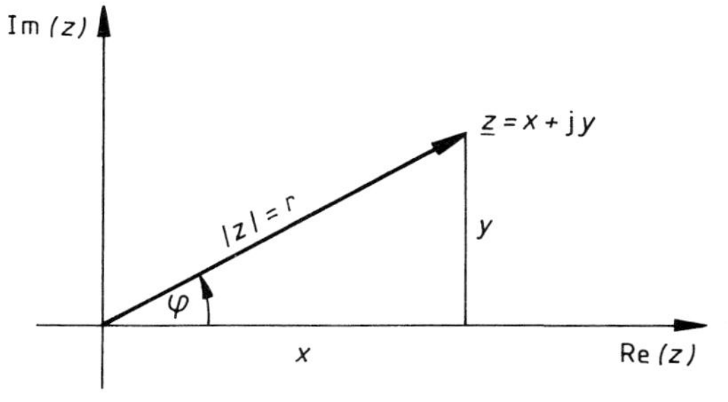

Bild III-16
Zur Transformation einer komplexen Zahl aus der kartesischen Form in eine Polarform

Umrechnung einer komplexen Zahl: Kartesische Form → Polarform

Eine in der *kartesischen* Form $z = x + \mathrm{j}\, y$ vorliegende komplexe Zahl läßt sich mit Hilfe der Transformationsgleichungen

$$r = |z| = \sqrt{x^2 + y^2}, \qquad \tan \varphi = \frac{y}{x} \tag{III-33}$$

und unter Berücksichtigung des Quadranten, in dem der zugehörige Bildpunkt liegt, in die *trigonometrische* Form $z = r\,(\cos \varphi + \mathrm{j} \cdot \sin \varphi)$ bzw. in die *Exponentialform* $z = r \cdot \mathrm{e}^{\mathrm{j}\varphi}$ überführen (Bild III-16).

Anmerkungen

(1) Bei der *Winkelbestimmung* ist besondere Sorgfalt geboten. Wir beschränken uns dabei auf den im Intervall $[0, 2\pi)$ gelegenen *Hauptwert*. Dieser Winkel läßt sich am bequemsten anhand einer *Lageskizze* der komplexen Zahl über einen *Hilfswinkel* α berechnen (s. hierzu das nachfolgende Beispiel (1)).

(2) Allgemein ergeben sich für den *Hauptwert* des Winkels φ – *in Abhängigkeit vom Quadranten* – die folgenden Berechnungsformeln (φ im Bogenmaß):

1. Quadrant: $$\varphi = \arctan\left(\frac{y}{x}\right) \tag{III-34}$$

2. und 3. Quadrant: $$\varphi = \arctan\left(\frac{y}{x}\right) + \pi \tag{III-35}$$

4. Quadrant: $$\varphi = \arctan\left(\frac{y}{x}\right) + 2\pi \tag{III-36}$$

Zur Herleitung dieser Formeln: Wir beschränken uns auf den *2. Quadrant*. Anhand von Bild III-17 berechnen wir zunächst den *Hilfswinkel* α:

$$\tan\alpha = \frac{y}{|x|} = \frac{y}{-x} \Rightarrow \alpha = \arctan\left(\frac{y}{-x}\right) = -\arctan\left(\frac{y}{x}\right) \qquad \text{(III-37)}$$

Für den *Hauptwert* φ folgt dann:

$$\varphi = 180^\circ - \alpha = 180^\circ + \arctan\left(\frac{y}{x}\right) \mathrel{\hat{=}} \pi + \arctan\left(\frac{y}{x}\right) \qquad \text{(III-38)}$$

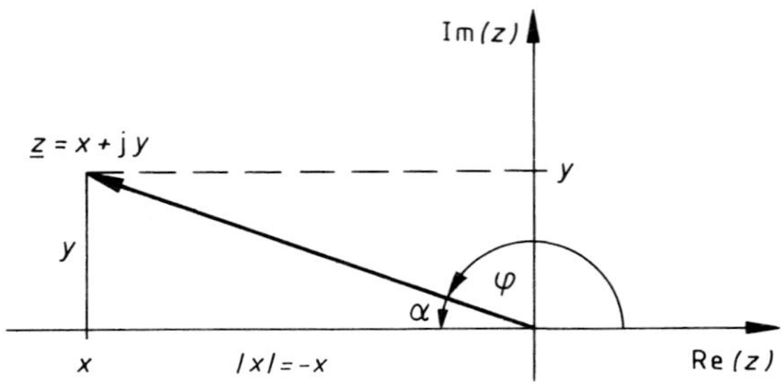

Bild III-17

(3) Für die *reellen* Zahlen $z = x + 0 \cdot \mathrm{j} = x$ ist

$$r = |x| \quad \text{und} \quad \varphi = \begin{cases} 0 & \\ \text{unbestimmt} & \text{für} \\ \pi & \end{cases} \begin{array}{l} x > 0 \\ x = 0 \text{ (Nullpunkt)} \\ x < 0 \end{array}$$

Den drei Fällen entsprechen die *Zeiger* $\underline{z}_1$, $\underline{z}_2$ und $\underline{z}_3$ in Bild III-18.

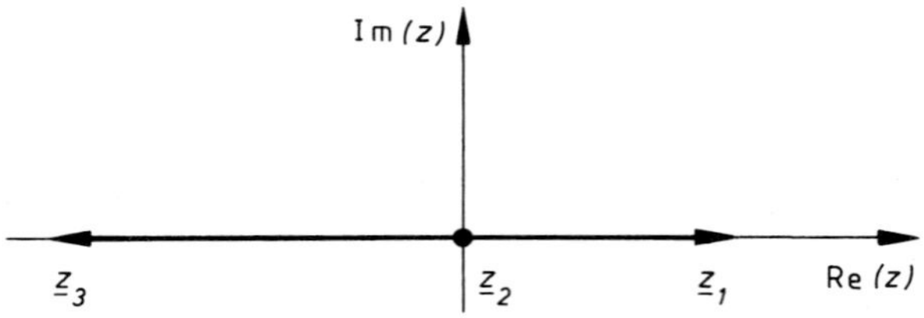

Bild III-18

(4) Für die *imaginären* Zahlen $z = 0 + \mathrm{j}y = \mathrm{j}y$ ist

$$r = |y| \quad \text{und} \quad \varphi = \begin{cases} \dfrac{\pi}{2} & \\ & \text{für} \\ \dfrac{3}{2}\pi & \end{cases} \begin{array}{l} y > 0 \\ \\ y < 0 \end{array}$$

Den beiden Fällen entsprechen die *Zeiger* $\underline{z}_1$ und $\underline{z}_2$ in Bild III-19.

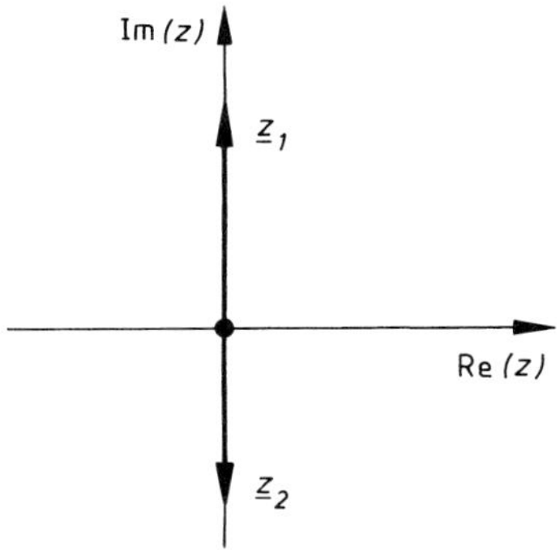

Bild III-19

■ **Beispiele**

(1) Die komplexe Zahl $z = -\sqrt{3} - \mathrm{j}$ liegt im *3. Quadrant* (Bild III-20).

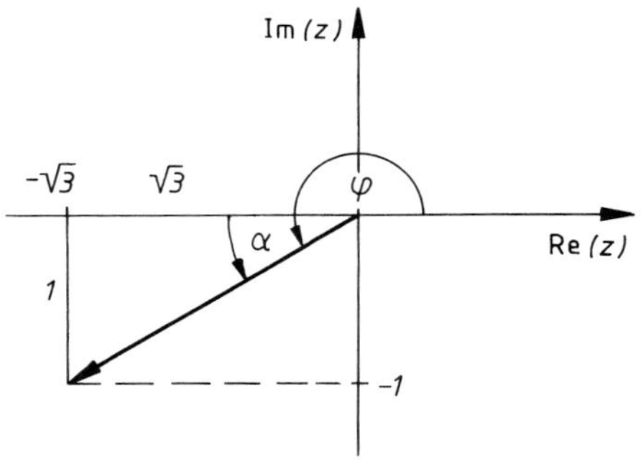

Bild III-20

Ihr *Betrag* ist

$$r = |z| = \sqrt{(-\sqrt{3})^2 + (-1)^2} = \sqrt{3+1} = 2$$

Der *Phasenwinkel* φ liegt zwischen 180° und 270° (*Hauptwert*). Wir berechnen ihn über den Hilfswinkel α:

$$\tan \alpha = \frac{|-1|}{|-\sqrt{3}|} = \frac{1}{\sqrt{3}} \quad \Rightarrow \quad \alpha = \arctan\left(\frac{1}{\sqrt{3}}\right) = 30^\circ$$

$$\varphi = 180^\circ + \alpha = 180^\circ + 30^\circ = 210^\circ \mathrel{\hat{=}} \frac{7}{6}\pi$$

Die Anwendung der Formel (III-35) führt selbstverständlich zum gleichen Ergebnis:

$$\varphi = \pi + \arctan\left(\frac{-1}{-\sqrt{3}}\right) = \pi + \arctan\left(\frac{1}{\sqrt{3}}\right) = \pi + \frac{\pi}{6} = \frac{7}{6}\pi$$

(2) Die in der *kartesischen* Schreibweise gegebenen komplexen Zahlen

$$z_1 = 3 + 4\mathrm{j}, \quad z_2 = -4 + 2\mathrm{j}, \quad z_3 = -8 - 6\mathrm{j}, \quad z_4 = 4 - 4\mathrm{j}$$

sind in der *trigonometrischen* und in der *exponentiellen* Form darzustellen und in der Gaußschen Zahlenebene durch *Bildpunkte* bzw. *Zeiger* zu veranschaulichen.

Lösung:

Die *Bildpunkte* und *Zeiger* der Zahlen z_1 bis z_4 besitzen die in Bild III-21 skizzierte Lage in der Gaußschen Zahlenebene.

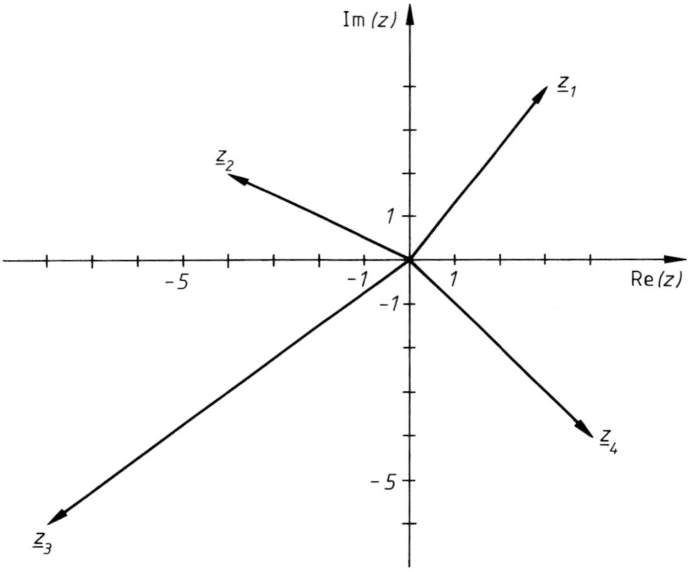

Bild III-21

$z_1 = 3 + 4\mathrm{j}$ (1. Quadrant)

$$r_1 = |z_1| = \sqrt{3^2 + 4^2} = 5$$

$$\varphi_1 = \arctan\left(\frac{4}{3}\right) = 53{,}13^\circ \mathrel{\hat{=}} 0{,}927$$

$$z_1 = 3 + 4\mathrm{j} = 5(\cos 53{,}13^\circ + \mathrm{j} \cdot \sin 53{,}13^\circ) = 5 \cdot \mathrm{e}^{\mathrm{j}\,53{,}13^\circ} =$$

$$= 5(\cos 0{,}927 + \mathrm{j} \cdot \sin 0{,}927) = 5 \cdot \mathrm{e}^{\mathrm{j}\,0{,}927}$$

$z_2 = -4 + 2j$ **(2. Quadrant)**

$$r_2 = |z_2| = \sqrt{(-4)^2 + 2^2} = \sqrt{20} = 4{,}47$$

$$\varphi_2 = \arctan\left(\frac{2}{-4}\right) + \pi = \arctan(-0{,}5) + \pi = -0{,}464 + \pi = 2{,}678$$

$$z_2 = -4 + 2j = \sqrt{20}\,(\cos 2{,}678 + j \cdot \sin 2{,}678) = \sqrt{20} \cdot e^{j\,2{,}678}$$

$z_3 = -8 - 6j$ **(3. Quadrant)**

$$r_3 = |z_3| = \sqrt{(-8)^2 + (-6)^2} = 10$$

$$\varphi_3 = \arctan\left(\frac{-6}{-8}\right) + \pi = \arctan 0{,}75 + \pi = 0{,}644 + \pi = 3{,}785$$

$$z_3 = -8 - 6j = 10\,(\cos 3{,}785 + j \cdot \sin 3{,}785) = 10 \cdot e^{j\,3{,}785}$$

$z_4 = 4 - 4j$ **(4. Quadrant)**

$$r_4 = |z_4| = \sqrt{4^2 + (-4)^2} = 4\sqrt{2}$$

$$\varphi_4 = \arctan\left(\frac{-4}{4}\right) + 2\pi = \arctan(-1) + 2\pi = -\frac{\pi}{4} + 2\pi = \frac{7}{4}\pi$$

$$z_4 = 4 - 4j = 4\sqrt{2}\left[\cos\left(\frac{7}{4}\pi\right) + j \cdot \sin\left(\frac{7}{4}\pi\right)\right] = 4\sqrt{2} \cdot e^{j\frac{7}{4}\pi}$$

■

2 Komplexe Rechnung

2.1 Die vier Grundrechenarten für komplexe Zahlen

2.1.1 Vorbetrachtungen

Auf der Zahlenmenge $\mathbb{C}$ lassen sich – wie bei den reellen Zahlen – *vier* Rechenoperationen, die sog. *Grundrechenarten* erklären. Es sind dies

— *Addition* $(+)$
— *Subtraktion* $(-)$ *als Umkehrung der Addition*
— *Multiplikation* $(\cdot)$
— *Division* $(:)$ *als Umkehrung der Multiplikation*

Bei der Festlegung dieser Operationen ist jedoch zu beachten, daß die reellen Zahlen einen *Sonderfall* der komplexen Zahlen darstellen ($\mathbb{R} \subset \mathbb{C}$). Die vier Grundrechenarten müssen daher so definiert werden, daß die Rechenregeln für *komplexe* Zahlen im Reellen mit den bereits bestehenden Rechenregeln für *reelle* Zahlen *übereinstimmen* (sog. *Permanenzprinzip*). Mit anderen Worten: *Die vier Grundrechenarten müssen so festgelegt werden, daß reelle und komplexe Zahlen den gleichen Grundgesetzen genügen.* Mit einer einzigen *Ausnahme*: Für komplexe Zahlen läßt sich *kein* Anordnungsaxiom formulieren. Daher haben Ungleichungen, etwa vom Typ $z_1 < z_2$ oder $z_1 > z_2$, für komplexe Zahlen *keinen* Sinn.

2.1.2 Addition und Subtraktion komplexer Zahlen

2.1.2.1 Definition von Addition und Subtraktion

Die Rechenoperationen *Addition* und *Subtraktion* sind in der *kartesischen* Darstellungsform wie folgt definiert:

Definition: *Summe* $z_1 + z_2$ und *Differenz* $z_1 - z_2$ zweier komplexer Zahlen $z_1 = x_1 + \mathrm{j}\,y_1$ und $z_2 = x_2 + \mathrm{j}\,y_2$ werden nach den folgenden Vorschriften gebildet:

$$z_1 + z_2 = (x_1 + x_2) + \mathrm{j}\,(y_1 + y_2) \qquad \text{(III-39)}$$

$$z_1 - z_2 = (x_1 - x_2) + \mathrm{j}\,(y_1 - y_2) \qquad \text{(III-40)}$$

Anmerkungen

(1) Realteil und Imaginärteil werden *jeweils für sich* addiert bzw. subtrahiert.

(2) Addition und Subtraktion lassen sich *nur* in der *kartesischen* Form durchführen. Gegebenenfalls müssen daher die Zahlen erst in diese Form umgerechnet werden (vgl. hierzu das nachfolgende Beispiel (2)).

■ **Beispiele**

(1) Wir bilden mit den Zahlen $z_1 = 4 - 5\mathrm{j}$ und $z_2 = 2 + 11\,\mathrm{j}$ die *Summe* $z_1 + z_2$ und die *Differenz* $z_1 - z_2$:

$$z_1 + z_2 = (4 - 5\mathrm{j}) + (2 + 11\,\mathrm{j}) = (4 + 2) + (-5 + 11)\mathrm{j} = 6 + 6\mathrm{j}$$

$$z_1 - z_2 = (4 - 5\mathrm{j}) - (2 + 11\,\mathrm{j}) = (4 - 2) + (-5 - 11)\mathrm{j} = 2 - 16\mathrm{j}$$

(2) *Gegeben*: $z_1 = 3 \cdot \mathrm{e}^{\mathrm{j}\,30^\circ}$, $\quad z_2 = 2\left[\cos\left(\frac{\pi}{4}\right) + \mathrm{j} \cdot \sin\left(\frac{\pi}{4}\right)\right]$

Gesucht: $z_1 + z_2$ und $z_1 - z_2$.

Lösung:

Die Zahlen müssen zunächst in die *kartesische* Form gebracht werden:

$$z_1 = 3 \cdot e^{j\,30^\circ} = 3\,(\cos 30^\circ + j \cdot \sin 30^\circ) = 2{,}598 + 1{,}500\,j$$

$$z_2 = 2\left[\cos\left(\frac{\pi}{4}\right) + j \cdot \sin\left(\frac{\pi}{4}\right)\right] = 1{,}414 + 1{,}414\,j$$

Addition und *Subtraktion* sind jetzt leicht durchführbar. Wir erhalten:

$$\begin{aligned} z_1 + z_2 &= (2{,}598 + 1{,}500\,j) + (1{,}414 + 1{,}414\,j) = \\ &= (2{,}598 + 1{,}414) + (1{,}500 + 1{,}414)\,j = 4{,}012 + 2{,}914\,j \end{aligned}$$

$$\begin{aligned} z_1 - z_2 &= (2{,}598 + 1{,}500\,j) - (1{,}414 + 1{,}414\,j) = \\ &= (2{,}598 - 1{,}414) + (1{,}500 - 1{,}414)\,j = 1{,}184 + 0{,}086\,j \end{aligned}$$

■

2.1.2.2 Geometrische Deutung

Die *Summen-* bzw. *Differenzbildung* erfolgt bei komplexen Zahlen *komponentenweise*, d.h. nach den gleichen Regeln wie bei *2-dimensionalen Vektoren* (vgl. hierzu Band 1, Abschnitt II.2.2.2). Den beiden Vektorkomponenten entsprechen dabei Real- und Imaginärteil der komplexen Zahl. Die Addition und Subtraktion zweier komplexer Zahlen kann daher auch *geometrisch* nach der aus der Vektorrechnung bekannten *Parallelogrammregel* erfolgen. In Bild III-22 haben wir die geometrische Addition näher dargestellt.

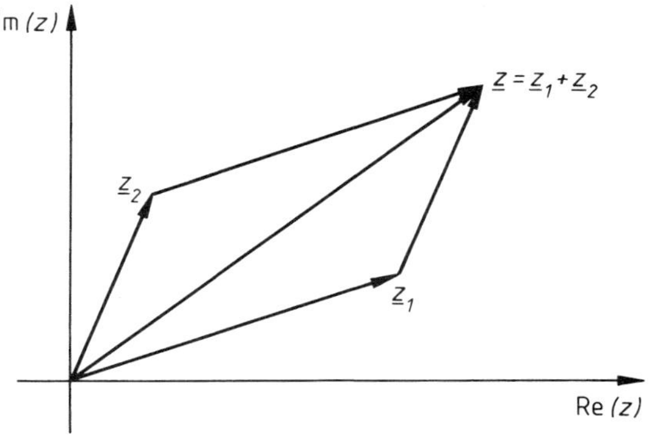

Bild III-22

Zur geometrischen Addition zweier komplexer Zahlen

2.1.3 Multiplikation und Division komplexer Zahlen

2.1.3.1 Definition von Multiplikation und Division

Definition: Unter dem *Produkt* $z_1 \cdot z_2$ zweier komplexer Zahlen $z_1 = x_1 + j\,y_1$ und $z_2 = x_2 + j\,y_2$ wird die komplexe Zahl

$$z_1 \cdot z_2 = (x_1 x_2 - y_1 y_2) + j(x_1 y_2 + x_2 y_1) \qquad \text{(III-41)}$$

verstanden.

Formal erhalten wir das *gleiche* Ergebnis, wenn wir das Produkt

$$z_1 \cdot z_2 = (x_1 + j\,y_1) \cdot (x_2 + j\,y_2) \qquad \text{(III-42)}$$

wie im Reellen *gliedweise* ausmultiplizieren und dabei die Beziehung

$$j^2 = -1 \qquad \text{(III-43)}$$

beachten:

$$\begin{aligned} z_1 \cdot z_2 &= (x_1 + j\,y_1) \cdot (x_2 + j\,y_2) = x_1 x_2 + j\,x_1 y_2 + j\,x_2 y_1 + j^2 y_1 y_2 = \\ &= (x_1 x_2 - y_1 y_2) + j(x_1 y_2 + x_2 y_1) \end{aligned} \qquad \text{(III-44)}$$

■ **Beispiele**

(1) $z_1 = 2 - 4j, \quad z_2 = -3 + 5j, \quad z_1 \cdot z_2 = ?$

Lösung:

$$z_1 \cdot z_2 = (2 - 4j) \cdot (-3 + 5j) = -6 + 10j + 12j - 20j^2 = 14 + 22j$$

(2) Wir berechnen die ersten *Potenzen* von j:

$$j^1 = j; \quad j^2 = -1; \quad j^3 = j^2 \cdot j = (-1) \cdot j = -j;$$
$$j^4 = j^2 \cdot j^2 = (-1) \cdot (-1) = 1; \quad j^5 = j^4 \cdot j = 1 \cdot j = j; \quad \ldots$$

Die ersten vier Potenzen besitzen der Reihe nach die Werte j, -1, $-j$ und 1. Von der 5. Potenz an *wiederholen* sich diese Werte. Daher gilt für jedes $n \in \mathbb{N}_0$:

$$j^{1+4n} = j; \quad j^{2+4n} = -1; \quad j^{3+4n} = -j; \quad j^{4+4n} = 1$$

(3) Wir berechnen das *Produkt* aus z und z^* und erhalten:

$$z \cdot z^* = (x + j\,y) \cdot (x - j\,y) = x^2 - j\,xy + j\,xy - j^2 y^2 = x^2 + y^2 = |z|^2$$

Für den *Betrag* $|z|$ einer komplexen Zahl $z = x + j\,y$ können wir daher auch schreiben:

$$|z| = \sqrt{x^2 + y^2} = \sqrt{z \cdot z^*}$$

■

Wir beschäftigen uns nun mit der *Umkehrung der Multiplikation*, der *Division*. Dazu betrachten wir die Gleichung

$$z \cdot z_2 = z_1 \tag{III-45}$$

mit *vorgegebenen* Zahlen $z_1 = x_1 + \mathrm{j}\,y_1$ und $z_2 = x_2 + \mathrm{j}\,y_2$ $(z_2 \neq 0)$. Sie hat – wie wir gleich zeigen werden – genau *eine* Lösung z, die als *Quotient* aus z_1 und z_2 bezeichnet wird. Die formale Schreibweise lautet dabei wie im Reellen:

$$z \cdot z_2 = z_1 \quad \Rightarrow \quad z = \frac{z_1}{z_2} \qquad (z_2 \neq 0) \tag{III-46}$$

Wir wollen nun diese Lösung berechnen. Dazu wird die linke Seite der Gleichung (III-45) *gliedweise* ausmultipliziert:

$$\begin{aligned} z \cdot z_2 &= (x + \mathrm{j}\,y) \cdot (x_2 + \mathrm{j}\,y_2) = x_2\,x + \mathrm{j}\,y_2\,x + \mathrm{j}\,x_2\,y + \mathrm{j}^2\,y_2\,y = \\ &= (x_2\,x - y_2\,y) + \mathrm{j}\,(y_2\,x + x_2\,y) \end{aligned} \tag{III-47}$$

Aus (III-45) folgt dann:

$$(x_2\,x - y_2\,y) + \mathrm{j}\,(y_2\,x + x_2\,y) = x_1 + \mathrm{j}\,y_1 \tag{III-48}$$

Diese Gleichung kann jedoch nur bestehen, wenn beide Seiten sowohl in ihrem Realteil als auch in ihrem Imaginärteil übereinstimmen:

$$\begin{aligned} x_2\,x - y_2\,y &= x_1 \\ y_2\,x + x_2\,y &= y_1 \end{aligned} \tag{III-49}$$

Dieses *lineare Gleichungssystem* mit zwei Gleichungen und zwei Unbekannten besitzt *genau eine* Lösung, wenn die Koeffizientendeterminante D von Null *verschieden* ist:

$$D = \begin{vmatrix} x_2 & -y_2 \\ y_2 & x_2 \end{vmatrix} = x_2^2 + y_2^2 \neq 0 \tag{III-50}$$

Dies ist genau dann der Fall, wenn (*wie vorausgesetzt*) $z_2 \neq 0$ ist. Die Lösung des (2, 2)-Systems (III-49) lautet dann nach der *Cramerschen Regel* wie folgt:

$$x = \frac{x_1\,x_2 + y_1\,y_2}{x_2^2 + y_2^2}, \qquad y = \frac{x_2\,y_1 - x_1\,y_2}{x_2^2 + y_2^2} \tag{III-51}$$

Gleichung (III-45) wird daher durch die komplexe Zahl

$$z = \frac{x_1\,x_2 + y_1\,y_2}{x_2^2 + y_2^2} + \mathrm{j}\,\frac{x_2\,y_1 - x_1\,y_2}{x_2^2 + y_2^2} \tag{III-52}$$

eindeutig gelöst.

Dies führt zu der folgenden Definition:

Definition: Unter dem *Quotient* z_1/z_2 zweier komplexer Zahlen $z_1 = x_1 + \mathrm{j}\,y_1$ und $z_2 = x_2 + \mathrm{j}\,y_2$ wird die komplexe Zahl

$$\frac{z_1}{z_2} = \frac{x_1 x_2 + y_1 y_2}{x_2^2 + y_2^2} + \mathrm{j}\,\frac{x_2 y_1 - x_1 y_2}{x_2^2 + y_2^2} \qquad \text{(III-53)}$$

verstanden ($z_2 \neq 0$).

Anmerkung

Wie im Reellen so ist auch im Komplexen die Division durch die Zahl Null *nicht* erlaubt.

In der Praxis geht man bei der *Quotientenbildung* wie folgt vor. Der Quotient z_1/z_2 wird zunächst mit z_2^*, d.h. dem *konjugiert* komplexen Nenner *erweitert*. Durch diese Operation wird der Nenner *reell* ($z_2 \cdot z_2^*$ ist eine *reelle* Zahl!). Man erhält dann Schritt für Schritt:

$$\frac{z_1}{z_2} = \frac{z_1 \cdot z_2^*}{z_2 \cdot z_2^*} = \frac{(x_1 + \mathrm{j}\,y_1) \cdot (x_2 - \mathrm{j}\,y_2)}{(x_2 + \mathrm{j}\,y_2) \cdot (x_2 - \mathrm{j}\,y_2)} = \frac{x_1 x_2 - \mathrm{j}\,x_1 y_2 + \mathrm{j}\,x_2 y_1 - \mathrm{j}^2 y_1 y_2}{x_2^2 + y_2^2} =$$

$$= \frac{(x_1 x_2 + y_1 y_2) + \mathrm{j}\,(x_2 y_1 - x_1 y_2)}{x_2^2 + y_2^2} =$$

$$= \frac{x_1 x_2 + y_1 y_2}{x_2^2 + y_2^2} + \mathrm{j}\,\frac{x_2 y_1 - x_1 y_2}{x_2^2 + y_2^2} \qquad \text{(III-54)}$$

■ **Beispiele**

(1) Mit $z_1 = 4 - 8\mathrm{j}$ und $z_2 = 3 + 4\mathrm{j}$ berechnen wir den *Quotienten* z_1/z_2:

$$\frac{z_1}{z_2} = \frac{4 - 8\mathrm{j}}{3 + 4\mathrm{j}} = \frac{(4 - 8\mathrm{j}) \cdot (3 - 4\mathrm{j})}{(3 + 4\mathrm{j}) \cdot (3 - 4\mathrm{j})} = \frac{12 - 16\mathrm{j} - 24\mathrm{j} + 32\mathrm{j}^2}{9 + 16} =$$

$$= \frac{-20 - 40\mathrm{j}}{25} = -\frac{20}{25} - \frac{40}{25}\mathrm{j} = -0{,}8 - 1{,}6\mathrm{j}$$

(2) Wir berechnen den *Kehrwert* der imaginären Einheit j:

$$\frac{1}{\mathrm{j}} = \frac{1 \cdot (-\mathrm{j})}{\mathrm{j} \cdot (-\mathrm{j})} = \frac{-\mathrm{j}}{1} = -\mathrm{j}$$

■

2.1.3.2 Multiplikation und Division in trigonometrischer und exponentieller Darstellung

Multiplikation und *Division* sind in der *trigonometrischen* bzw. *exponentiellen* Schreibweise besonders einfach durchführbar. Mit

$$z_1 = r_1 (\cos \varphi_1 + \mathrm{j} \cdot \sin \varphi_1) \quad \text{und} \quad z_2 = r_2 (\cos \varphi_2 + \mathrm{j} \cdot \sin \varphi_2) \tag{III-55}$$

erhalten wir für das *Produkt* $z_1 \cdot z_2$ den Ausdruck

$$\begin{aligned} z_1 \cdot z_2 &= r_1 (\cos \varphi_1 + \mathrm{j} \cdot \sin \varphi_1) \cdot r_2 (\cos \varphi_2 + \mathrm{j} \cdot \sin \varphi_2) = \\ &= r_1 r_2 (\cos \varphi_1 + \mathrm{j} \cdot \sin \varphi_1) \cdot (\cos \varphi_2 + \mathrm{j} \cdot \sin \varphi_2) = \\ &= r_1 r_2 (\cos \varphi_1 \cdot \cos \varphi_2 + \mathrm{j} \cdot \sin \varphi_2 \cdot \cos \varphi_1 + \mathrm{j} \cdot \sin \varphi_1 \cdot \cos \varphi_2 + \\ &\qquad + \mathrm{j}^2 \cdot \sin \varphi_1 \cdot \sin \varphi_2) = \\ &= r_1 r_2 [\cos \varphi_1 \cdot \cos \varphi_2 - \sin \varphi_1 \cdot \sin \varphi_2 + \mathrm{j} (\sin \varphi_1 \cdot \cos \varphi_2 + \\ &\qquad + \cos \varphi_1 \cdot \sin \varphi_2)] \end{aligned} \tag{III-56}$$

Unter Verwendung der *Additionstheoreme*

$$\begin{aligned} \cos (\varphi_1 + \varphi_2) &= \cos \varphi_1 \cdot \cos \varphi_2 - \sin \varphi_1 \cdot \sin \varphi_2 \\ \sin (\varphi_1 + \varphi_2) &= \sin \varphi_1 \cdot \cos \varphi_2 + \cos \varphi_1 \cdot \sin \varphi_2 \end{aligned} \tag{III-57}$$

folgt hieraus weiter

$$z_1 \cdot z_2 = (r_1 r_2) [\cos (\varphi_1 + \varphi_2) + \mathrm{j} \cdot \sin (\varphi_1 + \varphi_2)] \tag{III-58}$$

oder – in der kürzeren *Exponentialform* –:

$$z_1 \cdot z_2 = (r_1 r_2) \cdot \mathrm{e}^{\mathrm{j} (\varphi_1 + \varphi_2)} \tag{III-59}$$

Wir stellen fest: Zwei komplexe Zahlen werden *multipliziert*, indem man ihre Beträge *multipliziert* und ihre Argumente (Winkel) *addiert*.

Eine analoge Rechnung liefert für den *Quotienten* zweier komplexer Zahlen:

$$\frac{z_1}{z_2} = \frac{r_1}{r_2} [\cos (\varphi_1 - \varphi_2) + \mathrm{j} \cdot \sin (\varphi_1 - \varphi_2)] = \frac{r_1}{r_2} \cdot \mathrm{e}^{\mathrm{j} (\varphi_1 - \varphi_2)} \tag{III-60}$$

Also gilt für die *Division*: Zwei komplexe Zahlen werden *dividiert*, indem man ihre Beträge *dividiert* und ihre Argumente (Winkel) *subtrahiert*.

Wir fassen diese Ergebnisse wie folgt zusammen:

Multiplikation und Division zweier komplexer Zahlen in der trigonometrischen und exponentiellen Darstellung

Bei der *Multiplikation* und *Division* zweier komplexer Zahlen erweist sich die *trigonometrische* bzw. *exponentielle* Darstellungsweise als besonders vorteilhaft. Mit $z_1 = r_1 (\cos \varphi_1 + \mathrm{j} \cdot \sin \varphi_1) = r_1 \cdot \mathrm{e}^{\mathrm{j}\varphi_1}$ und $z_2 = r_2 (\cos \varphi_2 + \mathrm{j} \cdot \sin \varphi_2) = r_2 \cdot \mathrm{e}^{\mathrm{j}\varphi_2}$ gilt dann:

1. Für die Multiplikation:

$$z_1 \cdot z_2 = (r_1 r_2) [\cos (\varphi_1 + \varphi_2) + \mathrm{j} \cdot \sin (\varphi_1 + \varphi_2)] = (r_1 r_2) \cdot \mathrm{e}^{\mathrm{j}(\varphi_1 + \varphi_2)} \qquad \text{(III-61)}$$

Regel: Zwei komplexe Zahlen werden *multipliziert*, indem man ihre Beträge *multipliziert* und ihre Argumente (Winkel) *addiert*.

2. Für die Division:

$$\frac{z_1}{z_2} = \frac{r_1}{r_2} [\cos (\varphi_1 - \varphi_2) + \mathrm{j} \cdot \sin (\varphi_1 - \varphi_2)] = \frac{r_1}{r_2} \cdot \mathrm{e}^{\mathrm{j}(\varphi_1 - \varphi_2)} \qquad \text{(III-62)}$$

Regel: Zwei komplexe Zahlen werden *dividiert*, indem man ihre Beträge *dividiert* und ihre Argumente (Winkel) *subtrahiert*.

2.1.3.3 Geometrische Deutung

Die Rechenoperationen *Multiplikation* und *Division* lassen sich in sehr anschaulicher Weise wie folgt *geometrisch* deuten:

(1) Multiplikation mit einer reellen Zahl

Die *Multiplikation* der komplexen Zahl $z_1 = r_1 \cdot \mathrm{e}^{\mathrm{j}\varphi_1}$ mit der *positiven reellen* Zahl r ($r > 0$) bedeutet eine *Streckung des* Zeigers $\underline{z}_1$ um das r-fache, wobei der Winkel φ_1 erhalten bleibt (Bild III-23).

Erfolgt die Multiplikation jedoch mit einer *negativen* reellen Zahl r ($r < 0$), so ist der Zeiger z_1 um das $|r|$-fache zu *strecken* und anschließend um 180° (in positiver oder negativer Richtung) zu *drehen* (Richtungsumkehr).

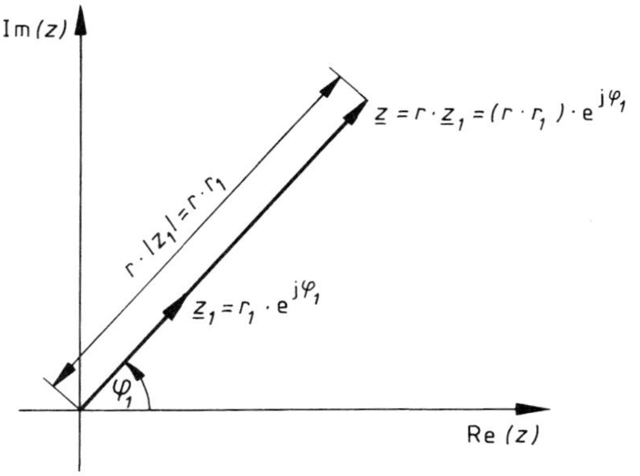

Bild III-23

Zur Multiplikation der komplexen Zahl $z_1 = r_1 \cdot e^{j\varphi_1}$ mit der reellen Zahl $r > 0$

(2) Multiplikation mit einer komplexen Zahl vom Betrag Eins

Der *Multiplikation* der komplexen Zahl $z_1 = r_1 \cdot e^{j\varphi_1}$ mit der *komplexen* Zahl $e^{j\varphi}$ entspricht eine *Drehung* des Zeigers $\underline{z}_1$ um den Winkel φ (Bild III-24). Für $\varphi > 0$ erfolgt die Drehung im *positiven* Drehsinn (*Gegenuhrzeigersinn*), für $\varphi < 0$ dagegen im *negativen* Drehsinn (*Uhrzeigersinn*). Die Länge des Zeigers bleibt dabei *unverändert*, da $|e^{j\varphi}| = 1$ ist.

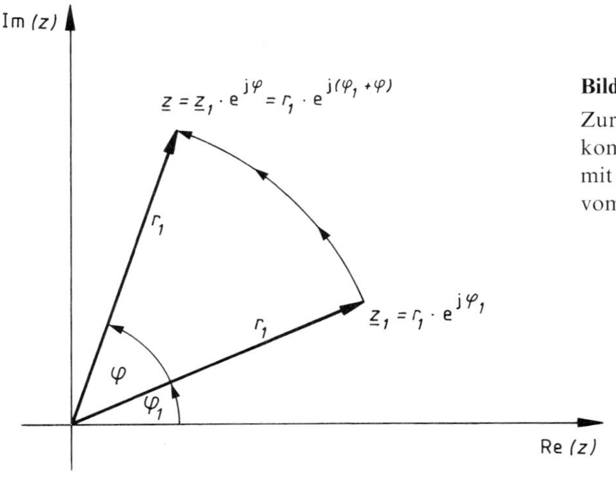

Bild III-24

Zur Multiplikation der komplexen Zahl $z_1 = r_1 \cdot e^{j\varphi_1}$ mit der komplexen Zahl $e^{j\varphi}$ vom Betrage 1

(3) Multiplikation mit einer komplexen Zahl (allgemeiner Fall)

Die *Multiplikation* der komplexen Zahl $z_1 = r_1 \cdot e^{j\varphi_1}$ mit der *komplexen* Zahl $z = r \cdot e^{j\varphi}$ läßt sich geometrisch als *Drehstreckung* des Zeigers $\underline{z}_1$ darstellen: Zunächst wird der Zeiger $\underline{z}_1$ um das r-fache *gestreckt* (*Streckung*) und anschließend um den Winkel φ *gedreht* (*Drehung*). Bild III-25 zeigt die einzelnen Phasen dieser geometrischen Operation.

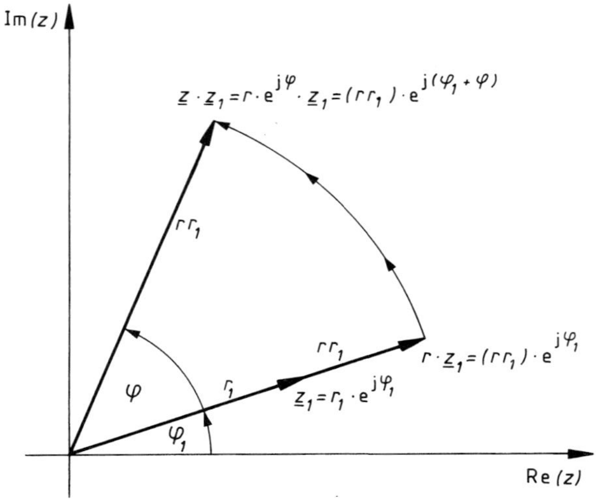

Bild III-25
Zur Multiplikation der komplexen Zahl $z_1 = r_1 \cdot e^{j\varphi_1}$ mit der komplexen Zahl $z = r \cdot e^{j\varphi}$

Wir fassen zusammen:

Geometrische Deutung der Multiplikation zweier komplexer Zahlen

Die *Multiplikation* einer komplexen Zahl $z_1 = r_1 \cdot e^{j\varphi_1}$ mit der komplexen Zahl $z = r \cdot e^{j\varphi}$ bedeutet geometrisch eine *Drehstreckung* des Zeigers $\underline{z}_1$ (Bild III-25). Dabei wird der Zeiger $\underline{z}_1$ *nacheinander* den folgenden geometrischen Operationen unterworfen:

1. *Streckung* um das r-fache.
2. *Drehung* um den Winkel φ im *positiven* Drehsinn (für $\varphi > 0$)[4].

Das Ergebnis ist das geometrische Bild des *Produktes* $z \cdot z_1$.

Anmerkungen

(1) Die Operationen dürfen auch in der *umgekehrten* Reihenfolge ausgeführt werden: *Zuerst* erfolgt die *Drehung*, *dann* die *Streckung* des Zeigers. Diese Reihenfolge erklärt auch die Bezeichnung „*Drehstreckung*" für die zusammengesetzte Operation.

(2) Da die Multiplikation eine *kommutative* Rechenoperation ist ($z_1 \cdot z = z \cdot z_1$), kann man bei der geometrischen Konstruktion des Produktes $z_1 \cdot z$ auch vom Zeiger $\underline{z}$ ausgehen.

---

[4] Für $\varphi > 0$ erfolgt die Drehung im *positiven* Drehsinn, für $\varphi < 0$ im *negativen* Drehsinn.

(3) Die *Division* zweier komplexer Zahlen läßt sich auf die *Multiplikation* zurückführen. So bedeutet der *Quotient* z_1/z das *Produkt* aus z_1 und dem *Kehrwert* von z:

$$\frac{z_1}{z} = z_1 \cdot \frac{1}{z} = (r_1 \cdot \mathrm{e}^{\mathrm{j}\varphi_1}) \cdot \frac{1}{r \cdot \mathrm{e}^{\mathrm{j}\varphi}} = (r_1 \cdot \mathrm{e}^{\mathrm{j}\varphi_1}) \cdot \left(\frac{1}{r} \cdot \mathrm{e}^{-\mathrm{j}\varphi}\right) \qquad \text{(III-63)}$$

Damit erhalten wir für den *Quotienten* z_1/z die folgende *geometrische* Konstruktion: Zunächst wird der Zeiger $\underline{z}_1$ um das $1/r$-fache *gestreckt*, dann um den Winkel φ *zurückgedreht* oder umgekehrt (Bild III-26). Für $\varphi > 0$ erfolgt die Drehung im *negativen* Drehsinn (*Zurückdrehung* des Zeigers), für $\varphi < 0$ dagegen im *positiven* Drehsinn (*Vorwärtsdrehung* des Zeigers).

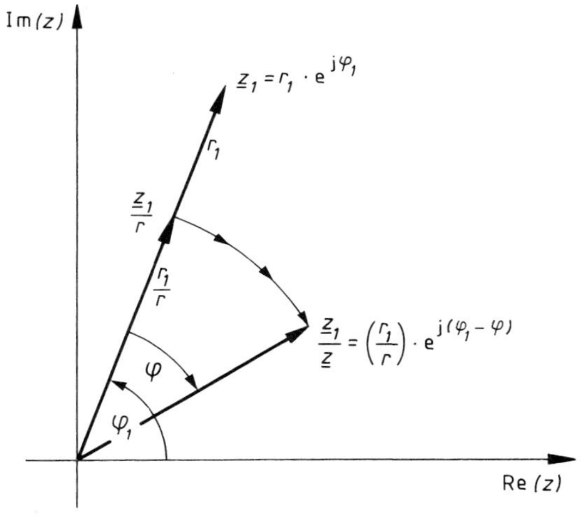

Bild III-26
Zur Division zweier komplexer Zahlen

■ **Beispiele**

(1) Gegeben sind die komplexen Zahlen $z_1 = 2 \cdot \mathrm{e}^{\mathrm{j}\,30^\circ}$ und $z_2 = 3 \cdot \mathrm{e}^{\mathrm{j}\,80^\circ}$. Wir berechnen und konstruieren das *Produkt* $z_1 \cdot z_2$.

Rechnerische Lösung:

$$z_1 \cdot z_2 = (2 \cdot \mathrm{e}^{\mathrm{j}\,30^\circ}) \cdot (3 \cdot \mathrm{e}^{\mathrm{j}\,80^\circ}) = (2 \cdot 3) \cdot \mathrm{e}^{\mathrm{j}(30^\circ + 80^\circ)} = 6 \cdot \mathrm{e}^{\mathrm{j}\,110^\circ}$$

Konstruktion des Zeigers $\underline{z}_1 \cdot \underline{z}_2$:
Mit dem Zeiger $\underline{z}_1$ führen wir nacheinander die folgenden geometrischen Operationen durch (Bild III-27):

1. *Streckung* auf das 3-fache.
2. *Drehung* um den Winkel 80° im *positiven* Drehsinn.

Das Ergebnis dieser *Drehstreckung* ist der Zeiger von $z_1 \cdot z_2 = 6 \cdot \mathrm{e}^{\mathrm{j}\,110^\circ}$.

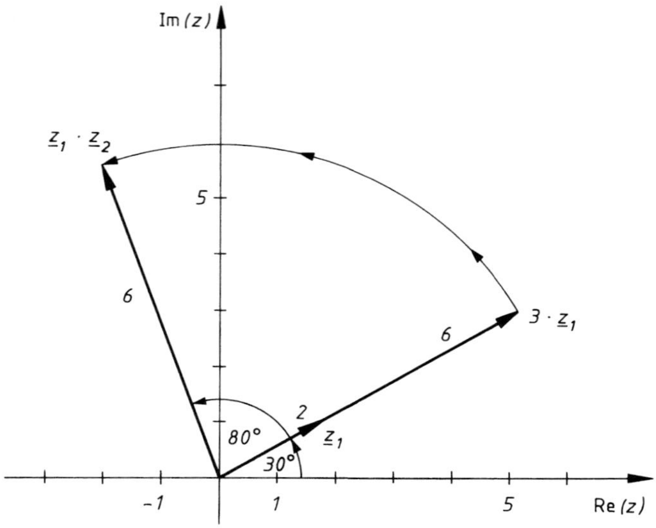

Bild III-27

(2) Wir berechnen den *Quotienten* aus $z_1 = 4 \cdot e^{j\,140^\circ}$ und $z_2 = 2 \cdot e^{j\,90^\circ}$.

Rechnerische Lösung:

$$\frac{z_1}{z_2} = \frac{4 \cdot e^{j\,140^\circ}}{2 \cdot e^{j\,90^\circ}} = \left(\frac{4}{2}\right) \cdot e^{j(140^\circ - 90^\circ)} = 2 \cdot e^{j\,50^\circ}$$

Geometrische Lösung:

Der Zeiger z_1 wird zunächst um das 1/2-fache *gestreckt* (d.h. auf die Hälfte *gestaucht*) und anschließend um 90° *zurückgedreht* (Bild III-28).

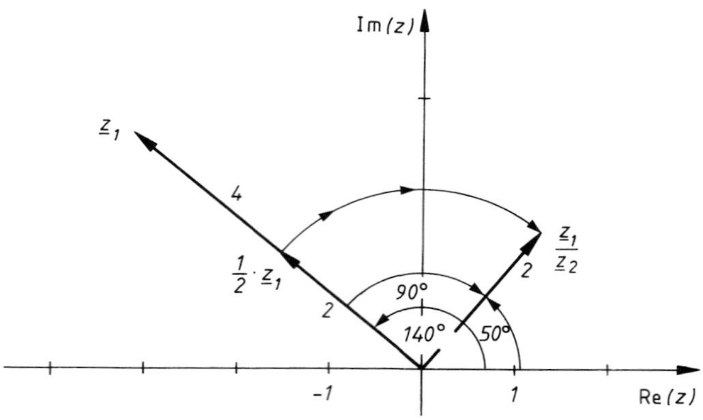

Bild III-28

(3) Die *Multiplikation* einer komplexen Zahl z mit der *imaginären Einheit* $\mathrm{j} = \mathrm{e}^{\mathrm{j}\,90^\circ}$ bedeutet geometrisch eine *Drehung* des Zeigers $\underline{z}$ um 90° im *Gegenuhrzeigersinn* (Bild III-29):

$$z \cdot \mathrm{j} = (r \cdot \mathrm{e}^{\mathrm{j}\varphi}) \cdot \mathrm{e}^{\mathrm{j}\,90^\circ} = r \cdot \mathrm{e}^{\mathrm{j}(\varphi + 90^\circ)}$$

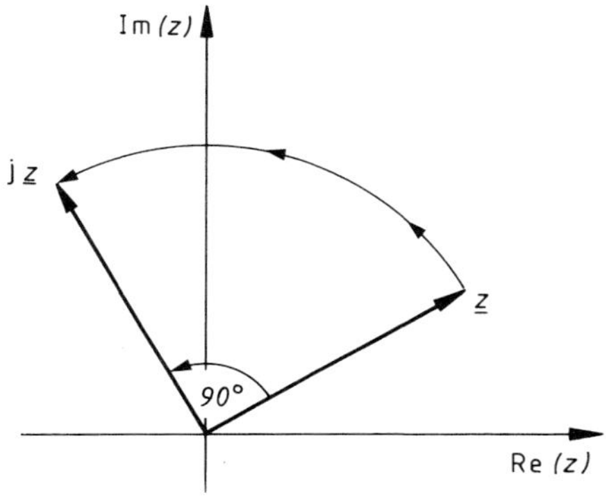

Bild III-29
Zur Multiplikation einer komplexen Zahl z mit der imaginären Einheit j

Die *Division einer* komplexen Zahl z durch die *imaginäre Einheit* $\mathrm{j} = \mathrm{e}^{\mathrm{j}\,90^\circ}$ bedeutet eine *Multiplikation* von z mit $\frac{1}{\mathrm{j}} = \mathrm{e}^{-\mathrm{j}\,90^\circ}$.

Geometrische Deutung: Der Zeiger $\underline{z}$ ist um 90° *zurückzudrehen* (Bild III-30):

$$\frac{z}{\mathrm{j}} = \frac{r \cdot \mathrm{e}^{\mathrm{j}\varphi}}{\mathrm{e}^{\mathrm{j}\,90^\circ}} = r \cdot \mathrm{e}^{\mathrm{j}\varphi} \cdot \mathrm{e}^{-\mathrm{j}\,90^\circ} = r \cdot \mathrm{e}^{\mathrm{j}(\varphi - 90^\circ)}$$

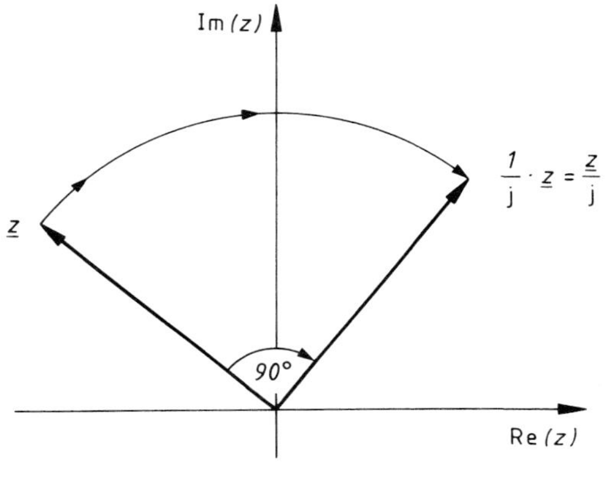

Bild III-30
Zur Division einer komplexen Zahl z durch die imaginäre Einheit j

■

2.1.4 Grundgesetze für komplexe Zahlen (Zusammenfassung)

Die vier *Grundrechenoperationen* für komplexe Zahlen genügen – im *Einklang* mit den *reellen* Zahlen – den folgenden *Grundgesetzen*:

Eigenschaften der Menge der komplexen Zahlen

1. *Summe* $z_1 + z_2$, *Differenz* $z_1 - z_2$, *Produkt* $z_1 \cdot z_2$ und *Quotient* z_1/z_2 zweier komplexer Zahlen z_1 und z_2 ergeben wiederum eine *komplexe* Zahl. *Ausnahme*: Die Division durch die Zahl 0 ist *nicht* erlaubt.

2. *Addition* und *Multiplikation* sind *kommutative* Rechenoperationen. Für beliebige Zahlen $z_1, z_2 \in \mathbb{C}$ gilt stets:

$$\left.\begin{aligned} z_1 + z_2 &= z_2 + z_1 \\ z_1 z_2 &= z_2 z_1 \end{aligned}\right\} \quad \textit{Kommutativgesetze} \qquad \text{(III-64)}$$

3. *Addition* und *Multiplikation* sind *assoziative* Rechenoperationen. Für beliebige Zahlen $z_1, z_2, z_3 \in \mathbb{C}$ gilt stets:

$$\left.\begin{aligned} z_1 + (z_2 + z_3) &= (z_1 + z_2) + z_3 \\ z_1 (z_2 z_3) &= (z_1 z_2) z_3 \end{aligned}\right\} \quad \textit{Assoziativgesetze} \qquad \text{(III-65)}$$

4. *Addition* und *Multiplikation* sind über das *Distributivgesetz* miteinander verbunden:

$$z_1 (z_2 + z_3) = z_1 z_2 + z_1 z_3 \quad \textit{Distributivgesetz} \qquad \text{(III-66)}$$

Eine Menge mit diesen Eigenschaften wird in der Mathematik als *Körper* bezeichnet. Die Menge $\mathbb{C}$ der komplexen Zahlen bildet somit einen *Körper*.

2.2 Potenzieren

Wir erheben die komplexe Zahl $z = r(\cos\varphi + \mathrm{j} \cdot \sin\varphi) = r \cdot \mathrm{e}^{\mathrm{j}\varphi}$ in die *n-te Potenz* und erhalten $(n \in \mathbb{N})$:

$$\begin{aligned} z^n &= [r \cdot \mathrm{e}^{\mathrm{j}\varphi}]^n = (r \cdot \mathrm{e}^{\mathrm{j}\varphi}) \cdot (r \cdot \mathrm{e}^{\mathrm{j}\varphi}) \ldots (r \cdot \mathrm{e}^{\mathrm{j}\varphi}) = \\ &= (r \cdot r \ldots r) \cdot \mathrm{e}^{\mathrm{j}(\varphi + \varphi + \ldots + \varphi)} = r^n \cdot \mathrm{e}^{\mathrm{j}n\varphi} \end{aligned} \qquad \text{(III-67)}$$

(Faktor r und Summand φ treten jeweils *n-mal* auf). Diese nach *Moivre* benannte Formel lautet in der *trigonometrischen* Schreibweise:

$$z^n = [r(\cos\varphi + \mathrm{j} \cdot \sin\varphi)]^n = r^n [\cos(n\varphi) + \mathrm{j} \cdot \sin(n\varphi)] \qquad \text{(III-68)}$$

Wir folgern aus ihr: Eine komplexe Zahl z wird in die *n-te Potenz* erhoben, indem man ihren Betrag r in die *n-te Potenz* erhebt und ihr Argument (Winkel) φ mit dem Exponenten n *multipliziert* (Bild III-31).

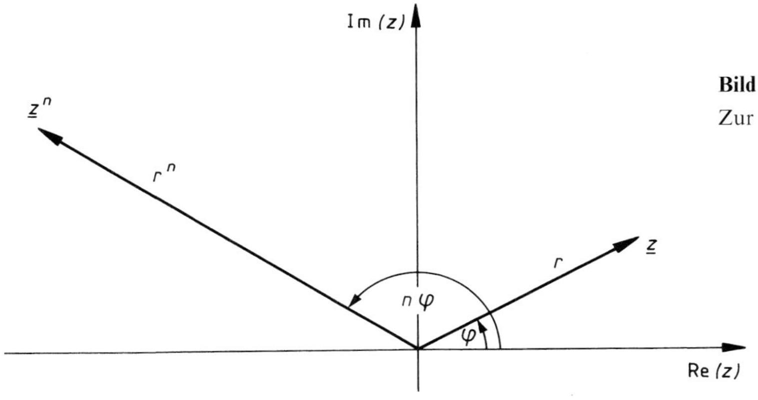

Bild III-31
Zur Formel von *Moivre*

Wir fassen zusammen:

Potenzieren einer komplexen Zahl

Eine in der Polarform vorliegende komplexe Zahl z wird nach der *Formel von Moivre* potenziert ($n \in \mathbb{N}$):

In exponentieller Schreibweise:

$$z^n = [r \cdot e^{j\varphi}]^n = r^n \cdot e^{jn\varphi} \qquad \text{(III-69)}$$

In trigonometrischer Schreibweise:

$$z^n = [r(\cos\varphi + j \cdot \sin\varphi)]^n = r^n [\cos(n\varphi) + j \cdot \sin(n\varphi)] \qquad \text{(III-70)}$$

Regel: Eine komplexe Zahl $z = r(\cos\varphi + j \cdot \sin\varphi) = r \cdot e^{j\varphi}$ wird in die *n-te Potenz* erhoben, indem man ihren Betrag r in die *n-te Potenz* erhebt und ihr Argument (Winkel) φ mit dem Exponenten n *multipliziert* (Bild III-31).

Anmerkungen

(1) Die Operation „*Potenzieren*" bedeutet eine *wiederholte Multiplikation*. Dem entspricht in der geometrischen Betrachtungsweise eine *wiederholte Drehstreckung* (vgl. hierzu Bild III-31).

(2) Man beachte: *Vor* dem Potenzieren ist die komplexe Zahl in eine *Polarform* zu bringen.

(3) Die Operation „*Potenzieren*" kann auch in der *kartesischen* Form durchgeführt werden, ist dann jedoch im allgemeinen wesentlich *aufwendiger*.

■ **Beispiele**

(1) Wir erheben die komplexe Zahl $z = 2\left(\cos\left(\frac{\pi}{3}\right) + \mathrm{j}\cdot\sin\left(\frac{\pi}{3}\right)\right)$ in die 3. Potenz:

$$z^3 = \left[2\left(\cos\left(\frac{\pi}{3}\right) + \mathrm{j}\cdot\sin\left(\frac{\pi}{3}\right)\right)\right]^3 = 2^3\left[\cos\left(3\cdot\frac{\pi}{3}\right) + \mathrm{j}\cdot\sin\left(3\cdot\frac{\pi}{3}\right)\right] =$$

$$= 8\,(\cos\pi + \mathrm{j}\cdot\sin\pi) = 8\,(-1 + \mathrm{j}\cdot 0) = -8$$

In Bild III-32 haben wir diese Operation *geometrisch* dargestellt (es handelt sich um *zwei* nacheinander ausgeführte *Drehstreckungen*).

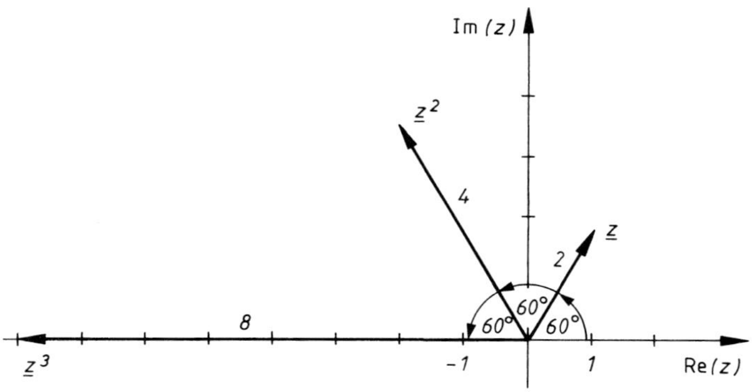

Bild III-32

(2) $z = 1{,}2 - 2{,}5\,\mathrm{j}, \ z^6 = ?$

Zunächst bringen wir z auf die *Polarform* (Bild III-33):

$$r = \sqrt{1{,}2^2 + (-2{,}5)^2} = 2{,}7731$$

$$\tan\varphi = \frac{-2{,}5}{1{,}2} = -2{,}0833 \Rightarrow \varphi = \arctan(-2{,}0833) + 2\pi = 5{,}160$$

Daher ist

$$z = 1{,}2 - 2{,}5\,\mathrm{j} = 2{,}7731\cdot \mathrm{e}^{\mathrm{j}\,5{,}160}$$

und nach der *Formel von Moivre* folgt weiter:

$$z^6 = \left(2{,}7731\cdot\mathrm{e}^{\mathrm{j}\,5{,}160}\right)^6 = 2{,}7731^6\cdot\mathrm{e}^{\mathrm{j}\,6\cdot 5{,}160} = 454{,}77\cdot\mathrm{e}^{\mathrm{j}\,30{,}96} =$$

$$= 454{,}77\,(\cos 30{,}96 + \mathrm{j}\cdot\sin 30{,}96) = 408{,}32 - 200{,}23\,\mathrm{j}$$

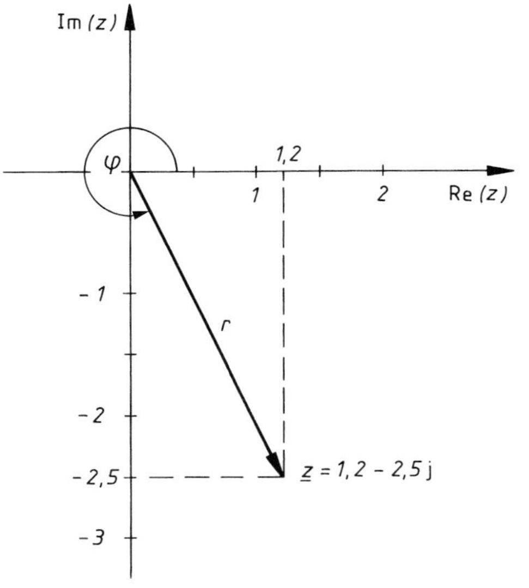

Bild III-33

(3) Für $r = 1$ besitzt die *Formel* von *Moivre* (III-70) die *spezielle* Form

$$(\cos\varphi + \mathrm{j}\cdot\sin\varphi)^n = \cos(n\varphi) + \mathrm{j}\cdot\sin(n\varphi)$$

Aus dieser wichtigen Beziehung lassen sich z.B. Formelausdrücke für $\cos(n\varphi)$ und $\sin(n\varphi)$ herleiten. Wir zeigen dies für $n = 2$:

$$(\cos\varphi + \mathrm{j}\cdot\sin\varphi)^2 = \cos(2\varphi) + \mathrm{j}\cdot\sin(2\varphi)$$

$$\cos^2\varphi + \mathrm{j}\cdot 2\cdot\sin\varphi\cdot\cos\varphi + \mathrm{j}^2\cdot\sin^2\varphi = \cos(2\varphi) + \mathrm{j}\cdot\sin(2\varphi)$$

$$\cos^2\varphi - \sin^2\varphi + \mathrm{j}(2\cdot\sin\varphi\cdot\cos\varphi) = \cos(2\varphi) + \mathrm{j}\cdot\sin(2\varphi)$$

Durch Vergleich der *Real-* bzw. *Imaginärteile* auf beiden Seiten erhalten wir die folgenden (aus Band 1 bereits bekannten) trigonometrischen Formeln:

$$\cos(2\varphi) = \cos^2\varphi - \sin^2\varphi = \cos^2\varphi - [1 - \cos^2\varphi] = 2\cdot\cos^2\varphi - 1$$

$$\sin(2\varphi) = 2\cdot\sin\varphi\cdot\cos\varphi$$

■

2.3 Radizieren (Wurzelziehen)

Aus der *Algebra* ist bekannt, daß eine *algebraische Gleichung n-ten Grades* vom Typ

$$a_n x^n + a_{n-1} x^{n-1} + \ldots + a_1 x + a_0 = 0 \qquad \text{(III-71)}$$

höchstens n reelle Lösungen, auch *Wurzeln* genannt, besitzt (vgl. hierzu Band 1, Abschnitt III.5.4). Werden jedoch auch *komplexe* Lösungen zugelassen, so gibt es *genau* n Lösungen.

Diese wichtige Aussage halten wir in dem sog. *Fundamentalsatz der Algebra* wie folgt fest:

Fundamentalsatz der Algebra

Eine *algebraische Gleichung n-ten Grades*

$$a_n z^n + a_{n-1} z^{n-1} + \ldots + a_1 z + a_0 = 0 \qquad \text{(III-72)}$$

besitzt in der Menge $\mathbb{C}$ der komplexen Zahlen stets *genau* n Lösungen.

Anmerkungen

(1) Die linke Seite der *algebraischen Gleichung* (III-72) ist ein *Polynom* vom Grade n mit i.a. *komplexen* Koeffizienten a_i $(i = 0, 1, \ldots, n)$. Es läßt sich auch im komplexen Zahlenbereich wie folgt in *Linearfaktoren* zerlegen:

$$a_n z^n + a_{n-1} z^{n-1} + \ldots + a_1 z + a_0 = a_n (z - z_1)(z - z_2) \ldots (z - z_n) \qquad \text{(III-73)}$$

$z_1, z_2, \ldots, z_n$ sind dabei die n *Polynomnullstellen*, d.h. die n *Lösungen* der algebraischen Gleichung (III-72). Die Zerlegung (III-73) in *Linearfaktoren* wird wie im Reellen auch als *Produktdarstellung* des Polynoms bezeichnet (vgl. hierzu auch Band 1, Abschnitt III.5.4).

(2) Bei ausschließlich *reellen* Koeffizienten a_i $(i = 0, 1, \ldots, n)$ treten *komplexe* Lösungen immer *paarweise* auf, nämlich als Paare zueinander *konjugiert* komplexer Zahlen. Mit z_1 ist daher stets auch z_1^* eine Lösung der Gleichung.

■ **Beispiel**

Die *algebraische Gleichung 3. Grades*

$$z^3 - z^2 + 4z - 4 = 0$$

besitzt nach dem *Fundamentalsatz* genau *drei* Lösungen. Durch *Probieren* finden wir eine *reelle* Lösung bei $z_1 = 1$. Den zugehörigen *Linearfaktor* $z - 1$ spalten wir nach dem *Horner-Schema*[5] ab:

	1	-1	4	-4
$z_1 = 1$		1	0	4
	1	0	4	0

[5] Vgl. hierzu Band 1, Abschnitt III.5.5.

Die Nullstellen des *1. reduzierten Polynoms* $z^2 + 4$ liefern die beiden übrigen Lösungen:

$$z^2 + 4 = 0 \;\Rightarrow\; z_{2/3} = \pm 2\,\mathrm{j}$$

Die algebraische Gleichung 3. Grades besitzt somit *eine* reelle Lösung und *zwei* zueinander konjugiert komplexe Lösungen:

$$z^3 - z^2 + 4z - 4 = 0 \;\Rightarrow\; z_1 = 1,\; z_2 = 2\,\mathrm{j},\; z_3 = -2\,\mathrm{j}$$

Das Polynom

$$z^3 - z^2 + 4z - 4$$

ist daher auch in der *Produktform*

$$z^3 - z^2 + 4z - 4 = (z - 1)(z - 2\,\mathrm{j})(z + 2\,\mathrm{j})$$

darstellbar („*Zerlegung in Linearfaktoren*“).

■

Eine besonders einfache Struktur besitzt die algebraische Gleichung $z^n = a$ $(a \in \mathbb{C})$. Ihre Lösungen werden als *n-te Wurzeln* aus a bezeichnet. Dies führt zu der folgenden Definition:

Definition: Eine komplexe Zahl z heißt eine *n-te Wurzel* aus a, wenn sie der algebraischen Gleichung $z^n = a$ genügt $(a \in \mathbb{C})$.

Wir beschäftigen uns nun mit den Lösungen der Gleichung

$$z^n = a = a_0 \cdot \mathrm{e}^{\mathrm{j}\alpha} \qquad (a_0 > 0) \tag{III-74}$$

Mit dem *Lösungsansatz* in der Polarform

$$z = r(\cos\varphi + \mathrm{j}\cdot\sin\varphi) = r\cdot\mathrm{e}^{\mathrm{j}\varphi} \tag{III-75}$$

und unter Berücksichtigung der *Periodizität* der komplexen Exponentialfunktion wird dann aus Gleichung (III-74)

$$r^n \cdot \mathrm{e}^{\mathrm{j}n\varphi} = a_0 \cdot \mathrm{e}^{\mathrm{j}\alpha} = a_0 \cdot \mathrm{e}^{\mathrm{j}(\alpha + k\cdot 2\pi)} \qquad (k \in \mathbb{Z}) \tag{III-76}$$

und somit

$$r^n = a_0 \quad \text{und} \quad n\varphi = \alpha + k\cdot 2\pi \tag{III-77}$$

Alle Lösungen besitzen daher den *gleichen* Betrag

$$r = \sqrt[n]{a_0} \tag{III-78}$$

Ihre Argumente (Winkel) sind

$$\varphi_k = \frac{\alpha + k \cdot 2\pi}{n} \qquad (k \in \mathbb{Z}) \tag{III-79}$$

Allerdings erhalten wir – im *Einklang* mit dem *Fundamentalsatz der Algebra* – insgesamt nur n *verschiedene* Werte. Diese werden beispielsweise für $k = 0, 1, \ldots, n-1$ angenommen [6]. Die *Bildpunkte* der n Lösungen liegen in der Gaußschen Zahlenebene auf einem Mittelpunktskreis mit dem Radius $R = \sqrt[n]{a_0}$ und bilden dabei die Ecken eines *regelmäßigen* n-Ecks (vgl. hierzu auch die nachfolgenden Beispiele).

Lösungen der speziellen algebraischen Gleichung $z^n = a$ (mit $a \in \mathbb{C}$)

Die Gleichung

$$z^n = a = a_0 \cdot e^{j\alpha} \qquad (a_0 > 0;\ n \in \mathbb{N}) \tag{III-80}$$

besitzt im Komplexen genau n *verschiedene* Lösungen (Wurzeln)

$$z_k = r(\cos \varphi_k + j \cdot \sin \varphi_k) = r \cdot e^{j\varphi_k} \tag{III-81}$$

mit

$$r = \sqrt[n]{a_0} \quad \text{und} \quad \varphi_k = \frac{\alpha + k \cdot 2\pi}{n} \tag{III-82}$$

$(k = 0, 1, \ldots, n-1)$. Die zugehörigen Bildpunkte liegen in der Gaußschen Zahlenebene auf dem Mittelpunktskreis mit dem Radius $R = \sqrt[n]{a_0}$ und bilden die Ecken eines regelmäßigen n-Ecks.

Anmerkungen

(1) Für *reelles* a gilt: Ist z_1 eine *komplexe* Lösung der Gleichung $z^n = a$, dann ist auch die *konjugiert* komplexe Zahl z_1^* eine *Lösung* dieser Gleichung.

(2) Die n Lösungen der speziellen Gleichung $z^n = 1$ werden auch als *n-te Einheitswurzeln* bezeichnet. Sie liegen auf dem *Einheitskreis* der Gaußschen Zahlenebene (vgl. hierzu das nachfolgende Beispiel (1)).

■ **Beispiele**

(1) Die Gleichung $z^6 = 1$ hat genau *sechs verschiedene* Lösungen, deren Bildpunkte in der Gaußschen Zahlenebene an den Ecken eines regelmäßigen *Sechsecks* liegen (Bild III-34).

---

[6] Für $k = n, n+1, n+2, \ldots$ wiederholen sich die Werte, ebenso für negative Werte von k. Der Grund dafür liegt in der *Periodizität der* Kosinus- und Sinusfunktion (bzw. in der *Periodizität* der komplexen e-Funktion).

Sie lauten ($a_0 = 1$, $\alpha = 0$):

$$z_k = \cos\left(k \cdot \frac{2\pi}{6}\right) + \mathrm{j} \cdot \sin\left(k \cdot \frac{2\pi}{6}\right) = \cos\left(k \cdot \frac{\pi}{3}\right) + \mathrm{j} \cdot \sin\left(k \cdot \frac{\pi}{3}\right)$$

($k = 0, 1, 2, 3, 4, 5$)

k = 0: $z_0 = \cos 0 + \mathrm{j} \cdot \sin 0 = 1$

k = 1: $z_1 = \cos\left(\frac{\pi}{3}\right) + \mathrm{j} \cdot \sin\left(\frac{\pi}{3}\right) = 0{,}5 + \frac{1}{2}\sqrt{3}\,\mathrm{j}$

k = 2: $z_2 = \cos\left(\frac{2\pi}{3}\right) + \mathrm{j} \cdot \sin\left(\frac{2\pi}{3}\right) = -0{,}5 + \frac{1}{2}\sqrt{3}\,\mathrm{j}$

k = 3: $z_3 = \cos \pi + \mathrm{j} \cdot \sin \pi = -1$

k = 4: $z_4 = \cos\left(\frac{4\pi}{3}\right) + \mathrm{j} \cdot \sin\left(\frac{4\pi}{3}\right) = -0{,}5 - \frac{1}{2}\sqrt{3}\,\mathrm{j}$

k = 5: $z_5 = \cos\left(\frac{5\pi}{3}\right) + \mathrm{j} \cdot \sin\left(\frac{5\pi}{3}\right) = 0{,}5 - \frac{1}{2}\sqrt{3}\,\mathrm{j}$

Die Lösungen z_0 und z_3 sind *reell*, während z_1 und z_5 bzw. z_2 und z_4 Paare zueinander *konjugiert* komplexer Lösungen darstellen. Bild III-34 zeigt die Lage der zugehörigen *Bildpunkte* und *Zeiger* in der Gaußschen Zahlenebene.

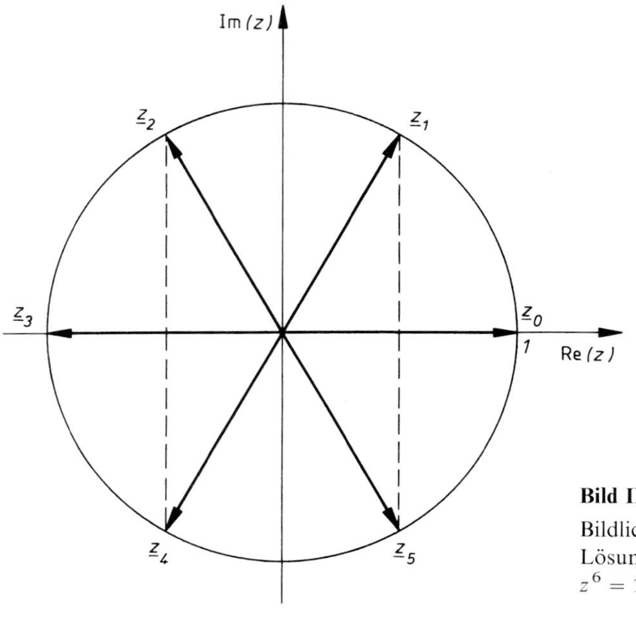

Bild III-34

Bildliche Darstellung der Lösungen der Gleichung $z^6 = 1$

(2) Wir bestimmen die *Wurzeln* der Gleichung $z^4 = 3 + 2\,\mathrm{j}$. Es ist

$$z^4 = 3 + 2\,\mathrm{j} = \sqrt{13} \cdot \mathrm{e}^{\mathrm{j}\,33{,}69^\circ}$$

und somit

$$a_0 = \sqrt{13} \quad \text{und} \quad \alpha = 33{,}69^\circ \mathrel{\hat{=}} 0{,}588$$

Für die *Beträge* und *Argumente* (Winkel) der komplexen Lösungen folgt dann nach (III-82):

$$r = \sqrt[n]{a_0} = \sqrt[4]{\sqrt{13}} = \sqrt[8]{13} = 1{,}378$$

$$\varphi_k = \frac{\alpha + k \cdot 2\pi}{n} = \frac{0{,}588 + k \cdot 2\pi}{4} \qquad (k = 0, 1, 2, 3)$$

$$\varphi_0 = 0{,}147, \quad \varphi_1 = 1{,}718, \quad \varphi_2 = 3{,}289, \quad \varphi_3 = 4{,}859$$

Wir erhalten damit *vier* verschiedene Lösungen. Sie lauten:

$$z_0 = r \cdot \mathrm{e}^{\mathrm{j}\varphi_0} = 1{,}378 \cdot \mathrm{e}^{\mathrm{j}\,0{,}147} = 1{,}378\,(\cos 0{,}147 + \mathrm{j} \cdot \sin 0{,}147) = $$
$$= 1{,}363 + 0{,}202\,\mathrm{j}$$

$$z_1 = r \cdot \mathrm{e}^{\mathrm{j}\varphi_1} = 1{,}378 \cdot \mathrm{e}^{\mathrm{j}\,1{,}718} = 1{,}378\,(\cos 1{,}718 + \mathrm{j} \cdot \sin 1{,}718) = $$
$$= -\,0{,}202 + 1{,}363\,\mathrm{j}$$

$$z_2 = r \cdot \mathrm{e}^{\mathrm{j}\varphi_2} = 1{,}378 \cdot \mathrm{e}^{\mathrm{j}\,3{,}289} = 1{,}378\,(\cos 3{,}289 + \mathrm{j} \cdot \sin 3{,}289) = $$
$$= -\,1{,}363 - 0{,}202\,\mathrm{j}$$

$$z_3 = r \cdot \mathrm{e}^{\mathrm{j}\varphi_3} = 1{,}378 \cdot \mathrm{e}^{\mathrm{j}\,4{,}859} = 1{,}378\,(\cos 4{,}859 + \mathrm{j} \cdot \sin 4{,}859) = $$
$$= 0{,}202 - 1{,}363\,\mathrm{j}$$

Zwischen den vier Lösungen bestehen die folgenden Zusammenhänge:

$$z_0 = -\,z_2 \quad \text{bzw.} \quad z_2 = -\,z_0$$
$$z_1 = -\,z_3 \quad \text{bzw.} \quad z_3 = -\,z_1$$

Die Lage der zugehörigen *Zeiger* in der Gaußschen Zahlenebene entnimmt man Bild III-35.

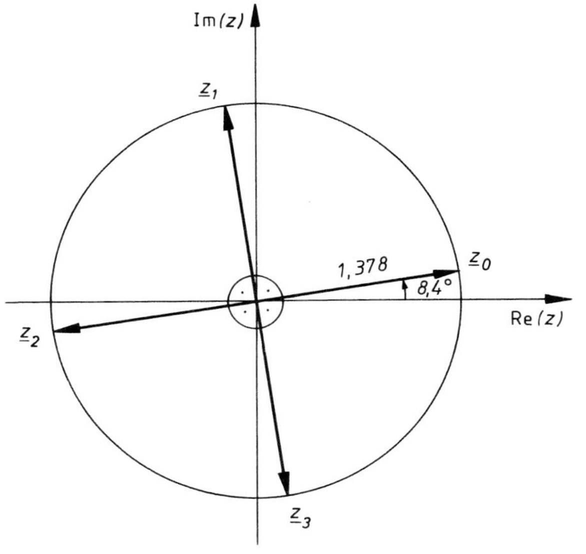

Bild III-35
Bildliche Darstellung der Lösungen der Gleichung $z^4 = 3 + 2\mathrm{j}$

■

2.4 Natürlicher Logarithmus

Im Bereich der *reellen* Zahlen wird der *natürliche Logarithmus* einer (positiven) Zahl a als derjenige *Exponent* erklärt, mit dem die Basiszahl e *potenziert* werden muß, um die Zahl a zu erhalten:

$$a = \mathrm{e}^x \Leftrightarrow x = \ln a \qquad (a > 0) \tag{III-83}$$

(vgl. hierzu Band 1, Abschnitt III.12.1). Wir übertragen diesen Begriff nun sinngemäß unter Beachtung des *Permanenzprinzips* auf den *komplexen* Bereich. Jede von Null verschiedene komplexe Zahl z ist nach den Ausführungen aus Abschnitt 1.4.3 in der *Exponentialform*

$$z = r \cdot \mathrm{e}^{\mathrm{j}(\varphi + k \cdot 2\pi)} \qquad (k \in \mathbb{Z}) \tag{III-84}$$

mit $r > 0$ und $0 \leqslant \varphi < 2\pi$ (*Hauptwert*) darstellbar. Unter ihrem *natürlichen Logarithmus* verstehen wir die (unendlich vielen!) komplexen Zahlen

$$\ln z = \ln\left[r \cdot \mathrm{e}^{\mathrm{j}(\varphi + k \cdot 2\pi)}\right] = \ln r + \ln \mathrm{e}^{\mathrm{j}(\varphi + k \cdot 2\pi)} =$$
$$= \ln r + \mathrm{j}(\varphi + k \cdot 2\pi) \qquad (k \in \mathbb{Z}) \tag{III-85}$$

Für $k = 0$ erhält man den *Hauptwert*

$$\mathrm{Ln}\, z = \ln r + \mathrm{j}\varphi \qquad (0 \leqslant \varphi < 2\pi) \tag{III-86}$$

Sein *Realteil* ist der natürliche Logarithmus $\ln r$ des *Betrages* r, sein *Imaginärteil* das *Argument* φ der komplexen Zahl z (*Hauptwert*). Die übrigen Werte heißen *Nebenwerte*. Sie ergeben sich aus dem Hauptwert durch *Addition ganzzahliger Vielfacher von* $2\pi\mathrm{j}$:

$$\ln z = \mathrm{Ln}\, z + k \cdot 2\pi\mathrm{j} \qquad (k \in \mathbb{Z}) \tag{III-87}$$

Wir fassen die Ergebnisse zusammen:

Natürlicher Logarithmus einer komplexen Zahl

Der *natürliche Logarithmus* einer komplexen Zahl $z = r \cdot e^{j(\varphi + k \cdot 2\pi)}$ $(0 \leqslant \varphi < 2\pi;$ $k \in \mathbb{Z})$ ist *unendlich vieldeutig*:

$$\ln z = \ln r + j(\varphi + k \cdot 2\pi) \qquad (k \in \mathbb{Z}) \qquad \text{(III-88)}$$

Der *Hauptwert* wird für $k = 0$ angenommen:

$$\operatorname{Ln} z = \ln r + j\varphi \qquad (0 \leqslant \varphi < 2\pi) \qquad \text{(III-89)}$$

Für $k = \pm 1, \pm 2, \pm 3, \ldots$ erhält man die sog. *Nebenwerte*.

Anmerkungen

(1) $\ln z$ ist für *jede* komplexe Zahl $z \neq 0$ erklärt, also beispielsweise auch für *negative* reelle Zahlen (vgl. hierzu das nachfolgende Beispiel (2)).

(2) Die verschiedenen Werte von $\ln z$ stimmen im *Realteil* überein und unterscheiden sich im *Imaginärteil* um ein ganzzahliges Vielfaches von 2π.

(3) Man beachte, daß die komplexe Zahl z *vor* dem Logarithmieren zunächst in die *Exponentialform* zu bringen ist.

(4) Die *Rechengesetze* für Logarithmen *komplexer* Zahlen sind die gleichen wie im *Reellen*.

■ **Beispiele**

(1) $z = -8 + 6j$, $\ln z = ?$

Lösung:

Wir stellen z zunächst in der *Exponentialform* dar:

$$z = -8 + 6j = 10 \cdot e^{j(2{,}50 + k \cdot 2\pi)}$$

Für den *natürlichen Logarithmus* von z erhalten wir damit die *unendlich* vielen Werte

$$\ln z = \ln\left[10 \cdot e^{j(2{,}50 + k \cdot 2\pi)}\right] = \ln 10 + j(2{,}50 + k \cdot 2\pi) =$$
$$= 2{,}30 + j(2{,}50 + k \cdot 2\pi) \qquad (k \in \mathbb{Z})$$

Der *Hauptwert* von $\ln z$ ist damit

$$\operatorname{Ln} z = 2{,}30 + 2{,}50j$$

(2) Wir berechnen den *natürlichen Logarithmus* von $z = -5$. Es ist

$$z = -5 = 5 \cdot e^{j(\pi + k \cdot 2\pi)}$$

und daher

$$\ln(-5) = \ln\left[5 \cdot e^{j(\pi + k \cdot 2\pi)}\right] = \ln 5 + j(\pi + k \cdot 2\pi) =$$
$$= 1{,}609 + j(\pi + k \cdot 2\pi) \qquad (k \in \mathbb{Z})$$

Der *Hauptwert* von $\ln(-5)$ ist somit

$$\operatorname{Ln}(-5) = \ln 5 + j\pi = 1{,}609 + j\pi$$ ■

3 Anwendungen der komplexen Rechnung

3.1 Symbolische Darstellung von Schwingungen im Zeigerdiagramm

3.1.1 Darstellung einer Schwingung durch einen rotierenden komplexen Zeiger

Wir gehen bei unseren Betrachtungen von einer sich mit der Zeit t *sinusförmig* verändernden Größe (*Schwingung*)

$$y(t) = A \cdot \sin(\omega t + \varphi) \qquad \text{(III-90)}$$

aus (Bild III-36).

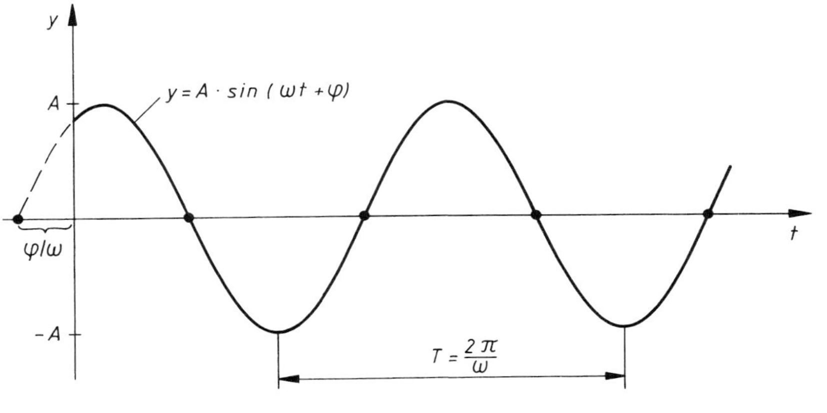

Bild III-36 Zeitlicher Verlauf einer harmonischen Schwingung (Sinusschwingung)

Dabei kann es sich beispielsweise um eine *mechanische Schwingung*, eine *Wechselspannung* oder um einen *Wechselstrom* handeln. Die in der periodischen Funktion (III-90) enthaltenen Größen A, ω und φ besitzen die folgende *physikalische* Bedeutung:

A: *Schwingungsamplitude* oder *Scheitelwert* (in der Wechselstromtechnik; $A > 0$)

ω: *Kreisfrequenz* $(\omega > 0)$

φ: *Phase*, *Phasenwinkel* oder *Nullphasenwinkel*

Zwischen der *Perioden-* oder *Schwingungsdauer* T, der *Frequenz* f und der *Kreisfrequenz* ω bestehen die folgenden Beziehungen:

$$T = \frac{1}{f} = \frac{2\pi}{\omega} \quad \text{bzw.} \quad \omega = 2\pi f = \frac{2\pi}{T} \tag{III-91}$$

Die durch die Funktion $y = A \cdot \sin(\omega t + \varphi)$ beschriebene *harmonische Schwingung* läßt sich in einem sog. *Zeigerdiagramm* durch einen mit der *Winkelgeschwindigkeit* ω im *positiven* Drehsinn um den Nullpunkt *rotierenden* Zeiger der Länge A anschaulich darstellen (Bild III-37) [7].

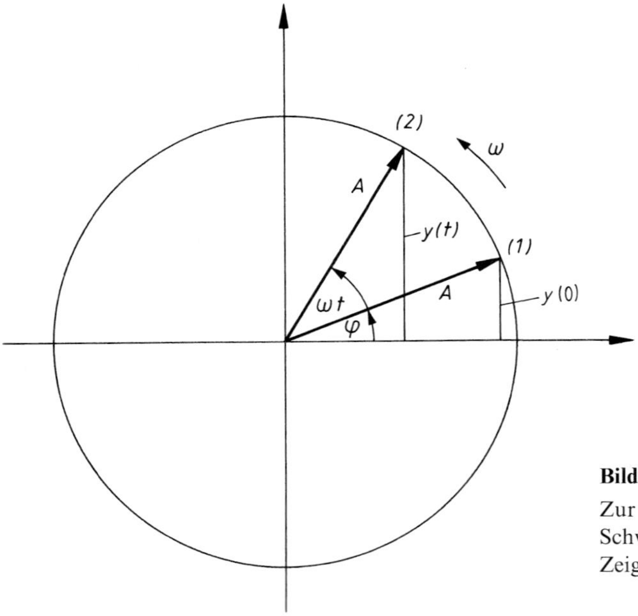

Bild III-37
Zur Darstellung einer harmonischen Schwingung durch einen rotierenden Zeiger

[7] Die Darstellung einer harmonischen Schwingung durch einen *rotierenden Zeiger* wurde bereits in *reeller* Form in Band 1, Abschnitt III.9.5.2 behandelt.

Der Zeiger befindet sich dabei zu *Beginn* ($t = 0$) in der Position (1): Sein Richtungswinkel gegenüber der (horizontalen) Bezugsachse ist der Nullphasenwinkel φ. In der Zeit t dreht er sich um den Winkel ωt weiter und befindet sich dann in der Position (2).

Sein Richtungswinkel gegenüber der Bezugsachse beträgt nunmehr $\varphi + \omega t$. Der *Ordinatenwert* der Zeigerspitze entspricht dabei dem *augenblicklichen* Funktionswert $y = A \cdot \sin(\omega t + \varphi)$. Bei der Rotation des Zeigers um den Nullpunkt durchläuft daher die Ordinate nacheinander *sämtliche Funktionswerte* der Sinusschwingung.

Wir deuten nun die Ebene, in der die *Rotation* des Zeigers erfolgt, als *Gaußsche Zahlenebene* und beschreiben die augenblickliche Lage des Zeigers durch die *zeitabhängige* komplexe Zahl

$$\underline{y} = A\,[\cos(\omega t + \varphi) + \mathrm{j} \cdot \sin(\omega t + \varphi)] =$$
$$= A \cdot \mathrm{e}^{\mathrm{j}(\omega t + \varphi)} = A \cdot \mathrm{e}^{\mathrm{j}\varphi} \cdot \mathrm{e}^{\mathrm{j}\omega t} = \underline{A} \cdot \mathrm{e}^{\mathrm{j}\omega t} \qquad \text{(III-92)}$$

(Bild III-38)[8]. Der *komplexe Zeiger* $\underline{y}$ enthält demnach einen *zeitunabhängigen* Faktor $\underline{A} = A \cdot \mathrm{e}^{\mathrm{j}\varphi}$ und einen *zeitabhängigen* Faktor $\mathrm{e}^{\mathrm{j}\omega t}$, für die wir noch folgende Bezeichnungen einführen:

$\underline{A} = A \cdot \mathrm{e}^{\mathrm{j}\varphi}$: *Komplexe Amplitude*

$\mathrm{e}^{\mathrm{j}\omega t}$: *Zeitfunktion*

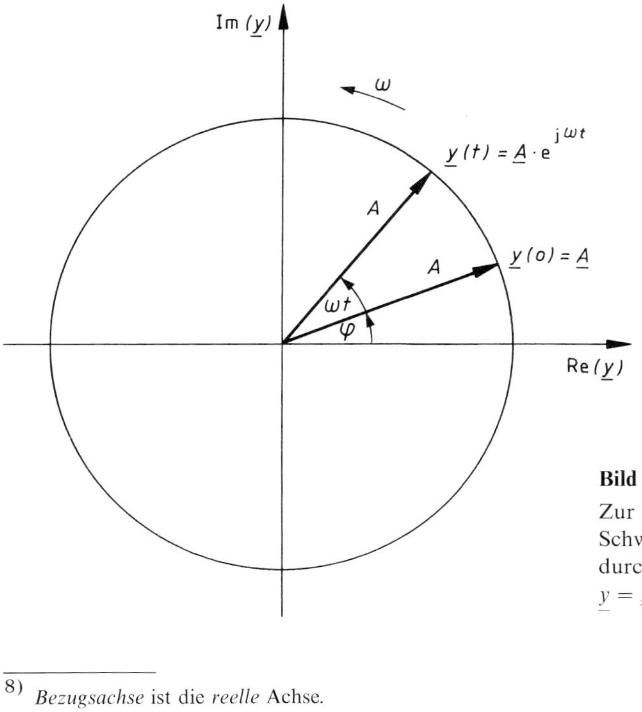

Bild III-38

Zur Darstellung einer harmonischen Schwingung $y = A \cdot \sin(\omega t + \varphi)$ durch den rotierenden Zeiger $\underline{y} = \underline{A} \cdot \mathrm{e}^{\mathrm{j}\omega t}$

---

8) *Bezugsachse* ist die *reelle* Achse.

Die *komplexe Amplitude* $\underline{A}$ besitzt den *Betrag* $|\underline{A}| = A$ und den *Richtungswinkel* (*Phasenwinkel*) φ und legt die *Anfangslage* des rotierenden Zeigers fest. Die Zeitfunktion $e^{j\omega t}$ beschreibt die *Rotation* des Zeigers mit der *Winkelgeschwindigkeit* ω um den Nullpunkt der komplexen Zahlenebene. Der *Momentanwert* der Sinusschwingung (III-90) entspricht dann dem *Imaginärteil* des rotierenden komplexen Zeigers $\underline{y}$:

$$y = \operatorname{Im}(\underline{y}) = \operatorname{Im}\left[\underline{A} \cdot e^{j\omega t}\right] = A \cdot \sin(\omega t + \varphi) \tag{III-93}$$

Wir fassen zusammen:

Darstellung einer Sinusschwingung durch einen rotierenden Zeiger

Eine sich *sinusförmig* mit der Zeit t ändernde Größe (Schwingung)

$$y = A \cdot \sin(\omega t + \varphi) \tag{III-94}$$

kann in *symbolischer* Form durch einen mit der Winkelgeschwindigkeit ω um den Nullpunkt der Gaußschen Zahlenebene rotierenden *komplexen Zeiger*

$$\underline{y} = A \cdot e^{j(\omega t + \varphi)} = \underline{A} \cdot e^{j\omega t} \tag{III-95}$$

dargestellt werden (Bild III-38).

Dabei bedeuten:

$\underline{A} = A \cdot e^{j\varphi}$: *Komplexe Schwingungsamplitude*

$e^{j\omega t}$: *Zeitfunktion* der Schwingung

Anmerkungen

(1) Die *Rotation* des Zeigers erfolgt im mathematisch *positiven* Drehsinn ($\omega > 0$).

(2) Wir haben uns zunächst bewußt auf *sinusförmige* Schwingungen beschränkt. Denn eine *Kosinusschwingung* vom allgemeinen Typ

$$y(t) = A \cdot \cos(\omega t + \varphi) \tag{III-96}$$

läßt sich stets wegen $\cos(\omega t) = \sin(\omega t + \pi/2)$ auf eine *Sinusschwingung* zurückführen:

$$y(t) = A \cdot \cos(\omega t + \varphi) = A \cdot \sin\left(\omega t + \varphi + \frac{\pi}{2}\right) \tag{III-97}$$

Mit anderen Worten: Eine Kosinusschwingung ist eine *Sinusschwingung* mit einem um $\pi/2$ *vergrößerten* Nullphasenwinkel.

Bei der Behandlung von *Schwingungsproblemen* ist die *komplexe Rechnung* der reellen Rechnung aufgrund der *einfacheren* komplexen Rechengesetze *überlegen.* Ein Beispiel dafür bietet die *Superposition zweier gleichfrequenter Schwingungen* oder Wechselströme, die wir im nächsten Abschnitt ausführlich behandeln werden. Die *komplexe Rechnung* spielt daher insbesondere in der *Wechselstromtechnik* eine bedeutende Rolle.

■ **Beispiel**

Wir transformieren die Gleichungen für *Wechselspannung* und *Wechselstrom* aus der reellen Form in die komplexe Form:

Wechselspannung

$$u(t) = \hat{u} \cdot \sin(\omega t + \varphi_u) \rightarrow \underline{u}(\mathrm{t}) = \underline{\hat{u}} \cdot \mathrm{e}^{\mathrm{j}\omega t}$$

$\underline{\hat{u}} = \hat{u} \cdot \mathrm{e}^{\mathrm{j}\varphi_u}$: *Komplexer Scheitelwert* der Spannung

Wechselstrom

$$i(t) = \hat{i} \cdot \sin(\omega t + \varphi_i) \rightarrow \underline{i}(t) = \underline{\hat{i}} \cdot \mathrm{e}^{\mathrm{j}\omega t}$$

$\underline{\hat{i}} = \hat{i} \cdot \mathrm{e}^{\mathrm{j}\varphi_i}$: *Komplexer Scheitelwert* des Stroms ■

3.1.2 Ungestörte Überlagerung von Schwingungen gleicher Frequenz

Wir beschäftigen uns in diesem Abschnitt mit der *ungestörten Überlagerung* (*Superposition*) zweier *gleichfrequenter* Schwingungen unter Verwendung der *komplexen* Rechnung [9]. Nach dem *Superpositionsprinzip* der Physik überlagern sich die beiden Schwingungen

$$y_1 = A_1 \cdot \sin(\omega t + \varphi_1) \quad \text{und} \quad y_2 = A_2 \cdot \sin(\omega t + \varphi_2) \qquad \text{(III-98)}$$

ungestört und ergeben eine *resultierende* Schwingung *gleicher* Frequenz:

$$y = y_1 + y_2 = A \cdot \sin(\omega t + \varphi) \qquad \text{(III-99)}$$

Amplitude A und *Phase* φ lassen sich dabei schrittweise wie folgt aus den Amplituden A_1 und A_2 und den Phasenwinkeln φ_1 und φ_2 der Einzelschwingungen berechnen:

1. Schritt: Übergang von der reellen Form zur komplexen Form

Die Einzelschwingungen y_1 und y_2 werden durch *komplexe Zeiger* dargestellt:

$$\begin{aligned} y_1 &\rightarrow \underline{y}_1 = \underline{A}_1 \cdot \mathrm{e}^{\mathrm{j}\omega t} \\ y_2 &\rightarrow \underline{y}_2 = \underline{A}_2 \cdot \mathrm{e}^{\mathrm{j}\omega t} \end{aligned} \qquad \text{(III-100)}$$

$\underline{A}_1$ und $\underline{A}_2$ sind dabei die *komplexen* Schwingungsamplituden:

$$\underline{A}_1 = A_1 \cdot \mathrm{e}^{\mathrm{j}\varphi_1}, \qquad \underline{A}_2 = A_2 \cdot \mathrm{e}^{\mathrm{j}\varphi_2} \qquad \text{(III-101)}$$

[9] Dieses Thema wurde bereits in Band 1, Abschnitt III.9.5.3 auf *trigonometrischer* Basis erörtert.

2. Schritt: Superposition in komplexer Form

Die komplexen Zeiger $\underline{y}_1$ und $\underline{y}_2$ werden jetzt zur *Überlagerung* gebracht und ergeben den *resultierenden* komplexen Zeiger

$$\underline{y} = \underline{y}_1 + \underline{y}_2 = \underline{A}_1 \cdot \mathrm{e}^{\mathrm{j}\,\omega t} + \underline{A}_2 \cdot \mathrm{e}^{\mathrm{j}\,\omega t} = (\underline{A}_1 + \underline{A}_2) \cdot \mathrm{e}^{\mathrm{j}\,\omega t} = \underline{A} \cdot \mathrm{e}^{\mathrm{j}\,\omega t} \qquad \text{(III-102)}$$

Wir stellen dabei fest:

Die komplexen Amplituden der Einzelschwingungen addieren sich zur komplexen Amplitude der resultierenden Schwingung:

$$\underline{A} = \underline{A}_1 + \underline{A}_2 \qquad \text{(III-103)}$$

Und: $\underline{y}_1$, $\underline{y}_2$ und $\underline{y}$ besitzen *dieselbe* Zeitfunktion $\mathrm{e}^{\mathrm{j}\,\omega t}$.

3. Schritt: Rücktransformation aus der komplexen Form in die reelle Form

Die *resultierende* Schwingung $y = A \cdot \sin(\omega t + \varphi)$ ist der *Imaginärteil* des resultierenden komplexen Zeigers $\underline{y}$:

$$y = \mathrm{Im}(\underline{y}) = \mathrm{Im}(\underline{A} \cdot \mathrm{e}^{\mathrm{j}\,\omega t}) = A \cdot \sin(\omega t + \varphi) \qquad \text{(III-104)}$$

Für die Berechnung der *komplexen Amplitude* $\underline{A}$ aus $\underline{A}_1$ und $\underline{A}_2$ wird die Zeitfunktion $\mathrm{e}^{\mathrm{j}\,\omega t}$ *nicht* benötigt. Es genügt daher, die Einzelschwingungen y_1 und y_2 im Zeigerdiagramm durch ihre *komplexen Amplituden* $\underline{A}_1$ und $\underline{A}_2$, d.h. durch *zeitunabhängige* Zeiger darzustellen. Durch *geometrische Addition* der komplexen Schwingungsamplituden $\underline{A}_1$ und $\underline{A}_2$ erhält man dann die *komplexe Schwingungsamplitude* $\underline{A}$ der *resultierenden* Schwingung, aus der sich die *reellen* Größen A und φ sofort berechnen lassen (Bild III-39).

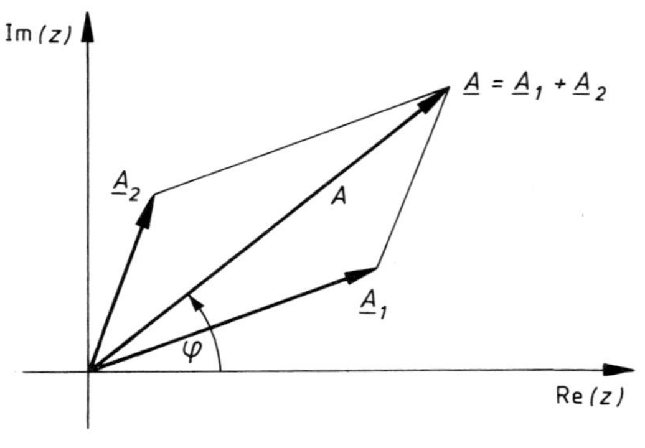

Bild III-39
Zur geometrischen Addition der komplexen Schwingungsamplituden

Die *komplexen Schwingungsamplituden* entsprechen dabei einer *Momentanaufnahme* der rotierenden Zeiger zur Zeit $t = 0$. Sie beschreiben daher die *Anfangslage* der Zeiger zu Beginn der Rotation:

$$\begin{aligned} \underline{y}_1(0) &= \underline{A}_1 \cdot \mathrm{e}^{\mathrm{j}\,\omega 0} = \underline{A}_1 \\ \underline{y}_2(0) &= \underline{A}_2 \cdot \mathrm{e}^{\mathrm{j}\,\omega 0} = \underline{A}_2 \\ \underline{y}(0) &= \underline{y}_1(0) + \underline{y}_2(0) = \underline{A}_1 + \underline{A}_2 = \underline{A} \end{aligned} \qquad \text{(III-105)}$$

Wir fassen wie folgt zusammen:

Überlagerung zweier gleichfrequenter sinusförmiger Schwingungen in komplexer Darstellung

Durch *ungestörte Überlagerung* der *gleichfrequenten* Sinusschwingungen

$$y_1 = A_1 \cdot \sin(\omega t + \varphi_1) \quad \text{und} \quad y_2 = A_2 \cdot \sin(\omega t + \varphi_2) \qquad \text{(III-106)}$$

entsteht nach dem *Superpositionsprinzip* der Physik eine *resultierende* Schwingung mit der *gleichen* Frequenz:

$$y = y_1 + y_2 = A \cdot \sin(\omega t + \varphi) \qquad \text{(III-107)}$$

Die Berechnung der *Schwingungsamplitude* A und des *Phasenwinkels* φ erfolgt dabei im *Komplexen* in drei Schritten:

1. **Übergang von der reellen Form zur komplexen Form**

   Die *Einzelschwingungen* y_1 und y_2 werden in *komplexer* Form dargestellt:

$$\begin{aligned} y_1 &\rightarrow \underline{y}_1 = \underline{A}_1 \cdot e^{j\omega t} \\ y_2 &\rightarrow \underline{y}_2 = \underline{A}_2 \cdot e^{j\omega t} \end{aligned} \qquad \text{(III-108)}$$

2. **Addition der komplexen Amplituden (Bild III-39)**

$$\underline{A} = \underline{A}_1 + \underline{A}_2 \qquad \text{(III-109)}$$

   Die *resultierende* Schwingung lautet dann in *komplexer* Form:

$$\underline{y} = \underline{y}_1 + \underline{y}_2 = \underline{A} \cdot e^{j\omega t} \qquad \text{(III-110)}$$

3. **Rücktransformation aus der komplexen Form in die reelle Form**

$$y = y_1 + y_2 = \text{Im}(\underline{y}) = \text{Im}(\underline{A} \cdot e^{j\omega t}) = A \cdot \sin(\omega t + \varphi) \qquad \text{(III-111)}$$

Anmerkung

Liegen beide Einzelschwingungen als *Kosinusschwingungen* vor,

$$y_1 = A_1 \cdot \cos(\omega t + \varphi_1) \quad \text{und} \quad y_2 = A_2 \cdot \cos(\omega t + \varphi_2) \qquad \text{(III-112)}$$

so ergeben sich für die Berechnung der *resultierenden* Schwingung $y = y_1 + y_2$ prinzipiell *zwei* Möglichkeiten:

1. Die Schwingungen y_1 und y_2 werden zunächst als *sinusförmige* Schwingungen dargestellt. Anschließend erfolgen die weiter oben angegebenen drei Rechenschritte. Die *resultierende* Schwingung liegt dann in der *Sinusform* vor.

2. Die Schwingungen y_1 und y_2 werden in der *Kosinusform* belassen. Dann erfolgen die ersten beiden der oben angegebenen Rechenschritte und anschließend die *Rücktransformation* aus dem Komplexen ins Reelle. Diesmal jedoch ist der *Realteil* des resultierenden komplexen Zeigers $\underline{y}$ zu nehmen:

$$y = y_1 + y_2 = \operatorname{Re}(\underline{y}) = \operatorname{Re}(\underline{A} \cdot e^{j\omega t}) = A \cdot \cos(\omega t + \varphi) \qquad \text{(III-113)}$$

Die *resultierende* Schwingung liegt jetzt als *Kosinusschwingung* vor.

3.1.3 Anwendungsbeispiele aus Mechanik und Elektrotechnik

3.1.3.1 Überlagerung zweier harmonischer Schwingungen

Die *mechanischen Schwingungen*

$$y_1 = 4\text{ cm} \cdot \sin(2\text{ s}^{-1} \cdot t) \quad \text{und} \quad y_2 = 3\text{ cm} \cdot \cos\left(2\text{ s}^{-1} \cdot t - \frac{\pi}{6}\right) \qquad \text{(III-114)}$$

sollen *ungestört* zur Überlagerung gebracht werden. *Vor* der Durchführung der komplexen Rechnung müssen wir die Schwingung y_2 zunächst als *Sinusschwingung* darstellen:

$$y_2 = 3\text{ cm} \cdot \cos\left(2\text{ s}^{-1} \cdot t - \frac{\pi}{6}\right) = 3\text{ cm} \cdot \sin\left(2\text{ s}^{-1} \cdot t - \frac{\pi}{6} + \frac{\pi}{2}\right) =$$

$$= 3\text{ cm} \cdot \sin\left(2\text{ s}^{-1} \cdot t + \frac{\pi}{3}\right) \qquad \text{(III-115)}$$

Jetzt führen wir die einzelnen Rechenschritte aus.

(1) Übergang von der reellen Form zur komplexen Form

$$y_1 \rightarrow \underline{y}_1 = 4\text{ cm} \cdot e^{j\omega t}$$

$$y_2 \rightarrow \underline{y}_2 = 3\text{ cm} \cdot e^{j\left(\omega t + \frac{\pi}{3}\right)} = \left(3\text{ cm} \cdot e^{j\frac{\pi}{3}}\right) \cdot e^{j\omega t} \qquad \text{(III-116)}$$

$$(\text{mit } \omega = 2\text{ s}^{-1})$$

Die *komplexen* Schwingungsamplituden lauten:

$$\underline{A}_1 = 4\text{ cm} \quad \text{und} \quad \underline{A}_2 = 3\text{ cm} \cdot e^{j\frac{\pi}{3}} \qquad \text{(III-117)}$$

(2) Addition der komplexen Amplituden

$$\underline{A} = \underline{A}_1 + \underline{A}_2 = 4\text{ cm} + 3\text{ cm} \cdot e^{j\frac{\pi}{3}} = 4\text{ cm} + 3\text{ cm}\left[\cos\left(\frac{\pi}{3}\right) + j \cdot \sin\left(\frac{\pi}{3}\right)\right] =$$

$$= 4\text{ cm} + 1{,}5\text{ cm} + j\,(1{,}5 \cdot \sqrt{3}\text{ cm}) = 5{,}5\text{ cm} + (1{,}5 \cdot \sqrt{3}\text{ cm})\,j \qquad \text{(III-118)}$$

In Bild III-40 ist die *geometrische Addition* der komplexen Schwingungsamplituden dargestellt.

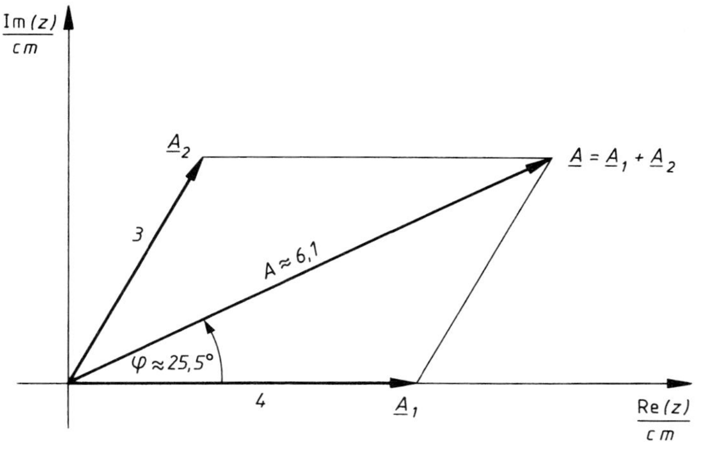

Bild III-40

Wir berechnen nun den *Betrag* $A = |\underline{A}|$ und die *Phase* φ der komplexen Schwingungsamplitude $\underline{A}$:

$$|\underline{A}| = A = \sqrt{(5{,}5\text{ cm})^2 + (1{,}5 \cdot \sqrt{3}\text{ cm})^2} = 6{,}08\text{ cm} \qquad \text{(III-119)}$$

$$\tan\varphi = \frac{1{,}5 \cdot \sqrt{3}\text{ cm}}{5{,}5\text{ cm}} = 0{,}4724 \;\Rightarrow$$

$$\varphi = \arctan 0{,}4724 = 25{,}28° \mathrel{\hat{=}} 0{,}44 \qquad \text{(III-120)}$$

$$\underline{A} = A \cdot e^{j\varphi} = 6{,}08\text{ cm} \cdot e^{j\,0{,}44} \qquad \text{(III-121)}$$

Die *resultierende* Schwingung lautet daher in *komplexer* Form:

$$\underline{y} = \underline{A} \cdot e^{j\omega t} = 6{,}08\text{ cm} \cdot e^{j\,0{,}44} \cdot e^{j\omega t} = 6{,}08\text{ cm} \cdot e^{j(\omega t + 0{,}44)} \qquad \text{(III-122)}$$

(3) Rücktransformation aus der komplexen Form in die reelle Form

$$y = \text{Im}(\underline{y}) = \text{Im}\left[6{,}08\text{ cm} \cdot e^{j(\omega t + 0{,}44)}\right] =$$

$$= \text{Im}\left[6{,}08\text{ cm} \cdot (\cos(\omega t + 0{,}44) + j \cdot \sin(\omega t + 0{,}44))\right] =$$

$$= 6{,}08\text{ cm} \cdot \sin(\omega t + 0{,}44) \qquad \text{(III-123)}$$

Mit $\omega = 2\text{ s}^{-1}$ erhalten wir schließlich für die *resultierende* Schwingung:

$$y = y_1 + y_2 = 6{,}08\text{ cm} \cdot \sin(2\text{ s}^{-1} \cdot t + 0{,}44) \qquad \text{(III-124)}$$

3.1.3.2 Überlagerung gleichfrequenter Wechselspannungen

Auf einem Oszillographen werden die *gleichfrequenten technischen Wechselspannungen*

$$u_1(t) = 100\ \text{V} \cdot \sin(\omega t)$$

$$u_2(t) = 200\ \text{V} \cdot \sin\left(\omega t + \frac{5}{6}\pi\right) \qquad \text{(III-125)}$$

$$u_3(t) = 150\ \text{V} \cdot \cos(\omega t)$$

ungestört zur Überlagerung gebracht (Frequenz $f = 50\ \text{Hz}$; $\omega = 2\pi f = 314\ \text{s}^{-1}$). Wie lautet die Gleichung der *resultierenden* Wechselspannung $u(t)$?

Lösung:
Zunächst stellen wir die Wechselspannung $u_3(t)$ in der *Sinusform* dar:

$$u_3(t) = 150\ \text{V} \cdot \cos(\omega t) = 150\ \text{V} \cdot \sin\left(\omega t + \frac{\pi}{2}\right) \qquad \text{(III-126)}$$

Die komplexe Rechnung erfolgt nun in drei Schritten.

(1) Übergang von der reellen Form zur komplexen Form

$$u_1 \longrightarrow \underline{u}_1 = 100\ \text{V} \cdot \text{e}^{\text{j}\,\omega t}$$

$$u_2 \longrightarrow \underline{u}_2 = 200\ \text{V} \cdot \text{e}^{\text{j}\left(\omega t + \frac{5}{6}\pi\right)} = 200\ \text{V} \cdot \text{e}^{\text{j}\frac{5}{6}\pi} \cdot \text{e}^{\text{j}\,\omega t} \qquad \text{(III-127)}$$

$$u_3 \longrightarrow \underline{u}_3 = 150\ \text{V} \cdot \text{e}^{\text{j}\left(\omega t + \frac{\pi}{2}\right)} = 150\ \text{V} \cdot \text{e}^{\text{j}\frac{\pi}{2}} \cdot \text{e}^{\text{j}\,\omega t}$$

Die *komplexen Scheitelwerte* lauten damit:

$$\hat{\underline{u}}_1 = 100\ \text{V}$$

$$\hat{\underline{u}}_2 = 200\ \text{V} \cdot \text{e}^{\text{j}\frac{5}{6}\pi} \qquad \text{(III-128)}$$

$$\hat{\underline{u}}_3 = 150\ \text{V} \cdot \text{e}^{\text{j}\frac{\pi}{2}}$$

(2) Addition der komplexen Scheitelwerte

$$\hat{\underline{u}} = \hat{\underline{u}}_1 + \hat{\underline{u}}_2 + \hat{\underline{u}}_3 = 100\ \text{V} + 200\ \text{V} \cdot \text{e}^{\text{j}\frac{5}{6}\pi} + 150\ \text{V} \cdot \text{e}^{\text{j}\frac{\pi}{2}} =$$

$$= 100\ \text{V} + 200\ \text{V}\left[\cos\left(\frac{5}{6}\pi\right) + \text{j} \cdot \sin\left(\frac{5}{6}\pi\right)\right] + \text{j} \cdot 150\ \text{V} =$$

$$= 100\ \text{V} - 173{,}2\ \text{V} + \text{j} \cdot 100\ \text{V} + \text{j} \cdot 150\ \text{V} =$$

$$= -\,73{,}2\ \text{V} + \text{j} \cdot 250\ \text{V} \qquad \text{(III-129)}$$

Wir berechnen nun den *reellen Scheitelwert* $\hat{u} = |\underline{\hat{u}}|$ und den *Nullphasenwinkel* φ der resultierenden Wechselspannung u:

$$|\underline{\hat{u}}| = \hat{u} = \sqrt{(-73{,}2\text{ V})^2 + (250\text{ V})^2} = 260{,}5\text{ V} \tag{III-130}$$

$$\tan\varphi = \frac{250\text{ V}}{-73{,}2\text{ V}} = -3{,}4153 \Rightarrow$$

$$\varphi = \arctan(-3{,}4153) + 180^\circ = 106{,}3^\circ \mathrel{\hat{=}} 1{,}86 \tag{III-131}$$

$$\underline{\hat{u}} = \hat{u} \cdot e^{j\varphi} = 260{,}5\text{ V} \cdot e^{j\,1{,}86} \tag{III-132}$$

Die *resultierende* Wechselspannung lautet daher in der *komplexen* Form:

$$\underline{u} = \underline{\hat{u}} \cdot e^{j\omega t} = 260{,}5\text{ V} \cdot e^{j\,1{,}86} \cdot e^{j\omega t} = 260{,}5\text{ V} \cdot e^{j(\omega t + 1{,}86)} \tag{III-133}$$

(3) Rücktransformation aus der komplexen Form in die reelle Form

$$u = \operatorname{Im}(\underline{u}) = \operatorname{Im}\left[260{,}5\text{ V} \cdot e^{j(\omega t + 1{,}86)}\right] = 260{,}5\text{ V} \cdot \sin(\omega t + 1{,}86) \tag{III-134}$$

Mit $\omega = 314\text{ s}^{-1}$ erhalten wir schließlich für die *resultierende* Wechselspannung:

$$u = u_1 + u_2 + u_3 = 260{,}5\text{ V} \cdot \sin(314\text{ s}^{-1} \cdot t + 1{,}86) \tag{III-135}$$

3.2 Symbolische Berechnung eines Wechselstromkreises

3.2.1 Das Ohmsche Gesetz der Wechselstromtechnik

In einem *Wechselstromkreis* erzeuge die in der *komplexen* Form dargestellte sinusförmige Wechselspannung

$$\underline{u} = \hat{u} \cdot e^{j(\omega t + \varphi_u)} = \underline{\hat{u}} \cdot e^{j\omega t} = \sqrt{2}\,\underline{U} \cdot e^{j\omega t} \tag{III-136}$$

den *gleichfrequenten* sinusförmigen Wechselstrom

$$\underline{i} = \hat{i} \cdot e^{j(\omega t + \varphi_i)} = \underline{\hat{i}} \cdot e^{j\omega t} = \sqrt{2}\,\underline{I} \cdot e^{j\omega t} \tag{III-137}$$

$\underline{\hat{u}}$ und $\underline{\hat{i}}$ sind dabei die *komplexen Scheitelwerte*, $\underline{U}$ und $\underline{I}$ die *komplexen Effektivwerte* von Spannung und Strom [10]:

$$\underline{\hat{u}} = \sqrt{2}\,\underline{U} \quad \text{und} \quad \underline{\hat{i}} = \sqrt{2}\,\underline{I} \tag{III-138}$$

---

[10] Der *Effektivwert* eines Wechselstroms bzw. einer Wechselspannung ist der *quadratische zeitliche* Mittelwert während einer Periode (vgl. hierzu auch Band 1, Abschnitt V.10.7). Der *Scheitelwert* ist stets das $\sqrt{2}$-fache des *Effektivwertes*. Dies gilt sowohl im *reellen* als auch im *komplexen* Bereich.

Das Verhältnis der *komplexen Spannung* $\underline{u}$ zur *komplexen Stromstärke* $\underline{i}$ wird in der Elektrotechnik als *komplexer Widerstand* oder *Widerstandsoperator* bezeichnet und durch das Symbol $\underline{Z}$ gekennzeichnet. Definitionsgemäß ist also

$$\underline{Z} = \frac{\underline{u}}{\underline{i}} = \frac{\sqrt{2}\,\underline{U} \cdot e^{j\omega t}}{\sqrt{2}\,\underline{I} \cdot e^{j\omega t}} = \frac{\underline{U}}{\underline{I}} = \frac{U \cdot e^{j\varphi_u}}{I \cdot e^{j\varphi_i}} = \left(\frac{U}{I}\right) \cdot e^{j(\varphi_u - \varphi_i)} \tag{III-139}$$

Der *Widerstandsoperator* $\underline{Z}$ ist demnach ein *zeitunabhängiger* komplexer Zeiger. Seine *exponentielle* Form ist

$$\underline{Z} = Z \cdot e^{j\varphi} \tag{III-140}$$

mit dem als *Scheinwiderstand* oder *Impedanz* bezeichneten *Betrag*

$$Z = |\underline{Z}| = \frac{U}{I} = \frac{\text{Effektivwert der Spannung}}{\text{Effektivwert des Stroms}} \tag{III-141}$$

und dem *Phasenwinkel*

$$\varphi = \varphi_u - \varphi_i = \text{Spannungsphase minus Stromphase} \tag{III-142}$$

(Bild III-41). In der *kartesischen* Schreibweise besitzt der *Widerstandsoperator* (*komplexe Widerstand*) die Form

$$\underline{Z} = R + jX \tag{III-143}$$

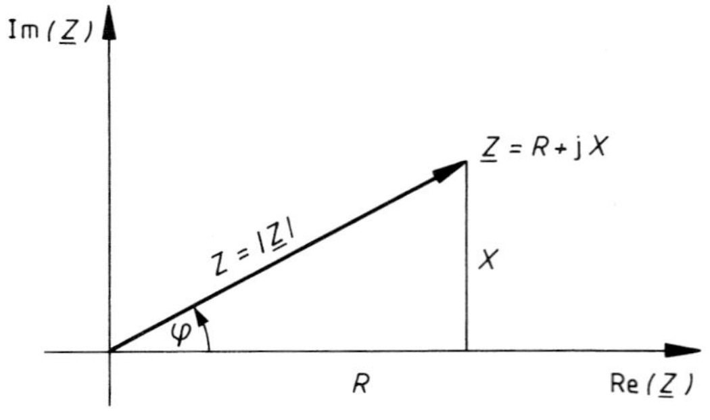

Bild III-41
Widerstandsoperator $\underline{Z}$ (komplexer Scheinwiderstand)

Für *Realteil* R und *Imaginärteil* X sind dabei die Bezeichnungen

R: *Wirkwiderstand*

X: *Blindwiderstand*

üblich. Aus der Zeigerdarstellung in Bild III-41 folgt dann unmittelbar:

$$|\underline{Z}| = Z = \sqrt{R^2 + X^2} \tag{III-144}$$

$$\tan\varphi = \frac{X}{R} \tag{III-145}$$

Zwischen den *komplexen* Größen $\underline{U}$, $\underline{I}$ und $\underline{Z}$ besteht dabei nach Gleichung (III-139) die wichtige Beziehung

$$\underline{U} = \underline{Z} \cdot \underline{I} \qquad \text{(III-146)}$$

die uns an das *Ohmsche Gesetz der Gleichstromlehre* erinnert und daher als *Ohmsches Gesetz der Wechselstromtechnik* bezeichnet wird. Die Beziehung $\underline{U} = \underline{Z} \cdot \underline{I}$ stellt somit das *Ohmsche Gesetz* in *komplexer* Form dar.

Ohmsches Gesetz der Wechselstromtechnik

$$\underline{U} = \underline{Z} \cdot \underline{I} \qquad \text{(III-147)}$$

Dabei bedeuten:

$\underline{U}$: *Komplexer Effektivwert* der Spannung

$\underline{I}$: *Komplexer Effektivwert* des Stroms

$\underline{Z}$: *Komplexer Widerstandsoperator* mit $\underline{Z} = R + \mathrm{j}\,X = Z \cdot \mathrm{e}^{\mathrm{j}\varphi}$
(R: Wirkwiderstand; X: Blindwiderstand)

Anmerkung

Die Effektivwerte $\underline{U}$ und $\underline{I}$ dürfen auch durch die *Scheitelwerte* $\underline{\hat{u}}$ und $\underline{\hat{i}}$ ersetzt werden. Das *Ohmsche Gesetz* lautet dann:

$$\underline{\hat{u}} = \underline{Z} \cdot \underline{\hat{i}} \qquad \text{(III-148)}$$

3.2.2 Widerstands- und Leitwertoperatoren

Wechselstromwiderstände und *elektrische Leitwerte* lassen sich in symbolischer Form durch *zeitunabhängige* komplexe Zeiger, sog. *Widerstands-* bzw. *Leitwertoperatoren* darstellen. Diese Art der Darstellung besitzt den großen Vorteil, daß die aus der *Gleichstromlehre* bekannten physikalischen Gesetze wie beispielsweise das *Ohmsche Gesetz* oder die *Kirchhoffschen Regeln* (Knotenpunktsregel, Maschenregel usw.) auch für Wechselstromkreise unverändert gültig bleiben.

Bei den folgenden Betrachtungen wählen wir den Stromzeiger $\underline{I}$ als *Bezugszeiger* und legen ihn in die *positiv-reelle* Achse. Dann folgt unmittelbar aus dem *Ohmschen Gesetz* $\underline{U} = \underline{Z} \cdot \underline{I}$, daß der Spannungszeiger $\underline{U}$ mit dem (komplexen) Widerstandsoperator $\underline{Z}$ in eine *gemeinsame Richtung* fällt: $\underline{U}$ und $\underline{Z}$ besitzen den *gleichen* Phasenwinkel φ, der Spannungszeiger $\underline{U}$ geht aus dem Widerstandsoperator $\underline{Z}$ durch *Streckung* um das *I-fache* hervor (Bild III-42).

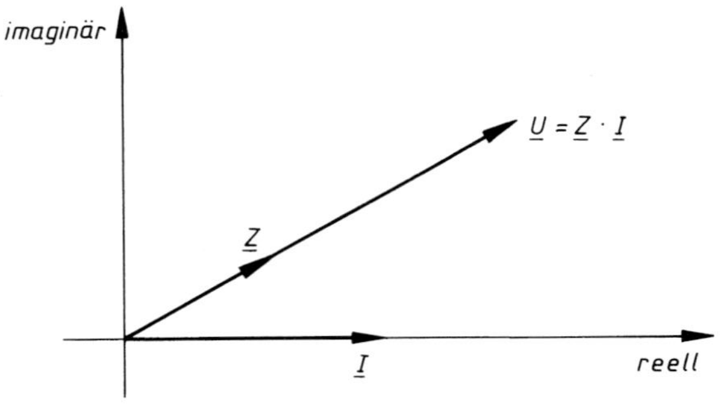

Bild III-42
Zum Ohmschen Gesetz der Wechselstromtechnik

Widerstandsoperatoren (komplexe Wechselstromwiderstände)

Der Wechselstromkreis kennt drei *Grundschaltelemente*:

R: *Ohmscher Widerstand*
C: *Kapazität*
L: *Induktivität*

Sie werden durch die folgenden *Widerstandsoperatoren* beschrieben:

(1) Ohmscher Widerstand R (Bild III-43)

Für einen *ohmschen Widerstand* R gilt bekanntlich

$$u = R \cdot i \quad \text{bzw.} \quad \underline{u} = R \cdot \underline{i} \tag{III-149}$$

Mit $\underline{u} = \underline{\hat{u}} \cdot e^{j\omega t} = \sqrt{2}\,\underline{U} \cdot e^{j\omega t}$ und $\underline{i} = \underline{\hat{i}} \cdot e^{j\omega t} = \sqrt{2}\,\underline{I} \cdot e^{j\omega t}$ erhalten wir daraus:

$$\sqrt{2}\,\underline{U} \cdot e^{j\omega t} = R\sqrt{2}\,\underline{I} \cdot e^{j\omega t} \tag{III-150}$$

$$\underline{U} = R \cdot \underline{I} \tag{III-151}$$

Ein *ohmscher Widerstand* wird somit durch den *reellen* Widerstandsoperator $\underline{Z} = R$ dargestellt (Bild III-44). Spannung und Strom sind dabei *in Phase* ($\varphi_u = \varphi_i$, d.h. $\varphi = 0$).

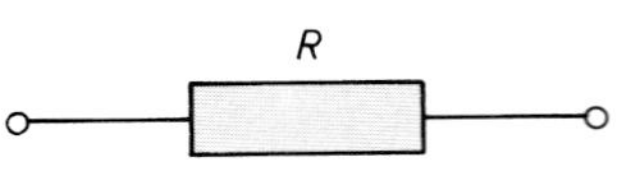

Bild III-43 Ohmscher Widerstand R

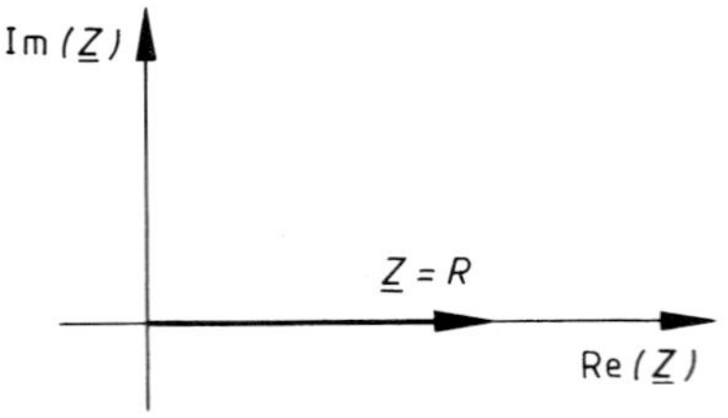

Bild III-44
Widerstandsoperator eines ohmschen Widerstandes R

(2) Kapazität C (Bild III-45)

Bei einem *Kondensator* gilt der folgende Zusammenhang zwischen *Ladung* q, *Kapazität* C und *Spannung* u:

$$q = C \cdot u \quad \text{bzw.} \quad \underline{q} = C \cdot \underline{u} \tag{III-152}$$

Wir *differenzieren* diese Gleichung nach der Zeit t und beachten dabei, daß $\frac{d}{dt}(\underline{q}) = \underline{i}$ ist:

$$\frac{d}{dt}(\underline{q}) = C \cdot \frac{d}{dt}(\underline{u}) \quad \text{oder} \quad \underline{i} = C \cdot \frac{d}{dt}(\underline{u}) \tag{III-153}$$

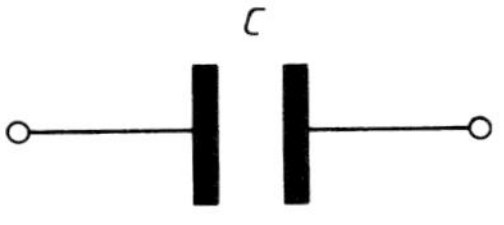

Bild III-45 Kapazität C

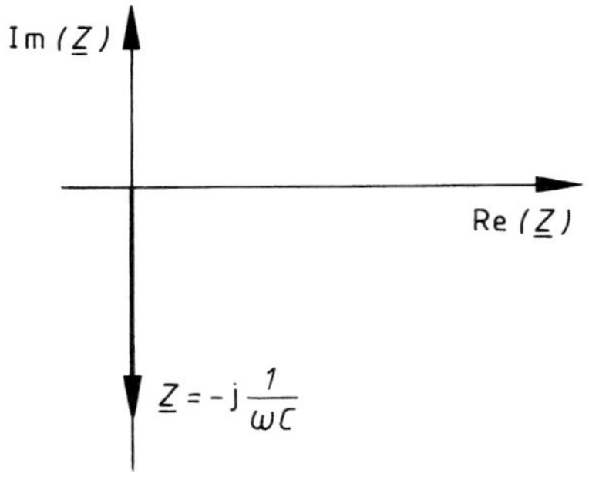

Bild III-46
Widerstandsoperator einer Kapazität C

Mit $\underline{u} = \hat{\underline{u}} \cdot e^{j\omega t} = \sqrt{2}\,\underline{U} \cdot e^{j\omega t}$ und $\underline{i} = \hat{\underline{i}} \cdot e^{j\omega t} = \sqrt{2}\,\underline{I} \cdot e^{j\omega t}$ folgt hieraus weiter[11]:

$$\sqrt{2}\,\underline{I} \cdot e^{j\omega t} = C \cdot \frac{d}{dt}(\sqrt{2}\,\underline{U} \cdot e^{j\omega t}) = j\sqrt{2}\,\omega C \cdot \underline{U} \cdot e^{j\omega t} \tag{III-154}$$

$$\underline{I} = j\omega C \cdot \underline{U} \quad \text{oder} \quad \underline{U} = \frac{1}{j\omega C} \cdot \underline{I} = -j\,\frac{1}{\omega C} \cdot \underline{I} \tag{III-155}$$

[11] Aus dem *Permanenzprinzip* folgt, daß die *Differentiation* nach den *gleichen* Regeln verläuft wie im Reellen. Die komplexe Funktion $e^{j\omega t}$ wird daher nach der *Kettenregel* differenziert, die imaginäre Einheit j ist dabei als ein *konstanter Faktor* zu betrachten.

Eine *Kapazität* C wird somit durch den *Widerstandsoperator*

$$\underline{Z} = \frac{1}{j\omega C} = -\mathrm{j}\,\frac{1}{\omega C} \tag{III-156}$$

beschrieben. Er fällt in die *negativ-imaginäre* Achse (Bild III-46). Sein Betrag ist der *kapazitive Blindwiderstand* $X_C = 1/\omega C$. Bei einer Kapazität läuft der Spannungszeiger $\underline{U}$ dem Stromzeiger $\underline{I}$ um 90° in der Phase *hinterher* ($\varphi = -90^\circ$).

(3) Induktivität L (Bild III-47)

Aus dem *Induktionsgesetz*

$$u = L \cdot \frac{d}{dt}(i) \quad \text{bzw.} \quad \underline{u} = L \cdot \frac{d}{dt}(\underline{i}) \tag{III-157}$$

folgt mit $\underline{u} = \hat{\underline{u}} \cdot \mathrm{e}^{\mathrm{j}\omega t} = \sqrt{2}\,\underline{U} \cdot \mathrm{e}^{\mathrm{j}\omega t}$ und $\underline{i} = \hat{\underline{i}} \cdot \mathrm{e}^{\mathrm{j}\omega t} = \sqrt{2}\,\underline{I} \cdot \mathrm{e}^{\mathrm{j}\omega t}$:

$$\sqrt{2}\,\underline{U} \cdot \mathrm{e}^{\mathrm{j}\omega t} = L \cdot \frac{d}{dt}(\sqrt{2}\,\underline{I} \cdot \mathrm{e}^{\mathrm{j}\omega t}) = \mathrm{j}\sqrt{2}\,\omega L \cdot \underline{I} \cdot \mathrm{e}^{\mathrm{j}\omega t} \tag{III-158}$$

$$\underline{U} = \mathrm{j}\,\omega L \cdot \underline{I} \tag{III-159}$$

Eine *Induktivität* wird somit durch den *imaginären Widerstandsoperator*

$$\underline{Z} = \mathrm{j}\,\omega L \tag{III-160}$$

beschrieben. Er fällt in die *positiv-imaginäre* Achse, sein Betrag ist der *induktive Blindwiderstand* $X_L = \omega L$ (Bild III-48). Der Spannungszeiger $\underline{U}$ läuft jetzt dem Stromzeiger $\underline{I}$ um 90° in der Phase *voraus* ($\varphi = 90^\circ$).

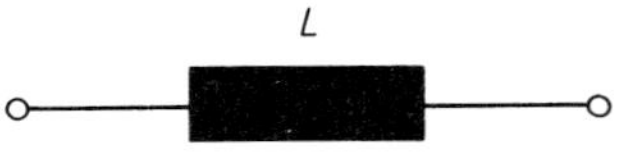

Bild III-47 Induktivität L

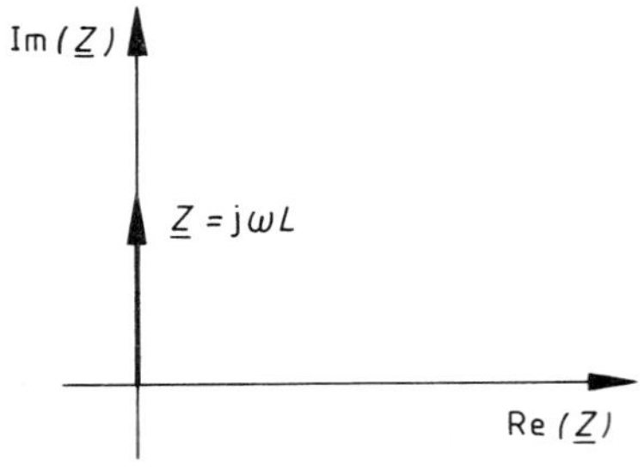

Bild III-48
Widerstandsoperator einer Induktivität L

Leitwertoperatoren (komplexe Leitwerte)

In der Gleichstromlehre wird der *Kehrwert* eines (ohmschen) Widerstandes als *Leitwert* bezeichnet. Entsprechend wird der *Leitwertoperator* $\underline{Y}$ als *Kehrwert* des Widerstandsoperators $\underline{Z}$ erklärt:

$$\underline{Y} = \frac{1}{\underline{Z}} = \frac{1}{Z \cdot e^{j\varphi}} = \left(\frac{1}{Z}\right) \cdot e^{-j\varphi} \qquad \text{(III-161)}$$

Geometrisch erhält man $\underline{Y}$ durch *Spiegelung* des Widerstandsoperators $\underline{Z}$ an der *reellen* Achse ($\varphi \to -\varphi$) und anschließender *Streckung* um das $1/Z^2$-fache (sog. *Inversion*, vgl. Bild III-49).

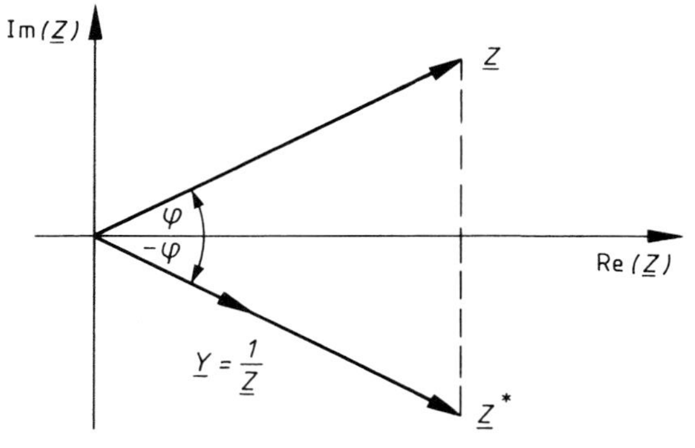

Bild III-49
Der Leitwertoperator $\underline{Y}$ entsteht durch Inversion des Widerstandsoperators $\underline{Z}$

Der *Leitwertoperator* lautet in der *kartesischen* Darstellung:

$$\underline{Y} = G + jB \qquad \text{(III-162)}$$

Realteil G und *Imaginärteil* B werden dabei wie folgt bezeichnet:

G: *Wirkleitwert*
B: *Blindleitwert*

Für die drei *Grundschaltelemente* R, C und L erhalten wir aus den entsprechenden Widerstandsoperatoren der Reihe nach die *Leitwertoperatoren* (*komplexen Leitwerte*)

$$\underline{Y} = \frac{1}{R}, \quad \underline{Y} = j\omega C, \quad \underline{Y} = \frac{1}{j\omega L} = -j\,\frac{1}{\omega L} \qquad \text{(III-163)}$$

Wir fassen die Ergebnisse zusammen.

Berechnung eines Wechselstromkreises mit Hilfe von Widerstands- und Leitwertoperatoren

In einem *Wechselstromkreis* werden die *Grundschaltelemente* R (*Ohmscher Widerstand*), C (*Kapazität*) und L (*Induktivität*) wie folgt durch sog. *Widerstands-* bzw. *Leitwertoperatoren*, d.h. durch *zeitunabhängige* komplexe Zeiger dargestellt:

Schaltelement	Widerstandsoperator	Leitwertoperator
Ohmscher Widerstand R	R	$\frac{1}{R}$
Kapazität C	$-\mathrm{j}\,\frac{1}{\omega C}$	$\mathrm{j}\,\omega C$
Induktivität L	$\mathrm{j}\,\omega L$	$-\mathrm{j}\,\frac{1}{\omega L}$

Die Berechnung der elektrischen Größen des Wechselstromkreises erfolgt dann nach den aus der *Gleichstromlehre* bekannten physikalischen Gesetzen (z.B. *Ohmsches Gesetz*, *Kirchhoffsche Regeln* usw.).

3.2.3 Ein Anwendungsbeispiel: Der Wechselstromkreis in Reihenschaltung

Der in Bild III-50 dargestellte Wechselstromkreis enthält je einen *Ohmschen Widerstand R*, eine *Kapazität C* und eine *Induktivität L* in *Reihenschaltung*.

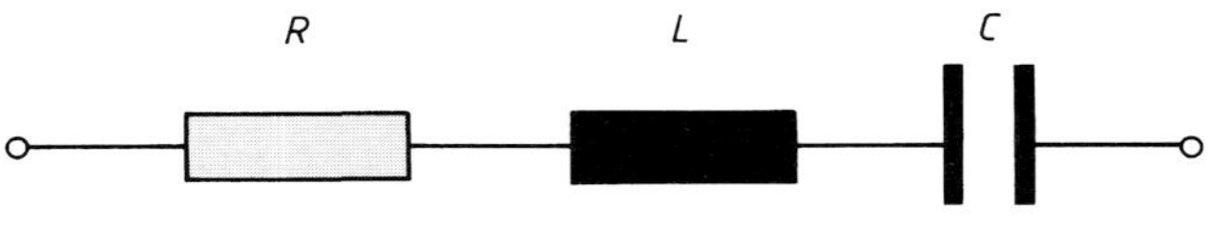

Bild III-50 Wechselstromkreis in Reihenschaltung

Nach den *Kirchhoffschen Regeln* addieren sich dabei die Widerstandsoperatoren der drei Schaltelemente zum Widerstandsoperator $\underline{Z}$ des Gesamtkreises (ω: Kreisfrequenz der angelegten Wechselspannung):

$$\underline{Z} = R + \mathrm{j}\,\omega L - \mathrm{j}\,\frac{1}{\omega C} = R + \mathrm{j}\left(\omega L - \frac{1}{\omega C}\right) = Z \cdot \mathrm{e}^{\mathrm{j}\varphi} \qquad \text{(III-164)}$$

Bild III-51 zeigt die Lage der Widerstandsoperatoren im Zeigerdiagramm.

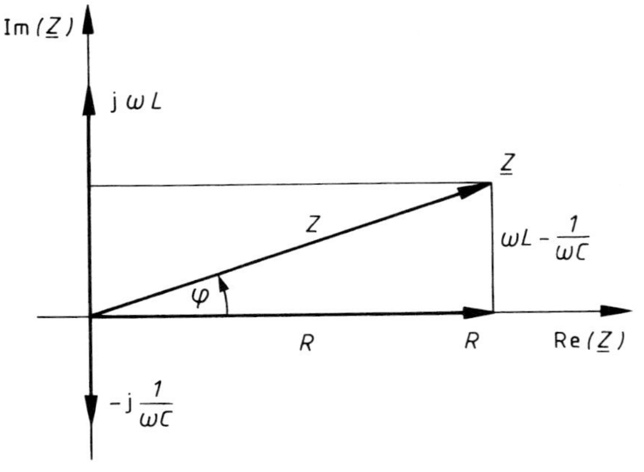

Bild III-51
Zeigerdiagramm eines Wechselstromkreises in Reihenschaltung

Wirk- und *Blindwiderstand* der Reihenschaltung lauten:

Wirkwiderstand: $\operatorname{Re}(\underline{Z}) = R$ (III-165)

Blindwiderstand: $\operatorname{Im}(\underline{Z}) = X = \omega L - \dfrac{1}{\omega C}$ (III-166)

Für den *Scheinwiderstand* (auch *Impedanz* genannt) erhalten wir damit:

$$|\underline{Z}| = Z = \sqrt{R^2 + X^2} = \sqrt{R^2 + \left(\omega L - \frac{1}{\omega C}\right)^2} \qquad \text{(III-167)}$$

Die Phasenverschiebung $\varphi = \varphi_u - \varphi_i$ zwischen Spannung und Strom läßt sich nach Bild III-51 aus der Beziehung

$$\tan \varphi = \frac{X}{R} = \frac{\omega L - \dfrac{1}{\omega C}}{R} \qquad \text{(III-168)}$$

berechnen [12]:

$$\varphi = \arctan\left(\frac{X}{R}\right) = \arctan\left(\frac{\omega L - \dfrac{1}{\omega C}}{R}\right) \qquad \text{(III-169)}$$

[12] Der Phasenwinkel φ liegt im 1. oder 4. Quadrant.

Ob die Spannung dem Strom *oder* der Strom der Spannung vorauseilt, hängt vom *Verhältnis der beiden Blindwiderstände* $X_L = \omega L$ und $X_C = 1/\omega C$ zueinander ab. Dabei gilt:

$$\begin{aligned} &X_L > X_C: \quad \varphi > 0 \quad && (0^\circ < \varphi \leqslant 90^\circ) \\ &X_L = X_C: \quad \varphi = 0 \quad && (\text{sog. } \textit{Resonanzfall})^{13)} \\ &X_L < X_C: \quad \varphi < 0 \quad && (-90^\circ \leqslant \varphi < 0^\circ) \end{aligned} \qquad \text{(III-170)}$$

Aus dem *Ohmschen Gesetz* erhalten wir für den *Effektivwert* des Stroms:

$$I = \frac{U}{Z} = \frac{U}{\sqrt{R^2 + \left(\omega L - \dfrac{1}{\omega C}\right)^2}} \qquad \text{(III-171)}$$

(U: *Effektivwert* der angelegten Wechselspannung). Die an den Schaltelementen R, C und L abfallenden *Teilspannungen* U_R, U_C und U_L lassen sich aus dem *Ohmschen Gesetz* für den jeweiligen *Teilwiderstand* berechnen. Wir erhalten dann für die *Effektivwerte* der Reihe nach

$$U_R = RI, \qquad U_C = \frac{I}{\omega C}, \qquad U_L = \omega L I \qquad \text{(III-172)}$$

■ **Rechenbeispiel**

An einem Wechselstromnetz ($U = 220$ V, $f = 50$ Hz) liegen in *Reihenschaltung* der *Ohmsche Widerstand* $R = 100\,\Omega$, die *Kapazität* $C = 20\,\mu$F und die *Induktivität* $L = 0{,}1$ H.

Zu berechnen sind:

a) Der *Scheinwiderstand* Z und der *Effektivwert* I des Wechselstroms,
b) die *Phasenverschiebung* φ zwischen Spannung und Strom und
c) die *Effektivwerte der Spannungsabfälle* an den Einzelwiderständen.

Lösung:

a) $\omega = 2\pi f = 2\pi \cdot 50\,\text{s}^{-1} = 100\,\pi \cdot \text{s}^{-1}$

$$X_C = \frac{1}{\omega C} = \frac{1}{100\,\pi \cdot \text{s}^{-1} \cdot 20 \cdot 10^{-6}\,\text{F}} = 159{,}15\,\Omega$$

$$X_L = \omega L = 100\,\pi\,\text{s}^{-1} \cdot 0{,}1\,\text{H} = 31{,}42\,\Omega$$

---

13) Der Gesamtwiderstand Z erreicht für $X_L = X_C$ seinen *kleinsten* und die Stromstärke I damit ihren *größten* Wert (bei vorgegebener Spannung U).

Der *Widerstandsoperator* $\underline{Z}$ lautet damit (Bild III-52):

$$\underline{Z} = R + \mathrm{j}\left(\omega L - \frac{1}{\omega C}\right) = R + \mathrm{j}\,X = R + \mathrm{j}\,(X_L - X_C) =$$

$$= 100\,\Omega + \mathrm{j}\,(31{,}42\,\Omega - 159{,}15\,\Omega) = 100\,\Omega - \mathrm{j}\cdot 127{,}73\,\Omega$$

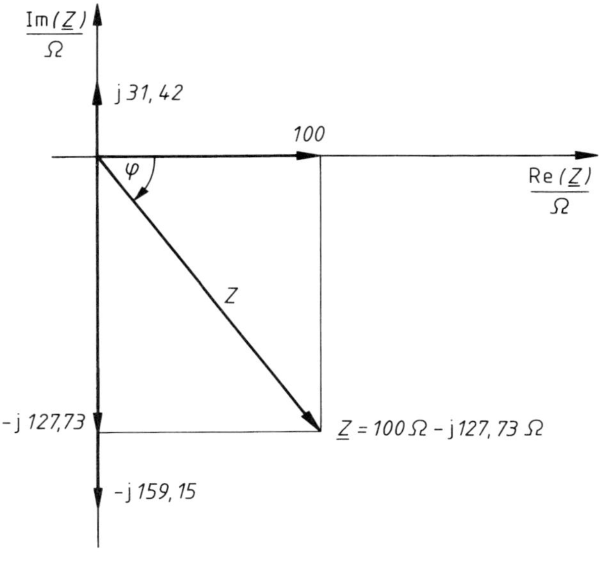

Bild III-52

Sein *Betrag* liefert den *Scheinwiderstand* Z. Wir erhalten:

$$Z = |\underline{Z}| = \sqrt{(100\,\Omega)^2 + (-127{,}73\,\Omega)^2} = 162{,}22\,\Omega$$

Die Berechnung des *Phasenwinkels* φ ergibt nach Bild III-52:

$$\tan\varphi = \frac{\omega L - \dfrac{1}{\omega C}}{R} = \frac{-127{,}73\,\Omega}{100\,\Omega} = -1{,}2773 \Rightarrow$$

$$\varphi = \arctan(-1{,}2773) = -51{,}9^\circ$$

Der *Widerstandsoperator* lautet daher in der *Exponentialform*:

$$\underline{Z} = Z\cdot \mathrm{e}^{\mathrm{j}\varphi} = 162{,}22\,\Omega\cdot \mathrm{e}^{-\mathrm{j}\,51{,}9^\circ}$$

Der *Spannungszeiger* $\underline{U}$ besitzt die *gleiche* Richtung wie der *Widerstandszeiger* $\underline{Z}$. Somit ist:

$$\underline{U} = U\cdot \mathrm{e}^{\mathrm{j}\varphi} = 220\,\mathrm{V}\cdot \mathrm{e}^{-\mathrm{j}\,51{,}9^\circ}$$

Aus dem *Ohmschen Gesetz* (III-147) folgt dann für den *Stromzeiger* $\underline{I}$:

$$\underline{I} = \frac{\underline{U}}{\underline{Z}} = \frac{220\ \text{V} \cdot \text{e}^{-\text{j}\,51{,}9^\circ}}{162{,}22\ \Omega \cdot \text{e}^{-\text{j}\,51{,}9^\circ}} = \frac{220\ \text{V}}{162{,}22\ \Omega} = 1{,}356\ \text{A}$$

Der *Effektivwert* des Wechselstroms beträgt somit $I = 1{,}356$ A.

b) Strom- und Spannungsanzeiger besitzen die folgenden Darstellungen:

$$\underline{I} = 1{,}356\ \text{A} \cdot \text{e}^{\text{j}\,0^\circ} = 1{,}356\ \text{A}$$

$$\underline{U} = 220\ \text{V} \cdot \text{e}^{-\text{j}\,51{,}9^\circ}$$

(der Stromzeiger liegt in der *positiv-reellen* Achse!). Daher eilt der Strom der Spannung um $51{,}9^\circ$ in der Phase *voraus*.

c) Für die *komplexen* Effektivwerte der an den Schaltelementen R, C und L abfallenden Spannungen folgt aus dem *Ohmschen Gesetz*:

$$\underline{U}_R = R \cdot \underline{I} = 100\ \Omega \cdot 1{,}356\ \text{A} = 135{,}6\ \text{V}$$

$$\underline{U}_C = -\text{j}\,\frac{1}{\omega C} \cdot \underline{I} = -\text{j} \cdot 159{,}15\ \Omega \cdot 1{,}356\ \text{A} = -\text{j} \cdot 215{,}8\ \text{V} =$$

$$= 215{,}8\ \text{V} \cdot \text{e}^{-\text{j}\,90^\circ}$$

$$\underline{U}_L = \text{j}\,\omega L \cdot \underline{I} = \text{j} \cdot 31{,}42\ \Omega \cdot 1{,}356\ \text{A} = \text{j} \cdot 42{,}6\ \text{V} = 42{,}6\ \text{V} \cdot \text{e}^{\text{j}\,90^\circ}$$

Die *reellen* Effektivwerte der abfallenden Spannungen betragen daher der Reihe nach:

$$U_R = 135{,}6\ \text{V}, \qquad U_C = 215{,}8\ \text{V}, \qquad U_L = 42{,}6\ \text{V}$$

■

4 Ortskurven

4.1 Ein einführendes Beispiel

In den physikalisch-technischen Anwendungen, insbesondere in der Wechselstrom- und Regelungstechnik, treten häufig komplexe Größen auf, die noch von einem *reellen Parameter* abhängen. Wie das folgende Beispiel zeigen wird, lassen sich solche Abhängigkeiten in anschaulicher Weise durch sog. *Ortskurven* in der Gaußschen Zahlenebene darstellen.

Wir betrachten im folgenden eine *Reihenschaltung* aus einem ohmschen Widerstand R und einer Induktivität L (Bild III-53).

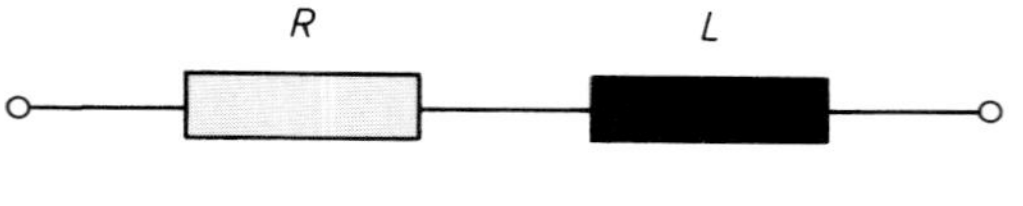

Bild III-53 Reihenschaltung aus einem ohmschen Widerstand R und einer Induktivität L

Nach den *Kirchhoffschen Regeln* addieren sich dabei die Widerstandsoperatoren der beiden Schaltelemente zum Widerstandsoperator $\underline{Z}$ des Gesamtkreises. Bei *festen* Werten für R und L hängt der *komplexe Widerstand* $\underline{Z}$ noch wie folgt von der Kreisfrequenz ω ab:

$$\underline{Z} = \underline{Z}(\omega) = R + \mathrm{j}\,\omega L \qquad (\omega \geqslant 0) \tag{III-173}$$

Jedem Wert der Kreisfrequenz ω entspricht dabei genau *ein* komplexer Widerstandszeiger in der Gaußschen Zahlenebene. Beim Durchlaufen sämtlicher Werte von $\omega = 0$ bis hin zu $\omega = \infty$ bewegt sich die Zeigerspitze auf einer *Halbgeraden*, die im Abstand R parallel zur positiv-imaginären Achse verläuft (Bild III-54). Sie wird als *Ortskurve* des Widerstandes $\underline{Z} = \underline{Z}(\omega)$ bezeichnet und beschreibt in anschaulicher Weise die Abhängigkeit des komplexen Widerstandes $\underline{Z}$ von der Kreisfrequenz ω.

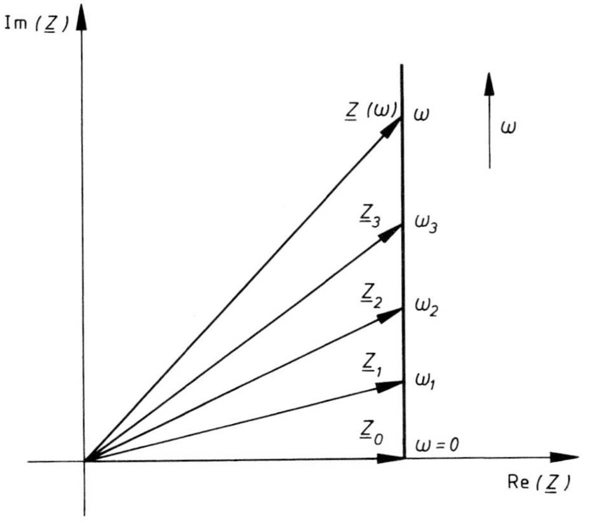

Bild III-54
Widerstandsortskurve der Reihenschaltung aus Bild III-53

4.2 Ortskurve einer parameterabhängigen komplexen Größe (Zahl)

z sei eine von einem *reellen* Parameter t abhängige komplexe Zahl mit der Darstellung

$$z = z(t) = x(t) + \mathrm{j} \cdot y(t) \qquad (a \leqslant t \leqslant b) \tag{III-174}$$

Durch diese Gleichung wird jedem Parameterwert t aus dem Intervall $[a, b]$ in *eindeutiger* Weise eine komplexe Zahl $z(t)$ zugeordnet. Eine solche Vorschrift definiert eine *komplexwertige Funktion* einer *reellen* Variablen.

Definition: Die von einem *reellen* Parameter t abhängige komplexe Zahl

$$z = z(t) = x(t) + \mathrm{j} \cdot y(t) \qquad (a \leqslant t \leqslant b) \tag{III-175}$$

heißt eine *komplexwertige Funktion* $z(t)$ der reellen Variablen t.

Real- und *Imaginärteil* einer komplexwertigen Funktion $z(t)$ sind somit Funktionen *ein- und derselben* reellen Variablen t. Mit dem Parameterwert t verändert sich auch die *Lage* der komplexen Zahl $z = z(t)$ in der Gaußschen Zahlenebene. Die Spitze des zugehörigen *Zeigers* $\underline{z} = \underline{z}(t)$ bewegt sich dabei auf einer *Kurve*, die als *Ortskurve* der komplexen Zahl (Größe) $z = z(t)$ bezeichnet wird (Bild III-55).

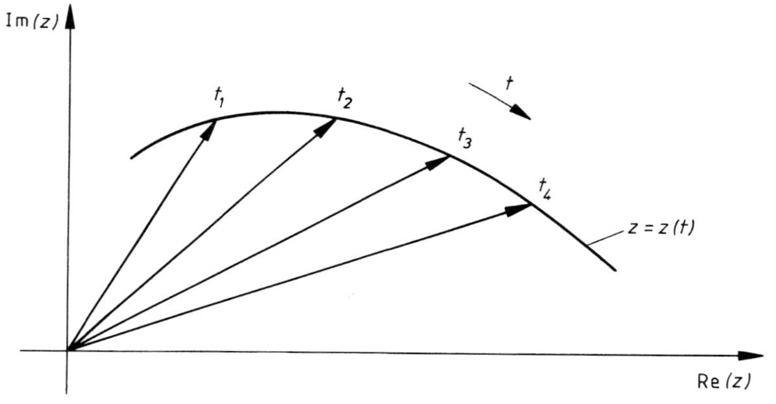

Bild III-55 Zum Begriff einer Ortskurve

Zu *jedem* Parameterwert gehört genau *ein* Zeiger und damit genau *ein* Kurvenpunkt. Die Kennzeichnung (Bezifferung) der Kurvenpunkte kann daher durch den *Parameter* selbst erfolgen, wie dies in Bild III-55 geschehen ist.

Ortskurve einer parameterabhängigen komplexen Zahl

Die *Ortskurve* einer von einem *reellen* Parameter t abhängigen komplexen Zahl

$$z(t) = x(t) + \mathrm{j} \cdot y(t) \qquad (a \leqslant t \leqslant b) \tag{III-176}$$

ist die Bahnkurve, die der zugehörige Zeiger $\underline{z} = \underline{z}(t)$ in der Gaußschen Zahlenebene beschreibt, wenn der Parameter t das Intervall $[a, b]$ durchläuft (Bild III-55).

Anmerkungen

(1) Die *Ortskurve* ist das *geometrische* Bild einer komplexwertigen Funktion einer reellen Variablen.

(2) Die *Ortskurve* von $z = z(t) = x(t) + \mathrm{j} \cdot y(t)$, $a \leqslant t \leqslant b$ läßt sich auch durch die *Parametergleichungen*

$$x = x(t), \quad y = y(t) \qquad (a \leqslant t \leqslant b) \tag{III-177}$$

beschreiben.

■ **Beispiele**

(1) Die *Ortskurve* der vom Parameter t abhängigen komplexen Zahl

$$z(t) = a + \mathrm{j} \cdot bt \qquad (-\infty < t < \infty)$$

($a > 0$, $b > 0$) ist eine im Abstand a zur imaginären Achse parallel verlaufende *Gerade* (Bild III-56).

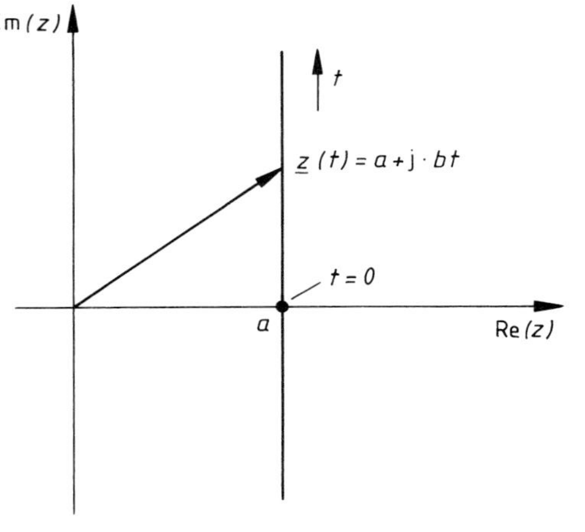

Bild III-56
Ortskurve von $z(t) = a + \mathrm{j} \cdot bt$ $(-\infty < t < \infty)$

(2) Der *komplexe Zeiger*

$$\underline{z}(t) = at + \mathrm{j}\,b \qquad (0 \leqslant t < \infty)$$

beschreibt für $a > 0$, $b > 0$ eine im Abstand b zur positiv-reellen Achse parallel verlaufende *Halbgerade* (Bild III-57).

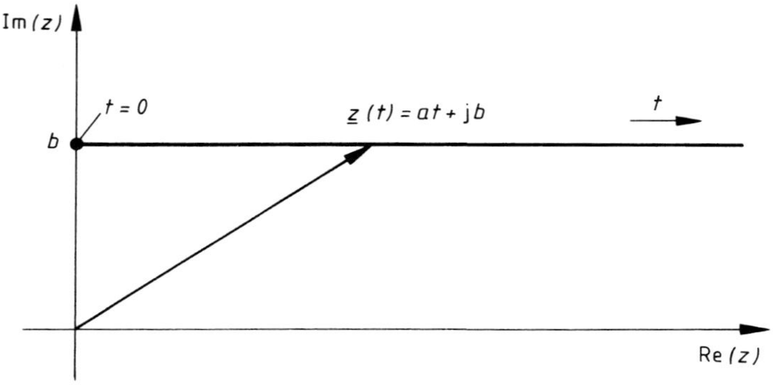

Bild III-57 Ortskurve von $z(t) = at + \mathrm{j}\,b \quad (0 \leqslant t < \infty)$

(3) Die *Ortskurve* von

$$z(t) = 5 \cdot \mathrm{e}^{\mathrm{j}\,2t} = 5 \cdot \cos(2\,t) + \mathrm{j} \cdot 5 \cdot \sin(2\,t) \qquad (0 \leqslant t < \pi)$$

ist der in Bild III-58 skizzierte *Mittelpunktskreis* mit dem Radius $R = 5$.

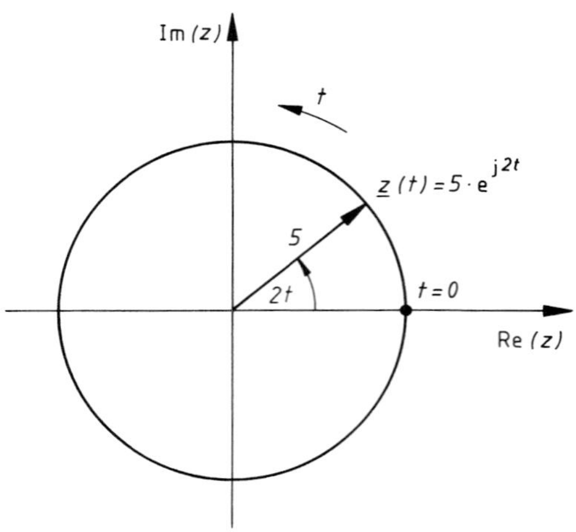

Bild III-58
Ortskurve von $z(t) = 5 \cdot \mathrm{e}^{\mathrm{j}\,2t}$
$(0 \leqslant t < \pi)$

■

4.3 Anwendungsbeispiele: Einfache Netzwerkfunktionen

Eine *Netzwerkfunktion* beschreibt in der Elektrotechnik die Abhängigkeit einer *komplexen elektrischen Größe* von einem *reellen* Parameter. Ein erstes Beispiel ist uns bereits in Abschnitt 4.1 begegnet: Die Abhängigkeit des *komplexen Widerstandes* $\underline{Z}$ einer Reihenschaltung von der *Kreisfrequenz* ω nach der Funktionsgleichung

$$\underline{Z} = \underline{Z}(\omega) = R + \mathrm{j}\,\omega L \qquad (\omega \geqslant 0) \tag{III-178}$$

(vgl. hierzu die Bilder III-53 und III-54). Zwei weitere einfache Beispiele für Netzwerkfunktionen sollen jetzt folgen. Sie lassen sich durch *Ortskurven* in einer komplexen Zahlenebene besonders anschaulich darstellen.

4.3.1 Reihenschaltung aus einem ohmschen Widerstand und einer Induktivität (Widerstandsortskurve)

Ein *variabler* ohmscher Widerstand R mit $0 \leqslant R \leqslant R_{\max}$ wird mit einer *konstanten* Induktivität L in *Reihe* geschaltet (Bild III-59).

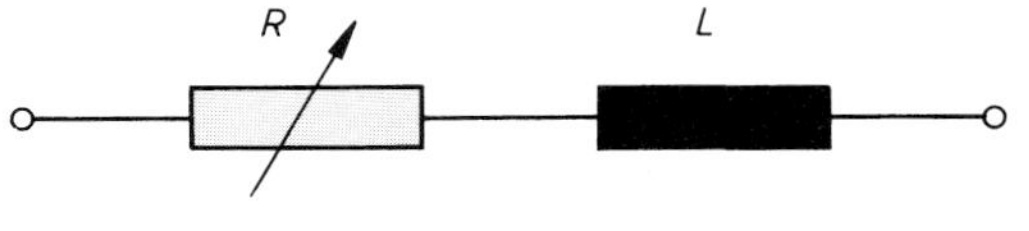

Bild III-59
Reihenschaltung aus einem variablen ohmschen Widerstand R und einer Induktivität L

Der *komplexe Widerstand* $\underline{Z}$ dieser Schaltung ist dann bei *fester* Kreisfrequenz ω als eine Funktion des *Parameters* R zu betrachten. Wir erhalten die *Netzwerkfunktion*

$$\underline{Z} = \underline{Z}(R) = R + \mathrm{j}\,\omega L \qquad (0 \leqslant R \leqslant R_{\max}) \tag{III-179}$$

Die *Ortskurve* von $\underline{Z}(R)$, auch *Widerstandsortskurve* genannt, führt zu dem in Bild III-60 skizzierten Teil einer *Halbgeraden*, die im Abstand ωL parallel zur reellen Achse verläuft.

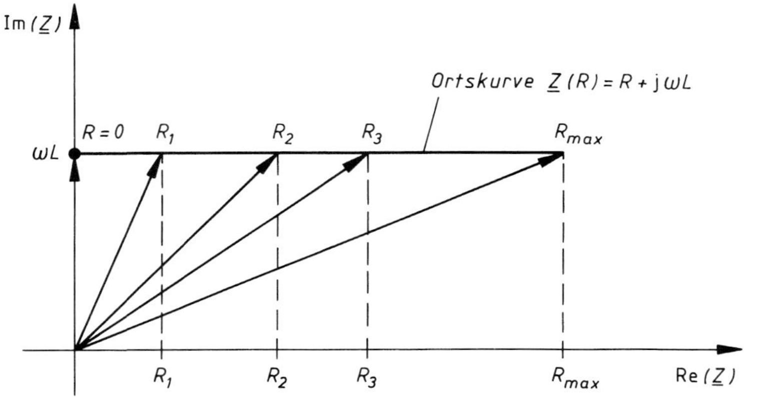

Bild III-60 Widerstandsortskurve der Reihenschaltung aus Bild III-59

4.3.2 Parallelschaltung aus einem ohmschen Widerstand und einer Kapazität (Leitwertortskurve)

Bei der in Bild III-61 dargestellten *Parallelschaltung* aus einem ohmschen Widerstand R und einer Kapazität C *addieren* sich die komplexen Leitwerte der beiden Schaltelemente nach den *Kirchhoffschen Regeln* zu einem *komplexen Leitwert* $\underline{Y}$ des Gesamtkreises.

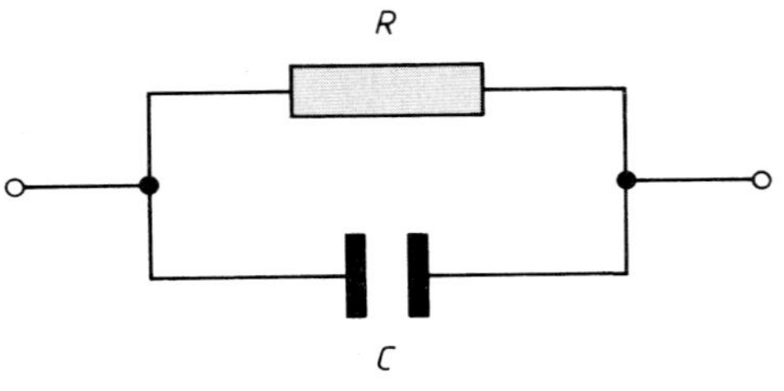

Bild III-61
Parallelschaltung aus einem ohmschen Widerstand R und einer Kapazität C

Wir erhalten bei *festen* Werten für R und C die von der Kreisfrequenz ω abhängige *Netzwerkfunktion*

$$\underline{Y} = \underline{Y}(\omega) = \frac{1}{R} + \mathrm{j}\,\omega C \qquad (\omega \geqslant 0) \tag{III-180}$$

Die *Ortskurve* dieses parameterabhängigen Leitwertes führt zu der in Bild III-62 skizzierten *Halbgeraden*, die im Abstand $1/R$ parallel zur positiv-imaginären Achse verläuft.

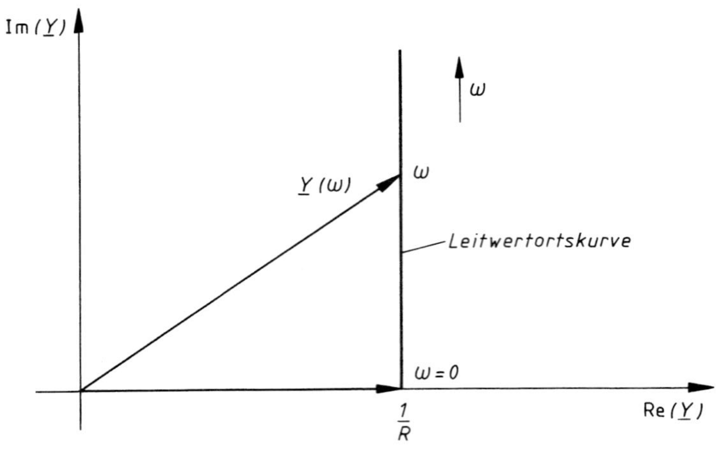

Bild III-62 Leitwertortskurve der Parallelschaltung aus Bild III-61

4.4 Inversion einer Ortskurve

4.4.1 Inversion einer komplexen Größe (Zahl)

In den physikalisch-technischen Anwendungen wird häufig der *Kehrwert* einer komplexen Größe benötigt. Ein einfaches Beispiel dafür bietet der *komplexe elektrische Leitwert* $\underline{Y}$, der als *Kehrwert* des komplexen Widerstandes $\underline{Z}$ definiert ist: $\underline{Y} = 1/\underline{Z}$. Wir bezeichnen diesen Vorgang als *Inversion*.

Definition: Der Übergang von einer komplexen Zahl (Größe) z zu ihrem *Kehrwert* $w = 1/z$ heißt *Inversion*:

$$z \xrightarrow{\text{Inversion}} w = \frac{1}{z} \qquad \text{(III-181)}$$

Liegt die komplexe Zahl z in der *Exponentialform* $z = r \cdot \mathrm{e}^{\mathrm{j}\varphi}$ vor, so lautet der *Kehrwert* $w = 1/z$ in der *gleichen* Darstellungsform:

$$w = \frac{1}{z} = \frac{1}{r \cdot \mathrm{e}^{\mathrm{j}\varphi}} = \left(\frac{1}{r}\right) \cdot \mathrm{e}^{-\mathrm{j}\varphi} = \rho \cdot \mathrm{e}^{\mathrm{j}\vartheta} \qquad \text{(III-182)}$$

Dies aber bedeutet: *Vorzeichenwechsel im Argument* ($\vartheta = -\varphi$) und *Kehrwertbildung des Betrages* ($\rho = 1/r$; vgl. Bild III-63).

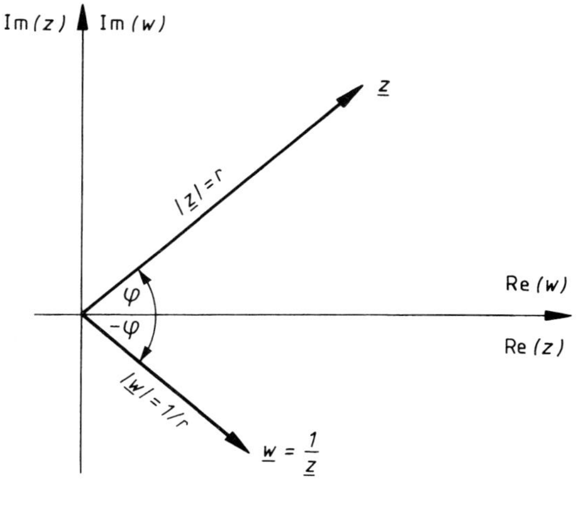

Bild III-63
Zur Inversion einer komplexen Größe (Zahl)

Inversion einer komplexen Größe (Zahl)

Die *Inversion* (*Kehrwertbildung*) einer komplexen Zahl $z = r \cdot e^{j\varphi}$ erfolgt in zwei Schritten (Bild III-63):

1. *Vorzeichenwechsel im Argument* (Winkel) von z.
2. *Kehrwertbildung des Betrages* von z.

Anmerkungen

(1) Die Operationen können auch in der *umgekehrten* Reihenfolge ausgeführt werden.

(2) Der *Vorzeichenwechsel im Argument* bedeutet geometrisch eine *Spiegelung* des Zeigers $\underline{z}$ an der *reellen* Achse. Man erhält den *konjugiert* komplexen Zeiger $\underline{z}^*$. Die sich anschließende *Kehrwertbildung des Betrages* bedeutet dann eine *Streckung* des Zeigers $\underline{z}^*$ um das $1/r^2$-fache.

■ **Beispiele**

(1) Wir bilden den *Kehrwert* der komplexen Zahl $z = 0{,}8 \cdot e^{j\,40^\circ}$ und erhalten:

$$w = \frac{1}{z} = \frac{1}{0{,}8 \cdot e^{j\,40^\circ}} = \left(\frac{1}{0{,}8}\right) \cdot e^{-j\,40^\circ} = 1{,}25 \cdot e^{-j\,40^\circ}$$

Bild III-64 zeigt die Lage beider Zahlen in der Gaußschen Zahlenebene.

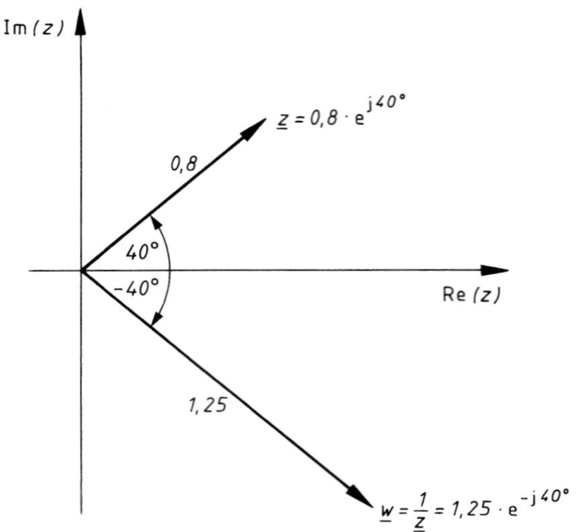

Bild III-64 Inversion der komplexen Zahl $z = 0{,}8 \cdot e^{j40^\circ}$

(2) Der *Kehrwert* der komplexen Zahl $z = 3 - 4\,\mathrm{j}$ lautet wie folgt:

$$w = \frac{1}{z} = \frac{1}{3 - 4\,\mathrm{j}} = \frac{3 + 4\,\mathrm{j}}{(3 - 4\,\mathrm{j})(3 + 4\,\mathrm{j})} = \frac{3 + 4\,\mathrm{j}}{9 + 16} = \frac{3 + 4\,\mathrm{j}}{25} = \frac{3}{25} + \frac{4}{25}\,\mathrm{j} =$$

$$= 0{,}12 + 0{,}16\,\mathrm{j}$$

■

4.4.2 Inversionsregeln

Die *Inversion* einer komplexen Zahl z soll nun unter einem allgemeineren Gesichtspunkt betrachtet werden. Dazu fassen wir z als eine *frei wählbare* komplexe Variable auf und interpretieren die Gleichung $w = 1/z$ als Gleichung einer *komplexen Funktion*, die jeder von Null *verschiedenen* komplexen Zahl z in *eindeutiger Weise* den Kehrwert $1/z$ als Funktionswert zuordnet. Wir schreiben dafür *symbolisch*:

$$z \longmapsto w = \frac{1}{z} \qquad \text{oder} \qquad w = f(z) = \frac{1}{z} \tag{III-183}$$

Graphisch werden die z-Werte als Punkte in einer komplexen *z-Ebene* und die zugehörigen Funktionswerte $w = 1/z$ als Punkte in einer komplexen w-Ebene dargestellt [14]. Die komplexe Funktion $w = 1/z$ kann daher auch als eine *Abbildung* der z-Ebene auf die w-Ebene gedeutet werden. Im Nullpunkt $z = 0$ selbst ist die Funktion *nicht* definiert. Man ordnet dieser Stelle meist formal den „unendlich fernen Punkt" als Bildpunkt zu. Er wird durch das Symbol „∞" gekennzeichnet. In den Anwendungen (z.B. in der Wechselstromtechnik) stellt sich oft das Problem, eine *parameterabhängige Kurve* (z.B. die Ortskurve einer Netzwerkfunktion) zu *invertieren*. Besonders häufig treten dabei *Geraden* und *Kreise* auf. Sie unterliegen den folgenden *Inversionsregeln*:

Inversionsregeln

Geraden und *Kreise* werden durch die *Inversion* $w = 1/z$ nach den folgenden *Regeln* abgebildet:

	z-Ebene		**w-Ebene**
1.	*Gerade* durch den Nullpunkt	$\longrightarrow$	*Gerade* durch den Nullpunkt
2.	*Gerade*, die *nicht* durch den Nullpunkt verläuft	$\longrightarrow$	*Kreis* durch den Nullpunkt
3.	*Mittelpunktskreis*	$\longrightarrow$	*Mittelpunktskreis*
4.	*Kreis* durch den Nullpunkt	$\longrightarrow$	*Gerade*, die *nicht* durch den Nullpunkt verläuft
5.	*Kreis*, der *nicht* durch den Nullpunkt verläuft	$\longrightarrow$	*Kreis*, der *nicht* durch den Nullpunkt verläuft

[14] In den Anwendungen wird für die graphische Darstellung der z- und w-Werte meist eine *gemeinsame* Zahlenebene verwendet, die daher zugleich z- *und* w-Ebene ist.

Anmerkung

Bei der *Inversion einer Ortskurve* erweisen sich auch folgende *Regeln* als sehr nützlich:

1. Der Punkt mit dem *kleinsten* Abstand (Betrag) vom Nullpunkt führt zu dem Bildpunkt mit dem *größten* Abstand (Betrag) und umgekehrt.
2. Ein Punkt *oberhalb* der reellen Achse führt zu einem Bildpunkt *unterhalb* der reellen Achse und umgekehrt.

Beweis der Inversionsregeln

Wir beschränken uns auf den Beweis der ersten beiden Regeln.

Das *Bild* der komplexen Zahl $z = x + \mathrm{j}\,y$ bezeichnen wir mit $w = u + \mathrm{j}\,v$. Für die *Inversion* $w = 1/z$ gilt dann:

$$w = \frac{1}{z} = \frac{1}{x + \mathrm{j}\,y} = \frac{x - \mathrm{j}\,y}{(x + \mathrm{j}\,y)(x - \mathrm{j}\,y)} = \frac{x - \mathrm{j}\,y}{x^2 + y^2} =$$

$$= \frac{x}{x^2 + y^2} - \mathrm{j}\,\frac{y}{x^2 + y^2} = u + \mathrm{j}\,v \qquad \text{(III-184)}$$

Die *Abbildungsgleichungen* lauten somit:

$$u = \frac{x}{x^2 + y^2}, \qquad v = -\frac{y}{x^2 + y^2} \qquad \text{(III-185)}$$

Aus ihnen erhalten wir für x und y die folgenden Terme:

$$x = \frac{u}{u^2 + v^2}, \qquad y = -\frac{v}{u^2 + v^2} \qquad \text{(III-186)}$$

Wir betrachten nun eine in der *z-Ebene* liegende *Gerade* mit der allgemeinen Funktionsgleichung

$$ax + by + c = 0 \qquad \text{(III-187)}$$

Die zugehörige *Bildkurve* in der *w-Ebene* erhalten wir, wenn wir in diese Gleichung die Abbildungsgleichungen (III-186) einsetzen:

$$\frac{au}{u^2 + v^2} - \frac{bv}{u^2 + v^2} + c = 0 \qquad \text{(III-188)}$$

oder

$$c\,(u^2 + v^2) + au - bv = 0 \qquad \text{(III-189)}$$

Dies ist die Gleichung einer *Geraden* (für $c = 0$) bzw. eines *Kreises* (für $c \neq 0$). Wir untersuchen nun die beiden Fälle näher.

1. Fall: $c = 0$

Die *Gerade*

$$ax + by = 0 \qquad \text{(III-190)}$$

der z-Ebene wird nach Gleichung (III-189) in die *Gerade*

$$au - bv = 0 \qquad \text{(III-191)}$$

der w-Ebene abgebildet. Beide Geraden gehen durch den *Ursprung*. Dies aber ist die *1. Inversionsregel.*

2. Fall: $c \neq 0$

Die *Gerade*

$$ax + by + c = 0 \qquad \text{(III-192)}$$

der z-Ebene verläuft wegen $c \neq 0$ *nicht* durch den Ursprung. Sie geht bei der *Inversion* in den *Kreis*

$$c(u^2 + v^2) + au - bv = 0 \qquad \text{(III-193)}$$

der w-Ebene über, der durch den *Nullpunkt* verläuft [15]. Damit haben wir auch die *2. Inversionsregel* bewiesen.

4.4.3 Ein Anwendungsbeispiel: Inversion einer Widerstandsortskurve

Wir betrachten den in Bild III-65 skizzierten *Reihenschwingkreis* mit dem ohmschen Widerstand R, der Kapazität C und der Induktivität L.

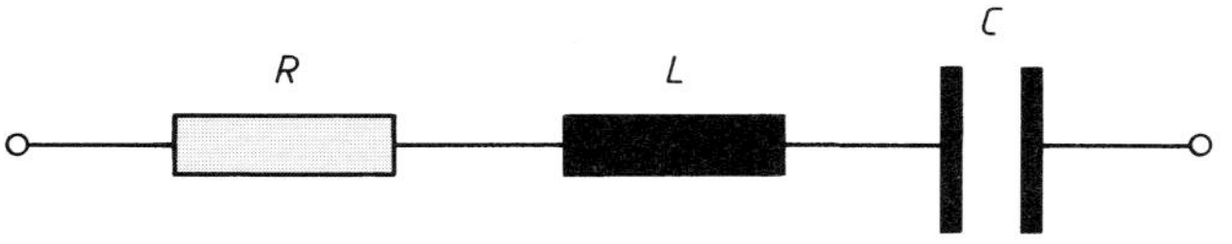

Bild III-65
Reihenschwingkreis

Bei *festen* Werten für R, C und L hängt der *komplexe Widerstand* $\underline{Z}$ nur noch von der Kreisfrequenz ω ab. Nach den Gesetzen der Reihenschaltung erhalten wir die *Netzwerkfunktion*

$$\underline{Z}(\omega) = R + \mathrm{j}\,\omega L - \mathrm{j}\,\frac{1}{\omega C} = R + \mathrm{j}\left(\omega L - \frac{1}{\omega C}\right) \qquad (\omega \geqslant 0) \qquad \text{(III-194)}$$

Die zugehörige *Widerstandsortskurve* ist eine *Gerade*, die im Abstand R parallel zur imaginären Achse verläuft (Bild III-66).

[15] Es handelt sich um einen verschobenen Kreis mit dem Mittelpunkt $M = (-a/2c;\ b/2c)$ und dem Radius $r = \sqrt{a^2 + b^2}/2c$.

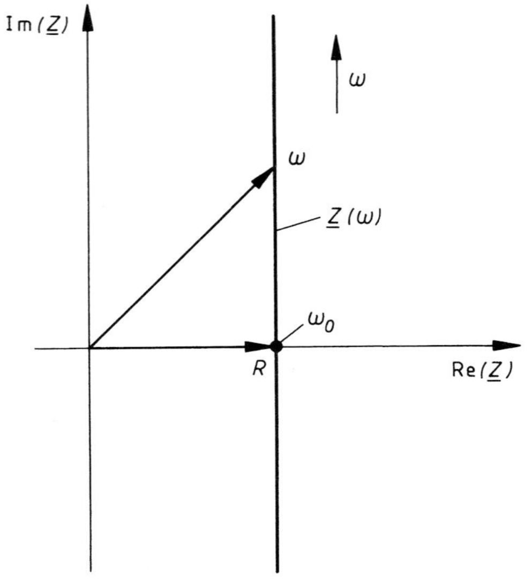

Bild III-66
Widerstandsortskurve eines Reihenschwingkreises nach Bild III-65

Durch *Inversion* erhalten wir die Ortskurve des *komplexen Leitwertes*. Sie wird durch die *Netzwerkfunktion*

$$\underline{Y}(\omega) = \frac{1}{\underline{Z}(\omega)} = \frac{1}{R + \mathrm{j}\left(\omega L - \dfrac{1}{\omega C}\right)} \qquad (\omega \geqslant 0) \tag{III-195}$$

beschrieben. Wir bestimmen nun schrittweise den *Verlauf* dieser Ortskurve.

1. Aus der *2. Inversionsregel* folgt, daß die *invertierte* Ortskurve $\underline{Y} = \underline{Y}(\omega)$ einen durch den Nullpunkt verlaufenden *Kreis* ergibt.

2. Wir ermitteln nun den *Mittelpunkt* und den *Radius* des Kreises. Dazu bestimmen wir zunächst denjenigen Punkt auf der Widerstandsortskurve $\underline{Z} = \underline{Z}(\omega)$, der den *kleinsten* Abstand (Betrag) hat. Es ist der durch den Parameterwert ω_0 gekennzeichnete Schnittpunkt mit der *reellen* Achse. Er gehört zur Kreisfrequenz $\omega_0 = 1/\sqrt{LC}$, bei der der Blindwiderstand $X = \omega L - 1/\omega C$ *verschwindet*. Für diese Kreisfrequenz nimmt Z seinen *kleinsten* Wert $Z_{\min} = Z(\omega_0) = R$ an. Der zur Kreisfrequenz ω_0 gehörende Punkt der Widerstandsortskurve wird somit durch den *Zeiger* $\underline{Z}(\omega_0) = R$ beschrieben (Bild III-66). Zum *kleinsten* Widerstandswert $Z_{\min} = R$ gehört aber der *größte* Leitwert $Y_{\max}$. Dieser beträgt somit

$$Y_{\max} = \frac{1}{Z_{\min}} = \frac{1}{R} \tag{III-196}$$

Er entspricht zugleich dem gesuchten *Durchmesser* des Kreises. Der *Mittelpunkt* des Kreises liegt daher auf der *reellen* Achse im Abstand $1/2\,R$ vom Ursprung. Die *Leitwertortskurve* führt somit zu dem in Bild III-67 dargestellten *Kreis*.

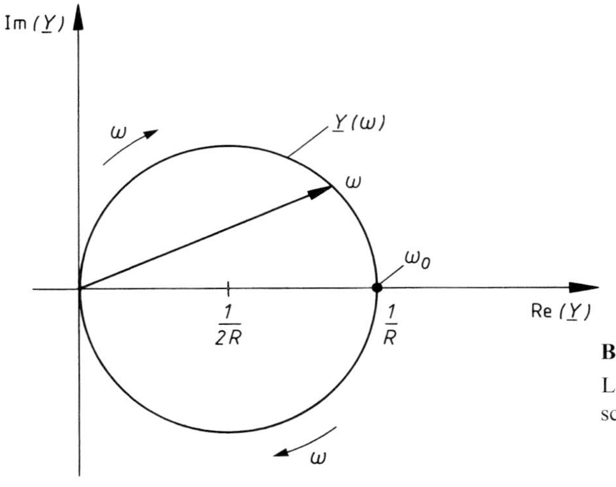

Bild III-67
Leitwertortskurve eines Reihenschwingkreises nach Bild III-65

In den Anwendungen verwendet man zur Darstellung der Widerstandsortskurve $\underline{Z} = \underline{Z}(\omega)$ und der zugehörigen invertierten Ortskurve, der Leitwertortskurve $\underline{Y} = \underline{Y}(\omega) = 1/\underline{Z}(\omega)$, meist eine *gemeinsame* komplexe Zahlenebene (Bild III-68). Einander *zugeordnete* $\underline{Z}$- und $\underline{Y}$-Werte sind dabei durch *denselben* ω-Wert gekennzeichnet. Diese Zuordnung findet man leicht wie folgt:

Wir zeichnen den zur (beliebigen) Kreisfrequenz ω_1 gehörenden *Widerstandszeiger* $\underline{Z}(\omega_1)$ und bringen ihn zum Schnitt mit der *Leitwertortskurve* (*Kreis*). Der Schnittpunkt wird dann an der *reellen* Achse *gespiegelt* und führt zum zugehörigen *Leitwertzeiger* $\underline{Y}(\omega_1)$.

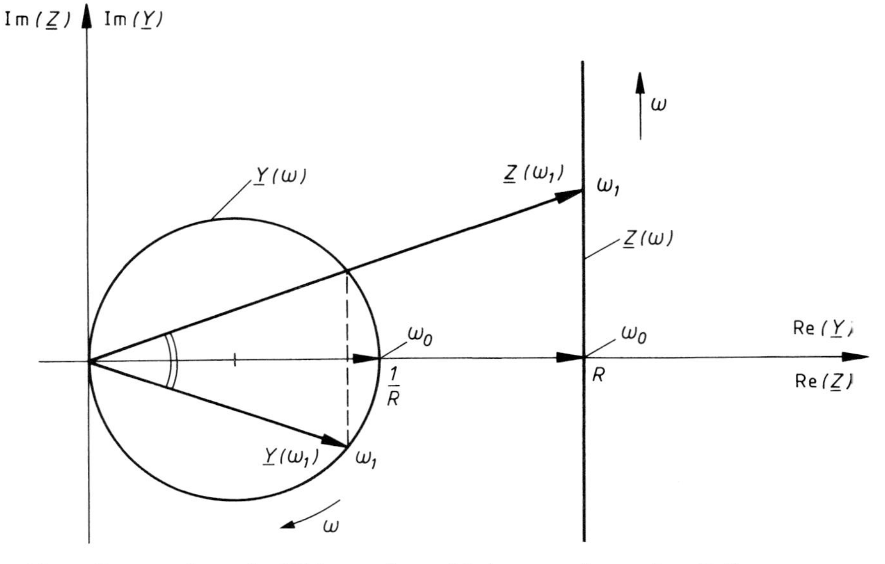

Bild III-68 Darstellung der Widerstands- und Leitwertortskurve eines Reihenschwingkreises in einer gemeinsamen komplexen Ebene

Übungsaufgaben

Zu Abschnitt 1

1) Stellen Sie die folgenden komplexen Zahlen durch *Bildpunkte* in der Gaußschen Zahlenebene symbolisch dar:

$z_1 = 3 - 4\mathrm{j}$, $z_2 = -2 + 3\mathrm{j}$, $z_3 = -5 - 4\mathrm{j}$, $z_4 = 6$,
$z_5 = 3 + 5\mathrm{j}$, $z_6 = -1 - 2\mathrm{j}$, $z_7 = -4 + \mathrm{j}$, $z_8 = -3\mathrm{j}$

2) Die folgenden komplexen Zahlen sind durch einen *Zeiger* in der Gaußschen Zahlenebene bildlich darzustellen:

$z_1 = 1 + 3\mathrm{j}$, $z_2 = -2 - 4\mathrm{j}$, $z_3 = 1 - \mathrm{j}$, $z_4 = 5\mathrm{j}$,
$z_5 = -4 + 5\mathrm{j}$, $z_6 = -3 - 2\mathrm{j}$, $z_7 = 6 + 2\mathrm{j}$, $z_8 = -5$

3) Wie lauten die in Bild III-69 bildlich dargestellten komplexen Zahlen in der *kartesischen* und in der *Polarform*? Geben Sie auch die *konjugiert* komplexen Zahlen an.

Hinweis: Alle Werte sind halb- oder ganzzahlig.

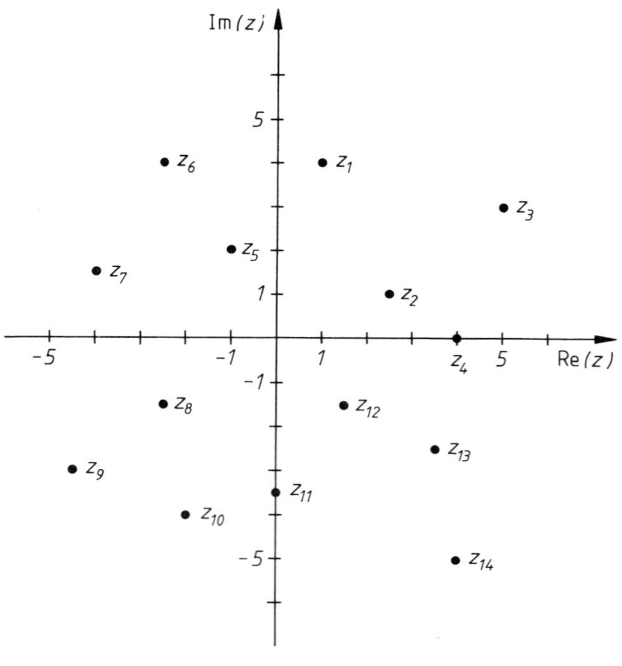

Bild III-69

4) Die in der kartesischen Form gegebenen komplexen Zahlen

$$z_1 = 2 + \pi j, \qquad z_2 = 4{,}5 - 2{,}4j, \qquad z_3 = -3 + 5j, \qquad z_4 = -6,$$
$$z_5 = -3 - 2j, \qquad z_6 = -1 + j, \qquad z_7 = -4j, \qquad z_8 = -3 - j$$

sind in die *Polarform* umzurechnen. Wie lauten die *konjugiert* komplexen Zahlen?

5) Bringen Sie die in der Polarform vorliegenden komplexen Zahlen

$$z_1 = 4(\cos 1 + j \cdot \sin 1), \qquad z_2 = 3 \cdot e^{j30^\circ}, \qquad z_3 = 5 \cdot e^{j135^\circ},$$
$$z_4 = 5[\cos(-60^\circ) + j \cdot \sin(-60^\circ)], \qquad z_5 = 2 \cdot e^{-j\frac{3}{2}\pi}, \qquad z_6 = e^{j240^\circ},$$
$$z_7 = 2(\cos 210^\circ + j \cdot \sin 210^\circ), \qquad z_8 = \cos(-0{,}5) + j \cdot \sin(-0{,}5)$$

in die *kartesische* Form und bestimmen Sie die jeweilige *konjugiert* komplexe Zahl.

6) Bestimmen Sie den *Betrag* der folgenden komplexen Zahlen:

$$z_1 = 4 - 3j, \qquad z_2 = -2 - 6j, \qquad z_3 = 3(\cos 60^\circ - j \cdot \sin 60^\circ),$$
$$z_4 = -3 + 4j, \qquad z_5 = -4j, \qquad z_6 = -3 \cdot e^{j30^\circ}$$

7) Bestimmen Sie den *Hauptwert* des Argumentes (Winkels) φ für die folgenden komplexen Zahlen ($0 \leqslant \varphi < 2\pi$):

$$z_1 = -2 - 6j, \qquad z_2 = -2 \cdot e^{-j40^\circ}, \qquad z_3 = -3\left[\cos\left(\frac{\pi}{3}\right) + j \cdot \sin\left(-\frac{\pi}{3}\right)\right],$$
$$z_4 = 3 - j, \qquad z_5 = -6 + 8j, \qquad z_6 = 4[\cos(-80^\circ) + j \cdot \sin(-80^\circ)]$$

Zu Abschnitt 2

1) Berechnen Sie mit den komplexen Zahlen

$$z_1 = -4j, \qquad z_2 = 3 - 2j, \qquad z_3 = -1 + j$$

die folgenden Terme:

a) $z_1 - 2z_2 + 3z_3$ b) $2z_1 \cdot z_2^*$ c) $\dfrac{z_1^* \cdot z_2}{z_3}$

d) $z_1(2z_2^* - z_1) + z_3^*$ e) $\dfrac{z_1 - z_2^*}{3z_3^*}$ f) $\dfrac{z_1 + z_3^*}{z_2^* \cdot z_3}$

2) Berechnen Sie die folgenden Ausdrücke:

a) $(3-2\mathrm{j})(4+2\mathrm{j})$ b) $\dfrac{3-2\mathrm{j}}{4-3\mathrm{j}}+3(\mathrm{j}-8)$

c) $\dfrac{4(3-\mathrm{j})^*}{(1+\mathrm{j})(-1+\mathrm{j})}$ d) $(2-4\mathrm{j})^2+\dfrac{|1-\sqrt{3}\,\mathrm{j}|}{\mathrm{j}}$

3) Berechnen Sie die folgenden Ausdrücke und geben Sie die Endergebnisse in der *kartesischen* Form an:

a) $\dfrac{2\mathrm{j}}{3-4\mathrm{j}}+2\cdot \mathrm{e}^{\mathrm{j}(-30^\circ)}+3\left[\cos\left(\dfrac{\pi}{4}\right)+\mathrm{j}\cdot\sin\left(\dfrac{\pi}{4}\right)\right]$

b) $\dfrac{(3+\mathrm{j})\cdot(\cos 120^\circ-\mathrm{j}\cdot\sin 120^\circ)}{(1-\mathrm{j})^2\cdot(2\mathrm{j})^*}+\dfrac{2(\cos 90^\circ+\mathrm{j}\cdot\sin 90^\circ)}{\mathrm{e}^{-\mathrm{j}180^\circ}}$

4) Mit dem komplexen Zeiger $\underline{z}=1+2\mathrm{j}$ werden folgende Operationen durchgeführt:

a) $\mathrm{j}\cdot\underline{z}$ b) $\underline{z}^*$ c) $\dfrac{\underline{z}}{\mathrm{j}}$ d) $2\cdot\underline{z}$ e) $\mathrm{e}^{\mathrm{j}30^\circ}\cdot\underline{z}$

f) $|\underline{z}|$ g) $\underline{z}^2$

Stellen Sie diese Operationen in der Gaußschen Zahlenebene *bildlich* dar. Was bedeuten sie geometrisch?

5) Zeigen Sie: Für *jede* komplexe Zahl $z=x+\mathrm{j}y$ gilt:

a) $z+z^*=2\cdot\mathrm{Re}(z)$ b) $z-z^*=2\mathrm{j}\cdot\mathrm{Im}(z)$

6) Berechnen Sie die folgenden *Potenzen* nach der *Formel von Moivre* und stellen Sie die Ergebnisse in der *kartesischen* und in der *Polarform* dar:

a) $(1+\mathrm{j})^2$ b) $(3-\sqrt{3}\,\mathrm{j})^4$ c) $(2\cdot\mathrm{e}^{-\mathrm{j}30^\circ})^8$

d) $(-4-3\mathrm{j})^3$ e) $\left(\dfrac{3-\mathrm{j}}{2+\mathrm{j}}\right)^3$ f) $(3\cdot\mathrm{e}^{\mathrm{j}\pi})^5$

g) $\left[2\left(\cos\left(\dfrac{\pi}{3}\right)+\mathrm{j}\cdot\sin\left(\dfrac{\pi}{3}\right)\right)\right]^{10}$ h) $[5(\cos(-10^\circ)+\mathrm{j}\cdot\sin(-10^\circ))]^4$

7) Leiten Sie aus der *Formel von Moivre* und unter Verwendung der *Binomischen Formel* die folgenden trigonometrischen Beziehungen her:

$$\sin(3\varphi)=3\cdot\sin\varphi-4\cdot\sin^3\varphi$$
$$\cos(3\varphi)=4\cdot\cos^3\varphi-3\cdot\cos\varphi$$

Anleitung: Mit $z=\cos\varphi+\mathrm{j}\cdot\sin\varphi$ lautet die *Formel von Moivre*:

$$(\cos\varphi+\mathrm{j}\cdot\sin\varphi)^n=\cos(n\varphi)+\mathrm{j}\cdot\sin(n\varphi)$$

8) Wie lauten die *Lösungen* der folgenden Gleichungen?

a) $z^3 = \mathrm{j}$ b) $z^4 = 16 \cdot \mathrm{e}^{\mathrm{j}\,160^\circ}$ c) $z^5 = 3 - 4\mathrm{j}$

Skizzieren Sie die Lage der zugehörigen *Zeiger* in der Gaußschen Zahlenebene.

9) Berechnen Sie die folgenden *Wurzeln*:

a) $\sqrt[2]{4 - 2\mathrm{j}}$ b) $\sqrt[3]{81 \cdot \mathrm{e}^{-\mathrm{j}\,190^\circ}}$ c) $\sqrt[6]{-3 + 8\mathrm{j}}$

10) Bestimmen Sie *sämtliche Lösungen*:

a) $z^3 = 64\left[\cos\left(\frac{\pi}{4}\right) + \mathrm{j} \cdot \sin\left(\frac{\pi}{4}\right)\right]$ b) $z^3 - 2 = 5\mathrm{j}$

11) Von der Gleichung $x^4 - 2x^3 + x^2 + 2x - 2 = 0$ ist *eine* (komplexe) Lösung bekannt: $x_1 = 1 - \mathrm{j}$. Wie lauten die *übrigen* Lösungen?

12) Bestimmen Sie sämtliche *reellen* und *komplexen* Lösungen der folgenden Gleichungen:

a) $x^3 - x^2 + 4x - 4 = 0$ (Horner-Schema verwenden)

b) $x^4 - 2x^2 - 3 = 0$

13) Berechnen Sie die folgenden *natürlichen Logarithmen*:

a) $\ln(1)$ b) $\ln(-1 + \mathrm{j})$ c) $\ln \mathrm{j}$

d) $\ln\left(2 \cdot \mathrm{e}^{\mathrm{j}\frac{\pi}{3}}\right)$ e) $\mathrm{Ln}(-1)$ f) $\mathrm{Ln}(\mathrm{j}^{\mathrm{j}})$

Zu Abschnitt 3

1) Die folgenden harmonischen Schwingungen sind zunächst in der *Sinusform* $y = A \cdot \sin(\omega t + \varphi)$ mit $A > 0$, $0 \leqslant \varphi < 2\pi$ anzugeben und anschließend *rechnerisch* und *zeichnerisch* durch *komplexe Sinuszeiger* darzustellen. Wie lauten die *komplexen Amplituden* (in der kartesischen Form)?

a) $y_1 = 3 \cdot \sin\left(2t + \frac{\pi}{3}\right)$ b) $y_2 = -3 \cdot \sin\left(4t - \frac{\pi}{4}\right)$

c) $y_3 = -4 \cdot \sin\left(2t + \frac{\pi}{2}\right)$ d) $y_4 = 5 \cdot \sin(\pi t - 1{,}2)$

2) Stellen Sie die folgenden Kosinusschwingungen als *komplexe Sinuszeiger* dar:

a) $y_1 = 3 \cdot \cos(\omega t)$ b) $y_2 = -4 \cdot \cos\left(2t - \frac{\pi}{4}\right)$

c) $y_3 = 5 \cdot \cos(t + 1)$ d) $y_4 = 3 \cdot \cos\left(\pi t + \frac{2\pi}{3}\right)$

Anleitung: Bringen Sie die Kosinusschwingungen zunächst in die *Sinusform*.

3) Gegeben sind die beiden *gleichfrequenten* Wechselspannungen $u_1(t)$ und $u_2(t)$. Bestimmen Sie die durch *Superposition* entstehende resultierende Wechselspannung mit Hilfe der *komplexen Rechnung* ($\omega = 314\ \text{s}^{-1}$):

a) $u_1 = 100\ \text{V} \cdot \sin(\omega t)$ b) $u_1 = -50\ \text{V} \cdot \sin(\omega t)$

$u_2 = 150\ \text{V} \cdot \cos\left(\omega t - \frac{\pi}{4}\right)$ $u_2 = 200\ \text{V} \cdot \sin\left(\omega t + \frac{\pi}{3}\right)$

4) Zeigen Sie, daß sich drei *gleiche*, aber um jeweils 120° in der Phase verschobene Wechselspannungen bei der Überlagerung auslöschen (die Wechselspannungen entsprechen z.B. den drei Phasen eines *Drehstroms*). Die Rechnung ist im *Komplexen* durchzuführen.

5) Die mechanischen Schwingungen

$$y_1(t) = 20\ \text{cm} \cdot \sin\left(\pi\,\text{s}^{-1} \cdot t + \frac{\pi}{10}\right) \quad \text{und} \quad y_2(t) = 15\ \text{cm} \cdot \cos\left(\pi\,\text{s}^{-1} \cdot t + \frac{\pi}{6}\right)$$

werden ungestört zur *Überlagerung* gebracht. Wie lautet die *resultierende* Schwingung (in der *Kosinusform* dargestellt)?

6) Berechnen Sie den *komplexen Widerstand* der in Bild III-70 skizzierten Reihenschaltung bei der Kreisfrequenz $\omega = 10^6\ \text{s}^{-1}$.

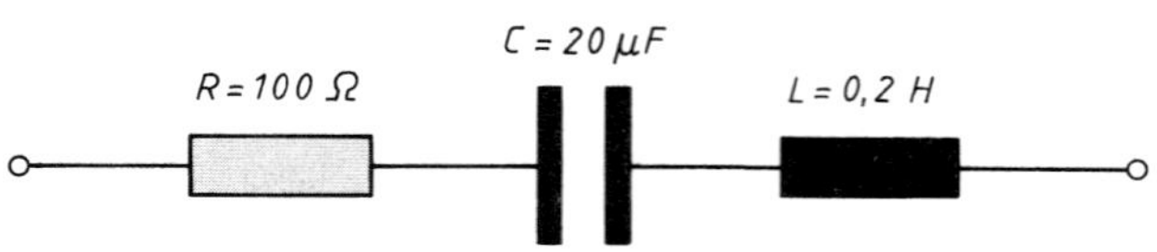

Bild III-70

7) Für die in Bild III-71 dargestellte *Parallelschaltung* aus dem ohmschen Widerstand $R = 100\ \Omega$ und der Induktivität $L = 0{,}5$ H ist der *komplexe Widerstand* $\underline{Z}$ und der *komplexe Stromzeiger* $\underline{I}$ zu berechnen ($U = 100$ V, $\omega = 500\ \text{s}^{-1}$).

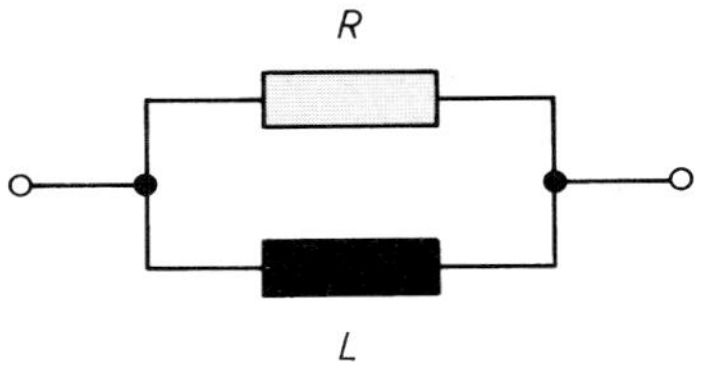

Bild III-71

8) Berechnen Sie den *komplexen Widerstand* $\underline{Z}$ der in Bild III-72 dargestellten Schaltung als Funktion der Kreisfrequenz ω.

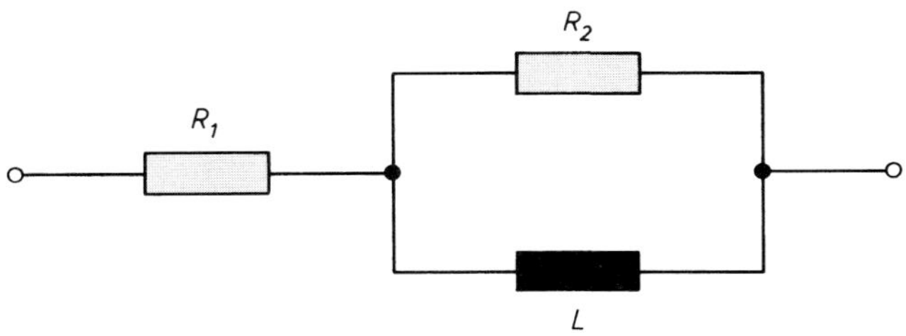

Bild III-72

9) Berechnen Sie den *komplexen Widerstand* $\underline{Z}$ der in Bild III-73 dargestellten Schaltung bei der Kreisfrequenz $\omega = 300\ \text{s}^{-1}$.

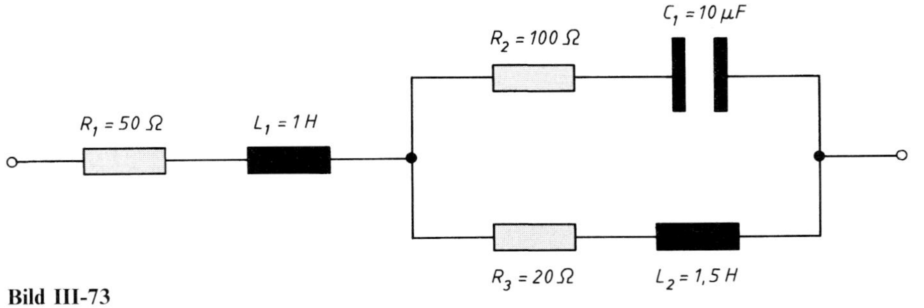

Bild III-73

Zu Abschnitt 4

1) Zeichnen Sie die *Ortskurven* der folgenden komplexen Zeiger:

a) $\underline{z}(t) = a \cdot \cos t + \text{j} \cdot b \cdot \sin t \qquad (0 \leqslant t < 2\pi)$

b) $\underline{z}(t) = 2 \cdot \cos^2 t + \text{j} \cdot \sin(2t) \qquad \left(0 \leqslant t < \frac{\pi}{2}\right)$

2) Bilden Sie den *Kehrwert* der folgenden komplexen Zahlen:

$$z_1 = 3 + 5j, \qquad z_2 = -6 + 8j, \qquad z_3 = 3\left[\cos\left(\frac{\pi}{3}\right) + j \cdot \sin\left(\frac{\pi}{3}\right)\right],$$

$$z_4 = 6 \cdot e^{-j40°}, \qquad z_5 = 3 \cdot e^{j3}, \qquad z_6 = 5\,(\cos 60° - j \cdot \sin 60°)$$

3) Skizzieren Sie die *Ortskurven* folgender Netzwerkfunktionen:

a) *Reihenschaltung* aus einem ohmschen Widerstand R und einer Induktivität L nach Bild III-74 (R, L: fest; ω: variabel). Gesucht sind die *Ortskurven* des komplexen Widerstandes $\underline{Z} = \underline{Z}(\omega)$ und seines *Kehrwertes*, des Leitwertes $\underline{Y} = \underline{Y}(\omega)$.

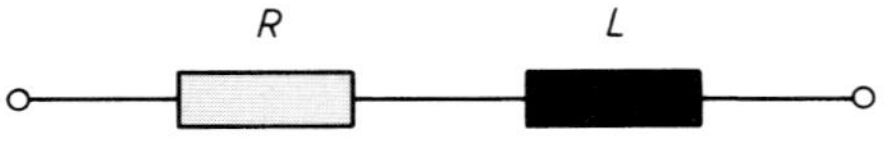

Bild III-74

b) *Parallelschaltung* aus einem ohmschen Widerstand R und einer Induktivität L nach Bild III-75 (R, L: fest; ω: variabel). Gesucht sind die *Ortskurven* des komplexen Leitwertes $\underline{Y} = \underline{Y}(\omega)$ und des komplexen Widerstandes $\underline{Z} = \underline{Z}(\omega)$.

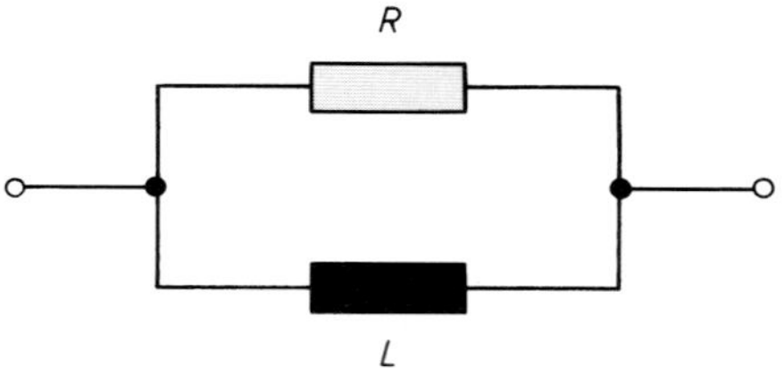

Bild III-75

Anleitung: Bei der *Reihenschaltung* addieren sich die (komplexen) Einzelwiderstände, bei der *Parallelschaltung* die (komplexen) Einzelleitwerte.

4) Der in Bild III-76 dargestellte Schaltkreis enthält einen *variablen* ohmschen Widerstand R.

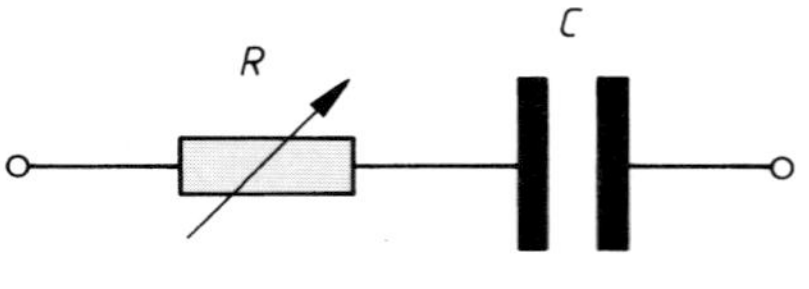

Bild III-76

a) Wie lautet die *Netzwerkfunktion* $\underline{Z} = \underline{Z}(R)$?

b) Zeichnen Sie die *Widerstandsortskurve*.

c) Durch *Inversion* ist die *Ortskurve des Leitwertes* zu bestimmen.

IV Differential- und Integralrechnung für Funktionen von mehreren Variablen

1 Funktionen von mehreren Variablen und ihre Darstellung

1.1 Definition einer Funktion von mehreren Variablen

Bisher hatten wir uns ausschließlich mit Funktionen von *einer* unabhängigen Variablen beschäftigt. Sie wurden zur Beschreibung von *Zusammenhängen* und *Abhängigkeiten* zwischen *zwei* physikalisch-technischen Größen x und y herangezogen und meist in der (bequemeren) *expliziten* Form $y = f(x)$ dargestellt. In den Anwendungen treten jedoch auch Größen auf, die von *mehr als einer* Variablen abhängen. Wir müssen daher den bisherigen Funktionsbegriff *erweitern.* Dies führt uns schließlich zu dem Begriff einer *Funktion von mehreren unabhängigen Variablen.* Wir erläutern das Problem zunächst an zwei einfachen Anwendungsbeispielen.

■ **Beispiele**

(1) **Ohmsches Gesetz**

Die an einem ohmschen Widerstand R abfallende Spannung U hängt nach dem *ohmschen Gesetz* $U = RI$ vom Widerstand R *und* der Stromstärke I ab (Bild IV-1), d.h. U ist eine *Funktion* von R *und* I:

$$U = U(R;\, I) = RI$$

Die Schreibweise $U(R;\, I)$ bringt dabei die Abhängigkeit der Größe U von den Größen R *und* I zum Ausdruck.

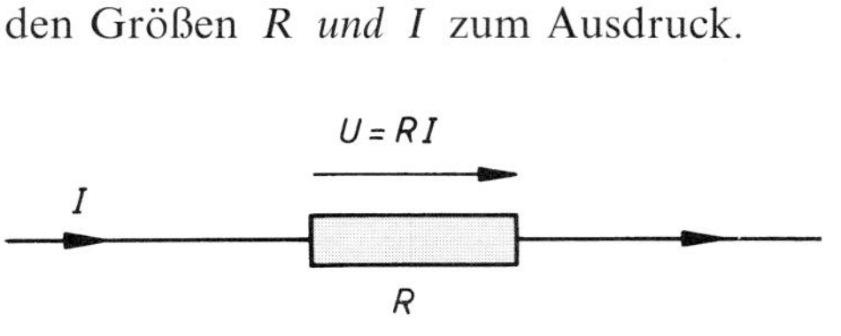

Bild IV-1
Spannungsabfall an einem ohmschen Widerstand

(2) **Wurfparabel beim schiefen Wurf**

Wir betrachten die in Bild IV-2 skizzierte *Flugbahn* (*Wurfparabel*) eines Körpers, der mit der Geschwindigkeit v_0 unter einem Winkel α gegen die Horizontale abgeworfen wurde. Die Wurfweite W hängt dabei nicht nur von der Abwurfgeschwindigkeit v_0, sondern auch noch vom Abwurfwinkel α ab.

Zwischen diesen Größen besteht der funktionale Zusammenhang

$$W = W(v_0; \alpha) = \frac{2 \cdot v_0^2 \cdot \sin \alpha \cdot \cos \alpha}{g} = \frac{v_0^2 \cdot \sin(2\alpha)}{g}$$

(g: Erdbeschleunigung; $2 \cdot \sin \alpha \cdot \cos \alpha = \sin(2\alpha)$). W ist somit eine *Funktion* von v_0 *und* α.

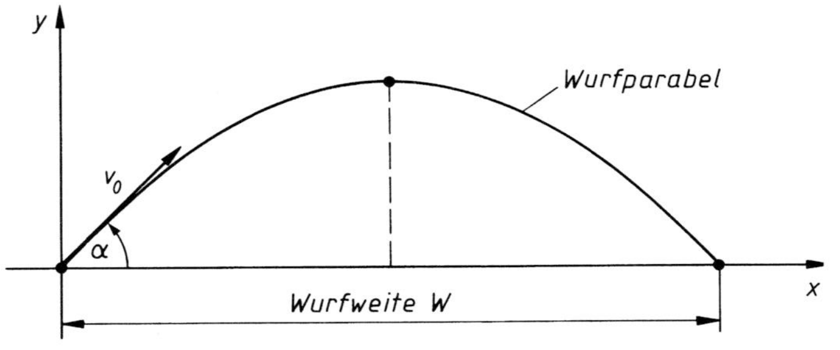

Bild IV-2 Wurfparabel beim schiefen Wurf ■

Aufgrund dieser Beispiele definieren wir den Begriff einer *Funktion von zwei Variablen* nun wie folgt:

Definition: Unter einer *Funktion von zwei unabhängigen Variablen* versteht man eine Vorschrift, die jedem geordneten Zahlenpaar $(x; y)$ aus einer Menge D genau ein Element z aus einer Menge W zuordnet. Symbolische Schreibweise:

$$z = f(x; y) \qquad \text{(IV-1)}$$

Wir führen noch folgende, allgemein übliche Bezeichnungen ein:

- x, y: *Unabhängige Variable* oder *unabhängige Veränderliche*
- z: *Abhängige Variable* oder *abhängige Veränderliche*
- f: *Funktionszeichen* (Funktionssymbol)
- D: *Definitionsbereich* der Funktion
- W: *Wertebereich* oder *Wertevorrat* der Funktion

Anmerkungen

(1) x, y und z sind *reelle* Variable.

(2) Der *Definitionsbereich* D einer Funktion $z = f(x; y)$ kann als eine im allgemeinen *flächenhafte* Punktmenge der x, y-Ebene aufgefaßt werden.

■ **Beispiele**

(1) $z = z(x; y) = 2x + y + 5$

Definitionsbereich D: $x, y \in \mathbb{R}$ (x, y-Ebene)

Wertebereich W: $z \in \mathbb{R}$

(2) $z = z(x; y) = x^2 + y^2$

Definitionsbereich D: $x, y \in \mathbb{R}$ (x, y-Ebene)

Wertebereich W: $z \geqslant 0$ (nur *positive* Funktionswerte)

(3) $z = z(x; y) = \sqrt{25 - x^2 - y^2}$

Definitionsbereich D: $25 - x^2 - y^2 \geqslant 0$, d.h. $x^2 + y^2 \leqslant 25$

Der in Bild IV-3 skizzierte Definitionsbereich besteht demnach aus allen Punkten $(x; y)$, die von dem Mittelpunktskreis mit dem Radius $r = 5$ eingeschlossen werden (*einschließlich* der Randpunkte).

Wertebereich W: $0 \leqslant z \leqslant 5$

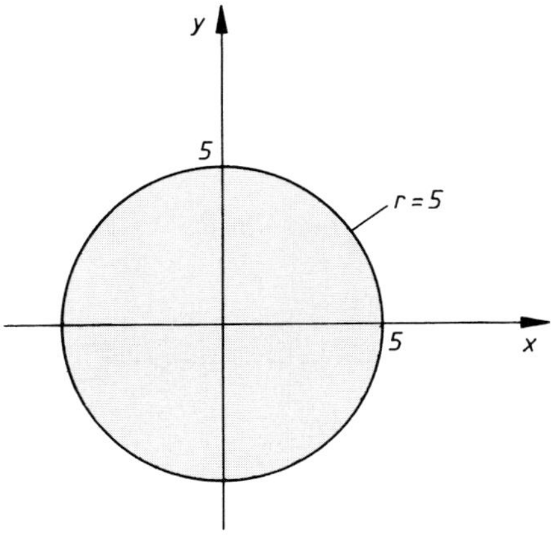

Bild IV-3
Definitionsbereich der Funktion $z = \sqrt{25 - x^2 - y^2}$

(4) Bei einem *idealen Gas* besteht zwischen den Größen p (Druck), V (Volumen) und T (absolute Temperatur) der folgende Zusammenhang:

$$p = p(V; T) = \frac{RT}{V} \qquad \text{(für 1 Mol)}$$

(*Zustandsgleichung* des idealen Gases; R: allgemeine Gaskonstante).

Definitionsbereich D: $V > 0$ und $T \geqslant 0$

Wertebereich W: $p \geqslant 0$

■

Analog gelangt man zu Funktionen von *mehr als zwei* unabhängigen Variablen. Bei Funktionen von *drei* unabhängigen Variablen werden diese meist der Reihe nach mit x, y, z und die *abhängige* Variable mit u bezeichnet. Wir verwenden dann die *symbolische Schreibweise*

$$u = f(x; y; z) \quad \text{oder} \quad u = u(x; y; z) \tag{IV-2}$$

Eine Funktion von n unabhängigen Variablen kennzeichnen wir durch das *Symbol*

$$y = f(x_1; x_2; \ldots; x_n) \quad \text{oder} \quad y = y(x_1; x_2; \ldots; x_n) \tag{IV-3}$$

Die indizierten Größen $x_1, x_2, \ldots, x_n$ sind dabei die *unabhängigen* Variablen, y die *abhängige* Variable, auch Funktionswert genannt.

■ **Beispiele**

(1) $u = u(x; y; z) = \ln(x^2 + y^2 + z^2 + 1)$

Definitionsbereich D: $x, y, z \in \mathbb{R}$

Wertebereich W: $u \geqslant 0$

(2) **Reihenschaltung von Widerständen**

Aus der Physik ist bekannt: Bei der *Reihenschaltung von n* ohmschen Widerständen $R_1, R_2, \ldots, R_n$ *addieren* sich die Einzelwiderstände zu einem *Gesamtwiderstand* R (Bild IV-4):

$$R = R(R_1; R_2; \ldots; R_n) = R_1 + R_2 + \ldots + R_n$$

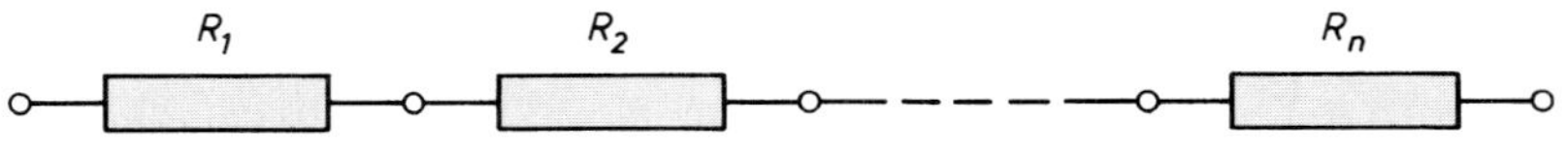

Bild IV-4 Reihenschaltung von n Widerständen

R ist somit eine *Funktion* der n unabhängigen Variablen (Größen) $R_1, R_2, \ldots, R_n$ und für $R_1 \geqslant 0, R_2 \geqslant 0, \ldots, R_n \geqslant 0$ definiert. Der *Wertebereich* dieser Funktion ist $R \geqslant 0$.

■

1.2 Darstellungsformen einer Funktion

Wir beschränken uns in diesem Abschnitt auf Funktionen von *zwei* unabhängigen Variablen, für die es noch *anschauliche* graphische Darstellungsmöglichkeiten gibt.

1.2.1 Analytische Darstellung

In der *analytischen* Darstellungsform liegt die Funktion in Form einer *Gleichung* (hier auch *Funktionsgleichung* genannt) vor.

Dabei wird noch zwischen der *expliziten* und der *impliziten* Form unterschieden:

$z = f(x; y)$: *Explizite* Darstellung (die Funktion ist nach *einer* Variablen – hier z – aufgelöst)

$F(x; y; z) = 0$: *Implizite* Darstellung (die Funktion ist *nicht* nach einer der drei Variablen aufgelöst).

■ **Beispiele**

(1) *Explizit* dargestellt sind die folgenden Funktionen:

$$z = 2x + y + 1, \quad z = x^2 + y^2, \quad z = 2 \cdot \sin(x - y)$$

(2) Die folgenden Funktionen liegen in *impliziter* Form vor:

$$x^2 + y^2 + z^2 - 1 = 0, \quad 2x - 8y + 5z + 3 = 0$$

■

1.2.2 Darstellung durch eine Funktionstabelle (Funktionstafel)

Setzt man in die (als bekannt vorausgesetzte) Funktionsgleichung $z = f(x; y)$ für die beiden *unabhängigen* Variablen x und y der Reihe nach bestimmte Werte ein, so erhält man eine *Funktionstabelle* oder *Funktionstafel* der folgenden allgemeinen Form:

2. unabhängige Variable y

1. unabhängige Variable x

$x \backslash y$	y_1	y_2	...	y_k	...	y_n	
x_1	z_{11}	z_{12}	...	z_{1k}	...	z_{1n}	
x_2	z_{21}	z_{22}	...	z_{2k}	...	z_{2n}	
⋮	⋮	⋮	...	⋮	...	⋮	
x_i	z_{i1}	z_{i2}	...	z_{ik}	...	z_{in}	← *i-te* Zeile
⋮	⋮	⋮	...	⋮	...	⋮	
x_m	z_{m1}	z_{m2}	...	z_{mk}	...	z_{mn}	

↑

k-te Spalte

Sie enthält genau $m \cdot n$ Funktionswerte in m Zeilen und n Spalten. Die Funktionstabelle besitzt somit die *Struktur* einer *Matrix* vom Typ (m, n). So erhält man beispielsweise die in der 1. Zeile stehenden Funktionswerte $z_{11}, z_{12}, \ldots, z_{1n}$, indem man in die Funktionsgleichung $z = f(x; y)$ für die *erste* unabhängige Variable x den Wert x_1 und für die *zweite* unabhängige Variable y der Reihe nach die Werte $y_1, y_2, \ldots, y_n$ einsetzt. Allgemein gilt: Der Funktionswert $z_{ik} = f(x_i; y_k)$ befindet sich in der *i-ten* Zeile und der *k-ten* Spalte (*eingekreister* Wert in der Funktionstabelle; $i = 1, 2, \ldots, m$; $k = 1, 2, \ldots, n$).

Anmerkung

Eine solche Funktionstafel kann auch das Ergebnis einer *Meßreihe* aus $m \cdot n$ Einzelmessungen sein.

■ **Beispiel**

Die *Schwingungsdauer* T eines (reibungsfrei schwingenden) *Federpendels* hängt bekanntlich wie folgt von der Federkonstanten (Richtkraft) D und der Schwingungsmasse m ab:

$$T = T(D; m) = 2\pi \sqrt{\frac{m}{D}}$$

(vgl. hierzu Band 1, Abschnitt IV.2.13.1, Beispiel 2). Es stehen *drei* verschiedene elastische Federn mit den Federkonstanten

10 N/m, 15 N/m, 20 N/m

sowie *sechs* verschiedene Massen mit den Werten

100 g, 200 g, 300 g, 400 g, 500 g, 600 g

zur Verfügung. Daraus lassen sich insgesamt $3 \cdot 6 = 18$ *verschiedene* Federpendel bilden, deren Schwingungsdauern wir wie folgt in einer Funktionstafel zusammenstellen (D in N/m, m in kg, T in s):

D \ m	0,1	0,2	0,3	0,4	0,5	0,6
10	0,628	0,889	1,088	1,257	1,405	1,539
15	0,513	0,726	0,889	1,026	1,147	1,257
20	0,444	0,628	0,770	0,889	0,993	1,088

■

1.2.3 Graphische Darstellung

1.2.3.1 Darstellung einer Funktion als Fläche im Raum

Durch die Funktionsgleichung $z = f(x; y)$ wird jedem Zahlenpaar $(x_0; y_0)$ aus dem Definitionsbereich D der Funktion genau ein Funktionswert $z_0 = f(x_0; y_0)$ zugeordnet. Wir deuten nun die drei Zahlen x_0, y_0 und z_0 als *kartesische* Koordinaten eines Punktes P_0 in einem *dreidimensionalen* Anschauungsraum, dem wir ein *rechtwinkliges* x, y, z-Koordinatensystem zugrunde legen (Bild IV-5). Der Funktionswert z_0 besitzt dabei die geometrische Bedeutung einer *Höhenkoordinate*: Der Punkt $P_0 = (x_0; y_0; z_0)$ liegt im Abstand $|z_0|$ *ober-* oder *unterhalb* der x, y-Ebene, je nachdem ob $z_0 > 0$ oder $z_0 < 0$ ist. Liegt P_0 *in* der x, y-Ebene, so ist $z_0 = 0$. Ordnet man auf diese Weise jedem Zahlenpaar $(x; y) \in D$ einen *Raumpunkt* $P = (x; y; z = f(x; y))$ zu, so erhält man in der Regel eine über dem Definitionsbereich D liegende *Fläche*, die in anschaulicher Weise den Verlauf der Funktion $z = f(x; y)$ widerspiegelt (Bild IV-6).

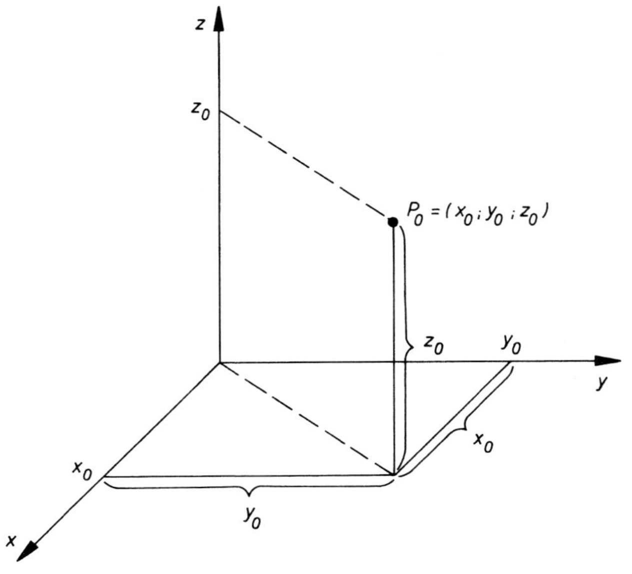

Bild IV-5
Kartesische Koordinaten eines Raumpunktes

Geometrische Darstellung einer Funktion $z = f(x; y)$ als Fläche im Raum

Eine Funktion $z = f(x; y)$ von *zwei* unabhängigen Variablen kann in einem dreidimensionalen kartesischen Raum durch eine über dem Definitionsbereich D liegende *Fläche* dargestellt werden (Bild IV-6). Der Funktionswert z besitzt dabei die geometrische Bedeutung einer *Höhenkoordinate*.

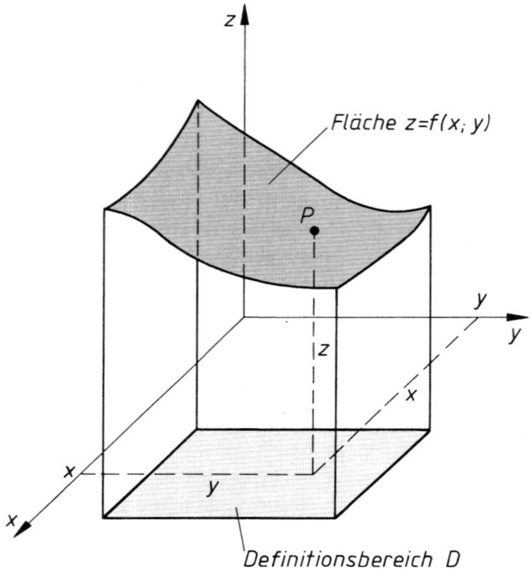

Bild IV-6
Geometrische Darstellung einer Funktion $z = f(x; y)$ als Fläche im Raum

■ **Beispiele**

(1) **Ebenen im Raum**

Das geometrische Bild einer *linearen* Funktion vom Typ $ax + by + cz + d = 0$ ist eine *Ebene*. Wir behandeln zunächst einige *Sonderfälle*:

Koordinatenebenen

x, y-Ebene: $z = 0$ (Bild IV-7)

x, z-Ebene: $y = 0$ (Bild IV-8)

y, z-Ebene: $x = 0$ (Bild IV-9)

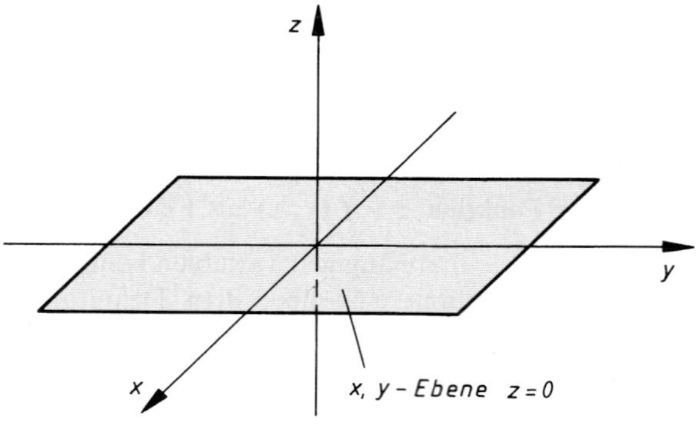

Bild IV-7
x, y-Ebene $z = 0$

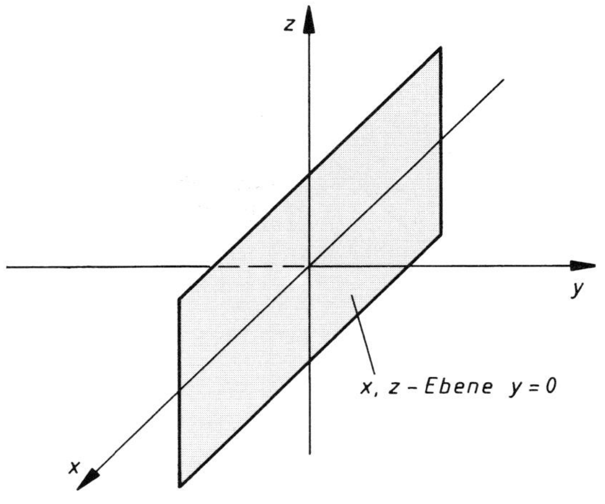

Bild IV-8
x, z-Ebene $y = 0$

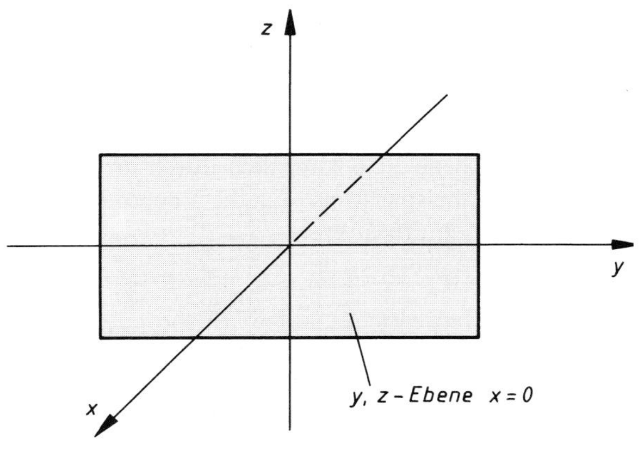

Bild IV-9
y, z-Ebene $x = 0$

Parallelebenen

$z = \text{const.} = a$ ist die Funktionsgleichung einer Ebene, die im Abstand $d = |a|$ *parallel* zur x, y-Ebene $z = 0$ verläuft (Bild IV-10). Für $a > 0$ liegt die Ebene *oberhalb*, für $a < 0$ *unterhalb* der x, y-Ebene. Beispiele hierfür sind:

$z = 4$: Parallelebene im Abstand $d = 4$ *oberhalb der* x, y-Ebene

$z = -2$: Parallelebene im Abstand $d = 2$ *unterhalb* der x, y-Ebene

Analog beschreiben die Gleichungen $y = \text{const.} = a$ und $x = \text{const.} = a$ Ebenen, die im Abstand $d = |a|$ *parallel* zur x, z- bzw. y, z-Ebene verlaufen.

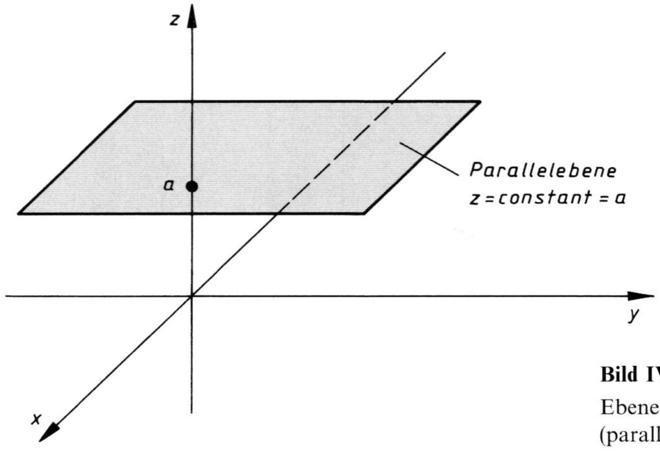

Bild IV-10
Ebene $z = \text{constant} = a$ (parallel zur x, y-Ebene)

Ebenen in allgemeiner Lage

Die *räumliche* Lage einer Ebene mit der allgemeinen Funktionsgleichung $ax + by + cz + d = 0$ läßt sich aus ihren Schnittpunkten $S_x = (x; 0; 0)$, $S_y = (0; y; 0)$ und $S_z = (0; 0; z)$ mit den drei Koordinatenachsen bestimmen (Bild IV-11). Denn eine Ebene ist bekanntlich durch *drei* Punkte eindeutig festgelegt. So erhalten wir beispielsweise für die Ebene $3x + 6y + 4z = 12$ die folgenden drei Achsenschnittpunkte:

$$S_x\colon \quad 3x + 6 \cdot 0 + 4 \cdot 0 = 12 \;\Rightarrow\; x = 4, \text{ d.h. } S_x = (4; 0; 0)$$
$$S_y\colon \quad 3 \cdot 0 + 6y + 4 \cdot 0 = 12 \;\Rightarrow\; y = 2, \text{ d.h. } S_y = (0; 2; 0)$$
$$S_z\colon \quad 3 \cdot 0 + 6 \cdot 0 + 4z = 12 \;\Rightarrow\; z = 3, \text{ d.h. } S_z = (0; 0; 3)$$

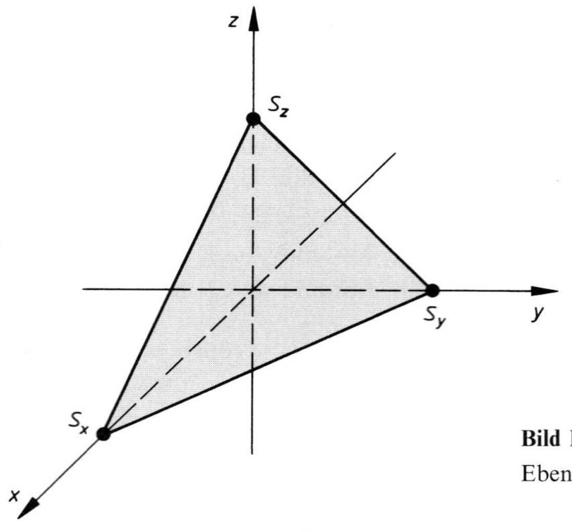

Bild IV-11
Ebene in allgemeiner Lage

Durch diese Schnittpunkte ist die Ebene *eindeutig* bestimmt. Sie besitzt die in Bild IV-12 skizzierte räumliche Lage.

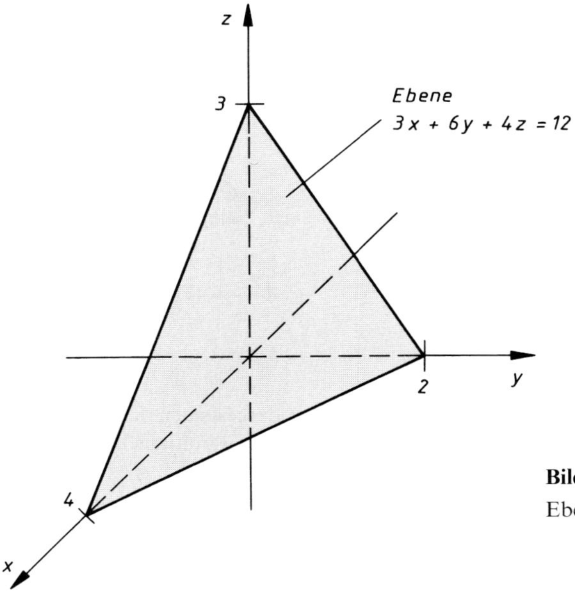

Bild IV-12
Ebene $3x + 6y + 4z = 12$

(2) **Rotationsflächen**

Die Funktionsgleichung einer zur z-Achse *rotationssymmetrischen* Fläche besitzt die allgemeine Form

$$z = f\left(\sqrt{x^2 + y^2}\right)$$

Eine solche *Rotationsfläche* entsteht durch Drehung der Kurve $z = f(x)$ um die z-Achse (Bild IV-13). Dabei bewegt sich der (beliebige) Kurvenpunkt $(x; z)$ mit $z = f(x)$ auf einer *Kreisbahn* um die z-Achse. Die x-Koordinate wird zum Radius r des beschriebenen Kreises, der im räumlichen x, y, z-Koordinatensystem nach Bild IV-13b) durch die Gleichungen

$$x^2 + y^2 = r^2, \qquad z = f(r) = \text{const.}$$

beschrieben werden kann. Mit $r = \sqrt{x^2 + y^2}$ erhalten wir aus $z = f(r)$ für $a \leqslant r \leqslant b$ schließlich die Gleichung der gesuchten Rotationsfläche:

$$z = f(r) = f\left(\sqrt{x^2 + y^2}\right)$$

Formal gesehen erhält man die Gleichung dieser Fläche aus der Kurvengleichung $z = f(x)$ mit Hilfe der *Substitution* $x \rightarrow \sqrt{x^2 + y^2}$:

$$\text{Kurve } z = f(x) \xrightarrow{x \;\rightarrow\; \sqrt{x^2 + y^2}} \text{Rotationsfläche } z = f\left(\sqrt{x^2 + y^2}\right)$$

Im Zusammenhang mit den *Zylinderkoordinaten* gehen wir hierauf noch näher ein (vgl. hierzu Abschnitt 3.2.2.2).

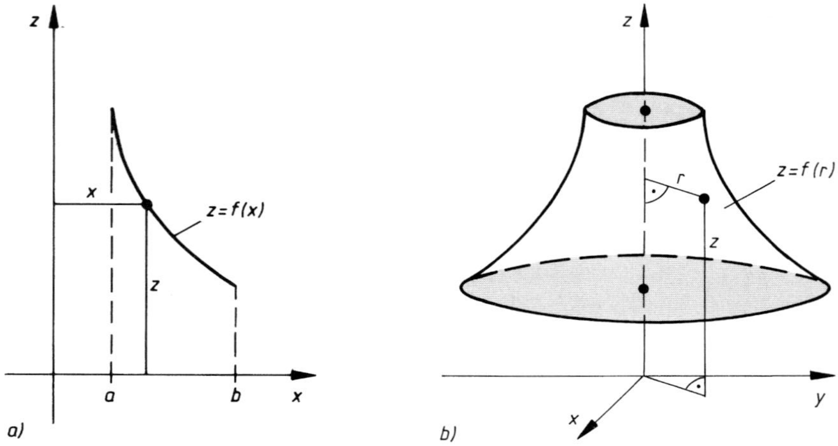

Bild IV-13 Durch Drehung der in Bild a) dargestellten Kurve $z = f(x)$, $a \leqslant x \leqslant b$ um die z-Achse entsteht die in Bild b) skizzierte Rotationsfläche $z = f(r)$, $a \leqslant r \leqslant b$ mit $r = \sqrt{x^2 + y^2}$

Ein einfaches Beispiel für eine *Rotationsfläche* liefert die *Mantelfläche eines Rotationsparaboloids* (Bild IV-14), die durch Rotation der Normalparabel $z = x^2$ um die z-Achse entsteht. Die Funktionsgleichung der Rotationsfläche lautet daher $z = r^2 = x^2 + y^2$.

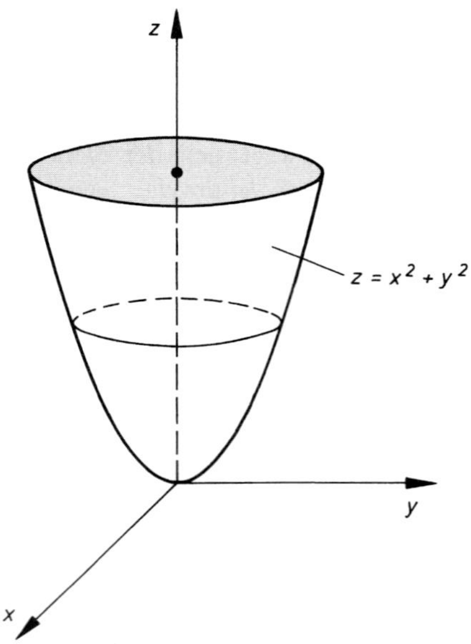

Bild IV-14
Rotationsfläche $z = x^2 + y^2$
(Mantelfläche eines Rotationsparaboloids)

■

1.2.3.2 Schnittkurvendiagramme

Einen sehr anschaulichen Einblick in die *Struktur* einer Funktion $z = f(x; y)$ ermöglichen häufig auch *Schnittkurven-* oder *Schnittliniendiagramme*, die man durch *ebene* Schnitte der zugehörigen Bildfläche erhält. Meist werden dabei Schnittebenen *parallel* zu einer der drei *Koordinatenebenen* gewählt. Das bekannteste Schnittliniendiagramm ist das sog. *Höhenliniendiagramm*, das wir aus diesem Grunde auch vorrangig behandeln wollen.

Beim *Höhenliniendiagramm* werden alle auf der Fläche $z = f(x; y)$ gelegenen Punkte *gleicher* Höhe $z = c$ zu einer Flächenkurve zusammengefaßt (Bild IV-15). Diese Kurve läßt sich auch als Schnitt der Fläche $z = f(x; y)$ mit der zur x, y-Ebene *parallelen* Ebene $z = c$ auffassen. Die Projektion einer solchen *„Linie gleicher Höhe"* in die x, y-Ebene wird als *Höhenlinie* bezeichnet. Für *jeden* zulässigen Wert der Höhenkoordinate z erhalten wir dann eine Flächenkurve gleicher Höhe und somit genau *eine* Höhenlinie. Die *Höhenlinien* einer Funktion (Fläche) $z = f(x; y)$ sind demnach durch die Gleichung

$$f(x; y) = \text{const.} = c \qquad \text{(IV-4)}$$

definiert. Sie bilden in ihrer Gesamtheit das *Höhenliniendiagramm* der Funktion, wobei verabredungsgemäß der Wert der Höhenkoordinate z an die zugehörige Höhenlinie geschrieben wird.

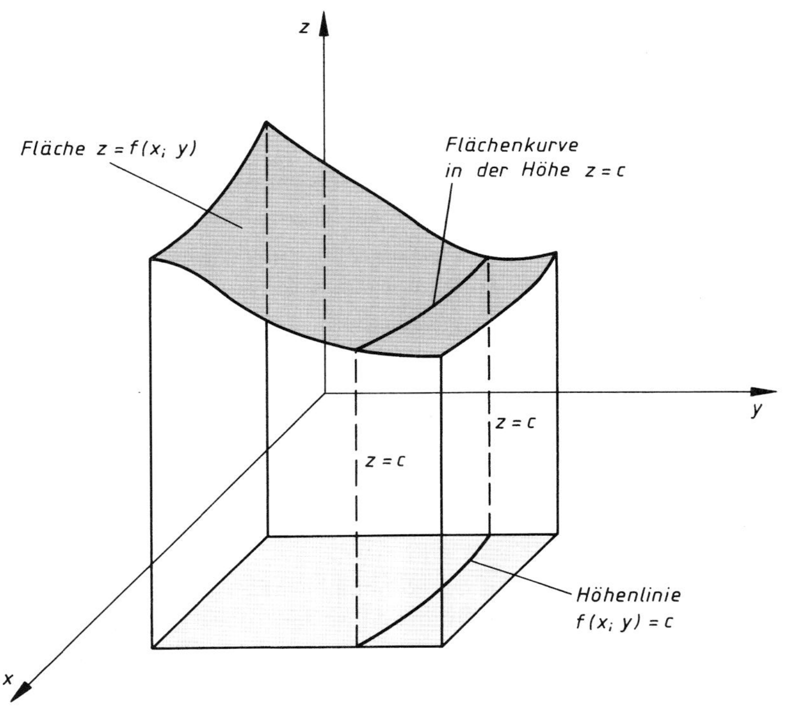

Bild IV-15 Zum Begriff der Höhenlinie einer Funktion $z = f(x; y)$

Höhenliniendiagramm einer Funktion $z = f(x; y)$ (Bild IV-15)

Die *Höhenlinien* einer Funktion $z = f(x; y)$ genügen der impliziten Kurvengleichung

$$f(x; y) = \text{const.} = c \qquad \text{(IV-5)}$$

c: Wert der Höhenkoordinate z (Kurvenparameter)

Anmerkungen

(1) Die durch Gleichung (IV-5) definierten *Höhenlinien* repräsentieren eine *einparametrige* Kurvenschar mit der Höhenkoordinate $z = c$ als *Parameter*. Zu jedem (zulässigen) Parameterwert gehört dabei genau eine Höhenlinie.

(2) Die Höhenlinien sind die Projektionen der *Linien gleicher Höhe* in die x, y-Koordinatenebene.

■ **Beispiel**

Die *Höhenlinien* der bereits bekannten Rotationsfläche $z = x^2 + y^2$ (*Mantelfläche eines Rotationsparaboloids*, vgl. Bild IV-14) genügen der Gleichung

$$x^2 + y^2 = \text{const.} = c$$

Für jeden *positiven* Wert des Parameters c erhalten wir hieraus einen *Mittelpunktskreis* mit dem Radius $r = \sqrt{c}$:

c	1	2	3	4	...
$r = \sqrt{c}$	1	$\sqrt{2}$	$\sqrt{3}$	2	...

Der Höhenkoordinate $c = 0$ entspricht der Nullpunkt $(0; 0)$. Für $c < 0$ liefert die Gleichung $x^2 + y^2 = c$ *keine* Lösungskurven. Das *Höhenliniendiagramm* der Funktion $z = x^2 + y^2$ besteht somit aus einem System *konzentrischer* Mittelpunktskreise (Bild IV-16).

Denn jeder Schnitt der Fläche $z = x^2 + y^2$ mit einer zur x, y-Ebene *parallelen* Ebene $z = c$ mit $c > 0$ ergibt wegen der Rotationssymmetrie der Fläche einen *Kreis*, dessen Mittelpunkt auf der positiven z-Achse liegt (Bild IV-17).

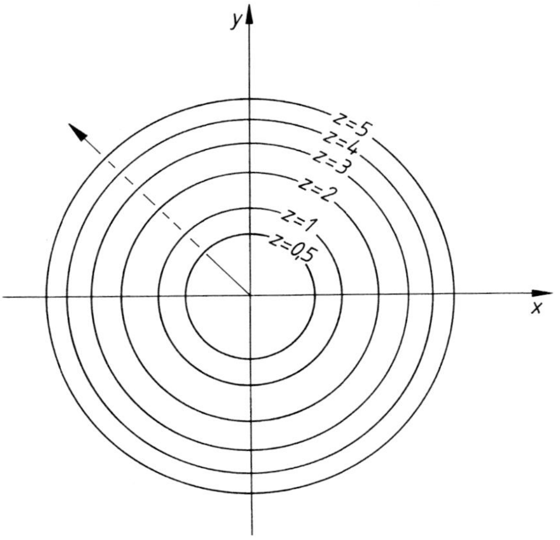

Bild IV-16
Höhenliniendiagramm der Funktion (Fläche) $z = x^2 + y^2$

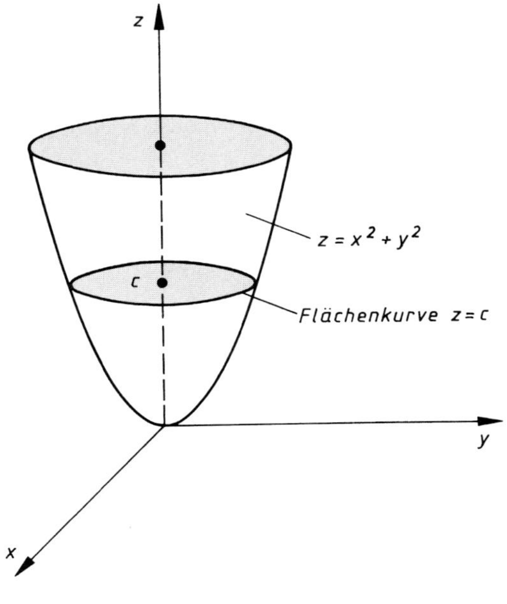

Bild IV-17
Schnitt der Fläche $z = x^2 + y^2$ mit der Parallelebene $z = c$

Wir bewegen uns nun *auf* der Rotationsfläche in der durch den Pfeil gekennzeichneten Richtung nach außen (vgl. hierzu Bild IV-16). Dabei kreuzen wir die Höhenlinien mit *zunehmender* Höhenkoordinate. Der Weg führt daher nach *„oben"* und diese Aussage gilt für *jeden* Weg, der vom Nullpunkt aus auf der Fläche nach *außen* führt. Man erkennt jetzt leicht, daß die Rotationsfläche $z = x^2 + y^2$ die bereits aus Bild IV-14 bekannte Gestalt besitzt.

■

Analog lassen sich Schnitte der Fläche $z = f(x; y)$ mit Ebenen, die zu einer der beiden übrigen Koordinatenebenen *parallel* verlaufen, erzeugen. Die Schnittkurven werden anschließend wiederum in die entsprechende Koordinatenebene projiziert und ergeben das gesuchte *Schnittkurvendiagramm*. So führen beispielsweise die Schnitte der Fläche $z = f(x; y)$ mit den *Parallelebenen* $x = \text{const.} = c$, d.h. Ebenen, die *parallel* zur y, z-Ebene $x = 0$ verlaufen, zu der *einparametrigen* Kurvenschar

$$z = f(x = c; y) \qquad \text{(IV-6)}$$

mit dem *Kurvenparameter* c. Alle Kurven liegen dabei in der y, z-Ebene (Projektionsebene) und bilden in ihrer Gesamtheit das zugehörige *Schnittkurvendiagramm*. Wir fassen zusammen:

Schnittkurvendiagramme einer Funktion $z = f(x; y)$

Die folgenden *Schnittkurvendiagramme* der Funktion $z = f(x; y)$ ergeben sich durch Schnitte der zugehörigen Bildfläche mit Ebenen *parallel* zu einer der drei Koordinatenebenen:

1. *Schnitte parallel zur x, y-Ebene* (Schnittebenen: $z = \text{const.} = c$):

$$f(x; y) = \text{const.} = c \qquad \text{(IV-7)}$$

(*Höhenliniendiagramm*)

2. *Schnitte parallel zur y, z-Ebene* (Schnittebenen: $x = \text{const.} = c$):

$$z = f(x = c; y) \qquad \text{(IV-8)}$$

3. *Schnitte parallel zur x, z-Ebene* (Schnittebenen: $y = \text{const.} = c$):

$$z = f(x; y = c) \qquad \text{(IV-9)}$$

Anmerkungen

(1) Die *Schnittkurvendiagramme* repräsentieren somit *einparametrige Kurvenscharen*. Ihre Gleichungen erhält man aus der Funktionsgleichung $z = f(x; y)$, indem man der Reihe nach *eine* der drei Variablen (Koordinaten) *festhält*, d.h. als *Parameter* betrachtet.

(2) Das *Höhenliniendiagramm* ist ein *spezielles* Schnittkurvendiagramm mit der Höhenkoordinate z als Kurvenparameter ($z = \text{const.} = c$).

(3) In den physikalisch-technischen Anwendungen wird das Schnittliniendiagramm einer Funktion meist als *Kennlinienfeld* bezeichnet.

■ **Beispiele**

(1) Das *Höhenliniendiagramm* der Rotationsfläche $z = x^2 + y^2$ hatten wir bereits bestimmt. Es besteht aus den in Bild IV-16 dargestellten *konzentrischen* Mittelpunktskreisen.

Wir bestimmen nun die Schnittkurven der Fläche mit Ebenen, die zur y, z-Ebene *parallel* verlaufen ($x = c$). Sie genügen der Gleichung

$$z = c^2 + y^2 \quad \text{oder} \quad z = y^2 + c^2$$

und repräsentieren somit ein System von *Normalparabeln*, deren Scheitelpunkte $S = (0; c^2)$ wegen $c^2 \geqslant 0$ auf der positiven z-Achse liegen (Bild IV-18).

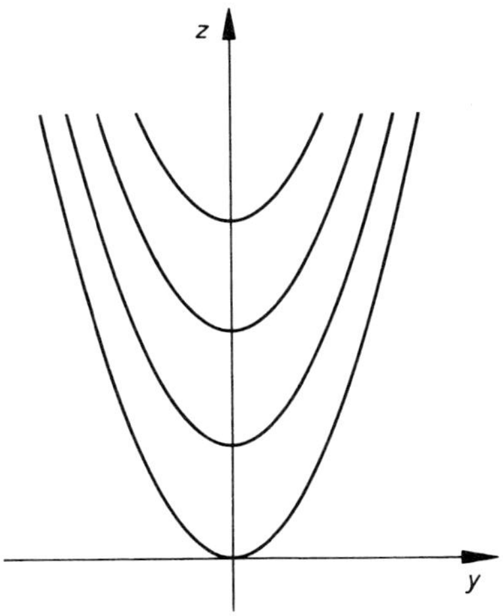

Bild IV-18
Schnittkurvendiagramm der Fläche $z = x^2 + y^2$ (Schnitte parallel zur y, z-Ebene)

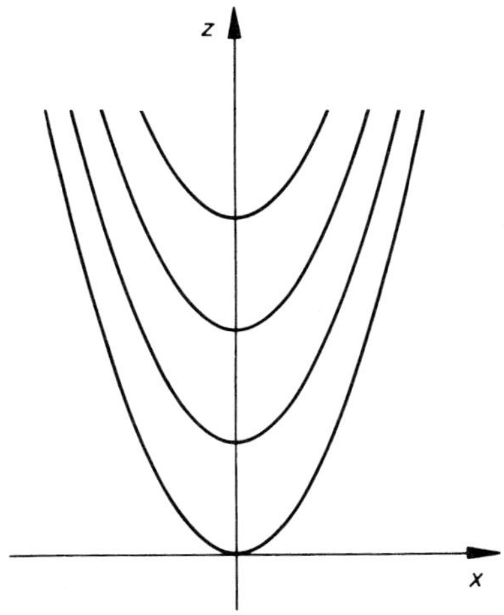

Bild IV-19
Schnittkurvendiagramm der Fläche $z = x^2 + y^2$ (Schnitte parallel zur x, z-Ebene)

Auch die Schnitte mit den *Parallelebenen* zur x, z-Koordinatenebene führen wegen der *Rotationssymmetrie* der Fläche zu einem Schnittkurvendiagramm vom *gleichen* Typ mit dem Kurvenparameter $y = c$ (Bild IV-19):

$$z = x^2 + c^2$$

(2) Ein *typisches* Anwendungsbeispiel für ein *Kennlinienfeld* liefert die *Zustandsgleichung eines idealen Gases* ($pV = RT$ für 1 Mol). Wir wählen die *absolute Temperatur* T als Parameter und erhalten das in Bild IV-20 dargestellte Kennlinienfeld. Es besteht aus den *rechtwinkligen Hyperbeln*

$$p(V) = \frac{RT}{V} = \frac{\text{const.}}{V} \qquad (V > 0)$$

Sie beschreiben die Abhängigkeit des Gasdruckes p vom Gasvolumen V für den Fall, daß die Zustandsänderung *isotherm*, d.h. bei *konstanter* Temperatur erfolgt. Man bezeichnet diese *Kurven gleicher Temperatur* daher auch als *Isothermen* (aus physikalischen Gründen bleiben sie auf den *1. Quadrant* beschränkt).

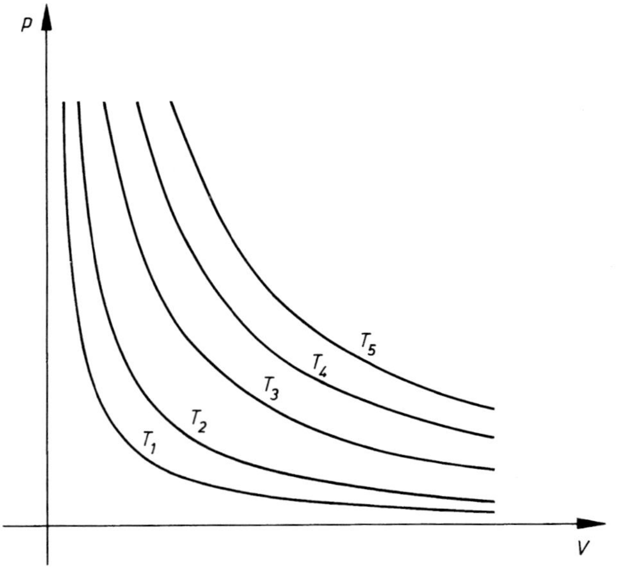

Bild IV-20
Isothermen eines idealen Gases ($T_1 < T_2 < T_3 < T_4 < T_5$)

■

2 Partielle Differentiation

2.1 Partielle Ableitungen 1. Ordnung

Wir erinnern zunächst an den Begriff der *Ableitung* bei einer Funktion von *einer* Variablen: Definitionsgemäß wird der Grenzwert

$$f'(x_0) = \lim_{\Delta x \to 0} \frac{f(x_0 + \Delta x) - f(x_0)}{\Delta x} \qquad \text{(IV-10)}$$

als *1. Ableitung* der Funktion $f(x)$ an der Stelle x_0 bezeichnet. Aus *geometrischer* Sicht läßt sich diese Ableitung als *Steigung* m der im Punkt $P = (x_0; y_0)$ errichteten *Kurventangente* deuten (Bild IV-21)[1]:

$$m = \tan \alpha = f'(x_0) \qquad \text{(IV-11)}$$

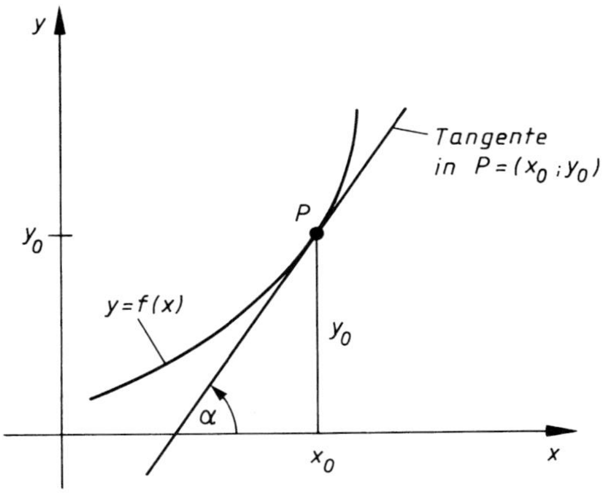

Bild IV-21
Zum Begriff der Ableitung bei einer Funktion von *einer* unabhängigen Variablen

Analoge Überlegungen führen bei einer Funktion von *zwei* Variablen, die sich ja geometrisch als Fläche im Raum darstellen läßt, zum Begriff der *partiellen Ableitung* einer Funktion. Wir gehen bei unseren Betrachtungen dabei von einem *auf* der Fläche $z = f(x; y)$ gelegenen Punkt $P = (x_0; y_0; z_0)$ mit $z_0 = f(x_0; y_0)$ aus. Durch diesen Flächenpunkt legen wir zwei *Schnittebenen*, die *parallel* zur x, z- bzw. y, z-Koordinatenebene verlaufen (Bild IV-22). Als *Schnittlinien* erhalten wir dann zwei *Flächenkurven* K_1 und K_2, mit denen wir uns nun näher befassen werden.

[1] Das *Tangentenproblem* wurde ausführlich in Band 1, Abschnitt IV.1.1 dargestellt.

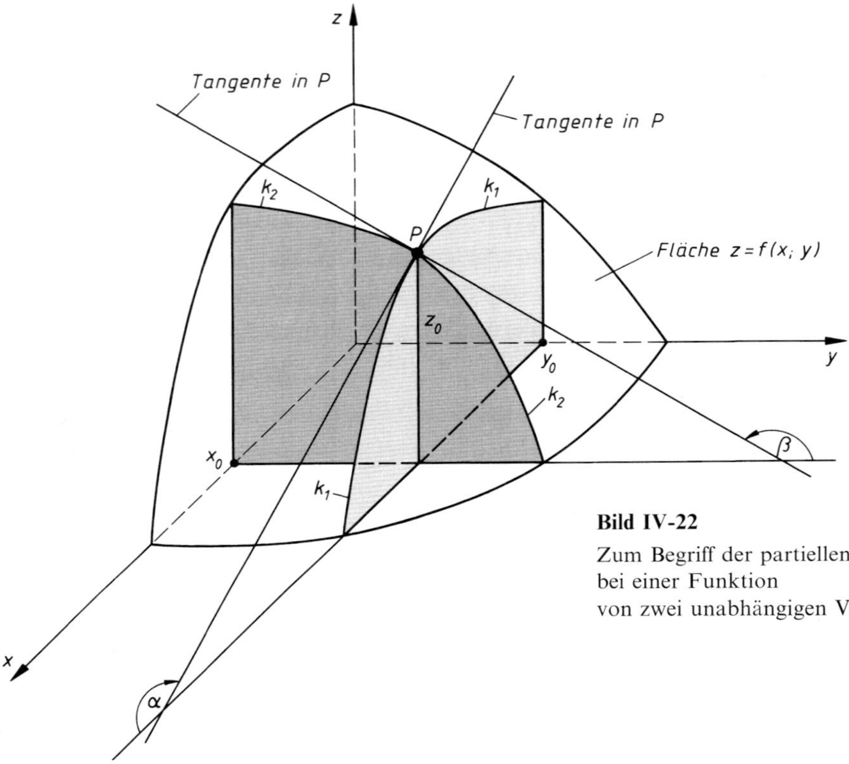

Bild IV-22
Zum Begriff der partiellen Ableitung bei einer Funktion von zwei unabhängigen Variablen

Schnitt der Fläche $z = f(x; y)$ mit der Ebene $y = y_0$ (Bild IV-22)

Die auf der Schnittkurve K_1 gelegenen Punkte stimmen in ihrer *y-Koordinate* miteinander überein: $y = y_0$. Die *Höhenkoordinate* z dieser Punkte hängt somit *nur* noch von der Variablen x, d.h. der x-Koordinate ab. Die Funktionsgleichung der *Schnittkurve* K_1 lautet daher:

Flächenkurve K_1: $\quad z = f(x; y_0) = g(x)$ (IV-12)

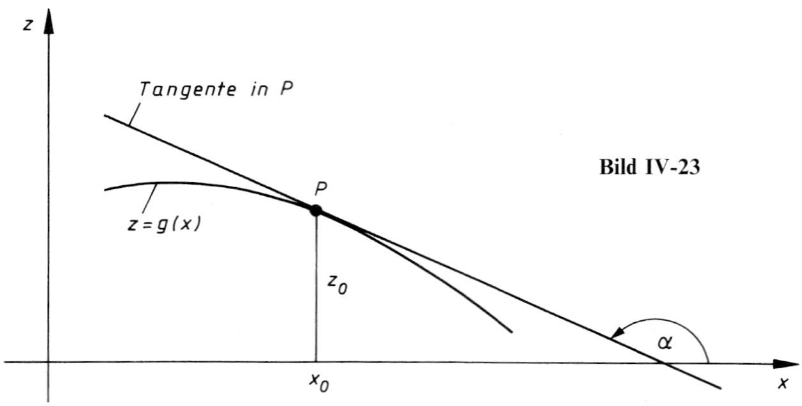

Bild IV-23

Das *Steigungsverhalten* dieser (räumlichen) Kurve läßt sich besser untersuchen, wenn wir die Kurve in die x, z-Ebene *projizieren* (Bild IV-23). Dabei wird die Gestalt der Kurve in keinster Weise verändert.

Für die *Steigung* der in P errichteten *Kurventangente* gilt dann definitionsgemäß:

$$m_x = \tan \alpha = g'(x_0) = \lim_{\Delta x \to 0} \frac{g(x_0 + \Delta x) - g(x_0)}{\Delta x} \qquad \text{(IV-13)}$$

Beachten wir dabei noch, daß $g(x) = f(x; y_0)$ ist, so können wir diesen *Grenzwert* auch wie folgt schreiben:

$$m_x = \lim_{\Delta x \to 0} \frac{f(x_0 + \Delta x; y_0) - f(x_0; y_0)}{\Delta x} \qquad \text{(IV-14)}$$

Wir erhalten ihn *formal*, indem wir die Funktion $z = f(x; y)$ nach der *ersten* Variablen x differenzieren, wobei während der Differentiation die *zweite* Variable y als eine Art *Konstante* (*Parameter*) angesehen wird. Mit anderen Worten: Wir betrachten die Funktion $z = f(x; y)$ zunächst als eine *nur von* x *abhängige Funktion* und somit während des Differenzierens als eine Funktion von *einer* Variablen. Für das Differenzieren selbst gelten dann die bereits aus Band 1, Abschnitt IV.2 bekannten *Ableitungsregeln für Funktionen von einer Variablen*.

Der Grenzwert (IV-14) bekommt noch einen neuen Namen und wird fortan als *partielle Ableitung 1. Ordnung* von $z = f(x; y)$ nach x an der Stelle $(x_0; y_0)$ bezeichnet und durch das Symbol $f_x(x_0; y_0)$ oder $z_x(x_0; y_0)$ gekennzeichnet.

Schnitt der Fläche $z = f(x; y)$ mit der Ebene $x = x_0$ (Bild IV-22)

Die Funktionsgleichung der *Schnittkurve* (*Flächenkurve*) K_2 lautet:

$$\textit{Flächenkurve } K_2\text{:} \quad z = f(x_0; y) = h(y) \qquad \text{(IV-15)}$$

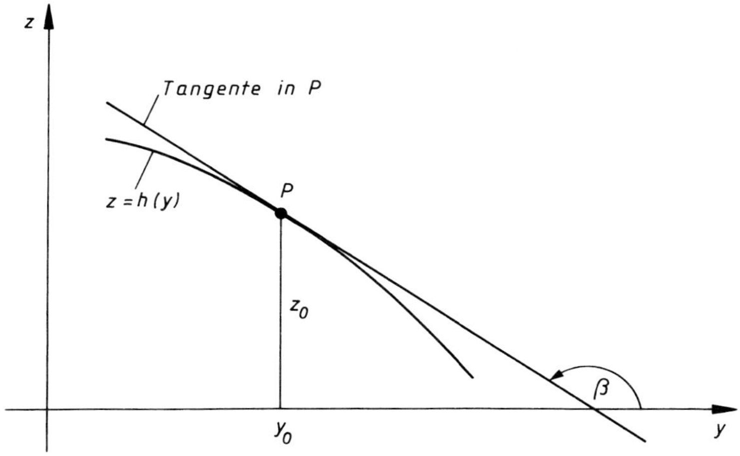

Bild IV-24

Denn die auf der Kurve K_2 liegenden Punkte besitzen alle die *gleiche* x-Koordinate ($x = x_0$), so daß die Höhenkoordinate z *nur* noch von der Variablen y abhängt. Wir *projizieren* diese Kurve nun in die y, z-Ebene, wobei der Kurvenverlauf erhalten bleibt (Bild IV-24).

Die *Kurventangente* in P besitzt dann die *Steigung*

$$m_y = \tan \beta = h'(y_0) = \lim_{\Delta y \to 0} \frac{h(y_0 + \Delta y) - h(y_0)}{\Delta y} \qquad \text{(IV-16)}$$

wofür wir auch unter Beachtung von $h(y) = f(x_0; y)$ schreiben können:

$$m_y = \lim_{\Delta y \to 0} \frac{f(x_0; y_0 + \Delta y) - f(x_0; y_0)}{\Delta y} \qquad \text{(IV-17)}$$

Wir bezeichnen diesen Grenzwert als *partielle Ableitung 1. Ordnung von* $z = f(x; y)$ *nach* y *an der Stelle* $(x_0; y_0)$ und kennzeichnen ihn durch das Symbol $f_y(x_0; y_0)$ oder $z_y(x_0; y_0)$. *Formal* erhalten wir diese *partielle Ableitung*, indem wir die Funktion $z = f(x; y)$ zunächst als eine *nur von* y *abhängige Funktion* betrachten und dann nach der Variablen y differenzieren. Während dieser Differentiation wird die Variable x als eine Art *Konstante* (*Parameter*) betrachtet.

Ist $z = f(x; y)$ an *jeder* Stelle $(x; y)$ eines gewissen Bereiches *partiell* differenzierbar, so sind die partiellen Ableitungen 1. Ordnung selbst wieder *Funktionen* von x *und* y. Wir definieren daher allgemein:

Definition: Unter den *partiellen Ableitungen 1. Ordnung* einer Funktion $z = f(x; y)$ an der Stelle $(x; y)$ werden die folgenden Grenzwerte verstanden (falls sie vorhanden sind):

Partielle Ableitung 1. Ordnung nach x:

$$f_x(x; y) = \lim_{\Delta x \to 0} \frac{f(x + \Delta x; y) - f(x; y)}{\Delta x} \qquad \text{(IV-18)}$$

Partielle Ableitung 1. Ordnung nach y:

$$f_y(x; y) = \lim_{\Delta y \to 0} \frac{f(x; y + \Delta y) - f(x; y)}{\Delta y} \qquad \text{(IV-19)}$$

Anmerkungen

(1) Sprechweisen für f_x: „*Partielle Ableitung von* f *nach* x" oder kurz „f *partiell nach* x" (analog für f_y).

(2) Die Grenzwertbildung (IV-18) bzw. (IV-19), die zu den *partiellen Ableitungen* einer Funktion führt, wird als *partielle Differentiation* oder auch als *partielles Differenzieren* bezeichnet.

(3) Man beachte: *Partielle* Ableitungen werden im Gegensatz zu den *gewöhnlichen* Ableitungen nicht durch Striche (oder Punkte), sondern durch die als Index angehängte *Differentiationsvariable* gekennzeichnet.

(4) Weitere, allgemein übliche Symbole für *partielle Ableitungen* sind:

$$f_x(x;\, y), \quad z_x(x;\, y), \quad \frac{\partial f}{\partial x}(x;\, y), \quad \frac{\partial z}{\partial x}(x;\, y)$$

$$f_y(x;\, y), \quad z_y(x;\, y), \quad \frac{\partial f}{\partial y}(x;\, y), \quad \frac{\partial z}{\partial y}(x;\, y)$$

oder (in *verkürzter* Schreibweise)

$$f_x, \quad z_x, \quad \frac{\partial f}{\partial x}, \quad \frac{\partial z}{\partial x} \quad \text{bzw.} \quad f_y, \quad z_y, \quad \frac{\partial f}{\partial y}, \quad \frac{\partial z}{\partial y}$$

Die Schreibweisen $\frac{\partial f}{\partial x}, \frac{\partial f}{\partial y}, \frac{\partial z}{\partial x}, \frac{\partial z}{\partial y}$ werden dabei als *partielle Differentialquotienten 1. Ordnung* bezeichnet. Um Verwechslungen mit einem „gewöhnlichen" Differentialquotienten auszuschließen, verwendet man hierbei das spezielle Symbol „∂".

(5) *Geometrische* Deutung der partiellen Ableitungen von $z = f(x;\, y)$ an der Stelle $(x_0;\, y_0)$:

$f_x(x_0;\, y_0)$: *Anstieg* der Flächentangente im Flächenpunkt $P = (x_0;\, y_0;\, z_0)$ in der *x-Richtung*

$f_y(x_0;\, y_0)$: *Anstieg* der Flächentangente im Flächenpunkt $P = (x_0;\, y_0;\, z_0)$ in der *y-Richtung*

Die *partiellen Ableitungen 1. Ordnung* von $z = f(x;\, y)$ bestimmen damit den *Anstieg* der Bildfläche in P in Richtung der x- bzw. y-Achse (siehe hierzu Bild IV-22).

Als ein oft nützliches Hilfsmittel bei der Bildung *partieller Ableitungen* erweisen sich die beiden *partiellen Differentialoperatoren* $\frac{\partial}{\partial x}$ und $\frac{\partial}{\partial y}$. Sie *erzeugen* aus einer Funktion $z = f(x;\, y)$ durch ihr „Einwirken" die *partiellen Ableitungen 1. Ordnung*:

$$\frac{\partial}{\partial x}[f(x;\, y)] = f_x(x;\, y), \qquad \frac{\partial}{\partial y}[f(x;\, y)] = f_y(x;\, y) \qquad \text{(IV-20)}$$

■ **Beispiel**

$z = f(x; y) = -4x^3y^2 + 3xy^4 - 3x + 2y + 5$

Wir bestimmen die *partiellen Ableitungen 1. Ordnung* dieser Funktion und berechnen ihre Werte an der Stelle $x = 1$, $y = 2$:

$$f_x(x; y) = \frac{\partial}{\partial x}[-4x^3y^2 + 3xy^4 - 3x + 2y + 5] = -12x^2y^2 + 3y^4 - 3$$

$$f_y(x; y) = \frac{\partial}{\partial y}[-4x^3y^2 + 3xy^4 - 3x + 2y + 5] = -8x^3y + 12xy^3 + 2$$

$$f_x(1; 2) = -3, \quad f_y(1; 2) = 82$$

Die im Flächenpunkt $P = (1; 2; 38)$ errichteten Tangenten besitzen somit den folgenden *Anstieg* bzw. *Steigungswinkel*:

Tangente in x-Richtung:

$$m_x = \tan\alpha = -3 \Rightarrow \alpha = 180° + \arctan(-3) = 108{,}4°$$

Tangente in y-Richtung:

$$m_y = \tan\beta = 82 \Rightarrow \beta = \arctan 82 = 89{,}3°$$

■

Der Begriff einer *partiellen Ableitung 1. Ordnung* läßt sich ohne Schwierigkeiten auch auf Funktionen von *mehr als zwei* unabhängigen Variablen übertragen. Allerdings ist hier eine *geometrische* Deutung der partiellen Ableitungen *nicht* mehr möglich.

Bei einer Funktion $u = f(x; y; z)$ von *drei* unabhängigen Variablen können wir *partiell* nach x, y oder z differenzieren, wobei während des Differenzierens jeweils die beiden übrigen Variablen als Parameter *festgehalten* werden. Es gibt somit *drei* partielle Ableitungen 1. Ordnung, die wir wie folgt kennzeichnen:

Partielle Ableitung nach x: u_x, f_x, $\frac{\partial u}{\partial x}$ oder $\frac{\partial f}{\partial x}$

Partielle Ableitung nach y: u_y, f_y, $\frac{\partial u}{\partial y}$ oder $\frac{\partial f}{\partial y}$

Partielle Ableitung nach z: u_z, f_z, $\frac{\partial u}{\partial z}$ oder $\frac{\partial f}{\partial z}$

Von einer Funktion $y = f(x_1; x_2; \ldots; x_n)$ mit n unabhängigen Variablen können entsprechend n partielle Ableitungen 1. Ordnung gebildet werden. Wir kennzeichnen sie durch die Symbole

$$y_{x_k}, \quad f_{x_k}, \quad \frac{\partial y}{\partial x_k} \quad \text{oder} \quad \frac{\partial f}{\partial x_k} \qquad (k = 1, 2, \ldots, n) \qquad \text{(IV-21)}$$

Wir fassen zusammen:

Partielles Differenzieren bei einer Funktion von mehreren Variablen

Bei einer Funktion $y = f(x_1; x_2; \ldots; x_n)$ von n unabhängigen Variablen $x_1, x_2, \ldots, x_n$ lassen sich insgesamt *n partielle Ableitungen 1. Ordnung* bilden. Man erhält sie nach dem folgenden Schema:

1. In der Funktionsgleichung werden zunächst alle unabhängigen Variablen bis auf die *Differentiationsvariable* (das ist die Variable, nach der differenziert werden soll) als *konstante* Größen, d.h. als *Parameter* betrachtet.
2. Die gegebene Funktion erscheint nun als eine (gewöhnliche) Funktion von *einer* Variablen, nämlich der Differentiationsvariablen, und wird unter Verwendung der bekannten Ableitungsregeln nach dieser Variablen differenziert. Das Ergebnis dieser Differentiation ist die gesuchte *partielle Ableitung 1. Ordnung*.

Anmerkungen

(1) Die *partielle* Differentiation wird somit auf die *gewöhnliche* Differentiation, d.h. auf die Differentiation einer Funktion von *einer* Variablen zurückgeführt. Die Ableitungsregeln sind daher die gleichen wie bei den Funktionen von *einer* Variablen.

So lautet beispielsweise die *Produktregel* bei *zwei* unabhängigen Variablen, d.h. für eine Funktion vom Typ

$$z = f(x; y) = u(x; y) \cdot v(x; y) = u \cdot v \qquad \text{(IV-22)}$$

wie folgt:

$$\begin{aligned} \frac{\partial z}{\partial x} &= \frac{\partial f}{\partial x} = \frac{\partial u}{\partial x} \cdot v + \frac{\partial v}{\partial x} \cdot u & & z_x = u_x v + v_x u \\ & & \text{oder} & & \text{(IV-23)} \\ \frac{\partial z}{\partial y} &= \frac{\partial f}{\partial y} = \frac{\partial u}{\partial y} \cdot v + \frac{\partial v}{\partial y} \cdot u & & z_y = u_y v + v_y u \end{aligned}$$

(2) Das *partielle Differenzieren* erfordert viel *Übung* und besondere *Konzentration*. Voraussetzung ist ferner, daß die gewöhnlichen Ableitungsregeln (insbesondere die *Kettenregel*!) *sicher beherrscht* werden. Erleichtern Sie sich (zumindest am Anfang) die Arbeit z.B. dadurch, daß Sie die Differentiationsvariable *farbig* unterstreichen.

(3) Bei einer Funktion von *einer* Variablen besteht *kein* Unterschied zwischen der *gewöhnlichen* und der *partiellen* Ableitung. Wir verwenden hier nach wie vor die „alten" Symbole, also y' oder $f'(x)$ oder $\frac{dy}{dx}$ für die Ableitung von $y = f(x)$ nach der Variablen x.

Wir zeigen jetzt an einigen einfachen Beispielen, wie man die aus Band 1 bekannten Ableitungsregeln für „gewöhnliche" Funktionen beim *partiellen* Differenzieren anwendet.

■ **Beispiele**

(1) Wir differenzieren die *Zustandsgleichung des idealen Gases* $p = p(V; T) = \frac{RT}{V}$ *partiell* nach V bzw. T:

$$\frac{\partial p}{\partial V} = \frac{\partial}{\partial V}\left(\frac{RT}{V}\right) = -\frac{RT}{V^2}, \qquad \frac{\partial p}{\partial T} = \frac{\partial}{\partial T}\left(\frac{RT}{V}\right) = \frac{R}{V}$$

(2) $z = f(x; y) = x^2 y^4 + e^x \cdot \cos y + 10x - 2y^2 + 3$

Die partiellen Ableitungen $\frac{\partial z}{\partial x}$ und $\frac{\partial z}{\partial y}$ werden nach der *Summenregel* gebildet (*gliedweise* Differentiation nach x bzw. y):

$$\frac{\partial z}{\partial x} = 2xy^4 + e^x \cdot \cos y + 10$$

$$\frac{\partial z}{\partial y} = 4x^2 y^3 - e^x \cdot \sin y - 4y$$

(3) $z = f(x; y) = \underbrace{xy^2}_{u} \cdot \underbrace{(\sin x + \sin y)}_{v}$

Wir bilden die partiellen Ableitungen $\frac{\partial z}{\partial x}$ und $\frac{\partial z}{\partial y}$ mit Hilfe der *Produktregel* und erhalten:

$$\frac{\partial z}{\partial x} = u_x v + v_x u = y^2 \cdot (\sin x + \sin y) + xy^2 \cdot \cos x$$

$$\frac{\partial z}{\partial y} = u_y v + v_y u = 2xy \cdot (\sin x + \sin y) + xy^2 \cdot \cos y$$

(4) $z = f(x; y) = \ln(x + y^2)$

Wir führen zunächst die „Hilfsvariable" $u = x + y^2$ ein, erhalten die „äußere" Funktion $z = \ln u$ und wenden dann die *Kettenregel* an:

$$\frac{\partial z}{\partial x} = \frac{\partial z}{\partial u} \cdot \frac{\partial u}{\partial x} = \frac{1}{u} \cdot 1 = \frac{1}{x + y^2}$$

$$\frac{\partial z}{\partial y} = \frac{\partial z}{\partial u} \cdot \frac{\partial u}{\partial y} = \frac{1}{u} \cdot 2y = \frac{2y}{x + y^2}$$

(5) $z = f(x; y) = \ln(x + y^2) - e^{2xy} + 3x$

Unter Verwendung von *Summen-* und *Kettenregel* bestimmen wir die partiellen Ableitungen z_x und z_y und ihre Werte an den Stellen $(x; y) = (0; 1)$ und $(x; y) = (1; -3)$:

$$z_x(x;\, y) = \frac{\partial}{\partial x}\,[\ln(x + y^2) - e^{2xy} + 3x] = \frac{1}{x + y^2} - 2y \cdot e^{2xy} + 3$$

$$z_y(x;\, y) = \frac{\partial}{\partial y}\,[\ln(x + y^2) - e^{2xy} + 3x] = \frac{2y}{x + y^2} - 2x \cdot e^{2xy}$$

$$z_x(0;\, 1) = 2, \qquad z_y(0;\, 1) = 2$$

$$z_x(1;\, -3) = 3{,}115, \qquad z_y(1;\, -3) = -0{,}605$$

(6) Die Funktion $u = u(x;\, y;\, z) = 2x \cdot e^{yz} + \sqrt{x^2 + y^2 + z^2}$ ist *partiell* nach der Variablen y zu differenzieren.

Lösung:

Die unabhängigen Variablen x und z werden bei der Bildung der *partiellen* Ableitung nach y als *Konstanten* behandelt. Wir erhalten unter Verwendung von *Summen*- und *Kettenregel*:

$$u_y = \frac{\partial}{\partial y}\left[2x \cdot e^{yz} + \sqrt{x^2 + y^2 + z^2}\right] = 2xz \cdot e^{yz} + \frac{y}{\sqrt{x^2 + y^2 + z^2}}$$

(7) Wir bilden die *partiellen Ableitungen 1. Ordnung* der Funktion

$$u = f(x;\, y;\, z) = \sin(x - y) \cdot \cos(z + 2y)$$

und berechnen ihre *Werte* an der Stelle $x = \pi,\ y = 0,\ z = \pi$:

$$u_x(x;\, y;\, z) = \frac{\partial}{\partial x}\,[\sin(x - y) \cdot \cos(z + 2y)] = \cos(x - y) \cdot \cos(z + 2y)$$

(unter Verwendung der *Kettenregel*)

$$u_y(x;\, y;\, z) = \frac{\partial}{\partial y}\,[\sin(x - y) \cdot \cos(z + 2y)] =$$

$$= -\cos(x - y) \cdot \cos(z + 2y) - 2 \cdot \sin(z + 2y) \cdot \sin(x - y)$$

(unter Verwendung der *Produkt*- und der *Kettenregel*)

$$u_z(x;\, y;\, z) = \frac{\partial}{\partial z}\,[\sin(x - y) \cdot \cos(z + 2y)] = -\sin(x - y) \cdot \sin(z + 2y)$$

(unter Verwendung der *Kettenregel*)

$$u_x(\pi;\, 0;\, \pi) = \cos\pi \cdot \cos\pi = 1$$

$$u_y(\pi;\, 0;\, \pi) = -\cos\pi \cdot \cos\pi - 2 \cdot \sin\pi \cdot \sin\pi = -1$$

$$u_z(\pi;\, 0;\, \pi) = -\sin\pi \cdot \sin\pi = 0$$

■

2.2 Partielle Ableitungen höherer Ordnung

Auf *partielle Ableitungen höherer Ordnung* stößt man, wenn man eine Funktion von mehreren unabhängigen Variablen *mehrmals* nacheinander *partiell differenziert*. So erhält man beispielsweise aus einer von *zwei* Variablen abhängigen Funktion $z = f(x; y)$ nach dem folgenden Schema der Reihe nach *zwei* partielle Ableitungen *1. Ordnung*, *vier* partielle Ableitungen *2. Ordnung* und schließlich *acht* partielle Ableitungen *3. Ordnung*:

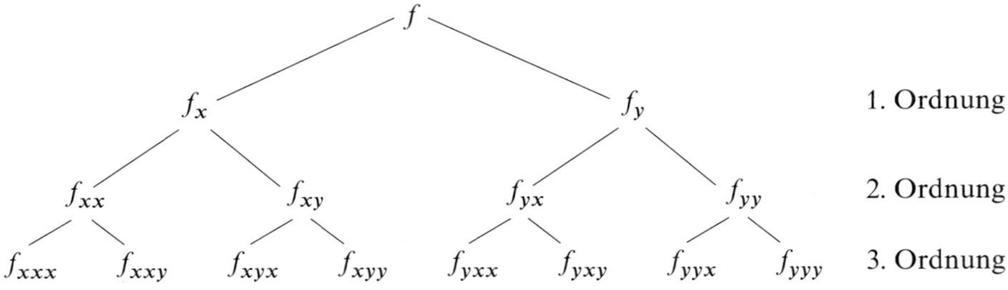

Zur Symbolik

(1) Die einzelnen Differentiationsschritte sind *grundsätzlich* in der *Reihenfolge*, in der die als Indizes angehängten Differentiationsvariablen im Ableitungssymbol auftreten, auszuführen (von *links nach rechts* gelesen).

Beispiel: Die partielle Ableitung f_{xy} wird gebildet, indem man die Funktion $z = f(x; y)$ *zunächst* nach der Variablen x und *anschließend* nach der Variablen y differenziert.

Unter bestimmten Voraussetzungen jedoch ist bei einer „gemischten" partiellen Ableitung die Reihenfolge der Differentiationen *vertauschbar* (vgl. hierzu den nachfolgenden *Satz von Schwarz*). Eine „gemischte" partielle Ableitung liegt dabei vor, wenn nicht nur nach ein- und derselben Variablen differenziert wurde.

Beispiel: f_{xy} und f_{yx} sind *gemischte* partielle Ableitungen *2. Ordnung*, f_{xxy} und f_{yxy} *gemischte* partielle Ableitungen 3. Ordnung.

(2) Die *Ordnung* einer partiellen Ableitung entspricht der *Anzahl der Indizes*, d.h. der *Anzahl der angehängten Differentiationsvariablen*.

Beispiel: f_{xy} ist eine partielle Ableitung *2. Ordnung*, f_{xyx} eine partielle Ableitung *3. Ordnung*.

(3) Partielle Ableitungen *höherer* Ordnung lassen sich auch in Form *partieller Differentialquotienten* darstellen. So lautet beispielsweise die Schreibweise für partielle Differentialquotienten *2. Ordnung* wie folgt:

$$f_{xx} = \frac{\partial}{\partial x}\left(\frac{\partial f}{\partial x}\right) = \frac{\partial^2 f}{\partial x^2}; \quad f_{yx} = \frac{\partial}{\partial x}\left(\frac{\partial f}{\partial y}\right) = \frac{\partial^2 f}{\partial y\, \partial x}$$

$$f_{xy} = \frac{\partial}{\partial y}\left(\frac{\partial f}{\partial x}\right) = \frac{\partial^2 f}{\partial x\, \partial y}; \quad f_{yy} = \frac{\partial}{\partial y}\left(\frac{\partial f}{\partial y}\right) = \frac{\partial^2 f}{\partial y^2}$$

Ein Beispiel für einen partiellen Differentialquotienten 3. Ordnung: $f_{xyx} = \dfrac{\partial^3 f}{\partial x\, \partial y\, \partial x}$.

Unter bestimmten Voraussetzungen, auf die wir im Rahmen dieser Darstellung nur flüchtig eingehen können, ist bei den „*gemischten*" partiellen Ableitungen die Reihenfolge der Differentiationen *vertauschbar*. Sind nämlich die partiellen Ableitungen k-ter Ordnung *stetige* Funktionen, so gilt der folgende *Satz von Schwarz*:

Über die Vertauschbarkeit der Differentiationsreihenfolge bei einer gemischten partiellen Ableitung k-ter Ordnung (Satz von Schwarz)

Bei einer *gemischten* partiellen Ableitung k-ter Ordnung darf die Reihenfolge der einzelnen Differentiationsschritte *vertauscht* werden, wenn die partiellen Ableitungen k-ter Ordnung *stetige* Funktionen sind.

Anmerkungen

(1) Der *Satz von Schwarz* setzt also die *Stetigkeit* der partiellen Ableitungen k-ter Ordnung voraus. Anschaulich (aber etwas unpräzise) läßt sich die Stetigkeit einer Funktion $z = f(x; y)$ an der Stelle $(x_0; y_0)$ wie folgt erklären: Der Funktionswert $f(x; y)$ unterscheidet sich *beliebig wenig* von $f(x_0; y_0)$, wenn $(x; y)$ nur *genügend nahe* an der Stelle $(x_0; y_0)$ liegt.

Wir verweisen den näher interessierten Leser auf die einschlägige mathematische Literatur (s. Literaturverzeichnis).

(2) Für die in den *Anwendungen* benötigten Funktionen ist der *Satz von Schwarz* in der Regel gültig.

(3) Der *Satz von Schwarz* bedeutet in der Praxis einen nicht unbedeutenden Zeit- und Arbeitsgewinn, da er die Anzahl der *verschiedenen* partiellen Ableitungen erheblich *reduziert*.

(4) Für die gemischten partiellen Ableitungen *2. bzw. 3. Ordnung* einer Funktion $z = f(x; y)$ gilt somit unter den Voraussetzungen des *Satzes von Schwarz*:

$$f_{xy} = f_{yx}$$
$$f_{xxy} = f_{yxx} = f_{xyx}, \quad f_{yyx} = f_{xyy} = f_{yxy} \qquad \text{(IV-24)}$$

Die Anzahl der (verschiedenen) partiellen Ableitungen 2. bzw. 3. Ordnung *reduziert* sich damit von vier auf drei bzw. von acht auf vier Ableitungen:

2. Ordnung: f_{xx}, f_{xy}, f_{yy}

3. Ordnung: $f_{xxx}, f_{xxy}, f_{xyy}, f_{yyy}$

■ **Beispiele**

(1) Wir zeigen, daß die gemischten partiellen Ableitungen *2. Ordnung* der Funktion $z = \ln(x^2 + y)$ miteinander übereinstimmen:

$$z_x = \frac{\partial}{\partial x}[\ln(x^2+y)] = \frac{2x}{x^2+y}, \quad z_{xy} = \frac{\partial}{\partial y}\left[\frac{2x}{x^2+y}\right] = -\frac{2x}{(x^2+y)^2}$$

$$z_y = \frac{\partial}{\partial y}[\ln(x^2+y)] = \frac{1}{x^2+y}, \quad z_{yx} = \frac{\partial}{\partial x}\left[\frac{1}{x^2+y}\right] = -\frac{2x}{(x^2+y)^2}$$

$$z_{xy} = z_{yx} = -\frac{2x}{(x^2+y)^2}$$

(2) Man bestimme für die Funktion $z = \dfrac{x-y}{x+y}$ *sämtliche* partiellen Ableitungen bis zur 3. Ordnung.

Lösung:

$$z_x = \frac{2y}{(x+y)^2}, \quad z_y = -\frac{2x}{(x+y)^2}$$

$$z_{xx} = -\frac{4y}{(x+y)^3}, \quad z_{xy} = z_{yx} = \frac{2x-2y}{(x+y)^3}, \quad z_{yy} = \frac{4x}{(x+y)^3}$$

$$z_{xxx} = \frac{12y}{(x+y)^4}, \quad z_{xxy} = z_{yxx} = z_{xyx} = \frac{-4x+8y}{(x+y)^4}$$

$$z_{xyy} = z_{yxy} = z_{yyx} = \frac{-8x+4y}{(x+y)^4}, \quad z_{yyy} = -\frac{12x}{(x+y)^4}$$

(3) Bild IV-25 zeigt die Momentanaufnahme einer mechanischen *Transversalwelle*, die sich im Laufe der Zeit t in der x-Richtung ausbreitet und durch die Gleichung

$$y = A \cdot \sin\left[\frac{2\pi}{\lambda}(ct - x)\right]$$

beschreiben läßt. Dabei bedeuten:

y: *Auslenkung* oder *Elongation* eines schwingenden Teilchens am Ort x in Abhängigkeit von der Zeit t (alle Teilchen schwingen senkrecht zur Ausbreitungsrichtung x)

A: *Amplitude* (*maximale* Auslenkung)

c: *Ausbreitungsgeschwindigkeit* der Welle

λ: *Wellenlänge* (Entfernung zweier *benachbarter* Teilchen, die sich in jedem Zeitpunkt im *gleichen* Schwingungszustand befinden, d.h. „synchron" schwingen)

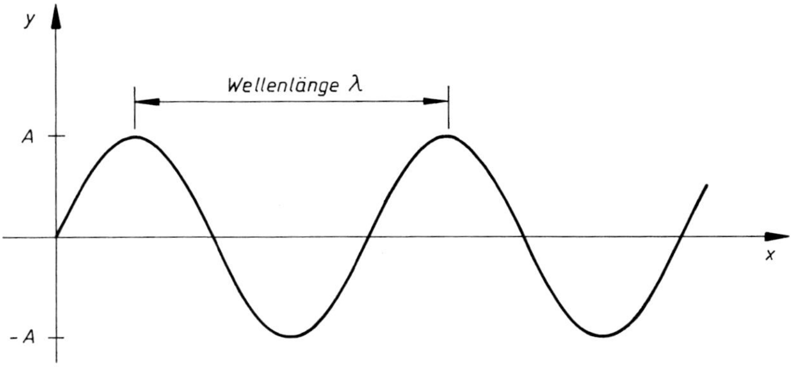

Bild IV-25 Momentanaufnahme einer mechanischen Transversalwelle

Die Ausbreitung der *eindimensionalen* Welle wird in Bild IV-26 in verschiedenen Phasen verdeutlicht.

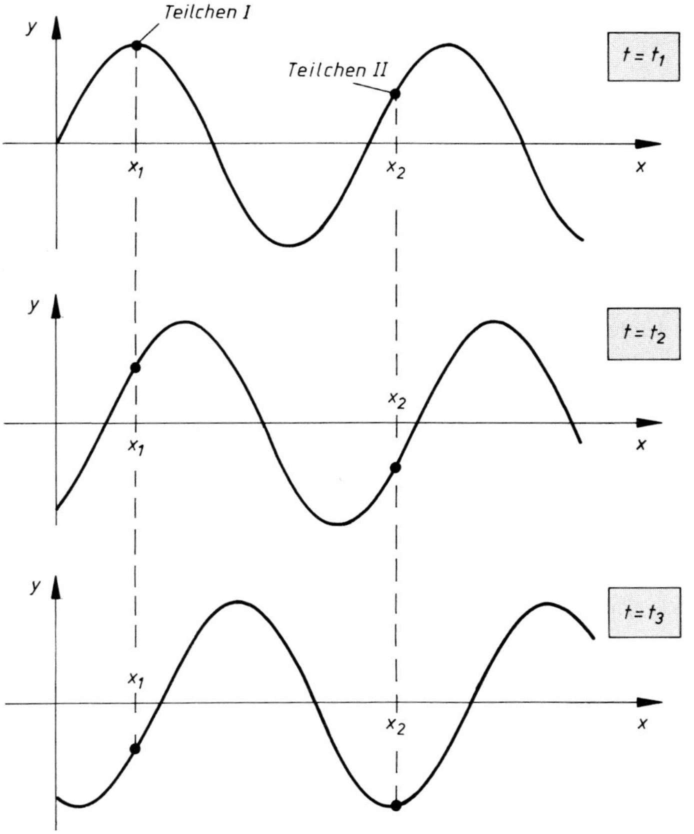

Bild IV-26 Ausbreitung einer (eindimensionalen) Transversalwelle ($t_1 < t_2 < t_3$)

Die Auslenkung y ist also vom Ort x *und* der Zeit t abhängig: $y = y(x; t)$. Wir wollen jetzt zeigen, daß zwischen den beiden *reinen* Ableitungen 2. Ordnung dieser Funktion eine bestimmte Beziehung besteht. Wir bilden daher die benötigten Ableitungen $\frac{\partial^2 y}{\partial x^2}$ und $\frac{\partial^2 y}{\partial t^2}$:

$$\frac{\partial y}{\partial x} = A \cdot \frac{2\pi}{\lambda} \cdot (-1) \cdot \cos\left[\frac{2\pi}{\lambda}(ct - x)\right] = -\frac{2\pi A}{\lambda} \cdot \cos\left[\frac{2\pi}{\lambda}(ct - x)\right]$$

$$\frac{\partial^2 y}{\partial x^2} = -\frac{2\pi A}{\lambda} \cdot \frac{2\pi}{\lambda} \cdot (-1) \cdot (-1) \cdot \sin\left[\frac{2\pi}{\lambda}(ct - x)\right] =$$

$$= -\frac{4\pi^2}{\lambda^2} \cdot \underbrace{A \cdot \sin\left[\frac{2\pi}{\lambda}(ct - x)\right]}_{y} = -\frac{4\pi^2}{\lambda^2} \cdot y$$

$$\frac{\partial y}{\partial t} = A \cdot \frac{2\pi c}{\lambda} \cdot \cos\left[\frac{2\pi}{\lambda}(ct - x)\right] = \frac{2\pi c A}{\lambda} \cdot \cos\left[\frac{2\pi}{\lambda}(ct - x)\right]$$

$$\frac{\partial^2 y}{\partial t^2} = \frac{2\pi c A}{\lambda} \cdot \frac{2\pi c}{\lambda} \cdot (-1) \cdot \sin\left[\frac{2\pi}{\lambda}(ct - x)\right] =$$

$$= -\frac{4\pi^2 c^2}{\lambda^2} \cdot \underbrace{A \cdot \sin\left[\frac{2\pi}{\lambda}(ct - x)\right]}_{y} = -\frac{4\pi^2 c^2}{\lambda^2} \cdot y$$

Die letzte Gleichung läßt sich noch wie folgt umschreiben:

$$\frac{\partial^2 y}{\partial t^2} = c^2 \cdot \underbrace{\left(-\frac{4\pi^2}{\lambda^2} \cdot y\right)}_{\frac{\partial^2 y}{\partial x^2}} = c^2 \cdot \frac{\partial^2 y}{\partial x^2}$$

Somit besteht zwischen den partiellen Ableitungen $\frac{\partial^2 y}{\partial t^2}$ und $\frac{\partial^2 y}{\partial x^2}$ die folgende wichtige Beziehung:

$$\frac{\partial^2 y}{\partial t^2} = c^2 \cdot \frac{\partial^2 y}{\partial x^2}$$

Diese Gleichung beschreibt nicht nur die Ausbreitung einer mechanischen Transversalwelle, sondern gilt auch für *elektromagnetische* Transversalwellen und auch für *Longitudinalwellen* (z.B. Schallwellen). Sie heißt daher zu Recht *Wellengleichung* (einer eindimensionalen Welle).

(4) Wir bestimmen die *partiellen Ableitungen 1. und 2. Ordnung* der Funktion $f(x;\, y;\, z) = e^{x-y} \cdot \cos(5z)$. Sie lauten wie folgt:

$$f_x = e^{x-y} \cdot \cos(5z)$$

$$f_y = -\, e^{x-y} \cdot \cos(5z)$$

$$f_z = -\, 5 \cdot e^{x-y} \cdot \sin(5z)$$

$$f_{xx} = e^{x-y} \cdot \cos(5z)$$

$$f_{yy} = e^{x-y} \cdot \cos(5z)$$

$$f_{zz} = -\, 25 \cdot e^{x-y} \cdot \cos(5z)$$

$$f_{xy} = f_{yx} = -\, e^{x-y} \cdot \cos(5z)$$

$$f_{xz} = f_{zx} = -\, 5 \cdot e^{x-y} \cdot \sin(5z)$$

$$f_{yz} = f_{zy} = 5 \cdot e^{x-y} \cdot \sin(5z)$$

■

2.3 Das totale oder vollständige Differential einer Funktion

2.3.1 Geometrische Betrachtungen

Die Rolle, die die *Kurventangente* bei einer Funktion von *einer* Variablen spielt, übernimmt bei einer Funktion $z = f(x;\, y)$ von *zwei* Variablen die sog. *Tangentialebene*. Sie enthält *sämtliche* im Flächenpunkt $P = (x_0;\, y_0;\, z_0)$ an die Bildfläche von $z = f(x;\, y)$ angelegten *Tangenten* (Bild IV-27). In der unmittelbaren Umgebung ihres Berührungspunktes P besitzen Fläche und Tangentialebene i.a. *keinen* weiteren gemeinsamen Punkt.

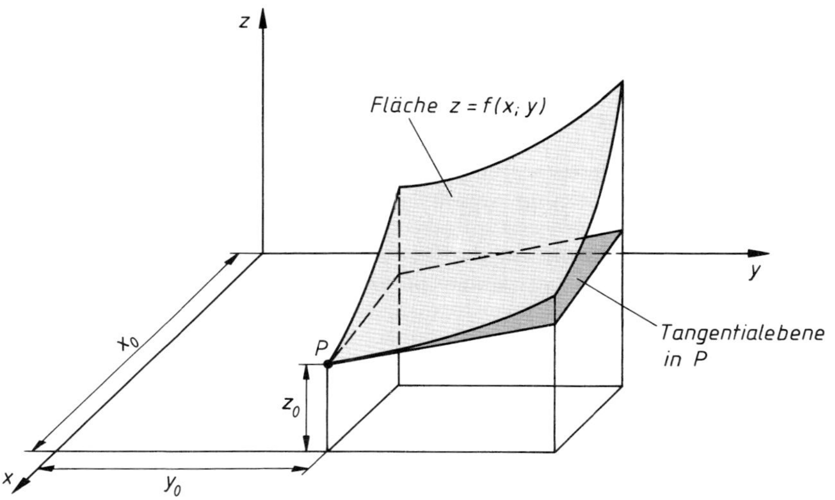

Bild IV-27 Tangentialebene an die Fläche $z = f(x;\, y)$ im Flächenpunkt $P = (x_0;\, y_0;\, z_0)$

Wir wollen nun die *Funktionsgleichung* dieser *Tangentialebene* herleiten, die wir in der linearen Form

$$z = ax + by + c \tag{IV-25}$$

ansetzen dürfen[2]. Die unbekannten Koeffizienten a, b und c bestimmen wir aus den bekannten Eigenschaften der Tangentialebene. So besitzen Fläche und Tangentialebene im Berührungspunkt P den *gleichen* Anstieg. Dies aber bedeutet, daß dort die entsprechenden partiellen Ableitungen 1. Ordnung *übereinstimmen* müssen. Die Ableitungen der *linearen* Funktion (Tangentialebene) sind $z_x(x;\, y) = a$ und $z_y(x;\, y) = b$, die der Funktion $z = f(x;\, y)$ lauten $z_x(x;\, y) = f_x(x;\, y)$ und $z_y(x;\, y) = f_y(x;\, y)$. An der *Berührungsstelle* $(x_0;\, y_0)$ gilt demnach:

$$a = f_x(x_0;\, y_0), \qquad b = f_y(x_0;\, y_0) \tag{IV-26}$$

Damit sind die Koeffizienten a und b bereits bestimmt. Beachtet man noch, daß P ein *gemeinsamer* Punkt von Fläche und Tangentialebene ist, so erhält man durch Einsetzen der Koordinaten von P in die Gleichung der Tangentialebene die folgende Bestimmungsgleichung und Lösung für den (noch unbekannten) Koeffizienten c:

$$z_0 = ax_0 + by_0 + c \quad \Rightarrow \quad c = z_0 - ax_0 - by_0 \tag{IV-27}$$

Diesen Ausdruck setzen wir nun für c in den Ansatz (IV-25) für die gesuchte Tangentialebene ein:

$$\begin{aligned} z &= ax + by + c = ax + by + z_0 - ax_0 - by_0 = \\ &= a(x - x_0) + b(y - y_0) + z_0 \end{aligned} \tag{IV-28}$$

Unter Berücksichtigung von (IV-26) erhalten wir damit die folgende Darstellung für die Funktionsgleichung der Tangentialebene:

$$z = f_x(x_0;\, y_0) \cdot (x - x_0) + f_y(x_0;\, y_0) \cdot (y - y_0) + z_0 \tag{IV-29}$$

Oder (in *symmetrischer* Schreibweise):

$$z - z_0 = f_x(x_0;\, y_0) \cdot (x - x_0) + f_y(x_0;\, y_0) \cdot (y - y_0) \tag{IV-30}$$

Gleichung einer Tangentialebene (Bild IV-27)

Die Gleichung der *Tangentialebene* an die Fläche $z = f(x;\, y)$ im Flächenpunkt $P = (x_0;\, y_0;\, z_0)$ mit $z_0 = f(x_0;\, y_0)$ lautet in symmetrischer Schreibweise wie folgt:

$$z - z_0 = f_x(x_0;\, y_0) \cdot (x - x_0) + f_y(x_0;\, y_0) \cdot (y - y_0) \tag{IV-31}$$

---

[2] Nach Abschnitt 1.2.3.1 wird eine *Ebene* durch eine *lineare* Funktion beschrieben.

■ **Beispiele**

(1) Wir bestimmen die *Gleichung der Tangentialebene* an die Bildfläche von $z = f(x; y) = x^2 + y^2$ im Flächenpunkt $P = (1; 1; 2)$:

$$f_x(x; y) = 2x \Rightarrow f_x(1; 1) = 2$$

$$f_y(x; y) = 2y \Rightarrow f_y(1; 1) = 2$$

Die Gleichung der gesuchten *Tangentialebene* lautet damit nach Gleichung (IV-31):

$$z - 2 = 2(x - 1) + 2(y - 1) \quad \text{oder} \quad z = 2x + 2y - 2$$

(2) Wie lautet die Gleichung der *Tangentialebene* im Flächenpunkt $P = (1; 0; 1)$ der Fläche $z = f(x; y) = x^2 \cdot e^{xy}$?

Lösung:

Wir berechnen zunächst die benötigten partiellen Ableitungen 1. Ordnung an der Stelle $(x; y) = (1; 0)$:

$$f_x(x; y) = 2x \cdot e^{xy} + x^2 y \cdot e^{xy} = (2x + x^2 y) \cdot e^{xy}$$

$$f_y(x; y) = x^2 \cdot x \cdot e^{xy} = x^3 \cdot e^{xy}$$

$$f_x(1; 0) = 2, \qquad f_y(1; 0) = 1$$

Die Gleichung der gesuchten *Tangentialebene* lautet dann nach Formel (IV-31):

$$z - 1 = 2(x - 1) + 1(y - 0) \quad \text{oder} \quad z = 2x + y - 1$$

■

2.3.2 Definition des totalen oder vollständigen Differentials

Wir beschäftigen uns nun mit dem *totalen* oder *vollständigen Differential einer Funktion*, das in den naturwissenschaftlich-technischen Disziplinen vielfältige Anwendungsmöglichkeiten bietet und beispielsweise bei der Lösung der folgenden Probleme verwendet wird:

— *Linearisierung einer Funktion (eines Kennlinienfeldes)*
— *Implizite Differentiation*
— *Fehlerfortpflanzung*

Bei unseren weiteren Überlegungen gehen wir dabei zunächst von einer Funktion $z = f(x; y)$ von *zwei* unabhängigen Variablen aus. $P = (x_0; y_0; z_0)$ mit $z_0 = f(x_0; y_0)$ sei ein Punkt auf der zugehörigen Bildfläche, T die in P errichtete *Tangentialebene* (Bild IV-28).

Die *Problemstellung* lautet dann: Welche *Änderung* erfährt der *Funktionswert*, d.h. die *Höhenkoordinate* z des Flächenpunktes P bei einer Verschiebung dieses Punktes

— auf der *Fläche* selbst,
— auf der zugehörigen *Tangentialebene*?

Verschiebungen auf der Fläche

Die bei einer Verschiebung auf der *Fläche* eintretenden Koordinatenänderungen, bezogen auf den Berührungspunkt P, bezeichnen wir der Reihe nach mit Δx, Δy und Δz. Der Punkt P wird nun so auf der Fläche verschoben, daß sich seine beiden *unabhängigen* Koordinaten x und y um Δx bzw. Δy ändern. Dabei ändert sich die Höhenkoordinate z, d.h. der Funktionswert um

$$\Delta z = f(x_0 + \Delta x;\ y_0 + \Delta y) - f(x_0;\ y_0) \qquad \text{(IV-32)}$$

Diese Größe beschreibt somit den *Zuwachs der Höhenkoordinate* und damit des Funktionswertes bei einer Verschiebung *auf der Fläche*. Der Punkt P ist dabei in den Punkt Q gewandert (Bild IV-28):

$$P = (x_0;\ y_0;\ z_0) \ \rightarrow\ Q = (x_0 + \Delta x;\ y_0 + \Delta y;\ z_0 + \Delta z) \qquad \text{(IV-33)}$$

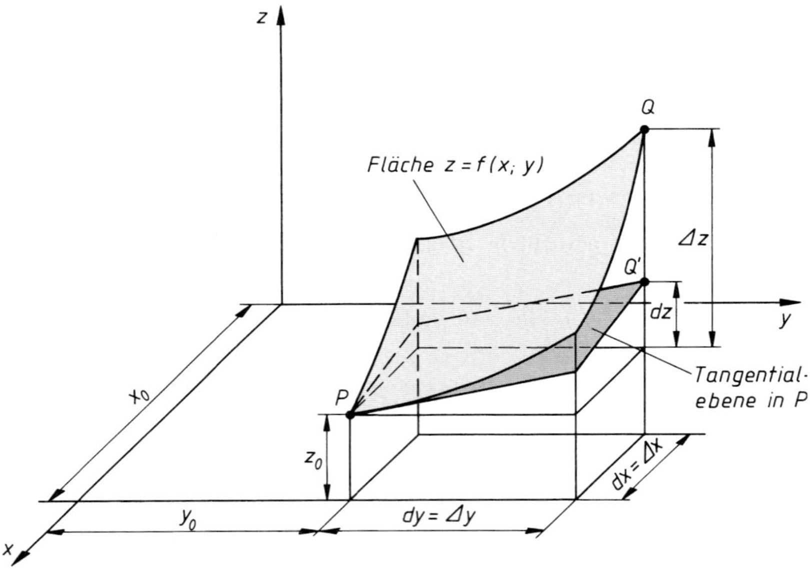

Bild IV-28 Zum Begriff des totalen oder vollständigen Differentials einer Funktion $z = f(x;\ y)$

Verschiebungen auf der Tangentialebene

Die mit einer Verschiebung auf der *Tangentialebene T* verbundenen *Koordinatenänderungen* (bezogen auf den Punkt P) bezeichnen wir jetzt der Reihe nach mit dx, dy und dz. Dabei soll der Punkt P so auf der Tangentialebene verschoben werden, daß sich seine beiden *unabhängigen* Koordinaten wiederum um Δx bzw. Δy ändern, d.h. wir setzen

$$dx = \Delta x \quad \text{und} \quad dy = \Delta y \qquad \text{(IV-34)}$$

Die Änderung der Höhenkoordinate von P läßt sich dann leicht aus der *Funktionsgleichung der Tangentialebene* T berechnen. Wir setzen dazu in Gleichung (IV-31)

$$x - x_0 = dx, \quad y - y_0 = dy \quad \text{und} \quad z - z_0 = dz \tag{IV-35}$$

und erhalten

$$dz = f_x(x_0; y_0)\, dx + f_y(x_0; y_0)\, dy \tag{IV-36}$$

Diese Größe beschreibt den *Zuwachs der Höhenkoordinate* z bei einer Verschiebung *auf der Tangentialebene*. Der Punkt P ist dabei in den Punkt Q', der zwar auf der Tangentialebene, i.a. aber *nicht* mehr auf der Fläche liegt, gewandert:

$$P = (x_0; y_0; z_0) \rightarrow Q' = (x_0 + dx; y_0 + dy; z_0 + dz) \tag{IV-37}$$

Es ist somit $\Delta x = dx$ und $\Delta y = dy$, aber $\Delta z \neq dz$. Bei *geringfügigen* Verschiebungen, d.h. für *kleine* Werte von $dx = \Delta x$ und $dy = \Delta y$ gilt dann *näherungsweise*:

$$\Delta z \approx dz = f_x(x_0; y_0)\, \Delta x + f_y(x_0; y_0)\, \Delta y \tag{IV-38}$$

Man darf unter diesen Voraussetzungen die *Fläche* $z = f(x; y)$ in der unmittelbaren Umgebung des Berührungspunktes P durch die zugehörige *Tangentialebene* ersetzen. Von dieser *Näherung* werden wir in den Anwendungen bei der *Linearisierung von Funktionen und Kennlinienfeldern* (Abschnitt 2.5.2) sowie bei der *Fehlerfortpflanzung* (Abschnitt 2.5.5) Gebrauch machen.

Für den Zuwachs dz der Höhenkoordinate z auf der Tangentialebene führen wir nun eine *neue* Bezeichnung ein:

Definition: Unter dem *totalen* oder *vollständigen Differential* einer Funktion $z = f(x; y)$ von zwei unabhängigen Variablen wird der *lineare Differentialausdruck*

$$dz = f_x\, dx + f_y\, dy = \frac{\partial f}{\partial x}\, dx + \frac{\partial f}{\partial y}\, dy \tag{IV-39}$$

verstanden.

Das *totale Differential* besitzt somit die folgende *geometrische* Bedeutung:

Geometrische Deutung eines totalen oder vollständigen Differentials (Bild IV-28)

Bei einer Funktion $z = f(x; y)$ von zwei unabhängigen Variablen beschreibt das *totale* oder vollständige *Differential*

$$dz = f_x(x_0; y_0)\, dx + f_y(x_0; y_0)\, dy \tag{IV-40}$$

die *Änderung* der Höhenkoordinate bzw. des Funktionswertes z auf der im Berührungspunkt $P = (x_0; y_0; z_0)$ errichteten *Tangentialebene*. Dabei sind die „Differentiale“ dx, dy, dz die Koordinaten eines *beliebigen* Punktes auf der Tangentialebene, bezogen auf den Punkt P (vgl. hierzu Bild IV-28).

Anmerkung

Die Koordinatenänderungen dx, dy und dz sind die *Relativkoordinaten* eines auf der Tangentialebene gelegenen Punktes bezüglich des Berührungspunktes $P = (x_0;\, y_0;\, z_0)$.

Der Begriff eines *totalen* oder *vollständigen Differentials* läßt sich ohne Schwierigkeiten auch auf Funktionen von *mehr als zwei* unabhängigen Variablen übertragen. Wir definieren:

Definition: Unter dem *totalen* oder *vollständigen Differential* einer Funktion $y = f(x_1;\, x_2;\, \ldots;\, x_n)$ von n unabhängigen Variablen versteht man den linearen Differentialausdruck

$$dy = f_{x_1}\, dx_1 + f_{x_2}\, dx_2 + \ldots + f_{x_n}\, dx_n = \\ = \frac{\partial f}{\partial x_1}\, dx_1 + \frac{\partial f}{\partial x_2}\, dx_2 + \ldots + \frac{\partial f}{\partial x_n}\, dx_n \qquad \text{(IV-41)}$$

Anmerkungen

(1) Das *totale Differential* hängt noch von den n Variablen $x_1, x_2, \ldots, x_n$ und den n zugehörigen Differentialen $dx_1, dx_2, \ldots, dx_n$ ab.

(2) Das *totale Differential* einer Funktion beschreibt *näherungsweise*, wie sich der *Funktionswert* bei *geringfügigen* Veränderungen der unabhängigen Variablen um $dx_i = \Delta x_i$ $(i = 1, 2, \ldots, n)$ ändert. Es gilt dann:

$$\Delta y \approx dy = f_{x_1}\, \Delta x_1 + f_{x_2}\, \Delta x_2 + \ldots + f_{x_n}\, \Delta x_n \qquad \text{(IV-42)}$$

(3) Eine *geometrische* Deutung des *totalen Differentials* ist bei Funktionen von *mehr als zwei* unabhängigen Variablen *nicht* mehr möglich.

■ **Beispiele**

(1) Ein *ideales Gas* genügt der *Zustandsgleichung* $p(V;\, T) = \frac{RT}{V}$ (für 1 Mol). Das *totale Differential* dieser Funktion lautet somit:

$$dp = \frac{\partial p}{\partial V}\, dV + \frac{\partial p}{\partial T}\, dT = -\frac{RT}{V^2}\, dV + \frac{R}{V}\, dT$$

Es beschreibt *näherungsweise* die *Änderung des* Gasdruckes p bei einer *geringfügigen* Volumen- und Temperaturänderung um $dV = \Delta V$ bzw. $dT = \Delta T$.

(2) $z = f(x;\, y) = 4x^2 - 3xy^2 + x \cdot e^y$

Man berechne den *Zuwachs der Höhenkoordinate* z auf der zugehörigen *Bildfläche* bzw. auf der *Tangentialebene* an der Stelle $x = 1$, $y = 0$ für die Koordinatenänderungen $dx = \Delta x = -0{,}1$ und $dy = \Delta y = 0{,}2$.

Lösung:

Zuwachs Δz auf der Bildfläche

$$x = 1, \quad y = 0 \quad \rightarrow \quad x = 1 - 0{,}1 = 0{,}9, \quad y = 0 + 0{,}2 = 0{,}2$$
$$\Delta z = f(0{,}9; 0{,}2) - f(1; 0) = 4{,}23 - 5 = -0{,}77$$

Zuwachs dz auf der Tangentialebene

Für die Berechnung des *totalen Differentials* dz benötigen wir zunächst die *partiellen Ableitungen 1. Ordnung*. Sie lauten:

$$f_x(x; y) = 8x - 3y^2 + e^y, \quad f_y(x; y) = -6xy + x \cdot e^y$$

An der Stelle $x = 1, \; y = 0$ gilt dann:

$$f_x(1; 0) = 9, \quad f_y(1; 0) = 1$$

Damit ist

$$dz = f_x(1; 0)\,dx + f_y(1; 0)\,dy = 9 \cdot (-0{,}1) + 1 \cdot (0{,}2) = -0{,}7$$

Geometrische Interpretation

Der Stelle $x = 1, \; y = 0$ entspricht $z = f(1; 0) = 5$ und damit der *Flächenpunkt* $P = (1; 0; 5)$. Die Koordinatenänderungen $dx = \Delta x = -0{,}1$ und $dy = \Delta y = 0{,}2$ beschreiben eine *Verschiebung des* Punktes P auf der *Fläche* bzw. auf der in P errichteten *Tangentialebene*. Dabei *verliert* der Punkt P in beiden Fällen an Höhe. Seine neue Lage ist Q bzw. Q':

$$P = (1; 0; 5) \quad \xrightarrow[\text{der Fläche}]{\text{Verschiebung auf}} \quad Q = (0{,}9; 0{,}2; 4{,}23)$$

$$P = (1; 0; 5) \quad \xrightarrow[\text{der Tangentialebene}]{\text{Verschiebung auf}} \quad Q' = (0{,}9; 0{,}2; 4{,}3)$$

(3) Das *totale Differential* der Funktion $u(x; y; z) = x \cdot \ln z + \sin(xy) + 2$ lautet:

$$du = u_x\,dx + u_y\,dy + u_z\,dz =$$
$$= [\ln z + y \cdot \cos(xy)]\,dx + x \cdot \cos(xy)\,dy + \frac{x}{z}\,dz$$

■

2.4 Differentiation nach einem Parameter (Kettenregel)

Wir beschäftigen uns in diesem Abschnitt mit Funktionen von zwei (oder mehr) unabhängigen Variablen, die selbst noch von einem oder sogar zwei *Parametern* abhängen. Insbesondere interessieren uns dabei die *Ableitungen* dieser Funktionen nach den *Parametern*.

2.4.1 Kettenregel für Funktionen mit einem Parameter

Wir gehen aus von einer Funktion $z = f(x; y)$ der beiden unabhängigen Variablen x und y, die beide noch von einer weiteren Variablen t, *Parameter* genannt, abhängen sollen:

$$x = x(t), \quad y = y(t) \qquad (t_1 \leqslant t \leqslant t_2) \tag{IV-43}$$

Durch Einsetzen dieser Parametergleichungen in die Funktionsgleichung $z = f(x; y)$ erhalten wir die nur noch vom Parameter t abhängige Funktion

$$z = f(x(t); y(t)) = F(t) \tag{IV-44}$$

Sie wird als eine *zusammengesetzte*, *verkettete* oder *mittelbare* Funktion dieses Parameters bezeichnet. Ihre *Ableitung* $\dot{z} = \frac{dz}{dt} = \dot{F}(t)$ erhält man nach der folgenden, als *Kettenregel* bezeichneten Vorschrift:

$$\frac{dz}{dt} = \frac{\partial z}{\partial x} \cdot \frac{dx}{dt} + \frac{\partial z}{\partial y} \cdot \frac{dy}{dt} \tag{IV-45}$$

Oder in Kurzschreibweise:

$$\dot{z} = z_x \dot{x} + z_y \dot{y} \tag{IV-46}$$

Formal läßt sich die Kettenregel aus dem *totalen Differential dz* der Funktion $z = f(x; y)$ herleiten, wenn man dieses durch das Differential dt dividiert:

$$dz = \frac{\partial z}{\partial x} dx + \frac{\partial z}{\partial y} dy \quad \Big| : dt$$

$$\frac{dz}{dt} = \frac{\partial z}{\partial x} \cdot \frac{dx}{dt} + \frac{\partial z}{\partial y} \cdot \frac{dy}{dt} \tag{IV-47}$$

Wir fassen die Ergebnisse wie folgt zusammen:

Kettenregel für Funktionen mit einem Parameter

$z = f(x; y)$ sei eine Funktion der beiden unabhängigen Variablen x und y, diese wiederum von einem Parameter t abhängig:

$$x = x(t), \quad y = y(t) \qquad (t_1 \leqslant t \leqslant t_2) \tag{IV-48}$$

Dann ist die durch Einsetzen dieser Parametergleichungen in die Funktionsgleichung $z = f(x; y)$ erhaltene Funktion

$$z = f(x(t); y(t)) = F(t) \qquad (t_1 \leqslant t \leqslant t_2) \tag{IV-49}$$

eine *zusammengesetzte, verkettete* oder *mittelbare* Funktion dieses Parameters, deren Ableitung nach der folgenden *Kettenregel* gebildet wird:

$$\frac{dz}{dt} = \frac{\partial z}{\partial x} \cdot \frac{dx}{dt} + \frac{\partial z}{\partial y} \cdot \frac{dy}{dt} \qquad \text{(IV-50)}$$

Bezeichnungen:

$z = f(x; y)$: „Äußere" Funktion

$\left.\begin{array}{l} x = x(t) \\ y = y(t) \end{array}\right\}$ „Innere" Funktionen

Anmerkungen

(1) Eine häufig verwendete Kurzschreibweise für die *Kettenregel* (IV-50) lautet:

$$\dot{z} = \dot{F}(t) = z_x \dot{x} + z_y \dot{y} \qquad \text{(IV-51)}$$

(2) Die Differenzierbarkeit der beteiligten Funktionen $z = f(x; y)$, $x = x(t)$ und $y = y(t)$ muß dabei vorausgesetzt werden.

(3) Die *Kettenregel* (IV-50) läßt sich sinngemäß auch auf Funktionen von *mehr als zwei* unabhängigen Variablen übertragen. Sie lautet z.B. für eine Funktion $u = f(x; y; z)$ der *drei* unabhängigen Variablen x, y und z, die jeweils noch von einem Parameter t abhängen ($x = x(t)$, $y = y(t)$, $z = z(t)$), wie folgt:

$$\frac{du}{dt} = \frac{\partial u}{\partial x} \cdot \frac{dx}{dt} + \frac{\partial u}{\partial y} \cdot \frac{dy}{dt} + \frac{\partial u}{\partial z} \cdot \frac{dz}{dt} \qquad \text{(IV-52)}$$

(4) Die *Kettenregel* für Funktionen mit *einem* Parameter ist die Erweiterung der bereits aus Band 1, Abschnitt IV.2.5 bekannten Kettenregel für *gewöhnliche* Funktionen auf solche mit *mehreren* Variablen.

(5) Wir können die in der *Kettenregel* (IV-50) auftretenden Ableitungen auch wie folgt zu „*Ableitungsvektoren*" zusammenfassen:

$\begin{pmatrix} \frac{\partial z}{\partial x} \\ \frac{\partial z}{\partial y} \end{pmatrix} = \begin{pmatrix} z_x \\ z_y \end{pmatrix}$: „*Äußere Ableitung*" (die Komponenten sind die *partiellen* Ableitungen der „äußeren" Funktion $z = f(x; y)$)

$\begin{pmatrix} \frac{dx}{dt} \\ \frac{dy}{dt} \end{pmatrix} = \begin{pmatrix} \dot{x} \\ \dot{y} \end{pmatrix}$: „*Innere Ableitung*" (die Komponenten sind die Ableitungen der beiden „inneren" Funktionen $x = x(t)$ und $y = y(t)$ nach dem Parameter t)

Die gesuchte Ableitung ist dann das *skalare Produkt* aus der „äußeren" und der „inneren" Ableitung!

(6) Die Parametergleichungen $x = x(t)$, $y = y(t)$ definieren bekanntlich eine *Kurve C* in der x, y-Ebene (Bild IV-29). Die *mittelbare* oder *verkettete* Funktion $z = F(t)$ beschreibt dann die Abhängigkeit der Höhenkoordinate z vom Kurvenparameter t, die Ableitung $\dot{z} = \dot{F}(t)$ die *Änderungsgeschwindigkeit* dieser Höhenkoordinate längs der Kurve (wiederum in Abhängigkeit von t). Man spricht daher in diesem Zusammenhang auch von der *Ableitung der Funktion* $z = f(x; y)$ *längs der Kurve C*.

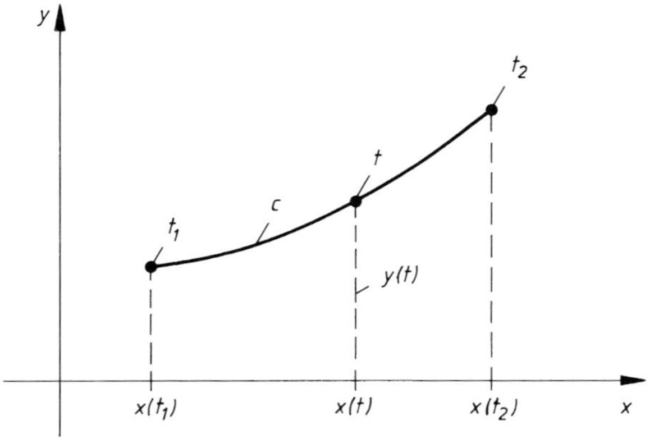

Bild IV-29 Parameterdarstellung einer ebenen Kurve $C: x = x(t),\ y = y(t),$ $t_1 \leqslant t \leqslant t_2$

(7) Ein *Sonderfall* tritt ein, wenn eine der beiden unabhängigen Variablen selbst als *Kurvenparameter* auftritt. Ist z.B. x der Kurvenparameter, so lautet die Parameterdarstellung $x = x$, $y = y(x)$, und die Funktion $z = f(x; y)$ geht dabei über in die von x abhängige Funktion $z = f(x; y(x)) = F(x)$. Die Ableitung dieser Funktion nach dem Parameter x lautet dann nach der *Kettenregel* wie folgt:

$$\dot{z} = z_x \cdot 1 + z_y \dot{y} = z_x + z_y \dot{y} \tag{IV-53}$$

Sie wird auch als *totale Ableitung* der Funktion $z = f(x; y(x)) = F(x)$ bezeichnet.

■ **Beispiele**

(1) $z = f(x; y) = x^2 y + y^3$ mit $x = x(t) = t^2$, $y = y(t) = \mathrm{e}^t$

Wir bilden zunächst die benötigten Ableitungen:

$$\frac{\partial z}{\partial x} = 2xy, \quad \frac{\partial z}{\partial y} = x^2 + 3y^2, \quad \frac{dx}{dt} = 2t, \quad \frac{dy}{dt} = \mathrm{e}^t$$

Für die gesuchte Ableitung von z nach dem Parameter t folgt dann mit Hilfe der *Kettenregel* (IV-50):

$$\frac{dz}{dt} = \frac{\partial z}{\partial x} \cdot \frac{dx}{dt} + \frac{\partial z}{\partial y} \cdot \frac{dy}{dt} = 2xy \cdot 2t + (x^2 + 3y^2) \cdot \mathrm{e}^t =$$

$$= 2t^2 \cdot \mathrm{e}^t \cdot 2t + (t^4 + 3 \cdot \mathrm{e}^{2t}) \cdot \mathrm{e}^t = (4t^3 + t^4 + 3 \cdot \mathrm{e}^{2t}) \cdot \mathrm{e}^t$$

Zu diesem Ergebnis gelangen wir natürlich auch, wenn wir zunächst die Parametergleichungen in die gegebene Funktion einsetzen und diese dann nach dem *Parameter t* differenzieren:

$$z = x^2 y + y^3 = t^4 \cdot \mathrm{e}^t + \mathrm{e}^{3t} = F(t)$$

$$\frac{dz}{dt} = \dot{F}(t) = 4t^3 \cdot \mathrm{e}^t + t^4 \cdot \mathrm{e}^t + 3 \cdot \mathrm{e}^{3t} = (4t^3 + t^4 + 3 \cdot \mathrm{e}^{2t}) \cdot \mathrm{e}^t$$

(2) Wir interessieren uns für die Ableitung der Funktion $z = f(x; y) = (x - y)^2$ längs des in Bild IV-30 skizzierten Kreises:

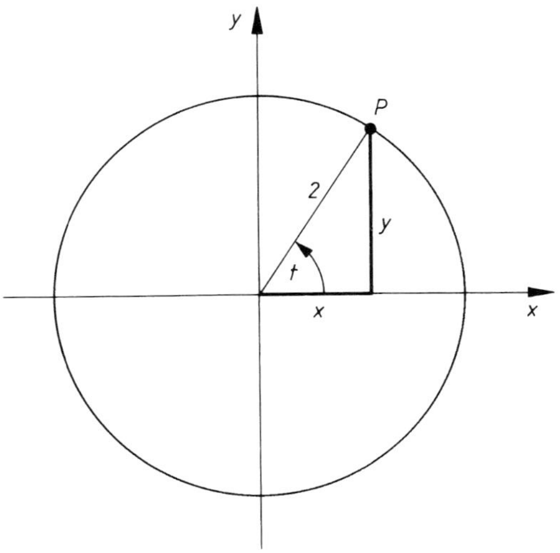

Parametergleichungen:

$x = 2 \cdot \cos t$

$y = 2 \cdot \sin t$

$(0 \leqslant t < 2\pi)$

Bild IV-30

Dazu benötigen wir die Ableitungen z_x, z_y, $\dot{x}$ und $\dot{y}$. Sie lauten:

$$z_x = 2(x - y), \qquad z_y = -2(x - y)$$

$$\dot{x} = -2 \cdot \sin t, \qquad \dot{y} = 2 \cdot \cos t$$

Mit Hilfe der *Kettenregel* (IV-50) folgt dann:

$$\begin{aligned}\dot{z} &= z_x \dot{x} + z_y \dot{y} = 2(x-y)(-2\cdot\sin t) - 2(x-y)(2\cdot\cos t) = \\ &= -4(x-y)(\sin t + \cos t) = \\ &= -4(2\cdot\cos t - 2\cdot\sin t)(\sin t + \cos t) = \\ &= -8(\cos t - \sin t)(\sin t + \cos t) = \\ &= -8(\cos^2 t - \sin^2 t) = 8(\sin^2 t - \cos^2 t)\end{aligned}$$

So besitzt z.B. die Ableitung an der Stelle $t = \pi/3$ den folgenden Wert:

$$\dot{z}(t = \pi/3) = 4$$

(3) Eines der vier Grundgesetze der *Newtonschen Mechanik* lautet: Die Kraft F ist die *zeitliche* Änderung des Impulses $p = mv$, also

$$F = \frac{dp}{dt} = \frac{d}{dt}(mv)$$

Bei einer *konstant* bleibenden Masse $m = \text{const.}$ erhält man hieraus das bekannte physikalische Gesetz

$$F = \frac{dp}{dt} = \frac{d}{dt}(mv) = m\frac{dv}{dt} = m\dot{v} = ma$$

(„Kraft F gleich Masse m mal Beschleunigung a").

Es gibt aber auch Vorgänge, bei denen sich die Masse mit der Zeit *verändert*. So verliert beispielsweise eine Rakete oder ein Satellit während der Antriebsphase durch Verbrennungsvorgänge laufend an Masse. In der Funktion $p = mv$ sind dann m *und* v als *zeitabhängige* Größen zu betrachten. Dann aber gilt nach der *Kettenregel* (IV-50) für die Kraft:

$$F = \frac{dp}{dt} = \frac{\partial p}{\partial m}\cdot\frac{dm}{dt} + \frac{\partial p}{\partial v}\cdot\frac{dv}{dt} = v\frac{dm}{dt} + m\frac{dv}{dt}$$

oder

$$F = v\dot{m} + m\dot{v} = \dot{m}v + ma$$

Für $\dot{m} = 0$, d.h. $m = \text{const.}$ erhalten wir daraus wiederum das bekannte Gesetz $F = ma$.

(4) Wir bestimmen die Ableitung der Funktion $z = \sin(x + y)$ an der Stelle $x = 1$ der *Normalparabel* $y = x^2$ (Bild IV-31):

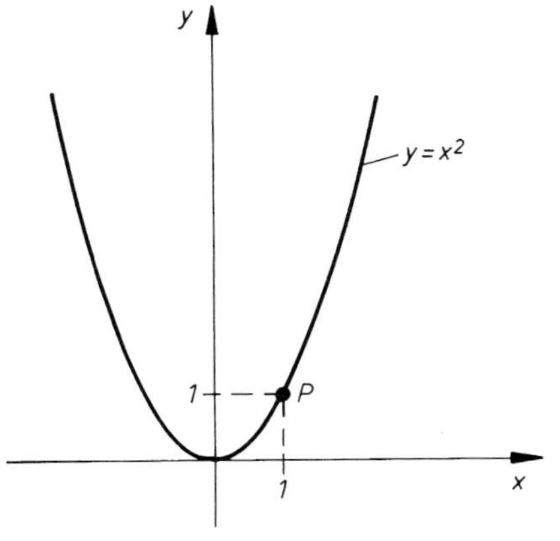

Parametergleichungen der Normalparabel:

$x = x, \quad y = x^2$

$(-\infty < x < \infty)$

Bild IV-31

Für die benötigten Ableitungen z_x, z_y, $\dot{x}$ und $\dot{y}$ erhalten wir:

$$z_x = \cos(x + y), \quad z_y = \cos(x + y), \quad \dot{x} = 1, \quad \dot{y} = 2x$$

Die Funktion $z = f(x; y) = \sin(x + y)$ besitzt daher in den *Parabelpunkten* die folgende Ableitung nach dem Parameter $t = x$:

$$\dot{z}(x) = z_x \dot{x} + z_y \dot{y} = [\cos(x + y)] \cdot 1 + [\cos(x + y)] \cdot 2x =$$

$$= (1 + 2x) \cdot \cos(x + y) = (1 + 2x) \cdot \cos(x + x^2)$$

Im Parabelpunkt $P = (1; 1)$ gilt dann:

$$\dot{z}(P) = \dot{z}(x = 1) = -1{,}2484$$

■

2.4.2 Kettenregel für Funktionen mit zwei Parametern

Die unabhängigen Variablen x und y der Funktion $z = f(x; y)$ sollen diesmal von *zwei* Parametern u und v abhängen:

$$x = x(u; v), \quad y = y(u; v) \qquad (u_1 \leqslant u \leqslant u_2; \; v_1 \leqslant v \leqslant v_2). \qquad \text{(IV-54)}$$

Wir erhalten dann die *zusammengesetzte*, *verkettete* oder *mittelbare* Funktion

$$z = f(x(u; v); \; y(u; v)) = F(u; v) \qquad \text{(IV-55)}$$

der beiden unabhängigen *Parameter* u und v.

Die partiellen Ableitungen 1. Ordnung dieser Funktion nach den Parametern u bzw. v lassen sich dabei mit Hilfe der folgenden *Kettenregel* bilden:

$$\frac{\partial z}{\partial u} = \frac{\partial z}{\partial x} \cdot \frac{\partial x}{\partial u} + \frac{\partial z}{\partial y} \cdot \frac{\partial y}{\partial u}$$
$$\frac{\partial z}{\partial v} = \frac{\partial z}{\partial x} \cdot \frac{\partial x}{\partial v} + \frac{\partial z}{\partial y} \cdot \frac{\partial y}{\partial v} \qquad \text{(IV-56)}$$

Formal erhält man diese Ableitungsformeln wiederum aus dem *totalen Differential* dz der Funktion $z = f(x; y)$, indem man dieses Differential der Reihe nach durch die Differentiale du und dv dividiert.

Wir fassen wie folgt zusammen:

Kettenregel für Funktionen mit zwei Parametern

$z = f(x; y)$ sei eine Funktion der beiden unabhängigen Variablen x und y, diese wiederum von *zwei* Parametern u und v abhängige Funktionen:

$$x = x(u; v), \quad y = y(u; v) \qquad (u_1 \leqslant u \leqslant u_2;\ v_1 \leqslant v \leqslant v_2). \qquad \text{(IV-57)}$$

Dann ist die durch Einsetzen dieser beiden Parametergleichungen in die Funktionsgleichung $z = f(x; y)$ erhaltene Funktion

$$z = f(x(u; v); y(u; v)) = F(u; v) \qquad \text{(IV-58)}$$

eine *zusammengesetzte*, *verkettete* oder *mittelbare* Funktion dieser Parameter, deren partielle Ableitungen 1. Ordnung nach der folgenden *Kettenregel* gebildet werden:

$$\frac{\partial z}{\partial u} = \frac{\partial z}{\partial x} \cdot \frac{\partial x}{\partial u} + \frac{\partial z}{\partial y} \cdot \frac{\partial y}{\partial u}$$
$$\frac{\partial z}{\partial v} = \frac{\partial z}{\partial x} \cdot \frac{\partial x}{\partial v} + \frac{\partial z}{\partial y} \cdot \frac{\partial y}{\partial v} \qquad \text{(IV-59)}$$

Bezeichnungen:

$z = f(x; y)$: „Äußere“ Funktion

$\left.\begin{array}{l} x = x(u; v) \\ y = y(u; v) \end{array}\right\}$ „Innere“ Funktionen

Anmerkungen

(1) Auch die folgende Kurzschreibweise für die *Kettenregel* (IV-59) ist üblich:

$$z_u = z_x x_u + z_y y_u$$
$$z_v = z_x x_v + z_y y_v \qquad \text{(IV-60)}$$

(2) Vorausgesetzt wird, daß die an der *Kettenregel* beteiligten Funktionen $z = f(x; y)$, $x = x(u; v)$ und $y = y(u; v)$ *differenzierbar* sind.

(3) Die *Kettenregel* (IV-59) läßt sich sinngemäß auch auf Funktionen von *drei und mehr* unabhängigen Variablen übertragen.

(4) Wir können die in der *Kettenregel* (IV-59) auftretenden Ableitungen wiederum wie folgt zu „*Ableitungsvektoren*" zusammenfassen:

$$\begin{pmatrix} \dfrac{\partial z}{\partial x} \\ \dfrac{\partial z}{\partial y} \end{pmatrix} = \begin{pmatrix} z_x \\ z_y \end{pmatrix}:$$

„*Äußere Ableitung*" (die Komponenten sind die *partiellen* Ableitungen 1. Ordnung der „äußeren" Funktion $z = f(x; y)$)

$$\begin{pmatrix} \dfrac{\partial x}{\partial u} \\ \dfrac{\partial y}{\partial u} \end{pmatrix} = \begin{pmatrix} x_u \\ y_u \end{pmatrix}$$

$$\begin{pmatrix} \dfrac{\partial x}{\partial v} \\ \dfrac{\partial y}{\partial v} \end{pmatrix} = \begin{pmatrix} x_v \\ y_v \end{pmatrix}$$

„*Innere Ableitungen*" (die Komponenten sind die *partiellen* Ableitungen 1. Ordnung der beiden „inneren" Funktionen $x = x(u; v)$ und $y = y(u; v)$ nach dem Parameter u bzw. v)

Die gesuchte partielle Ableitung ist dann das *skalare Produkt* aus der „äußeren" und der (entsprechenden) „inneren" Ableitung!

■ **Beispiele**

(1) $z = f(x; y) = e^x \cdot \cos(x - y)$ mit $x = x(u; v) = u + v^2$, $y = y(u; v) = u - v^2$

Wir interessieren uns für die partiellen Ableitungen $\dfrac{\partial z}{\partial u}$ und $\dfrac{\partial z}{\partial v}$. Die dabei benötigten Ableitungen $\dfrac{\partial z}{\partial x}, \dfrac{\partial z}{\partial y}, \dfrac{\partial x}{\partial u}, \dfrac{\partial x}{\partial v}, \dfrac{\partial y}{\partial u}$ und $\dfrac{\partial y}{\partial v}$ lauten:

$$\frac{\partial z}{\partial x} = e^x \cdot \cos(x - y) - e^x \cdot \sin(x - y) = e^x [\cos(x - y) - \sin(x - y)]$$

$$\frac{\partial z}{\partial y} = e^x \cdot \sin(x - y)$$

$$\frac{\partial x}{\partial u} = 1, \quad \frac{\partial x}{\partial v} = 2v, \quad \frac{\partial y}{\partial u} = 1, \quad \frac{\partial y}{\partial v} = -2v$$

Für die gesuchten partiellen Ableitungen $\frac{\partial z}{\partial u}$ und $\frac{\partial z}{\partial v}$ erhalten wir dann mit Hilfe der *Kettenregel* (IV-59):

$$\frac{\partial z}{\partial u} = \frac{\partial z}{\partial x} \cdot \frac{\partial x}{\partial u} + \frac{\partial z}{\partial y} \cdot \frac{\partial y}{\partial u} =$$

$$= e^x [\cos(x - y) - \sin(x - y)] \cdot 1 + e^x \cdot \sin(x - y) \cdot 1 =$$

$$= e^x \cdot \cos(x - y) = e^{u + v^2} \cdot \cos(2v^2)$$

$$\frac{\partial z}{\partial v} = \frac{\partial z}{\partial x} \cdot \frac{\partial x}{\partial v} + \frac{\partial z}{\partial y} \cdot \frac{\partial y}{\partial v} =$$

$$= e^x [\cos(x - y) - \sin(x - y)] \cdot 2v + e^x \cdot \sin(x - y) \cdot (-2v) =$$

$$= 2v \cdot e^x [\cos(x - y) - 2 \cdot \sin(x - y)] =$$

$$= 2v \cdot e^{u + v^2} [\cos(2v^2) - 2 \cdot \sin(2v^2)]$$

Wir gelangen zu dem gleichen Ergebnis, wenn wir zunächst die Parametergleichungen in die gegebene Funktion einsetzen und diese dann nach dem *Parameter* u bzw. v partiell differenzieren:

$$z = e^x \cdot \cos(x - y) = e^{u + v^2} \cdot \cos(2v^2) = F(u; v)$$

$$\frac{\partial z}{\partial u} = e^{u + v^2} \cdot \cos(2v^2)$$

$$\frac{\partial z}{\partial v} = 2v \cdot e^{u + v^2} \cdot \cos(2v^2) - 4v \cdot \sin(2v^2) \cdot e^{u + v^2} =$$

$$= 2v \cdot e^{u + v^2} [\cos(2v^2) - 2 \cdot \sin(2v^2)]$$

(2) In der *Vektoranalysis* (ausführlich dargestellt in Band 3, Kap. I) ist es häufig sinnvoll (z. B. aus Symmetriegründen), von den ebenen *kartesischen* Koordinaten x und y zu den *Polarkoordinaten* r und φ überzugehen (Bild IV-32):

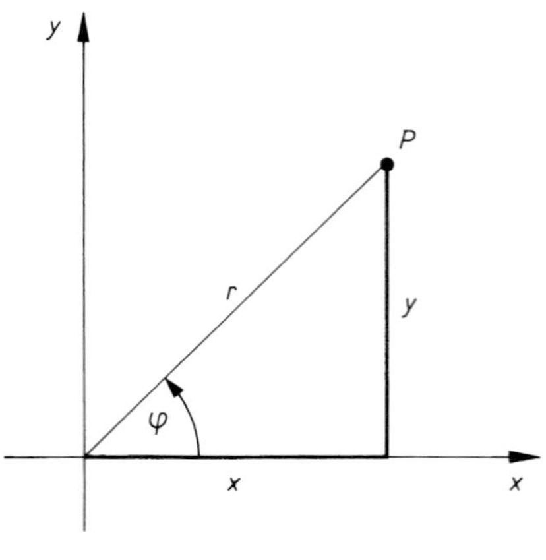

Parametergleichungen:

$x = r \cdot \cos\varphi$

$y = r \cdot \sin\varphi$

$(r \geqslant 0;\ 0 \leqslant \varphi < 2\pi)$

Bild IV-32

Zum Zusammenhang zwischen den kartesischen Koordinaten x, y und den Polarkoordinaten r, φ

Uns interessieren in diesem Zusammenhang die *partiellen Ableitungen 1. Ordnung* einer (beliebigen differenzierbaren) Funktion

$$z = f(x;\, y) \qquad \text{mit} \qquad \begin{cases} x = x(r;\, \varphi) = r \cdot \cos\varphi \\ y = y(r;\, \varphi) = r \cdot \sin\varphi \end{cases}$$

nach den als Parameter betrachteten Polarkoordinaten r und φ. Mit den benötigten partiellen Ableitungen

$$\frac{\partial x}{\partial r} = \cos\varphi, \quad \frac{\partial x}{\partial \varphi} = -r \cdot \sin\varphi, \quad \frac{\partial y}{\partial r} = \sin\varphi, \quad \frac{\partial y}{\partial \varphi} = r \cdot \cos\varphi$$

erhalten wir dann mit Hilfe der *Kettenregel* (IV-59) die folgenden Ableitungen:

$$\frac{\partial z}{\partial r} = \frac{\partial z}{\partial x} \cdot \frac{\partial x}{\partial r} + \frac{\partial z}{\partial y} \cdot \frac{\partial y}{\partial r} = \frac{\partial z}{\partial x} \cdot \cos\varphi + \frac{\partial z}{\partial y} \cdot \sin\varphi =$$

$$= \cos\varphi \cdot \frac{\partial z}{\partial x} + \sin\varphi \cdot \frac{\partial z}{\partial y}$$

$$\frac{\partial z}{\partial \varphi} = \frac{\partial z}{\partial x} \cdot \frac{\partial x}{\partial \varphi} + \frac{\partial z}{\partial y} \cdot \frac{\partial y}{\partial \varphi} = \frac{\partial z}{\partial x} \cdot (-r \cdot \sin\varphi) + \frac{\partial z}{\partial y} \cdot r \cdot \cos\varphi =$$

$$= -r \cdot \sin\varphi \cdot \frac{\partial z}{\partial x} + r \cdot \cos\varphi \cdot \frac{\partial z}{\partial y}$$

Spezielles Beispiel: $z = f(x;\, y) = \mathrm{e}^{(x^2 + y^2)} + xy$

$$\frac{\partial z}{\partial x} = 2x \cdot \mathrm{e}^{(x^2 + y^2)} + y = 2r \cdot \cos\varphi \cdot \mathrm{e}^{r^2} + r \cdot \sin\varphi$$

$$\frac{\partial z}{\partial y} = 2y \cdot \mathrm{e}^{(x^2 + y^2)} + x = 2r \cdot \sin\varphi \cdot \mathrm{e}^{r^2} + r \cdot \cos\varphi$$

(unter Berücksichtigung von $x^2 + y^2 = r^2$)

$$\frac{\partial z}{\partial r} = \cos\varphi \cdot \frac{\partial z}{\partial x} + \sin\varphi \cdot \frac{\partial z}{\partial y} =$$

$$= \cos\varphi\,(2r \cdot \cos\varphi \cdot \mathrm{e}^{r^2} + r \cdot \sin\varphi) +$$

$$+ \sin\varphi\,(2r \cdot \sin\varphi \cdot \mathrm{e}^{r^2} + r \cdot \cos\varphi) =$$

$$= 2r \cdot \cos^2\varphi \cdot \mathrm{e}^{r^2} + r \cdot \sin\varphi \cdot \cos\varphi +$$

$$+ 2r \cdot \sin^2\varphi \cdot \mathrm{e}^{r^2} + r \cdot \sin\varphi \cdot \cos\varphi =$$

$$= 2r \cdot \mathrm{e}^{r^2} \underbrace{(\cos^2\varphi + \sin^2\varphi)}_{1} + \underbrace{2r \cdot \sin\varphi \cdot \cos\varphi}_{r \cdot \sin(2\varphi)} =$$

$$= 2r \cdot \mathrm{e}^{r^2} + r \cdot \sin(2\varphi) = r\,[2 \cdot \mathrm{e}^{r^2} + \sin(2\varphi)]$$

$$\frac{\partial z}{\partial \varphi} = -r \cdot \sin \varphi \cdot \frac{\partial z}{\partial x} + r \cdot \cos \varphi \cdot \frac{\partial z}{\partial y} =$$

$$= -r \cdot \sin \varphi \,(2r \cdot \cos \varphi \cdot e^{r^2} + r \cdot \sin \varphi) +$$

$$+ r \cdot \cos \varphi \,(2r \cdot \sin \varphi \cdot e^{r^2} + r \cdot \cos \varphi) =$$

$$= -2r^2 \cdot \sin \varphi \cdot \cos \varphi \cdot e^{r^2} - r^2 \cdot \sin^2 \varphi +$$

$$+ 2r^2 \cdot \sin \varphi \cdot \cos \varphi \cdot e^{r^2} + r^2 \cdot \cos^2 \varphi =$$

$$= -r^2 \cdot \sin^2 \varphi + r^2 \cdot \cos^2 \varphi = r^2 (\underbrace{\cos^2 \varphi}_{1 - \sin^2 \varphi} - \sin^2 \varphi) =$$

$$= r^2 (1 - 2 \cdot \sin^2 \varphi)$$

■

2.5 Anwendungen

2.5.1 Implizite Differentiation

In Band 1, Abschnitt IV.2.8 haben wir uns bereits ausführlich mit dem Problem der *Differentiation* einer in der *impliziten* Form $F(x; y) = 0$ gegebenen Funktion von *einer* unabhängigen Variablen beschäftigt und dabei gezeigt, daß es auch in den folgenden Fällen mit Hilfe der (gewöhnlichen) *Kettenregel* stets möglich ist, die *Steigung der Kurventangente* in einem Kurvenpunkt $P = (x_0; y_0)$ zu bestimmen:

— Es besteht *keine* Möglichkeit, die Funktionsgleichung $F(x; y) = 0$ nach einer der beiden Variablen aufzulösen.

— Die Auflösung der Funktionsgleichung $F(x; y) = 0$ ist zwar *grundsätzlich möglich*, jedoch zu *aufwendig* oder aber mit zu *großen Schwierigkeiten* verbunden.

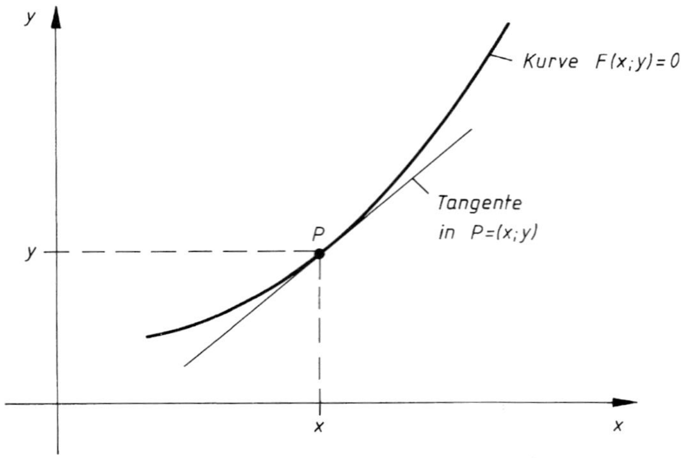

Bild IV-33 Die Kurve $F(x; y) = 0$ ist die *Schnittkurve* der Fläche $z = F(x; y)$ mit der x, y-Ebene $z = 0$

In diesem Abschnitt werden wir nun mit Hilfe des *totalen Differentials* ein weiteres praktikables Verfahren der *impliziten Differentiation* kennenlernen.

Wir gehen dabei von einer in der *impliziten* Form $F(x; y) = 0$ vorgegebenen Funktion aus und fassen die durch diese Gleichung definierte Kurve als *Schnittlinie* der Fläche $z = F(x; y)$ mit der x, y-Ebene $z = 0$ auf (Bild IV-33). Unter bestimmten Voraussetzungen ist es dann möglich, den Kurvenanstieg durch die *partiellen Ableitungen 1. Ordnung* von $z = F(x; y)$ auszudrücken. Zu diesem Zweck bilden wir das totale *Differential* der Funktion $z = F(x; y)$:

$$dz = F_x\,dx + F_y\,dy \qquad \text{(IV-61)}$$

Für die Punkte der *Schnittkurve* ist $z = 0$ und somit auch $dz = 0$. Dann folgt aus Gleichung (IV-61):

$$F_x\,dx + F_y\,dy = 0 \qquad \text{(IV-62)}$$

Wir dividieren diese Gleichung *formal* durch das Differential dx und berücksichtigen noch, daß $\frac{dx}{dx} = 1$ und $\frac{dy}{dx} = y'$ ist:

$$F_x + F_y\,\frac{dy}{dx} = F_x + F_y \cdot y' = 0 \qquad \text{(IV-63)}$$

Für $F_y \neq 0$ läßt sich diese Beziehung nach der *Kurvensteigung* y' auflösen und wir erhalten:

$$y' = \frac{dy}{dx} = -\frac{F_x}{F_y} \qquad \text{(IV-64)}$$

Wir fassen zusammen:

Implizite Differentiation

Der *Anstieg* einer in der impliziten Form $F(x; y) = 0$ dargestellten Funktionskurve im Kurvenpunkt $P = (x; y)$ läßt sich mit Hilfe der *partiellen Differentiation* wie folgt bestimmen:

$$y'(P) = -\frac{F_x(x; y)}{F_y(x; y)} \qquad (F_y(x; y) \neq 0) \qquad \text{(IV-65)}$$

Dabei bedeuten:

$\left.\begin{array}{l} F_x(x; y) \\ F_y(x; y) \end{array}\right\}$ Partielle Ableitungen 1. Ordnung von $z = F(x; y)$

Anmerkungen

(1) Die Ableitung y' enthält nach Formel (IV-65) meist *beide* Variable. Diese sind jedoch *keineswegs voneinander unabhängig*, sondern über die *implizite* Funktionsgleichung $F(x; y) = 0$ *miteinander verknüpft*.

(2) Es ist bemerkenswert, daß wir auch dann in der Lage sind, eine Funktion zu *differenzieren*, wenn sie *nicht* in der *expliziten* Form $y = f(x)$ darstellbar ist!

■ **Beispiele**

(1) Wir berechnen die *Tangentensteigung* der in Bild IV-34 dargestellten Ellipse mit der Gleichung

$$\frac{x^2}{36} + \frac{y^2}{16} = 1$$

im Ellipsenpunkt $P = (x_0 < 0; 3)$.

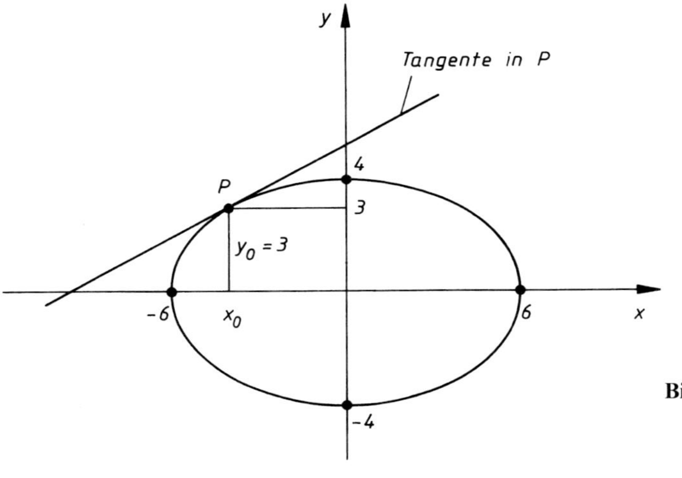

Bild IV-34

Die Auflösung der Ellipsengleichung nach der Variablen y ist zwar ohne große Schwierigkeiten *möglich*, dennoch ist es hier *bequemer*, die Funktionsgleichung *implizit* zu differenzieren. Zunächst jedoch berechnen wir den Abszissenwert x_0 des Kurvenpunktes P:

$$\frac{x^2}{36} + \frac{9}{16} = 1 \quad \Rightarrow \quad x = \pm\, 3{,}97$$

Wegen $x_0 < 0$ kommt nur die *zweite* Lösung in Frage: $x_0 = -3{,}97$ und somit $P = (-3{,}97; 3)$. Jetzt bringen wir die Ellipsengleichung auf die benötige *implizite* Form $F(x; y) = 0$:

$$F(x; y) = \frac{x^2}{36} + \frac{y^2}{16} - 1 = 0 \quad \text{oder} \quad F(x; y) = 4x^2 + 9y^2 - 144 = 0$$

Mit

$$F_x(x;y) = 8x \quad \text{und} \quad F_y(x;y) = 18y$$

folgt dann nach Gleichung (IV-65)

$$y' = -\frac{F_x(x;y)}{F_y(x;y)} = -\frac{8x}{18y} = -\frac{4x}{9y}$$

Die Ellipsentangente in $P = (-3{,}97; 3)$ besitzt damit die *Steigung*

$$y'(P) = -\frac{4x_0}{9y_0} = -\frac{4 \cdot (-3{,}97)}{9 \cdot 3} = 0{,}588$$

Die *Gleichung der Tangente* in P lautet daher:

$$y = 0{,}588\,x + 5{,}334$$

(2) Welche *Steigung* besitzt die Kurve mit der Gleichung

$$(x^2 + y^2)^2 - 2x(x^2 + y^2) - y^2 = 0$$

im Kurvenpunkt $P = (0; 1)$?

Lösung:

Aus $F(x;y) = (x^2 + y^2)^2 - 2x(x^2 + y^2) - y^2$ folgt durch partielle Differentiation:

$$F_x(x;y) = 2(x^2 + y^2) \cdot 2x - 2(x^2 + y^2) - 2x \cdot 2x = \\ = 4x(x^2 + y^2) - 6x^2 - 2y^2$$

$$F_y(x;y) = 2(x^2 + y^2) \cdot 2y - 2x \cdot 2y - 2y = \\ = 4y(x^2 + y^2) - 4xy - 2y$$

Die *Steigung* der Kurventangente in einem beliebigen Kurvenpunkt beträgt damit nach Gleichung (IV-65):

$$y' = -\frac{F_x(x;y)}{F_y(x;y)} = -\frac{4x(x^2 + y^2) - 6x^2 - 2y^2}{4y(x^2 + y^2) - 4xy - 2y} =$$

$$= -\frac{2x(x^2 + y^2) - 3x^2 - y^2}{2y(x^2 + y^2) - 2xy - y}$$

Speziell im Punkt $P = (0; 1)$ gilt dann:

$$y'(P) = y'(x = 0; y = 1) = 1$$

■

2.5.2 Linearisierung einer Funktion

Wie bereits aus Band 1, Abschnitt IV.3.2 bekannt ist, läßt sich eine *nichtlineare* Funktion $y = f(x)$ in der Umgebung eines Kurvenpunktes $P = (x_0; y_0)$ durch eine *lineare* Funktion, nämlich die dortige *Kurventangente*, annähern (Bild IV-35). Diesen Vorgang haben wir als *Linearisierung einer Funktion* bezeichnet.

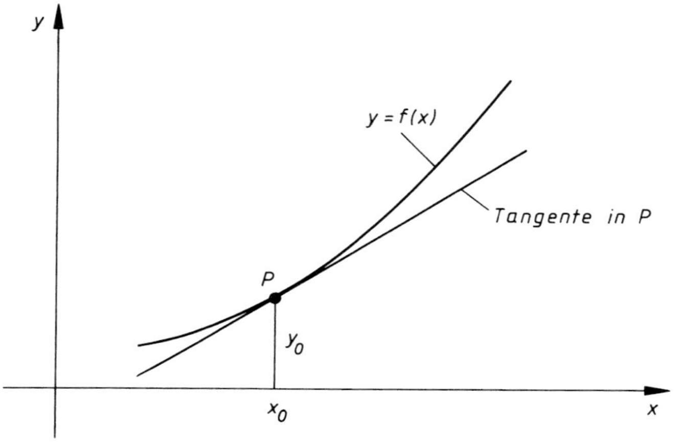

Bild IV-35
Zum Begriff der Linearisierung einer Funktion von *einer* unabhängigen Variablen

Auch eine Funktion $z = f(x; y)$ von *zwei* unabhängigen Variablen kann unter bestimmten Voraussetzungen in der unmittelbaren Umgebung eines Flächenpunktes $P = (x_0; y_0; z_0)$ *linearisiert*, d.h. durch eine *lineare Funktion* vom Typ $z = ax + by + c$ *näherungsweise* ersetzt werden. Der Punkt P wird im naturwissenschaftlich-technischen Anwendungsbereich meist als *„Arbeitspunkt"* bezeichnet. *Linearisierung einer Funktion* $z = f(x; y)$ bedeutet also, daß man die *gekrümmte Bildfläche* von $z = f(x; y)$ in der unmittelbaren Umgebung des Arbeitspunktes P durch die dortige *Tangentialebene* ersetzt (vgl. hierzu auch Bild IV-28). Die *nichtlineare* Funktion $z = f(x; y)$ wird somit durch die *lineare Funktion* (*Tangentialebene*)

$$z - z_0 = f_x(x_0; y_0) \cdot (x - x_0) + f_y(x_0; y_0) \cdot (y - y_0) \qquad \text{(IV-66)}$$

bzw. das *totale* oder *vollständige Differential*

$$dz = f_x(x_0; y_0)\, dx + f_y(x_0; y_0)\, dy \qquad \text{(IV-67)}$$

angenähert. In den Anwendungen ersetzt man meist die „Differentiale" dx, dy und dz durch die „Differenzen" Δx, Δy bzw. Δz. Sie kennzeichnen die *Abweichungen vom Arbeitspunkt* $P = (x_0; y_0; z_0)$:

$$\Delta x = x - x_0, \quad \Delta y = y - y_0, \quad \Delta z = z - z_0 \qquad \text{(IV-68)}$$

Die *linearisierte* Funktion besitzt jetzt die Form

$$\Delta z = f_x(x_0; y_0)\, \Delta x + f_y(x_0; y_0)\, \Delta y \qquad \text{(IV-69)}$$

Diese Näherung ist um so *besser*, je *kleiner* die Abweichungen Δx und Δy vom Arbeitspunkt P sind.

Wir fassen die Ergebnisse zusammen:

Linearisierung einer Funktion

In der Umgebung eines Flächenpunktes („Arbeitspunktes“) $P = (x_0; y_0; z_0)$ kann die *nichtlineare* Funktion $z = f(x; y)$ *näherungsweise* durch die *lineare* Funktion (Tangentialebene)

$$z - z_0 = f_x(x_0; y_0) \cdot (x - x_0) + f_y(x_0; y_0) \cdot (y - y_0) \tag{IV-70}$$

oder

$$\Delta z = f_x(x_0; y_0)\, \Delta x + f_y(x_0; y_0)\, \Delta y \tag{IV-71}$$

ersetzt werden.

Dabei bedeuten:

$\Delta x, \Delta y, \Delta z$: *Abweichungen* eines beliebigen Flächenpunktes gegenüber dem Arbeitspunkt P

Anmerkungen

(1) In den *Anwendungen* verwendet man für die *linearisierte* Funktion (IV-71) meist die Schreibweise

$$\Delta z = \left(\frac{\partial f}{\partial x}\right)_0 \Delta x + \left(\frac{\partial f}{\partial y}\right)_0 \Delta y \tag{IV-72}$$

Der Index „0“ kennzeichnet dabei den *Arbeitspunkt* P.

(2) Häufig interessieren in den technischen Anwendungen (insbesondere in der Automation und der Regelungstechnik) nur die *Abweichungen* der Größen vom *Arbeitspunkt* P. Man führt dann zunächst durch *Parallelverschiebung* ein neues u, v, w-Koordinatensystem mit dem Arbeitspunkt $P = (x_0; y_0; z_0)$ als *Koordinatenursprung* ein. Zwischen dem „alten“ x, y, z-System und dem „neuen“ u, v, w-System bestehen dann folgende *Transformationsgleichungen*:

$$u = x - x_0 = \Delta x, \quad v = y - y_0 = \Delta y, \quad w = z - z_0 = \Delta z \tag{IV-73}$$

Die linearisierte Funktion (IV-71) besitzt dann im *neuen* u, v, w-Koordinatensystem die besonders einfache Gestalt

$$w = au + bv \tag{IV-74}$$

mit

$$a = \left(\frac{\partial f}{\partial x}\right)_0 \quad \text{und} \quad b = \left(\frac{\partial f}{\partial y}\right)_0 \tag{IV-75}$$

Die Koordinaten u, v und w sind die *Abweichungen* gegenüber dem *Arbeitspunkt* P (Koordinatenursprung des u, v, w-Systems), also *Relativkoordinaten*, während a und b die Werte der beiden partiellen Ableitungen 1. Ordnung im Arbeitspunkt P bedeuten.

(3) Auch eine Funktion von n unabhängigen Variablen läßt sich *linearisieren*. In der unmittelbaren Umgebung des „Arbeitspunktes" P kann die Funktion $y = f(x_1; x_2; \ldots; x_n)$ *näherungsweise* durch das *totale Differential* ersetzt werden:

$$\Delta y = \left(\frac{\partial f}{\partial x_1}\right)_0 \Delta x_1 + \left(\frac{\partial f}{\partial x_2}\right)_0 \Delta x_2 + \ldots + \left(\frac{\partial f}{\partial x_n}\right)_0 \Delta x_n \qquad \text{(IV-76)}$$

Die partiellen Ableitungen beziehen sich dabei wiederum auf den *Arbeitspunkt P*, gekennzeichnet durch den Index „0".

■ **Beispiele**

(1) Wir *linearisieren* die Funktion

$$z = f(x; y) = 5x^2 \cdot \sqrt{y}$$

in der unmittelbaren Umgebung des Punktes $P = (2; 1; 20)$.

Nach Gleichung (IV-71) ist

$$\Delta z = f_x(2; 1)\,\Delta x + f_y(2; 1)\,\Delta y$$

Wir berechnen die *partiellen Ableitungen 1. Ordnung*:

$$f_x(x; y) = 10x \cdot \sqrt{y} \quad \Rightarrow \quad f_x(2; 1) = 20$$

$$f_y(x; y) = \frac{5x^2}{2\sqrt{y}} \quad \Rightarrow \quad f_y(2; 1) = 10$$

Die *lineare Näherungsfunktion* lautet somit:

$$\Delta z = 20\,\Delta x + 10\,\Delta y$$

oder, unter Berücksichtigung der Beziehungen $\Delta x = x - 2$, $\Delta y = y - 1$ und $\Delta z = z - 20$:

$$z = 20x + 10y - 30$$

Rechenbeispiel

Wir wählen $\Delta x = 0{,}06$ und $\Delta y = -0{,}05$ und erhalten für Δz den *Näherungswert*

$$\Delta z = 20 \cdot 0{,}06 + 10 \cdot (-0{,}05) = 0{,}7$$

Daher ist $f(2{,}06;\ 0{,}95) \approx 20{,}7$. Der *exakte* Funktionswert beträgt dagegen $f(2{,}06;\ 0{,}95) = 20{,}68$.

(2) Der *Gesamtwiderstand* R einer *Parallelschaltung* aus zwei ohmschen Widerständen R_1 und R_2 wird nach der Formel

$$R = R(R_1;\ R_2) = \frac{R_1 R_2}{R_1 + R_2}$$

berechnet (Bild IV-36). Wir linearisieren diese Funktion in der Umgebung von $R_1 = 100\,\Omega$, $R_2 = 400\,\Omega$.

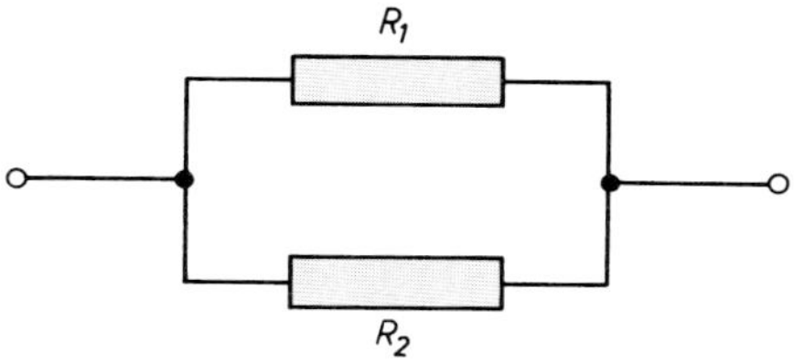

Bild IV-36
Parallelschaltung zweier Widerstände

Der *Gesamtwiderstand* der Parallelschaltung beträgt

$$R = \frac{100\,\Omega \cdot 400\,\Omega}{100\,\Omega + 400\,\Omega} = 80\,\Omega$$

Die *linearisierte* Funktion lautet nach Gleichung (IV-71):

$$\Delta R = \left(\frac{\partial R}{\partial R_1}\right)_0 \Delta R_1 + \left(\frac{\partial R}{\partial R_2}\right)_0 \Delta R_2$$

Wir benötigen noch die *partiellen Ableitungen* an der Stelle $R_1 = 100\,\Omega$, $R_2 = 400\,\Omega$:

$$\frac{\partial R}{\partial R_1} = \frac{R_2^2}{(R_1 + R_2)^2} \quad \Rightarrow \quad \left(\frac{\partial R}{\partial R_1}\right)_0 = \frac{(400\,\Omega)^2}{(500\,\Omega)^2} = 0{,}64$$

$$\frac{\partial R}{\partial R_2} = \frac{R_1^2}{(R_1 + R_2)^2} \quad \Rightarrow \quad \left(\frac{\partial R}{\partial R_2}\right)_0 = \frac{(100\,\Omega)^2}{(500\,\Omega)^2} = 0{,}04$$

Bei einer Änderung der beiden Einzelwiderstände um ΔR_1 bzw. ΔR_2 ändert sich der Gesamtwiderstand *näherungsweise* um

$$\Delta R = 0{,}64 \cdot \Delta R_1 + 0{,}04 \cdot \Delta R_2$$

(*linearisierte* Funktion).

Rechenbeispiel

Wir *vergrößern* R_1 um $10\,\Omega$ und *verkleinern* gleichzeitig R_2 um $20\,\Omega$: $\Delta R_1 = 10\,\Omega$, $\Delta R_2 = -20\,\Omega$. Dann ändert sich der Gesamtwiderstand *näherungsweise* um

$$\Delta R = 0{,}64 \cdot 10\,\Omega + 0{,}04 \cdot (-20\,\Omega) = 5{,}6\,\Omega$$

Er beträgt jetzt $R = 80\,\Omega + 5{,}6\,\Omega = 85{,}6\,\Omega$. Der exakte Wert dagegen ist

$$R = \frac{110\,\Omega \cdot 380\,\Omega}{110\,\Omega + 380\,\Omega} = 85{,}3\,\Omega$$

■

2.5.3 Relative oder lokale Extremwerte

Wir beschäftigen uns jetzt mit den *relativen Maxima* und *Minima* einer Funktion $z = f(x; y)$, d.h. mit jenen Punkten auf der Bildfläche von $z = f(x; y)$, die im Vergleich zur unmittelbaren Nachbarschaft eine *höchste* oder *tiefste* Lage einnehmen.

Definition: Eine Funktion $z = f(x; y)$ besitzt an der Stelle $(x_0; y_0)$ ein *relatives Maximum* bzw. *relatives Minimum*, wenn in einer gewissen Umgebung von $(x_0; y_0)$ stets

$$f(x_0; y_0) > f(x; y) \quad \text{bzw.} \quad f(x_0; y_0) < f(x; y) \tag{IV-77}$$

ist $((x; y) \neq (x_0; y_0))$.

Anmerkungen

(1) Die *relativen Maxima* und *Minima* einer Funktion werden unter dem Sammelbegriff „*Relative Extremwerte*" zusammengefaßt. Die den Extremwerten entsprechenden Flächenpunkte heißen *Hoch-* bzw. *Tiefpunkte*.

(2) Ein *relativer* Extremwert wird auch als *lokaler* Extremwert bezeichnet, da die extreme Lage meist nur in der *unmittelbaren Umgebung* zutrifft.

(3) Ist die Ungleichung (IV-77) an *jeder* Stelle $(x; y)$ des Definitionsbereiches von $z = f(x; y)$ erfüllt, so liegt ein *absolutes Maximum* bzw. *absolutes Minimum* vor.

So besitzt beispielsweise die in Bild IV-37 skizzierte Funktion an der Stelle $(x_0; y_0)$ ein *relatives Minimum*: Der auf der zugehörigen Bildfläche gelegene Punkt $P = (x_0; y_0; z_0)$ nimmt gegenüber allen *unmittelbar benachbarten* Flächenpunkten eine *tiefste* Lage ein und ist somit ein *Tiefpunkt* der Fläche.

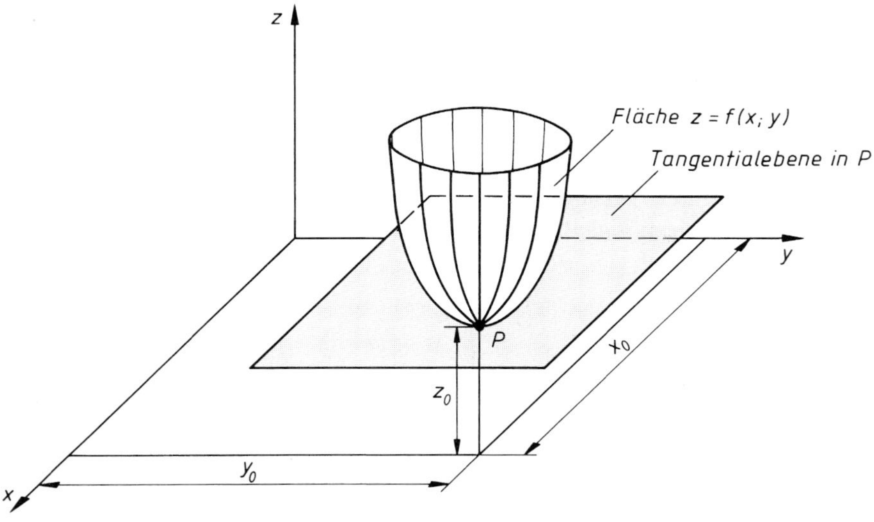

Bild IV-37 Zum Begriff des relativen Extremwertes einer Funktion $z = f(x;\, y)$ (die gezeichnete Fläche besitzt im Punkt $P = (x_0;\, y_0;\, z_0)$ einen Tiefpunkt)

■ **Beispiele**

(1) Durch Rotation der *Normalparabel* $z = x^2$ um die z-Achse entsteht die in Bild IV-38 skizzierte *Rotationsfläche* mit der Funktionsgleichung $z = x^2 + y^2$ (*Rotationsparaboloid*).

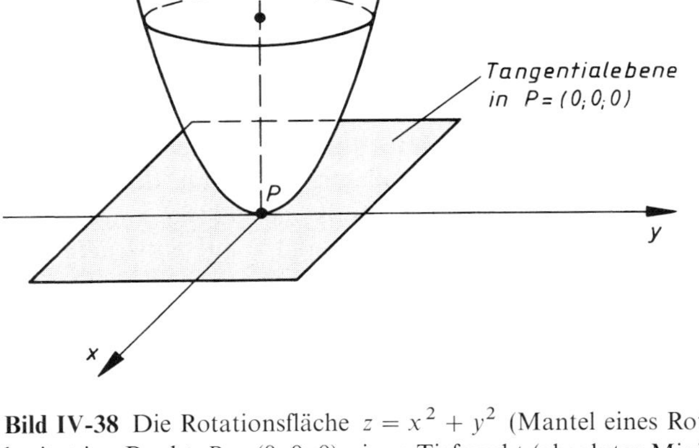

Bild IV-38 Die Rotationsfläche $z = x^2 + y^2$ (Mantel eines Rotationsparaboloids) besitzt im Punkt $P = (0;\, 0;\, 0)$ einen Tiefpunkt (absolutes Minimum)

Aus dem *Scheitelpunkt* (*Minimum*) der Parabel wird dabei der Flächenpunkt $P = (0; 0; 0)$, der von *sämtlichen* Flächenpunkten die *tiefste* Lage einnimmt. Die Funktion $z = x^2 + y^2$ besitzt somit an der Stelle $(0; 0)$ ein (sogar absolutes) *Minimum*.

(2) Die *Rotationsfläche* $z = e^{-(x^2+y^2)}$ ist aus der *Gaußschen Glockenkurve* $z = e^{-x^2}$ durch *Drehung* dieser Kurve um die z-Achse entstanden (Bild IV-39). Die zugehörige Bildfläche besitzt im Punkt $P = (0; 0; 1)$ einen *Hochpunkt* (*Maximum*).

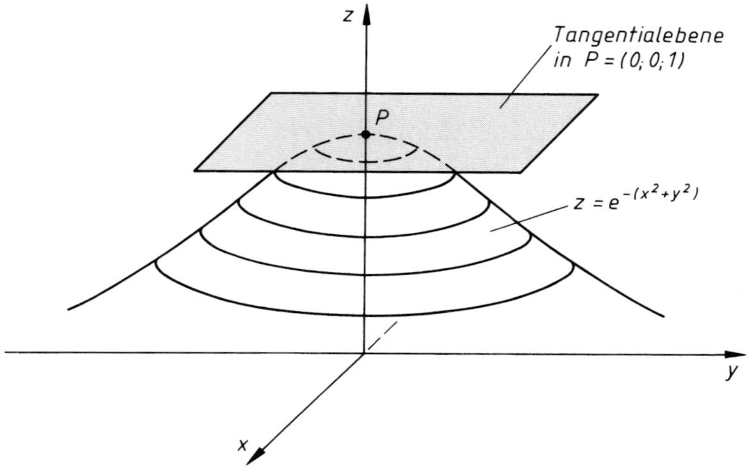

Bild IV-39 Die Rotationsfläche $z = e^{-(x^2+y^2)}$ besitzt im Punkt $P = (0; 0; 1)$ einen Hochpunkt (absolutes Maximum)

■

Die bisherigen Beispiele lassen vermuten, daß die in einem *Hoch-* bzw. *Tiefpunkt* an die Fläche $z = f(x; y)$ angelegte Tangentialebene stets *parallel* zur x, y-Koordinatenebene verläuft (vgl. hierzu die Bilder IV-37 bis IV-39). Besitzt nämlich die Funktion $z = f(x; y)$ beispielsweise an der Stelle $(x_0; y_0)$ ein *relatives Minimum*, so trifft diese Eigenschaft auch auf *jede* durch den Tiefpunkt $P = (x_0; y_0; z_0)$ gehende Flächenkurve zu. Somit besitzen alle in P angelegten Flächentangenten den Steigungswert *Null*. Die partiellen Ableitungen 1. Ordnung von $z = f(x; y)$ müssen daher an der Stelle $(x_0; y_0)$ *verschwinden*, d.h. die Tangentialebene in P verläuft *parallel* zur x, y-Ebene. Die beiden Bedingungen $f_x(x_0; y_0) = 0$ und $f_y(x_0; y_0) = 0$ sind somit *notwendige* Voraussetzungen für die Existenz eines relativen Maximums bzw. Minimums an der Stelle $(x_0; y_0)$.

Notwendige Bedingung für einen relativen Extremwert

In einem *relativen Extremum* $(x_0; y_0)$ der Funktion $z = f(x; y)$ besitzt die zugehörige Bildfläche stets eine zur x, y-Ebene *parallele* Tangentialebene. Die Bedingungen

$$f_x(x_0; y_0) = 0 \quad \text{und} \quad f_y(x_0; y_0) = 0 \qquad \text{(IV-78)}$$

sind daher *notwendige* Voraussetzungen für die Existenz eines relativen Extremwertes an der Stelle $(x_0; y_0)$.

Dieses Kriterium ist zwar *notwendig*, aber *keinesfalls hinreichend*. Mit anderen Worten: In einem *Extremum* (Hoch- oder Tiefpunkt) verläuft die Tangentialebene *stets* parallel zur x, y-Ebene, jedoch ist *nicht jeder* Flächenpunkt mit einer zur x, y-Ebene parallelen Tangentialebene ein Hoch- oder Tiefpunkt! Das nachfolgende Beispiel wird dies unterstreichen.

■ **Beispiel**

Wir betrachten das in Bild IV-40 skizzierte *hyperbolische Paraboloid* mit der Funktionsgleichung $z = x^2 - y^2$. An der Stelle $(0; 0)$ sind die *notwendigen* Bedingungen (IV-78) für ein relatives Extremum erfüllt:

$$z_x(x; y) = 2x \quad \Rightarrow \quad z_x(0; 0) = 0$$

$$z_y(x; y) = -2y \quad \Rightarrow \quad z_y(0; 0) = 0$$

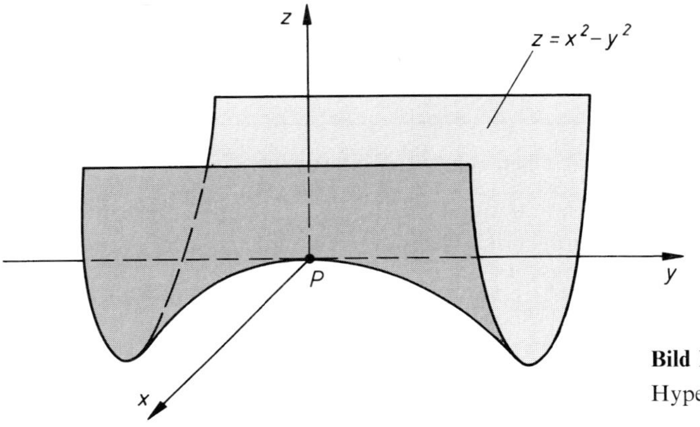

Bild IV-40
Hyperbolisches Paraboloid

Die Tangentialebene im zugehörigen Flächenpunkt $P = (0; 0; 0)$ fällt daher mit der x, y-Ebene zusammen. Und trotzdem besitzt die Funktion $z = x^2 - y^2$ an dieser Stelle *keinen* Extremwert!

Begründung: Der Schnitt der Fläche mit der x, z-Ebene ($y = 0$) ergibt die nach *oben* geöffnete Normalparabel $z = x^2$, die in P ihr (absolutes) *Minimum* besitzt (Bild IV-41). Schneidet man die Fläche jedoch mit der y, z-Ebene ($x = 0$), so erhält man die nach *unten* geöffnete Normalparabel $z = -y^2$, die in P ihr (absolutes) *Maximum* annimmt (Bild IV-42). Der Flächenpunkt $P = (0; 0; 0)$ kann daher *kein* Extremum sein. Es handelt sich vielmehr um einen sog. *Sattelpunkt*. Die Rotationsfläche $z = x^2 - y^2$ besitzt die Form eines *Sattels* und wird daher auch als *Sattelfläche* bezeichnet.

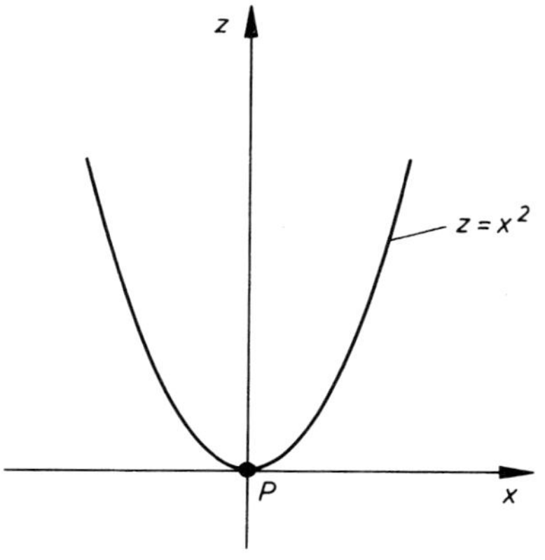

Bild IV-41
Schnitt des hyperbolischen Paraboloids mit der x, z-Ebene $y = 0$

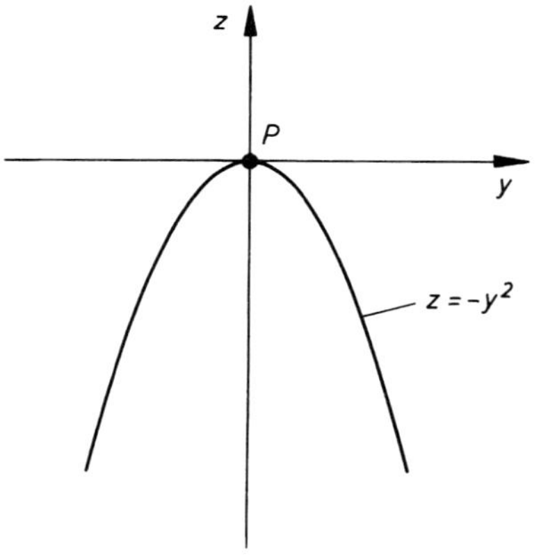

Bild IV-42
Schnitt des hyperbolischen Paraboloids mit der y, z-Ebene $x = 0$

■

Mit *Sicherheit* jedoch besitzt eine Funktion $z = f(x; y)$ an der Stelle $(x_0; y_0)$ einen *relativen Extremwert*, wenn die folgenden Bedingungen erfüllt sind (ohne Beweis):

Hinreichende Bedingungen für einen relativen Extremwert

Eine Funktion $z = f(x; y)$ besitzt an der Stelle $(x_0; y_0)$ mit *Sicherheit* einen *relativen Extremwert*, wenn die folgenden Bedingungen zugleich erfüllt sind:

1. Die partiellen Ableitungen 1. Ordnung *verschwinden* in $(x_0; y_0)$:

$$f_x(x_0; y_0) = 0 \quad \textit{und} \quad f_y(x_0; y_0) = 0 \qquad \text{(IV-79)}$$

2. Die partiellen Ableitungen 2. Ordnung genügen der Ungleichung

$$\Delta = f_{xx}(x_0; y_0) \cdot f_{yy}(x_0; y_0) - f_{xy}^2(x_0; y_0) > 0 \qquad \text{(IV-80)}$$

Ist ferner $f_{xx}(x_0; y_0) < 0$, so liegt ein *relatives Maximum* vor, für $f_{xx}(x_0; y_0) > 0$ dagegen ein *relatives Minimum*.

Anmerkungen

(1) Wie bei den Funktionen von einer Variablen entscheiden auch hier die (partiellen) *Ableitungen 1. und 2. Ordnung* über Existenz und Art von Extremwerten.

(2) Die Diskriminante Δ kann auch als *zweireihige Determinante* geschrieben werden:

$$\Delta = \begin{vmatrix} f_{xx}(x_0; y_0) & f_{xy}(x_0; y_0) \\ f_{xy}(x_0; y_0) & f_{yy}(x_0; y_0) \end{vmatrix} \qquad \text{(IV-81)}$$

(3) Die Bedingungen (IV-79) und (IV-80) sind *hinreichend*. In den Fällen $\Delta < 0$ und $\Delta = 0$ gilt:

$\Delta < 0$: Es liegt *kein* Extremwert, sondern ein *Sattelpunkt* vor.

$\Delta = 0$: Das Kriterium ermöglicht in diesem Fall *keine* Entscheidung darüber, ob an der Stelle $(x_0; y_0)$ ein relativer Extremwert vorliegt oder nicht.

(4) Der Begriff des *relativen Extremwertes* läßt sich ohne Schwierigkeiten auch auf Funktionen von *mehr als zwei* unabhängigen Variablen übertragen. *Notwendig* für die Existenz eines relativen Extremums ist auch hier, daß an der betreffenden Stelle *sämtliche* partiellen Ableitungen 1. Ordnung *verschwinden*. Auf die *hinreichenden* Bedingungen können wir im Rahmen dieser Darstellung nicht eingehen.

■ **Beispiele**

(1) Wir zeigen, daß die in Bild IV-39 skizzierte *Rotationsfläche* mit der Funktionsgleichung $z = f(x; y) = \mathrm{e}^{-(x^2 + y^2)}$ an der Stelle (0; 0) ein (sogar absolutes) *Maximum* annimmt. Dazu benötigen wir die partiellen Ableitungen 1. und 2. Ordnung:

$$f_x(x; y) = -2x \cdot \mathrm{e}^{-(x^2 + y^2)}$$

$$f_y(x; y) = -2y \cdot \mathrm{e}^{-(x^2 + y^2)}$$

$$f_{xx}(x; y) = (4x^2 - 2) \cdot \mathrm{e}^{-(x^2 + y^2)}$$

$$f_{xy}(x; y) = f_{yx}(x; y) = 4xy \cdot \mathrm{e}^{-(x^2 + y^2)}$$

$$f_{yy}(x; y) = (4y^2 - 2) \cdot \mathrm{e}^{-(x^2 + y^2)}$$

Sie besitzen an der Stelle (0; 0) die folgenden Werte:

$$f_x(0; 0) = 0, \quad f_y(0; 0) = 0$$

(damit sind die *notwendigen* Bedingungen (IV-79) erfüllt)

$$f_{xx}(0; 0) = -2, \quad f_{xy}(0; 0) = f_{yx}(0; 0) = 0, \quad f_{yy}(0; 0) = -2$$

Wegen

$$\Delta = f_{xx}(0; 0) \cdot f_{yy}(0; 0) - f_{xy}^2(0; 0) = (-2) \cdot (-2) - 0^2 = 4 > 0$$

ist auch das *hinreichende* Kriterium erfüllt. Da ferner $f_{xx}(0; 0) = -2 < 0$ ist, liegt an der Stelle $(0; 0)$ ein *relatives Maximum*: $f(0; 0) = 1$. An allen übrigen Stellen ist $f(x; y) < 1$, so daß der Flächenpunkt $P = (0; 0; 1)$ sogar das *absolute Maximum* auf der Fläche darstellt. Weitere Extremwerte sind *nicht* vorhanden.

(2) Wir bestimmen die *relativen Extremwerte* der Funktion $z(x; y) = 3xy - x^3 - y^3$. Die dabei benötigten partiellen Ableitungen 1. und 2. Ordnung lauten:

$$z_x = 3y - 3x^2, \quad z_y = 3x - 3y^2$$

$$z_{xx} = -6x, \quad z_{xy} = z_{yx} = 3, \quad z_{yy} = -6y$$

Die *notwendigen* Bedingungen $z_x = 0$ und $z_y = 0$ führen zu dem *nichtlinearen* Gleichungssystem

$$\left.\begin{aligned} 3y - 3x^2 &= 0 \\ 3x - 3y^2 &= 0 \end{aligned}\right\} \quad \text{d.h.} \quad \begin{aligned} y - x^2 &= 0 \\ x - y^2 &= 0 \end{aligned}$$

Es wird wie folgt gelöst: Wir lösen die 1. Gleichung nach y auf, erhalten $y = x^2$ und setzen diesen Term in die 2. Gleichung ein. Dies führt zu einer Gleichung 4. Grades in x mit *zwei* reellen Lösungen:

$$x - x^4 = x(1 - x^3) = 0 \quad \begin{cases} x = 0 & \Rightarrow x_1 = 0 \\ 1 - x^3 = 0 & \Rightarrow x_2 = 1 \end{cases}$$

Die zugehörigen y-Werte sind $y_1 = 0$ und $y_2 = 1$. Damit gibt es *zwei* Stellen, an denen die *notwendigen* Bedingungen für die Existenz eines relativen Extremwertes erfüllt sind:

$$(x_1; y_1) = (0; 0) \quad \text{und} \quad (x_2; y_2) = (1; 1).$$

Wir prüfen jetzt anhand der Diskriminante Δ aus (IV-80), ob auch das *hinreichende* Kriterium zutrifft:

Stelle $(x_1; y_1) = (0; 0)$, d.h. $P_1 = (0; 0; 0)$

$$z_{xx}(0; 0) = z_{yy}(0; 0) = 0, \quad z_{xy}(0; 0) = 3$$

$$\Delta = 0 \cdot 0 - 3^2 = -9 < 0 \Rightarrow \textit{Kein} \text{ Extremwert, sondern } \textit{Sattelpunkt}!$$

Stelle $(x_2; y_2) = (1; 1)$, d.h. $P_2 = (1; 1; 1)$

$$z_{xx}(1; 1) = z_{yy}(1; 1) = -6, \quad z_{xy}(1; 1) = 3$$

$$\left.\begin{aligned} \Delta &= (-6) \cdot (-6) - 3^2 = 27 > 0 \\ z_{xx}(1; 1) &= -6 < 0 \end{aligned}\right\} \Rightarrow \text{Relatives } \textit{Maximum}$$

Die Funktion $z = 3xy - x^3 - y^3$ besitzt daher an der Stelle $(x; y) = (1; 1)$ ein *relatives Maximum*. Der Flächenpunkt $P_2 = (1; 1; 1)$ ist somit ein *Hochpunkt*.

■

2.5.4 Extremwertaufgaben mit Nebenbedingungen

Bisher haben wir uns *ausschließlich* mit dem Extremwerten einer Funktion $z = f(x; y)$ beschäftigt, deren unabhängige Variable x und y *keinerlei* Einschränkungen unterworfen waren (sog. Extremwerte *ohne* Nebenbedingungen). In vielen Anwendungsbeispielen ist dies jedoch *nicht* der Fall, d.h. die Variablen x und y sind nicht mehr unabhängig voneinander, sondern durch eine *Neben-* oder *Kopplungsbedingung* miteinander *verbunden*. Diese wird meist in der Form einer impliziten Gleichung $\varphi(x; y) = 0$ angegeben. Aufgabenstellungen dieser Art haben wir bereits in Band 1 kennengelernt (Abschnitt IV.3.4). Dabei sind wir stets so vorgegangen, daß wir zunächst die Nebenbedingung beispielsweise nach y aufgelöst haben, um dann den gefundenen Ausdruck $y = y(x)$ in die Funktion $z = f(x; y)$ einzusetzen [3]. Die auf diese Weise erhaltene Funktion

$$z = f(x; y(x)) = F(x) \qquad \text{(IV-82)}$$

hängt nur noch von der *einen* Variablen x ab. Damit haben wir die gestellte Extremwertaufgabe auf die Bestimmung der Extremwerte einer Funktion von *einer* unabhängigen Variablen zurückgeführt. Das bisher angewandte Verfahren wollen wir jetzt noch an einem Anwendungsbeispiel aus der Festigkeitslehre verdeutlichen.

■ **Beispiel**

Aus einem (langen) Baumstamm mit einem kreisrunden Querschnitt soll durch Längsschnitte ein *Balken* mit rechteckigem Querschnitt so herausgeschnitten werden, daß sein *Widerstandsmoment* $W = bh^2/6$ einen *möglichst großen* Wert annimmt (b: Balkenbreite; h: Balkendicke; Bild IV-43)

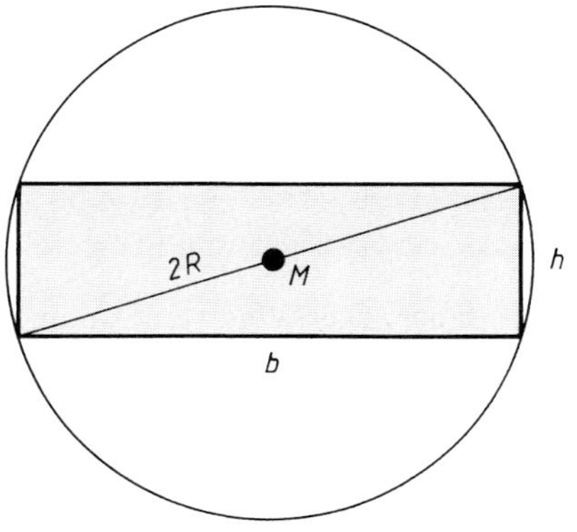

Bild IV-43

---

[3] Vorausgesetzt, diese Auflösung ist *möglich* und *eindeutig*. Ebenso verfährt man, wenn die Nebenbedingung $\varphi(x; y) = 0$ eindeutig nach x auflösbar ist.

Das Widerstandsmoment W hängt dabei sowohl von der Balkenbreite b als auch von der Balkendicke h ab, ist also eine Funktion der Variablen b *und* h. Diese jedoch sind *nicht unabhängig* voneinander, sondern über den *Satz des Pythagoras* mit dem (gegebenen) Radius R des Baumstammes miteinander *verknüpft*. Die *Nebenbedingung* lautet hier also

$$b^2 + h^2 = 4R^2 \quad \text{oder} \quad \varphi(b; h) = b^2 + h^2 - 4R^2 = 0$$

In Band 1 haben wir diese Extremwertaufgabe schrittweise wie folgt gelöst (Abschnitt IV.3.4):

1. Schritt: Die Nebenbedingung wird zweckmäßigerweise nach h^2 aufgelöst:

$$h^2 = 4R^2 - b^2$$

und dieser Ausdruck dann in die Widerstandsformel eingesetzt. Das Widerstandsmoment W hängt jetzt *nur* noch von der Balkenbreite b ab:

$$W = W(b) = \frac{1}{6}\, b(4R^2 - b^2) = \frac{1}{6}(4R^2 b - b^3)$$

Dabei kann die Balkenbreite nur Werte zwischen 0 und $2R$ annehmen: $0 < b < 2R$.

2. Schritt: Wir bilden die benötigten Ableitungen $W'(b)$ und $W''(b)$:

$$W'(b) = \frac{1}{6}(4R^2 - 3b^2), \quad W''(b) = -b$$

3. Schritt: Berechnung des gesuchten *Maximums* aus den *hinreichenden* Bedingungen $W' = 0$ und $W'' < 0$:

$$W' = \frac{1}{6}(4R^2 - 3b^2) = 0 \quad \Rightarrow \quad b_{1/2} = \pm\frac{2}{3}\sqrt{3}\,R$$

Der *negative* Wert kommt dabei aus geometrischen Gründen *nicht* in Frage, der *positive* Wert dagegen liegt *im* Definitionsbereich $0 < b < 2R$. Wegen

$$W''\left(b_1 = \frac{2}{3}\sqrt{3}\,R\right) = -\frac{2}{3}\sqrt{3}\,R < 0$$

ist somit b_1 das gesuchte *Maximum*.

Die *Lösung* dieser Extremwertaufgabe lautet daher: Das Widerstandsmoment des Balkens besitzt seinen *größten* Wert bei einer Balkenbreite von $b = \frac{2}{3}\sqrt{3}\,R$.

■

Der in dem soeben behandelten Beispiel skizzierte Lösungsweg läßt sich aber nur dann beschreiten, wenn die Auflösung der Nebenbedingung $\varphi(x;\, y) = 0$ nach einer der beiden Variablen überhaupt möglich ist. In vielen Fällen jedoch gilt:

— Eine Auflösung der Nebenbedingung ist *nicht* möglich oder aber zu *aufwendig*.
— Die Nebenbedingung läßt sich prinzipiell zwar auflösen, führt jedoch zu einer komplizierten Funktion $z = f(x;\, y(x)) = F(x)$ der Variablen x, deren benötigte Ableitungen $F'(x)$ und $F''(x)$ sich nur mit viel Mühe und Aufwand bilden lassen[4].

In all diesen Fällen schlägt man dann den folgenden von *Lagrange* stammenden Lösungsweg ein, der unter der Bezeichnung „*Methode der Lagrangeschen Multiplikatoren*" bekannt ist:

Man bildet zunächst die *totalen Differentiale* der Funktionen $z = f(x;\, y)$ und $u = \varphi(x;\, y)$ und erhält

$$\begin{aligned} dz &= f_x\, dx + f_y\, dy \\ du &= \varphi_x\, dx + \varphi_y\, dy \end{aligned} \qquad \text{(IV-83)}$$

Wegen der Nebenbedingung $\varphi(x;\, y) = 0$ muß $u = 0$ und somit auch $du = 0$ sein, d.h. es gilt:

$$du = \varphi_x\, dx + \varphi_y\, dy \equiv 0 \qquad \text{(IV-84)}$$

Dies aber bedeutet, daß die beiden Differentiale dx und dy *nicht* mehr voneinander *unabhängig*, sondern über die Gleichung (IV-84) miteinander *gekoppelt* sind. Das totale Differential der Funktion $z = f(x;\, y)$ verschwindet dagegen nur am Ort des (gesuchten) *Extremums* $x = x_0$, $y = y_0$, so daß an dieser Stelle die folgenden Beziehungen zwischen den Differentialen dx und dy bestehen:

$$\begin{aligned} f_x\, dx + f_y\, dy &= 0 \\ \varphi_x\, dx + \varphi_y\, dy &= 0 \end{aligned} \qquad \text{(IV-85)}$$

Dieses *homogene lineare Gleichungssystem* mit den beiden Unbekannten dx und dy ist aber bekanntlich nur dann *nicht-trivial* lösbar, wenn die Koeffizientendeterminante *verschwindet*[5]:

$$\begin{vmatrix} f_x & f_y \\ \varphi_x & \varphi_y \end{vmatrix} = 0 \qquad \text{(IV-86)}$$

---

[4] Wir haben hierbei vorausgesetzt, daß eine Auflösung nach der Variablen y prinzipiell möglich ist: $y = y(x)$.

[5] Die 2-reihige Koeffizientenmatrix $\mathbf{A} = \begin{pmatrix} f_x & f_y \\ \varphi_x & \varphi_y \end{pmatrix}$ muß also *singulär* sein und somit den Rang $r = 1$ besitzen. Der Rang $r = 0$ kommt *nicht* in Frage, da $\mathbf{A}$ sonst mit der *Nullmatrix* identisch wäre!

Daraus folgern wir, daß die beiden Zeilenvektoren *linear abhängig* sind. Wir können daher die *erste* Zeile als ein *Vielfaches* der *zweiten* Zeile in der Form

$$f_x = -\lambda \cdot \varphi_x \quad \text{und} \quad f_y = -\lambda \cdot \varphi_y \tag{IV-87}$$

oder

$$\begin{aligned} f_x + \lambda \cdot \varphi_x &= 0 \\ f_y + \lambda \cdot \varphi_y &= 0 \end{aligned} \tag{IV-88}$$

darstellen (als Multiplikator haben wir zweckmäßigerweise $-\lambda$ gewählt, um die letztere Form zu erreichen). Aus den Bedingungsgleichungen (IV-88) in Verbindung mit der Nebenbedingung $\varphi(x;\, y) = 0$ lassen sich dann die drei Unbekannten x, y und λ bestimmen.

Rein *formal* gelangt man zum gleichen Ergebnis, wenn man aus den beiden Funktionen $z = f(x;\, y)$ und $u = \varphi(x;\, y)$ zunächst die „*Hilfsfunktion*"

$$F(x;\, y;\, \lambda) = f(x;\, y) + \lambda \cdot \varphi(x;\, y) \tag{IV-89}$$

bildet und dann deren partielle Ableitungen 1. Ordnung der Reihe nach gleich *Null* setzt. Dies führt zu dem Gleichungssystem

$$\left.\begin{aligned} f_x + \lambda \cdot \varphi_x &= 0 \\ f_y + \lambda \cdot \varphi_y &= 0 \\ \varphi(x;\, y) &= 0 \end{aligned}\right\} \tag{IV-90}$$

mit drei Gleichungen und drei Unbekannten, aus dem sich die Koordinaten des gesuchten Extremwertes sowie der meist nicht näher interessierende Parameter λ berechnen lassen.

Wir fassen die Ergebnisse wie folgt zusammen:

Lagrangesches Multiplikatorverfahren zur Lösung einer Extremwertaufgabe mit Nebenbedingungen

Die *Extremwerte* einer Funktion $z = f(x;\, y)$, deren unabhängige Variable x und y einer *Neben-* oder *Kopplungsbedingung* $\varphi(x;\, y) = 0$ unterworfen sind, lassen sich mit Hilfe des *Lagrangeschen Multiplikatorverfahrens* schrittweise wie folgt bestimmen:

1. Aus der Funktionsgleichung $z = f(x;\, y)$ und der Neben- oder Kopplungsbedingung $\varphi(x;\, y) = 0$ wird zunächst die „*Hilfsfunktion*"

   $$F(x;\, y;\, \lambda) = f(x;\, y) + \lambda \cdot \varphi(x;\, y) \tag{IV-91}$$

   gebildet. Der (noch unbekannte) Faktor λ heißt *Lagrangescher Multiplikator.*

2. Dann werden die partiellen Ableitungen 1. Ordnung dieser Hilfsfunktion gebildet und gleich *Null* gesetzt:

$$\left.\begin{array}{l} F_x = f_x(x;\ y) + \lambda \cdot \varphi_x(x;\ y) = 0 \\ F_y = f_y(x;\ y) + \lambda \cdot \varphi_y(x;\ y) = 0 \\ F_\lambda = \varphi(x;\ y) = 0 \end{array}\right\} \qquad \text{(IV-92)}$$

Aus diesem Gleichungssystem lassen sich die Koordinaten der gesuchten *Extremwerte* sowie der *Lagrangesche Multiplikator* λ bestimmen.

Anmerkungen

(1) Der *Lagrangesche Multiplikator* λ ist eine „Hilfsgröße" und daher meist *ohne* nähere Bedeutung. Er sollte daher *möglichst früh* aus den Rechnungen *eliminiert* werden.

(2) Die angegebenen Bedingungen (IV-92) sind *notwendig*, jedoch *keineswegs hinreichend* für die Existenz eines Extremwertes unter der Nebenbedingung $\varphi(x;\ y) = 0$. Es muß daher stets von Fall zu Fall geprüft werden, ob auch tatsächlich ein *Extremwert* vorliegt und gegebenenfalls, ob es sich dabei auch um das gesuchte *Maximum* bzw. *Minimum* handelt.

(3) Das *Lagrangesche Multiplikatorverfahren* läßt sich ohne Schwierigkeiten auch auf Funktionen von n Variablen $x_1, x_2, \ldots, x_n$ mit m Nebenbedingungen übertragen $(m < n)$:

Funktion: $y = f(x_1;\ x_2;\ \ldots;\ x_n)$

Nebenbedingungen: $\varphi_i(x_1;\ x_2;\ \ldots;\ x_n) = 0 \qquad (i = 1, 2, \ldots, m)$

Man bildet zunächst die „*Hilfsfunktion*"

$$F(x_1;\ \ldots;\ x_n;\ \lambda_1;\ \ldots;\ \lambda_m) = f(x_1;\ \ldots;\ x_n) + \sum_{i=1}^{m} \lambda_i \cdot \varphi_i(x_1;\ \ldots;\ x_n) \qquad \text{(IV-93)}$$

und setzt dann die $(n + m)$ partiellen Ableitungen 1. Ordnung dieser Funktion der Reihe nach gleich *Null*:

$$\begin{array}{l} F_{x_1} = 0, \quad F_{x_2} = 0, \quad \ldots, \quad F_{x_n} = 0 \\ F_{\lambda_1} = 0, \quad F_{\lambda_2} = 0, \quad \ldots, \quad F_{\lambda_m} = 0 \end{array} \qquad \text{(IV-94)}$$

Aus diesen $(n + m)$ Gleichungen lassen sich dann die $(n + m)$ Unbekannten $x_1, x_2, \ldots, x_n, \lambda_1, \lambda_2, \ldots, \lambda_m$ bestimmen.

■ **Beispiele**

(1) Wir kehren zu dem anfänglichen Beispiel des *Widerstandsmomentes* eines Balkens zurück (Bild IV-43). Mit der Funktion

$$W = W(b; h) = \frac{1}{6}\,b h^2$$

und der *Nebenbedingung*

$$\varphi = \varphi(b; h) = b^2 + h^2 - 4R^2 = 0$$

bilden wir zunächst die „*Hilfsfunktion*"

$$F(b; h; \lambda) = W(b; h) + \lambda \cdot \varphi(b; h) = \frac{1}{6}\,b h^2 + \lambda(b^2 + h^2 - 4R^2)$$

und daraus dann durch partielles Differenzieren die folgenden *Bestimmungsgleichungen* für die Balkenbreite b, die Balkendicke h und den *Lagrangeschen Multiplikator* λ:

$$F_b = \frac{1}{6}\,h^2 + 2\lambda b = 0$$

$$F_h = \frac{1}{3}\,b h + 2\lambda h = 0$$

$$F_\lambda = b^2 + h^2 - 4R^2 = 0$$

Die *mittlere* Gleichung lösen wir nach λ auf, erhalten $\lambda = -b/6$ und setzen diesen Wert dann in die *erste* Gleichung ein:

$$\frac{1}{6}\,h^2 - 2 \cdot \frac{1}{6}\,b \cdot b = \frac{1}{6}\,h^2 - \frac{2}{6}\,b^2 = 0 \quad \Rightarrow$$

$$h^2 - 2b^2 = 0 \quad \Rightarrow \quad h^2 = 2b^2 \qquad (h = \sqrt{2}\,b)$$

Diesen Ausdruck setzen wir in die *letzte* der drei Bestimmungsgleichungen ein und erhalten:

$$b^2 + h^2 - 4R^2 = b^2 + 2b^2 - 4R^2 = 3b^2 - 4R^2 = 0 \quad \Rightarrow$$

$$b^2 = \frac{4}{3}\,R^2 \quad \Rightarrow \quad b_{1/2} = \pm\,\frac{2}{3}\,\sqrt{3}\,R$$

Aus *geometrischen* Gründen kommt aber nur der *positive* Wert in Frage, der in dem Gültigkeitsbereich $0 < b < 2R$ liegt. Die *Lösung* der gestellten Extremwertaufgabe lautet daher:

$$b = \frac{2}{3}\,\sqrt{3}\,R \approx 1{,}155\,R; \quad h = \sqrt{2}\,b = \frac{2}{3}\,\sqrt{6}\,R \approx 1{,}633\,R$$

$$W_{\max} = \frac{8}{27}\,\sqrt{3}\,R^3 \approx 0{,}513\,R^3$$

Der in dieser Weise dimensionierte Balken besitzt somit das *größte* Widerstandsmoment und damit auch die *größte* Tragfähigkeit.

(2) Ein fester Punkt A einer ebenen Bühne wird durch eine in der Höhe h verstellbare punktförmige Lichtquelle L mit der konstanten Lichtstärke I_0 beleuchtet (Bild IV-44). Die von der Lichtquelle L im Punkt A erzeugte Beleuchtungsstärke B genügt dabei dem *Lambertschen Gesetz*

$$B = B(\alpha; r) = \frac{I_0 \cdot \cos \alpha}{r^2}$$

α ist der Einfallswinkel des Lichtes und r der Abstand zwischen der Lichtquelle und dem Bühnenpunkt A. Unter welchem Winkel α wird dieser Punkt *optimal* beleuchtet?

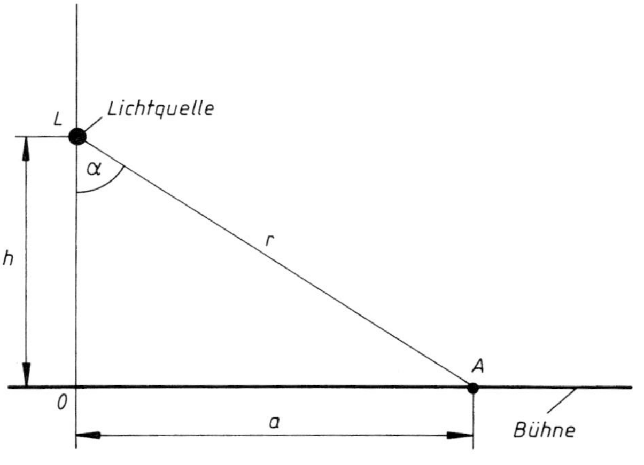

Bild IV-44 Zur optimalen Beleuchtung des Bühnenpunktes A durch die vertikal verschiebbare Lichtquelle L

Lösung:

Beim Verschieben der Lampe ändert sich sowohl der Einfallswinkel α als auch der Abstand r. Zwischen diesen Größen besteht jedoch eine bestimmte *Abhängigkeit*. Aus dem rechtwinkligen Dreieck OAL folgt nämlich

$$\sin \alpha = \frac{a}{r} \quad \text{oder} \quad r \cdot \sin \alpha = a$$

Dies ist die gesuchte *Nebenbedingung*, die wir noch in die benötigte implizite Form

$$\varphi(\alpha; r) = r \cdot \sin \alpha - a = 0$$

bringen.

Aus dem *Lambertschen Gesetz* und dieser *Nebenbedingung* bilden wir jetzt die folgende „*Hilfsfunktion*“:

$$F(\alpha; r; \lambda) = B(\alpha; r) + \lambda \cdot \varphi(\alpha; r) = \frac{I_0 \cdot \cos \alpha}{r^2} + \lambda (r \cdot \sin \alpha - a)$$

Die drei Bestimmungsgleichungen für die unbekannten Größen α, r und λ lauten dann nach den Gleichungen (IV-92) wie folgt:

$$F_\alpha = -\frac{I_0 \cdot \sin \alpha}{r^2} + \lambda r \cdot \cos \alpha = 0$$

$$F_r = -\frac{2 I_0 \cdot \cos \alpha}{r^3} + \lambda \cdot \sin \alpha = 0$$

$$F_\lambda = r \cdot \sin \alpha - a = 0$$

Aus den ersten beiden Gleichungen *eliminieren* wir den (nicht näher interessierenden) *Lagrangeschen Multiplikator* λ und erhalten:

$$\frac{I_0 \cdot \sin \alpha}{r^3 \cdot \cos \alpha} = \frac{2 I_0 \cdot \cos \alpha}{r^3 \cdot \sin \alpha} \quad \Rightarrow \quad \frac{\sin \alpha}{\cos \alpha} = \frac{2 \cdot \cos \alpha}{\sin \alpha} \quad \Rightarrow$$

$$\sin^2 \alpha = 2 \cdot \cos^2 \alpha \quad \Rightarrow \quad \tan^2 \alpha = 2 \quad \Rightarrow \quad \tan \alpha = \pm \sqrt{2}$$

Da die gesuchte Lösung im *1. Quadrant* liegen muß ($0° < \alpha < 90°$), kommt nur das *positive* Vorzeichen in Frage:

$$\tan \alpha = \sqrt{2} \quad \Rightarrow \quad \alpha = \arctan \sqrt{2} = 54{,}74°$$

Bei einem Einfallswinkel von $\alpha = 54{,}74°$ wird also der Bühnenpunkt *A optimal* beleuchtet. Die *Lösung* der gestellten Extremwertaufgabe lautet damit:

$$\alpha = 54{,}74°; \quad r = 1{,}225\, a; \quad h = 0{,}707\, a; \quad B_{\max} = \frac{0{,}385\, I_0}{a^2}$$

■

2.5.5 Lineare Fehlerfortpflanzung

Hinweis: Wir geben in diesem Abschnitt eine knappe *Einführung* in das für den Ingenieur so wichtige Gebiet der „*Fehlerrechnung*“. Eine ausführliche Darstellung auf der Grundlage der *Wahrscheinlichkeitsrechnung* und der *mathematischen Statistik* erfolgt dann in Band 3, Kap. IV.

Direkte Messung einer Größe

In Naturwissenschaft und Technik stellt sich häufig die Aufgabe, den *Wert* einer physikalisch-technischen Größe x durch *Messungen* zu ermitteln. Die Erfahrung lehrt dabei, daß *jede* Messung – selbst bei *sorgfältigster* Vorbereitung und Durchführung und bei Verwendung *hochwertiger* Meßgeräte – stets mit „*Fehlern*" der verschiedensten Arten behaftet ist, die in der modernen Fehlerrechnung als *Meßabweichungen* oder kurz als *Abweichungen* bezeichnet werden [6]. Bei einer *wiederholten* Messung der Größe x erhalten wir eine aus n voneinander abweichenden Einzelwerten

$$x_1, x_2, \ldots, x_n \tag{IV-95}$$

bestehende *Meßreihe*. Die *Streuung* der Meßwerte soll dabei ausschließlich auf *zufälligen* Meßabweichungen beruhen, die in *regelloser* und *unkontrollierbarer* Weise die Meßwerte verfälschen und auf die wir *keinerlei* Einfluß haben. Die Auswertung einer solchen Meßreihe erfolgt dann wie folgt:

Wir bilden zunächst das *arithmetische Mittel* $\bar{x}$ der n Einzelwerte:

$$\bar{x} = \frac{x_1 + x_2 + \ldots + x_n}{n} = \frac{1}{n} \cdot \sum_{i=1}^{n} x_i \tag{IV-96}$$

Diesen Wert betrachten wir als einen *Schätz-* oder *Näherungswert* für den „wahren" (im allgemeinen aber nicht feststellbaren) Wert der Größe x. Ein geeignetes *Genauigkeitsmaß* für den Mittelwert $\bar{x}$ ist die sog. *Standardabweichung* $s_{\bar{x}}$ *des Mittelwertes*, definiert durch die folgende Gleichung:

$$s_{\bar{x}} = \sqrt{\frac{1}{n(n-1)} \cdot \sum_{i=1}^{n} (x_i - \bar{x})^2} \tag{IV-97}$$

Das *Meßergebnis* wird dann üblicherweise in der Form

$$x = \bar{x} \pm \Delta x \tag{IV-98}$$

angegeben, wobei Δx die *Meßunsicherheit* der Größe x bedeutet. Als *Maß* für die Meßunsicherheit verwenden wir an dieser Stelle die *Standardabweichung des Mittelwertes*, d.h. wir setzen $\Delta x = s_{\bar{x}}$. Das *Meßergebnis* lautet damit [7]:

$$x = \bar{x} \pm \Delta x = \bar{x} \pm s_{\bar{x}} \tag{IV-99}$$

[6] In der DIN-NORM 1319 (Teil 3) wird empfohlen, die Bezeichnung „*Fehler*" durch „*Meßabweichung*" (kurz „*Abweichung*" genannt) zu ersetzen (wir gehen hierauf ausführlich in Band 3, Kap. IV ein).

[7] „Alte" Bezeichnung für $s_{\bar{x}}$: *mittlerer Fehler des Mittelwertes*.

Wir fassen die bisherigen Ergebnisse kurz zusammen:

Auswertung einer Meßreihe

Das *Ergebnis* einer aus n Meßwerten bestehenden Meßreihe $x_1, x_2, \ldots, x_n$ wird in der Form

$$x = \bar{x} \pm \Delta x \tag{IV-100}$$

angegeben.

Dabei bedeuten:

$\bar{x}$: *Arithmetischer Mittelwert* der n Meßwerte

$$\bar{x} = \frac{1}{n} \cdot \sum_{i=1}^{n} x_i \tag{IV-101}$$

Δx: *Meßunsicherheit* (hier gleichgesetzt mit der *Standardabweichung* $s_{\bar{x}}$ *des Mittelwertes*)

$$\Delta x = s_{\bar{x}} = \sqrt{\frac{1}{n(n-1)} \cdot \sum_{i=1}^{n} (x_i - \bar{x})^2} \tag{IV-102}$$

Anmerkungen

(1) Es sei nochmals ausdrücklich vermerkt, daß es sich hier um eine „vereinfachte" Darstellung der Fehlerrechnung handelt. In Band 3, Kap. IV werden wir dann auf der Grundlage der Wahrscheinlichkeitsrechnung und mathematischen Statistik eine *Erweiterung* vornehmen, die insbesondere die Wahrscheinlichkeitsverteilung der Meßgröße sowie die Anzahl n der Einzelmeßwerte berücksichtigt (Angabe eines sog. *Vertrauensintervalles* für den Mittelwert).

(2) Die in der Formel (IV-102) auftretende Summe $\sum_{i=1}^{n} (x_i - \bar{x})^2$ heißt *„Summe der Abweichungsquadrate"* (die Differenzen $x_i - \bar{x}$ sind die *Abweichungen* der einzelnen Meßwerte vom Mittelwert, sie treten hier in *quadrierter* Form auf).

■ **Beispiel**

Eine *wiederholte* Kapazitätsmessung ergab die folgenden sechs Meßwerte:

i	1	2	3	4	5	6
$\frac{C_i}{\mu F}$	50,5	50,9	50,1	51,8	49,7	50,3

Wir werten diese Meßreihe wie folgt aus:

i	$\frac{C_i}{\mu F}$	$\frac{C_i - \overline{C}}{\mu F}$	$\frac{(C_i - \overline{C})^2}{(\mu F)^2}$
1	50,5	− 0,05	0,0025
2	50,9	0,35	0,1225
3	50,1	− 0,45	0,2025
4	51,8	1,25	1,5625
5	49,7	− 0,85	0,7225
6	50,3	− 0,25	0,0625
$\sum$	303,3	0	2,6750

Arithmetischer Mittelwert:

$$\overline{C} = \frac{1}{6} \cdot \sum_{i=1}^{6} C_i = \frac{1}{6} \cdot 303{,}3 \ \mu\text{F} = 50{,}55 \ \mu\text{F}$$

Standardabweichung des Mittelwertes:

$$s_{\overline{C}} = \sqrt{\frac{1}{6 \cdot 5} \cdot \sum_{i=1}^{6} (C_i - \overline{C})^2} = \sqrt{\frac{1}{30} \cdot 2{,}6750} \ \mu\text{F} = 0{,}30 \ \mu\text{F}$$

Meßunsicherheit:

$$\Delta C = s_{\overline{C}} = 0{,}30 \ \mu\text{F}$$

Meßergebnis:

$$C = \overline{C} \pm \Delta C = (50{,}55 \pm 0{,}30) \ \mu\text{F}$$

■

Indirekte Messung einer Größe

In den naturwissenschaftlich-technischen Anwendungen stellt sich häufig das folgende Problem:

Es soll der Wert einer Größe z ermittelt werden, die noch von *zwei* weiteren Größen x und y abhängt, wobei der funktionale Zusammenhang zwischen diesen drei Größen in Form einer expliziten Funktionsgleichung als *bekannt* vorausgesetzt wird:

$$z = f(x;\, y) \qquad \text{(IV-103)}$$

Das eigentliche Problem dabei ist, daß die *abhängige* Größe z einer *direkten* Messung nicht unmittelbar oder zumindest nur sehr schwer zugänglich ist – im *Gegensatz* zu den unabhängigen Größen x und y. Die Größe z muß dann aus den *Messungen* der beiden besser zugänglichen Größen x und y bestimmt werden. Das *Meßergebnis* für die unabhängigen Größen x und y soll dabei in der üblichen Form vorliegen:

$$x = \bar{x} \pm \Delta x, \quad y = \bar{y} \pm \Delta y \tag{IV-104}$$

$\bar{x}$ und $\bar{y}$ sind die *arithmetischen Mittelwerte*, Δx und Δy die *Meßunsicherheiten* von x und y, für die wir in diesem Zusammenhang die *Standardabweichungen* $s_{\bar{x}}$ und $s_{\bar{y}}$ der beiden *Mittelwerte* heranziehen. Das gesuchte „*Meßergebnis*" für die „*indirekte*" Meßgröße $z = f(x; y)$ soll dann – und dies ist im folgenden unsere Aufgabe – in ähnlicher Form wie in (IV-104) dargestellt werden, d.h. wir wünschen eine Darstellung in der Form

$$z = \bar{z} \pm \Delta z \tag{IV-105}$$

Zunächst kann man zeigen, daß der *Mittelwert* $\bar{z}$ der abhängigen Größe $z = f(x; y)$ wie folgt aus den Mittelwerten $\bar{x}$ und $\bar{y}$ der beiden unabhängigen Meßgrößen berechnet werden kann:

$$\bar{z} = f(\bar{x}; \bar{y}) \tag{IV-106}$$

Mit Hilfe des *totalen Differentials* der Funktion $z = f(x; y)$ gelingt es dann, ein sog. „*Fehlerfortpflanzungsgesetz*" herzuleiten, d.h. eine Beziehung, die uns darüber Aufschluß gibt, wie sich die *Meßunsicherheiten* Δx und Δy der beiden unabhängigen Meßgrößen x und y auf die *Meßunsicherheit* Δz der abhängigen Größe $z = f(x; y)$ auswirken. Zu diesem Zweck bilden wir das *totale Differential* der Funktion $z = f(x; y)$ an der Stelle $x = \bar{x}$, $y = \bar{y}$:

$$dz = f_x(\bar{x}; \bar{y})\, dx + f_y(\bar{x}; \bar{y})\, dy \tag{IV-107}$$

Die Differentiale dx und dy deuten wir jetzt als *Meßunsicherheiten* („*Meßfehler*") Δx und Δy der beiden unabhängigen Meßgrößen x und y. Dann liefert uns das totale Differential dz einen *Schätz-* oder *Näherungswert* für die *Meßunsicherheit* (*den „Meßfehler"*) Δz der *abhängigen* Größe $z = f(x; y)$. Es gilt somit *näherungsweise*:

$$\Delta z = f_x(\bar{x}; \bar{y})\, \Delta x + f_y(\bar{x}; \bar{y})\, \Delta y \tag{IV-108}$$

Die Meßunsicherheiten Δx und Δy gehen dabei mit den „*Gewichtungsfaktoren*" $f_x(\bar{x}; \bar{y})$ und $f_y(\bar{x}; \bar{y})$ in diese Beziehung ein. Da die Vorzeichen von Δx und Δy jedoch *unbekannt* sind, wird der *ungünstigste* Fall betrachtet. Dieser aber tritt genau dann ein, wenn sich die beiden „Einzelfehler" *addieren*. Wir erhalten dann den *größtmöglichen* (absoluten) „Fehler", der als *maximale Meßunsicherheit* Δz_{max} oder auch als *maximaler Fehler* bezeichnet wird und durch die Gleichung

$$\Delta z_{max} = |f_x(\bar{x}; \bar{y})\, \Delta x| + |f_y(\bar{x}; \bar{y})\, \Delta y| \tag{IV-109}$$

definiert ist. Dies ist die gesuchte Beziehung zwischen den Meßunsicherheiten („Meßfehlern") der Größen x, y und $z = f(x; y)$. Gleichung (IV-109) wird häufig auch als „*lineares Fehlerfortpflanzungsgesetz*" bezeichnet im Gegensatz zu dem „*quadratischen Fehlerfortpflanzungsgesetz*" von *Gauß*, das wir in Band 3, Kap. IV noch kennenlernen werden.

Wir fassen die Ergebnisse wie folgt zusammen:

Meßergebnis für eine „indirekte" Meßgröße $z = f(x; y)$

Das *Meßergebnis* zweier *direkt* gemessener Größen x und y liege in der Form

$$x = \bar{x} \pm \Delta x \quad \text{und} \quad y = \bar{y} \pm \Delta y \tag{IV-110}$$

vor. Dabei sind $\bar{x}$ und $\bar{y}$ die *arithmetischen Mittelwerte* und Δx und Δy die *Meßunsicherheiten* der beiden Größen, für die man in diesem Zusammenhang meist die *Standardabweichungen* $s_{\bar{x}}$ und $s_{\bar{y}}$ der beiden *Mittelwerte* heranzieht:

$$\Delta x = s_{\bar{x}} \quad \text{und} \quad \Delta y = s_{\bar{y}} \tag{IV-111}$$

Die von den direkten Meßgrößen x und y abhängige *„indirekte"* Meßgröße $z = f(x; y)$ besitzt dann den *Mittelwert*

$$\bar{z} = f(\bar{x}; \bar{y}) \tag{IV-112}$$

Als *Genauigkeitsmaß* für diesen Wert verwenden wir die nach dem *„linearen Fehlerfortpflanzungsgesetz"* berechnete *maximale Meßunsicherheit*

$$\Delta z_{\max} = |f_x(\bar{x}; \bar{y})\,\Delta x| + |f_y(\bar{x}; \bar{y})\,\Delta y| \tag{IV-113}$$

(auch *maximaler* oder *größtmöglicher* „Fehler" genannt). Das *Meßergebnis* für die *„indirekte"* Meßgröße $z = f(x; y)$ wird dann in der Form

$$z = \bar{z} \pm \Delta z_{\max} \tag{IV-114}$$

angegeben.

Anmerkungen

(1) Die angegebenen Formeln für den *Mittelwert* und die *maximale Meßunsicherheit* einer *„indirekten"* Meßgröße gelten sinngemäß auch für Funktionen von *mehr als zwei* unabhängigen Variablen. Ist $y = f(x_1; x_2; \ldots; x_n)$ eine von n *direkt* gemessenen Größen $x_1, x_2, \ldots, x_n$ abhängige Größe, so gilt analog:

$$\bar{y} = f(\bar{x}_1; \bar{x}_2; \ldots; \bar{x}_n) \tag{IV-115}$$

$$\Delta y_{\max} = |f_{x_1}\Delta x_1| + |f_{x_2}\Delta x_2| + \ldots + |f_{x_n}\Delta x_n| \tag{IV-116}$$

($x_i = \bar{x}_i \pm \Delta x_i$ sind die vorgegebenen *Meßergebnisse* der unabhängigen Größen). Das *Meßergebnis* für die *abhängige* Größe y wird dann wiederum in der Form

$$y = \bar{y} \pm \Delta y_{\max} \tag{IV-117}$$

angegeben.

(2) Das *„lineare Fehlerfortpflanzungsgesetz"* wird häufig für *Überschlagsrechnungen* verwendet und insbesondere auch dann, wenn die Meßunsicherheiten der unabhängigen Größen *unbekannt* sind und man daher auf *Schätzwerte* angewiesen ist.

In der nachfolgenden Tabelle 1 haben wir die Formeln für die *maximale Meßunsicherheit* (*Maximalfehler des Mittelwertes*) Δz_{max} für einige in den technischen Anwendungen besonders häufig auftretende Funktionen zusammengestellt.

Tabelle 1: Maximale Meßunsicherheit (maximaler Fehler) des Mittelwertes für einige besonders häufig auftretende Funktionen ($C \in \mathbb{R}$)

Funktion	Maximale Meßunsicherheit des Mittelwertes
$z = x + y$	$\Delta z_{max} = \Delta x + \Delta y$
$z = x - y$	
$z = Cxy$	$\left\| \dfrac{\Delta z_{max}}{\bar{z}} \right\| = \left\| \dfrac{\Delta x}{\bar{x}} \right\| + \left\| \dfrac{\Delta y}{\bar{y}} \right\|$
$z = C \dfrac{x}{y}$	
$z = C x^{\alpha} y^{\beta}$	$\left\| \dfrac{\Delta z_{max}}{\bar{z}} \right\| = \left\| \alpha \dfrac{\Delta x}{\bar{x}} \right\| + \left\| \beta \dfrac{\Delta y}{\bar{y}} \right\|$

Anmerkungen

(1) Man beachte: Die Größen Δx, Δy und Δz_{max} sind *Absolutwerte* und besitzen daher die *gleichen* Dimensionen und Einheiten wie die Meßgrößen selbst.

Dagegen sind $\left| \dfrac{\Delta x}{\bar{x}} \right|$, $\left| \dfrac{\Delta y}{\bar{y}} \right|$ und $\left| \dfrac{\Delta z_{max}}{\bar{z}} \right|$ *relative* bzw. *prozentuale* Größen. Sie sind daher *dimensionslos*, tragen *keine* Einheiten und werden meist in *Prozenten* angegeben.

(2) Entsprechende „lineare Fehlerfortpflanzungsgesetze" gelten auch für Summen mit *mehr als zwei* Summanden und Potenzprodukte mit *mehr als zwei* Faktoren.

■ **Beispiele**

(1) Wir berechnen den *Gesamtwiderstand* einer *Reihenschaltung* aus zwei ohmschen Widerständen $R_1 = (100 \pm 3)\,\Omega$ und $R_2 = (150 \pm 4)\,\Omega$ sowie die *maximale Meßunsicherheit* des Gesamtwiderstandes (Bild IV-45).

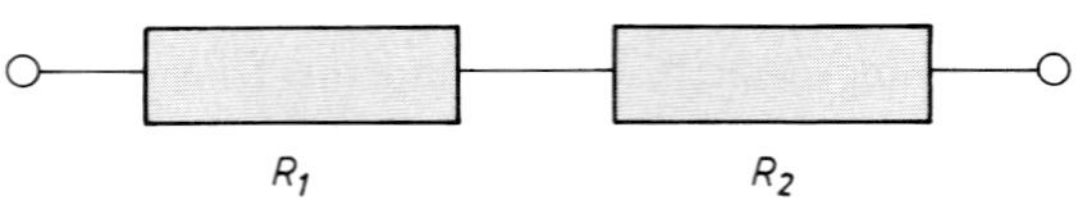

Bild IV-45 Reihenschaltung zweier ohmscher Widerstände R_1 und R_2

Nach den *Kirchhoffschen Regeln* ist

$$R = f(R_1; R_2) = R_1 + R_2$$

Für den *Mittelwert* $\overline{R}$ des Gesamtwiderstandes R erhalten wir nach Formel (IV-112):

$$\overline{R} = f(\overline{R}_1; \overline{R}_2) = \overline{R}_1 + \overline{R}_2 = 100\,\Omega + 150\,\Omega = 250\,\Omega$$

Die absolute bzw. prozentuale *maximale Meßunsicherheit* (*maximaler „Fehler"*) berechnen wir nach Tabelle 1 wie folgt (die Funktion ist vom Typ $z = x + y$):

$$\Delta R_{\max} = \Delta R_1 + \Delta R_2 = 3\,\Omega + 4\,\Omega = 7\,\Omega$$

$$\left|\frac{\Delta R_{\max}}{\overline{R}}\right| = \frac{7\,\Omega}{250\,\Omega} = 0{,}028 = 2{,}8\%$$

Damit erhalten wir als *Meßergebnis*:

$$R = \overline{R} \pm \Delta R_{\max} = (250 \pm 7)\,\Omega$$

(2) Die *Oberfläche* O eines *Zylinders* läßt sich aus dem Radius r und der Höhe h nach der Formel

$$O = f(r; h) = 2\pi r^2 + 2\pi r h$$

bestimmen (Zylinder mit Boden *und* Deckel). Es wurden folgende Werte gemessen:

$$r = (10{,}5 \pm 0{,}2)\,\text{cm}, \qquad h = (15{,}0 \pm 0{,}3)\,\text{cm}$$

Für den *Mittelwert* $\overline{O}$ erhalten wir den Wert

$$\overline{O} = f(\overline{r}; \overline{h}) = 2\pi\,(10{,}5\,\text{cm})^2 + 2\pi\,(10{,}5\,\text{cm})\cdot(15{,}0\,\text{cm}) =$$
$$= 1682{,}32\,\text{cm}^2 \approx 1682\,\text{cm}^2$$

Für die Berechnung des *maximalen „Fehlers"* (der *maximalen Meßunsicherheit*) $\Delta O_{\max}$ benötigen wir noch die *partiellen Ableitungen* der Funktion. Sie lauten:

$$\frac{\partial O}{\partial r} = 4\pi r + 2\pi h, \qquad \frac{\partial O}{\partial h} = 2\pi r$$

$$\frac{\partial O}{\partial r}(\overline{r}; \overline{h}) = 4\pi\,(10{,}5\,\text{cm}) + 2\pi\,(15{,}0\,\text{cm}) = 226{,}19\,\text{cm}$$

$$\frac{\partial O}{\partial h}(\overline{r}; \overline{h}) = 2\pi\,(10{,}5\,\text{cm}) = 65{,}97\,\text{cm}$$

Der *maximale „Fehler"* beträgt dann nach Formel (IV-113)

$$\Delta O_{\max} = \left|\frac{\partial O}{\partial r}\Delta r\right| + \left|\frac{\partial O}{\partial h}\Delta h\right| =$$

$$= (226{,}19\ \text{cm}) \cdot (0{,}2\ \text{cm}) + (65{,}97\ \text{cm}) \cdot (0{,}3\ \text{cm}) =$$

$$= 65{,}03\ \text{cm}^2 \approx 65\ \text{cm}^2$$

Das *Meßergebnis* für die Oberfläche O des Zylinders lautet damit:

$$O = \overline{O} \pm \Delta O_{\max} = (1682 \pm 65)\ \text{cm}^2$$

Der *prozentuale „Maximalfehler"* beträgt

$$\left|\frac{\Delta O_{\max}}{\overline{O}}\right| = \frac{65\ \text{cm}^2}{1682\ \text{cm}^2} = 0{,}039 = 3{,}9\,\%$$

■

3 Mehrfachintegrale

In Band 1, Kapitel V hatten wir uns ausführlich mit der Integration einer Funktion von *einer* unabhängigen Variablen auseinandergesetzt. Man spricht in diesem Zusammenhang auch von einer *gewöhnlichen Integration* und bezeichnet daher ein Integral vom Typ

$\int_a^b f(x)\,dx$ als ein *gewöhnliches Integral*.

In diesem Abschnitt wollen wir uns mit der Integration einer Funktion von *mehreren* unabhängigen Variablen, insbesondere mit der Integration einer Funktion von *zwei* bzw. *drei* Variablen, beschäftigen. Diese Erweiterung des Integralbegriffes wird uns zu den *Mehrfachintegralen* (*Doppelintegralen, Dreifachintegralen*) führen, die in den naturwissenschaftlich-technischen Anwendungen u.a. bei der Berechnung der folgenden Größen auftreten:

— *Flächeninhalt*
— *Schwerpunkt einer Fläche*
— *Flächenmomente (Flächenträgheitsmomente)*
— *Volumen und Masse eines Körpers*
— *Schwerpunkt eines Körpers*
— *Massenträgheitsmomente*

Von großer praktischer Bedeutung ist dabei, daß sich ein Mehrfachintegral auf *mehrere* nacheinander auszuführende *gewöhnliche* Integrationen zurückführen läßt. Legt man noch ein Koordinatensystem zugrunde, das sich der *Symmetrie* des Problems in *besonders günstiger* Weise anpaßt, so vereinfacht sich die Berechnung der Integrale oft erheblich (Verwendung sog. *symmetriegerechter* Koordinaten). Bei ebenen Problemen mit *Kreissymmetrie* etwa werden wir daher vorzugsweise *Polarkoordinaten*, bei *rotationssymmetrischen* Problemen zweckmäßigerweise *Zylinderkoordinaten* verwenden.

3.1 Doppelintegrale

3.1.1 Definition und geometrische Deutung eines Doppelintegrals

Den Begriff eines *Doppelintegrals* führen wir in anschaulicher Weise anhand eines *geometrischen* Problems ein. $z = f(x; y)$ sei eine im Bereich (A) definierte und stetige Funktion mit $f(x; y) \geqslant 0$. Wir betrachten nun den in Bild IV-46 dargestellten *zylindrischen* Körper. Sein „Boden" besteht aus dem Bereich (A) der x, y-Ebene, sein „Deckel" ist die Bildfläche von $z = f(x; y)$. Die auf dem Rand des Bereiches (A) errichteten „Mantellinien" verlaufen dabei *parallel* zur z-Achse. Unser Interesse gilt nun dem *Zylindervolumen V.*

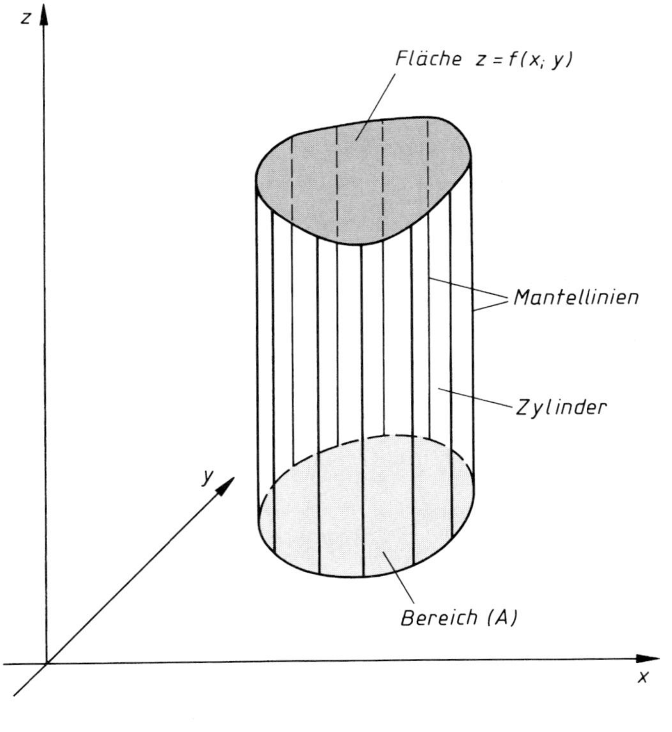

Bild IV-46
Zylindrischer Körper mit der „Deckelfläche" $z = f(x; y)$

Bestimmung des Zylindervolumens

(1) Zunächst wird der Bereich (A) („Zylinderboden") in n Teilbereiche mit den Flächeninhalten $\Delta A_1, \Delta A_2, \ldots, \Delta A_n$ zerlegt. Der Zylinder selbst zerfällt dabei in eine gleich große Anzahl von „Röhren".

(2) Wir beschäftigen uns nun näher mit der (wahllos herausgegriffenen) k-ten Röhre. Ihr „Boden" ist *eben* und vom Flächeninhalt ΔA_k, ihr „Deckel" dagegen als Teil der Bildfläche von $z = f(x; y)$ i.a. *gekrümmt*. Das Volumen ΔV_k dieser Röhre stimmt dann *näherungsweise* mit dem Volumen einer *Säule* überein, die über der gleichen Grundfläche errichtet wird und deren Höhe durch die Höhenkoordinate $z_k = f(x_k; y_k)$ des Flächenpunktes $P_k = (x_k; y_k; z_k)$ gegeben ist (Bild IV-47)[8]:

$$\Delta V_k \approx z_k \Delta A_k = f(x_k; y_k) \Delta A_k \qquad \text{(IV-118)}$$

Mit den übrigen Röhren verfahren wir ebenso. Durch *Aufsummierung* der Röhren- bzw. Säulenvolumina erhalten wir schließlich den folgenden *Näherungswert* für das gesuchte Zylindervolumen V:

$$V = \sum_{k=1}^{n} \Delta V_k \approx \sum_{k=1}^{n} f(x_k; y_k) \Delta A_k \qquad \text{(IV-119)}$$

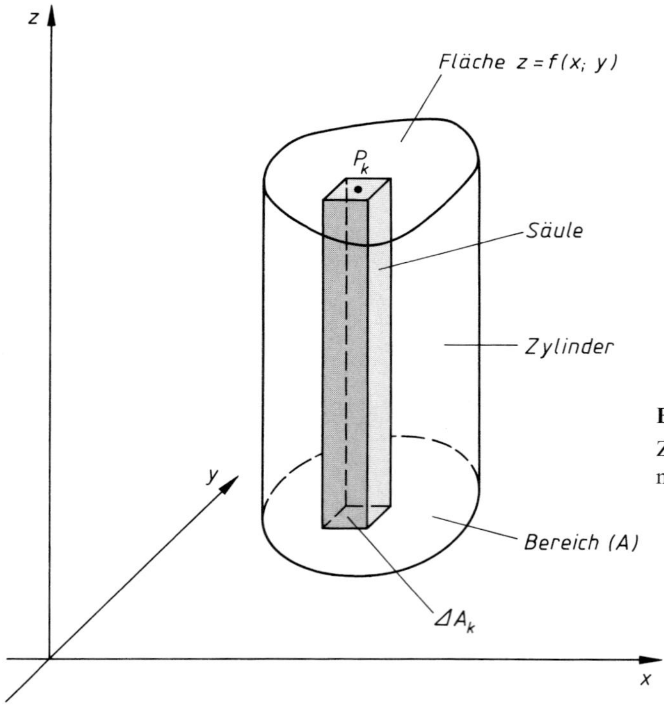

Bild IV-47
Zylindrischer Körper mit quaderförmiger Säule

8) $(x_k; y_k)$ ist eine *beliebige* Stelle aus dem k-ten Teilbereich. Der Punkt P_k liegt *senkrecht* über $(x_k; y_k)$ auf der *Bildfläche* der Funktion $z = f(x; y)$.

(3) Dieser Näherungswert läßt sich noch *verbessern*, wenn wir in geeigneter Weise die Anzahl der Röhren (Säulen) *vergrößern*. Wir lassen nun die Anzahl n der Teilbereiche (und damit auch der Röhren) *unbegrenzt* wachsen ($n \to \infty$), wobei gleichzeitig der Durchmesser eines jeden Teilbereiches gegen *Null* streben soll. Bei diesem Grenzübergang strebt die Summe (IV-119) gegen einen *Grenzwert*, der als *2-dimensionales Bereichsintegral* von $f(x; y)$ über (A) oder kurz als *Doppelintegral* bezeichnet wird und für $f(x; y) \geqslant 0$ als *Volumen* V des zylindrischen Körpers (V) interpretiert werden darf. Wir definieren daher:

Definition: Der Grenzwert

$$\lim_{\substack{n \to \infty \\ (\Delta A_k \to 0)}} \sum_{k=1}^{n} f(x_k; y_k)\, \Delta A_k \tag{IV-120}$$

wird (falls er vorhanden ist) als *Doppelintegral* bezeichnet und durch das Symbol $\iint\limits_{(A)} f(x; y)\, dA$ gekennzeichnet.

Anmerkungen

(1) Auch die symbolische Schreibweise $\int\limits_{(A)} f(x; y)\, dA$, die nur *ein* Integralzeichen verwendet, ist möglich. Wir bevorzugen jedoch die Schreibweise mit dem *doppelten* Integralzeichen. Sie soll uns daran erinnern, daß bei einem Doppelintegral die Integration über einen *2-dimensionalen*, d.h. *flächenhaften* Bereich zu erstrecken ist.

(2) Wir führen noch folgende Bezeichnungen ein:

x, y: *Integrationsvariable*
$f(x; y)$: *Integrandfunktion* (kurz: *Integrand*)
dA: *Flächendifferential* oder *Flächenelement*
(A): *Integrationsbereich*

(3) Für den Begriff „*Doppelintegral*" sind auch folgende Bezeichnungen üblich: *2-dimensionales Bereichs-* oder *Gebietsintegral*, *zweifaches Integral*, *Flächenintegral*.

(4) Der Grenzwert (IV-120) ist vorhanden, wenn der Integrand $f(x; y)$ im (abgeschlossenen) Integrationsbereich (A) *stetig* ist.

3.1.2 Berechnung eines Doppelintegrals

3.1.2.1 Doppelintegral in kartesischen Koordinaten

Wir werden in diesem Abschnitt anhand einfacher *geometrischer* Überlegungen zeigen, wie man ein Doppelintegral $\iint\limits_{(A)} f(x;\, y)\, dA$ durch *zwei* nacheinander auszuführende *gewöhnliche* Integrationen berechnen kann. Der Rechnung legen wir dabei *kartesische* Koordinaten zugrunde und beschränken uns zunächst auf Integrationsbereiche, die die in Bild IV-48 skizzierte Gestalt besitzen. Ein solcher „normaler" Integrationsbereich (A) läßt sich durch die Ungleichungen

$$f_u(x) \leqslant y \leqslant f_o(x), \qquad a \leqslant x \leqslant b \qquad \text{(IV-121)}$$

beschreiben, wobei $y_u = f_u(x)$ die *untere* und $y_o = f_o(x)$ die *obere* Randkurve ist und die *seitlichen* Begrenzungen aus zwei Parallelen zur y-Achse mit den Funktionsgleichungen $x = a$ und $x = b$ bestehen.

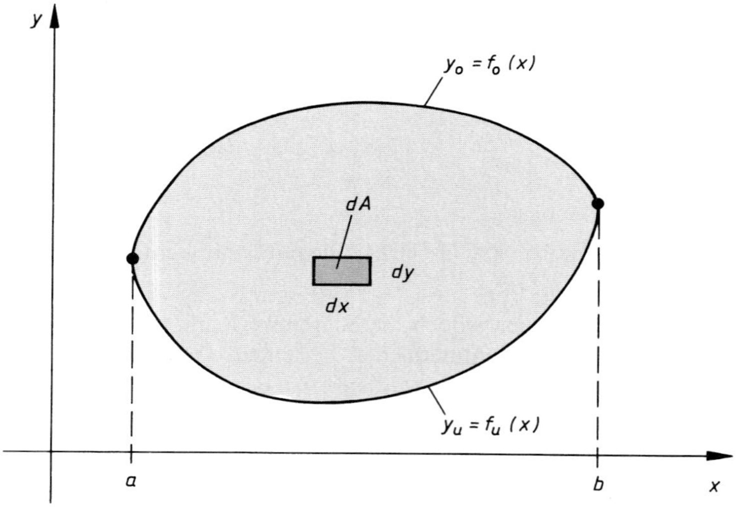

Bild IV-48 Integrationsbereich (A) mit eingezeichnetem Flächenelement $dA = dx\, dy$

Das *Flächenelement* dA besitzt in der kartesischen Darstellung die geometrische Form eines *Rechtecks* mit den infinitesimal kleinen Seitenlängen dx und dy. Somit ist

$$dA = dx\, dy \qquad \text{(IV-122)}$$

(vgl. hierzu Bild IV-48). Über diesem Flächenelement liegt eine (quaderförmige) *Säule* mit dem infinitesimal kleinen Rauminhalt

$$dV = z\, dA = f(x;\, y)\, dx\, dy = f(x;\, y)\, dy\, dx \qquad \text{(IV-123)}$$

(Bild IV-49). Das Volumen V des in Bild IV-49 skizzierten *Zylinders* (V) berechnen wir nun *schrittweise* durch Summation der Säulenvolumina.

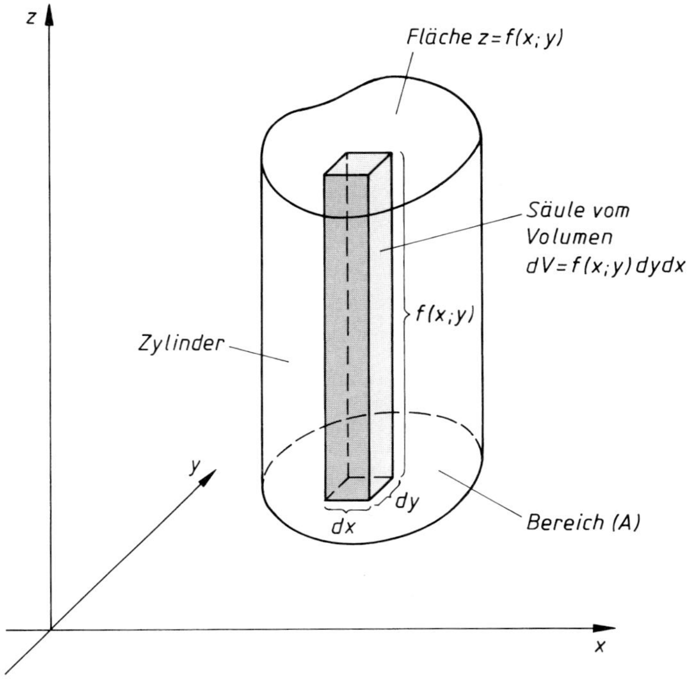

Bild IV-49
Zylindrischer Körper mit einer Säule vom Volumen
$dV = f(x; y)\,dy\,dx$

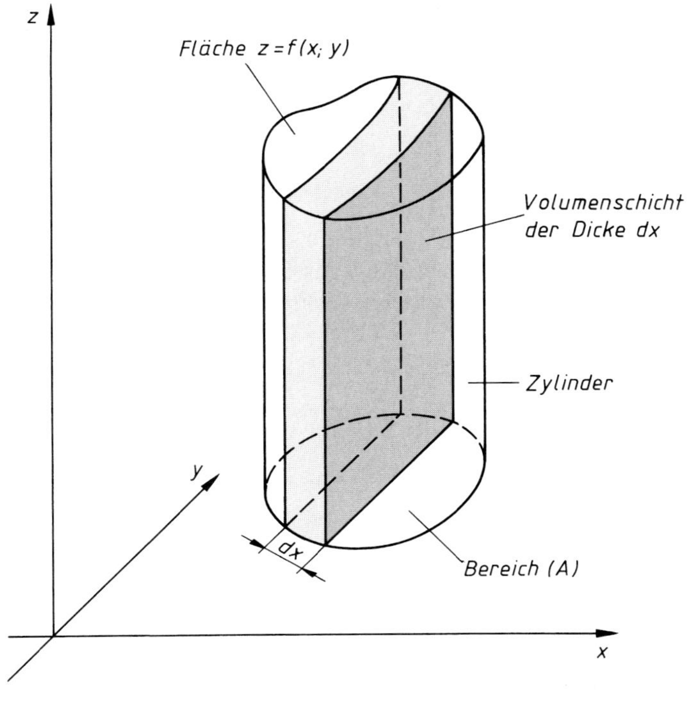

Bild IV-50
Zylindrischer Körper mit einer Volumenschicht (Scheibe) der Dicke dx

1. Integrationsschritt

Wir betrachten eine im Zylinder liegende *Volumenschicht* (*Scheibe*) der Breite dx, wie in Bild IV-50 dargestellt. Sie entsteht, wenn in der y-Richtung *Säule an Säule* gereiht wird, bis man an die beiden Randkurven $y_u = f_u(x)$ bzw. $y_o = f_o(x)$ des Bereiches (A) stößt. Dieses Vorgehen haben wir in Bild IV-51 durch *Pfeile* gekennzeichnet. Die *infinitesimal dünne* Scheibe liegt dann im Zylindervolumen über dem skizzierten Streifen der Breite dx.

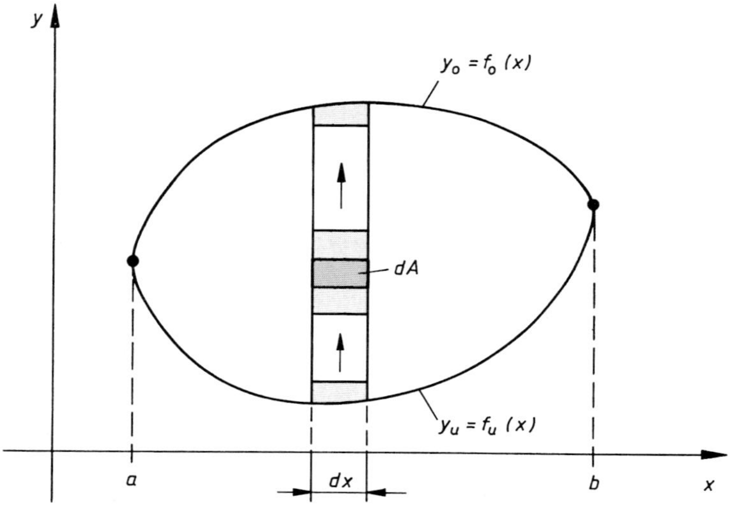

Bild IV-51 Die über den Flächenelementen dA errichteten Säulen dV ergeben durch Summation die in Bild IV-50 skizzierte Volumenschicht der Dicke dx

Das Volumen dV_{Scheibe} dieser Scheibe erhalten wir dann durch *Summation* aller in der Volumenschicht gelegener Säulenvolumina, d.h. durch *Integration* von $dV = f(x;\, y)\, dy\, dx$ [9] in der *y-Richtung* zwischen der unteren Grenze $y = f_u(x)$ und der oberen Grenze $y = f_o(x)$:

$$dV_{\text{Scheibe}} = \int\limits_{y = f_u(x)}^{f_o(x)} dV = \left(\int\limits_{y = f_u(x)}^{f_o(x)} f(x;\, y)\, dy \right) dx \qquad \text{(IV-124)}$$

[9] Da wir *zuerst* in der *y-Richtung* und erst *anschließend* in der *x-Richtung* summieren (integrieren), schreiben wir auch die Differentiale in dieser Reihenfolge: Also *zuerst* dy, *dann* dx.

Bei der Integration von $f(x; y)$ nach y wird die Variable x als eine Art *Konstante* (*Parameter*) betrachtet. Mit anderen Worten: Die Funktion $f(x; y)$ wird während der Integration als eine *nur* von y abhängige Funktion angesehen. Es handelt sich somit um eine *gewöhnliche* Integration nach der Variablen y. Neu dabei ist, daß die Integrationsgrenzen keine Konstanten (Zahlen) mehr sind, sondern noch von der Variablen x abhängige *Funktionen* darstellen, die aber wie Zahlen in die ermittelte Stammfunktion eingesetzt werden. Das Ergebnis dieser sog. *inneren Integration* (Integration nach der Variablen y) ist eine noch vom „Parameter" x abhängige Funktion.

2. Integrationsschritt

Nun setzen wir *Volumenschicht* an *Volumenschicht*, bis der Zylinder vollständig ausgefüllt ist. Mit anderen Worten: Wir *summieren*, d.h. *integrieren* in der x-Richtung über alle zwischen den Grenzen $x = a$ und $x = b$ liegenden *Scheiben*. Für das *Zylindervolumen* erhalten wir dann:

$$V = \iint_{(A)} f(x; y)\, dA = \int_{x=a}^{b} dV_{\text{Scheibe}} = \int_{x=a}^{b} \left(\int_{y=f_u(x)}^{f_o(x)} f(x; y)\, dy \right) dx \qquad \text{(IV-125)}$$

Bei dieser sog. *äußeren Integration* handelt es sich um eine *gewöhnliche* Integration einer von x abhängigen Funktion in den Grenzen von $x = a$ bis $x = b$. Vereinbart man, daß bei einem Doppelintegral die Integrationen in der *Reihenfolge der Differentiale* ausgeführt werden und daß dabei zur *inneren* Integration die Grenzen des *inneren* Integrals, zur *äußeren* Integration die Grenzen des *äußeren* Integrals gehören, so darf man die Klammer im Doppelintegral (IV-125) fortlassen und verkürzt (aber eindeutig!) schreiben:

$$\iint_{(A)} f(x; y)\, dA = \underbrace{\int_{x=a}^{b} \underbrace{\int_{y=f_u(x)}^{f_o(x)} f(x; y)\, dy}_{\text{Inneres Integral}}\, dx}_{\text{Äußeres Integral}} \qquad \text{(IV-126)}$$

Wir fassen diese wichtigen Aussagen zusammen:

Berechnung eines Doppelintegrals unter Verwendung kartesischer Koordinaten

Die Berechnung eines *Doppelintegrals* $\iint\limits_{(A)} f(x;\, y)\, dA$ erfolgt durch *zwei* nacheinander auszuführende *gewöhnliche* Integrationen:

$$\iint\limits_{(A)} f(x;\, y)\, dA = \int\limits_{x=a}^{b} \int\limits_{y=f_u(x)}^{f_o(x)} f(x;\, y)\, dy\, dx \qquad \text{(IV-127)}$$

(A): Integrationsbereich nach Bild IV-48

1. *Innere Integration (nach der Variablen y)*

   Die Variable x wird zunächst als eine Art *Konstante* (*Parameter*) betrachtet und die Funktion $f(x;\, y)$ unter Verwendung der für gewöhnliche Integrale gültigen Regeln *nach der Variablen y* integriert. In die ermittelte Stammfunktion setzt man dann für y die Integrationsgrenzen $f_o(x)$ bzw. $f_u(x)$ ein und bildet die entsprechende Differenz.

2. *Äußere Integration (nach der Variablen x)*

   Die als Ergebnis der inneren Integration erhaltene, nur noch von der Variablen x abhängige Funktion wird nun in den Grenzen von $x = a$ bis $x = b$ integriert (*gewöhnliche* Integration nach x).

Anmerkungen

(1) *Merke*: Beim Doppelintegral (IV-127) wird von *innen nach außen* integriert, d.h. *zuerst* bezüglich der *Variablen y* und *dann erst* nach der Variablen x. Die Integrationsgrenzen des *inneren* Integrals sind dabei von x abhängige *Funktionen*, die Grenzen des *äußeren* Integrals dagegen *Konstanten* (*Zahlen*).

(2) Die *Reihenfolge der Integrationen* ist eindeutig durch die *Reihenfolge der Differentiale* im Doppelintegral festgelegt! Sie ist nur *dann* vertauschbar, wenn *sämtliche* Integrationsgrenzen *konstant* sind (*rechteckiger* Integrationsbereich, Bild IV-52):

$$\int\limits_{x=x_1}^{x_2} \int\limits_{y=y_1}^{y_2} f(x;\, y)\, dy\, dx = \int\limits_{y=y_1}^{y_2} \int\limits_{x=x_1}^{x_2} f(x;\, y)\, dx\, dy \qquad \text{(IV-128)}$$

Im allgemeinen jedoch gilt: Bei einer *Vertauschung der Integrationsreihenfolge* in einem Doppelintegral $\iint\limits_{(A)} f(x;\, y)\, dA$ müssen die *Integrationsgrenzen* jeweils *neu bestimmt* werden.

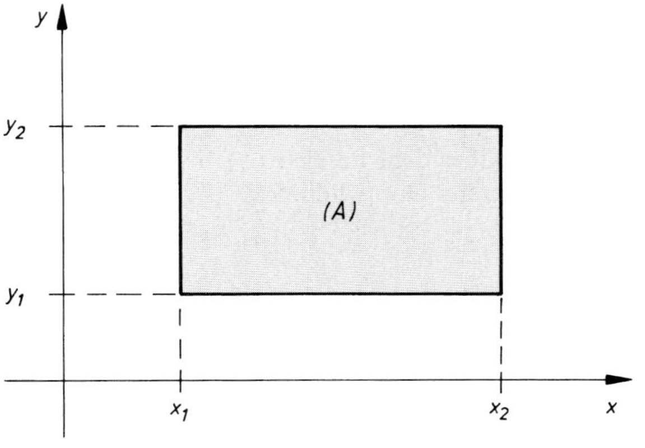

Bild IV-52 Rechteckiger Integrationsbereich

(3) Der Integrationsbereich (A) besitzt im allgemeinen die in Bild IV-53 a) skizzierte Gestalt, d.h. er wird „oben" und „unten" durch zwei *Kurven* $y = f_o(x)$ und $y = f_u(x)$ und seitlich durch zwei zur y-Achse parallele *Geraden* $x = a$ und $x = b$ begrenzt (sog. *kartesischer Normalbereich*).

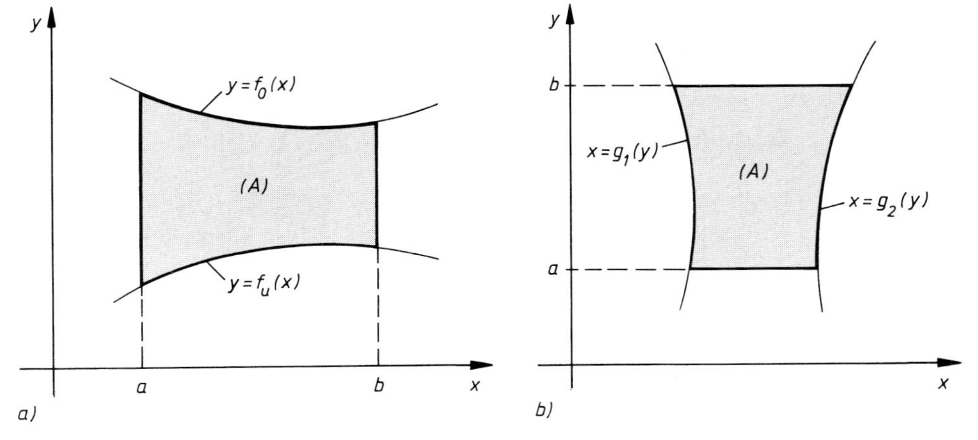

Bild IV-53 Kartesische Normalbereiche

(4) Bei einem Doppelintegral vom Typ

$$\int_{y=a}^{b} \int_{x=g_1(y)}^{g_2(y)} f(x;\, y)\, dx\, dy \qquad \text{(IV-129)}$$

wird *zunächst* nach x und erst *anschließend* nach der Variablen y integriert. Der Integrationsbereich (A) besitzt dann die in Bild IV-53 b) skizzierte Gestalt. Die *inneren* Integrationsgrenzen sind dabei im Regelfall Funktionen der Variablen y.

(5) Für $f(x;\, y) = 1$ erhalten wir einen über dem Bereich (A) liegenden Zylinder der Höhe $z = 1$. Sein *Volumen* ist durch das Doppelintegral

$$\iint_{(A)} dA = \int_{x=a}^{b} \int_{y=f_u(x)}^{f_o(x)} 1\, dy\, dx = \int_{x=a}^{b} \int_{y=f_u(x)}^{f_o(x)} dy\, dx \qquad \text{(IV-130)}$$

gegeben. *Zahlenmäßig* beschreibt dieses zweifache Integral zugleich auch den *Flächeninhalt* des Bereiches (A). Wir kommen im Anwendungsteil darauf zurück (Abschnitt 3.1.3.1).

■ **Beispiele**

Hinweis: Die bei der Berechnung der Doppelintegrale anfallenden (gewöhnlichen) Integrale werden der *Integraltafel der Formelsammlung* entnommen (Angabe der jeweiligen *Integralnummer*). Diese Regelung gilt im *gesamten* Kapitel, also auch für die später behandelten *Dreifachintegrale*.

(1) Wir berechnen das Doppelintegral $\displaystyle\int_{x=0}^{1} \int_{y=0}^{\pi/4} x \cdot \cos(2y)\, dy\, dx$.

Innere Integration (nach der Variablen y):

$$\int_{y=0}^{\pi/4} x \cdot \cos(2y)\, dy = x \cdot \underbrace{\int_{y=0}^{\pi/4} \cos(2y)\, dy}_{\text{Integral Nr. 228}} = x \left[\frac{1}{2} \cdot \sin(2y)\right]_{y=0}^{\pi/4} = \frac{1}{2}\, x$$

Äußere Integration (nach der Variablen x):

$$\int_{x=0}^{1} \frac{1}{2}\, x\, dx = \frac{1}{2} \cdot \int_{0}^{1} x\, dx = \frac{1}{2} \left[\frac{1}{2}\, x^2\right]_0^1 = \frac{1}{4}$$

Ergebnis: $\int\limits_{x=0}^{1} \int\limits_{y=0}^{\pi/4} x \cdot \cos(2y)\, dy\, dx = \frac{1}{4}$

Da das Doppelintegral *konstante* Integrationsgrenzen hat, darf die Reihenfolge der Integrationsschritte *vertauscht* werden. Wir integrieren jetzt in der *umgekehrten* Reihenfolge, d.h. *zuerst* nach x und *dann* nach y.

Innere Integration (nach der Variablen x):

$$\int\limits_{x=0}^{1} x \cdot \cos(2y)\, dx = \cos(2y) \cdot \int\limits_{x=0}^{1} x\, dx = \cos(2y) \left[\frac{1}{2} x^2\right]_{x=0}^{1} =$$

$$= \frac{1}{2} \cdot \cos(2y)$$

Äußere Integration (nach der Variablen y):

$$\int\limits_{y=0}^{\pi/4} \frac{1}{2} \cdot \cos(2y)\, dy = \frac{1}{2} \cdot \underbrace{\int\limits_{0}^{\pi/4} \cos(2y)\, dy}_{\text{Integral Nr. 228}} = \frac{1}{2}\left[\frac{1}{2} \cdot \sin(2y)\right]_0^{\pi/4} = \frac{1}{4}$$

Somit ist

$$\int\limits_{x=0}^{1} \int\limits_{y=0}^{\pi/4} x \cdot \cos(2y)\, dy\, dx = \int\limits_{y=0}^{\pi/4} \int\limits_{x=0}^{1} x \cdot \cos(2y)\, dx\, dy = \frac{1}{4}$$

(2) $\int\limits_{x=0}^{1} \int\limits_{y=x}^{\sqrt{x}} xy\, dy\, dx = ?$

Innere Integration (nach der Variablen y):

$$\int\limits_{y=x}^{\sqrt{x}} xy\, dy = x \cdot \int\limits_{y=x}^{\sqrt{x}} y\, dy = x\left[\frac{1}{2} y^2\right]_{y=x}^{\sqrt{x}} = x\left(\frac{1}{2}x - \frac{1}{2}x^2\right) =$$

$$= \frac{1}{2}(x^2 - x^3)$$

Äußere Integration (nach der Variablen x):

$$\int_{x=0}^{1} \frac{1}{2}(x^2 - x^3)\,dx = \frac{1}{2} \cdot \int_{0}^{1} (x^2 - x^3)\,dx = \frac{1}{2}\left[\frac{1}{3}x^3 - \frac{1}{4}x^4\right]_0^1 = \frac{1}{24}$$

Ergebnis: $\displaystyle\int_{x=0}^{1} \int_{y=x}^{\sqrt{x}} xy\,dy\,dx = \frac{1}{24}$

(3) Beim Doppelintegral $\displaystyle\int_{y=0}^{1,5} \int_{x=1}^{5y} y \cdot e^x\,dx\,dy$ wird *zuerst* nach der Variablen x und *anschließend* nach der Variablen y integriert.

Innere Integration (nach der Variablen x):

$$\int_{x=1}^{5y} y \cdot e^x\,dx = y \cdot \int_{x=1}^{5y} e^x\,dx = y\left[e^x\right]_{x=1}^{5y} = y\,(e^{5y} - e) = y \cdot e^{5y} - e\,y$$

Äußere Integration (nach der Variablen y):

$$\underbrace{\int_{y=0}^{1,5} (y \cdot e^{5y} - e\,y)\,dy}_{\text{Integral Nr. 313}} = \left[\frac{e^{5y}}{25}(5y - 1) - \frac{e}{2}y^2\right]_0^{1,5} = 467{,}07$$

Ergebnis: $\displaystyle\int_{y=0}^{1,5} \int_{x=1}^{5y} y \cdot e^x\,dx\,dy = 467{,}07$

■

3.1.2.2 Doppelintegral in Polarkoordinaten

In vielen Fällen vereinfacht sich die Berechnung eines *Doppelintegrals* $\displaystyle\iint_{(A)} f(x;y)\,dA$ erheblich, wenn man an Stelle der kartesischen Koordinaten x und y die Polarkoordinaten r und φ verwendet [10].

---

[10] Die Polarkoordinaten wurden bereits in Band 1, Abschnitt III.3.3 ausführlich behandelt.

Zwischen ihnen besteht dabei der folgende Zusammenhang (Bild IV-54):

$$x = r \cdot \cos \varphi, \quad y = r \cdot \sin \varphi \qquad (r \geqslant 0, 0 \leqslant \varphi < 2\pi) \tag{IV-131}$$

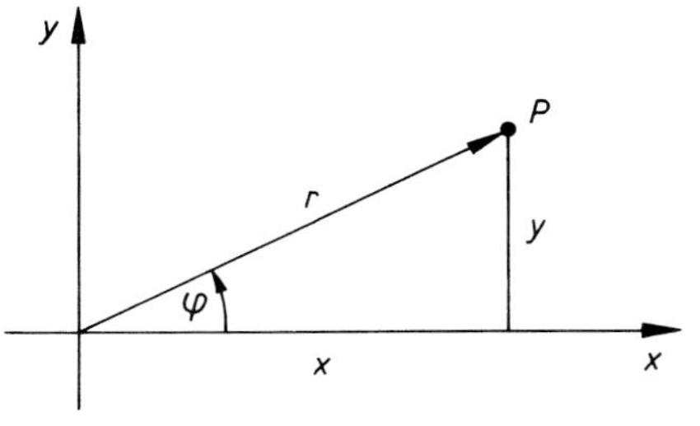

Bild IV-54
Zusammenhang zwischen den kartesischen Koordinaten x, y und den Polarkoordinaten r, φ

Die Funktionsgleichung einer *Kurve* lautet in der Polarkoordinatendarstellung $r = f(\varphi)$ oder $r = r(\varphi)$. Eine von *zwei* Variablen x und y abhängige Funktion $z = f(x; y)$ geht bei der Koordinatentransformation (IV-131) in die von r und φ abhängige Funktion

$$z = f(x; y) = f(r \cdot \cos \varphi; r \cdot \sin \varphi) = F(r; \varphi) \tag{IV-132}$$

über.

Die bei Doppelintegralen in Polarkoordinatendarstellung auftretenden *Integrationsbereiche* (A) besitzen die in Bild IV-55 skizzierte Gestalt. Sie werden von zwei *Strahlen* $\varphi = \varphi_1$ und $\varphi = \varphi_2$ sowie einer *inneren* Kurve $r = r_i(\varphi)$ und einer *äußeren* Kurve $r = r_a(\varphi)$ begrenzt und lassen sich durch die Ungleichungen

$$r_i(\varphi) \leqslant r \leqslant r_a(\varphi), \qquad \varphi_1 \leqslant \varphi \leqslant \varphi_2 \tag{IV-133}$$

beschreiben.

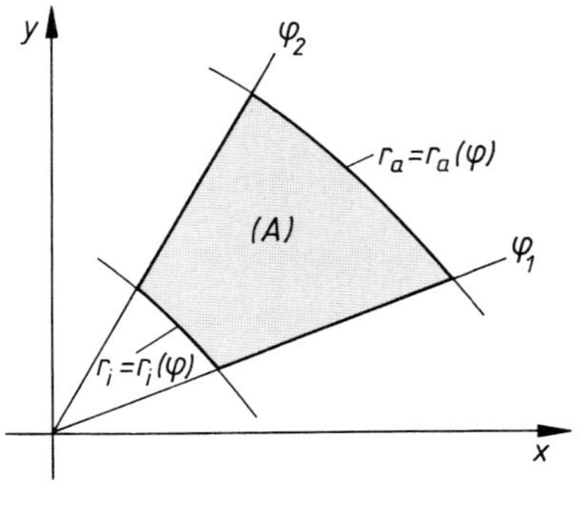

Bild IV-55
Integrationsbereich (A) in Polarkoordinaten (Normalbereich)

Das *Flächenelement* dA wird in der Polarkoordinatendarstellung von zwei infinitesimal benachbarten *Kreisen* mit den Radien r und $r + dr$ und zwei infinitesimal benachbarten *Strahlen* mit den Polarwinkeln φ und $\varphi + d\varphi$ berandet (Bild IV-56). Dabei gilt:

$$dA = (r\,d\varphi)\,dr = r\,dr\,d\varphi \qquad \text{(IV-134)}$$

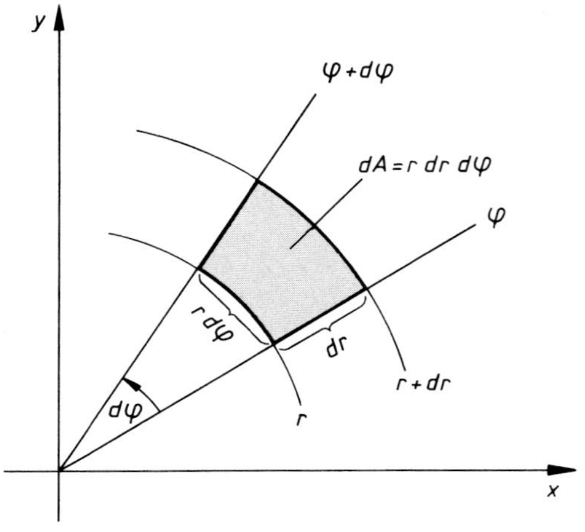

Bild IV-56
Flächenelement dA in Polarkoordinaten

Ein *Doppelintegral* $\iint\limits_{(A)} f(x;\, y)\,dA$ besitzt somit in *Polarkoordinaten* das folgende Aussehen:

$$\iint\limits_{(A)} f(x;\, y)\,dA = \int\limits_{\varphi = \varphi_1}^{\varphi_2} \int\limits_{r = r_i(\varphi)}^{r_a(\varphi)} f(r \cdot \cos\varphi;\, r \cdot \sin\varphi) \cdot r\,dr\,d\varphi \qquad \text{(IV-135)}$$

Die Integralberechnung erfolgt wiederum von *innen nach außen*. *Zuerst* wird nach der Variablen r zwischen den beiden Randkurven $r = r_i(\varphi)$ und $r = r_a(\varphi)$ integriert (*innere* Integration), *anschließend* nach der Winkelkoordinate φ zwischen den Strahlen $\varphi = \varphi_1$ und $\varphi = \varphi_2$ (*äußere* Integration).

Die *Variablentransformation* $(x;\, y) \rightarrow (r;\, \varphi)$ in einem Doppelintegral $\iint\limits_{(A)} f(x;\, y)\,dA$ wird also vollzogen, indem man $x = r \cdot \cos\varphi$, $y = r \cdot \sin\varphi$ und $dA = r\,dr\,d\varphi$ setzt. Die *Integrationsgrenzen* müssen dabei (z.B. anhand einer Skizze) *neu bestimmt* und ebenfalls in *Polarkoordinaten* ausgedrückt werden.

Wir fassen die wesentlichen Ergebnisse zusammen:

Berechnung eines Doppelintegrals unter Verwendung von Polarkoordinaten

Beim Übergang von den *kartesischen* Koordinaten $(x; y)$ zu den *Polarkoordinaten* $(r; \varphi)$ gelten die Transformationsgleichungen

$$x = r \cdot \cos \varphi, \quad y = r \cdot \sin \varphi, \quad dA = r\,dr\,d\varphi \tag{IV-136}$$

Ein Doppelintegral $\iint\limits_{(A)} f(x; y)\,dA$ transformiert sich dabei wie folgt:

$$\iint\limits_{(A)} f(x; y)\,dA = \int\limits_{\varphi = \varphi_1}^{\varphi_2} \int\limits_{r = r_i(\varphi)}^{r_a(\varphi)} f(r \cdot \cos \varphi; r \cdot \sin \varphi) \cdot r\,dr\,d\varphi \tag{IV-137}$$

(A): Integrationsbereich nach Bild IV-55

Die Integralberechnung erfolgt dabei in *zwei* nacheinander auszuführenden *gewöhnlichen* Integrationsschritten:

1. *Innere Integration* nach der Variablen r, wobei die Winkelkoordinate φ als Parameter festgehalten wird.
2. *Äußere Integration* nach der Variablen φ.

■ **Beispiele**

(1) Welchen Wert besitzt das Doppelintegral $\iint\limits_{(A)} xy\,dA$ für den in Bild IV-57 dargestellten Integrationsbereich (*Achtelkreisfläche*, Radius $r = 2$)?

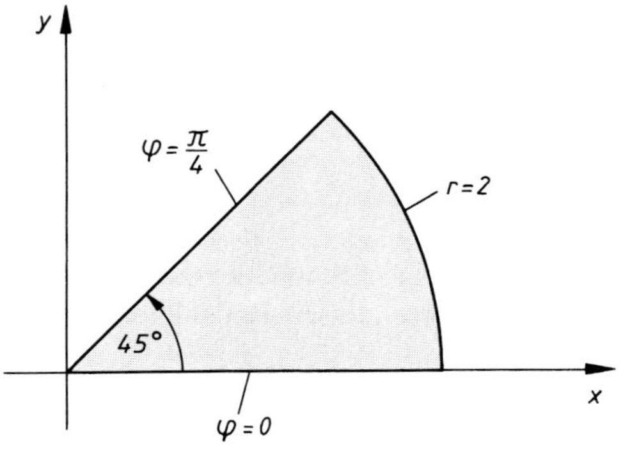

Bild IV-57
Zur Integration über eine Achtelkreisfläche

Lösung:

Bei Verwendung von *Polarkoordinaten* transformiert sich der Integrand $f(x; y) = xy$ wie folgt:

$$f(x; y) = xy = (r \cdot \cos\varphi) \cdot (r \cdot \sin\varphi) = r^2 \cdot \sin\varphi \cdot \cos\varphi$$

Die Integrationsgrenzen des Bereiches (A) bestimmen wir anhand von Bild IV-57:

r-Integration: Von $r = 0$ bis $r = 2$

φ-Integration: Von $\varphi = 0$ bis $\varphi = \pi/4$

Das Doppelintegral lautet somit in der Polarkoordinatendarstellung:

$$\iint_{(A)} xy\, dA = \int_{\varphi=0}^{\pi/4} \int_{r=0}^{2} r^3 \cdot \sin\varphi \cdot \cos\varphi\, dr\, d\varphi$$

$(dA = r\, dr\, d\varphi)$. Wir führen nun die beiden Integrationsschritte durch.

Innere Integration (nach der Variablen r):

$$\int_{r=0}^{2} r^3 \cdot \sin\varphi \cdot \cos\varphi\, dr = \sin\varphi \cdot \cos\varphi \cdot \int_{r=0}^{2} r^3\, dr =$$

$$= \sin\varphi \cdot \cos\varphi \left[\frac{1}{4} r^4\right]_{r=0}^{2} = 4 \cdot \sin\varphi \cdot \cos\varphi$$

Äußere Integration (nach der Variablen φ):

$$\int_{\varphi=0}^{\pi/4} 4 \cdot \sin\varphi \cdot \cos\varphi\, d\varphi = 4 \cdot \underbrace{\int_{0}^{\pi/4} \sin\varphi \cdot \cos\varphi\, d\varphi}_{\text{Integral Nr. 254}} = 4\left[\frac{1}{2} \cdot \sin^2\varphi\right]_{0}^{\pi/4} = 1$$

Ergebnis: $$\iint_{(A)} xy\, dA = \int_{\varphi=0}^{\pi/4} \int_{r=0}^{2} r^3 \cdot \sin\varphi \cdot \cos\varphi\, dr\, d\varphi = 1$$

(2) Durch *Drehung* der *Parabel* $z = 4 - x^2$ um die z-Achse entsteht der in Bild IV-58 skizzierte *Rotationskörper*, dessen Bodenfläche in die x, y-Ebene fällt. Wir berechnen sein *Volumen*.

Die *Rotationsfläche* $z = 4 - (x^2 + y^2)$ lautet in *Polarkoordinaten*:

$$z = 4 - (r^2 \cdot \cos^2 \varphi + r^2 \cdot \sin^2 \varphi) = 4 - r^2 \underbrace{(\cos^2 \varphi + \sin^2 \varphi)}_{1} = 4 - r^2$$

Integrationsbereich ist die in der x, y-Ebene gelegene Kreisfläche $0 \leqslant r \leqslant 2$, $0 \leqslant \varphi < 2\pi$. Die *Integrationsgrenzen* lauten somit:

r-Integration: Von $r = 0$ bis $r = 2$

φ-Integration: Von $\varphi = 0$ bis $\varphi = 2\pi$

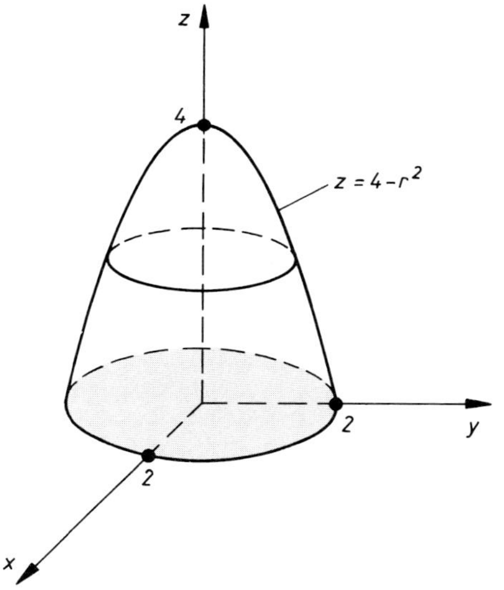

Bild IV-58
Rotationsparaboloid $z = 4 - r^2$

Für das gesuchte *Rotationsvolumen* gilt dann:

$$V = \iint_{(A)} f(x; y)\, dA = \iint_{(A)} z\, dA = \int_{\varphi=0}^{2\pi} \int_{r=0}^{2} (4 - r^2) \cdot r\, dr\, d\varphi$$

Die Berechnung dieses Doppelintegrals in Polarkoordinaten erfolgt in *zwei* nacheinander auszuführenden *gewöhnlichen* Integrationsschritten (zuerst wird nach r, dann nach φ integriert).

Innere Integration (nach der Variablen r):

$$\int_{r=0}^{2} (4 - r^2) \cdot r\, dr = \int_{r=0}^{2} (4r - r^3)\, dr = \left[2r^2 - \frac{1}{4} r^4 \right]_{r=0}^{2} = 4$$

Äußere Integration (nach der Variablen φ):

$$\int_{\varphi=0}^{2\pi} 4\,d\varphi = 4 \cdot \int_{0}^{2\pi} d\varphi = 4\left[\varphi\right]_{0}^{2\pi} = 8\,\pi$$

Das *Rotationsvolumen* beträgt somit $V = 8\,\pi$. ■

3.1.3 Anwendungen

Wir beschäftigen uns in diesem Anwendungsteil mit der Berechnung der folgenden Größen unter Verwendung von *Doppelintegralen*:

— *Flächeninhalt*
— *Schwerpunkt einer Fläche*
— *Flächenmomente (auch Flächenträgheitsmomente genannt)*

Bei der Herleitung der Integralformeln gehen wir dabei stets von den in Bild IV-59 und IV-60 dargestellten Flächen aus. Ein solcher Integrationsbereich wird auch als „Normalbereich" bezeichnet.

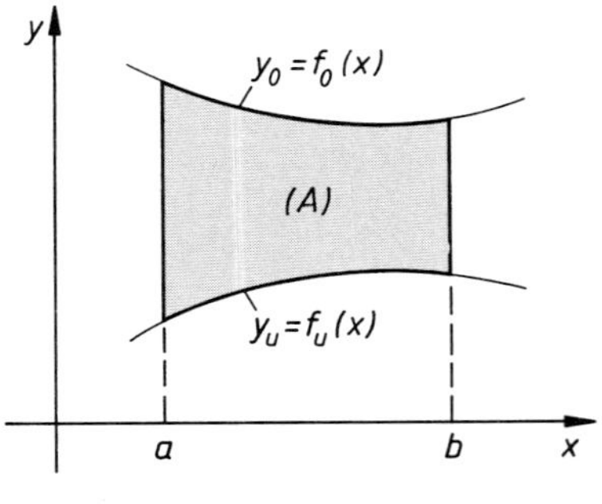

Bild IV-59 Kartesischer Normalbereich

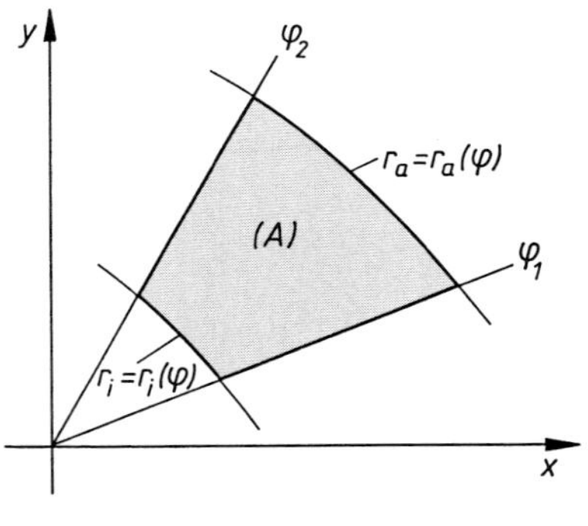

Bild IV-60 Normalbereich in Polarkoordinaten

3.1.3.1 Flächeninhalt

Der *Flächeninhalt A* eines (kartesischen) Normalbereichs (A) läßt sich nach dem „Baukastenprinzip" aus *infinitesimal kleinen* rechteckigen *Flächenelementen* vom Flächeninhalt $dA = dy\,dx$ zusammensetzen.

Wir betrachten nun einen in der Fläche liegenden und zur y-Achse parallelen *Streifen* der Breite dx (Bild IV-61). Den Flächeninhalt dA_{Streifen} eines solchen Streifens erhalten wir, indem wir die Flächeninhalte *sämtlicher* im Streifen gelegener Flächenelemente *aufsummieren.* Dieses Vorgehen haben wir in Bild IV-61 durch *Pfeile* gekennzeichnet. Die

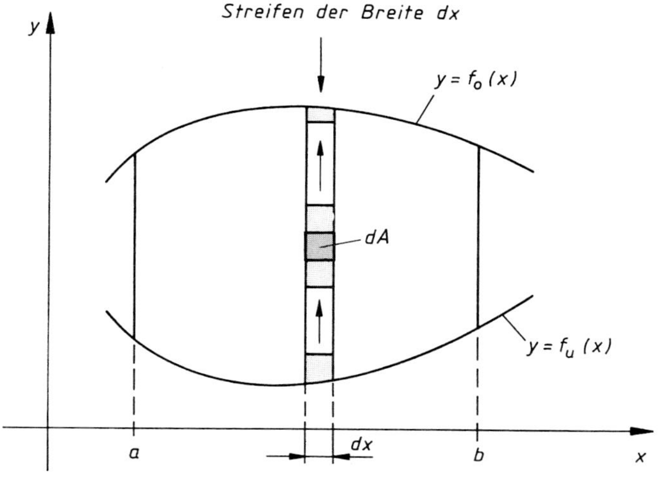

Bild IV-61 Durch Summation der eingezeichneten Flächenelemente dA zwischen den Randkurven $y = f_u(x)$ und $y = f_o(x)$ erhält man einen Streifen der Breite dx

Summation der Flächenelemente bedeutet eine *Integration* in der *y-Richtung* zwischen der *unteren* Grenze $y = f_u(x)$ und der *oberen* Grenze $y = f_o(x)$. Der Flächeninhalt eines solchen infinitesimal schmalen Streifens beträgt somit:

$$dA_{\text{Streifen}} = \int_{y = f_u(x)}^{f_o(x)} dA = \left(\int_{y = f_u(x)}^{f_o(x)} dy \right) dx \qquad \text{(IV-138)}$$

Jetzt *summieren*, d.h. *integrieren* wir über sämtliche Streifenelemente zwischen $x = a$ und $x = b$. Die horizontalen *Pfeile* in Bild IV-62 sollen diesen Vorgang verdeutlichen. Als Ergebnis erhalten wir den *Flächeninhalt* A (dargestellt durch ein *Doppelintegral*):

$$A = \iint_{(A)} dA = \int_{x = a}^{b} dA_{\text{Streifen}} = \int_{x = a}^{b} \int_{y = f_u(x)}^{f_o(x)} dy\, dx \qquad \text{(IV-139)}$$

Bei Verwendung von *Polarkoordinaten* lautet die entsprechende Integralformel für den in Bild IV-60 dargestellten Flächenbereich (Normalbereich):

$$A = \int_{\varphi = \varphi_1}^{\varphi_2} \int_{r = r_i(\varphi)}^{r_a(\varphi)} r\, dr\, d\varphi \qquad \text{(IV-140)}$$

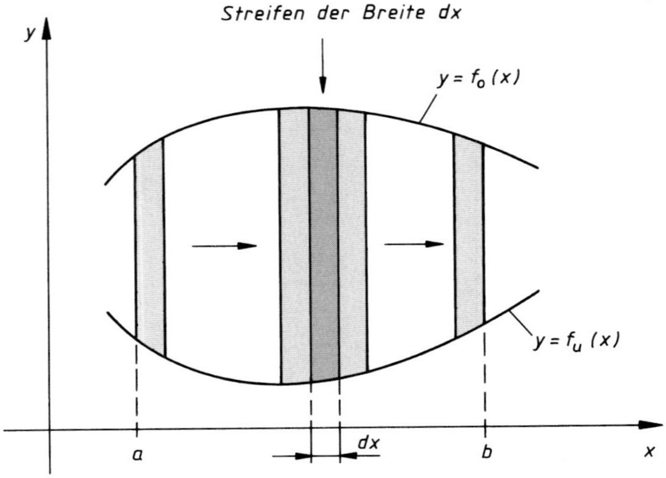

Bild IV-62 Durch Summation über sämtliche Streifen zwischen $x = a$ und $x = b$ erhält man den gesuchten Flächeninhalt A

Wir fassen zusammen:

Flächeninhalt

Definitionsformel:

$$A = \iint_{(A)} dA \qquad \text{(IV-141)}$$

In kartesischen Koordinaten (Bild IV-59):

$$A = \int_{x=a}^{b} \int_{y=f_u(x)}^{f_o(x)} dy\,dx \qquad \text{(IV-142)}$$

In Polarkoordinaten (Bild IV-60):

$$A = \int_{\varphi=\varphi_1}^{\varphi_2} \int_{r=r_i(\varphi)}^{r_a(\varphi)} r\,dr\,d\varphi \qquad \text{(IV-143)}$$

Anmerkungen

(1) Die *innere* Integration (nach der Variablen y) läßt sich beim Doppelintegral (IV-142) sofort ausführen. Wir erhalten die bereits aus Band 1, Abschnitt V.10.2.2 bekannte Darstellung durch ein *gewöhnliches* Integral:

$$A = \int_a^b [f_o(x) - f_u(x)]\, dx \qquad \text{(IV-144)}$$

(2) Auch in der *Polarkoordinatendarstellung* (IV-143) kann das *innere* Integral sofort bestimmt werden:

$$\int_{r = r_i(\varphi)}^{r_a(\varphi)} r\, dr = \frac{1}{2}\left[r^2\right]_{r = r_i(\varphi)}^{r_a(\varphi)} = \frac{1}{2}\,[r_a^2(\varphi) - r_i^2(\varphi)] \qquad \text{(IV-145)}$$

Der Flächeninhalt A kann daher auch hier mit Hilfe eines *gewöhnlichen* Integrals berechnet werden:

$$A = \frac{1}{2} \cdot \int_{\varphi_1}^{\varphi_2} [r_a^2(\varphi) - r_i^2(\varphi)]\, d\varphi \qquad \text{(IV-146)}$$

■ **Beispiele**

(1) Wir berechnen den *Flächeninhalt* einer *Mittelpunktsellipse* mit der Gleichung $b^2 x^2 + a^2 y^2 = a^2 b^2$ mit Hilfe eines *Doppelintegrals*.

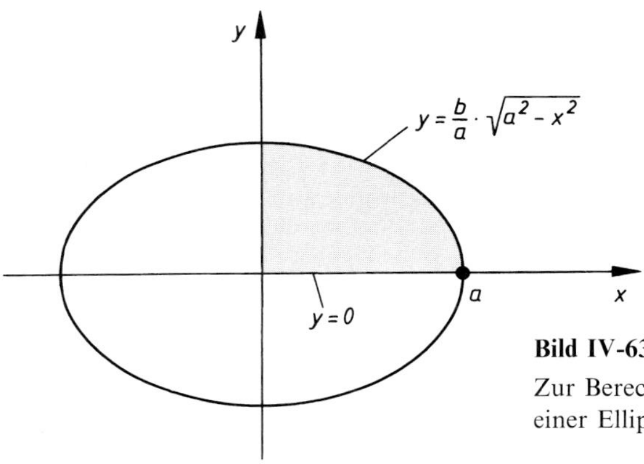

Bild IV-63
Zur Berechnung des Flächeninhaltes einer Ellipse

Bei der Integration beschränken wir uns auf den im *1. Quadrant* gelegenen *grau* unterlegten Teil (Bild IV-63). Das Flächenstück wird somit *unten* von der x-Achse ($y = 0$) und *oben* von der Kurve $y = \frac{b}{a} \cdot \sqrt{a^2 - x^2}$ berandet, die x-Werte bewegen sich dabei zwischen $x = 0$ und $x = a$. Die *Integrationsgrenzen* lauten somit:

y-Integration: Von $y = 0$ bis $y = \frac{b}{a} \cdot \sqrt{a^2 - x^2}$

x-Integration: Von $x = 0$ bis $x = a$

Nach der Integralformel (IV-142) ist dann:

$$A = 4 \cdot \int\limits_{x=0}^{a} \int\limits_{y=0}^{\frac{b}{a} \cdot \sqrt{a^2 - x^2}} dy\, dx$$

Wir führen nun die einzelnen Integrationsschritte *nacheinander* aus.

Innere Integration (nach der Variablen y):

$$\int\limits_{y=0}^{\frac{b}{a} \cdot \sqrt{a^2 - x^2}} dy = \Big[y \Big]_{y=0}^{\frac{b}{a} \cdot \sqrt{a^2 - x^2}} = \frac{b}{a} \cdot \sqrt{a^2 - x^2}$$

Äußere Integration (nach der Variablen x):

$$\int\limits_{x=0}^{a} \frac{b}{a} \cdot \sqrt{a^2 - x^2}\, dx = \frac{b}{a} \cdot \underbrace{\int\limits_{0}^{a} \sqrt{a^2 - x^2}\, dx}_{\text{Integral Nr. 141}} =$$

$$= \frac{b}{a} \left[\frac{1}{2} \left(x \cdot \sqrt{a^2 - x^2} + a^2 \cdot \arcsin \left(\frac{x}{a} \right) \right) \right]_0^a = \frac{\pi\, a b}{4}$$

Der Flächeninhalt der *Ellipse* beträgt somit

$$A = 4 \cdot \int\limits_{x=0}^{a} \int\limits_{y=0}^{\frac{b}{a} \cdot \sqrt{a^2 - x^2}} dy\, dx = 4 \cdot \frac{\pi\, a b}{4} = \pi\, a b$$

(2) Wir berechnen die im *1. Quadrant* gelegene Fläche zwischen der *Kreislinie* $x^2 + y^2 = 25$ und der *Geraden* $y = -x + 5$ (*grau* unterlegtes Flächenstück in Bild IV-64).

Das Flächenstück wird *unten* von der *Geraden* und *oben* vom *Kreisbogen* berandet. Die Schnittpunkte beider Kurven liegen bei $x_1 = 0$ und $x_2 = 5$. Damit ergeben sich die folgenden *Integrationsgrenzen*:

y-Integration: Von $y = -x + 5$ bis $y = \sqrt{25 - x^2}$

x-Integration: Von $x = 0$ bis $x = 5$

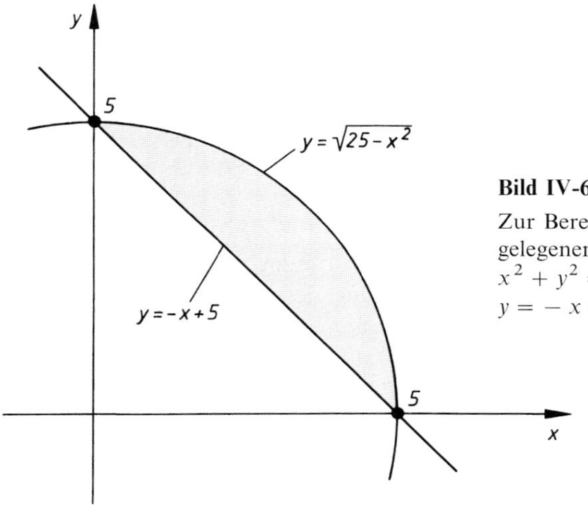

Bild IV-64

Zur Berechnung der im 1. Quadrant gelegenen Fläche zwischen dem Kreis $x^2 + y^2 = 25$ und der Geraden $y = -x + 5$

Für den *Flächeninhalt* A erhalten wir nach der Integralformel (IV-142) das Doppelintegral

$$A = \int_{x=0}^{5} \int_{y=-x+5}^{\sqrt{25-x^2}} dy\, dx$$

das wir nun *schrittweise* berechnen.

Innere Integration (nach der Variablen y):

$$\int_{y=-x+5}^{\sqrt{25-x^2}} dy = \Big[y \Big]_{y=-x+5}^{\sqrt{25-x^2}} = \sqrt{25 - x^2} - (-x + 5) =$$

$$= \sqrt{25 - x^2} + x - 5$$

Äußere Integration (nach der Variablen x):

$$\int_{x=0}^{5} (\sqrt{25 - x^2} + x - 5)\, dx =$$

$$= \left[\frac{1}{2} \left(x \cdot \sqrt{25 - x^2} + 25 \cdot \arcsin\left(\frac{x}{5}\right)\right) + \frac{1}{2} x^2 - 5x \right]_0^5 =$$

$$= \frac{1}{2} \cdot 25 \cdot \arcsin 1 + \frac{1}{2} \cdot 25 - 25 = 7{,}13$$

(unter Verwendung von Integral Nr. 141)

Ergebnis: $A = 7{,}13$

(3) Die *Kardioide* $r(\varphi) = 1 + \cos\varphi$ berandet im Intervall $0 \leqslant \varphi < 2\pi$ das in Bild IV-65 dargestellte Flächenstück, dessen *Flächeninhalt* wir nun berechnen wollen.

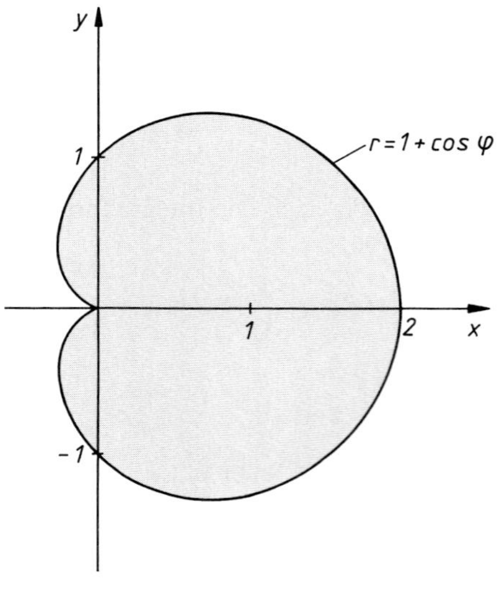

Bild IV-65
Kardioide $r = 1 + \cos\varphi$
$(0 \leqslant \varphi < 2\pi)$

Anhand der Skizze erkennen wir, daß $r_i(\varphi) = 0$ und $r_a(\varphi) = 1 + \cos\varphi$ ist. Der Polarwinkel φ bewegt sich dabei zwischen $\varphi = 0$ und $\varphi = 2\pi$. Die *Integrationsgrenzen* lauten somit:

r-Integration: Von $r = 0$ bis $r = 1 + \cos\varphi$

φ-Integration: Von $\varphi = 0$ bis $\varphi = 2\pi$

Somit ist nach Integralformel (IV-143):

$$A = \int_{\varphi=0}^{2\pi} \int_{r=0}^{1+\cos\varphi} r \, dr \, d\varphi$$

Wir berechnen dieses *Doppelintegral* in der bekannten Weise durch *zwei* nacheinander auszuführende *gewöhnliche* Integrationen.

Innere Integration (nach der Variablen r):

$$\int_{r=0}^{1+\cos\varphi} r \, dr = \left[\frac{1}{2} r^2 \right]_{r=0}^{1+\cos\varphi} = \frac{1}{2} (1 + \cos \varphi)^2$$

Äußere Integration (nach der Variablen φ):

$$\int_{\varphi=0}^{2\pi} \frac{1}{2} (1 + \cos \varphi)^2 \, d\varphi = \frac{1}{2} \cdot \int_0^{2\pi} (1 + 2 \cdot \cos \varphi + \cos^2 \varphi) \, d\varphi =$$

$$= \frac{1}{2} \left[\varphi + 2 \cdot \sin \varphi + \frac{1}{2} \varphi + \frac{1}{4} \cdot \sin (2\varphi) \right]_0^{2\pi} = \frac{3}{2} \pi$$

(unter Verwendung von Integral Nr. 229)

Die *Kardioide* begrenzt somit ein Flächenstück vom *Flächeninhalt* $A = \frac{3}{2} \pi$.

■

3.1.3.2 Schwerpunkt einer Fläche

Dieses Thema wurde bereits in Band 1, Abschnitt V.10.8.2 ausführlich behandelt. Für die *Schwerpunktskoordinaten* x_S und y_S einer *homogenen ebenen Fläche* vom Flächeninhalt A konnten wir dabei die Integralformeln [11]

$$x_S = \frac{1}{A} \cdot \iint_{(A)} x \, dA, \qquad y_S = \frac{1}{A} \cdot \iint_{(A)} y \, dA \qquad \text{(IV-147)}$$

[11] Es handelt sich um die Gleichungen (V-157) aus Band 1. Allerdings verwenden wir jetzt verabredungsgemäß ein *doppeltes* Integralzeichen, da die Integration über einen *2-dimensionalen*, d.h. *flächenhaften* Bereich erfolgt.

herleiten (Bild IV-66). Bei Verwendung *kartesischer* Koordinaten ist $dA = dy\,dx$ zu setzen, bei Verwendung von *Polarkoordinaten* setzen wir $x = r \cdot \cos\varphi$, $y = r \cdot \sin\varphi$ und $dA = r\,dr\,d\varphi$. Die Koordinaten x_S und y_S des *Flächenschwerpunktes* S lassen sich dann für die in den Bildern IV-59 und IV-60 skizzierten *Normalbereiche* mit Hilfe der folgenden *Doppelintegrale* berechnen:

Schwerpunkt einer homogenen ebenen Fläche

Definitionsformeln (Bild IV-66):

$$x_S = \frac{1}{A} \cdot \iint\limits_{(A)} x\,dA, \qquad y_S = \frac{1}{A} \cdot \iint\limits_{(A)} y\,dA \tag{IV-148}$$

In kartesischen Koordinaten (Bild IV-59):

$$x_S = \frac{1}{A} \cdot \int\limits_{x=a}^{b} \int\limits_{y=f_u(x)}^{f_o(x)} x\,dy\,dx$$

$$y_S = \frac{1}{A} \cdot \int\limits_{x=a}^{b} \int\limits_{y=f_u(x)}^{f_o(x)} y\,dy\,dx \tag{IV-149}$$

In Polarkoordinaten (Bild IV-60):

$$x_S = \frac{1}{A} \cdot \int\limits_{\varphi=\varphi_1}^{\varphi_2} \int\limits_{r=r_i(\varphi)}^{r_a(\varphi)} r^2 \cdot \cos\varphi\,dr\,d\varphi$$

$$y_S = \frac{1}{A} \cdot \int\limits_{\varphi=\varphi_1}^{\varphi_2} \int\limits_{r=r_i(\varphi)}^{r_a(\varphi)} r^2 \cdot \sin\varphi\,dr\,d\varphi \tag{IV-150}$$

A: Flächeninhalt

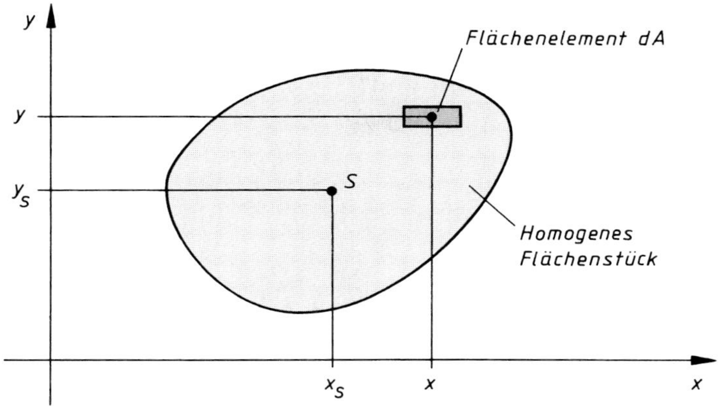

Bild IV-66 Zur Berechnung des Schwerpunktes S einer homogenen Fläche

Anmerkungen

(1) In den Doppelintegralen (IV-149) ist die *innere* Integration nach y *sofort* durchführbar. Wir erhalten die bereits aus Band 1, Abschnitt V.10.8.2 bekannten *gewöhnlichen* Integralformeln

$$x_S = \frac{1}{A} \cdot \int_a^b x\,[f_o(x) - f_u(x)]\,dx$$

$$y_S = \frac{1}{2A} \cdot \int_a^b [f_o^2(x) - f_u^2(x)]\,dx \qquad \text{(IV-151)}$$

(2) Auch in der Polarkoordinatendarstellung (IV-150) läßt sich die *innere* Integration nach der Variablen r *sofort* ausführen:

$$x_S = \frac{1}{3A} \cdot \int_{\varphi_1}^{\varphi_2} [r_a^3(\varphi) - r_i^3(\varphi)]\cos\varphi\,d\varphi$$

$$y_S = \frac{1}{3A} \cdot \int_{\varphi_1}^{\varphi_2} [r_a^3(\varphi) - r_i^3(\varphi)]\sin\varphi\,d\varphi \qquad \text{(IV-152)}$$

■ **Beispiele**

(1) Wo liegt der *Schwerpunkt* S der Fläche, die von der Parabel $y = -x^2 + 4$ und der Geraden $y = x + 2$ begrenzt wird?

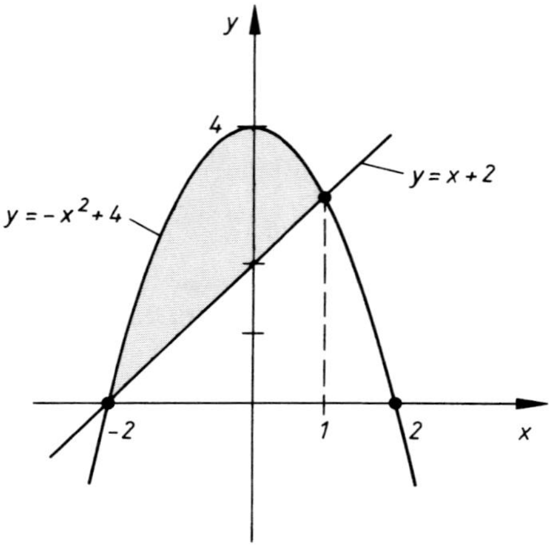

Bild IV-67
Zur Schwerpunktsberechnung der Fläche, die von der Geraden $y = x + 2$ und der Parabel $y = -x^2 + 4$ begrenzt wird

Lösung:

Das Flächenstück wird nach Bild IV-67 *unten* von der Geraden und *oben* von der Parabel begrenzt. Die Kurvenschnittpunkte liegen bei $x_1 = -2$ und $x_2 = 1$. Damit ergeben sich folgende *Integrationsgrenzen*:

y-Integration: Von $y = x + 2$ bis $y = -x^2 + 4$

x-Integration: Von $x = -2$ bis $x = 1$

Wir berechnen nun zunächst den *Flächeninhalt* A und anschließend die Lage des *Flächenschwerpunktes* $S = (x_S;\, y_S)$.

Berechnung des Flächeninhaltes A nach (IV-142)

$$A = \int\limits_{x=-2}^{1} \int\limits_{y=x+2}^{-x^2+4} dy\, dx$$

Innere Integration (nach der Variablen y):

$$\int\limits_{y=x+2}^{-x^2+4} dy = \Big[\, y \,\Big]_{y=x+2}^{-x^2+4} = -x^2 + 4 - (x + 2) = -x^2 - x + 2$$

Äußere Integration (nach der Variablen x):

$$\int_{x=-2}^{1} (-x^2 - x + 2)\,dx = \left[-\frac{1}{3}x^3 - \frac{1}{2}x^2 + 2x\right]_{-2}^{1} = 4{,}5$$

Ergebnis: $A = 4{,}5$

Berechnung der Schwerpunktskoordinate x_S nach (IV-149)

$$x_S = \frac{1}{4{,}5} \cdot \int_{x=-2}^{1} \int_{y=x+2}^{-x^2+4} x\,dy\,dx$$

Innere Integration (nach der Variablen y):

$$\int_{y=x+2}^{-x^2+4} x\,dy = x \cdot \int_{y=x+2}^{-x^2+4} dy = x\left[y\right]_{y=x+2}^{-x^2+4} =$$

$$= x\left[-x^2 + 4 - (x+2)\right] = -x^3 - x^2 + 2x$$

Äußere Integration (nach der Variablen x):

$$\int_{x=-2}^{1} (-x^3 - x^2 + 2x)\,dx = \left[-\frac{1}{4}x^4 - \frac{1}{3}x^3 + x^2\right]_{-2}^{1} = -2{,}25$$

Ergebnis: $x_S = \frac{1}{4{,}5} \cdot (-2{,}25) = -0{,}5$

Berechnung der Schwerpunktskoordinate y_S nach (IV-149)

$$y_S = \frac{1}{4{,}5} \cdot \int_{x=-2}^{1} \int_{y=x+2}^{-x^2+4} y\,dy\,dx$$

Innere Integration (*nach der Variablen* y):

$$\int_{y=x+2}^{-x^2+4} y\,dy = \frac{1}{2}\left[y^2\right]_{y=x+2}^{-x^2+4} = \frac{1}{2}\left[(-x^2+4)^2 - (x+2)^2\right] =$$

$$= \frac{1}{2}(x^4 - 9x^2 - 4x + 12)$$

Äußere Integration (*nach der Variablen* x):

$$\frac{1}{2} \cdot \int_{x=-2}^{1} (x^4 - 9x^2 - 4x + 12)\,dx =$$

$$= \frac{1}{2}\left[\frac{1}{5}x^5 - 3x^3 - 2x^2 + 12x\right]_{-2}^{1} = 10{,}8$$

Ergebnis: $y_S = \frac{1}{4{,}5} \cdot 10{,}8 = 2{,}4$

Der *Flächenschwerpunkt* liegt somit in $S = (-0{,}5;\ 2{,}4)$.

(2) Wir berechnen den *Schwerpunkt* eines *Viertelkreises* vom Radius R (Bild IV-68).

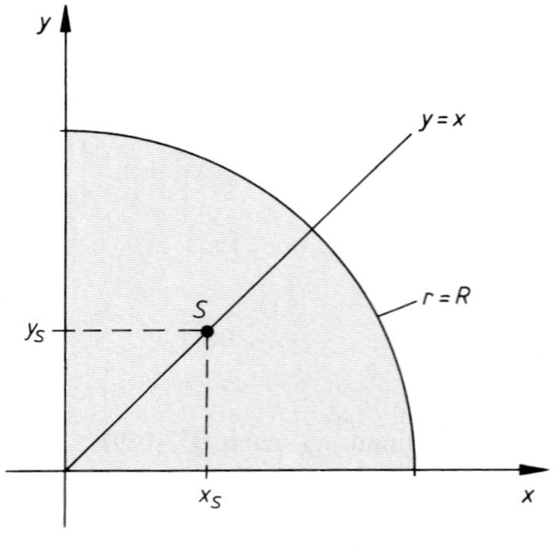

Bild IV-68

Zur Schwerpunktsberechnung eines Viertelkreises

Aus *Symmetriegründen* liegt der Schwerpunkt $S = (x_S;\ y_S)$ auf der *Winkelhalbierenden* des 1. Quadranten ($y = x$). Daher ist $x_S = y_S$. Im Winkelbereich $0 \leqslant \varphi \leqslant \pi/2$ ist $r_i(\varphi) = 0$ und $r_a(\varphi) = R$. Die *Integrationsgrenzen* lauten somit:

r-Integration: Von $r = 0$ bis $r = R$

φ-Integration: Von $\varphi = 0$ bis $\varphi = \pi/2$

Die Berechnung der *Schwerpunktskoordinate* x_S nach Formel (IV-150) führt unter Berücksichtigung von $A = \frac{\pi R^2}{4}$ zu dem *Doppelintegral*

$$x_S = \frac{4}{\pi R^2} \cdot \int_{\varphi=0}^{\pi/2} \int_{r=0}^{R} r^2 \cdot \cos \varphi \, dr \, d\varphi$$

das wir schrittweise wie folgt lösen:

Innere Integration (*nach der Variablen* r):

$$\int_{r=0}^{R} r^2 \cdot \cos \varphi \, dr = \cos \varphi \cdot \int_{r=0}^{R} r^2 \, dr = \cos \varphi \left[\frac{1}{3} r^3 \right]_{r=0}^{R} = \frac{1}{3} R^3 \cdot \cos \varphi$$

Äußere Integration (*nach der Variablen* φ):

$$\int_{\varphi=0}^{\pi/2} \frac{1}{3} R^3 \cdot \cos \varphi \, d\varphi = \frac{1}{3} R^3 \cdot \int_{0}^{\pi/2} \cos \varphi \, d\varphi = \frac{1}{3} R^3 \Big[\sin \varphi \Big]_0^{\pi/2} = \frac{1}{3} R^3$$

$$x_S = \frac{4}{\pi R^2} \cdot \frac{1}{3} R^3 = \frac{4 R}{3 \pi} = 0{,}424 \, R$$

Ergebnis: Schwerpunkt $S = (0{,}424 \, R; 0{,}424 \, R)$

■

3.1.3.3 Flächenmomente (Flächenträgheitsmomente)

Flächenmomente sind Größen, die im Zusammenhang mit *Biegeproblemen* bei Balken und Trägern auftreten. Sie erinnern im *formalen* Aufbau ihrer Definitionsformeln an die in Band 1, Abschnitt V.10.9 behandelten *Massenträgheitsmomente* und werden daher in der Technischen Mechanik auch als *Flächenträgheitsmomente* oder *Flächenmomente 2. Grades* (kurz: *Flächenmomente*) bezeichnet und durch das Symbol I gekennzeichnet. Wir betrachten nun ein beliebiges, in einer Fläche A gelegenes *Flächenelement* dA, dessen Lage wir durch die kartesischen Koordinaten x und y festlegen (Bild IV-69). Der Abstand des Flächenelementes vom Koordinatenursprung sei r.

Flächenmomente (*Flächenträgheitsmomente*) sind auf bestimmte *Achsen* bezogene Größen der Dimension (Länge)^4. Dabei wird noch zwischen *axialen* oder *äquatorialen* und *polaren* Flächenmomenten unterschieden. Bei einem *axialen* Flächenmoment liegt die Bezugsachse *in* der Flächenebene, während sie bei einem *polaren* Flächenmoment *senkrecht* zur Flächenebene orientiert ist.

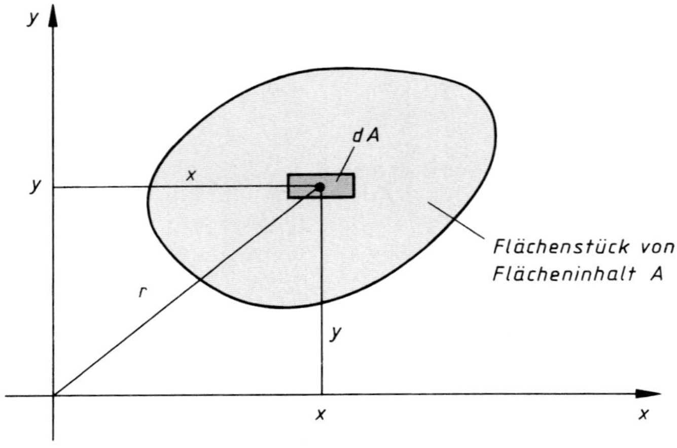

Bild IV-69
Zum Begriff des Flächenmomentes (Flächenträgheitsmomentes)

Wir behandeln zunächst die auf die *Koordinatenachsen* bezogenen Flächenmomente. Definitionsgemäß wird dabei die infinitesimal kleine Größe

$$dI_x = y^2 \, dA \tag{IV-153}$$

als *axiales* Flächenmoment von dA bezüglich der *x-Achse* bezeichnet. Sie ist das Produkt aus dem Flächenelement dA und dem Quadrat des Abstandes, den das Flächenelement von der x-Achse besitzt. Durch *Integration* über die Gesamtfläche A erhalten wir hieraus schließlich das *axiale Flächenmoment* I_x der Fläche A bezüglich der *x-Achse*:

$$I_x = \iint\limits_{(A)} dI_x = \iint\limits_{(A)} y^2 \, dA \tag{IV-154}$$

Analog wird das *axiale Flächenmoment* I_y der Fläche A bezüglich der *y-Achse* als Bezugsachse definiert. Ausgehend von dem Beitrag

$$dI_y = x^2 \, dA \tag{IV-155}$$

eines Flächenelementes dA erhalten wir durch *Integration* das Flächenmoment der Gesamtfläche:

$$I_y = \iint\limits_{(A)} dI_y = \iint\limits_{(A)} x^2 \, dA \tag{IV-156}$$

Unter dem *polaren Flächenmoment* I_p einer Fläche A, bezogen auf eine durch den Koordinatenursprung *senkrecht* zur Flächenebene verlaufende Bezugsachse (z-Achse), wird die wie folgt definierte Größe verstanden:

$$I_p = \iint\limits_{(A)} dI_p = \iint\limits_{(A)} r^2 \, dA \tag{IV-157}$$

$dI_p = r^2 \, dA$ ist dabei der (infinitesimal kleine) Beitrag des Flächenelementes dA.

Wegen $r^2 = x^2 + y^2$ (*Satz des Pythagoras*, vgl. hierzu Bild IV-69) besteht zwischen den beiden *axialen* und dem *polaren* Flächenmoment stets die Beziehung

$$I_p = I_x + I_y \tag{IV-158}$$

Für einen „normalen" Flächenbereich, wie er in Bild IV-59 bzw. Bild IV-60 dargestellt ist, nehmen die *Integralformeln der Flächenmomente* dann die folgende Gestalt an:

Axiale und polare Flächenmomente 2. Grades (Flächenträgheitsmomente)

Definitionsformeln (Bild IV-69):

$$I_x = \iint_{(A)} y^2\,dA, \quad I_y = \iint_{(A)} x^2\,dA, \quad I_p = \iint_{(A)} r^2\,dA \tag{IV-159}$$

$$I_p = I_x + I_y \tag{IV-160}$$

In kartesischen Koordinaten (Bild IV-59):

$$I_x = \int_{x=a}^{b} \int_{y=f_u(x)}^{f_o(x)} y^2\,dy\,dx$$

$$I_y = \int_{x=a}^{b} \int_{y=f_u(x)}^{f_o(x)} x^2\,dy\,dx \tag{IV-161}$$

$$I_p = \int_{x=a}^{b} \int_{y=f_u(x)}^{f_o(x)} (x^2 + y^2)\,dy\,dx$$

In Polarkoordinaten (Bild IV-60):

$$I_x = \int_{\varphi=\varphi_1}^{\varphi_2} \int_{r=r_i(\varphi)}^{r_a(\varphi)} r^3 \cdot \sin^2\varphi\,dr\,d\varphi$$

$$I_y = \int_{\varphi=\varphi_1}^{\varphi_2} \int_{r=r_i(\varphi)}^{r_a(\varphi)} r^3 \cdot \cos^2\varphi\,dr\,d\varphi \tag{IV-162}$$

$$I_p = \int_{\varphi=\varphi_1}^{\varphi_2} \int_{r=r_i(\varphi)}^{r_a(\varphi)} r^3\,dr\,d\varphi$$

Anmerkungen

(1) Man beachte, daß das *polare* Flächenmoment I_p stets die Summe aus den beiden *axialen* Flächenmomenten I_x und I_y ist.

(2) In den Integraldarstellungen (IV-161) und (IV-162) läßt sich die *innere Integration* sofort durchführen. Für die beiden *axialen* Flächenmomente beispielsweise erhalten wir dann (in kartesischen Koordinaten) die *gewöhnlichen* Integrale

$$I_x = \frac{1}{3} \cdot \int_a^b [f_o^3(x) - f_u^3(x)]\, dx, \qquad I_y = \int_a^b x^2 [f_o(x) - f_u(x)]\, dx \qquad \text{(IV-163)}$$

(3) Der von den Massenträgheitsmomenten her bekannte *Satz von Steiner* läßt sich sinngemäß auch auf die *Flächenmomente* übertragen (vgl. hierzu Band 1, Abschnitt V.10.9.2). Für das Flächenmoment bezüglich einer im Abstand d zur Schwerpunktsachse *parallel* verlaufenden Bezugsachse gilt dann:

$$I = I_S + Ad^2 \qquad \text{(IV-164)}$$

(I_S: Flächenmoment bezüglich der *Schwerpunktsachse*; Bild IV-70).

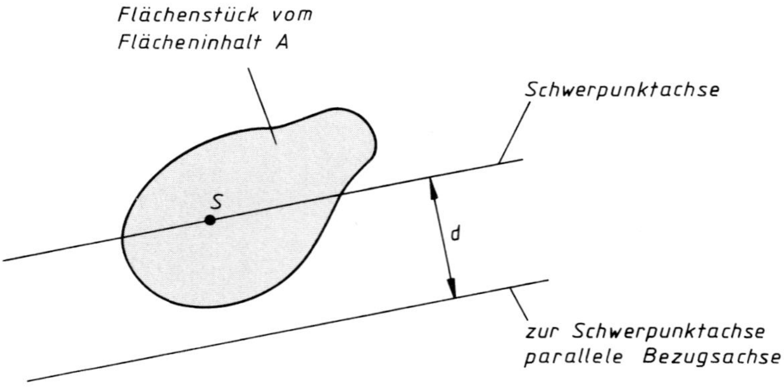

Bild IV-70 Zum Satz von Steiner

■ **Beispiele**

(1) Wir berechnen das *polare Flächenmoment* I_p eines *Halbkreises* vom Radius R (Bild IV-71).

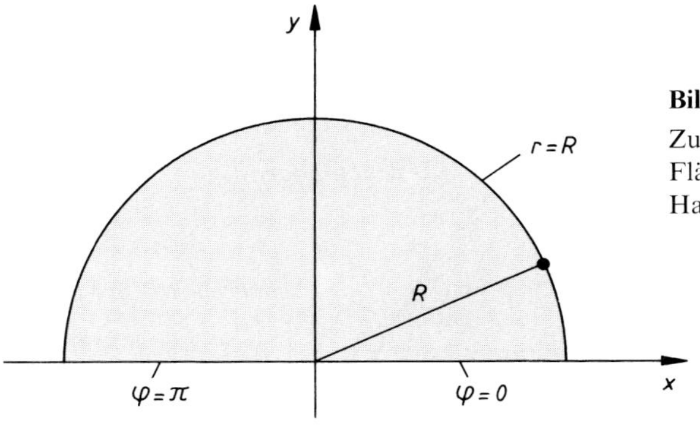

Bild IV-71
Zur Berechnung des polaren Flächenmomentes eines Halbkreises

Im Winkelbereich $0 \leqslant \varphi \leqslant \pi$ ist $r_i(\varphi) = 0$ und $r_a(\varphi) = R$. Dies führt zu den folgenden *Integrationsgrenzen*:

r-Integration: Von $r = 0$ bis $r = R$

φ-Integration: Von $\varphi = 0$ bis $\varphi = \pi$

Aus der Integralformel (IV-162) folgt dann für das *polare Flächenmoment* I_p:

$$I_p = \int_{\varphi=0}^{\pi} \int_{r=0}^{R} r^3 \, dr \, d\varphi$$

Wir lösen dieses Doppelintegral durch *zwei* nacheinander auszuführende *gewöhnliche* Integrationen.

Innere Integration (nach der Variablen r):

$$\int_{r=0}^{R} r^3 \, dr = \left[\frac{1}{4} r^4 \right]_0^R = \frac{1}{4} R^4$$

Äußere Integration (nach der Variablen φ):

$$\int_{\varphi=0}^{\pi} \frac{1}{4} R^4 \, d\varphi = \frac{1}{4} R^4 \cdot \int_0^{\pi} d\varphi = \frac{1}{4} R^4 \Big[\varphi \Big]_0^{\pi} = \frac{\pi}{4} R^4$$

Ergebnis: $I_p = \dfrac{\pi}{4} R^4$

(2) Die Querschnittsfläche eines *Balkens* besitze das in Bild IV-72 skizzierte Profil (obere Berandung durch einen *Parabelbogen*). Man berechne das *axiale Flächenmoment* I_S, bezogen auf die zur x-Achse parallele *Schwerpunktsachse*.

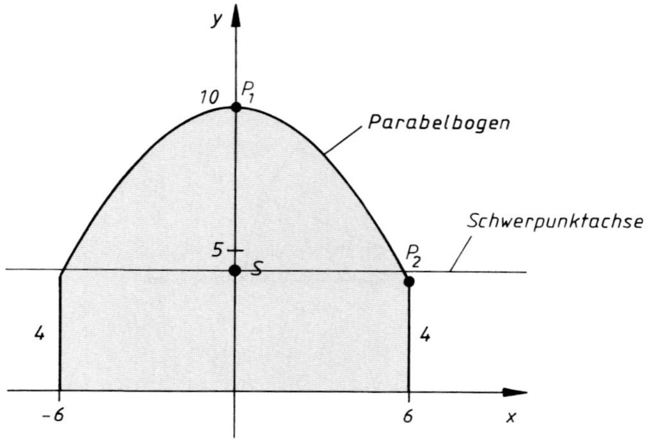

Bild IV-72 Profil mit parabelförmiger Berandung

Lösung:

Die Gleichung der *Parabel* (obere Berandung) lautet $y = -\frac{1}{6}x^2 + 10$. Wir haben sie mit dem Lösungsansatz $y = ax^2 + b$ aus den beiden Parabelpunkten $P_1 = (0; 10)$ (Scheitelpunkt) und $P_2 = (6; 4)$ bestimmt.

Damit ergeben sich die folgenden *Integrationsgrenzen*:

y-Integration: Von $y = 0$ bis $y = -\frac{1}{6}x^2 + 10$

x-Integration: Von $x = -6$ bis $x = 6$

Wir bestimmen zuerst die Lage des *Schwerpunktes* $S = (x_S; y_S)$. Aus *Symmetriegründen* ist $x_S = 0$. Für die Berechnung der *Schwerpunktskoordinate* y_S benötigen wir noch den *Flächeninhalt* A. Er beträgt

$$A = \int_{x=-6}^{6} \int_{y=0}^{-\frac{1}{6}x^2+10} dy\,dx = 2 \cdot \int_{x=0}^{6} \int_{y=0}^{-\frac{1}{6}x^2+10} dy\,dx = 96$$

Die Integralformel (IV-149) liefert dann für y_S den folgenden Wert:

$$y_S = \frac{1}{96} \cdot \int_{x=-6}^{6} \int_{y=0}^{-\frac{1}{6}x^2+10} y\,dy\,dx = \frac{1}{48} \cdot \int_{x=0}^{6} \int_{y=0}^{-\frac{1}{6}x^2+10} y\,dy\,dx =$$

$$= \frac{1}{48} \cdot 201{,}6 = 4{,}2$$

Beide Doppelintegrale wurden dabei in der bekannten Weise berechnet (nachrechnen!). Der *Schwerpunkt* fällt damit in den Punkt $S = (0; 4{,}2)$.

Wir berechnen jetzt das *axiale Flächenmoment* I_x und daraus unter Verwendung des *Satzes* von *Steiner* das gesuchte *Flächenmoment* I_S.

Berechnung von I_x

$$I_x = \int_{x=-6}^{6} \int_{y=0}^{-\frac{1}{6}x^2+10} y^2\,dy\,dx = 2 \cdot \int_{x=0}^{6} \int_{y=0}^{-\frac{1}{6}x^2+10} y^2\,dy\,dx$$

Innere Integration (nach der Variablen y):

$$\int_{y=0}^{-\frac{1}{6}x^2+10} y^2\,dy = \left[\frac{1}{3}y^3\right]_{y=0}^{-\frac{1}{6}x^2+10} = \frac{1}{3}\left(-\frac{1}{6}x^2+10\right)^3 =$$

$$= \frac{1}{3}\left(-\frac{1}{216}x^6 + \frac{5}{6}x^4 - 50x^2 + 1000\right)$$

Äußere Integration (nach der Variablen x):

$$\int_{x=0}^{6} \frac{1}{3}\left(-\frac{1}{216}x^6 + \frac{5}{6}x^4 - 50x^2 + 1000\right) dx =$$

$$= \frac{1}{3}\left[-\frac{1}{1512}x^7 + \frac{1}{6}x^5 - \frac{50}{3}x^3 + 1000x\right]_0^6 = 1170{,}3$$

$$I_x = 2 \cdot 1170{,}3 = 2340{,}6$$

Berechnung von I_S

Mit $I_x = 2340{,}6$, $A = 96$ und $d = y_S = 4{,}2$ erhalten wir für das gesuchte *Flächenmoment* I_S nach dem *Satz von Steiner*:

$$I_x = I_S + Ad^2$$

$$I_S = I_x - Ad^2 = I_x - Ay_S^2 = 2340{,}6 - 96 \cdot 4{,}2^2 = 647{,}2$$

■

3.2 Dreifachintegrale

Die Integration einer Funktion von *zwei* unabhängigen Variablen führte uns zu dem Begriff eines *Doppelintegrals*. Den Integralwert konnten wir dabei in geometrisch-anschaulicher Weise als *Volumen* eines zylindrischen Körpers deuten. In diesem Abschnitt erweitern wir den Integralbegriff auf Funktionen von *drei* unabhängigen Variablen und gelangen so zu dem Begriff eines *Dreifachintegrals*, der jedoch *keine* geometrische Interpretation zuläßt.

3.2.1 Definition eines Dreifachintegrals

Bei der Herleitung des Begriffes „*Dreifachintegral*" lassen wir uns nun von den folgenden Überlegungen leiten:

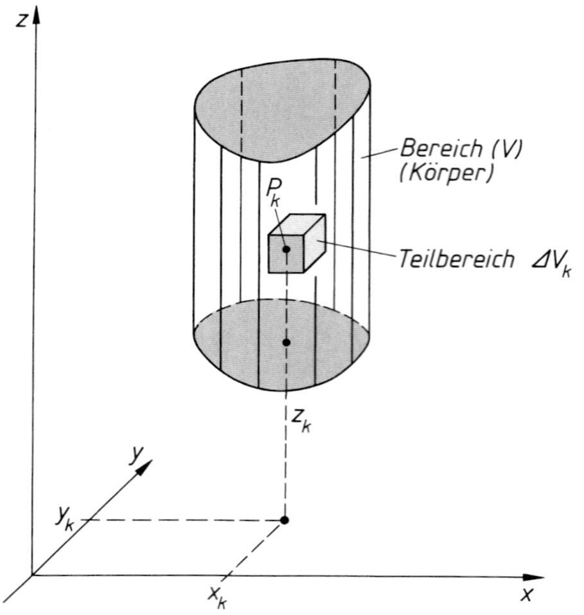

Bild IV-73 Räumlicher Integrationsbereich (V) mit einem Teilbereich ΔV_k

$u = f(x; y; z)$ sei eine im räumlichen Bereich (V) definierte und stetige Funktion. Den Bereich (auch *Körper* genannt) unterteilen wir zunächst in n Teilbereiche, mit dem k-ten Teilbereich vom Volumen ΔV_k werden wir uns nun eingehender befassen. In diesem Teilbereich wählen wir einen *beliebigen* Punkt $P_k = (x_k; y_k; z_k)$ aus, berechnen an dieser Stelle den *Funktionswert* $u_k = f(x_k; y_k; z_k)$ und bilden schließlich das *Produkt* aus Funktionswert und Volumen: $f(x_k; y_k; z_k)\,\Delta V_k$ (Bild IV-73). Ebenso verfahren wir in den übrigen Teilbereichen. Die Summe dieser Produkte, auch *Zwischensumme* Z_n genannt, beträgt dann

$$Z_n = \sum_{k=1}^{n} f(x_k; y_k; z_k)\,\Delta V_k \qquad \text{(IV-165)}$$

Wir lassen nun die Anzahl n der Teilbereiche *unbegrenzt* wachsen ($n \to \infty$), wobei gleichzeitig der Durchmesser (und damit auch das Volumen) eines jeden Teilbereiches gegen *Null* gehen soll. Bei diesem Grenzübergang strebt die Zwischensumme Z_n gegen einen *Grenzwert*, der als *3-dimensionales Bereichsintegral* von $f(x; y; z)$ über (V) oder kurz als *Dreifachintegral* bezeichnet wird. Wir definieren daher:

Definition: Der Grenzwert

$$\lim_{\substack{n \to \infty \\ (\Delta V_k \to 0)}} \sum_{k=1}^{n} f(x_k; y_k; z_k)\,\Delta V_k \qquad \text{(IV-166)}$$

wird (falls er vorhanden ist) als *Dreifachintegral* bezeichnet und durch das Symbol $\iiint\limits_{(V)} f(x; y; z)\,dV$ gekennzeichnet.

Anmerkungen

(1) In der mathematischen Literatur wird häufig auch die symbolische Schreibweise $\int\limits_{(V)} f(x; y; z)\,dV$ mit nur *einem* Integralzeichen verwendet. Wir bevorzugen jedoch die Schreibweise mit dem *dreifachen* Integralzeichen, um daran zu erinnern, daß die Integration über einen *3-dimensionalen*, d.h. *räumlichen* Bereich zu erstrecken ist.

(2) Wir führen noch folgende Bezeichnungen ein:

x, y, z:	*Integrationsvariable*
$f(x; y, z)$:	*Integrandfunktion* (kurz: *Integrand*)
dV:	*Volumendifferential* oder *Volumenelement*
(V):	*Räumlicher Integrationsbereich* oder *Körper*

(3) Weitere, für den Begriff „*Dreifachintegral*" übliche Bezeichnungen sind: *3-dimensionales Bereichs-* oder *Gebietsintegral*, *Volumenintegral*, *dreifaches Integral*.

(4) Der Grenzwert (IV-166) ist vorhanden, wenn der Integrand $f(x; y; z)$ im Integrationsbereich (V) *stetig* ist.

3.2.2 Berechnung eines Dreifachintegrals

3.2.2.1 Dreifachintegral in kartesischen Koordinaten

Der Berechnung eines *Dreifachintegrals* $\iiint\limits_{(V)} f(x;\, y;\, z)\, dV$ legen wir zunächst ein *kartesisches* Koordinatensystem und einen *zylindrischen* Integrationsbereich (V) zugrunde, der „unten" durch eine Fläche $z = z_u(x;\, y)$ („Bodenfläche") und „oben" durch eine Fläche $z = z_o(x;\, y)$ („Deckelfläche") begrenzt wird (Bild IV-74).

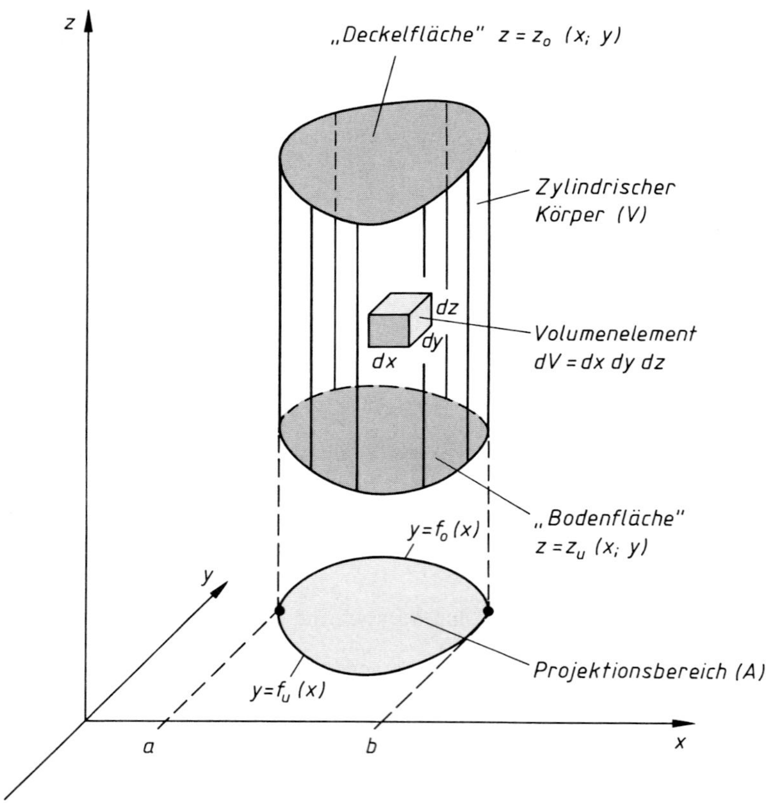

Bild IV-74 Zylindrischer Integrationsbereich (V) mit einem Volumenelement $dV = dx\, dy\, dz$

Die *Projektion* dieser Begrenzungsflächen in die x, y-Ebene führt zu einem Bereich (A), der durch die Kurven $y = f_u(x)$ und $y = f_o(x)$ sowie die Parallelen $x = a$ und $x = b$ berandet wird und uns in dieser Form bereits von den *Doppelintegralen* her bekannt ist (*flächenhafter Normalbereich*).

Der *zylindrische Integrationsbereich* (V) kann somit durch die Ungleichungen

$$z_u(x;\, y) \leqslant z \leqslant z_o(x;\, y), \qquad f_u(x) \leqslant y \leqslant f_o(x), \qquad a \leqslant x \leqslant b \tag{IV-167}$$

beschrieben werden.

Das *Volumenelement* dV besitzt in der *kartesischen* Darstellung die geometrische Form eines *Quaders* mit den infinitesimal kleinen Seitenlängen dx, dy und dz. Somit ist

$$dV = dx\, dy\, dz \qquad \text{oder} \qquad dV = dz\, dy\, dx \tag{IV-168}$$

(vgl. hierzu Bild IV-74). Ein *Dreifachintegral* $\iiint\limits_{(V)} f(x;\, y;\, z)\, dV$ über einem *zylindrischen* Normalbereich (V) nach Bild IV-74 läßt sich dann durch *drei* nacheinander auszuführende *gewöhnliche* Integrationen nach dem folgenden Schema berechnen:

$$\iiint\limits_{(V)} f(x;\, y;\, z)\, dV = \int\limits_{x=a}^{b} \int\limits_{y=f_u(x)}^{f_o(x)} \int\limits_{z=z_u(x;\, y)}^{z_o(x;\, y)} f(x;\, y;\, z)\, dz\, dy\, dx \tag{IV-169}$$

1. Integration

2. Integration

3. Integration

Dabei wird wie bei den Doppelintegralen von *innen nach außen* integriert. Die *Reihenfolge der Differentiale* (hier: dz, dy, dx) bestimmt somit eindeutig die *Integrationsreihenfolge*: *Zunächst* wird nach der Variablen z, *dann* nach der Variablen y und *schließlich* nach der Variablen x integriert, wobei die übrigen Variablen jeweils als *Parameter* festgehalten werden. Wir beschreiben nun die einzelnen Integrationsschritte etwas eingehender.

1. Integrationsschritt

Die Integration erfolgt zunächst nach der Variablen z, die *Integrationsgrenzen* sind dabei i.a. noch von x und y abhängige *Funktionen*, nämlich:

Untere Grenze: „Bodenfläche" $z = z_u(x;\, y)$

Obere Grenze: „Deckelfläche" $z = z_o(x;\, y)$

Während der Integration werden x und y als *Konstanten* (*Parameter*) behandelt. Als Ergebnis der z-Integration erhalten wir dann eine nur noch von x *und* y abhängige *Funktion*.

2. Integrationsschritt

Jetzt wird bezüglich der Variablen y integriert, wobei die Variable x als *konstant*, d.h. als *Parameter* angesehen wird. Die *Integrationsgrenzen* sind die beiden *Randkurven* des (flächenhaften) Projektionsbereiches (A) (vgl. hierzu Bild IV-74):

Untere Grenze: Untere Randkurve $y = f_u(x)$

Obere Grenze: Obere Randkurve $y = f_o(x)$

Das Ergebnis der y-Integration ist eine nur noch von der Variablen x abhängige *Funktion*.

3. Integrationsschritt

Im dritten und letzten Integrationsschritt ist eine *gewöhnliche* Integration bezüglich der Variablen x in den *konstanten* Grenzen von $x = a$ bis $x = b$ durchzuführen. Wir erhalten eine *Konstante* (*Zahl*), die den *Wert* des dreifachen Integrals $\iiint\limits_{(V)} f(x;\, y;\, z)\, dV$ darstellt.

Zusammenfassend gilt:

Berechnung eines Dreifachintegrals unter Verwendung kartesischer Koordinaten

Die Berechnung eines *Dreifachintegrals* $\iiint\limits_{(V)} f(x;\, y;\, z)\, dV$ erfolgt durch *drei* nacheinander auszuführende *gewöhnliche* Integrationen:

$$\iiint\limits_{(V)} f(x;\, y;\, z)\, dV = \int\limits_{x=a}^{b} \int\limits_{y=f_u(x)}^{f_o(x)} \int\limits_{z=z_u(x;\,y)}^{z_o(x;\,y)} f(x;\, y;\, z)\, dz\, dy\, dx \qquad \text{(IV-170)}$$

(V): Zylindrischer Integrationsbereich nach Bild IV-74.
Die einzelnen Integrationsschritte erfolgen dabei von *innen nach außen*, d.h. in der Reihenfolge z, y, x, wobei jeweils die übrigen Variablen als Parameter festgehalten werden.

Anmerkungen

(1) Nach Ausführung des 1. Integrationsschrittes, der z-Integration, ist aus dem *dreifachen* Integral (IV-170) ein *Doppelintegral* geworden. Der Integrationsbereich ist jetzt der (flächenhafte) Normalbereich (A), der durch die *Projektion* des zylindrischen Körpers (V) in die x, y-Ebene entsteht (vgl. hierzu Bild IV-74).

(2) Die *Integrationsreihenfolge* ist nur dann vertauschbar, wenn *sämtliche* Integrationsgrenzen *konstant* sind. Im allgemeinen jedoch gilt: Bei einer *Vertauschung der* Inte-

grationsreihenfolge in einem Dreifachintegral $\iiint\limits_{(V)} f(x;\, y;\, z)\, dV$ müssen die *Integrationsgrenzen* jeweils *neu bestimmt* werden.

(3) Für $f(x;\, y;\, z) = 1$ beschreibt das dreifache Integral (IV-170) das *Volumen* V des zylindrischen Körpers (V):

$$V = \iiint\limits_{(V)} dV = \int\limits_{x=a}^{b} \int\limits_{y=f_u(x)}^{f_o(x)} \int\limits_{z=z_u(x;\, y)}^{z_o(x;\, y)} dz\, dy\, dx \tag{IV-171}$$

Im Anwendungsteil (Abschnitt 3.2.3.1) kommen wir auf dieses Thema nochmals zurück.

■ **Beispiel**

$$\int\limits_{x=1}^{2} \int\limits_{y=0}^{x} \int\limits_{z=0}^{x-y} y \cdot \mathrm{e}^{z}\, dz\, dy\, dx = ?$$

1. Integrationsschritt (Integration nach z):

$$\int\limits_{z=0}^{x-y} y \cdot \mathrm{e}^{z}\, dz = y \cdot \int\limits_{z=0}^{x-y} \mathrm{e}^{z}\, dz = y \left[\mathrm{e}^{z} \right]_{z=0}^{x-y} = y\,(\mathrm{e}^{x-y} - 1) = y \cdot \mathrm{e}^{x-y} - y$$

2. Integrationsschritt (Integration nach y):

$$\int\limits_{y=0}^{x} (y \cdot \mathrm{e}^{x-y} - y)\, dy = \left[\mathrm{e}^{x-y}(-y-1) - \frac{1}{2} y^{2} \right]_{y=0}^{x} = \mathrm{e}^{x} - \frac{1}{2} x^{2} - x - 1$$

(unter Verwendung von Integral Nr. 313)

3. Integrationsschritt (Integration nach x):

$$\int\limits_{x=1}^{2} \left(\mathrm{e}^{x} - \frac{1}{2} x^{2} - x - 1 \right) dx = \left[\mathrm{e}^{x} - \frac{1}{6} x^{3} - \frac{1}{2} x^{2} - x \right]_{1}^{2} = 1{,}004$$

Ergebnis: $\int\limits_{x=1}^{2} \int\limits_{y=0}^{x} \int\limits_{z=0}^{x-y} y \cdot \mathrm{e}^{z}\, dz\, dy\, dx = 1{,}004$

■

3.2.2.2 Dreifachintegral in Zylinderkoordinaten

In den physikalisch-technischen Anwendungen treten häufig Körper mit *Rotationssymmetrie* auf. Zu ihrer Beschreibung verwendet man zweckmäßigerweise *Zylinderkoordinaten* $(r; \varphi; z)$, die sich der *Symmetrie* des Körpers in besonderem Maße „anpassen". Man spricht in diesem Zusammenhang auch von *symmetriegerechten* Koordinaten.

Auch die Berechnung eines *Dreifachintegrals* $\iiint\limits_{(V)} f(x; y; z)\, dV$ läßt sich in zahlreichen Fällen bei Verwendung von Zylinderkoordinaten erheblich *vereinfachen*. Die Anwendungsbeispiele im nachfolgenden Abschnitt 3.2.3 werden dies noch belegen.

Die *Zylinderkoordinaten* führen wir nun wie folgt ein:

$P = (x; y; z)$ sei ein beliebiger Punkt des *kartesischen* Raumes, $P' = (x; y)$ der durch *senkrechte Projektion* von P in die x, y-Ebene erhaltene *Bildpunkt*. Die Lage von P' können wir auch durch die *Polarkoordinaten* r und φ beschreiben. Sie bestimmen zugleich *zusammen* mit der *Höhenkoordinate* z in eindeutiger Weise die Lage des *Raumpunktes* P (Bild IV-75). Die drei Koordinaten r, φ und z werden als *Zylinderkoordinaten* von P bezeichnet.

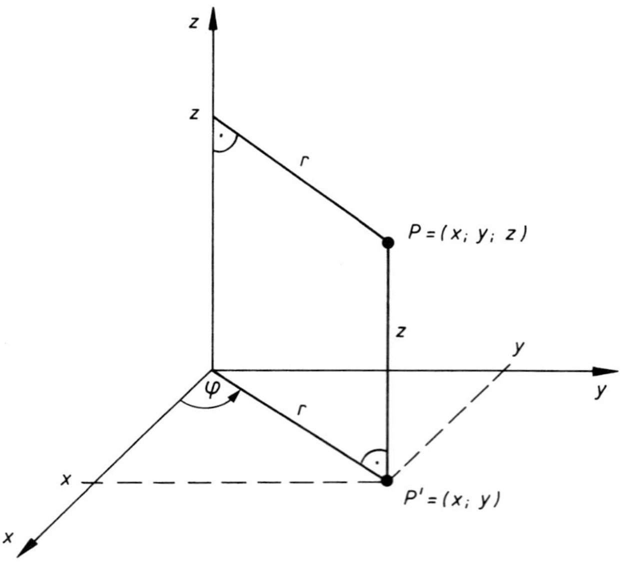

Bild IV-75
Zylinderkoordinaten eines Punktes P

> **Zylinderkoordinaten**
>
> Die *Zylinderkoordinaten* eines Raumpunktes P bestehen aus den *Polarkoordinaten* r und φ des Projektionspunktes P' in der x, y-Ebene und der (kartesischen) *Höhenkoordinate* z (Bild IV-75).

Anmerkungen

(1) Man beachte: r und z sind *Längenkoordinaten*, φ dagegen ist eine *Winkelkoordinate* mit $0 \leqslant \varphi < 2\pi$ (*Hauptwert* des Winkels).

(2) *Zylinderkoordinaten* und *kartesische* Koordinaten besitzen als *gemeinsame* Koordinate die *Höhenkoordinate* z.

(3) Die Zylinderkoordinate r ist der *senkrechte* Abstand des Punktes P von der z-Achse. Daher gilt stets $r \geqslant 0$.

(4) Die Zylinderkoordinate r wird häufig auch durch das Symbol ρ gekennzeichnet. Wir haben uns an dieser Stelle jedoch für das erstere Symbol entschieden, um *Verwechslungen* mit der *Dichte* ρ eines Körpers zu *vermeiden*.

Zwischen den *kartesischen* Koordinaten $(x; y; z)$ und den *Zylinderkoordinaten* $(r; \varphi; z)$ bestehen dabei die folgenden *Transformationsgleichungen* (vgl. hierzu Bild IV-75):

$$x = r \cdot \cos \varphi, \qquad y = r \cdot \sin \varphi, \qquad z = z \tag{IV-172}$$

bzw.

$$r = \sqrt{x^2 + y^2}, \qquad \tan \varphi = \frac{y}{x}, \qquad z = z \tag{IV-173}$$

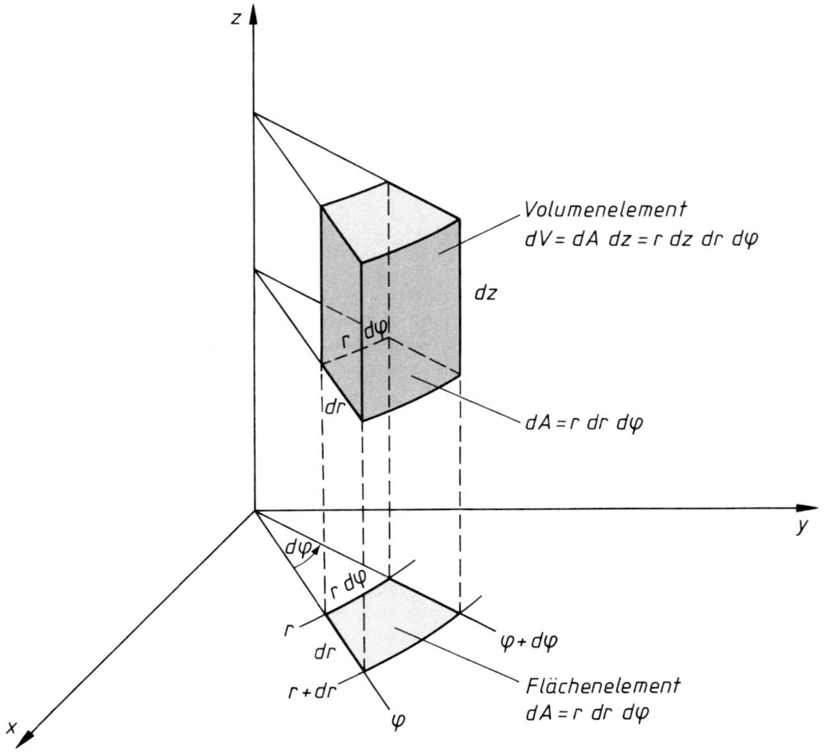

Bild IV-76 Volumenelement dV in Zylinderkoordinaten

Das *Volumenelement* dV besitzt in Zylinderkoordinaten die Form

$$dV = (dA)\,dz = (r\,dr\,d\varphi)\,dz = r\,dz\,dr\,d\varphi \qquad \text{(IV-174)}$$

wie man unmittelbar anhand von Bild IV-76 erkennen kann.

Für ein *Dreifachintegral* $\iiint\limits_{(V)} f(x;\,y;\,z)\,dV$ erhält man dann in Zylinderkoordinaten die Darstellung

$$\iiint\limits_{(V)} f(x;\,y;\,z)\,dV = \iiint\limits_{(V)} f(r\cdot\cos\varphi;\,r\cdot\sin\varphi;\,z)\cdot r\,dz\,dr\,d\varphi \qquad \text{(IV-175)}$$

Der *Integrand* ist jetzt eine von r, φ und z abhängige Funktion, die *Integration* erfolgt durch *drei* nacheinander auszuführende *gewöhnliche* Integrationen in der Reihenfolge z, r, φ.

Wir fassen die Ergebnisse zusammen:

Berechnung eines Dreifachintegrals unter Verwendung von Zylinderkoordinaten

Beim Übergang von den *kartesischen* Raumkoordinaten $(x;\,y;\,z)$ zu den *Zylinderkoordinaten* $(r;\,\varphi;\,z)$ gelten die Transformationsgleichungen

$$x = r\cdot\cos\varphi, \qquad y = r\cdot\sin\varphi, \qquad z = z$$

$$dV = dx\,dy\,dz = r\,dz\,dr\,d\varphi \qquad \text{(IV-176)}$$

Ein *Dreifachintegral* $\iiint\limits_{(V)} f(x;\,y;\,z)\,dV$ transformiert sich dabei wie folgt:

$$\iiint\limits_{(V)} f(x;\,y;\,z)\,dV = \iiint\limits_{(V)} f(r\cdot\cos\varphi;\,r\cdot\sin\varphi;\,z)\cdot r\,dz\,dr\,d\varphi \qquad \text{(IV-177)}$$

Die Integration erfolgt dabei in *drei* nacheinander auszuführenden *gewöhnlichen* Integrationsschritten in der Reihenfolge z, r und φ.

Anmerkung

Die *Variablentransformation* $(x;\,y;\,z) \rightarrow (r;\,\varphi;\,z)$ in einem *dreifachen* Integral $\iiint\limits_{(V)} f(x;\,y;\,z)\,dV$ wird durchgeführt, indem man $x = r\cdot\cos\varphi$, $y = r\cdot\sin\varphi$ und $dV = r\,dz\,dr\,d\varphi$ setzt. Die z-Koordinate bleibt dagegen *unverändert* erhalten. Die *Inte-*

grationsgrenzen müssen jedoch *neu bestimmt* und in *Zylinderkoordinaten* ausgedrückt werden (vgl. hierzu die im Anwendungsteil, Abschnitt 3.2.3 folgenden Beispiele).

Rotationssymmetrische Körper spielen – wir hatten es bereits zu Beginn dieses Abschnitts erwähnt – in den Anwendungen eine besondere Rolle. Die *Mantelfläche* eines solchen Rotationskörpers, auch *Rotationsfläche* genannt, entsteht dabei durch *Drehung* einer Kurve $z = f(x)$ um die z-Achse, die damit auch zugleich *Symmetrieachse* ist (Bild IV-77). Bei der Rotation wird aus der *kartesischen* Koordinate x die *Zylinderkoordinate* r und die *Kurvengleichung* $z = f(x)$ geht dabei in die *Funktionsgleichung* $z = f(r)$ der *Rotationsfläche* über (formale Substitution $x \rightarrow r$).

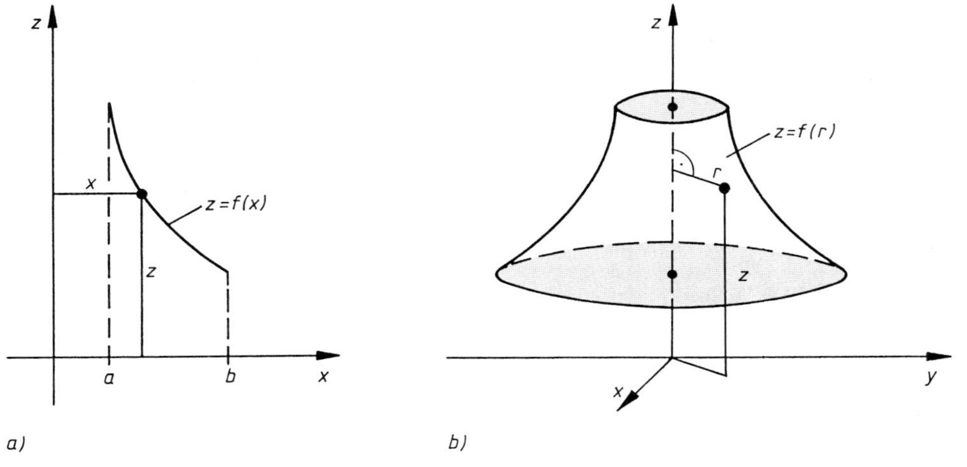

Bild IV-77 Durch Drehung der Kurve $z = f(x)$, $a \leqslant x \leqslant b$ (Bild a)) um die z-Achse entsteht die in b) skizzierte Rotationsfläche $z = f(r)$, $a \leqslant r \leqslant b$

Funktionsgleichung einer Rotationsfläche

Durch Rotation einer Kurve $z = f(x)$ um die z-Achse entsteht eine *Rotationsfläche* mit der Funktionsgleichung $z = f(r)$ (Bild IV-77). Die *Gleichung* der Rotationsfläche erhält man dabei formal aus der Kurvengleichung mit Hilfe der Substitution $x \rightarrow r$.

Anmerkungen

(1) Diese Aussage gilt natürlich auch für eine in der *impliziten* Form $F(x; z) = 0$ gegebene Kurve.

(2) Bei einer Rotationsfläche $z = f(r)$ hängt die Höhenkoordinate z wegen der Rotationssymmetrie *nur* von r, *nicht* aber von der Winkelkoordinate φ ab!

■ **Beispiele**

(1) Durch Rotation der *Normalparabel* $z = x^2$ um die z-Achse entsteht die Rotationsfläche $z = r^2$ (Mantel eines *Rotationsparaboloid*, Bild IV-78).

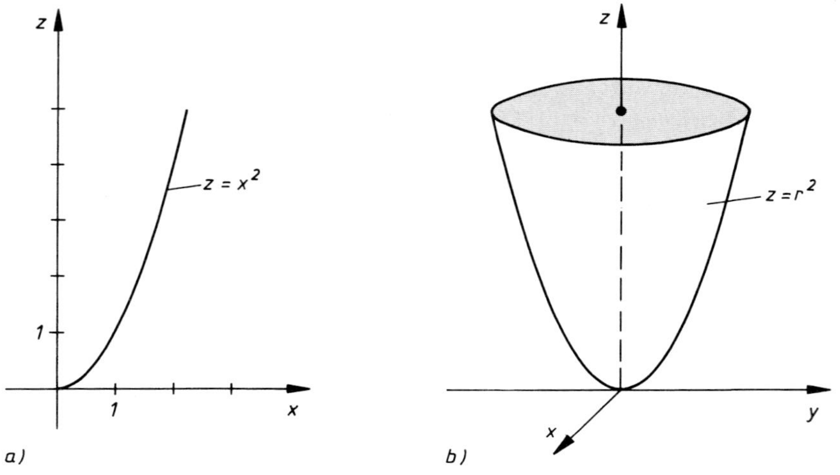

Bild IV-78 Die Parabel $z = x^2$ (Bild a)) erzeugt bei Rotation um die z-Achse die in b) skizzierte Rotationsfläche $z = r^2$ (Rotationsparaboloid)

(2) Durch Rotation des *Geradenstücks* $z = -\frac{H}{R}(x - R)$, $0 \leqslant x \leqslant R$ um die z-Achse entsteht ein *Kegel* (Bild IV-79). Die Funktionsgleichung des *Kegelmantels* lautet: $z = -\frac{H}{R}(r - R)$, $0 \leqslant r \leqslant R$.

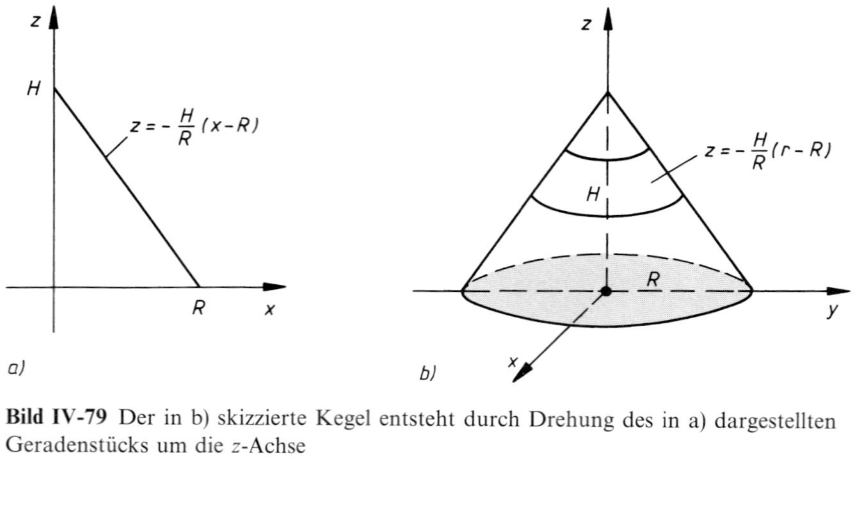

Bild IV-79 Der in b) skizzierte Kegel entsteht durch Drehung des in a) dargestellten Geradenstücks um die z-Achse

(3) Aus der *Kreislinie* $x^2 + z^2 = R^2$ entsteht bei Rotation um die z-Achse die Rotationsfläche $r^2 + z^2 = R^2$ (Gleichung der *Kugeloberfläche*, Bild IV-80).

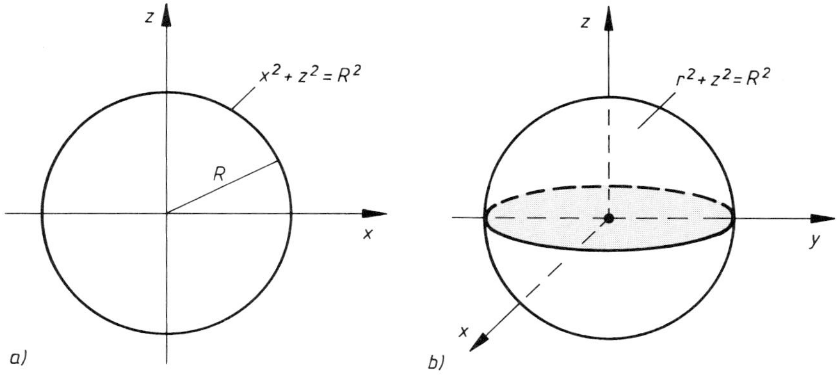

Bild IV-80 Die Kreislinie $x^2 + z^2 = R^2$ (Bild a)) erzeugt bei Rotation um die z-Achse die in b) skizzierte Kugeloberfläche mit der Gleichung $r^2 + z^2 = R^2$

■

3.2.3 Anwendungen

Wir behandeln in diesem Abschnitt die folgenden Anwendungsbeispiele:

— *Volumen und Masse eines Körpers*
— *Schwerpunkt eines Körpers*
— *Massenträgheitsmomente*

Dabei beschränken wir uns auf *zylindrische* Körper (Integrationsbereiche), wie in Bild IV-74 dargestellt, und verwenden bei *rotationssymmetrischen* Körpern ausschließlich *Zylinderkoordinaten*.

3.2.3.1 Volumen und Masse eines Körpers

In Abschnitt 3.2.2.1 hatten wir in den Anmerkungen bereits erwähnt, daß man das *Volumen* V eines zylindrischen Körpers (V) mit Hilfe eines *Dreifachintegrals* berechnen kann. Es gilt nämlich:

$$V = \iiint\limits_{(V)} dV = \iiint\limits_{(V)} dz\, dy\, dx \qquad \text{(IV-178)}$$

Diese Integralformel läßt sich auch auf sehr anschauliche Weise durch eine *geometrische* Betrachtung gewinnen. Wir gehen dabei von dem in Bild IV-81 skizzierten *zylindrischen* Körper (V) mit der *Grundfläche* $z = z_u(x; y)$ („Boden") und der *„Deckelfläche"* $z = z_o(x; y)$ aus. Durch *Projektion* des Zylinders in die x, y-Ebene erhält man den Normalbereich (A), der (wie bisher) durch die Kurven $y_u = f_u(x)$ und $y_o = f_o(x)$ sowie die Parallelen $x = a$ und $x = b$ begrenzt wird.

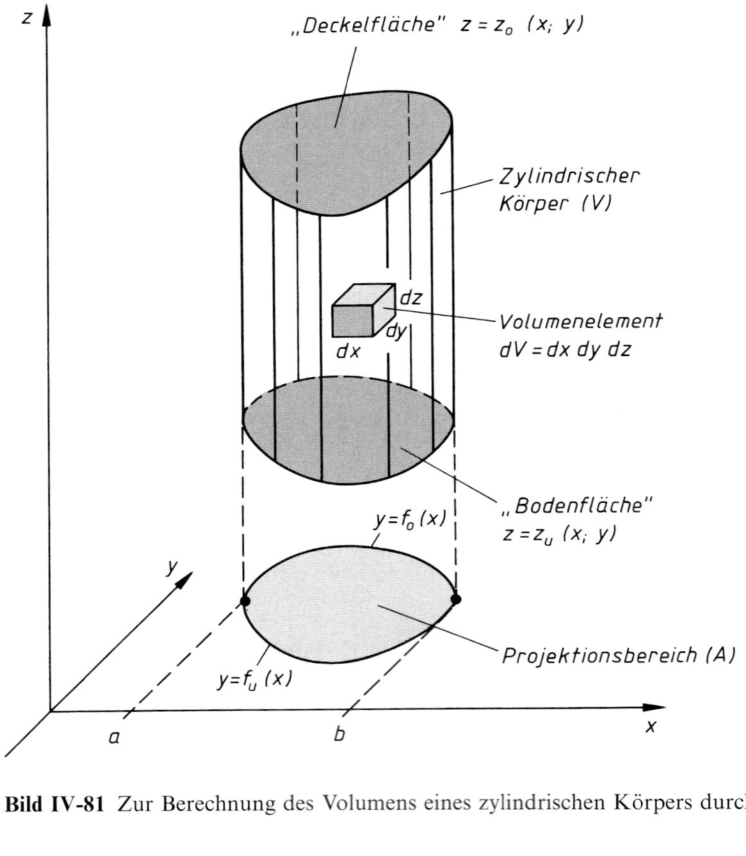

Bild IV-81 Zur Berechnung des Volumens eines zylindrischen Körpers durch ein Dreifachintegral

Wir betrachten nun ein *infinitesimal* kleines, im Körper gelegenes *Volumenelement* dV. Es besitzt in einem *kartesischen* Koordinatensystem bekanntlich die Gestalt eines achsenparallelen *Quaders* mit den Kantenlängen dx, dy und dz. Sein Volumen beträgt $dV = dx\,dy\,dz$. Wir werden jetzt zeigen, wie man den Zylinder *Schritt für Schritt* aus solchen Volumenelementen zusammensetzen kann.

1. Schritt: Volumen einer Säule

Zunächst bilden wir eine zur z-Achse parallele *Säule* mit der infinitesimal kleinen Querschnittsfläche $dA = dx\, dy$, indem *Volumenelement über Volumenelement* gesetzt wird, bis man an die beiden Begrenzungsflächen des Körpers stößt (Bild IV-82).

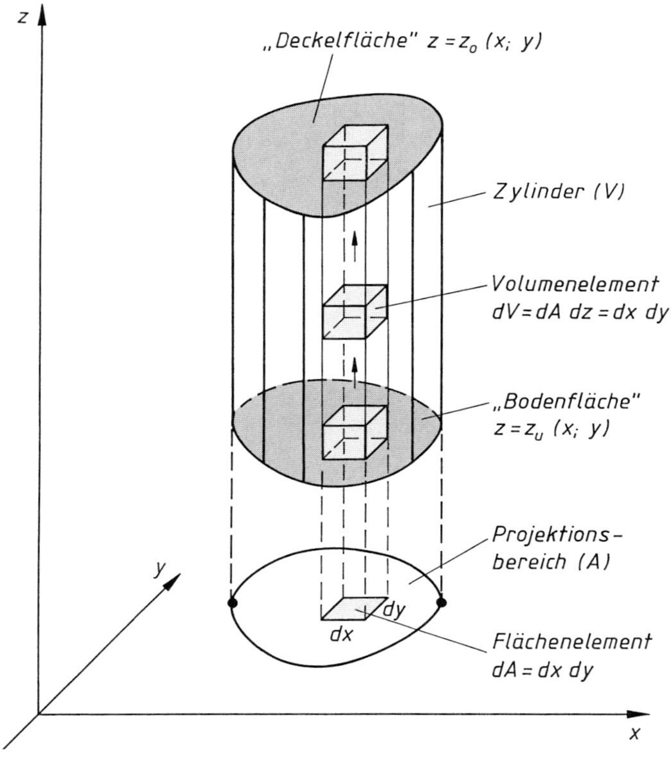

Bild IV-82 Durch Summation der übereinander gelegenen Volumenelemente dV zwischen der „Bodenfläche" $z = z_u(x;\, y)$ und der „Deckelfläche" $z = z_o(x;\, y)$ erhält man eine quaderförmige Säule

Das Volumen dieser Säule erhalten wir dann durch *Summation* sämtlicher in der Säule gelegener *Volumenelemente*, d.h. durch *Integration* der Volumenelemente in der z-Richtung zwischen den Grenzen $z = z_u(x;\, y)$ („Grundfläche") und $z = z_o(x;\, y)$ („Deckelfläche"). Das infinitesimal kleine *Säulenvolumen* beträgt somit

$$dV_{\text{Säule}} = \int\limits_{z = z_u(x;\, y)}^{z_o(x;\, y)} dV = \left(\int\limits_{z = z_u(x;\, y)}^{z_o(x;\, y)} dz \right) dy\, dx \qquad \text{(IV-179)}$$

2. Schritt: Volumen einer Scheibe (Volumenschicht)

Wir legen jetzt – parallel zur y-Richtung – *Säule an Säule*, bis wir an die Randkurven $y = f_u(x)$ bzw. $y = f_o(x)$ des Bereiches (A) in der x, y-Ebene stoßen und erhalten auf diese Weise eine *Volumenschicht* (*Scheibe*) der Breite dx (Bild IV-83). Das Volumen dV_{Scheibe} dieser *infinitesimal* dünnen Scheibe ergibt sich dann durch *Summation* der *Säulenvolumina*, d.h. durch *Integration* von (IV-179) in der y-Richtung zwischen den Grenzen $y = f_u(x)$ und $y = f_o(x)$:

$$dV_{\text{Scheibe}} = \int\limits_{y = f_u(x)}^{f_o(x)} dV_{\text{Säule}} = \left(\int\limits_{y = f_u(x)}^{f_o(x)} \left(\int\limits_{z = z_u(x;y)}^{z_o(x;y)} dz \right) dy \right) dx \qquad \text{(IV-180)}$$

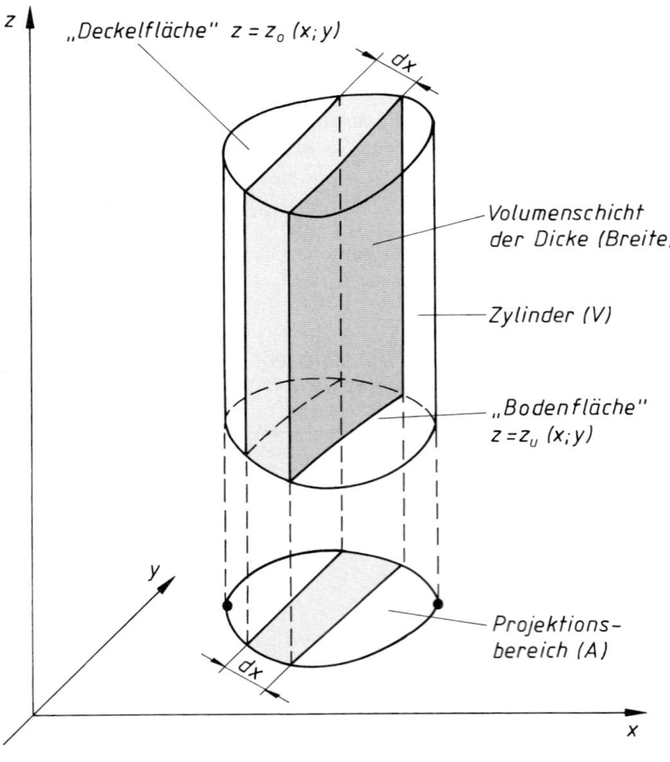

Bild IV-83 Durch Summation der nebeneinander gelegenen Säulen vom Volumen $dV_{\text{Säule}}$ entsteht eine Volumenschicht der Dicke dx

3. Schritt: Volumen des Zylinders

Jetzt wird (in der x-Richtung) *Scheibe an Scheibe* gelegt, bis der zylindrische Körper *vollständig* ausgefüllt ist. Das Zylindervolumen V erhalten wir dann durch *Summation* über die Volumina sämtlicher *Scheiben*, d.h. durch *Integration* von (IV-180) in der x-Richtung zwischen den Grenzen $x = a$ und $x = b$. Demnach ist:

$$V = \iiint_{(V)} dV = \int_{x=a}^{b} dV_{\text{Scheibe}} = \int_{x=a}^{b} \int_{y=f_u(x)}^{f_o(x)} \int_{z=z_u(x;y)}^{z_o(x;y)} dz\, dy\, dx \qquad \text{(IV-181)}$$

Wir fassen zusammen:

Volumen eines (zylindrischen) Körpers

Definitionsformel:

$$V = \iiint_{(V)} dV \qquad \text{(IV-182)}$$

In kartesischen Koordinaten (Bild IV-81):

$$V = \int_{x=a}^{b} \int_{y=f_u(x)}^{f_o(x)} \int_{z=z_u(x;y)}^{z_o(x;y)} dz\, dy\, dx \qquad \text{(IV-183)}$$

Anmerkung

Die *Masse* m eines *homogenen* Körpers ist das Produkt aus der (konstanten) Dichte ρ und dem Volumen V dieses Körpers: $m = \rho V$.

Bei einem zur z-Achse *rotationssymmetrischen* Körper verwendet man zweckmäßigerweise *Zylinderkoordinaten*. Für das *Volumen* erhält man dann die folgende Integralformel:

Volumen eines Rotationskörpers (Rotationsachse: z-Achse)

Unter Verwendung von Zylinderkoordinaten gilt:

$$V = \iiint_{(V)} r\, dz\, dr\, d\varphi \qquad \text{(IV-184)}$$

■ **Beispiele**

(1) Durch *Rotation* des Kurvenstücks $z = \sqrt{x}$, $0 \leqslant x \leqslant 4$ um die z-Achse entsteht der in Bild IV-84 skizzierte *trichterförmige* Drehkörper, dessen *Volumen* wir nun bestimmen.

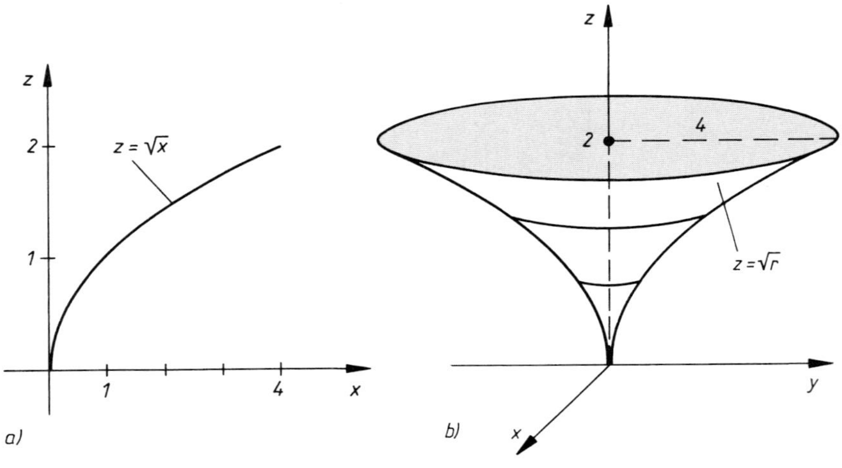

Bild IV-84 Die Kurve $z = \sqrt{x}$, $0 \leqslant x \leqslant 4$ (Bild a)) erzeugt bei Drehung um die z-Achse einen trichterförmigen Rotationskörper (Bild b))

Wegen der *Rotationssymmetrie* verwenden wir *Zylinderkoordinaten*. Die durch die Gleichung $z = \sqrt{r}$, $0 \leqslant r \leqslant 4$ beschriebene *Rotationsfläche* bildet die „Bodenfläche" des Körpers. Der kreisförmige „Deckel" des Trichters liegt in der zur x, y-Ebene *parallelen* Ebene mit der Funktionsgleichung $z = 2$. Die *Projektion* des Trichters in die x, y-Ebene führt zu einem kreisförmigen Bereich (A), der sich durch die Ungleichungen $0 \leqslant r \leqslant 4$, $0 \leqslant \varphi < 2\pi$ beschreiben läßt. Somit ergeben sich für das *Volumenintegral* folgende *Integrationsgrenzen*:

z-Integration:	Von $z = \sqrt{r}$	bis $z = 2$
r-Integration:	Von $r = 0$	bis $r = 4$
φ-Integration:	Von $\varphi = 0$	bis $\varphi = 2\pi$

Für das *Rotationsvolumen* folgt damit nach der Integralformel (IV-184):

$$V = \int\limits_{\varphi=0}^{2\pi} \int\limits_{r=0}^{4} \int\limits_{z=\sqrt{r}}^{2} r \, dz \, dr \, d\varphi$$

Die Berechnung dieses Dreifachintegrals erfolgt in drei Integrationsschritten.

1. Integrationsschritt (Integration nach z):

$$\int_{z=\sqrt{r}}^{2} r\,dz = r \cdot \int_{z=\sqrt{r}}^{2} dz = r \Big[z \Big]_{z=\sqrt{r}}^{2} = r(2-\sqrt{r}) = 2r - r^{3/2}$$

2. Integrationsschritt (Integration nach r):

$$\int_{r=0}^{4} (2r - r^{3/2})\,dr = \left[r^2 - \frac{2}{5} r^{5/2} \right]_{r=0}^{4} = 3{,}2$$

3. Integrationsschritt (Integration nach φ):

$$\int_{\varphi=0}^{2\pi} 3{,}2\,d\varphi = 3{,}2 \cdot \int_{0}^{2\pi} d\varphi = 3{,}2 \Big[\varphi \Big]_{0}^{2\pi} = 6{,}4\,\pi = 20{,}106$$

Ergebnis: $V = 20{,}106$

(2) Gesucht ist die *Masse m* eines *homogenen Kreiskegels* mit dem Radius R, der Höhe H und der Dichte ρ (Bild IV-85).

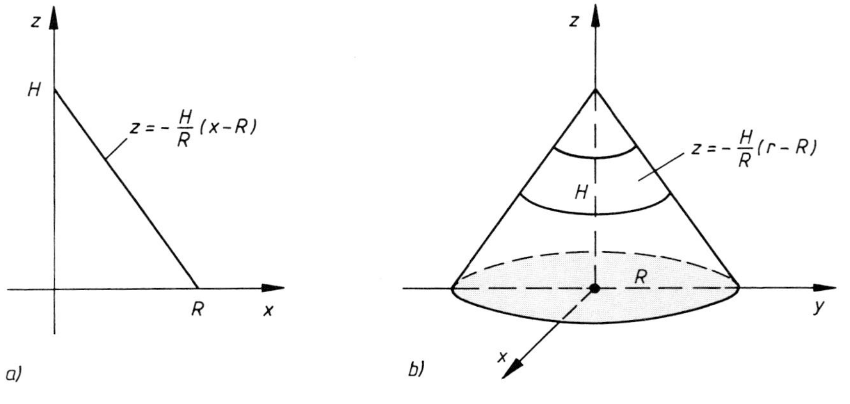

Bild IV-85 Das in a) skizzierte Geradenstück erzeugt bei Rotation um die z-Achse den in b) dargestellten Kegel

Lösung:

Der *Kegel* entsteht durch Rotation der *Geraden* $z = -\frac{H}{R}(x - R),\ 0 \leqslant x \leqslant R$ um die z-Achse (Bild IV-85). Seine *Mantelfläche* (Rotationsfläche) wird somit durch die Funktionsgleichung $z = -\frac{H}{R}(r - R),\ 0 \leqslant r \leqslant R$ beschrieben (Substitution $x \to r$) und bildet die *obere* Begrenzungsfläche des Kegels. Die „Bodenfläche" ist Teil der x, y-Ebene $z = 0$. Die *Projektion* des Kegels in diese Ebene führt zu der Kreisfläche $0 \leqslant r \leqslant R,\ 0 \leqslant \varphi < 2\pi$. Damit ergeben sich folgende *Integrationsgrenzen*:

z-Integration: Von $z = 0$ bis $z = -\frac{H}{R}(r - R)$

r-Integration: Von $r = 0$ bis $r = R$

φ-Integration: Von $\varphi = 0$ bis $\varphi = 2\pi$

Wir berechnen zunächst das *Kegelvolumen V* nach Gleichung (IV-184):

$$V = \int_{\varphi = 0}^{2\pi} \int_{r = 0}^{R} \int_{z = 0}^{-\frac{H}{R}(r - R)} r \, dz \, dr \, d\varphi$$

1. Integrationsschritt (Integration nach z):

$$\int_{z = 0}^{-\frac{H}{R}(r - R)} r \, dz = r \cdot \int_{z = 0}^{-\frac{H}{R}(r - R)} dz = r \Big[z \Big]_{z = 0}^{-\frac{H}{R}(r - R)} = -\frac{H}{R}(r^2 - Rr)$$

2. Integrationsschritt (Integration nach r):

$$\int_{r = 0}^{R} -\frac{H}{R}(r^2 - Rr) \, dr = -\frac{H}{R} \cdot \int_{r = 0}^{R} (r^2 - Rr) \, dr =$$

$$= -\frac{H}{R}\left[\frac{1}{3} r^3 - \frac{1}{2} R r^2\right]_{r = 0}^{R} = \frac{1}{6} R^2 H$$

3. Integrationsschritt (Integration nach φ):

$$\int_{\varphi = 0}^{2\pi} \frac{1}{6} R^2 H \, d\varphi = \frac{1}{6} R^2 H \cdot \int_{0}^{2\pi} d\varphi = \frac{1}{6} R^2 H \Big[\varphi \Big]_{0}^{2\pi} = \frac{1}{3} \pi R^2 H$$

Volumen V und Masse m betragen somit:

$$V = \frac{1}{3}\pi R^2 H, \quad m = \rho V = \rho \cdot \frac{1}{3}\pi R^2 H = \frac{1}{3}\pi \varrho R^2 H$$

■

3.2.3.2 Schwerpunkt eines Körpers

In Band 1, Abschnitt V.10.8 hatten wir uns bereits ausführlich mit der Berechnung des *Schwerpunktes* (*Massenmittelpunktes*) eines *homogenen* Körpers beschäftigt und an dieser Stelle für die *Schwerpunktkoordinaten* x_S, y_S und z_S die folgenden Integralformeln hergeleitet:

$$x_S = \frac{1}{V} \cdot \int_{(V)} x\, dV, \quad y_S = \frac{1}{V} \cdot \int_{(V)} y\, dV, \quad z_S = \frac{1}{V} \cdot \int_{(V)} z\, dV \qquad \text{(IV-185)}$$

Nach unseren *jetzigen* Kenntnissen handelt es sich dabei um *Dreifachintegrale*, für die wir auch verabredungsgemäß die Symbolik mit dem *dreifachen* Integralzeichen verwenden wollen. Daher gilt zusammenfassend und ergänzend:

Schwerpunkt eines homogenen Körpers

Definitionsformel der Schwerpunktkoordinaten:

$$x_S = \frac{1}{V} \cdot \iiint_{(V)} x\, dV, \quad y_S = \frac{1}{V} \cdot \iiint_{(V)} y\, dV, \quad z_S = \frac{1}{V} \cdot \iiint_{(V)} z\, dV \qquad \text{(IV-186)}$$

In kartesischen Koordinaten (Bild IV-81):

$$x_S = \frac{1}{V} \cdot \int_{x=a}^{b} \int_{y=f_u(x)}^{f_o(x)} \int_{z=z_u(x;y)}^{z_o(x;y)} x\, dz\, dy\, dx$$

$$y_S = \frac{1}{V} \cdot \int_{x=a}^{b} \int_{y=f_u(x)}^{f_o(x)} \int_{z=z_u(x;y)}^{z_o(x;y)} y\, dz\, dy\, dx \qquad \text{(IV-187)}$$

$$z_S = \frac{1}{V} \cdot \int_{x=a}^{b} \int_{y=f_u(x)}^{f_o(x)} \int_{z=z_u(x;y)}^{z_o(x;y)} z\, dz\, dy\, dx$$

V: Volumen des Körpers

Bei einem *rotationssymmetrischen* Körper liegt der *Schwerpunkt S auf* der Rotationsachse. Legt man das Koordinatensystem so, daß die Rotationsachse in die *z-Achse* fällt, dann ist $x_S = 0$ und $y_S = 0$ (Bild IV-86). In *Zylinderkoordinaten* gilt daher:

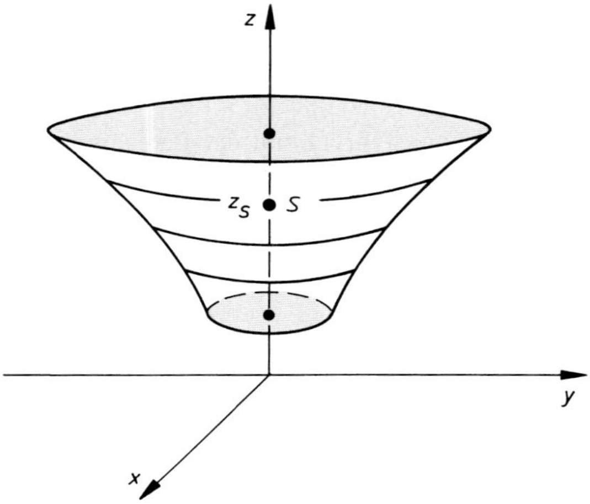

Bild IV-86
Zum Schwerpunkt eines Rotationskörpers

Schwerpunkt eines homogenen Rotationskörpers
(Rotationsachse: *z*-Achse, Bild IV-86)

Unter Verwendung von *Zylinderkoordinaten* gilt für den auf der Rotationsachse (*z*-Achse) liegenden *Schwerpunkt* $S = (x_S; y_S; z_S)$:

$$x_S = 0, \quad y_S = 0, \quad z_S = \frac{1}{V} \cdot \iiint\limits_{(V)} z\, r\, dz\, dr\, d\varphi \qquad \text{(IV-188)}$$

V: Rotationsvolumen (berechnet nach der Integralformel (IV-184)).

■ **Beispiele**

(1) Wo liegt der *Schwerpunkt* einer *homogenen Halbkugel* mit dem Radius R (Bild IV-87)?

Lösung:

Die *Halbkugel* entsteht durch Rotation der *Viertelkreislinie* $z = \sqrt{R^2 - x^2}$, $0 \leqslant x \leqslant R$ um die *z*-Achse. Die *obere* Begrenzungsfläche lautet damit $z = \sqrt{R^2 - r^2}$, $0 \leqslant r \leqslant R$ (Substitution $x \rightarrow r$), die *Bodenfläche* liegt in

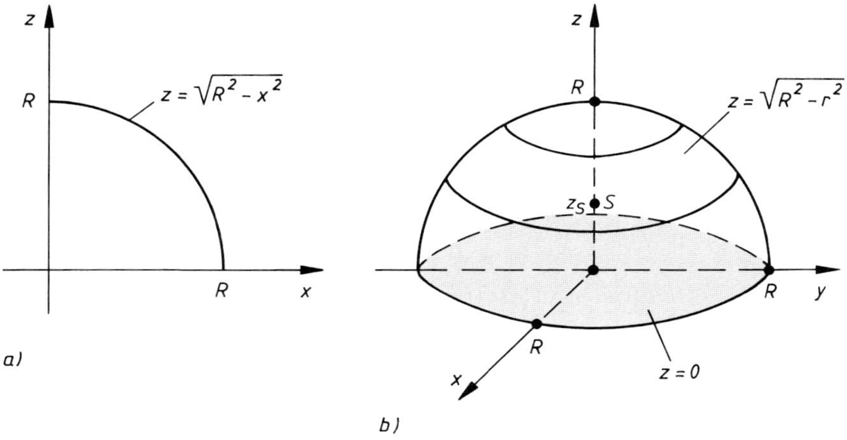

Bild IV-87 Der in a) skizzierte Viertelkreis erzeugt bei Drehung um die z-Achse die in b) dargestellte Halbkugel

der x, y-Ebene $z = 0$. Durch *Projektion* der Halbkugel in die x, y-Ebene erhalten wir die Kreisfläche $0 \leqslant r \leqslant R,\ 0 \leqslant \varphi < 2\pi$. Somit lauten die *Integrationsgrenzen* für die *Schwerpunktberechnung der Halbkugel* wie folgt:

z-Integration: Von $z = 0$ bis $z = \sqrt{R^2 - r^2}$
r-Integration: Von $r = 0$ bis $r = R$
φ-Integration: Von $\varphi = 0$ bis $\varphi = 2\pi$

Für die z-Koordinate des *Schwerpunktes* folgt dann nach der Integralformel (IV-188):

$$z_S = \frac{1}{\frac{2}{3}\pi R^3} \cdot \int_{\varphi=0}^{2\pi} \int_{r=0}^{R} \int_{z=0}^{\sqrt{R^2 - r^2}} z\, r\, dz\, dr\, d\varphi$$

(Volumen der Halbkugel: $V = \frac{2}{3}\pi R^3$). Wir berechnen nun dieses *dreifache Integral* in der bekannten Weise.

1. Integrationsschritt (*Integration nach z*):

$$\int_{z=0}^{\sqrt{R^2 - r^2}} z\, r\, dz = r \cdot \int_{z=0}^{\sqrt{R^2 - r^2}} z\, dz = r\left[\frac{1}{2} z^2\right]_{z=0}^{\sqrt{R^2 - r^2}} =$$

$$= r\left[\frac{1}{2}(R^2 - r^2)\right] = \frac{1}{2}(R^2 r - r^3)$$

2. Integrationsschritt (Integration nach r):

$$\int_{r=0}^{R} \frac{1}{2}(R^2 r - r^3)\,dr = \frac{1}{2} \cdot \int_{r=0}^{R} (R^2 r - r^3)\,dr =$$

$$= \frac{1}{2}\left[\frac{1}{2} R^2 r^2 - \frac{1}{4} r^4\right]_{r=0}^{R} = \frac{1}{8} R^4$$

3. Integrationsschritt (Integration nach φ):

$$\int_{\varphi=0}^{2\pi} \frac{1}{8} R^4\,d\varphi = \frac{1}{8} R^4 \cdot \int_{0}^{2\pi} d\varphi = \frac{1}{8} R^4 \left[\varphi\right]_{0}^{2\pi} = \frac{\pi}{4} R^4$$

Damit ist

$$z_S = \frac{1}{\frac{2}{3}\pi R^3} \cdot \frac{\pi}{4} R^4 = \frac{3}{8} R$$

Der *Schwerpunkt* einer *homogenen Halbkugel* vom Radius R fällt somit in den Punkt $S = \left(0; 0; \frac{3}{8} R\right)$.

(2) Der in Bild IV-88 skizzierte Behälter besitzt die Form eines *Rotationsparaboloids* mit der Mantelfläche $z = r^2$. Er soll von einem Wasserreservoir aus, das sich in der x, y-Ebene befindet, bis zur Höhe $z = h_0$ mit Wasser gefüllt werden. Welche Arbeit ist dabei *mindestens* aufzuwenden?

Lösung:

Die *Mindestarbeit* entspricht der *Hubarbeit*, die zu verrichten ist, um die Füllmenge m in den *Schwerpunkt* $S = (0; 0; z_S)$ des Behälters zu bringen. Die Wassermenge wird dabei aus dem Wasserreservoir $(z = 0)$ um die Strecke $h = z_S$ angehoben. Somit ist

$$W_{\min} = mgh = mgz_S$$

(Hubarbeit: $W = mgh$; g: Erdbeschleunigung; h: Höhe).

Wir müssen daher die *Wassermenge m* sowie die *Schwerpunktskoordinate* z_S des rotationssymmetrischen Behälters berechnen. Zunächst jedoch bestimmen wir die *Integrationsgrenzen* für die anfallenden Integralberechnungen. Die *obere* Begrenzungsfläche des Behälters ist die zur x, y-Ebene parallele *Ebene* $z = h_o$, *Bodenfläche* ist die *Rotationsfläche* $z = r^2$. Die *Projektion*

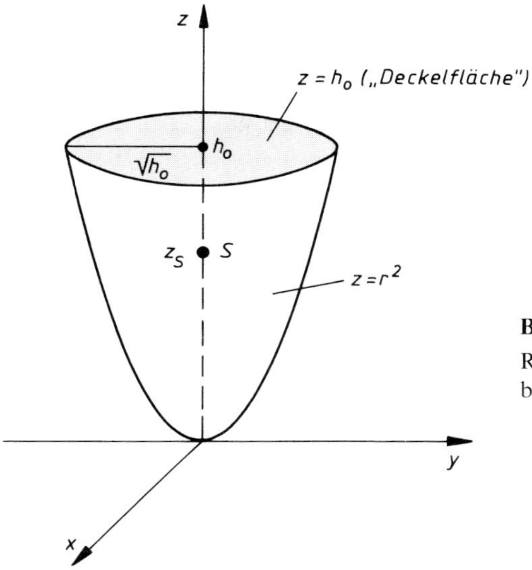

Bild IV-88
Rotationsparaboloid $z = r^2$, bis zur Höhe h_0 mit Wasser gefüllt

des bis zur Höhe $z = h_o$ mit Wasser gefüllten Behälters in die x, y-Ebene ergibt eine Kreisfläche mit dem Radius $R = \sqrt{h_o}$ (berechnet aus der Funktionsgleichung $z = r^2$ für $z = h_o$, vgl. hierzu Bild IV-88). Die *Integrationsgrenzen* lauten damit in *Zylinderkoordinaten*:

z-Integration: Von $z = r^2$ bis $z = h_o$

r-Integration: Von $r = 0$ bis $r = \sqrt{h_o}$

φ-Integration: Von $\varphi = 0$ bis $\varphi = 2\pi$

Berechnung der Füllmenge (Wassermenge) *m*

Wir berechnen zunächst das *Volumen V* des Rotationsparaboloids nach der Integralformel (IV-184):

$$V = \int_{\varphi=0}^{2\pi} \int_{r=0}^{\sqrt{h_o}} \int_{z=r^2}^{h_o} r \, dz \, dr \, d\varphi$$

1. Integrationsschritt (*z-Integration*):

$$\int_{z=r^2}^{h_o} r \, dz = r \cdot \int_{z=r^2}^{h_o} dz = r \left[z \right]_{z=r^2}^{h_o} = r (h_o - r^2) = h_o r - r^3$$

2. Integrationsschritt (r-Integration):

$$\int_{r=0}^{\sqrt{h_o}} (h_o r - r^3)\, dr = \left[\frac{1}{2} h_o r^2 - \frac{1}{4} r^4\right]_{r=0}^{\sqrt{h_o}} = \frac{1}{4} h_o^2$$

3. Integrationsschritt (φ-Integration):

$$\int_{\varphi=0}^{2\pi} \frac{1}{4} h_o^2 \, d\varphi = \frac{1}{4} h_o^2 \cdot \int_0^{2\pi} d\varphi = \frac{1}{4} h_o^2 \left[\varphi\right]_0^{2\pi} = \frac{1}{2} \pi h_o^2$$

Ergebnis: $V = \frac{1}{2} \pi h_o^2$ und somit $m = \rho V = \frac{1}{2} \pi \rho h_o^2$

Berechnung der Schwerpunktskoordinate z_S des Behälters

Wir berechnen die *Schwerpunktskoordinate* z_S mit Hilfe der Integralformel (IV-188):

$$z_S = \frac{1}{\frac{1}{2} \pi h_o^2} \cdot \int_{\varphi=0}^{2\pi} \int_{r=0}^{\sqrt{h_o}} \int_{z=r^2}^{h_o} z\, r \, dz \, dr \, d\varphi$$

1. Integrationsschritt (z-Integration):

$$\int_{z=r^2}^{h_o} z\, r\, dz = r \cdot \int_{z=r^2}^{h_o} z\, dz = r \left[\frac{1}{2} z^2\right]_{z=r^2}^{h_o} = \frac{1}{2} r (h_o^2 - r^4) =$$

$$= \frac{1}{2} (h_o^2 r - r^5)$$

2. Integrationsschritt (r-Integration):

$$\int_{r=0}^{\sqrt{h_o}} \frac{1}{2} (h_o^2 r - r^5)\, dr = \frac{1}{2} \cdot \int_{r=0}^{\sqrt{h_o}} (h_o^2 r - r^5)\, dr = \frac{1}{2}\left[\frac{1}{2} h_o^2 r^2 - \frac{1}{6} r^6\right]_{r=0}^{\sqrt{h_o}} =$$

$$= \frac{1}{2}\left[\frac{1}{2} h_o^3 - \frac{1}{6} h_o^3\right] = \frac{1}{6} h_o^3$$

3. Integrationsschritt (φ*-Integration*):

$$\int_{\varphi=0}^{2\pi} \frac{1}{6} h_o^3 \, d\varphi = \frac{1}{6} h_o^3 \cdot \int_0^{2\pi} d\varphi = \frac{1}{6} h_o^3 \Big[\varphi \Big]_0^{2\pi} = \frac{1}{3} \pi h_o^3$$

Ergebnis: $z_S = \dfrac{1}{\frac{1}{2} \pi h_o^2} \cdot \frac{1}{3} \pi h_o^3 = \frac{2}{3} h_0$

Berechnung der Arbeit beim Füllen des Behälters

Die *Mindestarbeit* zum Füllen des Wasserbehälters beträgt damit

$$W_{\min} = m g z_S = \frac{1}{2} \pi \rho h_o^2 g \cdot \frac{2}{3} h_o = \frac{1}{3} \pi \rho g h_o^3$$

■

3.2.3.3 Massenträgheitsmomente

Die im Zusammenhang mit *Drehbewegungen* und *Rotationen* starrer Körper auftretenden *Massenträgheitsmomente* haben wir bereits in Band 1 in den Anwendungen der Integralrechnung behandelt (Abschnitt V.10.9). Das Massenträgheitsmoment stellt sich dabei als eine physikalische Größe dar, die noch in starkem Maße von der *räumlichen Verteilung* der Körpermasse um die Dreh- oder Bezugsachse abhängig ist.

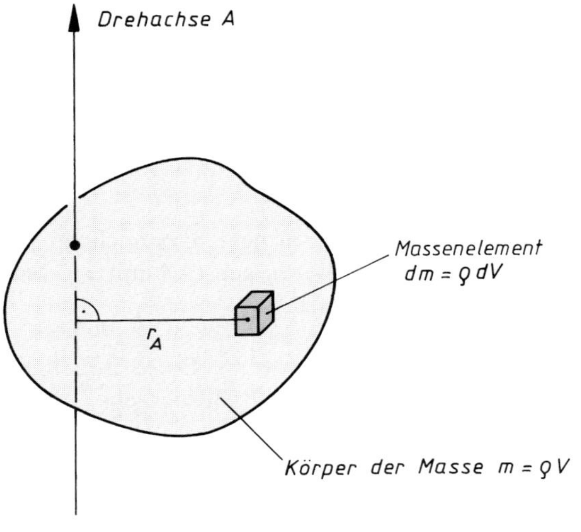

Bild IV-89

Zum Begriff des Massenträgheitsmomentes

Definitionsgemäß liefert ein *Massenelement dm* des Körpers den infinitesimal kleinen Beitrag

$$dJ = r_A^2 \, dm = r_A^2 \, (\rho \, dV) = \rho \, r_A^2 \, dV \qquad \text{(IV-189)}$$

zum Massenträgheitsmoment J des Gesamtkörpers, bezogen auf eine bestimmte Achse A nach Bild IV-89. r_A ist dabei der *senkrechte* Abstand des Massen- bzw. Volumenelementes von der Bezugsachse A, ρ die Dichte des Körpers ($dm = \rho \, dV$).

Für das Massenträgheitsmoment eines *homogenen* Körpers erhalten wir dann durch Integration der Gleichung (IV-189) die folgende Integralformel:

Massenträgheitsmoment eines homogenen Körpers

Definitionsformel:

$$J = \rho \cdot \iiint_{(V)} r_A^2 \, dV \qquad \text{(IV-190)}$$

In kartesischen Koordinaten (Bild IV-81):

$$J = \rho \cdot \int_{x=a}^{b} \int_{y=f_u(x)}^{f_o(x)} \int_{z=z_u(x;y)}^{z_o(x;y)} (x^2 + y^2) \, dz \, dy \, dx \qquad \text{(IV-191)}$$

Dabei bedeuten:

r_A: Senkrechter Abstand des Volumenelementes dV von der Bezugsachse A (Bild IV-89)

ρ: Konstante Dichte des Körpers

Anmerkungen

(1) Um Verwechslungen mit der *Zylinderkoordinate* r zu vermeiden, bezeichnen wir den Abstand des *Volumenelementes* dV von der Bezugsachse A mit r_A. Nur wenn die Bezugsachse A in die z-Achse fällt, ist $r_A = r$.

(2) Bei Verwendung *kartesischer* Koordinaten gilt $r_A^2 = x^2 + y^2$. Diese Beziehung wurde bereits in der Integralformel (IV-191) berücksichtigt (Bezugsachse ist die z-Achse).

(3) Wir erinnern an den *Satz von Steiner*: Für eine zur *Schwerpunktachse* S im Abstand d *parallel* verlaufende Bezugsachse A gilt (Bild IV-90):

$$J_A = J_S + md^2 \tag{IV-192}$$

(J_S: Massenträgheitsmoment bezüglich der *Schwerpunktachse*)

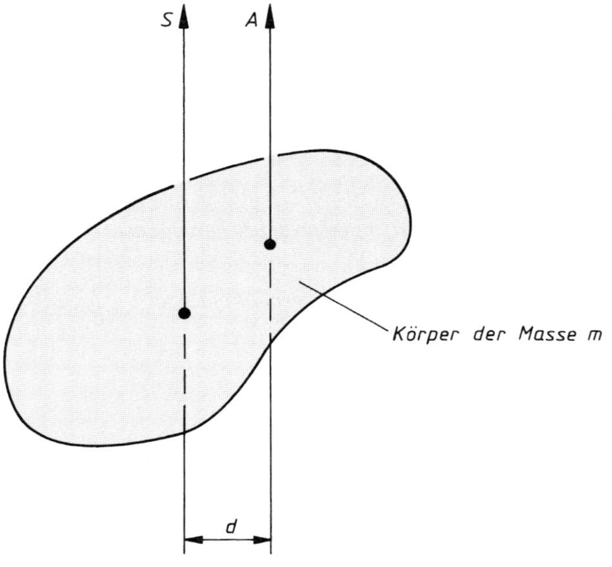

Bild IV-90
Zum Satz von Steiner

Wir betrachten nun einen zur z-Achse *rotationssymmetrischen homogenen* Körper (Bild IV-91). Sein *Massenträgheitsmoment* J_z, bezogen auf die *Rotationsachse* (z-Achse), besitzt dann in *Zylinderkoordinaten* eine besonders einfache Form (es ist jetzt $r_A = r$):

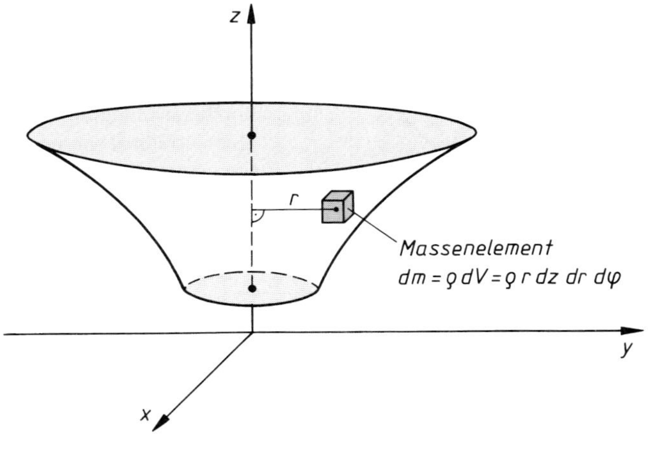

Bild IV-91
Zum Massenträgheitsmoment eines Rotationskörpers bezüglich der Drehachse

Massenträgheitsmoment eines homogenen Rotationskörpers, bezogen auf die Rotationsachse (z-Achse; Bild IV-91)

Unter Verwendung von Zylinderkoordinaten gilt:

$$J_z = \rho \cdot \iiint_{(V)} r^3 \, dz \, dr \, d\varphi \qquad \text{(IV-193)}$$

ρ: Konstante Dichte des Körpers

■ **Beispiele**

(1) Man bestimme das *Massenträgheitsmoment* eines *homogenen Würfels*

a) bezüglich einer *Kante*,

b) bezüglich einer *kantenparallelen Schwerpunktsachse*

(Kantenlänge: a; Dichte: $\rho = \text{const.}$).

Lösung:

a) Wir legen der Rechnung das in Bild IV-92 skizzierte *kartesische* Koordinatensystem zugrunde. Als *Bezugsachse* wählen wir die z-*Achse*, die *Integration* ist dabei über den Bereich (Würfel) $0 \leqslant x \leqslant a$, $0 \leqslant y \leqslant a$, $0 \leqslant z \leqslant a$ zu erstrecken. Wir erhalten damit die folgenden *Integrationsgrenzen*:

z-*Integration*: Von $z = 0$ bis $z = a$

y-*Integration*: Von $y = 0$ bis $y = a$

x-*Integration*: Von $x = 0$ bis $x = a$

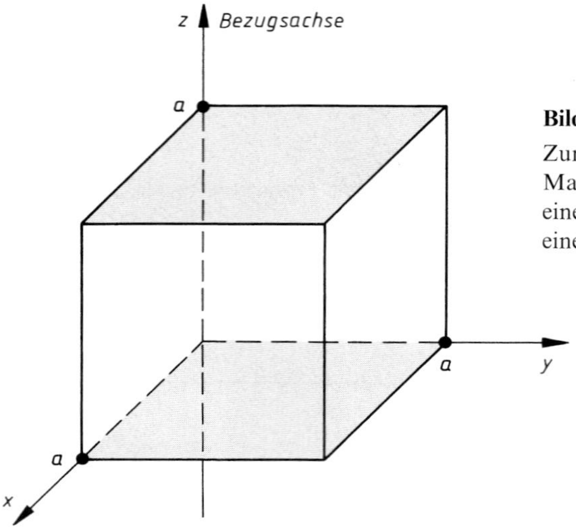

Bild IV-92
Zur Berechnung des Massenträgheitsmomentes eines Würfels bezüglich einer Kante (z-Achse)

Die Anwendung der Integralformel (IV-191) liefert dann für das *Massenträgheitsmoment* J_z:

$$J_z = \rho \cdot \int_{x=0}^{a} \int_{y=0}^{a} \int_{z=0}^{a} (x^2 + y^2)\, dz\, dy\, dx$$

Wir führen nun die einzelnen Integrationsschritte nacheinander aus.

1. Integrationsschritt (z-Integration):

$$\int_{z=0}^{a} (x^2 + y^2)\, dz = (x^2 + y^2) \cdot \int_{z=0}^{a} dz = (x^2 + y^2) \Big[z \Big]_{z=0}^{a} =$$

$$= a(x^2 + y^2)$$

2. Integrationsschritt (y-Integration):

$$\int_{y=0}^{a} a(x^2 + y^2)\, dy = a \cdot \int_{y=0}^{a} (x^2 + y^2)\, dy =$$

$$= a \left[x^2 y + \frac{1}{3} y^3 \right]_{y=0}^{a} =$$

$$= a \left(a x^2 + \frac{1}{3} a^3 \right) = a^2 \left(x^2 + \frac{1}{3} a^2 \right)$$

3. Integrationsschritt (x-Integration):

$$\int_{x=0}^{a} a^2 \left(x^2 + \frac{1}{3} a^2 \right) dx = a^2 \cdot \int_{0}^{a} \left(x^2 + \frac{1}{3} a^2 \right) dx =$$

$$= a^2 \left[\frac{1}{3} x^3 + \frac{1}{3} a^2 x \right]_0^a = \frac{2}{3} a^5$$

Das *Massenträgheitsmoment* eines *homogenen Würfels*, bezogen auf eine *Kante*, beträgt somit

$$J_z = \rho \cdot \frac{2}{3} a^5 = \frac{2}{3} \underbrace{(\rho a^3)}_{m} a^2 = \frac{2}{3} m a^2$$

($m = \rho a^3$: Masse des Würfels).

b) Wir berechnen nun das *Massenträgheitsmoment* J_S des *Würfels* bezüglich der zur z-Achse parallelen *Schwerpunktsachse* S mit Hilfe des *Steinerschen Satzes*. Der Abstand d der beiden Achsen entspricht dabei nach Bild IV-93 genau der *halben* Länge der *Flächendiagonale* des Würfels: $d = \frac{a}{2}\sqrt{2}$.

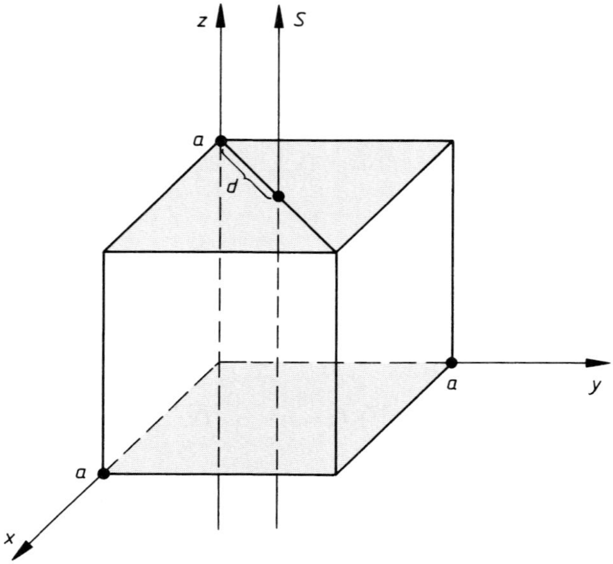

Bild IV-93 Zur Berechnung des Massenträgheitsmomentes eines Würfels bezüglich einer kantenparallelen Schwerpunktsachse S

Nach dem *Satz von Steiner* ist dann:

$$J_z = J_S + md^2$$

$$J_S = J_z - md^2 = \frac{2}{3}ma^2 - m\left(\frac{a}{2}\sqrt{2}\right)^2 =$$

$$= \frac{2}{3}ma^2 - \frac{1}{2}ma^2 = \frac{1}{6}ma^2$$

Wir erhalten nur den *vierten* Teil des Massenträgheitsmomentes J_z:

$$J_S = \frac{1}{4}J_z = \frac{1}{4}\cdot\frac{2}{3}ma^2 = \frac{1}{6}ma^2$$

Physikalische Begründung: Die Massenelemente des Würfels besitzen bezüglich der Schwerpunktsachse S *im Mittel* einen erheblich *kleineren* Abstand im Vergleich zur z-Achse.

(2) Bild IV-94 zeigt den Querschnitt eines *Flügels* der Dicke $d = 0{,}05$ m. Wir wollen sein *Massenträgheitsmoment*, bezogen auf die zur Querschnittsfläche *senkrechte* z-Achse, berechnen (Materialdichte: $\rho = 4500 \text{ kg} \cdot \text{m}^{-3}$; Radius: $R = 1$ m).

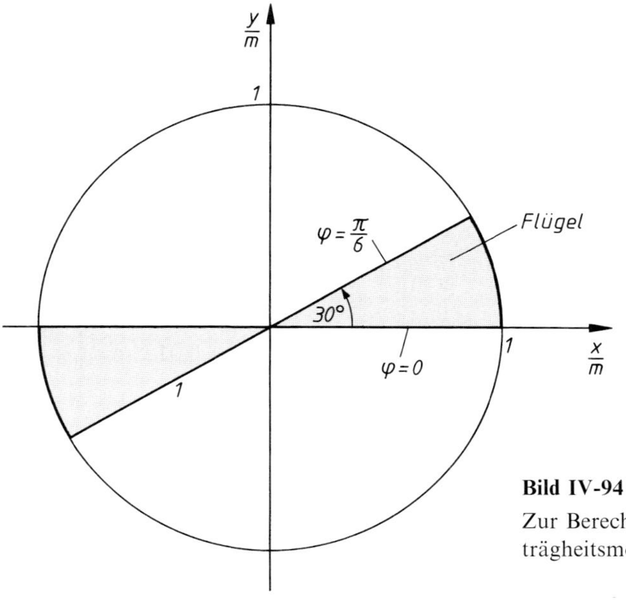

Bild IV-94
Zur Berechnung des Massenträgheitsmomentes eines Flügels

Wir legen die Grundfläche des Flügels in die *x, y-Ebene*. Die Deckfläche befindet sich dann in der *Parallelebene* mit der Gleichung $z = 0{,}05$ m. In Zylinderkoordinaten ergeben sich damit bei Beschränkung auf den 1. Quadrant folgende *Integrationsgrenzen*:

z-Integration: Von $z = 0$ bis $z = 0{,}05$ m

r-Integration: Von $r = 0$ bis $r = 1$ m

φ-Integration: Von $\varphi = 0$ bis $\varphi = \pi/6$

Nach der Integralformel (IV-193) erhalten wir dann für das *Massenträgheitsmoment* J_z des *Flügels* das dreifache Integral

$$J_z = 2 \cdot 4500 \text{ kg} \cdot \text{m}^{-3} \cdot \int_{\varphi=0}^{\pi/6} \int_{r=0}^{1\text{ m}} \int_{z=0}^{0{,}05\text{ m}} r^3 \, dz \, dr \, d\varphi$$

das wir nun in der gewohnten Weise berechnen.

1. Integrationsschritt (z-Integration):

$$\int_{z=0}^{0{,}05\,\mathrm{m}} r^3\,dz = r^3 \cdot \int_{z=0}^{0{,}05\,\mathrm{m}} dz = r^3 \Big[z \Big]_{z=0}^{0{,}05\,\mathrm{m}} = 0{,}05\ \mathrm{m} \cdot r^3$$

2. Integrationsschritt (r-Integration):

$$\int_{r=0}^{1\,\mathrm{m}} 0{,}05\ \mathrm{m} \cdot r^3\,dr = 0{,}05\ \mathrm{m} \cdot \int_{r=0}^{1\,\mathrm{m}} r^3\,dr = 0{,}05\ \mathrm{m} \left[\frac{1}{4} r^4 \right]_{r=0}^{1\,\mathrm{m}} =$$

$$= 0{,}0125\ \mathrm{m}^5$$

3. Integrationsschritt (φ-Integration):

$$\int_{\varphi=0}^{\pi/6} 0{,}0125\ \mathrm{m}^5\,d\varphi = 0{,}0125\ \mathrm{m}^5 \cdot \int_{0}^{\pi/6} d\varphi = 0{,}0125\ \mathrm{m}^5 \Big[\varphi \Big]_{0}^{\pi/6} =$$

$$= 0{,}006545\ \mathrm{m}^5$$

Das gesuchte *Massenträgheitsmoment des Flügels* beträgt somit

$$J_z = 2 \cdot 4500\ \mathrm{kg} \cdot \mathrm{m}^{-3} \cdot 0{,}006545\ \mathrm{m}^5 \approx 58{,}9\ \mathrm{kg} \cdot \mathrm{m}^2$$

■

Übungsaufgaben

Zu Abschnitt 1

1) Bestimmen und skizzieren Sie den *Definitionsbereich* der folgenden Funktionen:

a) $z = \sqrt{y - 2x}$ b) $z = \sqrt{(x^2 - 1)(9 - y^2)}$

c) $z = \dfrac{\sqrt{x + y}}{x - y}$ d) $z = \sqrt{x^2 + y^2 - 1}$

2) Berechnen Sie die Schnittpunkte der Ebene $2x - 5y + 3z = 1$ mit den Koordinatenachsen. Welche der folgenden Punkte liegen *in* der Ebene, welche *unterhalb* bzw. *oberhalb* der Ebene?

$A = (1; 2; 3)$, $B = (2; -3; -4)$, $C = (-4; 2; 0)$, $D = (0; 0; 0)$

3) Skizzieren Sie die *Höhenlinien* der folgenden Funktionen (Flächen):

a) $z = x^2 + y^2 - 2y$ b) $z = 3x + 6y$ c) $z = \sqrt{y - x^2}$

4) Skizzieren Sie den Rotationskörper, der durch Drehung der Kurve $z = \sqrt{4 - x^2}$ um die z-Achse entsteht. Wie lautet die Funktionsgleichung der *Rotationsfläche*, für welche Wertepaare $(x; y)$ ist diese Funktion definiert? Bestimmen Sie ferner die Schnittkurven der Fläche mit den drei Koordinatenebenen (*Schnittkurvendiagramme*).

Zu Abschnitt 2

1) Bestimmen Sie die *partiellen Ableitungen 1. und 2. Ordnung* der folgenden Funktionen:

a) $z(x; y) = (3x - 5y)^4$ b) $w(u; v) = 2 \cdot \cos(3uv)$

c) $z(x; y) = \dfrac{x^2 - y^2}{x + y}$ d) $z(r; \varphi) = 3r \cdot e^{r\varphi}$

e) $z(x; y) = \sqrt{x^2 - 2xy}$ f) $z(x; y) = e^{-x+y} + \ln\left(\dfrac{x}{y}\right)$

g) $z(x; y) = \arctan\left(\dfrac{x}{y}\right)$ h) $z(x; y) = \ln\sqrt{x^2 + y^2}$

i) $u(x; t) = \dfrac{x - 2t}{2x + t}$ j) $z(t; \varphi) = \sin(at + \varphi)$

2) $z = f(x; y) = 5x \cdot e^{-xy} + \ln\sqrt{x^2 + y^2} + \cos(\pi x + y)$

Berechnen Sie: $z_x(1; 0)$, $z_y(0; 1)$, $z_{xy}(-1; 0)$, $z_{yy}(5; 0)$, $z_{xyx}(-1; 0)$.

3) Gegeben ist die Funktion $z(x; y) = 3xy - \cos(x - y) + x^3 y^5$.
Zeigen Sie die *Gleichheit* der folgenden partiellen Ableitungen 2. bzw. 3. Ordnung (*Satz von Schwarz*):

a) $z_{xy} = z_{yx}$ b) $z_{xxy} = z_{xyx} = z_{yxx}$

4) Zeigen Sie: Die Funktion $u(x; y; z) = \dfrac{a}{\sqrt{x^2 + y^2 + z^2}} + b$ ist eine Lösung der sog. *Laplace-Gleichung* $\Delta u = u_{xx} + u_{yy} + u_{zz} = 0$ (a, b: Konstante).

5) Welchen *Anstieg* besitzt die Bildfläche von $z = 3x \cdot \ln\sqrt{x^2 + y^2} - \cos(xy^2 - \pi x)$ an der Stelle $x = 1$, $y = 0$?

6) Zeigen Sie: Die Funktion $z = a \cdot e^{x/y}$ erfüllt die Gleichung $x z_x + y z_y = 0$ (a: Konstante).

7) Bestimmen Sie die Gleichung der *Tangentialebene* in P:

a) $z = (x^2 + y^2) \cdot e^{-x}, \quad P = (0; 1; 1)$

b) $z = 3 \cdot \sqrt{\dfrac{x^2}{y}} + 2 \cdot \cos(\pi(x + 2y)), \quad P = (2; 1; ?)$

8) Man bestimme das *totale* oder *vollständige Differential* der folgenden Funktionen:

a) $z(x; y) = 4x^3 y - 3x \cdot e^y$

b) $z(x; t) = \dfrac{t^2 + x}{2t - 4x}$

c) $z(x; y) = \dfrac{x^2 + y^2}{x - y}$

d) $u(x; y; z) = \ln \sqrt{x^2 + y^2 + z^2}$

9) Berechnen Sie unter Verwendung des *totalen Differentials* die Oberflächenänderung $\Delta O \approx dO$ eines Zylinders mit Boden und Deckel, dessen Radius $r = 10$ cm um 5% *vergrößert* und dessen Höhe $h = 25$ cm gleichzeitig um 2% *verkleinert* wurde und vergleichen Sie diesen Näherungswert mit dem exakten Wert ΔO_{exakt}.

10) Der Raumpunkt $P = (x; y; z)$ besitzt vom Koordinatenursprung den Abstand $r(x; y; z) = \sqrt{x^2 + y^2 + z^2}$. Wie ändert sich der Abstand des Punktes $A = (1; 2; 0)$, wenn man ihn in den Punkt $B = (0{,}9; 2{,}2; -0{,}1)$ verschiebt?

Anleitung: Näherungsweise Berechnung über das *totale Differential* sowie exakte Berechnung.

11) Gegeben ist ein Hohlzylinder mit dem Innenradius $r_i = 6$ cm, dem Außenradius $r_a = 10$ cm und der Höhe $h = 20$ cm. Berechnen Sie mit Hilfe des *totalen Differentials* die Volumenänderung $\Delta V \approx dV$, die dieser Zylinder erfährt, wenn man die Größen r_i, r_a und h wie folgt verändert: $\Delta r_i = 0{,}2$ cm, $\Delta r_a = -0{,}4$ cm, $\Delta h = 0{,}7$ cm. Vergleichen Sie diesen Näherungswert mit dem exakten Wert ΔV_{exakt}.

12) Die Schwingungsdauer T eines ungedämpften elektromagnetischen Schwingkreises läßt sich aus der Induktivität L und der Kapazität C nach der Formel $T = 2\pi\sqrt{LC}$ bestimmen. Berechnen Sie mit Hilfe des *vollständigen Differentials* die prozentuale Änderung von T, wenn die Induktivität um 5% verkleinert und die Kapazität gleichzeitig um 3% vergrößert wird.

Anleitung: Gehen Sie von den Werten L_0 und C_0 aus und berechnen Sie zunächst die *absolute* Änderung von T.

13) Differenzieren Sie die jeweilige Funktion $z = f(x; y)$ mit $x = x(t)$, $y = y(t)$ nach dem Parameter t unter Verwendung der *Kettenregel*:

a) $z = e^{xy}$ mit $x = t^2$, $y = t$

b) $z = x \cdot \ln y$ mit $x = \sin t$, $y = \cos t$

c) $z = x^2 \cdot \sin(2y)$ mit $x = t^2$, $y = t^3$

14) Bestimmen Sie die Ableitung der Funktion $z = \tan(xy)$ längs der Kurve $y = x^3$.

15) Wie lautet die *totale Ableitung* der Funktion $z = \ln(x^4 + y)$ mit $y = x^2$ an der Stelle $x = 1$?

16) Differenzieren Sie die Funktion $z = x^2 y^2 + \sqrt{x}$ mit $x = t^2$, $y = \sqrt{t}$ nach dem Parameter t

a) unter Verwendung der *Kettenregel*,

b) nach Einsetzen der beiden Parametergleichungen in die Funktionsgleichung.

17) Bilden Sie die *partiellen Ableitungen* 1. Ordnung der jeweiligen Funktion $z = f(x; y)$ mit $x = x(u; v)$, $y = y(u; v)$ nach den Parametern u bzw. v unter Verwendung der *Kettenregel*:

a) $z = \tan(x + y)$ mit $x = u^2 + v$, $y = u^2 - v$

b) $z = x^2 y^3 + x^3 y^2$ mit $x = u + v$, $y = u - v$

18) Differenzieren Sie die Funktion $z = \ln(x^2 + y)$ mit $x = u^2 + 1$, $y = u^2 + v^2$ jeweils *partiell* nach dem Parameter u bzw. v

a) unter Verwendung der *Kettenregel*,

b) nach Einsetzen der beiden Parametergleichungen in die Funktionsgleichung.

19) Man *linearisiere* die Funktion $z = 5\dfrac{y^2}{x}$ in der Umgebung von $x = 1$, $y = 2$, berechne mit dieser Näherungsfunktion den Funktionswert an der Stelle $x = 1{,}1$, $y = 1{,}8$ und vergleiche diesen Wert mit dem exakten Funktionswert.

20) Der in Bild IV-95 dargestellte Stromkreis enthält zwei *variable* ohmsche Widerstände R_1 und R_2 in Parallelschaltung sowie eine *variable* Spannungsquelle U. Der Gesamtstrom I wird dann nach der Formel

$$I = I(R_1; R_2; U) = \frac{R_1 + R_2}{R_1 R_2} U$$

berechnet. *Linearisieren* Sie diese Funktion in der Umgebung des sog. Arbeitspunktes $R_1 = 20\,\Omega$, $R_2 = 5\,\Omega$, $U = 10\,\text{V}$.

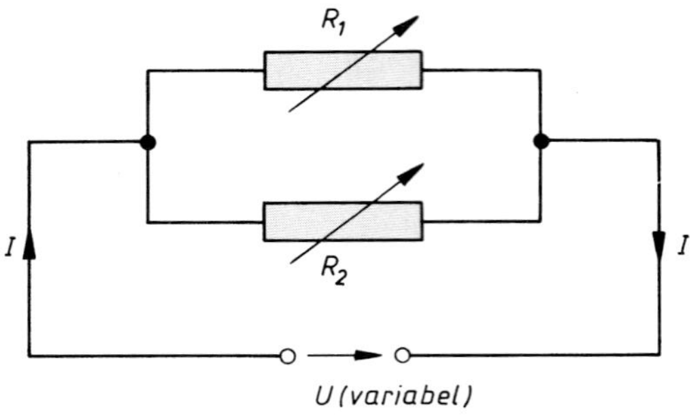

Bild IV-95

21) Das Widerstandsmoment W eines Balkens mit rechteckigem Querschnitt wird nach der Formel

$$W = W(b; h) = \frac{1}{6} b h^2$$

berechnet (b: Breite des Balkens; h: Höhe des Balkens). Welche *prozentuale* Änderung erfährt das Widerstandsmoment eines Balkens der Breite $b = 18$ cm und der Dicke $h = 10$ cm, wenn man die Balkenbreite um 5% vergrößert und gleichzeitig die Balkendicke um 10% verkleinert?

Anleitung: Berechnung mit Hilfe des *totalen Differentials*.

22) Gegeben ist die Funktion $F(x; y) = (x^2 + y^2)^2 - 2(x^2 - y^2) = 0$ in *impliziter* Form.

a) Bestimmen Sie die Tangentensteigung im Kurvenpunkt $P = (x; y)$.

b) Zeigen Sie, daß die Kurve im Punkt $P_1 = \left(-\frac{1}{2}\sqrt{3}; \frac{1}{2}\right)$ eine *waagerechte* Tangente besitzt.

23) Bestimmen Sie die Gleichung der Tangente im Punkt $P = (2; y < 0)$ der Kurve $x^2 + xy + y^2 = 4$.

24) Unter welchen Winkeln schneidet die in der *impliziten* Form $F(x; y) = 2x^3 + 6y^3 - 24y + 6x = 0$ gegebene Funktion die Koordinatenachsen?

Anleitung: Man berechne zunächst die Schnittpunkte mit den beiden Achsen.

25) In welchen Punkten besitzt die Kurve $x^3 - 3x^2 + 4y^2 = 4$ *waagerechte* Tangenten?

26) Bestimmen Sie die *relativen Extremwerte* der folgenden Funktionen:

a) $z = 3xy^2 + 4x^3 - 3y^2 - 12x^2 + 1$

b) $z = (x^2 + y^2) \cdot e^{-x}$

c) $z = xy - 27\left(\frac{1}{x} - \frac{1}{y}\right)$

d) $z = \sqrt{1 + x^2 + y^2}$

e) $z = 2x^3 - 3xy + 3y^3 + 1$

27) Einer Mittelpunktsellipse mit den Halbachsen a und b ist ein *achsenparalleles* Rechteck so einzubeschreiben, daß die Rechtecksfläche A *möglichst groß* wird (Bild IV-96).

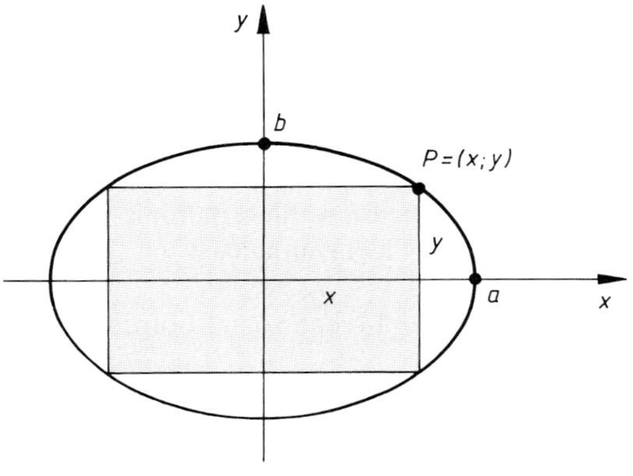

Bild IV-96

28) Wie muß man den Öffnungswinkel α eines kegelförmigen Trichters vom Volumen $V = 10 \text{ dm}^3$ wählen, damit der Materialverbrauch *möglichst klein* wird (Bild IV-97)?

Hinweis: Der Mantel soll aus einem *homogenen* Blech *konstanter* Dicke hergestellt werden.

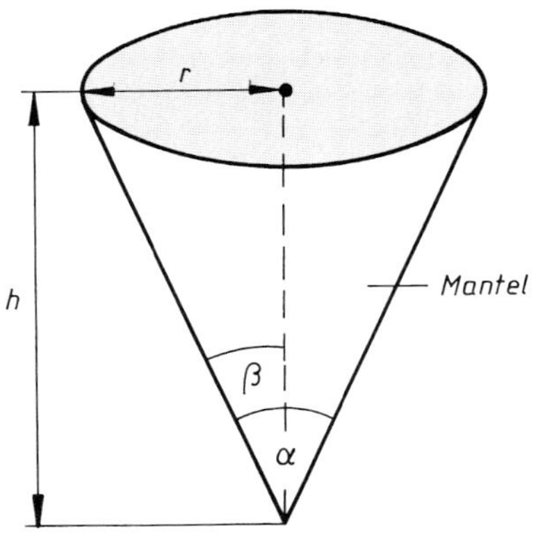

Bild IV-97

29) Bestimmen Sie die *Extremwerte* der Funktion $z = x + y$ unter der Nebenbedingung $x^2 + y^2 = 1$.

30) Bestimmen Sie die Parameter a und b in den Exponentialfunktionen $y_1 = e^{ax}$ und $y_2 = e^{-bx}$ so, daß sich die beiden Kurven *rechtwinklig* schneiden und dabei mit der x-Achse einen *möglichst kleinen* Flächeninhalt A bilden ($a > 0$, $b > 0$; Bild IV-98).

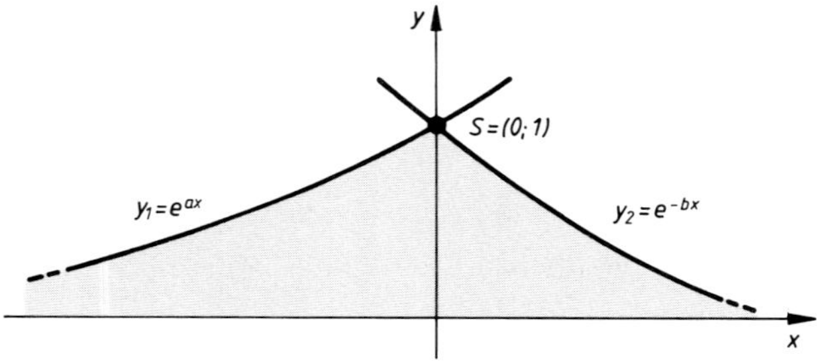

Bild IV-98

31) Wie muß man die Seiten x und y eines Rechtecks wählen, damit es bei fest vorgegebenem Umfang U einen *möglichst großen* Flächeninhalt besitzt?

32) Welcher Punkt auf der Ebene $2x + 3y + z = 14$ hat vom Koordinatenursprung den *kleinsten* Abstand d?

33) In einem rechtwinkligem Dreieck wurden der Winkel α und die Hypotenuse c wie folgt gemessen (Bild IV-99):

$$\alpha = (32 \pm 0{,}5)^\circ, \qquad c = (8 \pm 0{,}2)\,\text{cm}$$

Welches Meßergebnis erhält man daraus für die *Gegenkathete* a?

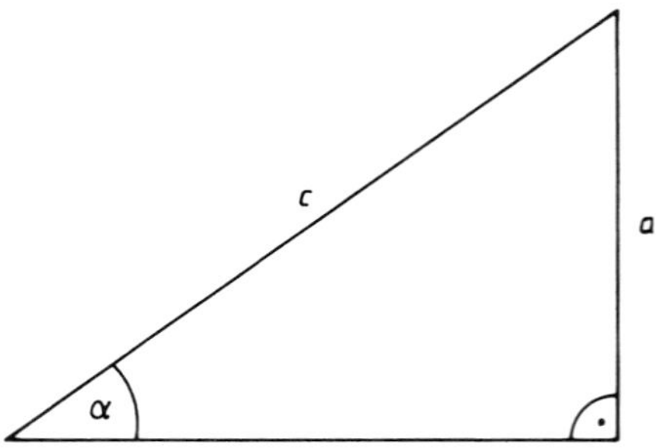

Bild IV-99

34) Kapazität C und Induktivität L eines ungedämpften elektromagnetischen Schwingkreises wurden wie folgt gemessen:

$$C = (5{,}0 \pm 0{,}2)\,\mu\text{F}, \qquad L = (0{,}20 \pm 0{,}01)\,\text{H}$$

Bestimmen Sie die Schwingungsdauer T nach der Formel $T = 2\pi \cdot \sqrt{LC}$ sowie den (absoluten) *Maximalfehler*.

35) Mit einer Brückenschaltung wurden die Widerstände R_1 und R_2 wie folgt gemessen:

i	1	2	3	4	5	6
$\frac{R_1}{\Omega}$	96,5	97,2	98,6	95,9	97,1	96,7
$\frac{R_2}{\Omega}$	40,1	42,3	41,5	40,7	41,9	42,5

a) Wie lauten die *Meßergebnisse* für die beiden Widerstände?

b) Der *Gesamtwiderstand* R der *Parallelschaltung* aus R_1 und R_2 wird nach der Formel

$$\frac{1}{R} = \frac{1}{R_1} + \frac{1}{R_2} \quad \text{oder} \quad R = R(R_1; R_2) = \frac{R_1 R_2}{R_1 + R_2}$$

berechnet. Wie wirken sich die Meßunsicherheiten ΔR_1 und ΔR_2 auf die (maximale) Meßunsicherheit des *Gesamtwiderstandes* aus? Geben Sie das Meßergebnis für die „indirekte" Meßgröße R in der üblichen Form an.

36) Das *Widerstandsmoment* W eines Balkens mit rechteckigem Querschnitt wird nach der Formel

$$W = W(b; h) = \frac{1}{6} b h^2$$

berechnet (b: Breite des Balkens; h: Höhe (Dicke) des Balkens). Für b und h wurden folgende Meßwerte ermittelt:

i	1	2	3	4	5	6
$\frac{b_i}{\text{cm}}$	18,0	17,6	17,9	18,2	18,3	18,0
$\frac{h_i}{\text{cm}}$	10,3	10,1	9,7	9,8	10,3	9,8

a) Bestimmen Sie zunächst die *Mittelwerte* und *Meßunsicherheiten* der unabhängigen Meßgrößen b und h.

b) Welches *Meßergebnis* erhält man daraus für die „indirekte" (abhängige) Meßgröße W?

37) Für den Radius R und die Dichte ρ einer homogenen Kugel wurden die Werte $\overline{R} = 12{,}2$ cm und $\bar{\rho} = 2{,}50$ g/cm^3 ermittelt. Eine *Schätzung* der zugehörigen Meßunsicherheiten ergab $\Delta R = 0{,}15$ cm und $\Delta \rho = 0{,}11$ g/cm^3. Welche *Masse* m besitzt die Kugel, mit welchem *Maximalwert* für die *Meßunsicherheit* von m muß man dabei rechnen?

Zu Abschnitt 3

1) Berechnen Sie die folgenden *Doppelintegrale*:

a) $$\int_{x=0}^{1} \int_{y=1}^{e} \frac{x^2}{y} \, dy \, dx$$

b) $$\int_{x=0}^{3} \int_{y=0}^{1-x} (2xy - x^2 - y^2) \, dy \, dx$$

2) Berechnen Sie den Flächeninhalt zwischen den Kurven $y = \cos x$ und $y = x^2 - 2$.

Anleitung: Berechnung der Kurvenschnittpunkte nach dem *Newtonschen Tangentenverfahren*.

3) Berechnen Sie die Fläche zwischen der Parabel $y = x^2$ und der Geraden $y = -x + 6$.

4) Berechnen Sie den Flächeninhalt, den die *Archimedische Spirale* mit der Funktionsgleichung $r(\varphi) = a\varphi$ im Intervall $0 \leqslant \varphi < 2\pi$ einschließt (a: Konstante, $a > 0$).

5) Welche Fläche wird von der *logarithmischen Spirale* $r(\varphi) = e^{0{,}1\varphi}$ und den Strahlen $\varphi_1 = \frac{\pi}{3}$ und $\varphi_2 = \frac{3}{2}\pi$ eingeschlossen?

6) Skizzieren Sie die Kurve $r(\varphi) = \sqrt{2 \cdot \sin(2\varphi)}$ im Intervall $0 \leqslant \varphi < 2\pi$ und berechnen Sie die von ihr umrandete Fläche.

Anleitung: Bei der Lösung der Aufgabe ist zu beachten, daß nach unserer Definition der Polarkoordinaten nur solche Winkelbereiche in Frage kommen, in denen $r \geqslant 0$ ist!

7) Gegeben sind die Kurven mit den Funktionsgleichungen $y = -x(x-3)$ und $y = -2x$.

   a) Welche *Fläche* schließen sie ein?

   b) Bestimmen Sie den Flächenschwerpunkt.

8) Berechnen Sie den Schwerpunkt der von der *Kardiode* $r(\varphi) = 1 + \cos\varphi$, $0 \leqslant \varphi < 2\pi$ begrenzten Fläche.

9) Wo liegt der Schwerpunkt der von den Parabeln $y = 2 - 3x^2$ und $y = -x^2$ begrenzten Fläche?

10) Berechnen Sie den Schwerpunkt der in Bild IV-100 skizzierten Fläche.

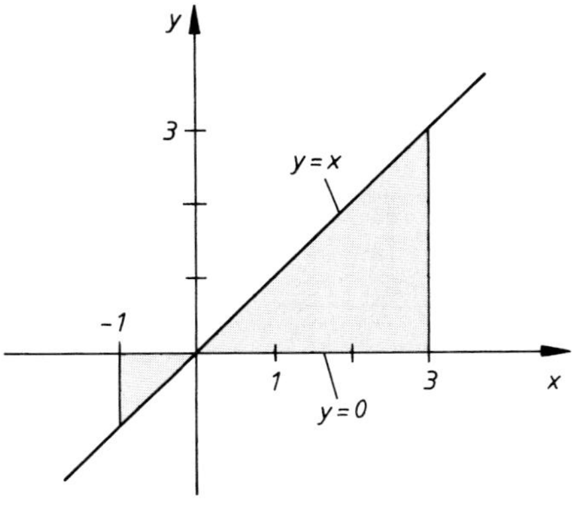

Bild IV-100

11) Berechnen Sie den Flächenschwerpunkt der von den Kurven $y = \ln x$, $y = 0{,}1\,x - 0{,}1$ und $x = 5$ begrenzten Fläche.

12) Berechnen Sie den Schwerpunkt der Fläche, die durch die *Kardioide* $r = 1 + \cos \varphi$, den Mittelpunktskreis $r = 2$ und die beiden Strahlen $\varphi_1 = 0$ und $\varphi_2 = \pi$ berandet wird.

13) Berechnen Sie die axialen Flächenmomente I_x und I_y und das polare Flächenmoment I_p eines Viertelkreises (Radius: R).

14) Für das in Bild IV-101 skizzierte Flächenstück berechne man mittels Doppelintegralen:

a) Flächeninhalt A

b) Schwerpunkt S

c) Flächenmomente I_x, I_y, I_p

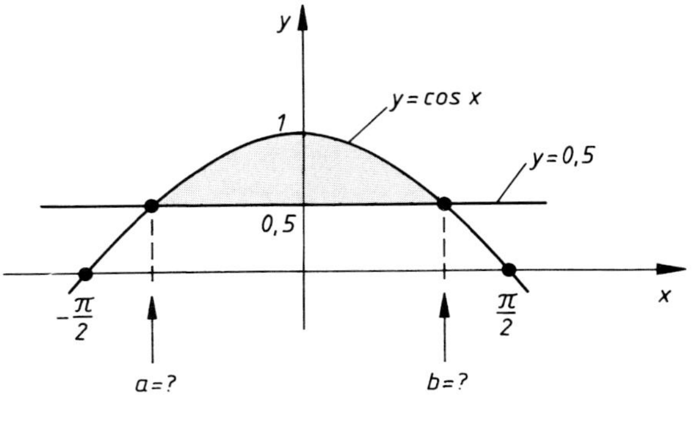

Bild IV-101

15) Ein Träger besitze das in Bild IV-102 skizzierte Profil. Berechnen Sie die Flächenmomente I_x, I_y und I_p.

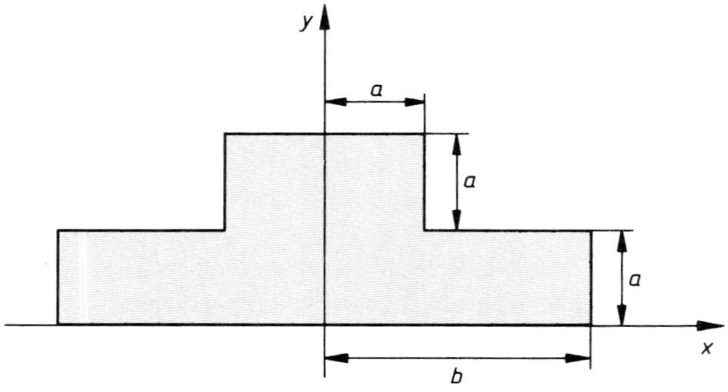

Bild IV-102

16) Berechnen Sie das polare Flächenmoment I_p des in Bild IV-103 skizzierten Flächenstücks.

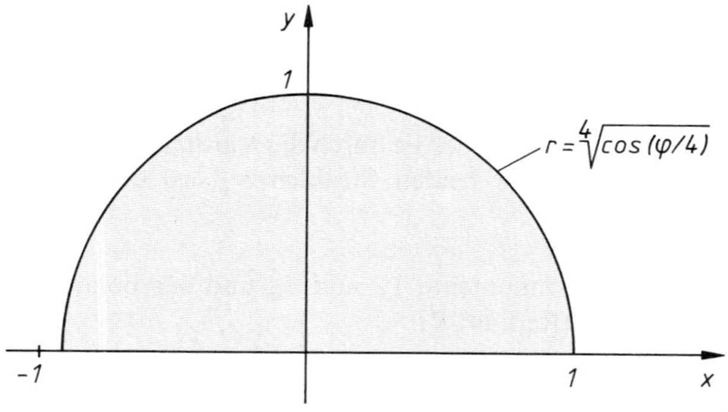

Bild IV-103

17) Berechnen Sie für die in Bild IV-104 skizzierte Kreisfläche die Flächenmomente I_x, I_y und I_p

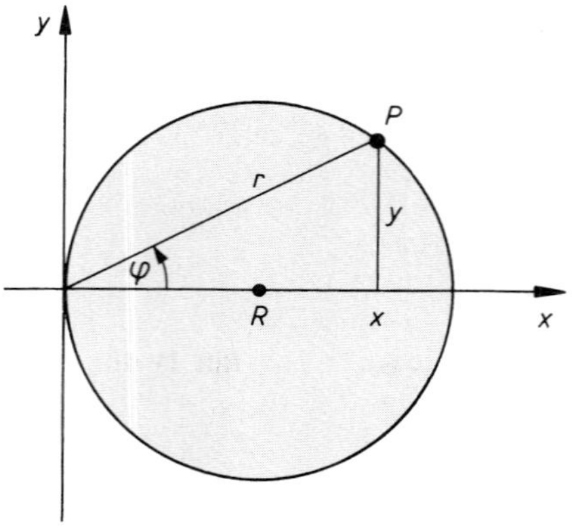

Bild IV-104

a) auf direktem Wege über Doppelintegrale,

b) unter Verwendung des *Satzes von Steiner*, wobei auf die als bekannt vorausgesetzten Flächenmomente eines Mittelpunktskreises vom gleichen Radius zurückgegriffen wird.

Anleitung:

Zu a): Stellen sie zunächst die Kreislinie $(x - R)^2 + y^2 = R^2$ in *Polarkoordinaten* dar und berechnen Sie dann die anfallenden Doppelintegrale in diesen Koordinaten.

Zu b): Nach den Ergebnissen aus Aufgabe 13) erhält man für die Flächenmomente eines Mittelpunktskreises mit dem Radius R:

$$I_x = I_y = \frac{\pi}{4} R^4, \qquad I_p = \frac{\pi}{2} R^4$$

18) Berechnen Sie die Flächenmomente eines Halbkreises vom Radius R bezüglich der zu den Koordinatenachsen parallelen Schwerpunktsachsen.

Anleitung: Berechnen Sie zunächst die Flächenmomente I_x, I_y und I_p und daraus unter Verwendung des *Steinerschen Satzes* die gesuchten Flächenmomente.

19) Berechnen Sie die folgenden *Dreifachintegrale*:

a) $$\int_{x=0}^{1} \int_{y=-1}^{4} \int_{z=0}^{\pi} x^2 y \cdot \cos(yz)\, dz\, dy\, dx$$

b) $$\int_{x=0}^{\pi/2} \int_{y=0}^{1} \int_{z=y}^{y^2} yz \cdot \sin x\, dz\, dy\, dx$$

20) Zeigen Sie: Durch Rotation einer Ellipse mit den Halbachsen a und b um die z-Achse entsteht ein *Rotationsellipsoid* vom Volumen $V_z = \frac{4}{3}\pi a^2 b$.

21) Berechnen Sie für die in Bild IV-105 skizzierte homogene *Kugelhaube*, auch *Kugelabschnitt* genannt, Volumen und Schwerpunkt (R: Radius der Kugel; h: Höhe der Kugelhaube).

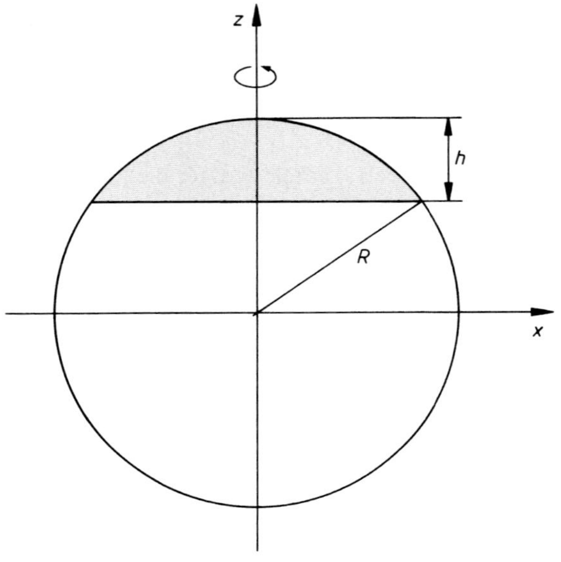

Bild IV-105

22) Der durch Rotation der in Bild IV-106 skizzierten Kreisfläche um die z-Achse entstandene Drehkörper wird als *Torus* bezeichnet ($r_0 < R$). Zeigen Sie, daß sein Volumen $V = 2\pi^2 r_0^2 R$ beträgt.

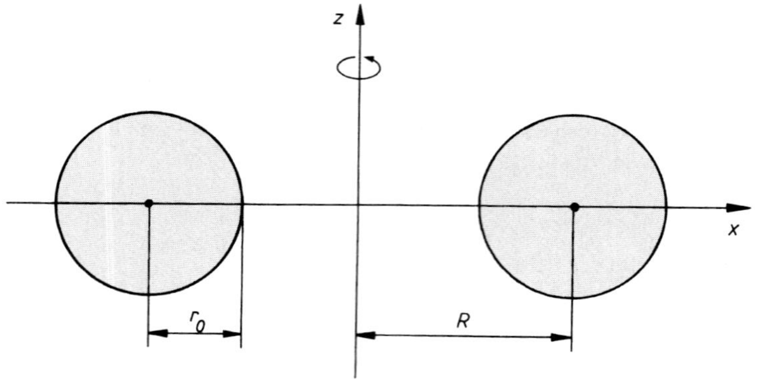

Bild IV-106

23) Der in Bild IV-107 skizzierte kugelförmige Behälter soll von einem 10 m unter seinem tiefsten Punkt liegenden Wasserreservoir bis zur *Hälfte* aufgefüllt werden. Welche Mindestarbeit ist dazu erforderlich?
(Dichte des Wassers: $\rho = 1000\ \text{kg/m}^3$; Kugelradius: $R = 3$ m).

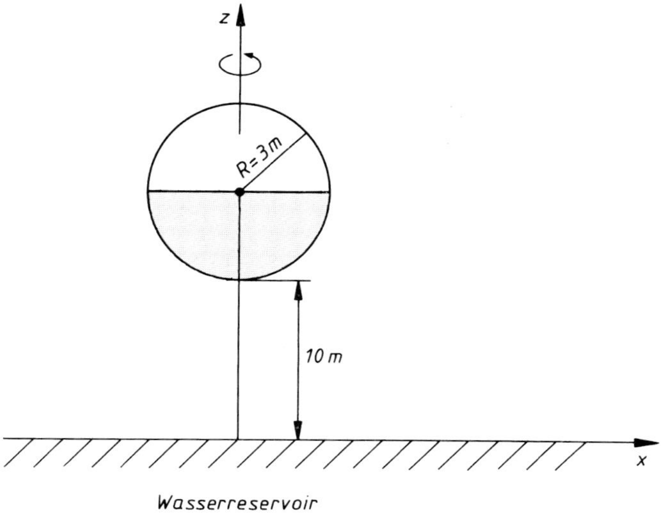

Bild IV-107

24) Wo befindet sich der Schwerpunkt eines *Kreiskegels* (Radius: R; Höhe: H)?

25) Berechnen Sie den Schwerpunkt eines *Trichters*, der durch Rotation der Kurve $z = \sqrt{x},\ 0 \leqslant x \leqslant 9$ um die z-Achse entsteht.

26) Berechnen Sie das Massenträgheitsmoment

a) einer *Halbkugel* vom Radius R bezüglich der *Symmetrieachse*,

b) einer *Vollkugel* vom Radius R bezüglich einer *Tangente* als Drehachse

(Dichte des homogenen Körpers: ρ).

27) Berechnen Sie das Massenträgheitsmoment eines homogenen *Hohlzylinders* bezüglich seiner *Symmetrieachse* (Bild IV-108; Innenradius: R_1; Außenradius: R_2; Höhe: H; Dichte: ρ).

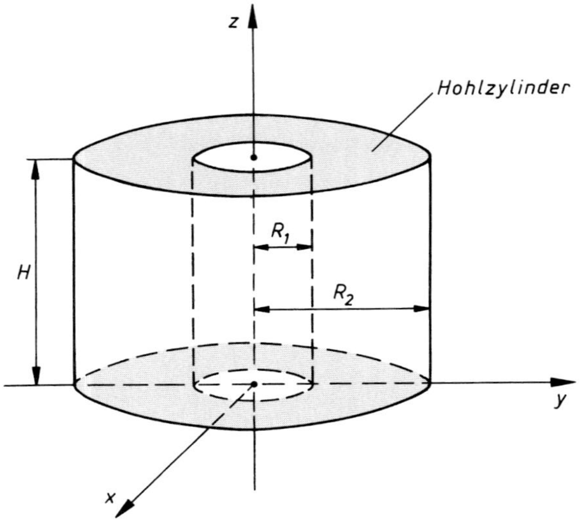

Bild IV-108

28) Berechnen Sie unter Verwendung der Ergebnisse aus der vorherigen Aufgabe das Massenträgheitsmoment eines homogenen *Vollzylinders*

a) bezüglich seiner *Symmetrieachse*,

b) bezüglich einer *Mantellinie*

(Radius: R; Höhe: H; Dichte: ρ).

29) Berechnen Sie das Massenträgheitsmoment eines homogenen *Kreiskegels* bezüglich seiner *Symmetrieachse* (Radius: R; Höhe: H; Dichte: ρ).

V Gewöhnliche Differentialgleichungen

1 Grundbegriffe

1.1 Ein einführendes Beispiel

Wir betrachten einen im luftleeren Raum *frei* fallenden Körper. Zur Beschreibung seiner Bewegung führen wir eine von der Erdoberfläche senkrecht nach *oben* gerichtete Koordinatenachse ein (s-Achse, Bild V-1).

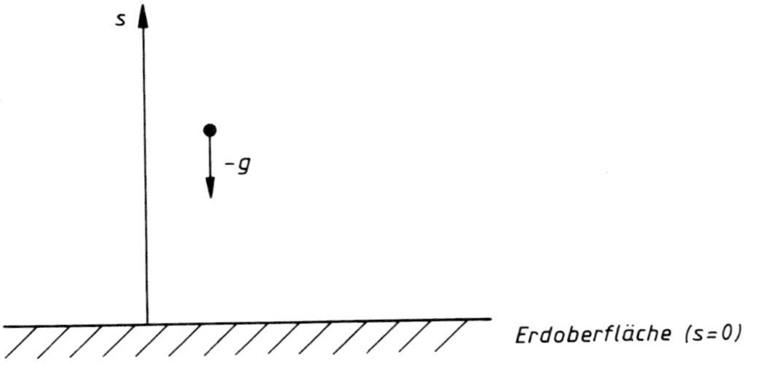

Bild V-1
Zum freien Fall im luftleeren Raum

Der Körper unterliegt dann allein der *Schwerkraft* und erfährt in der Nähe der Erdoberfläche die *konstante* Erd- oder Fallbeschleunigung $a = -g$. Durch das *Minuszeichen* bringen wir dabei zum Ausdruck, daß die Fallbeschleunigung in der zur Koordinatenachse *entgegengesetzten* Richtung erfolgt. Wir erinnern ferner an den folgenden, allgemeinen Zusammenhang zwischen der *Weg-Zeit-Funktion* $s = s(t)$, der *Geschwindigkeit* $v = v(t)$ und der *Beschleunigung* $a = a(t)$ einer Bewegung:

$$v(t) = \dot{s}(t) \quad \text{und} \quad a(t) = \dot{v}(t) = \ddot{s}(t) \tag{V-1}$$

(vgl. hierzu Band 1, Abschnitt IV.2.13.1 und V.10.1.1). Für den *freien Fall* gilt somit:

$$\ddot{s}(t) = -g \tag{V-2}$$

Diese Gleichung enthält die *2. Ableitung* einer (noch) unbekannten Weg-Zeit-Funktion $s = s(t)$. Gleichungen dieser Art, die *Ableitungen* einer Funktion enthalten, werden in der Mathematik als *Differentialgleichungen* bezeichnet. Gleichung (V-2) ist demnach die *Differentialgleichung des freien Falls* ohne Berücksichtigung des Luftwiderstandes. Sie ist von *2. Ordnung*, da sie als *höchste* Ableitung die *zweite* Ableitung $\ddot{s}$ enthält.

Die *Lösung* der Differentialgleichung (V-2) ist eine *Funktion*, nämlich die *Weg-Zeit-Funktion* $s = s(t)$ der Fallbewegung. Wir erhalten sie, indem wir die Differentialgleichung zweimal nacheinander *integrieren*. Der 1. Integrationsschritt führt zunächst zur *Geschwindigkeits-Zeit-Funktion*

$$v(t) = \int a(t)\,dt = -\int g\,dt = -gt + C_1 \tag{V-3}$$

Durch *nochmalige Integration* folgt hieraus die gesuchte *Weg-Zeit-Funktion*

$$s(t) = \int v(t)\,dt = \int(-gt + C_1)\,dt = -\frac{1}{2}gt^2 + C_1 t + C_2 \tag{V-4}$$

Sie enthält noch *zwei* voneinander unabhängige *Integrationskonstanten*, auch *Parameter* genannt. Das Weg-Zeit-Gesetz (V-4) ist die sog. *allgemeine* Lösung der Differentialgleichung $\ddot{s} = -g$. Den beiden Parametern kommt dabei eine bestimmte *physikalische* Bedeutung zu. Wir untersuchen dazu Wegmarke s und Geschwindigkeit v zu *Beginn* der Fallbewegung (d.h. zur Zeit $t = 0$) und finden:

$$\text{Für } t = 0: \begin{cases} s(0) = C_2: & \textit{Wegmarke (Höhe)} \text{ zu Beginn} \\ v(0) = C_1: & \textit{Anfangsgeschwindigkeit} \end{cases}$$

Üblicherweise schreibt man dafür:

$$s(0) = s_0 \quad \text{und} \quad v(0) = v_0 \tag{V-5}$$

Die Integrationskonstanten (Parameter) sind somit durch *Anfangshöhe* s_0 und *Anfangsgeschwindigkeit* v_0 festgelegt. Durch Angabe dieser „*Anfangswerte*" ist die Bewegung des freien Falls *eindeutig* bestimmt. Die *allgemeine* Lösung (V-4) geht dann in die *spezielle*, den physikalischen Anfangsbedingungen angepaßte Lösung

$$s(t) = -\frac{1}{2}gt^2 + v_0 t + s_0 \tag{V-6}$$

über, die auch als *partikuläre* Lösung der Differentialgleichung (V-2) bezeichnet wird (Bild V-2).

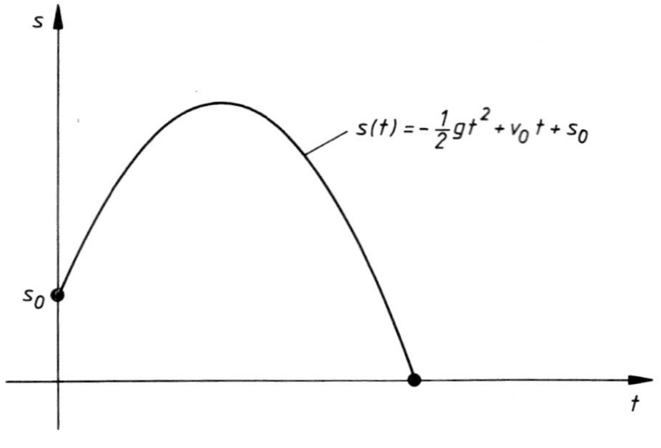

Bild V-2
Weg-Zeit-Gesetz beim freien Fall

1.2 Definition einer gewöhnlichen Differentialgleichung

Definition: Eine Gleichung, in der Ableitungen einer unbekannten Funktion $y = y(x)$ bis zur n-ten Ordnung auftreten, heißt eine *gewöhnliche Differentialgleichung n-ter Ordnung*.

Eine *gewöhnliche Differentialgleichung n-ter Ordnung* enthält daher als *höchste* Ableitung die n-te Ableitung der unbekannten Funktion $y = y(x)$, *kann* aber auch Ableitungen *niedrigerer* Ordnung sowie die Funktion $y = y(x)$ und deren unabhängige Variable x enthalten. Sie ist daher in der *impliziten* Form

$$F\,(x;\; y;\; y';\; \ldots;\; y^{(n)}) = 0 \qquad \text{(V-7)}$$

oder, falls diese Gleichung nach der höchsten Ableitung $y^{(n)}$ auflösbar ist, in der *expliziten* Form

$$y^{(n)} = f\,(x;\; y;\; y';\; \ldots;\; y^{(n-1)}) \qquad \text{(V-8)}$$

darstellbar.

Anmerkungen

(1) Man beachte: Die Ordnung einer gewöhnlichen Differentialgleichung wird durch die Ordnung der *höchsten* in ihr auftretenden Ableitung bestimmt. Die höchste in einer gewöhnlichen Differentialgleichung *n-ter Ordnung* vorkommende Ableitung ist somit $y^{(n)}$.

(2) Neben den *gewöhnlichen* Differentialgleichungen gibt es noch die *partiellen* Differentialgleichungen. Sie enthalten *partielle Ableitungen* einer unbekannten Funktion von *mehreren* Variablen. Im Rahmen dieses Werkes beschäftigen wir uns *ausschließlich* mit *gewöhnlichen* Differentialgleichungen, die wir in Zukunft kurz als *Differentialgleichungen* bezeichnen wollen (Abkürzung: Dgl).

■ **Beispiele**

$y' = 2x$	Explizite Dgl 1. Ordnung
$x + yy' = 0$	Implizite Dgl 1. Ordnung
$y' + yy'' = 0$	Implizite Dgl 2. Ordnung
$\ddot{s} = -g$	Explizite Dgl 2. Ordnung
$y''' + 2y' = \cos x$	Implizite Dgl 3. Ordnung
$y^{(6)} - y^{(4)} + y'' = \mathrm{e}^{x}$	Implizite Dgl 6. Ordnung

■

1.3 Lösungen einer Differentialgleichung

Eine Differentialgleichung kann als *Bestimmungsgleichung* für eine unbekannte Funktion aufgefaßt werden. Lösungen einer Differentialgleichung sind daher *Funktionen.*

Definition: Eine Funktion $y = y(x)$ heißt eine *Lösung* der Differentialgleichung, wenn sie mit ihren Ableitungen die Differentialgleichung identisch erfüllt.

Wir unterscheiden dabei noch zwischen der *allgemeinen* Lösung und der *speziellen* oder *partikulären* Lösung [1]:

1. Die *allgemeine* Lösung einer Differentialgleichung n-ter Ordnung enthält noch n voneinander unabhängige *Parameter* (Integrationskonstanten).
2. Eine *spezielle* oder *partikuläre* Lösung wird aus der allgemeinen Lösung gewonnen, indem man aufgrund *zusätzlicher* Bedingungen den n Parametern *feste* Werte zuweist. Dies kann beispielsweise durch *Anfangsbedingungen* oder auch durch *Randbedingungen* geschehen. Im nachfolgenden Abschnitt gehen wir auf dieses Thema näher ein.

Anmerkungen

(1) Man beachte, daß die *Anzahl* der unabhängigen Parameter in der allgemeinen Lösung einer Differentialgleichung durch die *Ordnung* der Differentialgleichung bestimmt ist. Die *allgemeine* Lösung einer Differentialgleichung *1. Ordnung* enthält somit *einen* Parameter, die *allgemeine* Lösung einer Differentialgleichung *2. Ordnung* genau *zwei* unabhängige Parameter usw.

(2) Die *allgemeine* Lösung einer Differentialgleichung n-ter Ordnung repräsentiert eine *Kurvenschar* mit n Parametern. Für *jede* spezielle Parameterwahl erhalten wir *eine* Lösungskurve (*spezielle* oder *partikuläre* Lösung genannt).

(3) In den einfachsten Fällen, z.B. für Differentialgleichungen vom Typ $y^{(n)} = f(x)$, kann die allgemeine Lösung durch mehrmalige (unbestimmte) *Integration* der Differentialgleichung gewonnen werden (vgl. hierzu das einführende Beispiel). Man bezeichnet die Lösungen einer Differentialgleichung daher auch als *Integrale* (*allgemeines* Integral, *spezielles* oder *partikuläres* Integral). Das Aufsuchen *sämtlicher* Lösungen einer Differentialgleichung heißt auch *Integration der Differentialgleichung*.

[1] In einigen Fällen treten noch weitere Lösungen auf, die *nicht* aus der allgemeinen Lösung gewonnen werden können. Sie werden als *singuläre* Lösungen bezeichnet.

■ **Beispiele**

(1) Die *allgemeine* Lösung der Differentialgleichung 1. Ordnung

$$y' = 2x$$

erhalten wir durch *unbestimmte Integration*:

$$y = \int y' \, dx = \int 2x \, dx = x^2 + C \qquad (C \in \mathbb{R})$$

Die Lösungsfunktionen repräsentieren eine *Schar von Normalparabeln*, die nach *oben* geöffnet sind und deren Scheitelpunkte auf der *y-Achse* liegen (Bild V-3). Durch *jeden* Punkt der x, y-Ebene geht dabei *genau eine* Lösungskurve. So verläuft z.B. durch den Nullpunkt die Parabel mit der Gleichung $y = x^2$. Die übrigen Parabeln der Lösungsschar $y = x^2 + C$ gehen aus ihr durch *Parallelverschiebung* längs der y-Achse hervor. Der Parameter C bestimmt somit die Lage des *Scheitelpunktes* auf der y-Achse.

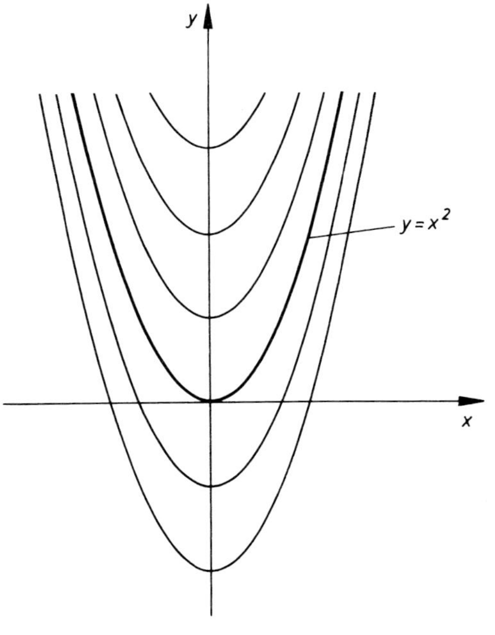

Bild V-3
Lösungen der Differentialgleichung $y' = 2x$ (Parabelschar $y = x^2 + C$ mit $C \in \mathbb{R}$)

(2) Die *harmonische Schwingung* eines elastischen Federpendels läßt sich bekanntlich durch eine Sinusfunktion vom Typ

$$x(t) = A \cdot \sin(\omega_0 t + \varphi)$$

beschreiben. Sie ist die *allgemeine* Lösung einer bestimmten Differentialgleichung 2. Ordnung, der sog. *Schwingungsgleichung*, die wir nun herleiten wollen.

Dazu differenzieren wir die Funktion $x(t)$ *zweimal* nach der Zeit und erhalten:

$$\dot{x} = \omega_0 A \cdot \cos(\omega_0 t + \varphi)$$

$$\ddot{x} = -\omega_0^2 A \cdot \sin(\omega_0 t + \varphi) = -\omega_0^2 \underbrace{(A \cdot \sin(\omega_0 t + \varphi))}_{x} = -\omega_0^2 x$$

Die harmonische Schwingung genügt somit der *Differentialgleichung*

$$\ddot{x} = -\omega_0^2 x \qquad \text{oder} \qquad \ddot{x} + \omega_0^2 x = 0$$

Die Sinusfunktion $x(t) = A \cdot \sin(\omega_0 t + \varphi)$ ist dabei die *allgemeine* Lösung dieser Gleichung, da sie mit der Amplitude A und der Phase φ *zwei* unabhängige Parameter enthält (Bild V-4).

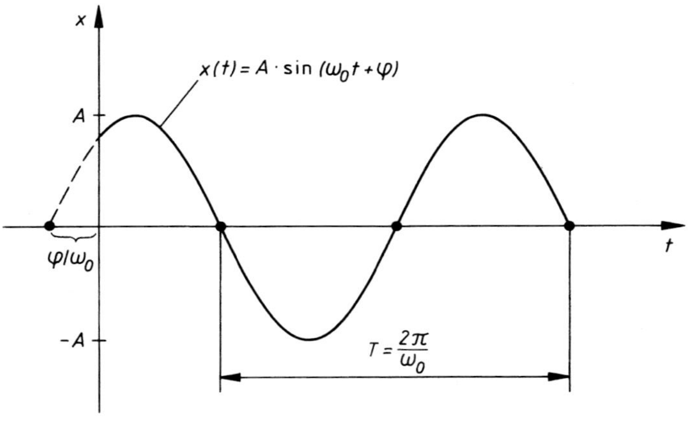

Bild V-4
Weg-Zeit-Gesetz einer harmonischen Schwingung (allgemeine Lösung)

■

1.4 Anfangswert- und Randwertprobleme

Die *allgemeine* Lösung einer Differentialgleichung n-ter Ordnung enthält noch n unabhängige *Parameter*. In den Anwendungen ist man jedoch häufig nur an einer *speziellen* Lösung näher interessiert. Um die Parameter festlegen zu können, werden noch *zusätzliche* Informationen über die gesuchte Lösung benötigt. Sie können beispielsweise bei einem physikalischen Experiment in der Angabe der zu Beginn herrschenden *Versuchsbedingungen* bestehen.

Allgemein werden bei einer Differentialgleichung n-ter Ordnung n *Bedingungen* benötigt, aus denen sich die n Parameter der allgemeinen Lösung berechnen lassen. Je nach Art der Vorgabe unterscheidet man dabei zwischen *Anfangs*- und *Randbedingungen*.

Anfangswertproblem

Bei einem *Anfangswertproblem*, auch *Anfangswertaufgabe* genannt, werden der Lösungsfunktion $y = y(x)$ insgesamt n Werte, nämlich der *Funktionswert* sowie die Werte der ersten $n - 1$ *Ableitungen* an einer Stelle x_0, vorgeschrieben: $y(x_0)$, $y'(x_0)$, $y''(x_0)$, $\ldots$, $y^{(n-1)}(x_0)$. Wir bezeichnen sie als *Anfangswerte* oder *Anfangsbedingungen*. Sie führen zu n *Bestimmungsgleichungen* für die Parameter $C_1, C_2, \ldots, C_n$. Die gesuchte *spezielle* Lösung ist dann durch die *Anfangswerte* eindeutig bestimmt[2]. Für die in den Anwendungen besonders wichtigen Differentialgleichungen *1. und 2. Ordnung* läßt sich das Anfangswertproblem *geometrisch* wie folgt deuten:

Dgl 1. Ordnung: Gesucht ist diejenige *spezielle* Lösungskurve der Differentialgleichung, die durch den vorgegebenen *Punkt* $P = (x_0; y(x_0))$ verläuft.

Dgl 2. Ordnung: Gesucht ist diejenige *spezielle* Lösungskurve der Differentialgleichung, die durch den vorgegebenen *Punkt* $P = (x_0; y(x_0))$ verläuft und dort die vorgegebene *Steigung* $y'(x_0) = m$ besitzt.

■ **Beispiele**

(1) Wir lösen die *Anfangswertaufgabe*

$$y' = 2x, \quad y(0) = 1:$$

Allgemeine Lösung: $y = \int y'\,dx = \int 2x\,dx = x^2 + C$

Bestimmung des Parameters: $y(0) = 1 \Rightarrow C = 1$

Gesuchte spezielle Lösung: $y = x^2 + 1$

(2) Das *Anfangswertproblem*

$$\ddot{x} + \omega_0^2 x = 0, \quad x(0) = x_0, \quad \dot{x}(0) = 0 \qquad (x_0 > 0)$$

beschreibt die *harmonische Schwingung* eines elastischen *Federpendels* unter den folgenden *Versuchsbedingungen* (*Anfangsbedingungen*):

1. Das Federpendel besitzt zu *Beginn* der Bewegung, d.h. zur Zeit $t = 0$ eine Auslenkung x_0 in der *positiven* Richtung;
2. Die Bewegung erfolgt aus der *Ruhe* heraus (Anfangsgeschwindigkeit $v_0 = \dot{x}(0) = 0$).

Die *allgemeine* Lösung der *Schwingungsgleichung* lautet dann nach den Ergebnissen des vorherigen Abschnitts:

$$x(t) = A \cdot \sin(\omega_0 t + \varphi) \qquad (A > 0;\ 0 \leqslant \varphi < 2\pi)$$

---

[2] Auf die Existenz- und Eindeutigkeitssätze können wir im Rahmen dieser einführenden Darstellung nicht näher eingehen.

Die Parameter A und φ, d.h. *Amplitude* und *Phase* der Schwingung, bestimmen wir aus den beiden *Anfangswerten* wie folgt:

(I) $x(0) = x_0 \Rightarrow A \cdot \sin\varphi = x_0$

(II) $\dot{x}(t) = \omega_0 A \cdot \cos(\omega_0 t + \varphi)$

$$\dot{x}(0) = 0 \Rightarrow \omega_0 A \cdot \cos\varphi = 0$$

$$\cos\varphi = 0 \Rightarrow \varphi_1 = \frac{\pi}{2}, \quad \varphi_2 = \frac{3}{2}\pi$$

Wegen $A > 0$ und $x_0 > 0$ ist auch $\sin\varphi > 0$. Der gesuchte Phasenwinkel liegt daher im Intervall $0 < \varphi < \pi$. Es kommt somit nur die Lösung $\varphi = \frac{\pi}{2}$ in Frage. Aus Gleichung (I) folgt dann $A = x_0$. Das Federpendel schwingt unter den genannten Anfangsbedingungen nach der *Weg-Zeit-Funktion*

$$x(t) = x_0 \cdot \sin\left(\omega_0 t + \frac{\pi}{2}\right) = x_0 \cdot \cos(\omega_0 t) \qquad (t \geqslant 0)$$

Bild V-5 zeigt den Verlauf dieser Schwingung.

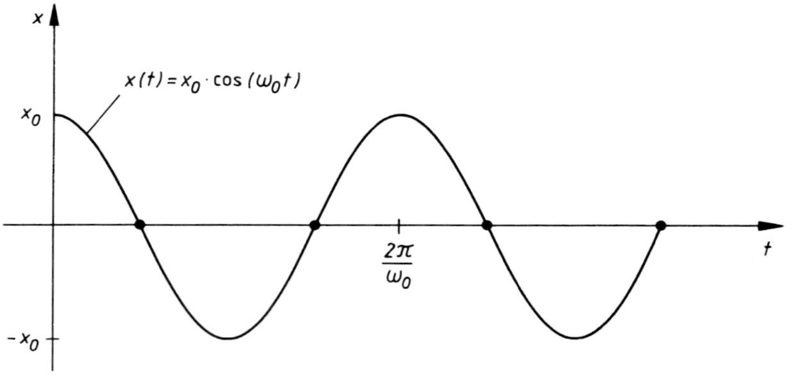

Bild V-5 Weg-Zeit-Gesetz einer harmonischen Schwingung (spezielle Lösung für die Anfangswerte $x(0) = x_0$, $\dot{x}(0) = v(0) = 0$)

■

Randwertproblem

Bei einem *Randwertproblem*, auch *Randwertaufgabe* genannt, werden der gesuchten *speziellen* Lösung einer Differentialgleichung n-ter Ordnung an n verschiedenen Stellen $x_1, x_2, \ldots, x_n$ der Reihe nach die *Funktionswerte* $y(x_1), y(x_2), \ldots, y(x_n)$ vorgeschrieben. Sie werden als *Randwerte* oder *Randbedingungen* bezeichnet und führen wiederum zu n *Bestimmungsgleichungen* für die n Parameter $C_1, C_2, \ldots, C_n$ der allgemeinen Lösung. Für eine Differentialgleichung *2. Ordnung* bedeutet dies: Die Lösungskurve ist so zu bestimmen, daß sie durch *zwei* vorgegebene Punkte $P_1 = (x_1; y_1)$ und $P_2 = (x_2; y_2)$ verläuft. Es soll jedoch nicht unerwähnt bleiben, daß *nicht jedes* Randwertproblem lösbar ist. In bestimmten Fällen können auch *mehrere* Lösungen auftreten.

■ **Beispiel**

Wir betrachten einen auf zwei Stützen ruhenden und durch eine *konstante* Streckenlast q gleichmäßig belasteten *Balken* (Bild V-6).

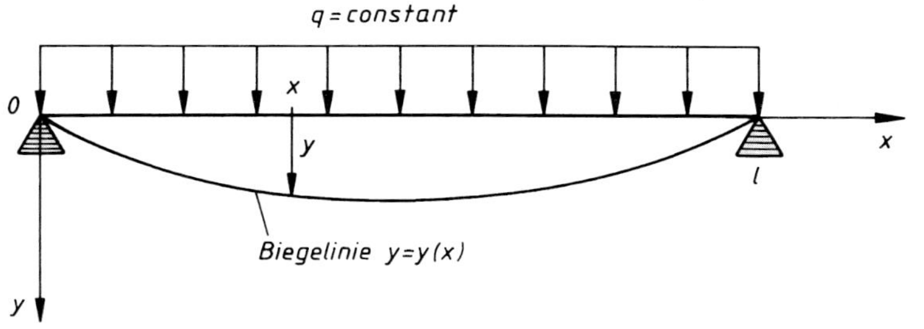

Bild V-6 Biegelinie eines Balkens bei gleichmäßiger Belastung

In der Festigkeitslehre wird gezeigt, daß die *Biegelinie* $y = y(x)$ für *kleine* Durchbiegungen näherungsweise der Differentialgleichung *2. Ordnung*

$$y'' = -\frac{M_b}{EI}$$

genügt (sog. *Biegegleichung*)[3]. Darin bedeuten:

E: *Elastizitätsmodul* (Materialkonstante)

I: *Flächenmoment* des Balkenquerschnitts

M_b: *Biegemoment*

Für das *ortsabhängige* Biegemoment M_b erhalten wir in diesem Belastungsfall

$$M_b = \frac{q}{2}(lx - x^2) \qquad (0 \leqslant x \leqslant l)$$

Die *Biegegleichung* nimmt damit die folgende Gestalt an:

$$y'' = -\frac{q}{2EI}(lx - x^2) \qquad (0 \leqslant x \leqslant l)$$

An den beiden Enden ist die Durchbiegung jeweils *Null*. Wir haben somit die *Randwertaufgabe*

$$y'' = -\frac{q}{2EI}(lx - x^2), \quad y(0) = y(l) = 0 \qquad (0 \leqslant x \leqslant l)$$

zu lösen.

[3] Vgl. hierzu z.B. Assmann: Technische Mechanik (Band 2).

Zunächst bestimmen wir die *allgemeine* Lösung, indem wir die Biegegleichung zweimal nacheinander *integrieren*:

$$y' = \int y'' \, dx = -\frac{q}{2EI} \int (lx - x^2) \, dx = -\frac{q}{2EI} \left(\frac{1}{2} lx^2 - \frac{1}{3} x^3 + C_1 \right)$$

$$y = \int y' \, dx = -\frac{q}{2EI} \int \left(\frac{1}{2} lx^2 - \frac{1}{3} x^3 + C_1 \right) dx =$$

$$= -\frac{q}{2EI} \left(\frac{1}{6} lx^3 - \frac{1}{12} x^4 + C_1 x + C_2 \right)$$

Die Integrationskonstanten C_1 und C_2 berechnen wir aus den *Randbedingungen* wie folgt:

$$y(0) = 0 \;\Rightarrow\; -\frac{q}{2EI} \cdot C_2 = 0 \;\Rightarrow\; C_2 = 0$$

$$y(l) = 0 \;\Rightarrow\; -\frac{q}{2EI} \underbrace{\left(\frac{1}{6} l^4 - \frac{1}{12} l^4 + C_1 l \right)}_{0} = 0$$

$$\Rightarrow \quad \frac{1}{12} l^4 + C_1 l = 0 \;\Rightarrow\; C_1 = -\frac{1}{12} l^3$$

Die *Biegelinie* lautet somit:

$$y(x) = -\frac{q}{2EI} \left(\frac{1}{6} lx^3 - \frac{1}{12} x^4 - \frac{1}{12} l^3 x \right) =$$

$$= \frac{q}{24EI} (x^4 - 2lx^3 + l^3 x) \qquad (0 \leqslant x \leqslant l)$$

Das *Maximum* der Durchbiegung liegt dabei aus Symmetriegründen in der *Balkenmitte* und beträgt

$$y_{\max} = y(l/2) = \frac{5ql^4}{384EI}$$

■

2 Differentialgleichungen 1. Ordnung

Wir beschäftigen uns in diesem Abschnitt mit der *Integration*, d.h. der *Lösung* einer Differentialgleichung *1. Ordnung*. Ähnlich wie in der Integralrechnung gibt es auch hier *kein* allgemeines Lösungsverfahren. Der einzuschlagende Lösungsweg ist vielmehr noch vom *Typ* der Differentialgleichung abhängig. Wir beschränken uns daher auf einige in den naturwissenschaftlich-technischen Anwendungen besonders wichtige Typen, wobei die *linearen* Differentialgleichungen 1. Ordnung im Vordergrund stehen werden. Bei allen weiteren Überlegungen gehen wir dabei von der *expliziten* Darstellungsform $y' = f(x; y)$ einer Differentialgleichung 1. Ordnung aus.

2.1 Geometrische Betrachtungen

Die Differentialgleichung $y' = f(x; y)$ besitze die Eigenschaft, daß durch *jeden* Punkt des Definitionsbereiches von $f(x; y)$ *genau eine* Lösungskurve verlaufe. $P_0 = (x_0; y_0)$ sei ein solcher Punkt und $y = y(x)$ die durch P_0 gehende *Lösungskurve* (Bild V-7).

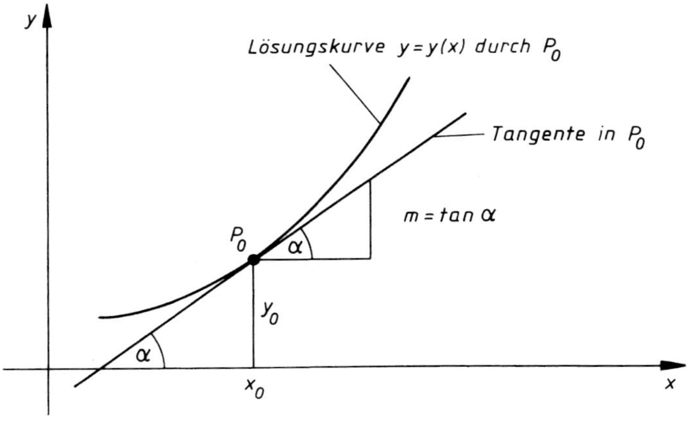

Bild V-7 Lösungskurve der Differentialgleichung $y' = f(x; y)$ durch den Punkt $P_0 = (x_0; y_0)$

Die Steigung m der Kurventangente in P_0 kann dann auf *zwei* verschiedene Arten berechnet werden:

1. Aus der (als bekannt vorausgesetzten) *Funktionsgleichung* $y = y(x)$ der Lösungskurve durch Differentiation nach der Variablen x: $m = y'(x_0)$;
2. Aus der *Differentialgleichung* $y' = f(x; y)$ selbst, indem man in diese Gleichung die Koordinaten des Punktes P_0 einsetzt: $m = f(x_0; y_0)$.

Es ist somit

$$m = y'(x_0) = f(x_0; y_0) \tag{V-9}$$

Der Anstieg der Lösungskurve in P_0 kann somit direkt aus der *Differentialgleichung* berechnet werden, die Funktionsgleichung der Lösungskurve wird dabei *überhaupt nicht* benötigt. Durch die Differentialgleichung $y' = f(x; y)$ wird nämlich *jedem* Punkt $P = (x; y)$ aus dem Definitionsbereich der Funktion $f(x; y)$ ein *Richtungs-* oder *Steigungswert* zugeordnet. Er gibt den *Anstieg* der durch P gehenden Lösungskurve an.

Graphisch kennzeichnen wir die Richtung der Kurventangente in P durch eine kleine, in der Tangente liegende Strecke, die als *Linien-* oder *Richtungselement* bezeichnet wird (Bild V-8). Das dem Punkt $P = (x;\ y)$ zugeordnete *Linienelement* ist demnach durch die Angabe der beiden Koordinaten x, y *und* des Steigungswertes $m = f(x;\ y)$ eindeutig bestimmt.

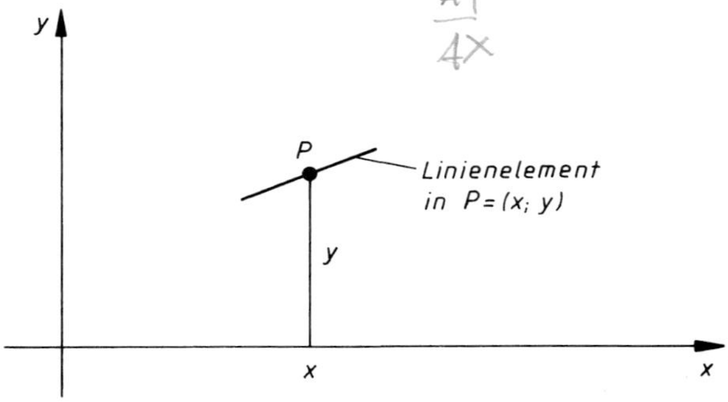

Bild V-8
Zum Begriff
des Linienelementes

Die Gesamtheit der Linienelemente bildet das *Richtungsfeld* der Differentialgleichung, aus dem sich ein erster, grober *Überblick* über den Verlauf der Lösungskurven gewinnen läßt (Bild V-9). Eine Lösungskurve muß dabei in *jedem* ihrer Punkte die durch das *Richtungsfeld* vorgegebene Steigung aufweisen.

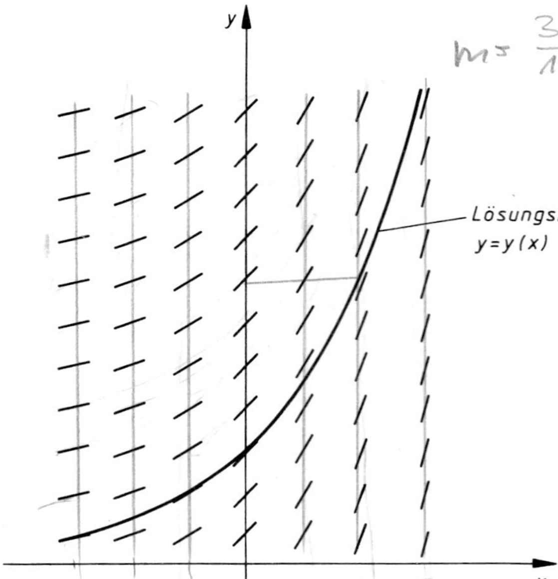

Bild V-9 Richtungsfeld einer Differentialgleichung 1. Ordnung vom Typ $y' = f(x;\ y)$ mit einer Lösungskurve $y = y(x)$

Bei der Konstruktion von *Näherungskurven* erweisen sich die sog. *Isoklinen* als sehr hilfreich und nützlich. Unter einer *Isokline* versteht man dabei die Verbindungslinie aller Punkte, deren zugehörige Linienelemente in die *gleiche* Richtung zeigen, d.h. zueinander *parallel* sind. Die *Isoklinen* der Differentialgleichung $y' = f(x; y)$ sind daher durch die folgende Gleichung definiert:

$$f(x; y) = \text{constant} \tag{V-10}$$

Im *Richtungsfeld* der Differentialgleichung konstruieren wir nun Kurven, die in ihren Schnittpunkten mit den *Isoklinen* den *gleichen* Anstieg besitzen wie die dortigen *Linienelemente*. In einem Schnittpunkt verlaufen somit Kurventangente und Linienelement *parallel*, d.h. das Linienelement fällt in die dortige Kurventangente.

Kurven mit dieser Eigenschaft sind dann *Näherungen* für die tatsächlichen Lösungskurven.

■ **Beispiele**

(1) Die *Isoklinen* der Differentialgleichung $x + yy' = 0$ sind *Geraden*, die durch den Nullpunkt verlaufen (Bild V-10). Mit $y' = \text{constant} = a$ erhalten wir nämlich:

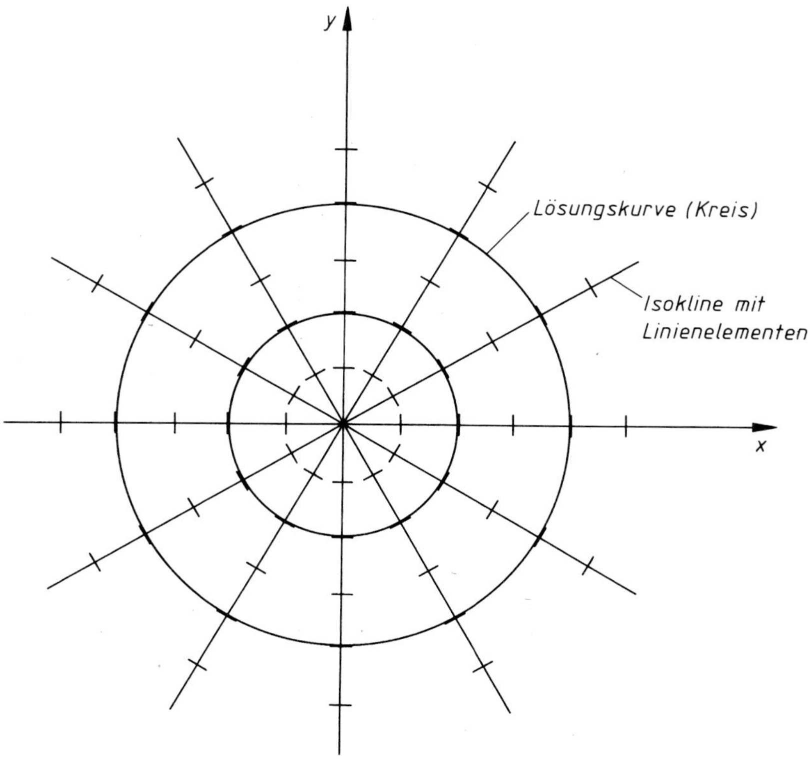

Bild V-10

Richtungsfeld (Isoklinen) der Differentialgleichung $x + yy' = 0$ mit einigen Lösungskurven (konzentrische Mittelpunktskreise)

Für $a = 0$: $x = 0$

Für $a \neq 0$: $x + ya = 0$, d.h. $y = -\frac{1}{a}x$

Anhand *des Richtungsfeldes* erkennt man, daß die Lösungskurven *konzentrische Mittelpunktskreise* vom Typ $x^2 + y^2 = R^2$ darstellen $(R > 0)$.

(2) Die *Isoklinen* der Differentialgleichung $y' = 2x$ sind *Geraden*, die parallel zur y-Achse verlaufen:

$$2x = \text{constant} = a \Rightarrow x = \frac{a}{2}$$

In das *Richtungsfeld* der Differentialgleichung haben wir eine Lösungskurve eingezeichnet, die auf das Richtungsfeld „paßt“ (Bild V-11). Es handelt sich dabei um die *Normalparabel* $y = x^2$. Die *Lösungsschar* der Differentialgleichung $y' = 2x$ besteht aus den *Parabeln* $y = x^2 + C$.

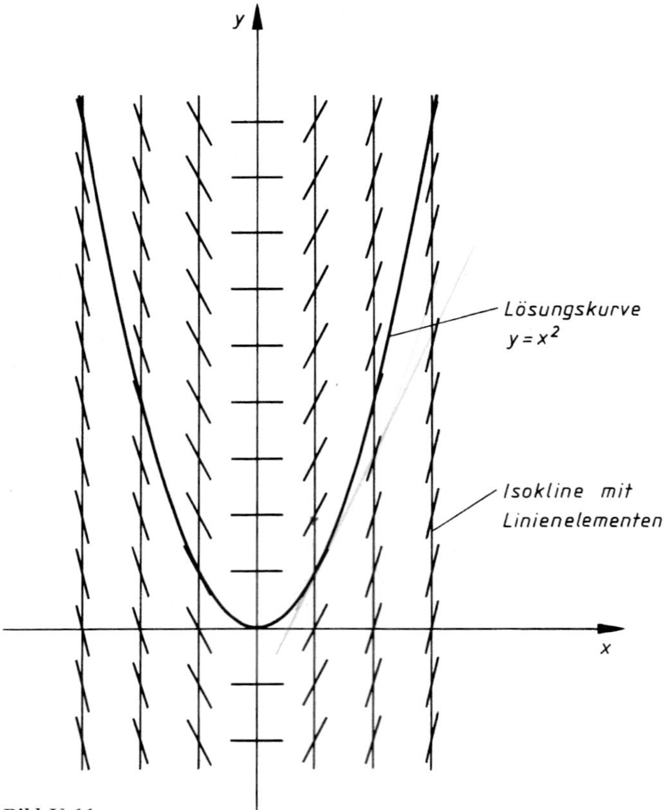

Bild V-11

Richtungsfeld (Isoklinen) der Differentialgleichung $y' = 2x$ mit der Lösungskurve $y = x^2$

■

2.2 Differentialgleichungen mit trennbaren Variablen

Eine Differentialgleichung 1. Ordnung vom Typ

$$y' = f(x) \cdot g(y) \qquad \text{oder} \qquad \frac{dy}{dx} = f(x) \cdot g(y) \tag{V-11}$$

heißt *separabel* und läßt sich durch „*Trennung der Variablen*" lösen. Dabei wird die Differentialgleichung zunächst wie folgt umgestellt:

$$\frac{dy}{dx} = f(x) \cdot g(y) \quad \Rightarrow \quad \frac{dy}{g(y)} = f(x)\,dx \qquad (g(y) \neq 0) \tag{V-12}$$

Die *linke* Seite der Gleichung enthält nur noch die Variable y und deren Differential dy, die *rechte* Seite dagegen nur noch die Variable x und deren Differential dx. Die Variablen wurden somit *getrennt* (daher stammt auch die Bezeichnung dieser Integrationsmethode). Jetzt werden beide Seiten unbestimmt *integriert*:

$$\int \frac{dy}{g(y)} = \int f(x)\,dx \tag{V-13}$$

Die dann in Form einer *impliziten* Gleichung vom Typ $F_1(y) = F_2(x)$ vorliegende Lösung wird nach der Variablen y aufgelöst, was in den meisten Fällen möglich ist, und wir erhalten die *allgemeine* Lösung der Differentialgleichung $y' = f(x) \cdot g(y)$ in der expliziten Form $y = y(x)$.

„Trennung der Variablen"

Eine Differentialgleichung 1. Ordnung vom Typ

$$y' = f(x) \cdot g(y) \tag{V-14}$$

läßt sich schrittweise wie folgt lösen:

1. *Trennung* der beiden Variablen.
2. *Integration* auf *beiden* Seiten der Gleichung.
3. *Auflösung* der in Form einer impliziten Gleichung vom Typ $F_1(y) = F_2(x)$ vorliegenden allgemeinen Lösung nach der Variablen y (falls überhaupt möglich).

Anmerkung

Die *Trennung der Variablen* ist nur unter der Voraussetzung $g(y) \neq 0$ möglich. Die Lösungen der Gleichung $g(y) = 0$ sind vom Typ $y = \text{constant} = a$ und zugleich auch *Lösungen der Differentialgleichung* $y' = f(x) \cdot g(y)$ (vgl. hierzu die nachfolgenden Beispiele).

■ **Beispiele**

(1) Die Differentialgleichung $y' = y$ ist vom Typ (V-14) und läßt sich für $y \neq 0$ durch *Trennung der Variablen* wie folgt lösen. Zunächst *trennen* wir die beiden Variablen:

$$\frac{dy}{dx} = y \quad \Rightarrow \quad \frac{dy}{y} = dx$$

Durch *Integration* auf beiden Seiten der Gleichung folgt dann:

$$\int \frac{dy}{y} = \int dx \quad \Rightarrow \quad \ln|y| = x + C \qquad (C \in \mathbb{R})$$

Die Lösung liegt jetzt in der *impliziten* Form vor. Wir lösen diese Gleichung nach der Variablen y auf und erhalten [4]:

$$|y| = \mathrm{e}^{x+C} = \mathrm{e}^{C} \cdot \mathrm{e}^{x}$$

$$y = \pm\, \mathrm{e}^{C} \cdot \mathrm{e}^{x} \qquad (C \in \mathbb{R})$$

Wenn die Integrationskonstante C alle *reellen* Zahlen durchläuft, durchläuft die Konstante e^{C} alle *positiven* Werte und die Konstante $\pm\,\mathrm{e}^{C}$ somit alle *von Null verschiedenen* Werte. Wir setzen daher

$$y = \pm\, \mathrm{e}^{C} \cdot \mathrm{e}^{x} = K \cdot \mathrm{e}^{x} \qquad (K \neq 0)$$

Eine *weitere* Lösung der Differentialgleichung $y' = y$ ist $y = 0$, so daß diese Differentialgleichung insgesamt folgende *Lösungsmenge* besitzt:

$$y = 0 \quad \text{und} \quad y = K \cdot \mathrm{e}^{x} \qquad (K \neq 0)$$

Sie ist auch in der *geschlossenen* Form

$$y = K \cdot \mathrm{e}^{x} \qquad (K \in \mathbb{R})$$

darstellbar, denn für $K = 0$ erhalten wir hieraus die spezielle oder partikuläre Lösung $y = 0$.

Wichtiger Hinweis

Bei der Integration einer Differentialgleichung treten häufig „logarithmische" Terme wie $\ln|x|$, $\ln|y|$ usw. auf. Es ist dann zweckmäßiger, die Integrationskonstante *nicht* in der üblichen Form, sondern in der „logarithmischen" Form $\ln|C|$ anzusetzen. Diese Schreibweise führt zu einem *geringeren* Arbeitsaufwand und ist erlaubt, da mit C auch $\ln|C|$ *alle* reellen Zahlen durchläuft [5].

---

[4] Wir erinnern: Die *Betragsgleichung* $|y| = a > 0$ hat *zwei Lösungen*, nämlich $y = \pm\, a$.

[5] Bekanntlich ist *jede* reelle Zahl als natürlicher Logarithmus einer *positiven* Zahl darstellbar (Band 1, Abschnitt III.12.1).

Den *Vorteil* dieser Methode zeigen wir am soeben behandelten Beispiel der Differentialgleichung $y' = y$. Wie bisher *trennen* wir zunächst die beiden Variablen und *integrieren* anschließend beide Seiten der Gleichung, wobei wir die Integrationskonstante in der Form $\ln|C|$ schreiben:

$$\frac{dy}{dx} = y \quad \Rightarrow \quad \frac{dy}{y} = dx$$

$$\int \frac{dy}{y} = \int dx \quad \Rightarrow \quad \ln|y| = x + \ln|C|$$

Die *logarithmischen* Terme werden noch zusammengefaßt:

$$\ln|y| - \ln|C| = \ln\left|\frac{y}{C}\right| = x$$

Durch *Umkehrung* erhalten wir dann

$$\left|\frac{y}{C}\right| = \mathrm{e}^{x} \qquad \text{oder} \qquad \frac{y}{C} = \pm\,\mathrm{e}^{x}$$

Die *allgemeine* Lösung der Differentialgleichung $y' = y$ lautet damit

$$y = \pm\, C \cdot \mathrm{e}^{x} \qquad \text{oder} \qquad y = K \cdot \mathrm{e}^{x}$$

wobei wir $K = \pm\, C$ gesetzt haben ($K \in \mathbb{R}$).

(2) Die *Anfangswertaufgabe*

$$x + y y' = 0, \quad y(0) = 2$$

lösen wir durch *Trennung der Variablen*.

Trennung der Variablen:

$$x + y\frac{dy}{dx} = 0 \quad \Rightarrow \quad y\,dy = -\,x\,dx$$

Integration:

$$\int y\,dy = -\int x\,dx \quad \Rightarrow \quad \frac{1}{2}y^2 = -\frac{1}{2}x^2 + C$$

Allgemeine Lösung der Differentialgleichung:

$$y^2 = -\,x^2 + 2C \quad \text{oder} \quad x^2 + y^2 = 2C$$

Dies ist die Gleichung eines *Mittelpunktkreises* mit dem Radius $R = \sqrt{2C}$, falls $C > 0$ ist. Für $C = 0$ erhalten wir den *Nullpunkt* („entartete" Lösung), für $C < 0$ existieren *keine* Lösungen. Die *Lösungskurven* der Differentialgleichung $x + yy' = 0$ sind somit *konzentrische Mittelpunktskreise* mit der Gleichung $x^2 + y^2 = R^2$ (Bild V-12).

Spezielle Lösung für $y(0) = 2$:

$$y(0) = 2 \Rightarrow 4 = 2C, \text{ d.h. } C = 2 \text{ und somit } R = 2$$

Die Lösung der gestellten Anfangswertaufgabe führt zu dem *Mittelpunktskreis* $x^2 + y^2 = 4$ mit dem Radius $R = 2$ (vgl. hierzu Bild V-12).

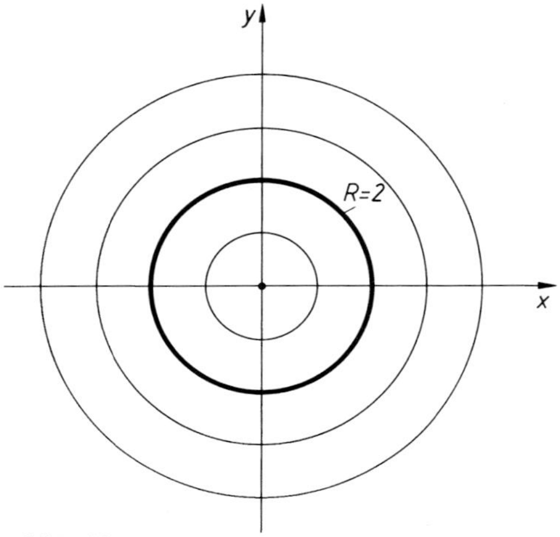

Bild V-12

Lösungen der Differentialgleichung $x + yy' = 0$ (konzentrische Mittelpunktskreise $x^2 + y^2 = R^2$; der stark ausgezogene Kreis ist die spezielle Lösung für den Anfangswert $y(0) = 2$)

■

2.3 Integration einer Differentialgleichung durch Substitution

In einigen Fällen ist es möglich, eine explizite Differentialgleichung 1. Ordnung $y' = f(x; y)$ mit Hilfe einer *geeigneten Substitution* auf eine *separable* Differentialgleichung 1. Ordnung zurückzuführen, die dann durch *Trennung der Variablen* gelöst werden kann. In diesem Abschnitt behandeln wir Differentialgleichungen vom Typ

$$y' = f(ax + by + c) \quad \text{und} \quad y' = f\left(\frac{y}{x}\right) \qquad \text{(V-15)}$$

Differentialgleichungen vom Typ $y' = f(ax + by + c)$

Eine Differentialgleichung von diesem Typ läßt sich durch die *lineare Substitution*

$$u = ax + by + c \qquad \text{(V-16)}$$

lösen. Dabei sind y und u als Funktionen von x zu betrachten. Durch Differentiation dieser Gleichung nach x erhalten wir dann:

$$u' = a + by' \qquad \text{(V-17)}$$

Berücksichtigen wir noch, daß $y' = f(u)$ ist, so folgt hieraus die Differentialgleichung

$$u' = a + b\,f(u) \tag{V-18}$$

die durch *Trennung der Variablen* gelöst werden kann, da die rechte Seite dieser Gleichung nur von u abhängt. Die *Lösung* $u = u(x)$ dieser Differentialgleichung setzen wir dann in die Substitutionsgleichung (V-16) ein und lösen anschließend die Gleichung nach y auf (sog. *Rücksubstitution*).

Differentialgleichungen vom Typ $y' = f\left(\frac{y}{x}\right)$

Eine Differentialgleichung von diesem Typ wird durch die *Substitution*

$$u = \frac{y}{x}, \quad \text{d.h.} \quad y = xu \tag{V-19}$$

gelöst. Wir differenzieren diese Gleichung nach x und erhalten:

$$y' = 1 \cdot u + x \cdot u' = u + xu' \tag{V-20}$$

(wiederum sind y und u Funktionen von x). Da $y' = f(u)$ ist, geht die Differentialgleichung $y' = f\left(\frac{y}{x}\right)$ schließlich in die *separable* Differentialgleichung

$$u + xu' = f(u) \quad \text{oder} \quad u' = \frac{f(u) - u}{x} \tag{V-21}$$

über, die ebenfalls durch *Trennung der Variablen* gelöst werden kann. Anschließend erfolgt die *Rücksubstitution*.

Wir fassen die Ergebnisse zusammen:

Integration spezieller Differentialgleichungen 1. Ordnung durch Substitution

Differentialgleichungen 1. Ordnung vom Typ

$$y' = f(ax + by + c) \qquad (\textit{Substitution}\colon\ u = ax + by + c) \tag{V-22}$$

und

$$y' = f\left(\frac{y}{x}\right) \qquad \left(\textit{Substitution}\colon\ u = \frac{y}{x}\right) \tag{V-23}$$

lassen sich mittels der jeweils in Klammern angegebenen *Substitution* schrittweise wie folgt lösen:

1. Durchführung der *Substitution*.
2. *Integration* der neuen Differentialgleichung 1. Ordnung für die Hilfsfunktion u durch *Trennung der Variablen*.
3. *Rücksubstitution* und *Auflösen* der Gleichung nach y.

■ **Beispiele**

(1) $y' = 2x - y$

Die Differentialgleichung ist vom Typ $y' = f(ax + by + c)$ und wird durch die *Substitution* $u = 2x - y$ gelöst. Mit

$$u = 2x - y$$

und

$$u' = 2 - y', \quad \text{d.h.} \quad y' = 2 - u'$$

gehen wir in die Differentialgleichung $y' = 2x - y$ ein und erhalten:

$$2 - u' = u \quad \text{oder} \quad -u' = u - 2$$

Diese Differentialgleichung läßt sich durch *Trennung der Variablen* lösen:

$$-\frac{du}{dx} = u - 2 \Rightarrow \frac{du}{u-2} = -dx$$

$$\int \frac{du}{u-2} = -\int dx \Rightarrow \ln|u-2| = -x + \ln|C|$$

$$\ln|u-2| - \ln|C| = \ln\left|\frac{u-2}{C}\right| = -x$$

$$\frac{u-2}{C} = e^{-x} \Rightarrow u = C \cdot e^{-x} + 2 \qquad (C \in \mathbb{R})$$

Durch *Rücksubstitution* folgt weiter:

$$u = 2x - y = C \cdot e^{-x} + 2 \Rightarrow y = -C \cdot e^{-x} + 2x - 2$$

Die *allgemeine* Lösung der Differentialgleichung $y' = 2x - y$ lautet somit:

$$y = C_1 \cdot e^{-x} + 2x - 2 \qquad (C_1 = -C;\ C, C_1 \in \mathbb{R})$$

(2) Die Differentialgleichung 1. Ordnung

$$y' = \frac{x + 2y}{x} = 1 + 2\left(\frac{y}{x}\right)$$

ist vom Typ $y' = f\left(\frac{y}{x}\right)$ und läßt sich daher durch die *Substitution* $u = \frac{y}{x}$ wie folgt lösen:

Substitution:

$$u = \frac{y}{x}, \quad \text{d.h.} \quad y = xu, \quad y' = u + xu'$$

$$y' = 1 + 2\left(\frac{y}{x}\right) \quad \Rightarrow \quad u + xu' = 1 + 2u \quad \text{oder} \quad xu' = 1 + u$$

Integration durch Trennung der Variablen:

$$x\frac{du}{dx} = 1 + u \quad \Rightarrow \quad \frac{du}{u+1} = \frac{dx}{x}$$

$$\int \frac{du}{u+1} = \int \frac{dx}{x}$$

$$\ln|u+1| = \ln|x| + \ln|C| = \ln|Cx|$$

$$u + 1 = Cx \quad \text{oder} \quad u = Cx - 1 \qquad (C \in \mathbb{R})$$

Rücksubstitution:

$$y = xu = x(Cx - 1) = Cx^2 - x$$

Die *allgemeine* Lösung der Differentialgleichung $y' = \frac{x + 2y}{x}$ besitzt somit die Gestalt

$$y = Cx^2 - x \qquad (C \in \mathbb{R})$$

■

2.4 Lineare Differentialgleichungen 1. Ordnung

2.4.1 Definition einer linearen Differentialgleichung 1. Ordnung

Definition: Eine Differentialgleichung 1. Ordnung heißt *linear*, wenn sie in der Form

$$y' + f(x) \cdot y = g(x) \qquad \text{(V-24)}$$

darstellbar ist.

Die Funktion $g(x)$ wird als *Störfunktion* oder *Störglied* bezeichnet. *Fehlt* das Störglied, d.h. ist $g(x) \equiv 0$, so heißt die lineare Differentialgleichung *homogen*, sonst *inhomogen*.

Anmerkung

Kennzeichen einer *linearen* Differentialgleichung 1. Ordnung sind:

1. y und y' treten *linear*, d.h. in *1. Potenz* auf.
2. Ein „gemischtes Produkt“ yy' kann *nicht* vorkommen.

■ **Beispiele**

(1) Die folgenden Differentialgleichungen 1. Ordnung sind *linear*:

$y' - xy = 0$ Homogene Dgl

$xy' + 2y = e^x$ Inhomogene Dgl

$y' + (\tan x) \cdot y = 2 \cdot \sin x \cdot \cos x$ Inhomogene Dgl

(2) *Nicht-linear* sind folgende Differentialgleichungen 1. Ordnung:

$y' = 1 - y^2$ (y tritt in der *2. Potenz* auf)

$yy' + x = 0$ (Die Differentialgleichung enthält ein „verbotenes“ *gemischtes* Produkt yy')

■

2.4.2 Integration der homogenen linearen Differentialgleichung

Eine *homogene* lineare Differentialgleichung 1. Ordnung

$$y' + f(x) \cdot y = 0 \qquad \text{(V-25)}$$

läßt sich durch *Trennung der Variablen* wie folgt lösen. Zunächst *trennen* wir die beiden Variablen:

$$\frac{dy}{dx} + f(x) \cdot y = 0 \quad \Rightarrow \quad \frac{dy}{y} = -f(x)\,dx \qquad \text{(V-26)}$$

Dann werden beide Seiten *integriert*, wobei wir die Integrationskonstante wiederum in der *logarithmischen* Form $\ln|C|$ schreiben:

$$\int \frac{dy}{y} = -\int f(x)\,dx \quad \Rightarrow \quad \ln|y| = -\int f(x)\,dx + \ln|C| \qquad \text{(V-27)}$$

Die *logarithmischen* Terme werden noch zusammengefaßt:

$$\ln|y| - \ln|C| = \ln\left|\frac{y}{C}\right| = -\int f(x)\,dx \qquad \text{(V-28)}$$

Durch *Umkehrung* erhalten wir hieraus die *allgemeine* Lösung der *homogenen* linearen Differentialgleichung in der Form

$$y = C \cdot e^{-\int f(x)\,dx} \qquad (C \in \mathbb{R}) \qquad \text{(V-29)}$$

Integration einer homogenen linearen Differentialgleichung 1. Ordnung

Eine *homogene* lineare Differentialgleichung 1. Ordnung vom Typ

$$y' + f(x) \cdot y = 0 \qquad \text{(V-30)}$$

wird durch *Trennung der Variablen* gelöst. Die *allgemeine* Lösung ist dann in der Form

$$y = C \cdot e^{-\int f(x)\,dx} \qquad (C \in \mathbb{R}) \qquad \text{(V-31)}$$

darstellbar.

■ **Beispiele**

(1) $x^2 y' + y = 0$ oder $y' + \frac{1}{x^2}\,y = 0 \qquad (x \neq 0)$

Die vorliegende *homogene* lineare Differentialgleichung 1. Ordnung lösen wir durch *Trennung der Variablen*.

Trennung der Variablen:

$$\frac{dy}{dx} + \frac{1}{x^2}\,y = 0 \quad\Rightarrow\quad \frac{dy}{y} = -\frac{dx}{x^2}$$

Integration auf beiden Seiten:

$$\int \frac{dy}{y} = -\int \frac{dx}{x^2} \quad\Rightarrow\quad \ln|y| = \frac{1}{x} + \ln|C|$$

$$\ln|y| - \ln|C| = \ln\left|\frac{y}{C}\right| = \frac{1}{x}$$

Wir lösen diese Gleichung noch nach y auf und erhalten die *allgemeine* Lösung der *homogenen* linearen Differentialgleichung $x^2 y' + y = 0$ in der Form

$$y = C \cdot e^{1/x} \qquad (C \in \mathbb{R})$$

(2) $y' - 2xy = 0, \quad y(0) = 5$

Wir bestimmen zunächst die *allgemeine* Lösung dieser homogenen linearen Differentialgleichung durch *Trennung der Variablen*:

Trennung der Variablen:

$$\frac{dy}{dx} - 2xy = 0 \quad\Rightarrow\quad \frac{dy}{y} = 2x\,dx$$

Integration auf beiden Seiten:

$$\int \frac{dy}{y} = \int 2x\,dx \quad \Rightarrow \quad \ln|y| = x^2 + \ln|C|$$

$$\ln|y| - \ln|C| = \ln\left|\frac{y}{C}\right| = x^2 \quad \Rightarrow \quad \frac{y}{C} = \mathrm{e}^{x^2}$$

Allgemeine Lösung:

$$y = C \cdot \mathrm{e}^{x^2} \qquad (C \in \mathbb{R})$$

Spezielle Lösung für $y(0) = 5$:

$$y(0) = 5 \;\Rightarrow\; C = 5$$

Das *Anfangswertproblem* $y' - 2xy = 0,\; y(0) = 5$ besitzt somit die *Lösung*

$$y = 5 \cdot \mathrm{e}^{x^2}$$

■

2.4.3 Integration der inhomogenen linearen Differentialgleichung

Wir beschäftigen uns nun mit der *allgemeinen* Lösung der *inhomogenen* linearen Differentialgleichung 1. Ordnung und behandeln zwei unter den folgenden Bezeichnungen bekannte Lösungsmethoden:

1. Integration durch „*Variation der Konstanten*".
2. Integration durch „*Aufsuchen einer partikulären (speziellen) Lösung*".

2.4.3.1 Variation der Konstanten

Eine *inhomogene* lineare Differentialgleichung 1. Ordnung

$$y' + f(x) \cdot y = g(x) \qquad \text{(V-32)}$$

läßt sich wie folgt durch *Variation der Konstanten* lösen. Zunächst wird die zugehörige *homogene* Differentialgleichung

$$y' + f(x) \cdot y = 0 \qquad \text{(V-33)}$$

durch *Trennung der Variablen* gelöst. Dies führt zu der *allgemeinen* Lösung [6)]

$$y_0 = K \cdot \mathrm{e}^{-\int f(x)\,dx} \qquad (K \in \mathbb{R}) \qquad \text{(V-34)}$$

Wir *ersetzen* jetzt die Integrationskonstante K durch eine (noch unbekannte) *Funktion* $K(x)$ und versuchen, die *inhomogene* Differentialgleichung durch den *Produktansatz*

$$y = K(x) \cdot \mathrm{e}^{-\int f(x)\,dx} \qquad \text{(V-35)}$$

---

6) Um Verwechslungen mit der *allgemeinen* Lösung einer *inhomogenen* linearen Differentialgleichung zu vermeiden, kennzeichnen wir ab sofort die *allgemeine* Lösung der *homogenen* Gleichung durch das Symbol y_0.

zu lösen. Dazu wird noch die 1. Ableitung dieses Lösungsansatzes benötigt. Unter Verwendung von *Produkt- und Kettenregel* erhalten wir:

$$y' = K'(x) \cdot e^{-\int f(x)\,dx} - K(x) \cdot f(x) \cdot e^{-\int f(x)\,dx} \qquad \text{(V-36)}$$

Wir setzen nun die für y und y' gefundenen Funktionsterme in die *inhomogene* Differentialgleichung (V-32) ein:

$$K'(x) \cdot e^{-\int f(x)\,dx} \underbrace{- K(x) \cdot f(x) \cdot e^{-\int f(x)\,dx} + f(x) \cdot K(x) \cdot e^{-\int f(x)\,dx}}_{0} = g(x)$$

$$K'(x) \cdot e^{-\int f(x)\,dx} = g(x)$$

$$K'(x) = g(x) \cdot e^{\int f(x)\,dx} \qquad \text{(V-37)}$$

Durch *Integration* folgt weiter:

$$K(x) = \int g(x) \cdot e^{\int f(x)\,dx}\,dx + C \qquad \text{(V-38)}$$

Diesen Ausdruck setzen wir für die *Faktorfunktion* $K(x)$ des Lösungsansatzes (V-35) ein und erhalten dann die *allgemeine* Lösung der *inhomogenen* Differentialgleichung (V-32) in der Form

$$y = \left(\int g(x) \cdot e^{\int f(x)\,dx}\,dx + C\right) \cdot e^{-\int f(x)\,dx} \qquad \text{(V-39)}$$

Wir fassen die Ergebnisse zusammen:

Integration einer inhomogenen linearen Differentialgleichung 1. Ordnung durch „Variation der Konstanten"

Eine *inhomogene* lineare Differentialgleichung 1. Ordnung vom Typ

$$y' + f(x) \cdot y = g(x) \qquad \text{(V-40)}$$

läßt sich durch „*Variation der Konstanten*" schrittweise wie folgt lösen:

1. *Integration* der zugehörigen *homogenen* Differentialgleichung $y' + f(x) \cdot y = 0$ durch *Trennung der Variablen*:

$$y_0 = K \cdot e^{-\int f(x)\,dx} \qquad \text{(V-41)}$$

2. *Variation der Konstanten*: Die Integrationskonstante K wird durch eine *Funktion* $K(x)$ ersetzt. Mit dem Lösungsansatz

$$y = K(x) \cdot e^{-\int f(x)\,dx} \qquad \text{(V-42)}$$

geht man dann in die *inhomogene* lineare Differentialgleichung ein und erhält eine einfache Differentialgleichung 1. Ordnung für die Faktorfunktion $K(x)$, die durch unbestimmte Integration direkt gelöst werden kann.

Anmerkung

Durch die Bezeichnung „*Variation der Konstanten*" soll zum Ausdruck gebracht werden, daß die Integrationskonstante K „variiert", d.h. durch eine *Funktion* $K(x)$ ersetzt wird.

■ **Beispiele**

Hinweis: Die beim Lösen einer Differentialgleichung anfallenden Integrale werden der *Integraltafel der Formelsammlung* entnommen (Angabe der jeweiligen *Integralnummer*). Diese Regelung gilt im *gesamten* Kapitel.

(1) $y' + \frac{y}{x} = \cos x$

Wir lösen zunächst die zugehörige *homogene* Differentialgleichung

$$y' + \frac{y}{x} = 0$$

durch *Trennung der Variablen*:

$$\frac{dy}{dx} + \frac{y}{x} = 0 \quad \Rightarrow \quad \frac{dy}{y} = -\frac{dx}{x}$$

$$\int \frac{dy}{y} = -\int \frac{dx}{x} \quad \Rightarrow \quad \ln|y| = -\ln|x| + \ln|K| = \ln\left|\frac{K}{x}\right|$$

Die *allgemeine* Lösung der *homogenen* Gleichung lautet somit:

$$y_0 = \frac{K}{x} \qquad (K \in \mathbb{R})$$

Die *inhomogene* Differentialgleichung lösen wir durch *Variation der Konstanten* $(K \to K(x))$:

$$y = \frac{K(x)}{x}, \qquad y' = \frac{K'(x) \cdot x - K(x)}{x^2} = \frac{K'(x)}{x} - \frac{K(x)}{x^2}$$

Wir setzen nun diese Funktionsterme in die *inhomogene* Differentialgleichung ein:

$$y' + \frac{y}{x} = \frac{K'(x)}{x} \underbrace{- \frac{K(x)}{x^2} + \frac{K(x)}{x^2}}_{0} = \cos x$$

$$\frac{K'(x)}{x} = \cos x \qquad \text{oder} \qquad K'(x) = x \cdot \cos x$$

Durch *unbestimmte Integration* folgt hieraus:

$$K(x) = \int K'(x)\,dx = \underbrace{\int x \cdot \cos x\,dx}_{\text{Integral Nr. 232}} = \cos x + x \cdot \sin x + C$$

Die *inhomogene* Differentialgleichung besitzt damit die *allgemeine* Lösung

$$y = \frac{K(x)}{x} = \frac{\cos x + x \cdot \sin x + C}{x} \qquad (C \in \mathbb{R})$$

(2) $y' - 3y = x \cdot e^{4x}$

Die zugehörige *homogene* Differentialgleichung

$$y' - 3y = 0$$

wird durch *Trennung der Variablen* gelöst. Ihre *allgemeine* Lösung ist

$$y_0 = K \cdot e^{3x} \qquad (K \in \mathbb{R})$$

(nachrechnen!). Die *inhomogene* Differentialgleichung lösen wir durch den Ansatz

$$y = K(x) \cdot e^{3x}$$

(*Variation der Konstanten*). Wir gehen mit den Termen

$$y = K(x) \cdot e^{3x}, \quad y' = K'(x) \cdot e^{3x} + 3K(x) \cdot e^{3x}$$

in die *inhomogene* Gleichung ein und erhalten:

$$y' - 3y = K'(x) \cdot e^{3x} \underbrace{+ 3K(x) \cdot e^{3x} - 3K(x) \cdot e^{3x}}_{0} = x \cdot e^{4x}$$

$$K'(x) \cdot e^{3x} = x \cdot e^{4x} \qquad \text{oder} \qquad K'(x) = x \cdot e^{x}$$

Durch *unbestimmte Integration* folgt:

$$K(x) = \int K'(x)\,dx = \underbrace{\int x \cdot e^{x}\,dx}_{\text{Integral Nr. 313}} = (x-1) \cdot e^{x} + C$$

Die *allgemeine* Lösung der *inhomogenen* Differentialgleichung lautet damit:

$$y = K(x) \cdot e^{3x} = [(x-1) \cdot e^{x} + C] \cdot e^{3x} = (x-1) \cdot e^{4x} + C \cdot e^{3x}$$

■

2.4.3.2 Aufsuchen einer partikulären Lösung

Ein weiteres Lösungsverfahren, das wir als „*Aufsuchen einer partikulären Lösung*" bezeichnen wollen, beruht auf der folgenden bedeutenden Eigenschaft der *inhomogenen* linearen Differentialgleichungen 1. Ordnung:

Über die Lösungsmenge einer inhomogenen linearen Differentialgleichung 1. Ordnung

Die *allgemeine* Lösung $y = y(x)$ einer *inhomogenen* linearen Differentialgleichung 1. Ordnung

$$y' + f(x) \cdot y = g(x) \qquad \text{(V-43)}$$

ist als *Summe* aus der *allgemeinen* Lösung $y_0 = y_0(x)$ der zugehörigen *homogenen* linearen Differentialgleichung

$$y' + f(x) \cdot y = 0 \qquad \text{(V-44)}$$

und einer (beliebigen) *partikulären* Lösung $y_p = y_p(x)$ der *inhomogenen* linearen Differentialgleichung darstellbar:

$$y(x) = y_0(x) + y_p(x) \qquad \text{(V-45)}$$

Anmerkung

Auch lineare Differentialgleichungen *2. und höherer Ordnung* besitzen diese Eigenschaft.

Beweis:

y_0 sei die *allgemeine* Lösung der *homogenen* Differentialgleichung, y_p eine beliebige *partikuläre* (spezielle) Lösung der *inhomogenen* Differentialgleichung. Somit ist:

$$y_0' + f(x) \cdot y_0 = 0 \qquad \text{(V-46)}$$

$$y_p' + f(x) \cdot y_p = g(x) \qquad \text{(V-47)}$$

Wir zeigen zunächst, daß auch die *Summe*

$$y = y_0 + y_p \qquad \text{(V-48)}$$

eine *Lösung der inhomogenen* Differentialgleichung (V-43) ist:

$$\begin{aligned} y' + f(x) \cdot y &= (y_0 + y_p)' + f(x) \cdot (y_0 + y_p) = \\ &= y_0' + y_p' + f(x) \cdot y_0 + f(x) \cdot y_p = \\ &= \underbrace{(y_0' + f(x) \cdot y_0)}_{\substack{0 \\ \text{(nach (V-46))}}} + \underbrace{(y_p' + f(x) \cdot y_p)}_{\substack{g(x) \\ \text{(nach (V-47))}}} = g(x) \end{aligned} \qquad \text{(V-49)}$$

Die Funktion $y = y_0 + y_p$ ist daher eine *Lösung* der *inhomogenen* Differentialgleichung $y' + f(x) \cdot y = g(x)$. Sie ist zugleich die *allgemeine* Lösung dieser Gleichung, da der Summand y_0 als *allgemeine* Lösung der zugehörigen *homogenen* Gleichung und damit auch die Summe $y = y_0 + y_p$ genau *einen* frei wählbaren Parameter enthalten.

Aus diesem Satz ziehen wir noch eine wichtige *Folgerung*:

Um die *allgemeine* Lösung y der *inhomogenen* Gleichung $y' + f(x) \cdot y = g(x)$ zu erhalten, genügt es, *eine* partikuläre Lösung y_p dieser Gleichung zu bestimmen. Dieses Vorhaben gelingt in vielen Fällen mit Hilfe eines *speziellen Lösungsansatzes*, der noch einen oder mehrere *Stellparameter* enthält. Die *partikuläre* Lösung y_p wird dann zur *allgemeinen* Lösung y_0 der zugehörigen *homogenen* Gleichung $y' + f(x) \cdot y = 0$, die man durch *Trennung der Variablen* ermittelt hat, *addiert* und ergibt die gesuchte *allgemeine* Lösung der *inhomogenen* Gleichung. Bei diesem Verfahren wird somit die *allgemeine* Lösung der *inhomogenen* linearen Differentialgleichung $y' + f(x) \cdot y = g(x)$ durch „*Aufsuchen einer partikulären Lösung*" dieser Gleichung bestimmt.

Wir fassen zusammen:

Integration einer inhomogenen linearen Differentialgleichung 1. Ordnung durch „Aufsuchen einer partikulären Lösung"

Eine *inhomogene* lineare Differentialgleichung 1. Ordnung vom Typ

$$y' + f(x) \cdot y = g(x) \qquad \text{(V-50)}$$

läßt sich in vielen Fällen wie folgt lösen:

1. *Integration* der zugehörigen *homogenen* linearen Differentialgleichung $y' + f(x) \cdot y = 0$ durch *Trennung der Variablen*. Die allgemeine Lösung lautet:

$$y_0 = C \cdot e^{-\int f(x)\,dx} \qquad (C \in \mathbb{R}) \qquad \text{(V-51)}$$

2. Mit Hilfe eines *geeigneten Lösungsansatzes*, der noch einen oder mehrere *Parameter* enthält, wird eine *partikuläre* Lösung y_p der *inhomogenen* linearen Differentialgleichung bestimmt.
3. Die *allgemeine* Lösung y der *inhomogenen* linearen Differentialgleichung ist dann die *Summe* aus y_0 (1. Schritt) und y_p (2. Schritt):

$$y = y_0 + y_p \qquad \text{(V-52)}$$

Anmerkungen

(1) Prinzipiell läßt sich eine *partikuläre* Lösung y_p der inhomogenen Gleichung stets durch *Variation der Konstanten* bestimmen. Dieses Verfahren ist hier jedoch *nicht* gemeint.

(2) Der Lösungsansatz für eine partikuläre Lösung y_p hängt noch sowohl vom *Typ der Koeffizientenfunktion* $f(x)$ als auch vom *Typ der Störfunktion* $g(x)$ ab. Im konkreten Fall muß man sich zunächst für einen *speziellen Funktionstyp* entscheiden und dann versuchen, die Parameter so zu bestimmen, daß diese Funktion der *inhomogenen* Gleichung (V-50) genügt. Wir weisen jedoch darauf hin, daß dieses Vorhaben nur in einfachen Fällen gelingt.

■ **Beispiel**

$$y' - (\tan x) \cdot y = 2 \cdot \sin x$$

Wir integrieren zunächst die zugehörige *homogene* Differentialgleichung

$$y' - (\tan x) \cdot y = 0$$

durch *Trennung der Variablen* und erhalten:

$$\frac{dy}{dx} - (\tan x) \cdot y = 0 \quad \Rightarrow \quad \frac{dy}{y} = \tan x \, dx$$

$$\int \frac{dy}{y} = \underbrace{\int \tan x \, dx}_{\text{Integral Nr. 286}}$$

$$\ln|y| = -\ln|\cos x| + \ln|C| = \ln\left|\frac{C}{\cos x}\right|$$

$$y_0 = \frac{C}{\cos x} \qquad (C \in \mathbb{R})$$

Für die *partikuläre* Lösung y_p der *inhomogenen* Differentialgleichung wählen wir den Lösungsansatz

$$y_p = A \cdot \cos x$$

mit dem Parameter A, da dann beide Summanden der linken Seite in der *inhomogenen* Gleichung jeweils zu einer *Sinusfunktion*, d.h. zum *Funktionstyp der Störfunktion* $g(x) = 2 \cdot \sin x$ führen. Durch Einsetzen von $y_p = A \cdot \cos x$ und der zugehörigen Ableitung $y_p' = -A \cdot \sin x$ in die *inhomogene* Differentialgleichung erhalten wir eine *Bestimmungsgleichung* für den Parameter A:

$$y_p' - (\tan x) \cdot y_p = 2 \cdot \sin x$$

$$-A \cdot \sin x - \frac{\sin x}{\cos x} \cdot A \cdot \cos x = 2 \cdot \sin x$$

$$-A \cdot \sin x - A \cdot \sin x = 2 \cdot \sin x$$

$$-2A \cdot \sin x = 2 \cdot \sin x \quad \Rightarrow \quad A = -1$$

$y_p = -\cos x$ ist somit eine *partikuläre* Lösung der inhomogenen Differentialgleichung, deren *allgemeine* Lösung daher in der Form

$$y = y_0 + y_p = \frac{C}{\cos x} - \cos x = \frac{C - \cos^2 x}{\cos x} \qquad (C \in \mathbb{R})$$

darstellbar ist.

■

2.5 Lineare Differentialgleichungen 1. Ordnung mit konstanten Koeffizienten

In den Anwendungen spielen lineare Differentialgleichungen 1. Ordnung mit *konstanten* Koeffizienten eine besondere Rolle. Sie sind vom Typ

$$y' + ay = g(x) \tag{V-53}$$

und somit ein *Sonderfall* der linearen Differentialgleichungen vom Typ (V-24) für $f(x) = a$. Die zugehörige *homogene* Gleichung

$$y' + ay = 0 \tag{V-54}$$

enthält nur *konstante* Koeffizienten und wird durch *Trennung der Variablen* oder durch den *Exponentialansatz*

$$y_0 = C \cdot e^{\lambda x} \tag{V-55}$$

gelöst [7]. Mit diesem Ansatz gehen wir in die *homogene* Differentialgleichung (V-54) ein und erhalten eine *Bestimmungsgleichung* für den Parameter λ:

$$y_0' + ay_0 = \lambda C \cdot e^{\lambda x} + aC \cdot e^{\lambda x} = \underbrace{(\lambda + a)}_{0} C \cdot e^{\lambda x} = 0$$

$$\lambda + a = 0 \;\Rightarrow\; \lambda = -a \tag{V-56}$$

Die *homogene* Differentialgleichung $y' + ay = 0$ besitzt demnach die *allgemeine* Lösung

$$y_0 = C \cdot e^{-ax} \qquad (C \in \mathbb{R}) \tag{V-57}$$

■ **Beispiele**

(1) $y' + 4y = 0 \;\Rightarrow\; y_0 = C \cdot e^{-4x} \qquad (C \in \mathbb{R})$

(2) $y' - 0{,}5\,y = 0 \;\Rightarrow\; y_0 = C \cdot e^{0{,}5x} \qquad (C \in \mathbb{R})$

(3) $-3y' + 18y = 0 \quad | : (-3)$

$\quad y' - 6y = 0 \;\Rightarrow\; y_0 = C \cdot e^{6x} \qquad (C \in \mathbb{R})$

■

[7] Beide Methoden führen natürlich zur gleichen Lösung.

Die Integration der *inhomogenen* linearen Differentialgleichung (V-53) erfolgt wie beim bereits in Abschnitt 2.4 behandelten *allgemeinen* Typ $y' + f(x) \cdot y = g(x)$ entweder durch *Variation der Konstanten* oder durch *Aufsuchen einer partikulären Lösung*. Da bei den linearen Differentialgleichungen 1. Ordnung mit *konstanten* Koeffizienten der Lösungsansatz für eine *partikuläre* Lösung y_p im wesentlichen dem *Funktionstyp des Störgliedes* $g(x)$ entspricht, erweist sich die *zweite* Lösungsmethode in den meisten Fällen als die *zweckmäßigere* Methode.

In der nachfolgenden Tabelle 1 teilen wir die Lösungsansätze y_p für einige in den Anwendungen besonders häufig auftretende Störfunktionen mit.

Tabelle 1: Lösungsansatz für eine *partikuläre* Lösung $y_p(x)$ der *inhomogenen* linearen Differentialgleichung 1. Ordnung mit konstanten Koeffizienten vom Typ $y' + ay = g(x)$ $(a \neq 0)$ in Abhängigkeit vom Typ der Störfunktion $g(x)$

Störfunktion $g(x)$	Lösungsansatz $y_p(x)$
1. Konstante Funktion	Konstante Funktion $y_p = c_0$ *Parameter*: c_0
2. Lineare Funktion	Lineare Funktion $y_p = c_1 x + c_0$ *Parameter*: c_0, c_1
3. Quadratische Funktion	Quadratische Funktion $y_p = c_2 x^2 + c_1 x + c_0$ *Parameter*: c_0, c_1, c_2
4. Polynomfunktion vom Grade n	Polynomfunktion vom Grade n $y_p = c_n x^n + \ldots + c_1 x + c_0$ *Parameter*: $c_0, c_1, \ldots, c_n$
5. $g(x) = A \cdot \sin(\omega x)$ 6. $g(x) = B \cdot \cos(\omega x)$ 7. $g(x) = A \cdot \sin(\omega x) + B \cdot \cos(\omega x)$	$y_p = C_1 \cdot \sin(\omega x) + C_2 \cdot \cos(\omega x)$ oder $y_p = C \cdot \sin(\omega x + \varphi)$ *Parameter*: C_1, C_2 bzw. C, φ
8. $g(x) = A \cdot e^{bx}$	$y_p = \begin{cases} C \cdot e^{bx} & \text{für } b \neq -a \\ Cx \cdot e^{bx} & \text{für } b = -a \end{cases}$ *Parameter*: C

Anmerkungen zur Tabelle 1

(1) Die im jeweiligen Lösungsansatz y_p enthaltenen Parameter sind so zu bestimmen, daß diese Funktion eine (partikuläre) *Lösung* der vorgegebenen inhomogenen Differentialgleichung darstellt. Bei einem *richtig* gewählten Ansatz nach Tabelle 1 stößt man stets auf ein *eindeutig* lösbares Gleichungssystem für die im Lösungsansatz befindlichen Stellparameter.

(2) Besteht die Störfunktion $g(x)$ aus *mehreren* (additiven) Störgliedern, so erhält man den Lösungsansatz für y_p als *Summe* der Lösungsansätze für die *Einzelglieder* nach Tabelle 1.

(3) Liegt die Störfunktion in Form eines *Produktes* vom Typ $g(x) = g_1(x) \cdot g_2(x)$ vor, so sucht man die Lösungsansätze für die beiden *Faktorfunktionen* $g_1(x)$ und $g_2(x)$ auf und *multipliziert* diese miteinander. Der gesuchte Lösungsansatz ist also durch das *Produkt* $y_p = y_{p1} \cdot y_{p2}$ gegeben, wobei y_{p1} und y_{p2} die Lösungsansätze für die beiden „*Störfaktoren*" $g_1(x)$ und $g_2(x)$ bedeuten.

Zusammenfassend gilt somit:

Integration einer linearen Differentialgleichung 1. Ordnung mit konstanten Koeffizienten

1. **Homogene lineare Differentialgleichung $y' + ay = 0$ $(a \neq 0)$**

   Die *homogene* lineare Differentialgleichung besitzt die allgemeine Lösung

   $$y_0 = C \cdot e^{-ax} \qquad (C \in \mathbb{R}) \tag{V-58}$$

2. **Inhomogene lineare Differentialgleichung $y' + ay = g(x)$ $(a \neq 0)$**

   Die *inhomogene* Differentialgleichung wird entweder durch *Variation der Konstanten* oder durch *Aufsuchen einer partikulären Lösung* gelöst, wobei der Lösungsansatz für die partikuläre Lösung y_p nach Tabelle 1 erfolgt.

Anmerkung

Ein weiteres Lösungsverfahren, das auf einer Anwendung der *Laplace-Transformation* beruht, werden wir in Kapitel VI kennenlernen (Abschnitt 5.1.2).

■ **Beispiele**

(1) $y' + 2y = 2x^2 - 4$

Die zugehörige *homogene* Differentialgleichung

$$y' + 2y = 0$$

besitzt die *allgemeine* Lösung

$$y_0 = C \cdot e^{-2x} \qquad (C \in \mathbb{R})$$

Der Lösungsansatz für eine *partikuläre* Lösung y_p der *inhomogenen* Differentialgleichung lautet nach Tabelle 1:

$$y_p = ax^2 + bx + c \qquad (a, b, c\text{: Parameter}).$$

Mit $y_p' = 2ax + b$ folgt hieraus durch Einsetzen in die *inhomogene* Gleichung:

$$y_p' + 2y_p = 2x^2 - 4$$

$$2ax + b + 2(ax^2 + bx + c) = 2x^2 - 4$$

$$2ax + b + 2ax^2 + 2bx + 2c = 2x^2 - 4$$

Wir *ordnen* die Glieder noch nach *fallenden* Potenzen:

$$2ax^2 + (2a + 2b)x + (b + 2c) = 2x^2 + 0 \cdot x - 4$$

Durch *Koeffizientenvergleich* erhalten wir hieraus das folgende, bereits *gestaffelte* lineare Gleichungssystem:

$$\begin{array}{llrcl} \text{(I)} & 2a & = 2 & \Rightarrow & a = 1 \\ \text{(II)} & 2a + 2b & = 0 & \Rightarrow & b = -1 \\ \text{(III)} & \quad b + 2c & = -4 & \Rightarrow & c = -1{,}5 \end{array}$$

Es wird gelöst durch $a = 1$, $b = -1$, $c = -1{,}5$. Damit ist

$$y_p = x^2 - x - 1{,}5$$

eine *partikuläre* Lösung der *inhomogenen* Differentialgleichung. Die *allgemeine* Lösung der *inhomogenen* Differentialgleichung lautet dann:

$$y = y_0 + y_p = C \cdot e^{-2x} + x^2 - x - 1{,}5 \qquad (C \in \mathbb{R})$$

(2) $y' + 5y = -26 \cdot \sin x, \quad y(0) = 0$

Allgemeine Lösung der *homogenen* Differentialgleichung $y' + 5y = 0$:

$$y_0 = C \cdot e^{-5x} \qquad (C \in \mathbb{R})$$

Lösungsansatz für eine *partikuläre* Lösung y_p der *inhomogenen* Differentialgleichung nach Tabelle 1 (mit $\omega = 1$):

$$y_p = C_1 \cdot \sin x + C_2 \cdot \cos x$$

Bestimmung der *Parameter* C_1 und C_2:

$$y_p' = C_1 \cdot \cos x - C_2 \cdot \sin x$$

$$y_p' + 5y_p = -26 \cdot \sin x$$

$$C_1 \cdot \cos x - C_2 \cdot \sin x + 5C_1 \cdot \sin x + 5C_2 \cdot \cos x = -26 \cdot \sin x$$

Ordnen der Glieder:

$$(5C_1 - C_2) \cdot \sin x + (C_1 + 5C_2) \cdot \cos x = -26 \cdot \sin x + 0 \cdot \cos x$$

Koeffizientenvergleich führt zu dem *linearen Gleichungssystem*

$$\begin{array}{ll} \text{(I)} & 5C_1 - C_2 = -26 \\ \text{(II)} & C_1 + 5C_2 = 0 \Rightarrow C_1 = -5C_2 \end{array}$$

Wir setzen (II) in (I) ein und erhalten:

$$5(-5C_2) - C_2 = -26C_2 = -26 \Rightarrow C_2 = 1$$

Aus (II) folgt dann:

$$C_1 = -5C_2 = -5 \cdot 1 = -5$$

Die *partikuläre* Lösung ist damit eindeutig bestimmt:

$$y_p = -5 \cdot \sin x + \cos x$$

Die *allgemeine* Lösung der *inhomogenen* Differentialgleichung lautet somit:

$$y = y_0 + y_p = C \cdot e^{-5x} - 5 \cdot \sin x + \cos x \qquad (C \in \mathbb{R})$$

Den *Parameter* C berechnen wir wie folgt aus dem *Anfangswert* $y(0) = 0$:

$$y(0) = 0 \Rightarrow C + 1 = 0 \Rightarrow C = -1$$

Die *Anfangswertaufgabe* besitzt demnach die *Lösung*

$$y = -e^{-5x} - 5 \cdot \sin x + \cos x$$

■

2.6 Anwendungsbeispiele

2.6.1 Radioaktiver Zerfall

Aus der Physik ist bekannt, daß die Atomkerne gewisser Substanzen wie beispielsweise Uran oder Radium auf *natürliche* Art und Weise nach bestimmten *statistischen* Gesetzmäßigkeiten zerfallen. Wir stellen uns zunächst die Aufgabe, diesen als *radioaktiven Zerfall* bezeichneten Vorgang durch eine Differentialgleichung zu beschreiben. Dazu führen wir folgende Bezeichnungen ein:

$n = n(t)$: Anzahl der zur Zeit t noch *vorhandenen* Atomkerne

dt: Kurzes *Beobachtungsintervall* (infinitesimal kleines Zeitintervall)

dn: Anzahl der im Beobachtungsintervall dt *zerfallenen* Atomkerne

Wir dürfen dabei annehmen, daß die Anzahl dn der im Beobachtungsintervall dt zerfallenen Atomkerne sowohl dem *Beobachtungsintervall* dt als auch der *Anzahl* n der noch *vorhandenen* Atomkerne *proportional* ist:

$$\left. \begin{array}{l} dn \sim dt \\ dn \sim n \end{array} \right\} \Rightarrow dn \sim n \cdot dt \qquad \text{(V-59)}$$

dn ist somit auch dem Produkt $n \cdot dt$ *proportional*. Aus dieser Proportionalität erhalten wir durch Einführung einer Proportionalitätskonstanten λ (vom Physiker als *Zerfallskonstante* bezeichnet) die folgende *Differentialgleichung des radioaktiven Zerfalls*:

$$dn = -\lambda n \cdot dt \quad \text{oder} \quad \frac{dn}{dt} = -\lambda n \quad \text{oder} \quad \frac{dn}{dt} + \lambda n = 0 \tag{V-60}$$

Durch das *Minuszeichen* bringen wir dabei zum Ausdruck, daß die Anzahl der Atomkerne ständig *abnimmt*. Der *radioaktive Zerfallsprozeß* wird somit durch eine *homogene* lineare Differentialgleichung 1. Ordnung mit *konstanten* Koeffizienten beschrieben. Diese Gleichung wird nach (V-58) durch die *Exponentialfunktion*

$$n(t) = C \cdot e^{-\lambda t} \qquad (C \in \mathbb{R}) \tag{V-61}$$

allgemein gelöst. Den Parameter C bestimmen wir aus dem *Anfangswert* $n(0) = n_0$, d.h. der Anzahl der *zu Beginn* vorhandenen Atomkerne:

$$n(0) = n_0 \;\Rightarrow\; C = n_0 \tag{V-62}$$

Der *radioaktive Zerfall* wird somit durch das *Zerfallsgesetz*

$$n(t) = n_0 \cdot e^{-\lambda t} \tag{V-63}$$

beschrieben (Bild V-13).

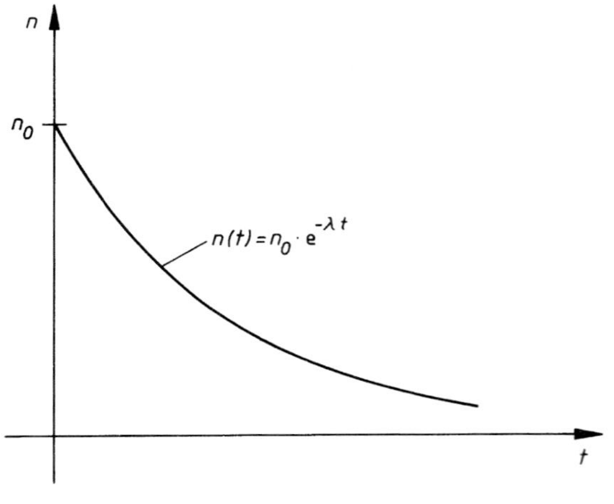

Bild V-13
Zerfallsgesetz beim natürlichen radioaktiven Zerfall

2.6.2 Freier Fall unter Berücksichtigung des Luftwiderstandes

Wir untersuchen die Abhängigkeit der *Fallgeschwindigkeit* v von der Fallzeit t unter Berücksichtigung des Luftwiderstandes. Auf einen *frei* fallenden Körper der Masse m wirken dabei die folgenden äußeren Kräfte ein:

1. Die *Schwerkraft*: $F_1 = mg$

2. Der *Luftwiderstand*, der proportional zum Quadrat der Geschwindigkeit angenommen wird: $F_2 = -kv^2$

   (g: Erdbeschleunigung; k: Reibungskoeffizient)

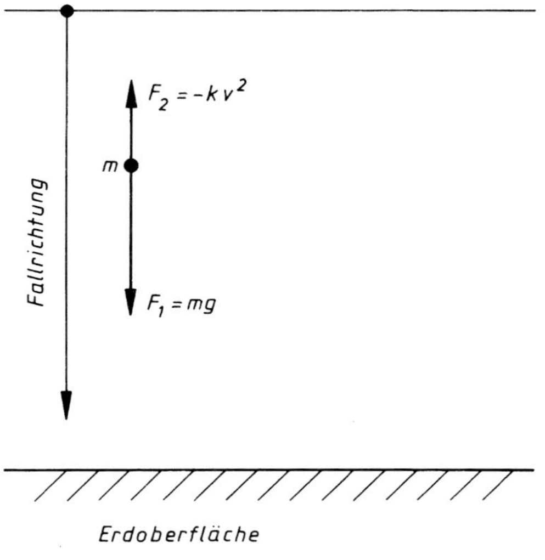

Bild V-14
Zum freien Fall unter Berücksichtigung des Luftwiderstandes

Der Luftwiderstand wirkt der Schwerkraft stets *entgegen* (Bild V-14). Nach dem *Newtonschen Grundgesetz der Mechanik* gilt dann:

$$ma = mg - kv^2 \qquad \text{oder} \qquad m\frac{dv}{dt} = mg - kv^2 \tag{V-64}$$

$\left(a = \dfrac{dv}{dt}: \text{Beschleunigung}\right)$. Diese Gleichung stellt eine *nicht-lineare* Differentialgleichung 1. Ordnung für die Fallgeschwindigkeit v dar, die durch *Trennung der Variablen* lösbar ist. Zunächst aber stellen wir sie noch geringfügig um:

$$\frac{dv}{dt} = g - \frac{k}{m}v^2 = g\left(1 - \frac{k}{mg}v^2\right) \tag{V-65}$$

Diese Gleichung bringen wir mit Hilfe der *Substitution*

$$x = \sqrt{\frac{k}{mg}}\,v, \qquad \frac{dx}{dv} = \sqrt{\frac{k}{mg}}, \qquad \text{d.h.} \qquad dv = \sqrt{\frac{mg}{k}}\,dx \tag{V-66}$$

auf die folgende Form:

$$\sqrt{\frac{mg}{k}} \cdot \frac{dx}{dt} = g(1 - x^2) \qquad \text{oder} \qquad \sqrt{\frac{m}{gk}} \cdot \frac{dx}{dt} = 1 - x^2 \tag{V-67}$$

Wir *trennen* nun die Variablen und *integrieren* anschließend beide Seiten der Differentialgleichung, wobei wir beachten müssen, daß $0 \leqslant x < 1$ ist:

$$\sqrt{\frac{m}{gk}} \cdot \frac{dx}{1 - x^2} = dt$$

$$\sqrt{\frac{m}{gk}} \cdot \int \frac{dx}{1 - x^2} = \int dt \quad \Rightarrow \quad \sqrt{\frac{m}{gk}} \cdot \operatorname{artanh} x = t + C \tag{V-68}$$

Durch *Rücksubstitution* nach (V-66) folgt weiter:

$$\sqrt{\frac{m}{gk}} \cdot \operatorname{artanh}\left(\sqrt{\frac{k}{mg}}\, v\right) = t + C$$

$$\operatorname{artanh}\left(\sqrt{\frac{k}{mg}}\, v\right) = \sqrt{\frac{gk}{m}}\,(t + C) \tag{V-69}$$

Diese Gleichung lösen wir nach v auf und erhalten:

$$\sqrt{\frac{k}{mg}}\, v = \tanh\left(\sqrt{\frac{gk}{m}}\,(t + C)\right)$$

$$v = \sqrt{\frac{mg}{k}} \cdot \tanh\left(\sqrt{\frac{gk}{m}}\,(t + C)\right) \tag{V-70}$$

Wir nehmen nun an, daß der freie Fall aus der *Ruhe* heraus erfolgt: $v(0) = 0$. Aus diesem *Anfangswert* läßt sich dann die Integrationskonstante C berechnen:

$$v(0) = 0 \quad \Rightarrow \quad \sqrt{\frac{mg}{k}} \cdot \underbrace{\tanh\left(\sqrt{\frac{gk}{m}} \cdot C\right)}_{0} = 0$$

$$\sqrt{\frac{gk}{m}} \cdot C = 0 \quad \Rightarrow \quad C = 0 \tag{V-71}$$

Für die Fallgeschwindigkeit erhalten wir damit das *Zeitgesetz*

$$v(t) = \sqrt{\frac{mg}{k}} \cdot \tanh\left(\sqrt{\frac{gk}{m}}\, t\right) \qquad (t \geqslant 0) \tag{V-72}$$

Für $t \to \infty$ strebt die Fallgeschwindigkeit gegen den *Endwert*

$$v_E = \lim_{t \to \infty} v(t) = \sqrt{\frac{mg}{k}} \tag{V-73}$$

Der Körper fällt dann *kräftefrei*, d.h. mit *konstanter* Geschwindigkeit v_E, da sich Gewichtskraft und Reibungskraft (Luftwiderstand) in ihrer Wirkung gerade *aufheben*. Die *Geschwindigkeit-Zeit-Funktion* läßt sich unter Berücksichtigung von (V-73) auch in der Form

$$v(t) = v_E \cdot \tanh\left(\frac{g}{v_E}\,t\right) \qquad (t \geqslant 0) \tag{V-74}$$

darstellen und besitzt den in Bild V-15 skizzierten Verlauf.

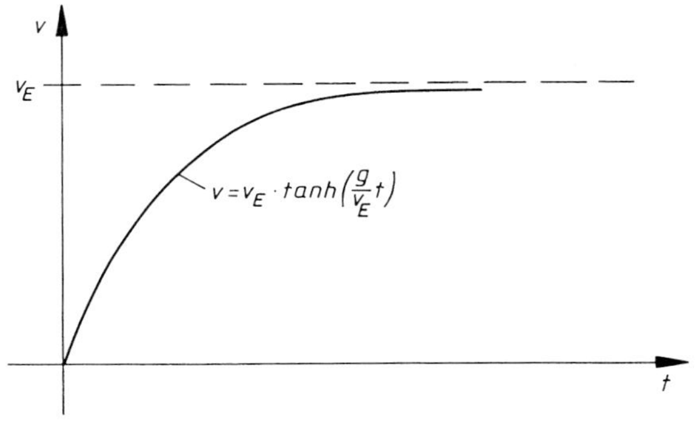

Bild V-15
Fallgeschwindigkeit v als Funktion der Fallzeit t unter Berücksichtigung des Luftwiderstandes

2.6.3 Wechselstromkreis

Wir stellen uns die Aufgabe, den in Bild V-16 dargestellten *Wechselstromkreis* mit einem ohmschen Widerstand R, einer Induktivität L und einer Spannungsquelle, die eine *sinusförmige* Wechselspannung liefert, durch eine Differentialgleichung zu beschreiben.

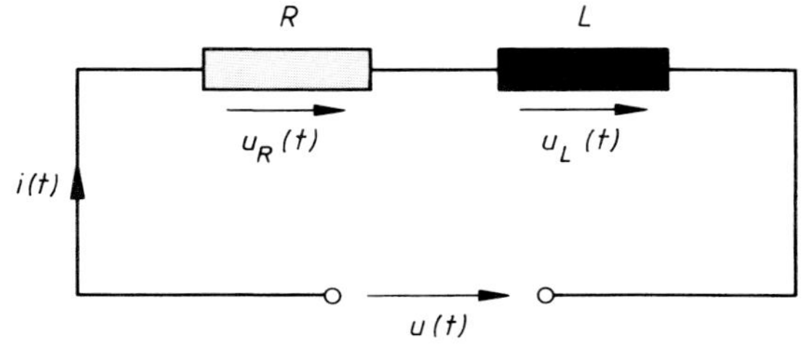

Bild V-16
Wechselstromkreis mit einem ohmschen Widerstand R und einer Induktivität L in Reihenschaltung

Die an R und L abfallenden Spannungen bezeichnen wir mit $u_R(t)$ bzw. $u_L(t)$. Nach dem *2. Kirchhoffschen Gesetz* (*Maschenregel*) gilt dann [8]:

$$u_L(t) + u_R(t) = u(t) \tag{V-75}$$

---

[8] *Maschenregel*: In jeder *Masche* ist die Summe der Spannungen gleich *Null*.

Für die Teilspannungen $u_L(t)$ und $u_R(t)$ und die angelegte Wechselspannung gelten dabei folgende Beziehungen:

$$\begin{aligned} u_L(t) &= L \cdot \frac{di}{dt} && (\textit{Induktionsgesetz}) \\ u_R(t) &= Ri && (\textit{Ohmsches Gesetz}) \\ u(t) &= \hat{u} \cdot \sin(\omega t) \end{aligned} \tag{V-76}$$

Gleichung (V-75) geht damit über in:

$$L \cdot \frac{di}{dt} + Ri = \hat{u} \cdot \sin(\omega t) \tag{V-77}$$

Diese *inhomogene* lineare Differentialgleichung 1. Ordnung mit *konstanten* Koeffizienten beschreibt den *zeitlichen Verlauf der Stromstärke* $i = i(t)$ in dem Wechselstromkreis nach Bild V-16.

Wir beschäftigen uns nun mit der *allgemeinen* Lösung dieser Differentialgleichung. Zunächst lösen wir die zugehörige *homogene* Gleichung

$$L \cdot \frac{di}{dt} + Ri = 0 \qquad \text{oder} \qquad \frac{di}{dt} + \frac{R}{L}\, i = 0 \tag{V-78}$$

Sie besitzt nach (V-58) die *allgemeine* Lösung

$$i_0(t) = C \cdot e^{-\frac{R}{L} t} \qquad (C \in \mathbb{R}) \tag{V-79}$$

Die *inhomogene* Differentialgleichung (V-77) lösen wir durch *Aufsuchen einer partikulären Lösung*. Aus Tabelle 1 entnehmen wir dabei den *Lösungsansatz*

$$i_p(t) = \hat{i} \cdot \sin(\omega t + \varphi) \tag{V-80}$$

mit dem *Scheitelwert* $\hat{i}$ und der *Phase* φ als Parameter. Mit diesem Ansatz gehen wir in die *inhomogene* Differentialgleichung (V-77) ein:

$$L \cdot \frac{d}{dt}\left[\hat{i} \cdot \sin(\omega t + \varphi)\right] + R\hat{i} \cdot \sin(\omega t + \varphi) = \hat{u} \cdot \sin(\omega t)$$

$$\omega L \hat{i} \cdot \cos(\omega t + \varphi) + R\hat{i} \cdot \sin(\omega t + \varphi) = \hat{u} \cdot \sin(\omega t) \tag{V-81}$$

Die Funktionen $\cos(\omega t + \varphi)$ und $\sin(\omega t + \varphi)$ entwickeln wir nach den *Additionstheoremen* [9] und erhalten:

$$\begin{aligned} &\omega L \hat{i}\,[\cos(\omega t) \cdot \cos\varphi - \sin(\omega t) \cdot \sin\varphi] + R\hat{i}\,[\sin(\omega t) \cdot \cos\varphi + \cos(\omega t) \cdot \sin\varphi] = \\ &\quad = \hat{u} \cdot \sin(\omega t) \end{aligned} \tag{V-82}$$

---

[9] Vgl. hierzu Band 1, Gleichungen (III-139) und (III-140).

Wir *ordnen* nun die Glieder nach $\sin(\omega t)$ und $\cos(\omega t)$:

$$[-\omega L\hat{i} \cdot \sin\varphi + R\hat{i} \cdot \cos\varphi] \sin(\omega t) + [\omega L\hat{i} \cdot \cos\varphi + R\hat{i} \cdot \sin\varphi] \cos(\omega t) =$$
$$= \hat{u} \cdot \sin(\omega t) + 0 \cdot \cos(\omega t) \qquad \text{(V-83)}$$

Ein *Koeffizientenvergleich* auf beiden Seiten dieser Gleichung führt zu dem *nicht-linearen* Gleichungssystem

$$\begin{aligned} &\text{(I)} \quad -\omega L\hat{i} \cdot \sin\varphi + R\hat{i} \cdot \cos\varphi = \hat{u} \\ &\text{(II)} \quad \omega L\hat{i} \cdot \cos\varphi + R\hat{i} \cdot \sin\varphi = 0 \end{aligned} \qquad \text{(V-84)}$$

aus dem sich Scheitelwert $\hat{i}$ und Phasenwinkel φ wie folgt bestimmen lassen. Zunächst werden beide Gleichungen *quadriert* und dann *addiert*. Die Unbekannte φ fällt dabei heraus und wir erhalten eine *Bestimmungsgleichung* für den Scheitelwert $\hat{i}$:

$$\left.\begin{aligned} &\text{(I*)}: \quad \omega^2 L^2 \hat{i}^2 \cdot \sin^2\varphi - 2R\omega L\hat{i}^2 \cdot \sin\varphi \cdot \cos\varphi + R^2\hat{i}^2 \cdot \cos^2\varphi = \hat{u}^2 \\ &\text{(II*)}: \quad \omega^2 L^2 \hat{i}^2 \cdot \cos^2\varphi + 2R\omega L\hat{i}^2 \cdot \sin\varphi \cdot \cos\varphi + R^2\hat{i}^2 \cdot \sin^2\varphi = 0 \end{aligned}\right\} +$$

$$\omega^2 L^2 \hat{i}^2 \underbrace{(\sin^2\varphi + \cos^2\varphi)}_{1} + R^2\hat{i}^2 \underbrace{(\cos^2\varphi + \sin^2\varphi)}_{1} = \hat{u}^2$$

$$\omega^2 L^2 \hat{i}^2 + R^2\hat{i}^2 = \hat{u}^2$$

$$(\omega^2 L^2 + R^2)\,\hat{i}^2 = \hat{u}^2$$

$$\hat{i}^2 = \frac{\hat{u}^2}{R^2 + \omega^2 L^2} = \frac{\hat{u}^2}{R^2 + (\omega L)^2}$$

$$\hat{i} = \frac{\hat{u}}{\sqrt{R^2 + (\omega L)^2}} \qquad \text{(V-85)}$$

Damit ist der *Scheitelwert* $\hat{i}$ bestimmt. Den *Phasenwinkel* φ erhalten wir dann aus der Gleichung (II):

$$\omega L\hat{i} \cdot \cos\varphi + R\hat{i} \cdot \sin\varphi = 0 \quad |: R\hat{i} \cdot \cos\varphi$$

$$\frac{\omega L}{R} + \frac{\sin\varphi}{\cos\varphi} = \frac{\omega L}{R} + \tan\varphi = 0$$

$$\tan\varphi = -\frac{\omega L}{R} \quad \Rightarrow \quad \varphi = \arctan\left(-\frac{\omega L}{R}\right) = -\arctan\left(\frac{\omega L}{R}\right) \qquad \text{(V-86)}$$

Die *partikuläre* Lösung der *inhomogenen* Differentialgleichung (V-77) lautet daher:

$$i_p(t) = \hat{i} \cdot \sin(\omega t + \varphi) = \frac{\hat{u}}{\sqrt{R^2 + (\omega L)^2}} \cdot \sin\left(\omega t - \arctan\left(\frac{\omega L}{R}\right)\right) \qquad \text{(V-87)}$$

Interpretation aus physikalischer Sicht

Die *partikuläre* Lösung (V-87) stellt einen sinusförmigen *Wechselstrom* mit dem *Scheitelwert* $\hat{i} = \hat{u}/\sqrt{R^2 + (\omega L)^2}$ und dem *Phasenwinkel* $\varphi = -\arctan(\omega L/R)$ dar. R ist der *ohmsche* und ωL der *induktive* Widerstand des Kreises. Der *Scheinwiderstand* des Wechselstromkreises beträgt

$$Z = \sqrt{R^2 + (\omega L)^2} \tag{V-88}$$

Der Wechselstrom $i_p(t)$ läuft dabei der angelegten Wechselspannung $u(t) = \hat{u} \cdot \sin(\omega t)$ um den Phasenwinkel φ *hinterher*, d.h. φ ist die *Phasenverschiebung* zwischen Spannung und Strom (Bild V-17).

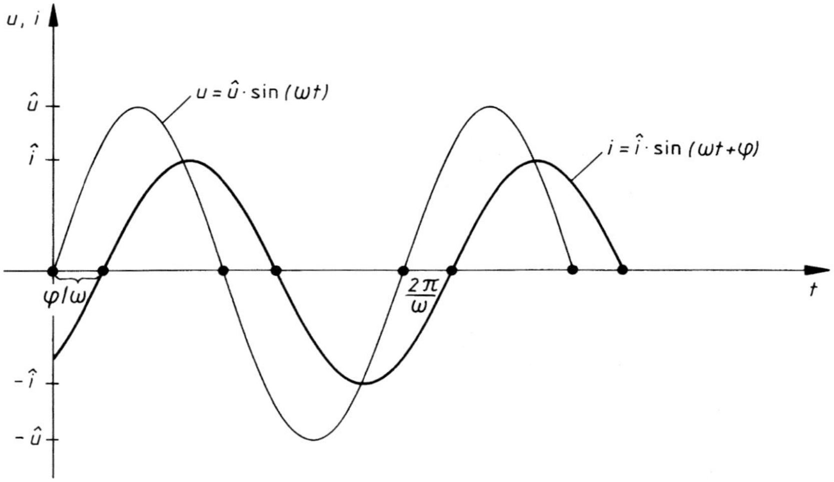

Bild V-17 Die Wechselspannung $u = \hat{u} \cdot \sin(\omega t)$ erzeugt im Wechselstromkreis nach Bild V-16 den phasenverschobenen Wechselstrom $i = \hat{i} \cdot \sin(\omega t + \varphi)$ („stationäre" Lösung)

Die *allgemeine* Lösung der *inhomogenen* Differentialgleichung (V-77) ist dann in der Form

$$i(t) = i_0(t) + i_p(t) =$$

$$= C \cdot \mathrm{e}^{-\frac{R}{L}t} + \frac{\hat{u}}{\sqrt{R^2 + (\omega L)^2}} \cdot \sin\left(\omega t - \arctan\left(\frac{\omega L}{R}\right)\right) \tag{V-89}$$

darstellbar. Dem *Wechselstrom* $i_p(t)$ überlagert sich der *exponentiell abklingende Gleichstrom* $i_0(t) = C \cdot \mathrm{e}^{-\frac{R}{L}t}$, der nach einer kurzen *Einschwingphase* praktisch keine Rolle mehr spielt und mit der Zeit nahezu verschwindet (sog. *flüchtiger* Bestandteil der allgemeinen Lösung (V-89), vgl. hierzu Bild V-18).

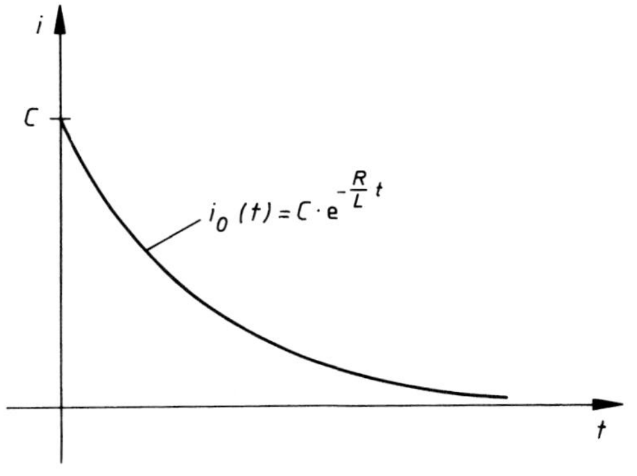

Bild V-18
Exponentiell abklingender Gleichstrom im Wechselstromkreis nach Bild V-16 („flüchtiger" Bestandteil)

Die *Lösung der* inhomogenen Differentialgleichung (V-77) besteht daher für hinreichend großes t aus der *partikulären* Lösung $i_p(t)$, d.h. dem Wechselstrom

$$i(t) \approx i_p(t) = \frac{\hat{u}}{\sqrt{R^2 + (\omega L)^2}} \cdot \sin\left(\omega t - \arctan\left(\frac{\omega L}{R}\right)\right) \qquad \text{(V-90)}$$

Man bezeichnet die *partikuläre* Lösung $i_p(t)$ daher auch als *stationäre* Lösung der *inhomogenen* Differentialgleichung (V-77) (vgl. hierzu Bild V-17).

3 Lineare Differentialgleichungen 2. Ordnung mit konstanten Koeffizienten

In den naturwissenschaftlich-technischen Anwendungen spielen die linearen Differentialgleichungen 2. Ordnung mit *konstanten* Koeffizienten eine bedeutende Rolle. Sie treten beispielsweise bei der mathematischen Behandlung von *mechanischen und elektromagnetischen Schwingungen* auf. Im Rahmen dieser Darstellung beschränken wir uns daher auf diesen besonders wichtigen Typ von Differentialgleichungen 2. Ordnung.

3.1 Definition einer linearen Differentialgleichung 2. Ordnung mit konstanten Koeffizienten

Definition: Eine Differentialgleichung vom Typ

$$y'' + ay' + by = g(x) \qquad \text{(V-91)}$$

heißt eine *lineare Differentialgleichung 2. Ordnung mit konstanten Koeffizienten* $(a, b \in \mathbb{R})$.

Die Funktion $g(x)$ wird als *Störfunktion* oder *Störglied* bezeichnet. *Fehlt* das Störglied, d.h. ist $g(x) \equiv 0$, so heißt die lineare Differentialgleichung *homogen*, sonst *inhomogen.*

Anmerkungen

(1) Kennzeichen einer *linearen* Differentialgleichung 2. Ordnung sind:

1. y, y' und y'' treten *linear*, d.h. in *1. Potenz* auf.
2. „Gemischte Produkte" wie yy', yy'' und $y'y''$ sind in der Differentialgleichung *nicht* enthalten.

(2) Die *lineare* Differentialgleichung 2. Ordnung mit *konstanten* Koeffizienten ist ein *Sonderfall* der allgemeinen linearen Differentialgleichung 2. Ordnung, die durch die Gleichung

$$y'' + f_1(x) \cdot y' + f_0(x) \cdot y = g(x) \qquad \text{(V-92)}$$

definiert ist. Mit $f_1(x) = \text{constant} = a$ und $f_0(x) = \text{constant} = b$ erhalten wir hieraus die Differentialgleichung (V-91).

■ **Beispiele**

(1) Die folgenden Differentialgleichungen 2. Ordnung sind *linear* und besitzen *konstante* Koeffizienten:

$y'' + y = 0$ Homogene Dgl

$y'' + 2y' - 3y = 2x - 4$ Inhomogene Dgl

$2y'' - 4y' + 20y = \cos x$ Inhomogene Dgl

(2) Die Differentialgleichungen 2. Ordnung

$$y'' + xy' + y = 0 \quad \text{und} \quad x^3 y'' + x^2 y' - xy = e^x$$

sind zwar *linear*, besitzen jedoch *nicht-konstante* Koeffizienten.

(3) Bei den folgenden Differentialgleichungen 2. Ordnung handelt es sich um *nichtlineare* Differentialgleichungen:

$y'' + y' + y^2 = 0$ (y tritt in der *2. Potenz* auf)

$y'y'' + y = x$ (Die Differentialgleichung enthält das „verbotene" *gemischte* Produkt $y'y''$)

■

3.2 Allgemeine Eigenschaften der homogenen linearen Differentialgleichung

Wir beschäftigen uns zunächst mit einigen besonders wichtigen Eigenschaften der *homogenen* linearen Differentialgleichung 2. Ordnung mit *konstanten* Koeffizienten:

Eigenschaften einer homogenen linearen Differentialgleichung 2. Ordnung mit konstanten Koeffizienten

Eine *homogene* lineare Differentialgleichung 2. Ordnung mit *konstanten* Koeffizienten vom Typ

$$y'' + ay' + by = 0 \tag{V-93}$$

besitzt folgende Eigenschaften:

1. Ist $y_1(x)$ eine *Lösung* der Differentialgleichung, so ist auch die mit einer *beliebigen* Konstanten C multiplizierte Funktion
$$y(x) = C \cdot y_1(x) \tag{V-94}$$
eine *Lösung* der Differentialgleichung ($C \in \mathbb{R}$).
2. Sind $y_1(x)$ und $y_2(x)$ zwei *Lösungen* der Differentialgleichung, so ist auch die aus ihnen gebildete *Linearkombination*
$$y(x) = C_1 \cdot y_1(x) + C_2 \cdot y_2(x) \tag{V-95}$$
eine *Lösung* der Differentialgleichung ($C_1, C_2 \in \mathbb{R}$).
3. Ist $y(x) = u(x) + \mathrm{j} \cdot v(x)$ eine *komplexwertige Lösung* der Differentialgleichung, so sind auch *Realteil* $u(x)$ und *Imaginärteil* $v(x)$ (reelle) *Lösungen* der Differentialgleichung.

Beweis

Zu 1.: Wir zeigen, daß mit $y_1 = y_1(x)$ auch die Funktion $y = C \cdot y_1$ eine *Lösung* der *homogenen* Differentialgleichung (V-93) ist:

$$y'' + ay' + by = (C \cdot y_1)'' + a(C \cdot y_1)' + b(C \cdot y_1) = C \cdot y_1'' + C \cdot ay_1' + C \cdot by_1 =$$
$$= C\underbrace{(y_1'' + ay_1' + by_1)}_{0} = 0 \tag{V-96}$$

(da y_1 eine *Lösung* der Dgl (V-93) ist)

Zu 2.: Nach Voraussetzung gilt:

$$y_1'' + ay_1' + by_1 = 0 \quad \text{und} \quad y_2'' + ay_2' + by_2 = 0 \tag{V-97}$$

Dann ist auch die *Linearkombination* $y = C_1 y_1 + C_2 y_2$ eine *Lösung* der homogenen Differentialgleichung (V-93):

$$\begin{aligned} y'' + ay' + by &= (C_1 \cdot y_1 + C_2 \cdot y_2)'' + a(C_1 \cdot y_1 + C_2 \cdot y_2)' + b(C_1 \cdot y_1 + C_2 \cdot y_2) = \\ &= C_1 \cdot y_1'' + C_2 \cdot y_2'' + aC_1 \cdot y_1' + aC_2 \cdot y_2' + bC_1 \cdot y_1 + bC_2 \cdot y_2 = \\ &= C_1 \underbrace{(y_1'' + ay_1' + by_1)}_{\substack{0 \\ \text{(nach (V-97))}}} + C_2 \underbrace{(y_2'' + ay_2' + by_2)}_{\substack{0 \\ \text{(nach (V-97))}}} = 0 \end{aligned} \qquad \text{(V-98)}$$

Zu 3.: Nach Voraussetzung ist $y = u + \mathrm{j} \cdot v$ eine *komplexwertige Lösung* der *homogenen* Differentialgleichung (V-93) (u und v sind Funktionen von x):

$$y'' + ay' + by = (u + \mathrm{j} \cdot v)'' + a(u + \mathrm{j} \cdot v)' + b(u + \mathrm{j} \cdot v) = 0 \qquad \text{(V-99)}$$

Nach dem *Permanenzprinzip* wird (wie im Reellen) *gliedweise* nach der *reellen* Variablen x differenziert. Wir erhalten dann:

$$u'' + \mathrm{j} \cdot v'' + a(u' + \mathrm{j} \cdot v') + b(u + \mathrm{j} \cdot v) = 0$$

$$u'' + \mathrm{j} \cdot v'' + au' + \mathrm{j} \cdot av' + bu + \mathrm{j} \cdot bv = 0$$

$$(u'' + au' + bu) + \mathrm{j}(v'' + av' + bv) = 0 \qquad \text{(V-100)}$$

Diese Gleichung aber kann nur bestehen, wenn Real- *und* Imaginärteil der linken Seite *verschwinden*. Somit ist

$$u'' + au' + bu = 0 \quad \textit{und} \quad v'' + av' + bv = 0 \qquad \text{(V-101)}$$

Dies aber bedeutet: *Realteil* u und *Imaginärteil* v sind (reelle) *Lösungen* der homogenen Differentialgleichung (V-93).

■ **Beispiele**

(1) Gegeben ist die sog. *Schwingungsgleichung* [10)]

$$y'' + \omega^2 y = 0 \qquad (\omega > 0)$$

Partikuläre Lösungen sind u.a.:

$$y_1 = \sin(\omega x) \quad \text{und} \quad y_2 = \cos(\omega x)$$

Den Nachweis führen wir, indem wir diese Funktionen zweimal differenzieren und anschließend Funktion und Ableitung in die Schwingungsgleichung einsetzen:

Für $y_1 = \sin(\omega x)$:

$$y_1 = \sin(\omega x), \quad y_1' = \omega \cdot \cos(\omega x), \quad y_1'' = -\omega^2 \cdot \sin(\omega x)$$

$$y_1'' + \omega^2 y_1 = -\omega^2 \cdot \sin(\omega x) + \omega^2 \cdot \sin(\omega x) = 0$$

---

10) Wir werden im Anwendungsteil noch zeigen, daß durch diese Gleichung eine *harmonische Schwingung* beschrieben wird.

Für $y_2 = \cos(\omega x)$:

$$y_2 = \cos(\omega x), \quad y_2' = -\omega \cdot \sin(\omega x), \quad y_2'' = -\omega^2 \cdot \cos(\omega x)$$

$$y_2'' + \omega^2 y_2 = -\omega^2 \cdot \cos(\omega x) + \omega^2 \cdot \cos(\omega x) = 0$$

Damit sind auch die folgenden Funktionen *Lösungen* der Schwingungsgleichung $y'' + \omega^2 y = 0$:

$$y = C_1 \cdot \sin(\omega x) \qquad (C_1 \in \mathbb{R})$$

$$y = C_2 \cdot \cos(\omega x) \qquad (C_2 \in \mathbb{R})$$

$$y = C_1 \cdot \sin(\omega x) + C_2 \cdot \cos(\omega x) \qquad (C_1, C_2 \in \mathbb{R})$$

(2) Die *Schwingungsgleichung* $y'' + \omega^2 y = 0$ wird auch durch die *komplexwertige* Exponentialfunktion $y = e^{j\omega x}$ gelöst. Mit

$$y = e^{j\omega x}, \quad y' = j\omega \cdot e^{j\omega x}, \quad y'' = j^2 \omega^2 \cdot e^{j\omega x} = -\omega^2 \cdot e^{j\omega x}$$

folgt nämlich durch *Einsetzen* in die Differentialgleichung:

$$y'' + \omega^2 y = -\omega^2 \cdot e^{j\omega x} + \omega^2 \cdot e^{j\omega x} = 0$$

Daher sind auch *Realteil* und *Imaginärteil* von $y = e^{j\omega x}$ (reelle) *Lösungen* der Schwingungsgleichung. Unter Verwendung der *Eulerschen Formel* lauten diese Lösungen:

$$y_1 = \operatorname{Re}(e^{j\omega x}) = \operatorname{Re}[\cos(\omega x) + j \cdot \sin(\omega x)] = \cos(\omega x)$$

$$y_2 = \operatorname{Im}(e^{j\omega x}) = \operatorname{Im}[\cos(\omega x) + j \cdot \sin(\omega x)] = \sin(\omega x)$$

Es handelt sich um die bereits aus Beispiel (1) bekannten periodischen Funktionen $\sin(\omega x)$ und $\cos(\omega x)$.

■

Es liegt nun die Vermutung nahe, daß eine aus zwei *partikulären* Lösungen $y_1 = y_1(x)$ und $y_2 = y_2(x)$ gebildete *Linearkombination* vom Typ

$$y(x) = C_1 \cdot y_1(x) + C_2 \cdot y_2(x) \qquad \text{(V-102)}$$

die *allgemeine* Lösung der Differentialgleichung $y'' + ay' + by = 0$ darstellt. Denn sie enthält ja *zwei* frei wählbare Parameter. Diese Vermutung trifft jedoch nur unter *bestimmten Voraussetzungen* zu. Zur näheren Erläuterung des Problems bedienen wir uns wieder der *Schwingungsgleichung* $y'' + \omega^2 y = 0$. Die Funktionen

$$y_1 = \sin(\omega x) \quad \text{und} \quad y_2 = 2 \cdot \sin(\omega x) \qquad \text{(V-103)}$$

sind (wie sich durch Einsetzen leicht nachweisen läßt) *partikuläre* Lösungen dieser Differentialgleichung. Die aus ihnen gebildete *Linearkombination*

$$y = C_1 \cdot y_1 + C_2 \cdot y_2 = C_1 \cdot \sin(\omega x) + 2\,C_2 \cdot \sin(\omega x) \qquad \text{(V-104)}$$

ist dann ebenfalls eine *Lösung* der Schwingungsgleichung $(C_1, C_2 \in \mathbb{R})$. Sie ist jedoch *nicht* die *allgemeine* Lösung, da sich ihre Parameter zu *einer* Konstanten zusammenfassen lassen[11]:

$$y = C_1 \cdot \sin(\omega x) + 2\,C_2 \cdot \sin(\omega x) =$$
$$= \underbrace{(C_1 + 2\,C_2)}_{C_3} \cdot \sin(\omega x) = C_3 \cdot \sin(\omega x) \qquad (C_3 \in \mathbb{R}) \qquad \text{(V-105)}$$

Wählen wir jedoch als *spezielle* Lösungen je eine *Sinus*- und *Kosinusfunktion* aus, also beispielsweise

$$y_1 = \sin(\omega x) \quad \text{und} \quad y_2 = \cos(\omega x) \qquad \text{(V-106)}$$

so enthält die aus ihnen gebildete *Linearkombination*

$$y = C_1 \cdot y_1 + C_2 \cdot y_2 = C_1 \cdot \sin(\omega x) + C_2 \cdot \cos(\omega x) \qquad \text{(V-107)}$$

zwei voneinander unabhängige Parameter. Es ist im Gegensatz zum ersten Beispiel hier *nicht* möglich, die beiden Konstanten C_1 und C_2 zu *einer* Konstanten zusammenzufassen. Die Linearkombination (V-107) stellt – wie wir später noch zeigen werden – tatsächlich die *allgemeine* Lösung der Schwingungsgleichung dar. Sie enthält *zwei linear unabhängige* Lösungen, die man als *Basisfunktionen* oder *Basislösungen* der Differentialgleichung bezeichnet. Diese Überlegungen führen zu der folgenden Begriffsbildung:

Definition: Zwei Lösungen $y_1 = y_1(x)$ und $y_2 = y_2(x)$ einer *homogenen* linearen Differentialgleichung 2. Ordnung mit *konstanten* Koeffizienten vom Typ

$$y'' + a y' + b y = 0 \qquad \text{(V-108)}$$

werden als *Basisfunktionen* oder *Basislösungen* der Differentialgleichung bezeichnet, wenn die mit ihnen gebildete sog. *Wronski-Determinante*

$$W(y_1; y_2) = \begin{vmatrix} y_1(x) & y_2(x) \\ y_1'(x) & y_2'(x) \end{vmatrix} \qquad \text{(V-109)}$$

von Null verschieden ist.

Anmerkungen

(1) Die *Wronski-Determinante* ist eine *2-reihige* Determinante (vgl. hierzu Abschnitt I.2.2). Sie enthält in der 1. Zeile die beiden Lösungsfunktionen y_1 und y_2 und in der 2. Zeile deren *Ableitungen* y_1' und y_2'. Man beachte, daß der *Wert* der Wronski-Determinante noch von der *Variablen* x abhängt.

[11] Wir erinnern: Die *allgemeine* Lösung einer Differentialgleichung 2. Ordnung enthält *zwei voneinander unabhängige* Parameter.

(2) Es genügt zu zeigen, daß die Wronski-Determinante an *einer* Stelle x_0 *von Null verschieden* ist.

(3) Zwei *Basislösungen* $y_1(x)$ und $y_2(x)$ der *homogenen* Differentialgleichung werden auch als *linear unabhängige* Lösungen bezeichnet. Dieser Begriff kommt aus der *Linearen Algebra* und besagt, daß die lineare Gleichung

$$C_1 \cdot y_1(x) + C_2 \cdot y_2(x) = 0 \qquad \text{(V-110)}$$

nur trivial, d.h. für $C_1 = C_2 = 0$ lösbar ist.

(4) *Verschwindet* dagegen die Wronski-Determinante zweier Lösungen y_1 und y_2, d.h. ist $W(y_1; y_2) = 0$, so werden diese Lösungen als *linear abhängig* bezeichnet.

Wir werden nun zeigen, daß die *allgemeine* Lösung der *homogenen* linearen Differentialgleichung 2. Ordnung $y'' + ay' + by = 0$ in Form einer *Linearkombination aus zwei Basislösungen* darstellbar ist. $y_1 = y_1(x)$ und $y_2 = y_2(x)$ seien zwei solche (linear unabhängige) Lösungen. Ihre Wronski-Determinante ist dann *von Null verschieden*:

$$W(y_1; y_2) = \begin{vmatrix} y_1 & y_2 \\ y_1' & y_2' \end{vmatrix} \neq 0 \qquad \text{(V-111)}$$

Es genügt zu zeigen, daß es für *beliebig* vorgegebene Anfangswerte

$$y(x_0) = y_0, \quad y'(x_0) = m \qquad \text{(V-112)}$$

genau *eine* Lösung in Form einer Linearkombination

$$y(x) = C_1 \cdot y_1(x) + C_2 \cdot y_2(x) \qquad \text{(V-113)}$$

gibt[12]. Mit anderen Worten: Die Konstanten C_1 und C_2 im Lösungsansatz (V-113) müssen *eindeutig* aus den Anfangsbedingungen (V-112) bestimmbar sein. Wir erfüllen nun die Anfangsbedingungen und erhalten ein *lineares Gleichungssystem* mit zwei Gleichungen und den beiden Unbekannten C_1 und C_2:

$$\begin{aligned} y(x_0) = y_0 &\quad\Rightarrow\quad C_1 \cdot y_1(x_0) + C_2 \cdot y_2(x_0) = y_0 \\ y'(x_0) = m &\quad\Rightarrow\quad C_1 \cdot y_1'(x_0) + C_2 \cdot y_2'(x_0) = m \end{aligned} \qquad \text{(V-114)}$$

oder (wenn wir, wie allgemein üblich, die Unbekannten an die jeweils *hintere* Stelle setzen):

$$\begin{aligned} y_1(x_0) \cdot C_1 + y_2(x_0) \cdot C_2 &= y_0 \\ y_1'(x_0) \cdot C_1 + y_2'(x_0) \cdot C_2 &= m \end{aligned} \qquad \text{(V-115)}$$

---

12) Wir setzen dabei den folgenden *Existenz- und Eindeutigkeitssatz* voraus: Das Anfangswertproblem

$$y'' + ay' + by = 0, \quad y(x_0) = y_0, \quad y'(x_0) = m$$

besitzt genau *eine* Lösung.

Dieses System besitzt genau *eine* Lösung, wenn die Koeffizientendeterminante

$$\begin{vmatrix} y_1(x_0) & y_2(x_0) \\ y_1'(x_0) & y_2'(x_0) \end{vmatrix} \qquad \text{(V-116)}$$

von *Null verschieden* ist. Dies aber ist der Fall. Denn die Koeffizientendeterminante ist nichts anderes als die *Wronski-Determinante* an der Stelle x_0 und diese ist nach Voraussetzung *ungleich Null*.

Wir fassen diese wichtigen Ergebnisse wie folgt zusammen:

Über die Lösungsmenge einer homogenen linearen Differentialgleichung 2. Ordnung mit konstanten Koeffizienten

Die *allgemeine* Lösung $y = y(x)$ einer *homogenen* linearen Differentialgleichung 2. Ordnung mit *konstanten* Koeffizienten vom Typ

$$y'' + ay' + by = 0 \qquad \text{(V-117)}$$

ist als *Linearkombination* zweier *linear unabhängiger* Lösungen (*Basislösungen*) $y_1 = y_1(x)$ und $y_2 = y_2(x)$ in der Form

$$y(x) = C_1 \cdot y_1(x) + C_2 \cdot y_2(x) \qquad \text{(V-118)}$$

darstellbar ($C_1, C_2 \in \mathbb{R}$).

Anmerkung

Die der *allgemeinen* Lösung (V-118) zugrunde liegenden *Basislösungen* bilden eine *Fundamentalbasis* oder ein *Fundamentalsystem* der Differentialgleichung (V-117).

■ **Beispiele**

(1) Die *Schwingungsgleichung* $y'' + \omega^2 y = 0$ hat u.a. die Lösungen

$$y_1(x) = \sin(\omega x) \quad \text{und} \quad y_2(x) = \cos(\omega x)$$

Sie bilden eine *Fundamentalbasis* der Differentialgleichung, da ihre Wronski-Determinante einen *von Null verschiedenen* Wert besitzt:

$$W(y_1; y_2) = \begin{vmatrix} y_1(x) & y_2(x) \\ y_1'(x) & y_2'(x) \end{vmatrix} = \begin{vmatrix} \sin(\omega x) & \cos(\omega x) \\ \omega \cdot \cos(\omega x) & -\omega \cdot \sin(\omega x) \end{vmatrix} =$$

$$= -\omega \cdot \sin^2(\omega x) - \omega \cdot \cos^2(\omega x) =$$

$$= -\omega \cdot \underbrace{[\sin^2(\omega x) + \cos^2(\omega x)]}_{1} = -\omega \neq 0$$

Die *allgemeine* Lösung der *Schwingungsgleichung* $y'' + \omega^2 y = 0$ ist daher in der Form

$$y(x) = C_1 \cdot y_1(x) + C_2 \cdot y_2(x) = C_1 \cdot \sin(\omega x) + C_2 \cdot \cos(\omega x)$$

darstellbar $(C_1, C_2 \in \mathbb{R})$.

(2) Die *homogene* Differentialgleichung $y'' - 4y' - 5y = 0$ besitzt u.a. die Lösungen

$$y_1(x) = \mathrm{e}^{5x} \quad \text{und} \quad y_2(x) = \mathrm{e}^{-x}$$

wie man durch *Einsetzen* in die Differentialgleichung leicht verifiziert. Bilden diese Lösungen auch ein *Fundamentalsystem* der Differentialgleichung?

Lösung:

Wir prüfen anhand der *Wronski-Determinante*, ob die Lösungen *linear unabhängig* sind:

$$W(y_1; y_2) = \begin{vmatrix} y_1(x) & y_2(x) \\ y_1'(x) & y_2'(x) \end{vmatrix} = \begin{vmatrix} \mathrm{e}^{5x} & \mathrm{e}^{-x} \\ 5 \cdot \mathrm{e}^{5x} & -\mathrm{e}^{-x} \end{vmatrix} =$$

$$= \mathrm{e}^{5x} \cdot (-\mathrm{e}^{-x}) - \mathrm{e}^{-x} \cdot (5 \cdot \mathrm{e}^{5x}) =$$

$$= -\mathrm{e}^{4x} - 5 \cdot \mathrm{e}^{4x} = -6 \cdot \mathrm{e}^{4x} \neq 0$$

Dies ist der Fall, da $W(y_1; y_2) \neq 0$ ist. Die Lösungen bilden somit eine *Fundamentalbasis* der Differentialgleichung und die *allgemeine* Lösung ist daher als *Linearkombination* der beiden *Basislösungen* darstellbar:

$$y(x) = C_1 \cdot y_1(x) + C_2 \cdot y_2(x) = C_1 \cdot \mathrm{e}^{5x} + C_2 \cdot \mathrm{e}^{-x} \qquad (C_1, C_2 \in \mathbb{R})$$

■

3.3 Integration der homogenen linearen Differentialgleichung

Eine *Fundamentalbasis* der *homogenen* linearen Differentialgleichung 2. Ordnung mit konstanten Koeffizienten vom Typ

$$y'' + ay' + by = 0 \tag{V-119}$$

läßt sich durch einen Lösungsansatz in Form einer *Exponentialfunktion* vom Typ

$$y = \mathrm{e}^{\lambda x} \qquad (\lambda\text{: Parameter}) \tag{V-120}$$

gewinnen. Mit

$$y = \mathrm{e}^{\lambda x}, \quad y' = \lambda \cdot \mathrm{e}^{\lambda x} \quad \text{und} \quad y'' = \lambda^2 \cdot \mathrm{e}^{\lambda x} \tag{V-121}$$

gehen wir in die Differentialgleichung (V-119) ein und erhalten die folgende *quadratische* Bestimmungsgleichung für den Parameter λ:

$$y'' + ay' + by = \lambda^2 \cdot e^{\lambda x} + a\lambda \cdot e^{\lambda x} + b \cdot e^{\lambda x} = 0$$

$$(\lambda^2 + a\lambda + b) \cdot e^{\lambda x} = 0 \quad | : e^{\lambda x}$$

$$\lambda^2 + a\lambda + b = 0 \qquad \text{(V-122)}$$

Sie wird als *charakteristische Gleichung* der homogenen Gleichung $y'' + ay' + by = 0$ bezeichnet und besitzt die Lösungen

$$\lambda_{1/2} = -\frac{a}{2} \pm \sqrt{\frac{a^2}{4} - b} = -\frac{a}{2} \pm \frac{\sqrt{a^2 - 4b}}{2} \qquad \text{(V-123)}$$

Die *Diskriminante* $D = a^2 - 4b$ entscheidet dabei über die *Art* der Lösungen, wobei *drei* Fälle zu unterscheiden sind.

1. Fall: $D = a^2 - 4b > 0$

Die *charakteristische Gleichung* besitzt nach (V-123) zwei *verschiedene reelle* Lösungen λ_1 und λ_2 ($\lambda_1 \neq \lambda_2$). Sie führen zu den Lösungsfunktionen

$$y_1 = e^{\lambda_1 x} \quad \text{und} \quad y_2 = e^{\lambda_2 x} \qquad \text{(V-124)}$$

die wegen

$$W(y_1; y_2) = \begin{vmatrix} y_1 & y_2 \\ y_1' & y_2' \end{vmatrix} = \begin{vmatrix} e^{\lambda_1 x} & e^{\lambda_2 x} \\ \lambda_1 \cdot e^{\lambda_1 x} & \lambda_2 \cdot e^{\lambda_2 x} \end{vmatrix} =$$

$$= \lambda_2 \cdot e^{\lambda_1 x} \cdot e^{\lambda_2 x} - \lambda_1 \cdot e^{\lambda_1 x} \cdot e^{\lambda_2 x} =$$

$$= \underbrace{(\lambda_2 - \lambda_1)}_{\neq 0} \cdot e^{(\lambda_1 + \lambda_2) x} \neq 0 \qquad \text{(V-125)}$$

linear unabhängig sind und somit eine *Fundamentalbasis* der *homogenen* Differentialgleichung (V-119) bilden. Die *allgemeine* Lösung dieser Differentialgleichung ist dann als *Linearkombination*

$$y(x) = C_1 \cdot y_1 + C_2 \cdot y_2 = C_1 \cdot e^{\lambda_1 x} + C_2 \cdot e^{\lambda_2 x} \qquad \text{(V-126)}$$

darstellbar ($C_1, C_2 \in \mathbb{R}$).

■ **Beispiel**

$y'' + 2y' - 8y = 0$

Charakteristische Gleichung mit Lösungen:

$$\lambda^2 + 2\lambda - 8 = 0 \Rightarrow \lambda_1 = 2, \ \lambda_2 = -4$$

Fundamentalbasis der Differentialgleichung:

$$y_1 = e^{2x}, \quad y_2 = e^{-4x}$$

Allgemeine Lösung der Differentialgleichung:

$$y = C_1 \cdot e^{2x} + C_2 \cdot e^{-4x} \qquad (C_1, C_2 \in \mathbb{R})$$

■

2. Fall: $D = a^2 - 4b = 0$

Die *charakteristische Gleichung* besitzt jetzt zwei *gleiche reelle* Lösungen:

$$\lambda_1 = \lambda_2 = -\frac{a}{2} \tag{V-127}$$

Daher erhalten wir zunächst nur *eine* Lösungsfunktion:

$$y_1 = y_2 = e^{-\frac{a}{2}x} \tag{V-128}$$

Durch *Variation der Konstanten* läßt sich jedoch die *allgemeine* Lösung der *homogenen* Differentialgleichung $y'' + ay' + by = 0$ bestimmen. Mit dem Lösungsansatz

$$y = C(x) \cdot e^{-\frac{a}{2}x} \tag{V-129}$$

und den benötigten Ableitungen

$$y' = C'(x) \cdot e^{-\frac{a}{2}x} - \frac{a}{2} C(x) \cdot e^{-\frac{a}{2}x} = \left[C'(x) - \frac{a}{2} C(x) \right] \cdot e^{-\frac{a}{2}x} \tag{V-130}$$

$$y'' = \left[C''(x) - \frac{a}{2} C'(x) \right] \cdot e^{-\frac{a}{2}x} - \frac{a}{2} \left[C'(x) - \frac{a}{2} C(x) \right] \cdot e^{-\frac{a}{2}x} =$$

$$= \left[C''(x) - aC'(x) + \frac{a^2}{4} C(x) \right] \cdot e^{-\frac{a}{2}x} \tag{V-131}$$

(wobei die Differentiation unter Verwendung der *Produkt-* und *Kettenregel* erfolgte) erhalten wir durch *Einsetzen* in die Differentialgleichung zunächst:

$$\left[C''(x) - aC'(x) + \frac{a^2}{4} C(x) \right] \cdot e^{-\frac{a}{2}x} + a \left[C'(x) - \frac{a}{2} C(x) \right] \cdot e^{-\frac{a}{2}x} +$$

$$+ bC(x) \cdot e^{-\frac{a}{2}x} = 0 \tag{V-132}$$

Wir dividieren noch durch den *gemeinsamen* Faktor $e^{-\frac{a}{2}x}$:

$$C''(x) - aC'(x) + \frac{a^2}{4}C(x) + aC'(x) - \frac{a^2}{2}C(x) + bC(x) = 0$$

$$C''(x) - \frac{a^2}{4}C(x) + bC(x) = 0$$

$$C''(x) - \left(\frac{a^2}{4} - b\right) \cdot C(x) = 0$$

$$C''(x) - \frac{1}{4}\underbrace{(a^2 - 4b)}_{0} \cdot C(x) = 0$$

$$C''(x) = 0 \qquad \text{(V-133)}$$

Dies ist eine besonders einfache Differentialgleichung 2. Ordnung für die (noch unbekannte) *Faktorfunktion* $C(x)$. Durch 2-malige *unbestimmte Integration* erhalten wir schließlich:

$$C(x) = C_1 x + C_2 \qquad (C_1, C_2 \in \mathbb{R}) \qquad \text{(V-134)}$$

Die *homogene* lineare Differentialgleichung $y'' + ay' + by = 0$ wird daher im *Sonderfall* $D = a^2 - 4b = 0$ durch die Funktion

$$y = C(x) \cdot e^{-\frac{a}{2}x} = (C_1 x + C_2) \cdot e^{-\frac{a}{2}x} \qquad (C_1, C_2 \in \mathbb{R}) \qquad \text{(V-135)}$$

allgemein gelöst. Wir können diese Lösung als *Linearkombination* der beiden *Basisfunktionen* (*Basislösungen*)

$$y_1 = e^{-\frac{a}{2}x} \quad \text{und} \quad y_2 = x \cdot e^{-\frac{a}{2}x} \qquad \text{(V-136)}$$

auffassen. Denn beide Funktionen sind *partikuläre Lösungen* der *homogenen* Differentialgleichung und sie sind *linear unabhängig*, da ihre Wronski-Determinante den *von Null verschiedenen* Wert

$$W(y_1; y_2) = e^{-ax} \qquad \text{(V-137)}$$

besitzt, wie man leicht nachrechnen kann.

■ **Beispiel**

$y'' - 8y' + 16y = 0$

Charakteristische Gleichung mit Lösungen:

$\lambda^2 - 8\lambda + 16 = 0 \Rightarrow \lambda_1 = \lambda_2 = 4$

Fundamentalbasis der Differentialgleichung:

$y_1 = e^{4x}, \quad y_2 = x \cdot e^{4x}$

Allgemeine Lösung der Differentialgleichung:

$$y = C_1 \cdot e^{4x} + C_2 x \cdot e^{4x} = (C_1 + C_2 x) \cdot e^{4x} \qquad (C_1, C_2 \in \mathbb{R})$$

■

3. Fall: $D = a^2 - 4b < 0$

Die charakteristische Gleichung $\lambda^2 + a\lambda + b = 0$ besitzt jetzt *konjugiert komplexe* Lösungen. Sie lassen sich mit den Abkürzungen

$$\alpha = -\frac{a}{2} \quad \text{und} \quad 4\omega^2 = 4b - a^2 > 0 \qquad \text{(V-138)}$$

in der folgenden Form darstellen:

$$\lambda_{1/2} = -\frac{a}{2} \pm \frac{1}{2} \cdot \sqrt{\underbrace{a^2 - 4b}_{-4\omega^2}} = \alpha \pm \frac{1}{2} \cdot \sqrt{-4\omega^2} =$$

$$= \alpha \pm \sqrt{-\omega^2} = \alpha \pm j\omega \qquad \text{(V-139)}$$

Die *Fundamentalbasis* der homogenen Differentialgleichung (V-119) besteht in diesem Fall aus den *komplexen* Lösungen

$$y_1 = e^{(\alpha + j\omega)x} \quad \text{und} \quad y_2 = e^{(\alpha - j\omega)x} \qquad \text{(V-140)}$$

deren Wronski-Determinante den *von Null verschiedenen* (imaginären) Wert

$$W(y_1; y_2) = -j\,2\omega \cdot e^{2\alpha x} \qquad \text{(V-141)}$$

besitzt. Unter Verwendung der *Eulerschen Formeln*

$$e^{\pm jz} = \cos z \pm j \cdot \sin z \qquad \text{(V-142)}$$

läßt sich die *komplexe* Basis jedoch in eine *reelle* Basis überführen. Um dies zu zeigen, formen wir die *allgemeine* Lösung zunächst einmal wie folgt um:

$$y = C_1 \cdot y_1 + C_2 \cdot y_2 = C_1 \cdot e^{(\alpha + j\omega)x} + C_2 \cdot e^{(\alpha - j\omega)x} =$$

$$= C_1 \cdot e^{\alpha x} \cdot e^{j\omega x} + C_2 \cdot e^{\alpha x} \cdot e^{-j\omega x} = e^{\alpha x}\,[C_1 \cdot e^{j\omega x} + C_2 \cdot e^{-j\omega x}] =$$

$$= e^{\alpha x}\,[C_1 (\cos(\omega x) + j \cdot \sin(\omega x)) + C_2 (\cos(\omega x) - j \cdot \sin(\omega x))] =$$

$$= e^{\alpha x}\,[C_1 \cdot \cos(\omega x) + j\,C_1 \cdot \sin(\omega x) + C_2 \cdot \cos(\omega x) - j\,C_2 \cdot \sin(\omega x)] =$$

$$= e^{\alpha x}\,[j\underbrace{(C_1 - C_2)}_{A_1} \cdot \sin(\omega x) + \underbrace{(C_1 + C_2)}_{A_2} \cdot \cos(\omega x)] =$$

$$= e^{\alpha x}\,[j\,A_1 \cdot \sin(\omega x) + A_2 \cdot \cos(\omega x)] \qquad \text{(V-143)}$$

Bei einer *komplexwertigen* Lösung $y(x) = u(x) + \mathrm{j} \cdot v(x)$ sind auch *Realteil* $u(x)$ und *Imaginärteil* $v(x)$ selbst *Lösungen* der Differentialgleichung (vgl. hierzu Abschnitt 3.2). Daher sind

$$y_1 = \mathrm{e}^{\alpha x} \cdot \sin(\omega x) \quad \text{und} \quad y_2 = \mathrm{e}^{\alpha x} \cdot \cos(\omega x) \tag{V-144}$$

Lösungen der homogenen Differentialgleichung $y'' + a y' + b y = 0$. Sie bilden wegen

$$W(y_1; y_2) = -\omega \cdot \mathrm{e}^{2\alpha x} \neq 0 \tag{V-145}$$

sogar eine (reelle) *Fundamentalbasis* dieser Differentialgleichung. Die *allgemeine* Lösung ist daher in der Linearform

$$\begin{aligned} y &= K_1 \cdot \mathrm{e}^{\alpha x} \cdot \sin(\omega x) + K_2 \cdot \mathrm{e}^{\alpha x} \cdot \cos(\omega x) = \\ &= \mathrm{e}^{\alpha x} \left[K_1 \cdot \sin(\omega x) + K_2 \cdot \cos(\omega x) \right] \end{aligned} \tag{V-146}$$

darstellbar ($K_1, K_2 \in \mathbb{R}$).

■ **Beispiel**

$y'' + 4y' + 13y = 0$

Charakteristische Gleichung mit Lösungen:

$$\lambda^2 + 4\lambda + 13 = 0$$

$$\lambda_{1/2} = -2 \pm \sqrt{4 - 13} = -2 \pm \sqrt{-9} = -2 \pm 3\mathrm{j}$$

$$(\alpha = -2, \ \omega = 3)$$

Reelle Fundamentalbasis der Differentialgleichung:

$$y_1 = \mathrm{e}^{-2x} \cdot \sin(3x), \quad y_2 = \mathrm{e}^{-2x} \cdot \cos(3x)$$

Allgemeine Lösung der Differentialgleichung:

$$\begin{aligned} y &= C_1 \cdot \mathrm{e}^{-2x} \cdot \sin(3x) + C_2 \cdot \mathrm{e}^{-2x} \cdot \cos(3x) = \\ &= \mathrm{e}^{-2x} \left[C_1 \cdot \sin(3x) + C_2 \cdot \cos(3x) \right] \qquad (C_1, C_2 \in \mathbb{R}) \end{aligned}$$

■

Wir fassen die Ergebnisse dieses Abschnitts wie folgt zusammen:

Integration einer homogenen linearen Differentialgleichung 2. Ordnung mit konstanten Koeffizienten

Mit dem Lösungsansatz $y = e^{\lambda x}$ läßt sich eine *Fundamentalbasis* y_1, y_2 der *homogenen* linearen Differentialgleichung 2. Ordnung mit *konstanten* Koeffizienten vom Typ

$$y'' + ay' + by = 0 \qquad \text{(V-147)}$$

gewinnen. Die *Basislösungen* hängen dabei noch von der *Art* der Lösungen λ_1, λ_2 der zugehörigen *charakteristischen Gleichung*

$$\lambda^2 + a\lambda + b = 0 \qquad \text{(V-148)}$$

ab, wobei die folgenden Fälle zu unterscheiden sind ($C_1, C_2 \in \mathbb{R}$):

1. Fall: $\lambda_1 \neq \lambda_2$ (reell)

Fundamentalbasis: $y_1 = e^{\lambda_1 x}, \quad y_2 = e^{\lambda_2 x}$ (V-149)

Allgemeine Lösung: $y = C_1 \cdot e^{\lambda_1 x} + C_2 \cdot e^{\lambda_2 x}$ (V-150)

2. Fall: $\lambda_1 = \lambda_2 = c$ (reell)

Fundamentalbasis: $y_1 = e^{cx}, \quad y_2 = x \cdot e^{cx}$ (V-151)

Allgemeine Lösung: $y = (C_1 x + C_2) \cdot e^{cx}$ (V-152)

3. Fall: $\lambda_{1/2} = \alpha \pm j\omega$ (konjugiert komplex)

Fundamentalbasis: $y_1 = e^{\alpha x} \cdot \sin(\omega x), \quad y_2 = e^{\alpha x} \cdot \cos(\omega x)$ (V-153)

Allgemeine Lösung: $y = e^{\alpha x}[C_1 \cdot \sin(\omega x) + C_2 \cdot \cos(\omega x)]$ (V-154)

■ **Beispiele**

(1) $y'' + 3y' - 4y = 0$

Charakteristische Gleichung mit Lösungen:

$$\lambda^2 + 3\lambda - 4 = 0 \;\Rightarrow\; \lambda_1 = 1, \quad \lambda_2 = -4 \qquad \text{(1. Fall)}$$

Fundamentalbasis der Differentialgleichung:

$$y_1 = e^{x}, \quad y_2 = e^{-4x}$$

Allgemeine Lösung der Differentialgleichung:

$$y = C_1 \cdot e^{x} + C_2 \cdot e^{-4x} \qquad (C_1, C_2 \in \mathbb{R})$$

(2) $y'' + 4y' + 20y = 0$

Charakteristische Gleichung mit Lösungen:

$$\lambda^2 + 4\lambda + 20 = 0$$

$$\lambda_{1/2} = -2 \pm \sqrt{4 - 20} = -2 \pm \sqrt{-16} = -2 \pm 4\,\mathrm{j}$$

(3. *Fall*: $\alpha = -2$, $\omega = 4$)

Reelle Fundamentalbasis der Differentialgleichung:

$$y_1 = \mathrm{e}^{-2x} \cdot \sin(4x), \quad y_2 = \mathrm{e}^{-2x} \cdot \cos(4x)$$

Allgemeine Lösung der Differentialgleichung:

$$y = \mathrm{e}^{-2x}[C_1 \cdot \sin(4x) + C_2 \cdot \cos(4x)] \qquad (C_1, C_2 \in \mathbb{R})$$

■

3.4 Integration der inhomogenen linearen Differentialgleichung

In Abschnitt 2.4.3.2 haben wir gezeigt, daß man die *allgemeine* Lösung einer *inhomogenen* linearen Differentialgleichung 1. Ordnung erhält, wenn man zur *allgemeinen* Lösung der zugehörigen *homogenen* Gleichung *irgendeine partikuläre* Lösung der *inhomogenen* Gleichung addiert. Diese Aussage bleibt auch für eine *inhomogene* lineare Differentialgleichung 2. Ordnung mit *konstanten* Koeffizienten unverändert gültig.

Über die Lösungsmenge einer inhomogenen linearen Differentialgleichung 2. Ordnung mit konstanten Koeffizienten

Die *allgemeine* Lösung $y = y(x)$ einer *inhomogenen* linearen Differentialgleichung 2. Ordnung mit *konstanten* Koeffizienten vom Typ

$$y'' + ay' + by = g(x) \qquad \text{(V-155)}$$

ist als *Summe* aus der *allgemeinen* Lösung $y_0 = y_0(x)$ der zugehörigen *homogenen* linearen Differentialgleichung

$$y'' + ay' + by = 0 \qquad \text{(V-156)}$$

und einer (beliebigen) *partikulären* Lösung $y_p = y_p(x)$ der *inhomogenen* linearen Differentialgleichung darstellbar:

$$y(x) = y_0(x) + y_p(x) \qquad \text{(V-157)}$$

Der Beweis verläuft analog wie in Abschnitt 2.4.3.2.

Das *Lösungsverfahren* für eine *inhomogene* lineare Differentialgleichung 2. Ordnung mit *konstanten* Koeffizienten entspricht daher weitgehend der in Abschnitt 2.4.3.2 unter der Bezeichnung „*Aufsuchen einer partikulären Lösung*" behandelten Lösungsmethode für inhomogene lineare Differentialgleichungen *1. Ordnung*. Zunächst wird dabei die zugehörige *homogene* Gleichung gelöst. Wie dies geschieht, wurde im vorherigen Abschnitt ausführlich dargelegt. Dann bestimmt man mit Hilfe eines *geeigneten Lösungsansatzes*, der im wesentlichen vom *Typ der Störfunktion* $g(x)$ abhängt, eine *partikuläre* Lösung der *inhomogenen* Gleichung und *addiert* diese zur *allgemeinen* Lösung der *homogenen* Gleichung.

In der nachfolgenden Tabelle 2 sind die *Lösungsansätze* für einige in den Anwendungen besonders häufig auftretende Störglieder aufgeführt.

Tabelle 2: Lösungsansatz für eine *partikuläre* Lösung $y_p(x)$ der *inhomogenen* linearen Differentialgleichung 2. Ordnung mit konstanten Koeffizienten vom Typ $y'' + ay' + by = g(x)$ in Abhängigkeit vom Typ der Störfunktion $g(x)$

Störfunktion $g(x)$	Lösungsansatz $y_p(x)$
1. Polynomfunktion vom Grade n $g(x) = P_n(x)$	$y_p = \begin{cases} Q_n(x) & b \neq 0 \\ x \cdot Q_n(x) \quad \text{für} & a \neq 0,\ b = 0 \\ x^2 \cdot Q_n(x) & a = b = 0 \end{cases}$ $Q_n(x)$: Polynom vom Grade n *Parameter*: Koeffizienten des Polynoms $Q_n(x)$
2. Exponentialfunktion $g(x) = e^{cx}$	(1) c ist *keine* Lösung der charakteristischen Gleichung: $y_p = A \cdot e^{cx}$ *Parameter*: A
	(2) c ist eine *einfache* Lösung der charakteristischen Gleichung: $y_p = Ax \cdot e^{cx}$ *Parameter*: A
	(3) c ist eine *doppelte* Lösung der charakteristischen Gleichung: $y_p = Ax^2 \cdot e^{cx}$ *Parameter*: A

Tabelle 2 (Fortsetzung)

Störfunktion $g(x)$	Lösungsansatz $y_p(x)$
3. Sinusfunktion $g(x) = \sin(\beta x)$ oder Kosinusfunktion $g(x) = \cos(\beta x)$ oder eine Linearkombination (Überlagerung) aus $\sin(\beta x)$ und $\cos(\beta x)$	(1) $\mathrm{j}\beta$ ist *keine* Lösung der charakteristischen Gleichung: $y_p = A \cdot \sin(\beta x) + B \cdot \cos(\beta x)$ oder $y_p = C \cdot \sin(\beta x + \varphi)$ *Parameter*: A, B bzw. C, φ
	(2) $\mathrm{j}\beta$ ist eine *Lösung* der charakteristischen Gleichung: $y_p = x[A \cdot \sin(\beta x) + B \cdot \cos(\beta x)]$ oder $y_p = Cx \cdot \sin(\beta x + \varphi)$ *Parameter*: A, B bzw. C, φ
4. $g(x) = P_n(x) \cdot \mathrm{e}^{cx} \cdot \sin(\beta x)$ oder $g(x) = P_n(x) \cdot \mathrm{e}^{cx} \cdot \cos(\beta x)$ (P_n ist dabei eine Polynomfunktion vom Grade n)	(1) $c + \mathrm{j}\beta$ ist *keine* Lösung der charakteristischen Gleichung: $y_p = \mathrm{e}^{cx}[Q_n(x) \cdot \sin(\beta x) + R_n(x) \cdot \cos(\beta x)]$ $Q_n(x)$, $R_n(x)$: Polynome vom Grade n *Parameter*: Koeffizienten der Polynome $Q_n(x)$ und $R_n(x)$
	(2) $c + \mathrm{j}\beta$ ist eine *Lösung* der charakteristischen Gleichung: $y_p = x \cdot \mathrm{e}^{cx}[Q_n(x) \cdot \sin(\beta x) + R_n(x) \cdot \cos(\beta x)]$ $Q_n(x)$, $R_n(x)$: Polynome vom Grade n *Parameter*: Koeffizienten der Polynome $Q_n(x)$ und $R_n(x)$

Anmerkungen zur Tabelle 2

(1) Der jeweilige Lösungsansatz gilt auch dann, wenn die Störfunktion zusätzlich noch einen *konstanten Faktor* enthält.

(2) Die im jeweiligen Lösungsansatz y_p enthaltenen Parameter sind so zu bestimmen, daß diese Funktion eine (partikuläre) *Lösung* der vorgegebenen inhomogenen Differentialgleichung darstellt. Dies führt stets zu einem *eindeutig* lösbaren Gleichungssystem für die im Lösungsansatz befindlichen Stellparameter.

(3) Besteht die Störfunktion $g(x)$ aus *mehreren* (*additiven*) Störgliedern, so erhält man den Lösungsansatz für y_p als *Summe* der Lösungsansätze für die *Einzelglieder* nach Tabelle 2 (vgl. hierzu das nachfolgende Beispiel (3)).

(4) Liegt die Störfunktion in der Form eines *Produktes* vom Typ $g(x) = g_1(x) \cdot g_2(x)$ vor, so erhält man in vielen (aber leider nicht in allen) Fällen einen geeigneten Lösungsansatz für die gesuchte partikuläre Lösung y_p, in dem man die aus Tabelle 2 entnommenen Lösungsansätze y_{p1} und y_{p2} für die beiden Störfaktoren $g_1(x)$ und $g_2(x)$ miteinander *multipliziert*: $y_p = y_{p1} \cdot y_{p2}$.

(5) Die unter 4. genannten Störfunktionen

$$g(x) = P_n(x) \cdot e^{cx} \cdot \sin(\beta x) \qquad \text{und} \qquad g(x) = P_n(x) \cdot e^{cx} \cdot \cos(\beta x) \qquad \text{(V-158)}$$

enthalten als *Grenzfälle* die unter 1. bis 3. aufgeführten Störfunktionen $P_n(x)$, e^{cx} und $\sin(\beta x)$ bzw. $\cos(\beta x)$.

(6) Bei *periodischen* Störfunktionen vom Typ $g(x) = \sin(\beta x)$ oder $g(x) = \cos(\beta x)$ verwendet man häufig auch *komplexe* Lösungsansätze der allgemeinen Form

$$y_p(x) = C \cdot e^{j(\beta x + \varphi)} \qquad \text{(V-159)}$$

Wir fassen zusammen:

Integration einer inhomogenen linearen Differentialgleichung 2. Ordnung mit konstanten Koeffizienten

Eine *inhomogene* lineare Differentialgleichung 2. Ordnung mit *konstanten* Koeffizienten vom Typ

$$y'' + ay' + by = g(x) \qquad \text{(V-160)}$$

läßt sich schrittweise wie folgt lösen:

1. Zunächst wird die *allgemeine* Lösung $y_0 = y_0(x)$ der zugehörigen *homogenen* Differentialgleichung

$$y'' + ay' + by = 0 \qquad \text{(V-161)}$$

bestimmt.

2. Dann ermittelt man mit dem aus Tabelle 2 entnommenen Lösungsansatz eine *partikuläre* Lösung $y_p = y_p(x)$ der *inhomogenen* Differentialgleichung.

3. Durch *Addition* von $y_0 = y_0(x)$ (1. Schritt) und $y_p = y_p(x)$ (2. Schritt) erhält man schließlich die *allgemeine* Lösung $y = y(x)$ der *inhomogenen* Differentialgleichung:

$$y(x) = y_0(x) + y_p(x) \qquad \text{(V-162)}$$

Anmerkungen

(1) Wir bezeichnen wiederum (wie bereits bei den linearen Differentialgleichungen *1. Ordnung*) die *allgemeine* Lösung der *homogenen* Gleichung mit $y_0 = y_0(x)$ und die *allgemeine* Lösung der *inhomogenen* Gleichung mit $y = y(x)$.

(2) Ein weiteres Lösungsverfahren, das auf einer Anwendung der *Laplace-Transformation* beruht, werden wir in Kapitel VI kennenlernen (Abschnitt 5.1.3).

■ **Beispiele**

(1) $y'' + 10\,y' - 24\,y = 12\,x^2 + 14\,x + 1$

Wir lösen zunächst die zugehörige *homogene* Gleichung

$$y'' + 10\,y' - 24\,y = 0$$

Die Lösungen der *charakteristischen Gleichung*

$$\lambda^2 + 10\,\lambda - 24 = 0$$

sind $\lambda_1 = -12$ und $\lambda_2 = 2$. Die *Fundamentalbasis* besteht daher aus den beiden Lösungen (Basisfunktionen)

$$y_1 = \mathrm{e}^{-12x} \qquad \text{und} \qquad y_2 = \mathrm{e}^{2x}$$

Durch *Linearkombination* erhalten wir hieraus die *allgemeine* Lösung der *homogenen* Differentialgleichung in der Form

$$y_0 = C_1 \cdot \mathrm{e}^{-12x} + C_2 \cdot \mathrm{e}^{2x} \qquad (C_1, C_2 \in \mathbb{R})$$

Ein *partikuläres* Integral der *inhomogenen* Differentialgleichung gewinnen wir nach Tabelle 2 durch den *Lösungsansatz*

$$y_p = a_2\,x^2 + a_1\,x + a_0$$

(wegen $b = -24 \neq 0$). Mit

$$y_p = a_2\,x^2 + a_1\,x + a_0\,, \quad y_p' = 2\,a_2\,x + a_1\,, \quad y_p'' = 2\,a_2$$

folgt durch *Einsetzen* in die *inhomogene* Differentialgleichung:

$$2\,a_2 + 10\,(2\,a_2\,x + a_1) - 24\,(a_2\,x^2 + a_1\,x + a_0) = 12\,x^2 + 14\,x + 1$$

$$2\,a_2 + 20\,a_2\,x + 10\,a_1 - 24\,a_2\,x^2 - 24\,a_1\,x - 24\,a_0 = 12\,x^2 + 14\,x + 1$$

Wir *ordnen* noch die Glieder nach *fallenden* Potenzen:

$$-24\,a_2\,x^2 + (-24\,a_1 + 20\,a_2)\,x + (-24\,a_0 + 10\,a_1 + 2\,a_2) =$$
$$= 12\,x^2 + 14\,x + 1$$

Durch *Koeffizientenvergleich* erhalten wir hieraus das *gestaffelte* lineare Gleichungssystem

$$\begin{aligned} -24a_2 &= 12 \\ -24a_1 + 20a_2 &= 14 \\ -24a_0 + 10a_1 + 2a_2 &= 1 \end{aligned}$$

Es wird durch

$$a_2 = -\frac{1}{2}, \quad a_1 = -1, \quad a_0 = -\frac{1}{2}$$

gelöst. Damit ist

$$y_p = -\frac{1}{2}x^2 - x - \frac{1}{2}$$

eine *partikuläre* Lösung der *inhomogenen* Differentialgleichung und die *allgemeine* Lösung dieser Differentialgleichung besitzt somit die folgende Gestalt:

$$y = y_0 + y_p = C_1 \cdot \mathrm{e}^{-12x} + C_2 \cdot \mathrm{e}^{2x} - \frac{1}{2}x^2 - x - \frac{1}{2} \qquad (C_1, C_2 \in \mathbb{R})$$

(2) Wir beschäftigen uns nun mit der *allgemeinen* Lösung der inhomogenen Differentialgleichung

$$y'' + y' - 2y = g(x)$$

wobei wir für die Störfunktion $g(x)$ *verschiedene* Funktionstypen vorgeben werden.

Zunächst einmal lösen wir die zugehörige *homogene* Differentialgleichung

$$y'' + y' - 2y = 0$$

Sie besitzt die *charakteristische Gleichung*

$$\lambda^2 + \lambda - 2 = 0$$

mit den reellen Lösungen $\lambda_1 = 1$ und $\lambda_2 = -2$. Dies führt zu der *Fundamentalbasis*

$$y_1 = \mathrm{e}^{x}, \quad y_2 = \mathrm{e}^{-2x}$$

und damit zur *allgemeinen* Lösung der *homogenen* Gleichung in der Form

$$y_0 = C_1 \cdot \mathrm{e}^{x} + C_2 \cdot \mathrm{e}^{-2x} \qquad (C_1, C_2 \in \mathbb{R}).$$

Wir geben nun *verschiedene* Störfunktionen $g(x)$ vor und entnehmen der Tabelle 2 den jeweiligen Lösungsansatz für eine *partikuläre* Lösung y_p der *inhomogenen* Gleichung:

Störfunktion $g(x)$	Lösungsansatz y_p	Begründung/Anmerkung
1. $g(x) = 10x + 1$	$y_p = a_1 x + a_0$	$b = -2 \neq 0$ *Parameter*: a_1, a_0
2. $g(x) = x^2 - 4x + 3$	$y_p = a_2 x^2 + a_1 x + a_0$	$b = -2 \neq 0$ *Parameter*: a_2, a_1, a_0
3. $g(x) = 3 \cdot e^{4x}$	$y_p = A \cdot e^{4x}$	$c = 4$ ist *keine* Lösung der charakteristischen Gleichung *Parameter*: A
4. $g(x) = 6 \cdot e^x$	$y_p = Ax \cdot e^x$	$c = 1$ ist eine *einfache* Lösung der charakteristischen Gleichung *Parameter*: A
5. $g(x) = x \cdot e^x$	$y_p = x \cdot e^x (a_1 x + a_0) =$ $= e^x (a_1 x^2 + a_0 x)$	$c = 1;\ n = 1;\ \beta = 0$ $c + j\beta = 1 + j0 = 1$ ist eine *Lösung* der charakteristischen Gleichung *Parameter*: a_1, a_0
6. $g(x) = 3 \cdot \sin(2x)$	$y_p = A \cdot \sin(2x) +$ $+ B \cdot \cos(2x)$	$j\beta = j2$ ist *keine* Lösung der charakteristischen Gleichung *Parameter*: A, B

Zu 1.: $y'' + y' - 2y = 10x + 1$

Wir gehen mit dem *Ansatz*

$$y_p = a_1 x + a_0, \quad y'_p = a_1, \quad y''_p = 0$$

in die Differentialgleichung ein:

$$0 + a_1 - 2(a_1 x + a_0) = 10x + 1$$

$$a_1 - 2a_1 x - 2a_0 = 10x + 1$$

Die Glieder werden noch nach *fallenden* Potenzen *geordnet*:

$$-2a_1 x + (a_1 - 2a_0) = 10x + 1$$

Durch *Koeffizientenvergleich* folgt weiter:

$$\begin{aligned} -2a_1 \qquad\quad &= 10 \\ a_1 - 2a_0 &= 1 \end{aligned}$$

Dieses *gestaffelte* lineare Gleichungssystem wird durch $a_1 = -5$, $a_0 = -3$ gelöst. Damit ist

$$y_p = -5x - 3$$

und die *allgemeine* Lösung der *inhomogenen* Differentialgleichung besitzt die Form

$$y = y_0 + y_p = C_1 \cdot e^x + C_2 \cdot e^{-2x} - 5x - 3 \qquad (C_1, C_2 \in \mathbb{R})$$

Zu 2.: $y'' + y' - 2y = x^2 - 4x + 3$

Lösung:

$$y_p = -\frac{1}{2}x^2 + \frac{3}{2}x - \frac{5}{4}$$

$$y = y_0 + y_p = C_1 \cdot e^x + C_2 \cdot e^{-2x} - \frac{1}{2}x^2 + \frac{3}{2}x - \frac{5}{4} \qquad (C_1, C_2 \in \mathbb{R})$$

Zu 3.: $y'' + y' - 2y = 3 \cdot e^{4x}$

Lösung:

$$y_p = \frac{1}{6} \cdot e^{4x}$$

$$y = y_0 + y_p = C_1 \cdot e^x + C_2 \cdot e^{-2x} + \frac{1}{6} \cdot e^{4x} \qquad (C_1, C_2 \in \mathbb{R})$$

Zu 4.: $y'' + y' - 2y = 6 \cdot e^x$

Mit dem *Lösungsansatz*:

$$y_p = Ax \cdot e^x, \quad y_p' = (A + Ax) \cdot e^x, \quad y_p'' = (2A + Ax) \cdot e^x$$

folgt durch *Einsetzen* in die Differentialgleichung:

$$\begin{aligned} (2A + Ax) \cdot e^x + (A + Ax) \cdot e^x - 2Ax \cdot e^x &= 6 \cdot e^x \quad | : e^x \\ 2A + Ax \quad + A + Ax \quad - 2Ax &= 6 \\ 3A = 6 \;\Rightarrow\; A &= 2 \end{aligned}$$

Somit ist

$$y_p = 2x \cdot e^x$$

eine *partikuläre* Lösung der *inhomogenen* Differentialgleichung und die *allgemeine* Lösung dieser Gleichung lautet:

$$y = y_0 + y_p = C_1 \cdot e^x + C_2 \cdot e^{-2x} + 2x \cdot e^x =$$
$$= (C_1 + 2x) \cdot e^x + C_2 \cdot e^{-2x} \qquad (C_1, C_2 \in \mathbb{R})$$

Zu 5.: $y'' + y' - 2y = x \cdot e^x$

Wir gehen mit dem Lösungsansatz

$$y_p = e^x (a_1 x^2 + a_0 x)$$
$$y_p' = e^x (a_1 x^2 + a_0 x) + e^x (2a_1 x + a_0) =$$
$$= e^x (a_1 x^2 + a_0 x + 2a_1 x + a_0)$$
$$y_p'' = e^x (a_1 x^2 + a_0 x + 2a_1 x + a_0) + e^x (2a_1 x + a_0 + 2a_1) =$$
$$= e^x (a_1 x^2 + a_0 x + 4a_1 x + 2a_0 + 2a_1)$$

in die Differentialgleichung ein:

$$e^x (a_1 x^2 + a_0 x + 4a_1 x + 2a_0 + 2a_1) + e^x (a_1 x^2 + a_0 x + 2a_1 x + a_0) -$$
$$- 2 \cdot e^x (a_1 x^2 + a_0 x) = x \cdot e^x$$

Nach *Division* durch e^x und *Ordnen* der Glieder folgt weiter:

$$6a_1 x + 3a_0 + 2a_1 = x$$

Ein *Koeffizientenvergleich* auf beiden Seiten dieser Gleichung führt zu dem *gestaffelten* linearen Gleichungssystem

$$6a_1 = 1$$
$$3a_0 + 2a_1 = 0$$

mit der eindeutig bestimmten *Lösung* $a_1 = \frac{1}{6}$, $a_0 = -\frac{1}{9}$. Somit ist

$$y_p = \left(\frac{1}{6} x^2 - \frac{1}{9} x \right) \cdot e^x$$

eine *partikuläre* Lösung und

$$y = y_0 + y_p = C_1 \cdot e^x + C_2 \cdot e^{-2x} + \left(\frac{1}{6} x^2 - \frac{1}{9} x \right) \cdot e^x =$$
$$= \left(\frac{1}{6} x^2 - \frac{1}{9} x + C_1 \right) \cdot e^x + C_2 \cdot e^{-2x} \qquad (C_1, C_2 \in \mathbb{R})$$

die *allgemeine* Lösung der *inhomogenen* Differentialgleichung.

Zu 6.: $y'' + y' - 2y = 3 \cdot \sin(2x)$

Mit dem *Lösungsansatz*

$$y_p = A \cdot \sin(2x) + B \cdot \cos(2x)$$

$$y_p' = 2A \cdot \cos(2x) - 2B \cdot \sin(2x)$$

$$y_p'' = -4A \cdot \sin(2x) - 4B \cdot \cos(2x)$$

folgt durch *Einsetzen* in die *inhomogene* Differentialgleichung:

$$-4A \cdot \sin(2x) - 4B \cdot \cos(2x) + 2A \cdot \cos(2x) - 2B \cdot \sin(2x) - \\ - 2A \cdot \sin(2x) - 2B \cdot \cos(2x) = 3 \cdot \sin(2x)$$

Wir *ordnen* nun die Glieder nach *Sinus*- und *Kosinusfunktionen*:

$$-6A \cdot \sin(2x) - 2B \cdot \sin(2x) + 2A \cdot \cos(2x) - 6B \cdot \cos(2x) = \\ = 3 \cdot \sin(2x)$$

$$(-6A - 2B) \cdot \sin(2x) + (2A - 6B) \cdot \cos(2x) = 3 \cdot \sin(2x) + 0 \cdot \cos(2x)$$

Durch *Koeffizientenvergleich* folgt weiter:

$$-6A - 2B = 3$$

$$2A - 6B = 0$$

Dieses *lineare Gleichungssystem* besitzt die Lösung

$$A = -\frac{9}{20}, \quad B = -\frac{3}{20}$$

Somit ist

$$y_p = -\frac{9}{20} \cdot \sin(2x) - \frac{3}{20} \cdot \cos(2x)$$

Die *allgemeine* Lösung der *inhomogenen* Differentialgleichung lautet daher:

$$y = y_0 + y_p = C_1 \cdot e^{x} + C_2 \cdot e^{-2x} - \frac{9}{20} \cdot \sin(2x) - \frac{3}{20} \cdot \cos(2x)$$

$(C_1, C_2 \in \mathbb{R})$

(3) $y'' - 6y' + 9y = 2 \cdot e^{x} + 9x - 15$

Wir lösen zunächst die zugehörige *homogene* Differentialgleichung

$$y'' - 6y' + 9y = 0$$

Die *charakteristische Gleichung*

$$\lambda^2 - 6\lambda + 9 = 0$$

wird durch $\lambda_1 = \lambda_2 = 3$ gelöst. Die *allgemeine* Lösung der *homogenen* Differentialgleichung lautet damit:

$$y_0 = (C_1 x + C_2) \cdot e^{3x} \qquad (C_1, C_2 \in \mathbb{R})$$

Wir beschäftigen uns nun mit der Integration der *inhomogenen* Differentialgleichung. Zunächst benötigen wir einen *geeigneten Lösungsansatz* für eine *partikuläre* Lösung y_p. Diesen erhalten wir wie folgt:

Wir *zerlegen* die Störfunktion $g(x)$ zunächst in *zwei* Teile $g_1(x)$ und $g_2(x)$:

$$g(x) = \underbrace{2 \cdot e^x}_{g_1(x)} + \underbrace{9x - 15}_{g_2(x)} = g_1(x) + g_2(x)$$

Für die *Einzelstörglieder* $g_1(x)$ und $g_2(x)$ entnehmen wir aus Tabelle 2 die *Lösungsansätze*

$$y_{p1} = A \cdot e^x \quad \text{bzw.} \quad y_{p2} = a_1 x + a_0$$

Der Lösungsansatz y_p ist dann die *Summe* aus y_{p1} und y_{p2}:

$$y_p = y_{p1} + y_{p2} = A \cdot e^x + a_1 x + a_0$$

Die drei *Parameter* A, a_1 und a_0 werden nun so bestimmt, daß diese Funktion die *inhomogene* Differentialgleichung *löst*. Mit

$$y_p = A \cdot e^x + a_1 x + a_0, \quad y_p' = A \cdot e^x + a_1, \quad y_p'' = A \cdot e^x$$

gehen wir in die *inhomogene* Gleichung ein und erhalten:

$$\begin{aligned} A \cdot e^x - 6(A \cdot e^x + a_1) + 9(A \cdot e^x + a_1 x + a_0) &= 2 \cdot e^x + 9x - 15 \\ A \cdot e^x - 6A \cdot e^x - 6a_1 + 9A \cdot e^x + 9a_1 x + 9a_0 &= 2 \cdot e^x + 9x - 15 \\ 4A \cdot e^x + 9a_1 x - 6a_1 + 9a_0 &= 2 \cdot e^x + 9x - 15 \end{aligned}$$

Ein *Koeffizientenvergleich* führt zu dem bereits *gestaffelten* linearen Gleichungssystem

$$\begin{aligned} 4A \qquad\qquad &= 2 \\ 9a_1 \qquad &= 9 \\ -6a_1 + 9a_0 &= -15 \end{aligned}$$

Es wird durch $A = \frac{1}{2}$, $a_1 = 1$, $a_0 = -1$ gelöst. Damit ist

$$y_p = \frac{1}{2} \cdot e^x + x - 1$$

und die *allgemeine* Lösung der *inhomogenen* Differentialgleichung besitzt die folgende Gestalt:

$$y = y_0 + y_p = (C_1 x + C_2) \cdot e^{3x} + \frac{1}{2} \cdot e^x + x - 1 \qquad (C_1, C_2 \in \mathbb{R})$$

■

4 Anwendungen

4.1 Mechanische Schwingungen

4.4.1 Allgemeine Schwingungsgleichung der Mechanik

Ein elastisches *Federpendel* soll uns im folgenden als *Modell* für ein *schwingungsfähiges mechanisches System* dienen. Es besteht aus einem *Pendelkörper* der Masse m, einer dem *Hookeschen Gesetz* genügenden elastischen *Feder* und einer *Dämpfungsvorrichtung* (z.B. einem Kolben, der sich durch eine zähe Flüssigkeit bewegt; Bild V-19).

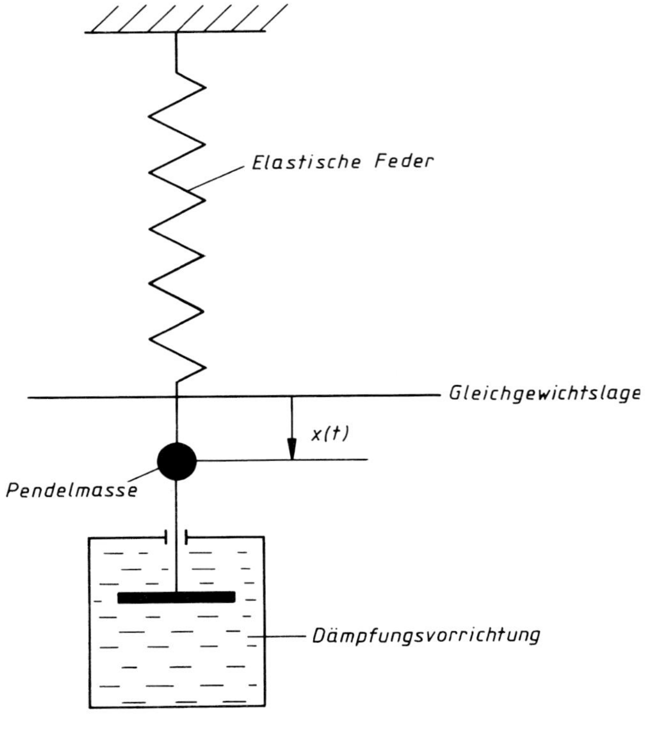

Bild V-19
Modell eines schwingungsfähigen mechanischen Systems (elastisches Federpendel mit Dämpfungsvorrichtung)

Feder und Dämpfungskolben werden dabei als *masselos* angenommen. Die *Gleichgewichtslage* des Federpendels ist dann durch das Eigengewicht der Pendelmasse bestimmt. Mit $x = x(t)$ bezeichnen wir die *Auslenkung* des Pendels zur Zeit t, bezogen auf die Gleichgewichtslage (Ruhelage). Auf die Masse m wirken dann die folgenden *Kräfte* ein:

1. Die zur Auslenkung x proportionale *Rückstellkraft* der Feder:

$$F_1 = -cx \tag{V-163}$$

(*Hookesches Gesetz*; c: Federkonstante).

2. Die zur Geschwindigkeit $v = \dot{x}$ proportionale *Reibungskraft*:

$$F_2 = -bv = -b\dot{x} \tag{V-164}$$

(b: Reibungsfaktor). Sie wirkt stets der Bewegung *entgegen*.

3. Zusätzlich eine von außen (z.B. über einen Exzenter) einwirkende, *zeitabhängige* Kraft:

$$F_3 = F(t) \tag{V-165}$$

Wir wenden jetzt das von *Newton* stammende *Grundgesetz der Mechanik* an. Danach ist das Produkt aus Masse m und Beschleunigung $a = \ddot{x}$ gleich der *Summe* der einwirkenden Kräfte. Somit gilt:

$$ma = F_1 + F_2 + F_3 \tag{V-166}$$

$$m\ddot{x} = -cx - b\dot{x} + F(t) \quad \text{oder} \quad m\ddot{x} + b\dot{x} + cx = F(t) \tag{V-167}$$

Die Bewegung (Schwingung) eines Federpendels wird somit durch eine *lineare Differentialgleichung 2. Ordnung mit konstanten Koeffizienten* beschrieben, die in den Anwendungen daher auch als *allgemeine Schwingungsgleichung der Mechanik* bezeichnet wird.

Wir unterscheiden dabei noch zwischen einer *freien* und einer *erzwungenen Schwingung*. Bei einer *freien Schwingung* unterliegt das Federpendel *keiner* (zeitabhängigen) äußeren Kraft, d.h. es ist $F(t) \equiv 0$. Diese Schwingung kann *gedämpft* oder *ungedämpft* sein, je nachdem, ob das Reibungsglied $F_2 = -b\dot{x}$ vorhanden ist oder nicht. Bei *zu starker Dämpfung* (Reibung) kommt es allerdings zu *keiner* eigentlichen Schwingung mehr, wir erhalten eine *aperiodische* Bewegung (*Kriechfall*). Unterliegt das Federpendel dagegen einer *periodischen* äußeren Kraft, d.h. ist $F(t) = F_0 \cdot \sin(\omega t)$, so erhält man eine *erzwungene Schwingung*.

Wir stellen die verschiedenen *Schwingungstypen* wie folgt zusammen:

Differentialgleichung einer mechanischen Schwingung (Schwingungsgleichung)

Die Bewegung (Schwingung) eines Federpendels wird durch die *lineare* Differentialgleichung *2. Ordnung* mit *konstanten* Koeffizienten

$$m\ddot{x} + b\dot{x} + cx = F(t) \tag{V-168}$$

beschrieben (*Schwingungsgleichung*).

Dabei bedeuten:

m: Pendelmasse

b: Reibungsfaktor

c: Federkonstante

$F(t)$: Von außen auf das System einwirkende (zeitabhängige) Kraft

Spezielle Schwingungstypen

1. **Freie ungedämpfte Schwingung**

   Das System unterliegt *keiner* äußeren Kraft und *keiner* Reibung ($F(t) \equiv 0$ und $b = 0$):

   $$m\ddot{x} + cx = 0 \qquad \text{(V-169)}$$

2. **Freie gedämpfte Schwingung**

   Das System unterliegt *keiner* äußeren Kraft, Reibung ist jedoch *vorhanden* ($F(t) \equiv 0,\ b \neq 0$):

   $$m\ddot{x} + b\dot{x} + cx = 0 \qquad \text{(V-170)}$$

3. **Erzwungene Schwingung**

   Das System unterliegt einer von außen einwirkenden *periodischen* Kraft $F(t) = F_0 \cdot \sin(\omega t)$ (ω: Erregerkreisfrequenz):

   $$m\ddot{x} + b\dot{x} + cx = F_0 \cdot \sin(\omega t) \qquad \text{(V-171)}$$

Anmerkung

Freie Schwingungen werden durch *homogene*, *erzwungene* Schwingungen durch *inhomogene* lineare Differentialgleichungen 2. Ordnung mit konstanten Koeffizienten beschrieben.

4.1.2 Freie ungedämpfte Schwingung

Die *freie ungedämpfte Schwingung* eines Federpendels wird durch die *homogene* Differentialgleichung

$$m\ddot{x} + cx = 0 \quad \text{oder} \quad \ddot{x} + \omega_0^2 x = 0 \qquad \text{(V-172)}$$

beschrieben, wobei $\omega_0^2 = c/m$ gesetzt wurde. Die zugehörige *charakteristische Gleichung*

$$\lambda^2 + \omega_0^2 = 0 \qquad \text{(V-173)}$$

besitzt die *konjugiert komplexen* Lösungen

$$\lambda_{1/2} = \pm \mathrm{j}\,\omega_0 \qquad \text{(V-174)}$$

Die *Fundamentalbasis* der Differentialgleichung besteht daher aus den *linear unabhängigen* Funktionen (*Basislösungen*)

$$x_1 = \sin(\omega_0 t) \quad \text{und} \quad x_2 = \cos(\omega_0 t) \qquad \text{(V-175)}$$

Die *allgemeine* Lösung der *Schwingungsgleichung* ist damit in der *Linearform*

$$x(t) = C_1 \cdot \sin(\omega_0 t) + C_2 \cdot \cos(\omega_0 t) \qquad \text{(V-176)}$$

oder in der Form

$$x(t) = C \cdot \sin(\omega_0 t + \varphi) \qquad \text{(V-177)}$$

darstellbar ($C_1, C_2 \in \mathbb{R}$ bzw. $C > 0,\ 0 \leqslant \varphi < 2\pi$).

Interpretation aus physikalischer Sicht

Das Federpendel schwingt *harmonisch* mit der Kreisfrequenz $\omega_0 = \sqrt{\frac{c}{m}}$, die auch als *Eigen-* oder *Kennkreisfrequenz* bezeichnet wird (Bild V-20). Die Schwingungsdauer (Periodendauer) beträgt $T = \frac{2\pi}{\omega_0} = 2\pi\sqrt{\frac{m}{c}}$, Amplitude A und Phasenwinkel φ hängen noch von den *Anfangsbedingungen* $x(0) = x_0$, $v(0) = \dot{x}(0) = v_0$ ab.

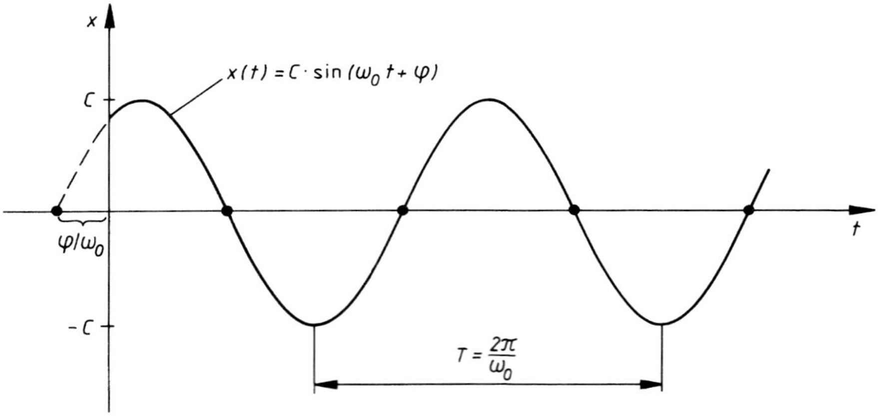

Bild V-20 Zeitlicher Verlauf einer ungedämpften harmonischen Schwingung (allgemeine Lösung)

Spezielle Lösung

Wir bestimmen noch die *spezielle* Lösung für die folgenden Anfangsbedingungen:

$$\left.\begin{array}{l} x(0) = A > 0 \\ v(0) = \dot{x}(0) = 0 \end{array}\right\}$$ Das Pendel startet aus der *Ruhe* heraus mit der anfänglichen Auslenkung A

Für die Parameter C_1 und C_2 in der allgemeinen Lösung (V-176) ergeben sich dann folgende Werte:

$$x(0) = A \;\Rightarrow\; C_1 \cdot \underbrace{\sin 0}_{0} + C_2 \cdot \underbrace{\cos 0}_{1} = A \;\Rightarrow\; C_2 = A \qquad \text{(V-178)}$$

$$\dot{x}(t) = C_1\,\omega_0 \cdot \cos(\omega_0 t) - C_2\,\omega_0 \cdot \sin(\omega_0 t) =$$

$$= C_1\,\omega_0 \cdot \cos(\omega_0 t) - A\,\omega_0 \cdot \sin(\omega_0 t)$$

$$\dot{x}(0) = 0 \;\Rightarrow\; C_1\,\omega_0 \cdot \underbrace{\cos 0}_{1} - A\,\omega_0 \cdot \underbrace{\sin(0)}_{0} = 0$$

$$\Rightarrow\; C_1\,\omega_0 = 0 \;\Rightarrow\; C_1 = 0 \qquad \text{(V-179)}$$

(wegen $c \neq 0$ ist auch $\omega_0 \neq 0$). Die den Anfangswerten $x(0) = A$, $\dot{x}(0) = 0$ *angepaßte* spezielle Lösung lautet somit:

$$x(t) = A \cdot \cos(\omega_0 t) \qquad \text{(V-180)}$$

Das Federpendel vollführt *harmonische Schwingungen* nach einer Kosinusfunktion mit der *Eigenkreisfrequenz* $\omega_0 = \sqrt{\frac{c}{m}}$ und der *Amplitude* A (Bild V-21).

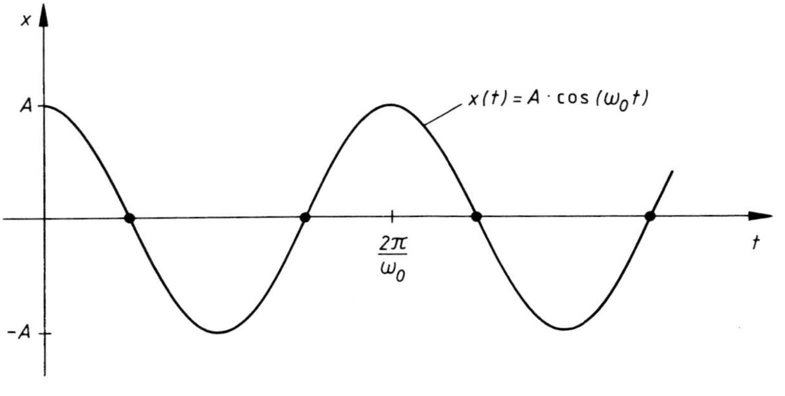

Bild V-21 Zeitlicher Verlauf einer ungedämpften harmonischen Schwingung (spezielle Lösung für die Anfangswerte $x(0) = A$, $\dot{x}(0) = v(0) = 0$)

Wir fassen zusammen:

Freie ungedämpfte Schwingung eines mechanischen Systems

Die Differentialgleichung der *freien ungedämpften* Schwingung lautet:

$$m\ddot{x} + cx = 0 \quad \text{oder} \quad \ddot{x} + \omega_0^2 x = 0 \quad \left(\omega_0 = \sqrt{\frac{c}{m}}\right) \qquad \text{(V-181)}$$

Dabei bedeuten:

m: Pendelmasse

c: Federkonstante

ω_0: Eigen- oder Kennkreisfrequenz des Systems

Allgemeine Lösung der Schwingungsgleichung

$$x(t) = C \cdot \sin(\omega_0 t + \varphi) \qquad \text{(V-182)}$$

oder

$$x(t) = C_1 \cdot \sin(\omega_0 t) + C_2 \cdot \cos(\omega_0 t) \qquad \text{(V-183)}$$

$(C > 0,\ 0 \leqslant \varphi < 2\pi \quad \text{bzw.} \quad C_1, C_2 \in \mathbb{R})$

Anmerkung

Für die Bestimmung der beiden Integrationskonstanten erweist sich die Darstellungsform (V-183) meist als rechnerisch günstiger. *Amplitude* C und *Phase* φ lassen sich dann mit Hilfe des (reellen) *Zeigerdiagramms* leicht aus C_1 und C_2 bestimmen.

■ **Beispiel**

Wir untersuchen die Bewegung eines *schwingungsfähigen mechanischen Systems* mit der Masse $m = 10$ kg und der Federkonstanten $c = 250$ N/m unter den *Anfangsbedingungen*

$$x(0) = 0{,}6\ \text{m}, \quad v(0) = \dot{x}(0) = 0$$

Zunächst berechnen wir die *Eigenkreisfrequenz* des Systems:

$$\omega_0 = \sqrt{\frac{c}{m}} = \sqrt{\frac{250\ \text{N} \cdot \text{m}^{-1}}{10\ \text{kg}}} = 5\ \text{s}^{-1}$$

Die *Schwingungsgleichung*

$$\ddot{x} + 25\,x = 0$$

besitzt nach Gleichung (V-183) die *allgemeine* Lösung

$$x(t) = C_1 \cdot \sin(5\,t) + C_2 \cdot \cos(5\,t)$$

Die Parameter C_1 und C_2 lassen sich wie folgt aus den Anfangswerten bestimmen (wir legen dabei ein festes Maßsystem zugrunde und lassen bei allen Zwischenrechnungen der besseren Übersicht wegen die physikalischen Einheiten fort):

$$x(0) = 0{,}6 \quad \Rightarrow \quad C_1 \cdot \underbrace{\sin 0}_{0} + C_2 \cdot \underbrace{\cos 0}_{1} = 0{,}6 \quad \Rightarrow \quad C_2 = 0{,}6 \qquad \text{(in m)}$$

$$\dot{x}(t) = 5\,C_1 \cdot \cos(5\,t) - 5\,C_2 \cdot \sin(5\,t)$$

$$\dot{x}(0) = 0 \quad \Rightarrow \quad 5\,C_1 \cdot \underbrace{\cos 0}_{1} - 5\,C_2 \cdot \underbrace{\sin 0}_{0} = 0 \quad \Rightarrow \quad 5\,C_1 = 0 \quad \Rightarrow \quad C_1 = 0$$

Das mechanische System schwingt demnach *harmonisch* nach der Gleichung

$$x(t) = 0{,}6\ \text{m} \cdot \cos(5\ \text{s}^{-1} \cdot t) \qquad (t \geqslant 0)$$

Die Schwingungsdauer beträgt $T = 2\pi/\omega_0 = 0{,}4\,\pi\,\text{s} \approx 1{,}26\ \text{s}$, die Schwingungsamplitude $C = 0{,}6$ m. Der zeitliche Verlauf der Schwingung ist in Bild V-22 dargestellt.

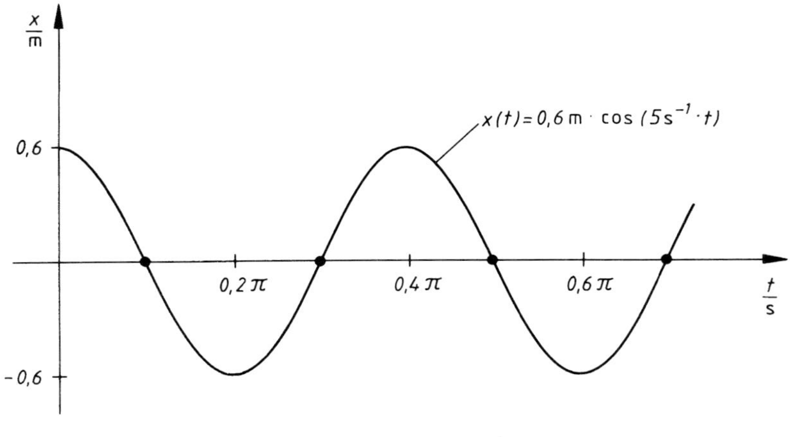

Bild V-22

■

4.1.3 Freie gedämpfte Schwingung

Die Differentialgleichung einer *freien gedämpften Schwingung* lautet:

$$m\ddot{x} + b\dot{x} + cx = 0 \tag{V-184}$$

oder – mit den Abkürzungen $2\delta = b/m$ und $\omega_0^2 = c/m$:

$$\ddot{x} + 2\delta\dot{x} + \omega_0^2 x = 0 \tag{V-185}$$

Die physikalischen Größen δ und ω_0 werden wie folgt bezeichnet:

δ: *Dämpfungsfaktor* oder *Abklingkonstante*

ω_0: *Eigen-* oder *Kennkreisfrequenz*

Die zugehörige *charakteristische Gleichung*

$$\lambda^2 + 2\delta\lambda + \omega_0^2 = 0 \tag{V-186}$$

besitzt die *Lösungen*

$$\lambda_{1/2} = -\delta \pm \sqrt{\delta^2 - \omega_0^2} \tag{V-187}$$

über deren *Art* die Diskriminante $D = \delta^2 - \omega_0^2$ entscheidet. Nur bei *schwacher Dämpfung* ist das mechanische System zu *echten* Schwingungen fähig (sog. *Schwingungsfall*). Dieser Fall tritt für $D < 0$, d.h. $\delta < \omega_0$ ein. Bei *starker Dämpfung*, d.h. für $D > 0$ oder $\delta > \omega_0$ bewegt sich das System *aperiodisch* auf die Gleichgewichtslage zu (sog. *aperiodische Schwingung*, auch *Kriechfall* genannt). Für $D = 0$, d.h. $\delta = \omega_0$ erhalten wir schließlich den sog. *aperiodischen Grenzfall*. Wir unterscheiden somit *drei* mögliche Fälle:

1. $D < 0$, d.h. $\delta < \omega_0$: *Gedämpfte* Schwingung (Schwingungsfall)
2. $D = 0$, d.h. $\delta = \omega_0$: *Aperiodischer Grenzfall*
3. $D > 0$, d.h. $\delta > \omega_0$: *Aperiodische* Schwingung (Kriechfall)

Sie werden im folgenden ausführlich diskutiert, wobei wir mit der *gedämpften Schwingung* beginnen.

4.1.3.1 Schwache Dämpfung (Schwingungsfall)

Bei *schwacher* Dämpfung ist $D = \delta^2 - \omega_0^2 < 0$, d.h. $\delta < \omega_0$. Zur Abkürzung setzen wir noch

$$\omega_d^2 = \omega_0^2 - \delta^2 > 0 \tag{V-188}$$

Die *charakteristische Gleichung* (V-186) hat dann die *konjugiert komplexen* Lösungen

$$\begin{aligned}\lambda_{1/2} &= -\delta \pm \sqrt{\delta^2 - \omega_0^2} = -\delta \pm \sqrt{-(\omega_0^2 - \delta^2)} = -\delta \pm \sqrt{-\omega_d^2} = \\ &= -\delta \pm \mathrm{j}\,\omega_d\end{aligned} \tag{V-189}$$

Die *allgemeine* Lösung der Schwingungsgleichung (V-185) lautet somit nach Abschnitt 3.3 (3. Fall, Gleichung (V-154)) wie folgt:

$$x(t) = \mathrm{e}^{-\delta t} \cdot [C_1 \cdot \sin(\omega_d t) + C_2 \cdot \cos(\omega_d t)] \tag{V-190}$$

$(C_1, C_2 \in \mathbb{R})$. Wir können sie auch in der Form

$$x(t) = C \cdot e^{-\delta t} \cdot \sin(\omega_d t + \varphi_d) \tag{V-191}$$

darstellen $(C > 0,\ 0 \leqslant \varphi_d < 2\pi)$.

Interpretation aus physikalischer Sicht

Es liegt eine *gedämpfte* Schwingung vor. Das mechanische System (Federpendel) schwingt dabei mit einer gegenüber der *ungedämpften* Schwingung *verkleinerten* Kreisfrequenz. Sie beträgt

$$\omega_d = \sqrt{\omega_0^2 - \delta^2} \tag{V-192}$$

Infolge laufender *Energieverluste* durch Reibung nimmt die „Schwingungsamplitude“ $C \cdot e^{-\delta t}$ mit der Zeit auf Null ab. Die *gedämpfte Schwingung* zeigt den in Bild V-23 skizzierten typischen zeitlichen Verlauf.

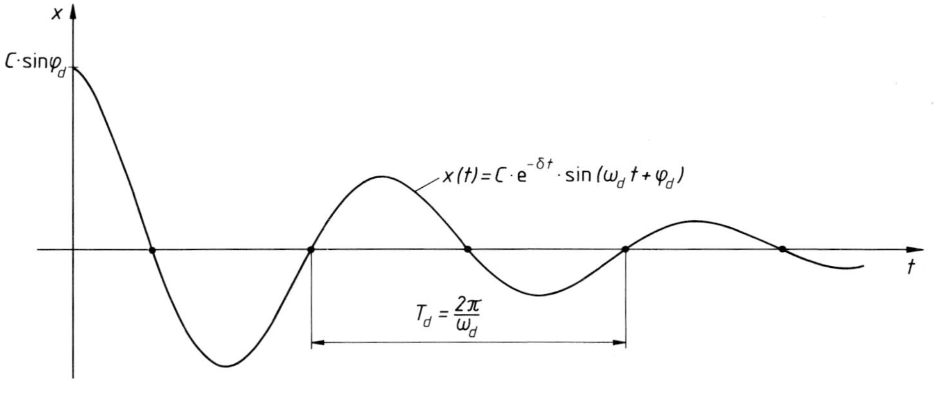

Bild V-23 Zeitlicher Verlauf einer gedämpften Schwingung (Schwingungsfall)

Spezielle Lösung

Die Bewegung des mechanischen Systems beginne zur Zeit $t = 0$ aus der *Ruhe* heraus mit der Auslenkung $A > 0$:

$$x(0) = A \qquad \text{und} \qquad v(0) = \dot{x}(0) = 0 \tag{V-193}$$

Für diese *Anfangswerte* erhalten wir dann die *spezielle* Lösung

$$x(t) = C \cdot e^{-\delta t} \cdot \sin(\omega_d t + \varphi_d) \tag{V-194}$$

mit

$$C = \frac{\omega_0}{\omega_d} A \qquad \text{und} \qquad \varphi_d = \arctan\left(\frac{\omega_d}{\delta}\right) \tag{V-195}$$

■ **Beispiel**

Gegeben sei ein zu Schwingungen fähiges *gedämpftes* mechanisches System (Federpendel) mit den folgenden Kenndaten:

$$m = 10\ \text{kg}, \quad b = 80\ \text{kg/s}, \quad c = 250\ \text{N/m}$$

Wir untersuchen die Bewegung dieses Systems für die *Anfangsbedingungen*

$$x(0) = 0{,}6\ \text{m} \qquad \text{und} \qquad v(0) = \dot{x}(0) = 0$$

Zunächst berechnen wir den *Dämpfungsfaktor* δ und die *Eigenkreisfrequenz* ω_0 des *ungedämpften* Systems:

$$\left.\begin{aligned} \delta &= \frac{b}{2m} = \frac{80\ \text{kg} \cdot \text{s}^{-1}}{2 \cdot 10\ \text{kg}} = 4\ \text{s}^{-1} \\ \omega_0 &= \sqrt{\frac{c}{m}} = \sqrt{\frac{250\ \text{N} \cdot \text{m}^{-1}}{10\ \text{kg}}} = 5\ \text{s}^{-1} \end{aligned}\right\} \Rightarrow \delta < \omega_0$$

Die *Schwingungsgleichung* lautet somit (ohne Einheiten):

$$\ddot{x} + 8\dot{x} + 25x = 0$$

Wegen $\delta < \omega_0$ ist das mechanische System nur *schwach gedämpft*, wir erhalten eine *gedämpfte Schwingung* mit der nach Gleichung (V-192) berechneten *Eigenkreisfrequenz*

$$\omega_d = \sqrt{\omega_0^2 - \delta^2} = \sqrt{25\ \text{s}^{-2} - 16\ \text{s}^{-2}} = \sqrt{9\ \text{s}^{-2}} = 3\ \text{s}^{-1}$$

Sie wird durch die Funktion

$$x(t) = C \cdot \text{e}^{-4\,\text{s}^{-1} \cdot t} \cdot \sin(3\ \text{s}^{-1} \cdot t + \varphi_d)$$

beschrieben (*allgemeine* Lösung der Schwingungsgleichung). C und φ_d lassen sich mit Hilfe der Gleichungen (V-195) wie folgt aus den Anfangsbedingungen bestimmen:

$$C = \frac{\omega_0}{\omega_d} A = \frac{5\ \text{s}^{-1}}{3\ \text{s}^{-1}}\, 0{,}6\ \text{m} = 1\ \text{m}$$

$$\varphi_d = \arctan\left(\frac{\omega_d}{\delta}\right) = \arctan\left(\frac{3\ \text{s}^{-1}}{4\ \text{s}^{-1}}\right) = \arctan\left(\frac{3}{4}\right) = 0{,}6435$$

Das Federpendel schwingt demnach *gedämpft* nach der *Weg-Zeit-Funktion*

$$x(t) = 1\ \text{m} \cdot \text{e}^{-4\,\text{s}^{-1} \cdot t} \cdot \sin(3\ \text{s}^{-1} \cdot t + 0{,}6435) \qquad (t \geqslant 0)$$

■

4.1.3.2 Starke Dämpfung (aperiodische Schwingung, Kriechfall)

Bei *starker* Dämpfung ist $D = \delta^2 - \omega_0^2 > 0$ und somit $\delta > \omega_0$. Die *charakteristische Gleichung* (V-186) hat dann wegen

$$\sqrt{\delta^2 - \omega_0^2} < \delta \tag{V-196}$$

zwei verschiedene *negative* Lösungen:

$$\begin{aligned} \lambda_1 &= -\delta + \sqrt{\delta^2 - \omega_0^2} < 0 \\ \lambda_2 &= -\delta - \sqrt{\delta^2 - \omega_0^2} < 0 \end{aligned} \tag{V-197}$$

Um die anschließende Diskussion über den Bewegungsablauf etwas zu vereinfachen, setzen wir

$$\lambda_1 = -k_1 \quad \text{und} \quad \lambda_2 = -k_2 \tag{V-198}$$

(k_1 und k_2 sind *positive* Zahlen mit $k_1 \neq k_2$). Die *allgemeine* Lösung der *Schwingungsgleichung* (V-185) ist dann eine Linearkombination zweier *monoton fallender* Exponentialfunktionen:

$$x(t) = C_1 \cdot e^{-k_1 t} + C_2 \cdot e^{-k_2 t} \qquad (C_1, C_2 \in \mathbb{R}) \tag{V-199}$$

(vgl. hierzu Abschnitt 3.3, 1. Fall, Gleichung (V-150)).

Interpretation aus physikalischer Sicht

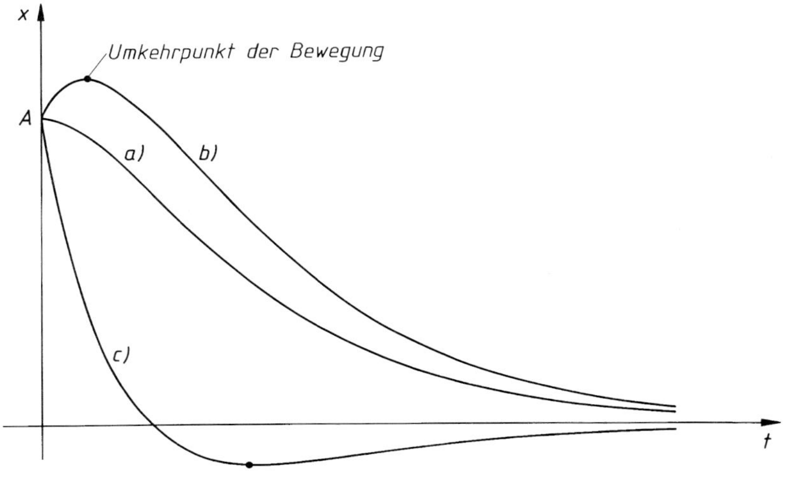

Bild V-24 Zeitlicher Verlauf einer aperiodischen Schwingung für verschiedene Anfangsbedingungen. Anfangslage: $x(0) = A > 0$; Bewegung zu Beginn:

a) aus der *Ruhe* heraus ($v(0) = v_0 = 0$),

b) nach *außen* hin, d.h. von der Gleichgewichtslage fort ($v_0 > 0$),

c) nach *innen* hin, d.h. in Richtung Gleichgewichtslage mit ausreichender Geschwindigkeit ($v_0 < 0$, $v_0 < -k_2 A$)

Das mechanische System ist infolge *zu starker Reibung* und damit *zu großer Energieverluste* zu *keiner* echten Schwingung mehr fähig und bewegt sich im Laufe der Zeit (d.h. für $t \to \infty$) *asymptotisch* auf die Gleichgewichtslage zu:

$$\lim_{t \to \infty} x(t) = \lim_{t \to \infty} \left[C_1 \cdot e^{-k_1 t} + C_2 \cdot e^{-k_2 t} \right] = 0 \qquad \text{(V-200)}$$

In der Schwingungslehre wird eine solche Bewegung als *aperiodische Schwingung* oder auch als *Kriechfall* bezeichnet. Der genaue Verlauf der Lösungskurve hängt dabei noch von den *Anfangsbedingungen* ab. In Bild V-24 sind mögliche Lösungen skizziert.

Abschließend untersuchen wir zwei *spezielle* Lösungen.

Spezielle Lösungen

(1) Die Bewegung des Federpendels erfolge aus der *Ruhe* heraus, die Auslenkung zu Beginn ($t = 0$) sei $A > 0$:

$$x(0) = A \quad \text{und} \quad v(0) = \dot{x}(0) = 0 \qquad \text{(V-201)}$$

Wir bestimmen zunächst aus diesen *Anfangswerten* die beiden Konstanten C_1 und C_2 in der allgemeinen Lösung (V-199):

$$x(0) = A \;\Rightarrow\; C_1 + C_2 = A \qquad \text{(V-202)}$$

$$\dot{x}(t) = -k_1 C_1 \cdot e^{-k_1 t} - k_2 C_2 \cdot e^{-k_2 t}$$

$$\dot{x}(0) = 0 \;\Rightarrow\; -k_1 C_1 - k_2 C_2 = 0 \qquad \text{(V-203)}$$

Das *lineare Gleichungssystem*

$$\begin{aligned} C_1 + \quad C_2 &= A \\ -k_1 C_1 - k_2 C_2 &= 0 \end{aligned} \qquad \text{(V-204)}$$

lösen wir nach der *Cramerschen Regel*. Die Lösung lautet:

$$C_1 = k_2 \frac{A}{k_2 - k_1}, \qquad C_2 = -k_1 \frac{A}{k_2 - k_1} \qquad \text{(V-205)}$$

Damit erhalten wir die *spezielle* Lösung

$$x(t) = \frac{A}{k_2 - k_1} \left(k_2 \cdot e^{-k_1 t} - k_1 \cdot e^{-k_2 t} \right) \qquad (t \geq 0) \qquad \text{(V-206)}$$

Der in Bild V-25 dargestellte Verlauf dieser *Kriechfunktion* zeigt, wie sich das Federpendel *asymptotisch* der Ruhelage nähert.

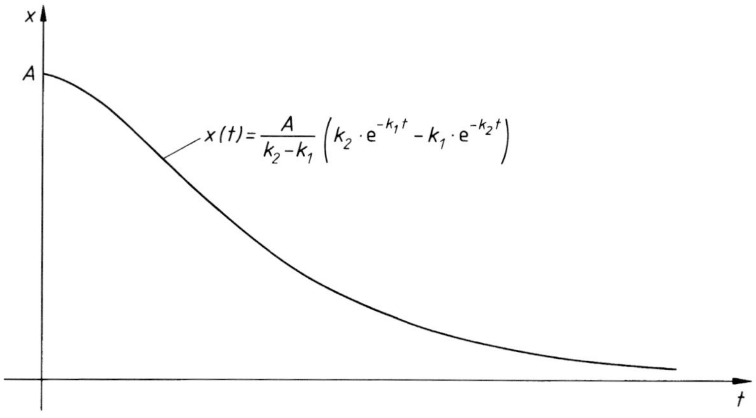

Bild V-25 Zeitlicher Verlauf einer aperiodischen Schwingung für die Anfangswerte $x(0) = A > 0,\ v(0) = 0$

(2) Die Bewegung des Federpendels erfolge nun aus der *Gleichgewichtslage* heraus mit einer *Anfangsgeschwindigkeit* $v_0 > 0$. Die Anfangsbedingungen lauten also:

$$x(0) = 0 \quad \text{und} \quad v(0) = \dot{x}(0) = v_0 \qquad \text{(V-207)}$$

Aus diesen *Anfangswerten* erhalten wir für die Konstanten C_1 und C_2 in der *allgemeinen* Lösung (V-199) das folgende *lineare Gleichungssystem*:

$$\begin{aligned} x(0) = 0 \quad &\Rightarrow \quad C_1 + C_2 = 0 \\ \dot{x}(0) = v_0 \quad &\Rightarrow \quad -k_1 C_1 - k_2 C_2 = v_0 \end{aligned} \qquad \text{(V-208)}$$

Es wird gelöst durch

$$C_1 = \frac{v_0}{k_2 - k_1}, \qquad C_2 = -\frac{v_0}{k_2 - k_1} \qquad \text{(V-209)}$$

Die den Anfangswerten (V-207) *angepaßte* spezielle Lösung besitzt damit die Form

$$x(t) = \frac{v_0}{k_2 - k_1}\left(e^{-k_1 t} - e^{-k_2 t}\right) \qquad (t \geqslant 0) \qquad \text{(V-210)}$$

Wir entnehmen dabei dem in Bild V-26 skizzierten Funktionsverlauf, daß sich das Federpendel aufgrund der erteilten Anfangsgeschwindigkeit v_0 zunächst aus der Ruhelage heraus bewegt, zum Zeitpunkt t_1 die *größte* Auslenkung erreicht (*Umkehrpunkt* der Bewegung) und schließlich *asymptotisch* in die Gleichgewichtslage zurückkehrt.

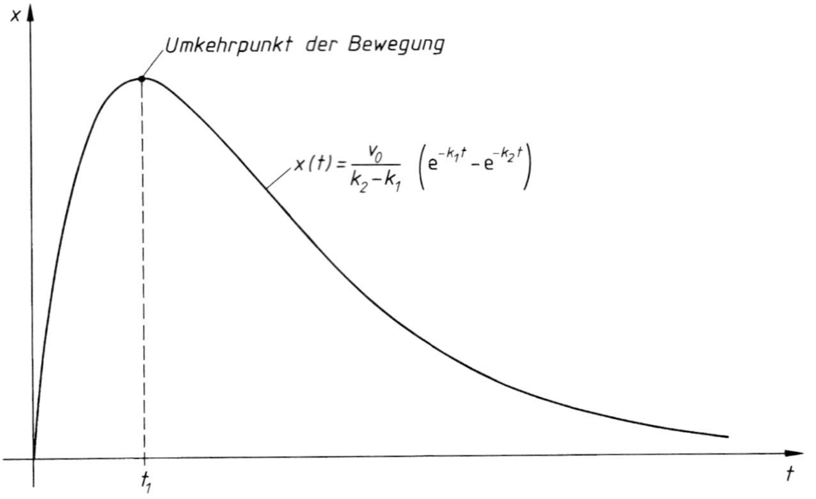

Bild V-26 Zeitlicher Verlauf einer aperiodischen Schwingung für die Anfangswerte $x(0) = 0$, $v(0) = v_0 > 0$

■ **Beispiel**

Wir lösen die *Schwingungsgleichung*

$$\ddot{x} + 6\dot{x} + 8{,}75\,x = 0$$

für die Anfangswerte $x(0) = 0$, $\dot{x}(0) = 8$. Die *charakteristische Gleichung* besitzt zwei verschiedene *negative* Lösungen:

$$\lambda^2 + 6\lambda + 8{,}75 = 0 \quad \Rightarrow \quad \lambda_1 = -2{,}5, \quad \lambda_2 = -3{,}5$$

Die *allgemeine* Lösung der Differentialgleichung lautet daher:

$$x(t) = C_1 \cdot e^{-2{,}5t} + C_2 \cdot e^{-3{,}5t}$$

Die Konstanten C_1 und C_2 werden aus den *Anfangsbedingungen* bestimmt:

$$x(0) = 0 \;\Rightarrow\; C_1 + C_2 = 0 \;\Rightarrow\; C_2 = -C_1$$

$$\dot{x}(t) = -2{,}5\,C_1 \cdot e^{-2{,}5t} - 3{,}5\,C_2 \cdot e^{-3{,}5t}$$

$$\begin{aligned} \dot{x}(0) = 8 \;\Rightarrow\; -2{,}5\,C_1 - 3{,}5\,C_2 &= 8 \\ -2{,}5\,C_1 + 3{,}5\,C_1 &= 8 \\ C_1 &= 8 \\ C_2 &= -8 \end{aligned}$$

Die gesuchte *partikuläre* Lösung der Schwingungsgleichung lautet damit:

$$x(t) = 8\left(e^{-2,5t} - e^{-3,5t}\right) \qquad (t \geqslant 0)$$

Sie beschreibt die in Bild V-27 skizzierte *aperiodische Schwingung* (*Kriechfall*).

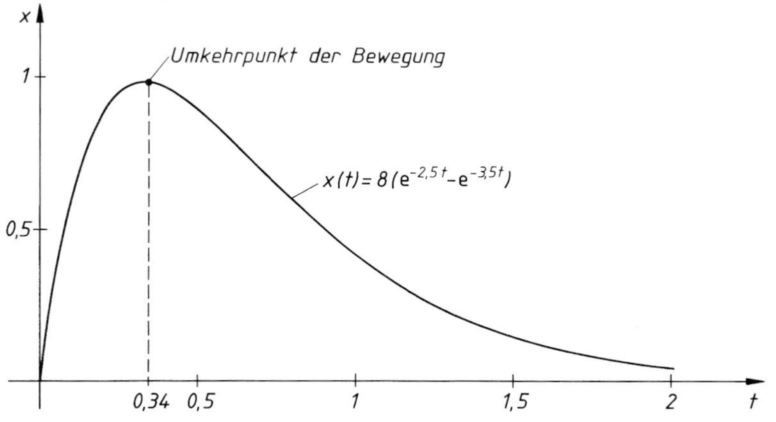

Bild V-27

■

4.1.3.3 Aperiodischer Grenzfall

Für $D = \delta^2 - \omega_0^2 = 0$, d.h. $\delta = \omega_0$ erhalten wir den sog. *aperiodischen Grenzfall*, der die *periodischen* Bewegungsabläufe, d.h. die eigentlichen *Schwingungen* von den *aperiodischen* Bewegungsabläufen trennt. Auch im *aperiodischen Grenzfall* ist das schwingungsfähige mechanische System (Federpendel) zu *keiner* echten periodischen Bewegung (Schwingung) fähig. Die *charakteristische Gleichung* (V-186) besitzt jetzt zwei *gleiche* negative Lösungen:

$$\lambda_1 = \lambda_2 = -\delta \qquad \text{(V-211)}$$

Die *allgemeine* Lösung der *Schwingungsgleichung* (V-185) besitzt somit die Form

$$x(t) = (C_1 t + C_2) \cdot e^{-\delta t} \qquad (C_1, C_2 \in \mathbb{R}) \qquad \text{(V-212)}$$

(vgl. hierzu Abschnitt 3.3, 2. Fall, Gleichung (V-152)).

Interpretation aus physikalischer Sicht

Das schwingungsfähige mechanische System verhält sich ähnlich wie im *Kriechfall* (*starke Dämpfung*: $\delta > \omega_0$): Es bewegt sich *aperiodisch* aus der Anfangslage heraus auf die Gleichgewichtslage zu und erreicht diese im Laufe der Zeit (d.h. für $t \to \infty$):

$$\lim_{t \to \infty} x(t) = \lim_{t \to \infty} (C_1 t + C_2) \cdot e^{-\delta t} = 0 \qquad \text{(V-213)}$$

Bild V-28 zeigt mögliche Bewegungsabläufe im *aperiodischen Grenzfall* für verschiedene Anfangswerte.

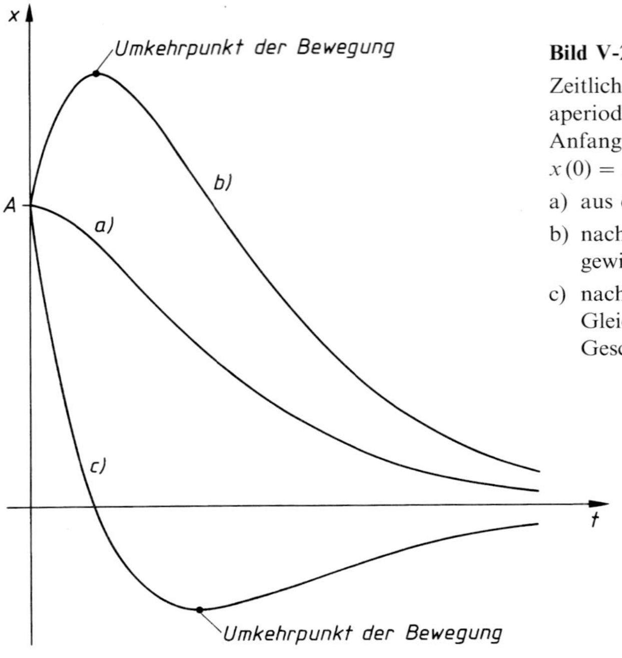

Bild V-28

Zeitlicher Verlauf einer Schwingung im aperiodischen Grenzfall für verschiedene Anfangsbedingungen. Anfangslage: $x(0) = A > 0$; Bewegung zu Beginn:

a) aus der *Ruhe* heraus ($v(0) = v_0 = 0$),

b) nach *außen* hin, d.h. von der Gleichgewichtslage fort ($v_0 > 0$),

c) nach *innen* hin, d.h. in Richtung Gleichgewichtslage mit ausreichender Geschwindigkeit ($v_0 < 0$, $v_0 < -\delta A$)

Spezielle Lösungen

(1) Zunächst erfolge die Bewegung des Systems (Federpendel) aus der *Ruhe* heraus, die Auslenkung zu Beginn ($t = 0$) sei $A > 0$:

$$x(0) = A \quad \text{und} \quad v(0) = \dot{x}(0) = 0 \tag{V-214}$$

Die Konstanten C_1 und C_2 in der *allgemeinen* Lösung (V-212) lassen sich aus diesen *Anfangsbedingungen* wie folgt berechnen:

$$x(0) = A \Rightarrow C_2 = A \tag{V-215}$$

$$\dot{x}(t) = C_1 \cdot e^{-\delta t} + (C_1 t + C_2)(-\delta) \cdot e^{-\delta t} =$$
$$= (-\delta C_1 t + C_1 - \delta C_2) \cdot e^{-\delta t}$$

$$\dot{x}(0) = 0 \Rightarrow C_1 - \delta C_2 = 0 \Rightarrow C_1 = \delta C_2 = \delta A \tag{V-216}$$

Die *spezielle* Lösung hat somit die Gestalt

$$x(t) = A(\delta t + 1) \cdot e^{-\delta t} \qquad (t \geqslant 0) \tag{V-217}$$

Das Federpendel bewegt sich *aperiodisch* auf die Ruhelage zu (Bild V-29).

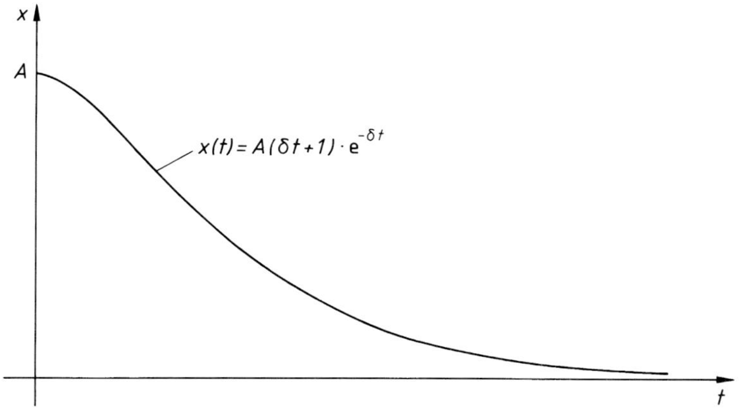

Bild V-29 Zeitlicher Verlauf einer Schwingung im aperiodischen Grenzfall für die Anfangswerte $x(0) = A > 0$, $v(0) = 0$

(2) Wir stoßen das in der *Gleichgewichtslage* befindliche Federpendel kurz an, erteilen ihm somit eine *Anfangsgeschwindigkeit* $v_0 > 0$. Die *Anfangsbedingungen* lauten jetzt:

$$x(0) = 0 \quad \text{und} \quad v(0) = \dot{x}(0) = v_0 \tag{V-218}$$

Sie führen zu den folgenden *Bestimmungsgleichungen* für die Parameter C_1 und C_2 in der *allgemeinen* Lösung (V-212):

$$x(0) = 0 \quad \Rightarrow \quad C_2 = 0 \tag{V-219}$$

$$\dot{x}(0) = v_0 \quad \Rightarrow \quad C_1 - \delta C_2 = v_0 \quad \Rightarrow \quad C_1 = v_0 \tag{V-220}$$

Der *aperiodische Grenzfall* wird daher unter den Anfangsbedingungen (V-218) durch das *Weg-Zeit-Gesetz*

$$x(t) = v_0 t \cdot \mathrm{e}^{-\delta t} \qquad (t \geqslant 0) \tag{V-221}$$

beschrieben. Diese Funktion hat zur Zeit $t_1 = 0$ ihren *einzigen* Nulldurchgang und erreicht zur Zeit $t_2 = 1/\delta$ ihr (relatives und zugleich absolutes) *Maximum* (Bild V-30). Mit anderen Worten: Das Pendel bewegt sich zunächst aufgrund der Anfangsgeschwindigkeit v_0 aus der Ruhelage heraus, erreicht zur Zeit $t_2 = 1/\delta$ seinen *Umkehrpunkt* und nähert sich dann *asymptotisch* der Gleichgewichtslage (Bild V-30).

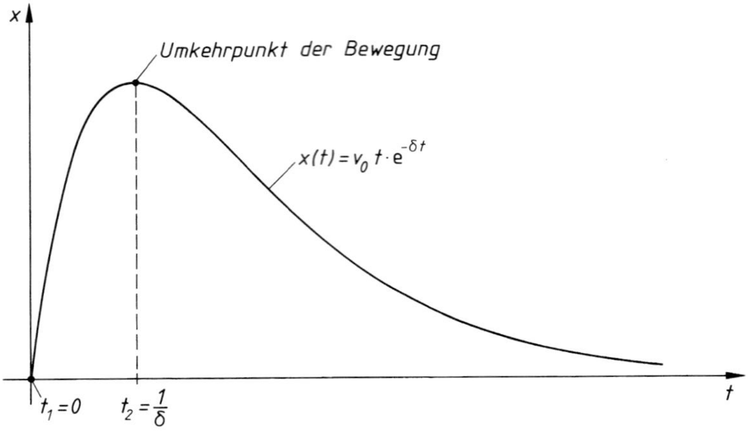

Bild V-30 Zeitlicher Verlauf einer Schwingung im aperiodischen Grenzfall für die Anfangswerte $x(0) = 0$, $v(0) = v_0 > 0$

■ **Beispiel**

Wir betrachten ein *schwingungsfähiges mechanisches System* mit der Federkonstanten $c = 200\,\text{N/m}$ und dem Reibungsfaktor $b = 60\,\text{kg/s}$. Wie groß muß die schwingende Masse m sein, damit der *aperiodische Grenzfall* eintritt?

Lösung:

Der *aperiodische Grenzfall* tritt für

$$\delta = \omega_0, \quad \text{d.h.} \quad \frac{b}{2m} = \sqrt{\frac{c}{m}}$$

ein. Wir lösen diese Beziehung nach m auf und erhalten:

$$m = \frac{b^2}{4c} = \frac{(60\,\text{kg} \cdot s^{-1})^2}{4 \cdot 200\,\text{N} \cdot \text{m}^{-1}} = 4{,}5\,\text{kg}$$

Zu *echten* Schwingungen ist das System demnach nur fähig, wenn die schwingende Masse 4,5 kg *übersteigt*. Für Massen *kleiner* als 4,5 kg schwingt das System *aperiodisch*. Der *aperiodische Grenzfall* wird bei einer Masse von 4,5 kg erreicht.

■

4.1.3.4 Zusammenfassung

Bei einer *freien gedämpften* Schwingung sind – je nach Stärke der Dämpfung – *drei verschiedene Schwingungstypen* möglich. Ihre Eigenschaften stellen wir wie folgt zusammen:

Freie gedämpfte Schwingung eines mechanischen Systems

Die Differentialgleichung der *freien gedämpften* Schwingung lautet:

$$m\ddot{x} + b\dot{x} + cx = 0 \quad \text{oder} \quad \ddot{x} + 2\delta\dot{x} + \omega_0^2 x = 0 \qquad \text{(V-222)}$$

$$\delta = \frac{b}{2m}, \quad \omega_0 = \sqrt{\frac{c}{m}} \qquad \text{(V-223)}$$

Dabei bedeuten:

m: Pendelmasse

b: Reibungsfaktor

c: Federkonstante

δ: Dämpfungsfaktor oder Abklingkonstante

ω_0: Eigen- oder Kennkreisfrequenz des ungedämpften Systems

Allgemeine Lösung der Schwingungsgleichung

Wir unterscheiden *drei* mögliche Schwingungstypen:

1. **Gedämpfte Schwingung bei schwacher Dämpfung (Schwingungsfall, $\delta < \omega_0$; vgl. hierzu Bild V-23)**

$$x(t) = e^{-\delta t}\,[C_1 \cdot \sin(\omega_d t) + C_2 \cdot \cos(\omega_d t)] \qquad (C_1, C_2 \in \mathbb{R}) \qquad \text{(V-224)}$$

oder

$$x(t) = C \cdot e^{-\delta t} \cdot \sin(\omega_d t + \varphi_d) \qquad (C > 0;\ 0 \leqslant \varphi_d < 2\pi) \qquad \text{(V-225)}$$

$\omega_d = \sqrt{\omega_0^2 - \delta^2}$: Eigen- oder Kennkreisfrequenz des gedämpften Systems

2. **Aperiodischer Grenzfall ($\delta = \omega_0$; vgl. hierzu Bild V-28)**

$$x(t) = (C_1 t + C_2) \cdot e^{-\delta t} \qquad (C_1, C_2 \in \mathbb{R}) \qquad \text{(V-226)}$$

3. **Aperiodische Schwingung bei starker Dämpfung (Kriechfall, $\delta > \omega_0$; vgl. hierzu Bild V-24)**

$$x(t) = C_1 \cdot e^{-k_1 t} + C_2 \cdot e^{-k_2 t} \qquad (C_1, C_2 \in \mathbb{R}) \qquad \text{(V-227)}$$

$\lambda_1 = -k_1$ und $\lambda_2 = -k_2$ sind dabei die Lösungen der charakteristischen Gleichung $\lambda^2 + 2\delta\lambda + \omega_0^2 = 0$.

4.1.4 Erzwungene Schwingung

Auf ein *gedämpftes* schwingungsfähiges mechanisches System (z.B. ein Federpendel) wirke von außen her die *periodische* Kraft

$$F(t) = F_0 \cdot \sin(\omega t) \tag{V-228}$$

ein (ω: Kreisfrequenz des *Erregers*). Die *Schwingungsgleichung* lautet dann

$$m\ddot{x} + b\dot{x} + cx = F_0 \cdot \sin(\omega t) \tag{V-229}$$

oder mit den üblichen Abkürzungen $\delta = b/(2m)$, $\omega_0^2 = c/m$ und $K_0 = F_0/m$:

$$\ddot{x} + 2\delta\dot{x} + \omega_0^2 x = K_0 \cdot \sin(\omega t) \tag{V-230}$$

Wir beschränken uns zunächst auf die *allgemeine* Lösung der Schwingungsgleichung (V-230) für ein *schwach gedämpftes* System.

Lösung der homogenen Schwingungsgleichung

Die zugehörige *homogene* Differentialgleichung

$$\ddot{x} + 2\delta\dot{x} + \omega_0^2 x = 0 \tag{V-231}$$

wird bei (vorausgesetzter) *schwacher Dämpfung* (d.h. $\delta < \omega_0$) nach den Ergebnissen aus Abschnitt 4.1.3.1 durch die Funktion

$$x_0 = C \cdot e^{-\delta t} \cdot \sin(\omega_d t + \varphi_d) \tag{V-232}$$

gelöst. Sie beschreibt eine *gedämpfte Schwingung* mit der Eigenkreisfrequenz

$$\omega_d = \sqrt{\omega_0^2 - \delta^2} \tag{V-233}$$

Lösung der inhomogenen Schwingungsgleichung

Eine *partikuläre* Lösung der *inhomogenen* Schwingungsgleichung (V-230) können wir nach Tabelle 2 (Abschnitt 3.4) sowohl durch den *reellen* Lösungsansatz

$$x_p = A \cdot \sin(\omega t - \varphi) \tag{V-234}$$

als auch durch den *komplexen* Lösungsansatz

$$\underline{x}_p = A \cdot e^{j(\omega t - \varphi)} = A[\cos(\omega t - \varphi) + j \cdot \sin(\omega t - \varphi)] \tag{V-235}$$

gewinnen [13]. Wir entscheiden uns hier bewußt für den (bequemeren!) *komplexen* Ansatz, um einmal die Brauchbarkeit dieser Lösungsmethode zu zeigen. Bei *komplexer* Rechnung muß allerdings auch die äußere Kraft $F(t) = F_0 \cdot \sin(\omega t)$ in *komplexer* Form dargestellt werden:

$$\underline{F}(t) = F_0 \cdot e^{j\omega t} = F_0[\cos(\omega t) + j \cdot \sin(\omega t)] \tag{V-236}$$

---

[13] Bei *komplexer* Rechnung ist es in diesem Fall günstiger, das Argument in der Form $\omega t - \varphi$ anzusetzen (anstatt von $\omega t + \varphi$ wie bisher). *Komplexe* Funktionen kennzeichnen wir dabei durch Unterstreichen.

Es ist somit

$$x_p = \mathrm{Im}\,(\underline{x}_p) = \mathrm{Im}\,(A \cdot \mathrm{e}^{\mathrm{j}(\omega t - \varphi)}) = A \cdot \sin(\omega t - \varphi) \tag{V-237}$$

$$F(t) = \mathrm{Im}\,(\underline{F}(t)) = \mathrm{Im}\,(F_0 \cdot \mathrm{e}^{\mathrm{j}\omega t}) = F_0 \cdot \sin(\omega t) \tag{V-238}$$

Die *Schwingungsgleichung* lautet dann in *komplexer* Schreibweise:

$$\ddot{\underline{x}} + 2\delta\dot{\underline{x}} + \omega_0^2\underline{x} = K_0 \cdot \mathrm{e}^{\mathrm{j}\omega t} \tag{V-239}$$

Mit

$$\begin{aligned} \underline{x}_p &= A \cdot \mathrm{e}^{\mathrm{j}(\omega t - \varphi)} = A \cdot \mathrm{e}^{\mathrm{j}\omega t} \cdot \mathrm{e}^{-\mathrm{j}\varphi} \\ \dot{\underline{x}}_p &= \mathrm{j}\omega A \cdot \mathrm{e}^{\mathrm{j}(\omega t - \varphi)} = \mathrm{j}\omega \mathrm{A} \cdot \mathrm{e}^{\mathrm{j}\omega t} \cdot \mathrm{e}^{-\mathrm{j}\varphi} \\ \ddot{\underline{x}}_p &= \mathrm{j}^2\omega^2 A \cdot \mathrm{e}^{\mathrm{j}(\omega t - \varphi)} = -\omega^2 A \cdot \mathrm{e}^{\mathrm{j}(\omega t - \varphi)} = -\omega^2 A \cdot \mathrm{e}^{\mathrm{j}\omega t} \cdot \mathrm{e}^{-\mathrm{j}\varphi} \end{aligned} \tag{V-240}$$

gehen wir in diese Gleichung ein:

$$-\omega^2 A \cdot \mathrm{e}^{\mathrm{j}\omega t} \cdot \mathrm{e}^{-\mathrm{j}\varphi} + \mathrm{j}\,2\delta\omega A \cdot \mathrm{e}^{\mathrm{j}\omega t} \cdot \mathrm{e}^{-\mathrm{j}\varphi} + \omega_0^2 A \cdot \mathrm{e}^{\mathrm{j}\omega t} \cdot \mathrm{e}^{-\mathrm{j}\varphi} = K_0 \cdot \mathrm{e}^{\mathrm{j}\omega t} \tag{V-241}$$

Wir *dividieren* die Gleichung noch durch $A \cdot \mathrm{e}^{\mathrm{j}\omega t} \neq 0$ und *multiplizieren* sie anschließend mit $\mathrm{e}^{\mathrm{j}\varphi}$:

$$-\omega^2 \cdot \mathrm{e}^{-\mathrm{j}\varphi} + \mathrm{j}\,2\delta\omega \cdot \mathrm{e}^{-\mathrm{j}\varphi} + \omega_0^2 \cdot \mathrm{e}^{-\mathrm{j}\varphi} = \frac{K_0}{A} \quad \Big| \cdot \mathrm{e}^{\mathrm{j}\varphi} \tag{V-242}$$

$$-\omega^2 + \mathrm{j}\,2\delta\omega + \omega_0^2 = \frac{K_0}{A} \cdot \mathrm{e}^{\mathrm{j}\varphi}$$

$$(\omega_0^2 - \omega^2) + \mathrm{j}\,(2\delta\omega) = \frac{K_0}{A} \cdot \mathrm{e}^{\mathrm{j}\varphi} \tag{V-243}$$

Diese Gleichung interpretieren wir wie folgt: Auf der *linken* Seite steht eine *komplexe* Zahl in *algebraischer* Form mit dem Realteil $\omega_0^2 - \omega^2$ und dem Imaginärteil $2\delta\omega$, *rechts* steht *dieselbe* komplexe Zahl in *exponentieller* Form mit dem Betrag K_0/A und dem Argument (Winkel) φ (Bild V-31).

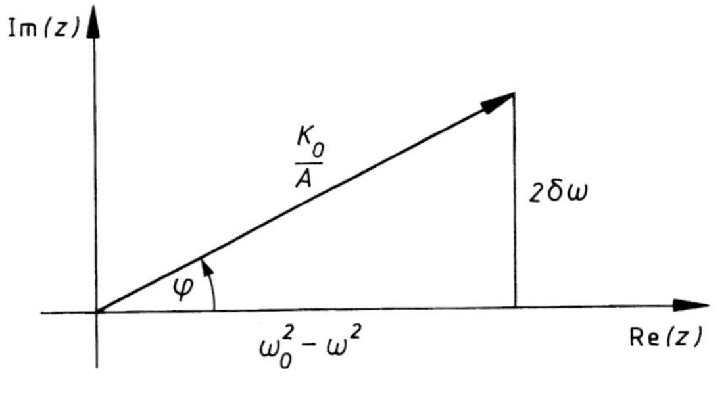

Bild V-31

Zwischen den beiden Darstellungsformen bestehen dann nach Bild V-31 die folgenden Beziehungen:

$$\left(\frac{K_0}{A}\right)^2 = (\omega_0^2 - \omega^2)^2 + 4\,\delta^2\,\omega^2 \tag{V-244}$$

$$\tan\varphi = \frac{2\,\delta\,\omega}{\omega_0^2 - \omega^2} \tag{V-245}$$

Aus ihnen können *Amplitude* A und *Phasenwinkel* φ bestimmt werden. Für die *Amplitude* erhalten wir aus Gleichung (V-244) den Ausdruck

$$A = \frac{K_0}{\sqrt{(\omega_0^2 - \omega^2)^2 + 4\,\delta^2\,\omega^2}} = \frac{F_0}{m\sqrt{(\omega_0^2 - \omega^2)^2 + 4\,\delta^2\,\omega^2}} \tag{V-246}$$

Der *Phasenwinkel* φ wird aus Gleichung (V-245) ermittelt, wobei die Fälle $\omega < \omega_0$, $\omega = \omega_0$ und $\omega > \omega_0$ zu unterscheiden sind (Bild V-32).

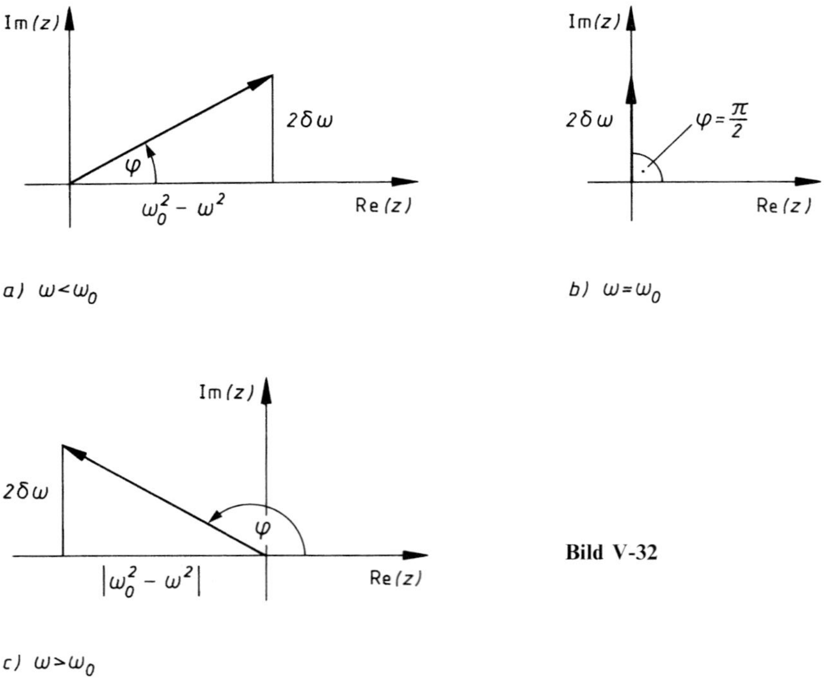

Bild V-32

Anhand dieser Bilder erhalten wir für den Phasenwinkel φ die folgenden Formelausdrücke:

$$\varphi = \left\{ \begin{array}{lll} \arctan\left(\dfrac{2\,\delta\,\omega}{\omega_0^2 - \omega^2}\right) & & \omega < \omega_0 \quad \text{(Bild V-32, a))} \\ \dfrac{\pi}{2} & \text{für} & \omega = \omega_0 \quad \text{(Bild V-32, b))} \\ \arctan\left(\dfrac{2\,\delta\,\omega}{\omega_0^2 - \omega^2}\right) + \pi & & \omega > \omega_0 \quad \text{(Bild V-32, c))} \end{array} \right\} \qquad \text{(V-247)}$$

Die *partikuläre* Lösung der *inhomogenen* Schwingungsgleichung lautet damit in *komplexer* Form

$$\underline{x}_p = A \cdot \mathrm{e}^{\mathrm{j}(\omega t - \varphi)} \qquad \text{(V-248)}$$

wobei A und φ aus den Beziehungen (V-246) und (V-247) zu berechnen sind. Die gesuchte *reelle* partikuläre Lösung x_p ist dann der *Imaginärteil* der *komplexen* Lösung $\underline{x}_p$:

$$x_p = \operatorname{Im}(\underline{x}_p) = \operatorname{Im}(A \cdot \mathrm{e}^{\mathrm{j}(\omega t - \varphi)}) = A \cdot \sin(\omega t - \varphi) \qquad \text{(V-249)}$$

Die Schwingungsgleichung (V-230) besitzt daher (bei *schwacher Dämpfung*) die folgende *allgemeine* Lösung:

$$x(t) = x_0 + x_p = C \cdot \mathrm{e}^{-\delta t} \cdot \sin(\omega_d t + \varphi_d) + A \cdot \sin(\omega t - \varphi) \qquad \text{(V-250)}$$

Interpretation aus physikalischer Sicht

Die Bewegung des nur *schwach gedämpften* mechanischen Systems (Federpendels) setzt sich aus *zwei* verschiedenen Schwingungstypen zusammen, die sich *ungestört* überlagern:

1. Die *homogene* Schwingungsgleichung $\ddot{x} + 2\,\delta\,\dot{x} + \omega_0^2\,x = 0$ liefert den Beitrag

$$x_0(t) = C \cdot \mathrm{e}^{-\delta t} \cdot \sin(\omega_d t + \varphi_d) \qquad \text{(V-251)}$$

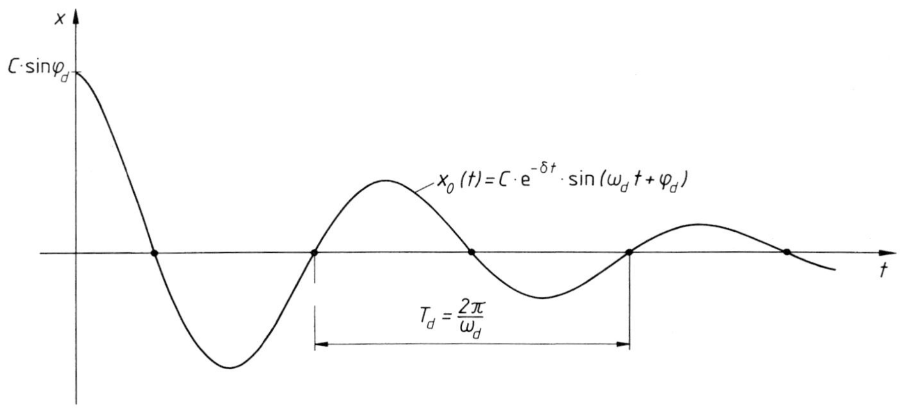

Bild V-33 „Flüchtiger" Beitrag der homogenen Schwingungsgleichung zur Gesamtlösung (gedämpfte Schwingung)

Er beschreibt eine *gedämpfte Schwingung* mit der Eigenkreisfrequenz $\omega_d = \sqrt{\omega_0^2 - \delta^2}$, die aber nach einer gewissen Zeit, der sog. „Einschwingphase", *nahezu verschwindet* (Bild V-33). Man bezeichnet diese Schwingungskomponente daher auch als „*flüchtigen*" Bestandteil.

2. Der Beitrag der *inhomogenen* Schwingungsgleichung $\ddot{x} + 2\delta\dot{x} + \omega_0^2 x = K_0 \cdot \sin(\omega t)$ zur Gesamtschwingung besteht aus der *partikulären* Lösung

$$x_p(t) = A \cdot \sin(\omega t - \varphi) \tag{V-252}$$

und beschreibt eine *ungedämpfte Schwingung* mit der Kreisfrequenz ω des *Erregers*. Mit anderen Worten: Das schwingungsfähige mechanische System wird durch die *periodische* äußere Kraft $F(t) = F_0 \cdot \sin(\omega t)$ zu einer *harmonischen Schwingung* erregt (Bild V-34). Einen solchen Schwingungsvorgang bezeichnet man als *erzwungene Schwingung*.

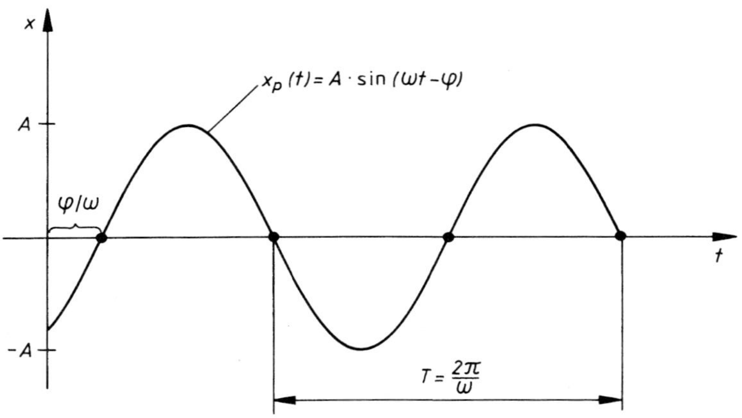

Bild V-34 „Stationärer" Beitrag der inhomogenen Schwingungsgleichung zur Gesamtlösung (erzwungene Schwingung)

Nach der Einschwingphase ist der „*flüchtige*" Anteil $x_0(t)$ nahezu *verschwunden* ($x_0(t) \approx 0$) und die Gesamtschwingung $x(t)$ besteht nur noch aus der „*stationären*" Lösung $x_p(t)$:

$$x(t) = x_0(t) + x_p(t) \approx x_p(t) = A \cdot \sin(\omega t - \varphi) \tag{V-253}$$

Das mechanische System schwingt jetzt *ungedämpft* mit der Kreisfrequenz ω des Erregers. Schwingungsamplitude A und Phasenverschiebung[14] φ sind dabei noch *frequenzabhängige* Größen: $A = A(\omega)$ und $\varphi = \varphi(\omega)$. In den physikalisch-technischen Anwendungen wird die Abhängigkeit der Größen A und φ von der Erregerkreisfrequenz ω als *Frequenzgang* bezeichnet.

[14] φ ist die *Phasenverschiebung* zwischen dem Erregersystem und der stationären Lösung $x_p(t)$.

Frequenzgang der Amplitude

Wir diskutieren zunächst den *Frequenzgang der Amplitude*. Nach (V-246) gilt dabei:

$$A(\omega) = \frac{F_0}{m\sqrt{(\omega_0^2 - \omega^2)^2 + 4\delta^2\omega^2}} \qquad (\omega \geqslant 0) \tag{V-254}$$

Diese Funktion, auch *Resonanzfunktion* genannt, hat im *statischen* Fall ($\omega = 0$) den Wert

$$A(\omega = 0) = \frac{F_0}{m\,\omega_0^2} = \frac{F_0}{c} \tag{V-255}$$

Sie besitzt außerdem ein *Maximum* und zwar dort, wo der im Nenner unter der Wurzel stehende Term

$$T(\omega) = (\omega_0^2 - \omega^2)^2 + 4\delta^2\omega^2 \tag{V-256}$$

seinen *kleinsten* Wert annimmt. Mit den Hilfsmitteln der Differentialrechnung bestimmen wir nun das *Minimum* dieser Zielfunktion $T(\omega)$. Zunächst bilden wir die benötigten *Ableitungen*:

$$T'(\omega) = 2(\omega_0^2 - \omega^2)(-2\omega) + 8\delta^2\omega = 4\omega(\omega^2 - \omega_0^2 + 2\delta^2) \tag{V-257}$$

$$T''(\omega) = 4(\omega^2 - \omega_0^2 + 2\delta^2) + 4\omega \cdot 2\omega = 4(3\omega^2 - \omega_0^2 + 2\delta^2) \tag{V-258}$$

Aus der *notwendigen* Bedingung $T'(\omega) = 0$ folgt dann [15]:

$$4\omega(\omega^2 - \omega_0^2 + 2\delta^2) = 0$$

$$\omega^2 - \omega_0^2 + 2\delta^2 = 0 \quad \Rightarrow \quad \omega_r = \sqrt{\omega_0^2 - 2\delta^2} \tag{V-259}$$

Diesen Wert setzen wir in die 2. Ableitung ein und erhalten:

$$T''(\omega = \omega_r) = 4[3(\omega_0^2 - 2\delta^2) - \omega_0^2 + 2\delta^2] = 8(\omega_0^2 - 2\delta^2) > 0 \tag{V-260}$$

An der Stelle $\omega = \omega_r$ liegt demnach das *Minimum* der Zielfunktion $T(\omega)$ und damit zugleich das *Maximum* der *Amplituden-* oder *Resonanzfunktion* $A(\omega)$. Die Kreisfrequenz ω_r heißt *Resonanzkreisfrequenz*. Sie ist (bei *vorhandener* Dämpfung) stets *kleiner* als ω_d und ω_0:

$$\omega_r = \sqrt{\omega_0^2 - 2\delta^2} < \omega_d = \sqrt{\omega_0^2 - \delta^2} < \omega_0 \tag{V-261}$$

Das mechanische System schwingt also mit *größtmöglicher* Amplitude, wenn die Erregerkreisfrequenz ω mit der Resonanzkreisfrequenz ω_r *übereinstimmt*: $\omega = \omega_r$. Diesen Sonderfall bezeichnet man als *Resonanzfall*. Die Schwingungsamplitude beträgt dann:

$$A_{\max} = A(\omega = \omega_r) = \frac{F_0}{2m\delta \cdot \sqrt{\omega_0^2 - \delta^2}} = \frac{F_0}{2m\delta\,\omega_d} \tag{V-262}$$

---

[15] Es kommen für ω nur *positive* Werte in Frage.

Mit weiter zunehmender Erregerkreisfrequenz ω nimmt die Schwingungsamplitude A dann wieder *ab* und strebt für $\omega \to \infty$ gegen den Wert 0. Das System ist dann *nicht* mehr in der Lage, den raschen Änderungen der äußeren Kraft zu folgen. Bild V-35 zeigt den Verlauf der *Amplituden- oder Resonanzfunktion* $A = A(\omega)$. Man bezeichnet diese Kurve daher auch als *Resonanzkurve*.

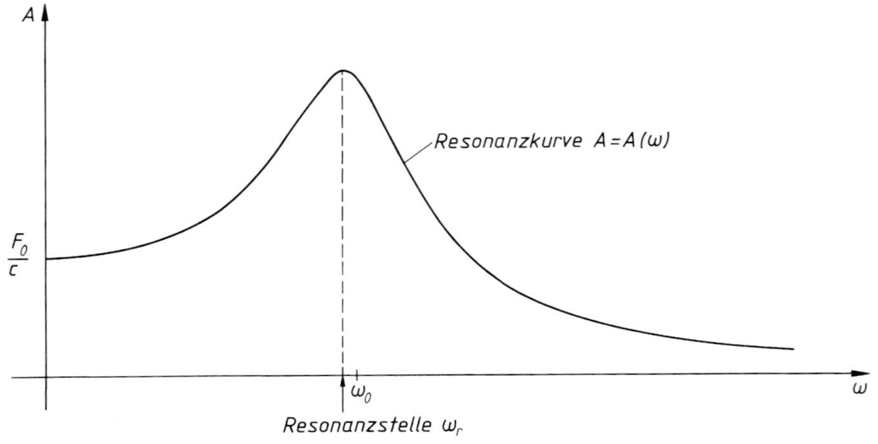

Bild V-35 Frequenzgang der Schwingungsamplitude bei einer erzwungenen Schwingung (Resonanzkurve)

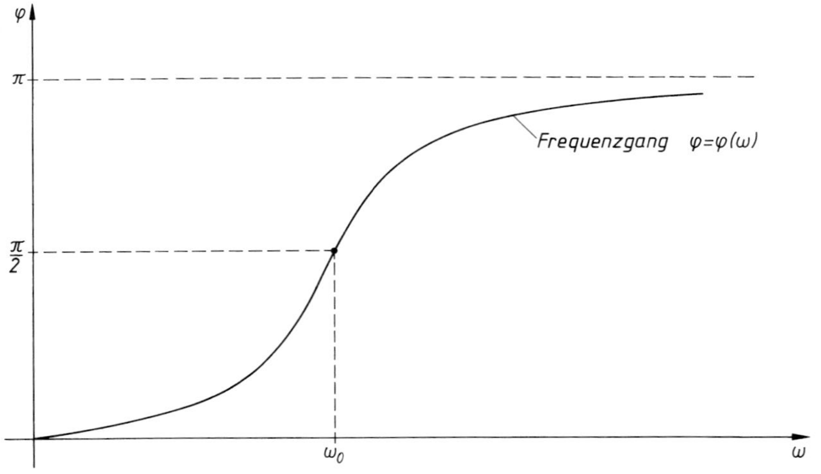

Bild V-36 Frequenzgang der Phasenverschiebung bei einer erzwungenen Schwingung

Frequenzgang der Phasenverschiebung

Wir beschäftigen uns nun mit der *Frequenzabhängigkeit der Phasenverschiebung* φ. Aus der Beziehung (V-247) folgt zunächst, daß die *erzwungene* Schwingung stets der Erregerschwingung um den Phasenwinkel φ *hinterher* eilt, wobei φ zwischen 0 und π liegt. Wir erhalten den in Bild V-36 skizzierten typischen Kurvenverlauf für den Frequenzgang $\varphi = \varphi(\omega)$. Im *statischen* Fall ($\omega = 0$) ist $\varphi = 0$, für $\omega = \omega_0$ ist $\varphi = \pi/2$. Bei *hohen* Kreisfrequenzen ($\omega \to \infty$) schwingen Erreger und System (Federpendel) nahezu *im Gegentakt* ($\varphi \to \pi$).

Wir fassen diese wichtigen Aussagen noch wie folgt zusammen:

Erzwungene Schwingung eines mechanischen Systems

Die Differentialgleichung der *erzwungenen* Schwingung lautet bei *äußerer* Erregung durch die *periodische* Kraft $F(t) = F_0 \cdot \sin(\omega t)$:

$$m\ddot{x} + b\dot{x} + cx = F_0 \cdot \sin(\omega t)$$

oder (V-263)

$$\ddot{x} + 2\delta\dot{x} + \omega_0^2 x = K_0 \cdot \sin(\omega t)$$

mit

$$\delta = \frac{b}{2m}, \qquad \omega_0 = \sqrt{\frac{c}{m}}, \qquad K_0 = \frac{F_0}{m} \tag{V-264}$$

Dabei bedeuten:

m: Masse

b: Reibungsfaktor

c: Federkonstante

ω: Kreisfrequenz des Erregersystems

δ: Dämpfungsfaktor oder Abklingkonstante

ω_0: Eigenkreisfrequenz des ungedämpften Systems

Stationäre Lösung der Schwingungsgleichung

Nach einer gewissen *Einschwingphase* schwingt das mechanische System *harmonisch* mit der Kreisfrequenz ω des Erregers nach der Gleichung

$$x(t) = A \cdot \sin(\omega t - \varphi) \qquad (t \geqslant 0) \tag{V-265}$$

(erzwungene Schwingung). Schwingungsamplitude A und Phasenverschiebung φ (gegenüber dem Erregersystem) sind dabei noch *frequenzabhängig* (sog. *Frequenzgang*).

Frequenzgang der Amplitude:

$$A(\omega) = \frac{F_0}{m\sqrt{(\omega_0^2 - \omega^2)^2 + 4\delta^2\omega^2}} \qquad \text{(V-266)}$$

(Resonanzkurve nach Bild V-35).

Frequenzgang der Phasenverschiebung (Bild V-36):

$$\varphi(\omega) = \left\{ \begin{array}{lll} \arctan\left(\dfrac{2\delta\omega}{\omega_0^2 - \omega^2}\right) & & \omega < \omega_0 \\ \dfrac{\pi}{2} & \text{für} & \omega = \omega_0 \\ \arctan\left(\dfrac{2\delta\omega}{\omega_0^2 - \omega^2}\right) + \pi & & \omega > \omega_0 \end{array} \right\} \qquad \text{(V-267)}$$

Resonanzfall

Der Resonanzfall tritt bei der *Resonanzkreisfrequenz*

$$\omega_r = \sqrt{\omega_0^2 - 2\delta^2} \qquad \text{(V-268)}$$

ein. Das mechanische System schwingt dann mit der *größtmöglichen* Amplitude (vgl. hierzu Bild V-35).

Anmerkungen

(1) Bei *fehlender* Reibung ($b = 0$ und daher auch $\delta = 0$) ist $\omega_r = \omega_0$. Der *Resonanzfall* tritt jetzt ein, wenn die Kreisfrequenz ω des Erregers mit der *Eigenkreisfrequenz* ω_0 des (ungedämpften) mechanischen Systems übereinstimmt, d.h. also $\omega = \omega_r = \omega_0$ gilt. Die *Amplitudenfunktion* wird durch die Gleichung

$$A(\omega) = \frac{F_0}{m\,|\omega_0^2 - \omega^2|} \qquad (\omega \geqslant 0) \qquad \text{(V-269)}$$

beschrieben. Der Verlauf der *Resonanzkurve* ist in Bild V-37 dargestellt. Im Resonanzfall kommt es dabei zur sog. *Resonanzkatastrophe*: Das mechanische System schwingt jetzt mit *beliebig großer* Amplitude, es kommt zur *Zerstörung* des Systems.

(2) Die Ergebnisse lassen sich auch auf *stärker gedämpfte* Systeme übertragen. Nach den Ausführungen im vorherigen Abschnitt *verschwinden* nämlich die Lösungen der *homogenen* Gleichung mit der Zeit. Die *partikuläre* Lösung der *inhomogenen* Gleichung führt für alle drei Schwingungstypen zur *erzwungenen Schwingung* (V-265). Man beachte jedoch, daß die Resonanzkurven mit zunehmender Dämpfung *flacher* werden und daß sich ihr *Maximum* (Resonanzfall) nach *links*, d.h. in den Bereich *kleinerer* Kreisfrequenzen verschiebt (Bild V-38). Für $\delta \geqslant \omega_0/\sqrt{2}$ besitzt die Resonanzkurve überhaupt kein Maximum mehr!

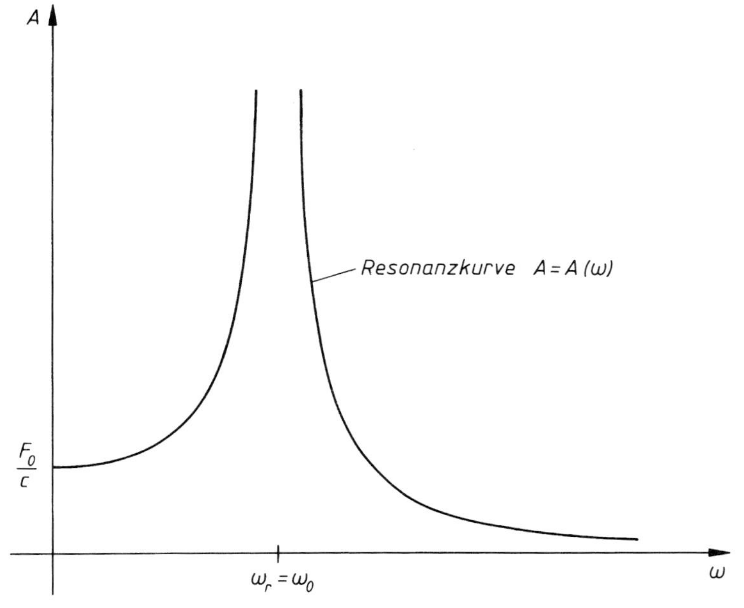

Bild V-37 Resonanzkurve bei fehlender Dämpfung

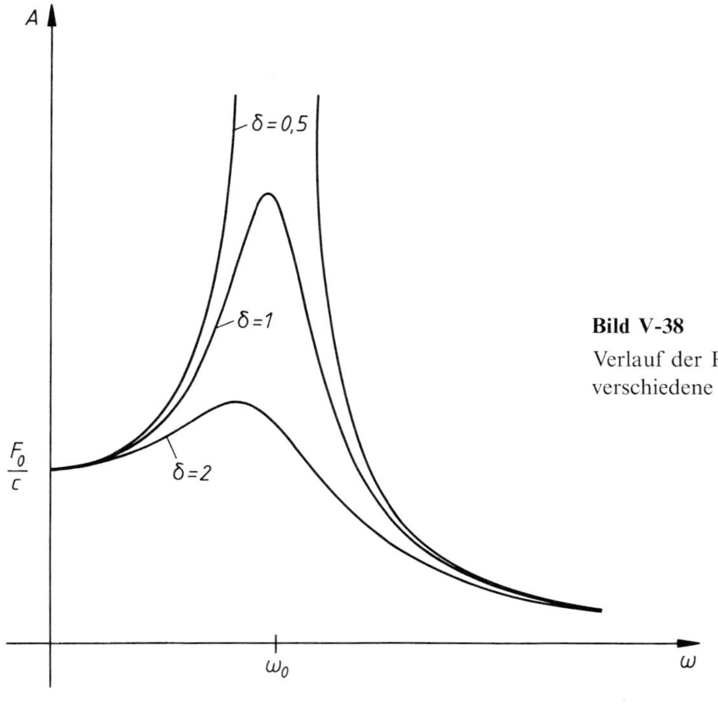

Bild V-38
Verlauf der Resonanzkurve für verschiedene Dämpfungsgrade

4.2 Elektromagnetische Schwingungen

4.2.1 Schwingungsgleichung eines elektromagnetischen Reihenschwingkreises

Ein *elektromagnetischer Reihenschwingkreis* besteht nach Bild V-39 aus einem ohmschen Widerstand R, einem Kondensator mit der Kapazität C und einer Spule mit der Induktivität L in Reihenschaltung.

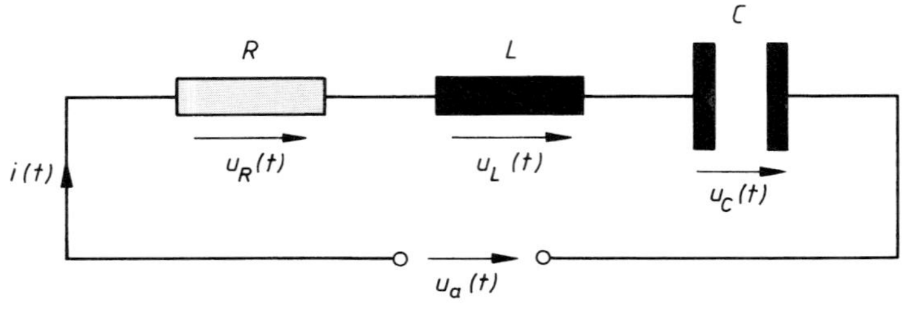

Bild V-39
Elektromagnetischer Reihenschwingkreis

Wir führen noch die folgenden *zeitabhängigen* Größen ein:

$u_a = u_a(t)$:	Von außen angelegte Spannung
$u_R = u_R(t)$:	Spannungsabfall am ohmschen Widerstand
$u_C = u_C(t)$:	Spannungsabfall am Kondensator
$u_L = u_L(t)$:	Spannungsabfall an der Spule (Induktivität)
$q = q(t)$:	Ladung des Kondensators
$i = i(t)$:	Im Reihenschwingkreis fließender Strom

Nach dem *2. Kirchhoffschen Gesetz* (*Maschenregel*[16]) ist dann:

$$u_L + u_R + u_C - u_a = 0 \quad \text{oder} \quad u_L + u_R + u_C = u_a \tag{V-270}$$

Für die Teilspannungen u_L, u_R und u_C gelten dabei folgende Beziehungen:

$$u_L = L\frac{di}{dt} \quad \text{(Induktionsgesetz)} \tag{V-271}$$

$$u_R = Ri \quad \text{(Ohmsches Gesetz)} \tag{V-272}$$

$$u_C = \frac{1}{C}q \quad \text{(Kondensatorgleichung)} \tag{V-273}$$

Gleichung (V-270) geht dann über in:

$$L\frac{di}{dt} + Ri + \frac{1}{C}q = u_a \tag{V-274}$$

---

[16] *Maschenregel*: In jeder *Masche* ist die Summe der Spannungen gleich *Null*.

Wir differenzieren diese Gleichung noch nach der Zeit t und berücksichtigen, daß definitionsgemäß $i = \frac{dq}{dt}$ ist:

$$L \frac{d^2 i}{dt^2} + R \frac{di}{dt} + \frac{1}{C} i = \frac{du_a}{dt} \qquad \text{(V-275)}$$

Vor uns liegt jetzt eine *lineare Differentialgleichung 2. Ordnung mit konstanten Koeffizienten* für die Stromstärke $i = i(t)$. Sie beschreibt die *elektromagnetische Schwingung* in einem Reihenschwingkreis und wird daher als *Schwingungsgleichung eines Reihenschwingkreises* bezeichnet. Diese Differentialgleichung läßt sich auch in der Form

$$\frac{d^2 i}{dt^2} + 2\delta \frac{di}{dt} + \omega_0^2 i = \frac{1}{L} \cdot \frac{du_a}{dt} \qquad \text{(V-276)}$$

darstellen. Dabei ist

$$\delta = \frac{R}{2L} \quad \text{und} \quad \omega_0 = \frac{1}{\sqrt{LC}} \qquad \text{(V-277)}$$

Die Bezeichnungen sind die gleichen wie bei einem *mechanischen* Schwingkreis:

δ: *Dämpfungsfaktor* oder *Abklingkonstante*

ω_0: *Eigen-* oder *Kennkreisfrequenz*

Ein direkter Vergleich mit der *mechanischen Schwingungsgleichung* [17)]

$$\ddot{x} + 2\delta \dot{x} + \omega_0^2 x = \frac{F(t)}{m} \qquad \text{(V-278)}$$

zeigt, daß die Differentialgleichung des *elektromagnetischen* Reihenschwingkreises vom *gleichen* Typ ist. In beiden Fällen wird die Schwingung durch eine *inhomogene lineare* Differentialgleichung *2. Ordnung* mit *konstanten* Koeffizienten vom allgemeinen Typ

$$\ddot{y} + 2\delta \dot{y} + \omega_0^2 y = f(t) \qquad \text{(V-279)}$$

beschrieben. Wir stellen die Eigenschaften beider Schwingkreise einander gegenüber:

	$y(t)$	δ	ω_0	$f(t)$
Mechanischer Schwingkreis	Auslenkung $x = x(t)$	$\frac{b}{2m}$	$\sqrt{\frac{c}{m}}$	$\frac{F(t)}{m}$
Elektromagnetischer Reihenschwingkreis	Stromstärke $i = i(t)$	$\frac{R}{2L}$	$\frac{1}{\sqrt{LC}}$	$\frac{1}{L} \cdot \frac{du_a}{dt}$

17) $F(t)$ ist die von *außen* auf das mechanische System einwirkende Kraft.

Der elektromagnetische Reihenschwingkreis ist somit das *elektrische Analogon* des mechanischen Schwingkreises (Modell: Federpendel). Alle Aussagen über den *mechanischen* Schwingkreis gelten daher sinngemäß auch für den *elektromagnetischen* Schwingkreis. Prinzipiell gesehen besteht somit *kein* Unterschied zwischen einer mechanischen und einer elektromagnetischen Schwingung.

Wir fassen wie folgt zusammen:

Differentialgleichung einer elektromagnetischen Schwingung (Reihenschwingkreis)

Die *elektromagnetische* Schwingung in einem *Reihenschwingkreis* wird durch die lineare Differentialgleichung 2. Ordnung mit konstanten Koeffizienten

$$L \frac{d^2 i}{dt^2} + R \frac{di}{dt} + \frac{1}{C} i = \frac{du_a}{dt} \qquad \text{(V-280)}$$

oder

$$\frac{d^2 i}{dt^2} + 2\delta \frac{di}{dt} + \omega_0^2 i = \frac{1}{L} \cdot \frac{du_a}{dt} \qquad \text{(V-281)}$$

mit

$$\delta = \frac{R}{2L} \quad \text{und} \quad \omega_0 = \frac{1}{\sqrt{LC}} \qquad \text{(V-282)}$$

beschrieben (Bild V-39).

Dabei bedeuten:

L: Induktivität

R: Ohmscher Widerstand

C: Kapazität

δ: Dämpfungsfaktor oder Abklingkonstante

ω_0: Eigen- oder Kennkreisfrequenz

u_a: Von außen angelegte Spannung (Erregerspannung)

Anmerkung

Wie bei den mechanischen Schwingungen wird auch hier zwischen einer *freien* und einer *erzwungenen*, einer *ungedämpften* und einer *gedämpften* Schwingung unterschieden.

4.2.2 Freie elektromagnetische Schwingung

Die *freie elektromagnetische Schwingung* eines Reihenschwingkreises wird durch die *homogene* Differentialgleichung

$$\frac{d^2 i}{dt^2} + 2\delta \frac{di}{dt} + \omega_0^2 i = 0 \qquad \text{(V-283)}$$

beschrieben. Ist *kein* ohmscher Widerstand vorhanden, d.h. ist $R = 0$ und somit auch $\delta = 0$, so erhalten wir eine *ungedämpfte elektromagnetische Schwingung* (Bild V-40).

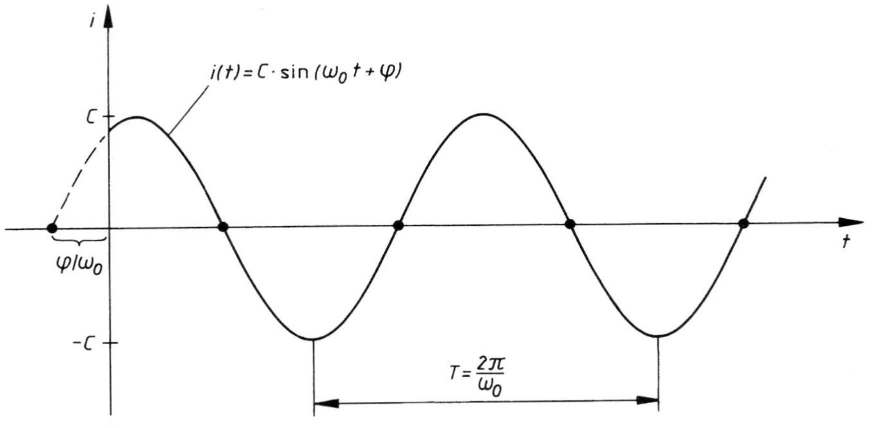

Bild V-40 Zeitlicher Verlauf einer ungedämpften elektromagnetischen Schwingung

Bei *vorhandener Dämpfung*, d.h. für $R \neq 0$ und somit $\delta \neq 0$, müssen wir wie bei den mechanischen Schwingungen *drei* mögliche Fälle unterscheiden:

1. Bei *schwacher Dämpfung* ($\delta < \omega_0$) erhalten wir eine *gedämpfte Schwingung* (*Schwingungsfall*; Bild V-41).

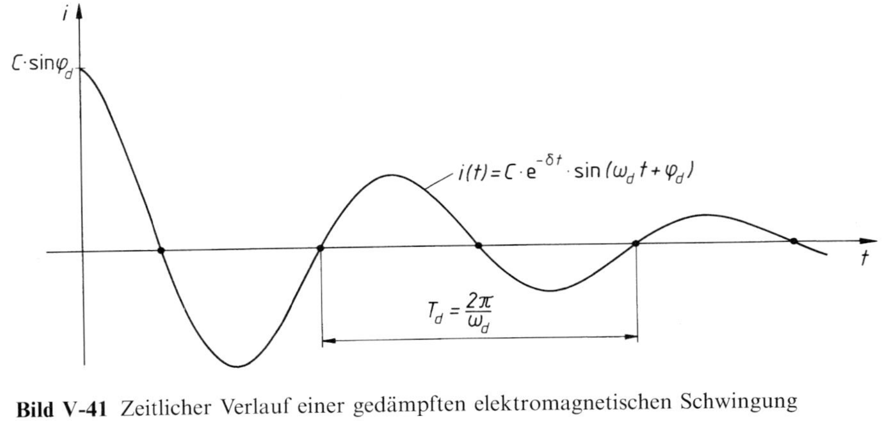

Bild V-41 Zeitlicher Verlauf einer gedämpften elektromagnetischen Schwingung (Schwingungsfall)

2. Für $\delta = \omega_0$ tritt der *aperiodische Grenzfall* ein (Bild V-42).

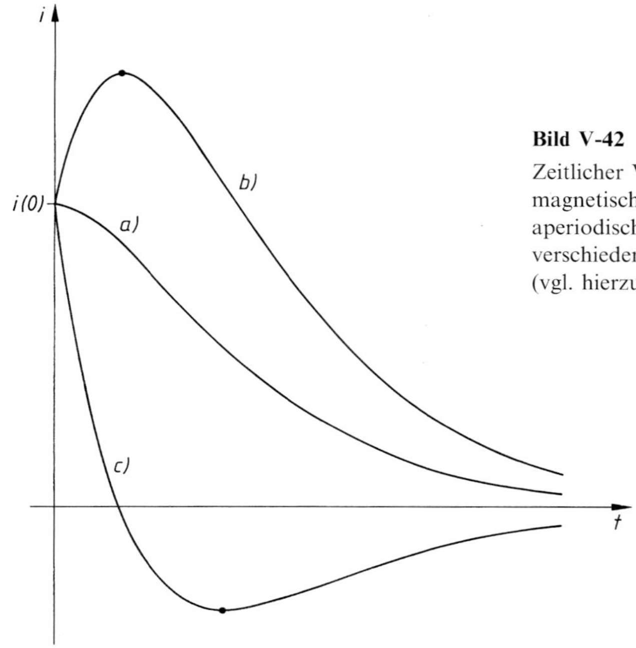

Bild V-42
Zeitlicher Verlauf einer elektromagnetischen Schwingung im aperiodischen Grenzfall für verschiedene Anfangsbedingungen (vgl. hierzu auch Bild V-28)

3. Bei *starker Dämpfung* ($\delta > \omega_0$) verlaufen die elektromagnetischen Schwingungen *aperiodisch* (*Kriechfall*; Bild V-43).

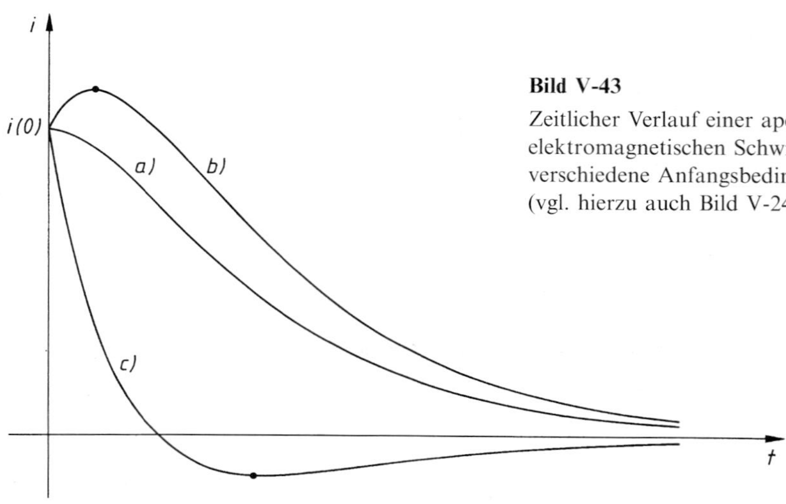

Bild V-43
Zeitlicher Verlauf einer aperiodischen elektromagnetischen Schwingung für verschiedene Anfangsbedingungen (vgl. hierzu auch Bild V-24)

Wir stellen abschließend die verschiedenen Schwingungstypen einer *freien elektromagnetischen Schwingung* mit ihren allgemeinen Lösungen wie folgt zusammen:

Freie elektromagnetische Schwingung eines Reihenschwingkreises

1. Freie ungedämpfte Schwingung

$$\frac{d^2 i}{dt^2} + \omega_0^2 i = 0 \qquad \text{(V-284)}$$

Allgemeine Lösung (Bild V-40):

$$i(t) = C \cdot \sin(\omega_0 t + \varphi) \qquad (C > 0;\ 0 \leqslant \varphi < 2\pi) \qquad \text{(V-285)}$$

oder

$$i(t) = C_1 \cdot \sin(\omega_0 t) + C_2 \cdot \cos(\omega_0 t) \qquad (C_1, C_2 \in \mathbb{R}) \qquad \text{(V-286)}$$

2. Freie gedämpfte Schwingung

$$\frac{d^2 i}{dt^2} + 2\delta \frac{di}{dt} + \omega_0^2 i = 0 \qquad \text{(V-287)}$$

Allgemeine Lösung:

Wir unterscheiden drei mögliche Schwingungstypen:

a) Gedämpfte Schwingung (Schwingungsfall; schwache Dämpfung $\delta < \omega_0$; Bild V-41)

$$i(t) = \mathrm{e}^{-\delta t}\left[C_1 \cdot \sin(\omega_d t) + C_2 \cdot \cos(\omega_d t)\right] \quad (C_1, C_2 \in \mathbb{R}) \quad \text{(V-288)}$$

oder

$$i(t) = C \cdot \mathrm{e}^{-\delta t} \cdot \sin(\omega_d t + \varphi_d) \qquad (C > 0;\ 0 \leqslant \varphi_d < 2\pi) \qquad \text{(V-289)}$$

mit

$$\omega_d = \sqrt{\omega_0^2 - \delta^2} = \sqrt{\frac{1}{LC} - \frac{R^2}{4L^2}} \qquad \text{(V-290)}$$

(ω_d: Eigen- oder Kennkreisfrequenz des gedämpften Reihenschwingkreises)

b) Aperiodischer Grenzfall ($\delta = \omega_0$: Bild V-42)

$$i(t) = (C_1 t + C_2) \cdot \mathrm{e}^{-\delta t} \qquad (C_1, C_2 \in \mathbb{R}) \qquad \text{(V-291)}$$

c) Aperiodische Schwingung (Kriechfall; starke Dämpfung $\delta > \omega_0$; Bild V-43)

$$i(t) = C_1 \cdot \mathrm{e}^{-k_1 t} + C_2 \cdot \mathrm{e}^{-k_2 t} \qquad (C_1, C_2 \in \mathbb{R}) \qquad \text{(V-292)}$$

$\lambda_1 = -k_1$ und $\lambda_2 = -k_2$ sind dabei die Lösungen der charakteristischen Gleichung $\lambda^2 + 2\delta\lambda + \omega_0^2 = 0$.

4.2.3 Erzwungene elektromagnetische Schwingung

Der in Kap. III, Abschnitt 3.2.3 behandelte *Wechselstromkreis* in Reihenschaltung kann als ein *Reihenschwingkreis* aufgefaßt werden, der durch eine äußere Wechselspannung zu einer *erzwungenen elektromagnetischen Schwingung* erregt wird. Wir werden nun zeigen, daß die Lösung der Schwingungsgleichung zu den bereits bekannten physikalischen Gesetzen führt.

Die von außen angelegte sinusförmige Wechselspannung (Erregerspannung)

$$u_a(t) = \hat{u} \cdot \sin(\omega t) \qquad \text{(V-293)}$$

schreiben wir in der für den Lösungsweg bequemeren *komplexen* Form

$$\underline{u}_a(t) = \hat{u} \cdot \mathrm{e}^{\mathrm{j}\,\omega t} \qquad \text{(V-294)}$$

($u_a = \operatorname{Im}(\underline{u}_a)$). Die *Schwingungsgleichung* (V-281) lautet dann (in komplexer Schreibweise):

$$\frac{d^2 \underline{i}}{dt^2} + 2\delta \frac{d\underline{i}}{dt} + \omega_0^2\, \underline{i} = \frac{1}{L} \cdot \frac{d}{dt}(\hat{u} \cdot \mathrm{e}^{\mathrm{j}\,\omega t}) = \mathrm{j}\,\frac{\hat{u}\,\omega}{L} \cdot \mathrm{e}^{\mathrm{j}\,\omega t} \qquad \text{(V-295)}$$

Die zugehörige *homogene* Gleichung liefert bei *schwacher Dämpfung* ($\delta < \omega_0$) den Schwingungsbeitrag

$$i_0(t) = C \cdot \mathrm{e}^{-\delta t} \cdot \sin(\omega_d t + \varphi_d) \qquad \text{(V-296)}$$

zur Gesamtschwingung ($\omega_d = \sqrt{\omega_0^2 - \delta^2}$; $C > 0$; $0 \leqslant \varphi_d < 2\pi$). Es handelt sich hierbei um eine *gedämpfte Schwingung*, die nach einer gewissen *Einschwingphase* keine nennenswerte Rolle mehr spielt und daher *unberücksichtigt* bleiben kann (sog. „flüchtige" Lösung).

Eine *partikuläre* Lösung der *inhomogenen* Schwingungsgleichung (V-295) gewinnen wir mit Hilfe des *komplexen* Lösungsansatzes

$$\underline{i}_p(t) = \hat{i} \cdot \mathrm{e}^{\mathrm{j}(\omega t - \varphi)} \qquad \text{(V-297)}$$

dessen *Imaginärteil* dann zur „stationären" Lösung $i_p(t)$ führt:

$$i_p(t) = \operatorname{Im}(\underline{i}_p(t)) = \operatorname{Im}[\hat{i} \cdot \mathrm{e}^{\mathrm{j}(\omega t - \varphi)}] = \hat{i} \cdot \sin(\omega t - \varphi) \qquad \text{(V-298)}$$

Mit dem Ansatz (V-297) und den beiden Ableitungen

$$\frac{d\underline{i}_p}{dt} = \mathrm{j}\omega \hat{i} \cdot \mathrm{e}^{\mathrm{j}(\omega t - \varphi)}, \quad \frac{d^2 \underline{i}_p}{dt^2} = -\,\omega^2 \hat{i} \cdot \mathrm{e}^{\mathrm{j}(\omega t - \varphi)} \qquad \text{(V-299)}$$

gehen wir nun in die *inhomogene* Schwingungsgleichung (V-295) ein:

$$-\omega^2 \hat{i} \cdot \mathrm{e}^{\mathrm{j}(\omega t - \varphi)} + \mathrm{j}\,2\,\delta\,\omega\,\hat{i} \cdot \mathrm{e}^{\mathrm{j}(\omega t - \varphi)} + \omega_0^2\, \hat{i} \cdot \mathrm{e}^{\mathrm{j}(\omega t - \varphi)} = \mathrm{j}\,\frac{\hat{u}\,\omega}{L} \cdot \mathrm{e}^{\mathrm{j}\,\omega t} \qquad \text{(V-300)}$$

Nach einigen *elementaren Umformungen*[18] erhalten wir schließlich:

$$(\omega_0^2 - \omega^2) + \mathrm{j}\,2\,\delta\,\omega = \mathrm{j}\,\frac{\hat{u}\,\omega}{L\,\hat{i}} \cdot \mathrm{e}^{\mathrm{j}\,\varphi} \qquad \text{(V-301)}$$

Wir multiplizieren diese Gleichung noch mit $-\mathrm{j}$ und beachten dabei, daß $\mathrm{j}^2 = -1$ ist:

$$-\mathrm{j}\,(\omega_0^2 - \omega^2) + 2\,\delta\,\omega = \frac{\hat{u}\,\omega}{L\,\hat{i}} \cdot \mathrm{e}^{\mathrm{j}\,\varphi}$$

$$2\,\delta\,\omega + \mathrm{j}\,(\omega^2 - \omega_0^2) = \frac{\hat{u}\,\omega}{L\,\hat{i}} \cdot \mathrm{e}^{\mathrm{j}\,\varphi} \qquad \text{(V-302)}$$

Auf der *linken* Seite dieser Gleichung steht eine *komplexe* Zahl in *kartesischer* Schreibweise mit dem Realteil $2\,\delta\,\omega$ und dem Imaginärteil $\omega^2 - \omega_0^2$, *rechts* steht *dieselbe* komplexe Zahl in *exponentieller* Form mit dem Betrag $\dfrac{\hat{u}\,\omega}{L\,\hat{i}}$ und dem Argument φ (Bild V-44).

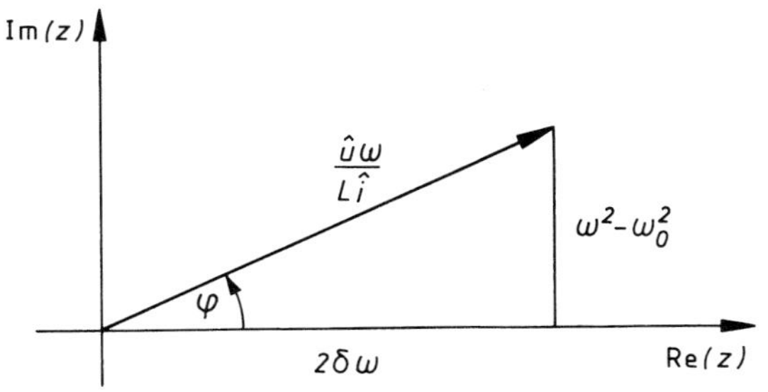

Bild V-44

Zwischen den beiden Darstellungsformen bestehen dabei nach Bild V-44 die folgenden Beziehungen:

$$\left(\frac{\hat{u}\,\omega}{L\,\hat{i}}\right)^2 = (2\,\delta\,\omega)^2 + (\omega^2 - \omega_0^2)^2 = (\omega^2 - \omega_0^2)^2 + 4\,\delta^2\,\omega^2 \qquad \text{(V-303)}$$

$$\tan\varphi = \frac{\omega^2 - \omega_0^2}{2\,\delta\,\omega} \qquad \text{(V-304)}$$

[18] Der Lösungsweg ist der gleiche wie beim *mechanischen Analogon* (vgl. hierzu Abschnitt 4.1.4).

Wir lösen diese Gleichungen nach $\hat{i}$ bzw. φ auf und erhalten schließlich unter Berücksichtigung von $\omega_0^2 = \frac{1}{LC}$ und $\delta = \frac{R}{2L}$ die aus der Wechselstromlehre bekannten Beziehungen

$$\hat{i} = \frac{\hat{u}\,\omega}{L\sqrt{(\omega^2 - \omega_0^2)^2 + 4\,\delta^2\,\omega^2}} = \frac{\hat{u}}{\sqrt{R^2 + \left(\omega L - \frac{1}{\omega C}\right)^2}} \qquad \text{(V-305)}$$

und

$$\varphi = \arctan\left(\frac{\omega^2 - \omega_0^2}{2\,\delta\,\omega}\right) = \arctan\left(\frac{\omega L - \frac{1}{\omega C}}{R}\right) \qquad \text{(V-306)}$$

Gleichung (V-305) ist dabei das *Ohmsche Gesetz der Wechselstromtechnik* mit den Scheitelwerten $\hat{u}$ und $\hat{i}$ von Spannung und Strom und dem (reellen) *Scheinwiderstand*

$$Z = \sqrt{R^2 + \left(\omega L - \frac{1}{\omega C}\right)^2} \qquad \text{(V-307)}$$

Die Schwingungsgleichung (V-295) besitzt somit nach einer bestimmten Einschwingphase die *stationäre* Lösung

$$i(t) = i_0(t) + i_p(t) \approx i_p(t) = \hat{i} \cdot \sin(\omega t - \varphi) \qquad \text{(V-308)}$$

wobei die *frequenzabhängigen* Größen $\hat{i}$ (Scheitelwert des Stroms) und φ (Phasenverschiebung zwischen Strom und Spannung) nach Gleichung (V-305) bzw. (V-306) zu berechnen sind.

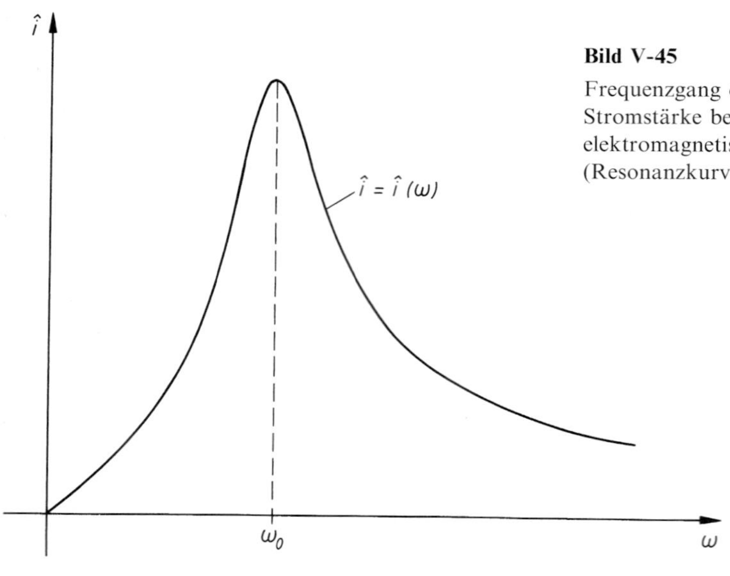

Bild V-45

Frequenzgang des Scheitelwertes der Stromstärke bei einer erzwungenen elektromagnetischen Schwingung (Resonanzkurve)

Bild V-45 zeigt den *Frequenzgang des Scheitelwertes* $\hat{i}$. Für $\omega = \omega_0 = \dfrac{1}{\sqrt{LC}}$ tritt dabei *Resonanz* ein, der Scheitelwert des Wechselstroms erreicht dann seinen *größten* Wert.

Die Abhängigkeit der *Phasenverschiebung* φ von der Kreisfrequenz ω ist in Bild V-46 dargestellt. Für $\omega < \omega_0$ eilt der Strom der Spannung in der Phase *voraus*, für $\omega > \omega_0$ ist es *umgekehrt*. Im *Resonanzfall* $\omega = \omega_0$ sind Strom und Spannung *in Phase* ($\varphi = 0$).

Wir fassen die Ergebnisse wie folgt zusammen:

Erzwungene elektromagnetische Schwingung in einem Reihenschwingkreis

Ein *Reihenschwingkreis* wird durch eine von *außen* angelegte sinusförmige Wechselspannung $u_a(t) = \hat{u} \cdot \sin(\omega t)$ zu *erzwungenen Schwingungen* angeregt. Die Schwingungsgleichung

$$\frac{d^2 i}{dt^2} + 2\delta \frac{di}{dt} + \omega_0^2 i = \frac{1}{L} \cdot \frac{du_a}{dt} \qquad \text{(V-309)}$$

besitzt dabei nach Ablauf einer gewissen Einschwingphase die *stationäre* Lösung

$$i(t) = \hat{i} \cdot \sin(\omega t - \varphi) \qquad \text{(V-310)}$$

Scheitelwert $\hat{i}$ und Phase φ des Wechselstroms $i = i(t)$ sind dabei *frequenzabhängige* Größen (sog. *Frequenzgang*):

Frequenzgang des Scheitelwertes:

$$\hat{i} = \hat{i}(\omega) = \frac{\hat{u}\,\omega}{L\sqrt{(\omega^2 - \omega_0^2)^2 + 4\delta^2\omega^2}} = \frac{\hat{u}}{\sqrt{R^2 + \left(\omega L - \dfrac{1}{\omega C}\right)^2}} \qquad \text{(V-311)}$$

(Resonanzkurve: Bild V-45)

Frequenzgang der Phase (Bild V-46):

$$\varphi = \varphi(\omega) = \arctan\left(\frac{\omega^2 - \omega_0^2}{2\delta\omega}\right) = \arctan\left(\frac{\omega L - \dfrac{1}{\omega C}}{R}\right) \qquad \text{(V-312)}$$

Der *Resonanzfall* tritt für $\omega = \omega_0 = \dfrac{1}{\sqrt{LC}}$ ein.

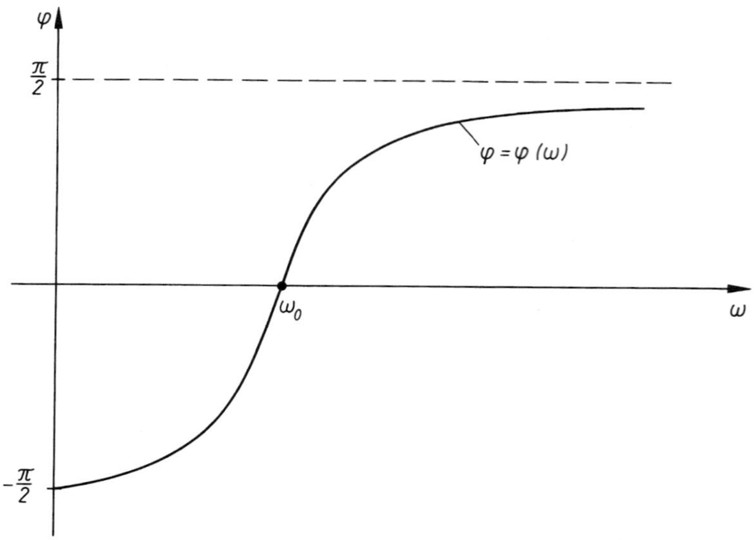

Bild V-46 Frequenzgang der Phasenverschiebung bei einer erzwungen elektromagnetischen Schwingung

5 Lineare Differentialgleichungen *n*-ter Ordnung mit konstanten Koeffizienten

5.1 Definition einer linearen Differentialgleichung *n*-ter Ordnung mit konstanten Koeffizienten

Definition: Eine Differentialgleichung *n*-ter Ordnung vom Typ

$$y^{(n)} + a_{n-1} \cdot y^{(n-1)} + \ldots + a_1 \cdot y' + a_0 \cdot y = g(x) \qquad \text{(V-313)}$$

heißt eine *lineare Differentialgleichung n-ter Ordnung mit konstanten Koeffizienten*.

Die Funktion $g(x)$ wird wiederum als *Störfunktion* oder *Störglied* bezeichnet. *Fehlt* das Störglied, d.h. ist $g(x) \equiv 0$, so heißt die lineare Differentialgleichung *homogen*, sonst *inhomogen*. Die Koeffizienten $a_0, a_1, \ldots, a_{n-1}$ sind *reelle* Konstanten.

■ **Beispiele**

Die nachfolgenden Differentialgleichungen sind *linear* und besitzen *konstante* Koeffizienten:

$y''' - 2y'' + y' - 2y = 0$ (3. Ordnung, homogen)

$y^{(4)} - 3y''' + 3y'' - y' = 0$ (4. Ordnung, homogen)

$y^{(4)} + 3y'' - 4y = \sin x$ (4. Ordnung, inhomogen) ■

5.2 Integration der homogenen linearen Differentialgleichung

Ähnlich wie bei einer homogenen linearen Differentialgleichung 2. *Ordnung* läßt sich auch bei einer homogenen linearen Differentialgleichung *n-ter Ordnung* mit konstanten Koeffizienten vom Typ

$$y^{(n)} + a_{n-1} \cdot y^{(n-1)} + \ldots + a_1 \cdot y' + a_0 \cdot y = 0 \qquad \text{(V-314)}$$

die *allgemeine* Lösung $y = y(x)$ als *Linearkombination* von diesmal genau n *Basislösungen* oder *Basisfunktionen* darstellen. Darunter verstehen wir n Lösungen der Differentialgleichung mit folgender Eigenschaft:

Definition: n Lösungen $y_1 = y_1(x),\ y_2 = y_2(x),\ \ldots,\ y_n = y_n(x)$ einer *homogenen* linearen Differentialgleichung *n-ter Ordnung* mit *konstanten* Koeffizienten vom Typ

$$y^{(n)} + a_{n-1} \cdot y^{(n-1)} + \ldots + a_1 \cdot y' + a_0 \cdot y = 0 \qquad \text{(V-315)}$$

werden als *Basisfunktionen* oder *Basislösungen* dieser Differentialgleichung bezeichnet, wenn die aus ihnen gebildete sog. *Wronski-Determinante*

$$W(y_1;\, y_2;\, \ldots;\, y_n) = \begin{vmatrix} y_1 & y_2 & \cdots & y_n \\ y_1' & y_2' & \cdots & y_n' \\ \vdots & \vdots & & \vdots \\ y_1^{(n-1)} & y_2^{(n-1)} & \cdots & y_n^{(n-1)} \end{vmatrix} \qquad \text{(V-316)}$$

von Null verschieden ist.

Anmerkungen

(1) Die *Wronski-Determinante* ist n-reihig. Ihre Zeilen werden der Reihe nach aus den n Lösungsfunktionen und ihren Ableitungen 1. Ordnung, 2. Ordnung, …, $(n-1)$-ter Ordnung gebildet. Man beachte, daß der *Wert* der Wronski-Determinante im allgemeinen noch von der Variablen x abhängen wird.

(2) Es genügt zu zeigen, daß die Wronski-Determinante an *einer* Stelle x_0 von Null verschieden ist.

(3) Die Basislösungen $y_1, y_2, \ldots, y_n$ der homogenen linearen Differentialgleichung (V-315) werden auch als *linear unabhängige* Lösungen bezeichnet. Dies bedeutet (wie bei Vektoren), daß die lineare Gleichung

$$C_1 \cdot y_1 + C_2 \cdot y_2 + \ldots + C_n \cdot y_n = 0 \qquad \text{(V-317)}$$

nur trivial, d.h. für $C_1 = C_2 = \ldots = C_n = 0$ erfüllbar ist.

(4) Lösungen, deren Wronski-Determinante *verschwindet*, heißen dagegen *linear abhängig*.

In Analogie zu den homogenen linearen Differentialgleichungen *2. Ordnung* mit konstanten Koeffizienten gilt auch hier für die *Lösungsmenge* der Differentialgleichung die folgende Aussage:

Über die Lösungsmenge einer homogenen linearen Differentialgleichung *n*-ter Ordnung mit konstanten Koeffizienten

Die *allgemeine* Lösung $y = y(x)$ einer *homogenen* linearen Differentialgleichung n-ter Ordnung mit *konstanten* Koeffizienten vom Typ

$$y^{(n)} + a_{n-1} \cdot y^{(n-1)} + \ldots + a_1 \cdot y' + a_0 \cdot y = 0 \qquad \text{(V-318)}$$

ist als *Linearkombination* von *n linear unabhängigen* Lösungen (*Basislösungen*) $y_1 = y_1(x),\ y_2 = y_2(x), \ldots, y_n = y_n(x)$ in der Form

$$y(x) = C_1 \cdot y_1(x) + C_2 \cdot y_2(x) + \ldots + C_n \cdot y_n(x) \qquad \text{(V-319)}$$

darstellbar ($C_1, C_2, \ldots, C_n \in \mathbb{R}$).

Anmerkung

Die der *allgemeinen* Lösung (V-319) zugrunde liegenden *Basislösungen* bilden eine sog. *Fundamentalbasis* oder ein *Fundamentalsystem* der homogenen Differentialgleichung (V-318).

■ **Beispiel**

Die *homogene* lineare Differentialgleichung 3. Ordnung

$$y''' - 2y'' + y' - 2y = 0$$

besitzt u.a. die folgenden Lösungen:

$$y_1 = \sin x, \quad y_2 = \cos x, \quad y_3 = \mathrm{e}^{2x}$$

Wir führen den Nachweis für die *erste* Funktion. Mit

$$y_1 = \sin x, \quad y_1' = \cos x, \quad y_1'' = -\sin x \quad \text{und} \quad y_1''' = -\cos x$$

folgt nämlich durch Einsetzen in die Differentialgleichung:

$$\begin{aligned} -\cos x - 2 \cdot (-\sin x) + \cos x - 2 \cdot \sin x &= 0 \\ -\cos x + 2 \cdot \sin x + \cos x - 2 \cdot \sin x &= 0 \\ 0 &= 0 \end{aligned}$$

Ebenso zeigt man, daß die beiden übrigen Funktionen Lösungen der Differentialgleichung sind. Bilden die drei Lösungen eine *Fundamentalbasis* der Differentialgleichung? Um diese Frage zu beantworten, bestimmen wir den Wert der *Wronski-Determinante*:

$$W(y_1; y_2; y_3) = \begin{vmatrix} \sin x & \cos x & e^{2x} \\ \cos x & -\sin x & 2 \cdot e^{2x} \\ -\sin x & -\cos x & 4 \cdot e^{2x} \end{vmatrix} =$$

$$= e^{2x} \cdot \begin{vmatrix} \sin x & \cos x & 1 \\ \cos x & -\sin x & 2 \\ -\sin x & -\cos x & 4 \end{vmatrix} =$$

$$\begin{aligned} &= e^{2x}(-4 \cdot \sin^2 x - 2 \cdot \sin x \cdot \cos x - \cos^2 x - \\ &\qquad - \sin^2 x + 2 \cdot \sin x \cdot \cos x - 4 \cdot \cos^2 x) = \\ &= e^{2x}(-5 \cdot \sin^2 x - 5 \cdot \cos^2 x) = \\ &= -5 \cdot e^{2x} \underbrace{(\sin^2 x + \cos^2 x)}_{1} = -5 \cdot e^{2x} \neq 0 \end{aligned}$$

Wegen $W(y_1; y_2; y_3) \neq 0$ sind die Lösungen *linear unabhängig* und bilden somit eine *Fundamentalbasis* der Differentialgleichung. Die *allgemeine* Lösung ist daher als *Linearkombination* der drei Basisfunktionen wie folgt darstellbar:

$$y = C_1 \cdot y_1 + C_2 \cdot y_2 + C_3 \cdot y_3 = C_1 \cdot \sin x + C_2 \cdot \cos x + C_3 \cdot e^{2x}$$

$(C_1, C_2, C_3 \in \mathbb{R})$.

■

Eine *Fundamentalbasis* der *homogenen* Differentialgleichung (V-318) läßt sich allgemein durch einen Lösungsansatz in Form einer *Exponentialfunktion* vom Typ

$$y = e^{\lambda x} \tag{V-320}$$

mit dem noch unbekannten *Parameter* λ gewinnen.

Mit diesem Ansatz und den Ableitungen

$$y' = \lambda \cdot e^{\lambda x}, \quad y'' = \lambda^2 \cdot e^{\lambda x}, \quad \ldots, \quad y^{(n)} = \lambda^n \cdot e^{\lambda x} \tag{V-321}$$

gehen wir dann in die Differentialgleichung (V-318) ein und erhalten eine *Bestimmungsgleichung* für den Parameter λ:

$$\lambda^n \cdot e^{\lambda x} + a_{n-1} \cdot \lambda^{n-1} \cdot e^{\lambda x} + \ldots + a_1 \cdot \lambda \cdot e^{\lambda x} + a_0 \cdot e^{\lambda x} = 0 \quad | : e^{\lambda x}$$

$$\lambda^n + a_{n-1} \cdot \lambda^{n-1} + \ldots + a_1 \cdot \lambda + a_0 = 0 \tag{V-322}$$

Diese als *charakteristische Gleichung* bezeichnete algebraische Gleichung n-ten Grades besitzt nach dem *Fundamentalsatz der Algebra* genau n reelle oder komplexe Lösungen $\lambda_1, \lambda_2, \ldots, \lambda_n$. Die *Basislösungen* selbst hängen dabei noch von der *Art* dieser Lösungen ab, wobei die folgenden *drei* Fälle zu unterscheiden sind:

1. Fall: Alle Lösungen sind reell und voneinander verschieden

In diesem Fall erhalten wir n *verschiedene* Lösungen in Form der Exponentialfunktionen

$$y_1 = e^{\lambda_1 x}, \quad y_2 = e^{\lambda_2 x}, \quad \ldots, \quad y_n = e^{\lambda_n x} \tag{V-323}$$

Sie bilden ein *Fundamentalsystem* der homogenen Differentialgleichung (V-318). Die *allgemeine* Lösung dieser Differentialgleichung ist dann als *Linearkombination*

$$y = C_1 \cdot e^{\lambda_1 x} + C_2 \cdot e^{\lambda_2 x} + \ldots + C_n \cdot e^{\lambda_n x} \tag{V-324}$$

dieser Basislösungen darstellbar.

2. Fall: Es treten mehrfache reelle Lösungen auf

Ist $\lambda = \alpha$ eine *r-fache* Lösung der charakteristischen Gleichung (V-322), also etwa

$$\lambda_1 = \lambda_2 = \lambda_3 = \ldots = \lambda_r = \alpha \tag{V-325}$$

so gehören hierzu genau r *linear unabhängige* Lösungen, die wie folgt lauten:

$$y_1 = e^{\alpha x}, \quad y_2 = x \cdot e^{\alpha x}, \quad y_3 = x^2 \cdot e^{\alpha x}, \quad \ldots, \quad y_r = x^{r-1} \cdot e^{\alpha x} \tag{V-326}$$

Sie gehen mit den konstanten Faktoren $C_1, C_2, C_3, \ldots, C_r$ in die (aus allen Basisfunktionen gebildete) *allgemeine* Lösung ein und können daher auch wie folgt zusammengefaßt werden:

$$\begin{aligned} & C_1 \cdot y_1 + C_2 \cdot y_2 + C_3 \cdot y_3 + \ldots + C_r \cdot y_r = \\ & = C_1 \cdot e^{\alpha x} + C_2 \cdot x \cdot e^{\alpha x} + C_3 \cdot x^2 \cdot e^{\alpha x} + \ldots + C_r \cdot x^{r-1} \cdot e^{\alpha x} = \\ & = \underbrace{(C_1 + C_2 \cdot x + C_3 \cdot x^2 + \ldots + C_r \cdot x^{r-1})}_{\text{Polynom vom Grade } r-1} \cdot e^{\alpha x} \end{aligned} \tag{V-327}$$

Regel: Ist α eine *r-fache* Lösung der charakteristischen Gleichung (V-322), so ist in dem zugehörigen Beitrag $C \cdot e^{\alpha x}$ die Konstante C durch eine *Polynomfunktion* vom Grade $r-1$ zu ersetzen.

3. Fall: Es treten konjugiert komplexe Lösungen auf

Ist $\lambda_{1/2} = \alpha \pm j\omega$ eine (einfache) *konjugiert komplexe* Lösung der charakteristischen Gleichung (V-322), so erhalten wir als zugehörige Basisfunktionen zunächst die beiden *komplexen* Exponentialfunktionen

$$y_1 = e^{\lambda_1 x} = e^{(\alpha + j\omega)x} = e^{\alpha x} \cdot e^{j\omega x} \qquad \text{(V-328)}$$

und

$$y_2 = e^{\lambda_2 x} = e^{(\alpha - j\omega)x} = e^{\alpha x} \cdot e^{-j\omega x} \qquad \text{(V-329)}$$

Unter Verwendung der *Eulerschen Formel*

$$e^{\pm j\varphi} = \cos \varphi \pm j \cdot \sin \varphi \qquad \text{(V-330)}$$

lassen sich diese Funktionen auch wie folgt schreiben ($\varphi = \omega x$):

$$\begin{aligned} y_1 &= e^{\alpha x} \cdot e^{+j\omega x} = e^{\alpha x}[\cos(\omega x) + j \cdot \sin(\omega x)] \\ y_2 &= e^{\alpha x} \cdot e^{-j\omega x} = e^{\alpha x}[\cos(\omega x) - j \cdot \sin(\omega x)] \end{aligned} \qquad \text{(V-331)}$$

Wie bei den homogenen linearen Differentialgleichungen 2. Ordnung gilt auch hier: Ist $y(x) = u(x) + j \cdot v(x)$ eine *komplexwertige* Lösung der homogenen Differentialgleichung (V-318), so sind *Realteil* $u(x)$ und *Imaginärteil* $v(x)$ selbst (reelle!) *Lösungen* dieser Differentialgleichung. Daher sind die *reellen* Funktionen

$$y_1 = e^{\alpha x} \cdot \sin(\omega x) \quad \text{und} \quad y_2 = e^{\alpha x} \cdot \cos(\omega x) \qquad \text{(V-332)}$$

(*linear unabhängige*) *Lösungen* der homogenen linearen Differentialgleichung n-ter Ordnung mit *konstanten* Koeffizienten und somit *Basisfunktionen* dieser Differentialgleichung. Sie liefern in der *allgemeinen* Lösung den folgenden Beitrag:

$$\begin{aligned} C_1 \cdot y_1 + C_2 \cdot y_2 &= C_1 \cdot e^{\alpha x} \cdot \sin(\omega x) + C_2 \cdot e^{\alpha x} \cdot \cos(\omega x) = \\ &= e^{\alpha x}[C_1 \cdot \sin(\omega x) + C_2 \cdot \cos(\omega x)] \end{aligned} \qquad \text{(V-333)}$$

Tritt das *konjugiert komplexe* Lösungspaar $\alpha \pm j\omega$ jedoch *mehrfach* auf, also etwa *r-fach*, so sind die beiden Konstanten C_1 und C_2 im Ansatz (V-333) wie im reellen Fall durch *Polynomfunktionen* vom Grade $r-1$ zu ersetzen.

Wir fassen diese Ergebnisse wie folgt zusammen:

Integration einer homogenen linearen Differentialgleichung *n*-ter Ordnung mit konstanten Koeffizienten

Mit dem *Lösungsansatz* $y = e^{\lambda x}$ läßt sich eine *Fundamentalbasis* $y_1, y_2, \ldots, y_n$ der *homogenen* linearen Differentialgleichung *n*-ter Ordnung mit *konstanten* Koeffizienten vom Typ

$$y^{(n)} + a_{n-1} \cdot y^{(n-1)} + \ldots + a_1 \cdot y' + a_0 \cdot y = 0 \qquad \text{(V-334)}$$

gewinnen. Die *Basislösungen* hängen dabei noch von der *Art* der Lösungen $\lambda_1, \lambda_2, \ldots, \lambda_n$ der zugehörigen *charakteristischen Gleichung*

$$\lambda^n + a_{n-1} \cdot \lambda^{n-1} + \ldots + a_1 \cdot \lambda + a_0 = 0 \qquad \text{(V-335)}$$

ab, wobei die folgenden Fälle zu unterscheiden sind ($C_1, C_2, \ldots, C_n$ sind reelle Konstanten):

1. Fall: Es treten nur einfache reelle Lösungen auf

Die *n verschiedenen* reellen Lösungen $\lambda_1, \lambda_2, \ldots, \lambda_n$ führen zu der *Fundamentalbasis*

$$y_1 = e^{\lambda_1 x}, \quad y_2 = e^{\lambda_2 x}, \quad \ldots, \quad y_n = e^{\lambda_n x} \qquad \text{(V-336)}$$

und somit zu der *allgemeinen* Lösung

$$y = C_1 \cdot e^{\lambda_1 x} + C_2 \cdot e^{\lambda_2 x} + \ldots + C_n \cdot e^{\lambda_n x} \qquad \text{(V-337)}$$

2. Fall: Es treten auch mehrfache reelle Lösungen auf

Eine *r-fache* reelle Lösung $\lambda_1 = \lambda_2 = \lambda_3 = \ldots = \lambda_r = \alpha$ führt zu den r *Basislösungen* (*Basisfunktionen*)

$$y_1 = e^{\alpha x}, \quad y_2 = x \cdot e^{\alpha x}, \quad y_3 = x^2 \cdot e^{\alpha x}, \quad \ldots, \quad y_r = x^{r-1} \cdot e^{\alpha x} \qquad \text{(V-338)}$$

und somit zu dem folgenden Beitrag in der *allgemeinen* Lösung der Differentialgleichung:

$$(C_1 + C_2 \cdot x + C_3 \cdot x^2 + \ldots + C_r \cdot x^{r-1}) \cdot e^{\alpha x} \qquad \text{(V-339)}$$

Regel: Bei einer *r-fachen* (reellen) Lösung α muß im Beitrag $C \cdot e^{\alpha x}$ die reelle Konstante C durch eine *Polynomfunktion* $C(x)$ vom Grade $r-1$ ersetzt werden:

$$C \cdot e^{\alpha x} \longrightarrow \underbrace{C(x)}_{\text{Polynom vom Grade } r-1} \cdot e^{\alpha x}$$

3. Fall: Es treten konjugiert komplexe Lösungen auf

Eine (einfache) *konjugiert komplexe* Lösung $\lambda_{1/2} = \alpha \pm j\omega$ führt zu den beiden (reellen) *Basisfunktionen*

$$y_1 = e^{\alpha x} \cdot \sin(\omega x) \quad \text{und} \quad y_2 = e^{\alpha x} \cdot \cos(\omega x) \tag{V-340}$$

und somit zu dem folgenden Beitrag in der *allgemeinen* Lösung der Differentialgleichung:

$$e^{\alpha x} [C_1 \cdot \sin(\omega x) + C_2 \cdot \cos(\omega x)] \tag{V-341}$$

Im Falle einer *mehrfachen* konjugiert komplexen Lösung gilt die folgende *Regel*:

Regel: Bei einer *r-fachen konjugiert komplexen* Lösung $\alpha \pm j\omega$ müssen die Konstanten C_1 und C_2 im Beitrag (V-341) durch *Polynomfunktionen* $C_1(x)$ und $C_2(x)$ vom Grade $r - 1$ ersetzt werden. Der Beitrag lautet demnach:

$$e^{\alpha x} [\underbrace{C_1(x)}_{} \cdot \sin(\omega x) + \underbrace{C_2(x)}_{} \cdot \cos(\omega x)]$$

Polynome vom Grade $r - 1$

■ **Beispiele**

(1) $y''' - 4y'' - y' + 4y = 0$ (3. Ordnung)

Charakteristische Gleichung mit Lösungen:

$$\lambda^3 - 4\lambda^2 - \lambda + 4 = 0 \Rightarrow \lambda_1 = -1, \quad \lambda_2 = 1, \quad \lambda_3 = 4 \quad \text{(1. Fall)}$$

Fundamentalbasis der Differentialgleichung:

$$y_1 = e^{-x}, \quad y_2 = e^{x}, \quad y_3 = e^{4x}$$

Allgemeine Lösung der Differentialgleichung:

$$y = C_1 \cdot e^{-x} + C_2 \cdot e^{x} + C_3 \cdot e^{4x} \qquad (C_1, C_2, C_3 \in \mathbb{R})$$

(2) $y^{(4)} - 6y''' + 12y'' - 10y' + 3y = 0$ (4. Ordnung)

Charakteristische Gleichung mit Lösungen:

$$\lambda^4 - 6\lambda^3 + 12\lambda^2 - 10\lambda + 3 = 0 \Rightarrow \lambda_{1/2/3} = 1, \quad \lambda_4 = 3 \quad \text{(2. Fall)}$$

Fundamentalbasis der Differentialgleichung:

$$y_1 = e^{x}, \quad y_2 = x \cdot e^{x}, \quad y_3 = x^2 \cdot e^{x}, \quad y_4 = e^{3x}$$

Allgemeine Lösung der Differentialgleichung:

$$y = (C_1 + C_2 \cdot x + C_3 \cdot x^2) \cdot e^{x} + C_4 \cdot e^{3x}$$

$(C_1, C_2, C_3, C_4 \in \mathbb{R})$

(3) $y^{(4)} + 3y'' - 4y = 0$ (4. Ordnung)

Charakteristische Gleichung mit Lösungen:

$$\lambda^4 + 3\lambda^2 - 4 = 0 \Rightarrow \lambda_1 = -1, \quad \lambda_2 = 1, \quad \lambda_{3/4} = \pm 2\mathrm{j}$$

(3. Fall)

Fundamentalbasis der Differentialgleichung:

$$y_1 = \mathrm{e}^{-x}, \quad y_2 = \mathrm{e}^{x}, \quad y_3 = \sin(2x), \quad y_4 = \cos(2x)$$

Allgemeine Lösung der Differentialgleichung:

$$y = C_1 \cdot \mathrm{e}^{-x} + C_2 \cdot \mathrm{e}^{x} + C_3 \cdot \sin(2x) + C_4 \cdot \cos(2x)$$

$(C_1, C_2, C_3, C_4 \in \mathbb{R})$

■

5.3 Integration der inhomogenen linearen Differentialgleichung

Auch bei einer *inhomogenen* linearen Differentialgleichung *n-ter Ordnung* mit konstanten Koeffizienten vom Typ

$$y^{(n)} + a_{n-1} \cdot y^{(n-1)} + \ldots + a_1 \cdot y' + a_0 \cdot y = g(x) \qquad \text{(V-342)}$$

läßt sich die *allgemeine* Lösung $y = y(x)$ als *Summe* aus der *allgemeinen* Lösung $y_0 = y_0(x)$ der zugehörigen *homogenen* Differentialgleichung und einer (beliebigen) *partikulären* Lösung $y_p = y_p(x)$ der *inhomogenen* Differentialgleichung darstellen:

$$y(x) = y_0(x) + y_p(x) \qquad \text{(V-343)}$$

(Lösungsmethode: „*Aufsuchen einer partikulären Lösung*"). Zunächst wird dabei die zugehörige *homogene* Differentialgleichung gelöst. Wie dies geschieht, haben wir bereits im vorangegangenen Abschnitt ausführlich dargelegt. Dann wird mit Hilfe eines *geeigneten Lösungsansatzes*, der im wesentlichen vom *Typ der Störfunktion* $g(x)$ abhängt, eine *partikuläre* Lösung der *inhomogenen* Differentialgleichung bestimmt und zur *allgemeinen* Lösung der *homogenen* Differentialgleichung *addiert*.

Die nachfolgende Tabelle 3 enthält geeignete *Lösungsansätze* $y_p = y_p(x)$ für einige in den Anwendungen besonders häufig auftretende Störglieder $g(x)$.

Tabelle 3: Lösungsansatz für eine *partikuläre* Lösung $y_p(x)$ der *inhomogenen* linearen Differentialgleichung n-ter Ordnung mit *konstanten* Koeffizienten vom Typ $y^{(n)} + a_{n-1} \cdot y^{(n-1)} + \ldots + a_1 \cdot y' + a_0 \cdot y = g(x)$ in Abhängigkeit vom Typ der Störfunktion $g(x)$

Störfunktion $g(x)$	Lösungsansatz $y_p(x)$
1. Polynomfunktion vom Grade n $g(x) = P_n(x)$	$y_p = \begin{cases} Q_n(x) & a_0 \neq 0 \\ & \text{für} \\ x^k \cdot Q_n(x) & a_0 = a_1 = \ldots = a_{k-1} = 0 \end{cases}$ $Q_n(x)$: Polynom vom Grade n *Parameter*: Koeffizienten des Polynoms $Q_n(x)$
2. Exponentialfunktion $g(x) = \mathrm{e}^{cx}$	(1) c ist *keine* Lösung der charakteristischen Gleichung: $y_p = A \cdot \mathrm{e}^{cx}$ *Parameter*: A
	(2) c ist eine *r-fache* Lösung der charakteristischen Gleichung: $y_p = A \cdot x^r \cdot \mathrm{e}^{cx}$ *Parameter*: A
3. Sinusfunktion $g(x) = \sin(\beta x)$ *oder* Kosinusfunktion $g(x) = \cos(\beta x)$ *oder* eine Linearkombination (Überlagerung) aus $\sin(\beta x)$ und $\cos(\beta x)$	(1) $\mathrm{j}\beta$ ist *keine* Lösung der charakteristischen Gleichung: $y_p = A \cdot \sin(\beta x) + B \cdot \cos(\beta x)$ *Parameter*: A, B
	(2) $\mathrm{j}\beta$ ist eine *r-fache Lösung* der charakteristischen Gleichung: $y_p = x^r [A \cdot \sin(\beta x) + B \cdot \cos(\beta x)]$ *Parameter*: A, B

Anmerkungen zur Tabelle 3

(1) Der jeweilige Lösungsansatz gilt auch dann, wenn die Störfunktion zusätzlich noch einen *konstanten Faktor* enthält.

(2) Die im jeweiligen Lösungsansatz y_p enthaltenen Parameter sind so zu bestimmen, daß diese Funktion eine (partikuläre) *Lösung* der vorgegebenen inhomogenen Differentialgleichung darstellt. Dies führt stets zu einem *eindeutig* lösbaren Gleichungssystem für die im Lösungsansatz befindlichen Stellparameter (bei *richtig* gewähltem Lösungsansatz nach Tabelle 3).

(3) Besteht die Störfunktion aus *mehreren* (*additiven*) Störgliedern, so erhält man den Lösungsansatz für y_p als *Summe* der Lösungsansätze für die *einzelnen* Störglieder.

Beispiel: Für die Störfunktion $g(x) = g_1(x) + g_2(x)$ lautet der Lösungsansatz:

$$y_p = y_{p1} + y_{p2} \tag{V-344}$$

Dabei sind y_{p1} und y_{p2} die Lösungsansätze für die *Einzelglieder* $g_1(x)$ bzw. $g_2(x)$ nach Tabelle 3.

(4) Ist die Störfunktion ein *Produkt* aus mehreren Funktionen (auch „Störfaktoren" genannt), so erhält man in vielen (aber leider nicht allen) Fällen einen geeigneten Lösungsansatz für die gesuchte partikuläre Lösung, indem man die aus Tabelle 3 entnommenen Lösungsansätze der einzelnen Störfaktoren miteinander *multipliziert*.

Beispiel: Für die Störfunktion $g(x) = g_1(x) \cdot g_2(x)$ versuchen wir also einen Lösungsansatz in der Produktform

$$y_p = y_{p1} \cdot y_{p2} \tag{V-345}$$

Dabei sind y_{p1} und y_{p2} die Lösungsansätze für die *Störfaktoren* $g_1(x)$ und $g_2(x)$ nach Tabelle 3.

Wir fassen das Lösungsverfahren wie folgt zusammen:

Integration einer inhomogenen linearen Differentialgleichung n-ter Ordnung mit konstanten Koeffizienten

Eine *inhomogene* lineare Differentialgleichung n-ter Ordnung mit *konstanten* Koeffizienten vom Typ

$$y^{(n)} + a_{n-1} \cdot y^{(n-1)} + \ldots + a_1 \cdot y' + a_0 \cdot y = g(x) \tag{V-346}$$

läßt sich schrittweise wie folgt lösen:

1. Zunächst wird die *allgemeine* Lösung $y_0 = y_0(x)$ der zugehörigen *homogenen* Differentialgleichung

$$y^{(n)} + a_{n-1} \cdot y^{(n-1)} + \ldots + a_1 \cdot y' + a_0 \cdot y = 0 \tag{V-347}$$

bestimmt.

2. Dann ermittelt man mit Hilfe des aus Tabelle 3 entnommenen Lösungsansatzes eine *partikuläre* Lösung $y_p = y_p(x)$ der *inhomogenen* Differentialgleichung.

3. Durch *Addition* von $y_0 = y_0(x)$ (1. Schritt) und $y_p = y_p(x)$ (2. Schritt) erhält man schließlich die *allgemeine* Lösung $y = y(x)$ der *inhomogenen* Differentialgleichung:

$$y(x) = y_0(x) + y_p(x) \tag{V-348}$$

■ **Beispiele**

(1) $y''' - 3y' + 2y = 2 \cdot \sin x + \cos x$

Wir lösen zunächst die zugehörige *homogene* Differentialgleichung

$$y''' - 3y' + 2y = 0$$

Die Lösungen der *charakteristischen Gleichung*

$$\lambda^3 - 3\lambda + 2 = 0$$

sind $\lambda_1 = -2$ und $\lambda_{2/3} = 1$. Die *Fundamentalbasis* besteht daher aus den drei Lösungen (*Basisfunktionen*)

$$y_1 = \mathrm{e}^{-2x}, \quad y_2 = \mathrm{e}^{x} \quad \text{und} \quad y_3 = x \cdot \mathrm{e}^{x}$$

Durch *Linearkombination* erhalten wir hieraus die *allgemeine* Lösung der *homogenen* Differentialgleichung in der Form

$$y_0 = C_1 \cdot \mathrm{e}^{-2x} + (C_2 + C_3 \cdot x) \cdot \mathrm{e}^{x} \qquad (C_1, C_2, C_3 \in \mathbb{R})$$

Ein *partikuläres* Integral der *inhomogenen* Differentialgleichung gewinnen wir nach Tabelle 3 durch den *Lösungsansatz*

$$y_p = A \cdot \sin x + B \cdot \cos x$$

(Begründung: $\beta = 1$; $\mathrm{j}\beta = \mathrm{j} \cdot 1 = \mathrm{j}$ ist *keine* Lösung der charakteristischen Gleichung). Mit

$$y_p = A \cdot \sin x + B \cdot \cos x, \qquad y_p' = A \cdot \cos x - B \cdot \sin x$$

$$y_p'' = -A \cdot \sin x - B \cdot \cos x, \qquad y_p''' = -A \cdot \cos x + B \cdot \sin x$$

folgt durch Einsetzen in die *inhomogene* Differentialgleichung:

$$-A \cdot \cos x + B \cdot \sin x - 3(A \cdot \cos x - B \cdot \sin x) + \\ + 2(A \cdot \sin x + B \cdot \cos x) = 2 \cdot \sin x + \cos x$$

$$-A \cdot \cos x + B \cdot \sin x - 3A \cdot \cos x + 3B \cdot \sin x + \\ + 2A \cdot \sin x + 2B \cdot \cos x = 2 \cdot \sin x + \cos x$$

Wir fassen noch die Sinus- bzw. Kosinusterme zusammen:

$$(2A + 4B) \cdot \sin x + (-4A + 2B) \cdot \cos x = 2 \cdot \sin x + \cos x$$

Durch *Koeffizientenvergleich* erhalten wir hieraus das *lineare Gleichungssystem*

$$\begin{aligned} 2A + 4B &= 2 \\ -4A + 2B &= 1 \end{aligned}$$

mit der *eindeutigen* Lösung $A = 0$ und $B = 1/2$.

Damit ist

$$y_p = \frac{1}{2} \cdot \cos x$$

eine *partikuläre* Lösung und

$$y = y_0 + y_p = C_1 \cdot e^{-2x} + (C_2 + C_3 \cdot x) \cdot e^x + \frac{1}{2} \cdot \cos x$$

die *allgemeine* Lösung der *inhomogenen* linearen Differentialgleichung.

(2) $y^{(4)} + 2y''' - 3y'' = 20x \cdot e^{2x}$

Wir lösen zunächst die zugehörige *homogene* Differentialgleichung

$$y^{(4)} + 2y''' - 3y'' = 0$$

Die *charakteristische Gleichung*

$$\lambda^4 + 2\lambda^3 - 3\lambda^2 = 0$$

wird durch $\lambda_{1/2} = 0$, $\lambda_3 = 1$ und $\lambda_4 = -3$ gelöst. Die *allgemeine* Lösung der *homogenen* Differentialgleichung lautet damit:

$$y_0 = C_1 + C_2 \cdot x + C_3 \cdot e^x + C_4 \cdot e^{-3x}$$

$(C_1, C_2, C_3, C_4 \in \mathbb{R})$.

Wir beschäftigen uns nun mit der Integration der *inhomogenen* Differentialgleichung. Einen geeigneten *Lösungsansatz* für eine *partikuläre* Lösung erhalten wir wie folgt. Die Störfunktion $g(x)$ ist das *Produkt* zweier Funktionen $g_1(x)$ und $g_2(x)$:

$$g(x) = \underbrace{20x}_{g_1(x)} \cdot \underbrace{e^{2x}}_{g_2(x)} = g_1(x) \cdot g_2(x)$$

Für die beiden „Störfaktoren" $g_1(x) = 20x$ und $g_2(x) = e^{2x}$ entnehmen wir aus Tabelle 3 die *Lösungsansätze*

$$y_{p1} = Ax + B \quad \text{und} \quad y_{p2} = C \cdot e^{2x}$$

Der gesuchte *Lösungsansatz* y_p ist dann das *Produkt* aus y_{p1} und y_{p2}:

$$y_p = y_{p1} \cdot y_{p2} = (Ax + B) \cdot C \cdot e^{2x} = (\underbrace{AC}_{a}x + \underbrace{BC}_{b}) \cdot e^{2x} =$$

$$= (ax + b) \cdot e^{2x}$$

Die verbliebenen Parameter $a = AC$ und $b = BC$ werden jetzt so bestimmt, daß diese Funktion die *inhomogene* Differentialgleichung *löst*. Dazu benötigen wir zunächst die Ableitungen des Lösungsansatzes bis zur 4. Ordnung.

Sie lauten:

$$\begin{aligned} y_p' &= (2ax + a + 2b) \cdot e^{2x} \\ y_p'' &= 4(ax + a + b) \cdot e^{2x} \\ y_p''' &= 4(2ax + 3a + 2b) \cdot e^{2x} \\ y_p^{(4)} &= 16(ax + 2a + b) \cdot e^{2x} \end{aligned}$$

Mit diesen Ableitungen gehen wir in die *inhomogene* Differentialgleichung ein:

$$\begin{aligned} &16(ax + 2a + b) \cdot e^{2x} + 8(2ax + 3a + 2b) \cdot e^{2x} - \\ &\quad - 12(ax + a + b) \cdot e^{2x} = 20x \cdot e^{2x} \end{aligned}$$

Wir kürzen noch durch $4 \cdot e^{2x}$, ordnen und fassen dann die Glieder wie folgt zusammen:

$$\begin{aligned} &4(ax + 2a + b) + 2(2ax + 3a + 2b) - 3(ax + a + b) = 5x \\ &4ax + 8a + 4b + 4ax + 6a + 4b - 3ax - 3a - 3b = 5x \\ &5ax + 11a + 5b = 5x \end{aligned}$$

Ein Koeffizientenvergleich führt uns zu dem bereits *gestaffelten* linearen Gleichungssystem

$$\begin{aligned} 5a \qquad &= 5 \\ 11a + 5b &= 0 \end{aligned}$$

mit der Lösung $a = 1$ und $b = -2{,}2$. Damit ist

$$y_p = (x - 2{,}2) \cdot e^{2x}$$

eine *partikuläre* und

$$\begin{aligned} y &= y_0 + y_p = \\ &= C_1 + C_2 \cdot x + C_3 \cdot e^{x} + C_4 \cdot e^{-3x} + (x - 2{,}2) \cdot e^{2x} \end{aligned}$$

die *allgemeine* Lösung der *inhomogenen* linearen Differentialgleichung.

■

5.4 Ein Eigenwertproblem: Bestimmung der Eulerschen Knicklast

Bei vielen naturwissenschaftlich-technischen Problemen stößt man auf eine *Randwertaufgabe*, deren Differentialgleichung noch einen gewissen *freien Parameter* μ enthält. Man interessiert sich dann für alle diejenigen Werte des Parameters, die zu einer *nicht-trivialen* Lösung führen, und bezeichnet diese Werte als *Eigenwerte* und die zugehörigen Lösungen als *Eigenlösungen* oder *Eigenfunktionen* [19]. Aus dem Randwertproblem ist dabei ein sog. *Eigenwertproblem* geworden.

---

[19] Der Parameter μ kann auch in den *Randbedingungen* selbst auftreten. Zur Erinnerung: Eine Lösung wird als *trivial* bezeichnet, wenn sie *identisch verschwindet*, also $y \equiv 0$ gilt.

Wir wollen jetzt an einem einfachen Beispiel aus der *Festigkeitslehre* zeigen, wie sich ein solches *Eigenwertproblem* lösen läßt.

Formulierung der Rand- bzw. Eigenwertaufgabe

Der in Bild V-47 dargestellte homogene Stab der Länge l ist an beiden Enden *gelenkig* gelagert und wird durch eine in Stabrichtung angreifende (konstante) *Druckkraft* F belastet.

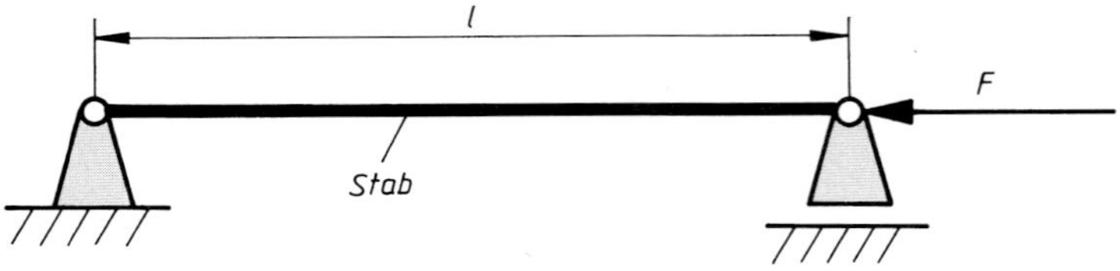

Bild V-47 Beidseitig gelenkig gelagerter Stab, belastet durch eine Druckkraft F

Die sich dabei einstellende ortsabhängige *Durchbiegung* $y = y(x)$ genügt der folgenden *homogenen* linearen Differentialgleichung 4. Ordnung (vgl. hierzu Bild V-48):

$$y^{(4)} + \frac{F}{EI} y'' = 0 \qquad (0 \leqslant x \leqslant l) \tag{V-349}$$

Darin bedeuten:

E: *Elastizitätsmodul* (elastische Materialkonstante)

I: *Flächenmoment* oder *Flächenträgheitsmoment* des Stabquerschnittes

EI: *Biegesteifigkeit* (Konstante)

Mit der Abkürzung $\mu^2 = F/EI$ erhalten wir schließlich die als *Biegegleichung* bezeichnete Differentialgleichung der Biegelinie in der speziellen Darstellungsform

$$y^{(4)} + \mu^2 y'' = 0 \qquad (0 \leqslant x \leqslant l) \tag{V-350}$$

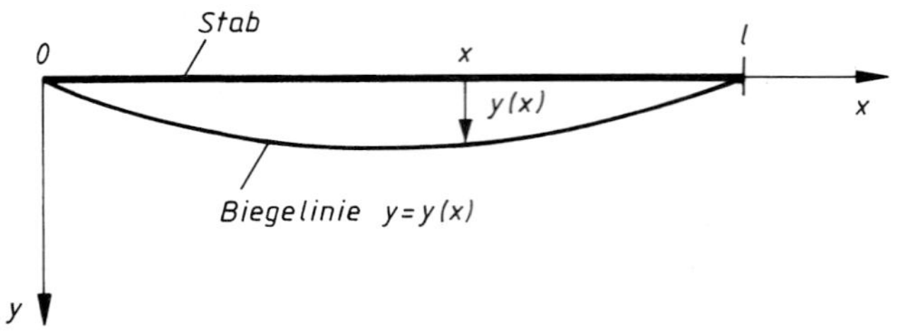

Bild V-48 Biegelinie des durch eine Druckkraft belasteten Stabes

Der von der einwirkenden (und zunächst beliebigen) Druckkraft $F > 0$ abhängige *Parameter* μ kann dabei nur *positive* Werte annehmen. Da in den beiden Randpunkten des Stabes, d.h. an den Stellen $x_1 = 0$ und $x_2 = l$ *keine* Durchbiegungen möglich sind und auch *keine* Momente auftreten können, gelten für die Biegelinie $y = y(x)$ die folgenden *Randbedingungen* [20]:

$$\left.\begin{array}{r} y(0) = y(l) = 0 \\ y''(0) = y''(l) = 0 \end{array}\right\} \quad \begin{array}{l}(\textit{keine}\text{ Durchbiegungen }\textit{und keine}\text{ Momente} \\ \text{in den beiden Randpunkten)}\end{array} \qquad \text{(V-351)}$$

Die Lösungen dieses Randwertproblems werden dabei in irgendeiner Weise noch von dem *Parameter* $\mu > 0$ in der Biegegleichung (V-350) abhängen. Wir haben es daher mit einem *Eigenwertproblem* zu tun, mit dessen Lösungen wir uns jetzt näher beschäftigen wollen.

Triviale Lösung der Eigenwertaufgabe

Die Funktion $y = y(x) \equiv 0$ ist sicher eine *Lösung* der Biegegleichung (V-350), wie man durch Einsetzen in diese Gleichung leicht nachrechnen kann. Sie erfüllt auch *sämtliche* Randbedingungen. Aus *physikalischer* Sicht bedeutet diese Lösung, daß der Stab *keinerlei* Verformung erleidet. Es handelt sich also um die nicht näher interessierende *triviale* Lösung unserer Rand- bzw. Eigenwertaufgabe (Bild V-49).

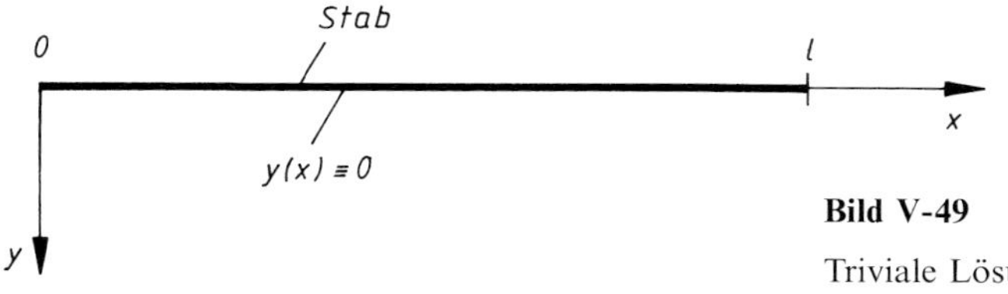

Bild V-49

Triviale Lösung: Der Stab erfährt *keinerlei* Verformung

Eigenlösungen oder Eigenfunktionen der Eigenwertaufgabe

Uns interessieren jetzt *ausschließlich* diejenigen Druckkräfte F, bei deren Einwirken der Stab auch tatsächlich *verformt* wird. Man bezeichnet diese Kräfte als *Eulersche Knickkräfte* oder auch *Eulersche Knicklasten*. Dabei gehört zu jeder Knickkraft F ein bestimmter Wert des Parameters μ sowie eine bestimmte *nicht-triviale* Lösung $y = y(x) \not\equiv 0$ unserer Randwertaufgabe. Diese *speziellen* Werte des Parameters μ (bzw. der Knicklast F), für die man also *nicht-triviale* Lösungen erhält, heißen *Eigenwerte* und die zugehörigen Lösungen daher *Eigenlösungen* oder auch *Eigenfunktionen*.

Mit der Bestimmung dieser Eigenwerte und Eigenlösungen wollen wir uns im folgenden beschäftigen. Die Biegegleichung (V-350) führt zunächst auf die *charakteristische Gleichung*

$$\lambda^4 + \mu^2 \lambda^2 = \lambda^2 (\lambda^2 + \mu^2) = 0 \qquad \text{(V-352)}$$

---

[20] Bei *geringen* Verformungen ist das Moment M *proportional* zur 2. Ableitung der Biegelinie: $M \sim y''$. Daher *verschwindet* die 2. Ableitung in *beiden* Randpunkten.

mit den Lösungen

$$\lambda_{1/2} = 0 \quad \text{und} \quad \lambda_{3/4} = \pm \mathrm{j}\,\mu \tag{V-353}$$

Die *allgemeine* Lösung der Biegegleichung (V-350) lautet daher:

$$y = C_1 + C_2\,x + C_3 \cdot \sin(\mu x) + C_4 \cdot \cos(\mu x) \tag{V-354}$$

Mit den benötigten Ableitungen

$$y' = C_2 + \mu C_3 \cdot \cos(\mu x) - \mu\,C_4 \cdot \sin(\mu x) \tag{V-355}$$

und

$$\begin{aligned} y'' &= -\mu^2\,C_3 \cdot \sin(\mu x) - \mu^2\,C_4 \cdot \cos(\mu x) = \\ &= -\mu^2\,[C_3 \cdot \sin(\mu x) + C_4 \cdot \cos(\mu x)] \end{aligned} \tag{V-356}$$

erhalten wir dann aus den Randbedingungen (V-351) vier *Bestimmungsgleichungen* für die unbekannten Konstanten C_1 bis C_4:

$$y(0) = 0 \;\Rightarrow\; C_1 + C_4 = 0 \tag{V-357}$$

$$y(l) = 0 \;\Rightarrow\; C_1 + C_2\,l + C_3 \cdot \sin(\mu l) + C_4 \cdot \cos(\mu l) = 0 \tag{V-358}$$

$$y''(0) = 0 \;\Rightarrow\; -\mu^2\,C_4 = 0 \tag{V-359}$$

$$y''(l) = 0 \;\Rightarrow\; -\mu^2\,[C_3 \cdot \sin(\mu l) + C_4 \cdot \cos(\mu l)] = 0 \tag{V-360}$$

Aus Gleichung (V-359) folgt sofort $C_4 = 0$ (wegen $\mu > 0$) und damit weiter aus Gleichung (V-357) auch $C_1 = 0$. Das Gleichungssystem *reduziert* sich damit auf

$$\begin{aligned} C_2\,l + C_3 \cdot \sin(\mu l) &= 0 \\ C_3 \cdot \sin(\mu l) &= 0 \end{aligned} \tag{V-361}$$

Durch *Differenzbildung* dieser Gleichungen folgt dann $C_2\,l = 0$ und somit $C_2 = 0$. Es verbleibt daher noch *eine* einzige Bestimmungsgleichung, nämlich

$$C_3 \cdot \sin(\mu l) = 0 \tag{V-362}$$

Unser Eigenwertproblem ist daher nur dann *nicht-trivial* lösbar, wenn $C_3 \neq 0$ ist. Dies aber führt zu der Gleichung

$$\sin(\mu l) = 0 \quad \text{oder} \quad \mu l = n\pi \tag{V-363}$$

deren Lösungen

$$\mu_n = \frac{n\pi}{l} \qquad (n = 1, 2, 3, \ldots) \tag{V-364}$$

die gesuchten *Eigenwerte* sind. Die zugehörigen *Eigenlösungen* oder *Eigenfunktionen* besitzen damit die folgende Gestalt:

$$y_n = y_n(x) = C_3 \cdot \sin\left(\frac{n\pi}{l}\,x\right) \qquad (0 \leqslant x \leqslant l) \tag{V-365}$$

$(n = 1, 2, 3, \ldots)$. Dabei ist C_3 eine (beliebige) von Null verschiedene Konstante.

Einige dieser *unendlich* vielen Eigenlösungen sind in Bild V-50 graphisch dargestellt.

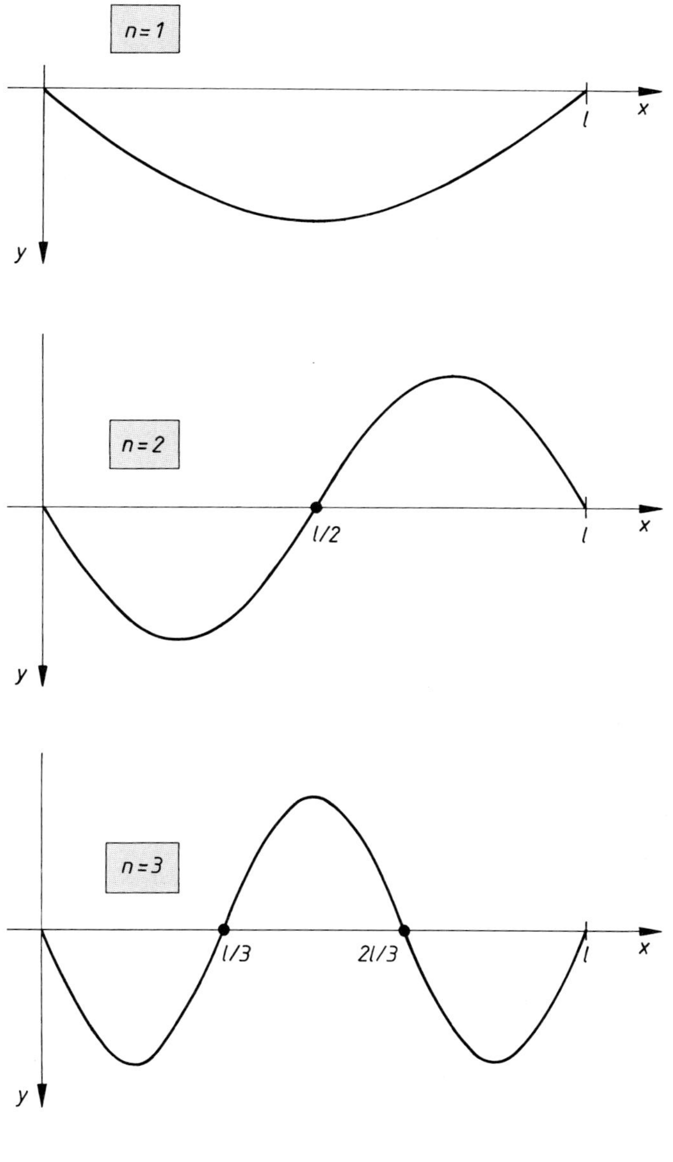

Bild V-50 Die ersten Eigenlösungen (Eigenfunktionen) beim *Eulerschen Knickfall*

6 Numerische Integration einer Differentialgleichung

Zahlreiche der in der naturwissenschaftlich-technischen Anwendungen auftretenden Differentialgleichungen (insbesondere *nichtlineare* Differentialgleichungen) sind elementar *nicht* lösbar, d.h. es ist *nicht* möglich, die Lösungsfunktionen in Form von *Funktionsgleichungen* anzugeben. In anderen Fällen wiederum ist eine Lösung der Differentialgleichung in *geschlossener* Form zwar *grundsätzlich* erreichbar, jedoch vom Arbeits- und Rechenaufwand her zu *aufwendig*. Es bleibt dann noch die Möglichkeit der *punktweisen* Berechnung der Lösungskurve unter Verwendung spezieller *Näherungsverfahren.*

6.1 Numerische Integration einer Differentialgleichung 1. Ordnung

6.1.1 Streckenzugverfahren von Euler

Die Aufgabe besteht darin, das *Anfangswertproblem*

$$y' = f(x; y) \qquad \textit{Anfangswert: } y(x_0) = y_0 \tag{V-366}$$

im Intervall $a \leqslant x \leqslant b$ *numerisch* zu lösen. Zunächst unterteilen wir das Intervall in n *gleiche* Teile der Länge

$$h = \frac{b-a}{n} \tag{V-367}$$

Die Größe h wird in diesem Zusammenhang als *Schrittweite* bezeichnet. Von *Euler* stammt das folgende, sehr anschauliche Verfahren zur *punktweisen* Bestimmung der Lösungsfunktion an den Stellen

$$x_0 = a, \ x_1 = a + h, \ x_2 = a + 2h, \ \ldots, \ x_n = b$$

$$x_k = x_0 + k \cdot h \qquad (k = 0, 1, \ldots, n) \tag{V-368}$$

Ausgehend vom vorgegebenen *Anfangspunkt* $P_0 = (x_0; y_0)$, der *auf* der *exakten* Lösungskurve $y = y(x)$ liegt, ersetzen wir die Lösungskurve im Intervall $x_0 \leqslant x \leqslant x_1$ *näherungsweise* durch die *Kurventangente* im Punkt P_0 (Bild V-51):

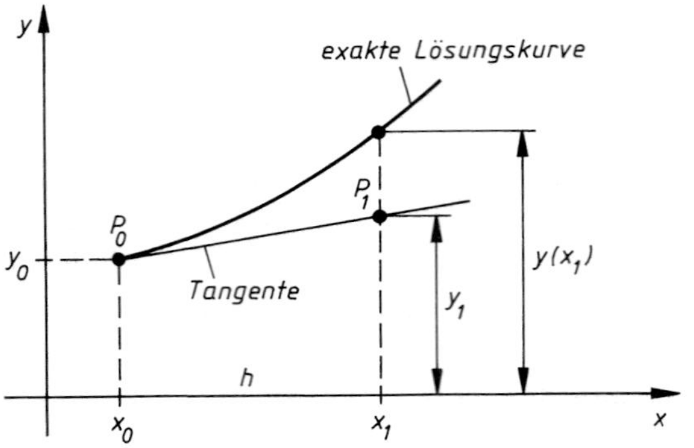

Bild V-51

Die Tangentensteigung m_0 erhält man aus der Differentialgleichung $y' = f(x; y)$, indem man für x und y die Koordinaten des Anfangspunktes P_0 einsetzt. Also ist

$$m_0 = f(x_0; y_0) \qquad \text{(V-369)}$$

Die Gleichung der *Tangente* lautet daher

$$\frac{y - y_0}{x - x_0} = f(x_0; y_0) \qquad \text{(V-370)}$$

oder

$$y = y_0 + (x - x_0) \cdot f(x_0; y_0) \qquad \text{(V-371)}$$

An der Stelle $x_1 = x_0 + h$ besitzt diese Tangente den *Ordinatenwert*

$$y_1 = y_0 + (x_1 - x_0) \cdot f(x_0; y_0) = y_0 + h \cdot f(x_0; y_0) \qquad \text{(V-372)}$$

Bei *geringer* Schrittweite h ist y_1 ein brauchbarer *Näherungswert* für den Funktionswert $y(x_1)$ der *exakten* Lösung an dieser Stelle:

$$y(x_1) \approx y_1 = y_0 + h \cdot f(x_0; y_0) \qquad \text{(V-373)}$$

Bild V-51 verdeutlicht diesen Sachverhalt.

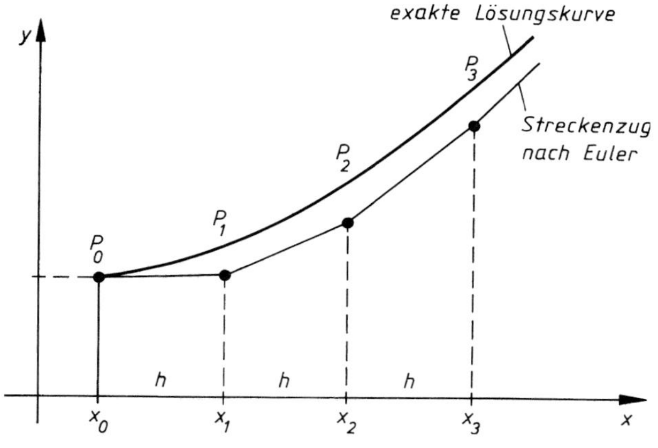

Bild V-52
Streckenzugverfahren von Euler

Die *näherungsweise* Berechnung der Lösungskurve $y = y(x)$ an der Stelle x_2 erfolgt *analog*. Der Punkt $P_1 = (x_1; y_1)$ ist daher der *Ausgangspunkt* [21]. Die Lösungskurve wird dann im Intervall $x_1 \leqslant x \leqslant x_2$ durch eine *Gerade* ersetzt, die durch den Punkt P_1 verläuft und dieselbe Steigung m_1 besitzt wie die Kurventangente der Lösungskurve durch P_1 an dieser Stelle (Bild V-52).

---

[21] Man beachte, daß P_1 *nicht* auf der exakten Lösungskurve liegt.

Die Gleichung dieser *Geraden* lautet somit

$$\frac{y - y_1}{x - x_1} = m_1 = f(x_1;\, y_1) \tag{V-374}$$

oder

$$y = y_1 + (x - x_1) \cdot f(x_1;\, y_1) \tag{V-375}$$

An der Stelle $x_2 = x_1 + h$ ist dann *näherungsweise*

$$y(x_2) \approx y_2 = y_1 + (x_2 - x_1) \cdot f(x_1;\, y_1) = y_1 + h \cdot f(x_1;\, y_1) \tag{V-376}$$

Dann wird das beschriebene Verfahren für den (neuen) *Anfangspunkt* $P_2 = (x_2;\, y_2)$, der *nicht* auf der exakten Lösungskurve liegt, *wiederholt*. Nach insgesamt n Rechenschritten gelangt man schließlich zum Endpunkt $P_n = (x_n;\, y_n)$. Die *näherungsweise* Berechnung der Funktionswerte der Lösungskurve $y = y(x)$ erfolgt somit nach der *Vorschrift*

$$y(x_k) \approx y_k = y_{k-1} + h \cdot f(x_{k-1};\, y_{k-1}) \qquad (k = 1, 2, \ldots, n) \tag{V-377}$$

Beim *Eulerschen* Verfahren setzt sich die Lösungskurve aus *geradlinigen* Stücken zusammen, d.h. man erhält eine Näherungskurve in Form eines *Streckenzuges* (auch *Polygon* genannt; s. Bild V-52).

Wir fassen zusammen:

Integration einer Differentialgleichung 1. Ordnung nach dem Streckenzugverfahren von Euler

Die *Lösungskurve* $y = y(x)$ der Differentialgleichung 1. Ordnung vom Typ

$$y' = f(x;\, y) \tag{V-378}$$

durch den vorgegebenen *Anfangspunkt* $P_0 = (x_0;\, y_0)$ läßt sich nach Euler *punktweise* wie folgt berechnen:

$$y(x_k) \approx y_k = y_{k-1} + h \cdot f(x_{k-1};\, y_{k-1}) \qquad (k = 1, 2, \ldots, n) \tag{V-379}$$

h: Schrittweite

Anmerkungen

(1) Die *stückweise* Approximation der exakten Lösungskurve $y = y(x)$ durch eine *Gerade* ist eine relativ *grobe* Näherung, zumal nur das Steigungsverhalten der Lösungskurve an *einer einzigen* Stelle, nämlich im jeweiligen *linken* Randpunkt, berücksichtigt wird. Eine ausreichende Genauigkeit der Näherungsrechnung ist daher nur für entsprechend *kleine* Schrittweiten zu erwarten. Dies aber bedeutet zugleich auch einen *hohen Rechenaufwand*. *Folgerung*: Das Eulersche Streckenzugverfahren ist für die Praxis nur *wenig* geeignet.

(2) Der *Fehler* (Verfahrensfehler) kann wie folgt abgeschätzt werden:

$$\Delta y_k = y(x_k) - y_k \approx y_k - \tilde{y}_k \qquad \text{(V-380)}$$

Dabei bedeuten:

$y(x_k)$: *Exakte* Lösung an der Stelle x_k

y_k: *Näherungslösung* an der Stelle x_k bei der Schrittweite h

$\tilde{y}_k$: *Näherungslösung* an der Stelle x_k bei *doppelter* Schrittweite ($h^* = 2h$)

Um eine *Kontrolle* über die Genauigkeit der Näherungsrechnung zu erhalten, kann eine *Zweitrechnung* (Grobrechnung) mit *doppelter* Schrittweite durchgeführt werden. Aus Formel (V-380) läßt sich dann der Fehler *abschätzen* (*Rundungsfehler* sind dabei noch *nicht* berücksichtigt).

Rechenschema

Für die Rechnung selbst empfehlen wir das folgende *Rechenschema*:

k	x	y	$h \cdot f(x; y)$
0	x_0	y_0 (Anfangswert)	$h \cdot f(x_0; y_0)$
1	$x_1 = x_0 + h$	$y_1 = y_0 + h \cdot f(x_0; y_0)$	$h \cdot f(x_1; y_1)$
2	$x_2 = x_0 + 2h$	$y_2 = y_1 + h \cdot f(x_1; y_1)$	$h \cdot f(x_2; y_2)$
3	$x_3 = x_0 + 3h$	$y_3 = y_2 + h \cdot f(x_2; y_2)$	$h \cdot f(x_3; y_3)$
⋮	⋮	⋮	⋮

■ **Beispiel**

Das *Anfangswertproblem*

$$y' = y + e^x \qquad \textit{Anfangswert: } y(0) = 1$$

ist *exakt* lösbar, die *Lösungsfunktion* lautet:

$$y = (x + 1) \cdot e^x$$

Wir berechnen nun die *Näherungslösung* dieser Differentialgleichung im Intervall $0 \leqslant x \leqslant 0{,}2$ zunächst für die Schrittweite $h = 0{,}05$ und anschließend bei *halbierter* Schrittweite ($h = 0{,}025$). Durch einen *Vergleich* der Näherungslösungen mit der exakten Lösung erhalten wir einen Eindruck über die *Güte* des Eulerschen Streckenzugverfahrens.

Schrittweite $h = 0{,}05$

k	x	y	$h \cdot f(x;\ y) = 0{,}05\,(y + e^x)$	y_{exakt}
0	0,00	1,000 000	0,100 000	1,000 000
1	0,05	1,100 000	0,107 564	1,103 835
2	0,10	1,207 564	0,115 637	1,215 688
3	0,15	1,323 200	0,124 252	1,336 109
4	0,20	1,447 452		1,465 683

Schrittweite $h = 0{,}025$

k	x	y	$h \cdot f(x;\ y) = 0{,}025\,(y + e^x)$	y_{exakt}
0	0,000	1,000 000	0,050 000	1,000 000
1	0,025	1,050 000	0,051 883	1,050 948
2	0,050	1,101 883	0,053 829	1,103 835
3	0,075	1,155 712	0,055 840	1,158 725
4	0,100	1,211 552	0,057 918	1,215 688
5	0,125	1,269 470	0,060 065	1,274 792
6	0,150	1,329 535	0,062 284	1,336 109
7	0,175	1,391 819	0,064 577	1,336 109
8	0,200	1,456 396		1,465 683

Wir stellen die beiden *Näherungslösungen der exakten* Lösung gegenüber:

x	y ($h = 0{,}05$)	y ($h = 0{,}025$)	y_{exakt}
0,00	1,000 000	1,000 000	1,000 000
0,05	1,100 000	1,101 883	1,103 835
0,10	1,207 564	1,211 552	1,215 688
0,15	1,323 200	1,329 535	1,336 109
0,20	1,447 452	1,456 396	1,465 683

Der *Vergleich* zeigt deutlich, daß sich die Funktionswerte bei *kleineren* Schrittweiten erwartungsgemäß *verbessern.*

■

6.1.2 Runge-Kutta-Verfahren 4. Ordnung

Das *Runge-Kutta-Verfahren 4. Ordnung* erweist sich in der Praxis als ein Rechenverfahren von *hoher* Genauigkeit. Der *Grundgedanke* ist dabei der *gleiche* wie beim *Streckenzugverfahren* von *Euler*. Wiederum wird die (exakte) Lösungskurve $y = y(x)$ der Differentialgleichung 1. Ordnung

$$y' = f(x; y) \qquad \text{(V-381)}$$

mit dem *Anfangswert* $y(x_0) = y_0$ in *jedem* Teilintervall der Länge h durch eine *Gerade* ersetzt.

Ausgangspunkt ist der vorgegebene *Anfangspunkt* $P_0 = (x_0; y_0)$. Wir *ersetzen* die Lösungskurve im Intervall $x_0 \leqslant x \leqslant x_1$ durch eine *Gerade* mit der Gleichung

$$\frac{y - y_0}{x - x_0} = m \qquad \text{oder} \qquad y = y_0 + (x - x_0)\, m \qquad \text{(V-382)}$$

Anders als beim Streckenzugverfahren von Euler wird hier für die Steigung m der Ersatzgeraden eine Art *mittlerer* Steigungswert der Lösungskurve angesetzt, wobei das Steigungsverhalten der Lösungskurve in den beiden *Randpunkten* und in der *Intervallmitte* berücksichtigt wird, allerdings mit *unterschiedlicher* Gewichtung [22].

Die *Rechenvorschrift* für das *Runge-Kutta-Verfahren 4. Ordnung* lautet:

Numerische Integration einer Differentialgleichung 1. Ordnung nach dem Runge-Kutta-Verfahren 4. Ordnung

Die *Lösungskurve* $y = y(x)$ der Differentialgleichung 1. Ordnung vom Typ

$$y' = f(x; y) \qquad \text{(V-383)}$$

durch den vorgegebenen *Anfangspunkt* $P_0 = (x_0; y_0)$ läßt sich nach Runge-Kutta *punktweise* wie folgt berechnen:

$$y(x_1) \approx y_1 = y_0 + \frac{1}{6}(k_1 + 2k_2 + 2k_3 + k_4)$$

$$k_1 = h \cdot f(x_0; y_0)$$

$$k_2 = h \cdot f\left(x_0 + \frac{h}{2}; y_0 + \frac{k_1}{2}\right)$$

$$k_3 = h \cdot f\left(x_0 + \frac{h}{2}; y_0 + \frac{k_2}{2}\right)$$

$$k_4 = h \cdot f(x_0 + h; y_0 + k_3)$$

(V-384)

[22] Wir erinnern: Beim *Streckenzugverfahren* wurde für die Steigung m nur das Steigungsverhalten der Lösungskurve im *linken* Randpunkt, d.h. im *Anfangspunkt* P_0 berücksichtigt ($m = f(x_0; y_0)$).

(V-384)

$$y(x_2) \approx y_2 = y_1 + \frac{1}{6}(k_1 + 2k_2 + 2k_3 + k_4)$$

$$k_1 = h \cdot f(x_1; y_1)$$

$$k_2 = h \cdot f\left(x_1 + \frac{h}{2}; y_1 + \frac{k_1}{2}\right)$$

$$k_3 = h \cdot f\left(x_1 + \frac{h}{2}; y_1 + \frac{k_2}{2}\right)$$

$$k_4 = h \cdot f(x_1 + h; y_1 + k_3)$$

.
.
.

h: Schrittweite

Anmerkungen

(1) Die *Hilfsgrößen* k_1, k_2, k_3 und k_4 müssen in *jedem* Teilintervall, d.h. für *jeden* Rechenschritt *neu* berechnet werden. Sie beschreiben näherungsweise das *Steigungsverhalten* der Lösungskurve $y = y(x)$ in den beiden *Randpunkten* (k_1, k_4) sowie in der *Intervallmitte* (k_2, k_3).

(2) Der *Fehler* (Verfahrensfehler) läßt sich wie folgt abschätzen:

$$\Delta y_k = y(x_k) - y_k \approx \frac{1}{15}(y_k - \tilde{y}_k) \qquad \text{(V-385)}$$

Dabei bedeuten:

$y(x_k)$: *Exakte* Lösung an der Stelle x_k

y_k: *Näherungslösung* an der Stelle x_k bei der Schrittweite h

$\tilde{y}_k$: *Näherungslösung* an der Stelle x_k bei doppelter Schrittweite ($2h$)

Das *Runge-Kutta-Verfahren 4. Ordnung* ist im *Gegensatz* zum *Eulerschen Streckenzugverfahren* eine Rechenmethode von *großer* Genauigkeit (s. hierzu das folgende Beispiel).

Rechenschema

Für die Rechnung verwenden wir das folgende *Rechenschema*:

Abkürzung: $K = \frac{1}{6}(k_1 + 2k_2 + 2k_3 + k_4)$

k	x	y	$f(x; y)$	$k = h \cdot f(x; y)$
0	x_0	y_0	$f(x_0; y_0)$	k_1
	$x_0 + \frac{h}{2}$	$y_0 + \frac{k_1}{2}$	$f\left(x_0 + \frac{h}{2}; y_0 + \frac{k_1}{2}\right)$	k_2
	$x_0 + \frac{h}{2}$	$y_0 + \frac{k_2}{2}$	$f\left(x_0 + \frac{h}{2}; y_0 + \frac{k_2}{2}\right)$	k_3
	$x_0 + h$	$y_0 + k_3$	$f(x_0 + h; y_0 + k_3)$	k_4
				$K = \frac{1}{6}(k_1 + 2k_2 + 2k_3 + k_4)$
1	$x_1 = x_0 + h$ ⋮	$y_1 = y_0 + K$	……	

Grau unterlegt: Näherungswert für $y(x_1)$

Geometrische Deutung (Bild V-53)

Wir versuchen nun, das Runge-Kutta-Verfahren *geometrisch anschaulich* zu deuten:

Vom Ausgangspunkt (Anfangspunkt) P_0 aus geht man längs einer Geraden g mit der (mittleren) Steigung m bis zum Intervallende, d.h. bis zur Stelle $x_1 = x_0 + h$ und gelangt so zum Endpunkt P_1, dessen Ordinate y_1 ein *Näherungswert* für die gesuchte exakte Lösung $y(x_1)$ ist. Die Steigung der Geraden wird dabei aus *vier* Steigungswerten ermittelt (je ein Steigungswert in den beiden *Randpunkten* des Intervalles und zwei weitere Steigungswerte in der *Intervallmitte*).

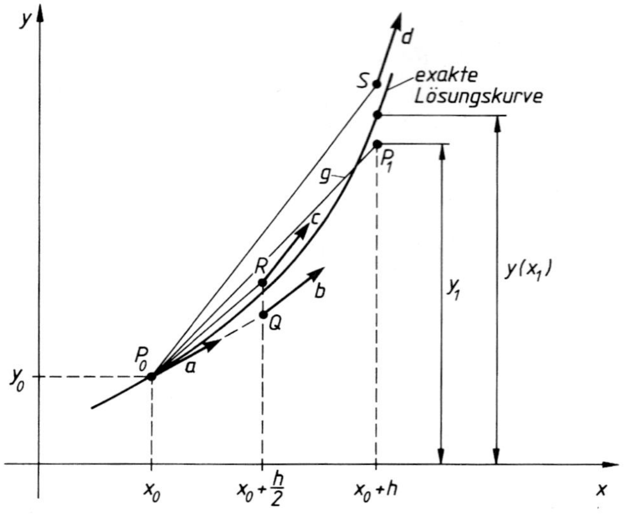

Bild V-53 Zur geometrischen Deutung des Runge-Kutta-Verfahrens 4. Ordnung

Die in die Runge-Kutta-Formel eingehenden Steigungswerte haben dabei die folgende geometrische Bedeutung:

(1) Steigungswert $\boldsymbol{m_1 = f(x_0; y_0)}$

Dieser Wert ist die Steigung der Tangente an die *exakte* Lösungskurve im Punkt P_0 (Linienelement a).

(2) Steigungswert $\boldsymbol{m_2 = f\left(x_0 + \frac{h}{2}; y_0 + \frac{k_1}{2}\right)}$

Man geht von P_0 in Richtung der *Tangente* bis zur *Intervallmitte* und erreicht somit den Punkt Q mit den Koordinaten

$$x_Q = x_0 + \frac{h}{2}, \quad y_Q = y_0 + \frac{1}{2}\underbrace{h \cdot f(x_0; y_0)}_{k_1} = y_0 + \frac{k_1}{2} \qquad \text{(V-386)}$$

Die Lösungskurve durch Q besitzt an dieser Stelle das Linienelement b mit der Steigung $m_2 = f\left(x_0 + \frac{h}{2}; y_0 + \frac{k_1}{2}\right)$.

(3) Steigungswert $m_3 = f\left(x_0 + \frac{h}{2};\ y_0 + \frac{k_2}{2}\right)$

Man geht von P_0 aus *geradlinig* und *parallel* zum Linienelement b bis zur *Intervallmitte* und gelangt so zum Punkt R mit den Koordinaten

$$x_R = x_0 + \frac{h}{2}, \quad y_R = y_0 + \frac{1}{2}\underbrace{h \cdot f\left(x_0 + \frac{h}{2};\ y_0 + \frac{k_1}{2}\right)}_{k_2} = y_0 + \frac{k_2}{2} \qquad \text{(V-387)}$$

Die Lösungskurve durch R besitzt an dieser Stelle das Linienelement c mit der Steigung $m_3 = f\left(x_0 + \frac{h}{2};\ y_0 + \frac{k_2}{2}\right)$.

(4) Steigungswert $m_4 = f(x_0 + h;\ y_0 + k_3)$

Der Weg führt jetzt von P_0 aus *geradlinig* und *parallel* zum Linienelement c bis zum *Intervallende*. Man erreicht somit den Punkt S mit den Koordinaten

$$x_S = x_0 + h, \quad y_S = y_0 + \underbrace{h \cdot f\left(x_0 + \frac{h}{2};\ y_0 + \frac{k_2}{2}\right)}_{k_3} = y_0 + k_3 \qquad \text{(V-388)}$$

Die Lösungskurve durch S besitzt dann an dieser Stelle das Linienelement d mit der Steigung $m_4 = f(x_0 + h;\ y_0 + k_3)$.

Die Steigung der Geraden g wird dann aus diesen vier Steigungswerten wie folgt berechnet:

$$m = \frac{m_1 + 2m_2 + 2m_3 + m_4}{6} \qquad \text{(V-389)}$$

Dieser Wert ist eine Art *mittlere* Steigung der Lösungskurve im betrachteten Intervall $x_0 \leqslant x \leqslant x_1 = x_0 + h$.

■ **Beispiel**

Wir behandeln nochmals das *exakt* lösbare *Anfangswertproblem*

$y' = y + e^x \qquad$ *Anfangswert*: $y(0) = 1$

mit der *exakten* Lösung

$y = (x + 1) \cdot e^x$

diesmal aber nach dem *Runge-Kutta-Verfahren 4. Ordnung.*

Gesucht wird die *Näherungslösung im* Intervall $0 \leqslant x \leqslant 0{,}2$ für die Schrittweite $h = 0{,}05$.

k	x	y	$f(x; y) = y + e^x$	$k = h \cdot f(x; y) = 0{,}05\,(y + e^x)$	y_{exakt}
0	0,000 0,025 0,025 0,050	1,000 000 1,050 000 1,051 883 1,103 860	2,000 000 2,075 315 2,077 198 2,155 131	0,100 000 0,103 766 0,103 860 0,107 757	1,000 000
				$K = 0{,}103\,835$	
1	0,050 0,075 0,075 0,100	**1,103 835** 1,157 712 1,159 724 1,215 715	2,155 106 2,235 597 2,237 609 2,320 886	0,107 755 0,111 780 0,111 880 0,116 044	1,103 835
				$K = 0{,}111\,853$	
2	0,100 0,125 0,125 0,150	**1,215 688** 1,273 709 1,275 859 1,336 138	2,320 859 2,406 858 2,409 008 2,497 973	0,116 043 0,120 343 0,120 450 0,124 899	1,215 688
				$K = 0{,}120\,421$	
3	0,150 0,175 0,175 0,200	**1,336 109** 1,398 558 1,400 854 1,465 714	2,497 943 2,589 804 2,592 100 2,687 117	0,124 897 0,129 490 0,129 605 0,134 356	1,336 109
				$K = 0{,}129\,574$	
4	0,200	**1,465 683**			1,465 683

Die Rechenergebnisse zeigen eine *völlige* Übereinstimmung zwischen *Näherungslösung* und *exakter* Lösung. Das *Runge-Kutta-Verfahren 4. Ordnung* ist daher ein *hervorragendes* Mittel zur *numerischen* Integration einer Differentialgleichung 1. Ordnung. Dies zeigt auch der *direkte* Vergleich mit den Rechenergebnissen, die wir nach dem *Eulerschen Streckenzugverfahren* erhalten haben:

x	y(Euler)	y(Runge-Kutta)	y_{exakt}
0,00	1,000 000	1,000 000	1,000 000
0,05	1,100 000	1,103 835	1,103 835
0,10	1,207 564	1,215 688	1,215 688
0,15	1,323 200	1,336 109	1,336 109
0,20	1,447 452	1,465 683	1,465 683

■

6.2 Numerische Integration einer Differentialgleichung 2. Ordnung nach dem Runge-Kutta-Verfahren 4. Ordnung

Das aus Abschnitt 6.1.2 bekannte *Runge-Kutta-Verfahren 4. Ordnung* zur Lösung einer Differentialgleichung *1. Ordnung* läßt sich auch auf eine Differentialgleichung *2. Ordnung* vom Typ

$$y'' = f(x;\ y;\ y') \tag{V-390}$$

mit den *Anfangswerten* $y(x_0) = y_0$, $y'(x_0) = y'_0$ übertragen. Ausgehend von diesen Anfangswerten läßt sich die gesuchte *Lösungskurve* $y = y(x)$ im Intervall $a \leqslant x \leqslant b$ *Punkt für Punkt* mit der konstanten Schrittweite h berechnen ($a = x_0$). Im 1. Rechenschritt werden Näherungswerte für die gesuchte Lösungsfunktion und ihre Ableitung an der Stelle $x_1 = x_0 + h$ berechnet. Diese wiederum dienen dann als Anfangswerte für den 2. Rechenschritt, d.h. für die Berechnung der Näherungswerte der Lösungsfunktion und ihrer Ableitung an der Stelle $x_2 = x_1 + h$ usw.

Die punktweise Berechnung der Lösungskurve erfolgt somit nach der folgenden Rechenvorschrift:

Numerische Integration einer Differentialgleichung 2. Ordnung nach dem Runge-Kutta-Verfahren 4. Ordnung

Die *Lösungskurve* $y = y(x)$ der Differentialgleichung 2. Ordnung vom Typ

$$y'' = f(x;\, y;\, y') \tag{V-391}$$

mit den vorgegebenen *Anfangswerten* $y(x_0) = y_0$, $y'(x_0) = y'_0$ läßt sich nach Runge-Kutta *punktweise* wie folgt berechnen:

$$y(x_1) \approx y_1 = y_0 + \frac{1}{6}(k_1 + 2k_2 + 2k_3 + k_4)$$

$$y'(x_1) \approx y'_1 = y'_0 + \frac{1}{6}(m_1 + 2m_2 + 2m_3 + m_4)$$

$$k_1 = h \cdot y'_0 \qquad m_1 = h \cdot f(x_0;\, y_0;\, y'_0)$$

$$k_2 = h\left(y'_0 + \frac{m_1}{2}\right) \qquad m_2 = h \cdot f\left(x_0 + \frac{h}{2};\, y_0 + \frac{k_1}{2};\, y'_0 + \frac{m_1}{2}\right)$$

$$k_3 = h\left(y'_0 + \frac{m_2}{2}\right) \qquad m_3 = h \cdot f\left(x_0 + \frac{h}{2};\, y_0 + \frac{k_2}{2};\, y'_0 + \frac{m_2}{2}\right)$$

$$k_4 = h(y'_0 + m_3) \qquad m_4 = h \cdot f(x_0 + h;\, y_0 + k_3;\, y'_0 + m_3)$$

(V-392)

$$y(x_2) \approx y_2 = y_1 + \frac{1}{6}(k_1 + 2k_2 + 2k_3 + k_4)$$

$$y'(x_2) \approx y'_2 = y'_1 + \frac{1}{6}(m_1 + 2m_2 + 2m_3 + m_4)$$

$$k_1 = h \cdot y'_1 \qquad m_1 = h \cdot f(x_1;\, y_1;\, y'_1)$$

$$k_2 = h\left(y'_1 + \frac{m_1}{2}\right) \qquad m_2 = h \cdot f\left(x_1 + \frac{h}{2};\, y_1 + \frac{k_1}{2};\, y'_1 + \frac{m_1}{2}\right)$$

$$k_3 = h\left(y'_1 + \frac{m_2}{2}\right) \qquad m_3 = h \cdot f\left(x_1 + \frac{h}{2};\, y_1 + \frac{k_2}{2};\, y'_1 + \frac{m_2}{2}\right)$$

$$k_4 = h(y'_1 + m_3) \qquad m_4 = h \cdot f(x_1 + h;\, y_1 + k_3;\, y'_1 + m_3)$$

.
.
.

h: Schrittweite

Anmerkung

Die *Hilfsgrößen* k_1, k_2, k_3, k_4 und m_1, m_2, m_3, m_4 müssen bei *jedem* Rechenschritt *neu* berechnet werden.

Rechenschema

Für die Rechnung verwenden wir das folgende *Rechenschema*:

Abkürzungen: $K = \frac{1}{6}(k_1 + 2k_2 + 2k_3 + k_4), \qquad M = \frac{1}{6}(m_1 + 2m_2 + 2m_3 + m_4)$

k	x	y	y'	$k = h \cdot y'$	$m = h \cdot f(x;\, y;\, y')$
0	x_0	y_0	y'_0	k_1	m_1
	$x_0 + \frac{h}{2}$	$y_0 + \frac{k_1}{2}$	$y'_0 + \frac{m_1}{2}$	k_2	m_2
	$x_0 + \frac{h}{2}$	$y_0 + \frac{k_2}{2}$	$y'_0 + \frac{m_2}{2}$	k_3	m_3
	$x_0 + h$	$y_0 + k_3$	$y'_0 + m_3$	k_4	m_4
				$K = \frac{1}{6}(k_1 + 2k_2 + 2k_3 + k_4)$ $M = \frac{1}{6}(m_1 + 2m_2 + 2m_3 + m_4)$	
1	$x_1 = x_0 + h$ ⋮	$y_1 = y_0 + K$	$y'_1 = y'_0 + M$	....	

Grau unterlegt: Näherungswerte für $y(x_1)$ und $y'(x_1)$

■ **Beispiel**

Das *Anfangswertproblem*

$$y'' = y' + 2y \qquad \textit{Anfangswerte}:\ y(0) = 3,\ y'(0) = 0$$

ist *exakt* lösbar, die *Lösungsfunktion* lautet:

$$y = e^{2x} + 2 \cdot e^{-x}$$

Wir berechnen nun die *Näherungslösung* im Intervall $0 \leqslant x \leqslant 0{,}3$ für die Schrittweite $h = 0{,}1$.

k	x	y	y'	$k = h \cdot y' = 0{,}1\, y'$	$m = h \cdot f(x;\, y;\, y') = 0{,}1\,(y' + 2\,y)$	y_{exakt}	y'_{exakt}
0	0,00	3,000 000	0,000 000	0,000 000	0,600 000	3,000 000	0,000 000
	0,05	3,000 000	0,300 000	0,030 000	0,630 000		
	0,05	3,015 000	0,315 000	0,031 500	0,634 500		
	0,10	3,031 500	0,634 500	0,063 450	0,669 750		
				$K = 0{,}031\,075$	$M = 0{,}633\,125$		
1	0,10	3,031 075	0,633 125	0,063 313	0,669 528	3,031 078	0,633 131
	0,15	3,062 732	0,967 889	0,096 789	0,709 335		
	0,15	3,079 470	0,987 793	0,098 779	0,714 673		
	0,20	3,129 854	1,347 798	0,134 780	0,760 751		
				$K = 0{,}098\,205$	$M = 0{,}713\,049$		
2	0,20	3,129 280	1,346 174	0,134 617	0,760 473	3,129 286	1,346 286
	0,25	3,196 589	1,726 411	0,172 641	0,811 957		
	0,25	3,215 601	1,752 153	0,175 215	0,818 336		
	0,30	3,304 495	2,164 510	0,216 451	0,877 350		
				$K = 0{,}174\,463$	$M = 0{,}816\,402$		
3	0,30	3,303 743	2,162 576			3,303 755	2,162 601

Ein Vergleich mit der *exakten* Lösung zeigt eine gute Übereinstimmung der Ergebnisse, gleichzeitig aber auch, daß die Genauigkeit mit *zunehmender* Entfernung vom Anfangspunkt *abnimmt*.

■

7 Systeme linearer Differentialgleichungen

7.1 Systeme linearer Differentialgleichungen 1. Ordnung mit konstanten Koeffizienten

7.1.1 Ein einführendes Beispiel

Der in Bild V-54 dargestellte Stromkreis (ein sog. *Kettenleiter*) enthält zwei gleiche ohmsche Widerstände R und zwei gleiche Induktivitäten L. Er wird durch die (zeitabhängige) Spannung $u = u(t)$ gespeist.

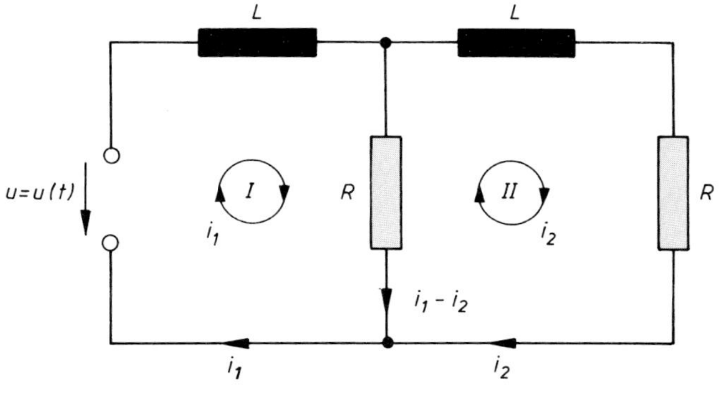

Bild V-54
Kettenleiter

In den Maschen I und II fließen die ebenfalls zeitabhängigen Ströme $i_1 = i_1(t)$ und $i_2 = i_2(t)$. Die Anwendung der *Maschenregel*[23] auf diese Maschen liefert dann die folgenden Beziehungen:

$$\begin{aligned} L\frac{di_1}{dt} + R(i_1 - i_2) - u &= 0 \\ L\frac{di_2}{dt} - R(i_1 - i_2) + R\,i_2 &= 0 \end{aligned} \qquad \text{(V-393)}$$

Diese Gleichungen können wir auch in der Form

$$\begin{aligned} \frac{di_1}{dt} &= -\frac{R}{L}i_1 + \frac{R}{L}i_2 + \frac{u}{L} \\ \frac{di_2}{dt} &= \frac{R}{L}i_1 - \frac{2R}{L}i_2 \end{aligned} \qquad \text{(V-394)}$$

darstellen. Es handelt sich dabei um *lineare* Differentialgleichungen *1. Ordnung* mit *kon-*

23) *Maschenregel*: In jeder Masche ist die *Summe* der Spannungen gleich *Null*.

stanten Koeffizienten für die beiden unbekannten Maschenströme $i_1(t)$ und $i_2(t)$, die jedoch *nicht* unabhängig voneinander sind, sondern einer *Kopplung* unterliegen [24]. Denn *beide* Stromgrößen treten in *jeder* der beiden Maschengleichungen auf. Man spricht daher auch von miteinander *gekoppelten* Differentialgleichungen.

Der Zusammenhang zwischen den Maschenströmen $i_1 = i_1(t)$ und $i_2 = i_2(t)$ wird in diesem Beispiel also durch ein *System* von zwei inhomogenen linearen Differentialgleichungen 1. Ordnung mit konstanten Koeffizienten beschrieben. Die Aufgabe besteht dann darin, das vorliegende System mit Hilfe eines geeigneten Lösungsansatzes zu lösen, wobei die Werte der beiden Ströme zu Beginn (d.h. zur Zeit $t = 0$) meist als sog. *Anfangswerte* $i_1(0)$ und $i_2(0)$ vorgegeben sind. Eine Problemstellung dieser Art wird daher auch als ein *Anfangswertproblem* bezeichnet. Mit der Lösung dieser wichtigen Aufgabe werden wir uns dann am Ende dieses Abschnitts ausführlich beschäftigen.

7.1.2 Grundbegriffe

Das einführende Beispiel führte uns auf ein *System* von *zwei* inhomogenen linearen Differentialgleichungen *1. Ordnung* mit *konstanten* Koeffizienten vom allgemeinen Typ

$$\begin{aligned} y_1' &= a_{11}y_1 + a_{12}y_2 + g_1(x) \\ y_2' &= a_{21}y_1 + a_{22}y_2 + g_2(x) \end{aligned} \qquad \text{(V-395)}$$

auf das wir uns in diesem Abschnitt auch beschränken wollen.

Homogene und inhomogene Systeme

Die Funktionen $g_1(x)$ und $g_2(x)$ werden dabei als *Störfunktionen* oder *Störglieder* bezeichnet. Fehlen *beide* Störglieder, d.h. ist $g_1(x) \equiv 0$ *und* $g_2(x) \equiv 0$, so heißt das lineare System *homogen*, ansonsten *inhomogen*.

Ordnung eines Systems

Unter der *Ordnung* eines Differentialgleichungssystems versteht man die *Summe* der Ordnungen der einzelnen Differentialgleichungen, die zu dem System gehören. Wir haben es hier also mit Systemen *2. Ordnung* zu tun.

Lösungen eines Systems

Jedes *Funktionenpaar* $y_1 = y_1(x)$ und $y_2 = y_2(x)$, das zusammen mit den Ableitungen $y_1' = y_1'(x)$ und $y_2' = y_2'(x)$ das lineare System (V-395) identisch erfüllt, bildet eine *Lösung* des Systems. Eine Lösung besteht daher immer aus *zwei* Lösungsfunktionen y_1 und y_2.

Die *allgemeine* Lösung eines Systems von Differentialgleichungen enthält dabei noch frei wählbare *Parameter* (auch *Integrationskonstanten* genannt), deren Anzahl der *Ordnung* n des Systems entspricht. In dem hier ausschließlich behandelten Fall eines Differentialgleichungssystems 2. Ordnung enthält die allgemeine Lösung daher genau *zwei* Parameter. Diese lassen sich häufig aus zwei *Anfangsbedingungen* oder *Anfangswerten* bestimmen

[24] Die Kopplung erfolgt hier über den *ohmschen Widerstand* R, der beiden Maschen *gemeinsam* ist.

(sog. *Anfangswertproblem* oder *Anfangswertaufgabe*). Aus der *allgemeinen* Lösung des Differentialgleichungssystems wird auf diese Weise dann eine *spezielle* oder *partikuläre* Lösung des Systems.

Matrizendarstellung eines Systems

Das *lineare* Differentialgleichungssystem (V-395) läßt sich auch in der oft sehr nützlichen *Matrizenform* darstellen. Zu diesem Zweck führen wir zunächst die folgenden *Spaltenmatrizen* (*Spaltenvektoren*) ein:

$$\mathbf{y} = \begin{pmatrix} y_1 \\ y_2 \end{pmatrix}, \quad \mathbf{y}' = \begin{pmatrix} y_1' \\ y_2' \end{pmatrix} \quad \text{und} \quad \mathbf{g}(x) = \begin{pmatrix} g_1(x) \\ g_2(x) \end{pmatrix} \qquad \text{(V-396)}$$

Sie werden wie folgt bezeichnet:

$\mathbf{y}$: *Lösungsvektor*

$\mathbf{y}'$: *Ableitung des Lösungsvektors*

$\mathbf{g}(x)$: „*Störvektor*“ (aus den beiden *Störgliedern* gebildet)

Die *konstanten* Koeffizienten des Systems werden zu der 2-reihigen *Koeffizientenmatrix*

$$\mathbf{A} = \begin{pmatrix} a_{11} & a_{12} \\ a_{21} & a_{22} \end{pmatrix} \qquad \text{(V-397)}$$

zusammengefaßt. Das lineare System (V-395) läßt sich dann auch in der *Matrizenform*

$$\mathbf{y}' = \mathbf{A}\,\mathbf{y} + \mathbf{g}(x) \qquad \text{(V-398)}$$

darstellen. Für ein *homogenes* System gilt $\mathbf{g}(x) \equiv \mathbf{0}$ und somit

$$\mathbf{y}' = \mathbf{A}\,\mathbf{y} \qquad \text{(V-399)}$$

Wir fassen die wichtigsten Grundbegriffe wie folgt zusammen:

Einige Grundbegriffe für Systeme linearer Differentialgleichungen 1. Ordnung mit konstanten Koeffizienten

Zwei *gekoppelte* lineare Differentialgleichungen *1. Ordnung* mit *konstanten* Koeffizienten vom Typ

$$\begin{aligned} y_1' &= a_{11}\,y_1 + a_{12}\,y_2 + g_1(x) \\ y_2' &= a_{21}\,y_1 + a_{22}\,y_2 + g_2(x) \end{aligned} \qquad \text{(V-400)}$$

bilden ein *lineares Differentialgleichungssystem 2. Ordnung*, das auch in der *Matrizenform*

$$\underbrace{\begin{pmatrix} y_1' \\ y_2' \end{pmatrix}}_{\mathbf{y}'} = \underbrace{\begin{pmatrix} a_{11} & a_{12} \\ a_{21} & a_{22} \end{pmatrix}}_{\mathbf{A}} \underbrace{\begin{pmatrix} y_1 \\ y_2 \end{pmatrix}}_{\mathbf{y}} + \underbrace{\begin{pmatrix} g_1(x) \\ g_2(x) \end{pmatrix}}_{\mathbf{g}(x)} \qquad \text{(V-401)}$$

oder (in der Kurzschreibweise)

$$\mathbf{y}' = \mathbf{A}\,\mathbf{y} + \mathbf{g}(x) \qquad \text{(V-402)}$$

dargestellt werden kann.

Dabei bedeuten:

a_{ik}: Reelle (konstante) Koeffizienten ($i, k = 1, 2$)

$g_i(x)$: *Störglieder* oder *Störfunktionen* ($i = 1, 2$)

$\mathbf{y}$: *Lösungsvektor* (enthält die Lösungen y_1 und y_2 als Komponenten)

$\mathbf{y}'$: *Ableitung des Lösungsvektors*

$\mathbf{g}(x)$: „*Störvektor*" (gebildet mit den beiden *Störgliedern*)

$\mathbf{A}$: *Koeffizientenmatrix* (gebildet aus den reellen Koeffizienten des Systems)

1. Homogene und inhomogene Systeme

Das lineare Differentialgleichungssystem (V-400) heißt *homogen*, wenn $g_1(x) \equiv 0$ *und* $g_2(x) \equiv 0$ und somit $\mathbf{g}(x) \equiv \mathbf{0}$ ist. Ansonsten heißt das System *inhomogen*. Ein *homogenes* System ist daher in der Matrizenform $\mathbf{y}' = \mathbf{A}\,\mathbf{y}$ darstellbar.

2. Allgemeine Lösung eines linearen Systems

Die *allgemeine* Lösung $y_1 = y_1(x)$, $y_2 = y_2(x)$ bzw. der *allgemeine* Lösungsvektor $\mathbf{y} = \mathbf{y}(x)$ enthält noch *zwei* voneinander unabhängige Parameter.

3. Anfangswertproblem

Ein *Anfangswertproblem* liegt vor, wenn für jede der beiden gesuchten Lösungsfunktionen $y_1 = y_1(x)$ und $y_2 = y_2(x)$ ein *Anfangswert* vorgegeben wird, aus dem sich dann die unbekannten Parameter der allgemeinen Lösung bestimmen lassen. Man erhält auf diese Weise eine *spezielle* oder *partikuläre* Lösung des Differentialgleichungssystems.

■ **Beispiele**

(1) Das lineare Differentialgleichungssystem

$$\begin{aligned} y_1' &= y_1 + y_2 \\ y_2' &= -y_1 + y_2 \end{aligned} \quad \text{oder} \quad \begin{pmatrix} y_1' \\ y_2' \end{pmatrix} = \begin{pmatrix} 1 & 1 \\ -1 & 1 \end{pmatrix} \begin{pmatrix} y_1 \\ y_2 \end{pmatrix}$$

ist *homogen*. Mit den *Anfangsbedingungen* $y_1(0) = 0$ und $y_2(0) = 1$ wird daraus ein *Anfangswertproblem*.

(2) Die *gekoppelten* linearen Differentialgleichungen 1. Ordnung

$$\begin{aligned} y_1' &= -y_1 + y_2 + e^{2x} \\ y_2' &= y_1 - 2y_2 + x \end{aligned}$$

bilden dagegen ein *inhomogenes* lineares Differentialgleichungssystem 2. Ordnung. Die *Matrizendarstellung* dieses Systems lautet:

$$\begin{pmatrix} y_1' \\ y_2' \end{pmatrix} = \begin{pmatrix} -1 & 1 \\ 1 & -2 \end{pmatrix} \begin{pmatrix} y_1 \\ y_2 \end{pmatrix} + \begin{pmatrix} e^{2x} \\ x \end{pmatrix}$$

■

7.1.3 Integration des homogenen linearen Differentialgleichungssystems

Das *homogene* lineare System

$$\begin{aligned} y_1' &= a_{11} y_1 + a_{12} y_2 \\ y_2' &= a_{21} y_1 + a_{22} y_2 \end{aligned} \quad \text{oder} \quad \mathbf{y}' = \mathbf{A}\,\mathbf{y} \tag{V-403}$$

läßt sich durch einen *Exponentialansatz* der Form

$$y_1 = K_1 \cdot e^{\lambda x} \quad \text{und} \quad y_2 = K_2 \cdot e^{\lambda x} \tag{V-404}$$

mit einem beiden Funktionen gemeinsamen (aber noch unbekannten) *Parameter* λ wie folgt lösen. Wir bilden zunächst die Ableitung dieser Funktionen:

$$y_1' = \lambda K_1 \cdot e^{\lambda x} \quad \text{und} \quad y_2' = \lambda K_2 \cdot e^{\lambda x} \tag{V-405}$$

und setzen diese dann zusammen mit dem Lösungsansatz in das *homogene* lineare System (V-403) ein:

$$\begin{aligned} \lambda K_1 \cdot e^{\lambda x} &= a_{11} K_1 \cdot e^{\lambda x} + a_{12} K_2 \cdot e^{\lambda x} \\ \lambda K_2 \cdot e^{\lambda x} &= a_{21} K_1 \cdot e^{\lambda x} + a_{22} K_2 \cdot e^{\lambda x} \end{aligned} \tag{V-406}$$

Nach *Division* durch $e^{\lambda x}$ erhalten wir:

$$\begin{aligned} \lambda K_1 &= a_{11} K_1 + a_{12} K_2 \\ \lambda K_2 &= a_{21} K_1 + a_{22} K_2 \end{aligned} \tag{V-407}$$

Dieses *homogene lineare Gleichungssystem* für die unbekannten Koeffizienten K_1 und K_2 läßt sich dabei noch auf die folgende Gestalt bringen:

$$\begin{aligned} (a_{11} - \lambda) K_1 + a_{12} K_2 &= 0 \\ a_{21} K_1 + (a_{22} - \lambda) K_2 &= 0 \end{aligned} \tag{V-408}$$

In der *Matrizenform* lautet dieses Gleichungssystem:

$$(\mathbf{A} - \lambda\,\mathbf{E})\,\mathbf{K} = \mathbf{0} \quad \text{mit} \quad \mathbf{K} = \begin{pmatrix} K_1 \\ K_2 \end{pmatrix} \tag{V-409}$$

Nicht-triviale Lösungen erhalten wir nur dann, wenn die Koeffizientendeterminante *verschwindet*. Diese Bedingung führt zu der *charakteristischen Gleichung*

$$\det(\mathbf{A} - \lambda \mathbf{E}) = \begin{vmatrix} a_{11} - \lambda & a_{12} \\ a_{21} & a_{22} - \lambda \end{vmatrix} = (a_{11} - \lambda)(a_{22} - \lambda) - a_{12} a_{21} =$$

$$= \lambda^2 - \underbrace{(a_{11} + a_{22})}_{\mathrm{Sp}(\mathbf{A})} \lambda + \underbrace{(a_{11} a_{22} - a_{12} a_{21})}_{\det \mathbf{A}} =$$

$$= \lambda^2 - \mathrm{Sp}(\mathbf{A}) \cdot \lambda + \det \mathbf{A} = 0 \qquad \text{(V-410)}$$

Die Lösungen dieser Gleichung sind demnach die *Eigenwerte* der Koeffizientenmatrix **A**. Dabei sind wiederum (wie schon bei der *homogenen* Differentialgleichung *2. Ordnung* mit konstanten Koeffizienten) *drei* Fälle zu unterscheiden:

1. Fall: $\lambda_1 \neq \lambda_2$ (reell)

Die charakteristische Gleichung besitzt zwei *verschiedene reelle* Lösungen λ_1 und λ_2. Sie führen zu den Exponentialfunktionen $e^{\lambda_1 x}$ und $e^{\lambda_2 x}$, aus denen man durch *Linearkombination* die *erste* Lösungsfunktion $y_1 = y_1(x)$ gewinnt:

$$y_1 = C_1 \cdot e^{\lambda_1 x} + C_2 \cdot e^{\lambda_2 x} \qquad (C_1, C_2 \in \mathbb{R}) \qquad \text{(V-411)}$$

Die *zweite* Lösungsfunktion $y_2 = y_2(x)$ erhalten wir, indem wir die erste Lösungsfunktion y_1 zusammen mit ihrer Ableitung y_1' in die *erste* Gleichung des homogenen linearen Differentialgleichungssystems (V-403) einsetzen und diese Gleichung dann nach y_2 auflösen:

$$y_2 = \frac{1}{a_{12}} (y_1' - a_{11} y_1) \qquad \text{(V-412)}$$

2. Fall: $\lambda_1 = \lambda_2 = \alpha$ (reell)

Die charakteristische Gleichung (V-410) besitzt jetzt eine *doppelte* reelle Lösung $\lambda_{1/2} = \alpha$. In diesem Fall lautet die *erste* Lösungsfunktion wie folgt:

$$y_1 = (C_1 + C_2 x) \cdot e^{\alpha x} \qquad (C_1, C_2 \in \mathbb{R}) \qquad \text{(V-413)}$$

Die *zweite* Lösungsfunktion $y_2 = y_2(x)$ erhalten wir durch Einsetzen von y_1 und y_1' in Gleichung (V-412).

3. Fall: $\lambda_{1/2} = \alpha \pm j\omega$ (konjugiert komplex)

Die *konjugiert komplexe* Lösung $\lambda_{1/2} = \alpha \pm j\omega$ führt zu der folgenden *ersten* Lösungsfunktion:

$$y_1 = e^{\alpha x} [C_1 \cdot \sin(\omega x) + C_2 \cdot \cos(\omega x)] \qquad (C_1, C_2 \in \mathbb{R}) \qquad \text{(V-414)}$$

Die *zweite* Lösungsfunktion $y_2 = y_2(x)$ erhalten wir wiederum aus Gleichung (V-412), indem wir dort y_1 und y_1' einsetzen.

Wir fassen die Ergebnisse wie folgt zusammen:

Integration eines homogenen linearen Differentialgleichungssystems 2. Ordnung

Ein *homogenes* lineares Differentialgleichungssystem 2. Ordnung vom Typ

$$\begin{aligned} y_1' &= a_{11}\, y_1 + a_{12}\, y_2 \\ y_2' &= a_{21}\, y_1 + a_{22}\, y_2 \end{aligned} \quad \text{oder} \quad \mathbf{y}' = \mathbf{A}\,\mathbf{y} \tag{V-415}$$

läßt sich stets durch den *Exponentialansatz*

$$y_1 = K_1 \cdot e^{\lambda x} \quad \text{und} \quad y_2 = K_2 \cdot e^{\lambda x} \tag{V-416}$$

mit einem (zunächst noch unbekannten) *Parameter* λ lösen. Die Werte dieses Parameters sind dabei die *Eigenwerte* der Koeffizientenmatrix $\mathbf{A}$ und werden somit aus der *charakteristischen Gleichung*

$$\det(\mathbf{A} - \lambda \mathbf{E}) = \begin{vmatrix} a_{11} - \lambda & a_{12} \\ a_{21} & a_{22} - \lambda \end{vmatrix} = 0 \tag{V-417}$$

berechnet. Dabei sind *drei* Fälle zu unterscheiden ($C_1, C_2 \in \mathbb{R}$):

1. Fall: $\lambda_1 \neq \lambda_2$ (reell)

Für die *erste* Lösungsfunktion y_1 erhalten wir:

$$y_1 = C_1 \cdot e^{\lambda_1 x} + C_2 \cdot e^{\lambda_2 x} \tag{V-418}$$

Die *zweite* Lösungsfunktion y_2 wird dann aus der Gleichung

$$y_2 = \frac{1}{a_{12}} \left(y_1' - a_{11}\, y_1 \right) \tag{V-419}$$

durch Einsetzen von y_1 und deren Ableitung y_1' ermittelt.

2. Fall: $\lambda_1 = \lambda_2 = \alpha$ (reell)

Die *erste* Lösungsfunktion y_1 lautet diesmal:

$$y_1 = (C_1 + C_2\, x) \cdot e^{\alpha x} \tag{V-420}$$

Die *zweite* Lösungsfunktion y_2 wird wiederum aus Gleichung (V-419) ermittelt.

3. Fall: $\lambda_{1/2} = \alpha \pm j\omega$ (konjugiert komplex)

Die *erste* Lösungsfunktion y_1 besitzt die folgende Gestalt:

$$y_1 = e^{\alpha x} \left[C_1 \cdot \sin(\omega x) + C_2 \cdot \cos(\omega x) \right] \tag{V-421}$$

Die *zweite* Lösungsfunktion y_2 wird wiederum aus Gleichung (V-419) ermittelt.

Anmerkung

Wie schon bei den homogenen Differentialgleichungen n-ter Ordnung wird auch hier die *allgemeine* Lösung $y_1 = y_1(x)$, $y_2 = y_2(x)$ aus *Linearkombinationen* bestimmter *Basislösungen* oder *Basisfunktionen* dargestellt. Diese *Fundamentalbasis* lautet dabei wie folgt:

Im 1. Fall: $\quad e^{\lambda_1 x}, \quad e^{\lambda_2 x}$

Im 2. Fall: $\quad e^{\alpha x}, \quad x \cdot e^{\alpha x}$

Im 3. Fall: $\quad e^{\alpha x} \cdot \sin(\omega x), \quad e^{\alpha x} \cdot \cos(\omega x)$

■ **Beispiele**

(1) $$\begin{aligned} y_1' &= -y_1 + 3y_2 \\ y_2' &= 2y_1 - 2y_2 \end{aligned} \quad \text{oder} \quad \begin{pmatrix} y_1' \\ y_2' \end{pmatrix} = \begin{pmatrix} -1 & 3 \\ 2 & -2 \end{pmatrix} \begin{pmatrix} y_1 \\ y_2 \end{pmatrix}$$

Charakteristische Gleichung mit Lösungen:

$$\begin{vmatrix} (-1-\lambda) & 3 \\ 2 & (-2-\lambda) \end{vmatrix} = (-1-\lambda)(-2-\lambda) - 6 = 0$$

$$\lambda^2 + 3\lambda - 4 = 0 \quad \Rightarrow \quad \lambda_1 = -4, \quad \lambda_2 = 1 \qquad \text{(1. Fall)}$$

Allgemeine Lösung des Differentialgleichungssystems:

$$y_1 = C_1 \cdot e^{-4x} + C_2 \cdot e^x$$

$$y_1' = -4C_1 \cdot e^{-4x} + C_2 \cdot e^x, \quad a_{11} = -1, \quad a_{12} = 3$$

$$y_2 = \frac{1}{a_{12}}(y_1' - a_{11}y_1) =$$

$$= \frac{1}{3}\left(-4C_1 \cdot e^{-4x} + C_2 \cdot e^x + C_1 \cdot e^{-4x} + C_2 \cdot e^x\right) =$$

$$= \frac{1}{3}\left(-3C_1 \cdot e^{-4x} + 2C_2 \cdot e^x\right) = -C_1 \cdot e^{-4x} + \frac{2}{3}C_2 \cdot e^x$$

Das vorliegende System wird somit durch die folgenden Funktionen *allgemein* gelöst:

$$\left.\begin{aligned} y_1 &= C_1 \cdot e^{-4x} + C_2 \cdot e^x \\ y_2 &= -C_1 \cdot e^{-4x} + \frac{2}{3}C_2 \cdot e^x \end{aligned}\right\} \qquad C_1, C_2 \in \mathbb{R}$$

Wir können die Lösung des vorgegebenen linearen Differentialgleichungssystems aber auch durch den *Lösungsvektor*

$$\mathbf{y} = \begin{pmatrix} C_1 \cdot e^{-4x} + C_2 \cdot e^x \\ -C_1 \cdot e^{-4x} + \frac{2}{3} C_2 \cdot e^x \end{pmatrix} \qquad (C_1, C_2 \in \mathbb{R})$$

beschreiben.

(2) $\begin{aligned} y_1' &= y_1 + y_2 \\ y_2' &= -y_1 + y_2 \end{aligned}$ oder $\begin{pmatrix} y_1' \\ y_2' \end{pmatrix} = \begin{pmatrix} 1 & 1 \\ -1 & 1 \end{pmatrix} \begin{pmatrix} y_1 \\ y_2 \end{pmatrix}$

Charakteristische Gleichung mit Lösungen:

$$\begin{vmatrix} (1-\lambda) & 1 \\ -1 & (1-\lambda) \end{vmatrix} = (1-\lambda)^2 + 1 = 0$$

$$\lambda^2 - 2\lambda + 2 = 0 \;\Rightarrow\; \lambda_{1/2} = 1 \pm \mathrm{j} \qquad \text{(3. Fall)}$$

Allgemeine Lösung des Differentialgleichungssystems:

$$y_1 = e^x (C_1 \cdot \sin x + C_2 \cdot \cos x)$$

$$y_1' = e^x (C_1 \cdot \sin x + C_2 \cdot \cos x) + e^x (C_1 \cdot \cos x - C_2 \cdot \sin x)$$

$$a_{11} = 1, \quad a_{12} = 1$$

$$\begin{aligned} y_2 &= \frac{1}{a_{12}} (y_1' - a_{11} y_1) = \\ &= e^x (C_1 \cdot \sin x + C_2 \cdot \cos x) + e^x (C_1 \cdot \cos x - C_2 \cdot \sin x) - \\ &\qquad - e^x (C_1 \cdot \sin x + C_2 \cdot \cos x) = \\ &= e^x (C_1 \cdot \cos x - C_2 \cdot \sin x) \end{aligned}$$

Die *allgemeine* Lösung des Differentialgleichungssystems lautet somit:

$$\left. \begin{aligned} y_1 &= e^x (C_1 \cdot \sin x + C_2 \cdot \cos x) \\ y_2 &= e^x (C_1 \cdot \cos x - C_2 \cdot \sin x) \end{aligned} \right\} \qquad C_1, C_2 \in \mathbb{R}$$

(3) $\left. \begin{aligned} y_1' &= 4y_1 - 3y_2 \\ y_2' &= 3y_1 - 2y_2 \end{aligned} \right\} \; y_1(0) = 1, \quad y_2(0) = 0$

Charakteristische Gleichung mit Lösungen:

$$\begin{vmatrix} (4-\lambda) & -3 \\ 3 & (-2-\lambda) \end{vmatrix} = (4-\lambda)(-2-\lambda) + 9 = 0$$

$$\lambda^2 - 2\lambda + 1 = 0 \;\Rightarrow\; \lambda_{1/2} = 1 \qquad \text{(2. Fall)}$$

Allgemeine Lösung des Differentialgleichungssystems:

$$y_1 = (C_1 + C_2 x) \cdot e^x$$

$$y_1' = C_2 \cdot e^x + (C_1 + C_2 x) \cdot e^x, \quad a_{11} = 4, \quad a_{12} = -3$$

$$y_2 = \frac{1}{a_{12}} (y_1' - a_{11} y_1) =$$

$$= -\frac{1}{3}\left(C_2 \cdot e^x + (C_1 + C_2 x) \cdot e^x - 4(C_1 + C_2 x) \cdot e^x\right) =$$

$$= -\frac{1}{3}\left(-3C_1 + C_2 - 3C_2 x\right) \cdot e^x = \left(C_1 - \frac{1}{3} C_2 + C_2 x\right) \cdot e^x$$

Das Differentialgleichungssystem besitzt somit die folgenden *allgemeinen* Lösungsfunktionen:

$$\left.\begin{aligned} y_1 &= (C_1 + C_2 x) \cdot e^x \\ y_2 &= \left(C_1 - \frac{1}{3} C_2 + C_2 x\right) \cdot e^x \end{aligned}\right\} \quad C_1, C_2 \in \mathbb{R}$$

Lösung des Anfangswertproblems:

$$y_1(0) = 1 \;\Rightarrow\; C_1 = 1$$

$$y_2(0) = 0 \;\Rightarrow\; C_1 - \frac{1}{3} C_2 = 0 \;\Rightarrow\; C_2 = 3C_1 = 3 \cdot 1 = 3$$

Die gesuchte *Lösung* besitzt damit die folgende Gestalt:

$$y_1 = (1 + 3x) \cdot e^x, \quad y_2 = 3x \cdot e^x$$ ■

7.1.4 Integration des inhomogenen linearen Differentialgleichungssystems

Wir beschäftigen uns in diesem Abschnitt mit zwei Lösungsverfahren für *inhomogene* lineare Differentialgleichungssysteme 2. Ordnung vom Typ

$$\begin{aligned} y_1' &= a_{11} y_1 + a_{12} y_2 + g_1(x) \\ y_2' &= a_{21} y_1 + a_{22} y_2 + g_2(x) \end{aligned} \quad \text{oder} \quad \mathbf{y}' = \mathbf{A}\,\mathbf{y} + \mathbf{g}(x) \qquad \text{(V-422)}$$

7.1.4.1 Aufsuchen einer partikulären Lösung

Ähnlich wie bei einer inhomogenen linearen Differentialgleichung 1., 2. oder allgemein n-ter Ordnung mit konstanten Koeffizienten läßt sich auch bei einem *inhomogenen* linearen Differentialgleichungssystem *2. Ordnung* vom Typ (V-422) die *allgemeine* Lösung des inhomogenen Systems als *Summe* aus der *allgemeinen* Lösung des zughörigen *homogenen* Systems und einer *partikulären* Lösung des *inhomogenen* Systems aufbauen.

Wir führen noch folgende Bezeichnungen ein:

$y_{1(0)}, y_{2(0)}$: *Allgemeine* Lösung des *homogenen* Systems

$y_{1(p)}, y_{2(p)}$: *Partikuläre* Lösung des *inhomogenen* Systems

y_1, y_2: *Allgemeine* Lösung des *inhomogenen* Systems

Für die *allgemeine* Lösung des *inhomogenen* Systems (V-422) gilt dann:

$$y_1 = y_{1(0)} + y_{1(p)} \quad \text{und} \quad y_2 = y_{2(0)} + y_{2(p)} \tag{V-423}$$

Die Lösungsansätze $y_{1(p)}$ und $y_{2(p)}$ für die *partikuläre* Lösung des Systems orientieren sich dabei wiederum an den beiden *Störgliedern* $g_1(x)$ und $g_2(x)$ und können unmittelbar aus der Tabelle 1 (oder auch aus der Tabelle 3) entnommen werden. Dabei müssen jedoch in $y_{1(p)}$ und $y_{2(p)}$ jeweils *beide* Störfunktionen entsprechend berücksichtigt werden. Die Bestimmung der in den Lösungsansätzen enthaltenen (und meist sehr zahlreichen) *Parameter* führt zu einem linearen Gleichungssystem, das (bei *richtig* gewählten Lösungsansätzen) stets *eindeutig* lösbar ist.

Wir fassen dieses Lösungsverfahren wie folgt zusammen:

Integration eines inhomogenen linearen Differentialgleichungssystem 2. Ordnung durch „Aufsuchen einer partikulären Lösung"

Ein *inhomogenes* lineares Differentialgleichungssystem 2. Ordnung vom Typ

$$\begin{aligned} y_1' &= a_{11} y_1 + a_{12} y_2 + g_1(x) \\ y_2' &= a_{21} y_1 + a_{22} y_2 + g_2(x) \end{aligned} \quad \text{oder} \quad \mathbf{y}' = \mathbf{A}\,\mathbf{y} + \mathbf{g}(x) \tag{V-424}$$

läßt sich schrittweise wie folgt lösen:

1. Zunächst wird die *allgemeine* Lösung $y_{1(0)} = y_{1(0)}(x)$, $y_{2(0)} = y_{2(0)}(x)$ des zugehörigen *homogenen* linearen Systems

$$\begin{aligned} y_1' &= a_{11} y_1 + a_{12} y_2 \\ y_2' &= a_{21} y_1 + a_{22} y_2 \end{aligned} \tag{V-425}$$

bestimmt.

2. Dann ermittelt man mit Hilfe eines geeigneten Lösungsansatzes, den man der Tabelle 1 oder 3 entnommen hat, eine *partikuläre* Lösung $y_{1(p)} = y_{1(p)}(x)$, $y_{2(p)} = y_{2(p)}(x)$ des *inhomogenen* Systems. Beim Lösungsansatz sind in *beiden* Funktionen jeweils *beide* Störfunktionen $g_1(x)$ und $g_2(x)$ entsprechend zu berücksichtigen.

3. Man *addiert* jetzt zur *allgemeinen* Lösung des *homogenen* linearen Systems die *partikuläre* Lösung des *inhomogenen* linearen Systems und erhält die gesuchte *allgemeine* Lösung des *inhomogenen* linearen Systems in der Form

$$\begin{aligned} y_1 &= y_{1(0)} + y_{1(p)} \\ y_2 &= y_{2(0)} + y_{2(p)} \end{aligned} \tag{V-426}$$

Anmerkungen

(1) Durch den Index „0“ kennzeichnen wir die *allgemeine* Lösung des *homogenen* linearen Differentialgleichungssystems, durch den Index „p“ eine *partikuläre* Lösung des *inhomogenen* linearen Systems.

(2) Bei der Berechnung der in den Lösungsansätzen für $y_{1(p)}$ und $y_{2(p)}$ auftretenden zahlreichen Parameter stößt man auf lineare Gleichungssysteme, die (bei richtigem Ansatz!) stets *eindeutig* lösbar sind. Durch die Vielzahl der (zunächst unbekannten) Parameter ist der Rechenaufwand jedoch oft *erheblich.*

■ **Beispiel**

$$y_1' = -y_1 + 3y_2 + x$$
$$y_2' = 2y_1 - 2y_2 + e^{-x}$$

Zunächst müssen wir das zugehörige *homogene* System

$$y_1' = -y_1 + 3y_2$$
$$y_2' = 2y_1 - 2y_2$$

lösen. Dies ist bereits im vorangegangenen Abschnitt 7.1.3 in Beispiel (1) geschehen und führte uns zu den *Lösungsfunktionen*

$$\left.\begin{aligned} y_{1(0)} &= C_1 \cdot e^{-4x} + C_2 \cdot e^{x} \\ y_{2(0)} &= -C_1 \cdot e^{-4x} + \frac{2}{3} C_2 \cdot e^{x} \end{aligned}\right\} \qquad C_1, C_2 \in \mathbb{R}$$

Eine *partikuläre* Lösung des *inhomogenen* Systems gewinnen wir aufgrund der beiden *Störglieder*

$$g_1(x) = x \qquad \text{und} \qquad g_2(x) = e^{-x}$$

unter Verwendung von Tabelle 1 durch den speziellen *Lösungsansatz*

$$y_{1(p)} = ax + b + c \cdot e^{-x}$$
$$y_{2(p)} = Ax + B + C \cdot e^{-x}$$

Mit diesen Funktionen und ihren Ableitungen

$$y_{1(p)}' = a - c \cdot e^{-x} \qquad \text{und} \qquad y_{2(p)}' = A - C \cdot e^{-x}$$

folgt dann durch Einsetzen in das *inhomogene* System:

$$a - c \cdot e^{-x} = -(ax + b + c \cdot e^{-x}) + 3(Ax + B + C \cdot e^{-x}) + x$$
$$A - C \cdot e^{-x} = 2(ax + b + c \cdot e^{-x}) - 2(Ax + B + C \cdot e^{-x}) + e^{-x}$$

Wir ordnen noch und fassen entsprechende Glieder wie folgt zusammen:

$$a - c \cdot e^{-x} = (-a + 3A + 1)x + (-b + 3B) + (-c + 3C) \cdot e^{-x}$$
$$A - C \cdot e^{-x} = (2a - 2A)x + (2b - 2B) + (2c - 2C + 1) \cdot e^{-x}$$

Durch *Koeffizientenvergleich* erhalten wir hieraus schließlich das folgende lineare Gleichungssystem mit 6 Gleichungen und 6 Unbekannten:

$$\begin{array}{llll}
\text{(I)} & 0 = -a + 3A + 1 & \text{oder} & a - 3A \qquad = 1 \\
\text{(II)} & a = -b + 3B & \text{oder} & a + b - 3B = 0 \\
\text{(III)} & -c = -c + 3C & \text{oder} & 3C = 0 \\
\text{(IV)} & 0 = 2a - 2A & \text{oder} & A = a \\
\text{(V)} & A = 2b - 2B & \text{oder} & -2b + A + 2B = 0 \\
\text{(VI)} & -C = 2c - 2C + 1 & \text{oder} & -2c + C \qquad = 1
\end{array}$$

Aus Gleichung (III) folgt sofort $C = 0$ und damit weiter aus Gleichung (VI) $c = -1/2$. Berücksichtigen wir noch, daß nach Gleichung (IV) $A = a$ ist, so gehen die restlichen drei Gleichungen über in:

$$\begin{array}{llll}
\text{(I*)} & a - 3a \qquad = 1 & \text{oder} & -2a = 1 \\
\text{(II*)} & a + b - 3B = 0 & & \\
\text{(III*)} & a - 2b + 2B = 0 & &
\end{array}$$

Aus Gleichung (I*) folgt unmittelbar $a = -1/2$ und somit wegen $A = a$ auch $A = -1/2$. Die verbliebenen Gleichungen (II*) und (III*) gehen dann über in:

$$\begin{array}{llll}
\text{(I**)} & -\frac{1}{2} + b - 3B = 0 & & b - 3B = \frac{1}{2} \\
 & & \text{oder} & \\
\text{(II**)} & -\frac{1}{2} - 2b + 2B = 0 & & -2b + 2B = \frac{1}{2}
\end{array}$$

Wir multiplizieren jetzt die *obere* Gleichung mit 2 und addieren sie zur *unteren* Gleichung:

$$\left.\begin{array}{ll}
(2 \cdot \text{I**}) & 2b - 6B = 1 \\
\text{(II**)} & -2b + 2B = \frac{1}{2}
\end{array}\right\} +$$

$$-4B = \frac{3}{2} \quad \Rightarrow \quad B = -\frac{3}{8}$$

Aus Gleichung (I**) folgt dann:

$$b - 3 \cdot \left(-\frac{3}{8}\right) = \frac{1}{2} \quad \Rightarrow \quad b = -\frac{5}{8}$$

Damit sind sämtliche Unbekannten bestimmt:

$$a = -\frac{1}{2}, \quad b = -\frac{5}{8}, \quad c = -\frac{1}{2}, \quad A = -\frac{1}{2}, \quad B = -\frac{3}{8}, \quad C = 0$$

Das *inhomogene* lineare System besitzt daher die folgende *partikuläre* Lösung:

$$y_{1\,(p)} = -\frac{1}{2}x - \frac{5}{8} - \frac{1}{2} \cdot e^{-x}, \qquad y_{2\,(p)} = -\frac{1}{2}x - \frac{3}{8}$$

Die *allgemeine* Lösung des *inhomogenen* linearen Differentialgleichungssystems ist daher in der Form

$$y_1 = y_{1\,(0)} + y_{1\,(p)} = C_1 \cdot e^{-4x} + C_2 \cdot e^{x} - \frac{1}{2}x - \frac{5}{8} - \frac{1}{2} \cdot e^{-x}$$

$$y_2 = y_{2\,(0)} + y_{2\,(p)} = -C_1 \cdot e^{-4x} + \frac{2}{3}C_2 \cdot e^{x} - \frac{1}{2}x - \frac{3}{8}$$

darstellbar ($C_1, C_2 \in \mathbb{R}$). ■

7.1.4.2 Einsetzungs- oder Eliminationsverfahren

Ein weiteres sehr brauchbares Lösungsverfahren für ein inhomogenes lineares Differentialgleichungssystem 2. Ordnung, bestehend aus den beiden *gekoppelten* Differentialgleichungen 1. Ordnung mit *konstanten* Koeffizienten

$$\begin{aligned} y_1' &= a_{11}\,y_1 + a_{12}\,y_2 + g_1(x) \\ y_2' &= a_{21}\,y_1 + a_{22}\,y_2 + g_2(x) \end{aligned} \qquad \text{oder} \qquad \mathbf{y}' = \mathbf{A}\,\mathbf{y} + \mathbf{g}(x) \tag{V-427}$$

ist das sog. *Einsetzungs-* oder *Eliminationsverfahren.* Das lineare System (V-427) wird dabei zunächst in eine *inhomogene* lineare Differentialgleichung *2. Ordnung* mit *konstanten* Koeffizienten für die (noch unbekannte) Funktion $y_1 = y_1(x)$ übergeführt. Dann wird diese Differentialgleichung gelöst und aus der Lösung $y_1 = y_1(x)$ die noch fehlende *zweite* Funktion $y_2 = y_2(x)$ ermittelt.

Insgesamt sind bei diesem *Eliminationsverfahren* drei Schritte nacheinander auszuführen:

(1) Wir lösen zunächst die *erste* Differentialgleichung des linearen Systems (V-427) nach y_2 auf, erhalten

$$y_2 = \frac{1}{a_{12}}\left(y_1' - a_{11}\,y_1 - g_1(x)\right) \tag{V-428}$$

und differenzieren diese Gleichung dann nach x:

$$y_2' = \frac{1}{a_{12}}\left(y_1'' - a_{11}\,y_1' - g_1'(x)\right) \tag{V-429}$$

Diese Ausdrücke für y_2 und y_2' setzen wir jetzt in die *zweite* Differentialgleichung des Systems (V-427) ein:

$$\frac{1}{a_{12}}\left(y_1'' - a_{11}\,y_1' - g_1'(x)\right) = a_{21}\,y_1 + \frac{a_{22}}{a_{12}}\left(y_1' - a_{11}\,y_1 - g_1(x)\right) + g_2(x)$$

$$y_1'' - a_{11}\,y_1' - g_1'(x) =$$
$$= a_{12}\,a_{21}\,y_1 + a_{22}(y_1' - a_{11}\,y_1 - g_1(x)) + a_{12}\,g_2(x) \qquad \text{(V-430)}$$

Diese Gleichung enthält nur noch *eine* der beiden unbekannten Funktionen, nämlich y_1 [25]. Wir ordnen noch die Glieder und fassen zusammen:

$$y_1'' - a_{11}\,y_1' - a_{22}\,y_1' + a_{11}\,a_{22}\,y_1 - a_{12}\,a_{21}\,y_1 =$$
$$= g_1'(x) - a_{22}\,g_1(x) + a_{12}\,g_2(x)$$

$$y_1'' - (a_{11} + a_{22})\,y_1' + (a_{11}\,a_{22} - a_{12}\,a_{21})\,y_1 =$$
$$= g_1'(x) - (a_{22}\,g_1(x) - a_{12}\,g_2(x)) \qquad \text{(V-431)}$$

Dies aber ist eine *inhomogene* lineare Differentialgleichung *2. Ordnung* mit *konstanten* Koeffizienten für die unbekannte Lösungsfunktion y_1. Sie ist vom allgemeinen Typ

$$y_1'' + a\,y_1' + b\,y_1 = \tilde{g}(x) \qquad \text{(V-432)}$$

Die Koeffizienten a und b in dieser Differentialgleichung haben dabei die folgende Bedeutung:

$$a = -(a_{11} + a_{22}) = -\operatorname{Sp}(\mathbf{A}) \qquad (\textit{Spur}\text{ von }\mathbf{A}) \qquad \text{(V-433)}$$

$$b = a_{11}\,a_{22} - a_{12}\,a_{21} = \det \mathbf{A} \qquad (\textit{Determinante}\text{ von }\mathbf{A}) \qquad \text{(V-434)}$$

a ist also die mit einem *Minuszeichen* versehene *Spur*, b die *Determinante* der Koeffizientenmatrix **A** des linearen Differentialgleichungssystems (V-427).

Der *zweite* Summand des Störgliedes

$$\tilde{g}(x) = g_1'(x) - (a_{22}\,g_1(x) - a_{12}\,g_2(x)) \qquad \text{(V-435)}$$

der Differentialgleichung (V-431) bzw. (V-432) kann auch als *Determinante* einer „*Hilfsmatrix*" **B** aufgefaßt werden, die man aus der Koeffizientenmatrix **A** gewinnt, wenn man dort die *1. Spalte* durch die beiden *Störglieder* $g_1(x)$ und $g_2(x)$ des Differentialgleichungssystems (V-427) ersetzt:

$$\mathbf{A} = \begin{pmatrix} a_{11} & a_{12} \\ a_{21} & a_{22} \end{pmatrix} \rightarrow \mathbf{B} = \begin{pmatrix} g_1(x) & a_{12} \\ g_2(x) & a_{22} \end{pmatrix} \qquad \text{(V-436)}$$

1. Spalte durch die Störglieder ersetzen

---

25) Die Funktion y_2 wurde also aus dem linearen System (V-427) *eliminiert*. Dies erklärt zugleich die Bezeichnung dieser Methode („*Eliminationsverfahren*").

Das *Störglied* $\tilde{g}(x)$ in der Differentialgleichung (V-432) kann somit auch in der Form

$$\tilde{g}(x) = g_1'(x) - \det \mathbf{B} \tag{V-437}$$

mit der „*Hilfsdeterminante*"

$$\det \mathbf{B} = \begin{vmatrix} g_1(x) & a_{12} \\ g_2(x) & a_{22} \end{vmatrix} = a_{22}\,g_1(x) - a_{12}\,g_2(x) \tag{V-438}$$

dargestellt werden.

(2) Wir lösen jetzt die durch Elimination von y_2 erhaltene *inhomogene* lineare Differentialgleichung 2. Ordnung (V-432) nach der in Abschnitt 3.4 ausführlich behandelten Methode und erhalten die *erste* der beiden Lösungsfunktionen, nämlich $y_1 = y_1(x)$.

(3) Die Lösung für die *zweite* Funktion y_2 erhalten wir dann, indem wir die inzwischen bekannte Funktion y_1 zusammen mit ihrer Ableitung y_1' in die Gleichung (V-428) einsetzen:

$$y_2 = \frac{1}{a_{12}}\left(y_1' - a_{11}\,y_1 - g_1(x)\right) \tag{V-439}$$

Das aus zwei *gekoppelten* Differentialgleichungen bestehende lineare Differentialgleichungssystem 2. Ordnung (V-427) ist damit *eindeutig* gelöst.

Wir fassen zusammen:

Integration eines inhomogenen linearen Differentialgleichungssystems 2. Ordnung nach dem „Einsetzungs- oder Eliminationsverfahren"

Die *allgemeine* Lösung des *inhomogenen* linearen Differentialgleichungssystems 2. Ordnung mit *konstanten* Koeffizienten vom Typ

$$\begin{aligned} y_1' &= a_{11}\,y_1 + a_{12}\,y_2 + g_1(x) \\ y_2' &= a_{21}\,y_1 + a_{22}\,y_2 + g_2(x) \end{aligned} \quad \text{oder} \quad \mathbf{y}' = \mathbf{A}\,\mathbf{y} + \mathbf{g}(x) \tag{V-440}$$

besteht aus den beiden *Lösungsfunktionen* $y_1 = y_1(x)$ und $y_2 = y_2(x)$, die schrittweise wie folgt bestimmt werden:

1. Durch *Elimination* von y_2 wird das inhomogene lineare System (V-440) in eine *inhomogene* lineare Differentialgleichung *2. Ordnung* mit *konstanten* Koeffizienten vom Typ

$$y_1'' + a\,y_1' + b\,y_1 = \tilde{g}(x) \tag{V-441}$$

für die unbekannte *erste* Lösungsfunktion $y_1 = y_1(x)$ übergeführt. Die Koeffizienten a und b sind die mit einem Minuszeichen versehene *Spur* bzw. die *Determinante* der Koeffizientenmatrix $\mathbf{A}$:

$$a = -\operatorname{Sp}(\mathbf{A}) = -(a_{11} + a_{22}) \tag{V-442}$$

$$b = \det \mathbf{A} = a_{11} a_{22} - a_{12} a_{21} \tag{V-443}$$

Das *Störglied* $\tilde{g}(x)$ besitzt die Form

$$\tilde{g}(x) = g_1'(x) - \det \mathbf{B} \tag{V-444}$$

wobei $\mathbf{B}$ eine *„Hilfsmatrix"* ist, die aus der Koeffizientenmatrix $\mathbf{A}$ entsteht, indem man dort die *1. Spalte* durch die beiden *Störglieder* $g_1(x)$ und $g_2(x)$ ersetzt.

2. Die *allgemeine* Lösung der Differentialgleichung (V-441), bestimmt nach der aus Abschnitt 3.4 bekannten Methode, liefert die *erste* der beiden gesuchten Lösungsfunktionen, nämlich $y_1 = y_1(x)$.

3. Die *zweite* Lösungsfunktion $y_2 = y_2(x)$ wird dann aus der Gleichung

$$y_2 = \frac{1}{a_{12}} \left(y_1' - a_{11} y_1 - g_1(x) \right) \tag{V-445}$$

ermittelt.

Anmerkung

Das *Eliminationsverfahren* gilt natürlich auch für ein *homogenes* lineares Differentialgleichungssystem $\mathbf{y}' = \mathbf{A}\mathbf{y}$. Die Differentialgleichung (V-441) für die *erste* der beiden gesuchten Lösungsfunktionen ist dann ebenfalls *homogen*.

■ **Beispiele**

(1) Wir lösen das *inhomogene* lineare System 2. Ordnung

$$\begin{aligned} y_1' &= -y_1 + 3y_2 + x \\ y_2' &= 2y_1 - 2y_2 + e^{-x} \end{aligned}$$

diesmal nach dem *Einsetzungs-* oder *Eliminationsverfahren*. Koeffizientenmatrix $\mathbf{A}$ und „Hilfsmatrix" $\mathbf{B}$ haben dabei das folgende Aussehen:

$$\mathbf{A} = \begin{pmatrix} -1 & 3 \\ 2 & -2 \end{pmatrix}, \qquad \mathbf{B} = \begin{pmatrix} x & 3 \\ e^{-x} & -2 \end{pmatrix}$$

Die Koeffizienten a und b in der Differentialgleichung (*V*-441) für die *erste* Lösungsfunktion y_1 lauten damit:

$$a = -\operatorname{Sp}(\mathbf{A}) = -(-1-2) = 3$$

$$b = \det \mathbf{A} = \begin{vmatrix} -1 & 3 \\ 2 & -2 \end{vmatrix} = 2 - 6 = -4$$

Für das *Störglied* $\tilde{g}(x)$ dieser Differentialgleichung erhalten wir mit $g_1(x) = x$ und daher $g_1'(x) = 1$:

$$\tilde{g}(x) = g_1'(x) - \det \mathbf{B} = 1 - \begin{vmatrix} x & 3 \\ e^{-x} & -2 \end{vmatrix} =$$

$$= 1 - (-2x - 3 \cdot e^{-x}) = 2x + 1 + 3 \cdot e^{-x}$$

Die Differentialgleichung für y_1 besitzt damit die folgende Gestalt:

$$y_1'' + 3y_1' - 4y_1 = 2x + 1 + 3 \cdot e^{-x}$$

Wir lösen zunächst die zugehörige *homogene* Differentialgleichung

$$y_1'' + 3y_1' - 4y_1 = 0$$

Die Lösungen der *charakteristischen Gleichung*

$$\lambda^2 + 3\lambda - 4 = 0$$

sind $\lambda_1 = -4$ und $\lambda_2 = 1$. Die *allgemeine* Lösung der *homogenen* Differentialgleichung ist daher in der Form

$$y_{1(0)} = C_1 \cdot e^{-4x} + C_2 \cdot e^{x} \qquad (C_1, C_2 \in \mathbb{R})$$

darstellbar.

Ein *partikuläres* Integral der *inhomogenen* Differentialgleichung gewinnen wir nach Tabelle 2 durch den *Lösungsansatz*

$$y_{1(p)} = Ax + B + C \cdot e^{-x}$$

(da die Störfunktion die *Summe* aus einer *linearen* und einer *Exponentialfunktion* ist). Mit den Ableitungen

$$y_{1(p)}' = A - C \cdot e^{-x}, \quad y_{1(p)}'' = C \cdot e^{-x}$$

folgt durch Einsetzen in die *inhomogene* Differentialgleichung:

$$C \cdot e^{-x} + 3(A - C \cdot e^{-x}) - 4(Ax + B + C \cdot e^{-x}) = 2x + 1 + 3 \cdot e^{-x}$$

$$C \cdot e^{-x} + 3A - 3C \cdot e^{-x} - 4Ax - 4B - 4C \cdot e^{-x} = 2x + 1 + 3 \cdot e^{-x}$$

Wir ordnen noch die Glieder und fassen sie zusammen:

$$-4Ax + 3A - 4B - 6C \cdot e^{-x} = 2x + 1 + 3 \cdot e^{-x}$$

Durch *Koeffizientenvergleich* erhalten wir hieraus das *gestaffelte* lineare Gleichungssystem

$$\begin{aligned} -4A \qquad\qquad &= 2 \\ 3A - 4B \qquad &= 1 \\ -6C &= 3 \end{aligned}$$

mit der *eindeutigen* Lösung

$$A = -\frac{1}{2}, \quad B = -\frac{5}{8}, \quad C = -\frac{1}{2}$$

Damit ist

$$y_{1(p)} = -\frac{1}{2}x - \frac{5}{8} - \frac{1}{2} \cdot e^{-x}$$

eine *partikuläre* Lösung und

$$y_1 = y_{1(0)} + y_{1(p)} = C_1 \cdot e^{-4x} + C_2 \cdot e^{x} - \frac{1}{2}x - \frac{5}{8} - \frac{1}{2} \cdot e^{-x}$$

die gesuchte *allgemeine* Lösung der *inhomogenen* Differentialgleichung 2. Ordnung für die *erste* der beiden Lösungsfunktionen.

Die *erste* der beiden Lösungsfunktionen haben wir damit bestimmt. Die *zweite* Lösungsfunktion y_2 erhalten wir aus Gleichung (V-445) unter Berücksichtigung von $a_{11} = -1$, $a_{12} = 3$ und $g_1(x) = x$:

$$\begin{aligned} y_2 &= \frac{1}{a_{12}}\left(y_1' - a_{11}y_1 - g_1(x)\right) = \\ &= \frac{1}{3}\Big(-4C_1 \cdot e^{-4x} + C_2 \cdot e^{x} - \frac{1}{2} + \frac{1}{2} \cdot e^{-x} + C_1 \cdot e^{-4x} + \\ &\qquad + C_2 \cdot e^{x} - \frac{1}{2}x - \frac{5}{8} - \frac{1}{2} \cdot e^{-x} - x\Big) = \\ &= \frac{1}{3}\left(-3C_1 \cdot e^{-4x} + 2C_2 \cdot e^{x} - \frac{3}{2}x - \frac{9}{8}\right) = \\ &= -C_1 \cdot e^{-4x} + \frac{2}{3}C_2 \cdot e^{x} - \frac{1}{2}x - \frac{3}{8} \end{aligned}$$

Das *inhomogene* lineare Differentialgleichungssystem besitzt somit die folgende *allgemeine* Lösung:

$$\left.\begin{aligned} y_1 &= C_1 \cdot e^{-4x} + C_2 \cdot e^{x} - \frac{1}{2}x - \frac{5}{8} - \frac{1}{2} \cdot e^{-x} \\ y_2 &= -C_1 \cdot e^{-4x} + \frac{2}{3}C_2 \cdot e^{x} - \frac{1}{2}x - \frac{3}{8} \end{aligned}\right\} \quad C_1, C_2 \in \mathbb{R}$$

(2) $$\left.\begin{aligned} y_1' &= -2y_1 + 3y_2 + 2 \cdot e^{2x} \\ y_2' &= -3y_1 - 2y_2 \end{aligned}\right\} \quad y_1(0) = 2, \quad y_2(0) = 0$$

Koeffizientenmatrix **A** und „*Hilfsmatrix*" **B** lauten wie folgt:

$$\mathbf{A} = \begin{pmatrix} -2 & 3 \\ -3 & -2 \end{pmatrix}, \qquad \mathbf{B} = \begin{pmatrix} 2 \cdot e^{2x} & 3 \\ 0 & -2 \end{pmatrix}$$

Die Differentialgleichung (V-441) für die *erste* Lösungsfunktion y_1 besitzt die Koeffizienten

$$a = -\operatorname{Sp}(\mathbf{A}) = -(-2-2) = 4$$

$$b = \det \mathbf{A} = \begin{vmatrix} -2 & 3 \\ -3 & -2 \end{vmatrix} = 4 + 9 = 13$$

und das *Störglied*

$$\tilde{g}(x) = g_1'(x) - \det \mathbf{B} = 4 \cdot e^{2x} - \begin{vmatrix} 2 \cdot e^{2x} & 3 \\ 0 & -2 \end{vmatrix} =$$

$$= 4 \cdot e^{2x} - (-4 \cdot e^{2x}) = 8 \cdot e^{2x}$$

Sie lautet also:

$$y_1'' + 4y_1' + 13y_1 = 8 \cdot e^{2x}$$

Wir lösen zunächst die zugehörige *homogene* Differentialgleichung

$$y_1'' + 4y_1' + 13y_1 = 0$$

Die *charakteristische Gleichung*

$$\lambda^2 + 4\lambda + 13 = 0$$

besitzt die *konjugiert komplexen* Lösungen $\lambda_{1/2} = -2 \pm 3\mathrm{j}$, die homogene Differentialgleichung somit die *allgemeine* Lösung

$$y_{1(0)} = e^{-2x}\,[C_1 \cdot \sin(3x) + C_2 \cdot \cos(3x)]$$

Ein *partikuläres* Integral der *inhomogenen* Differentialgleichung erhalten wir aus Tabelle 2 durch den *Exponentialansatz*

$$y_{1(p)} = A \cdot e^{2x}$$

(Ansatz für das Störglied $\tilde{g}(x) = 8 \cdot e^{2x}$). Mit den Ableitungen

$$y_{1(p)}' = 2A \cdot e^{2x} \quad \text{und} \quad y_{1(p)}'' = 4A \cdot e^{2x}$$

folgt durch Einsetzen in die *inhomogene* Differentialgleichung:

$$4A \cdot e^{2x} + 8A \cdot e^{2x} + 13A \cdot e^{2x} = 8 \cdot e^{2x}$$

$$25A \cdot e^{2x} = 8 \cdot e^{2x} \quad | : e^{2x}$$

$$25A = 8 \;\Rightarrow\; A = \frac{8}{25}$$

Damit ist

$$y_{1(p)} = \frac{8}{25} \cdot e^{2x}$$

eine *partikuläre* Lösung der *inhomogenen* Differentialgleichung. Die *erste* der beiden gesuchten Lösungsfunktionen besitzt daher die folgende Gestalt:

$$y_1 = y_{1(0)} + y_{1(p)} = e^{-2x}[C_1 \cdot \sin(3x) + C_2 \cdot \cos(3x)] + \frac{8}{25} \cdot e^{2x}$$

Die *zweite* Lösungsfunktion y_2 erhalten wir aus Gleichung (V-445), wenn wir dort die erste Lösungsfunktion y_1 und ihre Ableitung

$$\begin{aligned} y_1' &= -2 \cdot e^{-2x}[C_1 \cdot \sin(3x) + C_2 \cdot \cos(3x)] + \\ &\quad + e^{-2x}[3C_1 \cdot \cos(3x) - 3C_2 \cdot \sin(3x)] + \frac{16}{25} \cdot e^{2x} = \\ &= -e^{-2x}[(2C_1 + 3C_2) \cdot \sin(3x) + (-3C_1 + 2C_2) \cdot \cos(3x)] + \\ &\quad + \frac{16}{25} \cdot e^{2x} \end{aligned}$$

einsetzen ($a_{11} = -2,\ a_{12} = 3,\ g_1(x) = 2 \cdot e^{2x}$):

$$\begin{aligned} y_2 &= \frac{1}{a_{12}}\left(y_1' - a_{11}y_1 - g_1(x)\right) = \\ &= \frac{1}{3}\Big(-e^{-2x}[(2C_1 + 3C_2) \cdot \sin(3x) + \\ &\quad + (-3C_1 + 2C_2) \cdot \cos(3x)] + \frac{16}{25} \cdot e^{2x} + \\ &\quad + 2 \cdot e^{-2x}[C_1 \cdot \sin(3x) + C_2 \cdot \cos(3x)] + \frac{16}{25} \cdot e^{2x} - 2 \cdot e^{2x}\Big) = \\ &= \frac{1}{3}\left(-e^{-2x}[3C_2 \cdot \sin(3x) - 3C_1 \cdot \cos(3x)] - \frac{18}{25} \cdot e^{2x}\right) = \\ &= e^{-2x}[-C_2 \cdot \sin(3x) + C_1 \cdot \cos(3x)] - \frac{6}{25} \cdot e^{2x} \end{aligned}$$

Damit erhalten wir die folgende *allgemeine* Lösung für das gegebene *inhomogene* lineare Differentialgleichungssystem:

$$y_1 = e^{-2x}\left[C_1 \cdot \sin(3x) + C_2 \cdot \cos(3x)\right] + \frac{8}{25} \cdot e^{2x}$$

$$y_2 = e^{-2x}\left[-C_2 \cdot \sin(3x) + C_1 \cdot \cos(3x)\right] - \frac{6}{25} \cdot e^{2x}$$

Die Konstanten C_1 und C_2 lassen sich aus den *Anfangswerten* $y_1(0) = 2$ und $y_2(0) = 0$ berechnen:

$$y_1(0) = 2 \Rightarrow C_2 + \frac{8}{25} = 2 \Rightarrow C_2 = \frac{42}{25}$$

$$y_2(0) = 0 \Rightarrow C_1 - \frac{6}{25} = 0 \Rightarrow C_1 = \frac{6}{25}$$

Die *Anfangswertaufgabe* besitzt damit die folgende *Lösung*:

$$y_1 = e^{-2x}\left[\frac{6}{25} \cdot \sin(3x) + \frac{42}{25} \cdot \cos(3x)\right] + \frac{8}{25} \cdot e^{2x}$$

$$y_2 = e^{-2x}\left[-\frac{42}{25} \cdot \sin(3x) + \frac{6}{25} \cdot \cos(3x)\right] - \frac{6}{25} \cdot e^{2x}$$

■

7.1.5 Ein Anwendungsbeispiel: Kettenleiter

Der bereits im einführenden Beispiel in Abschnitt 7.1.1 behandelte *Kettenleiter* soll durch eine konstante Spannung $u = \text{const.} = U_0$ gespeist werden (Bild V-55).

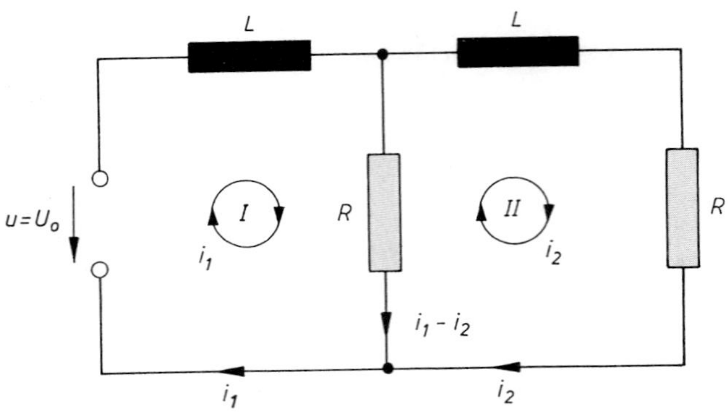

Bild V-55
Kettenleiter

Die beiden *Maschenströme* $i_1 = i_1(t)$ und $i_2 = i_2(t)$ genügen dann dem folgenden *inhomogenen* linearen Differentialgleichungssystem *2. Ordnung* [26]:

$$\begin{aligned} i_1' &= -\frac{R}{L} i_1 + \frac{R}{L} i_2 + \frac{U_o}{L} \\ i_2' &= \frac{R}{L} i_1 - \frac{2R}{L} i_2 \end{aligned} \tag{V-446}$$

Dieses System läßt sich auch in der *Matrizenform*

$$\begin{pmatrix} i_1' \\ i_2' \end{pmatrix} = \underbrace{\begin{pmatrix} -R/L & R/L \\ R/L & -2R/L \end{pmatrix}}_{\mathbf{A}} \begin{pmatrix} i_1 \\ i_2 \end{pmatrix} + \begin{pmatrix} U_o/L \\ 0 \end{pmatrix} \tag{V-447}$$

darstellen. Zu *Beginn*, d.h. zur Zeit $t = 0$ sollen beide Maschen *stromlos* sein. Wir haben es daher mit einem *Anfangswertproblem* mit den *Anfangsbedingungen*

$$i_1(0) = 0 \quad \text{und} \quad i_2(0) = 0 \tag{V-448}$$

zu tun.

Die *erste* Lösungsfunktion i_1 ist dann die *allgemeine* Lösung der folgenden *inhomogenen* linearen Differentialgleichung *2. Ordnung* mit konstanten Koeffizienten:

$$i_1'' + a i_1' + b i_1 = \tilde{g}(t) \tag{V-449}$$

Die Koeffizienten a und b sind dabei durch die Koeffizientenmatrix $\mathbf{A}$ eindeutig bestimmt. Es gilt nach (V-442) und (V-443):

$$a = -\operatorname{Sp}(\mathbf{A}) = -\left(-\frac{R}{L} - \frac{2R}{L}\right) = \frac{3R}{L} \tag{V-450}$$

$$b = \det \mathbf{A} = \begin{vmatrix} -R/L & R/L \\ R/L & -2R/L \end{vmatrix} = \frac{2R^2}{L^2} - \frac{R^2}{L^2} = \frac{R^2}{L^2} \tag{V-451}$$

Um die *Störfunktion* $\tilde{g}(t)$ in der Differentialgleichung (V-449) ermitteln zu können, benötigen wir noch die Determinante der „*Hilfsmatrix*"

$$\mathbf{B} = \begin{pmatrix} U_o/L & R/L \\ 0 & -2R/L \end{pmatrix} \tag{V-452}$$

Sie besitzt den folgenden Wert:

$$\det \mathbf{B} = \begin{vmatrix} U_o/L & R/L \\ 0 & -2R/L \end{vmatrix} = -\frac{2RU_o}{L^2} \tag{V-453}$$

---

[26] Der „Strich" im Ableitungssymbol kennzeichnet hier die Ableitung nach der *Zeit*.

Mit $g_1'(t) = 0$ und $\det \mathbf{B} = -2RU_o/L^2$ ist

$$\tilde{g}(t) = g_1'(t) - \det \mathbf{B} = 0 + \frac{2RU_o}{L^2} = \frac{2RU_o}{L^2} \tag{V-454}$$

Die Differentialgleichung für i_1 besitzt damit die folgende Gestalt:

$$i_1'' + \frac{3R}{L} i_1' + \frac{R^2}{L^2} i_1 = \frac{2RU_o}{L^2} \tag{V-455}$$

Mit der Abkürzung $\alpha = R/L$ läßt sich diese Gleichung auch in der übersichtlicheren Form

$$i_1'' + 3\alpha i_1' + \alpha^2 i_1 = \frac{2\alpha U_o}{L} \tag{V-456}$$

schreiben.

Lösung der homogenen Differentialgleichung für den Maschenstrom i_1

Wir beschäftigen uns zunächst mit der Lösung der zugehörigen *homogenen* Differentialgleichung

$$i_1'' + 3\alpha i_1' + \alpha^2 i_1 = 0 \tag{V-457}$$

Die *charakteristische Gleichung*

$$\lambda^2 + 3\alpha\lambda + \alpha^2 = 0 \tag{V-458}$$

hat die Lösungen $\lambda_1 = -0{,}382\,\alpha$ und $\lambda_2 = -2{,}618\,\alpha$ und führt somit zu der folgenden *allgemeinen* Lösung der *homogenen* Differentialgleichung (V-457):

$$\begin{aligned} i_{1(0)} &= C_1 \cdot e^{-0{,}382\,\alpha t} + C_2 \cdot e^{-2{,}618\,\alpha t} = \\ &= C_1 \cdot e^{-0{,}382\,(R/L)\,t} + C_2 \cdot e^{-2{,}618\,(R/L)\,t} \end{aligned} \tag{V-459}$$

$(C_1, C_2 \in \mathbb{R})$.

Lösung der inhomogenen Differentialgleichung für den Maschenstrom i_1

Wir benötigen zunächst noch eine *partikuläre* Lösung der *inhomogenen* Differentialgleichung (V-456). Aus Tabelle 2 entnehmen wir den *Lösungsansatz*

$$i_{1(p)} = \text{const.} = A \tag{V-460}$$

da das Störglied $\tilde{g}(t) = 2RU_o/L^2 = 2\alpha U_o/L$ *konstant* ist. Mit

$$i_{1(p)} = A, \quad i_{1(p)}' = 0 \quad \text{und} \quad i_{1(p)}'' = 0 \tag{V-461}$$

gehen wir dann in die *inhomogene* Differentialgleichung ein und erhalten eine *Bestimmungsgleichung* für den noch unbekannten Parameter A:

$$\alpha^2 A = \frac{2\alpha U_o}{L} \quad \Rightarrow \quad A = \frac{2U_o}{\alpha L} \tag{V-462}$$

Damit ist

$$i_{1\,(p)} = \frac{2\,U_o}{\alpha L} \tag{V-463}$$

eine *partikuläre* und

$$\begin{aligned} i_1 &= i_{1\,(0)} + i_{1\,(p)} = \\ &= C_1 \cdot \mathrm{e}^{-0{,}382\,\alpha t} + C_2 \cdot \mathrm{e}^{-2{,}618\,\alpha t} + \frac{2\,U_o}{\alpha L} = \\ &= C_1 \cdot \mathrm{e}^{-0{,}382\,\alpha t} + C_2 \cdot \mathrm{e}^{-2{,}618\,\alpha t} + \frac{2\,U_o}{R} \end{aligned} \tag{V-464}$$

die gesuchte *allgemeine* Lösung der *inhomogenen* Differentialgleichung.

Bestimmung der Maschenströme i_1 und i_2

Die *erste* der beiden Lösungsfunktionen ist damit bekannt. Für die *zweite* Funktion i_2 erhalten wir mit

$$a_{11} = -\frac{R}{L} = -\alpha, \qquad a_{12} = \frac{R}{L} = \alpha \qquad \text{und} \qquad g_1(t) = \frac{U_o}{L}$$

sowie (V-465)

$$i_1' = -0{,}382\,\alpha\,C_1 \cdot \mathrm{e}^{-0{,}382\,\alpha t} - 2{,}618\,\alpha\,C_2 \cdot \mathrm{e}^{-2{,}618\,\alpha t}$$

nach Gleichung (V-445):

$$\begin{aligned} i_2 &= \frac{1}{a_{12}} \left(i_1' - a_{11}\,i_1 - g_1(t) \right) = \\ &= \frac{1}{\alpha} \Big(-0{,}382\,\alpha\,C_1 \cdot \mathrm{e}^{-0{,}382\,\alpha t} - 2{,}618\,\alpha\,C_2 \cdot \mathrm{e}^{-2{,}618\,\alpha t} + \\ &\qquad + \alpha\,C_1 \cdot \mathrm{e}^{-0{,}382\,\alpha t} + \alpha\,C_2 \cdot \mathrm{e}^{-2{,}618\,\alpha t} + \frac{2\,U_o}{L} - \frac{U_o}{L} \Big) = \\ &= 0{,}618\,C_1 \cdot \mathrm{e}^{-0{,}382\,\alpha t} - 1{,}618\,C_2 \cdot \mathrm{e}^{-2{,}618\,\alpha t} + \frac{U_o}{\alpha L} = \\ &= 0{,}618\,C_1 \cdot \mathrm{e}^{-0{,}382\,\alpha t} - 1{,}618\,C_2 \cdot \mathrm{e}^{-2{,}618\,\alpha t} + \frac{U_o}{R} \end{aligned} \tag{V-466}$$

Lösung der Anfangswertaufgabe

Die Konstanten C_1 und C_2 berechnen wir aus den *Anfangsbedingungen* $i_1(0) = 0$ und $i_2(0) = 0$. Mit der Abkürzung $\beta = \frac{U_o}{\alpha L} = \frac{U_o}{R}$ erhalten wir dann die folgenden *Bestimmungsgleichungen* für C_1 und C_2:

$$\begin{aligned} i_1(0) = 0 \quad &\Rightarrow \quad C_1 + C_2 = -2\beta \\ i_2(0) = 0 \quad &\Rightarrow \quad 0{,}618\, C_1 - 1{,}618\, C_2 = -\beta \end{aligned} \tag{V-467}$$

Wir multiplizieren jetzt die *obere* der beiden Gleichungen mit 1,618 und addieren sie dann zur *unteren* Gleichung:

$$\begin{aligned} 1{,}618\, C_1 + 1{,}618\, C_2 &= -3{,}236\,\beta \\ 0{,}618\, C_1 - 1{,}618\, C_2 &= -\beta \\ \hline 2{,}236\, C_1 \qquad\qquad &= -4{,}236\,\beta \quad \Rightarrow \quad C_1 = -1{,}894\,\beta \end{aligned} \tag{V-468}$$

Für C_2 erhalten wir dann aus der *ersten* Gleichung:

$$C_2 = -C_1 - 2\beta = 1{,}894\,\beta - 2\beta = -0{,}106\,\beta \tag{V-469}$$

Die Konstanten C_1 und C_2 besitzen damit die folgenden Werte:

$$\begin{aligned} C_1 &= -1{,}894\,\beta = -1{,}894\,\frac{U_o}{\alpha L} = -1{,}894\,\frac{U_o}{R} \\ C_2 &= -0{,}106\,\beta = -0{,}106\,\frac{U_o}{\alpha L} = -0{,}106\,\frac{U_o}{R} \end{aligned} \tag{V-470}$$

Die zeitabhängigen *Maschenströme* werden daher durch die folgenden Gleichungen beschrieben:

$$\begin{aligned} i_1(t) &= -1{,}894\,\frac{U_o}{R} \cdot \mathrm{e}^{-0{,}382\,\alpha t} - 0{,}106\,\frac{U_o}{R} \cdot \mathrm{e}^{-2{,}618\,\alpha t} + \frac{2\,U_o}{R} = \\ &= \frac{U_o}{R}\left(2 - 1{,}894 \cdot \mathrm{e}^{-0{,}382\,(R/L)\,t} - 0{,}106 \cdot \mathrm{e}^{-2{,}618\,(R/L)\,t}\right) \end{aligned} \tag{V-471}$$

$$\begin{aligned} i_2(t) &= -1{,}170\,\frac{U_o}{R} \cdot \mathrm{e}^{-0{,}382\,\alpha t} + 0{,}172\,\frac{U_o}{R} \cdot \mathrm{e}^{-2{,}618\,\alpha t} + \frac{U_o}{R} = \\ &= \frac{U_o}{R}\left(1 - 1{,}170 \cdot \mathrm{e}^{-0{,}382\,(R/L)\,t} + 0{,}172 \cdot \mathrm{e}^{-2{,}618\,(R/L)\,t}\right) \end{aligned} \tag{V-472}$$

Beide Ströme streben dabei im Laufe der Zeit (d.h. für $t \to \infty$) gegen einen *konstanten* Wert:

$$i_1 \xrightarrow{t \to \infty} \frac{2\,U_o}{R} \qquad \text{(V-473)}$$

$$i_2 \xrightarrow{t \to \infty} \frac{U_o}{R} \qquad \text{(V-474)}$$

Der zeitliche Verlauf der Maschenströme entspricht den in den Bildern V-56 und V-57 skizzierten „*Sättigungsfunktionen*".

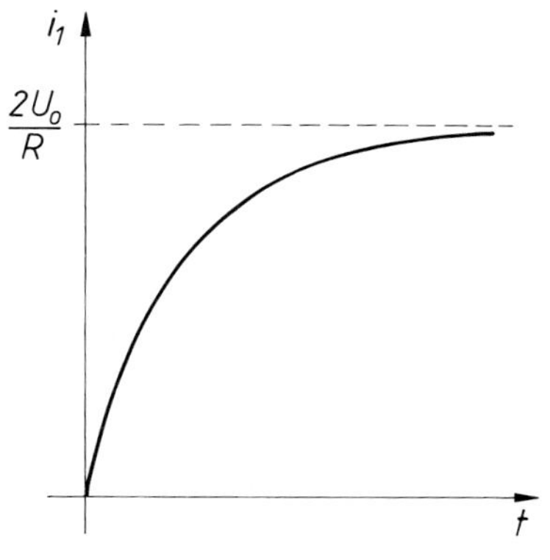

Bild V-56

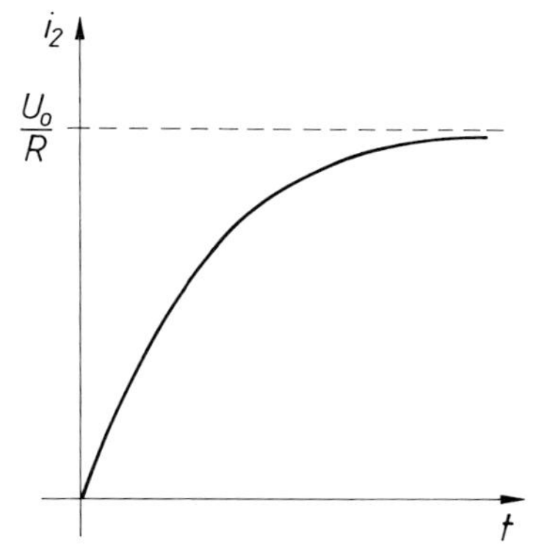

Bild V-57

7.2 Systeme linearer Differentialgleichungen 2. Ordnung mit konstanten Koeffizienten

In Naturwissenschaft und Technik hat man es häufig mit *schwingungsfähigen* (mechanischen oder elektromagnetischen) Systemen zu tun, die auf eine bestimmte Weise miteinander *gekoppelt* sind. Die mathematische Behandlung führt dabei in einfachen Fällen auf zwei *gekoppelte* lineare Differentialgleichungen *2. Ordnung* mit konstanten Koeffizienten. Wir wollen jetzt die Eigenschaften solcher Systeme exemplarisch an einem *mechanischen Modell* studieren.

Modell zweier gekoppelter schwingungsfähiger Systeme

Bild V-58 zeigt zwei schwingungsfähige mechanische Systeme, die jeweils aus einer Schwingungsmasse m_1 bzw. m_2 und einer elastischen Feder mit der Federkonstanten c_1 bzw. c_2 bestehen und über eine *Kopplungsfeder* mit der Federkonstanten c_{12} miteinander *verbunden* („*gekoppelt*") sind.

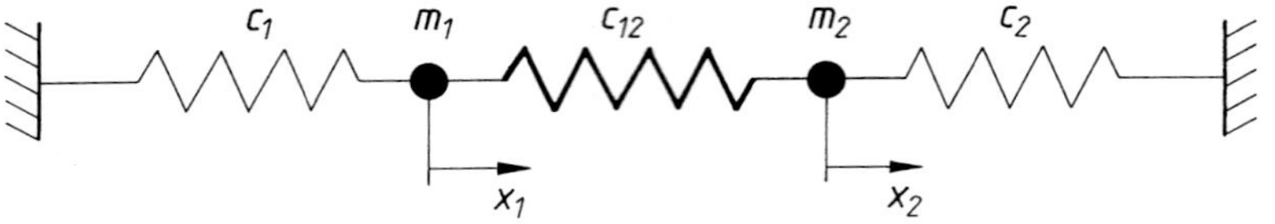

Bild V-58 Modell zweier gekoppelter schwingungsfähiger Systeme

Die Lagekoordinaten (Auslenkungen) der beiden Massen bezeichnen wir mit x_1 und x_2 [27]. Auf jede der beiden Massen wirken dabei gleichzeitig *zwei* Federkräfte ein, die nach dem *Hookeschen Gesetz* der jeweiligen Auslenkung der Federn *proportional* sind. So übt z.B. die erste Feder (Federkonstante c_1) auf die Masse m_1 die *Rückstellkraft* $-c_1 x_1$ aus, während die Kopplungsfeder (Federkonstante c_{12}) an derselben Masse mit der Kraft $-c_{12}(x_1 - x_2)$ angreift [28]. Nach dem *Newtonschen Grundgesetz* der Mechanik gilt dann (Reibungskräfte werden *vernachlässigt*):

$$m_1 \ddot{x}_1 = -c_1 x_1 - c_{12}(x_1 - x_2) \qquad \text{(V-475)}$$

Analoge Überlegungen führen bei der Masse m_2 zu der Gleichung

$$m_2 \ddot{x}_2 = -c_2 x_2 - c_{12}(x_2 - x_1) \qquad \text{(V-476)}$$

Die *Bewegungsgleichungen* für die beiden *gekoppelten* mechanischen Systeme lassen sich auch in der Form

$$\begin{aligned} m_1 \ddot{x}_1 + c_1 x_1 + c_{12}(x_1 - x_2) &= 0 \\ m_2 \ddot{x}_2 + c_2 x_2 + c_{12}(x_2 - x_1) &= 0 \end{aligned} \qquad \text{(V-477)}$$

darstellen. Sie bilden ein *System* aus zwei *homogenen linearen* Differentialgleichungen *2. Ordnung* mit *konstanten* Koeffizienten. Das Differentialgleichungssystem selbst ist von *4. Ordnung*, die *allgemeinen* Lösungsfunktionen $x_1 = x_1(t)$ und $x_2 = x_2(t)$ enthalten daher genau *vier* Parameter (Integrationskonstanten).

Lösung nach dem Eliminationsverfahren

Wir wollen uns jetzt mit der *Lösung* dieses linearen Systems beschäftigen. Um das Lösungsverfahren zu vereinfachen und übersichtlicher zu gestalten, gehen wir jetzt von zwei *identischen* schwingungsfähigen Systemen mit den Massen $m_1 = m_2 = 1$ und den Federkonstanten $c_1 = c_2 = 1$ aus, die über eine *Kopplungsfeder* mit der Federkonstanten $c_{12} = 4$ miteinander verbunden sind.

---

[27] Wir lassen nur Schwingungen längs der *Systemachse* (x-Achse) zu. Daher benötigen wir für jede Masse nur *eine* Lagekoordinate.

[28] Die Auslenkung der Kopplungsfeder beträgt dann $x_{12} = x_1 - x_2$.

Die *Bewegungsgleichungen* (V-477) nehmen dann die konkrete Form

$$\begin{aligned} \ddot{x}_1 + x_1 + 4(x_1 - x_2) &= 0 \\ \ddot{x}_2 + x_2 + 4(x_2 - x_1) &= 0 \end{aligned} \qquad \text{(V-478)}$$

oder

$$\begin{aligned} \ddot{x}_1 + 5x_1 - 4x_2 &= 0 \\ \ddot{x}_2 + 5x_2 - 4x_1 &= 0 \end{aligned} \qquad \text{(V-479)}$$

an. Das Lösungsverfahren, das wir hier verwenden wollen, entspricht weitgehend dem bekannten *Einsetzungs-* oder *Eliminationsverfahren* bei *Systemen* von linearen Differentialgleichungen *1. Ordnung* mit konstanten Koeffizienten. Wir lösen zunächst die *erste* der Gleichungen (V-479) nach x_2 auf:

$$x_2 = \frac{1}{4}\left(\ddot{x}_1 + 5x_1\right) \qquad \text{(V-480)}$$

und differenzieren dann *zweimal* nach der Zeit t:

$$\ddot{x}_2 = \frac{1}{4}\left(x_1^{(4)} + 5\ddot{x}_1\right) \qquad \text{(V-481)}$$

Die erhaltenen Ausdrücke für x_2 und $\ddot{x}_2$ setzen wir jetzt in die *untere* der Bewegungsgleichungen (V-479) ein und erhalten auf diese Weise eine *homogene* lineare Differentialgleichung *4. Ordnung* mit *konstanten* Koeffizienten für die *erste* der beiden gesuchten Lösungsfunktionen, also x_1:

$$\frac{1}{4}\left(x_1^{(4)} + 5\ddot{x}_1\right) + \frac{5}{4}\left(\ddot{x}_1 + 5x_1\right) - 4x_1 = 0$$

$$x_1^{(4)} + 5\ddot{x}_1 + 5\ddot{x}_1 + 25x_1 - 16x_1 = 0$$

$$x_1^{(4)} + 10\ddot{x}_1 + 9x_1 = 0 \qquad \text{(V-482)}$$

Der aus Abschnitt 5.2 bekannte *Lösungsansatz* $x_1 = e^{\lambda t}$ führt dann auf die folgende *charakteristische Gleichung*:

$$\lambda^4 + 10\lambda^2 + 9 = 0 \qquad \text{(V-483)}$$

Diese *bi-quadratische* Gleichung lösen wir mit Hilfe der Substitution $\mu = \lambda^2$:

$$\mu^2 + 10\mu + 9 = 0 \Rightarrow \mu_1 = -1, \quad \mu_2 = -9 \qquad \text{(V-484)}$$

Durch *Rücksubstitution* erhalten wir hieraus vier *komplexe* Werte für den (zunächst unbekannten) Parameter λ im Lösungsansatz $x_1 = e^{\lambda t}$:

$$\lambda_{1/2} = \pm j, \quad \lambda_{3/4} = \pm 3j \qquad \text{(V-485)}$$

Die zugehörigen Lösungsfunktionen

$$x_{1(1)} = \mathrm{e}^{\mathrm{j}t}, \quad x_{1(2)} = \mathrm{e}^{-\mathrm{j}t}, \quad x_{1(3)} = \mathrm{e}^{\mathrm{j}3t}, \quad x_{1(4)} = \mathrm{e}^{-\mathrm{j}3t} \tag{V-486}$$

bilden eine *komplexe* Fundamentalbasis der Differentialgleichung (V-482). Mit Hilfe der *Eulerschen Formel*

$$\mathrm{e}^{\pm \mathrm{j}\varphi} = \cos\varphi \pm \mathrm{j} \cdot \sin\varphi \tag{V-487}$$

läßt sich daraus die folgende *reelle* Fundamentalbasis gewinnen (wir setzen $\varphi = t$ bzw. $\varphi = 3t$):

$$x_{1(1)} = \sin t, \quad x_{1(2)} = \cos t, \quad x_{1(3)} = \sin(3t), \quad x_{1(4)} = \cos(3t) \tag{V-488}$$

Die *erste* der beiden gesuchten Lösungsfunktionen unseres Differentialgleichungssystems (V-479) ist damit eine *Linearkombination* dieser vier Basisfunktionen:

$$\begin{aligned} x_1 &= C_1 \cdot x_{1(1)} + C_2 \cdot x_{1(2)} + C_3 \cdot x_{1(3)} + C_4 \cdot x_{1(4)} = \\ &= C_1 \cdot \sin t + C_2 \cdot \cos t + C_3 \cdot \sin(3t) + C_4 \cdot \cos(3t) \end{aligned} \tag{V-489}$$

Die *zweite* Lösungsfunktion x_2 erhalten wir aus Gleichung (V-480), wenn wir dort die erste Lösungsfunktion x_1 und deren zweite Ableitung $\ddot{x}_1$ einsetzen. Mit

$$\begin{aligned} \dot{x}_1 &= C_1 \cdot \cos t - C_2 \cdot \sin t + 3C_3 \cdot \cos(3t) - 3C_4 \cdot \sin(3t) \\ \ddot{x}_1 &= -C_1 \cdot \sin t - C_2 \cdot \cos t - 9C_3 \cdot \sin(3t) - 9C_4 \cdot \cos(3t) \end{aligned} \tag{V-490}$$

folgt dann:

$$\begin{aligned} x_2 &= \frac{1}{4}(\ddot{x}_1 + 5x_1) = \\ &= \frac{1}{4}\Big(-C_1 \cdot \sin t - C_2 \cdot \cos t - 9C_3 \cdot \sin(3t) - 9C_4 \cdot \cos(3t) + \\ &\qquad + 5C_1 \cdot \sin t + 5C_2 \cdot \cos t + 5C_3 \cdot \sin(3t) + 5C_4 \cdot \cos(3t)\Big) = \\ &= \frac{1}{4}\Big(4C_1 \cdot \sin t + 4C_2 \cdot \cos t - 4C_3 \cdot \sin(3t) - 4C_4 \cdot \cos(3t)\Big) = \\ &= C_1 \cdot \sin t + C_2 \cdot \cos t - C_3 \cdot \sin(3t) - C_4 \cdot \cos(3t) \end{aligned} \tag{V-491}$$

Die *allgemeine* Lösung des linearen Differentialgleichungssystems (V-479) besitzt daher die folgende Gestalt:

$$\begin{aligned} x_1 &= C_1 \cdot \sin t + C_2 \cdot \cos t + C_3 \cdot \sin(3t) + C_4 \cdot \cos(3t) \\ x_2 &= C_1 \cdot \sin t + C_2 \cdot \cos t - C_3 \cdot \sin(3t) - C_4 \cdot \cos(3t) \end{aligned} \tag{V-492}$$

Diese Lösungsfunktionen entstehen durch *Überlagerung* von *Sinus*- und *Kosinusschwingungen* mit den Kreisfrequenzen $\omega_1 = 1$ und $\omega_2 = 3$ und lassen sich daher auch in der Form

$$\begin{aligned} x_1 &= A_1 \cdot \sin(t + \varphi_1) + A_2 \cdot \sin(3t + \varphi_2) \\ x_2 &= A_1 \cdot \sin(t + \varphi_1) - A_2 \cdot \sin(3t + \varphi_2) \end{aligned} \qquad \text{(V-493)}$$

oder

$$\begin{aligned} x_1 &= A_1 \cdot \sin(t + \varphi_1) + A_2 \cdot \sin(3t + \varphi_2) \\ x_2 &= A_1 \cdot \sin(t + \varphi_1) + A_2 \cdot \sin(3t + \varphi_2 + \pi) \end{aligned} \qquad \text{(V-494)}$$

darstellen (mit $A_1, A_2 > 0$ und $0 \leqslant \varphi_1, \varphi_2 < 2\pi$).

Normalschwingungen

Wir wollen uns jetzt mit *speziellen* Lösungen beschäftigen, die wir aus bestimmten Anfangsbedingungen erhalten.

1. Fall: $x_1(0) = x_2(0) = A, \quad \dot{x}_1(0) = \dot{x}_2(0) = 0$

Die Bewegungen der beiden Massen beginnen jeweils aus der *Ruhe* heraus mit *gleichgroßen* Auslenkungen. Aus den Anfangswerten $x_1(0) = x_2(0) = A$ folgt dann (unter Verwendung der Darstellungsform (V-492)):

$$\begin{aligned} x_1(0) = A &\;\Rightarrow\; \text{(I)} \quad C_2 + C_4 = A \\ x_2(0) = A &\;\Rightarrow\; \text{(II)} \quad C_2 - C_4 = A \end{aligned} \qquad \text{(V-495)}$$

Durch *Addition* der Gleichungen (I) und (II) erhalten wir $2C_2 = 2A$ und damit $C_2 = A$. Aus (I) folgt dann weiter $C_4 = 0$. Für die Berechnung der noch fehlenden Parameter C_1 und C_3 benötigen wir noch die Ableitungen $\dot{x}_1$ und $\dot{x}_2$. Sie lauten:

$$\begin{aligned} \dot{x}_1 &= C_1 \cdot \cos t - C_2 \cdot \sin t + 3C_3 \cdot \cos(3t) - 3C_4 \cdot \sin(3t) \\ \dot{x}_2 &= C_1 \cdot \cos t - C_2 \cdot \sin t - 3C_3 \cdot \cos(3t) + 3C_4 \cdot \sin(3t) \end{aligned} \qquad \text{(V-496)}$$

Die *Anfangswerte* $\dot{x}_1(0) = \dot{x}_2(0) = 0$ führen dann zu den folgenden Gleichungen:

$$\begin{aligned} \dot{x}_1(0) = 0 &\;\Rightarrow\; \text{(III)} \quad C_1 + 3C_3 = 0 \\ \dot{x}_2(0) = 0 &\;\Rightarrow\; \text{(IV)} \quad C_1 - 3C_3 = 0 \end{aligned} \qquad \text{(V-497)}$$

Addieren wir diese Gleichungen, so folgt $2C_1 = 0$ und somit $C_1 = 0$ und weiter aus Gleichung (III) $3C_3 = 0$ und daher auch $C_3 = 0$.
Damit sind *sämtliche* Konstanten bestimmt:

$$C_1 = C_3 = C_4 = 0 \quad \text{und} \quad C_2 = A \qquad \text{(V-498)}$$

Die beiden Massen bewegen sich also nach den folgenden Gleichungen:

$$x_1 = A \cdot \cos t \quad \text{und} \quad x_2 = A \cdot \cos t \qquad \text{(V-499)}$$

Physikalische Deutung: Beide Massen schwingen *harmonisch* mit *gleicher* Amplitude A und *gleicher* Kreisfrequenz $\omega = 1$ und zwar *in Phase*. Bild V-59 verdeutlicht diese Aussage.

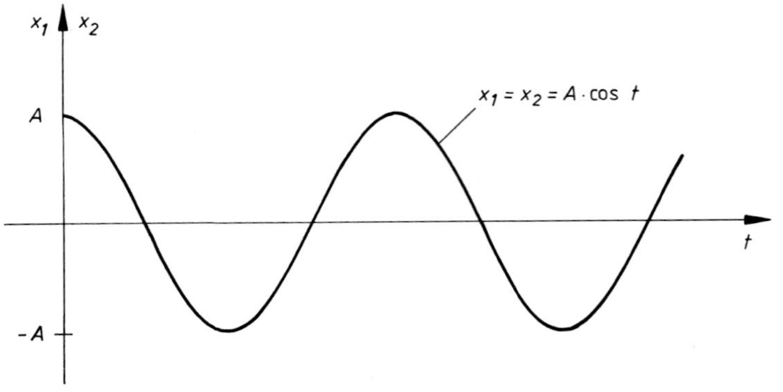

Bild V-59

Die Kreisfrequenz entspricht dabei der *Eigenkreisfrequenz* $\omega_0 = 1$ der *entkoppelten* Systeme. Dies ist physikalisch gesehen unmittelbar einleuchtend, da die beiden Feder-Masse-Systeme *synchron* schwingen und die Kopplungsfeder daher *gar nicht* beanspruchen (Bild V-60).

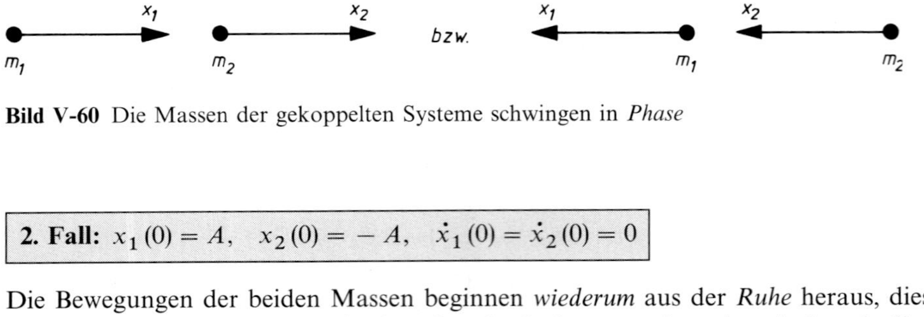

Bild V-60 Die Massen der gekoppelten Systeme schwingen in *Phase*

2. Fall: $x_1(0) = A, \quad x_2(0) = -A, \quad \dot{x}_1(0) = \dot{x}_2(0) = 0$

Die Bewegungen der beiden Massen beginnen *wiederum* aus der *Ruhe* heraus, diesmal jedoch mit *entgegengesetzt gleichgroßen* Auslenkungen. Aus den Anfangsbedingungen $x_1(0) = A$ und $x_2(0) = -A$ folgt dann unter Verwendung der Darstellungsform (V-492):

$$\begin{aligned} x_1(0) &= A \quad &\Rightarrow \quad \text{(I)} \quad C_2 + C_4 &= A \\ x_2(0) &= -A \quad &\Rightarrow \quad \text{(II)} \quad C_2 - C_4 &= -A \end{aligned} \qquad \text{(V-500)}$$

Durch *Addition* dieser Gleichungen erhalten wir $2C_2 = 0$ und somit $C_2 = 0$. Aus (I) folgt dann weiter $C_4 = A$.

Die beiden restlichen Anfangswerte $\dot{x}_1(0) = \dot{x}_2(0) = 0$ führen wie im *1. Fall* zu $C_1 = C_3 = 0$. Die Konstanten besitzen also die folgenden Werte:

$$C_1 = C_2 = C_3 = 0 \quad \text{und} \quad C_4 = A \qquad \text{(V-501)}$$

Die Bewegungen der beiden Massen genügen somit den Gleichungen

$$x_1 = A \cdot \cos(3t) \quad \text{und} \quad x_2 = -A \cdot \cos(3t) \tag{V-502}$$

oder

$$x_1 = A \cdot \cos(3t) \quad \text{und} \quad x_2 = A \cdot \cos(3t + \pi) \tag{V-503}$$

Physikalische Deutung: Beide Massen schwingen *harmonisch* mit *gleicher* Amplitude A und *gleicher* Kreisfrequenz $\omega = 3$, aber in *Gegenphase* (Bild V-61),

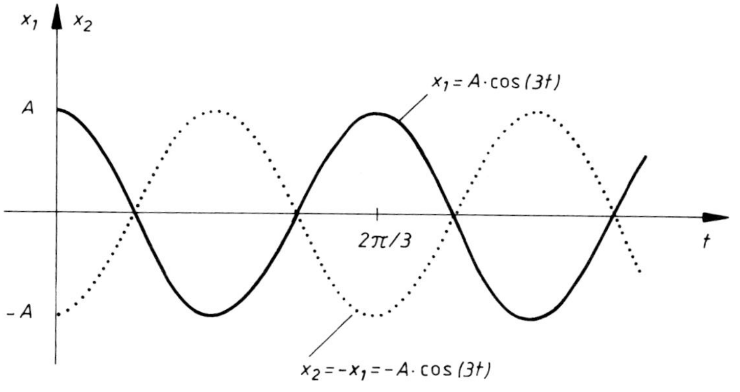

Bild V-61

Bei diesem Schwingungstyp gilt also in jedem Augenblick

$$x_2(t) = -x_1(t) \tag{V-504}$$

Die Kopplungsfeder wird diesmal *maximal* beansprucht, die Massen schwingen daher mit einer gegenüber der Eigenkreisfrequenz $\omega_0 = 1$ *vergrößerten* Kreisfrequenz von $\omega = 3$ (Bild V-62).

Bild V-62 Die Massen der gekoppelten Systeme schwingen in *Gegenphase*

Fazit: Man bezeichnet *harmonische* Schwingungen von Massenpunktsystemen, die mit *gleicher* Frequenz (und damit auch *gleicher* Kreisfrequenz) erfolgen, als *Normalschwingungen*. Unser gekoppeltes System besitzt also *zwei* Normalschwingungen, die wir durch die Gleichungen

$$x_1^{(1)} = A \cdot \cos t \quad \text{und} \quad x_2^{(1)} = A \cdot \cos t \tag{V-505}$$

bzw.

$$x_1^{(2)} = A \cdot \cos(3t) \quad \text{und} \quad x_2^{(2)} = -A \cdot \cos(3t) \tag{V-506}$$

beschreiben können (vgl. hierzu die Bilder V-59 bis V-62). Der allgemeine Schwingungstyp entsteht dann durch *ungestörte Überlagerung* der beiden Normalschwingungen.

Übungsaufgaben

Zu Abschnitt 1

1) Zeigen Sie durch Differenzieren und Einsetzen, daß die Funktion $y = \frac{Cx}{1+x}$ die *allgemeine* Lösung der Differentialgleichung $x(1+x)y' - y = 0$ darstellt ($C \in \mathbb{R}$). Wie lautet die durch den Punkt $P = (1; 8)$ gehende Lösungskurve?

2) Gegeben ist die Differentialgleichung $y'' - 4y' - 5y = 0$. Zeigen Sie, daß diese Gleichung die *allgemeine* Lösung $y = C_1 \cdot e^{5x} + C_2 \cdot e^{-x}$ besitzt ($C_1, C_2 \in \mathbb{R}$).

3) Die *Aufladung eines Kondensators* der Kapazität C über einen ohmschen Widerstand R auf die Endspannung u_0 erfolgt nach dem *Exponentialgesetz*

$$u_C(t) = u_0\left(1 - e^{-\frac{t}{RC}}\right) \qquad (t \geqslant 0)$$

Zeigen Sie, daß diese Funktion eine (partikuläre) Lösung der Differentialgleichung 1. Ordnung

$$RC\,\frac{du_C}{dt} + u_C = u_0$$

ist, die diesen *Einschaltvorgang* beschreibt (sog. *RC-Glied*, Bild V-63).

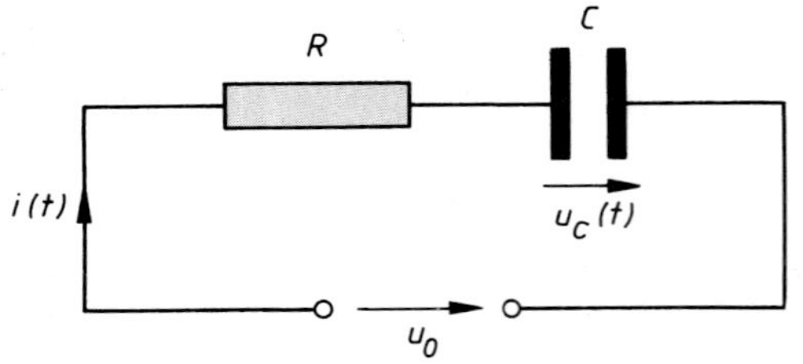

Bild V-63

4) Ein *Pendel* unterliege der periodischen Beschleunigung $a(t) = -5 \cdot \cos t$. Bestimmen Sie die *Geschwindigkeits-Zeit-Funktion* $v = v(t)$ und die *Weg-Zeit-Funktion* $s = s(t)$ für die Anfangswerte $s(0) = 5$, $v(0) = 0$.

Zu Abschnitt 2

1) Skizzieren Sie das *Richtungsfeld* der jeweiligen Differentialgleichung 1. Ordnung mit Hilfe von *Isoklinen* und versuchen Sie, eine Lösungskurve einzuzeichnen. Wie lautet die *allgemeine* Lösung der Differentialgleichung?

a) $y' = \frac{1}{2} \cdot \frac{y}{x}, \quad x > 0$ b) $y' = y$

2) Lösen Sie die folgenden Differentialgleichungen 1. Ordnung mit Hilfe einer geeigneten *Substitution*:

a) $x y' = y + 4x$ b) $y' = (x + y + 1)^2$

c) $x^2 y' = \frac{1}{4} x^2 + y^2$ d) $y' = \sin\left(\frac{y}{x}\right) + \frac{y}{x}$

3) Lösen Sie das *Anfangswertproblem*

$$y y' = x + \frac{y^2}{x}, \qquad y(1) = \sqrt{2}$$

mittels *Substitution*.

4) Lösen Sie die folgenden Differentialgleichungen 1. Ordnung durch *Trennung der Variablen*:

a) $x^2 y' = y^2$ b) $y'(1 + x^2) = x y$

c) $y' = (1 - y)^2$ d) $y' \cdot \sin y = -x$

5) Lösen Sie die folgenden *Anfangswertprobleme* durch *Trennung der Variablen*:

a) $y' + (\cos x) \cdot y = 0, \qquad y\left(\frac{\pi}{2}\right) = 2\pi$

b) $x(x + 1) y' = y, \qquad y(1) = \frac{1}{2}$

c) $y^2 y' + x^2 = 1, \qquad y(2) = 1$

6) Lösen Sie die folgenden *Anfangswertprobleme*:

a) $x^2 y' = y^2 + x y, \quad y(1) = -1$ b) $y y' = 2 \cdot e^{2x}, \quad y(0) = 2$

7) Wir betrachten die folgende *chemische Reaktion*: Ein Atom vom Typ A vereinige sich mit einem Atom vom Typ B zu einem *Molekül* vom Typ AB: $A + B \rightarrow AB$. Die Anzahl der Atome vom Typ A bzw. B betrage zu Beginn der Reaktion (d.h. zur Zeit $t = 0$) a bzw. b. Nach der Zeit t seien $x = x(t)$ Moleküle AB entstanden. Dann läßt sich die chemische Reaktion durch die Differentialgleichung 1. Ordnung

$$\frac{dx}{dt} = k(a - x)(b - x)$$

beschreiben (k: Konstante, vom Chemiker als *Geschwindigkeitskonstante* bezeichnet).

a) Lösen Sie diese Differentialgleichung für $a \neq b$ und den Anfangswert $x(0) = 0$.

b) Wann kommt die Reaktion zum *Stillstand* (Annahme: $a > b$)?

8) Durch die Differentialgleichung 1. Ordnung

$$m \frac{dv}{dt} + kv = mg$$

wird die *Sinkgeschwindigkeit* v eines Teilchens der Masse m in einer Flüssigkeit beschrieben (k: Reibungsfaktor; g: Erdbeschleunigung).

a) Bestimmen Sie die *allgemeine* Lösung $v = v(t)$ durch *Trennung der Variablen*.

b) Wie lautet die *partikuläre* Lösung für den *Anfangswert* $v(0) = v_0$?

c) Welche Geschwindigkeit $v_{\max}$ kann das Teilchen *maximal* erreichen?

9) Ein *Kondensator* der Kapazität C wird zunächst auf die Spannung u_0 aufgeladen und dann über einen ohmschen Widerstand R *entladen*. Die Differentialgleichung für diesen zur Zeit $t = 0$ einsetzenden *Ausschaltvorgang* lautet:

$$RC \frac{du_C}{dt} + u_C = 0$$

Berechnen Sie den *zeitlichen Verlauf* der Kondensatorspannung $u_C = u_C(t)$ durch *Trennung der Variablen*.

10) Ein Körper besitze zur Zeit $t = 0$ die Temperatur T_0 und werde in der Folgezeit durch vorbeiströmende Luft der konstanten Temperatur T_L *gekühlt* ($T_L < T_0$). Der *Abkühlungsprozeß* wird dabei nach *Newton* durch die Differentialgleichung

$$\frac{dT}{dt} = -a(T - T_L) \qquad (a > 0)$$

beschrieben (a: Konstante). Bestimmen Sie den *zeitlichen Verlauf* der Körpertemperatur T für den Anfangswert $T(0) = T_0$ durch *Trennung der Variablen*. Gegen welchen *Endwert* strebt die Körpertemperatur?

11) Welche der folgenden Differentialgleichungen 1. Ordnung sind *linear*, welche *nichtlinear*? Unterscheiden Sie dabei die linearen Differentialgleichungen nach *homogenen* und *inhomogenen* Differentialgleichungen.

a) $y' = xy$ b) $x^3 y' - y = 2xy^2$

c) $y' - 2y = \sin x$ d) $y' \cdot \cos x - y \cdot \sin x = 1$

e) $y' y^2 + x^2 = 1$ f) $y' = \sqrt{y}$

g) $L \frac{di}{dt} + Ri = u(t)$ h) $y' - x(1 + y^2)$

i) $xy' + y = \ln x$ j) $m\dot{v} + kv = mg$

k) $y' \sqrt{y} - x = 0$ l) $y' = 5x^4(y + 1)$

12) Lösen Sie die folgenden Differentialgleichungen 1. Ordnung durch *Variation der Konstanten*:

a) $y' + xy = 4x$ b) $y' + \frac{y}{1+x} = e^{2x}$

c) $xy' + y = x \cdot \sin x$ d) $y' \cdot \cos x - y \cdot \sin x = 1$

e) $y' - (2 \cdot \cos x) \cdot y = \cos x$ f) $xy' - y = x^2 + 4$

13) Ein Stromkreis mit einem *zeitabhängigen* ohmschen Widerstand werde durch die Differentialgleichung 1. Ordnung

$$\frac{di}{dt} + (2 \cdot \sin t) \cdot i = \sin(2t) \qquad (t \geqslant 0)$$

beschrieben. Ermitteln Sie den *zeitlichen Verlauf* der Stromstärke i durch *Variation der Konstanten* für den Anfangswert $i(0) = 0$.

14) Lösen Sie die folgenden *Anfangswertaufgaben* durch *Variation der Konstanten*:

a) $xy' - y = x^2 \cdot \cos x, \quad y(\pi) = 2\pi$

b) $y' + (\tan x) \cdot y = 5 \cdot \sin(2x)$, Lösungskurve durch *Punkt* $P = (3\pi; 2)$

c) $xy' + y = \ln x, \quad y(1) = 1$

15) Wie lauten die *allgemeinen* Lösungen der folgenden *homogenen* linearen Differentialgleichungen 1. Ordnung mit *konstanten* Koeffizienten?

a) $y' + 4y = 0$ b) $2y' + 4y = 0$ c) $-3y' = 8y$

d) $ay' - by = 0$ e) $\dot{n} = -\lambda n$ f) $-3y' + 18y = 0$

g) $L\frac{di}{dt} + Ri = 0$ h) $2\frac{dy}{dx} + 18y = 0$ i) $3y' - 5ay = 0$

j) $T\dot{u} + u = 0$

16) Lösen Sie die *inhomogene* lineare Differentialgleichung 1. Ordnung $y' - 3y = x \cdot e^x$

a) durch *Variation der Konstanten*,

b) durch *Aufsuchen einer partikulären Lösung*.

17) Lösen Sie die folgenden *inhomogenen* linearen Differentialgleichungen 1. Ordnung mit *konstanten* Koeffizienten nach der Methode „*Aufsuchen einer partikulären Lösung*“:

a) $y' = 2x - y$ b) $y' + 2y = 4 \cdot e^{5x}$

c) $y' + y = e^{-x}$ d) $y' - 4y = 5 \cdot \sin x$

e) $y' - 5y = \cos x + 4 \cdot \sin x$ f) $y' - 6y = 3 \cdot e^{6x}$

18) Lösen Sie die folgenden Differentialgleichungen 1. Ordnung (gemischte Aufgaben):

a) $y' = x(y^2 + 1)$ b) $y' = y \cdot \sin x$

c) $y' = xy$ d) $xy' + y = 2 \cdot \ln x$

e) $y' = 5x^4(y + 1)$ f) $y' - 5y = 2 \cdot \cos x - \sin(3x)$

19) Lösen Sie die folgenden *Anfangswertprobleme*:

a) $y' + 4y = x^3 - x, \quad y(1) = 2$

b) $y' - y = e^x, \quad y(0) = 1$

c) $y' + 3y = -\cos x, \quad y(0) = 5$

20) In einem sog. *RL-Stromkreis* mit einem ohmschen Widerstand R und einer Induktivität L genügt die Stromstärke i der linearen Differentialgleichung 1. Ordnung

$$L \frac{di}{dt} + Ri = u$$

Dabei ist $u = u(t)$ die von außen angelegte Spannung (Bild V-64). Bestimmen Sie den zeitlichen Verlauf der Stromstärke $i = i(t)$

a) bei *konstanter* Spannung $u(t) = \text{const.} = u_0$,

b) bei *linear* mit der Zeit ansteigender Spannung $u(t) = at \; (a > 0)$,

jeweils für den Anfangswert $i(0) = 0$.

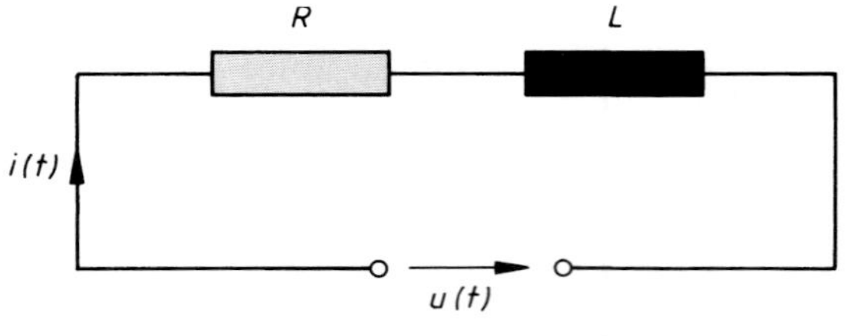

Bild V-64

21) Untersuchen Sie das *Geschwindigkeits-Zeit-Gesetz* $v = v(t)$ eines Massenpunktes, der dem Einfluß einer *konstanten* Kraft F und einer zur Geschwindigkeit *proportionalen* Reibungskraft kv unterliegt. Die Anfangsgeschwindigkeit betrage $v(0) = v_0$. Skizzieren Sie die Funktion $v = v(t)$. Welche *Endgeschwindigkeit* erreicht der Massenpunkt?

Anleitung: Nach dem *Newtonschen Grundgesetz* der Mechanik ist

$$m \frac{dv}{dt} + kv = F$$

(m: Masse; k: Reibungsfaktor).

22) Die Differentialgleichung eines *RL-Kreises* laute:

$$\frac{di}{dt} + 20\,i = 10 \cdot \sin(2\,t)$$

Bestimmen Sie den *zeitlichen Verlauf* der Stromstärke i für den Anfangswert $i(0) = 0$ (vgl. hierzu auch Aufgabe 20).

23) Das Verhalten eines sog. *PT_1-Regelkreisgliedes* der Regelungstechnik läßt sich durch die lineare Differentialgleichung 1. Ordnung

$$T \cdot \dot{v} + v = K u$$

beschreiben. Dabei ist $u = u(t)$ das *Eingangssignal*, $v = v(t)$ das *Ausgangssignal*, T und K sind Konstanten (T: Zeitkonstante; K: Beiwert). Der schematische Aufbau des Regelkreisgliedes ist in Bild V-65 dargestellt. Bestimmen Sie den *zeitlichen Verlauf* des Ausgangssignals $v = v(t)$, wenn das Eingangssignal eine sog. *Sprungfunktion* nach Bild V-66 ist und zu Beginn (d.h. zur Zeit $t = 0$) $v(0) = 0$ gilt.

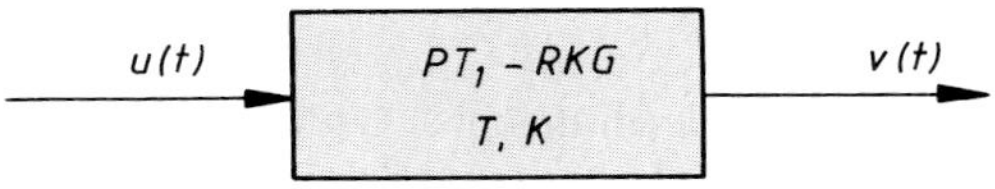

Bild V-65

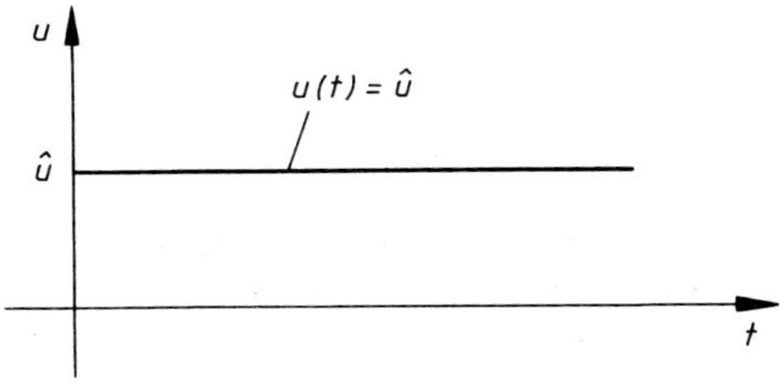

Bild V-66

24) Die *Aufladung eines Kondensators* mit der Kapazität C über einen ohmschen Widerstand R wird durch die lineare Differentialgleichung

$$RC\,\frac{du_C}{dt} + u_C = u$$

beschrieben (vgl. hierzu Bild V-63). Dabei ist $u = u(t)$ die von *außen* angelegte Spannung und $u_C = u_C(t)$ die Spannung am Kondensator.

a) Bestimmen Sie die *allgemeine* Lösung der Differentialgleichung bei einer *konstanten* äußeren Spannung $u(t) = \text{const.} = u_0$.

b) Wie lautet die Lösung für den Anfangswert $u_C(0) = 0$? Skizzieren Sie die Lösung für $R = 1000\,\Omega$, $C = 10\,\mu\text{F}$ und $u_0 = 400\,\text{V}$.

25) Ein DT_1-*Glied* der Regelungstechnik läßt sich durch die lineare Differentialgleichung 1. Ordnung

$$T \cdot \dot{v} + v = K_D \cdot \dot{u}$$

beschreiben ($u = u(t)$: Eingangssignal; $v = v(t)$: Ausgangssignal; T: Zeitkonstante; K_D: Differenzierbeiwert). Bestimmen und diskutieren Sie die *partikuläre* Lösung dieser Differentialgleichung für das *periodische* Eingangssignal $u(t) = E \cdot \sin(\omega t)$.

26) Zeigen Sie, daß sich die *nicht-lineare* Differentialgleichung 1. Ordnung

$$4yy' - y^2 = -(1 + x^2)$$

mit Hilfe der Substitution $u = y^2$ in eine *lineare* Differentialgleichung 1. Ordnung überführen läßt und bestimmen Sie die *allgemeine* Lösung dieser Differentialgleichung.

Zu Abschnitt 3

1) Welche der folgenden linearen Differentialgleichungen 2. Ordnung besitzen *konstante* Koeffizienten? Klassifizieren Sie diese Differentialgleichungen weiter nach *homogenen* und *inhomogenen* Gleichungen.

a) $y'' + 2y' + y = \cos x$ b) $xy'' - 2y' = 0$

c) $y'' + 6y' + 9y = 0$ d) $2\ddot{x} + x = e^{-2t}$

e) $y'' + y' + x^2 y = e^x$ f) $y'' - 4y' + 13y = 0$

2) Ein Körper wird zur Zeit $t = 0$ aus der Höhe $s_0 = 10$ m mit der Anfangsgeschwindigkeit $v_0 = 30$ m/s senkrecht nach *oben* geworfen (sog. *senkrechter Wurf*). Bestimmen Sie das Weg-Zeit-Gesetz $s = s(t)$ und das Geschwindigkeit-Zeit-Gesetz $v = v(t)$.

Anleitung: Die Bewegung genügt der Differentialgleichung $\ddot{s} = -g$ (g: Erdbeschleunigung; vgl. hierzu auch das einführende Beispiel in Abschnitt V.1.1).

3) Zeigen Sie: Die Funktionen

$$y_1(x) = e^{2x} \quad \text{und} \quad y_2(x) = x \cdot e^{2x}$$

bilden eine *Fundamentalbasis* der homogenen Differentialgleichung 2. Ordnung $y'' - 4y' + 4y = 0$.

4) Zeigen Sie, daß die *komplexwertige* Funktion $y(x) = e^{(1{,}5 + 2\,j)x}$ eine partikuläre Lösung der linearen Differentialgleichung 2. Ordnung $y'' - 3y' + 6{,}25\,y = 0$ darstellt und gewinnen Sie hieraus eine *reelle* Fundamentalbasis der Differentialgleichung.

5) Zeigen Sie: Die Differentialgleichung 2. Ordnung $\ddot{x} + 2\dot{x} + 2x = 0$ besitzt die *linear unabhängigen* Lösungen

$$x_1 = e^{-t} \cdot \sin t \qquad \text{und} \qquad x_2 = e^{-t} \cdot \cos t$$

Wie lautet die *allgemeine* Lösung dieser Differentialgleichung?

6) Lösen Sie die folgenden *homogenen* linearen Differentialgleichungen 2. Ordnung:

a) $y'' + 2y' - 3y = 0$ b) $2\ddot{x} + 20\dot{x} + 50x = 0$

c) $\ddot{x} - 2\dot{x} + 10x = 0$ d) $\ddot{\varphi} + 4\varphi = 0$

e) $y'' + 4y' + 13y = 0$ f) $2\ddot{q} + 7\dot{q} + 3q = 0$

g) $-\ddot{x} + 6\dot{x} = 9x$ h) $y'' - 2ay' + a^2 y = 0$

7) Lösen Sie die folgenden *Anfangswertprobleme*:

a) $y'' + 4y' + 5y = 0, \quad y(0) = \pi, \quad y'(0) = 0$

b) $y'' + 20y' + 64y = 0, \quad y(0) = 0, \quad y'(0) = 2$

c) $4\ddot{x} - 4\dot{x} + x = 0, \quad x(0) = 5, \quad \dot{x}(0) = -1$

8) Die Differentialgleichung einer *freien gedämpften Schwingung* laute:

$$\ddot{x} + p\dot{x} + 2x = 0 \qquad (p > 0)$$

a) Bestimmen Sie den Parameter p so, daß gerade der *aperiodische Grenzfall* eintritt.

b) Wie lautet die den Anfangsbedingungen $x(0) = 10$, $\dot{x}(0) = -1$ angepaßte spezielle Lösung im soeben behandelten *aperiodischen Grenzfall*? Skizzieren Sie den zeitlichen Verlauf dieser „Schwingung".

9) Ein einseitig fest eingespannter homogener Balken (oder Träger) der Länge l werde nach Bild V-67 durch eine am freien Ende einwirkende Kraft F auf *Biegung* beansprucht. Die *Biegelinie* $y = y(x)$ ist dann die Lösung der *Randwertaufgabe*

$$y'' = \frac{F}{EI}(l - x), \qquad y(0) = 0, \qquad y'(0) = 0$$

(E: Elastizitätsmodul; I: Flächenmoment des Balkens). Wie lautet die Gleichung der Biegelinie?

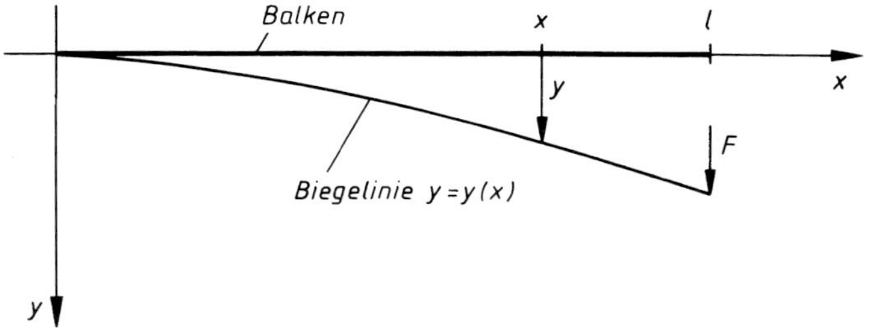

Bild V-67

10) Gegeben ist die inhomogene lineare Differentialgleichung 2. Ordnung

$$y'' + 2y' + y = g(x)$$

mit dem *Störglied* $g(x)$. Ermitteln Sie für die nachfolgenden Störglieder anhand von Tabelle 2 den jeweiligen *Lösungsansatz* für eine partikuläre Lösung $y_p(x)$ der inhomogenen Gleichung.

a) $g(x) = x^2 - 2x + 1$ b) $g(x) = x^3 - x$

c) $g(x) = 2 \cdot e^x + \cos x$ d) $g(x) = 3 \cdot e^{-x}$

e) $g(x) = 2x \cdot e^{3x} \cdot \sin(4x)$ f) $g(x) = e^{-x} \cdot \cos x$

11) Bestimmen Sie die *allgemeinen* Lösungen der folgenden inhomogenen linearen Differentialgleichungen 2. Ordnung:

a) $y'' + 2y' - 3y = 3x^2 - 4x$ b) $y'' - y = x^3 - 2x^2 - 4$

c) $\ddot{x} - 2\dot{x} + x = e^{2t}$ d) $y'' - 2y' - 3y = -2 \cdot e^{3x}$

e) $\ddot{x} + 10\dot{x} + 25x = 3 \cdot \cos(5t)$ f) $y'' + 10y' - 24y = 2x^2 - 6x$

g) $\ddot{x} - x = t \cdot \sin t$ h) $y'' + 12y' + 36y = 3 \cdot e^{-6x}$

i) $y'' + 4y = 10 \cdot \sin(2x) + 2x^2 - x + e^{-x}$

j) $y'' + 2y' + y = x^2 \cdot e^x + x - \cos x$

12) Lösen Sie die folgenden *Anfangswertprobleme*:

a) $\ddot{x} + 6\dot{x} + 10x = \cos t,$ $x(0) = 0,$ $\dot{x}(0) = 4$

b) $y'' + 2y' + 3y = e^{-2x},$ $y(0) = 0,$ $y'(0) = 1$

c) $\ddot{x} + 2\dot{x} + 17x = 2 \cdot \sin(5t),$ $x(\pi) = 0,$ $\dot{x}(\pi) = 1$

13) Bestimmen Sie diejenige Lösungskurve der Differentialgleichung 2. Ordnung

$$y'' + 10y' = x^2 \cdot e^x,$$

die durch den Punkt $P = (0; 2)$ verläuft und dort die Steigung $m = y'(0) = 1$ besitzt.

14) Ein biegsames Seil der Länge l und der Masse m gleite *reibungsfrei* über eine Tischkante. Ist $x = x(t)$ die Länge des überhängenden Seiles zur Zeit t, so ist die auf das Seil einwirkende Kraft gleich dem Gewicht des *überhängenden* Seiles, also $(x/l)\,mg$ (g: Erdbeschleunigung). Die Differentialgleichung der Bewegung lautet somit

$$m\ddot{x} = \frac{x}{l}\,mg \quad \text{oder} \quad \ddot{x} - \frac{g}{l}\,x = 0$$

a) Lösen Sie diese Differentialgleichung für ein 1,50 m langes Seil, das zu Beginn ($t = 0$) zur *Hälfte* überhängt und sich aus der *Ruhe* heraus in Bewegung setzt.

b) Nach welcher Zeit ist das Seil abgerutscht?

Zu Abschnitt 4

1) Lösen Sie die folgenden Schwingungsprobleme (*freie ungedämpfte Schwingungen*):

a) $\ddot{x} + 4x = 0, \quad x(0) = 2, \quad \dot{x}(0) = 1$

b) $\ddot{x} + x = 0, \quad x(0) = 1, \quad \dot{x}(0) = -2$

c) $\ddot{x} + a^2 x = 0, \quad x(0) = 0, \quad \dot{x}(0) = v_0 \quad (a \neq 0)$

2) Ein *Federpendel* mit der Masse $m = 600$ g und der Federkonstanten $c = 50$ N/m bewege sich *reibungsfrei und frei von äußeren Kräften*.

a) Bestimmen Sie die Kreisfrequenz ω_0, die Frequenz f_0 und die Schwingungsdauer T_0 des Systems.

b) Wie lautet die *allgemeine* Lösung der Schwingungsgleichung?

c) Bestimmen Sie die den Anfangsbedingungen $x(0) = 0$, $\dot{x}(0) = v(0) = 0{,}5$ m/s angepaßte *spezielle* Lösung und skizzieren Sie den Schwingungsverlauf.

d) Wie groß sind Auslenkung x, Geschwindigkeit v und Beschleunigung a des Pendels nach $t = 2{,}5$ s (für die unter (c) bestimmte spezielle Schwingung)?

3) Das in Bild V-68 dargestellte *Fadenpendel* mit der Länge l und der Masse m schwingt für *kleine* Auslenkungen nahezu *harmonisch*. Die Schwingungsgleichung lautet dann:

$$\ddot{\varphi} + \frac{g}{l}\varphi = 0$$

Dabei ist $\varphi = \varphi(t)$ der Auslenkwinkel (gegenüber der Vertikalen) zur Zeit t und g die Erdbeschleunigung. A und B kennzeichnen die *Umkehrpunkte* der Schwingung.

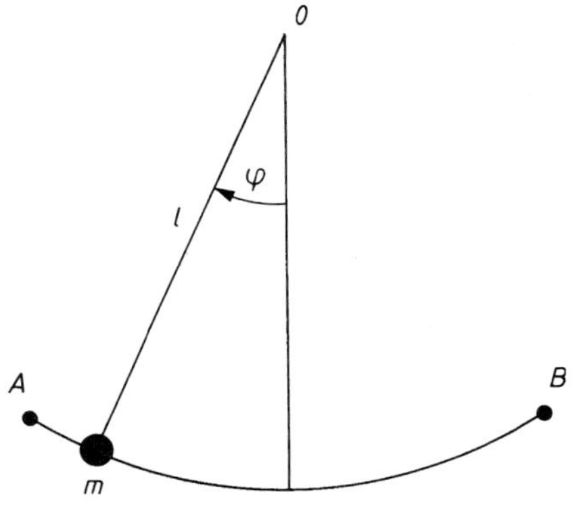

Bild V-68

a) Wie lautet die *allgemeine* Lösung der Schwingungsgleichung?

b) Mit welcher Kreisfrequenz ω_0, Frequenz f_0 und Schwingungsdauer T_0 schwingt das Fadenpendel?

c) Bestimmen Sie die *spezielle* Lösung der Schwingungsgleichung für die Anfangsbedingungen $\varphi(0) = \varphi_0$, $\dot{\varphi}(0) = 0$ (Bewegung des Pendels aus der Ruhe heraus)!

4) Lösen Sie die folgenden Schwingungsprobleme (*freie gedämpfte Schwingungen*):

a) $\ddot{x} + 4\dot{x} + 29x = 0, \quad x(0) = 1, \quad \dot{x}(0) = -2$

b) $\ddot{x} + \dot{x} + 2x = 0, \quad x(0) = 0, \quad \dot{x}(0) = 3$

c) $\ddot{x} + 2\dot{x} + 5x = 0, \quad x(0) = 10, \quad \dot{x}(0) = 0$

5) Gegeben sei das schwingungsfähige *gedämpfte* Feder-Masse-System (Federpendel) mit den folgenden Kenndaten:

$$m = 0{,}5\ \text{kg}, \quad b = 8\ \text{kg/s}, \quad c = 128\ \text{N/m}$$

a) Wie lautet die *allgemeine* Lösung der Schwingungsgleichung?

b) Berechnen Sie die Kreisfrequenz ω_d, die Frequenz f_d und die Schwingungsdauer T_d der gedämpften Schwingung.

c) Wie lautet die *spezielle* Lösung, die den Anfangswerten $x(0) = 0{,}2$ m, $v(0) = 0$ genügt? Skizzieren Sie den Schwingungsverlauf.

6) Die folgenden Anfangswertprobleme beschreiben mechanische Schwingungen im *aperiodischen Grenzfall*. Wie lauten die Lösungen?

a) $2\ddot{x} + 10\dot{x} + 12{,}5x = 0, \quad x(0) = 5, \quad \dot{x}(0) = 1$

b) $\ddot{x} + \dot{x} + 0{,}25x = 0, \quad x(0) = 1, \quad \dot{x}(0) = -1$

7) Ein schwingungsfähiges mechanisches System bestehe aus einer Masse $m = 0{,}5$ kg und einer Feder mit der Federkonstanten $c = 128$ N/m.

a) Wie groß muß der Dämpfungsfaktor b sein, damit gerade der *aperiodische Grenzfall* eintritt? Für welche Werte von b schwingt das System *aperiodisch*?

b) Lösen Sie die Schwingungsgleichung für den unter (a) behandelten *aperiodischen Grenzfall*, wenn zu Beginn der Bewegung gilt: $x(0) = 0{,}2$ m, $v(0) = 0$. Skizzieren Sie den „Schwingungsverlauf".

8) Lösen Sie die folgenden Schwingungsprobleme (*aperiodische Schwingungen*):

a) $\ddot{x} + 6\dot{x} + 5x = 0, \quad x(0) = 10, \quad \dot{x}(0) = 2$

b) $\ddot{x} + \dot{x} + 0{,}16x = 0, \quad x(0) = 2, \quad \dot{x}(0) = -4$

c) $\ddot{x} + 7\dot{x} + 12x = 0, \quad x(0) = 5, \quad \dot{x}(0) = 0$

9) Ein Kondensator mit der Kapazität $C = 5\ \mu F$ wird zunächst auf $u_0 = 100$ V aufgeladen und anschließend über einen ohmschen Widerstand von $R = 500\ \Omega$ und eine Spule mit der Induktivität $L = 0{,}2$ H entladen (Bild V-69). Bestimmen Sie den zeitlichen Verlauf der Stromstärke $i = i(t)$ in diesem *Reihenschwingkreis*.

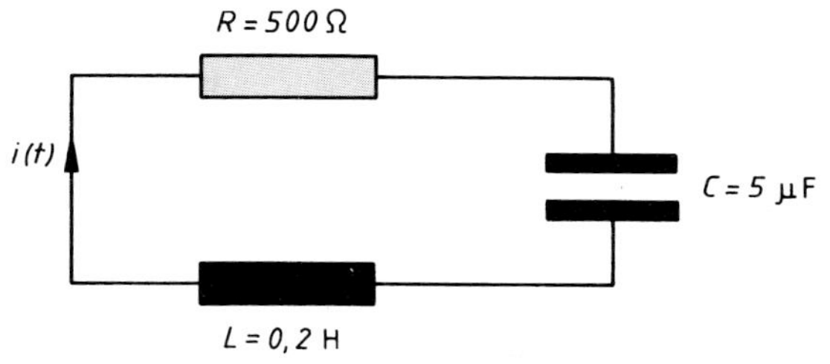

Bild V-69

Anleitung: Lösen Sie die Schwingungsgleichung

$$\frac{d^2 i}{dt^2} + 2\delta \frac{di}{dt} + \omega_0^2 i = 0 \qquad \left(\delta = \frac{R}{2L},\ \omega_0^2 = \frac{1}{LC}\right)$$

für die Anfangswerte $i(0) = 0,\ u_C(0) = u_0$. Zwischen der Kondensatorspannung $u_C(t)$, der Kondensatorladung $q(t)$ und der Stromstärke $i(t)$ bestehen dabei die folgenden Zusammenhänge:

$$C = \frac{q}{u_C}, \qquad i = -\dot{q} \quad \Rightarrow \quad u_C(t) = \frac{1}{C}\, q(t) = -\frac{1}{C} \cdot \int i(t)\, dt$$

10) *Stoßdämpferproblem*: Untersuchen Sie mit Hilfe der Schwingungsgleichung

$$m\ddot{x} + b\dot{x} + cx = 0$$

die Bewegung einer Masse von $m = 50$ kg, die mit einer elastischen Feder der Federkonstanten $c = 10.200$ N/m verbunden ist, wenn das System den Dämpfungsfaktor $b = 2000$ kg/s besitzt. Dabei werde die Masse zu Beginn der Bewegung $(t = 0)$ in der Gleichgewichtslage mit der Geschwindigkeit $v_0 = 2{,}8$ m/s angestoßen $(x(0) = 0,\ \dot{x}(0) = 2{,}8\ \text{m/s})$. Skizzieren Sie den zeitlichen Verlauf der *aperiodischen Schwingung*.

11) Ein schwingungsfähiges mechanisches System, bestehend aus einer Blattfeder mit der Federkonstanten c und einer Schwingmasse m, befindet sich fest verankert auf einem *reibungsfrei* beweglichen Fahrgestell (Bild V-70).

Unterliegt das Fahrwerk einer *konstanten* Beschleunigung a in der eingezeichneten Richtung, so genügt das Weg-Zeit-Gesetz $x = x(t)$ des schwingungsfähigen Systems nach dem *Newtonschen Grundgesetz der Mechanik* der folgenden linearen Differentialgleichung 2. Ordnung mit konstanten Koeffizienten:

$$m\ddot{x} = -cx + ma \qquad \text{oder} \qquad \ddot{x} + \omega_0^2 x = a \qquad (\omega_0^2 = c/m)$$

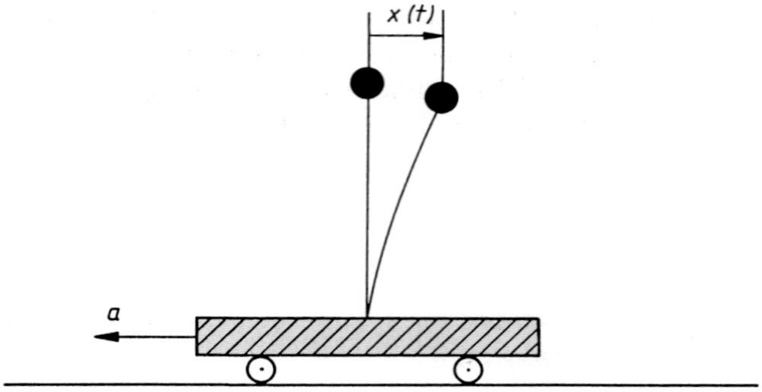

Bild V-70

Lösen Sie diese Gleichung für die Anfangswerte $x(0) = 0$, $v(0) = \dot{x}(0) = 0$ und skizzieren Sie den zeitlichen Verlauf der Schwingung.

12) Die nachfolgenden linearen Differentialgleichungen 2. Ordnung beschreiben *erzwungene (mechanische) Schwingungen*. Bestimmen Sie jeweils die *allgemeine* und die *stationäre* Lösung.

a) $\ddot{x} + 4\dot{x} + 29x = 2 \cdot \sin(2t)$ b) $\ddot{x} + 6\dot{x} + 9x = \cos t - \sin t$

13) Ein schwingungsfähiges mechanisches *Masse-Feder-System* (Federpendel) mit den Kenngrößen

$m = 20\text{ kg}, \quad b = 40\text{ kg/s}, \quad c = 100\text{ N/m}$

werde in einem Experiment durch die von *außen* einwirkende Kraft

$F(t) = 20\text{ N} \cdot \sin(\omega t)$

zu *erzwungenen Schwingungen* erregt.

a) Bestimmen Sie die *allgemeine* Lösung der Schwingungsgleichung.

b) Wie lautet die *stationäre* Lösung der Schwingungsgleichung? Zeichnen Sie die *Resonanzkurve* $A = A(\omega)$ sowie den *Frequenzgang der Phasenverschiebung* φ zwischen Erregerschwingung und erzwungener Schwingung.

c) Bestimmen und skizzieren Sie die *stationäre* Lösung für die Erregerkreisfrequenz $\omega = 1\text{ s}^{-1}$.

14) Ein *Reihenschwingkreis* enthalte den ohmschen Widerstand $R = 500\ \Omega$, einen Kondensator mit der Kapazität $C = 5\ \mu\text{F}$ und eine Spule mit der Induktivität $L = 0{,}2$ H. Wie lautet die *stationäre* Lösung der Schwingungsgleichung

$$\frac{d^2 i}{dt^2} + 2\delta \frac{di}{dt} + \omega_0^2 i = \frac{1}{L} \cdot \frac{du_a}{dt} \qquad \left(\delta = \frac{R}{2L}, \quad \omega_0^2 = \frac{1}{LC}\right)$$

wenn das System durch die von außen angelegte Wechselspannung

$u_a(t) = 300\text{ V} \cdot \sin(500\text{ s}^{-1} \cdot t)$

zu *erzwungenen elektromagnetischen Schwingungen* angeregt wird? Skizzieren Sie den zeitlichen Verlauf dieser Schwingung.

Zu Abschnitt 5

1) Zeigen Sie, daß die Funktionen $y_1 = e^{x}$, $y_2 = e^{-x}$ und $y_3 = e^{-2x}$ eine *Fundamentalbasis* der homogenen linearen Differentialgleichung 3. Ordnung

$$y''' + 2y'' - y' - 2y = 0$$

bilden.

2) Lösen Sie die folgenden *homogenen* linearen Differentialgleichungen 3. Ordnung:

a) $y''' - 7y' + 6y = 0$ b) $y''' + y' = 0$

c) $\dddot{x} - 4\ddot{x} - 11\dot{x} - 6x = 0$ d) $y''' + 3ay'' + 3a^2 y' + a^3 y = 0$

e) $u''' - 4u'' + 14u' - 20u = 0$ f) $y''' - 7y'' + 16y' - 12 = 0$

3) Zeigen Sie: Die homogene lineare Differentialgleichung 3. Ordnung

$$y''' - 3y'' + 9y' + 13y = 0$$

besitzt die *linear unabhängigen* Lösungen (*Basisfunktionen*) $y_1 = e^{-x}$, $y_2 = e^{2x} \cdot \sin(3x)$ und $y_3 = e^{2x} \cdot \cos(3x)$.
Wie lautet die *allgemeine* Lösung dieser Differentialgleichung?

4) Lösen Sie die folgenden *homogenen* linearen Differentialgleichungen 4. Ordnung:

a) $x^{(4)} - x = 0$

b) $y^{(4)} - y''' + 2y' = 0$

c) $2y^{(4)} + 4y''' - 24y'' + 28y' - 10y = 0$

d) $v^{(4)} + 8\ddot{v} + 16v = 0$

5) Bestimmen Sie die *allgemeinen* Lösungen der folgenden *homogenen* linearen Differentialgleichungen 5. Ordnung:

a) $x^{(5)} + 2\dddot{x} + \dot{x} = 0$

b) $y^{(5)} + 2y^{(4)} + y''' = 0$

c) $y^{(5)} + 3y^{(4)} + 10y''' + 6y'' + 5y' - 25y = 0$

d) $y^{(5)} + 22y''' + 2y'' - 75y' + 50y = 0$

6) Lösen Sie die folgenden *Anfangswertprobleme*:

a) $y''' - 3y'' + 4y = 0, \quad y(0) = y'(0) = 0, \quad y''(0) = 1$

b) $\dddot{x} - 2\ddot{x} - \dot{x} + 2x = 0, \quad x(0) = 0, \quad \dot{x}(0) = 1, \quad \ddot{x}(0) = 0$

c) $x^{(4)} + 10\ddot{x} + 9x = 0, \quad x(\pi) = 8, \quad \dot{x}(\pi) = 0, \quad \ddot{x}(\pi) = 0, \quad \dddot{x}(\pi) = 0$

d) $y^{(5)} + 5y''' + 4y' = 0$
$y(0) = 0, \quad y'(0) = 0, \quad y''(0) = 0, \quad y'''(0) = 0, \quad y^{(4)}(0) = 12$

7) Gegeben ist die *inhomogene* lineare Differentialgleichung 3. Ordnung

$$y''' + y'' + y' + y = g(x)$$

mit dem *Störglied* $g(x)$. Ermitteln Sie für die nachfolgenden Störglieder anhand von Tabelle 3 den jeweiligen *Lösungsansatz* für eine *partikuläre* Lösung $y_p(x)$ der inhomogenen Differentialgleichung.

a) $g(x) = 2x + 5$ b) $g(x) = x^3 - 2x^2 + 2x$

c) $g(x) = 4 \cdot e^{2x}$ d) $g(x) = 10 \cdot e^{-x}$

e) $g(x) = 3 \cdot \cos(2x)$ f) $g(x) = 8 \cdot \sin x$

g) $g(x) = 2 \cdot e^{-x} + \sin(5x) + 2 \cdot \cos x$

8) Bestimmen Sie die *allgemeinen* Lösungen der folgenden *inhomogenen* linearen Differentialgleichungen 3. Ordnung:

a) $y''' + 2y'' + y' = 10 \cdot \cos x$

b) $y''' + 3y'' + 3y' + y = x + 6 \cdot e^{-x}$

c) $\dddot{x} + \dot{x} = 9t^2$

d) $y''' - y'' - y' + y = 16x \cdot e^{-x}$

9) Welche *allgemeinen* Lösungen besitzen die folgenden *inhomogenen* linearen Differentialgleichungen 4. und 5. Ordnung:

a) $y^{(4)} + 2y'' + y = 8 \cdot \sin x + x^2 + 4$

b) $y^{(5)} + 3y^{(4)} + 3y''' + y'' = 2(\sin x + \cos x + 1)$

10) Bestimmen Sie zu jeder der nachfolgenden linearen Differentialgleichungen eine *partikuläre* Lösung:

a) $y''' - y' = 10x$

b) $y''' + 4y'' + 13y' = e^x + 10$

c) $y''' - 3y' + 2y = 2 \cdot \cos x - 3 \cdot \sin x$

d) $x^{(4)} + 2\ddot{x} + x = t \cdot e^{-t}$

e) $y^{(5)} - 2y^{(4)} + 3y''' - 6y'' - 4y' + 8y =$
$= -104 \cdot e^{3x} + 24 \cdot \sin x - 12 \cdot \cos x + 8x^2$

11) Lösen Sie die folgenden *Anfangswertprobleme*:

a) $y''' + 9y' = 18x, \quad y(\pi) = \pi^2, \quad y'(\pi) = 2\pi, \quad y''(\pi) = 20$

b) $y''' + 8y'' + 17y' + 10y = 34 \cdot \sin x + 12 \cdot \cos x$
$y(0) = 1, \quad y'(0) = -3, \quad y''(0) = 8$

c) $x^{(4)} - x = 45 \cdot e^{2t}, \quad x(0) = 6, \quad \dot{x}(0) = 0, \quad \ddot{x}(0) = 15, \quad \dddot{x}(0) = 24$

d) $v^{(5)} - \dot{v} = 2t + 2$
$v(0) = 1, \quad \dot{v}(0) = -2, \quad \ddot{v}(0) = 2, \quad \dddot{v}(0) = 0, \quad v^{(4)}(0) = -4$

12) Ein beiderseits *gelenkig* gelagerter Druckstab der Länge l wird in der aus Bild V-71 ersichtlichen Weise *sinusförmig* belastet. Die *Biegelinie* des Stabes genügt dann *näherungsweise* der folgenden Differentialgleichung 4. Ordnung:

$$EI \cdot y^{(4)} + F \cdot y'' = Q_o \cdot \sin\left(\frac{\pi x}{l}\right) \quad \text{oder} \quad y^{(4)} + \alpha^2 \cdot y'' = K_o \cdot \sin(\beta x)$$

(mit den Abkürzungen $\alpha^2 = F/EI$, $\beta = \pi/l$ und $K_o = Q_o/EI$). Dabei ist F die konstante *Druckkraft* in Richtung der Stabachse und EI die ebenfalls konstante *Biegesteifigkeit* des Stabes. Da in den beiden Randpunkten weder Durchbiegungen noch Momente auftreten können, gelten folgende *Randbedingungen*:

$$y(0) = y(l) = 0, \quad y''(0) = y''(l) = 0$$

Welche Lösung besitzt dieses *Randwertproblem* unter der Voraussetzung $\alpha \neq \beta$?

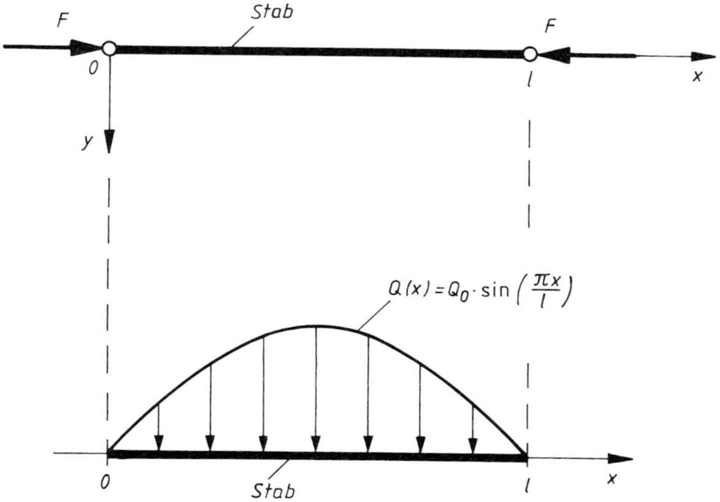

Bild V-71

Zu Abschnitt 6

1) Lösen Sie das *Anfangswertproblem*

$$y' = x - y, \quad y(1) = 2$$

näherungsweise im Intervall $1 \leqslant x \leqslant 1{,}4$

a) nach dem *Eulerschen Streckenzugverfahren*,

b) nach dem Verfahren von *Runge-Kutta*

bei einer Schrittweite von $h = 0{,}1$ und *vergleichen* Sie die Ergebnisse mit der *exakten* Lösung.

2) Die Differentialgleichung 1. Ordnung

$$y' = y^2 + 3x$$

ist *nichtlinear*. Bestimmen Sie *numerisch* die durch den Punkt $P = (0; 1)$ verlaufende Lösungskurve im Intervall $0 \leqslant x \leqslant 0{,}5$.

Anleitung: Verwenden Sie das *Runge-Kutta-Verfahren* mit der Schrittweite $h = 0{,}1$.

3) Gegeben ist die *nichtlineare* Differentialgleichung 1. Ordnung

$$y' = \sqrt{x + y}$$

und der *Anfangswert* $y(1) = 1$. Bestimmen Sie *näherungsweise* den *Ordinatenwert* der Lösungskurve an der Stelle $x_1 = 1{,}2$

a) nach dem *Eulerschen Streckenzugverfahren*,

b) nach dem *Runge-Kutta-Verfahren 4. Ordnung*.

Wählen Sie als Schrittweite $h = 0{,}05$. Führen Sie ferner eine *Zweitrechnung* (*Grobrechnung*) mit *doppelter* Schrittweite durch und geben Sie eine *Abschätzung* des Fehlers.

4) Lösen Sie das *Anfangswertproblem*

$$y'' = 2y - y', \qquad y(0) = 1, \qquad y'(0) = 0$$

im Intervall $0 \leqslant x \leqslant 0{,}3$ näherungsweise nach dem *Runge-Kutta-Verfahren 4. Ordnung* bei einer Schrittweite von $h = 0{,}1$ und vergleichen Sie die *Näherungslösung* mit der *exakten* Lösung.

5) Das *Anfangswertproblem*

$$\ddot{x} + 4\dot{x} + 29x = 0, \qquad x(0) = 1, \qquad \dot{x}(0) = v(0) = -2$$

beschreibt eine *gedämpfte* (*mechanische*) *Schwingung* (x: Auslenkung; $v = \dot{x}$: Geschwindigkeit). Wie groß sind Auslenkung und Geschwindigkeit zur Zeit $t = 0{,}1$

a) bei *exakter* Lösung,

b) bei *näherungsweiser* Lösung der Differentialgleichung nach dem *Runge-Kutta-Verfahren 4. Ordnung* (Schrittweite: $h = \Delta t = 0{,}05$).

6) Die (*nichtlineare*!) Differentialgleichung für die Bewegung eines *Fadenpendels* lautet:

$$\ddot{\varphi} + \frac{g}{l} \cdot \sin \varphi = 0$$

(vgl. hierzu Bild V-68). Dabei ist $\varphi = \varphi(t)$ der Auslenkwinkel (gegenüber der Vertikalen) zur Zeit t, g die Erdbeschleunigung und l die Fadenlänge. Das Pendel soll aus der Ruhelage heraus ($\varphi(0) = 0$) mit einer anfänglichen Winkelgeschwindigkeit von $\dot{\varphi}(0) = 1$ in Bewegung gesetzt werden. Berechnen Sie für den Sonderfall $g = l$ den Auslenkwinkel φ sowie die Winkelgeschwindigkeit $\dot{\varphi}$ zur Zeit

$t = 0{,}1$. Welches Ergebnis erhält man, wenn man die für *kleine* Winkel zulässige Näherungsformel $\sin\varphi \approx \varphi$ verwendet (vgl. hierzu auch Übungsaufgabe 3 aus Abschnitt 4).

Anleitung: Rechnen Sie nach dem *Runge-Kutta-Verfahren 4. Ordnung* mit einer Schrittweite von $h = 0{,}05$.

Zu Abschnitt 7

1) Lösen Sie die folgenden *homogenen* Differentialgleichungssysteme 2. Ordnung mit Hilfe des *Exponentialansatzes*:

a) $y_1' = -2y_1 - 2y_2$, $y_2' = y_1$ b) $\dot{x}_1 = x_1 + 2x_2$, $\dot{x}_2 = x_2$

c) $y_1' = y_2$, $y_2' = -16y_1$ d) $y_1' = 7y_1 - 15y_2$, $y_2' = 3y_1 - 5y_2$

e) $\dot{x}_1 = -3x_1 - 2x_2$, $\dot{x}_2 = 6x_1 + 3x_2$ f) $y_1' = 6y_1 - 3y_2$, $y_2' = 2y_1 + y_2$

2) Bestimmen Sie die *allgemeine* Lösung der folgenden in der Matrizenform dargestellten Systeme *homogener* linearer Differentialgleichungen 1. Ordnung:

a) $$\begin{pmatrix} y_1' \\ y_2' \end{pmatrix} = \begin{pmatrix} 4 & -4 \\ 1 & 8 \end{pmatrix} \begin{pmatrix} y_1 \\ y_2 \end{pmatrix}$$

b) $$\begin{pmatrix} \dot{x}_1 \\ \dot{x}_2 \end{pmatrix} = \begin{pmatrix} 2 & -1 \\ -4 & 2 \end{pmatrix} \begin{pmatrix} x_1 \\ x_2 \end{pmatrix}$$

c) $$\begin{pmatrix} y_1' \\ y_2' \end{pmatrix} = \begin{pmatrix} -1 & -1 \\ 2 & -3 \end{pmatrix} \begin{pmatrix} y_1 \\ y_2 \end{pmatrix}$$

3) Lösen Sie das *homogene* Differentialgleichungssystem

$$\dot{x} = 3x - 4y$$
$$\dot{y} = x - 2y$$

a) durch einen *Exponentialansatz*,

b) nach dem *Einsetzungs-* oder *Eliminationsverfahren*.

4) Lösen Sie die folgenden *inhomogenen* linearen Differentialgleichungssysteme 2. Ordnung durch „*Aufsuchen einer partikulären Lösung*“:

a) $y_1' = 2y_2 + 8x$, $y_2' = -2y_1$ b) $y_1' = -y_1 + y_2 + 4 \cdot e^{2x}$, $y_2' = -4y_1 + 3y_2$

5) Bestimmen Sie die *allgemeine* Lösung der folgenden Systeme *inhomogener* linearer Differentialgleichungen 1. Ordnung nach dem *Einsetzungs-* oder *Eliminationsverfahren*:

a) $$\begin{aligned} y_1' &= -2y_1 - 2y_2 + e^x \\ y_2' &= 5y_1 + 4y_2 \end{aligned}$$

b) $$\begin{pmatrix} y_1' \\ y_2' \end{pmatrix} = \begin{pmatrix} -3 & -2 \\ 2 & 1 \end{pmatrix} \begin{pmatrix} y_1 \\ y_2 \end{pmatrix} + \begin{pmatrix} 3x \\ 2x \end{pmatrix}$$

c) $$\begin{pmatrix} \dot{x}_1 \\ \dot{x}_2 \end{pmatrix} = \begin{pmatrix} 3 & -1 \\ -1 & 3 \end{pmatrix} \begin{pmatrix} x_1 \\ x_2 \end{pmatrix} + 8 \begin{pmatrix} e^{3t} \\ 1 \end{pmatrix}$$

6) Lösen Sie das *inhomogene* Differentialgleichungssystem

$$\begin{aligned} y_1' &= -y_1 + 3y_2 + x \\ y_2' &= y_1 + y_2 \end{aligned}$$

a) durch „*Aufsuchen einer partikulären Lösung*“,

b) nach dem *Einsetzungs-* oder *Eliminationsverfahren*.

7) Lösen Sie die folgenden *Anfangswertprobleme*:

a) $$\left.\begin{aligned} y_1' &= -3y_1 + 5y_2 \\ y_2' &= -y_1 + y_2 \end{aligned}\right\} \quad y_1(0) = 2, \quad y_2(0) = 1$$

b) $$\begin{pmatrix} y_1' \\ y_2' \end{pmatrix} = \begin{pmatrix} 1 & 4 \\ 1 & 1 \end{pmatrix} \begin{pmatrix} y_1 \\ y_2 \end{pmatrix}, \quad \begin{pmatrix} y_1(0) \\ y_2(0) \end{pmatrix} = \begin{pmatrix} 0 \\ 2 \end{pmatrix}$$

c) $$\left.\begin{aligned} \dot{x}_1 &= -2x_1 + 2x_2 + t \\ \dot{x}_2 &= -2x_1 + 3x_2 + 3 \cdot e^t \end{aligned}\right\} \quad x_1(0) = -3, \quad x_2(0) = -5$$

d) $$\mathbf{y}' = \begin{pmatrix} -3 & -1 \\ 5 & 1 \end{pmatrix} \mathbf{y}, \quad \mathbf{y}(0) = \begin{pmatrix} 0 \\ -1 \end{pmatrix}$$

e) $$\left.\begin{aligned} y_1' &= 7y_1 - y_2 \\ y_2' &= 5y_1 + 5y_2 \end{aligned}\right\} \quad y_1(0) = 2, \quad y_2(0) = 0$$

8) Lösen Sie das *Anfangswertproblem*

$$\dot{\mathbf{x}} = \begin{pmatrix} 1 & 4 \\ 1 & 1 \end{pmatrix} \mathbf{x} + \begin{pmatrix} -1 \\ 2 \end{pmatrix} e^t, \quad \mathbf{x}(0) = \begin{pmatrix} -0{,}5 \\ 0 \end{pmatrix}$$

a) durch „*Aufsuchen einer partikulären Lösung*“,

b) nach dem *Einsetzungs-* oder *Eliminationsverfahren*.

9) Ein Massenpunkt bewege sich in der x, y-Ebene so, daß seine kartesischen Koordinaten x und y den folgenden Differentialgleichungen genügen:

$$\ddot{x} = \dot{y}, \quad \ddot{y} = -\dot{x}$$

Bestimmen Sie die *Bahnkurve* für die *Anfangswerte*

$$x(0) = y(0) = 0, \quad \dot{x}(0) = 0, \quad \dot{y}(0) = 1$$

Hinweis: Das Differentialgleichungssystem läßt sich mit Hilfe der *Substitutionen* $u = \dot{x}$ und $v = \dot{y}$ auf ein System linearer Differentialgleichungen *1. Ordnung* zurückführen. Lösen Sie zunächst dieses System. Durch *Rücksubstitution* und anschließende *Integration* erhalten Sie dann die gesuchten zeitabhängigen Koordinaten $x = x(t)$ und $y = y(t)$ des Massenpunktes.

VI Laplace-Transformation

1 Grundbegriffe

1.1 Ein einführendes Beispiel

Bei der mathematischen Behandlung naturwissenschaftlich-technischer Probleme wie z.B. *Ausgleichs-* und *Einschwingvorgängen* stößt man immer wieder auf *lineare* Differentialgleichungen 1. und 2. Ordnung mit *konstanten* Koeffizienten. Die *Standardlösungsverfahren* für derartige Differentialgleichungen wurden bereits in Kapitel V ausführlich behandelt [1]. Ein weiteres Lösungsverfahren, das auf einer Anwendung der sog. *Laplace-Transformation* beruht, hat sich in der Praxis als sehr nützlich erwiesen und spielt daher (insbesondere in der *Elektro-* und *Regelungstechnik*) eine bedeutende Rolle. Wir versuchen nun anhand eines einfachen Anwendungsbeispiels einen ersten Einstieg in diese zunächst etwas kompliziert erscheinende Lösungsmethode.

Bild VI-1 zeigt einen auf die Spannung u_0 aufgeladenen Kondensator der Kapazität C, der zur Zeit $t = 0$ mit einem ohmschen Widerstand R *parallelgeschaltet* wird und sich dann im Laufe der Zeit über diesen Widerstand *entlädt*.

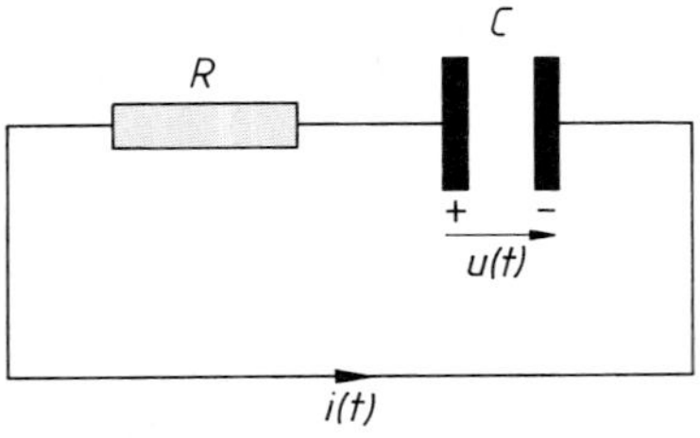

Bild VI-1
Entladung eines Kondensators über einen ohmschen Widerstand

Nach dem *2. Kirchhoffschen Gesetz* (*Maschenregel*)[2] gilt dann:

$$u - Ri = 0 \tag{VI-1}$$

$u = u(t)$ ist dabei die Kondensatorspannung zur Zeit t, $i = i(t)$ die Stromstärke in Abhängigkeit von der Zeit. Zwischen der Ladung $q = q(t)$ und der Spannung

[1] Es handelt sich um die Lösungsmethoden „*Variation der Konstanten*“ und „*Aufsuchen einer partikulären Lösung*“.

[2] In jeder *Masche* ist die Summe der Spannungen gleich *Null*.

$u = u(t)$ am Kondensator besteht die lineare Beziehung $q = Cu$, aus der man durch beiderseitiges *Differenzieren* nach der Zeit t den Ausdruck

$$i = -\dot{q} = -C\dot{u} \tag{VI-2}$$

für die Stromstärke i gewinnt. Unter Berücksichtigung dieser Gleichung läßt sich der *Entladungsvorgang* am Kondensator auch durch die folgende *lineare* Differentialgleichung 1. Ordnung mit *konstanten* Koeffizienten beschreiben:

$$u + RC\dot{u} = 0 \quad \text{oder} \quad \dot{u} + \frac{1}{RC} \cdot u = 0 \tag{VI-3}$$

Die Lösung dieser Differentialgleichung muß dabei noch dem *Anfangswert* $u(0) = u_0$ (Kondensatorspannung zu *Beginn* der Entladung) genügen. Mit den aus Kapitel V bekannten Lösungsmethoden erhalten wir einen nach der Funktionsgleichung

$$u = u(t) = u_0 \cdot \mathrm{e}^{-\frac{t}{RC}} \qquad (t \geqslant 0) \tag{VI-4}$$

exponentiell abklingenden Spannungsverlauf am Kondensator (Bild VI-2).

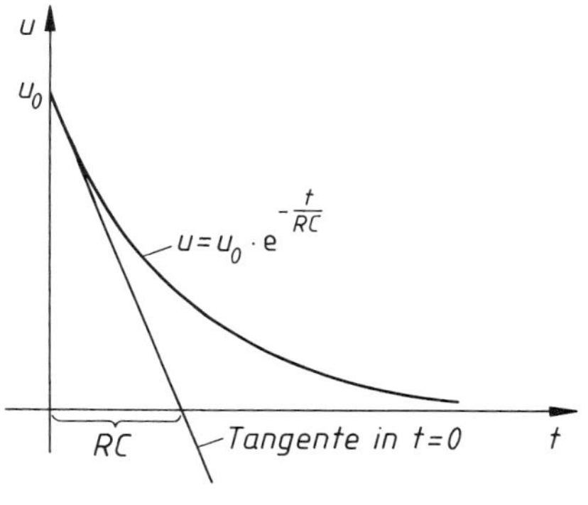

Bild VI-2
Spannungsverlauf an einem Kondensator, der sich über einen ohmschen Widerstand entlädt

Unser *Anfangswertproblem* (VI-3) läßt sich aber auch bequem mit Hilfe der sog. *Laplace-Transformation* lösen. Die gesuchte Lösungsfunktion $u = u(t)$ wird in diesem Zusammenhang als *Originalfunktion* bezeichnet. Ihr wird durch eine *spezielle Transformationsvorschrift*, auf die wir erst im nächsten Abschnitt näher eingehen können und die eben die Bezeichnung *Laplace-Transformation* trägt, eine als *Bildfunktion* bezeichnete neue Funktion $U = U(s)$ der Variablen s zugeordnet. Diese Bildfunktion $U = U(s)$ heißt die *Laplace-Transformierte* der Originalfunktion $u = u(t)$. Wir schreiben dafür *symbolisch*:

$$U(s) = \mathscr{L}\{u(t)\} \tag{VI-5}$$

Der *Operator* $\mathscr{L}$ heißt *Laplace-Transformationsoperator*. In den folgenden Abschnitten werden wir die allgemeinen Eigenschaften der Laplace-Transformation näher kennenlernen und dort u.a. auch sehen, wie man die Laplace-Transformierte der *Ableitung* $\dot{u} = \dot{u}(t)$ aus der Laplace-Transformierten der *Originalfunktion* $u = u(t)$ leicht berechnen kann. Wendet man dann die Laplace-Transformation *gliedweise* auf die Differentialgleichung (VI-3) an, so erhält man als Ergebnis die folgende *algebraische* Gleichung

1. Grades für die (zunächst noch unbekannte) *Bildfunktion* $U = U(s)$[3]:

$$\underbrace{[s \cdot U(s) - u_0]}_{\mathscr{L}\{\dot{u}(t)\}} + \frac{1}{RC} \cdot \underbrace{U(s)}_{\mathscr{L}\{u(t)\}} = \underbrace{0}_{\mathscr{L}\{0\}} \qquad \text{(VI-6)}$$

Diese Gleichung lösen wir nach $U(s)$ auf und erhalten:

$$\left(s + \frac{1}{RC}\right) \cdot U(s) = u_0$$

$$U(s) = \frac{u_0}{s + \dfrac{1}{RC}} \qquad \text{(VI-7)}$$

Dies ist die *Lösung* der gestellten Aufgabe im sog. *Bildbereich* oder *Bildraum*. Durch *Rücktransformation* (in der Praxis mit Hilfe einer *speziellen Transformationstabelle*, die wir später noch kennenlernen werden), erhalten wir hieraus die *Originalfunktion* $u = u(t)$, d.h. die *gesuchte Lösung der Differentialgleichung* (VI-3). Sie lautet (wie bereits bekannt):

$$u = u(t) = u_0 \cdot e^{-\frac{t}{RC}} \qquad (t \geqslant 0) \qquad \text{(VI-8)}$$

Die Praxis zeigt, daß beim Lösen einer linearen Differentialgleichung mit Hilfe der *Laplace-Transformation* sich meist die durchzuführenden Rechenoperationen *vereinfachen*. Darin liegt der *Vorteil* dieser speziellen Lösungsmethode begründet. Wir halten fest:

Über die Anwendung der Laplace-Transformation auf eine lineare Differentialgleichung mit konstanten Koeffizienten

Die Anwendung der *Laplace-Transformation* auf eine *lineare* Differentialgleichung mit *konstanten* Koeffizienten bedeutet in der Praxis meist eine *Vereinfachung* der beim Lösungsvorgang durchzuführenden Rechenoperationen. Die Lösung der Differentialgleichung erfolgt dabei in *drei nacheinander* auszuführenden Schritten:

1. Die Differentialgleichung wird zunächst mit Hilfe der *Laplace-Transformation* in eine *algebraische* Gleichung überführt.
2. Als Lösung dieser (linearen) Gleichung erhält man die *Bildfunktion* der gesuchten Lösung (sog. *Lösung im Bildbereich*).
3. Durch *Rücktransformation* (die wir später als *inverse* Laplace-Transformation bezeichnen werden) gewinnt man mit Hilfe einer *Transformationstabelle* die gesuchte *Lösung* der Differentialgleichung (*Originalfunktion*).

---

[3] Am Ende dieses Kapitels kommen wir auf dieses Anwendungsbeispiel nochmals ausführlich zurück und werden dort Schritt für Schritt zeigen, wie man durch Anwendung der Laplace-Transformation aus der Differentialgleichung (VI-3) diese algebraische Gleichung für die Bildfunktion $U(s)$ erhält (s. Abschnitt 5.2.1).

1.2 Definition der Laplace-Transformierten einer Funktion

Wir betrachten einen *zeitlich* veränderlichen Vorgang, der zur Zeit $t = 0$ „beginnt" (sog. *Einschaltzeitpunkt*) und durch eine Funktion $f(t)$ mit $f(t) = 0$ für $t < 0$ beschrieben wird (Bild VI-3)[4].

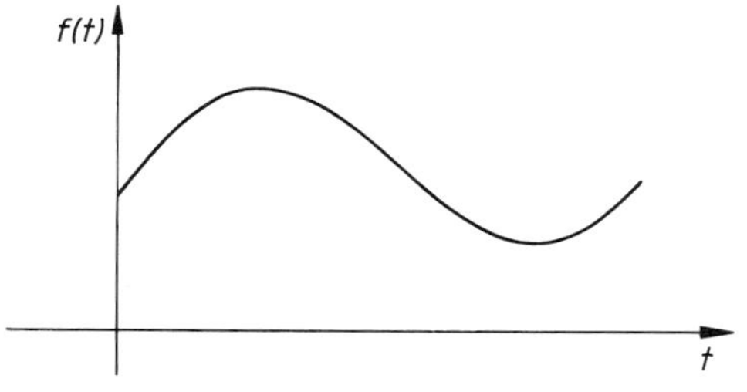

Bild VI-3

Zeitlich veränderlicher Vorgang (Einschaltzeitpunkt $t = 0$)

Dieser Funktion wird wie folgt eine *Bildfunktion* $F(s)$ der (reellen oder komplexen) Variablen s zugeordnet (sog. *Laplace-Transformation*):

Definition: Die Funktion

$$F(s) = \int_0^{\infty} f(t) \cdot \mathrm{e}^{-st}\, dt \qquad \text{(VI-9)}$$

heißt die *Laplace-Transformierte* der Funktion $f(t)$. Symbolische Schreibweise:

$$F(s) = \mathscr{L}\{f(t)\} \qquad \text{(VI-10)}$$

Anmerkungen

(1) Wir führen noch folgende Bezeichnungen ein:

$f(t)$: *Original*- oder Oberfunktion

$F(s)$: *Bild*- oder Unterfunktion

Die Menge der Originalfunktionen heißt *Originalbereich* oder *Originalraum*, die Menge der Bildfunktionen *Bildbereich* oder *Bildraum*.

(2) Das in der *Transformationsvorschrift* (VI-9) auftretende Integral $\int_0^{\infty} f(t) \cdot \mathrm{e}^{-st}\, dt$ wird auch als *Laplace-Integral* bezeichnet.

---

4) Die unabhängige Variable t darf durchaus auch eine *andere* Größe als die Zeit sein. In den naturwissenschaftlich-technischen Anwendungen handelt es sich aber meist um die *Zeitvariable*.

(3) Der *Operator* $\mathscr{L}$ heißt *Laplace-Transformationsoperator.*

(4) Originalfunktion $f(t)$ und Bildfunktion $F(s) = \mathscr{L}\{f(t)\}$ bilden ein *zusammengehöriges Funktionenpaar.* Man verwendet dafür auch die folgende symbolische Schreibweise:

$$f(t) \circ\!\!-\!\!\!-\!\!\bullet\; F(s) \qquad \text{(VI-11)}$$

(sog. *Korrespondenz*).

(5) Die unabhängige Variable s der Laplace-Transformierten $F(s)$ von $f(t)$ wird häufig auch als *Parameter* bezeichnet. Sie kann *reell* oder *komplex* sein. Wir beschränken uns in der weiteren Darstellung auf den *reellen* Bereich.

(6) Die Laplace-Transformation ist eine *Integraltransformation.* Das *uneigentliche* Integral (VI-9) existiert nur unter gewissen Voraussetzungen. So muß die Originalfunktion $f(t)$ u.a. *stückweise stetig* sein, d.h. sie darf in *jedem* Teilintervall nur *endlich* viele Sprungunstetigkeiten aufweisen. Den an Einzelheiten näher interessierten Leser verweisen wir auf die spezielle Fachliteratur (z.B. Ameling: Laplace-Transformation, s. Literaturverzeichnis).

■ **Beispiele**

Hinweis: Die bei der Berechnung der Laplace-Transformierten anfallenden Integrale sind der *Integraltafel der Formelsammlung* entnommen (Angabe der jeweiligen *Integralnummer*). Diese Regelung gilt im *gesamten* Kapitel.

(1) Laplace-Transformierte der Sprungfunktion

Wir bestimmen die *Laplace-Transformierte* der in Bild VI-4 dargestellten *Sprungfunktion*

$$f(t) = \begin{cases} 0 & \text{für} \quad t < 0 \\ A & \phantom{\text{für}} \quad t \geqslant 0 \end{cases}$$

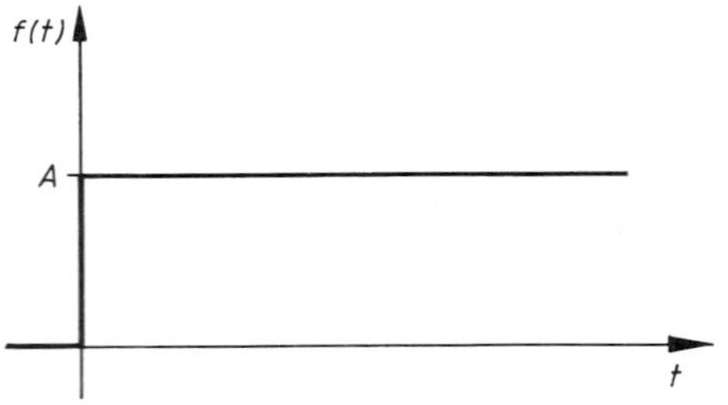

Bild VI-4
Sprungfunktion

Sie lautet:

$$F(s) = \int_0^\infty A \cdot e^{-st}\,dt = A \cdot \int_0^\infty e^{-st}\,dt = A\left[\frac{e^{-st}}{-s}\right]_0^\infty = \frac{A}{s} \qquad (s > 0)$$

(Integral Nr. 312). Somit ist

$$\mathscr{L}\{A\} = \frac{A}{s} \quad \text{oder} \quad A \circ\!\!-\!\!\bullet \frac{A}{s}$$

(2) Laplace-Transformierte der linearen Funktion

Die *Laplace-Transformierte* der in Bild VI-5 gezeichneten *linearen* Funktion

$$f(t) = \begin{cases} 0 & \text{für} \quad t < 0 \\ t & \phantom{\text{für}} \quad t \geqslant 0 \end{cases}$$

lautet:

$$F(s) = \int_0^\infty t \cdot e^{-st}\,dt = \left[\left(\frac{-st-1}{s^2}\right) \cdot e^{-st}\right]_0^\infty = \frac{1}{s^2} \qquad (s > 0)$$

(Integral Nr. 313). Somit ist

$$\mathscr{L}\{t\} = \frac{1}{s^2} \quad \text{oder} \quad t \circ\!\!-\!\!\bullet \frac{1}{s^2}$$

d.h. die Funktionen $f(t) = t$ und $F(s) = \frac{1}{s^2}$ bilden ein *zusammengehöriges Funktionenpaar.*

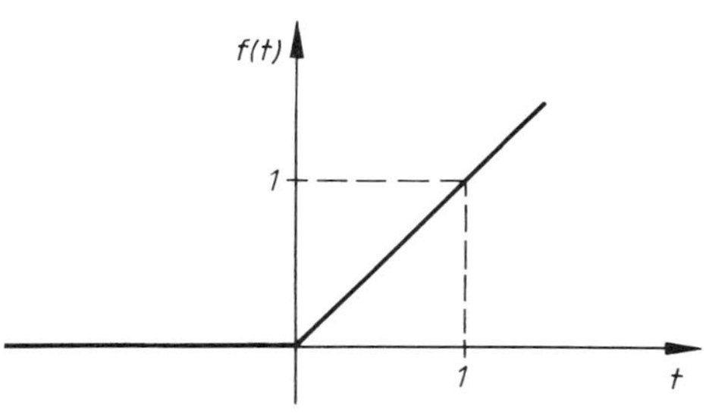

Bild VI-5
Lineare Funktion $f(t) = t$

(3) Laplace-Transformierte der quadratischen Funktion

Die in Bild VI-6 dargestellte *quadratische* Funktion

$$f(t) = \begin{cases} 0 & \text{für} \quad t < 0 \\ t^2 & \phantom{\text{für}} \quad t \geqslant 0 \end{cases}$$

besitzt die folgende *Bildfunktion* (*Laplace-Transformierte*):

$$F(s) = \int_0^\infty t^2 \cdot \mathrm{e}^{-st}\,dt = \left[\left(\frac{s^2 t^2 + 2st + 2}{-s^3} \right) \cdot \mathrm{e}^{-st} \right]_0^\infty = \frac{2}{s^3} \qquad (s > 0)$$

(Integral Nr. 314). Somit ist

$$\mathscr{L}\{t^2\} = \frac{2}{s^3} \qquad \text{oder} \qquad t^2 \circ\!\!-\!\!\!-\!\!\bullet \frac{2}{s^3}$$

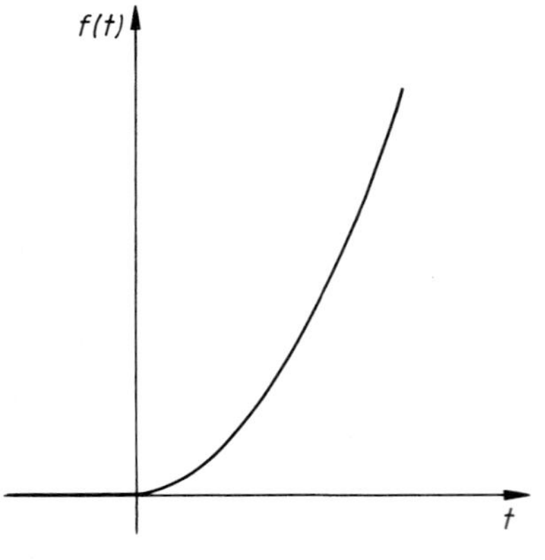

Bild VI-6
Quadratische Funktion $f(t) = t^2$

(4) Laplace-Transformierte der Sinusfunktion

Die *Laplace-Transformierte* der in Bild VI-7 dargestellten *Sinusfunktion*

$$f(t) = \begin{cases} 0 & \text{für} \quad t < 0 \\ \sin t & \phantom{\text{für}} \quad t \geqslant 0 \end{cases}$$

lautet:

$$F(s) = \int_0^\infty \sin t \cdot \mathrm{e}^{-st}\,dt = \left[\frac{\mathrm{e}^{-st}}{s^2 + 1} (-s \cdot \sin t - \cos t) \right]_0^\infty = \frac{1}{s^2 + 1}$$

($s > 0$; Integral Nr. 322). Somit ist

$$\mathscr{L}\{\sin t\} = \frac{1}{s^2 + 1} \qquad \text{oder} \qquad \sin t \circ\!\!-\!\!\!-\!\!\bullet \frac{1}{s^2 + 1}$$

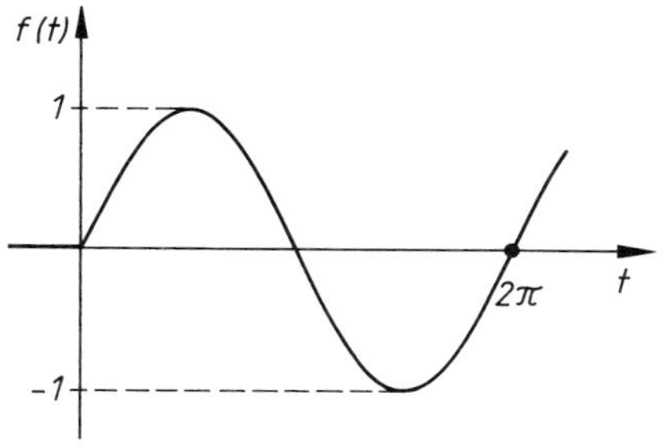

Bild VI-7
Sinusfunktion

(5) Laplace-Transformierte eines Rechtecksimpulses

Der *rechteckige* Impuls besitze den in Bild VI-8 dargestellten zeitlichen Verlauf mit der Funktionsgleichung

$$f(t) = \begin{cases} 0 & & t < a \\ A & \text{für} & a < t < b \\ 0 & & t > b \end{cases}$$

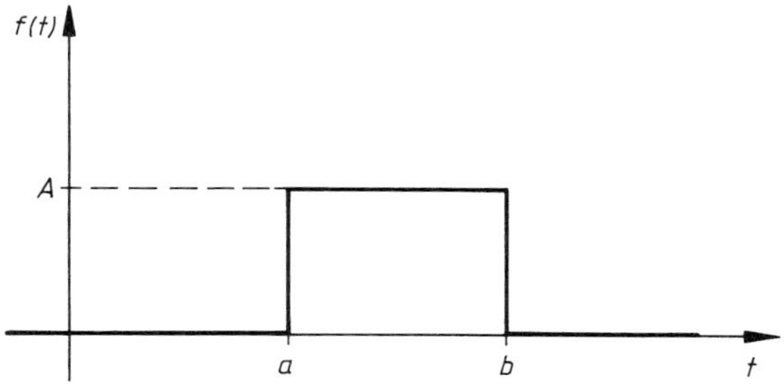

Bild VI-8
Rechtecksimpuls

Wir berechnen die zugehörige *Laplace-Transformierte* nach der Definitionsformel (VI-9):

$$F(s) = \underbrace{\int_0^a 0 \cdot e^{-st}\, dt}_{0} + \int_a^b A \cdot e^{-st}\, dt + \underbrace{\int_b^\infty 0 \cdot e^{-st}\, dt}_{0} =$$

$$= \int_a^b A \cdot e^{-st}\, dt = A \cdot \int_a^b e^{-st}\, dt = A \left[\frac{e^{-st}}{-s} \right]_a^b =$$

$$= \frac{A\,(e^{-as} - e^{-bs})}{s} \qquad (s > 0)$$

(Integral Nr. 312).

Für $a = 0$ und den Grenzübergang $b \to \infty$ erhalten wir hieraus die aus Beispiel (1) bereits bekannte Laplace-Transformierte der *Sprungfunktion* (Bild VI-4):

$$\frac{A\,(\mathrm{e}^{-as} - \mathrm{e}^{-bs})}{s} \quad \xrightarrow[b \,\to\, \infty]{a \,=\, 0} \quad \frac{A}{s}$$

■

1.3 Inverse Laplace-Transformation

Die Berechnung der Bildfunktion $F(s)$ aus der Originalfunktion $f(t)$ nach Definitionsgleichung (VI-9) wurde als *Laplace-Transformation* bezeichnet (Übergang aus dem *Original-* in den *Bildbereich*). Die *Rücktransformation* aus dem Bildbereich in den Originalbereich, d.h. die Bestimmung der *Originalfunktion* $f(t)$ aus der bekannten *Bildfunktion* $F(s)$ heißt *inverse Laplace-Transformation*. Beide Vorgänge lassen sich wie folgt schematisch darstellen:

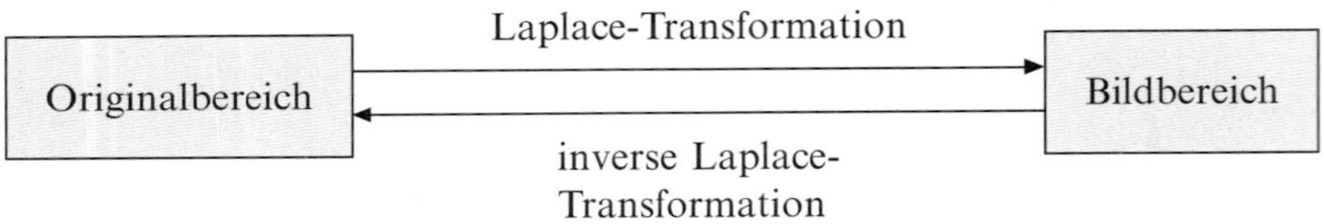

Für die *Rücktransformation* vom *Bildbereich* in den *Originalbereich* werden folgende Symbole verwendet:

$$\mathscr{L}^{-1}\{F(s)\} = f(t) \qquad \text{oder} \qquad F(s) \bullet\!\!-\!\!\!-\!\!\circ\, f(t) \tag{VI-12}$$

Die Ermittlung der *Originalfunktion* $f(t)$ aus der (als bekannt vorausgesetzten) *Bildfunktion* $F(s)$ erfolgt in der Praxis meist mit Hilfe einer *speziellen Transformationstabelle* (s. Tabelle in Abschnitt 4.2). Die Originalfunktion $f(t)$ läßt sich aber auch auf dem *direkten* Wege mittels eines Integrals aus der zugehörigen Bildfunktion $F(s)$ berechnen (sog. *inverses Laplace-Integral*, auch *Umkehrintegral* genannt). Die Integration ist dabei aber in der *komplexen* Zahlenebene auszuführen und setzt fundierte Kenntnisse aus der *Funktionentheorie* voraus. Wir müssen daher im Rahmen dieser Darstellung auf die Integralformel zur *direkten* Berechnung der Originalfunktion $f(t)$ aus der zugehörigen Bildfunktion $F(s)$ *verzichten* [5].

■ **Beispiele**

(1) Aus der vorgegebenen Korrespondenz

$$t^2 \circ\!\!-\!\!\!-\!\!\bullet\, \frac{2}{s^3} \qquad \text{oder} \qquad \mathscr{L}\{t^2\} = \frac{2}{s^3}$$

---

[5] Literaturhinweis für den an Einzelheiten näher interessierten Leser: Ameling: Laplace-Transformation (s. Literaturverzeichnis).

erfolgt durch *Rücktransformation* (*inverse Laplace-Transformation*):

$$\frac{2}{s^3} \;\bullet\!\!-\!\!\!-\!\!\circ\; t^2 \qquad \text{oder} \qquad \mathscr{L}^{-1}\left\{\frac{2}{s^3}\right\} = t^2$$

Das heißt zur *Bildfunktion* $F(s) = \dfrac{2}{s^3}$ gehört als *Originalfunktion* $f(t) = t^2$.

(2) Wie lautet die zur Bildfunktion $F(s) = \dfrac{1}{s^2 + 1}$ gehörige *Originalfunktion*?

Lösung:

Aus der *Transformationstabelle* in Abschnitt 4.2 erhalten wir

$$\mathscr{L}^{-1}\left\{\frac{1}{s^2 + 1}\right\} = \sin t$$

Somit ist $f(t) = \sin t$ die gesuchte *Originalfunktion*.

■

2 Allgemeine Eigenschaften der Laplace-Transformation

In diesem Abschnitt werden die wichtigsten *Eigenschaften* der Laplace-Transformation hergeleitet und näher erläutert. Mit Hilfe dieser Sätze lassen sich dann u.a. aus *bekannten* Funktionenpaaren *neue* Funktionenpaare gewinnen.

2.1 Linearität (Satz über Linearkombinationen)

Wir unterwerfen eine *Linearkombination* aus n Originalfunktionen $f_1(t), f_2(t), \ldots, f_n(t)$ der Laplace-Transformation und berücksichtigen dabei die aus Band 1, Abschnitt V.7 bekannten Integrationsregeln:

$$\mathscr{L}\{C_1 \cdot f_1(t) + C_2 \cdot f_2(t) + \ldots + C_n \cdot f_n(t)\} =$$

$$= \int_0^\infty [C_1 \cdot f_1(t) + C_2 \cdot f_2(t) + \ldots + C_n \cdot f_n(t)] \cdot \mathrm{e}^{-st}\,dt =$$

$$= C_1 \cdot \underbrace{\int_0^\infty f_1(t) \cdot \mathrm{e}^{-st}\,dt}_{\mathscr{L}\{f_1(t)\}} + C_2 \cdot \underbrace{\int_0^\infty f_2(t) \cdot \mathrm{e}^{-st}\,dt}_{\mathscr{L}\{f_2(t)\}} + \ldots + C_n \cdot \underbrace{\int_0^\infty f_n(t) \cdot \mathrm{e}^{-st}\,dt}_{\mathscr{L}\{f_n(t)\}} =$$

$$= C_1 \cdot \mathscr{L}\{f_1(t)\} + C_2 \cdot \mathscr{L}\{f_2(t)\} + \ldots + C_n \cdot \mathscr{L}\{f_n(t)\} \qquad \text{(VI-13)}$$

($C_1, C_2, \ldots, C_n$: Konstanten). Die in Gleichung (VI-13) auftretenden *Einzelintegrale* sind dabei der Reihe nach die *Laplace-Transformierten* der Originalfunktionen $f_1(t)$, $f_2(t), \ldots, f_n(t)$. Somit gilt der folgende Satz:

Satz über Linearkombinationen

Für die *Laplace-Transformierte* einer *Linearkombination* aus n Originalfunktionen $f_1(t), f_2(t), \ldots, f_n(t)$ gilt:

$$\mathscr{L}\{C_1 \cdot f_1(t) + C_2 \cdot f_2(t) + \ldots + C_n \cdot f_n(t)\} =$$
$$= C_1 \cdot \mathscr{L}\{f_1(t)\} + C_2 \cdot \mathscr{L}\{f_2(t)\} + \ldots + C_n \cdot \mathscr{L}\{f_n(t)\} \qquad \text{(VI-14)}$$

Regel: Es darf *gliedweise* transformiert werden, wobei *konstante* Faktoren *erhalten* bleiben.

Anmerkung

Dieser Satz gilt auch sinngemäß bei der *Rücktransformation* einer *Linearkombination* aus n Bildfunktionen.

■ **Beispiel**

Wir bestimmen unter Verwendung der *Transformationstabelle* aus Abschnitt 4.2 die *Laplace-Transformierte* der Originalfunktion $f(t) = 3t - 5t^2 + 3 \cdot \cos t$:

$$\mathscr{L}\{3t - 5t^2 + 3 \cdot \cos t\} = 3 \cdot \mathscr{L}\{t\} - 5 \cdot \mathscr{L}\{t^2\} + 3 \cdot \mathscr{L}\{\cos t\} =$$
$$= 3 \cdot \frac{1}{s^2} - 5 \cdot \frac{2}{s^3} + 3 \cdot \frac{s}{s^2+1} = \frac{3s^4 + 3s^3 - 10s^2 + 3s - 10}{s^3(s^2+1)}$$
■

2.2 Ähnlichkeitssatz

Die Originalfunktion $f(t)$ mit $f(t) = 0$ für $t < 0$ wird einer sog. *Ähnlichkeitstransformation*

$$t \rightarrow at \qquad (a > 0) \qquad \text{(VI-15)}$$

unterworfen. Die *neue* Funktion $g(t) = f(at)$ mit $g(t) = 0$ für $t < 0$ zeigt einen *ähnlichen* Kurvenverlauf wie die ursprüngliche Funktion $f(t)$, da sie aus dieser durch *Streckung* längs der Zeitachse hervorgegangen ist (Bild VI-9).

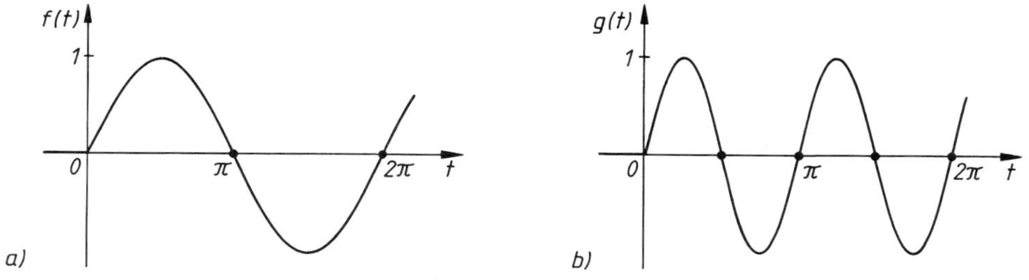

Bild VI-9 Zum Ähnlichkeitssatz (dargestellt am Beispiel der Sinusfunktion und der Ähnlichkeitstransformation $t \rightarrow 2t$; $f(t) = \sin t \rightarrow g(t) = \sin(2t)$)
a) Originalfunktion $f(t)$ b) Gestreckte Funktion $g(t)$

Dabei gilt:

$a < 1$: *Dehnung* der Kurve längs der t-Achse

$a > 1$: *Stauchung* der Kurve längs der t-Achse

Wir berechnen nun die *Laplace-Transformierte* der *gestreckten* Funktion $g(t) = f(at)$. Definitionsgemäß ist

$$\mathscr{L}\{g(t)\} = \mathscr{L}\{f(at)\} = \int_0^\infty f(at) \cdot e^{-st}\, dt \qquad \text{(VI-16)}$$

Mit der *Substitution*

$$u = at, \qquad t = \frac{u}{a}, \qquad dt = \frac{du}{a} \qquad \text{(VI-17)}$$

bei der sich die Integrationsgrenzen *nicht* ändern, geht dieses Integral über in

$$\mathscr{L}\{f(at)\} = \int_0^\infty f(u) \cdot e^{-\frac{s}{a}u} \cdot \frac{du}{a} = \frac{1}{a} \cdot \underbrace{\int_0^\infty f(u) \cdot e^{-\frac{s}{a}u}\, du}_{F\left(\frac{s}{a}\right)} = \frac{1}{a} \cdot F\left(\frac{s}{a}\right) \qquad \text{(VI-18)}$$

Denn das auf der *rechten* Seite stehende Integral ist die *Laplace-Transformierte* von $f(t)$, wenn man dort formal die Variable s durch s/a *ersetzt*.

Wir fassen zusammen:

Ähnlichkeitssatz

Für die *Laplace-Transformierte* der Funktion $g(t) = f(at)$, die durch die Ähnlichkeitstransformation $t \to at$ aus der Originalfunktion $f(t)$ hervorgegangen ist, gilt:

$$\mathscr{L}\{f(at)\} = \frac{1}{a} \cdot F\left(\frac{s}{a}\right) \qquad (a > 0) \qquad \text{(VI-19)}$$

Dabei ist $F(s)$ die *Laplace-Transformierte* von $f(t)$, d.h. $F(s) = \mathscr{L}\{f(t)\}$.

Regel: Man erhält die Bildfunktion von $f(at)$, indem man die Variable s in der Bildfunktion $F(s)$ von $f(t)$ formal durch s/a *ersetzt* und die neue Funktion $F\left(\frac{s}{a}\right)$ anschließend mit $1/a$ *multipliziert*.

Anmerkungen

(1) Die Ähnlichkeitstransformation bedeutet eine *Variablensubstitution* in der Funktion $f(t)$: Die Variable t wird durch at *ersetzt*.

(2) *Beide* Funktionen, $f(t)$ und $g(t) = f(at)$, *verschwinden* für $t < 0$ (vgl. hierzu auch Bild VI-9).

■ **Beispiel**

Wir berechnen die *Laplace-Transformierte* von $\cos(at)$ unter Verwendung des *Ähnlichkeitssatzes* und der (als bekannt vorausgesetzten) *Korrespondenz*

$$\cos t \circ\!\!-\!\!\bullet \frac{s}{s^2+1} \qquad \text{oder} \qquad \mathscr{L}\{\cos t\} = F(s) = \frac{s}{s^2+1}$$

und erhalten:

$$\mathscr{L}\{\cos(at)\} = \frac{1}{a} \cdot F\left(\frac{s}{a}\right) = \frac{1}{a} \cdot \frac{\left(\frac{s}{a}\right)}{\left(\frac{s}{a}\right)^2 + 1} = \frac{s}{s^2+a^2}$$

■

2.3 Verschiebungssätze

Wir untersuchen in diesem Abschnitt, welche Auswirkung eine *Verschiebung* der Originalfunktion $f(t)$ längs der *Zeitachse* auf die zugehörige Bildfunktion hat.

2.3.1 Erster Verschiebungssatz

Die Originalfunktion $f(t)$ mit $f(t) = 0$ für $t < 0$ wird zunächst um die Strecke a nach *rechts* verschoben ($a > 0$). Dabei verändert die Kurve lediglich ihre Lage gegenüber der t-Achse, der Kurvenverlauf selbst bleibt aber *erhalten* (Bild VI-10).

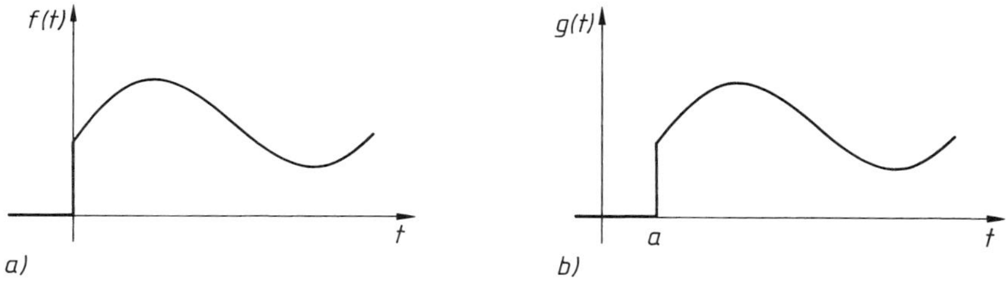

Bild VI-10 Zum 1. Verschiebungssatz
a) Originalfunktion $f(t)$ b) Nach *rechts* verschobene Funktion $g(t) = f(t-a)$

Der Verschiebung der Kurve $f(t)$ entspricht die *Variablensubstitution* $t \rightarrow t - a$. Wir bestimmen nun die *Laplace-Transformierte* der *verschobenen* Funktion $g(t) = f(t-a)$ mit $g(t) = 0$ für $t < a$. Definitionsgemäß ist

$$\mathscr{L}\{g(t)\} = \mathscr{L}\{f(t-a)\} = \int_0^{\infty} f(t-a) \cdot e^{-st}\, dt \tag{VI-20}$$

Dieses Integral lösen wir durch die *Substitution*

$$u = t - a, \qquad t = u + a, \qquad dt = du \tag{VI-21}$$

wobei sich die Integrationsgrenzen wie folgt *ändern*:

Untere Grenze: $t = 0 \;\Rightarrow\; u = -a$

Obere Grenze: $t = \infty \;\Rightarrow\; u = \infty$

Damit ist

$$\mathscr{L}\{f(t-a)\} = \int_{-a}^{\infty} f(u) \cdot e^{-s(u+a)}\, du = e^{-as} \cdot \int_{-a}^{\infty} f(u) \cdot e^{-su}\, du =$$

$$= e^{-as} \cdot \left(\underbrace{\int_{-a}^{0} f(u) \cdot e^{-su}\, du}_{0} + \underbrace{\int_{0}^{\infty} f(u) \cdot e^{-su}\, du}_{F(s)} \right) =$$

$$= e^{-as} \cdot F(s) \tag{VI-22}$$

Das 1. Integral *verschwindet* nämlich wegen $f(u) = 0$ für $u < 0$, während das 2. Integral genau die *Laplace-Transformierte* $F(s)$ der Originalfunktion $f(t)$ darstellt. Somit gilt:

1. Verschiebungssatz (Verschiebung nach rechts)

Wird die Originalfunktion $f(t)$ um die Strecke a nach *rechts* verschoben, so gilt für die *Laplace-Transformierte* der *verschobenen* Kurve mit der Gleichung $g(t) = f(t-a)$:

$$\mathscr{L}\{f(t-a)\} = \mathrm{e}^{-as} \cdot F(s) \qquad (a > 0) \qquad \text{(VI-23)}$$

Dabei ist $F(s)$ die *Laplace-Transformierte* von $f(t)$, d.h. $F(s) = \mathscr{L}\{f(t)\}$.

Regel: Man erhält die Bildfunktion von $f(t-a)$, indem man die Bildfunktion $F(s)$ von $f(t)$ mit e^{-as} *multipliziert*.

Anmerkungen

(1) Die Verschiebung um die Strecke a nach *rechts* bedeutet eine *Variablensubstitution* in der Funktion $f(t)$: Die Variable t wird durch $t-a$ *ersetzt*.

(2) Es ist $g(t) = f(t-a) = 0$ für $t < a$ (vgl. hierzu auch Bild VI-10).

■ **Beispiel**

Wir verschieben die *Sinuskurve* $f(t) = \sin t$ um *zwei* Einheiten nach *rechts* (Bild VI-11).

Die *Laplace-Transformierte* der *verschobenen* Kurve $g(t) = f(t-2) = \sin(t-2)$ lautet dann nach dem *1. Verschiebungssatz*:

$$\mathscr{L}\{\sin(t-2)\} = \mathrm{e}^{-2s} \cdot \mathscr{L}\{\sin t\} = \mathrm{e}^{-2s} \cdot \frac{1}{s^2+1} = \frac{\mathrm{e}^{-2s}}{s^2+1}$$

Dabei haben wir von der *Korrespondenz* $\mathscr{L}\{\sin t\} = \dfrac{1}{s^2+1}$ Gebrauch gemacht (s. *Transformationstabelle* in Abschnitt 4.2).

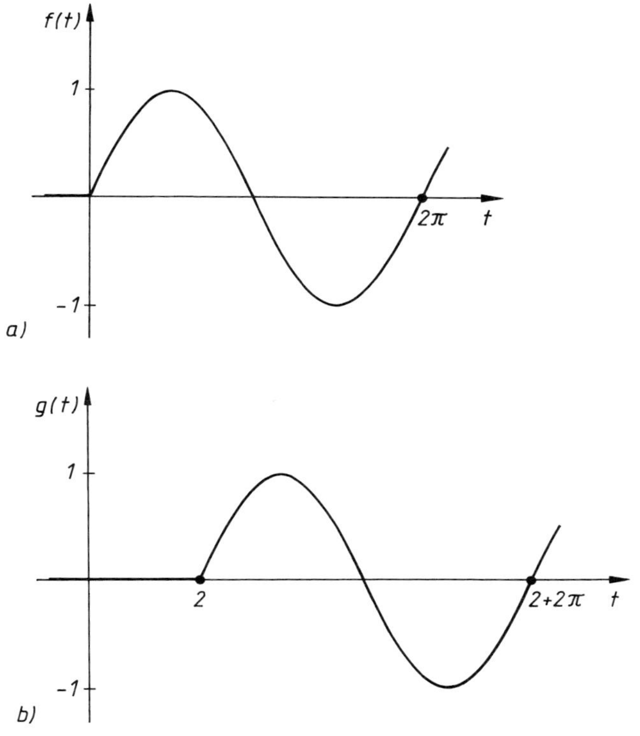

Bild VI-11 Verschiebung der Sinusfunktion um zwei Einheiten nach *rechts*
a) Sinusfunktion b) Verschobene Sinusfunktion

■

2.3.2 Zweiter Verschiebungssatz

Die Originalfunktion $f(t)$ mit $f(t) = 0$ für $t < 0$ wird diesmal um die Strecke a $(a > 0)$ nach *links* verschoben (Bild VI-12).

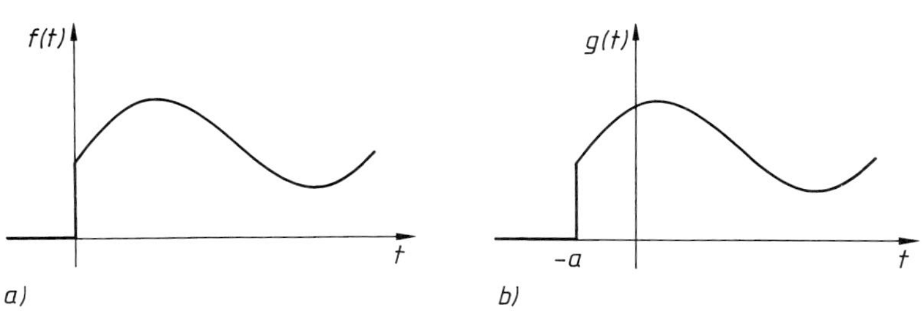

Bild VI-12 Zum 2. Verschiebungssatz
a) Originalfunktion $f(t)$ b) Nach *links* verschobene Funktion $g(t) = f(t + a)$

Für die *Laplace-Transformierte* der *verschobenen* Kurve läßt sich dann der folgende Satz herleiten (auf den Beweis verzichten wir):

2. Verschiebungssatz (Verschiebung nach links)

Wird die Originalfunktion $f(t)$ um die Strecke a nach *links* verschoben, so gilt für die *Laplace-Transformierte* der *verschobenen* Kurve mit der Gleichung $g(t) = f(t+a)$:

$$\mathcal{L}\{f(t+a)\} = \mathrm{e}^{as} \cdot \left(F(s) - \int_0^a f(t) \cdot \mathrm{e}^{-st}\, dt \right) \qquad (a > 0) \qquad \text{(VI-24)}$$

Dabei ist $F(s)$ die *Laplace-Transformierte* von $f(t)$, d.h. $F(s) = \mathcal{L}\{f(t)\}$.

Regel: Man erhält die Bildfunktion von $f(t+a)$, indem man zunächst von der Bildfunktion $F(s)$ von $f(t)$ das Integral $\int_0^a f(t) \cdot \mathrm{e}^{-st}\, dt$ *subtrahiert* und anschließend die neue Bildfunktion mit e^{as} *multipliziert*.

Anmerkungen

(1) Die Verschiebung um die Strecke a nach *links* bedeutet eine *Variablensubstitution* in der Funktion $f(t)$: Die Variable t wird durch $t + a$ *ersetzt*.

(2) Es ist $g(t) = f(t+a) = 0$ für $t < -a$ (vgl. hierzu auch Bild VI-12).

■ **Beispiel**

Aus der *Transformationstabelle* in Abschnitt 4.2 entnehmen wir für die *lineare* Funktion $f(t) = t$ die folgende *Laplace-Transformierte*:

$$\mathcal{L}\{t\} = F(s) = \frac{1}{s^2}$$

Wir verschieben diese Kurve um *zwei* Einheiten nach *links* und berechnen mit Hilfe des *2. Verschiebungssatzes* die *Laplace-Transformierte* der *verschobenen* Kurve mit der Gleichung $g(t) = f(t+2) = t+2$ (Bild VI-13):

$$\mathcal{L}\{t+2\} = \mathrm{e}^{2s} \cdot \left(\mathcal{L}\{t\} - \int_0^2 t \cdot \mathrm{e}^{-st}\, dt \right) =$$

$$= \mathrm{e}^{2s} \cdot \left(\frac{1}{s^2} - \left[\left(\frac{-st-1}{s^2} \right) \cdot \mathrm{e}^{-st} \right]_0^2 \right) =$$

$$= e^{2s} \cdot \left(\frac{1}{s^2} + \frac{(2s+1) \cdot e^{-2s} - 1}{s^2} \right) = \frac{2s+1}{s^2}$$

(Integral Nr. 313). Zum gleichen Ergebnis kommen wir, wenn wir die Laplace-Transformation $\mathscr{L}\{t+2\}$ mit Hilfe des *Satzes über Linearkombinationen* durchführen (Abschnitt 2.1).

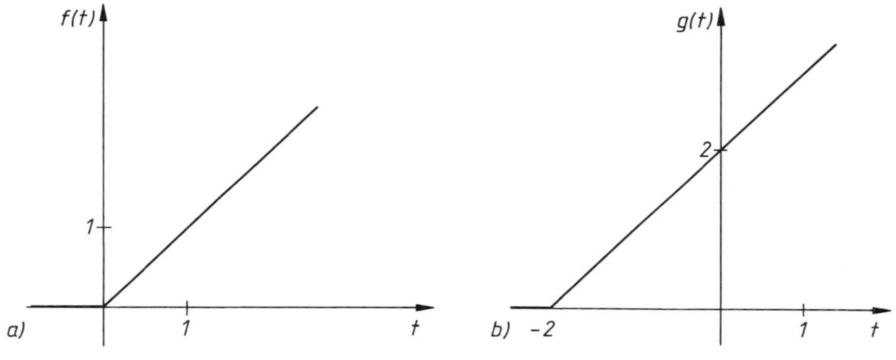

Bild VI-13 Verschiebung der linearen Funktion $f(t) = t$ um zwei Einheiten nach *links*
a) Unverschobene Funktion b) Verschobene Funktion

■

2.4 Dämpfungssatz

Die Originalfunktion $f(t)$ mit $f(t) = 0$ für $t < 0$ soll nun *exponentiell gedämpft* werden. Dies aber bedeutet eine *Multiplikation* der Funktion $f(t)$ mit der *Exponentialfunktion* e^{-at}. Wir interessieren uns nun für die *Laplace-Transformierte* der *gedämpften* Funktion $g(t) = e^{-at} \cdot f(t)$ mit $g(t) = 0$ für $t < 0$. Ausgehend von der Definitionsgleichung (VI-9) der Laplace-Transformation erhalten wir das folgende Ergebnis:

$$\mathscr{L}\{g(t)\} = \mathscr{L}\{e^{-at} \cdot f(t)\} = \int_0^\infty e^{-at} \cdot f(t) \cdot e^{-st}\, dt =$$

$$= \underbrace{\int_0^\infty f(t) \cdot e^{-(s+a)t}\, dt}_{F(s+a)} = F(s+a) \qquad \text{(VI-25)}$$

Denn das *letzte* Integral in dieser Gleichung ist nichts anderes als die *Bildfunktion* von $f(t)$, wenn man dort formal die Variable s durch $s + a$ *ersetzt*.

Wir fassen zusammen:

Dämpfungssatz

Wird die Originalfunktion $f(t)$ *exponentiell gedämpft*, so gilt für die *Laplace-Transformierte* der *gedämpften* Funktion $g(t) = \mathrm{e}^{-at} \cdot f(t)$:

$$\mathscr{L}\{\mathrm{e}^{-at} \cdot f(t)\} = F(s + a) \qquad \text{(VI-26)}$$

Dabei ist $F(s)$ die *Laplace-Transformierte* von $f(t)$, d.h. $F(s) = \mathscr{L}\{f(t)\}$.

Regel: Man erhält die Bildfunktion von $\mathrm{e}^{-at} \cdot f(t)$, indem man die Variable s in der Bildfunktion $F(s)$ von $f(t)$ formal durch $s + a$ *ersetzt*.

Anmerkungen

(1) Die Konstante a kann *reell* oder *komplex* sein. Eine *echte* Dämpfung der Originalfunktion $f(t)$ im *physikalischen* Sinne erhält man jedoch nur für $a > 0$. Für $a < 0$ dagegen bewirkt der Exponentialfaktor e^{-at} eine *Verstärkung*.

(2) Es ist $g(t) = \mathrm{e}^{-at} \cdot f(t) = 0$ für $t < 0$.

■ **Beispiel**

Zur Sinusfunktion $f(t) = \sin t$ (Originalfunktion) gehört die Bildfunktion $F(s) = \mathscr{L}\{\sin t\} = \dfrac{1}{s^2 + 1}$. Wir bestimmen mit Hilfe des *Dämpfungssatzes* die *Laplace-Transformierte* der *gedämpften Sinusfunktion* $g(t) = \mathrm{e}^{-3t} \cdot \sin t$:

$$\mathscr{L}\{\mathrm{e}^{-3t} \cdot \sin t\} = F(s + 3) = \frac{1}{(s + 3)^2 + 1} = \frac{1}{s^2 + 6s + 10}$$ ■

2.5 Ableitungssätze

Wir beschäftigen uns in diesem Abschnitt mit der *Differentiation* im Original- und Bildbereich.

2.5.1 Ableitungssatz für die Originalfunktion

Beim Lösen einer *linearen* Differentialgleichung mit *konstanten* Koeffizienten mit Hilfe der *Laplace-Transformation* werden die Laplace-Transformierten der *Ableitungen* einer Originalfunktion $f(t)$ nach der Variablen t benötigt. Wir beschäftigen uns zunächst mit der Bildfunktion der *ersten Ableitung* $f'(t)$. Definitionsgemäß ist

$$\mathscr{L}\{f'(t)\} = \int_0^\infty f'(t) \cdot \mathrm{e}^{-st}\, dt \qquad \text{(VI-27)}$$

Dieses Integral lösen wir durch *partielle Integration*, indem wir den Integrand $f'(t) \cdot \mathrm{e}^{-st}$ wie folgt *zerlegen*:

$$\int_0^\infty \underbrace{f'(t)}_{v'} \cdot \underbrace{\mathrm{e}^{-st}}_{u} \, dt \quad \Rightarrow \quad \begin{cases} u = \mathrm{e}^{-st}, & u' = -s \cdot \mathrm{e}^{-st} \\ v' = f'(t), & v = f(t) \end{cases} \tag{VI-28}$$

Nach der *Formel der partiellen Integration* folgt dann weiter:

$$\int_0^\infty f'(t) \cdot \mathrm{e}^{-st} \, dt = \int_0^\infty u v' \, dt = \Big[u v \Big]_0^\infty - \int_0^\infty u' v \, dt =$$

$$= \Big[\mathrm{e}^{-st} \cdot f(t) \Big]_0^\infty - \int_0^\infty (-s \cdot \mathrm{e}^{-st}) \cdot f(t) \, dt =$$

$$= \underbrace{\Big[\mathrm{e}^{-st} \cdot f(t) \Big]_0^\infty}_{-f(0)} + s \cdot \underbrace{\int_0^\infty f(t) \cdot \mathrm{e}^{-st} \, dt}_{F(s)} =$$

$$= -f(0) + s \cdot F(s) = s \cdot F(s) - f(0) \tag{VI-29}$$

Dies gilt unter der Voraussetzung, daß $\lim\limits_{t \to \infty} (\mathrm{e}^{-st} \cdot f(t)) = 0$ und $f(0)$ *endlich* ist. Das verbliebene Integral der rechten Seite von *Gleichung* (VI-29) ist die Bildfunktion $F(s)$ von $f(t)$.

Analog lassen sich Formeln für die *Laplace-Transformierten* der *höheren* Ableitungen gewinnen. Es gilt der folgende Satz:

Ableitungssatz für die Originalfunktion

Die *Laplace-Transformierten* der *Ableitungen* einer Originalfunktion $f(t)$ nach der Variablen t lauten der Reihe nach:

1. Ableitung:

$$\mathscr{L}\{f'(t)\} = s \cdot F(s) - f(0) \tag{VI-30}$$

2. Ableitung:

$$\mathscr{L}\{f''(t)\} = s^2 \cdot F(s) - s \cdot f(0) - f'(0) \tag{VI-31}$$

⋮

n-te Ableitung:

$$\mathscr{L}\{f^{(n)}(t)\} = s^n \cdot F(s) - s^{n-1} \cdot f(0) - s^{n-2} \cdot f'(0) - \ldots - f^{(n-1)}(0) \tag{VI-32}$$

Dabei bedeuten:

$F(s) = \mathscr{L}\{f(t)\}$: *Laplace-Transformierte* von $f(t)$

$f(0), f'(0), \ldots, f^{(n-1)}(0)$: *Anfangswerte* von $f(t), f'(t), \ldots, f^{(n-1)}(t)$ zur Zeit $t = 0$

Regel: Man erhält die Bildfunktion von $f^{(n)}(t)$, indem man zunächst die Bildfunktion $F(s)$ von $f(t)$ mit s^n *multipliziert* und dann von der neuen Bildfunktion ein Polynom $(n-1)$-ten Grades der Variablen s *subtrahiert*. Die Polynomkoeffizienten sind dabei der Reihe nach die *Anfangswerte* der Originalfunktion $f(t)$ und ihrer Ableitungen $f'(t), f''(t), \ldots, f^{(n-1)}(t)$ zur Zeit $t = 0$.

Anmerkung

Ist $f(t)$ eine *Sprungfunktion* mit einer Sprungstelle bei $t = 0$, so sind für $f(0)$, $f'(0), \ldots, f^{(n-1)}(0)$ jeweils die *rechtsseitigen Grenzwerte* einzusetzen.

■ **Beispiele**

(1) Von der Funktion $f(t) = \sin t$ sind *Anfangswert* $f(0)$ und *Bildfunktion* $F(s)$ bekannt:

$$f(0) = \sin 0 = 0 \qquad \text{und} \qquad F(s) = \mathscr{L}\{\sin t\} = \frac{1}{s^2 + 1}$$

Wir berechnen hieraus unter Verwendung des *Ableitungssatzes* die *Laplace-Transformierte* der *Kosinusfunktion*:

$$\mathscr{L}\{f'(t)\} = \mathscr{L}\left\{\frac{d}{dt}(\sin t)\right\} = \mathscr{L}\{\cos t\} = s \cdot \frac{1}{s^2 + 1} - 0 = \frac{s}{s^2 + 1}$$

(2) Wir bestimmen aus dem gegebenen *Funktionenpaar*

$$F(s) = \mathscr{L}\{t^2\} = \frac{2}{s^3}$$

mit Hilfe des *Ableitungssatzes* die *Laplace-Transformierten* der *Ableitungen* $f'(t) = 2t$ und $f''(t) = 2$ (*Anfangswerte*: $f(0) = 0, f'(0) = 0$):

1. Ableitung:

$$\mathscr{L}\{f'(t)\} = \mathscr{L}\{2t\} = s \cdot \frac{2}{s^3} - 0 = \frac{2}{s^2}$$

2. Ableitung:

$$\mathscr{L}\{f''(t)\} = \mathscr{L}\{2\} = s^2 \cdot \frac{2}{s^3} - s \cdot 0 - 0 = \frac{2}{s}$$

■

2.5.2 Ableitungssatz für die Bildfunktion

Wir interessieren uns nun für die *Ableitungen* der *Bildfunktion* $F(s) = \mathscr{L}\{f(t)\}$ nach der Variablen s. Aus der Definitionsgleichung der Laplace-Transformation folgt unmittelbar durch *beiderseitige Differentiation* nach s:

$$F'(s) = \frac{d}{ds}\left(\int_0^\infty f(t) \cdot \mathrm{e}^{-st}\,dt\right) = \int_0^\infty \frac{d}{ds}(f(t) \cdot \mathrm{e}^{-st})\,dt =$$

$$= \int_0^\infty f(t) \cdot (-t) \cdot \mathrm{e}^{-st}\,dt = \underbrace{\int_0^\infty [-t \cdot f(t)] \cdot \mathrm{e}^{-st}\,dt}_{\mathscr{L}\{-t \cdot f(t)\}} =$$

$$= \mathscr{L}\{-t \cdot f(t)\} \qquad \text{(VI-33)}$$

Denn das *letzte* Integral dieser Gleichung ist nichts anderes als die *Laplace-Transformierte* der Funktion $g(t) = -t \cdot f(t)$. Analog lassen sich Formeln für die *höheren* Ableitungen der Bildfunktion $F(s)$ herleiten. Es gilt zusammenfassend:

Ableitungssatz für die Bildfunktion

Die *Ableitungen* der *Bildfunktion* $F(s) = \mathscr{L}\{f(t)\}$ nach der Variablen s lauten der Reihe nach wie folgt:

1. Ableitung:

$$F'(s) = \mathscr{L}\{-t \cdot f(t)\} \qquad \text{(VI-34)}$$

2. Ableitung:

$$F''(s) = \mathscr{L}\{(-t)^2 \cdot f(t)\} = \mathscr{L}\{t^2 \cdot f(t)\} \qquad \text{(VI-35)}$$

⋮

n-te Ableitung:

$$F^{(n)}(s) = \mathscr{L}\{(-t)^n \cdot f(t)\} \qquad \text{(VI-36)}$$

Regel: Die *n-te* Ableitung der Bildfunktion $F(s) = \mathscr{L}\{f(t)\}$ ist die Laplace-Transformierte der mit $(-t)^n$ *multiplizierten* Orginalfunktion $f(t)$.

Anmerkung

Der *Ableitungssatz* für die *Bildfunktion* läßt sich auch in der Form

$$\mathscr{L}\{t^n \cdot f(t)\} = (-1)^n \cdot F^{(n)}(s) \qquad \text{(VI-37)}$$

darstellen.

■ **Beispiele**

(1) Aus dem vorgegebenen *Funktionenpaar*

$$f(t) = \sinh t \quad \circ\!\!-\!\!\!-\!\!\bullet \quad F(s) = \frac{1}{s^2 - 1}$$

erhält man durch Anwendung des *Ableitungssatzes* in der Form (VI-37) für $n = 1$ die *Bildfunktion* (*Laplace-Transformierte*) von $g(t) = t \cdot \sinh t$:

$$\mathscr{L}\{t \cdot \sinh t\} = (-1)^1 \cdot F'(s) = -\frac{d}{ds}\left(\frac{1}{s^2 - 1}\right) = \frac{2s}{(s^2 - 1)^2}$$

(2) Ausgehend von der *Korrespondenz*

$$f(t) = \mathrm{e}^{at} \quad \circ\!\!-\!\!\!-\!\!\bullet \quad F(s) = \frac{1}{s - a}$$

bestimmen wir mit Hilfe des *Ableitungssatzes* (VI-37) die *Laplace-Transformierte* der Funktion $g(t) = t^2 \cdot \mathrm{e}^{at}$:

$$F'(s) = \frac{d}{ds}\left(\frac{1}{s - a}\right) = -\frac{1}{(s - a)^2}$$

$$F''(s) = \frac{d}{ds}(F'(s)) = \frac{d}{ds}\left[-\frac{1}{(s - a)^2}\right] = \frac{2}{(s - a)^3}$$

$$\mathscr{L}\{t^2 \cdot \mathrm{e}^{at}\} = (-1)^2 \cdot F''(s) = \frac{2}{(s - a)^3}$$

■

2.6 Integralsätze

Wir beschäftigen uns in diesem Abschnitt mit der *Integration* im Original- und Bildbereich.

2.6.1 Integralsatz für die Originalfunktion

In Abschnitt 2.5.1 haben wir gezeigt, wie sich die *Laplace-Transformierte* der *Ableitung* einer Originalfunktion $f(t)$ aus der zugehörigen Bildfunktion $F(s) = \mathscr{L}\{f(t)\}$ ermitteln läßt. An dieser Stelle interessiert uns, wie sich das *Integral* $\int_0^t f(u)\,du$ einer Originalfunktion $f(t)$ bei der Laplace-Transformation verhält.

Dabei gilt der folgende Satz (ohne Beweis):

Integralsatz für die Originalfunktion

Für die *Laplace-Transformierte* des *Integrals* $\int_0^t f(u)\,du$ einer Originalfunktion $f(t)$ gilt:

$$\mathscr{L}\left\{\int_0^t f(u)\,du\right\} = \frac{1}{s} \cdot F(s) \qquad \text{(VI-38)}$$

Dabei ist $F(s)$ die *Laplace-Transformierte* von $f(t)$, d.h. $F(s) = \mathscr{L}\{f(t)\}$.

Regel: Man erhält die Bildfunktion des Integrals $\int_0^t f(u)\,du$, indem man die Bildfunktion $F(s)$ der Originalfunktion $f(t)$ mit $1/s$ *multipliziert*.

Anmerkung

Eine etwas *allgemeinere* Transformationsformel für ein Integral erhält man, wenn man die Integration im Intervall $[a, t]$ ausführt:

$$\mathscr{L}\left\{\int_a^t f(u)\,du\right\} = \frac{1}{s} \cdot \left(F(s) - \int_0^a f(u)\,du\right) \qquad \text{(VI-39)}$$

In den naturwissenschaftlich-technischen Anwendungen ist meist $a = 0$ und Formel (VI-39) geht dann in den Spezialfall (VI-38) über.

■ **Beispiel**

Wir gehen von der als bekannt vorausgesetzten *Korrespondenz*

$$f(t) = \cos t \;\circ\!\!-\!\!\bullet\; F(s) = \frac{s}{s^2 + 1}$$

aus und bestimmen aus diesem Funktionenpaar die *Laplace-Transformierte* der *Sinusfunktion*. Wegen

$$\int_0^t \cos u\,du = \Big[\sin u\Big]_0^t = \sin t$$

folgt aus dem *Integralsatz* mit $f(u) = \cos u$ unmittelbar die gewünschte Beziehung:

$$\mathscr{L}\left\{\int_0^t \cos u \, du\right\} = \mathscr{L}\{\sin t\} = \frac{1}{s} \cdot \frac{s}{s^2+1} = \frac{1}{s^2+1}$$

■

2.6.2 Integralsatz für die Bildfunktion

In Abschnitt 2.5.2 haben wir uns mit der *Differentiation* einer Bildfunktion $F(s) = \mathscr{L}\{f(t)\}$ auseinandergesetzt. Die *Integration* einer solchen Funktion regelt der folgende Satz, den wir ohne Beweis anführen:

Integralsatz für die Bildfunktion

Für das *Integral* $\int_s^\infty F(u)\,du$ einer Bildfunktion $F(s)$ gilt:

$$\int_s^\infty F(u)\,du = \mathscr{L}\left\{\frac{1}{t} \cdot f(t)\right\} \qquad \text{(VI-40)}$$

Dabei ist $f(t)$ die *Originalfunktion* von $F(s)$, d.h. $f(t) = \mathscr{L}^{-1}\{F(s)\}$.

Regel: Man erhält das Integral $\int_s^\infty F(u)\,du$ der Bildfunktion $F(s)$, indem man zunächst die Originalfunktion $f(t)$ von $F(s)$ mit $1/t$ *multipliziert* und anschließend die Laplace-Transformierte der neuen Originalfunktion $(1/t) \cdot f(t)$ bestimmt.

■ **Beispiel**

Ausgehend von dem *Funktionenpaar*

$$f(t) = t^3 \quad \circ\!\!-\!\!\!-\!\!\bullet \quad F(s) = \frac{6}{s^4}$$

berechnen wir mit Hilfe des *Integralsatzes* die *Laplace-Transformierte* von $g(t) = t^2$:

$$\mathscr{L}\left\{\frac{1}{t} \cdot t^3\right\} = \mathscr{L}\{t^2\} = \int_s^\infty \frac{6}{u^4}\,du = 6\left[\frac{1}{-3u^3}\right]_s^\infty = \frac{2}{s^3}$$

■

2.7 Faltungssatz

In den naturwissenschaftlich-technischen Anwendungen stellt sich häufig das Problem der *Rücktransformation* einer Bildfunktion $F(s)$, die als *Produkt* zweier Bildfunktionen $F_1(s)$ und $F_2(s)$ darstellbar ist:

$$F(s) = F_1(s) \cdot F_2(s) \qquad \text{(VI-41)}$$

Die Originalfunktionen $f_1(t) = \mathscr{L}^{-1}\{F_1(s)\}$ und $f_2(t) = \mathscr{L}^{-1}\{F_2(s)\}$ der beiden Bildfunktionen (Faktorfunktionen) $F_1(s)$ und $F_2(s)$ werden dabei als *bekannt* vorausgesetzt[6]. Es stellt sich dann die Frage nach der *Originalfunktion* $f(t)$ des *Produktes* $F(s) = F_1(s) \cdot F_2(s)$. Es liegt zunächst die *Vermutung* nahe, daß sich die gesuchte Originalfunktion $f(t)$ ebenfalls in der *Produktform*, nämlich als *Produkt* der *zugehörigen Originalfunktionen* $f_1(t)$ und $f_2(t)$ darstellen läßt. Mit anderen Worten: Folgt aus $F(s) = F_1(s) \cdot F_2(s)$ stets auch $f(t) = f_1(t) \cdot f_2(t)$? Bei der Lösung dieses wichtigen Problems, auf die wir im Rahmen dieser einführenden Darstellung nicht näher eingehen können, zeigt es sich jedoch, daß dies *nicht* der Fall ist. Die gesuchte Originalfunktion $f(t)$ ist vielmehr durch eine *Integralkombination* der beiden Originalfunktionen $f_1(t)$ und $f_2(t)$ vom Typ

$$f(t) = \int_0^t f_1(u) \cdot f_2(t-u)\, du \qquad \text{(VI-42)}$$

gegeben. In der mathematischen Literatur wird dieses Integral als *Faltungsintegral* oder *Faltung* der Funktionen $f_1(t)$ und $f_2(t)$ bezeichnet. Für das *Faltungsintegral* (VI-42) wird meist die symbolische Schreibweise $f_1(t) * f_2(t)$ verwendet (sog. *Faltungsprodukt*; gelesen: $f_1(t)$ *Stern* $f_2(t)$).

Wir definieren:

Definition: Unter dem *Faltungsprodukt* $f_1(t) * f_2(t)$ zweier Originalfunktionen $f_1(t)$ und $f_2(t)$ versteht man das Integral

$$f_1(t) * f_2(t) = \int_0^t f_1(u) \cdot f_2(t-u)\, du \qquad \text{(VI-43)}$$

(*Faltungsintegral, Faltung* der Funktionen $f_1(t)$ und $f_2(t)$).

Anmerkung

Die Bezeichnung Faltungs*produkt* ist gerechtfertigt, da sich diese Größe wie ein *Produkt*, d.h. *kommutativ, assoziativ* und *distributiv* verhält.

---

[6] Sie lassen sich meist ohne große Schwierigkeiten aus einer *Transformationstabelle* bestimmen.

Rechengesetze

Kommutativgesetz $$f_1(t) * f_2(t) = f_2(t) * f_1(t) \qquad \text{(VI-44)}$$

Assoziativgesetz $$[f_1(t) * f_2(t)] * f_3(t) = f_1(t) * [f_2(t) * f_3(t)] \qquad \text{(VI-45)}$$

Distributivgesetz $$f_1(t) * [f_2(t) + f_3(t)] = f_1(t) * f_2(t) + f_1(t) * f_3(t) \qquad \text{(VI-46)}$$

Wir sind nun in der Lage, den sog. *Faltungssatz* zu formulieren:

Faltungssatz

Die *Laplace-Transformierte* des *Faltungsproduktes* $f_1(t) * f_2(t)$ ist gleich dem *Produkt* der Laplace-Transformierten von $f_1(t)$ und $f_2(t)$:

$$\mathscr{L}\{f_1(t) * f_2(t)\} = \mathscr{L}\left\{\int_0^t f_1(u) \cdot f_2(t-u)\,du\right\} =$$

$$= \mathscr{L}\{f_1(t)\} \cdot \mathscr{L}\{f_2(t)\} = F_1(s) \cdot F_2(s) \qquad \text{(VI-47)}$$

Dabei sind $F_1(s)$ und $F_2(s)$ die *Laplace-Transformierten von* $f_1(\text{t})$ und $f_2(t)$, d.h. $F_1(s) = \mathscr{L}\{f_1(t)\}$ und $F_2(s) = \mathscr{L}\{f_2(t)\}$.

Anmerkungen

(1) Der *Faltungssatz* läßt sich auch in der Form

$$\mathscr{L}^{-1}\{F_1(s) \cdot F_2(s)\} = f_1(t) * f_2(t) \qquad \text{(VI-48)}$$

darstellen: Zum *Produkt* zweier Bildfunktionen $F_1(s)$ und $F_2(s)$ gehört im *Originalbereich* das *Faltungsprodukt* der zugehörigen *Originalfunktionen* $f_1(t)$ und $f_2(t)$.

(2) In der *Praxis* kann man bei der *Rücktransformation* einer Bildfunktion $F(s)$ häufig wie folgt vorgehen:

Zunächst wird die *vorgegebene* Bildfunktion $F(s)$ auf *geeignete* Weise so in ein *Produkt* $F(s) = F_1(s) \cdot F_2(s)$ zerlegt, daß man (z.B. anhand einer *Transformationstabelle*) in der Lage ist, die zugehörigen *Originalfunktionen* $f_1(t)$ und $f_2(t)$ der beiden Faktorfunktionen $F_1(s)$ und $F_2(s)$ zu bestimmen. Die gesuchte *Originalfunktion* $f(t)$ von $F(s) = F_1(s) \cdot F_2(s)$ läßt sich dann als *Faltungsprodukt* der Originalfunktionen $f_1(t)$ und $f_2(t)$ berechnen:

$$f(t) = \mathscr{L}^{-1}\{F(s)\} = \mathscr{L}^{-1}\{F_1(s) \cdot F_2(s)\} =$$

$$= f_1(t) * f_2(t) = \int_0^t f_1(u) \cdot f_2(t-u)\,du \qquad \text{(VI-49)}$$

(s. hierzu auch die nachfolgenden Beispiele).

■ **Beispiele**

(1) Wir bestimmen mit Hilfe des *Faltungssatzes* die zur Bildfunktion $F(s) = \dfrac{1}{(s^2+1)s}$ gehörige *Originalfunktion* $f(t)$. Dazu zerlegen wir die Bildfunktion zunächst wie folgt in ein *Produkt* aus *zwei* Faktoren:

$$\mathscr{L}\{f(t)\} = F(s) = \frac{1}{(s^2+1)s} = \underbrace{\left(\frac{1}{s^2+1}\right)}_{F_1(s)} \cdot \underbrace{\left(\frac{1}{s}\right)}_{F_2(s)} = F_1(s) \cdot F_2(s)$$

Die *Originalfunktionen* $f_1(t)$ und $f_2(t)$ der beiden Faktorfunktionen $F_1(s)$ und $F_2(s)$ lassen sich leicht anhand der *Transformationstabelle* in Abschnitt 4.2 bestimmen. Wir finden:

$$f_1(t) = \mathscr{L}^{-1}\{F_1(s)\} = \mathscr{L}^{-1}\left\{\frac{1}{s^2+1}\right\} = \sin t$$

$$f_2(t) = \mathscr{L}^{-1}\{F_2(s)\} = \mathscr{L}^{-1}\left\{\frac{1}{s}\right\} = 1$$

Die gesuchte *Originalfunktion* $f(t)$ ist dann das *Faltungsprodukt* dieser beiden Originalfunktionen:

$$f(t) = f_1(t) * f_2(t) = \int_0^t f_1(u) \cdot f_2(t-u)\, du$$

Mit $f_1(u) = \sin u$ und $f_2(t-u) = 1$ erhalten wir schließlich:

$$f(t) = \int_0^t (\sin u) \cdot 1\, du = \int_0^t \sin u\, du = \Big[-\cos u\Big]_0^t = 1 - \cos t$$

Somit ist

$$f(t) = \mathscr{L}^{-1}\left\{\frac{1}{(s^2+1)s}\right\} = 1 - \cos t$$

die *Originalfunktion* von $F(s) = \dfrac{1}{(s^2+1)s}$.

(2) Die *Rücktransformation* der Bildfunktion $F(s) = \frac{1}{s^2 - 4}$ in den Originalbereich läßt sich mit Hilfe des *Faltungssatzes* leicht durchführen. Zunächst zerlegen wir $F(s)$ wie folgt in ein *Produkt* aus *zwei* Faktoren:

$$F(s) = \frac{1}{s^2 - 4} = \frac{1}{(s+2)(s-2)} = \underbrace{\left(\frac{1}{s+2}\right)}_{F_1(s)} \cdot \underbrace{\left(\frac{1}{s-2}\right)}_{F_2(s)} = F_1(s) \cdot F_2(s)$$

Die *Originalfunktionen* der beiden Faktoren werden anhand der *Transformationstabelle* aus Abschnitt 4.2 wie folgt ermittelt:

$$f_1(t) = \mathscr{L}^{-1}\{F_1(s)\} = \mathscr{L}^{-1}\left\{\frac{1}{s+2}\right\} = \mathrm{e}^{-2t}$$

$$f_2(t) = \mathscr{L}^{-1}\{F_2(s)\} = \mathscr{L}^{-1}\left\{\frac{1}{s-2}\right\} = \mathrm{e}^{2t}$$

Die gesuchte *Originalfunktion* $f(t) = \mathscr{L}^{-1}\{F(s)\} = \mathscr{L}^{-1}\left\{\frac{1}{s^2 - 4}\right\}$ ist dann das *Faltungsprodukt* dieser beiden Funktionen:

$$f(t) = f_1(t) * f_2(t) = \int_0^t f_1(u) \cdot f_2(t-u)\, du$$

Mit $f_1(u) = \mathrm{e}^{-2u}$ und $f_2(t-u) = \mathrm{e}^{2(t-u)}$ erhalten wir schließlich:

$$f(t) = \mathscr{L}^{-1}\left\{\frac{1}{s^2 - 4}\right\} = \int_0^t \mathrm{e}^{-2u} \cdot \mathrm{e}^{2(t-u)}\, du =$$

$$= \int_0^t \mathrm{e}^{2t} \cdot \mathrm{e}^{-4u}\, du = \mathrm{e}^{2t} \cdot \int_0^t \mathrm{e}^{-4u}\, du = \mathrm{e}^{2t}\left[\frac{1}{-4} \cdot \mathrm{e}^{-4u}\right]_0^t =$$

$$= \mathrm{e}^{2t}\left(\frac{1 - \mathrm{e}^{-4t}}{4}\right) = \frac{\mathrm{e}^{2t} - \mathrm{e}^{-2t}}{4} = \frac{1}{2} \cdot \sinh(2t)$$

(Integral Nr. 312).

■

2.8 Grenzwertsätze

In zahlreichen Anwendungsbeispielen interessiert *allein* das Verhalten der Originalfunktion $f(t)$ zu *Beginn*, d.h. zur Zeit $t = 0$ und am *Ende*, d.h. für $t \to \infty$. Der genaue Kurvenverlauf der Originalfunktion $f(t)$ spielt nur eine *untergeordnete* Rolle und wird daher oft gar nicht benötigt. Mit anderen Worten: Von Interesse ist häufig nur der *Anfangswert*

$$f(0) = \lim_{t \to 0} f(t) \qquad \text{(VI-50)}$$

bzw. der *Endwert*

$$f(\infty) = \lim_{t \to \infty} f(t) \qquad \text{(VI-51)}$$

In beiden Fällen läßt sich das Verhalten der Originalfunktion auch *ohne* Rücktransformation direkt aus der (als bekannt vorausgesetzten) *Bildfunktion* $F(s)$ berechnen. Die Berechnung von *Anfangs*- und *Endwert* erfolgt dabei mit Hilfe der folgenden *Grenzwertsätze*:

Grenzwertsätze

Anfangswert $f(0)$ und *Endwert* $f(\infty)$ einer Originalfunktion $f(t)$ lassen sich (sofern sie überhaupt existieren) wie folgt *ohne* Rücktransformation durch *Grenzwertbildung* aus der zugehörigen *Bildfunktion* $F(s) = \mathscr{L}\{f(t)\}$ berechnen:

Berechnung des Anfangswertes $f(0)$:

$$f(0) = \lim_{t \to 0} f(t) = \lim_{s \to \infty} [s \cdot F(s)] \qquad \text{(VI-52)}$$

Berechnung des Endwertes $f(\infty)$:

$$f(\infty) = \lim_{t \to \infty} f(t) = \lim_{s \to 0} [s \cdot F(s)] \qquad \text{(VI-53)}$$

Wir beweisen *exemplarisch* die Formel für den *Endwert* $f(\infty)$. Nach dem *Ableitungssatz* für die *Originalfunktion* $f(t)$ gilt:

$$\mathscr{L}\{f'(t)\} = s \cdot F(s) - f(0) \qquad \text{(VI-54)}$$

(Gleichung (VI-30)). Definitionsgemäß ist dabei die Laplace-Transformierte der *Ableitung* $f'(t)$ durch das Integral

$$\mathscr{L}\{f'(t)\} = \int_0^{\infty} f'(t) \cdot e^{-st}\, dt \qquad \text{(VI-55)}$$

gegeben.

Diesen Ausdruck setzen wir in die Gleichung (VI-54) ein:

$$\int_{0}^{\infty} f'(t) \cdot \mathrm{e}^{-st}\, dt = s \cdot F(s) - f(0) \tag{VI-56}$$

Beim *Grenzübergang* für $s \to 0$ wird hieraus die Gleichung

$$\lim_{s \to 0} \left(\int_{0}^{\infty} f'(t) \cdot \mathrm{e}^{-st}\, dt \right) = \lim_{s \to 0} [s \cdot F(s) - f(0)] \tag{VI-57}$$

Auf der *linken* Seite darf der Grenzübergang mit der Integration *vertauscht* werden:

$$\int_{0}^{\infty} \left(\lim_{s \to 0} f'(t) \cdot \mathrm{e}^{-st} \right) dt = \int_{0}^{\infty} f'(t) \cdot \underbrace{\left(\lim_{s \to 0} \mathrm{e}^{-st} \right)}_{1} dt =$$

$$= \int_{0}^{\infty} f'(t)\, dt = \Big[f(t) \Big]_{0}^{\infty} = f(\infty) - f(0) \tag{VI-58}$$

Auf der *rechten* Seite von Gleichung (VI-57) dürfen wir die Grenzwertbildung *gliedweise* vornehmen:

$$\lim_{s \to 0} [s \cdot F(s) - f(0)] = \lim_{s \to 0} [s \cdot F(s)] - f(0) \tag{VI-59}$$

So geht Gleichung (VI-57) unter Berücksichtigung der Gleichungen (VI-58) und (VI-59) schließlich über in

$$f(\infty) - f(0) = \lim_{s \to 0} [s \cdot F(s)] - f(0) \tag{VI-60}$$

oder

$$f(\infty) = \lim_{s \to 0} [s \cdot F(s)] \tag{VI-61}$$

■ **Beispiele**

(1) $F(s) = \dfrac{s}{s^2 + a^2}$

Die zugehörige *Originalfunktion* $f(t)$ besitzt den folgenden *Anfangswert* $f(0)$:

$$f(0) = \lim_{t \to 0} f(t) = \lim_{s \to \infty} \left(s \cdot \frac{s}{s^2 + a^2} \right) =$$

$$= \lim_{s \to \infty} \left(\frac{s^2}{s^2 + a^2} \right) = \lim_{s \to \infty} \left(\frac{1}{1 + \frac{a^2}{s^2}} \right) = 1$$

Ein Vergleich mit der aus der Transformationstabelle in Abschnitt 4.2 entnommenen Originalfunktion

$$f(t) = \mathscr{L}^{-1}\{F(s)\} = \mathscr{L}^{-1}\left\{\frac{s}{s^2 + a^2}\right\} = \cos(at)$$

bestätigt dieses Ergebnis:

$$f(0) = \lim_{t \to 0} (\cos(at)) = \cos 0 = 1$$

(2) $F(s) = \dfrac{5s + 12}{s(s + 4)}$

Wir bestimmen den (vorhandenen) *Endwert* $f(\infty)$ der zugehörigen Originalfunktion $f(t)$:

$$f(\infty) = \lim_{t \to \infty} f(t) = \lim_{s \to 0} \left(s \cdot \frac{5s + 12}{s(s + 4)} \right) = \lim_{s \to 0} \left(\frac{5s + 12}{s + 4} \right) = 3$$

Dieses Ergebnis soll jetzt mit der durch *Rücktransformation* erhaltenen Originalfunktion bestätigt werden. Zunächst aber stellen wir die Bildfunktion $F(s)$ wie folgt als Summe von *Partialbrüchen* dar (vgl. hierzu auch den späteren Abschnitt 4.1):

$$F(s) = \frac{5s + 12}{s(s + 4)} = \frac{3}{s} + \frac{2}{s + 4}$$

Rücktransformation mit Hilfe der Tabelle aus Abschnitt 4.2 führt auf die *Originalfunktion*

$$f(t) = \mathscr{L}^{-1}\{F(s)\} = \mathscr{L}^{-1}\left\{\frac{5s + 12}{s(s + 4)}\right\} = \mathscr{L}^{-1}\left\{\frac{3}{s} + \frac{2}{s + 4}\right\} =$$

$$= 3 \cdot \mathscr{L}^{-1}\left\{\frac{1}{s}\right\} + 2 \cdot \mathscr{L}^{-1}\left\{\frac{1}{s + 4}\right\} = 3 + 2 \cdot \mathrm{e}^{-4t}$$

Sie besitzt den *Endwert*

$$f(\infty) = \lim_{t \to \infty} f(t) = \lim_{t \to \infty} (3 + 2 \cdot e^{-4t}) = 3$$

in völliger Übereinstimmung mit dem aus der Bildfunktion $F(s)$ erhaltenen Ergebnis.

■

3 Laplace-Transformierte einer periodischen Funktion

In den naturwissenschaftlich-technischen Anwendungen spielen *periodisch* ablaufende Vorgänge wie z.B. *Schwingungen* oder *periodische Impulsfolgen* eine besondere Rolle. Ein solcher Vorgang läßt sich durch eine (meist *zeitabhängige*) *periodische* Funktion $f(t)$ mit der *Periode* (oder *Schwingungsdauer*) T beschreiben (Bild VI-14).

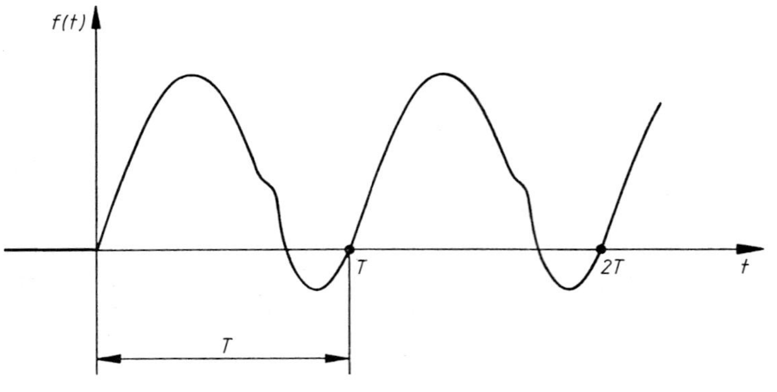

Bild VI-14 Periodische Funktion mit der Periode (Schwingungsdauer) T

Wegen der Periodizität ist

$$f(t) = f(t + T) = \ldots = f(t + nT) \qquad (n = 1, 2, 3, \ldots) \qquad \text{(VI-62)}$$

für $t > 0$, für $t < 0$ dagegen ist nach wie vor $f(t) = 0$ [7].

Für die *Laplace-Transformierte* einer solchen *periodischen* Originalfunktion kann wie folgt eine *spezielle* Integralformel hergeleitet werden. Definitionsgemäß ist

$$\mathscr{L}\{f(t)\} = F(s) = \int_0^{\infty} f(t) \cdot e^{-st}\, dt \qquad \text{(VI-63)}$$

---

[7] Die Periodizität der Funktion $f(t)$ bleibt somit auf den *positiven* Zeitbereich beschränkt.

Die Integration führen wir dabei *stückweise* längs der einzelnen *Periodenintervalle* aus:

$$F(s) = \int_{0}^{T} f(t) \cdot e^{-st}\,dt + \int_{T}^{2T} f(t) \cdot e^{-st}\,dt + \int_{2T}^{3T} f(t) \cdot e^{-st}\,dt + \ldots =$$

$$= \sum_{n=0}^{\infty} \left(\int_{nT}^{(n+1)T} f(t) \cdot e^{-st}\,dt \right) \tag{VI-64}$$

Mit Hilfe der *Substitution*

$$\begin{aligned} &t = u + nT, \qquad u = t - nT, \qquad dt = du \\ &\textit{Untere Grenze:} \quad t = nT \quad \Rightarrow \quad u = nT - nT = 0 \\ &\textit{Obere Grenze:} \quad t = (n+1)T \quad \Rightarrow \quad u = (n+1)T - nT = T \end{aligned} \tag{VI-65}$$

geht diese Gleichung über in

$$F(s) = \sum_{n=0}^{\infty} \left(\int_{0}^{T} f(u + nT) \cdot e^{-s(u+nT)}\,du \right) \tag{VI-66}$$

Wir haben damit erreicht, daß *alle* Teilintegrale *dieselben* Integrationsgrenzen besitzen. Unter Berücksichtigung von $f(u) = f(u + nT)$ und $e^{-s(u+nT)} = e^{-su} \cdot e^{-nsT}$ folgt weiter:

$$F(s) = \sum_{n=0}^{\infty} \left(e^{-nsT} \cdot \int_{0}^{T} f(u) \cdot e^{-su}\,du \right) \tag{VI-67}$$

Der von der Integrationsvariablen *u unabhängige* Faktor e^{-nsT} wurde dabei *vor* das Integral gezogen. Das Integral $\int_{0}^{T} f(u) \cdot e^{-su}\,du$ wiederum ist vom Summationsindex *n* *unabhängig* und darf somit *vor* das Summenzeichen gezogen werden. Dies führt zu

$$F(s) = \left(\int_{0}^{T} f(u) \cdot e^{-su}\,du \right) \cdot \sum_{n=0}^{\infty} e^{-nsT} \tag{VI-68}$$

Die in diesem Ausdruck auftretende unendliche Summe ist eine (unendliche) *geometrische* Reihe:

$$\sum_{n=0}^{\infty} e^{-nsT} = \sum_{n=0}^{\infty} (\underbrace{e^{-sT}}_{q})^n = \sum_{n=0}^{\infty} q^n = 1 + q + q^2 + \ldots \qquad \text{(VI-69)}$$

Setzen wir $s > 0$ voraus, so gilt $q = e^{-sT} < 1$ und diese Reihe konvergiert mit dem *Summenwert* $1/(1-q)$.

Somit ist

$$\sum_{n=0}^{\infty} e^{-nsT} = \sum_{n=0}^{\infty} (e^{-sT})^n = \frac{1}{1-e^{-sT}} \qquad \text{(VI-70)}$$

Für die *Laplace-Transformierte* der *periodischen* Funktion $f(t)$ erhalten wir damit:

$$F(s) = \left(\int_0^T f(u) \cdot e^{-su}\, du \right) \cdot \frac{1}{1-e^{-sT}} = \frac{1}{1-e^{-sT}} \cdot \int_0^T f(u) \cdot e^{-su}\, du \qquad \text{(VI-71)}$$

Wir fassen zusammen:

Laplace-Transformierte einer periodischen Funktion

Die *Laplace-Transformierte* einer *periodischen* Funktion $f(t)$ mit der *Periode* (*Schwingungsdauer*) T läßt sich nach der Formel

$$F(s) = \mathscr{L}\{f(t)\} = \frac{1}{1-e^{-sT}} \cdot \int_0^T f(t) \cdot e^{-st}\, dt \qquad \text{(VI-72)}$$

berechnen.

■ **Beispiele**

(1) Wir berechnen die *Laplace-Transformierte* der in Bild VI-15 dargestellten periodischen *Rechteckskurve*

$$f(t) = \begin{cases} 1 & \text{für} \quad 0 < t < a \\ -1 & \quad a < t < 2a \end{cases} \qquad \text{(Periode: } T = 2a\text{)}$$

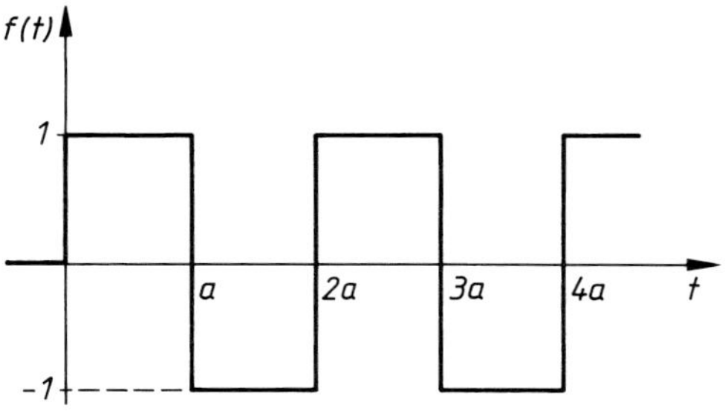

Bild VI-15
Periodische Rechteckskurve

Aus Gleichung (VI-72) folgt zunächst:

$$F(s) = \frac{1}{1 - e^{-2as}} \left[\int_0^a 1 \cdot e^{-st}\, dt + \int_a^{2a} (-1) \cdot e^{-st}\, dt \right]$$

Die Auswertung der beiden Integrale ergibt (Integral Nr. 312):

$$\int_0^a 1 \cdot e^{-st}\, dt = \int_0^a e^{-st}\, dt = \left[\frac{e^{-st}}{-s} \right]_0^a = \frac{1 - e^{-as}}{s}$$

$$\int_a^{2a} (-1) \cdot e^{-st}\, dt = - \int_a^{2a} e^{-st}\, dt = \left[\frac{e^{-st}}{s} \right]_a^{2a} = \frac{e^{-2as} - e^{-as}}{s}$$

Somit ist

$$F(s) = \frac{1}{1 - e^{-2as}} \left[\frac{1 - e^{-as}}{s} + \frac{e^{-2as} - e^{-as}}{s} \right] =$$

$$= \frac{1}{1 - e^{-2as}} \cdot \frac{1 - 2 \cdot e^{-as} + e^{-2as}}{s} = \frac{1 - 2 \cdot e^{-as} + e^{-2as}}{s(1 - e^{-2as})}$$

Zähler und Nenner sind noch als *Binome* darstellbar:

Zähler: $1 - 2 \cdot e^{-as} + e^{-2as} = (1 - e^{-as})^2$

Nenner: $1 - e^{-2as} = (1 + e^{-as})(1 - e^{-as})$

Unter Berücksichtigung dieser Formeln erhalten wir schließlich für die *Laplace-Transformierte* der *Rechtecksfunktion*:

$$F(s) = \frac{(1 - e^{-as})^2}{s(1 + e^{-as})(1 - e^{-as})} = \frac{1 - e^{-as}}{s(1 + e^{-as})} = \frac{1}{s} \cdot \tanh\left(\frac{as}{2}\right)$$

(2) Die in Bild VI-16 dargestellte *Sägezahnfunktion* (*Kippschwingung*) mit der Periode (Schwingungsdauer) $T = a$ läßt sich durch die Gleichung

$$f(t) = \frac{A}{a}\, t \qquad \text{für} \qquad 0 < t < a$$

beschreiben.

Wie lautet ihre *Laplace-Transformierte*?

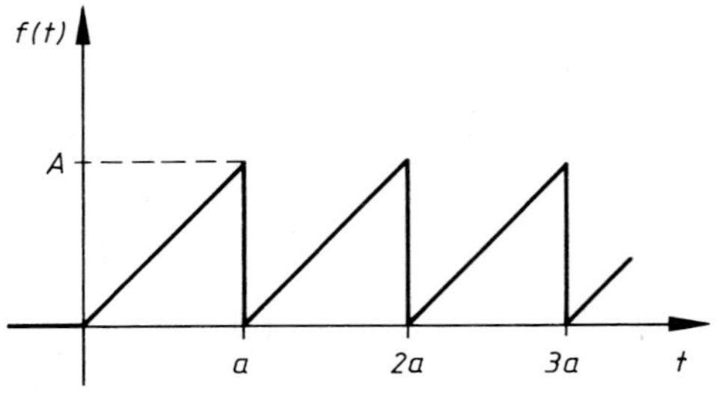

Bild VI-16
Sägezahnfunktion
(Kippschwingung)

Lösung:

$$F(s) = \frac{1}{1 - \mathrm{e}^{-as}} \int_0^a \frac{A}{a}\, t \cdot \mathrm{e}^{-st}\, dt = \frac{A}{a(1 - \mathrm{e}^{-as})} \cdot \int_0^a t \cdot \mathrm{e}^{-st}\, dt$$

Wir werten das Integral wie folgt aus (Integral Nr. 313):

$$\int_0^a t \cdot \mathrm{e}^{-st}\, dt = \left[\frac{(-st - 1)}{s^2} \cdot \mathrm{e}^{-st} \right]_0^a = \frac{(-as - 1) \cdot \mathrm{e}^{-as} + 1}{s^2}$$

Somit ist

$$F(s) = \frac{A}{a(1 - \mathrm{e}^{-as})} \cdot \frac{(-as - 1) \cdot \mathrm{e}^{-as} + 1}{s^2} = \frac{A\,[(-as - 1) \cdot \mathrm{e}^{-as} + 1]}{as^2(1 - \mathrm{e}^{-as})}$$

Wir erweitern noch Zähler und Nenner mit e^{as} und erhalten schließlich:

$$F(s) = \frac{A(-as - 1 + \mathrm{e}^{as})}{as^2(\mathrm{e}^{as} - 1)} = \frac{A(1 + as - \mathrm{e}^{as})}{as^2(1 - \mathrm{e}^{as})}$$

■

4 Rücktransformation aus dem Bildbereich in den Originalbereich

4.1 Allgemeine Hinweise zur Rücktransformation

Die *Laplace-Transformation* erweist sich bei der Lösung zahlreicher naturwissenschaftlich-technischer Probleme als eine äußerst nützliche Methode, da sich die durchzuführenden Rechenoperationen beim Übergang vom *Originalbereich* in den *Bildbereich* meist wesentlich *vereinfachen*. Die Lösung des Problems im *Bildbereich* wird dann durch eine *Bildfunktion* $F(s)$ beschrieben. Um die Lösung der gestellten Aufgabe im *Originalbereich*, d.h. die gesuchte *Originalfunktion* $f(t)$ zu erhalten, muß man die Bildfunktion $F(s)$ mittels der *inversen Laplace-Transformation* in den Originalraum *rücktransformieren*. Der eingeschlagene Lösungsweg läßt sich dabei wie folgt schematisch darstellen:

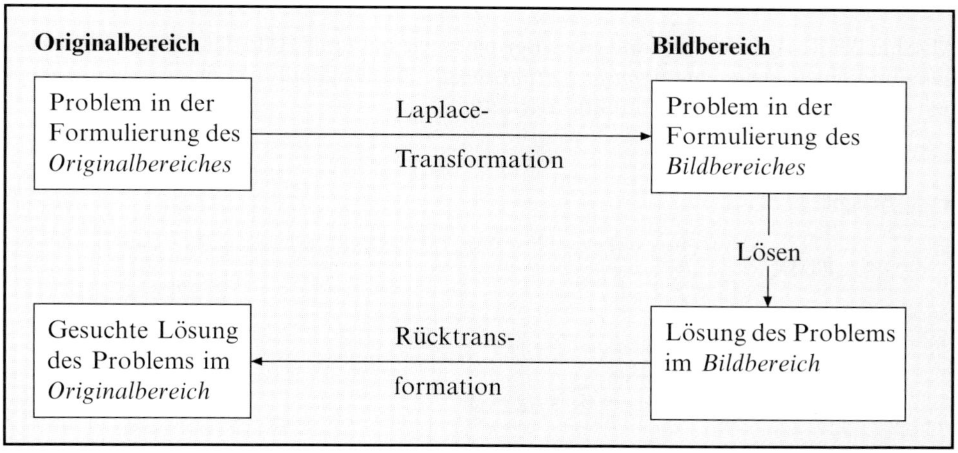

In der Anwendungspraxis erweist sich die *Rücktransformation* aus dem Bildbereich in den Originalbereich als der *schwierigste* Schritt im Lösungsschema. Sie erfolgt im Regelfall unter Verwendung einer *speziellen Transformationstabelle*, in der alle *wesentlichen* zusammengehörigen Funktionenpaare *systematisch* geordnet sind. Da in den Anwendungen häufig *gebrochenrationale* Bildfunktionen auftreten, zerlegt man diese zunächst mit Hilfe der aus der Integralrechnung bereits bekannten *Partialbruchzerlegung* in eine Summe aus *einfachen* Brüchen, den sog. *Partialbrüchen* und bestimmt dann aus der *Transformationstabelle* Glied für Glied die *zugehörigen* Originalfunktionen [8].

Prinzipiell besteht auch die Möglichkeit, die Originalfunktion $f(t)$ auf *direktem* Wege über das *Laplacesche Umkehrintegral* aus der bekannten Bildfunktion $F(s)$ zu berechnen. Diese Methode wird aber nur *selten* angewendet, da hierzu *fundierte* Kenntnisse aus dem Gebiet der *Funktionentheorie* Voraussetzung sind. Daneben gibt es noch weitere,

---

[8] Zur Partialbruchzerlegung s. Band 1, Abschnitt V.8.3.1 und Formelsammlung, Abschnitt V.3.3.1.

sehr spezielle Methoden der Rücktransformation, die aber in der Anwendungspraxis *keine* nennenswerte Rolle spielen.

Wir halten fest:

Über die Rücktransformation aus dem Bildbereich in den Originalbereich

In den naturwissenschaftlich-technischen Anwendungen erfolgt die *Rücktransformation* aus dem Bildbereich in den Originalbereich im Regelfall mit Hilfe einer *Transformationstabelle*, in der alle wesentlichen *zusammengehörigen Funktionenpaare* systematisch geordnet sind (Tabelle in Abschnitt 4.2). Bei einer *gebrochenrationalen* Bildfunktion wird diese zunächst mittels *Partialbruchzerlegung* in eine (endliche) Summe aus einfachen Brüchen, den sog. *Partialbrüchen* zerlegt und diese dann *Glied für Glied* mit Hilfe der *Transformationstabelle* rücktransformiert.

Abschließend zeigen wir anhand eines Beispiels, wie man mit Hilfe der *Partialbruchzerlegung* und einer geeigneten *Transformationstabelle* die Originalfunktion einer vorgegebenen *gebrochenrationalen* Bildfunktion ermittelt.

■ **Beispiel**

$$F(s) = \frac{s^3 + 2s^2 - 4s + 4}{s^4 - 4s^3 + 4s^2} = \frac{s^3 + 2s^2 - 4s + 4}{s^2(s^2 - 4s + 4)} = \frac{s^3 + 2s^2 - 4s + 4}{s^2(s-2)^2}$$

Partialbruchzerlegung:

Nennernullstellen: $s_{1/2} = 0, \; s_{3/4} = 2$

Ansatz für die Partialbruchzerlegung:

$$\frac{s^3 + 2s^2 - 4s + 4}{s^2(s-2)^2} = \frac{A}{s} + \frac{B}{s^2} + \frac{C}{s-2} + \frac{D}{(s-2)^2} =$$

$$= \frac{As(s-2)^2 + B(s-2)^2 + Cs^2(s-2) + Ds^2}{s^2(s-2)^2}$$

Berechnung der Konstanten A, B, C und D:

$$s^3 + 2s^2 - 4s + 4 = As(s-2)^2 + B(s-2)^2 + Cs^2(s-2) + Ds^2$$

Wir setzen für s der Reihe nach die Werte 0, 2, 1 und -1 ein:

$s = 0$: $\quad 4 = 4B \;\Rightarrow\; B = 1$

$s = 2$: $\quad 12 = 4D \;\Rightarrow\; D = 3$

$$\begin{aligned}
s = 1: \qquad & 3 = A + B - C + D \\
& 3 = A + 1 - C + 3 \\
(*) \qquad & -1 = A - C
\end{aligned}$$

$$\begin{aligned}
s = -1: \qquad & 9 = -9A + 9B - 3C + D \\
& 9 = -9A + 9 - 3C + 3 \\
& -3 = -9A - 3C \\
(**) \qquad & 1 = 3A + C
\end{aligned}$$

Die Konstanten A und C berechnen wir aus dem Gleichungs-System

$$\begin{array}{llcl}
(*) & A - C & = & -1 \\
(**) & 3A + C & = & 1 \\
\hline
& 4A & = & 0 \Rightarrow A = 0 \\
(*) & 0 - C & = & -1 \Rightarrow C = 1
\end{array} \quad (+)$$

Damit besitzen die vier Konstanten die folgenden Werte:

$$A = 0, \quad B = 1, \quad C = 1, \quad D = 3$$

Die *Partialbruchzerlegung* der Bildfunktion $F(s)$ lautet damit:

$$F(s) = \frac{s^3 + 2s^2 - 4s + 4}{s^4 - 4s^3 + 4s^2} = \frac{1}{s^2} + \frac{1}{s-2} + \frac{3}{(s-2)^2}$$

Gliedweise Rücktransformation nach der Transformationstabelle in Abschnitt 4.2 führt dann zu der folgenden Lösung (Originalfunktion):

$$\begin{aligned}
f(t) = \mathscr{L}^{-1}\{F(s)\} &= \mathscr{L}^{-1}\left\{\frac{s^3 + 2s^2 - 4s + 4}{s^4 - 4s^3 + 4s^2}\right\} = \\
&= \mathscr{L}^{-1}\left\{\frac{1}{s^2} + \frac{1}{s-2} + \frac{3}{(s-2)^2}\right\} = \\
&= \mathscr{L}^{-1}\left\{\frac{1}{s^2}\right\} + \mathscr{L}^{-1}\left\{\frac{1}{s-2}\right\} + 3 \cdot \mathscr{L}^{-1}\left\{\frac{1}{(s-2)^2}\right\} = \\
&= t + e^{2t} + 3t \cdot e^{2t} = t + (1 + 3t) \cdot e^{2t}
\end{aligned}$$

■

4.2 Tabelle spezieller Laplace-Transformationen

Die nachfolgende Tabelle enthält einige in den Anwendungen besonders *häufig* auftretende Funktionenpaare. Eine umfassendere Transformationstabelle findet der Leser in der *Formelsammlung* sowie in der einschlägigen Spezialliteratur (s. Literaturverzeichnis).

Tabelle: Spezielle Laplace-Transformationen

	Bildfunktion $F(s)$	Originalfunktion $f(t)$
(1)	$\frac{1}{s}$	1 (Sprungfunktion)
(2)	$\frac{1}{s-a}$	e^{at}
(3)	$\frac{1}{s^2}$	t
(4)	$\frac{1}{s(s-a)}$	$\frac{e^{at}-1}{a}$
(5)	$\frac{1}{(s-a)^2}$	$t \cdot e^{at}$
(6)	$\frac{1}{(s-a)(s-b)}$	$\frac{e^{at}-e^{bt}}{a-b}$
(7)	$\frac{s}{(s-a)^2}$	$(1+at) \cdot e^{at}$
(8)	$\frac{s}{(s-a)(s-b)}$	$\frac{a \cdot e^{at} - b \cdot e^{bt}}{a-b}$
(9)	$\frac{1}{s^3}$	$\frac{1}{2}t^2$
(10)	$\frac{1}{s^2(s-a)}$	$\frac{e^{at}-at-1}{a^2}$
(11)	$\frac{1}{s(s-a)^2}$	$\frac{(at-1) \cdot e^{at}+1}{a^2}$

Tabelle (Fortsetzung)

(12)	$\frac{1}{(s-a)^3}$	$\frac{1}{2} t^2 \cdot \mathrm{e}^{at}$
(13)	$\frac{s}{(s-a)^3}$	$\left(\frac{1}{2} a t^2 + t\right) \cdot \mathrm{e}^{at}$
(14)	$\frac{s^2}{(s-a)^3}$	$\left(\frac{1}{2} a^2 t^2 + 2at + 1\right) \cdot \mathrm{e}^{at}$
(15)	$\frac{1}{s^n} \quad (n = 1, 2, 3, \ldots)$	$\frac{t^{n-1}}{(n-1)!}$
(16)	$\frac{1}{(s-a)^n} \quad (n = 1, 2, 3, \ldots)$	$\frac{t^{n-1} \cdot \mathrm{e}^{at}}{(n-1)!}$
(17)	$\frac{1}{s^2 + a^2}$	$\frac{\sin(at)}{a}$
(18)	$\frac{s}{s^2 + a^2}$	$\cos(at)$
(19)	$\frac{(\sin b) \cdot s + a \cdot \cos b}{s^2 + a^2}$	$\sin(at + b)$
(20)	$\frac{(\cos b) \cdot s - a \cdot \sin b}{s^2 + a^2}$	$\cos(at + b)$
(21)	$\frac{1}{(s-b)^2 + a^2}$	$\frac{\mathrm{e}^{bt} \cdot \sin(at)}{a}$
(22)	$\frac{s-b}{(s-b)^2 + a^2}$	$\mathrm{e}^{bt} \cdot \cos(at)$
(23)	$\frac{1}{s^2 - a^2}$	$\frac{\sinh(at)}{a}$
(24)	$\frac{s}{s^2 - a^2}$	$\cosh(at)$

Tabelle (Fortsetzung)

(25)	$\dfrac{1}{(s-b)^2 - a^2}$	$\dfrac{e^{bt} \cdot \sinh(at)}{a}$
(26)	$\dfrac{s-b}{(s-b)^2 - a^2}$	$e^{bt} \cdot \cosh(at)$
(27)	$\dfrac{1}{s(s^2 + 4a^2)}$	$\dfrac{\sin^2(at)}{2a^2}$
(28)	$\dfrac{s^2 + 2a^2}{s(s^2 + 4a^2)}$	$\cos^2(at)$
(29)	$\dfrac{s}{(s^2 + a^2)^2}$	$\dfrac{t \cdot \sin(at)}{2a}$
(30)	$\dfrac{s^2 - a^2}{(s^2 + a^2)^2}$	$t \cdot \cos(at)$
(31)	$\dfrac{s}{(s^2 - a^2)^2}$	$\dfrac{t \cdot \sinh(at)}{2a}$
(32)	$\dfrac{s^2 + a^2}{(s^2 - a^2)^2}$	$t \cdot \cosh(at)$
(33)	$\arctan\left(\dfrac{a}{s}\right)$	$\dfrac{\sin(at)}{t}$

5 Anwendungen der Laplace-Transformation

5.1 Lineare Differentialgleichungen mit konstanten Koeffizienten

5.1.1 Allgemeines Lösungsverfahren mit Hilfe der Laplace-Transformation

Mit den in den Anwendungen besonders wichtigen *linearen* Differentialgleichungen 1. und 2. Ordnung mit *konstanten* Koeffizienten haben wir uns bereits in Kapitel V ausführlich beschäftigt. Dort wurde gezeigt, wie man eine solche Differentialgleichung durch „*Variation der Konstanten*" oder durch „*Aufsuchen einer partikulären Lösung*" lösen kann.

Die *allgemeine* Lösung enthielt dabei noch *einen* bzw. *zwei* Integrationskonstanten als *Parameter*.

Ein weiteres (insbesondere in der Elektrotechnik und Regelungstechnik weit verbreitetes) Lösungsverfahren liefert die *Laplace-Transformation*. Wie wir im einzelnen noch sehen werden, gehen dabei in die *allgemeinen* Lösungen der Differentialgleichungen die jeweiligen *Anfangswerte* für $t = 0$ als *Parameter* ein. Die *Integration einer linearen Differentialgleichung mit konstanten Koeffizienten mit Hilfe der Laplace-Transformation liefert somit die allgemeine Lösung in Abhängigkeit von den Anfangswerten* [9]. Dieser in drei Schritten ablaufende Lösungsweg läßt sich wie folgt schematisch darstellen:

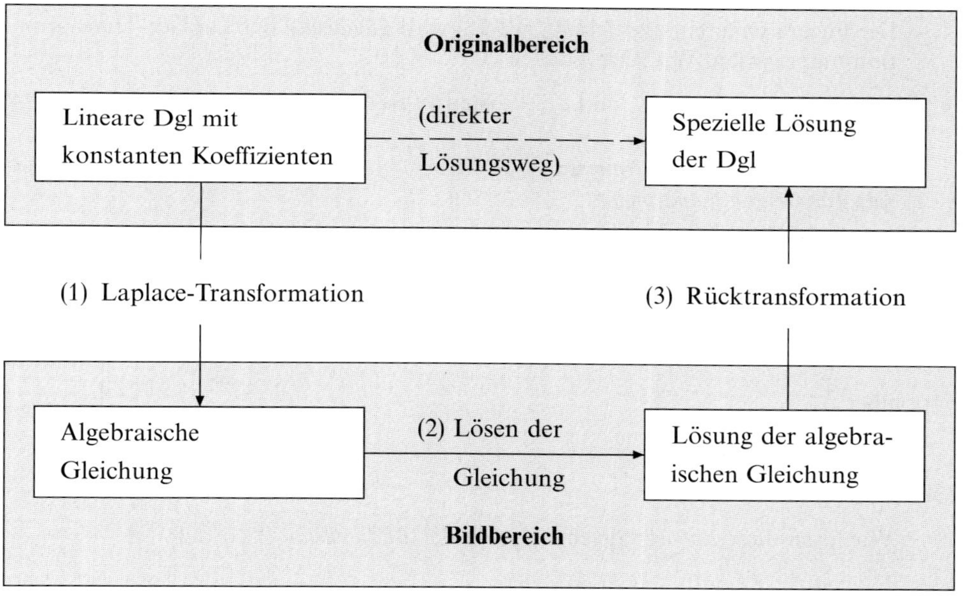

Wir beschreiben noch kurz die einzelnen Rechenschritte:

(1) Die *lineare* Differentialgleichung mit *konstanten* Koeffizienten und *vorgegebenen* Anfangswerten wird zunächst mit Hilfe der Laplace-Transformation in eine *algebraische Gleichung 1. Grades*, d.h. in eine *lineare* Gleichung übergeführt.

(2) Als *Lösung* dieser Gleichung erhält man die Bildfunktion $Y(s)$ der gesuchten Lösung (Originalfunktion) $y(t)$.

(3) Durch *Rücktransformation* gewinnt man aus der Bildfunktion $Y(s)$ mit Hilfe einer *Transformationstabelle* (s. Abschnitt 4.2) und/oder *spezieller* Methoden (wie z.B. der *Partialbruchzerlegung*) die *gesuchte Lösung* $y(t)$ der gestellten *Anfangswertaufgabe*.

---

[9] Wir lösen somit ein *Anfangswertproblem*.

5.1.2 Integration einer linearen Differentialgleichung 1. Ordnung mit konstanten Koeffizienten

Das zu lösende *Anfangswertproblem lautet* im *Originalbereich:*

$$y' + a\,y = g(t) \qquad \textit{Anfangswert:} \quad y(0) \tag{VI-73}$$

($a = \text{const.}$; $g(t)$: Störfunktion). Wir lösen diese *lineare* Differentialgleichung 1. Ordnung mit *konstanten* Koeffizienten *schrittweise* wie folgt:

(1) Transformation vom Originalbereich in den Bildbereich (Laplace-Transformation)

Die lineare Differentialgleichung (VI-73) wird *gliedweise* der Laplace-Transformation unterworfen. Wir setzen dabei

$$\mathscr{L}\{y(t)\} = Y(s) \quad \text{und} \quad \mathscr{L}\{g(t)\} = F(s) \tag{VI-74}$$

Für die Laplace-Transformierte der *Ableitung* $y'(t)$ gilt dann nach dem *Ableitungssatz für Originalfunktionen*:

$$\mathscr{L}\{y'(t)\} = s \cdot Y(s) - y(0) \tag{VI-75}$$

Die Differentialgleichung (VI-73) geht damit in die *algebraische* Gleichung

$$[s \cdot Y(s) - y(0)] + a \cdot Y(s) = F(s) \tag{VI-76}$$

über.

(2) Lösung im Bildbereich

Wir lösen diese *lineare* Gleichung nach der *Bildfunktion* $Y(s)$ auf:

$$s \cdot Y(s) - y(0) + a \cdot Y(s) = F(s)$$

$$(s + a) \cdot Y(s) = F(s) + y(0)$$

$$Y(s) = \frac{F(s) + y(0)}{s + a} \tag{VI-77}$$

Die Funktion $Y(s)$ ist die *Lösung der* Anfangswertaufgabe (VI-73) im *Bildbereich.*

(3) Rücktransformation vom Bildbereich in den Originalbereich (inverse Laplace-Transformation)

Durch *Rücktransformation* mit Hilfe einer *speziellen Transformationstabelle* (Tabelle in Abschnitt 4.2) erhält man schließlich aus der (jetzt bekannten) Bildfunktion $Y(s)$ die *gesuchte Lösung* $y(t)$ des Anfangswertproblems (VI-73):

$$y(t) = \mathscr{L}^{-1}\{Y(s)\} = \mathscr{L}^{-1}\left\{\frac{F(s) + y(0)}{s + a}\right\} \tag{VI-78}$$

Wir fassen zusammen:

Integration einer linearen Differentialgleichung 1. Ordnung mit konstanten Koeffizienten mit Hilfe der Laplace-Transformation

Die *lineare* Differentialgleichung 1. Ordnung mit *konstanten* Koeffizienten vom Typ

$$y' + ay = g(t) \tag{VI-79}$$

mit dem *Anfangswert* $y(0)$ wird mit Hilfe der Laplace-Transformation in die *algebraische* Gleichung

$$[s \cdot Y(s) - y(0)] + a \cdot Y(s) = F(s) \tag{VI-80}$$

mit der *Lösung*

$$Y(s) = \frac{F(s) + y(0)}{s + a} \tag{VI-81}$$

übergeführt ($Y(s) = \mathscr{L}\{y(t)\}$ und $F(s) = \mathscr{L}\{g(t)\}$).

Durch *Rücktransformation* mit Hilfe der *Transformationstabelle* aus Abschnitt 4.2 erhält man aus der Bildfunktion $Y(s)$ schließlich die *gesuchte Lösung* (*Originalfunktion*) $y(t)$ der Differentialgleichung (VI-79).

Anmerkungen

(1) Die *allgemeine* Lösung $y(t)$ der Differentialgleichung (VI-79) enthält noch *einen* Parameter, nämlich den *Anfangswert* $y(0)$.

(2) Die *allgemeine* Lösung des Anfangswertproblems (VI-79) läßt sich auch in *geschlossener* Form wie folgt darstellen:

$$y(t) = g(t) * e^{-at} + y(0) \cdot e^{-at} \tag{VI-82}$$

$g(t) * e^{-at}$ ist dabei das *Faltungsprodukt* der Funktionen $g(t)$ und e^{-at}.

■ **Beispiel**

$y' + 2y = 2t - 4 \qquad$ *Anfangswert*: $y(0) = 1$

Wir *transformieren* diese Differentialgleichung unter Verwendung der *Transformationstabelle* aus Abschnitt 4.2 in den *Bildbereich* ($a = 2$; $g(t) = 2t - 4$):

$$[s \cdot Y(s) - 1] + 2 \cdot Y(s) = \mathscr{L}\{2t - 4\} = 2 \cdot \mathscr{L}\{t\} - 4 \cdot \mathscr{L}\{1\} = \frac{2}{s^2} - \frac{4}{s}$$

Diese *algebraische* Gleichung wird nun nach der *Bildfunktion* $Y(s)$ aufgelöst:

$$(s+2) \cdot Y(s) = \frac{2}{s^2} - \frac{4}{s} + 1$$

$$Y(s) = \frac{2}{s^2(s+2)} - \frac{4}{s(s+2)} + \frac{1}{s+2}$$

Bei der *Rücktransformation* vom Bild- in den Originalbereich verwenden wir wiederum die *Transformationstabelle* aus Abschnitt 4.2, in der die drei Summanden der Bildfunktion $Y(s)$ mitsamt den zugehörigen Originalfunktionen enthalten sind. Die *Lösung* unserer *Anfangswertaufgabe* lautet daher wie folgt:

$$y(t) = \mathscr{L}^{-1}\{Y(s)\} = \mathscr{L}^{-1}\left\{\frac{2}{s^2(s+2)} - \frac{4}{s(s+2)} + \frac{1}{s+2}\right\} =$$

$$= 2 \cdot \underbrace{\mathscr{L}^{-1}\left\{\frac{1}{s^2(s+2)}\right\}}_{\frac{e^{-2t}+2t-1}{4}} - 4 \cdot \underbrace{\mathscr{L}^{-1}\left\{\frac{1}{s(s+2)}\right\}}_{\frac{e^{-2t}-1}{-2}} + \underbrace{\mathscr{L}^{-1}\left\{\frac{1}{s+2}\right\}}_{e^{-2t}} =$$

$$= 2 \cdot \frac{e^{-2t}+2t-1}{4} - 4 \cdot \frac{e^{-2t}-1}{-2} + e^{-2t} = t - 2{,}5 + 3{,}5 \cdot e^{-2t}$$

■

5.1.3 Integration einer linearen Differentialgleichung 2. Ordnung mit konstanten Koeffizienten

Das zu lösende *Anfangswertproblem* lautet im *Originalbereich*:

$$y'' + a y' + b y = g(t) \qquad \textit{Anfangswerte:} \quad y(0),\ y'(0) \tag{VI-83}$$

($a = \text{const.}$; $b = \text{const.}$; $g(t)$: Störfunktion). Diese *lineare* Differentialgleichung 2. Ordnung mit *konstanten* Koeffizienten lösen wir *schrittweise* wie folgt:

(1) Transformation vom Originalbereich in den Bildbereich (Laplace-Transformation)

Die *lineare* Differentialgleichung (VI-83) wird *gliedweise* der Laplace-Transformation unterworfen. Wir setzen dabei wiederum

$$\mathscr{L}\{y(t)\} = Y(s) \quad \text{und} \quad \mathscr{L}\{g(t)\} = F(s) \tag{VI-84}$$

Für die Laplace-Transformierte der *Ableitungen* $y'(t)$ und $y''(t)$ gilt dann nach dem *Ableitungssatz für Originalfunktionen*:

$$\begin{aligned} \mathscr{L}\{y'(t)\} &= s \cdot Y(s) - y(0) \\ \mathscr{L}\{y''(t)\} &= s^2 \cdot Y(s) - s \cdot y(0) - y'(0) \end{aligned} \tag{VI-85}$$

Die Differentialgleichung (VI-83) geht damit in die *algebraische* Gleichung

$$[s^2 \cdot Y(s) - s \cdot y(0) - y'(0)] + a[s \cdot Y(s) - y(0)] + b \cdot Y(s) = F(s) \qquad \text{(VI-86)}$$

über.

(2) Lösung im Bildbereich

Wir lösen diese *lineare* Gleichung nach der *Bildfunktion* $Y(s)$ auf:

$$s^2 \cdot Y(s) - s \cdot y(0) - y'(0) + as \cdot Y(s) - a \cdot y(0) + b \cdot Y(s) = F(s)$$

$$(s^2 + as + b) \cdot Y(s) = F(s) + y(0) \cdot (s + a) + y'(0)$$

$$Y(s) = \frac{F(s) + y(0) \cdot (s + a) + y'(0)}{s^2 + as + b} \qquad \text{(VI-87)}$$

Die Funktion $Y(s)$ ist die *Lösung* der Anfangswertaufgabe (VI-83) im *Bildbereich.*

(3) Rücktransformation vom Bildbereich in den Originalbereich (inverse Laplace-Transformation)

Aus der (jetzt bekannten) Bildfunktion $Y(s)$ erhalten wir schließlich durch *Rücktransformation* mit Hilfe der *Transformationstabelle* aus Abschnitt 4.2 die *gesuchte Lösung* $y(t)$ des Anfangswertproblems (VI-83):

$$y(t) = \mathscr{L}^{-1}\{Y(s)\} = \mathscr{L}^{-1}\left\{\frac{F(s) + y(0) \cdot (s + a) + y'(0)}{s^2 + as + b}\right\} \qquad \text{(VI-88)}$$

Zusammenfassend gilt somit:

Integration einer linearen Differentialgleichung 2. Ordnung mit konstanten Koeffizienten mit Hilfe der Laplace-Transformation

Die *lineare* Differentialgleichung 2. Ordnung mit *konstanten* Koeffizienten vom Typ

$$y'' + ay' + by = g(t) \qquad \text{(VI-89)}$$

mit den *Anfangswerten* $y(0)$ und $y'(0)$ wird mit Hilfe der Laplace-Transformation in die *algebraische* Gleichung

$$[s^2 \cdot Y(s) - s \cdot y(0) - y'(0)] + a[s \cdot Y(s) - y(0)] + b \cdot Y(s) = F(s) \qquad \text{(VI-90)}$$

mit der *Lösung*

$$Y(s) = \frac{F(s) + y(0) \cdot (s + a) + y'(0)}{s^2 + as + b} \qquad \text{(VI-91)}$$

übergeführt ($Y(s) = \mathscr{L}\{y(t)\}$ und $F(s) = \mathscr{L}\{g(t)\}$).

Durch *Rücktransformation* mit Hilfe der *Transformationstabelle* aus Abschnitt 4.2 erhält man aus der Bildfunktion $Y(s)$ schließlich die *gesuchte Lösung* (*Originalfunktion*) $y(t)$ der Differentialgleichung (VI-89).

Anmerkungen

(1) Die *allgemeine* Lösung $y(t)$ der Differentialgleichung (VI-89) enthält noch *zwei* Parameter, nämlich die *Anfangswerte* $y(0)$ und $y'(0)$.

(2) Die *allgemeine* Lösung des Anfangswertproblems (VI-89) läßt sich auch in *geschlossener* Form wie folgt darstellen:

$$y(t) = g(t) * f_1(t) + y(0) \cdot f_2(t) + y'(0) \cdot f_1(t) \qquad \text{(VI-92)}$$

Die Funktionen $f_1(t)$ und $f_2(t)$ haben dabei folgende Bedeutung:

$f_1(t)$: *Originalfunktion* zu $F_1(s) = \dfrac{1}{s^2 + as + b}$

$f_2(t)$: *Originalfunktion* zu $F_2(s) = \dfrac{s + a}{s^2 + as + b}$

$g(t) * f_1(t)$ ist das *Faltungsprodukt* der Funktionen $g(t)$ und $f_1(t)$.

■ **Beispiel**

$$y'' + 2y' + y = 9 \cdot e^{2t} \qquad \textit{Anfangswerte:}\quad y(0) = 0,\ y'(0) = 1$$

Wir *transformieren* diese Differentialgleichung unter Verwendung der *Transformationstabelle* aus Abschnitt 4.2 in den *Bildbereich* ($a = 2$; $b = 1$; $g(t) = 9 \cdot e^{2t}$):

$$[s^2 \cdot Y(s) - s \cdot 0 - 1] + 2[s \cdot Y(s) - 0] + Y(s) = \mathcal{L}\{9 \cdot e^{2t}\} = \frac{9}{s-2}$$

Diese Gleichung wird nach der *Bildfunktion* $Y(s)$ aufgelöst:

$$(s^2 + 2s + 1) \cdot Y(s) = \frac{9}{s-2} + 1 = \frac{s+7}{s-2}$$

$$Y(s) = \frac{s+7}{(s^2 + 2s + 1)(s-2)} = \frac{s+7}{(s+1)^2(s-2)}$$

Vor der Rücktransformation in den Originalbereich zerlegen wir die *echt gebrochenrationale* Bildfunktion $Y(s)$ mit Hilfe der *Partialbruchzerlegung* in eine Summe *einfacher* Brüche. Mit dem Ansatz

$$\frac{s+7}{(s+1)^2(s-2)} = \frac{A}{s+1} + \frac{B}{(s+1)^2} + \frac{C}{s-2} =$$

$$= \frac{A(s+1)(s-2) + B(s-2) + C(s+1)^2}{(s+1)^2(s-2)}$$

erhalten wir zunächst die Gleichung

$$s + 7 = A(s+1)(s-2) + B(s-2) + C(s+1)^2$$

aus der sich die drei Konstanten A, B und C berechnen lassen, indem wir für die Variable s der Reihe nach die Werte -1, 2 und 0 einsetzen:

$$\begin{array}{llll} s = -1: & 6 = -3B & \Rightarrow & B = -2 \\ s = 2: & 9 = 9C & \Rightarrow & C = 1 \\ s = 0: & 7 = -2A - 2B + C & & \\ & 7 = -2A + 4 + 1 & & \\ & 2 = -2A & \Rightarrow & A = -1 \end{array}$$

Somit ist

$$Y(s) = \frac{s+7}{(s+1)^2 (s-2)} = -\frac{1}{s+1} - \frac{2}{(s+1)^2} + \frac{1}{s-2}$$

Durch *Rücktransformation* unter Verwendung der *Transformationstabelle* aus Abschnitt 4.2 erhalten wir hieraus schließlich die *gesuchte Lösung* unserer *Anfangswertaufgabe*:

$$y(t) = \mathscr{L}^{-1}\{Y(s)\} = \mathscr{L}^{-1}\left\{-\frac{1}{s+1} - \frac{2}{(s+1)^2} + \frac{1}{s-2}\right\} =$$

$$= -1 \cdot \underbrace{\mathscr{L}^{-1}\left\{\frac{1}{s+1}\right\}}_{e^{-t}} - 2 \cdot \underbrace{\mathscr{L}^{-1}\left\{\frac{1}{(s+1)^2}\right\}}_{t \cdot e^{-t}} + \underbrace{\mathscr{L}^{-1}\left\{\frac{1}{s-2}\right\}}_{e^{2t}} =$$

$$= -e^{-t} - 2t \cdot e^{-t} + e^{2t} = -(2t+1) \cdot e^{-t} + e^{2t}$$

■

5.2 Einfache Beispiele aus Physik und Technik

Wir zeigen zum Abschluß anhand von vier ausgewählten *Anwendungsbeispielen*, wie sich naturwissenschaftlich-technische Probleme mit Hilfe der Laplace-Transformation leicht lösen lassen.

5.2.1 Entladung eines Kondensators über einen ohmschen Widerstand

Wir kommen nochmals, wie zu Beginn dieses Kapitels vereinbart, auf unser *einführendes* Beispiel zurück (s. Abschnitt 1.1). Die *Entladung eines Kondensators* der Kapazität C über einen ohmschen Widerstand R wird gemäß Bild VI-1 durch die folgende *lineare* Differentialgleichung 1. Ordnung mit *konstanten* Koeffizienten beschrieben:

$$u + RC\dot{u} = 0 \quad \text{oder} \quad \dot{u} + \frac{1}{RC} \cdot u = 0 \qquad \text{(VI-93)}$$

Die *Kondensatorspannung* $u = u(t)$ soll dabei zu *Beginn* der Entladung, d.h. zur Zeit $t = 0$ den *Anfangswert* $u(0) = u_0$ besitzen. Die *Anfangswertaufgabe*, die wir nun mit Hilfe der *Laplace-Transformation* lösen wollen, lautet somit:

$$\dot{u} + \frac{1}{RC} \cdot u = 0 \qquad \textit{Anfangswert:} \quad u(0) = u_0 \tag{VI-94}$$

Diese Gleichung wird zunächst in den *Bildbereich* transformiert ($\mathscr{L}\{u(t)\} = U(s)$). Wir erhalten die *algebraische* Gleichung

$$[s \cdot U(s) - u_0] + \frac{1}{RC} \cdot U(s) = \mathscr{L}\{0\} = 0 \tag{VI-95}$$

die nun nach der *Bildfunktion* $U(s)$ aufgelöst wird:

$$\left(s + \frac{1}{RC}\right) \cdot U(s) = u_0$$

$$U(s) = \frac{u_0}{s + \frac{1}{RC}} \tag{VI-96}$$

Dies ist die Lösung im *Bildbereich*. Durch *Rücktransformation* unter Verwendung der *Transformationstabelle* aus Abschnitt 4.2 gewinnen wir hieraus die gesuchte Lösung im *Originalbereich*, d.h. den *zeitlichen* Verlauf der Kondensatorspannung $u(t)$ während der Entladung:

$$u(t) = \mathscr{L}^{-1}\{U(s)\} = \mathscr{L}^{-1}\left\{\frac{u_0}{s + \frac{1}{RC}}\right\} = u_0 \cdot \underbrace{\mathscr{L}^{-1}\left\{\frac{1}{s + \frac{1}{RC}}\right\}}_{e^{-\frac{t}{RC}}} = u_0 \cdot e^{-\frac{t}{RC}} \tag{VI-97}$$

Dieses *Exponentialgesetz* ist in Bild VI-17 bildlich dargestellt.

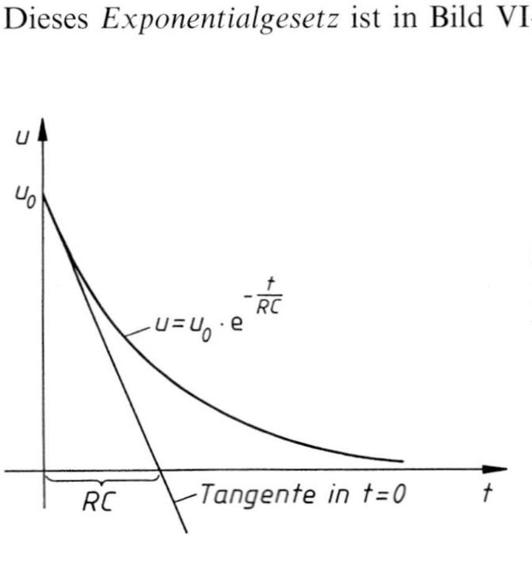

Bild VI-17

Entladung eines Kondensators über einen ohmschen Widerstand (exponentiell abklingende Spannung)

5.2.2 Zeitverhalten eines PT_1-Regelkreisgliedes

Bild VI-18 zeigt den *schematischen* Aufbau eines sog. *PT_1-Regelkreisgliedes*, dessen Verhalten durch die *lineare* Differentialgleichung 1. Ordnung

$$T \cdot \dot{v} + v = K u \qquad \text{oder} \qquad \dot{v} + \frac{1}{T} \cdot v = \frac{K}{T} u \tag{VI-98}$$

beschrieben wird. Dabei ist $u = u(t)$ das *Eingangssignal* und $v = v(t)$ das *Ausgangssignal*, T und K sind Konstanten (T: *Zeitkonstante*; K: *Beiwert*).

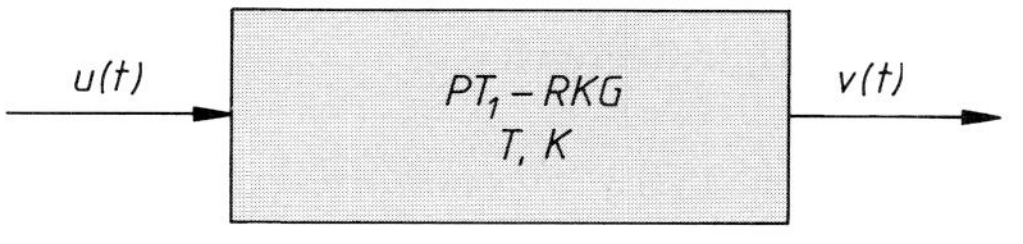

Bild VI-18
PT_1-Regelkreisglied

Speziell für ein *sprungförmiges* Eingangssignal (*Sprungfunktion*) nach Bild VI-19 und den Anfangswert $v(0) = 0$ erhalten wir das folgende *Anfangswertproblem* [10]:

$$\dot{v} + \frac{1}{T} \cdot v = \frac{K \hat{u}}{T} \qquad \textit{Anfangswert:} \quad v(0) = 0 \tag{VI-99}$$

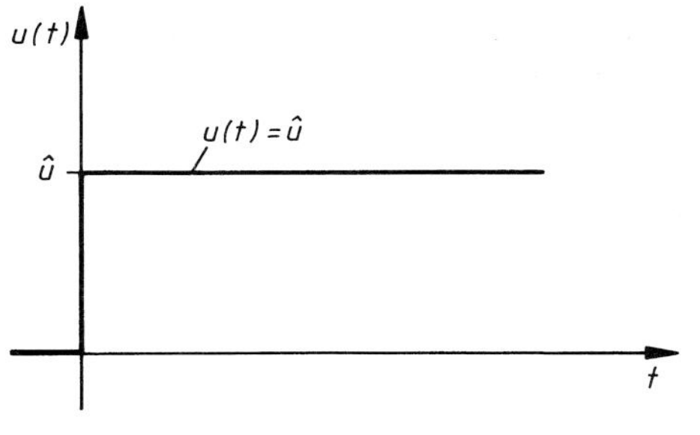

Bild VI-19
Sprungfunktion am Eingang eines PT_1-Regelkreisgliedes

Wir lösen es Schritt für Schritt mit Hilfe der *Laplace-Transformation*.

(1) Transformation vom Originalbereich in den Bildbereich

$$\mathscr{L}\{v(t)\} = V(s)$$

$$[s \cdot V(s) - 0] + \frac{1}{T} \cdot V(s) = \mathscr{L}\left\{\frac{K \hat{u}}{T}\right\} = \frac{K \hat{u}}{T} \cdot \mathscr{L}\{1\} = \frac{K \hat{u}}{T} \cdot \frac{1}{s} \tag{VI-100}$$

[10] Vgl. hierzu auch Übungsaufgabe 23 aus Kapitel V (Abschnitt 2).

(2) Lösung im Bildbereich

Wir lösen diese *algebraische* Gleichung nach der *Bildfunktion* $V(s)$ auf:

$$\left(s+\frac{1}{T}\right)\cdot V(s)=\frac{K\hat{u}}{T}\cdot\frac{1}{s}$$

$$V(s)=\frac{K\hat{u}}{T}\cdot\frac{1}{s\left(s+\frac{1}{T}\right)} \qquad \text{(VI-101)}$$

(3) Rücktransformation vom Bildbereich in den Originalbereich

Die Bildfunktion ist vom Typ $\frac{1}{s(s-a)}$ und in der *Transformationstabelle* aus Abschnitt 4.2 enthalten (Nr. 4). Die zugehörige *Originalfunktion* lautet daher:

$$v(t)=\mathscr{L}^{-1}\{V(s)\}=\frac{K\hat{u}}{T}\cdot\mathscr{L}^{-1}\left\{\frac{1}{s\left(s+\frac{1}{T}\right)}\right\}=\frac{K\hat{u}}{T}\cdot\frac{\mathrm{e}^{-\frac{t}{T}}-1}{-\frac{1}{T}}=$$

$$=K\hat{u}\left(1-\mathrm{e}^{-\frac{t}{T}}\right) \qquad \text{(VI-102)}$$

Bild VI-20 zeigt den *zeitlichen* Verlauf dieses Ausgangssignals (sog. *Sprungantwort*). Es handelt sich dabei um eine sog. „*Sättigungsfunktion*“.

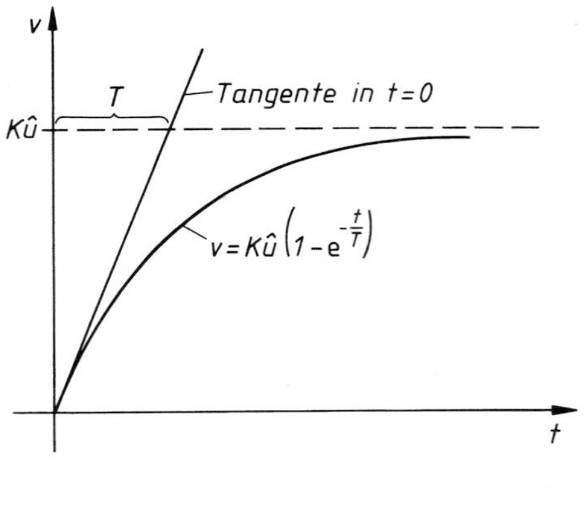

Bild VI-20
Signal am Ausgang eines PT_1-Regelkreisgliedes (sog. *Sprungantwort*)

5.2.3 Harmonische Schwingung einer Blattfeder in einem beschleunigten System

Eine *Blattfeder* mit der Federkonstanten c und der Schwingmasse m befindet sich fest verankert auf einem *reibungsfrei* beweglichen Fahrgestell (Bild VI-21).

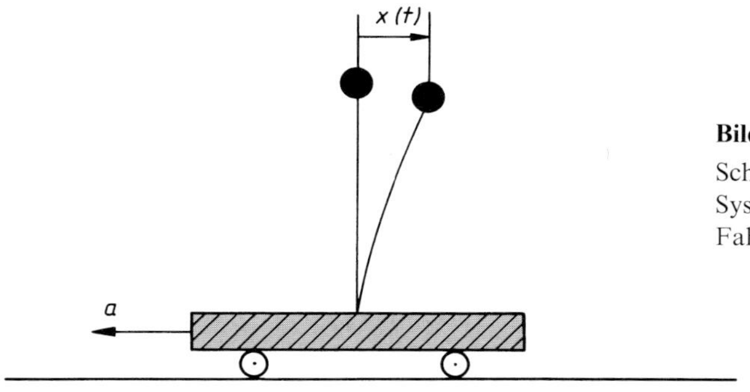

Bild VI-21
Schwingungsfähiges (mechanisches) System auf einem beschleunigten Fahrgestell

Unterliegt das Fahrwerk einer *konstanten* Beschleunigung a in der eingezeichneten Richtung, so genügt das Weg-Zeit-Gesetz $x = x(t)$ des schwingungsfähigen Systems nach dem *Newtonschen Grundgesetz der Mechanik* der folgenden *linearen* Differentialgleichung 2. Ordnung mit *konstanten* Koeffizienten [11]:

$$m\ddot{x} = -cx + ma \quad \text{oder} \quad \ddot{x} + \omega_0^2 \cdot x = a \tag{VI-103}$$

($\omega_0^2 = c/m$). Wir lösen diese Differentialgleichung für die *Anfangswerte* $x(0) = 0$, $v(0) = \dot{x}(0) = 0$ mit Hilfe der *Laplace-Transformation*.

(1) Transformation vom Originalbereich in den Bildbereich

$$\mathscr{L}\{x(t)\} = X(s)$$

$$[s^2 \cdot X(s) - 0 \cdot s - 0] + \omega_0^2 \cdot X(s) = \mathscr{L}\{a\} = a \cdot \mathscr{L}\{1\} = \frac{a}{s} \tag{VI-104}$$

(2) Lösung im Bildbereich

Wir lösen die *algebraische* Gleichung (VI-104) nach der Bildfunktion $X(s)$ auf:

$$(s^2 + \omega_0^2) \cdot X(s) = \frac{a}{s}$$

$$X(s) = \underbrace{\left(\frac{1}{s^2 + \omega_0^2}\right)}_{F_1(s)} \cdot \underbrace{\left(\frac{a}{s}\right)}_{F_2(s)} = F_1(s) \cdot F_2(s) \tag{VI-105}$$

(3) Rücktransformation vom Bildbereich in den Originalbereich [12]

Die Bildfunktion $X(s)$ läßt sich nach Gleichung (VI-105) als *Produkt* der beiden Bildfunktionen $F_1(s)$ und $F_2(s)$ darstellen. Bei der *Rücktransformation* können

[11] Vgl. hierzu auch Übungsaufgabe 11 aus Kapitel V (Abschnitt 4).

[12] Die *Rücktransformation* kann auch auf *direktem* Wege über die *Transformationstabelle* aus Abschnitt 4.2 erfolgen (Nr. 27 mit $2a = \omega_0$).

wir daher den *Faltungssatz* verwenden. Die dazu benötigten *Originalfunktionen* $f_1(t)$ und $f_2(t)$ der beiden Faktoren $F_1(s)$ und $F_2(s)$ bestimmen wir anhand der *Transformationstabelle* aus Abschnitt 4.2. Sie lauten:

$$f_1(t) = \mathscr{L}^{-1}\{F_1(s)\} = \mathscr{L}^{-1}\left\{\frac{1}{s^2+\omega_0^2}\right\} = \frac{\sin(\omega_0 t)}{\omega_0} \qquad \text{(VI-106)}$$

$$f_2(t) = \mathscr{L}^{-1}\{F_2(s)\} = \mathscr{L}^{-1}\left\{\frac{a}{s}\right\} = a \cdot \mathscr{L}^{-1}\left\{\frac{1}{s}\right\} = a \cdot 1 = a \qquad \text{(VI-107)}$$

Die *gesuchte Originalfunktion* $x(t)$ ist dann das *Faltungsprodukt* dieser beiden Originalfunktionen:

$$x(t) = f_1(t) * f_2(t) = \int_0^t f_1(u) \cdot f_2(t-u)\,du =$$

$$= \int_0^t \frac{\sin(\omega_0 u)}{\omega_0} \cdot a\,du = \frac{a}{\omega_0} \cdot \int_0^t \sin(\omega_0 u)\,du =$$

$$= \frac{a}{\omega_0}\left[-\frac{\cos(\omega_0 u)}{\omega_0}\right]_0^t = \frac{a}{\omega_0^2}\left[-\cos(\omega_0 u)\right]_0^t =$$

$$= \frac{a}{\omega_0^2}\left(1-\cos(\omega_0 t)\right) = \frac{ma}{c}\left(1-\cos(\omega_0 t)\right) \qquad \text{(VI-108)}$$

Bild VI-22 zeigt den *zeitlichen* Verlauf der durch diese Gleichung beschriebenen *harmonischen Schwingung*.

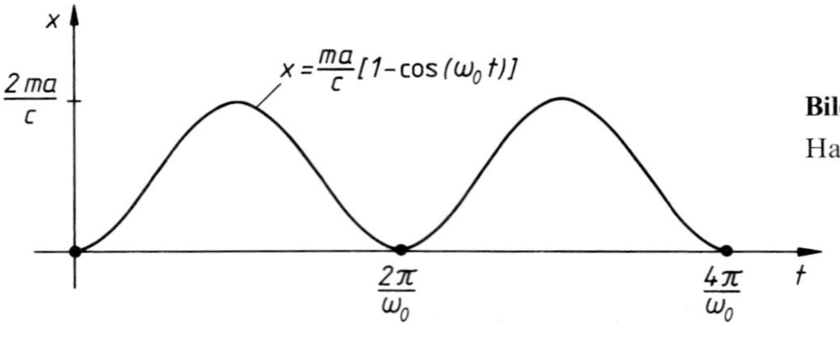

Bild VI-22
Harmonische Schwingung

5.2.4 Elektromagnetischer Reihenschwingkreis

Der in Bild VI-23 skizzierte *elektromagnetische Reihenschwingkreis* enthält einen Kondensator mit der Kapazität C und eine Spule mit der Induktivität L in Reihenschaltung.

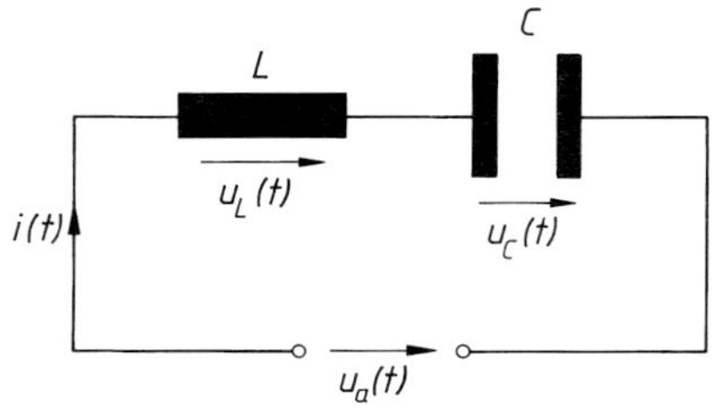

Bild VI-23
Elektromagnetischer Reihenschwingkreis

Wir führen noch die folgenden *zeitabhängigen* Größen ein:

$u_a = u_a(t)$: Von *außen* angelegte Spannung
$u_C = u_C(t)$: Spannung am Kondensator
$u_L = u_L(t)$: Spannung an der Spule (Induktivität)
$q = q(t)$: Ladung des Kondensators
$i = i(t)$: Im Reihenschwingkreis fließender Strom

Die Kondensatorladung $q(t)$ ist dabei das *Zeitintegral* der Stromstärke $i(t)$:

$$q(t) = \int_{-\infty}^{t} i(\tau)\,d\tau \qquad \text{(VI-109)}$$

Im *Einschaltzeitpunkt* $t = 0$ soll von außen die *konstante* Spannung u_0 angelegt werden, ferner soll der Schwingkreis zu Beginn *energielos* sein. Dies aber bedeutet, daß sowohl die Kondensatorladung $q(t)$ als auch die Stromstärke $i(t)$ zu Beginn gleich *Null* sind: $q(0) = 0$, $i(0) = 0$. Damit erhalten wir für die Ladung $q(t)$ aus Gleichung (VI-109) die folgende *Integraldarstellung*:

$$q(t) = \int_{-\infty}^{t} i(\tau)\,d\tau = \underbrace{\int_{-\infty}^{0} i(\tau)\,d\tau}_{q(0)\,=\,0} + \int_{0}^{t} i(\tau)\,d\tau = \int_{0}^{t} i(\tau)\,d\tau \qquad \text{(VI-110)}$$

Für die *Teilspannungen* u_L und u_C gelten dabei nach den Gesetzen der Physik folgende Beziehungen:

$$u_L = L \cdot \frac{di}{dt} \qquad (\textit{Induktionsgesetz}) \qquad \text{(VI-111)}$$

$$u_C = \frac{q}{C} = \frac{1}{C} \cdot \int_{0}^{t} i(\tau)\,d\tau \qquad (\textit{Kondensatorgleichung}) \qquad \text{(VI-112)}$$

Nach dem *2. Kirchhoffschen Gesetz* (*Maschenregel*)[13] ist dann:

$$u_L + u_C - u_a = 0 \qquad \text{oder} \qquad u_L + u_C = u_a \tag{VI-113}$$

Unter Berücksichtigung der Gleichungen (VI-111) und (VI-112) und $u_a = \text{const.} = u_0$ erhält man hieraus schließlich:

$$L \cdot \frac{di}{dt} + \frac{1}{C} \cdot \int_0^t i(\tau)\, d\tau = u_0 \tag{VI-114}$$

Wir dividieren diese Gleichung noch durch L und setzen zur Abkürzung $\omega_0^2 = \frac{1}{LC}$:

$$\frac{di}{dt} + \omega_0^2 \cdot \int_0^t i(\tau)\, d\tau = \frac{u_0}{L} \tag{VI-115}$$

Diese Gleichung enthält die *Ableitung* $\frac{di}{dt}$ und das *Integral* $\int_0^t i(\tau)\, d\tau$ der (noch unbekannten) Stromstärke $i = i(t)$.

Eine derartige Gleichung wird in der mathematischen Literatur als *Integro-Differentialgleichung* bezeichnet. Wir lösen diese Gleichung für den Anfangswert $i(0) = 0$ mit Hilfe der *Laplace-Transformation* in der gewohnten Weise.

(1) Transformation vom Originalbereich in den Bildbereich

$$I(s) = \mathscr{L}\{i(t)\}$$

Unter Verwendung des *Ableitungs-* und des *Integralsatzes für Originalfunktionen* erhalten wir aus der Integro-Differentialgleichung (VI-115) die *algebraische* Gleichung

$$[s \cdot I(s) - 0] + \omega_0^2 \cdot \frac{I(s)}{s} = \mathscr{L}\left\{\frac{u_0}{L}\right\} = \frac{u_0}{L} \cdot \mathscr{L}\{1\} = \frac{u_0}{L} \cdot \frac{1}{s} \tag{VI-116}$$

(2) Lösung im Bildbereich

Wir lösen diese Gleichung nach der *Bildfunktion* $I(s)$ auf:

$$(s^2 + \omega_0^2) \cdot I(s) = \frac{u_0}{L}$$

$$I(s) = \frac{u_0}{L} \cdot \frac{1}{s^2 + \omega_0^2} \tag{VI-117}$$

---

[13] In jeder *Masche* ist die Summe der Spannungen gleich *Null*.

(3) Rücktransformation vom Bildbereich in den Originalbereich

Die *Rücktransformation* erfolgt mit Hilfe der *Transformationstabelle* aus Abschnitt 4.2. Die Bildfunktion ist dabei vom Typ $\frac{1}{s^2 + a^2}$ (Nr. 17). Die Abhängigkeit der Stromstärke i von der Zeit t wird daher durch die folgende Gleichung beschrieben:

$$i(t) = \mathscr{L}^{-1}\{I(s)\} = \mathscr{L}^{-1}\left\{\frac{u_0}{L} \cdot \frac{1}{s^2 + \omega_0^2}\right\} = \frac{u_0}{L} \cdot \mathscr{L}^{-1}\left\{\frac{1}{s^2 + \omega_0^2}\right\} =$$

$$= \frac{u_0}{L\omega_0} \cdot \sin(\omega_0 t) = u_0 \sqrt{\frac{C}{L}} \cdot \sin(\omega_0 t) = i_0 \cdot \sin(\omega_0 t) \qquad \text{(VI-118)}$$

$\left(i_0 = u_0 \sqrt{\frac{C}{L}}\right)$. Der zeitliche Verlauf dieser sinusförmigen *elektromagnetischen Schwingung* ist in Bild VI-24 dargestellt.

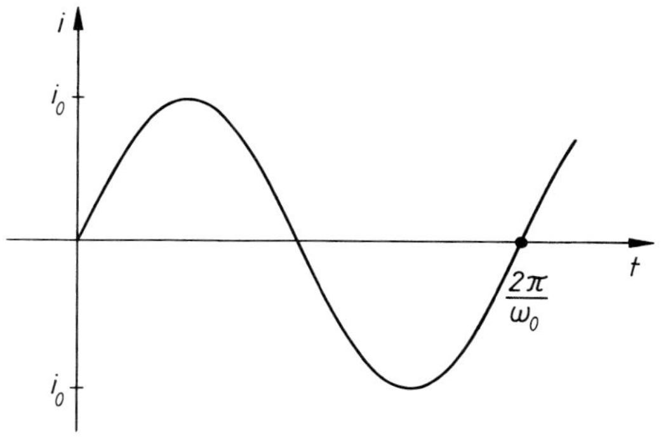

Bild VI-24
Elektromagnetische Schwingung (Wechselstrom)

Übungsaufgaben

Zu Abschnitt 1

1) Bestimmen Sie mit Hilfe der *Definitionsgleichung* der Laplace-Transformation die *Bildfunktionen* der folgenden Originalfunktionen:

a) $f(t) = \cos(\omega t)$ b) $f(t) = 2t \cdot e^{-4t}$

c) $f(t) = e^{-\delta t} \cdot \sin(\omega t)$ d) $f(t) = \sinh(at)$

e) $f(t) = t^3$ f) $f(t) = \sin^2 t$

2) Berechnen Sie die *Laplace-Transformierte* von $f(t) = \cos(\omega t)$ unter Berücksichtigung der folgenden Beziehungen:

$$\cos(\omega t) = \frac{e^{j\omega t} + e^{-j\omega t}}{2} \quad \text{und} \quad \mathscr{L}\{e^{at}\} = \frac{1}{s-a}.$$

3) Bestimmen Sie mit Hilfe der *Definitionsgleichung* der Laplace-Transformation die *Bildfunktionen* der folgenden Funktionen:

a) *Rechtecksimpuls* (Bild VI-25)

$$f(t) = \begin{cases} A & \\ -A & \text{für} \\ 0 & \end{cases} \begin{array}{r} 0 < t < a \\ a < t < 2a \\ t > 2a \end{array}$$

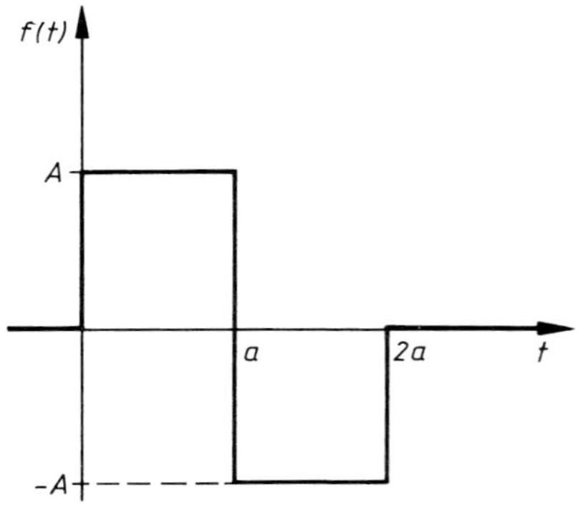

Bild VI-25
Rechtecksimpuls

b) *Sinusimpuls* (Bild VI-26)

$$f(t) = \begin{cases} A \cdot \sin\left(\frac{\pi}{a} t\right) & \\ & \text{für} \\ 0 & \end{cases} \begin{array}{r} 0 \leqslant t \leqslant a \\ \\ t \geqslant a \end{array}$$

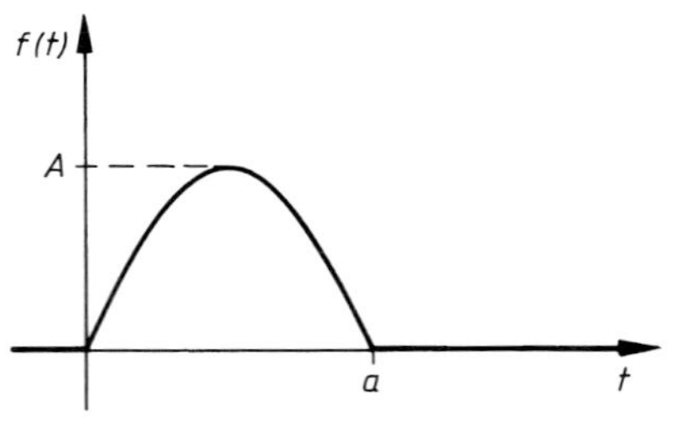

Bild VI-26
Sinusimpuls

c) *Treppenfunktion* (Bild VI-27)

$$f(t) = \begin{cases} 0 & 0 < t < a \\ A & a < t < 2a \\ & \text{für} \\ 2A & 2a < t < 3a \\ & \text{usw.} \end{cases}$$

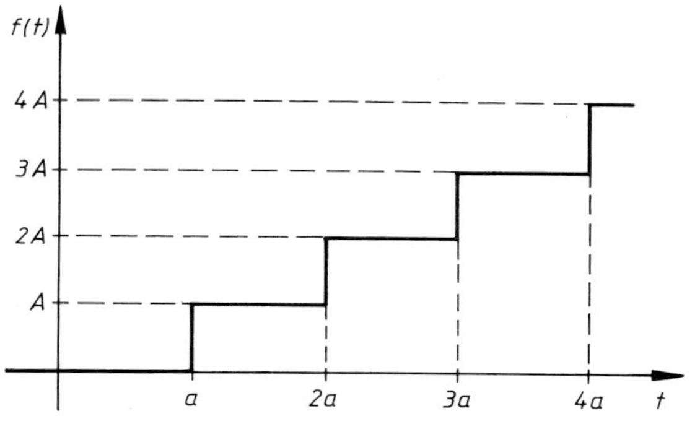

Bild VI-27
Treppenfunktion

Zu Abschnitt 2

1) Bestimmen Sie nach dem *Linearitätsprinzip* und unter Verwendung der *Transformationstabelle* aus Abschnitt 4.2 die *Laplace-Transformierten* der folgenden Originalfunktionen:

a) $f(t) = 4t^3 - t^2 + 2t$ b) $f(t) = C(1 - e^{-\lambda t})$

c) $f(t) = A \cdot \sin(\omega t) + B \cdot \cos(\omega t) + C \cdot e^{\lambda t}$

2) Bestimmen Sie mit Hilfe des *Ähnlichkeitssatzes* und der jeweils angegebenen *Laplace-Transformierten* die *Bildfunktionen* zu:

a) $f(t) = (3t)^5$, $F(s) = \mathscr{L}\{t^5\} = \dfrac{120}{s^6}$

b) $f(t) = \cos(4t)$, $F(s) = \mathscr{L}\{\cos t\} = \dfrac{s}{s^2 + 1}$

c) $f(t) = e^{\lambda t}$, $F(s) = \mathscr{L}\{e^t\} = \dfrac{1}{s - 1}$

d) $f(t) = \cos^2(\omega t)$, $F(s) = \mathscr{L}\{\cos^2 t\} = \dfrac{s^2 + 2}{s(s^2 + 4)}$

3) Bestimmen Sie unter Verwendung der *Verschiebungssätze* und der jeweils angegebenen Laplace-Transformierten die *Bildfunktionen* der folgenden Originalfunktionen:

a) $f(t) = \sin\left(t + \frac{\pi}{2}\right)$, $\quad F(s) = \mathscr{L}\{\sin t\} = \frac{1}{s^2 + 1}$

b) $f(t) = (t - 4)^2$, $\quad F(s) = \mathscr{L}\{t^2\} = \frac{2}{s^3}$

c) $f(t) = e^{(t-b)}$, $\quad F(s) = \mathscr{L}\{e^t\} = \frac{1}{s - 1}$

d) $f(t) = \cos^2(t - 3)$, $\quad F(s) = \mathscr{L}\{\cos^2 t\} = \frac{s^2 + 2}{s(s^2 + 4)}$

4) Bestimmen Sie unter Verwendung des *Ähnlichkeitssatzes* und des entsprechenden *Verschiebungssatzes* die *Laplace-Transformierte* von $\sin(\omega t + \varphi)$ für $\varphi > 0$.

Anleitung: Gehen Sie von der Funktion $f(t) = \sin t$ aus und verschieben Sie diese zunächst um die Strecke φ nach *links*. Anschließend wird die *verschobene* Kurve mit der Gleichung $g(t) = f(t + \varphi) = \sin(t + \varphi)$ der *Ähnlichkeitstransformation* $t \to \omega t$ unterworfen. Ferner ist $\mathscr{L}\{\sin t\} = \frac{1}{s^2 + 1}$.

5) Bestimmen Sie unter Verwendung des *Dämpfungssatzes* sowie der jeweils angegebenen Laplace-Transformierten die *Bildfunktionen* der folgenden „gedämpften" Originalfunktionen:

a) $f(t) = e^{3t} \cdot \cos(2t)$, $\quad F(s) = \mathscr{L}\{\cos(2t)\} = \frac{s}{s^2 + 4}$

b) $f(t) = A \cdot e^{-\delta t} \cdot \sin(\omega t)$, $\quad F(s) = \mathscr{L}\{\sin(\omega t)\} = \frac{\omega}{s^2 + \omega^2}$

c) $f(t) = 2^{3t}$, $\quad F(s) = \mathscr{L}\{1\} = \frac{1}{s}$

Anleitung zu c): Stellen Sie die Funktion 2^{3t} zunächst als e-*Funktion* dar.

6) Bestimmen Sie mit Hilfe des *Ableitungssatzes für Originalfunktionen* und unter Verwendung der Transformationstabelle aus Abschnitt 4.2 die Bildfunktionen der *1. Ableitung*. Welche *neuen* Funktionenpaare lassen sich daraus gewinnen?

a) $f(t) = \sinh(at)$ $\qquad$ b) $f(t) = t^3$ $\qquad$ c) $f(t) = \sin(at + b)$

7) Die Funktion $f(t) = \sin(\omega t)$ ist eine *Lösung* der Schwingungsgleichung $f'' = -\omega^2 \cdot f$. Bestimmen Sie hieraus die zugehörige *Bildfunktion* $F(s)$, indem Sie die Laplace-Transformation auf diese Differentialgleichung anwenden und dabei den *Ableitungssatz für Originalfunktionen* verwenden.

8) Gegeben ist das *Funktionenpaar*

$$f(t) = \sin(\omega t) \quad \circ\!\!-\!\!\!-\!\!\bullet \quad F(s) = \frac{\omega}{s^2 + \omega^2}$$

Bestimmen Sie hieraus unter Verwendung des *Ableitungssatzes für Bildfunktionen* die *Laplace-Transformierte* von $f_1(t) = t \cdot \sin(\omega t)$ und $f_2(t) = t^2 \cdot \sin(\omega t)$.

9) Bestimmen Sie unter Verwendung des *Integralsatzes für Originalfunktionen* die *Laplace-Transformierten* der folgenden Integrale:

a) $\int\limits_0^t \cos(u)\, du$ b) $\int\limits_0^t u^2\, du$

Welche *neuen* Funktionenpaare lassen sich daraus gewinnen?

10) Gegeben ist das *Funktionenpaar*

$$f(t) = \sin(\omega t) \quad \circ\!\!-\!\!\!-\!\!\bullet \quad F(s) = \frac{\omega}{s^2 + \omega^2}$$

Bestimmen Sie hieraus mit Hilfe des *Integralsatzes für Bildfunktionen* die *Laplace-Transformierte* von $g(t) = \dfrac{\sin(\omega t)}{t}$.

11) Berechnen Sie die folgenden *Faltungsprodukte*:

a) $t * \mathrm{e}^{-t}$ b) $\mathrm{e}^{t} * \cos t$

12) Bestimmen Sie unter Verwendung des *Faltungssatzes* die zugehörigen *Originalfunktionen*:

a) $F(s) = \dfrac{1}{(s-2)(s+4)}$ b) $F(s) = \dfrac{2s}{(s^2+1)^2}$

c) $F(s) = \dfrac{1}{(s^2+9)\,s}$

13) Ein *elektromagnetischer Schwingkreis* mit einer Induktivität L und einer Kapazität C wird durch die sinusförmige Spannung $u_a = u_0 \cdot \sin(\omega t)$ zu *Schwingungen* angeregt. Bei der mathematischen Behandlung dieses Problems mit Hilfe der Laplace-Transformation erhält man im sog. *Resonanzfall* für die Stromstärke $i(t)$ eine *Bildfunktion* vom Typ

$$F(s) = \frac{s}{(s^2+a^2)^2} = \left(\frac{1}{s^2+a^2}\right) \cdot \left(\frac{s}{s^2+a^2}\right)$$

Bestimmen Sie durch Anwendung des *Faltungssatzes* die zugehörige *Originalfunktion* $f(t) = \mathscr{L}^{-1}\{F(s)\}$.

Anmerkung: Der *Resonanzfall* tritt ein, wenn die Kreisfrequenz der von außen angelegten Wechselspannung den Wert $\omega = \omega_0 = \dfrac{1}{\sqrt{LC}}$ annimmt (s. hierzu auch Übungsaufgabe 19 aus Abschnitt 5).

14) Welchen *Anfangswert* $f(0)$ besitzt die zugehörige *Originalfunktion* $f(t)$?

a) $F(s) = \dfrac{3s}{s^2 + 8} + \dfrac{1}{s^2}$ b) $F(s) = \dfrac{1}{s(s-1)} + \dfrac{1}{s+4}$

Anleitung: Benutzen Sie den entsprechenden *Grenzwertsatz*.

15) Berechnen Sie mit Hilfe des entsprechenden *Grenzwertsatzes* aus der gegebenen Bildfunktion $F(s)$ den *Endwert* $f(\infty)$ der zugehörigen *Originalfunktion* $f(t)$:

a) $F(s) = \dfrac{1}{s(s+4)}$ b) $F(s) = \dfrac{e^s - s - 1}{s^2}$

Zu Abschnitt 3

1) Wie lauten die *Laplace-Transformierten* der folgenden *periodischen* Funktionen?

a) $f(t) = \sin^2(\omega t)$ (Periode: $T = \pi/\omega$)

b) *Sinusimpuls* (*Einweggleichrichtung*; Bild VI-28)

$$f(t) = \begin{cases} A \cdot \sin\left(\dfrac{\pi}{a} t\right) & \\ & \text{für} \\ 0 & \end{cases} \quad \begin{matrix} 0 \leqslant t \leqslant a \\ \\ a \leqslant t \leqslant 2a \end{matrix}$$

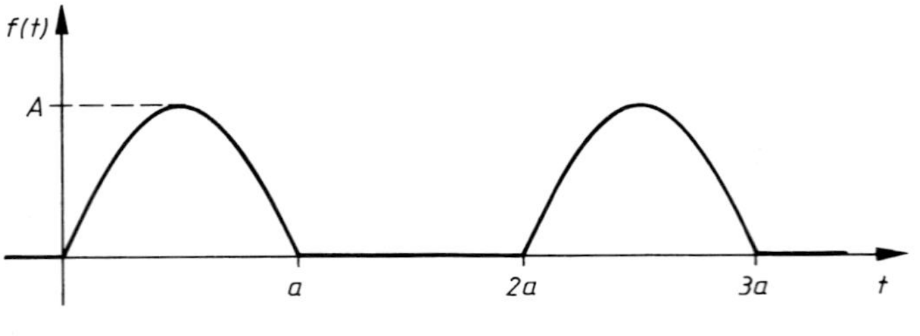

Bild VI-28 Sinusimpuls (Einweggleichrichtung)

2) Bestimmen Sie die *Laplace-Transformierte* der in Bild VI-29 dargestellten *Kippschwingung* (*Sägezahnfunktion*) mit der Gleichung

$$f(t) = -\frac{A}{a}(t-a) \quad \text{für} \quad 0 < t < a$$

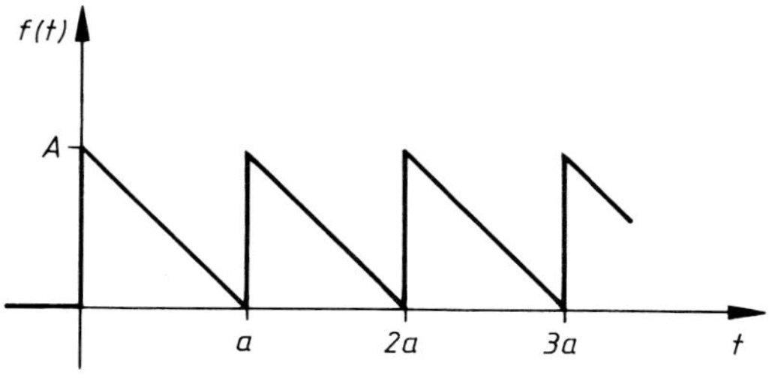

Bild VI-29
Kippschwingung
(Sägezahnfunktion)

Zu Abschnitt 4

1) Gegeben ist die jeweilige *Bildfunktion* $F(s)$. Bestimmen Sie hieraus durch *Rücktransformation* anhand der *Transformationstabelle* aus Abschnitt 4.2 die zugehörige *Originalfunktion* $f(t)$:

a) $F(s) = \dfrac{1}{s-8}$ b) $F(s) = \dfrac{1}{s^4}$

c) $F(s) = \dfrac{3}{s^2+25}$ d) $F(s) = \dfrac{4s}{s^2+36}$

e) $F(s) = \dfrac{s-4}{(s-4)^2+4}$ f) $F(s) = \dfrac{1}{s^2+25} - \dfrac{3s}{s^2-1}$

2) Die folgenden Bildfunktionen sind *gebrochenrational*. Wie lauten die zugehörigen *Originalfunktionen*?

a) $F(s) = \dfrac{5s+1}{s^2+s-2}$ b) $F(s) = \dfrac{s+2}{s^2+2s-3}$

c) $F(s) = \dfrac{-2s^2+18s-3}{s^3-s^2-8s+12}$

Anleitung: Zerlegen Sie die Funktionen zunächst mit Hilfe der *Partialbruchzerlegung* in eine Summe aus *einfachen* Brüchen.

3) Bestimmen Sie anhand der *Transformationstabelle* aus Abschnitt 4.2:

a) $\mathscr{L}^{-1}\left\{\frac{2}{s}-\frac{3}{s^2}+\frac{4}{s-1}\right\}$

b) $\mathscr{L}^{-1}\left\{\frac{1}{(s-5)^3}+\frac{2s}{s^2+25}+\frac{5}{(s-3)^2+1}\right\}$

Zu Abschnitt 5

1) Unterwerfen Sie die folgenden *linearen* Differentialgleichungen mit *konstanten* Koeffizienten der Laplace-Transformation und bestimmen Sie die *Bildfunktion* $Y(s) = \mathscr{L}\{y(t)\}$ der allgemeinen Lösung $y(t)$:

a) $3y' + 2y = t$ *Anfangswert*: $y(0) = 0$

b) $y'' + 2y' + y = \cos(2t)$ *Anfangswerte*: $y(0) = 1,\ y'(0) = 0$

2) Lösen Sie die folgenden *Anfangswertprobleme*:

a) $y' - y = \mathrm{e}^t, \quad y(0) = 1$

b) $y' + 3y = -\cos t, \quad y(0) = 5$

c) $y' - 5y = 2\cdot\cos t - \sin(3t), \quad y(0) = 0$

Anleitung: Bei der *Rücktransformation* dürfen Sie von der *Transformationstabelle* aus Abschnitt 4.2 Gebrauch machen.

3) Lösen Sie die folgenden *linearen* Differentialgleichungen 1. Ordnung mit *konstanten* Koeffizienten:

a) $y' - 3y = 4t\cdot\mathrm{e}^t$ b) $y' - 4y = 5\cdot\sin t$

Anleitung: Der (*zahlenmäßig nicht gegebene*) Anfangswert $y(0) = \alpha$ ist als *Parameter* zu betrachten.

4) Lösen Sie das *Anfangswertproblem*

$$y' + 4y = t^3, \quad y(1) = 2$$

Anleitung: Bestimmen Sie zunächst die *allgemeine* Lösung der Differentialgleichung in *Abhängigkeit* vom (noch unbekannten) *Anfangswert* $y(0)$ und berechnen Sie diesen durch Einsetzen des vorgegebenen Anfangswertes $y(1) = 2$ in die allgemeine Lösung.

5) Lösen Sie die *inhomogene lineare* Differentialgleichung 1. Ordnung $y' - 3y = t\cdot\mathrm{e}^t$ für den *Anfangswert* $y(0) = 1$

a) durch *Variation der Konstanten*,

b) durch *Aufsuchen einer partikulären Lösung*,

c) mit Hilfe der *Laplace-Transformation*.

6) Lösen Sie die Übungsaufgabe 20 aus Kapitel V (Abschnitt 2) mit Hilfe der *Laplace-Transformation*.

7) Lösen Sie die Übungsaufgabe 21 aus Kapitel V (Abschnitt 2) mit Hilfe der *Laplace-Transformation*.

8) Lösen Sie die Übungsaufgabe 22 aus Kapitel V (Abschnitt 2) mit Hilfe der *Laplace-Transformation*.

9) Lösen Sie die folgenden *Anfangswertprobleme*:

a) $y'' + 4y = 0, \quad y(0) = 2, \quad y'(0) = 1$

b) $y'' + 6y' + 10y = 0, \quad y(0) = 0, \quad y'(0) = 4$

c) $y'' + y' = \mathrm{e}^{-2t}, \quad y(0) = 0, \quad y'(0) = 1$

d) $y'' + 2y' - 3y = 2t, \quad y(0) = 1, \quad y'(0) = 0$

10) Wie lauten die *allgemeinen* Lösungen der folgenden *linearen* Differentialgleichungen 2. Ordnung mit *konstanten* Koeffizienten in *Abhängigkeit* von den (zahlenmäßig nicht gegebenen) *Anfangswerten* $y(0) = \alpha$ und $y'(0) = \beta$:

a) $y'' + 2y' + y = t$ b) $y'' - 2y' - 8y = \mathrm{e}^{2t}$

11) Lösen Sie die *inhomogene lineare* Differentialgleichung 2. Ordnung $y'' + 2y' + y = t + \sin t$ für die *Anfangswerte* $y(0) = 1, \; y'(0) = 0$

a) durch *Aufsuchen einer partikulären Lösung*,

b) mit Hilfe *der Laplace-Transformation*.

12) Lösen Sie die folgenden *Schwingungsprobleme*:

a) $\ddot{x} + a^2 \cdot x = 0, \quad x(0) = 0, \quad \dot{x}(0) = v_0 \quad (a \neq 0)$

b) $\ddot{x} + 4\dot{x} + 29x = 0, \quad x(0) = 1, \quad \dot{x}(0) = -2$

c) $\ddot{x} + \dot{x} + 0{,}25x = 0, \quad x(0) = 1, \quad \dot{x}(0) = -1$

d) $\ddot{x} + 7\dot{x} + 12x = 0, \quad x(0) = 5, \quad \dot{x}(0) = 0$

13) Lösen Sie die Übungsaufgabe 14 aus Kapitel V (Abschnitt 3) mit Hilfe der *Laplace-Transformation*.

14) Lösen Sie die Übungsaufgabe 2, Teil c) aus Kapitel V (Abschnitt 4) mit Hilfe der *Laplace-Transformation*.

15) Lösen Sie die Übungsaufgabe 3, Teil a) und c) aus Kapitel V (Abschnitt 4) mit Hilfe der *Laplace-Transformation*.

16) Lösen Sie die Übungsaufgabe 5, Teil c) aus Kapitel V (Abschnitt 4) mit Hilfe der *Laplace-Transformation*.

17) In einem *RC-Kreis* nach Bild VI-30 genügt die *Stromstärke* $i = i(t)$ der Integro-Differentialgleichung

$$R i + \frac{1}{C} \cdot \int_{-\infty}^{t} i(\tau)\, d\tau = u_a$$

(R: ohmscher Widerstand; C: Kapazität). Bestimmen Sie den *zeitlichen* Verlauf der Stromstärke i bei *konstanter* äußerer Spannung $u_a = \text{const.} = u_0$, wenn der Stromkreis zu Beginn, d.h. im Einschaltzeitpunkt $t = 0$ *energielos* ist.

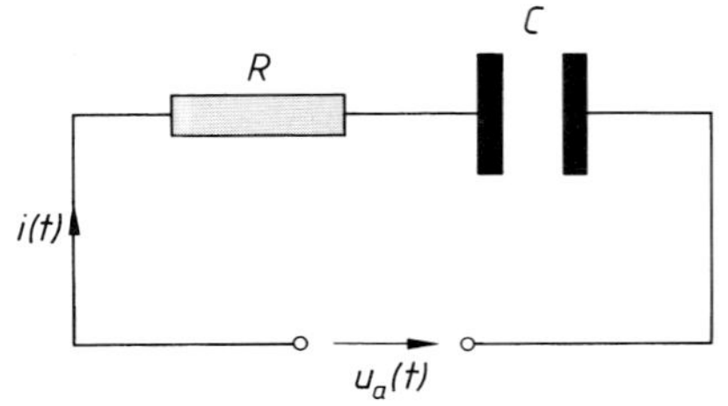

Bild VI-30 *RC*-Kreis

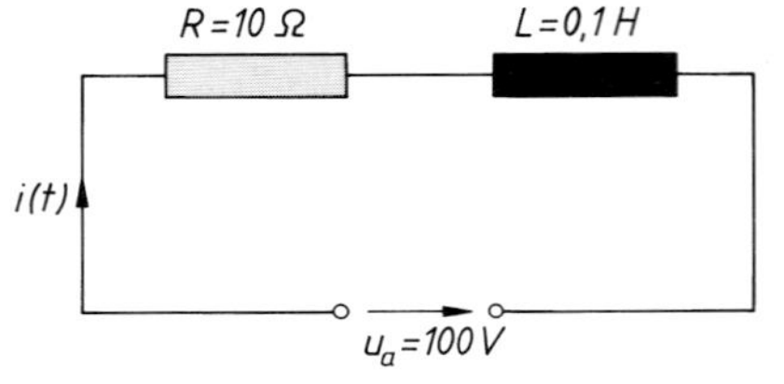

Bild VI-31 *RL* -Kreis

18) Der in Bild VI-31 skizzierte Stromkreis enthält einen ohmschen Widerstand von $R = 10\,\Omega$ und eine (widerstandslose) Spule mit der Induktivität $L = 0{,}1$ H (sog. *RL-Kreis*). Die von außen angelegte *konstante* Spannung beträgt $u_a = 100$ V. Bestimmen Sie den *zeitlichen* Verlauf der *Stromstärke* $i = i(t)$, wenn der Stromkreis im Einschaltzeitpunkt $t = 0$ *energielos* ist.

Anleitung: Nach der *Maschenregel* genügt die Stromstärke i der Differentialgleichung

$$L \cdot \frac{di}{dt} + R i = u_a$$

19) Der in Bild VI-32 dargestellte *elektromagnetische Reihenschwingkreis* enthält einen Kondensator mit der Kapazität C und eine (widerstandslose) Spule mit der Induktivität L.

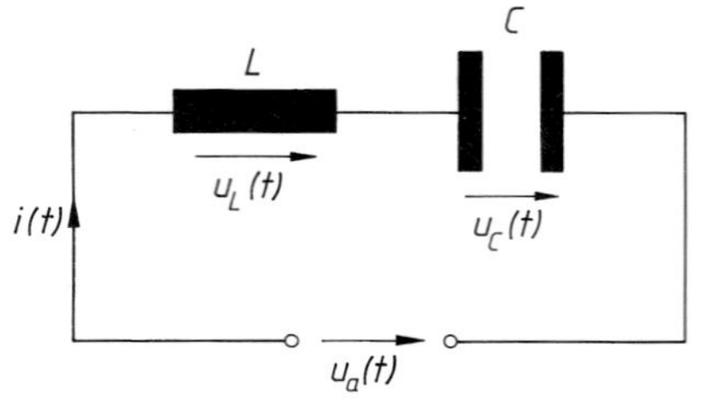

Bild VI-32
Elektromagnetischer Reihenschwingkreis

Von außen wird die *sinusförmige* Wechselspannung $u_a = u_0 \cdot \sin(\omega_0 t)$ mit $\omega_0^2 = \frac{1}{LC}$ angelegt. Lösen Sie die *Schwingungsgleichung*

$$L \cdot \frac{di}{dt} + \frac{1}{C} \cdot \int_{-\infty}^{t} i(\tau)\, d\tau = u_a$$

unter der Voraussetzung, daß der Schwingkreis zu Beginn der Schwingung, d.h. zur Zeit $t = 0$ *energielos* ist.

Anleitung: Es handelt sich hier um den bereits in Übungsaufgabe 13 aus Abschnitt 2 beschriebenen *Resonanzfall*. Sie dürfen daher bei der Lösung dieser Aufgabe auf die Ergebnisse aus Übung 13, Abschnitt 3 zurückgreifen.

Anhang: Lösungen der Übungsaufgaben

I Lineare Algebra

Abschnitt 1

1) $\mathbf{A}^T = \begin{pmatrix} 1 & -5 & 4 \\ 5 & 1 & 0 \\ 3 & 0 & 1 \end{pmatrix}$; $\quad \mathbf{B}^T = \begin{pmatrix} 3 & 4 \\ 1 & -5 \\ -2 & 0 \end{pmatrix}$; $\quad \mathbf{C}^T = \begin{pmatrix} 3 & 2 & 8 \\ -2 & 5 & 10 \end{pmatrix}$

2) Symmetrisch: **B**, **C**, **E**. Schiefsymmetrisch: **A**, **D**.

3) a) $\begin{pmatrix} 9 & 10 & 13 \\ 2 & 0 & 12 \end{pmatrix}$ b) $\begin{pmatrix} -43 & -10 & -81 \\ -9 & 26 & -73 \end{pmatrix}$ c) $\begin{pmatrix} -35 & -15 \\ -26 & 22 \\ -57 & -59 \end{pmatrix}$

d) $\begin{pmatrix} -3 & 18 & -15 \\ 26 & -32 & 12 \end{pmatrix}$

4) a) $\begin{pmatrix} 10 & 11 & 0 \\ -3 & 12 & 7 \end{pmatrix}$ b) $\begin{pmatrix} 3 & -10 \\ -9 & 3 \\ 0 & -8 \end{pmatrix}$

c) Der Ausdruck $\mathbf{A} - 2\mathbf{C} + \mathbf{B}$ ist *nicht definiert*: **A** und **C** sind (2,3)-Matrizen, **B** dagegen eine (3,2)-Matrix.

5) a) $\mathbf{A} \cdot \mathbf{A} = \mathbf{A}^2 = \begin{pmatrix} 13 & 34 & 18 \\ 8 & 32 & 17 \\ 1 & 5 & 3 \end{pmatrix}$; $\quad \mathbf{B} \cdot \mathbf{B} = \mathbf{B}^2 = \begin{pmatrix} -21 & 10 & 12 \\ -4 & -9 & -6 \\ -16 & -20 & -3 \end{pmatrix}$

$\mathbf{A} \cdot \mathbf{B} = \begin{pmatrix} -13 & 19 & 15 \\ -21 & 10 & 12 \\ -2 & 1 & 0 \end{pmatrix}$; $\quad \mathbf{B} \cdot \mathbf{A} = \begin{pmatrix} 8 & 32 & 17 \\ -5 & -3 & -1 \\ -12 & -13 & -8 \end{pmatrix}$; $\quad \mathbf{A} \cdot \mathbf{B} \neq \mathbf{B} \cdot \mathbf{A}$

b) Die Matrizenprodukte („Potenzen") $\mathbf{A} \cdot \mathbf{A} = \mathbf{A}^2$ und $\mathbf{B} \cdot \mathbf{B} = \mathbf{B}^2$ existieren *nicht*.

$\mathbf{A} \cdot \mathbf{B} = \begin{pmatrix} 13 & 18 \\ 3 & 5 \end{pmatrix}$; $\quad \mathbf{B} \cdot \mathbf{A} = \begin{pmatrix} 4 & 10 & 12 & 29 \\ 1 & 4 & 3 & 8 \\ 0 & -4 & 0 & -2 \\ 1 & 8 & 3 & 10 \end{pmatrix}$

Die Matrizen $\mathbf{A} \cdot \mathbf{B}$ und $\mathbf{B} \cdot \mathbf{A}$ sind von *verschiedenem* Typ und können somit *nicht* gleich sein.

6) a) $\mathbf{A} \cdot \mathbf{B} = \begin{pmatrix} 5 & 15 & 7 \\ -2 & 32 & 9 \end{pmatrix}$; $(\mathbf{A} \cdot \mathbf{B}) \cdot \mathbf{C} = \begin{pmatrix} 13 & 82 & 37 \\ 59 & 169 & 35 \end{pmatrix}$

b) $\mathbf{B} \cdot \mathbf{C} = \begin{pmatrix} -5 & 6 & 11 \\ 3 & 11 & 3 \\ 11 & 26 & 3 \end{pmatrix}$; $\mathbf{A} \cdot (\mathbf{B} \cdot \mathbf{C}) = \begin{pmatrix} 13 & 82 & 37 \\ 59 & 169 & 35 \end{pmatrix}$

c) $\mathbf{A} \cdot (\mathbf{B} + \mathbf{C})^{\mathbf{T}} = \begin{pmatrix} 10 & 34 & 22 \\ 24 & 33 & 26 \end{pmatrix}$

d) $(\mathbf{A} \cdot \mathbf{B})^{\mathbf{T}} = \begin{pmatrix} 5 & -2 \\ 15 & 32 \\ 7 & 9 \end{pmatrix}$

Abschnitt 2

1) a) $\det \mathbf{A} = -22$ b) $\det \mathbf{B} = 0$ c) $\det \mathbf{C} = -5x$

2) a) 0 b) 264 c) 454

3) a) $\lambda_1 = 1{,}562, \quad \lambda_2 = -2{,}562$ b) $\lambda_1 = 1, \quad \lambda_2 = 2, \quad \lambda_3 = 3$

4) a) $\det \mathbf{A}$ enthält zwei zueinander *proportionale* Spalten (die 2. Spalte ist das -2-fache der 1. Spalte).

b) $\det \mathbf{B}$ enthält einen *Nullvektor* (2. Spalte).

c) $\det \mathbf{C}$ enthält zwei *gleiche* Zeilen (1. und 3. Zeile).

d) $\det \mathbf{D}$ enthält zwei zueinander *proportionale* Zeilen (die 1. Zeile ist das -3-fache der 3. Zeile).

5) a) $$\det \mathbf{A} = -(-5) \cdot \underbrace{\begin{vmatrix} 5 & 1 & 4 \\ 7 & 0 & -3 \\ 3 & 4 & 5 \end{vmatrix}}_{128} + 3 \cdot \underbrace{\begin{vmatrix} 2 & 1 & 4 \\ 1 & 0 & -3 \\ 9 & 4 & 5 \end{vmatrix}}_{8} = 664$$

b) $$\det \mathbf{A} = 1 \cdot \underbrace{\begin{vmatrix} -5 & 3 & 0 \\ 1 & 7 & -3 \\ 9 & 3 & 5 \end{vmatrix}}_{-316} - 4 \cdot \underbrace{\begin{vmatrix} 2 & 5 & 4 \\ -5 & 3 & 0 \\ 1 & 7 & -3 \end{vmatrix}}_{-245} = 664$$

6) a) Entwicklung nach der *4. Zeile*:

$$\det \mathbf{A} = 2 \cdot \underbrace{\begin{vmatrix} 1 & 3 & 4 \\ -2 & 0 & 3 \\ 1 & 1 & 5 \end{vmatrix}}_{28} - 2 \cdot \underbrace{\begin{vmatrix} 1 & 0 & 4 \\ -2 & 1 & 3 \\ 1 & 4 & 5 \end{vmatrix}}_{-43} = 142$$

b) Entwicklung nach der *2. Spalte*:

$$\det \mathbf{A} = 2 \cdot \underbrace{\begin{vmatrix} 1 & 5 & 3 \\ 0 & 3 & 1 \\ 4 & 2 & -3 \end{vmatrix}}_{-27} - 1 \cdot \underbrace{\begin{vmatrix} 1 & 5 & 3 \\ 1 & 2 & 1 \\ 4 & 2 & -3 \end{vmatrix}}_{9} = -63$$

7) a) **A** ist eine (untere) *Dreiecksmatrix*: $\det \mathbf{A} = 1 \cdot (-2) \cdot 5 = -10$

b) **B** ist eine *Diagonalmatrix*: $\det \mathbf{B} = 1 \cdot 4 \cdot 3 \cdot 4 = 48$

8) a) Zur 1. Zeile wird das -2-fache der 2. Zeile addiert. Die neue Determinante enthält dann zwei *gleiche* Zeilen (1. und 3. Zeile):

$$|\mathbf{A}| = \begin{vmatrix} 4 & 6 & 8 \\ 3 & 1 & 4 \\ -2 & 4 & 0 \end{vmatrix} = \begin{vmatrix} -2 & 4 & 0 \\ 3 & 1 & 4 \\ -2 & 4 & 0 \end{vmatrix} = 0$$

b) Zur 4. Spalte addieren wir das 2-fache der 1. Spalte und erhalten eine Determinante mit zwei zueinander *proportionalen* Spalten (3. und 4. Spalte; die 4. Spalte ist das 3-fache der 3. Spalte):

$$|\mathbf{A}| = \begin{vmatrix} -1 & 1 & 0 & 2 \\ 2 & 4 & 3 & 5 \\ -1 & 8 & 1 & 5 \\ 1 & 3 & 2 & 4 \end{vmatrix} = \begin{vmatrix} -1 & 1 & 0 & 0 \\ 2 & 4 & 3 & 9 \\ -1 & 8 & 1 & 3 \\ 1 & 3 & 2 & 6 \end{vmatrix} = 0$$

9) a) $\det \mathbf{C} = \det (\mathbf{A} \cdot \mathbf{B}) = (\det \mathbf{A}) \cdot (\det \mathbf{B}) = (-20) \cdot (-5) = 100$

b) $\det \mathbf{C} = \det (\mathbf{A} \cdot \mathbf{B}) = (\det \mathbf{A}) \cdot (\det \mathbf{B}) = 68 \cdot 83 = 5644$

10) Durch Entwicklung nach der *1. Zeile* erhält man:

$$\vec{M} = \vec{r} \times \vec{F} = (-200 \text{ Nm}) \; \vec{e}_x + (0 \text{ Nm}) \; \vec{e}_y + (40 \text{ Nm}) \; \vec{e}_z = \begin{pmatrix} -200 \\ 0 \\ 40 \end{pmatrix} \text{Nm}$$

11) Es ist:

$$[\vec{a} \; \vec{b} \; \vec{c}] = \begin{vmatrix} 1 & 2 & 2 \\ 0 & -4 & 3 \\ 3 & -6 & 15 \end{vmatrix} = 0$$

12) a) Wir addieren der Reihe nach zur 2., 3. und 4. Spalte das -3-fache, 1-fache bzw. 6-fache der 1. Spalte und entwickeln anschließend nach der 1. Zeile:

$$\det \mathbf{A} = \begin{vmatrix} -1 & 0 & 0 & 0 \\ 3 & -8 & 7 & 23 \\ -2 & 4 & 1 & -9 \\ -2 & 3 & -1 & -8 \end{vmatrix} = -1 \cdot \underbrace{\begin{vmatrix} -8 & 7 & 23 \\ 4 & 1 & -9 \\ 3 & -1 & -8 \end{vmatrix}}_{10} = -10$$

b) Wir addieren zunächst zur 2. Spalte das − 4-fache und zur 5. Spalte das − 1-fache der 1. Spalte und entwickeln dann nach der 1. Zeile:

$$\det \mathbf{A} = \begin{vmatrix} 1 & 0 & 0 & 0 & 0 \\ 2 & -8 & 1 & 2 & -3 \\ 1 & -3 & -2 & -3 & -5 \\ 3 & -8 & 0 & 0 & -2 \\ 0 & 1 & 1 & 3 & 5 \end{vmatrix} = 1 \cdot \begin{vmatrix} -8 & 1 & 2 & -3 \\ -3 & -2 & -3 & -5 \\ -8 & 0 & 0 & -2 \\ 1 & 1 & 3 & 5 \end{vmatrix}$$

Jetzt addieren wir zur 1. Spalte das − 4-fache der 4. Spalte und entwickeln dann nach der 3. Zeile:

$$\det \mathbf{A} = \begin{vmatrix} 4 & 1 & 2 & -3 \\ 17 & -2 & -3 & -5 \\ 0 & 0 & 0 & -2 \\ -19 & 1 & 3 & 5 \end{vmatrix} = -(-2) \cdot \underbrace{\begin{vmatrix} 4 & 1 & 2 \\ 17 & -2 & -3 \\ -19 & 1 & 3 \end{vmatrix}}_{-48} = -96$$

Abschnitt 3

1) $\det \mathbf{A} = -9 \neq 0 \Rightarrow \mathbf{A}$ ist *regulär*.

$\det \mathbf{B} = 0 \Rightarrow \mathbf{B}$ ist *singulär*.

$\det \mathbf{C} = 0$ (Entwicklung nach der 2. Spalte) $\Rightarrow \mathbf{C}$ ist *singulär*.

2) a) $\det \mathbf{A} = 1 \neq 0 \Rightarrow \mathbf{A}$ ist *regulär*.

$$\mathbf{A}^{-1} = \begin{pmatrix} \sin\varphi & -\cos\varphi \\ \cos\varphi & \sin\varphi \end{pmatrix}$$

b) $\det \mathbf{A} = 2 \neq 0 \Rightarrow \mathbf{A}$ ist *regulär*.

$$\mathbf{A}^{-1} = \begin{pmatrix} 1{,}5 & -1 \\ -0{,}25 & 0{,}5 \end{pmatrix}$$

c) $\det \mathbf{A} = 1 \neq 0$ (*Dreiecksmatrix!*) $\Rightarrow \mathbf{A}$ ist *regulär*.

$$\mathbf{A}^{-1} = \begin{pmatrix} -1 & 0 & 0 \\ 1 & 1 & 0 \\ -1 & 0 & -1 \end{pmatrix}$$

d) $\det \mathbf{A} = 6 \neq 0 \Rightarrow \mathbf{A}$ ist *regulär*.

$$\mathbf{A}^{-1} = \frac{1}{6} \begin{pmatrix} 4 & 8 & -6 \\ -2 & -4 & 6 \\ -1 & -5 & 3 \end{pmatrix}$$

3) $\mathbf{A} \cdot \mathbf{A}^{\mathrm{T}} = \begin{pmatrix} 1 & 0 \\ 0 & 1 \end{pmatrix} = \mathbf{E}; \qquad \det \mathbf{A} = 1$

$$\mathbf{B} \cdot \mathbf{B}^{\mathrm{T}} = \frac{1}{100} \begin{pmatrix} 100 & 0 \\ 0 & 100 \end{pmatrix} = \begin{pmatrix} 1 & 0 \\ 0 & 1 \end{pmatrix} = \mathbf{E}; \qquad \det \mathbf{B} = -1$$

4) Die Matrix **A** kann *nicht* orthogonal sein, da ihre Zeilen- und Spaltenvektoren *nicht* normiert sind. **B** und **C** sind dagegen *orthogonale* Matrizen:

$$\mathbf{B}\cdot\mathbf{B}^{\mathrm{T}}=\frac{1}{9}\begin{pmatrix}9&0&0\\0&9&0\\0&0&9\end{pmatrix}=\begin{pmatrix}1&0&0\\0&1&0\\0&0&1\end{pmatrix}=\mathbf{E};\qquad \mathbf{C}\cdot\mathbf{C}^{\mathrm{T}}=\begin{pmatrix}1&0&0\\0&1&0\\0&0&1\end{pmatrix}=\mathbf{E}$$

5) $\mathbf{A}^{-1}=\mathbf{A}^{\mathrm{T}}=\dfrac{1}{\sqrt{2}}\begin{pmatrix}1&-1\\1&1\end{pmatrix}$

6) $$\mathbf{A}\cdot\mathbf{A}^{\mathrm{T}}=\begin{pmatrix}1&0&0\\0&1&0\\0&0&1\end{pmatrix}=\mathbf{E};\qquad \mathbf{B}\cdot\mathbf{B}^{\mathrm{T}}=\begin{pmatrix}1&0&0\\0&1&0\\0&0&1\end{pmatrix}=\mathbf{E}$$

7) Die Spaltenvektoren $\mathbf{a}_1=\dfrac{1}{\sqrt{5}}\begin{pmatrix}2\\1\\0\end{pmatrix}$, $\mathbf{a}_2=\dfrac{1}{\sqrt{30}}\begin{pmatrix}-1\\2\\5\end{pmatrix}$ und $\mathbf{a}_3=\dfrac{1}{\sqrt{6}}\begin{pmatrix}-1\\2\\-1\end{pmatrix}$ sind *normiert* und *orthogonal*:

$$|\mathbf{a}_1|=\frac{1}{\sqrt{5}}\cdot\sqrt{2^2+1^2+0^2}=1;\qquad |\mathbf{a}_2|=\frac{1}{\sqrt{30}}\cdot\sqrt{(-1)^2+2^2+5^2}=1;$$

$$|\mathbf{a}_3|=\frac{1}{\sqrt{6}}\cdot\sqrt{(-1)^2+2^2+(-1)^2}=1$$

$$\mathbf{a}_1\cdot\mathbf{a}_2=\frac{1}{\sqrt{5}}\cdot\frac{1}{\sqrt{30}}\begin{pmatrix}2\\1\\0\end{pmatrix}\cdot\begin{pmatrix}-1\\2\\5\end{pmatrix}=\frac{1}{\sqrt{150}}(-2+2+0)=0$$

$$\mathbf{a}_1\cdot\mathbf{a}_3=\frac{1}{\sqrt{5}}\cdot\frac{1}{\sqrt{6}}\begin{pmatrix}2\\1\\0\end{pmatrix}\cdot\begin{pmatrix}-1\\2\\-1\end{pmatrix}=\frac{1}{\sqrt{30}}(-2+2+0)=0$$

$$\mathbf{a}_2\cdot\mathbf{a}_3=\frac{1}{\sqrt{30}}\cdot\frac{1}{\sqrt{6}}\begin{pmatrix}-1\\2\\5\end{pmatrix}\cdot\begin{pmatrix}-1\\2\\-1\end{pmatrix}=\frac{1}{\sqrt{180}}(1+4-5)=0$$

Ebenso zeigt man, daß die *Zeilenvektoren* ein orthonormiertes System bilden.

$$\mathbf{A}^{-1}=\mathbf{A}^{\mathrm{T}}=\begin{pmatrix}2/\sqrt{5}&1/\sqrt{5}&0\\-1/\sqrt{30}&2/\sqrt{30}&5/\sqrt{30}\\-1/\sqrt{6}&2/\sqrt{6}&-1/\sqrt{6}\end{pmatrix};\qquad \det\mathbf{A}=-1$$

8) $\mathbf{Rg\,(A)=2}$. *Begründung*: Wegen $\det\mathbf{A}=0$ ist **A** *singulär* und somit $\mathrm{Rg}\,(\mathbf{A})<3$. Es gibt eine von Null verschiedene *2-reihige* Unterdeterminante, z.B.

$$D_{11}=\begin{vmatrix}3&4\\1&4\end{vmatrix}=8\neq 0\ \Rightarrow\ \mathrm{Rg}\,(\mathbf{A})=2$$

Rg (B) = 3. *Begründung*: **B** ist vom Typ (3,4), daher kann Rg (**A**) *höchstens gleich* 3 sein. Streicht man in **B** die 4. Spalte, so erhält man eine von Null verschiedene *3-reihige* Unterdeterminante:

$$\begin{vmatrix} 2 & 1 & 1 \\ 1 & 1 & 2 \\ 7 & 2 & -6 \end{vmatrix} = -5 \neq 0 \Rightarrow \operatorname{Rg}(\mathbf{B}) = 3$$

Rg (C) = 2. *Begründung*: **C** ist vom Typ (4,3). Daher gilt Rg (**C**) ⩽ 3. Es verschwinden *alle* 3-reihigen Unterdeterminaten, eine von Null verschiedene *2-reihige* Unterdeterminante ist jedoch vorhanden (wir streichen die 3. und 4. Zeile und die 3. Spalte):

$$\begin{vmatrix} 1 & 0 \\ 2 & 1 \end{vmatrix} = 1 \neq 0 \Rightarrow \operatorname{Rg}(\mathbf{C}) = 2$$

Rg (D) = 2. *Begründung*: **D** ist vom Typ (2,3), daher gilt Rg (**D**) ⩽ 2. Es gibt eine von Null verschiedene *2-reihige* Unterdeterminante (wir streichen die 3. Spalte):

$$\begin{vmatrix} 3 & 1 \\ 0 & -1 \end{vmatrix} = -3 \neq 0 \Rightarrow \operatorname{Rg}(\mathbf{D}) = 2$$

9) Die Matrix wird mit Hilfe der angegebenen elementaren Umformungen auf *Trapezform* gebracht.

a) ① Zeile 1 mit Zeile 3 vertauschen.

② Zur 2. Zeile wird das − 3-fache und zur 3. Zeile das − 2-fache der 1. Zeile addiert.

③ Zur 3. Zeile wird das − 2,5-fache der 2. Zeile addiert, anschließend wird die 3. Zeile durch − 3,5 dividiert.

Die Matrix liegt jetzt in der *Trapezform* vor:

$$\begin{pmatrix} 1 & 2 & 0 \\ 0 & -2 & 1 \\ 0 & 0 & 1 \end{pmatrix} \Rightarrow \operatorname{Rg}(\mathbf{A}) = 3$$

b) ① Zur 2. Zeile wird das − 2-fache und zur 3. Zeile das − 3-fache der 1. Zeile addiert.

② Zeile 2 durch 3 und Zeile 4 durch 5 dividieren.

③ Zur 3. Zeile wird das − 2-fache und zur 4. Zeile das − 1-fache der 2. Zeile addiert.

④ Spalte 3 mit Spalte 4 vertauschen.

Die Matrix besitzt jetzt *Trapezform*:

$$\begin{pmatrix} 1 & 0 & 1 & -1 \\ 0 & 1 & 1 & 1 \\ 0 & 0 & 1 & 0 \\ 0 & 0 & 0 & 0 \end{pmatrix} \begin{matrix} \\ \\ \\ \leftarrow \text{Nullzeile} \end{matrix} \Rightarrow \operatorname{Rg}(\mathbf{B}) = 3$$

c) ① Zur 3. Zeile wird das 2-fache der 1. Zeile addiert.

② Zur 3. Zeile addiert man nun das −3-fache der 2. Zeile.

Die Matrix liegt jetzt in der *Trapezform* vor:

$$\begin{pmatrix} -1 & 2 & 1 & 8 & -1 \\ 0 & 3 & -3 & 15 & -3 \\ 0 & 0 & 8 & 0 & 0 \end{pmatrix} \Rightarrow \quad \operatorname{Rg}(\mathbf{C}) = 3$$

d) ① Wir addieren der Reihe nach zur 2., 3. und 4. Zeile das 2-fache, 5-fache bzw. 1-fache der 1. Zeile.

② Die 3. Zeile wird durch 3 dividiert.

③ Von der 3. bzw. 4. Zeile wird die 2. Zeile subtrahiert.

④ Von der 4. Zeile wird die 3. Zeile subtrahiert.

Die Matrix besitzt jetzt *Trapezform*:

$$\begin{pmatrix} 1 & 1 & 2 & -3 & 0 & 1 \\ 0 & 5 & 5 & -6 & 1 & 4 \\ 0 & 0 & 0 & 0 & 0 & -2 \\ 0 & 0 & 0 & 0 & 0 & 0 \end{pmatrix} \leftarrow \text{Nullzeile} \quad \Rightarrow \quad \operatorname{Rg}(\mathbf{D}) = 3$$

10) ① 1. und 4. Zeile miteinander vertauschen.

② Wir addieren der Reihe nach zur 2., 3., 4. und 5. Zeile das 5-fache, 3-fache, 2-fache bzw. 3-fache der 1. Zeile.

③ Von der 5. Zeile wird zunächst die 3. Zeile und anschließend von der 3. Zeile die 2. Zeile subtrahiert.

④ Die 5. Zeile wird durch 3 dividiert und anschließend mit der 2. Zeile vertauscht.

⑤ Zur 4. Zeile wird das 7-fache und zur 5. Zeile das 16-fache der 2. Zeile addiert.

⑥ Wir addieren zur 4. Zeile das 1-fache und zur 5. Zeile das 3-fache der 3. Zeile.

⑦ Von der 5. Zeile wird die 4. Zeile subtrahiert.

Die Matrix besitzt jetzt die gewünschte *Trapezform*:

$$\begin{pmatrix} -1 & 1 & 1 & 1 & 1 \\ 0 & -1 & -1 & 0 & -1 \\ 0 & 0 & 1 & -2 & 0 \\ 0 & 0 & 0 & 1 & 1 \\ 0 & 0 & 0 & 0 & 1 \end{pmatrix} \Rightarrow \quad \operatorname{Rg}(\mathbf{A}) = 5$$

A ist somit eine *reguläre* Matrix.

Abschnitt 4

1) Die erweiterte Koeffizientenmatrix $(\mathbf{A}\,|\,\mathbf{c})$ wird in die *Trapezform* gebracht. Das lineare Gleichungssystem liegt dann in der *gestaffelten* Form vor und wird schrittweise von unten nach oben gelöst.

a) $$(\mathbf{A}\,|\,\mathbf{c}) = \left(\begin{array}{cc|c} 1 & -5 & 16 \\ 0 & -1 & 3 \\ 0 & 0 & 0 \end{array}\right) \leftarrow \text{Nullzeile} \quad \Rightarrow \quad \begin{array}{rl} x_1 - 5\,x_2 &= 16 \\ -\,x_2 &= 3 \end{array}$$

Lösung: $x_1 = 1, \quad x_2 = -3$

b) $$(\mathbf{A}\,|\,\mathbf{c}) = \left(\begin{array}{cccc|c} 1 & 1 & 2 & 0 & 1 \\ 0 & 5 & 6 & 1 & 8 \\ 0 & 0 & -3 & 2 & 4 \end{array}\right) \quad \Rightarrow \quad \begin{array}{rl} x_1 + x_2 + 2\,x_3 &= 1 \\ 5\,x_2 + 6\,x_3 + x_4 &= 8 \\ -3\,x_3 + 2\,x_4 &= 4 \end{array}$$

Unendlich viele Lösungen ($x_4 = \lambda$ wurde als Parameter gewählt):

$$x_1 = \frac{7}{15} - \frac{1}{3}\lambda, \quad x_2 = \frac{16}{5} - \lambda, \quad x_3 = -\frac{4}{3} + \frac{2}{3}\lambda, \quad x_4 = \lambda \qquad (\lambda \in \mathbb{R})$$

c) $$(\mathbf{A}\,|\,\mathbf{c}) = \left(\begin{array}{cccc|c} 1 & -3 & 0 & -1 & -5 \\ 0 & 1 & 12 & 2 & 12 \\ 0 & 0 & -1 & -9 & 8 \\ 0 & 0 & 0 & 1 & -1 \end{array}\right) \quad \Rightarrow \quad \begin{array}{rl} x_1 - 3\,x_2 - x_4 &= -5 \\ x_2 + 12\,x_3 + 2\,x_4 &= 12 \\ -\,x_3 - 9\,x_4 &= 8 \\ x_4 &= -1 \end{array}$$

Lösung: $x_1 = 0, \quad x_2 = 2, \quad x_3 = 1, \quad x_4 = -1$

2) Durch *elementare Zeilenumformungen* läßt sich die erweiterte Koeffizientenmatrix in die folgende *Trapezform* bringen:

$$(\mathbf{A}\,|\,\mathbf{c}) = \left(\begin{array}{ccc|c} 1 & 1 & -1 & 2 \\ 0 & 2 & -1 & 2 \\ 0 & 0 & 1 & 0 \\ 0 & 0 & 0 & -3 \end{array}\right)$$

$\operatorname{Rg}(\mathbf{A}) = 3$, $\operatorname{Rg}(\mathbf{A}\,|\,\mathbf{c}) = 4$ und somit $\operatorname{Rg}(\mathbf{A}\,|\,\mathbf{c}) \neq \operatorname{Rg}(\mathbf{A})$. Das System ist *nicht* lösbar.

3) Die Koeffizientenmatrix $\mathbf{A}$ bringen wir durch *elementare Zeilenumformungen* in die folgende *Trapezform*:

$$\begin{pmatrix} 2 & -1 & 4 \\ 0 & -1 & -3 \\ 0 & 0 & 1 \\ 0 & 0 & 0 \end{pmatrix} \leftarrow \text{Nullzeile} \quad \Rightarrow \quad \operatorname{Rg}(\mathbf{A}) = 3$$

Somit ist $r = n = 3$, d.h. das homogene System ist *nur trivial* lösbar.

4) Das homogene System ist *nicht-trivial* lösbar, wenn $r < n = 3$ ist. Die Koeffizientenmatrix $\mathbf{A}$ läßt sich durch *elementare Zeilenumformungen* in die folgende *Trapezform* bringen:

$$\begin{pmatrix} 1 & 1 & 2 \\ 0 & 1 & -1 \\ 0 & 0 & 0 \\ 0 & 0 & 0 \end{pmatrix} \begin{matrix} \\ \\ \leftarrow \\ \leftarrow \end{matrix} \text{Nullzeilen} \quad \Rightarrow \quad \operatorname{Rg}(\mathbf{A}) = 2$$

$r = 2$, $n = 3$, d.h. $r < n$. Das System ist somit *nicht-trivial* lösbar. Das *gestaffelte* Gleichungssystem lautet:

$$\begin{aligned} x_1 + x_2 + 2x_3 &= 0 \\ x_2 - x_3 &= 0 \end{aligned}$$

Lösung ($x_3 = \lambda$ wurde als Parameter gewählt):

$$x_1 = -3\lambda, \quad x_2 = \lambda, \quad x_3 = \lambda \qquad (\lambda \in \mathbb{R})$$

5) Koeffizientenmatrix $\mathbf{A}$ lautet nach *elementaren Zeilenumformungen*:

$$\begin{pmatrix} 1 & -2 & 1 \\ 0 & 1 & -1 \\ 0 & 0 & 0 \end{pmatrix} \begin{matrix} \\ \\ \leftarrow \text{Nullzeile} \end{matrix} \quad \Rightarrow \quad \operatorname{Rg}(\mathbf{A}) = 2$$

$r = 2$, $n = 3$, d.h. $r < n$. Das System ist daher *nicht-trivial* lösbar. Das *gestaffelte* System lautet:

$$\begin{aligned} x_1 - 2x_2 + x_3 &= 0 \\ x_2 - x_3 &= 0 \end{aligned}$$

Lösung ($x_3 = \lambda$ wurde als Parameter gewählt):

$$x_1 = \lambda, \quad x_2 = \lambda, \quad x_3 = \lambda \qquad (\lambda \in \mathbb{R})$$

6) Die Koeffizientendeterminante muß jeweils *verschwinden*:

a) $\lambda_1 = 1, \quad \lambda_2 = -1$

b) Die Koeffizientendeterminante wird zweimal nacheinander nach der jeweils *1. Zeile* entwickelt $\Rightarrow$ $\lambda_1 = 2$, $\lambda_2 = -2$ (die beiden übrigen Lösungen sind *konjugiert komplex*).

7) Wir bringen die erweiterte Koeffizientenmatrix durch *elementare Umformungen* in die *Trapezform*:

a) $$\left(\begin{array}{ccc|c} 1 & 2 & 3 & 0 \\ 0 & 1 & 3 & 0 \\ 0 & 0 & 1 & 0 \end{array}\right) \quad \Rightarrow \quad \begin{aligned} x_1 + 2x_2 + 3x_3 &= 0 \\ x_2 + 3x_3 &= 0 \\ x_3 &= 0 \end{aligned}$$

Lösung: $x_1 = x_2 = x_3 = 0$ (triviale Lösung)

b) $$\left(\begin{array}{cccc|c} 1 & 2 & 4 & 0 & 0 \\ 0 & -1 & -2 & 2 & 0 \\ 0 & 0 & 1 & 5 & 0 \\ 0 & 0 & 0 & 1 & 0 \end{array}\right) \quad \Rightarrow \quad \begin{aligned} x_1 + 2x_2 + 4x_3 &= 0 \\ -x_2 - 2x_3 + 2x_4 &= 0 \\ x_3 + 5x_4 &= 0 \\ x_4 &= 0 \end{aligned}$$

Lösung: $x_1 = x_2 = x_3 = x_4 = 0$ (triviale Lösung)

8) Wir führen mit der erweiterten Koeffizientenmatrix $(\mathbf{A}\,|\,\mathbf{c})$ die folgenden elementaren Umformungen durch:

$$\left(\begin{array}{ccc|c} 2 & 3 & 1 & -1 \\ -4 & -8 & -3 & 7 \\ -2 & -5 & -2 & -6 \end{array}\right) \begin{array}{c} \\ 2Z_1 \\ Z_1 \end{array} \Rightarrow \left(\begin{array}{ccc|c} 2 & 3 & 1 & -1 \\ 0 & -2 & -1 & 5 \\ 0 & -2 & -1 & -7 \end{array}\right) \begin{array}{c} \\ \\ -Z_2 \end{array} \Rightarrow$$

$$\left(\begin{array}{ccc|c} 2 & 3 & 1 & -1 \\ 0 & -2 & -1 & 5 \\ 0 & 0 & 0 & -12 \end{array}\right) \Rightarrow \operatorname{Rg}(\mathbf{A}) = 2, \quad \operatorname{Rg}(\mathbf{A}\,|\,\mathbf{c}) = 3$$

Das Gleichungssystem ist wegen $\operatorname{Rg}(\mathbf{A}\,|\,\mathbf{c}) \neq \operatorname{Rg}(\mathbf{A})$ *unlösbar*.

9) Die erweiterte Koeffizientenmatrix wird jeweils auf *Trapezform* gebracht.

a)
$$\left(\begin{array}{ccc|c} 1 & 2 & -3 & 5 \\ 0 & 1 & -1 & 8 \\ 0 & 0 & 1 & 0 \end{array}\right) \Rightarrow \begin{aligned} x_1 + 2x_2 - 3x_3 &= 5 \\ x_2 - x_3 &= 8 \\ x_3 &= 0 \end{aligned}$$

$\operatorname{Rg}(\mathbf{A}) = \operatorname{Rg}(\mathbf{A}\,|\,\mathbf{c}) = 3 \Rightarrow$ Das System besitzt *genau eine* Lösung: $x_1 = -11$, $x_2 = 8$, $x_3 = 0$.

b)
$$\left(\begin{array}{cccc|c} -1 & 8 & 8 & -4 & -13 \\ 0 & 1 & 1 & -4 & -1 \\ 0 & 0 & 3 & -38 & 3 \\ 0 & 0 & 0 & 1 & 0 \end{array}\right) \Rightarrow \begin{aligned} -x_1 + 8x_2 + 8x_3 - 4x_4 &= -13 \\ x_2 + x_3 - 4x_4 &= -1 \\ 3x_3 - 38x_4 &= 3 \\ x_4 &= 0 \end{aligned}$$

$\operatorname{Rg}(\mathbf{A}) = \operatorname{Rg}(\mathbf{A}\,|\,\mathbf{c}) = 4 \Rightarrow$ Das System besitzt *genau eine* Lösung: $x_1 = 5$, $x_2 = -2$, $x_3 = 1$, $x_4 = 0$.

c)
$$\left(\begin{array}{cccc|c} 1 & 0 & 2 & -5 & 0 \\ 0 & 2 & 1 & 0 & 5 \\ 0 & 0 & 0 & 0 & 0 \\ 0 & 0 & 0 & 0 & 0 \end{array}\right) \begin{array}{c} \\ \\ \leftarrow \\ \leftarrow \end{array} \text{Nullzeilen}$$

$\operatorname{Rg}(\mathbf{A}) = \operatorname{Rg}(\mathbf{A}\,|\,\mathbf{c}) = 2 \Rightarrow$ Das System ist *lösbar*, die Lösungsmenge enthält $n - r = 2$ Parameter (wir wählen x_3 und x_4 und setzen $x_3 = \lambda$ und $x_4 = \mu$). Das *gestaffelte* System lautet:

$$\begin{aligned} x_1 + 2x_3 - 5x_4 &= 0 \\ 2x_2 + x_3 &= 5 \end{aligned}$$

Lösung: $x_1 = -2\lambda + 5\mu, \quad x_2 = -\frac{1}{2}\lambda + \frac{5}{2}, \quad x_3 = \lambda, \quad x_4 = \mu \qquad (\lambda, \mu \in \mathbb{R})$.

d)
$$\left(\begin{array}{ccccc|c} 1 & 1 & 0 & -1 & 0 & 1 \\ 0 & 1 & 4 & 2 & 6 & 42 \\ 0 & 0 & -1 & -1 & -9 & -51 \\ 0 & 0 & 0 & 1 & -23 & -121 \\ 0 & 0 & 0 & 0 & 8 & 43 \end{array}\right) \Rightarrow \begin{aligned} x_1 + x_2 - x_4 &= 1 \\ x_2 + 4x_3 + 2x_4 + 6x_5 &= 42 \\ -x_3 - x_4 - 9x_5 &= -51 \\ x_4 - 23x_5 &= -121 \\ 8x_5 &= 43 \end{aligned}$$

$\operatorname{Rg}(\mathbf{A}) = \operatorname{Rg}(\mathbf{A}\,|\,\mathrm{c}) = 5 \Rightarrow$ Das System besitzt *genau eine* Lösung: $x_1 = -0{,}875$, $x_2 = 4{,}5$, $x_3 = 0$, $x_4 = 2{,}625$, $x_5 = 5{,}375$.

10) Das quadratische System ist genau dann *eindeutig* lösbar, wenn die Koeffizientendeterminante einen *von Null verschiedenen* Wert hat.

a) $D = -8, \quad D_1 = 24, \quad D_2 = -24, \quad D_3 = 0$

Lösung: $x_1 = -3, \quad x_2 = 3, \quad x_3 = 0$

b) $D = 98, \quad D_1 = -36, \quad D_2 = 10, \quad D_3 = -4$

Lösung: $x_1 = -\frac{18}{49}, \quad x_2 = \frac{5}{49}, \quad x_3 = -\frac{2}{49}$

c) $D = 62, \quad D_1 = 29, \quad D_2 = 14$

Lösung: $x_1 = \frac{29}{62}, \quad x_2 = \frac{7}{31}$

d) $D = 628, \quad D_1 = 0, \quad D_2 = 4396, \quad D_3 = 1884$

Lösung: $x_1 = 0, \quad x_2 = 7, \quad x_3 = 3$

11)
$$\begin{aligned} I_1 + I_2 + I_3 - I &= 0 \\ 100\, I_1 \qquad + 60\, I &= 10 \\ 200\, I_2 \qquad + 60\, I &= 10 \\ 100\, I_3 + 60\, I &= 10 \end{aligned}$$

Lösung: $I_1 = 0{,}04$ A, $\quad I_2 = 0{,}02$ A, $\quad I_3 = 0{,}04$ A, $\quad I = 0{,}1$ A.

12) $\mathbf{A}^{-1} = \frac{1}{6} \cdot \begin{pmatrix} 4 & -6 & 8 \\ -2 & 6 & -4 \\ -1 & 3 & -5 \end{pmatrix}; \qquad \mathbf{B}^{-1} = \frac{1}{9} \cdot \begin{pmatrix} -1 & -1 & 5 \\ 3 & 3 & -6 \\ 2 & 11 & -10 \end{pmatrix}$

$\mathbf{C}^{-1} = \frac{1}{7} \cdot \begin{pmatrix} 3 & -2 & -2 \\ 0 & 0 & 7 \\ -1 & 3 & -11 \end{pmatrix}$

13) a) Das Vektorsystem enthält den *Nullvektor* ($\mathbf{c} = \mathbf{0}$).

b) $\mathbf{a}$ und $\mathbf{c}$ sind *kollinear* (*anti-parallel*): $\mathbf{c} = -3\,\mathbf{a}$.

c) $\mathbf{a}_3$ ist als *Linearkombination* von $\mathbf{a}_1$ und $\mathbf{a}_2$ darstellbar: $\mathbf{a}_3 = 2\,\mathbf{a}_1 - 2\mathbf{a}_2$

d) Die Anzahl der Vektoren ($n = 4$) ist *größer* als die Dimension des Raumes ($m = 2$), aus dem sie stammen (im $\mathbb{R}^2$ gibt es *maximal zwei* linear unabhängige Vektoren).

14) a) $\det \mathbf{A} = \det(\mathbf{a}_1 \;\; \mathbf{a}_2 \;\; \mathbf{a}_3) = \begin{vmatrix} 2 & -1 & -1 \\ 1 & 2 & 2 \\ 0 & 5 & -1 \end{vmatrix} = -30 \neq 0$

$\Rightarrow \operatorname{Rg}(\mathbf{A}) = n = 3 \Rightarrow$ Vektoren sind *linear unabhängig*

b) $\det \mathbf{A} = \det(\mathbf{a} \;\; \mathbf{b} \;\; \mathbf{c}) = \begin{vmatrix} -1 & 1 & 1 \\ 6 & -2 & 2 \\ 4 & -2 & 3 \end{vmatrix} = -12 \neq 0$

$\Rightarrow \operatorname{Rg}(\mathbf{A}) = n = 3 \Rightarrow$ Vektoren sind *linear unabhängig*

c) Matrix $\mathbf{A} = (\mathbf{a} \;\; \mathbf{b}) = \begin{pmatrix} 1 & 2 \\ 0 & 3 \\ 4 & 1 \end{pmatrix}$ besitzt eine von Null verschiedene *2-reihige* Unterdeterminante, z.B.

$$\begin{vmatrix} 1 & 2 \\ 0 & 3 \end{vmatrix} = 3 \qquad \text{(3. Zeile in } \mathbf{A} \text{ gestrichen).}$$

Somit ist $\text{Rg}(\mathbf{A}) = 2$ und wegen $\text{Rg}(\mathbf{A}) = n = 2$ sind **a** und **b** *linear unabhängige* Vektoren.

15) Die Matrix $\mathbf{A} = (\mathbf{a} \;\; \mathbf{b} \;\; \mathbf{c}) = \begin{pmatrix} 1 & 0 & 4 \\ 2 & 1 & 9 \\ 0 & 1 & 1 \\ 1 & 0 & 4 \end{pmatrix}$ wird mit Hilfe der folgenden elementaren Zeilenumformungen auf *Trapezform* gebracht:

① Zeile 2 mit Zeile 3 vertauschen.

② Zur 3. Zeile wird das − 2-fache und zur 4. Zeile das − 1-fache der 1. Zeile addiert.

③ Zur 3. Zeile wird das − 1-fache der 2. Zeile addiert.

Die Matrix besitzt jetzt *Trapezform*:

$$\begin{pmatrix} 1 & 0 & 4 \\ 0 & 1 & 1 \\ 0 & 0 & 0 \\ 0 & 0 & 0 \end{pmatrix} \quad \Rightarrow \quad \text{Rg}(\mathbf{A}) = 2$$

Somit: $\text{Rg}(\mathbf{A}) = 2, \; n = 3 \;\Rightarrow\; \text{Rg}(\mathbf{A}) < n \;\Rightarrow$ Vektoren sind *linear abhängig*

c als *Linearkombination von* **a** und **b**: $\mathbf{c} = 4\,\mathbf{a} + \mathbf{b}$

16) $$\det \mathbf{A} = \det(\mathbf{a} \;\; \mathbf{b} \;\; \mathbf{c}) = \begin{vmatrix} 1 & 2 & 10 \\ 4 & -1 & 4 \\ 1 & 2 & 10 \end{vmatrix} = 0 \;\Rightarrow\; \text{Rg}(\mathbf{A}) < 3$$

Somit: $\text{Rg}(\mathbf{A}) < n = 3 \;\Rightarrow$ Vektoren sind *linear abhängig* und damit *komplanar*

17) $$\det \mathbf{A} = \det(\mathbf{a}_1 \;\; \mathbf{a}_2 \;\; \mathbf{a}_3) = \begin{vmatrix} 1 & -\lambda & -2 \\ 1 & 2 & \lambda \\ 1 & 5 & 7 \end{vmatrix} = -\lambda^2 + 2\lambda + 8$$

Bedingung: $r < n = 3 \;\Rightarrow\; \det \mathbf{A} = 0 \;\Rightarrow\; \lambda_1 = -2, \quad \lambda_2 = 4$

18) a) $$\det \mathbf{A} = \begin{vmatrix} 1 & 2 & 0 \\ 1 & 4 & 1 \\ -2 & 1 & 0 \end{vmatrix} = -5 \neq 0 \;\Rightarrow$$ Vektoren sind *linear unabhängig*

b) $$\det \mathbf{A} = \begin{vmatrix} 1 & 3 & -1 \\ 0 & 1 & -1 \\ 2 & 1 & 3 \end{vmatrix} = 0 \;\Rightarrow$$ Vektoren sind *linear abhängig*

Abschnitt 5

1) a) $\mathbf{A}+\mathbf{B}+\mathbf{C}=\begin{pmatrix} 5 & 6+\mathrm{j} & 6-\mathrm{j} \\ 3+\mathrm{j} & 10-2\mathrm{j} & 3+\mathrm{j} \end{pmatrix}$

b) $3\,\mathbf{A}-4\,(\mathbf{B}-2\,\mathbf{C})=\begin{pmatrix} 13-5\mathrm{j} & 14-11\mathrm{j} & 26-8\mathrm{j} \\ 14+8\mathrm{j} & 27+15\mathrm{j} & 7+8\mathrm{j} \end{pmatrix}$

c) $2\,\mathbf{A}^{\mathbf{T}}-3\,(\mathbf{B}-\mathbf{C})^{\mathbf{T}}=\begin{pmatrix} 6-\mathrm{j} & 7+3\mathrm{j} \\ 4-8\mathrm{j} & 5+11\mathrm{j} \\ 10-3\mathrm{j} & 2+3\mathrm{j} \end{pmatrix}$

2) a) $\mathbf{A}\cdot\mathbf{A}=\mathbf{A}^2=\begin{pmatrix} 5+6\mathrm{j} & 3+3\mathrm{j} \\ 6 & 2 \end{pmatrix}$; $\quad\mathbf{A}\cdot\mathbf{B}=\begin{pmatrix} -7+9\mathrm{j} & 8 \\ 5+9\mathrm{j} & 9-5\mathrm{j} \end{pmatrix}$

$\mathbf{B}\cdot\mathbf{A}=\begin{pmatrix} 4-2\mathrm{j} & -2-4\mathrm{j} \\ -3+14\mathrm{j} & -2+6\mathrm{j} \end{pmatrix}$; $\quad\mathbf{B}\cdot\mathbf{B}=\mathbf{B}^2=\begin{pmatrix} 11+15\mathrm{j} & 15+9\mathrm{j} \\ -20+5\mathrm{j} & 12+19\mathrm{j} \end{pmatrix}$

b) Die Matrizenprodukte („Potenzen") $\mathbf{A}\cdot\mathbf{A}=\mathbf{A}^2$ und $\mathbf{B}\cdot\mathbf{B}=\mathbf{B}^2$ existieren *nicht*.

$\mathbf{A}\cdot\mathbf{B}=\begin{pmatrix} 6 & 2+3\mathrm{j} \\ 6-3\mathrm{j} & 3+8\mathrm{j} \end{pmatrix}$; $\quad\mathbf{B}\cdot\mathbf{A}=\begin{pmatrix} 3+2\mathrm{j} & 6+11\mathrm{j} & -1+\mathrm{j} \\ 2-\mathrm{j} & 2+5\mathrm{j} & -\mathrm{j} \\ 5-2\mathrm{j} & 7-8\mathrm{j} & 4+\mathrm{j} \end{pmatrix}$

3) $\det\mathbf{A}=4$; $\det\mathbf{B}=-4$; $\det\mathbf{C}=4\mathrm{j}$

4) a) $\mathbf{A}^*=\begin{pmatrix} 2-\mathrm{j} & 1-2\mathrm{j} & -\mathrm{j} \\ 0 & 2+2\mathrm{j} & 1 \\ 1+\mathrm{j} & 5-3\mathrm{j} & -\mathrm{j} \end{pmatrix}$; $\quad\overline{\mathbf{A}}=(\mathbf{A}^*)^{\mathbf{T}}=\begin{pmatrix} 2-\mathrm{j} & 0 & 1+\mathrm{j} \\ 1-2\mathrm{j} & 2+2\mathrm{j} & 5-3\mathrm{j} \\ -\mathrm{j} & 1 & -\mathrm{j} \end{pmatrix}$

b) $\mathbf{A}^*=\begin{pmatrix} 10-5\mathrm{j} & 1+2\mathrm{j} \\ 3+2\mathrm{j} & 4-2\mathrm{j} \\ 5-5\mathrm{j} & 1+2\mathrm{j} \end{pmatrix}$; $\quad\overline{\mathbf{A}}=(\mathbf{A}^*)^{\mathbf{T}}=\begin{pmatrix} 10-5\mathrm{j} & 3+2\mathrm{j} & 5-5\mathrm{j} \\ 1+2\mathrm{j} & 4-2\mathrm{j} & 1+2\mathrm{j} \end{pmatrix}$

5) $\mathbf{A}^*=\begin{pmatrix} 1 & -\mathrm{j} & 0 \\ \mathrm{j} & 0 & 1 \\ 0 & 1 & 1 \end{pmatrix}$; $\quad\overline{\mathbf{A}}=(\mathbf{A}^*)^{\mathbf{T}}=\begin{pmatrix} 1 & \mathrm{j} & 0 \\ -\mathrm{j} & 0 & 1 \\ 0 & 1 & 1 \end{pmatrix}$

Somit: $\mathbf{A}=\overline{\mathbf{A}} \Rightarrow \mathbf{A}$: *hermitesch*

$\mathbf{B}^*=\begin{pmatrix} 1 & 2+\mathrm{j} & 1+2\mathrm{j} \\ 2-\mathrm{j} & 1 & 5+4\mathrm{j} \\ 1-2\mathrm{j} & 5-4\mathrm{j} & 0 \end{pmatrix}$; $\quad\overline{\mathbf{B}}=(\mathbf{B}^*)^{\mathbf{T}}=\begin{pmatrix} 1 & 2-\mathrm{j} & 1-2\mathrm{j} \\ 2+\mathrm{j} & 1 & 5-4\mathrm{j} \\ 1+2\mathrm{j} & 5+4\mathrm{j} & 0 \end{pmatrix}$

Somit: $\mathbf{B}=\overline{\mathbf{B}} \Rightarrow \mathbf{B}$: *hermitesch*

$\mathbf{C}^*=\begin{pmatrix} 2\mathrm{j} & -1+\mathrm{j} \\ 1+\mathrm{j} & 3\mathrm{j} \end{pmatrix}$; $\quad\overline{\mathbf{C}}=(\mathbf{C}^*)^{\mathbf{T}}=\begin{pmatrix} 2\mathrm{j} & 1+\mathrm{j} \\ -1+\mathrm{j} & 3\mathrm{j} \end{pmatrix}$

Somit: $\mathbf{C} = -\overline{\mathbf{C}} \Rightarrow \mathbf{C}$: *schiefhermitesch*

$$\mathbf{D}^* = \begin{pmatrix} -2j & -2 & -5-5j \\ 2 & -j & -8-j \\ 5-5j & 8-j & -2j \end{pmatrix}; \quad \overline{\mathbf{D}} = (\mathbf{D}^*)^{\mathrm{T}} = \begin{pmatrix} -2j & 2 & 5-5j \\ -2 & -j & 8-j \\ -5-5j & -8-j & -2j \end{pmatrix}$$

Somit: $\mathbf{D} = -\overline{\mathbf{D}} \Rightarrow \mathbf{D}$: *schiefhermitesch*

6) $$\mathbf{A} = \begin{pmatrix} -j & -5+2j \\ 5+2j & -4j \end{pmatrix} = \underbrace{\begin{pmatrix} 0 & -5 \\ 5 & 0 \end{pmatrix}}_{\text{schiefsymmetrisch}} + j \underbrace{\begin{pmatrix} -1 & 2 \\ 2 & -4 \end{pmatrix}}_{\text{symmetrisch}} \Rightarrow$$

$\mathbf{A}$: *schiefhermitesch*; $\det \mathbf{A} = 25$

$$\mathbf{B} = \begin{pmatrix} 1 & 2-4j \\ 2+4j & 2 \end{pmatrix} = \underbrace{\begin{pmatrix} 1 & 2 \\ 2 & 2 \end{pmatrix}}_{\text{symmetrisch}} + j \underbrace{\begin{pmatrix} 0 & -4 \\ 4 & 0 \end{pmatrix}}_{\text{schiefsymmetrisch}} \Rightarrow$$

$\mathbf{B}$: *hermitesch*; $\det \mathbf{B} = -18$

$$\mathbf{C} = \begin{pmatrix} -j & 0 & 0 \\ 0 & -j & 0 \\ 0 & 0 & -j \end{pmatrix} = \underbrace{\begin{pmatrix} 0 & 0 & 0 \\ 0 & 0 & 0 \\ 0 & 0 & 0 \end{pmatrix}}_{\text{schiefsymmetrisch}} + j \underbrace{\begin{pmatrix} -1 & 0 & 0 \\ 0 & -1 & 0 \\ 0 & 0 & -1 \end{pmatrix}}_{\text{symmetrisch}} \Rightarrow$$

$\mathbf{C}$: *schiefhermitesch*; $\det \mathbf{C} = j$

$$\mathbf{D} = \begin{pmatrix} 1 & -j & 1-2j \\ j & 2 & 4 \\ 1+2j & 4 & 3 \end{pmatrix} = \underbrace{\begin{pmatrix} 1 & 0 & 1 \\ 0 & 2 & 4 \\ 1 & 4 & 3 \end{pmatrix}}_{\text{symmetrisch}} + j \underbrace{\begin{pmatrix} 0 & -1 & -2 \\ 1 & 0 & 0 \\ 2 & 0 & 0 \end{pmatrix}}_{\text{schiefsymmetrisch}} \Rightarrow$$

$\mathbf{D}$: *hermitesch*; $\det \mathbf{D} = -7$

7) $$\det \mathbf{A} = \begin{vmatrix} j & j \\ j & -j \end{vmatrix} = -j^2 - j^2 = 2$$

Wäre $\mathbf{A}$ *unitär*, so müßte $\det \mathbf{A} = +1$ oder -1 sein. $\mathbf{A}$ ist also *nicht* unitär.

8) $$\mathbf{A}^* = \frac{1}{\sqrt{12}} \begin{pmatrix} 2 & 1+\sqrt{3}\,j & -1+\sqrt{3}\,j \\ 2j & \sqrt{3}+j & \sqrt{3}-j \\ -2 & 2 & -2 \end{pmatrix}$$

$$\overline{\mathbf{A}} = (\mathbf{A}^*)^{\mathrm{T}} = \frac{1}{\sqrt{12}} \begin{pmatrix} 2 & 2\mathrm{j} & -2 \\ 1+\sqrt{3}\,\mathrm{j} & \sqrt{3}+\mathrm{j} & 2 \\ -1+\sqrt{3}\,\mathrm{j} & \sqrt{3}-\mathrm{j} & -2 \end{pmatrix}$$

$$\mathbf{A} \cdot \overline{\mathbf{A}} = \frac{1}{12} \begin{pmatrix} 12 & 0 & 0 \\ 0 & 12 & 0 \\ 0 & 0 & 12 \end{pmatrix} = \begin{pmatrix} 1 & 0 & 0 \\ 0 & 1 & 0 \\ 0 & 0 & 1 \end{pmatrix} = \mathbf{E} \Rightarrow \mathbf{A}: \textit{unitär}$$

$$\mathbf{B}^* = \frac{1}{\sqrt{3}} \begin{pmatrix} 1-\mathrm{j} & 1 \\ -\mathrm{j} & -1+\mathrm{j} \end{pmatrix}; \qquad \overline{\mathbf{B}} = (\mathbf{B}^*)^{\mathrm{T}} = \frac{1}{\sqrt{3}} \begin{pmatrix} 1-\mathrm{j} & -\mathrm{j} \\ 1 & -1+\mathrm{j} \end{pmatrix}$$

$$\mathbf{B} \cdot \overline{\mathbf{B}} = \frac{1}{3} \begin{pmatrix} 3 & 0 \\ 0 & 3 \end{pmatrix} = \begin{pmatrix} 1 & 0 \\ 0 & 1 \end{pmatrix} = \mathbf{E} \Rightarrow \mathbf{B}: \textit{unitär}$$

$$\mathbf{C}^* = \begin{pmatrix} -\mathrm{j} & 0 \\ 0 & -\mathrm{j} \end{pmatrix}; \qquad \overline{\mathbf{C}} = (\mathbf{C}^*)^{\mathrm{T}} = \begin{pmatrix} -\mathrm{j} & 0 \\ 0 & -\mathrm{j} \end{pmatrix}$$

$$\mathbf{C} \cdot \overline{\mathbf{C}} = \begin{pmatrix} 1 & 0 \\ 0 & 1 \end{pmatrix} = \mathbf{E} \Rightarrow \mathbf{C}: \textit{unitär.}$$

Abschnitt 6

1) a) $\det(\mathbf{A} - \lambda\,\mathbf{E}) = \begin{vmatrix} 1-\lambda & -1 \\ 0 & 2-\lambda \end{vmatrix} = (1-\lambda)(2-\lambda) = 0 \Rightarrow \lambda_1 = 1, \quad \lambda_2 = 2$

Eigenvektoren: $\tilde{\mathbf{x}}_1 = \begin{pmatrix} 1 \\ 0 \end{pmatrix}, \quad \tilde{\mathbf{x}}_2 = \frac{1}{\sqrt{2}} \begin{pmatrix} 1 \\ -1 \end{pmatrix}$

b) $\det(\mathbf{A} - \lambda\,\mathbf{E}) = \begin{vmatrix} 0-\lambda & 1 \\ 1 & 0-\lambda \end{vmatrix} = \lambda^2 - 1 = 0 \Rightarrow \lambda_{1/2} = \pm 1$

Eigenvektoren: $\tilde{\mathbf{x}}_1 = \frac{1}{\sqrt{2}} \begin{pmatrix} 1 \\ 1 \end{pmatrix}, \quad \tilde{\mathbf{x}}_2 = \frac{1}{\sqrt{2}} \begin{pmatrix} 1 \\ -1 \end{pmatrix}$

c) $\det(\mathbf{A} - \lambda\,\mathbf{E}) = \begin{vmatrix} 5-\lambda & 1 \\ 4 & 2-\lambda \end{vmatrix} = (5-\lambda)(2-\lambda) - 4 = 0 \Rightarrow \lambda_1 = 1, \quad \lambda_2 = 6$

Eigenvektoren: $\tilde{\mathbf{x}}_1 = \frac{1}{\sqrt{17}} \begin{pmatrix} 1 \\ -4 \end{pmatrix}, \quad \tilde{\mathbf{x}}_2 = \frac{1}{\sqrt{2}} \begin{pmatrix} 1 \\ 1 \end{pmatrix}$

2) $\det(\mathbf{A} - \lambda\,\mathbf{E}) = \begin{vmatrix} -1-\lambda & 2 \\ 4 & 1-\lambda \end{vmatrix} = (-1-\lambda)(1-\lambda) - 8 = 0 \Rightarrow \lambda_{1/2} = \pm 3$

Eigenvektoren: $\tilde{\mathbf{x}}_1 = \frac{1}{\sqrt{5}} \begin{pmatrix} 1 \\ 2 \end{pmatrix}, \quad \tilde{\mathbf{x}}_2 = \frac{1}{\sqrt{2}} \begin{pmatrix} 1 \\ -1 \end{pmatrix}$

$$\det(\mathbf{B} - \lambda\,\mathbf{E}) = \begin{vmatrix} 0-\lambda & -\mathrm{j} \\ \mathrm{j} & 0-\lambda \end{vmatrix} = \lambda^2 - 1 = 0 \;\Rightarrow\; \lambda_{1/2} = \pm 1$$

Komplexe Eigenvektoren: $\tilde{\mathbf{x}}_1 = \frac{1}{\sqrt{2}}\begin{pmatrix} 1 \\ \mathrm{j} \end{pmatrix}$, $\quad \tilde{\mathbf{x}}_2 = \frac{1}{\sqrt{2}}\begin{pmatrix} 1 \\ -\mathrm{j} \end{pmatrix}$

$$\det(\mathbf{C} - \lambda\,\mathbf{E}) = \begin{vmatrix} 1-\lambda & -1 \\ 1 & 1-\lambda \end{vmatrix} = (1-\lambda)^2 + 1 = 0 \;\Rightarrow\; \lambda_{1/2} = 1 \pm \mathrm{j}$$

Komplexe Eigenvektoren: $\tilde{\mathbf{x}}_1 = \frac{1}{\sqrt{2}}\begin{pmatrix} 1 \\ -\mathrm{j} \end{pmatrix}$, $\quad \tilde{\mathbf{x}}_2 = \frac{1}{\sqrt{2}}\begin{pmatrix} 1 \\ \mathrm{j} \end{pmatrix}$

3) a) *Eigenwerte*: $\lambda_1 = -2, \quad \lambda_2 = 3 \Rightarrow \mathrm{Sp}\,(\mathbf{A}) = \lambda_1 + \lambda_2 = 1; \quad \det \mathbf{A} = \lambda_1\,\lambda_2 = -6$

b) *Eigenwerte*: $\lambda_1 = -1, \quad \lambda_2 = 2 \Rightarrow \mathrm{Sp}\,(\mathbf{A}) = \lambda_1 + \lambda_2 = 1; \quad \det \mathbf{A} = \lambda_1\,\lambda_2 = -2$

c) *Eigenwerte*: $\lambda_{1/2} = \pm 1 \Rightarrow \mathrm{Sp}\,(\mathbf{A}) = \lambda_1 + \lambda_2 = 0; \quad \det \mathbf{A} = \lambda_1\,\lambda_2 = -1$

4) a) $$\det(\mathbf{A} - \lambda\,\mathbf{E}) = \begin{vmatrix} 2-\lambda & 1 & 1 \\ 2 & 3-\lambda & 4 \\ -1 & -1 & -2-\lambda \end{vmatrix} = 0 \;\Rightarrow$$

$$\lambda^3 - 3\lambda^2 - \lambda + 3 = 0 \;\Rightarrow\; \lambda_1 = -1, \quad \lambda_2 = 1, \quad \lambda_3 = 3$$

Eigenvektoren: $\tilde{\mathbf{x}}_1 = \frac{1}{\sqrt{2}}\begin{pmatrix} 0 \\ 1 \\ -1 \end{pmatrix}$, $\quad \tilde{\mathbf{x}}_2 = \frac{1}{\sqrt{2}}\begin{pmatrix} 1 \\ -1 \\ 0 \end{pmatrix}$, $\quad \tilde{\mathbf{x}}_3 = \frac{1}{\sqrt{14}}\begin{pmatrix} -2 \\ -3 \\ 1 \end{pmatrix}$

b) $$\det(\mathbf{B} - \lambda\,\mathbf{E}) = \begin{vmatrix} -2-\lambda & 2 & -3 \\ 2 & 1-\lambda & -6 \\ -1 & -2 & 0-\lambda \end{vmatrix} = 0 \;\Rightarrow$$

$$\lambda^3 + \lambda^2 - 21\,\lambda - 45 = 0 \;\Rightarrow\; \lambda_{1/2} = -3, \quad \lambda_3 = 5$$

Eigenvektoren: $\tilde{\mathbf{x}}_1 = \frac{1}{\sqrt{5}}\begin{pmatrix} -2 \\ 1 \\ 0 \end{pmatrix}$, $\quad \tilde{\mathbf{x}}_2 = \frac{1}{\sqrt{10}}\begin{pmatrix} 3 \\ 0 \\ 1 \end{pmatrix}$, $\quad \tilde{\mathbf{x}}_3 = \frac{1}{\sqrt{6}}\begin{pmatrix} -1 \\ -2 \\ 1 \end{pmatrix}$

c) $$\det(\mathbf{C} - \lambda\,\mathbf{E}) = \begin{vmatrix} 0-\lambda & 1 & -1 \\ 1 & 0-\lambda & 1 \\ 1 & -1 & 2-\lambda \end{vmatrix} = 0 \;\Rightarrow$$

$$\lambda^3 - 2\lambda^2 + \lambda = 0 \;\Rightarrow\; \lambda_1 = 0, \quad \lambda_{2/3} = 1$$

Eigenvektoren: $\tilde{\mathbf{x}}_1 = \frac{1}{\sqrt{3}}\begin{pmatrix} -1 \\ 1 \\ 1 \end{pmatrix}$, $\quad \tilde{\mathbf{x}}_2 = \frac{1}{\sqrt{2}}\begin{pmatrix} 1 \\ 1 \\ 0 \end{pmatrix}$, $\quad \tilde{\mathbf{x}}_3 = \frac{1}{\sqrt{2}}\begin{pmatrix} -1 \\ 0 \\ 1 \end{pmatrix}$

d) $$\det(\mathbf{D} - \lambda\,\mathbf{E}) = \begin{vmatrix} 0-\lambda & -4 & -2 \\ 1 & 4-\lambda & 1 \\ 2 & 4 & 4-\lambda \end{vmatrix} = 0 \quad \Rightarrow$$

$$\lambda^3 - 8\,\lambda^2 + 20\,\lambda - 16 = 0 \;\Rightarrow\; \lambda_{1/2} = 2, \quad \lambda_3 = 4$$

Eigenvektoren: $\tilde{\mathbf{x}}_1 = \frac{1}{\sqrt{5}}\begin{pmatrix} -2 \\ 1 \\ 0 \end{pmatrix}$, $\tilde{\mathbf{x}}_2 = \frac{1}{\sqrt{2}}\begin{pmatrix} -1 \\ 0 \\ 1 \end{pmatrix}$, $\tilde{\mathbf{x}}_3 = \frac{1}{3}\begin{pmatrix} -2 \\ 1 \\ 2 \end{pmatrix}$

5) $$\det(\mathbf{A} - \lambda\,\mathbf{E}) = \begin{vmatrix} a-\lambda & b & a \\ b & a-\lambda & a \\ a & a & b-\lambda \end{vmatrix} = 0 \quad \Rightarrow$$

$$\lambda^3 - (2\,a + b)\,\lambda^2 - (a-b)^2\,\lambda + 2\,a^3 - 3\,a^2\,b + b^3 = 0$$

Mit Hilfe des *Horner-Schemas* zeigt man, daß $\lambda_1 = 2\,a + b$ eine Lösung dieser charakteristischen Gleichung ist. Aus dem 1. reduzierten Polynom erhält man die restlichen Eigenwerte $\lambda_2 = a - b$ und $\lambda_3 = -a + b$.

6) a) $$\det(\mathbf{A} - \lambda\,\mathbf{E}) = \begin{vmatrix} 1-\lambda & 2 & -1 \\ 0 & -1-\lambda & 1 \\ 1 & -1 & 1-\lambda \end{vmatrix} = 0 \quad \Rightarrow$$

$$\lambda^3 - \lambda^2 + \lambda - 1 = 0 \;\Rightarrow\; \lambda_1 = 1, \quad \lambda_{2/3} = \pm\,\mathrm{j}$$

$$\mathrm{Sp}\,(\mathbf{A}) = \lambda_1 + \lambda_2 + \lambda_3 = 1; \qquad \det \mathbf{A} = \lambda_1\,\lambda_2\,\lambda_3 = 1$$

b) $$\det(\mathbf{A} - \lambda\,\mathbf{E}) = \begin{vmatrix} 0-\lambda & 1 & 0 \\ 0 & 0-\lambda & 1 \\ -10 & 1 & 10-\lambda \end{vmatrix} = 0 \quad \Rightarrow$$

$$\lambda^3 - 10\,\lambda^2 - \lambda + 10 = 0 \;\Rightarrow\; \lambda_1 = -1, \quad \lambda_2 = 1, \quad \lambda_3 = 10$$

$$\mathrm{Sp}\,(\mathbf{A}) = \lambda_1 + \lambda_2 + \lambda_3 = 10; \qquad \det \mathbf{A} = \lambda_1\,\lambda_2\,\lambda_3 = -10$$

c) $$\det(\mathbf{A} - \lambda\,\mathbf{E}) = \begin{vmatrix} 2-\lambda & 1 & 1 \\ 2 & 3-\lambda & 2 \\ 3 & 3 & 4-\lambda \end{vmatrix} = 0 \quad \Rightarrow$$

$$\lambda^3 - 9\,\lambda^2 + 15\,\lambda - 7 = 0 \;\Rightarrow\; \lambda_{1/2} = 1, \quad \lambda_3 = 7$$

$$\mathrm{Sp}\,(\mathbf{A}) = \lambda_1 + \lambda_2 + \lambda_3 = 9; \qquad \det \mathbf{A} = \lambda_1\,\lambda_2\,\lambda_3 = 7$$

7) $$\det(\mathbf{A} - \lambda\,\mathbf{E}) = \begin{vmatrix} 7-\lambda & 2 & 0 \\ 2 & 6-\lambda & 2 \\ 0 & 2 & 5-\lambda \end{vmatrix} = 0 \quad \Rightarrow$$

$$\lambda^3 - 18\,\lambda^2 + 99\,\lambda - 162 = 0 \;\Rightarrow\; \lambda_1 = 3, \quad \lambda_2 = 6, \quad \lambda_3 = 9$$

Eigenvektoren: $\tilde{\mathbf{x}}_1 = \frac{1}{3}\begin{pmatrix} 1 \\ -2 \\ 2 \end{pmatrix}, \quad \tilde{\mathbf{x}}_2 = \frac{1}{3}\begin{pmatrix} -2 \\ 1 \\ 2 \end{pmatrix}, \quad \tilde{\mathbf{x}}_3 = \frac{1}{3}\begin{pmatrix} 2 \\ 2 \\ 1 \end{pmatrix}$

Die Eigenvektoren sind *orthogonal*: $\tilde{\mathbf{x}}_1 \cdot \tilde{\mathbf{x}}_2 = \tilde{\mathbf{x}}_1 \cdot \tilde{\mathbf{x}}_3 = \tilde{\mathbf{x}}_2 \cdot \tilde{\mathbf{x}}_3 = 0$

Die aus ihnen gebildete Matrix

$\mathbf{X} = (\tilde{\mathbf{x}}_1 \;\; \tilde{\mathbf{x}}_2 \;\; \tilde{\mathbf{x}}_3) = \frac{1}{3}\begin{pmatrix} 1 & -2 & 2 \\ -2 & 1 & 2 \\ 2 & 2 & 1 \end{pmatrix}$ ist daher *orthogonal* $(\mathbf{X} \cdot \mathbf{X}^{\mathrm{T}} = \mathbf{E})$.

8) $\det(\mathbf{A} - \lambda\,\mathbf{E}) = \begin{vmatrix} 2-\lambda & 0 & 1 & 2 \\ 0 & 2-\lambda & -2 & -4 \\ 0 & 0 & 0-\lambda & 1 \\ 0 & 0 & -1 & 0-\lambda \end{vmatrix} = 0 \quad \Rightarrow$

$(2-\lambda)^2\,(\lambda^2+1) = 0 \;\Rightarrow\; \lambda_{1/2} = 2, \quad \lambda_{3/4} = \pm\,\mathrm{j}$

9) $\det(\mathbf{A} - \lambda\,\mathbf{E}) = \begin{vmatrix} -2-\lambda & 2 & -1 \\ 7 & 3-\lambda & -1 \\ -4 & -4 & -2-\lambda \end{vmatrix} = 0 \quad \Rightarrow$

$\lambda^3 + \lambda^2 - 30\,\lambda - 72 = 0 \;\Rightarrow\; \lambda_1 = -4, \quad \lambda_2 = -3, \quad \lambda_3 = 6$

Eigenvektoren: $\tilde{\mathbf{x}}_1 = \frac{1}{\sqrt{2}}\begin{pmatrix} 1 \\ -1 \\ 0 \end{pmatrix}, \quad \tilde{\mathbf{x}}_2 = \frac{1}{\sqrt{29}}\begin{pmatrix} 2 \\ -3 \\ -4 \end{pmatrix}, \quad \tilde{\mathbf{x}}_3 = \frac{1}{\sqrt{14}}\begin{pmatrix} 1 \\ 3 \\ -2 \end{pmatrix}$

$\begin{vmatrix} 1 & 2 & 1 \\ -1 & -3 & 3 \\ 0 & -4 & -2 \end{vmatrix} = 18 \neq 0 \;\Rightarrow\; \tilde{\mathbf{x}}_1, \tilde{\mathbf{x}}_2, \tilde{\mathbf{x}}_3$ sind *linear unabhängig*

$\mathrm{Sp}(\mathbf{A}) = \lambda_1 + \lambda_2 + \lambda_3 = -1; \quad \det \mathbf{A} = \lambda_1\,\lambda_2\,\lambda_3 = 72$

10) **A**: $\lambda_1 = 1, \quad \lambda_2 = 5, \quad \lambda_3 = 8$ (*untere Dreiecksmatrix*)

B: $\lambda_1 = 4, \quad \lambda_2 = 5, \quad \lambda_3 = 0, \quad \lambda_4 = 1$ (*Diagonalmatrix*)

C: $\lambda_1 = 4, \quad \lambda_2 = -2, \quad \lambda_3 = 5$ (*obere Dreiecksmatrix*)

In allen 3 Fällen gilt: *Eigenwerte = Hauptdiagonalelemente*.

11) Die Systemmatrix ist eine (untere) *Dreiecksmatrix*. Die Eigenwerte lauten daher: $\lambda_1 = -k_1$, $\lambda_2 = -k_2, \quad \lambda_3 = 0$.

12) a) $\det(\mathbf{A} - \lambda\,\mathbf{E}) = \begin{vmatrix} 0-\lambda & 1 \\ 1 & 0-\lambda \end{vmatrix} = \lambda^2 - 1 = 0 \;\Rightarrow\; \lambda_{1/2} = \pm 1$

Eigenvektoren: $\tilde{\mathbf{x}}_1 = \frac{1}{\sqrt{2}}\begin{pmatrix} 1 \\ 1 \end{pmatrix}, \quad \tilde{\mathbf{x}}_2 = \frac{1}{\sqrt{2}}\begin{pmatrix} 1 \\ -1 \end{pmatrix}$

b) $\det(\mathbf{A} - \lambda\,\mathbf{E}) = \begin{vmatrix} 1-\lambda & 2 \\ 2 & -2-\lambda \end{vmatrix} = (1-\lambda)(-2-\lambda) - 4 = 0 \Rightarrow$

$\Rightarrow \lambda^2 + \lambda - 6 = 0 \Rightarrow \lambda_1 = -3, \quad \lambda_2 = 2$

Eigenvektoren: $\tilde{\mathbf{x}}_1 = \frac{1}{\sqrt{5}}\begin{pmatrix} 1 \\ -2 \end{pmatrix}, \quad \tilde{\mathbf{x}}_2 = \frac{1}{\sqrt{5}}\begin{pmatrix} 2 \\ 1 \end{pmatrix}$

c) $\det(\mathbf{A} - \lambda\,\mathbf{E}) = \begin{vmatrix} -2-\lambda & -4 \\ -4 & 4-\lambda \end{vmatrix} = (-2-\lambda)(4-\lambda) - 16 = 0 \Rightarrow$

$\Rightarrow \lambda^2 - 2\lambda - 24 = 0 \Rightarrow \lambda_1 = -4, \quad \lambda_2 = 6$

Eigenvektoren: $\tilde{\mathbf{x}}_1 = \frac{1}{\sqrt{5}}\begin{pmatrix} 2 \\ 1 \end{pmatrix}, \quad \tilde{\mathbf{x}}_2 = \frac{1}{\sqrt{5}}\begin{pmatrix} 1 \\ -2 \end{pmatrix}$

13) $\det(\mathbf{A} - \lambda\,\mathbf{E}) = \begin{vmatrix} \alpha-\lambda & \beta \\ \beta & \alpha-\lambda \end{vmatrix} = (\alpha-\lambda)^2 - \beta^2 = 0 \Rightarrow$

$(\alpha-\lambda)^2 = \beta^2 \Rightarrow \lambda_1 = \alpha - \beta, \quad \lambda_2 = \alpha + \beta$

$\det(\mathbf{B} - \lambda\,\mathbf{E}) = \begin{vmatrix} 1-\lambda & -0{,}5 \\ -0{,}5 & 1-\lambda \end{vmatrix} = (1-\lambda)^2 - 0{,}25 = 0 \Rightarrow$

$(1-\lambda)^2 = 0{,}25 \Rightarrow \lambda_1 = 0{,}5, \quad \lambda_2 = 1{,}5$

14) $\det(\mathbf{A} - \lambda\,\mathbf{E}) = \begin{vmatrix} -\lambda & -2 & 2 \\ 2 & -\lambda & -1 \\ -2 & 1 & -\lambda \end{vmatrix} = 0 \Rightarrow \lambda^3 + 9\lambda = 0 \Rightarrow \lambda_1 = 0, \quad \lambda_{2/3} = \pm 3\,\mathrm{j}$

15) a) $\det(\mathbf{A} - \lambda\,\mathbf{E}) = \begin{vmatrix} -\lambda & 1 & 1 \\ 1 & -\lambda & 1 \\ 1 & 1 & -\lambda \end{vmatrix} = 0 \Rightarrow \lambda^3 - 3\lambda - 2 = 0 \Rightarrow \lambda_{1/2} = -1, \quad \lambda_3 = 2$

Eigenvektoren: $\tilde{\mathbf{x}}_1 = \frac{1}{\sqrt{2}}\begin{pmatrix} -1 \\ 1 \\ 0 \end{pmatrix}, \quad \tilde{\mathbf{x}}_2 = \frac{1}{\sqrt{2}}\begin{pmatrix} -1 \\ 0 \\ 1 \end{pmatrix}, \quad \tilde{\mathbf{x}}_3 = \frac{1}{\sqrt{3}}\begin{pmatrix} 1 \\ 1 \\ 1 \end{pmatrix}$

b) $\det(\mathbf{A} - \lambda\,\mathbf{E}) = \begin{vmatrix} 2-\lambda & 1 & 0 \\ 1 & 2-\lambda & 1 \\ 0 & 1 & 2-\lambda \end{vmatrix} = 0 \Rightarrow$

$(2-\lambda)(\lambda^2 - 4\lambda + 2) = 0 \Rightarrow \lambda_1 = 2, \quad \lambda_{2/3} = 2 \pm \sqrt{2}$

Eigenvektoren: $\tilde{\mathbf{x}}_1 = \frac{1}{\sqrt{2}}\begin{pmatrix} -1 \\ 0 \\ 1 \end{pmatrix}, \quad \tilde{\mathbf{x}}_2 = \frac{1}{2}\begin{pmatrix} 1 \\ \sqrt{2} \\ 1 \end{pmatrix}, \quad \tilde{\mathbf{x}}_3 = \frac{1}{2}\begin{pmatrix} 1 \\ -\sqrt{2} \\ 1 \end{pmatrix}$

16) $$\det(\mathbf{A} - \lambda\,\mathbf{E}) = \begin{vmatrix} 2-\lambda & 1 & 1 \\ 1 & 2-\lambda & 1 \\ 1 & 1 & 2-\lambda \end{vmatrix} = 0 \;\Rightarrow$$

$$\lambda^3 - 6\lambda^2 + 9\lambda - 4 = 0 \;\Rightarrow\; \lambda_{1/2} = 1, \quad \lambda_3 = 4$$

$$\det(\mathbf{B} - \lambda\,\mathbf{E}) = \begin{vmatrix} 3-\lambda & -1 & 1 \\ -1 & 5-\lambda & -1 \\ 1 & -1 & 3-\lambda \end{vmatrix} = 0 \;\Rightarrow$$

$$\lambda^3 - 11\lambda^2 + 36\lambda - 36 = 0 \;\Rightarrow\; \lambda_1 = 2, \quad \lambda_2 = 3, \quad \lambda_3 = 6$$

$$\det(\mathbf{C} - \lambda\,\mathbf{E}) = \begin{vmatrix} a-\lambda & 1 & 0 \\ 1 & b-\lambda & 1 \\ 0 & 1 & a-\lambda \end{vmatrix} = 0 \;\Rightarrow$$

$$(a-\lambda)\,[\lambda^2 - (a+b)\,\lambda + ab - 2] = 0 \;\Rightarrow$$

$$\lambda_1 = a, \quad \lambda_{2/3} = \frac{1}{2}\left(a + b \pm \sqrt{(a-b)^2 + 8}\right)$$

17) $$\det(\mathbf{A} - \lambda\,\mathbf{E}) = \begin{vmatrix} 3-\lambda & 1 & -1 & 1 \\ 1 & 3-\lambda & 1 & -1 \\ -1 & 1 & 3-\lambda & 1 \\ 1 & -1 & 1 & 3-\lambda \end{vmatrix} = 0 \quad \Rightarrow$$

$$\lambda^4 - 12\lambda^3 + 48\lambda^2 - 64\lambda = 0 \;\Rightarrow\; \lambda_1 = 0, \quad \lambda_{2/3/4} = 4$$

18) $$\det(\mathbf{A} - \lambda\,\mathbf{E}) = \begin{vmatrix} 4-\lambda & 2\mathrm{j} \\ -2\mathrm{j} & 1-\lambda \end{vmatrix} = (4-\lambda)(1-\lambda) - 4 = 0 \;\Rightarrow$$

$$\lambda^2 - 5\lambda = 0 \;\Rightarrow\; \lambda_1 = 0, \quad \lambda_2 = 5$$

Eigenvektoren: $\tilde{\mathbf{x}}_1 = \dfrac{1}{\sqrt{5}}\begin{pmatrix} 1 \\ 2\mathrm{j} \end{pmatrix}, \quad \tilde{\mathbf{x}}_2 = \dfrac{1}{\sqrt{5}}\begin{pmatrix} 2\mathrm{j} \\ 1 \end{pmatrix}$

II Fourier-Reihen

Abschnitt 1

1) $$a_0 = \frac{1}{\pi} \cdot \int_0^{2\pi} (2\pi x - x^2)\,dx = \frac{4}{3}\pi^2$$

$$a_n = \frac{1}{\pi} \cdot \int_0^{2\pi} (2\pi x - x^2) \cdot \cos(nx)\,dx = -\frac{4}{n^2} \qquad (n \in \mathbb{N})$$

$b_n = 0$ (gerade Funktion) $(n \in \mathbb{N})$

$$f(x) = \frac{2}{3}\pi^2 - 4\left(\frac{1}{1^2} \cdot \cos x + \frac{1}{2^2} \cdot \cos(2x) + \frac{1}{3^2} \cdot \cos(3x) + \ldots\right)$$

2) $$a_0 = \frac{1}{\pi} \cdot \int_0^{2\pi} x\,dx = 2\pi$$

$$a_n = \frac{1}{\pi} \cdot \int_0^{2\pi} x \cdot \cos(nx)\,dx = 0 \qquad (n \in \mathbb{N})$$

$$b_n = \frac{1}{\pi} \cdot \int_0^{2\pi} x \cdot \sin(nx)\,dx = -\frac{2}{n} \qquad (n \in \mathbb{N})$$

$$f(x) = \pi - 2\left(\sin x + \frac{1}{2} \cdot \sin(2x) + \frac{1}{3} \cdot \sin(3x) + \ldots\right)$$

3) $$a_0 = \frac{1}{\pi} \cdot \int_{-\pi}^{\pi} |x|\,dx = 2 \cdot \frac{1}{\pi} \cdot \int_0^{\pi} x\,dx = \pi$$

$$a_n = \frac{1}{\pi} \cdot \int_{-\pi}^{\pi} |x| \cdot \cos(nx)\,dx =$$

$$= 2 \cdot \frac{1}{\pi} \cdot \int_0^{\pi} x \cdot \cos(nx)\,dx = \begin{cases} -\dfrac{4}{\pi} \cdot \dfrac{1}{n^2} & n = 1, 3, 5, \ldots \\ & \text{für} \\ 0 & n = 2, 4, 6, \ldots \end{cases}$$

$b_n = 0$ (gerade Funktion) $(n \in \mathbb{N})$

$$f(x) = \frac{\pi}{2} - \frac{4}{\pi}\left(\frac{1}{1^2} \cdot \cos x + \frac{1}{3^2} \cdot \cos(3x) + \frac{1}{5^2} \cdot \cos(5x) + \ldots\right)$$

Abschnitt 2

1) $$a_0 = \frac{1}{\pi} \cdot \int_{-\pi/2}^{\pi/2} \hat{u} \cdot \cos t \, dt = \frac{2\hat{u}}{\pi}$$

$$a_n = \frac{1}{\pi} \cdot \int_{-\pi/2}^{\pi/2} \hat{u} \cdot \cos t \cdot \cos(nt) \, dt = \begin{cases} \frac{\hat{u}}{2} & n = 1 \\ 0 & \text{für} \quad n = 3, 5, 7, \ldots \\ (-1)^{\frac{n}{2}+1} \cdot \frac{2\hat{u}}{\pi(n-1)(n+1)} & n = 2, 4, 6, \ldots \end{cases}$$

$b_n = 0$ (gerade Funktion) $(n \in \mathbb{N})$

$$u(t) = \frac{\hat{u}}{\pi} + \frac{\hat{u}}{2} \cdot \cos t + \frac{2\hat{u}}{\pi}\left(\frac{1}{1 \cdot 3} \cdot \cos(2t) - \frac{1}{3 \cdot 5} \cdot \cos(4t) + \frac{1}{5 \cdot 7} \cdot \cos(6t) - + \ldots\right)$$

2) $$y(t) = \begin{cases} \frac{2\hat{y}}{\pi} t & 0 \leqslant t \leqslant \frac{\pi}{2} \\ -\frac{2\hat{y}}{\pi} t + 2\hat{y} & \text{für} \quad \frac{\pi}{2} \leqslant t \leqslant \frac{3}{2}\pi \\ \frac{2\hat{y}}{\pi} t - 4\hat{y} & \frac{3}{2}\pi \leqslant t \leqslant 2\pi \end{cases}$$

$a_n = 0$ (ungerade Funktion) $(n \in \mathbb{N}_0)$

$$b_n = \frac{1}{\pi}\left[\int_0^{\pi/2} \frac{2\hat{y}}{\pi} t \cdot \sin(nt) \, dt + \int_{\pi/2}^{3\pi/2} \left(-\frac{2\hat{y}}{\pi} t + 2\hat{y}\right) \cdot \sin(nt) \, dt + \right.$$

$$\left. + \int_{3\pi/2}^{2\pi} \left(\frac{2\hat{y}}{\pi} t - 4\hat{y}\right) \cdot \sin(nt) \, dt\right] = \begin{cases} (-1)^{\frac{n}{2}+\frac{3}{2}} \cdot \frac{8\hat{y}}{\pi^2} \cdot \frac{1}{n^2} & n = 1, 3, 5, \ldots \\ & \text{für} \\ 0 & n = 2, 4, 6, \ldots \end{cases}$$

$$y(t) = \frac{8\hat{y}}{\pi^2}\left(\frac{1}{1^2} \cdot \sin t - \frac{1}{3^2} \cdot \sin(3t) + \frac{1}{5^2} \cdot \sin(5t) - + \ldots\right)$$

3) $$u(t) = \begin{cases} \frac{2\hat{u}}{T} t & 0 \leqslant t \leqslant \frac{T}{2} \\ & \text{für} \\ \hat{u} & \frac{T}{2} \leqslant t \leqslant T \end{cases}$$

$$a_0 = \frac{2}{T}\left[\int_0^{T/2} \frac{2\hat{u}}{T} t \, dt + \int_{T/2}^{T} \hat{u} \, dt\right] = \frac{3}{2}\hat{u}$$

$$a_n = \frac{2}{T}\left[\int_0^{T/2} \frac{2\hat{u}}{T}\, t \cdot \cos\left(n\frac{2\pi}{T}t\right) dt + \int_{T/2}^{T} \hat{u} \cdot \cos\left(n\frac{2\pi}{T}t\right) dt\right] =$$

$$= \begin{cases} -\dfrac{2\hat{u}}{\pi^2} \cdot \dfrac{1}{n^2} & n = 1, 3, 5, \ldots \\ & \text{für} \\ 0 & n = 2, 4, 6, \ldots \end{cases}$$

$$b_n = \frac{2}{T}\left[\int_0^{T/2} \frac{2\hat{u}}{T}\, t \cdot \sin\left(n\frac{2\pi}{T}t\right) dt + \int_{T/2}^{T} \hat{u} \cdot \sin\left(n\frac{2\pi}{T}t\right) dt\right] = -\frac{\hat{u}}{\pi n} \qquad (n \in \mathbb{N})$$

$$u(t) = \frac{3}{4}\hat{u} - \frac{2\hat{u}}{\pi^2}\left(\frac{1}{1^2} \cdot \cos(\omega_0 t) + \frac{1}{3^2} \cdot \cos(3\omega_0 t) + \frac{1}{5^2} \cdot \cos(5\omega_0 t) + \ldots\right) -$$

$$- \frac{\hat{u}}{\pi}\left(\sin(\omega_0 t) + \frac{1}{2} \cdot \sin(2\omega_0 t) + \frac{1}{3} \cdot \sin(3\omega_0 t) + \ldots\right)$$

4) $y(t) = -\dfrac{\hat{y}}{T}t + \hat{y} \qquad (0 \leqslant t < T)$

$$a_0 = \frac{2}{T} \cdot \int_0^T \left(-\frac{\hat{y}}{T}t + \hat{y}\right) dt = \hat{y}$$

$$a_n = \frac{2}{T} \cdot \int_0^T \left(-\frac{\hat{y}}{T}t + \hat{y}\right) \cdot \cos\left(n\frac{2\pi}{T}t\right) dt = 0 \qquad (n \in \mathbb{N})$$

$$b_n = \frac{2}{T} \cdot \int_0^T \left(-\frac{\hat{y}}{T}t + \hat{y}\right) \cdot \sin\left(n\frac{2\pi}{T}t\right) dt = \frac{\hat{y}}{\pi} \cdot \frac{1}{n} \qquad (n \in \mathbb{N})$$

$$y(t) = \frac{\hat{y}}{2} + \frac{\hat{y}}{\pi}\left[\sin(\omega_0 t) + \frac{1}{2} \cdot \sin(2\omega_0 t) + \frac{1}{3} \cdot \sin(3\omega_0 t) + \ldots\right]$$

5) Periode: $T = \dfrac{\pi}{\omega_0}$

$$a_0 = \frac{2}{T} \cdot \int_0^T \hat{y} \cdot \sin\left(\frac{\pi}{T}t\right) dt = \frac{4\hat{y}}{\pi}$$

$$a_n = \frac{2}{T} \cdot \int_0^T \hat{y} \cdot \sin\left(\frac{\pi}{T}t\right) \cdot \cos\left(n\frac{\pi}{T}t\right) dt = \begin{cases} 0 & n = 1, 3, 5, \ldots \\ & \text{für} \\ -\dfrac{4\hat{y}}{\pi} \cdot \dfrac{1}{(n-1)(n+1)} & n = 2, 4, 6, \ldots \end{cases}$$

$b_n = 0 \quad (y(t)$ ist eine *gerade* Funktion; $n \in \mathbb{N})$

$$y(t) = \frac{2\hat{y}}{\pi} - \frac{4\hat{y}}{\pi}\left[\frac{1}{1\cdot 3}\cdot\cos(2\omega_0 t) + \frac{1}{3\cdot 5}\cdot\cos(4\omega_0 t) + \frac{1}{5\cdot 7}\cdot\cos(6\omega_0 t) + \ldots\right]$$

III Komplexe Zahlen und Funktionen

Abschnitt 1

1) Siehe Bild A-1.

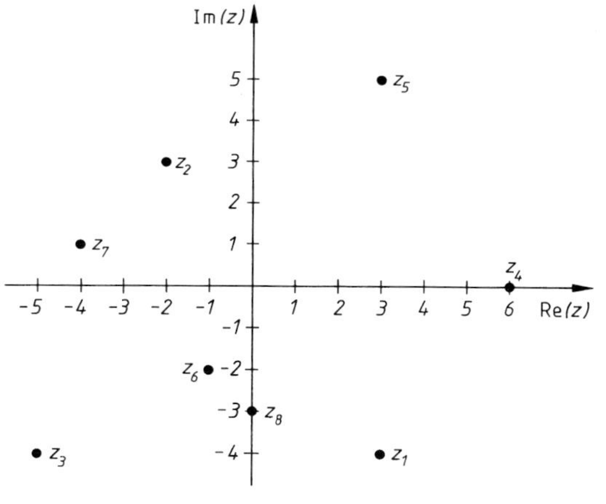

Bild A-1

2) Siehe Bild A-2.

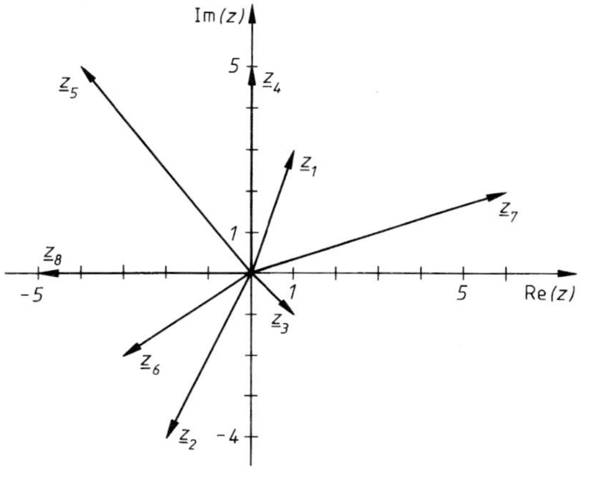

Bild A-2

3) $z_1 = 1 + 4j = 4{,}12 \cdot e^{j\,75{,}96°}$; $z_1^* = 1 - 4j = 4{,}12 \cdot e^{-j\,75{,}96°} = 4{,}12 \cdot e^{j\,284{,}04°}$

$z_2 = 2{,}5 + j = 2{,}69 \cdot e^{j\,21{,}80°}$; $z_2^* = 2{,}5 - j = 2{,}69 \cdot e^{-j\,21{,}80°} = 2{,}69 \cdot e^{j\,338{,}20°}$

$z_3 = 5 + 3j = 5{,}83 \cdot e^{j\,30{,}96°}$; $z_3^* = 5 - 3j = 5{,}83 \cdot e^{-j\,30{,}96°} = 5{,}83 \cdot e^{j\,329{,}04°}$

$z_4 = 4 = 4 \cdot e^{j0°}$; $z_4^* = 4 = 4 \cdot e^{j0°}$

$z_5 = -1 + 2j = 2{,}24 \cdot e^{j\,116{,}57°}$; $z_5^* = -1 - 2j = 2{,}24 \cdot e^{-j\,116{,}57°} = 2{,}24 \cdot e^{j\,243{,}43°}$

$z_6 = -2{,}5 + 4j = 4{,}72 \cdot e^{j\,122{,}01°}$; $z_6^* = -2{,}5 - 4j = 4{,}72 \cdot e^{-j\,122{,}01°} = 4{,}72 \cdot e^{j\,237{,}99°}$

$z_7 = -4 + 1{,}5j = 4{,}27 \cdot e^{j\,159{,}44°}$; $z_7^* = -4 - 1{,}5j = 4{,}27 \cdot e^{-j\,159{,}44°} = 4{,}27 \cdot e^{j\,200{,}56°}$

$z_8 = -2{,}5 - 1{,}5j = 2{,}92 \cdot e^{j\,210{,}96°}$; $z_8^* = -2{,}5 + 1{,}5j = 2{,}92 \cdot e^{-j\,210{,}96°} = 2{,}92 \cdot e^{j\,149{,}04°}$

$z_9 = -4{,}5 - 3j = 5{,}41 \cdot e^{j\,213{,}69°}$; $z_9^* = -4{,}5 + 3j = 5{,}41 \cdot e^{-j\,213{,}69°} = 5{,}41 \cdot e^{j\,146{,}31°}$

$z_{10} = -2 - 4j = 4{,}47 \cdot e^{j\,243{,}43°}$; $z_{10}^* = -2 + 4j = 4{,}47 \cdot e^{-j\,243{,}43°} = 4{,}47 \cdot e^{j\,116{,}57°}$

$z_{11} = -3{,}5j = 3{,}5 \cdot e^{j\,270°}$; $z_{11}^* = 3{,}5j = 3{,}5 \cdot e^{-j\,270°} = 3{,}5 \cdot e^{j\,90°}$

$z_{12} = 1{,}5 - 1{,}5j = 2{,}12 \cdot e^{j\,315°}$; $z_{12}^* = 1{,}5 + 1{,}5j = 2{,}12 \cdot e^{-j\,315°} = 2{,}12 \cdot e^{j\,45°}$

$z_{13} = 3{,}5 - 2{,}5j = 4{,}30 \cdot e^{j\,324{,}46°}$; $z_{13}^* = 3{,}5 + 2{,}5j = 4{,}30 \cdot e^{-j\,324{,}46°} = 4{,}30 \cdot e^{j\,35{,}54°}$

$z_{14} = 4 - 5j = 6{,}40 \cdot e^{j\,308{,}66°}$; $z_{14}^* = 4 + 5j = 6{,}40 \cdot e^{-j\,308{,}66°} = 6{,}40 \cdot e^{j\,51{,}34°}$

4) $z_1 = 3{,}72 \cdot e^{j\,57{,}52°}$; $z_1^* = 2 - \pi j = 3{,}72 \cdot e^{-j\,57{,}52°} = 3{,}72 \cdot e^{j\,302{,}48°}$

$z_2 = 5{,}1 \cdot e^{j\,331{,}93°}$; $z_2^* = 4{,}5 + 2{,}4j = 5{,}1 \cdot e^{-j\,331{,}93°} = 5{,}1 \cdot e^{j\,28{,}07°}$

$z_3 = 5{,}83 \cdot e^{j\,120{,}96°}$; $z_3^* = -3 - 5j = 5{,}83 \cdot e^{-j\,120{,}96°} = 5{,}83 \cdot e^{j\,239{,}04°}$

$z_4 = 6 \cdot e^{j\,180°}$; $z_4^* = -6 = 6 \cdot e^{-j\,180°} = 6 \cdot e^{j\,180°}$

$z_5 = 3{,}61 \cdot e^{j\,213{,}69°}$; $z_5^* = -3 + 2j = 3{,}61 \cdot e^{-j\,213{,}69°} = 3{,}61 \cdot e^{j\,146{,}31°}$

$z_6 = 1{,}41 \cdot e^{j\,135°}$; $z_6^* = -1 - j = 1{,}41 \cdot e^{-j\,135°} = 1{,}41 \cdot e^{j\,225°}$

$z_7 = 4 \cdot e^{j\,270°}$; $z_7^* = 4j = 4 \cdot e^{-j\,270°} = 4 \cdot e^{j\,90°}$

$z_8 = 3{,}16 \cdot e^{j\,198{,}43°}$; $z_8^* = -3 + j = 3{,}16 \cdot e^{-j\,198{,}43°} = 3{,}16 \cdot e^{j\,161{,}57°}$

5) $z_1 = 2{,}16 + 3{,}37j$; $z_1^* = 2{,}16 - 3{,}37j$

$z_2 = 2{,}60 + 1{,}50j$; $z_2^* = 2{,}60 - 1{,}50j$

$z_3 = -3{,}54 + 3{,}54j$; $z_3^* = -3{,}54 - 3{,}54j$

$z_4 = 2{,}5 - 4{,}33j$; $z_4^* = 2{,}5 + 4{,}33j$

$z_5 = 2j$; $z_5^* = -2j$

$z_6 = -0{,}5 - 0{,}87j$; $z_6^* = -0{,}5 + 0{,}87j$

$z_7 = -1{,}73 - j$; $z_7^* = -1{,}73 + j$

$z_8 = 0{,}88 - 0{,}48j$; $z_8^* = 0{,}88 + 0{,}48j$

6) $|z_1| = 5$; $|z_2| = 6{,}32$; $|z_3| = 3$; $|z_4| = 5$; $|z_5| = 4$; $|z_6| = 3$

7) $\arg(z_1) = 251{,}57°$; $\arg(z_2) = 140°$; $\arg(z_3) = 120°$;

$\arg(z_4) = 341{,}57°$; $\arg(z_5) = 126{,}87°$; $\arg(z_6) = 280°$;

Abschnitt 2

1) a) $-9+3\,j$ b) $16-24\,j$ c) $2-10\,j$ d) $31-25\,j$
e) $1{,}5+0{,}5\,j$ f) j

2) a) $16-2\,j$ b) $-\frac{582}{25}+\frac{76}{25}\,j$ c) $-6-2\,j$ d) $-12-18\,j$

3) a) $3{,}53+1{,}36\,j$ b) $0{,}16-1{,}23\,j$

4) Siehe Bild A-3.

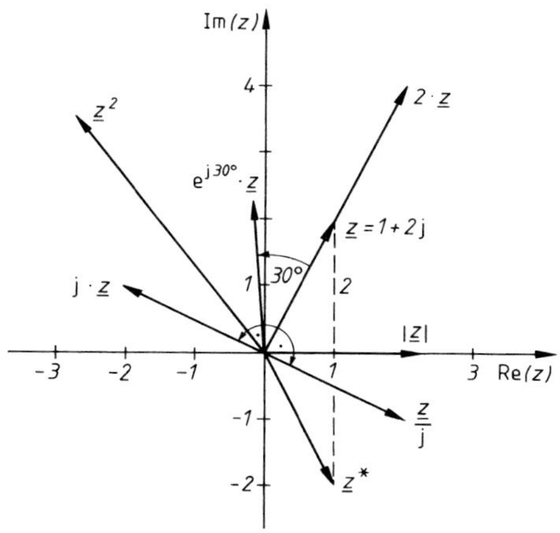

Bild A-3

a) *Drehung* des Zeigers um 90°.

b) *Spiegelung* des Zeigers an der *reellen* Achse.

c) *Zurückdrehung* des Zeigers um 90° (Drehung des Zeigers um 90° im *negativen* Drehsinn (Uhrzeigersinn)).

d) *Streckung* des Zeigers auf das Doppelte.

e) *Drehung* des Zeigers um 30°.

f) *Drehung* des Zeigers in die (positive) *reelle* Achse.

g) *Drehstreckung*: Streckung des Zeigers auf das $\sqrt{5}$-fache und anschließende Drehung um den Winkel $\arg(z) = 63{,}43°$ (oder umgekehrt).

5) a) $z + z^* = (x + j\,y) + (x - j\,y) = 2\,x = 2 \cdot \operatorname{Re}(z)$

b) $z - z^* = (x + j\,y) - (x - j\,y) = j\,2\,y = 2\,j \cdot \operatorname{Im}(z)$

6) a) $(1+j)^2 = (\sqrt{2} \cdot e^{j\,45°})^2 = 2 \cdot e^{j\,90°} = 2\,j$

b) $(3-\sqrt{3}\,j)^4 = (\sqrt{12} \cdot e^{j\,330°})^4 = 144 \cdot e^{j\,1320°} = 144 \cdot e^{j\,240°} = -72 - 124{,}71\,j$

c) $(2 \cdot e^{-j\,30°})^8 = 256 \cdot e^{-j\,240°} = 256 \cdot e^{j\,120°} = -128 + 221{,}70\,j$

d) $(-4-3\,\mathrm{j})^3 = (5 \cdot \mathrm{e}^{\mathrm{j}\,216{,}87^\circ})^3 = 125 \cdot \mathrm{e}^{\mathrm{j}\,650{,}61^\circ} = 125 \cdot \mathrm{e}^{\mathrm{j}\,290{,}61^\circ} = 44{,}00 - 117{,}00\,\mathrm{j}$

e) $\left(\dfrac{3-\mathrm{j}}{2+\mathrm{j}}\right)^3 = (1-\mathrm{j})^3 = (\sqrt{2} \cdot \mathrm{e}^{\mathrm{j}\,315^\circ})^3 = 2\sqrt{2} \cdot \mathrm{e}^{\mathrm{j}\,945^\circ} = 2\sqrt{2} \cdot \mathrm{e}^{\mathrm{j}\,225^\circ} = -2-2\,\mathrm{j}$

f) $(3 \cdot \mathrm{e}^{\mathrm{j}\pi})^5 = 243 \cdot \mathrm{e}^{\mathrm{j}\,5\pi} = 243 \cdot \mathrm{e}^{\mathrm{j}\pi} = -243$

g) $\left[2\left(\cos\left(\dfrac{\pi}{3}\right) + \mathrm{j} \cdot \sin\left(\dfrac{\pi}{3}\right)\right)\right]^{10} = \left(2\mathrm{e}^{\mathrm{j}\frac{\pi}{3}}\right)^{10} = 1024 \cdot \mathrm{e}^{\mathrm{j}\frac{10}{3}\pi} = 1024 \cdot \mathrm{e}^{\mathrm{j}\frac{4}{3}\pi} =$

$= -512 - 886{,}81\,\mathrm{j}$

h) $[5(\cos(-10^\circ) + \mathrm{j} \cdot \sin(-10^\circ))]^4 = (5 \cdot \mathrm{e}^{-\mathrm{j}\,10^\circ})^4 = 625 \cdot \mathrm{e}^{-\mathrm{j}\,40^\circ} = 625 \cdot \mathrm{e}^{\mathrm{j}\,320^\circ} =$

$= 478{,}78 - 401{,}74\,\mathrm{j}$

7) Formel von *Moivre*:

$(\cos\varphi + \mathrm{j} \cdot \sin\varphi)^3 = \cos(3\varphi) + \mathrm{j} \cdot \sin(3\varphi)$

Binomische Formel:

$(\cos\varphi + \mathrm{j} \cdot \sin\varphi)^3 = \cos^3\varphi - 3 \cdot \cos\varphi \cdot \sin^2\varphi + \mathrm{j}\,(3 \cdot \cos^2\varphi \cdot \sin\varphi - \sin^3\varphi)$

Vergleich der Real- bzw. Imaginärteile:

$\cos(3\varphi) = \cos^3\varphi - 3 \cdot \cos\varphi \cdot \sin^2\varphi = \cos^3\varphi - 3 \cdot \cos\varphi\,(1-\cos^2\varphi) = 4 \cdot \cos^3\varphi - 3 \cdot \cos\varphi$

$\sin(3\varphi) = 3 \cdot \cos^2\varphi \cdot \sin\varphi - \sin^3\varphi = 3 \cdot \sin\varphi\,(1-\sin^2\varphi) - \sin^3\varphi = 3 \cdot \sin\varphi - 4 \cdot \sin^3\varphi$

8) a) $z^3 = \mathrm{j} = 1 \cdot \mathrm{e}^{\mathrm{j}\,90^\circ} \Rightarrow r = 1, \quad \varphi_k = \dfrac{90^\circ + k \cdot 360^\circ}{3} \quad (k = 0, 1, 2) \Rightarrow$

$z_0 = \mathrm{e}^{\mathrm{j}\,30^\circ}; \quad z_1 = \mathrm{e}^{\mathrm{j}\,150^\circ}; \quad z_2 = \mathrm{e}^{\mathrm{j}\,270^\circ}$

Die zugehörigen Zeiger sind in Bild A-4 dargestellt.

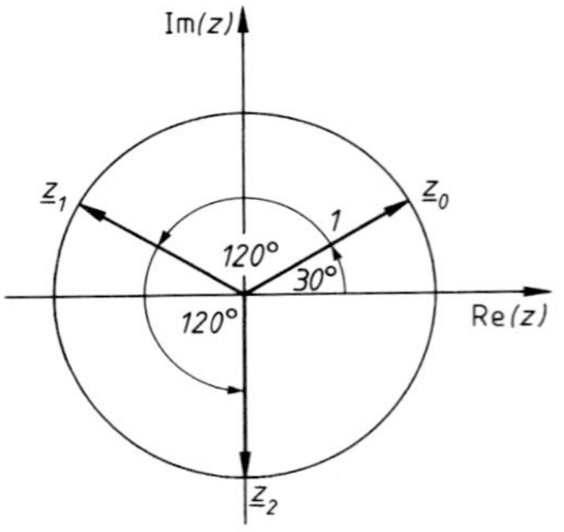

Bild A-4

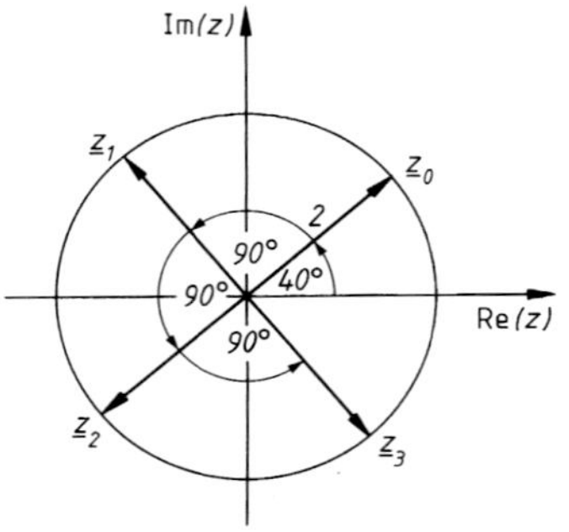

Bild A-5

b) $z^4 = 16 \cdot \mathrm{e}^{\mathrm{j}\,160^\circ} \Rightarrow r = 2, \quad \varphi_k = \dfrac{160^\circ + k \cdot 360^\circ}{4} \quad (k = 0, 1, 2, 3) \Rightarrow$

$z_0 = 2 \cdot \mathrm{e}^{\mathrm{j}\,40^\circ}; \quad z_1 = 2 \cdot \mathrm{e}^{\mathrm{j}\,130^\circ}; \quad z_2 = 2 \cdot \mathrm{e}^{\mathrm{j}\,220^\circ}; \quad z_3 = 2 \cdot \mathrm{e}^{\mathrm{j}\,310^\circ}$

Die zugehörigen Zeiger sind in Bild A-5 dargestellt.

c) $z^5 = 3 - 4\mathrm{j} = 5 \cdot \mathrm{e}^{\mathrm{j}\,306{,}87°} \Rightarrow$

$$r = \sqrt[5]{5} = 1{,}38, \quad \varphi_k = \frac{306{,}87° + k \cdot 360°}{5} \quad (k = 0, 1, \ldots, 4) \Rightarrow$$

$z_0 = 1{,}38 \cdot \mathrm{e}^{\mathrm{j}\,61{,}37°}$; $z_1 = 1{,}38 \cdot \mathrm{e}^{\mathrm{j}\,133{,}37°}$; $z_2 = 1{,}38 \cdot \mathrm{e}^{\mathrm{j}\,205{,}37°}$

$z_3 = 1{,}38 \cdot \mathrm{e}^{\mathrm{j}\,277{,}37°}$; $z_4 = 1{,}38 \cdot \mathrm{e}^{\mathrm{j}\,349{,}37°}$

Zeigerdarstellung: Bild A-6

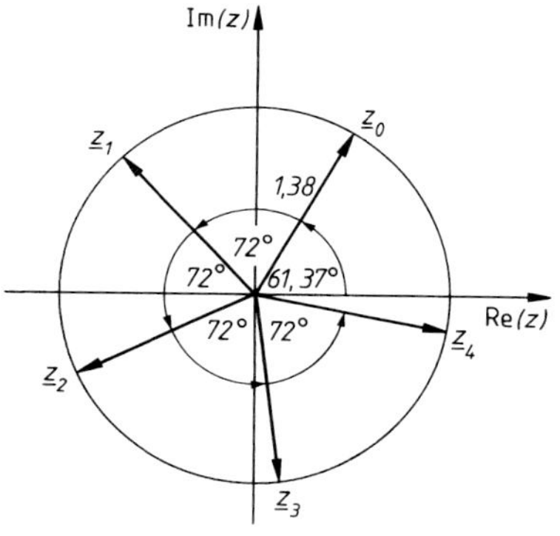

Bild A-6

9) a) Lösungen der Gleichung $z^2 = 4 - 2\mathrm{j} = \sqrt{20} \cdot \mathrm{e}^{\mathrm{j}\,333{,}43°}$:

$$r = \sqrt[2]{\sqrt{20}} = \sqrt[4]{20} = 2{,}11, \quad \varphi_k = \frac{333{,}43° + k \cdot 360°}{2} \quad (k = 0, 1) \Rightarrow$$

$z_0 = 2{,}11 \cdot \mathrm{e}^{\mathrm{j}\,166{,}72°}$; $z_1 = 2{,}11 \cdot \mathrm{e}^{\mathrm{j}\,346{,}72°}$

b) Lösungen der Gleichung $z^3 = 81 \cdot \mathrm{e}^{-\mathrm{j}\,190°}$:

$$r = \sqrt[3]{81} = 4{,}33, \quad \varphi_k = \frac{-190° + k \cdot 360°}{3} \quad (k = 0, 1, 2) \Rightarrow$$

$z_0 = 4{,}33 \cdot \mathrm{e}^{-\mathrm{j}\,63{,}33°} = 4{,}33 \cdot \mathrm{e}^{\mathrm{j}\,296{,}67°}$; $z_1 = 4{,}33 \cdot \mathrm{e}^{\mathrm{j}\,56{,}67°}$; $z_2 = 4{,}33 \cdot \mathrm{e}^{\mathrm{j}\,176{,}67°}$

c) Lösungen der Gleichung $z^6 = -3 + 8\mathrm{j} = \sqrt{73} \cdot \mathrm{e}^{\mathrm{j}\,110{,}56°}$:

$$r = \sqrt[6]{\sqrt{73}} = \sqrt[12]{73} = 1{,}43, \quad \varphi_k = \frac{110{,}56° + k \cdot 360°}{6} \quad (k = 0, 1, \ldots, 5) \Rightarrow$$

$z_0 = 1{,}43 \cdot \mathrm{e}^{\mathrm{j}\,18{,}43°}$; $z_1 = 1{,}43 \cdot \mathrm{e}^{\mathrm{j}\,78{,}43°}$; $z_2 = 1{,}43 \cdot \mathrm{e}^{\mathrm{j}\,138{,}43°}$;

$z_3 = 1{,}43 \cdot \mathrm{e}^{\mathrm{j}\,198{,}43°}$; $z_4 = 1{,}43 \cdot \mathrm{e}^{\mathrm{j}\,258{,}43°}$; $z_5 = 1{,}43 \cdot \mathrm{e}^{\mathrm{j}\,318{,}43°}$

10) a) $z^3 = 64 \cdot e^{j\frac{\pi}{4}} \Rightarrow r = \sqrt[3]{64} = 4, \quad \varphi_k = \dfrac{\frac{\pi}{4} + k \cdot 2\pi}{3} \qquad (k = 0, 1, 2) \quad \Rightarrow$

$z_0 = 4 \cdot e^{j\frac{\pi}{12}}; \quad z_1 = 4 \cdot e^{j\frac{3}{4}\pi}; \quad z_2 = 4 \cdot e^{j\frac{17}{12}\pi}$

b) $z^3 = 2 + 5j = \sqrt{29} \cdot e^{j\,68{,}20^\circ} \quad \Rightarrow$

$\sqrt[3]{\sqrt{29}} = \sqrt[6]{29} = 1{,}75, \qquad \varphi_k = \dfrac{68{,}20^\circ + k \cdot 360^\circ}{3} \qquad (k = 0, 1, 2) \quad \Rightarrow$

$z_0 = 1{,}75 \cdot e^{j\,22{,}73^\circ}; \quad z_1 = 1{,}75 \cdot e^{j\,142{,}73^\circ}; \quad z_2 = 1{,}75 \cdot e^{j\,262{,}73^\circ}$

11) Mit $x_1 = 1 - j$ ist auch $x_1^* = 1 + j$ eine Lösung! Quadratischen Faktor $(x - x_1)(x - x_1^*) = x^2 - 2x + 2$ abspalten:

$(x^4 - 2x^3 + x^2 + 2x - 2) : (x^2 - 2x + 2) = x^2 - 1; \quad x^2 - 1 = 0 \Rightarrow x_{3/4} = \pm 1$

Lösungen: $x_{1/2} = 1 \pm j, \quad x_{3/4} = \pm 1$

12) a) $x_1 = 1$ (durch Probieren gefunden!). Linearfaktor $x - 1$ abspalten $\Rightarrow x^2 + 4 = 0 \Rightarrow x_{2/3} = \pm 2j$

b) Bi-quadratische Gleichung (Substitution $z = x^2$)!
Lösungen: $x_{1/2} = \pm\sqrt{3}, \quad x_{3/4} = \pm j$

13) a) $1 = 1 \cdot e^{j0} = 1 \cdot e^{j(0 + k \cdot 2\pi)} = 1 \cdot e^{jk \cdot 2\pi}$
$\ln 1 = jk \cdot 2\pi \qquad (k \in \mathbb{Z})$

b) $-1 + j = \sqrt{2} \cdot e^{j\left(\frac{3}{4}\pi + k \cdot 2\pi\right)}$

$\ln(-1 + j) = \ln\sqrt{2} + j\left(\frac{3}{4}\pi + k \cdot 2\pi\right) \qquad (k \in \mathbb{Z})$

c) $j = 1 \cdot e^{j\left(\frac{\pi}{2} + k \cdot 2\pi\right)}$

$\ln j = \ln 1 + j\left(\frac{\pi}{2} + k \cdot 2\pi\right) = j\left(\frac{\pi}{2} + k \cdot 2\pi\right) \qquad (k \in \mathbb{Z})$

d) $2 \cdot e^{j\frac{\pi}{3}} = 2 \cdot e^{j\left(\frac{\pi}{3} + k \cdot 2\pi\right)}$

$\ln\left(2 \cdot e^{j\frac{\pi}{3}}\right) = \ln 2 + j\left(\frac{\pi}{3} + k \cdot 2\pi\right) \qquad (k \in \mathbb{Z})$

e) $-1 = 1 \cdot e^{j(\pi + k \cdot 2\pi)}$

$\operatorname{Ln}(-1) = \ln 1 + j\pi = j\pi \qquad (k = 0)$

f) $\ln(j^j) = j \cdot \ln j = j\Big[\underbrace{j\left(\frac{\pi}{2} + k \cdot 2\pi\right)}_{\text{Nach 13) c)}}\Big] = -\frac{\pi}{2} - k \cdot 2\pi, \quad \operatorname{Ln}(j^j) = -\frac{\pi}{2} \qquad (k = 0)$

Abschnitt 3

1) Bildliche Darstellung der Sinuszeiger in Bild A-7.

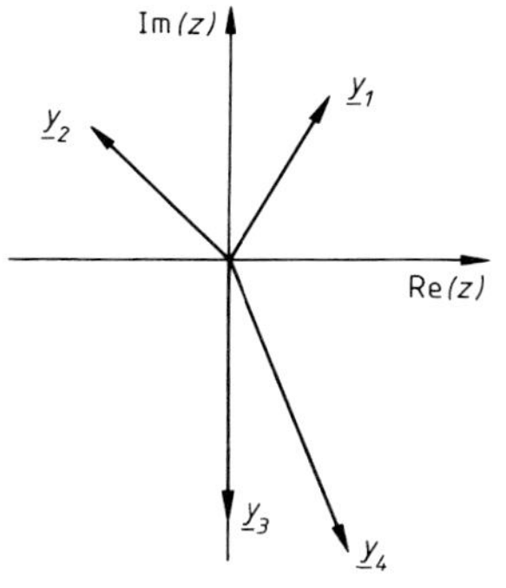

Bild A-7

a) $y_1 = 3 \cdot \sin\left(2t + \frac{\pi}{3}\right) \Rightarrow \underline{y}_1 = \left(3 \cdot e^{j\frac{\pi}{3}}\right) \cdot e^{j2t}; \quad \underline{A}_1 = 3 \cdot e^{j\frac{\pi}{3}} = 1{,}5 + 2{,}60\,j$

b) $y_2 = 3 \cdot \sin\left(4t + \frac{3}{4}\pi\right) \Rightarrow \underline{y}_2 = \left(3 \cdot e^{j\frac{3}{4}\pi}\right) \cdot e^{j4t}; \quad \underline{A}_2 = 3 \cdot e^{j\frac{3}{4}\pi} = -2{,}12 + 2{,}12\,j$

c) $y_3 = 4 \cdot \sin\left(2t + \frac{3}{2}\pi\right) \Rightarrow \underline{y}_3 = \left(4 \cdot e^{j\frac{3}{2}\pi}\right) \cdot e^{j2t}; \quad \underline{A}_3 = 4 \cdot e^{j\frac{3}{2}\pi} = -4\,j$

d) $y_4 = 5 \cdot \sin(\pi t + 5{,}08) \Rightarrow \underline{y}_4 = (5 \cdot e^{j5{,}08}) \cdot e^{j\pi t}; \quad \underline{A}_4 = 5 \cdot e^{j5{,}08} = 1{,}80 - 4{,}67\,j$

2) a) $y_1 = 3 \cdot \sin\left(\omega t + \frac{\pi}{2}\right), \quad \underline{y}_1 = \left(3 \cdot e^{j\frac{\pi}{2}}\right) \cdot e^{j\omega t}$

b) $y_2 = 4 \cdot \sin\left(2t + \frac{5}{4}\pi\right), \quad \underline{y}_2 = \left(4 \cdot e^{j\frac{5}{4}\pi}\right) \cdot e^{j2t}$

c) $y_3 = 5 \cdot \sin(t + 2{,}57), \quad \underline{y}_3 = (5 \cdot e^{j2{,}57}) \cdot e^{jt}$

d) $y_4 = 3 \cdot \sin\left(\pi t + \frac{7}{6}\pi\right), \quad \underline{y}_4 = \left(3 \cdot e^{j\frac{7}{6}\pi}\right) \cdot e^{j\pi t}$

3) a) $u_1 = 100\text{ V} \cdot \sin(\omega t) \Rightarrow \underline{u}_1 = 100\text{ V} \cdot e^{j\omega t}$

$u_2 = 150\text{ V} \cdot \sin\left(\omega t + \frac{\pi}{4}\right) \Rightarrow \underline{u}_2 = \left(150\text{ V} \cdot e^{j\frac{\pi}{4}}\right) \cdot e^{j\omega t}$

$\underline{\hat{u}} = \underline{\hat{u}}_1 + \underline{\hat{u}}_2 = 100\text{ V} + 150\text{ V} \cdot e^{j\frac{\pi}{4}} = 206{,}07\text{ V} + j\,106{,}07\text{ V} = 231{,}77\text{ V} \cdot e^{j0{,}48}$

$\underline{u} = \underline{u}_1 + \underline{u}_2 = \underline{\hat{u}} \cdot e^{j\omega t} = 231{,}77\text{ V} \cdot e^{j(\omega t + 0{,}48)}$

$u = \operatorname{Im}(\underline{u}) = 231{,}77\text{ V} \cdot \sin(\omega t + 0{,}48)$

b) $u_1 = 50\text{ V} \cdot \sin(\omega t + \pi) \Rightarrow \underline{u}_1 = (50\text{ V} \cdot e^{j\pi}) \cdot e^{j\omega t}$

$u_2 = 200\text{ V} \cdot \sin\left(\omega t + \frac{\pi}{3}\right) \Rightarrow \underline{u}_2 = \left(200\text{ V} \cdot e^{j\frac{\pi}{3}}\right) \cdot e^{j\omega t}$

$$\underline{\hat{u}} = \underline{\hat{u}}_1 + \underline{\hat{u}}_2 = 50\ \text{V} \cdot e^{j\pi} + 200\ \text{V} \cdot e^{j\frac{\pi}{3}} = 50\ \text{V} + j\,173{,}21\ \text{V} + 180{,}28\ \text{V} \cdot e^{j\,1{,}29}$$

$$\underline{u} = \underline{u}_1 + \underline{u}_2 = \underline{\hat{u}} \cdot e^{j\omega t} = 180{,}28\ \text{V} \cdot e^{j(\omega t + 1{,}29)}$$

$$u = \text{Im}\,(\underline{u}) = 180{,}28\ \text{V} \cdot \sin(\omega t + 1{,}29)$$

4) $\underline{u}_1 = u_0 \cdot e^{j\omega t};\quad \underline{u}_2 = \left(u_0 \cdot e^{j\frac{2}{3}\pi}\right) \cdot e^{j\omega t};\quad \underline{u}_3 = \left(u_0 \cdot e^{j\frac{4}{3}\pi}\right) \cdot e^{j\omega t}$

$$\underline{\hat{u}} = \underline{\hat{u}}_1 + \underline{\hat{u}}_2 + \underline{\hat{u}}_3 = u_0 + u_0 \cdot e^{j\frac{2}{3}\pi} + u_0 \cdot e^{j\frac{4}{3}\pi} = 0$$

$$\underline{u} = \underline{u}_1 + \underline{u}_2 + \underline{u}_3 = \underline{\hat{u}} \cdot e^{j\omega t} = 0, \quad u = \text{Im}\,(\underline{u}) = 0$$

5) Darstellung der Schwingungen in der *Kosinusform* (wir setzen $\omega = \pi s^{-1}$):

$$y_1 = 20\ \text{cm} \cdot \cos\left(\omega t - \frac{2}{5}\pi\right) \Rightarrow \underline{y}_1 = \left(20\ \text{cm} \cdot e^{-j\frac{2}{5}\pi}\right) \cdot e^{j\omega t}$$

$$y_2 = 15\ \text{cm} \cdot \cos\left(\omega t + \frac{\pi}{6}\right) \Rightarrow \underline{y}_2 = \left(15\ \text{cm} \cdot e^{j\frac{\pi}{6}}\right) \cdot e^{j\omega t}$$

$$\underline{A} = \underline{A}_1 + \underline{A}_2 = 20\ \text{cm} \cdot e^{-j\frac{2}{5}\pi} + 15\ \text{cm} \cdot e^{j\frac{\pi}{6}} = 19{,}17\ \text{cm} - j\,11{,}52\ \text{cm} = 22{,}37\ \text{cm} \cdot e^{j\,5{,}74}$$

$$\underline{y} = \underline{y}_1 + \underline{y}_2 = \underline{A} \cdot e^{j\omega t} = 22{,}37\ \text{cm} \cdot e^{j(\omega t + 5{,}74)}$$

$$y = \text{Re}\,(\underline{y}) = 22{,}37\ \text{cm} \cdot \cos(\omega t + 5{,}74) \qquad (\omega = \pi s^{-1})$$

6) $\underline{Z} = R + j\left(\omega L - \dfrac{1}{\omega C}\right) \Rightarrow \underline{Z} = 100\ \Omega + j\,199\,999{,}95\ \Omega$

7) $\underline{Y} = \dfrac{1}{R} - j\,\dfrac{1}{\omega L} \Rightarrow \underline{Y} = 0{,}01\ \text{S} - j\,0{,}004\ \text{S}$

$$\underline{Z} = \frac{1}{\underline{Y}} = \frac{1}{0{,}01\ \text{S} - j\,0{,}004\ \text{S}} = 86{,}21\ \Omega + j\,34{,}48\ \Omega$$

$$\underline{I} = \underline{Y} \cdot \underline{U} = 1\ \text{A} - j\,0{,}4\ \text{A}$$

8) Leitwert der *Parallelschaltung* aus R_2 und L:

$$\underline{Y}_p = \frac{1}{R_2} - j\,\frac{1}{\omega L} = \frac{\omega L - j R_2}{R_2 (\omega L)}$$

Widerstandsoperator der *Gesamtschaltung*:

$$\underline{Z}(\omega) = R_1 + \frac{1}{\underline{Y}_p} = \frac{R_1 R_2^2 + (R_1 + R_2)(\omega L)^2}{R_2^2 + (\omega L)^2} + j\,\frac{R_2^2 (\omega L)}{R_2^2 + (\omega L)^2}$$

9) $\underline{Z}_1 = R_1 + j\omega L_1 = 50\ \Omega + j\,300\ \Omega$

$$\underline{Z}_2 = R_2 - j\,\frac{1}{\omega C_1} = 100\ \Omega - j\,333{,}33\ \Omega$$

$$\underline{Z}_3 = R_3 + j\omega L_2 = 20\ \Omega + j\,450\ \Omega$$

Leitwert des *Parallelkreises*:

$$\underline{Y}_p = \frac{1}{\underline{Z}_2} + \frac{1}{\underline{Z}_3} = \frac{\underline{Z}_2 + \underline{Z}_3}{\underline{Z}_2 \cdot \underline{Z}_3}$$

Komplexer Widerstand des *Parallelkreises*:

$$\underline{Z}_p = \frac{1}{\underline{Y}_p} = \frac{\underline{Z}_2 \cdot \underline{Z}_3}{\underline{Z}_2 + \underline{Z}_3} = 810{,}80\,\Omega - \mathrm{j}\,468{,}86\,\Omega$$

Komplexer Widerstand des *Gesamtkreises*:

$$\underline{Z} = \underline{Z}_1 + \underline{Z}_p = 860{,}80\,\Omega - \mathrm{j}\,168{,}86\,\Omega$$

Abschnitt 4

1) a) Siehe Bild A-8

b) Siehe Bild A-9

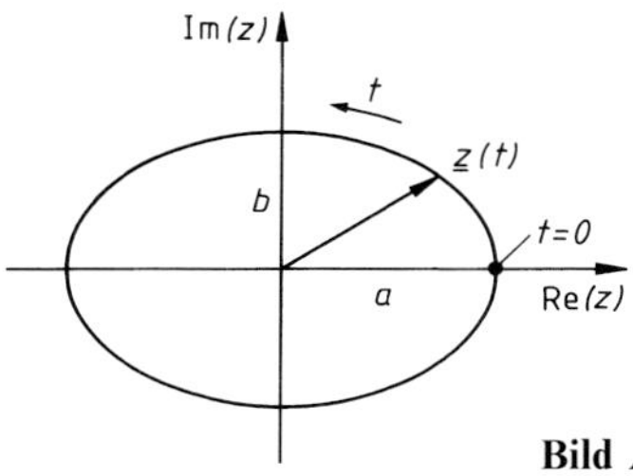

Bild A-8

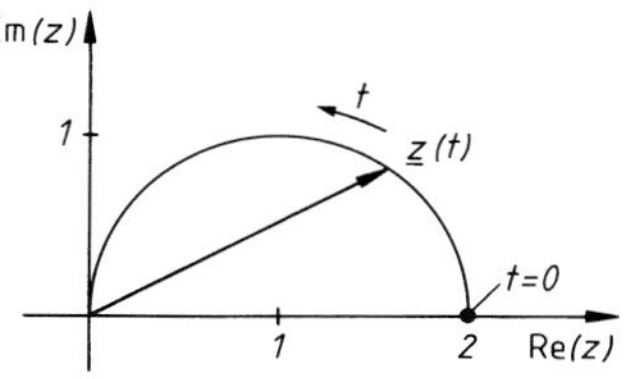

Bild A-9

2) $\frac{1}{z_1} = \frac{3}{34} - \frac{5}{34}\mathrm{j}$; $\frac{1}{z_2} = -0{,}06 - 0{,}08\,\mathrm{j}$; $\frac{1}{z_3} = 0{,}167 - 0{,}289\,\mathrm{j}$; $\frac{1}{z_4} = 0{,}128 + 0{,}107\,\mathrm{j}$

$\frac{1}{z_5} = -0{,}330 - 0{,}047\,\mathrm{j}$; $\frac{1}{z_6} = 0{,}100 + 0{,}173\,\mathrm{j}$

3) a) $\underline{Z}(\omega) = R + \mathrm{j}\,\omega L$ (Bild A-10)

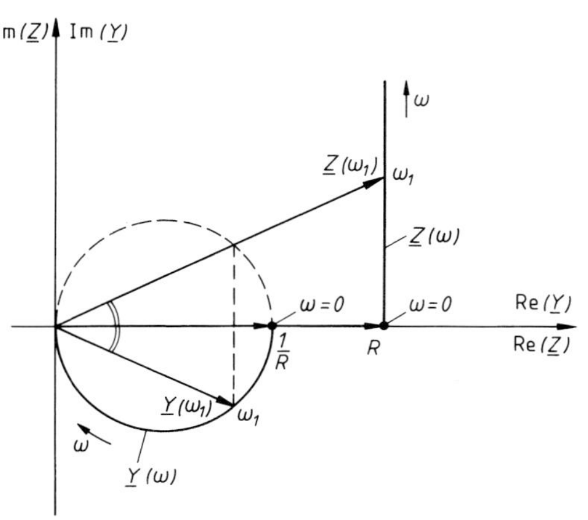

Bild A-10

b) $\underline{Y}(\omega) = \frac{1}{R} - j\,\frac{1}{\omega L}$ (Bild A-11)

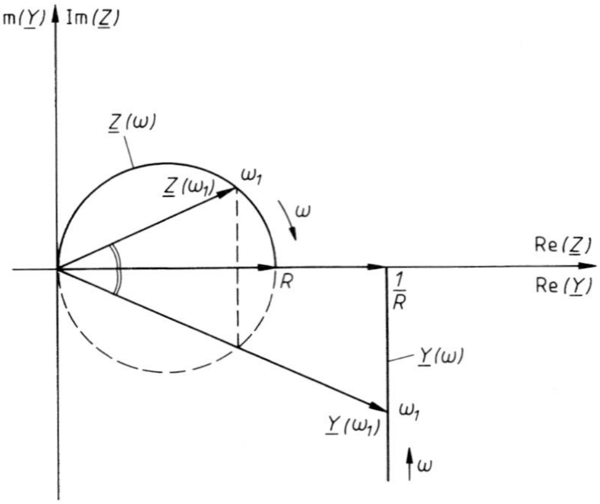

Bild A-11

4) a) $\underline{Z}(R) = R - j\,\frac{1}{\omega C}$ b) Siehe Bild A-12

c) $\underline{Y}(R) = \frac{1}{\underline{Z}(R)} = \frac{R(\omega C)^2}{R^2(\omega C)^2 + 1} + j\,\frac{\omega C}{R^2(\omega C)^2 + 1}$ (Bild A-12)

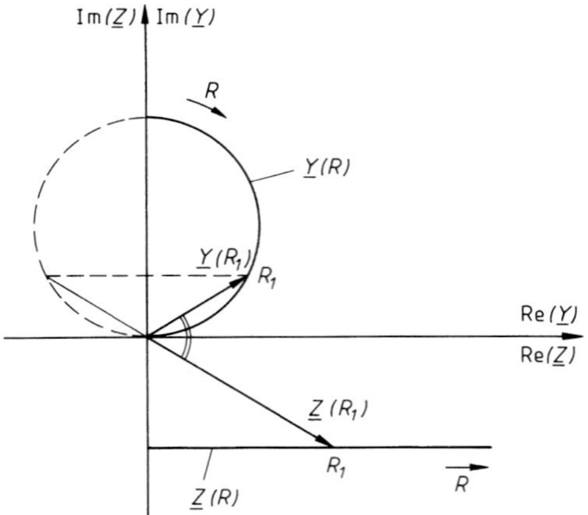

Bild A-12

IV Differential- und Integralrechnung für Funktionen von mehreren Variablen

Abschnitt 1

1) a) $y \geqslant 2x, \quad x \in \mathbb{R}$ (*grau* unterlegter Bereich in Bild A-13)

b) $|x| \geqslant 1, \ |y| \leqslant 3$ (*hellgrau* unterlegter Bereich in Bild A-14)

$|x| \leqslant 1, \ |y| \geqslant 3$ (*dunkelgrau* unterlegter Bereich in Bild A-14)

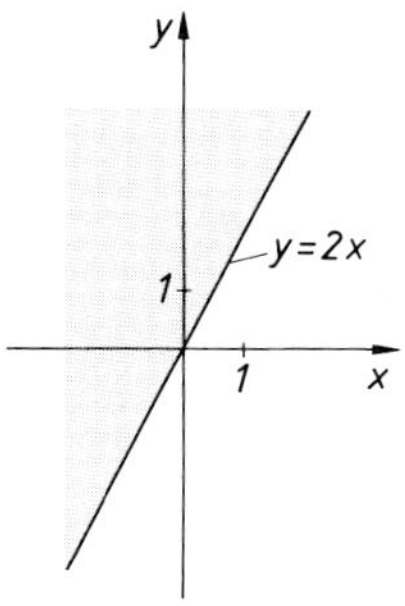

Bild A-13

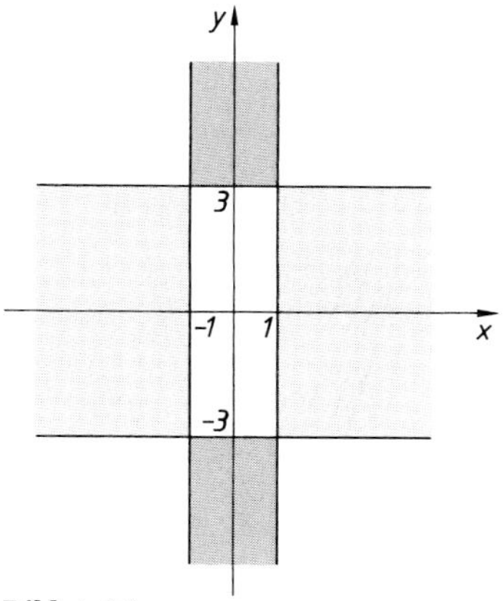

Bild A-14

c) $y \geqslant -x, \ y \neq x, \ x \in \mathbb{R}$ (*grau* unterlegter Bereich in Bild A-15)

d) $x^2 + y^2 \geqslant 1$ (*grau* unterlegter Bereich in Bild A-16)

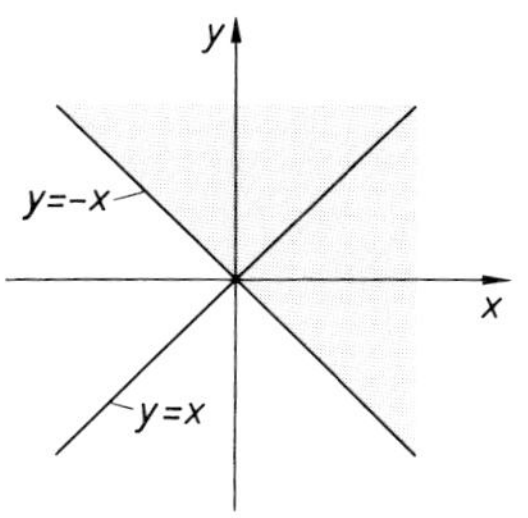

Bild A-15

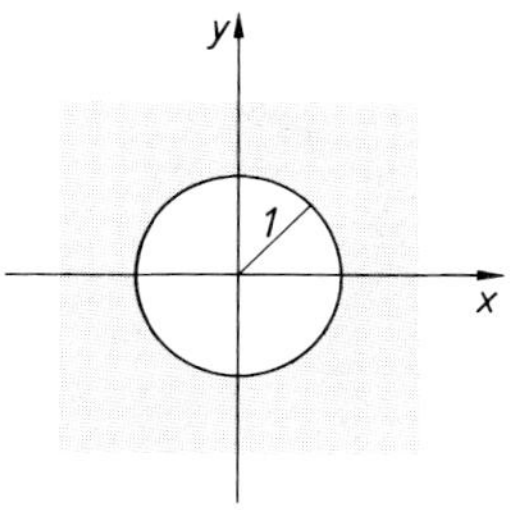

Bild A-16

2) $S_x = \left(\frac{1}{2}; 0; 0\right), \quad S_y = \left(0; -\frac{1}{5}; 0\right), \quad S_z = \left(0; 0; \frac{1}{3}\right)$

A liegt in der Ebene, B oberhalb der Ebene, C und D unterhalb der Ebene.

3) a) Bild A-17 b) Bild A-18 c) Bild A-19

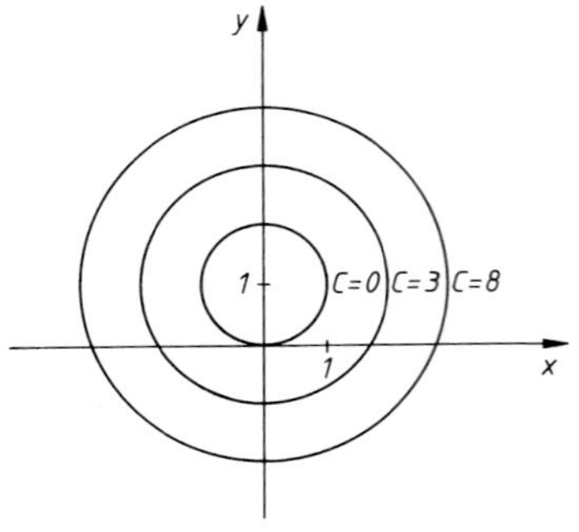

Bild A-17

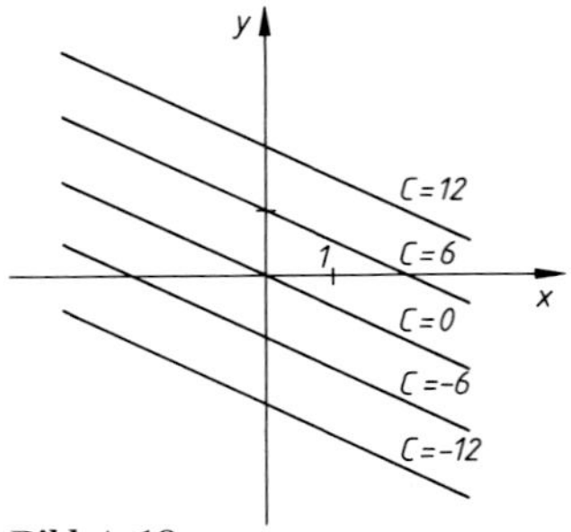

Bild A-18

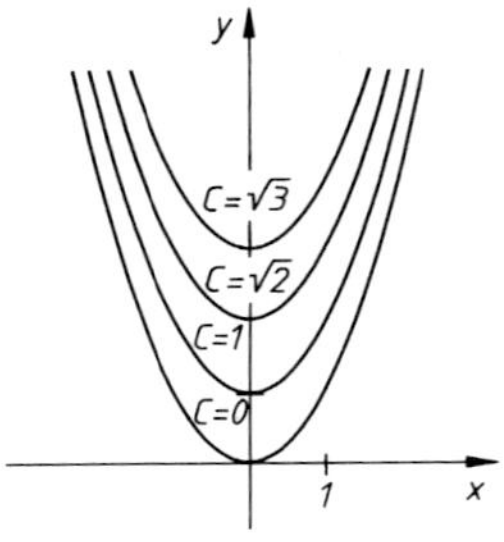

Bild A-19

4) *Rotationsfläche*: $z = \sqrt{4 - x^2 - y^2}$, $x^2 + y^2 \leqslant 4$ (*Halbkugel* vom Radius $R = 2$, Bild A-20).

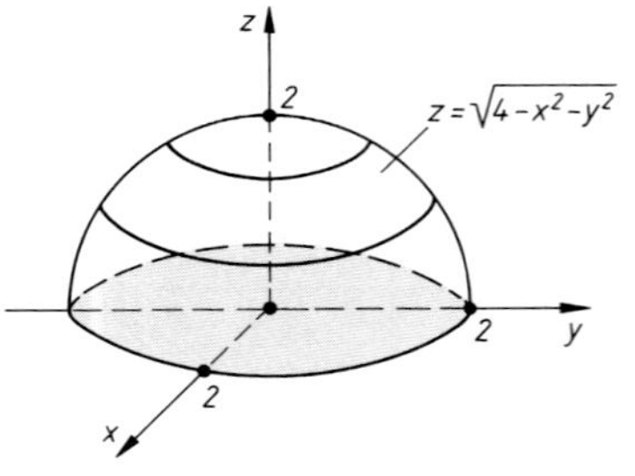

Bild A-20

Schnitt mit der x, y-*Ebene*: *Kreis* vom Radius $R = 2$.

Schnitt mit der x, z- bzw. y, z-*Ebene*: *Halbkreis* vom Radius $R = 2$.

Abschnitt 2

1) a) $z_x = 12\,(3x - 5y)^3; \quad z_y = -20\,(3x - 5y)^3; \quad z_{xx} = 108\,(3x - 5y)^2;$

$z_{xy} = z_{yx} = -180\,(3x - 5y)^2; \quad z_{yy} = 300\,(3x - 5y)^2$

b) $w_u = -6v \cdot \sin(3uv); \quad w_v = -6u \cdot \sin(3uv); \quad w_{uu} = -18v^2 \cdot \cos(3uv);$

$w_{uv} = w_{vu} = -6 \cdot \sin(3uv) - 18uv \cdot \cos(3uv); \quad w_{vv} = -18u^2 \cdot \cos(3uv)$

c) $z = \dfrac{x^2 - y^2}{x + y} = \dfrac{(x+y)(x-y)}{x+y} = x - y$

$z_x = 1; \quad z_y = -1; \quad z_{xx} = 0; \quad z_{xy} = z_{yx} = 0; \quad z_{yy} = 0$

d) $z_r = 3\,(1 + r\varphi) \cdot e^{r\varphi}; \quad z_\varphi = 3r^2 \cdot e^{r\varphi}; \quad z_{rr} = 3\varphi\,(2 + r\varphi) \cdot e^{r\varphi};$

$z_{r\varphi} = z_{\varphi r} = 3r\,(2 + r\varphi) \cdot e^{r\varphi}; \quad z_{\varphi\varphi} = 3r^3 \cdot e^{r\varphi}$

e) $z_x = \dfrac{x - y}{\sqrt{x^2 - 2xy}}; \quad z_y = -\dfrac{x}{\sqrt{x^2 - 2xy}}; \quad z_{xx} = -\dfrac{y^2}{\sqrt{(x^2 - 2xy)^3}};$

$z_{xy} = z_{yx} = \dfrac{xy}{\sqrt{(x^2 - 2xy)^3}}; \quad z_{yy} = -\dfrac{x^2}{\sqrt{(x^2 - 2xy)^3}}$

f) $z_x = -e^{-x+y} + \dfrac{1}{x}; \quad z_y = e^{-x+y} - \dfrac{1}{y}; \quad z_{xx} = e^{-x+y} - \dfrac{1}{x^2}; \quad z_{xy} = z_{yx} = -e^{-x+y};$

$z_{yy} = e^{-x+y} + \dfrac{1}{y^2}$

g) $z_x = \dfrac{y}{x^2 + y^2}; \quad z_y = -\dfrac{x}{x^2 + y^2}; \quad z_{xx} = -\dfrac{2xy}{(x^2 + y^2)^2}; \quad z_{xy} = z_{yx} = \dfrac{x^2 - y^2}{(x^2 + y^2)^2};$

$z_{yy} = \dfrac{2xy}{(x^2 + y^2)^2}$

h) $z_x = \dfrac{x}{x^2 + y^2}; \quad z_y = \dfrac{y}{x^2 + y^2}; \quad z_{xx} = \dfrac{-x^2 + y^2}{(x^2 + y^2)^2}; \quad z_{xy} = z_{yx} = -\dfrac{2xy}{(x^2 + y^2)^2};$

$z_{yy} = \dfrac{x^2 - y^2}{(x^2 + y^2)^2}$

i) $u_x = \dfrac{5t}{(2x + t)^2}; \quad u_t = -\dfrac{5x}{(2x + t)^2}; \quad u_{xx} = -\dfrac{20t}{(2x + t)^3}; \quad u_{xt} = u_{tx} = \dfrac{10x - 5t}{(2x + t)^3};$

$u_{tt} = \dfrac{10x}{(2x + t)^3}$

j) $z_t = a \cdot \cos(at + \varphi); \quad z_\varphi = \cos(at + \varphi); \quad z_{tt} = -a^2 \cdot \sin(at + \varphi);$

$z_{t\varphi} = z_{\varphi t} = -a \cdot \sin(at + \varphi); \quad z_{\varphi\varphi} = -\sin(at + \varphi)$

2) $z_x(1;0) = 6$; $z_y(0;1) = 0{,}159$; $z_{xy}(-1;0) = 13{,}142$; $z_{yy}(5;0) = 626{,}04$;

$z_{xyx}(-1;0) = -10$

3) a) $z_{xy} = z_{yx} = 3 - \cos(x-y) + 15x^2y^4$

b) $z_{xxy} = z_{xyx} = z_{yxx} = \sin(x-y) + 30xy^4$

4) $\Delta u = \dfrac{a(2x^2-y^2-z^2) + a(2y^2-x^2-z^2) + a(2z^2-x^2-y^2)}{(x^2+y^2+z^2)^{5/2}} = 0$

5) $z_x(1;0) = 3$; $z_y(1;0) = 0$

6) $x z_x + y z_y = x\dfrac{a}{y}\cdot e^{x/y} + y\left(-\dfrac{ax}{y^2}\cdot e^{x/y}\right) = 0$

7) a) $z = -x + 2y - 1$ b) $P = (2;1;8)$, $z = 3x - 3y + 5$

8) a) $dz = (12x^2y - 3\cdot e^y)\,dx + (4x^3 - 3x\cdot e^y)\,dy$

b) $dz = \dfrac{4t^2+2t}{(2t-4x)^2}\,dx + \dfrac{2t^2-8tx-2x}{(2t-4x)^2}\,dt$

c) $dz = \dfrac{x^2-2xy-y^2}{(x-y)^2}\,dx + \dfrac{x^2+2xy-y^2}{(x-y)^2}\,dy$

d) $du = \dfrac{x}{x^2+y^2+z^2}\,dx + \dfrac{y}{x^2+y^2+z^2}\,dy + \dfrac{z}{x^2+y^2+z^2}\,dz$

9) $O(r;h) = 2\pi rh + 2\pi r^2$; $dr = \Delta r = 0{,}5$ cm; $dh = \Delta h = -0{,}5$ cm

$dO = \dfrac{\partial O}{\partial r}\,dr + \dfrac{\partial O}{\partial h}\,dh = (2\pi h + 4\pi r)\,dr + 2\pi r\,dh$

$\Delta O \approx dO = 109{,}96\ \text{cm}^2$; $\Delta O_{\text{exakt}} = 109{,}96\ \text{cm}^2$

10) $dr = \dfrac{\partial r}{\partial x}\,dx + \dfrac{\partial r}{\partial y}\,dy + \dfrac{\partial r}{\partial z}\,dz = \dfrac{x\,dx + y\,dy + z\,dz}{\sqrt{x^2+y^2+z^2}}$

$dx = \Delta x = -0{,}1$; $dy = \Delta y = 0{,}2$; $dz = \Delta z = -0{,}1$; $\Delta r \approx dr = 0{,}13$; $\Delta r_{\text{exakt}} = 0{,}14$

11) $V(r_a; r_i; h) = \pi(r_a^2 - r_i^2)\,h$

$dV = \dfrac{\partial V}{\partial r_a}\,dr_a + \dfrac{\partial V}{\partial r_i}\,dr_i + \dfrac{\partial V}{\partial h}\,dh = 2\pi r_a h\,dr_a - 2\pi r_i h\,dr_i + \pi(r_a^2 - r_i^2)\,dh$

$\Delta V \approx dV = -512{,}7\ \text{cm}^3$; $\Delta V_{\text{exakt}} = -527{,}8\ \text{cm}^3$ (Volumenabnahme!)

12) $dT = \frac{\partial T}{\partial L} dL + \frac{\partial T}{\partial C} dC = \frac{\pi}{\sqrt{LC}}(C\,dL + L\,dC)$

Für $L = L_0$, $C = C_0$ und $dL = \Delta L$, $dC = \Delta C$, $dT = \Delta T$ gilt dann näherungsweise:

$$\Delta T = \frac{\pi}{\sqrt{L_0 C_0}}(C_0 \Delta L + L_0 \Delta C)$$

Prozentuale Änderung ($T_0 = 2\pi\sqrt{L_0 C_0}$):

$$\frac{\Delta T}{T_0} = \frac{1}{2}\left(\frac{\Delta L}{L_0} + \frac{\Delta C}{C_0}\right) = \frac{1}{2}(-5\% + 3\%) = -1\%$$

Die Schwingungsdauer *verringert* sich um 1%.

13) a) $\dot{z} = z_x \dot{x} + z_y \dot{y} = y \cdot e^{xy} \cdot 2t + x \cdot e^{xy} \cdot 1 = 3t^2 \cdot e^{t^3}$

b) $\dot{z} = z_x \dot{x} + z_y \dot{y} = (\ln y) \cdot \cos t + \frac{x}{y}(-\sin t) = \cos t \cdot \ln(\cos t) - \frac{\sin^2 t}{\cos t}$

c) $\dot{z} = z_x \dot{x} + z_y \dot{y} = 2x \cdot \sin(2y) \cdot 2t + 2x^2 \cdot \cos(2y) \cdot 3t^2 =$

$= 4t^3 \cdot \sin(2t^3) + 6t^6 \cdot \cos(2t^3)$

14) Parameter: x; Parametergleichungen: $x = x$, $y = x^3$

$$\dot{z}(x) = z_x \dot{x} + z_y \dot{y} = \frac{y}{\cos^2(xy)} \cdot 1 + \frac{x}{\cos^2(xy)} \cdot 3x^2 = \frac{4x^3}{\cos^2(x^4)}$$

15) Parameter: x; Parametergleichungen: $x = x$, $y = x^2$

$$\dot{z}(x) = z_x \dot{x} + z_y \dot{y} = \frac{4x^3}{x^4 + y} \cdot 1 + \frac{1}{x^4 + y} \cdot 2x = \frac{4x^2 + 2}{x^3 + x}; \quad \dot{z}(x = 1) = 3$$

16) a) $\dot{z} = z_x \dot{x} + z_y \dot{y} = \left(2xy^2 + \frac{1}{2\sqrt{x}}\right) \cdot 2t + 2x^2 y \cdot \frac{1}{2\sqrt{t}} = 5t^4 + 1$

b) $z = t^4 \cdot t + t = t^5 + t; \quad \dot{z} = 5t^4 + 1$

17) a) $\frac{\partial z}{\partial u} = \frac{\partial z}{\partial x} \cdot \frac{\partial x}{\partial u} + \frac{\partial z}{\partial y} \cdot \frac{\partial y}{\partial u} = \frac{1}{\cos^2(x + y)} \cdot 2u + \frac{1}{\cos^2(x + y)} \cdot 2u = \frac{4u}{\cos^2(2u^2)}$

$$\frac{\partial z}{\partial v} = \frac{\partial z}{\partial x} \cdot \frac{\partial x}{\partial v} + \frac{\partial z}{\partial y} \cdot \frac{\partial y}{\partial v} = \frac{1}{\cos^2(x + y)} \cdot 1 + \frac{1}{\cos^2(x + y)} \cdot (-1) = 0$$

b) $\frac{\partial z}{\partial u} = \frac{\partial z}{\partial x} \cdot \frac{\partial x}{\partial u} + \frac{\partial z}{\partial y} \cdot \frac{\partial y}{\partial u} =$

$= (2xy^3 + 3x^2y^2) \cdot 1 + (3x^2y^2 + 2x^3y) \cdot 1 = 2(u^2 - v^2)(5u^2 - v^2)$

$$\frac{\partial z}{\partial v} = \frac{\partial z}{\partial x} \cdot \frac{\partial x}{\partial v} + \frac{\partial z}{\partial y} \cdot \frac{\partial y}{\partial v} =$$

$= (2xy^3 + 3x^2y^2) \cdot 1 + (3x^2y^2 + 2x^3y) \cdot (-1) = -8uv(u^2 - v^2)$

18) a) $$\frac{\partial z}{\partial u} = \frac{\partial z}{\partial x} \cdot \frac{\partial x}{\partial u} + \frac{\partial z}{\partial y} \cdot \frac{\partial y}{\partial u} = \frac{2x}{x^2 + y} \cdot 2u + \frac{1}{x^2 + y} \cdot 2u = \frac{2u(2u^2 + 3)}{u^4 + 3u^2 + v^2 + 1}$$

$$\frac{\partial z}{\partial v} = \frac{\partial z}{\partial x} \cdot \frac{\partial x}{\partial v} + \frac{\partial z}{\partial y} \cdot \frac{\partial y}{\partial v} = \frac{2x}{x^2 + y} \cdot 0 + \frac{1}{x^2 + y} \cdot 2v = \frac{2v}{u^4 + 3u^2 + v^2 + 1}$$

b) $z = z(u; v) = \ln(u^4 + 3u^2 + v^2 + 1)$

$$\frac{\partial z}{\partial u} = \frac{2u(2u^2 + 3)}{u^4 + 3u^2 + v^2 + 1}; \quad \frac{\partial z}{\partial v} = \frac{2v}{u^4 + 3u^2 + v^2 + 1}$$

19) *Linearisierte* Funktion in der Umgebung des Arbeitspunktes $P = (1; 2; 20)$:

$z = -20x + 20y$

Näherungswert: $z = 14$; Exakter Funktionswert: $z = 14{,}73$

20) $$\Delta I \approx dI = \left(\frac{\partial I}{\partial R_1}\right)_0 \Delta R_1 + \left(\frac{\partial I}{\partial R_2}\right)_0 \Delta R_2 + \left(\frac{\partial I}{\partial U}\right)_0 \Delta U =$$

$$= \left(-\frac{U}{R_1^2}\right)\Delta R_1 + \left(-\frac{U}{R_2^2}\right)\Delta R_2 + \left(\frac{R_1 + R_2}{R_1 R_2}\right)\Delta U =$$

$$= -\left(0{,}025\,\frac{\mathrm{A}}{\Omega}\right)\Delta R_1 - \left(0{,}4\,\frac{\mathrm{A}}{\Omega}\right)\Delta R_2 + \left(0{,}25\,\frac{\mathrm{A}}{\mathrm{V}}\right)\Delta U$$

21) $$\Delta W \approx dW = \frac{\partial W}{\partial b}\Delta b + \frac{\partial W}{\partial h}\Delta h = \frac{1}{6}h^2\,\Delta b + \frac{1}{3}bh\,\Delta h$$

Prozentuale Änderung: $\dfrac{\Delta W}{W} = \dfrac{\Delta b}{b} + 2 \cdot \dfrac{\Delta h}{h} = 5\% - 20\% = -15\%$

22) a) $$y'(P) = -\frac{x(x^2 + y^2 - 1)}{y(x^2 + y^2 + 1)}$$ b) $$y'(P_1) = -\frac{\left(-\frac{1}{2}\sqrt{3}\right)\left(\frac{3}{4} + \frac{1}{4} - 1\right)}{\frac{1}{2}\left(\frac{3}{4} + \frac{1}{4} + 1\right)} = \frac{0}{1} = 0$$

23) $P = (2; -2)$, $y' = -\dfrac{2x + y}{x + 2y}$; $y'(P) = 1$; Tangente: $y = x - 4$

24) Schnittpunkte: $S_1 = (0; 0)$, $S_{2/3} = (0; \pm 2)$

$$y'(P) = -\frac{x^2 + 1}{3y^2 - 4}; \quad y'(S_1) = \tan\alpha_1 = \frac{1}{4} \Rightarrow \alpha_1 = 14{,}0^\circ$$

$$y'(S_{2/3}) = \tan\alpha_{2/3} = -\frac{1}{8} \Rightarrow \alpha_{2/3} = 172{,}9^\circ$$

25) $$y' = -\frac{3x^2 - 6x}{8y}$$

Waagerechte Tangenten in den Punkten $P_{1/2} = (0; \pm 1)$ und $P_{3/4} = (2; \pm\sqrt{2})$.

26) a) Die *notwendigen* Bedingungen sind an *vier* Stellen erfüllt:

$(1; 2) \quad : \quad \Delta = -144 < 0 \Rightarrow$ *Kein* Extremwert

$(1; -2): \quad \Delta = -144 < 0 \Rightarrow$ *Kein* Extremwert

$(0; 0) \quad : \quad \Delta = 144 > 0$ und $z_{xx}(0; 0) = -24 < 0 \Rightarrow$ *Maximum*

$(2; 0) \quad : \quad \Delta = 144 > 0$ und $z_{xx}(2; 0) = 24 > 0 \Rightarrow$ *Minimum*

Extremwerte: Maximum $P_1 = (0; 0; 1)$, Minimum $P_2 = (2; 0; -15)$

b) Aus den *notwendigen* Bedingungen erhält man *zwei* Stellen:

$(0; 0)$: $\Delta = 4 > 0$ und $z_{xx}(0; 0) = 2 > 0 \Rightarrow$ *Minimum*

$(2; 0)$: $\Delta = -4 \cdot e^{-4} < 0 \Rightarrow$ *Kein* Extremwert

Extremwert: Minimum $P_1 = (0; 0; 0)$

c) Die *notwendigen* Bedingungen führen zu der Stelle $(3; -3)$:

$(3; -3)$: $\Delta = 3 > 0$ und $z_{xx}(3; -3) = -2 < 0 \Rightarrow$ *Maximum*

Extremwert: Maximum $P_1 = (3; -3; -27)$

d) Die *notwendigen* Bedingungen führen zu der Stelle $(0; 0)$:

$(0; 0)$: $\Delta = 1 > 0$ und $z_{xx}(0; 0) = 1 > 0 \Rightarrow$ *Minimum*

Extremwert: Minimum $P_1 = (0; 0; 1)$

e) Die *notwendigen* Bedingungen ergeben zunächst *zwei* Stellen:

$(0; 0)$: $\Delta = -9 < 0 \Rightarrow$ *Kein* Extremwert

$(0{,}44; 0{,}38)$: $\Delta = 27 > 0$ und $z_{xx}(0{,}44; 0{,}38) = 5{,}24 > 0 \Rightarrow$ *Minimum*

Extremwert: Minimum $P_1 = (0{,}44; 0{,}38; 0{,}83)$

27) *Flächenfunktion*: $A = A(x; y) = 4xy$

Nebenbedingung: $\varphi(x; y) = b^2 x^2 + a^2 y^2 - a^2 b^2 = 0$ (Ellipsengleichung)

Hilfsfunktion: $F(x; y; \lambda) = A(x; y) + \lambda \cdot \varphi(x; y) = 4xy + \lambda(b^2 x^2 + a^2 y^2 - a^2 b^2)$

$$\left.\begin{aligned} F_x &= 4y + 2\lambda b^2 x = 0 \\ F_y &= 4x + 2\lambda a^2 y = 0 \end{aligned}\right\} \lambda \text{ eliminieren} \Rightarrow a^2 y^2 = b^2 x^2$$

$$F_\lambda = b^2 x^2 + a^2 y^2 - a^2 b^2 = 0$$

Maximum: $x = \frac{a}{2}\sqrt{2}, \quad y = \frac{b}{2}\sqrt{2}; \quad A_{\max} = 2ab$

28) *Mantelfläche*: $M = \pi r s; \quad s = \frac{r}{\sin\beta}, \quad h = \frac{r}{\tan\beta} \Rightarrow M = M(r; \beta) = \frac{\pi r^2}{\sin\beta}$

Nebenbedingung: $V = \frac{1}{3}\pi r^2 h = \frac{\pi r^3}{3 \cdot \tan\beta} = 10 \Rightarrow \varphi(r; \beta) = \frac{\pi r^3}{3 \cdot \tan\beta} - 10 = 0$

Hilfsfunktion: $F(r; \beta; \lambda) = M(r; \beta) + \lambda \cdot \varphi(r; \beta) = \frac{\pi r^2}{\sin\beta} + \lambda\left(\frac{\pi r^3}{3 \cdot \tan\beta} - 10\right)$

$$\left.\begin{aligned} F_r &= \frac{2\pi r}{\sin\beta} + \lambda \cdot \frac{\pi r^2}{\tan\beta} = 0 \\ F_\beta &= -\frac{3\pi r^2 \cdot \cos\beta + \lambda \pi r^3}{\sin^2\beta} = 0 \end{aligned}\right\} \lambda \text{ eliminieren} \Rightarrow \cos^2\beta = \frac{2}{3} \Rightarrow \beta = 35{,}26^\circ$$

$$F_\lambda = \frac{\pi r^3}{3 \cdot \tan\beta} - 10 = 0$$

Minimum: $\beta = 35{,}26^\circ$, d.h. $\alpha = 70{,}53^\circ$; $r = 1{,}89$ dm; $M_{\min} = 19{,}44 \text{ dm}^2$

29) *Hilfsfunktion*: $F(x; y; \lambda) = x + y + \lambda(x^2 + y^2 - 1)$

$$\left.\begin{aligned} F_x &= 1 + 2\lambda x = 0 \\ F_y &= 1 + 2\lambda y = 0 \end{aligned}\right\} \lambda \text{ eliminieren} \Rightarrow x = y$$

$$F_\lambda = x^2 + y^2 - 1 = 0$$

Maximum: $x = y = \frac{1}{2}\sqrt{2}$; $z_{\max} = \sqrt{2}$

Minimum: $x = y = -\frac{1}{2}\sqrt{2}$; $z_{\min} = -\sqrt{2}$

30) Im Schnittpunkt $S = (0; 1)$ gilt: $y_1'(0) \cdot y_2'(0) = -1$
Nebenbedingung: $-ab = -1$ oder $\varphi(a; b) = ab - 1 = 0$

Fläche A: $A = A(a; b) = \int\limits_{-\infty}^{0} \mathrm{e}^{ax}\, dx + \int\limits_{0}^{\infty} \mathrm{e}^{-bx}\, dx =$

$$= \left[\frac{1}{a} \cdot \mathrm{e}^{ax}\right]_{-\infty}^{0} + \left[-\frac{1}{b} \cdot \mathrm{e}^{-bx}\right]_{0}^{\infty} = \frac{1}{a} + \frac{1}{b}$$

Hilfsfunktion: $F(a; b; \lambda) = A(a; b) + \lambda \cdot \varphi(a; b) = \frac{1}{a} + \frac{1}{b} + \lambda(ab - 1)$

$$\left.\begin{aligned} F_a &= -\frac{1}{a^2} + \lambda b = 0 \\ F_b &= -\frac{1}{b^2} + \lambda a = 0 \end{aligned}\right\} \lambda \text{ eliminieren} \Rightarrow a = b$$

$$F_\lambda = ab - 1$$

Minimum: $a = b = 1$; $A_{\min} = 2$

31) *Flächenfunktion*: $A = A(x; y) = xy$

Nebenbedingung: $U = 2x + 2y = \text{const.} = c \Rightarrow \varphi(x; y) = 2x + 2y - c = 0$

Hilfsfunktion: $F(x; y; \lambda) = A(x; y) + \lambda \cdot \varphi(x; y) = xy + \lambda(2x + 2y - c)$

$$\left.\begin{aligned} F_x &= y + 2\lambda = 0 \\ F_y &= x + 2\lambda = 0 \end{aligned}\right\} \ \lambda \text{ eliminieren} \Rightarrow x = y$$

$$F_\lambda = 2x + 2y - c = 0$$

Maximum: $x = y = c/4$; $A_{max} = c^2/16$

32) *Abstand*: $d = d(x; y; z) = \sqrt{x^2 + y^2 + z^2}$

Nebenbedingung: $\varphi(x; y; z) = 2x + 3y + z - 14 = 0$

Hilfsfunktion: $F(x; y; z; \lambda) = d(x; y; z) + \lambda \cdot \varphi(x; y; z) =$

$$= \sqrt{x^2 + y^2 + z^2} + \lambda(2x + 3y + z - 14)$$

$$\left.\begin{aligned} F_x &= \frac{x}{\sqrt{x^2 + y^2 + z^2}} + 2\lambda = 0 \\ F_y &= \frac{y}{\sqrt{x^2 + y^2 + z^2}} + 3\lambda = 0 \\ F_z &= \frac{z}{\sqrt{x^2 + y^2 + z^2}} + \lambda = 0 \end{aligned}\right\} \begin{aligned} & x : y : z = 2 : 3 : 1 \\ & \text{d.h.} \\ & x = 2z, \ y = 3z \end{aligned}$$

$$F_\lambda = 2x + 3y + z - 14 = 0$$

Minimum: $x = 2$, $y = 3$, $z = 1$; $d_{min} = \sqrt{14}$

Lösung: Von allen auf der Ebene liegenden Punkten hat der Punkt $P = (2; 3; 1)$ den *kleinsten* Abstand vom Koordinatenursprung.

33) $a = c \cdot \sin \alpha$; $\bar{a} = 4{,}24$ cm

$$\Delta a_{max} = \left| \frac{\partial a}{\partial c} \Delta c \right| + \left| \frac{\partial a}{\partial \alpha} \Delta \alpha \right| = |\sin \bar{\alpha} \cdot \Delta c| + |\bar{c} \cdot \cos \bar{\alpha} \cdot \Delta \alpha| = 0{,}165 \text{ cm} \approx 0{,}17 \text{ cm}$$

Meßergebnis: $a = (4{,}24 \pm 0{,}17)$ cm

34) $\bar{T} = 6{,}28$ ms

$$\Delta T_{max} = \left| \frac{\partial T}{\partial C} \Delta C \right| + \left| \frac{\partial T}{\partial L} \Delta L \right| = \frac{\pi}{\sqrt{\bar{L}\,\bar{C}}} (\bar{L} \Delta C + \bar{C} \Delta L) = 0{,}28 \text{ ms}$$

Meßergebnis: $T = (6{,}28 \pm 0{,}28)$ ms

35) a) $R_1 = (97{,}0 \pm 0{,}91)\,\Omega, \quad R_2 = (41{,}5 \pm 0{,}94)\,\Omega$

b) $\overline{R} = 29{,}06\,\Omega$

$$\Delta R_{\max} = \left|\frac{\partial R}{\partial R_1}\Delta R_1\right| + \left|\frac{\partial R}{\partial R_2}\Delta R_2\right| = \frac{\overline{R}_2^2\,\Delta R_1 + \overline{R}_1^2\,\Delta R_2}{(\overline{R}_1 + \overline{R}_2)^2} = 0{,}54\,\Omega$$

Meßergebnis: $R = (29{,}06 \pm 0{,}54)\,\Omega$

36) a) $b = (18{,}0 \pm 0{,}24)$ cm, $\quad h = (10{,}0 \pm 0{,}27)$ cm

b) $\overline{W} = 300\text{ cm}^3$

$$\Delta W_{\max} = \left|\frac{\partial W}{\partial b}\Delta b\right| + \left|\frac{\partial W}{\partial h}\Delta h\right| = \frac{1}{6}\overline{h}^2\,\Delta b + \frac{1}{3}\overline{b}\,\overline{h}\,\Delta h = 20{,}2\text{ cm}^3$$

Meßergebnis: $W = (300 \pm 20{,}2)\text{ cm}^3$

37) $m = m(R;\rho) = \rho V = \frac{4}{3}\pi\rho R^3$

$\overline{m} = 19\,015{,}5\text{ g} \approx 19{,}016\text{ kg}$

$$\Delta m_{\max} = \left|\frac{\partial m}{\partial R}\Delta R\right| + \left|\frac{\partial m}{\partial \rho}\Delta\rho\right| = 4\pi\rho R^2\,\Delta R + \frac{4}{3}\pi R^3\,\Delta\rho = 1538{,}1\text{ g} \approx 1{,}538\text{ kg}$$

Meßergebnis: $m = (19{,}016 \pm 1{,}538)$ kg

Abschnitt 3

1) a) $\frac{1}{3}$ b) $\frac{77}{4}$

2) Kurvenschnittpunkte: $x_{1/2} = \pm 1{,}455$ (Bild A-21)

$$A = 2 \cdot \int\limits_{x=0}^{1{,}455} \int\limits_{y=x^2-2}^{\cos x} dy\,dx = 5{,}753$$

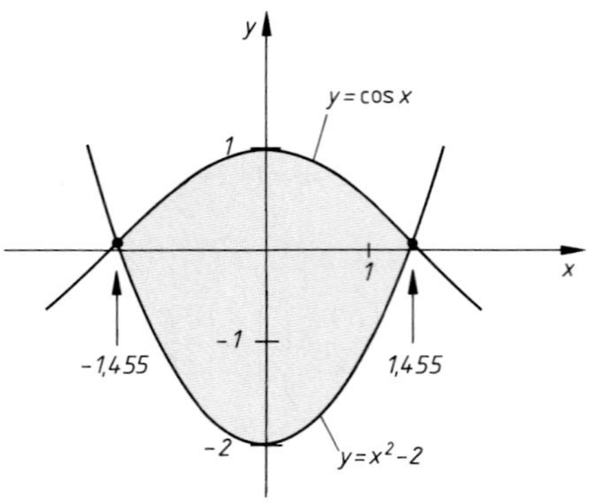

Bild A-21

3) Kurvenschnittpunkte: $x_1 = -3$, $x_2 = 2$ (Bild A-22)

$$A = \int\limits_{x=-3}^{2} \int\limits_{y=x^2}^{-x+6} dy\,dx = \frac{125}{6}$$

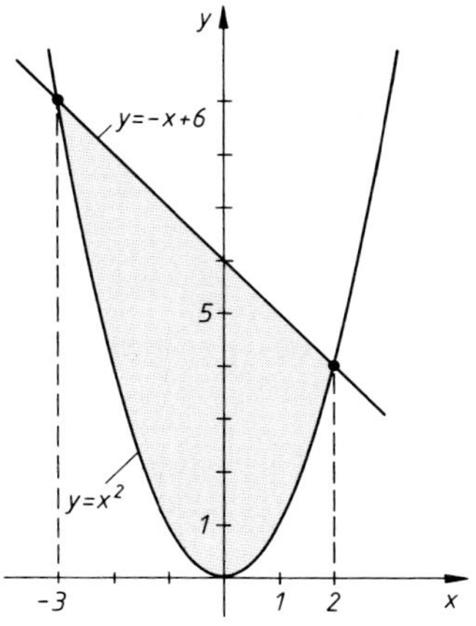

Bild A-22

4) Nach Bild A-23:

$$A = \int\limits_{\varphi=0}^{2\pi} \int\limits_{r=0}^{a\varphi} r\,dr\,d\varphi = \frac{4}{3}a^2\pi^3$$

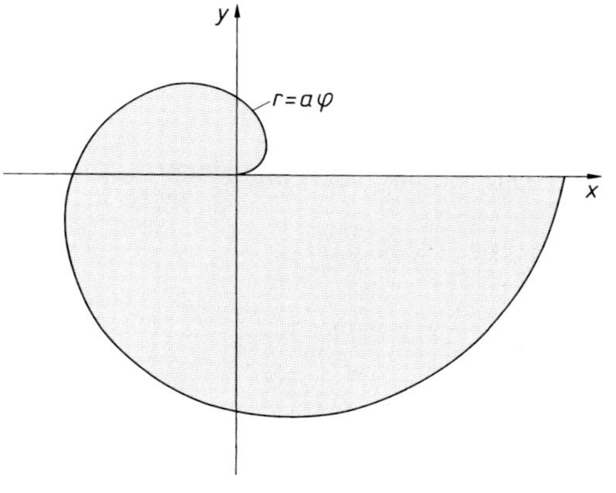

Bild A-23

5) Nach Bild A-24:

$$A = \int\limits_{\varphi=\pi/3}^{3\pi/2} \int\limits_{r=0}^{e^{0,1\varphi}} r\,dr\,d\varphi = 3{,}333$$

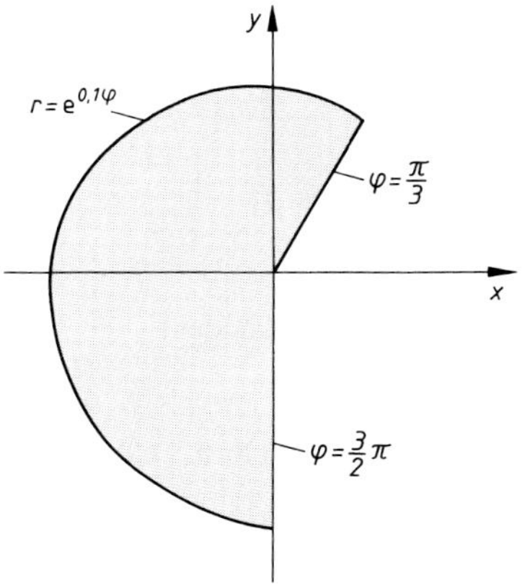

Bild A-24

6) Nach Bild A-25:

$$A = 2 \cdot \int_{\varphi=0}^{\pi/2} \int_{r=0}^{\sqrt{2 \cdot \sin(2\varphi)}} r\,dr\,d\varphi = 2$$

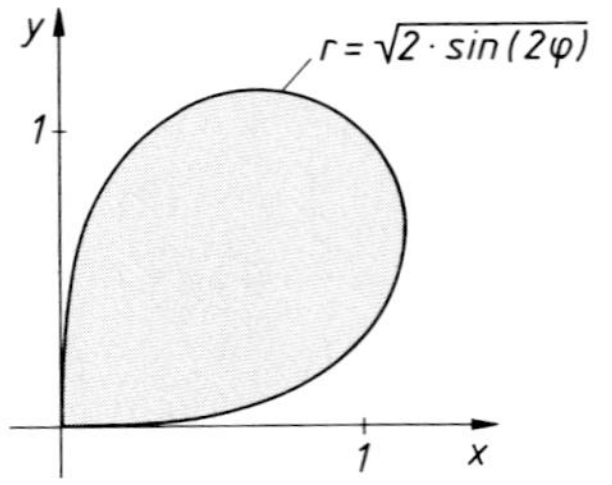

Bild A-25

7) Kurvenschnittpunkte: $x_1 = 0,\ x_2 = 5$ (Bild A-26)

a) $$A = \int_{x=0}^{5} \int_{y=-2x}^{-x^2+3x} dy\,dx = \frac{125}{6}$$

b) $$x_S = \frac{6}{125} \cdot \int_{x=0}^{5} \int_{y=-2x}^{-x^2+3x} x\,dy\,dx = 2{,}5$$

$$y_S = \frac{6}{125} \cdot \int_{x=0}^{5} \int_{y=-2x}^{-x^2+3x} y\,dy\,dx = -2{,}5$$

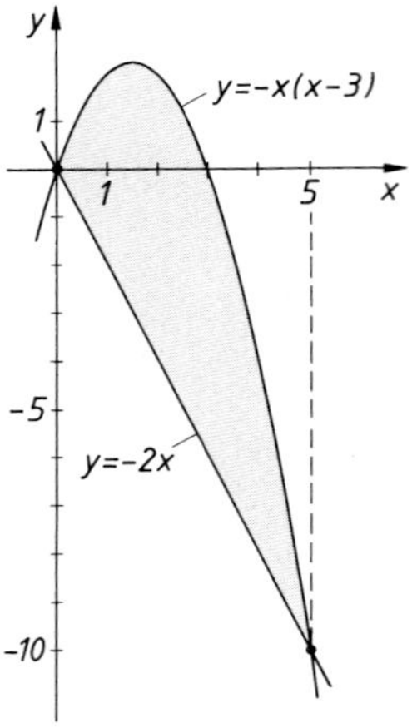

Bild A-26

8) Flächenstück: Siehe Bild IV-65 (Seite 372)

$$A = \int_{\varphi=0}^{2\pi} \int_{r=0}^{1+\cos\varphi} r\,dr\,d\varphi = \frac{3}{2}\pi$$

$$x_S = \frac{2}{3\pi} \cdot \int_{\varphi=0}^{2\pi} \int_{r=0}^{1+\cos\varphi} r^2 \cdot \cos\varphi\,dr\,d\varphi = \frac{5}{6}$$

$y_S = 0$ (aus Symmetriegründen)

9) Kurvenschnittpunkte: $x_{1/2} = \pm 1$ (Bild A-27)

$$A = 2 \cdot \int_{x=0}^{1} \int_{y=-x^2}^{2-3x^2} dy\,dx = \frac{8}{3}$$

$x_S = 0$ (aus Symmetriegründen)

$$y_S = \frac{3}{8} \cdot 2 \cdot \int_{x=0}^{1} \int_{y=-x^2}^{2-3x^2} y\,dy\,dx = 0{,}6$$

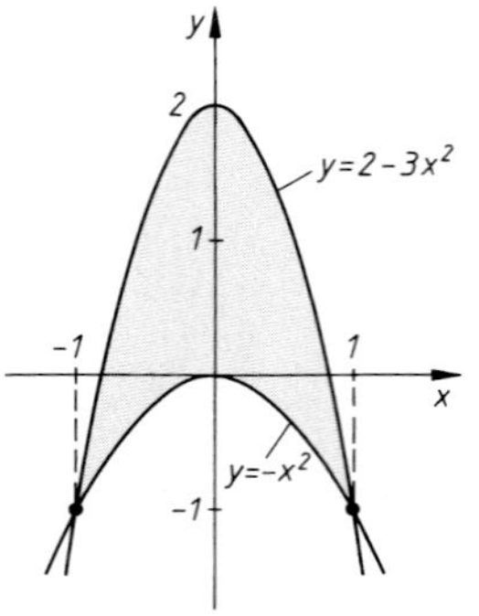

Bild A-27

10) $$A = \int_{x=-1}^{0} \int_{y=x}^{0} dy\,dx + \int_{x=0}^{3} \int_{y=0}^{x} dy\,dx = 5$$

$$x_S = \frac{1}{5}\left[\int_{x=-1}^{0} \int_{y=x}^{0} x\,dy\,dx + \int_{x=0}^{3} \int_{y=0}^{x} x\,dy\,dx\right] = \frac{26}{15}$$

$$y_S = \frac{1}{5}\left[\int_{x=-1}^{0} \int_{y=x}^{0} y\,dy\,dx + \int_{x=0}^{3} \int_{y=0}^{x} y\,dy\,dx\right] = \frac{13}{15}$$

11) Nach Bild A-28:

$$A = \int_{x=1}^{5} \int_{y=0{,}1x-0{,}1}^{\ln x} dy\,dx = 3{,}247$$

$$x_S = \frac{1}{3{,}247} \cdot \int_{x=1}^{5} \int_{y=0{,}1x-0{,}1}^{\ln x} x\,dy\,dx = 3{,}445$$

$$y_S = \frac{1}{3{,}247} \cdot \int_{x=1}^{5} \int_{y=0{,}1x-0{,}1}^{\ln x} y\,dy\,dx = 0{,}715$$

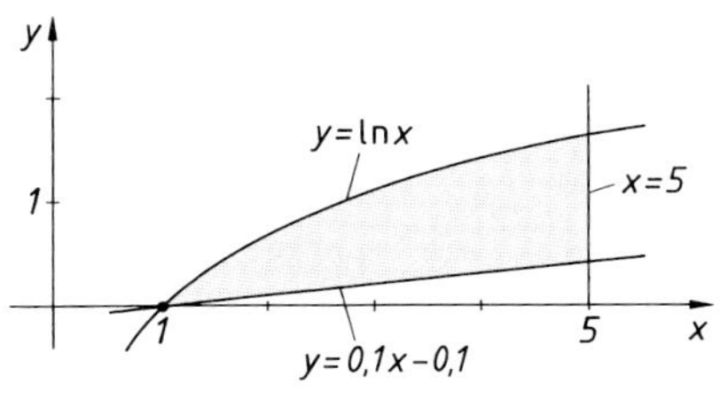

Bild A-28

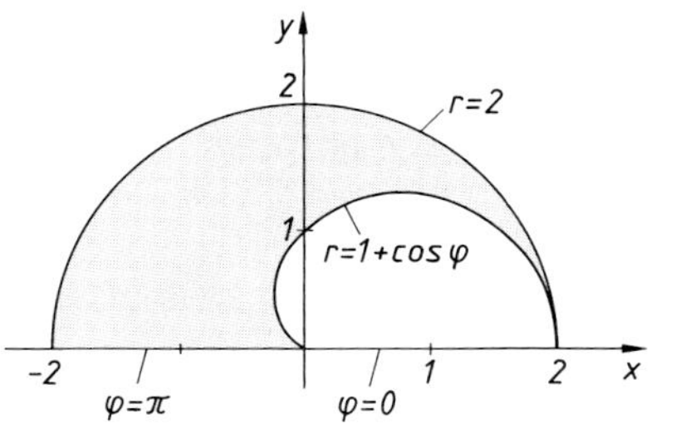

Bild A-29

12) Nach Bild A-29:

$$A = \int_{\varphi=0}^{\pi} \int_{r=1+\cos\varphi}^{2} r\,dr\,d\varphi = \frac{5}{4}\pi$$

$$x_S = \frac{4}{5\pi} \cdot \int_{\varphi=0}^{\pi} \int_{r=1+\cos\varphi}^{2} r^2 \cdot \cos\varphi\,dr\,d\varphi = -0{,}5$$

$$y_S = \frac{4}{5\pi} \cdot \int_{\varphi=0}^{\pi} \int_{r=1+\cos\varphi}^{2} r^2 \cdot \sin\varphi\,dr\,d\varphi = \frac{16}{5\pi} = 1{,}019$$

13) $I_x = \int\limits_{\varphi=0}^{\pi/2} \int\limits_{r=0}^{R} r^3 \cdot \sin^2 \varphi \, dr \, d\varphi = \frac{\pi}{16} R^4$; $\quad I_y = I_x = \frac{\pi}{16} R^4$ (aus Symmetriegründen)

$$I_p = I_x + I_y = \frac{\pi}{8} R^4$$

14) Kurvenschnittpunkte: $a = -\pi/3, \; b = \pi/3$

a) $A = 2 \cdot \int\limits_{x=0}^{\pi/3} \int\limits_{y=0,5}^{\cos x} dy \, dx = 0{,}685$

b) $x_S = 0$ (aus Symmetriegründen)

$$y_S = \frac{1}{0{,}685} \cdot 2 \cdot \int\limits_{x=0}^{\pi/3} \int\limits_{y=0,5}^{\cos x} y \, dy \, dx = 0{,}698 \approx 0{,}7$$

c) $I_x = 2 \cdot \int\limits_{x=0}^{\pi/3} \int\limits_{y=0,5}^{\cos x} y^2 \, dy \, dx = 0{,}346$; $\quad I_y = 2 \cdot \int\limits_{x=0}^{\pi/3} \int\limits_{y=0,5}^{\cos x} x^2 \, dy \, dx = 0{,}147$

$$I_p = I_x + I_y = 0{,}493$$

15) $I_x = 2 \left[\int\limits_{x=0}^{a} \int\limits_{y=0}^{2a} y^2 \, dy \, dx + \int\limits_{x=a}^{b} \int\limits_{y=0}^{a} y^2 \, dy \, dx \right] = \frac{2}{3} a^3 (7a + b)$

$$I_y = 2 \left[\int\limits_{x=0}^{a} \int\limits_{y=0}^{2a} x^2 \, dy \, dx + \int\limits_{x=a}^{b} \int\limits_{y=0}^{a} x^2 \, dy \, dx \right] = \frac{2}{3} a (a^3 + b^3)$$

$$I_p = I_x + I_y = \frac{2}{3} a (8a^3 + a^2 b + b^3)$$

16) $I_p = \int\limits_{\varphi=0}^{\pi} \int\limits_{r=0}^{\sqrt[4]{\cos(\varphi/4)}} r^3 \, dr \, d\varphi = \frac{1}{2} \sqrt{2} = 0{,}707$

17) a) Gleichung des Kreises in *Polarkoordinaten*: $r = r(\varphi) = 2R \cdot \cos \varphi \quad \left(-\frac{\pi}{2} \leqslant \varphi \leqslant \frac{\pi}{2} \right)$

$$I_x = 2 \cdot \int\limits_{\varphi=0}^{\pi/2} \int\limits_{r=0}^{2R \cdot \cos \varphi} r^3 \cdot \sin^2 \varphi \, dr \, d\varphi = \frac{\pi}{4} R^4$$

$$I_y = 2 \cdot \int\limits_{\varphi=0}^{\pi/2} \int\limits_{r=0}^{2R \cdot \cos\varphi} r^3 \cdot \cos^2\varphi \, dr \, d\varphi = \frac{5}{4}\pi R^4$$

$$I_p = I_x + I_y = \frac{3}{2}\pi R^4$$

b) *x-Achse* ist Schwerpunktsachse: $I_x = \frac{\pi}{4} R^4$.

y-Achse verläuft im Abstand $d = R$ parallel zur Schwerpunktsachse:

$$I_y = I_S + A d^2 = \frac{\pi}{4} R^4 + \pi R^4 = \frac{5}{4}\pi R^4.$$

z-Achse verläuft im Abstand $d = R$ parallel zur Schwerpunktsachse:

$$I_p = I_S + A d^2 = \frac{\pi}{2} R^4 + \pi R^4 = \frac{3}{2}\pi R^4$$

18) Nach Aufgabe 13) ist $I_x = I_y = \frac{\pi}{8} R^4$ und $I_p = \frac{\pi}{4} R^4$. Aus Bild A-30 folgt dann für die durch den Schwerpunkt $S = \left(0; \frac{4}{3\pi} R\right)$ gehenden Schwerpunktsachsen nach dem *Steinerschen Satz*:

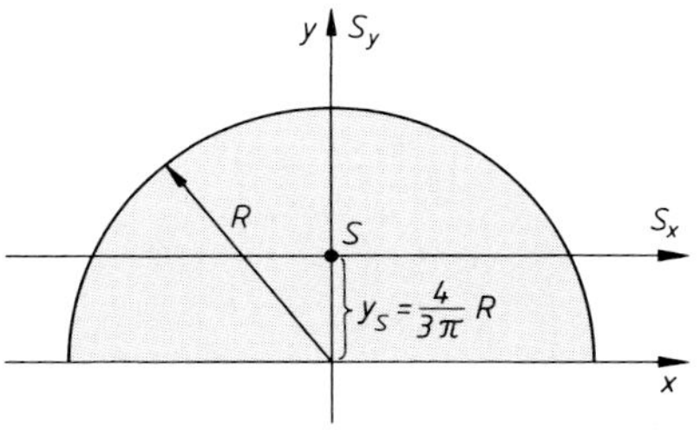

Bild A-30

Schwerpunktsachse S_x:

$$I_x = I_{S_x} + A y_S^2 \Rightarrow I_{S_x} = 0{,}110\, R^4$$

Schwerpunktsachse S_y (= *y-Achse*):

$$I_y = I_{S_y} \Rightarrow I_{S_y} = \frac{\pi}{8} R^4$$

Schwerpunktsachse S_p (parallel zur *z*-Achse):

$$I_p = I_{S_p} + A y_S^2 \Rightarrow I_{S_p} = 0{,}502\, R^4$$

19) a) $-\frac{2}{3\pi}$ b) $-\frac{1}{24}$

20) Gleichung der Ellipse: $b^2 x^2 + a^2 z^2 = a^2 b^2$. Für $x \to r$ erhält man hieraus die Funktionsgleichung des *Rotationsellipsoids*:

$$b^2 r^2 + a^2 z^2 = a^2 b^2 \Rightarrow z = \pm \frac{b}{a} \sqrt{a^2 - r^2}$$

(obere und untere Begrenzungsfläche, sie liefern die Grenzen der z-Integration). Projektionsbereich in der x, y-Ebene ist der *Kreis* mit dem Radius a: $0 \leqslant r \leqslant a, \quad 0 \leqslant \varphi \leqslant 2\pi$.
Aus *Symmetriegründen* ist dann:

$$V = 2 \cdot \int_{\varphi=0}^{2\pi} \int_{r=0}^{a} \int_{z=0}^{\frac{b}{a}\sqrt{a^2 - r^2}} r \, dz \, dr \, d\varphi = \frac{4}{3} \pi a^2 b$$

21) Der Kreis $x^2 + z^2 = R^2$ geht für $x \to r$ in die *Kugel* $r^2 + z^2 = R^2$, d.h. $z = \pm \sqrt{R^2 - r^2}$ über. *Obere* Begrenzungsfläche ist $z = \sqrt{R^2 - r^2}$, *untere* Begrenzungsfläche die zur x, y-Ebene parallele *Ebene* $z = R - h$. Die Projektion der Kugelhaube in die x, y-Ebene ergibt einen *Kreis* vom Radius R_0, für den nach Bild IV-105 (Seite 430) gilt: $R_0^2 + (R - h)^2 = R^2$, d.h. $R_0 = \sqrt{2Rh - h^2}$.

$$V = \int_{\varphi=0}^{2\pi} \int_{r=0}^{\sqrt{2Rh - h^2}} \int_{z=R-h}^{\sqrt{R^2 - r^2}} r \, dz \, dr \, d\varphi = \frac{\pi}{3} h^2 (3R - h)$$

Schwerpunkt $S = (0; 0; z_S)$ mit:

$$z_S = \frac{3}{\pi h^2 (3R - h)} \cdot \int_{\varphi=0}^{2\pi} \int_{r=0}^{\sqrt{2Rh - h^2}} \int_{z=R-h}^{\sqrt{R^2 - r^2}} z r \, dz \, dr \, d\varphi = \frac{3(2R - h)^2}{4(3R - h)}$$

22) Gleichung des (rotierenden) *Kreises*: $(x - R)^2 + z^2 = r_0^2$. Für $x \to r$ erhält man hieraus die Gleichung des *Torus*:

$$(r - R)^2 + z^2 = r_0^2 \Rightarrow z = \pm \sqrt{r_0^2 - (r - R)^2}$$

Die Projektion des Torus in die x, y-Ebene ergibt den in Bild A-31 skizzierten *Kreisring* mit dem Innenradius $r_i = R - r_0$ und dem Außenradius $r_a = R + r_0$.

$$V = 2 \cdot \int_{\varphi=0}^{2\pi} \int_{r=R-r_0}^{R+r_0} \int_{z=0}^{\sqrt{r_0^2 - (r-R)^2}} r \, dz \, dr \, d\varphi = 2\pi^2 R r_0^2$$

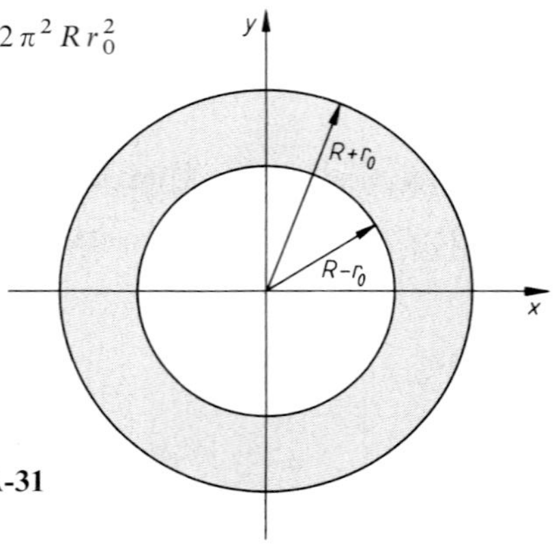

Bild A-31

23) Wir denken uns die Wassermenge m im *Schwerpunkt* $S = (0; 0; z_S)$ der mit Wasser gefüllten Halbkugel vereinigt. Für die *Mindestarbeit* (Hubarbeit!) gilt dann:

$W_{\min} = mg\,z_S$ (Erdbeschleunigung $g = 9{,}81\ \text{m/s}^2$).

Schwerpunktsberechnung

a) Wir beziehen uns auf Aufgabe 21) (Kugelhaube). Für $h = R$ geht die Kugelhaube in eine *Halbkugel* über, deren Schwerpunkt vom Mittelpunkt der Kugel die Entfernung $\frac{3}{8}R$ besitzt. Der Schwerpunkt unserer gefüllten Halbkugel liegt somit $\frac{5}{8}R = \frac{15}{8}$ m über dem *tiefsten* Punkt. Somit ist

$$z_S = 10\ \text{m} + \frac{15}{8}\ \text{m} = \frac{95}{8}\ \text{m} = 11{,}875\ \text{m}$$

und mit $m = \rho\left(\frac{2}{3}\pi R^3\right) = 56\,548{,}7$ kg folgt:

$$W_{\min} = mg\,z_S = 6\,587\,566\ \text{J}$$

b) Berechnung der Schwerpunktskoordinate über ein *Dreifachintegral*:

$$z_S = \frac{1}{18\,\pi} \cdot \int_{\varphi=0}^{2\pi} \int_{r=0}^{3} \int_{z=13-\sqrt{9-r^2}}^{13} r z\, dz\, dr\, d\varphi = 11{,}875 \quad \text{(in m)}$$

24) $V_{\text{Kegel}} = \frac{1}{3}\pi R^2 H$. Nach Bild IV-85 (Seite 403) ist dann:

$$z_S = \frac{3}{\pi R^2 H} \cdot \int_{\varphi=0}^{2\pi} \int_{r=0}^{R} \int_{z=0}^{-\frac{H}{R}(r-R)} z r\, dz\, dr\, d\varphi = \frac{H}{4}$$

25) Nach Bild A-32:

$$V = \int_{\varphi=0}^{2\pi} \int_{r=0}^{9} \int_{z=\sqrt{r}}^{3} r\, dz\, dr\, d\varphi = 48{,}6\,\pi$$

$$z_S = \frac{1}{48{,}6\,\pi} \cdot \int_{\varphi=0}^{2\pi} \int_{r=0}^{9} \int_{z=\sqrt{r}}^{3} z r\, dz\, dr\, d\varphi = 2{,}5$$

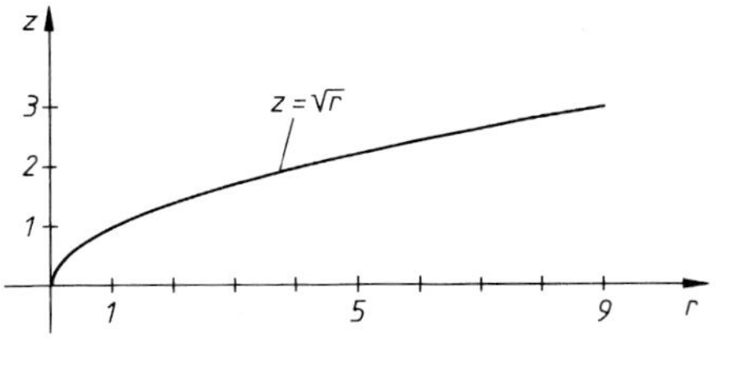

Bild A-32

26) a) Nach Bild IV-87 (Seite 407) folgt:

$$J = \rho \cdot \int_{\varphi=0}^{2\pi} \int_{r=0}^{R} \int_{z=0}^{\sqrt{R^2 - r^2}} r^3 \, dz \, dr \, d\varphi = \frac{4}{15} \pi \rho R^5$$

b) Nach a) folgt für das Massenträgheitsmoment einer *Vollkugel*, bezogen auf einen *Durchmesser* (Symmetrieachse):

$$J_S = \frac{8}{15} \pi \rho R^5 = \frac{2}{5} m R^2$$

Der Abstand Symmetrieachse – Tangente ist $d = R$. Der *Satz von Steiner* liefert dann für das auf eine *Tangente* bezogene Massenträgheitsmoment J_T:

$$J_T = J_S + m R^2 = \frac{2}{5} m R^2 + m R^2 = \frac{7}{5} m R^2$$

27) $J = \rho \cdot \int\limits_{\varphi=0}^{2\pi} \int\limits_{r=R_1}^{R_2} \int\limits_{z=0}^{H} r^3 \, dz \, dr \, d\varphi = \frac{1}{2} \pi \rho H (R_2^4 - R_1^4)$

28) a) $R_1 = 0,\ R_2 = R \Rightarrow J = \frac{1}{2} \pi \rho H R^4 = \frac{1}{2} m R^2$

b) Nach *Steiner* (Abstand Mantellinie – Symmetrieachse: $d = R$):

$$J_M = J_S + m d^2 = \frac{1}{2} m R^2 + m R^2 = \frac{3}{2} m R^2$$

29) Nach Bild IV-85 (Seite 403):

$$J = \rho \cdot \int_{\varphi=0}^{2\pi} \int_{r=0}^{R} \int_{z=0}^{-\frac{H}{R}(r-R)} r^3 \, dz \, dr \, d\varphi = \frac{1}{10} \pi \rho H R^4 = \frac{3}{10} m R^2$$

V Gewöhnliche Differentialgleichungen

Abschnitt 1

1) y und y' werden in die Differentialgleichung eingesetzt und erfüllen diese Gleichung.

Lösungskurve durch P: $y = \dfrac{16x}{1+x}$

2) y, y' und y'' werden in die Differentialgleichung eingesetzt und erfüllen diese Gleichung. Die Funktion y ist die *allgemeine* Lösung, da sie *zwei unabhängige* Konstanten (Parameter) enthält.

3) Man differenziert $u_C(t)$ und setzt anschließend Funktion und Ableitung in die Differentialgleichung ein und erhält die *Identität* $u_0 = u_0$.

4) $s(t) = 5 \cdot \cos t, \quad v(t) = -5 \cdot \sin t$

Abschnitt 2

1) a) Richtungsfeld: Bild A-33 (gezeichnet: 1. Quadrant. Das Feld ist spiegelsymmetrisch zur x-Achse angeordnet). Lösung: $y = C\sqrt{x} \quad (C \in \mathbb{R})$

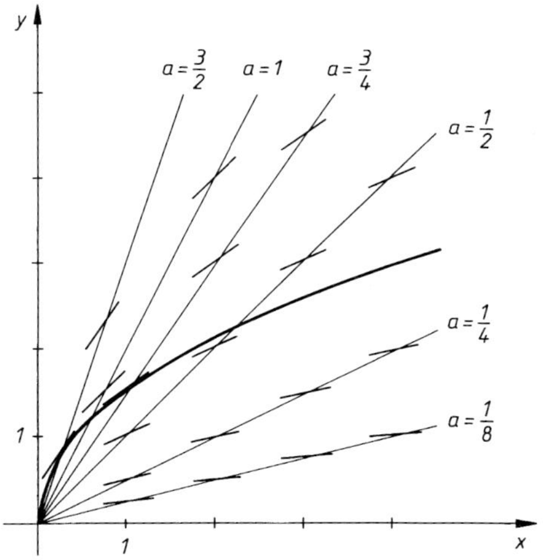

Bild A-33

b) Richtungsfeld: Bild A-34 (gezeichnet: 1. und 2. Quadrant. Das Feld ist spiegelsymmetrisch zur x-Achse angeordnet). Lösung: $y = C \cdot e^x \quad (C \in \mathbb{R})$

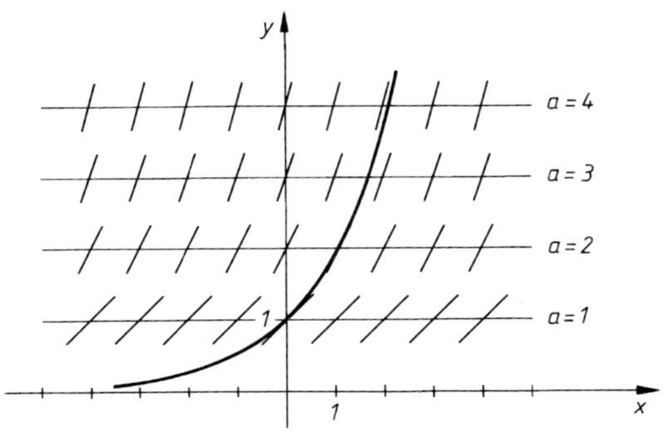

Bild A-34

2) a) *Substitution*: $u = \frac{y}{x}$; Lösung: $y = 4x \cdot \ln|Cx| \quad (C \in \mathbb{R})$

b) *Substitution*: $u = x + y + 1$; Lösung: $y = \tan(x + C) - x - 1 \quad (C \in \mathbb{R})$

c) *Substitution*: $u = \frac{y}{x}$; Lösung: $y = \frac{1}{2}x - \frac{x}{\ln|Cx|} \quad (C \in \mathbb{R},\ C \neq 0)$

d) *Substitution*: $u = \frac{y}{x}$; Lösung: $y = 2x \cdot \arctan(Cx) \quad (C \in \mathbb{R})$

3) *Substitution*: $u = \frac{y}{x}$; *Allgemeine* Lösung: $y = \pm x\sqrt{2 \cdot \ln|Cx|} \quad (C \in \mathbb{R},\ C \neq 0)$

Spezielle Lösung: $y_p = x\sqrt{2 \cdot \ln|\mathrm{e}x|}$

4) a) $y = \frac{x}{1 + Cx} \quad (C \in \mathbb{R})$ b) $y = C\sqrt{1 + x^2} \quad (C \in \mathbb{R})$

c) $y = \frac{x + C - 1}{x + C} \quad (C \in \mathbb{R})$ d) $y = \arccos\left(\frac{1}{2}x^2 + C\right) \quad (C \in \mathbb{R})$

5) a) *Allgemeine* Lösung: $y = C \cdot \mathrm{e}^{-\sin x} \quad (C \in \mathbb{R})$

Spezielle Lösung: $y_p = 2\pi \cdot \mathrm{e}^{1 - \sin x}$

b) *Allgemeine* Lösung: $y = \frac{Cx}{x + 1} \quad (C \in \mathbb{R})$

Spezielle Lösung: $y_p = \frac{x}{x + 1}$

c) *Allgemeine* Lösung: $y = \sqrt[3]{3x - x^3 + 3C} \quad (C \in \mathbb{R})$

Spezielle Lösung: $y_p = \sqrt[3]{3x - x^3 + 3}$

6) a) *Substitution*: $u = \frac{y}{x}$; *Allgemeine* Lösung: $y = -\frac{x}{\ln|Cx|} \quad (C \in \mathbb{R})$

Spezielle Lösung: $y_p = -\frac{x}{\ln|\mathrm{e}x|}$

b) *Trennung der Variablen*: $y = \pm\sqrt{2 \cdot \mathrm{e}^{2x} + 2C} \quad (C \in \mathbb{R})$

Spezielle Lösung: $y_p = \sqrt{2 \cdot \mathrm{e}^{2x} + 2}$

7) a) *Trennung der Variablen*: $x(t) = ab\,\frac{\mathrm{e}^{(a-b)kt} - 1}{a \cdot \mathrm{e}^{(a-b)kt} - b}$

b) Für $a > b$ und $t \to \infty$ folgt: $\lim\limits_{t \to \infty} x(t) = b$. Die Reaktion kommt daher zum Stillstand, wenn alle Atome vom Typ B „verbraucht" sind.

8) a) $v(t) = C \cdot \mathrm{e}^{-\frac{k}{m}t} + \frac{mg}{k} \quad (C \in \mathbb{R})$

b) $v_p(t) = \left(v_0 - \frac{mg}{k}\right) \cdot e^{-\frac{k}{m}t} + \frac{mg}{k}$ (Bild A-35)

c) $v_{\max} = \lim_{t \to \infty} v_p(t) = \frac{mg}{k}$

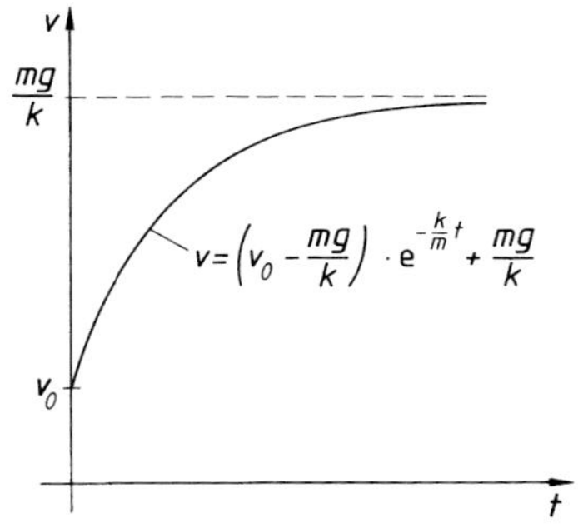

Bild A-35

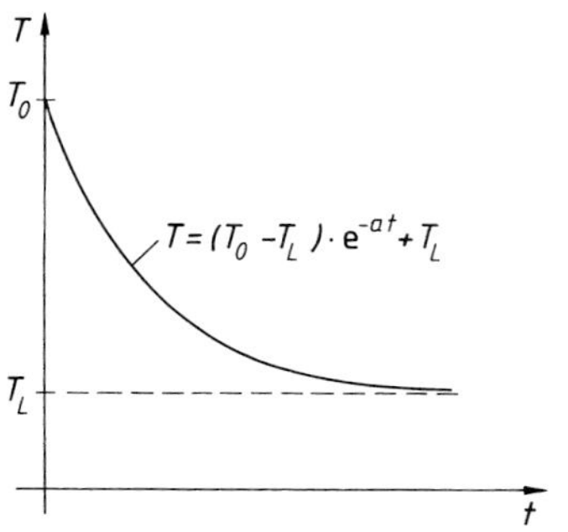

Bild A-36

9) $u_C(t) = u_0 \cdot e^{-\frac{t}{RC}}$ $(t \geqslant 0)$

10) $T(t) = (T_0 - T_L) \cdot e^{-at} + T_L$ $(t \geqslant 0)$ (Bild A-36)

Endtemperatur: $T_E = \lim_{t \to \infty} T(t) = T_L$

Der Körper nimmt die Temperatur T_L der vorbeiströmenden Luft an.

11) a) Linear, homogen
b) Nicht-linear (y^2-Term)
c) Linear, inhomogen
d) Linear, inhomogen
e) Nicht-linear ($y' y^2$-Term)
f) Nicht-linear ($\sqrt{y}$-Term)
g) Linear, inhomogen
h) Nicht-linear (y^2-Term)
i) Linear, inhomogen
j) Linear, inhomogen
k) Nicht-linear ($y' \sqrt{y}$-Term)
l) Linear, inhomogen

12) y_0: Lösung der *homogenen* Differentialgleichung; y: Lösung der *inhomogenen* Differentialgleichung; $C \in \mathbb{R}$

a) $y_0 = C \cdot e^{-\frac{1}{2}x^2}$; $y = C \cdot e^{-\frac{1}{2}x^2} + 4$

b) $y_0 = \frac{C}{x+1}$; $y = \frac{1}{4} \cdot \frac{(2x+1) \cdot e^{2x} + C}{x+1}$

c) $y_0 = \frac{C}{x}$; $y = \frac{\sin x - x \cdot \cos x + C}{x}$

d) $y_0 = \frac{C}{\cos x}$; $y = \frac{x + C}{\cos x}$

e) $y_0 = C \cdot e^{2 \cdot \sin x}$; $y = C \cdot e^{2 \cdot \sin x} - \frac{1}{2}$

f) $y_0 = Cx$; $y = x^2 + Cx - 4$

13) *Allgemeine* Lösung: $i(t) = C \cdot \mathrm{e}^{2 \cdot \cos t} + \cos t + \frac{1}{2} \quad (C \in \mathbb{R})$

Spezielle Lösung: $i_p(t) = -\frac{3}{2} \cdot \mathrm{e}^{-2+2 \cdot \cos t} + \cos t + \frac{1}{2}$

14) y: *Allgemeine* Lösung; y_p: *Partikuläre* Lösung; $C \in \mathbb{R}$

a) $y = Cx + x \cdot \sin x; \quad y_p = 2x + x \cdot \sin x$

b) $y = C \cdot \cos x - 10 \cdot \cos^2 x; \quad y_p = -12 \cdot \cos x - 10 \cdot \cos^2 x$

c) $y = \frac{C}{x} + \ln x - 1; \quad y_p = \frac{2}{x} + \ln x - 1$

15) a) $y_0 = C \cdot \mathrm{e}^{-4x}$ b) $y_0 = C \cdot \mathrm{e}^{-2x}$ c) $y_0 = C \cdot \mathrm{e}^{-\frac{8}{3}x}$

d) $y_0 = C \cdot \mathrm{e}^{\frac{b}{a}x}$ e) $n_0 = C \cdot \mathrm{e}^{-\lambda t}$ f) $y_0 = C \cdot \mathrm{e}^{6x}$

g) $i_0 = C \cdot \mathrm{e}^{-\frac{R}{L}t}$ h) $y_0 = C \cdot \mathrm{e}^{-9x}$ i) $y_0 = C \cdot \mathrm{e}^{\frac{5}{3}ax}$

j) $u_0 = C \cdot \mathrm{e}^{-\frac{t}{T}} \quad (C \in \mathbb{R})$

16) a) $y_0 = C \cdot \mathrm{e}^{3x}; \quad y = C \cdot \mathrm{e}^{3x} - \frac{1}{4}\left(2x + 1\right) \cdot \mathrm{e}^{x} \quad (C \in \mathbb{R})$

b) Lösungsansatz für y_p: $y_p = (ax + b) \cdot \mathrm{e}^x \Rightarrow y_p = -\frac{1}{4}\left(2x + 1\right) \cdot \mathrm{e}^x$

$y = y_0 + y_p = C \cdot \mathrm{e}^{3x} - \frac{1}{4}\left(2x + 1\right) \cdot \mathrm{e}^x \quad (C \in \mathbb{R})$

17) a) $y_0 = C \cdot \mathrm{e}^{-x}$; Ansatz: $y_p = ax + b \Rightarrow y_p = 2x - 2$

$y = y_0 + y_p = C \cdot \mathrm{e}^{-x} + 2x - 2 \quad (C \in \mathbb{R})$

b) $y_0 = C \cdot \mathrm{e}^{-2x}$; Ansatz: $y_p = A \cdot \mathrm{e}^{5x} \Rightarrow y_p = \frac{4}{7} \cdot \mathrm{e}^{5x}$

$y = y_0 + y_p = C \cdot \mathrm{e}^{-2x} + \frac{4}{7} \cdot \mathrm{e}^{5x} \quad (C \in \mathbb{R})$

c) $y_0 = C \cdot \mathrm{e}^{-x}$; Ansatz: $y_p = Ax \cdot \mathrm{e}^{-x}$ (Störfunktion und y_0 sind vom *gleichen* Typ)

$\Rightarrow y_p = x \cdot \mathrm{e}^{-x}$

$y = y_0 + y_p = (x + C) \cdot \mathrm{e}^{-x} \quad (C \in \mathbb{R})$

d) $y_0 = C \cdot \mathrm{e}^{4x}$; Ansatz: $y_p = A \cdot \sin x + B \cdot \cos x \Rightarrow y_p = -\frac{20}{17} \cdot \sin x - \frac{5}{17} \cdot \cos x$

$y = y_0 + y_p = C \cdot \mathrm{e}^{4x} - \frac{20}{17} \cdot \sin x - \frac{5}{17} \cdot \cos x \quad (C \in \mathbb{R})$

e) $y_0 = C \cdot e^{5x}$; Ansatz: $y_p = A \cdot \sin x + B \cdot \cos x \Rightarrow y_p = -\frac{19}{26} \cdot \sin x - \frac{9}{26} \cdot \cos x$

$y = y_0 + y_p = C \cdot e^{5x} - \frac{19}{26} \cdot \sin x - \frac{9}{26} \cdot \cos x \quad (C \in \mathbb{R})$

f) $y_0 = C \cdot e^{6x}$; Ansatz: $y_p = Ax \cdot e^{6x}$ (Störglied und y_0 sind vom *gleichen* Typ)
$\Rightarrow y_p = 3x \cdot e^{6x}$

$y = y_0 + y_p = (3x + C) \cdot e^{6x} \quad (C \in \mathbb{R})$

18) a) *Trennung der Variablen*: $y = \tan\left(\frac{1}{2}x^2 + C\right) \quad (C \in \mathbb{R})$

b) *Trennung der Variablen*: $y = C \cdot e^{-\cos x} \quad (C \in \mathbb{R})$

c) *Trennung der Variablen*: $y = C \cdot e^{\frac{1}{2}x^2} \quad (C \in \mathbb{R})$

d) *Variation der Konstanten*: $y = 2(\ln x - 1) + \frac{C}{x} \quad (C \in \mathbb{R})$

e) *Trennung der Variablen*: $y = C \cdot e^{x^5} - 1 \quad (C \in \mathbb{R})$

f) Aufsuchen einer *partikulären* Lösung
(Ansatz: $y_p = A_1 \cdot \sin x + B_1 \cdot \cos x + A_2 \cdot \sin(3x) + B_2 \cdot \cos(3x)$)

$y = y_0 + y_p = C \cdot e^{5x} + \frac{1}{13} \cdot \sin x - \frac{5}{13} \cdot \cos x + \frac{5}{34} \cdot \sin(3x) + \frac{3}{34} \cdot \cos(3x) \quad (C \in \mathbb{R})$

19) a) Aufsuchen einer *partikulären* Lösung (Ansatz: $y_p = ax^3 + bx^2 + cx + d$)

$y = y_0 + y_p = C \cdot e^{-4x} + \frac{1}{4}x^3 - \frac{3}{16}x^2 - \frac{5}{32}x + \frac{5}{128} \quad (C \in \mathbb{R})$

Spezielle Lösung: $y = 112{,}18 \cdot e^{-4x} + \frac{1}{4}x^3 - \frac{3}{16}x^2 - \frac{5}{32}x + \frac{5}{128}$

b) Aufsuchen einer *partikulären* Lösung (Ansatz: $y_p = Ax \cdot e^x$, da Störglied und y_0 vom *gleichen* Typ sind)

$y = y_0 + y_p = (x + C) \cdot e^x \quad (C \in \mathbb{R})$

Spezielle Lösung: $y = (x + 1) \cdot e^x$

c) Aufsuchen einer *partikulären* Lösung (Ansatz: $y_p = A \cdot \sin x + B \cdot \cos x$)

$y = y_0 + y_p = C \cdot e^{-3x} - \frac{1}{10} \cdot \sin x - \frac{3}{10} \cdot \cos x \quad (C \in \mathbb{R})$

Spezielle Lösung: $y = \frac{53}{10} \cdot e^{-3x} - \frac{1}{10} \cdot \sin x - \frac{3}{10} \cdot \cos x$

20) Lösung der *homogenen* Gleichung: $i_0 = C \cdot e^{-\frac{R}{L}t}$

a) Ansatz: $i_p = \text{const.} = a \Rightarrow i_p = \frac{u_0}{R}$; $i = i_0 + i_p = C \cdot e^{-\frac{R}{L}t} + \frac{u_0}{R}$ $(C \in \mathbb{R})$

Spezielle Lösung: $i = \frac{u_0}{R}\left(1 - e^{-\frac{R}{L}t}\right)$ $(t \geqslant 0)$ (Bild A-37)

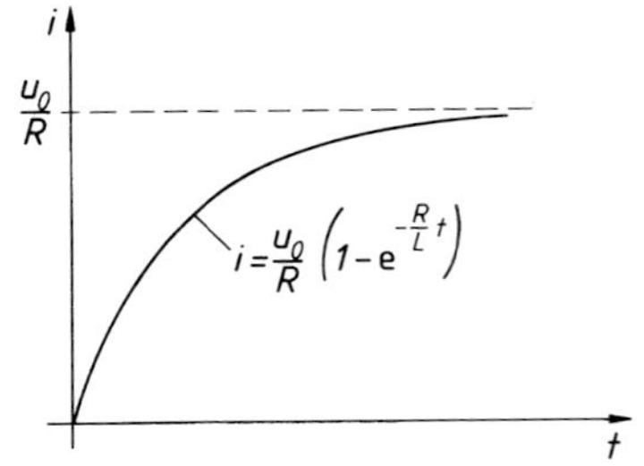

Bild A-37

b) Ansatz: $i_p = At + B \Rightarrow i_p = \frac{a}{R}t - \frac{aL}{R^2}$; $i = i_0 + i_p = C \cdot e^{-\frac{R}{L}t} + \frac{a}{R}t - \frac{aL}{R^2}$ $(C \in \mathbb{R})$

Spezielle Lösung: $i = \frac{aL}{R^2}\left(e^{-\frac{R}{L}t} - 1\right) + \frac{a}{R}t$ $(t \geqslant 0)$

21) $v_{\text{homogen}} = C \cdot e^{-\frac{k}{m}t}$; $v_p = \frac{F}{k}$ (Ansatz: $v_p = \text{const.}$)

$v(t) = v_{\text{homogen}} + v_p = C \cdot e^{-\frac{k}{m}t} + \frac{F}{k}$ $(C \in \mathbb{R})$

Spezielle Lösung: $v(t) = \left(v_0 - \frac{F}{k}\right) \cdot e^{-\frac{k}{m}t} + \frac{F}{k}$ $(t \geqslant 0)$ (Bild A-38)

Endgeschwindigkeit: $v_E = \lim_{t \to \infty} v(t) = \frac{F}{k}$

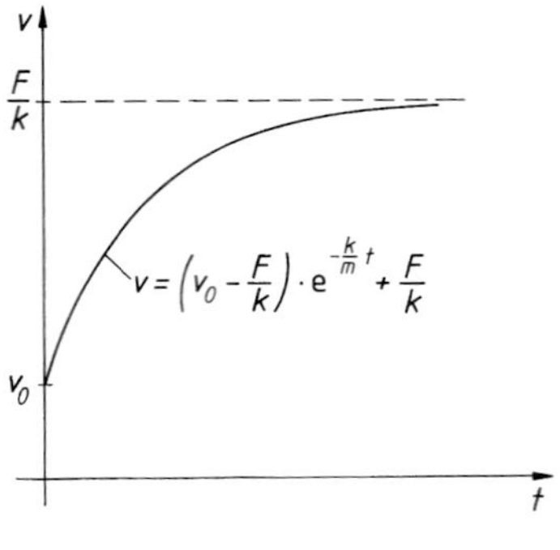

Bild A-38

22) $i_0 = C \cdot e^{-20t}$; Ansatz: $i_p = A \cdot \sin(2t) + B \cdot \cos(2t)$

$$\Rightarrow i_p = \frac{50}{101} \cdot \sin(2t) - \frac{5}{101} \cdot \cos(2t)$$

$$i = i_0 + i_p = C \cdot e^{-20t} + \frac{50}{101} \cdot \sin(2t) - \frac{5}{101} \cdot \cos(2t)$$

Spezielle Lösung: $i = \frac{5}{101}\left(e^{-20t} + 10 \cdot \sin(2t) - \cos(2t)\right)$

i_0: *Exponentiell* abklingender *Gleichstrom*

i_p: *Wechselstrom* mit der Periode $T = \pi$

23) $v_0 = C \cdot e^{-\frac{t}{T}}$; Ansatz: $v_p = \text{const.} = a \Rightarrow v_p = K\hat{u}$

$$v = v_0 + v_p = C \cdot e^{-\frac{t}{T}} + K\hat{u} \qquad (C \in \mathbb{R})$$

Spezielle Lösung: $v = K\hat{u}\left(1 - e^{-\frac{t}{T}}\right) \quad (t \geqslant 0)$ (Bild A-39)

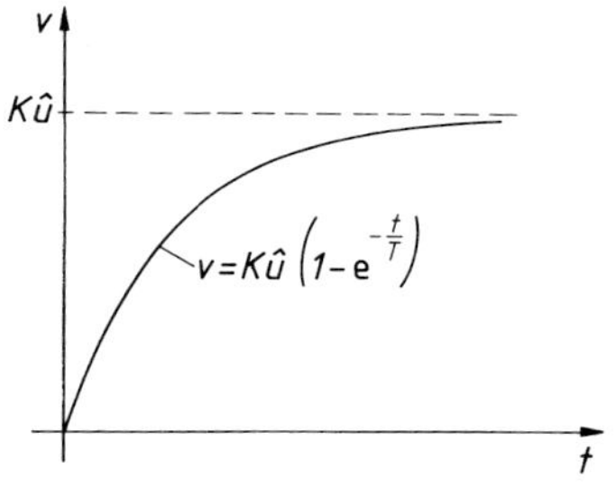

Bild A-39

24) a) $u_{C_0} = K \cdot e^{-\frac{t}{RC}}$; Ansatz: $u_{C_p} = \text{const.} = a \Rightarrow u_{C_p} = u_0$

$$u_C = u_{C_0} + u_{C_p} = K \cdot e^{-\frac{t}{RC}} + u_0 \qquad (K \in \mathbb{R})$$

b) *Spezielle* Lösung: $u_C = u_0\left(1 - e^{-\frac{t}{RC}}\right) \quad (t \geqslant 0)$ (Bild A-40)

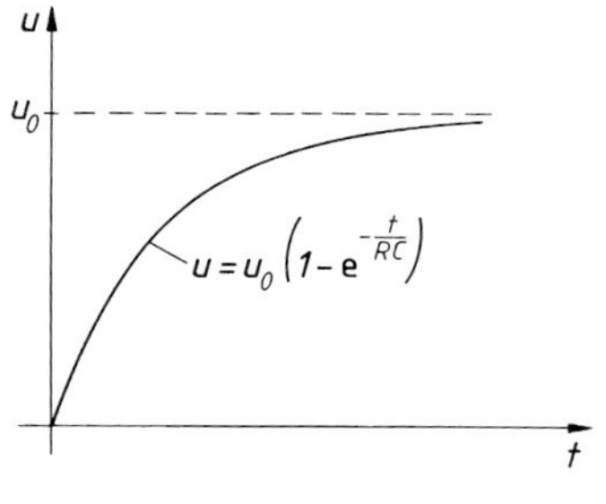

Bild A-40

25) $v_0 = C \cdot e^{-\frac{t}{T}}$; Ansatz: $v_p = A \cdot \sin(\omega t + \varphi)$

$$\Rightarrow v_p = \frac{K_D E \omega}{\sqrt{1 + (\omega T)^2}} \cdot \sin\left(\omega t + \arctan\left(\frac{1}{\omega T}\right)\right)$$

$$v = v_0 + v_p = C \cdot e^{-\frac{t}{T}} + \frac{K_D E \omega}{\sqrt{1 + (\omega T)^2}} \cdot \sin\left(\omega t + \arctan\left(\frac{1}{\omega T}\right)\right) \quad (C \in \mathbb{R})$$

Nach Ablauf einer gewissen „Einschwingphase" erhält man ein *sinusförmiges* Ausgangssignal mit der Periodendauer $T = \frac{2\pi}{\omega}$ des Eingangssignals. Amplitude A und Phase φ sind dabei noch *frequenzabhängige* Größen (sog. *Frequenzgang*).

26) Durch die Substitution $u = y^2$, $u' = 2yy'$ (Kettenregel!) geht die Differentialgleichung in die lineare Differentialgleichung $2u' - u = -(1 + x^2)$ über.

Lösung: $y = \pm \sqrt{C \cdot e^{0,5x} + x^2 + 4x + 9} \quad (C \in \mathbb{R})$

Abschnitt 3

1) a) Konstante Koeffizienten, inhomogen
b) Variable Koeffizienten, homogen
c) Konstante Koeffizienten, homogen
d) Konstante Koeffizienten, inhomogen
e) Variable Koeffizienten, inhomogen
f) Konstante Koeffizienten, homogen

2) $s(t) = -\frac{1}{2} g t^2 + v_0 t + s_0 = -(4{,}905 \text{ ms}^{-2}) t^2 + (30 \text{ ms}^{-1}) t + 10 \text{ m}$

$v(t) = -gt + v_0 = -(9{,}81 \text{ ms}^{-2}) t + 30 \text{ ms}^{-1}$

3) Durch Einsetzen in die Differentialgleichung zeigt man zunächst, daß $y_1(x)$ und $y_2(x)$ (partikuläre) Lösungen der Differentialgleichung sind. Sie bilden eine *Fundamentalbasis* der Differentialgleichung, da ihre Wronski-Determinante *nicht verschwindet*:

$W(y_1; y_2) = e^{4x} \neq 0$

4) $y(x) = e^{(1,5 + 2j)x} = e^{1,5x} (\cos(2x) + j \cdot \sin(2x))$ ist eine Lösung der Differentialgleichung, wie man durch Einsetzen verifizieren kann. Daher sind auch *Realteil* $y_1(x) = e^{1,5x} \cdot \cos(2x)$ und *Imaginärteil* $y_2(x) = e^{1,5x} \cdot \sin(2x)$ Lösungen der Differentialgleichung, die sogar wegen $W(y_1; y_2) = 2 \cdot e^{3x} \neq 0$ eine *reelle* Fundamentalbasis der Differentialgleichung bilden.

5) Man zeigt zunächst durch Einsetzen in die Differentialgleichung, daß x_1 und x_2 Lösungen der Differentialgleichung sind. Sie sind *linear unabhängig*, da ihre Wronski-Determinante von Null verschieden ist:

$W(x_1; x_2) = -e^{-2t} \neq 0$

Die *allgemeine* Lösung der Differentialgleichung ist daher als Linearkombination

$x(t) = C_1 x_1 + C_2 x_2 = e^{-t} (C_1 \cdot \sin t + C_2 \cdot \cos t)$

darstellbar $(C_1, C_2 \in \mathbb{R})$.

6) λ_1, λ_2: Lösungen der charakteristischen Gleichung; $C_1, C_2 \in \mathbb{R}$

a) $\lambda_1 = 1, \quad \lambda_2 = -3; \quad y_0 = C_1 \cdot e^{x} + C_2 \cdot e^{-3x}$

b) $\lambda_{1/2} = -5; \quad x_0 = (C_1 t + C_2) \cdot e^{-5t}$

c) $\lambda_{1/2} = 1 \pm 3\,j; \quad x_0 = e^{t}(C_1 \cdot \sin(3t) + C_2 \cdot \cos(3t))$

d) $\lambda_{1/2} = \pm 2\,j; \quad \varphi_0 = C_1 \cdot \sin(2t) + C_2 \cdot \cos(2t)$

e) $\lambda_{1/2} = 2 \pm 3\,j; \quad y_0 = e^{-2x}(C_1 \cdot \sin(3x) + C_2 \cdot \cos(3x))$

f) $\lambda_1 = -0{,}5, \quad \lambda_2 = -3; \quad q_0 = C_1 \cdot e^{-0{,}5t} + C_2 \cdot e^{-3t}$

g) $\lambda_{1/2} = 3; \quad x_0 = (C_1 t + C_2) \cdot e^{3t}$

h) $\lambda_{1/2} = a; \quad y_0 = (C_1 x + C_2) \cdot e^{ax}$

7) a) $\lambda_{1/2} = -2 \pm j; \quad y_0 = e^{-2x}(C_1 \cdot \sin x + C_2 \cdot \cos x) \quad (C_1, C_2 \in \mathbb{R})$

Spezielle Lösung: $y = \pi\, e^{-2x}(2 \cdot \sin x + \cos x)$

b) $\lambda_1 = -4, \quad \lambda_2 = -16; \quad y_0 = C_1 \cdot e^{-4x} + C_2 \cdot e^{-16x} \quad (C_1, C_2 \in \mathbb{R})$

Spezielle Lösung: $y = \frac{1}{6}\left(e^{-4x} - e^{-16x}\right)$

c) $\lambda_{1/2} = 0{,}5; \quad x_0 = (C_1 t + C_2) \cdot e^{0{,}5t} \quad (C_1, C_2 \in \mathbb{R})$

Spezielle Lösung: $x = (-3{,}5\,t + 5) \cdot e^{0{,}5t}$

8) a) Der *aperiodische Grenzfall* tritt ein, wenn die charakteristische Gleichung zwei gleiche (reelle) Lösungen hat:

$$\lambda^2 + p\lambda + 2 = 0 \;\Rightarrow\; \lambda_{1/2} = -\frac{p}{2} \pm \underbrace{\sqrt{\frac{p^2}{4} - 2}}_{0} \;\Rightarrow\; p^2 = 8, \quad \text{d.h.} \quad p = 2\sqrt{2}$$

(wegen $p > 0$)

b) *Allgemeine* Lösung: $x_0 = (C_1 t + C_2) \cdot e^{-\sqrt{2}\,t} \quad (C_1, C_2 \in \mathbb{R})$

Spezielle Lösung: $x = [(10\sqrt{2} - 1)\,t + 10] \cdot e^{-\sqrt{2}\,t} \quad (t \geq 0) \quad$ (Bild A-41)

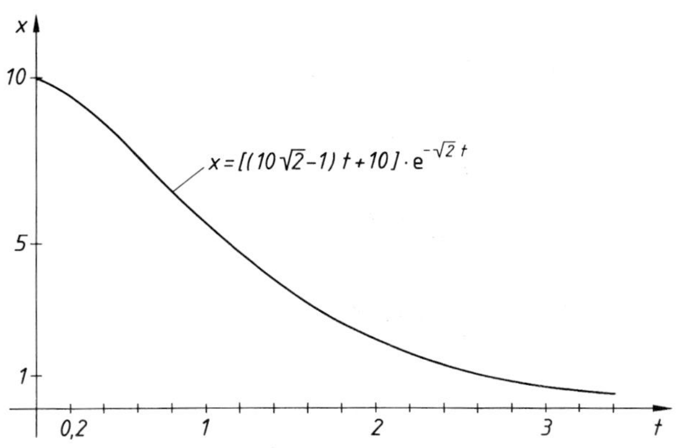

Bild A-41

9) $y(x) = \frac{F}{6EI}\left(3lx^2 - x^3\right) \quad (0 \leqslant x \leqslant l)$

10) Es ist $a = 2$, $b = 1$. Die charakteristische Gleichung $\lambda^2 + 2\lambda + 1 = 0$ besitzt die *doppelte* Lösung $\lambda_{1/2} = -1$.

a) $b = 1 \neq 0 \Rightarrow y_p = a_2 x^2 + a_1 x + a_0$

b) $b = 1 \neq 0 \Rightarrow y_p = a_3 x^3 + a_2 x^2 + a_1 x + a_0$

c) $c = 1$, $\mathrm{j}\beta = \mathrm{j}$; Weder 1 noch j sind Lösungen der charakteristischen Gleichung
$\Rightarrow y_p = A \cdot \mathrm{e}^x + B \cdot \cos x + C \cdot \sin x$

d) $c = -1$; -1 ist eine *doppelte* Lösung der charakteristischen Gleichung
$\Rightarrow y_p = Ax^2 \cdot \mathrm{e}^{-x}$

e) $c = 3$, $\mathrm{j}\beta = 4\mathrm{j}$; $3 + 4\mathrm{j}$ ist *keine* Lösung der charakteristischen Gleichung
$\Rightarrow y_p = \mathrm{e}^{3x}\,[(a_1 x + a_0) \cdot \sin(4x) + (b_1 x + b_0) \cdot \cos(4x)]$

f) $c = -1$, $\mathrm{j}\beta = \mathrm{j}$; $-1 + \mathrm{j}$ ist *keine* Lösung der charakteristischen Gleichung
$\Rightarrow y_p = \mathrm{e}^{-x}\,[A \cdot \sin x + B \cdot \cos x]$

11) a) $y_0 = C_1 \cdot \mathrm{e}^x + C_2 \cdot \mathrm{e}^{-3x}$; $y_p = ax^2 + bx + c \Rightarrow y_p = -x^2 - \frac{2}{3}$

$y = y_0 + y_p = C_1 \cdot \mathrm{e}^x + C_2 \cdot \mathrm{e}^{-3x} - x^2 - \frac{2}{3} \quad (C_1, C_2 \in \mathbb{R})$

b) $y_0 = C_1 \cdot \mathrm{e}^x + C_2 \cdot \mathrm{e}^{-x}$; $y_p = ax^3 + bx^2 + cx + d \Rightarrow y_p = -x^3 + 2x^2 - 6x + 8$
$y = y_0 + y_p = C_1 \cdot \mathrm{e}^x + C_2 \cdot \mathrm{e}^{-x} - x^3 + 2x^2 - 6x + 8 \quad (C_1, C_2 \in \mathbb{R})$

c) $x_0 = (C_1 t + C_2) \cdot \mathrm{e}^t$; $x_p = A \cdot \mathrm{e}^{2t} \Rightarrow x_p = \mathrm{e}^{2t}$
$x = x_0 + x_p = (C_1 t + C_2) \cdot \mathrm{e}^t + \mathrm{e}^{2t} \quad (C_1, C_2 \in \mathbb{R})$

d) $y_0 = C_1 \cdot \mathrm{e}^{3x} + C_2 \cdot \mathrm{e}^{-x}$; $y_p = Ax \cdot \mathrm{e}^{3x} \Rightarrow y_p = -0{,}5\,x \cdot \mathrm{e}^{3x}$
$y = y_0 + y_p = C_1 \cdot \mathrm{e}^{3x} + C_2 \cdot \mathrm{e}^{-x} - 0{,}5\,x \cdot \mathrm{e}^{3x} \quad (C_1, C_2 \in \mathbb{R})$

e) $x_0 = (C_1 t + C_2) \cdot \mathrm{e}^{-5t}$; $x_p = A \cdot \sin(5t) + B \cdot \cos(5t) \Rightarrow x_p = \frac{3}{50} \cdot \sin(5t)$

$x = x_0 + x_p = (C_1 t + C_2) \cdot \mathrm{e}^{-5t} + \frac{3}{50} \cdot \sin(5t) \quad (C_1, C_2 \in \mathbb{R})$

f) $y_0 = C_1 \cdot \mathrm{e}^{2x} + C_2 \cdot \mathrm{e}^{-12x}$; $y_p = ax^2 + bx + c \Rightarrow y_p = -\frac{1}{12}x^2 + \frac{13}{72}x + \frac{59}{864}$

$y = y_0 + y_p = C_1 \cdot \mathrm{e}^{2x} + C_2 \cdot \mathrm{e}^{-12x} - \frac{1}{12}x^2 + \frac{13}{72}x + \frac{59}{864} \quad (C_1, C_2 \in \mathbb{R})$

g) $x_0 = C_1 \cdot \mathrm{e}^t + C_2 \cdot \mathrm{e}^{-t}$; $x_p = (at + b) \cdot \sin t + (ct + d) \cdot \cos t$
$\Rightarrow x_p = -\frac{1}{2}\left(t \cdot \sin t + \cos t\right)$

$x = x_0 + x_p = C_1 \cdot \mathrm{e}^t + C_2 \cdot \mathrm{e}^{-t} - \frac{1}{2}\left(t \cdot \sin t + \cos t\right) \quad (C_1, C_2 \in \mathbb{R})$

h) $y_0 = (C_1 x + C_2) \cdot e^{-6x}; \quad y_p = A x^2 \cdot e^{-6x} \Rightarrow y_p = 1{,}5\, x^2 \cdot e^{-6x}$

$y = y_0 + y_p = (1{,}5\, x^2 + C_1 x + C_2) \cdot e^{-6x} \quad (C_1, C_2 \in \mathbb{R})$

i) $y_0 = C_1 \cdot \sin(2x) + C_2 \cdot \cos(2x)$

$y_p = x[A \cdot \sin(2x) + B \cdot \cos(2x)] + ax^2 + bx + c + C \cdot e^{-x}$

$\Rightarrow y_p = -\frac{5}{2} x \cdot \cos(2x) + \frac{1}{2} x^2 - \frac{1}{4} x - \frac{1}{4} + \frac{1}{5} \cdot e^{-x}$

$y = y_0 + y_p = C_1 \cdot \sin(2x) + \left(C_2 - \frac{5}{2} x\right) \cdot \cos(2x) + \frac{1}{2} x^2 - \frac{1}{4} x - \frac{1}{4} + \frac{1}{5} \cdot e^{-x}$

$(C_1, C_2 \in \mathbb{R})$

j) $y_0 = (C_1 x + C_2) \cdot e^{-x}$

$y_p = (ax^2 + bx + c) \cdot e^x + dx + e + A \cdot \sin x + B \cdot \cos x$

$\Rightarrow y_p = \left(\frac{1}{4} x^2 - \frac{1}{2} x + \frac{3}{8}\right) \cdot e^x + x - 2 - \frac{1}{2} \cdot \sin x$

$y = y_0 + y_p = (C_1 x + C_2) \cdot e^{-x} + \left(\frac{1}{4} x^2 - \frac{1}{2} x + \frac{3}{8}\right) \cdot e^x + x - 2 - \frac{1}{2} \cdot \sin x$

$(C_1, C_2 \in \mathbb{R})$

12) a) $x_0 = e^{-3t}(C_1 \cdot \sin t + C_2 \cdot \cos t); \quad x_p = \frac{2}{39} \cdot \sin t + \frac{3}{39} \cdot \cos t$

$x = x_0 + x_p = e^{-3t}(C_1 \cdot \sin t + C_2 \cdot \cos t) + \frac{2}{39} \cdot \sin t + \frac{3}{39} \cdot \cos t$

Spezielle Lösung: $x = e^{-3t}\left(\frac{145}{39} \cdot \sin t - \frac{3}{39} \cdot \cos t\right) + \frac{2}{39} \cdot \sin t + \frac{3}{39} \cdot \cos t$

b) $y_0 = e^{-x}\left(C_1 \cdot \sin(\sqrt{2}\, x) + C_2 \cdot \cos(\sqrt{2}\, x)\right); \quad y_p = \frac{1}{3} \cdot e^{-2x}$

$y = y_0 + y_p = e^{-x}\left(C_1 \cdot \sin(\sqrt{2}\, x) + C_2 \cdot \cos(\sqrt{2}\, x)\right) + \frac{1}{3} \cdot e^{-2x}$

Spezielle Lösung: $y = e^{-x}\left(\frac{2}{3}\sqrt{2} \cdot \sin(\sqrt{2}\, x) - \frac{1}{3} \cdot \cos(\sqrt{2}\, x)\right) + \frac{1}{3} \cdot e^{-2x}$

c) $x_0 = e^{-t}[C_1 \cdot \sin(4t) + C_2 \cdot \cos(4t)]; \quad x_p = -\frac{4}{41} \cdot \sin(5t) - \frac{5}{41} \cdot \cos(5t)$

$x = x_0 + x_p = e^{-t}[C_1 \cdot \sin(4t) + C_2 \cdot \cos(4t)] - \frac{4}{41} \cdot \sin(5t) - \frac{5}{41} \cdot \cos(5t)$

Spezielle Lösung:

$x = e^{-t}[2{,}2576 \cdot \sin(4t) - 2{,}8220 \cdot \cos(4t)] - 0{,}0976 \cdot \sin(5t) - 0{,}1220 \cdot \cos(5t)$

13) $y = (0{,}0909\, x^2 - 0{,}1983\, x + 0{,}1998) \cdot e^x - 0{,}0998 \cdot e^{-10x} + 1{,}9$

14) a) $\ddot{x} - 6{,}54\,x = 0 \Rightarrow x = C_1 \cdot e^{2{,}5573t} + C_2 \cdot e^{-2{,}5573t}$

Spezielle Lösung:

$x = 0{,}375\,(e^{2{,}5573t} + e^{-2{,}5573t}) = 0{,}75 \cdot \cosh(2{,}5573\,t)$ (t in s, x in m)

b) $x(T) = 1{,}5 \Rightarrow T = \dfrac{\operatorname{arcosh} 2}{2{,}5573} = 0{,}515$ (in s)

Abschnitt 4

1) a) $x(t) = 0{,}5 \cdot \sin(2t) + 2 \cdot \cos(2t)$ b) $x(t) = -2 \cdot \sin t + \cos t$

c) $x(t) = \dfrac{v_0}{a} \cdot \sin(at)$

2) a) *Schwingungsgleichung*: $\ddot{x} + \omega_0^2 x = 0 \quad \left(\omega_0^2 = \dfrac{c}{m}\right)$

$\omega_0 = 9{,}13\text{ s}^{-1}$, $f_0 = 1{,}45\text{ s}^{-1}$, $T_0 = 0{,}69\text{ s}$

b) $x(t) = C_1 \cdot \sin(\omega_0 t) + C_2 \cdot \cos(\omega_0 t) \quad (\omega_0 = 9{,}13\text{ s}^{-1})$

c) $x(t) = 0{,}055\text{ m} \cdot \sin(9{,}13\text{ s}^{-1} \cdot t)$ (Bild A-42)

d) $x(2{,}5\text{ s}) = -0{,}041\text{ m}$; $v(2{,}5\text{ s}) = \dot{x}(2{,}5\text{ s}) = -0{,}337\text{ m/s}$

$a(2{,}5\text{ s}) = \ddot{x}(2{,}5\text{ s}) = 3{,}395\text{ m/s}^2$

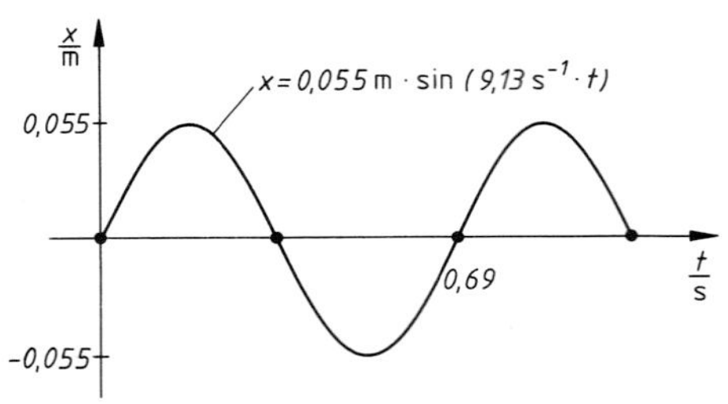

Bild A-42

3) a) $\varphi(t) = C_1 \cdot \sin\left(\sqrt{\dfrac{g}{l}}\,t\right) + C_2 \cdot \cos\left(\sqrt{\dfrac{g}{l}}\,t\right)$

b) $\omega_0 = \sqrt{\dfrac{g}{l}}$, $f_0 = \dfrac{1}{2\pi}\sqrt{\dfrac{g}{l}}$, $T_0 = 2\pi\sqrt{\dfrac{l}{g}}$ c) $\varphi(t) = \varphi_0 \cdot \cos\left(\sqrt{\dfrac{g}{l}}\,t\right)$

4) a) $x(t) = e^{-2t} \cdot \cos(5t)$ b) $x(t) = \dfrac{6}{7}\sqrt{7} \cdot e^{-0{,}5t} \cdot \sin\left(\dfrac{1}{2}\sqrt{7}\,t\right)$

c) $x(t) = e^{-t}\,[5 \cdot \sin(2t) + 10 \cdot \cos(2t)]$

5) a) *Schwingungsgleichung*: $\ddot{x} + 16\,\dot{x} + 256\,x = 0$

Lösung: $x(t) = e^{-8t}\left(C_1 \cdot \sin(8\sqrt{3}\,t) + C_2 \cdot \cos(8\sqrt{3}\,t)\right)$

b) $\omega_d = 8\sqrt{3}\,\text{s}^{-1} = 13{,}856\,\text{s}^{-1}, \quad f_d = 2{,}205\,\text{s}^{-1}, \quad T_d = 0{,}453\,\text{s}$

c) $x(t) = \text{e}^{-8t}\left(0{,}1155 \cdot \sin(8\sqrt{3}\,t) + 0{,}2 \cdot \cos(8\sqrt{3}\,t)\right)$ (Bild A-43)

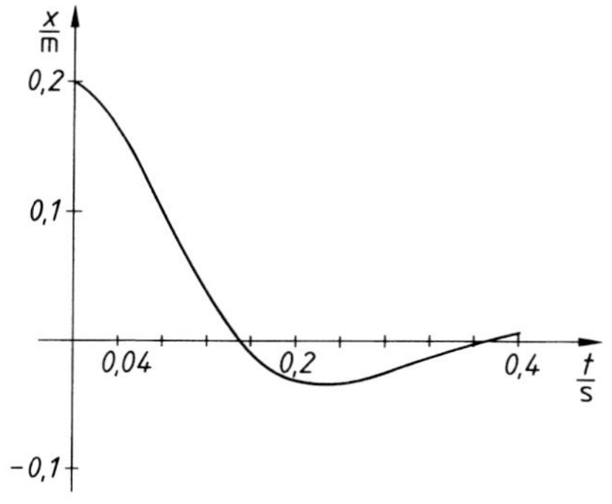

Bild A-43

6) a) *Allgemeine* Lösung: $x(t) = (C_1\,t + C_2) \cdot \text{e}^{-2{,}5t}$ $(C_1, C_2 \in \mathbb{R})$

Spezielle Lösung: $x(t) = (13{,}5\,t + 5) \cdot \text{e}^{-2{,}5t}$

b) *Allgemeine* Lösung: $x(t) = (C_1\,t + C_2) \cdot \text{e}^{-0{,}5t}$ $(C_1, C_2 \in \mathbb{R})$

Spezielle Lösung: $x(t) = (-0{,}5\,t + 1) \cdot \text{e}^{-0{,}5t}$

7) a) Der *aperiodische Grenzfall* tritt für $\delta = \omega_0$ ein:

$$\delta = \omega_0 \quad \Rightarrow \quad \frac{b}{2m} = \sqrt{\frac{c}{m}} \quad \Rightarrow \quad b = 2\sqrt{cm} = 16\ \text{kg/s}$$

Für $\delta > \omega_0$, d.h. $b > 16$ kg/s erhält man *aperiodische* Schwingungen.

b) *Schwingungsgleichung*: $0{,}5\,\ddot{x} + 16\,\dot{x} + 128\,x = 0$

Allgemeine Lösung: $x(t) = (C_1\,t + C_2) \cdot \text{e}^{-16t}$ $(C_1, C_2 \in \mathbb{R})$

Spezielle Lösung: $x(t) = (3{,}2\,t + 0{,}2) \cdot \text{e}^{-16t}$ (Bild A-44)

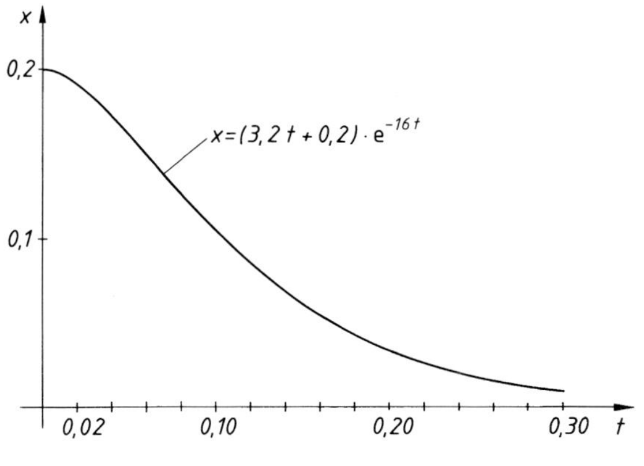

Bild A-44

8) a) $x(t) = 13 \cdot e^{-t} - 3 \cdot e^{-5t}$ b) $x(t) = -4 \cdot e^{-0{,}2t} + 6 \cdot e^{-0{,}8t}$

c) $x(t) = 20 \cdot e^{-3t} - 15 \cdot e^{-4t}$

9) $\delta = \frac{R}{2L} = 1250\,\text{s}^{-1}, \quad \omega_0 = \frac{1}{\sqrt{LC}} = 1000\,\text{s}^{-1}$

Man erhält die *aperiodische* Schwingung

$$i = \frac{1}{3}\,\text{A}\left(e^{-\frac{500}{\text{s}}t} - e^{-\frac{2000}{\text{s}}t}\right) \qquad (t \geqslant 0) \qquad \text{(Bild A-45)}$$

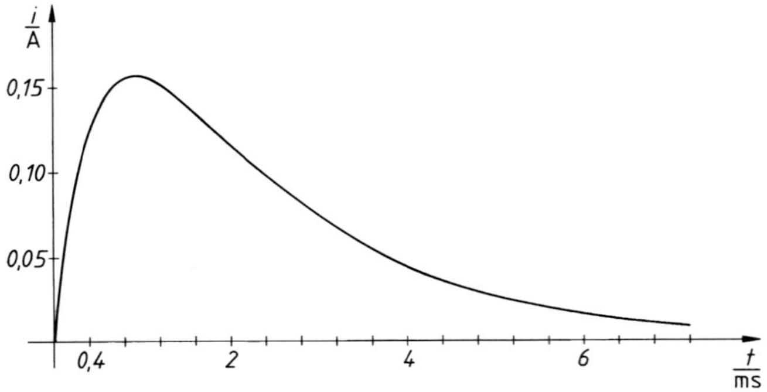

Bild A-45

10) $$x(t) = 0{,}1\,\text{m}\left(e^{-\frac{6}{\text{s}}t} - e^{-\frac{34}{\text{s}}t}\right) \qquad (t \geqslant 0) \qquad \text{(Bild A-46)}$$

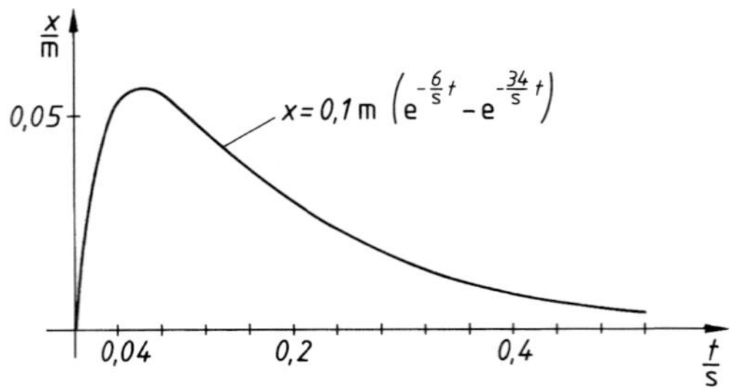

Bild A-46

11) $$x(t) = \frac{ma}{c}\left[1 - \cos(\omega_0 t)\right] \qquad (t \geqslant 0) \qquad \text{(Bild A-47)}$$

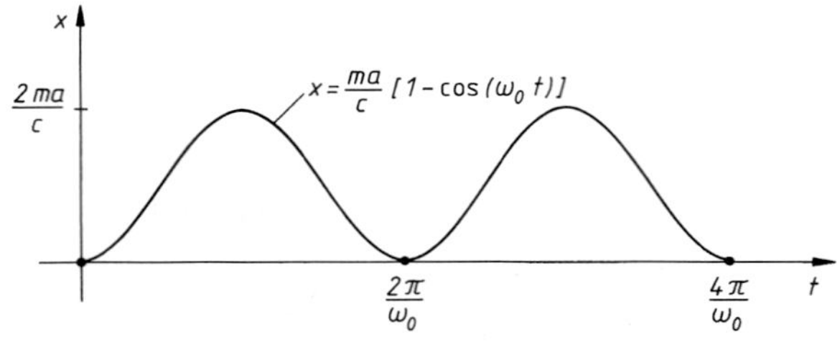

Bild A-47

12) a) *Allgemeine* Lösung ($C_1, C_2 \in \mathbb{R}$):

$x(t) = e^{-2t}[C_1 \cdot \sin(5t) + C_2 \cdot \cos(5t)] + 0{,}0726 \cdot \sin(2t) - 0{,}0232 \cdot \cos(2t)$

Stationäre Lösung (Bild A-48):

$x(t) = 0{,}0726 \cdot \sin(2t) - 0{,}0232 \cdot \cos(2t) = 0{,}0762 \cdot \sin(2t - 0{,}3093)$

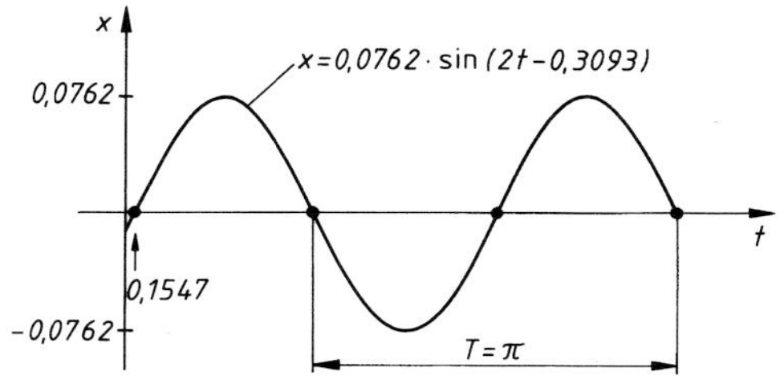

Bild A-48

b) *Allgemeine* Lösung ($C_1, C_2 \in \mathbb{R}$):

$x(t) = (C_1 t + C_2) \cdot e^{-3t} - 0{,}02 \cdot \sin t + 0{,}14 \cdot \cos t$

Stationäre Lösung (Bild A-49):

$x(t) = -0{,}02 \cdot \sin t + 0{,}14 \cdot \cos t = 0{,}1414 \cdot \sin(t + 1{,}7127)$

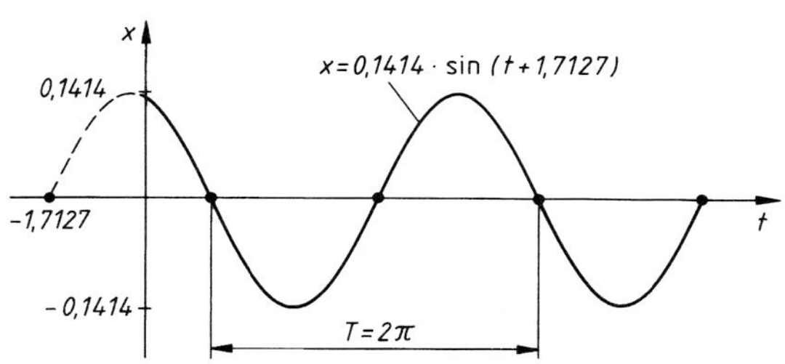

Bild A-49

13) a) Schwingungsgleichung in *komplexer* Form: $\ddot{\underline{x}} + 2\dot{\underline{x}} + 5\underline{x} = e^{j\omega t}$

Komplexer Lösungsansatz für eine partikuläre Lösung: $\underline{x}_p = A \cdot e^{j(\omega t - \varphi)}$

Allgemeine Lösung (in reeller Form):

$x(t) = e^{-t}[C_1 \cdot \sin(2t) + C_2 \cdot \cos(2t)] + A \cdot \sin(\omega t - \varphi)$

mit

$$A = \frac{1}{\sqrt{(5-\omega^2)^2 + 4\omega^2}}$$

und

$$\varphi = \begin{cases} \arctan\left(\dfrac{2\omega}{5-\omega^2}\right) & \omega < \sqrt{5} \\ \pi/2 \qquad \text{für} & \omega = \sqrt{5} \\ \arctan\left(\dfrac{2\omega}{5-\omega^2}\right) + \pi & \omega > \sqrt{5} \end{cases}$$

b) *Stationäre* Lösung: $x(t) = A \cdot \sin(\omega t - \varphi)$

Resonanzkurve $A = A(\omega)$: Bild A-50

Frequenzgang $\varphi = \varphi(\omega)$: Bild A-51

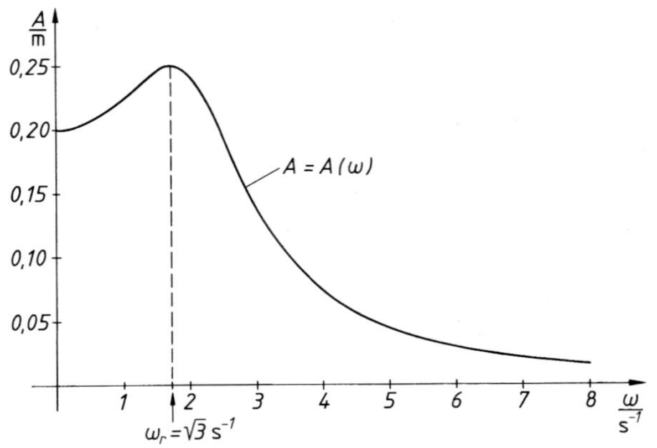

Bild A-50

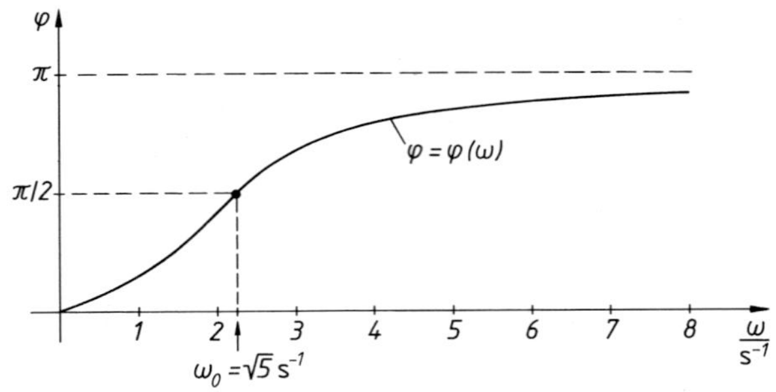

Bild A-51

c) $A(\omega = 1) = 0{,}2236, \quad \varphi(\omega = 1) = 0{,}4636$

$x(t) = 0{,}2236 \text{ m} \cdot \sin(1 \text{ s}^{-1} \cdot t - 0{,}4636)$ (Bild A-52)

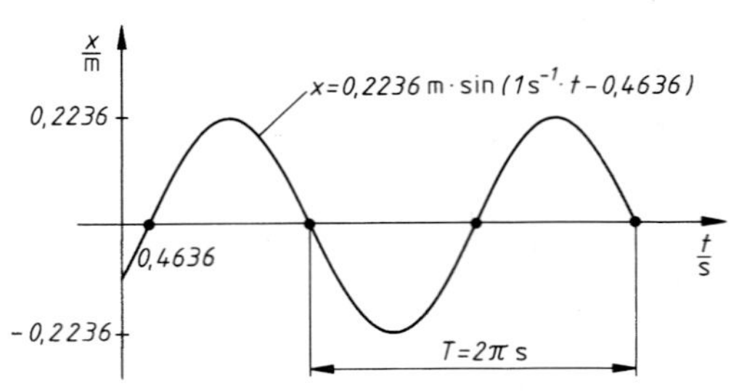

Bild A-52

14) $$\frac{d^2 i}{dt^2} + 2500 \frac{di}{dt} + 10^6 i = 7{,}5 \cdot 10^5 \cdot \cos(500 t)$$

Lösung der *homogenen* Differentialgleichung (verschwindet rasch):

$$i_0(t) = C_1 \cdot \mathrm{e}^{-\frac{500}{\mathrm{s}} t} + C_2 \cdot \mathrm{e}^{-\frac{2000}{\mathrm{s}} t} \qquad (t \geqslant 0)$$

Stationäre Lösung (Bild A-53):

$$i(t) \approx i_p(t) = \frac{15}{34}\,\mathrm{A} \cdot \sin(500\,\mathrm{s}^{-1} \cdot t) + \frac{9}{34}\,\mathrm{A} \cdot \cos(500\,\mathrm{s}^{-1} \cdot t) =$$

$$= 0{,}5145\,\mathrm{A} \cdot \sin(500\,\mathrm{s}^{-1} \cdot t + 0{,}5404)$$

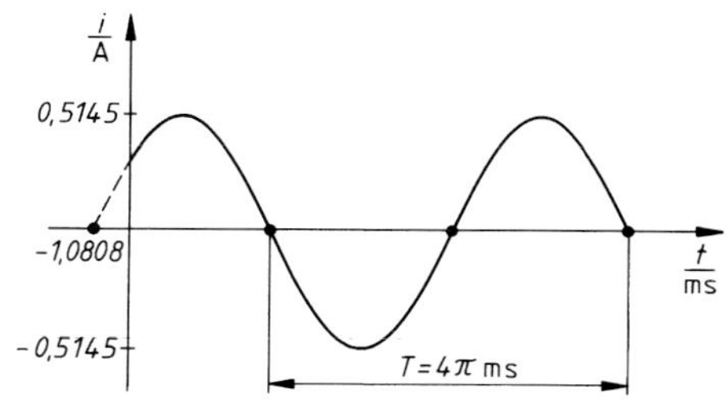

Bild A-53

Abschnitt 5

1) Durch Einsetzen in die Differentialgleichung zeigt man zunächst, daß y_1, y_2 und y_3 (partikuläre) *Lösungen* der Differentialgleichung sind. Sie bilden eine *Fundamentalbasis* der Differentialgleichung, da ihre Wronski-Determinante *nicht* verschwindet:

$$W(y_1; y_2; y_3) = -6 \cdot \mathrm{e}^{-2x} \neq 0$$

2) $\lambda_1, \lambda_2, \lambda_3$: Lösungen der charakteristischen Gleichung; $C_1, C_2, C_3 \in \mathbb{R}$

a) $\lambda_1 = 1, \quad \lambda_2 = 2, \quad \lambda_3 = -3; \quad y = C_1 \cdot \mathrm{e}^x + C_2 \cdot \mathrm{e}^{2x} + C_3 \cdot \mathrm{e}^{-3x}$

b) $\lambda_1 = 0, \quad \lambda_{2/3} = \pm\,\mathrm{j}; \quad y = C_1 + C_2 \cdot \sin x + C_3 \cdot \cos x$

c) $\lambda_{1/2} = -1, \quad \lambda_3 = 6; \quad x = (C_1 + C_2 t) \cdot \mathrm{e}^{-t} + C_3 \cdot \mathrm{e}^{6t}$

d) $\lambda_{1/2/3} = -a; \quad y = (C_1 + C_2 x + C_3 x^2) \cdot \mathrm{e}^{-ax}$

e) $\lambda_1 = 2, \quad \lambda_{2/3} = 1 \pm 3\,\mathrm{j}; \quad y = C_1 \cdot \mathrm{e}^{2x} + \mathrm{e}^x\,[C_2 \cdot \sin(3x) + C_3 \cdot \cos(3x)]$

f) $\lambda_{1/2} = 2, \quad \lambda_3 = 3; \quad y = (C_1 + C_2 x) \cdot \mathrm{e}^{2x} + C_3 \cdot \mathrm{e}^{3x}$

3) Man zeigt zunächst durch Einsetzen in die Differentialgleichung, daß y_1, y_2 und y_3 (partikuläre) *Lösungen* der Differentialgleichung sind. Sie sind *linear unabhängig*, da ihre Wronski-Determinante von Null *verschieden* ist:

$$W(y_1; y_2; y_3) = -54 \cdot \mathrm{e}^{3x} \neq 0$$

Allgemeine Lösung: $y = C_1 \cdot \mathrm{e}^{-x} + \mathrm{e}^{2x}\,[C_2 \cdot \sin(3x) + C_3 \cdot \cos(3x)] \quad (C_1, C_2, C_3 \in \mathbb{R})$

4) $\lambda_1, \lambda_2, \lambda_3, \lambda_4$: Lösungen der charakteristischen Gleichung; $C_1, C_2, C_3, C_4 \in \mathbb{R}$

a) $\lambda_{1/2} = \pm 1, \quad \lambda_{3/4} = \pm\,\mathrm{j}; \quad x = C_1 \cdot \mathrm{e}^t + C_2 \cdot \mathrm{e}^{-t} + C_3 \cdot \sin t + C_4 \cdot \cos t$

b) $\lambda_1 = 0, \quad \lambda_2 = -1, \quad \lambda_{3/4} = 1 \pm \mathrm{j}; \quad y = C_1 + C_2 \cdot \mathrm{e}^{-x} + \mathrm{e}^x\,(C_3 \cdot \sin x + C_4 \cdot \cos x)$

c) $\lambda_{1/2/3} = 1, \quad \lambda_4 = -5; \quad y = (C_1 + C_2 x + C_3 x^2) \cdot e^x + C_4 \cdot e^{-5x}$

d) $\lambda_{1/2} = 2\,j, \quad \lambda_{3/4} = -2\,j; \quad v = (C_1 + C_2 t) \cdot \sin(2t) + (C_3 + C_4 t) \cdot \cos(2t)$

5) $\lambda_1, \lambda_2, \ldots, \lambda_5$: Lösungen der charakteristischen Gleichung; $C_1, C_2, \ldots, C_5 \in \mathbb{R}$

a) $\lambda_1 = 0, \quad \lambda_{2/3} = j, \quad \lambda_{4/5} = -j; \quad x = C_1 + (C_2 + C_3 t) \cdot \sin t + (C_4 + C_5 t) \cdot \cos t$

b) $\lambda_{1/2/3} = 0, \quad \lambda_{4/5} = -1; \quad y = C_1 + C_2 x + C_3 x^2 + (C_4 + C_5 x) \cdot e^{-x}$

c) $\lambda_1 = 1, \quad \lambda_{2/3} = -1 + 2\,j, \quad \lambda_{4/5} = -1 - 2\,j$
$y = C_1 \cdot e^x + e^{-x} [(C_2 + C_3 x) \cdot \sin(2x) + (C_4 + C_5 x) \cdot \cos(2x)]$

d) $\lambda_{1/2} = 1, \quad \lambda_3 = -2, \quad \lambda_{4/5} = \pm 5\,j$
$y = (C_1 + C_2 x) \cdot e^x + C_3 \cdot e^{-2x} + C_4 \cdot \sin(5x) + C_5 \cdot \cos(5x)$

6) $C_1, C_2, \ldots, C_5 \in \mathbb{R}$

a) $\lambda_1 = -1, \quad \lambda_{2/3} = 2; \quad y = C_1 \cdot e^{-x} + (C_2 + C_3 x) \cdot e^{2x}$

Spezielle Lösung: $y = \frac{1}{9} \cdot e^{-x} + \left(-\frac{1}{9} + \frac{1}{3} x\right) \cdot e^{2x}$

b) $\lambda_1 = 1, \quad \lambda_2 = -1, \quad \lambda_3 = 2; \quad x = C_1 \cdot e^t + C_2 \cdot e^{-t} + C_3 \cdot e^{2t}$

Spezielle Lösung: $x = \frac{1}{2}\left(e^t - e^{-t}\right) = \sinh t$

c) $\lambda_{1/2} = \pm j, \quad \lambda_{3/4} = \pm 3\,j$

$x = C_1 \cdot \sin t + C_2 \cdot \cos t + C_3 \cdot \sin(3t) + C_4 \cdot \cos(3t)$

Spezielle Lösung: $x = -9 \cdot \cos t + \cos(3t)$

d) $\lambda_1 = 0, \quad \lambda_{2/3} = \pm j, \quad \lambda_{4/5} = \pm 2\,j$

$y = C_1 + C_2 \cdot \sin x + C_3 \cdot \cos x + C_4 \cdot \sin(2x) + C_5 \cdot \cos(2x)$

Spezielle Lösung: $y = 3 - 4 \cdot \cos x + \cos(2x)$

7) Es ist $a_2 = a_1 = a_0 = 1$. Die charakteristische Gleichung $\lambda^3 + \lambda^2 + \lambda + 1 = 0$ besitzt die Lösungen $\lambda_1 = -1$ und $\lambda_{2/3} = \pm j$.

a) $a_0 = 1 \neq 0 \Rightarrow y_p = ax + b$

b) $a_0 = 1 \neq 0 \Rightarrow y_p = ax^3 + bx^2 + cx + d$

c) $c = 2$; 2 ist *keine* Lösung der charakteristischen Gleichung $\Rightarrow y_p = A \cdot e^{2x}$

d) $c = -1$; -1 ist eine *einfache* Lösung der charakteristischen Gleichung
$\Rightarrow y_p = Ax \cdot e^{-x}$

e) $\beta = 2$; $j\beta = 2\,j$ ist *keine* Lösung der charakteristischen Gleichung
$\Rightarrow y_p = A \cdot \sin(2x) + B \cdot \cos(2x)$

f) $\beta = 1$; $j\beta = j$ ist eine *einfache* Lösung der charakteristischen Gleichung
$\Rightarrow y_p = x(A \cdot \sin x + B \cdot \cos x)$

g) $g(x) = g_1(x) + g_2(x) + g_3(x)$

$g_1(x) = 2 \cdot e^{-x}; \quad g_2(x) = \sin(5x); \quad g_3(x) = 2 \cdot \cos x$

$g_1(x) = 2 \cdot e^{-x}$, $c = -1$; -1 ist eine *einfache* Lösung der charakteristischen Gleichung $\Rightarrow y_{p_1} = Ax \cdot e^{-x}$

$g_2(x) = \sin(5x)$, $\beta = 5$; $j\beta = 5j$ ist *keine* Lösung der charakteristischen Gleichung $\Rightarrow y_{p_2} = B \cdot \sin(5x) + C \cdot \cos(5x)$

$g_3(x) = 2 \cdot \cos x$, $\beta = 1$; $j\beta = j$ ist eine *einfache* Lösung der charakteristischen Gleichung $\Rightarrow y_{p_3} = x(D \cdot \sin x + E \cdot \cos x)$

Gesamtansatz:

$$y_p = y_{p_1} + y_{p_2} + y_{p_3} = Ax \cdot e^{-x} + B \cdot \sin(5x) + C \cdot \cos(5x) + x(D \cdot \sin x + E \cdot \cos x)$$

8) $C_1, C_2, C_3 \in \mathbb{R}$

a) $y_0 = C_1 + (C_2 + C_3 x) \cdot e^{-x}$

Ansatz: $y_p = A \cdot \sin x + B \cdot \cos x \Rightarrow y_p = -5 \cdot \cos x$

$y = y_0 + y_p = C_1 + (C_2 + C_3 x) \cdot e^{-x} - 5 \cdot \cos x$

b) $y_0 = (C_1 + C_2 x + C_3 x^2) \cdot e^{-x}$

Ansatz: $y_p = ax + b + Ax^3 \cdot e^{-x} \Rightarrow y_p = x - 3 + x^3 \cdot e^{-x}$

$y = y_0 + y_p = (C_1 + C_2 x + C_3 x^2) \cdot e^{-x} + x - 3 + x^3 \cdot e^{-x}$

c) $x_0 = C_1 + C_2 \cdot \sin t + C_3 \cdot \cos t$

Ansatz: $x_p = t(at^2 + bt + c) = at^3 + bt^2 + ct \Rightarrow x_p = 3t^3 - 18t$

$x = x_0 + x_p = C_1 + C_2 \cdot \sin t + C_3 \cdot \cos t + 3t^3 - 18t$

d) $y_0 = (C_1 + C_2 x) \cdot e^x + C_3 \cdot e^{-x}$

Ansatz: $y_p = (ax + b) \cdot Ax \cdot e^{-x} = (\underbrace{aA}_{\alpha}x^2 + \underbrace{bA}_{\beta}x) \cdot e^{-x} = (\alpha x^2 + \beta x) \cdot e^{-x}$

$\Rightarrow y_p = (2x^2 + 4x) \cdot e^{-x}$

$y = y_0 + y_p = (C_1 + C_2 x) \cdot e^x + (2x^2 + 4x + C_3) \cdot e^{-x}$

9) $C_1, C_2, \ldots, C_5 \in \mathbb{R}$

a) $y_0 = (C_1 + C_2 x) \cdot \sin x + (C_3 + C_4 x) \cdot \cos x$

Ansatz: $y_p = x^2(A \cdot \sin x + B \cdot \cos x) + ax^2 + bx + c \Rightarrow y_p = -x^2 \cdot \sin x + x^2$

$y = y_0 + y_p = (C_1 + C_2 x - x^2) \cdot \sin x + (C_3 + C_4 x) \cdot \cos x + x^2$

b) $y_0 = C_1 + C_2 x + (C_3 + C_4 x + C_5 x^2) \cdot e^{-x}$

Ansatz: $y_p = ax^2 + A \cdot \sin x + B \cdot \cos x \Rightarrow y_p = x^2 + \cos x$

$y = y_0 + y_p = C_1 + C_2 x + (C_3 + C_4 x + C_5 x^2) \cdot e^{-x} + x^2 + \cos x$

10) a) $\lambda_1 = 0, \quad \lambda_{2/3} = \pm 1 \quad (a_0 = 0)$

Ansatz: $y_p = x(ax + b) = ax^2 + bx \Rightarrow y_p = -5x^2$

b) $\lambda_1 = 0, \quad \lambda_{2/3} = -2 \pm 3\,\mathrm{j} \quad (a_0 = 0)$

Ansatz: $y_p = A \cdot \mathrm{e}^x + ax \Rightarrow y_p = \frac{1}{18} \cdot \mathrm{e}^x + \frac{10}{13} x$

c) $\lambda_{1/2} = 1, \quad \lambda_3 = -2$

Ansatz: $y_p = A \cdot \sin x + B \cdot \cos x \Rightarrow y_p = -0{,}7 \cdot \sin x - 0{,}4 \cdot \cos x$

d) $\lambda_{1/2} = \mathrm{j}, \quad \lambda_{3/4} = -\mathrm{j}$

Ansatz: $x_p = (at + b) \cdot A \cdot \mathrm{e}^{-t} = (\underbrace{aA}_{\alpha} t + \underbrace{bA}_{\beta}) \cdot \mathrm{e}^{-t} = (\alpha t + \beta) \cdot \mathrm{e}^{-t}$

$\Rightarrow x_p = \left(\frac{1}{4} t + \frac{1}{2} \right) \cdot \mathrm{e}^{-t}$

e) $\lambda_{1/2} = \pm 1, \quad \lambda_3 = 2, \quad \lambda_{4/5} = \pm 2\,\mathrm{j}$

Ansatz: $y_p = A \cdot \mathrm{e}^{3x} + B \cdot \sin x + C \cdot \cos x + ax^2 + bx + c$

$\Rightarrow y_p = -\mathrm{e}^{3x} + 2 \cdot \sin x + x^2 + x + 2$

11) $C_1, C_2, \ldots, C_5 \in \mathbb{R}$

a) $y_0 = C_1 + C_2 \cdot \sin(3x) + C_3 \cdot \cos(3x)$

Ansatz: $y_p = x(ax + b) = ax^2 + bx \Rightarrow y_p = x^2 + 2$

$y = y_0 + y_p = C_1 + C_2 \cdot \sin(3x) + C_3 \cdot \cos(3x) + x^2 + 2$

Spezielle Lösung: $y = 2 \cdot \cos(3x) + x^2 + 2$

b) $y_0 = C_1 \cdot \mathrm{e}^{-x} + C_2 \cdot \mathrm{e}^{-2x} + C_3 \cdot \mathrm{e}^{-5x}$

Ansatz: $y_p = A \cdot \sin x + B \cdot \cos x \Rightarrow y_p = \sin x - 2 \cdot \cos x$

$y = y_0 + y_p = C_1 \cdot \mathrm{e}^{-x} + C_2 \cdot \mathrm{e}^{-2x} + C_3 \cdot \mathrm{e}^{-5x} + \sin x - 2 \cdot \cos x$

Spezielle Lösung: $y = 2 \cdot \mathrm{e}^{-x} + \mathrm{e}^{-2x} + \sin x - 2 \cdot \cos x$

c) $x_0 = C_1 \cdot \mathrm{e}^t + C_2 \cdot \mathrm{e}^{-t} + C_3 \cdot \sin t + C_4 \cdot \cos t$

Ansatz: $x_p = A \cdot \mathrm{e}^{2t} \Rightarrow x_p = 3 \cdot \mathrm{e}^{2t}$

$x = x_0 + x_p = C_1 \cdot \mathrm{e}^t + C_2 \cdot \mathrm{e}^{-t} + C_3 \cdot \sin t + C_4 \cdot \cos t + 3 \cdot \mathrm{e}^{2t}$

Spezielle Lösung: $x = 3 \cdot \mathrm{e}^{-t} - 3 \cdot \sin t + 3 \cdot \mathrm{e}^{2t}$

d) $v_0 = C_1 + C_2 \cdot \mathrm{e}^t + C_3 \cdot \mathrm{e}^{-t} + C_4 \cdot \sin t + C_5 \cdot \cos t$

Ansatz: $v_p = t(at + b) = at^2 + bt \Rightarrow v_p = -t^2 - 2t$

$v = v_0 + v_p = C_1 + C_2 \cdot \mathrm{e}^t + C_3 \cdot \mathrm{e}^{-t} + C_4 \cdot \sin t + C_5 \cdot \cos t - t^2 - 2t$

Spezielle Lösung: $v = 5 - 4 \cdot \cos t - t^2 - 2t$

12) $y_0 = C_1 + C_2 x + C_3 \cdot \sin(\alpha x) + C_4 \cdot \cos(\alpha x) \qquad (\alpha^2 = F/EI;\ C_1, \ldots, C_4 \in \mathbb{R})$

Ansatz: $y_p = A \cdot \sin(\beta x) + B \cdot \cos(\beta x) \qquad (\beta = \pi/l)$

$$\Rightarrow y_p = \frac{K_0}{\beta^2(\beta^2 - \alpha^2)} \cdot \sin(\beta x) \qquad (\text{für } \alpha \neq \beta)$$

$$y = y_0 + y_p = C_1 + C_2 x + C_3 \cdot \sin(\alpha x) + C_4 \cdot \cos(\alpha x) + \frac{K_0}{\beta^2(\beta^2 - \alpha^2)} \cdot \sin(\beta x)$$

Spezielle Lösung:

$$y = \frac{Q_0}{\beta^2(\beta^2 - \alpha^2) EI} \cdot \sin(\beta x) = \frac{Q_0 l^4}{\pi^2(\pi^2 EI - Fl^2)} \cdot \sin\left(\frac{\pi x}{l}\right)$$

Abschnitt 6

1) *Exakte* Lösung: $y = 2 \cdot e^{(1-x)} + x - 1$

x	y (Euler)	y (Runge-Kutta)	y_{exakt}
1,0	2	2	2
1,1	1,9	1,909 675	1,909 675
1,2	1,82	1,837 462	1,837 462
1,3	1,758	1,781 637	1,781 636
1,4	1,7122	1,740 641	1,740 640

2)

x	0	0,1	0,2	0,3	0,4	0,5
y	1	1,127 259	1,320 830	1,608 237	2,042 283	2,738 426

3) *Erstrechnung* (*Feinrechnung*) für $h = 0{,}05$:

x	y (Euler)	y (Runge-Kutta)
1	1	1
1,05	1,070 711	1,071 773
1,10	1,143 524	1,145 655
1,15	1,218 416	1,221 621
1,20	1,295 364	1,299 648

Die *Erstrechnung* liefert also folgende Ergebnisse:

Nach *Euler*: $y(1{,}2) = 1{,}295\,364$
Nach *Runge-Kutta*: $y(1{,}2) = 1{,}299\,648$

Zweitrechnung (*Grobrechnung*) für $h = 0{,}1$:

Nach *Euler*: $y(1{,}2) = 1{,}291\,135$
Nach *Runge-Kutta*: $y(1{,}2) = 1{,}299\,648$

Fehlerabschätzung:

Nach *Euler*: $\Delta y_k \approx 1{,}295\,364 - 1{,}291\,135 = 0{,}004\,229 \approx 0{,}004$

Nach *Runge-Kutta*: $\Delta y_k \approx \frac{1}{15}(1{,}299\,648 - 1{,}299\,648) = 0$

4) *Exakte* Lösung: $y = \frac{2}{3} \cdot e^{x} + \frac{1}{3} \cdot e^{-2x}$

Näherungsrechnung nach *Runge-Kutta*:

x	y	y_{exakt}	y'	y'_{exakt}
0	1	1	0	0
0,1	1,009 692	1,009 690	0,190 958	0,190 960
0,2	1,037 710	1,037 708	0,367 386	0,367 388
0,3	1,082 845	1,082 843	0,534 028	0,534 031

5) a) *Exakte* Lösung (s. Übungsaufgabe 4a) aus Abschnitt 4):

$x = e^{-2t} \cdot \cos(5t), \qquad v = \dot{x} = -e^{-2t}[5 \cdot \sin(5t) + 2 \cdot \cos(5t)]$

$x(0{,}1) = 0{,}718\,503 \approx 0{,}7185$

$v(0{,}1) = \dot{x}(0{,}1) = -3{,}399\,609 \approx -3{,}3996$

b) *Näherungslösung* nach *Runge-Kutta*:

$x(0{,}1) = 0{,}718\,521 \approx 0{,}7185$

$v(0{,}1) = \dot{x}(0{,}1) = -3{,}399\,705 \approx -3{,}3997$

6) $\ddot{\varphi} + \sin\varphi = 0, \qquad \varphi(0) = 0, \qquad \dot{\varphi}(0) = 1$

Näherungslösung nach *Runge-Kutta*:

$\varphi(0{,}1) = 0{,}099\,833 \approx 0{,}0998$

$\dot{\varphi}(0{,}1) = 0{,}995\,008 \approx 0{,}9950$

Für *kleine* Winkel erhalten wir die *lineare* Differentialgleichung $\ddot{\varphi} + \varphi = 0$. Sie besitzt für die *Anfangswerte* $\varphi(0) = 0$, $\dot{\varphi}(0) = 1$ die *spezielle* Lösung $\varphi = \sin t$. Somit ist:

$\varphi(0{,}1) = \sin 0{,}1 = 0{,}099\,833 \approx 0{,}0998$

$\dot{\varphi}(0{,}1) = \cos 0{,}1 = 0{,}995\,004 \approx 0{,}9950$

Abschnitt 7

1) $C_1, C_2 \in \mathbb{R}$

a) $\det(\mathbf{A} - \lambda\mathbf{E}) = \begin{vmatrix} -2-\lambda & -2 \\ 1 & -\lambda \end{vmatrix} = -\lambda(-2-\lambda) + 2 = 0$

$\Rightarrow \lambda^2 + 2\lambda + 2 = 0 \Rightarrow \lambda_{1/2} = -1 \pm j$

$y_1 = e^{-x}(C_1 \cdot \sin x + C_2 \cdot \cos x)$

$y_2 = \frac{1}{2} \cdot e^{-x}\left[(-C_1 + C_2) \cdot \sin x - (C_1 + C_2) \cdot \cos x\right]$

b) $\det(\mathbf{A} - \lambda \mathbf{E}) = \begin{vmatrix} 1-\lambda & 2 \\ 0 & 1-\lambda \end{vmatrix} = (1-\lambda)^2 = 0 \;\Rightarrow\; \lambda_{1/2} = 1$

$x_1 = (C_1 + C_2 t) \cdot \mathrm{e}^t, \quad x_2 = \frac{1}{2} C_2 \cdot \mathrm{e}^t$

c) $\det(\mathbf{A} - \lambda \mathbf{E}) = \begin{vmatrix} -\lambda & 1 \\ -16 & -\lambda \end{vmatrix} = \lambda^2 + 16 = 0 \;\Rightarrow\; \lambda_{1/2} = \pm 4\,\mathrm{j}$

$y_1 = C_1 \cdot \sin(4x) + C_2 \cdot \cos(4x)$

$y_2 = 4\,[C_1 \cdot \cos(4x) - C_2 \cdot \sin(4x)]$

d) $\det(\mathbf{A} - \lambda \mathbf{E}) = \begin{vmatrix} 7-\lambda & -15 \\ 3 & -5-\lambda \end{vmatrix} = (7-\lambda)(-5-\lambda) + 45 = 0$

$\Rightarrow\; \lambda^2 - 2\lambda + 10 = 0 \;\Rightarrow\; \lambda_{1/2} = 1 \pm 3\,\mathrm{j}$

$y_1 = \mathrm{e}^x\,[C_1 \cdot \sin(3x) + C_2 \cdot \cos(3x)]$

$y_2 = \frac{1}{5} \cdot \mathrm{e}^x \left[(2C_1 + C_2) \cdot \sin(3x) - (C_1 - 2C_2) \cdot \cos(3x)\right]$

e) $\det(\mathbf{A} - \lambda \mathbf{E}) = \begin{vmatrix} -3-\lambda & -2 \\ 6 & 3-\lambda \end{vmatrix} = (-3-\lambda)(3-\lambda) + 12 = 0$

$\Rightarrow\; \lambda^2 + 3 = 0 \;\Rightarrow\; \lambda_{1/2} = \pm\sqrt{3}\,\mathrm{j}$

$x_1 = C_1 \cdot \sin(\sqrt{3}\,t) + C_2 \cdot \cos(\sqrt{3}\,t)$

$x_2 = \frac{\sqrt{3}}{2}\left[(-\sqrt{3}\,C_1 + C_2) \cdot \sin(\sqrt{3}\,t) - (C_1 + \sqrt{3}) \cdot \cos(\sqrt{3}\,t)\right]$

f) $\det(\mathbf{A} - \lambda \mathbf{E}) = \begin{vmatrix} 6-\lambda & -3 \\ 2 & 1-\lambda \end{vmatrix} = (6-\lambda)(1-\lambda) + 6 = 0$

$\Rightarrow\; \lambda^2 - 7\lambda + 12 = 0 \;\Rightarrow\; \lambda_1 = 3, \quad \lambda_2 = 4$

$y_1 = C_1 \cdot \mathrm{e}^{3x} + C_2 \cdot \mathrm{e}^{4x}, \quad y_2 = C_1 \cdot \mathrm{e}^{3x} + \frac{2}{3} C_2 \cdot \mathrm{e}^{4x}$

2) $C_1, C_2 \in \mathbb{R}$

a) $\det(\mathbf{A} - \lambda \mathbf{E}) = \begin{vmatrix} 4-\lambda & -4 \\ 1 & 8-\lambda \end{vmatrix} = (4-\lambda)(8-\lambda) + 4 = 0$

$\Rightarrow\; \lambda^2 - 12\lambda + 36 = 0 \;\Rightarrow\; \lambda_{1/2} = 6$

$y_1 = (C_1 + C_2 x) \cdot \mathrm{e}^{6x}, \quad y_2 = -\frac{1}{4}\left(2C_1 + C_2 + 2C_2 x\right) \cdot \mathrm{e}^{6x}$

b) $\det(\mathbf{A} - \lambda\mathbf{E}) = \begin{vmatrix} 2-\lambda & -1 \\ -4 & 2-\lambda \end{vmatrix} = (2-\lambda)^2 - 4 = 0$

$\Rightarrow \lambda^2 - 4\lambda = 0 \Rightarrow \lambda_1 = 0, \quad \lambda_2 = 4$

$x_1 = C_1 + C_2 \cdot e^{4t}, \quad x_2 = 2C_1 - 2C_2 \cdot e^{4t}$

c) $\det(\mathbf{A} - \lambda\mathbf{E}) = \begin{vmatrix} -1-\lambda & -1 \\ 2 & -3-\lambda \end{vmatrix} = (-1-\lambda)(-3-\lambda) + 2 = 0$

$\Rightarrow \lambda^2 + 4\lambda + 5 = 0 \Rightarrow \lambda_{1/2} = -2 \pm j$

$y_1 = e^{-2x}(C_1 \cdot \sin x + C_2 \cdot \cos x)$

$y_2 = e^{-2x}[(C_1 + C_2) \cdot \sin x - (C_1 - C_2) \cdot \cos x]$

3) $C_1, C_2 \in \mathbb{R}$

a) $\det(\mathbf{A} - \lambda\mathbf{E}) = \begin{vmatrix} 3-\lambda & -4 \\ 1 & -2-\lambda \end{vmatrix} = (3-\lambda)(-2-\lambda) + 4 = 0$

$\Rightarrow \lambda^2 - \lambda - 2 = 0 \Rightarrow \lambda_1 = 2, \quad \lambda_2 = -1$

$x = C_1 \cdot e^{2t} + C_2 \cdot e^{-t}, \quad y = \frac{1}{4} C_1 \cdot e^{2t} + C_2 \cdot e^{-t}$

b) $a = -\operatorname{Sp}(\mathbf{A}) = -1, \quad b = \det \mathbf{A} = -2$

$\ddot{x} - \dot{x} - 2x = 0 \Rightarrow \lambda^2 - \lambda - 2 = 0 \Rightarrow \lambda_1 = 2, \quad \lambda_2 = -1$

$x = C_1 \cdot e^{2t} + C_2 \cdot e^{-t}, \quad y = \frac{1}{4} C_1 \cdot e^{2t} + C_2 \cdot e^{-t}$

4) a) $\det(\mathbf{A} - \lambda\mathbf{E}) = \begin{vmatrix} -\lambda & 2 \\ -2 & -\lambda \end{vmatrix} = \lambda^2 + 4 = 0 \Rightarrow \lambda_{1/2} = \pm 2j$

$$\left.\begin{aligned} y_{1(0)} &= C_1 \cdot \sin(2x) + C_2 \cdot \cos(2x) \\ y_{2(0)} &= C_1 \cdot \cos(2x) - C_2 \cdot \sin(2x) \end{aligned}\right\} \quad C_1, C_2 \in \mathbb{R}$$

Ansatz: $y_{1(p)} = ax + b \Rightarrow y_{1(p)} = 2$

$y_{2(p)} = Ax + B \Rightarrow y_{2(p)} = -4x$

Allgemeine Lösung:

$y_1 = y_{1(0)} + y_{1(p)} = C_1 \cdot \sin(2x) + C_2 \cdot \cos(2x) + 2$

$y_2 = y_{2(0)} + y_{2(p)} = C_1 \cdot \cos(2x) - C_2 \cdot \sin(2x) - 4x$

b) $\det(\mathbf{A} - \lambda\mathbf{E}) = \begin{vmatrix} -1-\lambda & 1 \\ -4 & 3-\lambda \end{vmatrix} = (-1-\lambda)(3-\lambda) + 4 = 0$

$\Rightarrow \lambda^2 - 2\lambda + 1 = 0 \Rightarrow \lambda_{1/2} = 1$

$$\left.\begin{array}{l} y_{1(0)} = (C_1 + C_2 x) \cdot e^x \\ y_{2(0)} = (2C_1 + C_2 + 2C_2 x) \cdot e^x \end{array}\right\} \quad C_1, C_2 \in \mathbb{R}$$

Ansatz: $y_{1(p)} = A \cdot e^{2x} \Rightarrow y_{1(p)} = -4 \cdot e^{2x}$

$y_{2(p)} = B \cdot e^{2x} \Rightarrow y_{2(p)} = -16 \cdot e^{2x}$

Allgemeine Lösung:

$$y_1 = y_{1(0)} + y_{1(p)} = (C_1 + C_2 x) \cdot e^x - 4 \cdot e^{2x}$$

$$y_2 = y_{2(0)} + y_{2(p)} = (2C_1 + C_2 + 2C_2 x) \cdot e^x - 16 \cdot e^{2x}$$

5) $C_1, C_2 \in \mathbb{R}$

a) $a = -\operatorname{Sp}(\mathbf{A}) = -2, \quad b = \det \mathbf{A} = 2$

$$y_1'' - 2y_1' + 2y_1 = -3 \cdot e^x \Rightarrow \lambda^2 - 2\lambda + 2 = 0 \Rightarrow \lambda_{1/2} = 1 \pm j$$

$$y_{1(0)} = e^x (C_1 \cdot \sin x + C_2 \cdot \cos x)$$

Ansatz: $y_{1(p)} = A \cdot e^x \Rightarrow y_{1(p)} = -3 \cdot e^x$

Allgemeine Lösung:

$$y_1 = y_{1(0)} + y_{1(p)} = e^x (C_1 \cdot \sin x + C_2 \cdot \cos x - 3)$$

$$y_2 = -\frac{1}{2} \cdot e^x \left[(3C_1 - C_2) \cdot \sin x + (C_1 + 3C_2) \cdot \cos x - 10 \right]$$

b) $a = -\operatorname{Sp}(\mathbf{A}) = 2, \quad b = \det \mathbf{A} = 1$

$$y_1'' + 2y_1' + y_1 = 3 - 7x \Rightarrow \lambda^2 + 2\lambda + 1 = 0 \Rightarrow \lambda_{1/2} = -1$$

$$y_{1(0)} = (C_1 + C_2 x) \cdot e^{-x}$$

Ansatz: $y_{1(p)} = ax + b \Rightarrow y_{1(p)} = -7x + 17$

Allgemeine Lösung:

$$y_1 = y_{1(0)} + y_{1(p)} = (C_1 + C_2 x) \cdot e^{-x} - 7x + 17$$

$$y_2 = -(C_1 + 0{,}5\,C_2 + C_2 x) \cdot e^{-x} + 12x - 22$$

c) $a = -\operatorname{Sp}(\mathbf{A}) = -6, \quad b = \det \mathbf{A} = 8$

$$\ddot{x}_1 - 6\dot{x}_1 + 8x_1 = -8 \Rightarrow \lambda^2 - 6\lambda + 8 = 0 \Rightarrow \lambda_1 = 2, \quad \lambda_2 = 4$$

$$x_{1(0)} = C_1 \cdot e^{2t} + C_2 \cdot e^{4t}$$

Ansatz: $x_{1(p)} = A \cdot e^{3t} + B \Rightarrow x_{1(p)} = -1$

Allgemeine Lösung:

$$x_1 = x_{1(0)} + x_{1(p)} = C_1 \cdot e^{2t} + C_2 \cdot e^{4t} - 1$$

$$x_2 = C_1 \cdot e^{2t} - C_2 \cdot e^{4t} + 8 \cdot e^{3t} - 3$$

6) a) $\det(\mathbf{A} - \lambda \mathbf{E}) = \begin{vmatrix} -1-\lambda & 3 \\ 1 & 1-\lambda \end{vmatrix} = (-1-\lambda)(1-\lambda) - 3 = 0$

$\Rightarrow \lambda^2 - 4 = 0 \Rightarrow \lambda_{1/2} = \pm 2$

$$\left.\begin{aligned} y_{1(0)} &= C_1 \cdot e^{2x} + C_2 \cdot e^{-2x} \\ y_{2(0)} &= C_1 \cdot e^{2x} - \frac{1}{3} C_2 \cdot e^{-2x} \end{aligned}\right\} \quad C_1, C_2 \in \mathbb{R}$$

Ansatz: $y_{1(p)} = Ax + B \Rightarrow y_{1(p)} = \frac{1}{4}x - \frac{1}{4}$

$y_{2(p)} = Cx + D \Rightarrow y_{2(p)} = -\frac{1}{4}x$

Allgemeine Lösung:

$$y_1 = y_{1(0)} + y_{1(p)} = C_1 \cdot e^{2x} + C_2 \cdot e^{-2x} + \frac{1}{4}x - \frac{1}{4}$$

$$y_2 = y_{2(0)} + y_{2(p)} = C_1 \cdot e^{2x} - \frac{1}{3} C_2 \cdot e^{-2x} - \frac{1}{4}x$$

b) $a = -\operatorname{Sp}(\mathbf{A}) = 0, \quad b = \det \mathbf{A} = -4$

$y_1'' - 4y_1 = 1 - x \Rightarrow \lambda^2 - 4 = 0 \Rightarrow \lambda_{1/2} = \pm 2$

$y_{1(0)} = C_1 \cdot e^{2x} + C_2 \cdot e^{-2x} \qquad (C_1, C_2 \in \mathbb{R})$

Ansatz: $y_{1(p)} = Ax + B \Rightarrow y_{1(p)} = \frac{1}{4}x - \frac{1}{4}$

Allgemeine Lösung:

$$y_1 = y_{1(0)} + y_{1(p)} = C_1 \cdot e^{2x} + C_2 \cdot e^{-2x} + \frac{1}{4}x - \frac{1}{4}$$

$$y_2 = C_1 \cdot e^{2x} - \frac{1}{3} C_2 \cdot e^{-2x} - \frac{1}{4}x$$

7) $C_1, C_2 \in \mathbb{R}$

a) $\det(\mathbf{A} - \lambda \mathbf{E}) = \begin{vmatrix} -3-\lambda & 5 \\ -1 & 1-\lambda \end{vmatrix} = (-3-\lambda)(1-\lambda) + 5 = 0$

$\Rightarrow \lambda^2 + 2\lambda + 2 = 0 \Rightarrow \lambda_{1/2} = -1 \pm j$

$y_1 = e^{-x}(C_1 \cdot \sin x + C_2 \cdot \cos x)$

$$y_2 = \frac{1}{5} \cdot e^{-x} \left[(2C_1 - C_2) \cdot \sin x + (C_1 + 2C_2) \cdot \cos x \right]$$

Spezielle Lösung:

$y_1 = e^{-x}(\sin x + 2 \cdot \cos x), \quad y_2 = e^{-x} \cdot \cos x$

b) $\det(\mathbf{A} - \lambda \mathbf{E}) = \begin{vmatrix} 1-\lambda & 4 \\ 1 & 1-\lambda \end{vmatrix} = (1-\lambda)^2 - 4 = 0$

$\Rightarrow \lambda^2 - 2\lambda - 3 = 0 \Rightarrow \lambda_1 = -1, \quad \lambda_2 = 3$

$y_1 = C_1 \cdot e^{-x} + C_2 \cdot e^{3x}, \quad y_2 = \frac{1}{2}\left(-C_1 \cdot e^{-x} + C_2 \cdot e^{3x}\right)$

Spezielle Lösung:

$y_1 = -2 \cdot e^{-x} + 2 \cdot e^{3x}, \quad y_2 = e^{-x} + e^{3x}$

c) $a = -\operatorname{Sp}(\mathbf{A}) = -1, \quad b = \det \mathbf{A} = -2$

$\ddot{x}_1 - \dot{x}_1 - 2x_1 = 1 - 3t + 6 \cdot e^t \Rightarrow \lambda^2 - \lambda - 2 = 0 \Rightarrow \lambda_1 = -1, \quad \lambda_2 = 2$

$x_{1(0)} = C_1 \cdot e^{-t} + C_2 \cdot e^{2t}$

Ansatz: $x_{1(p)} = At + B + C \cdot e^t \Rightarrow x_{1(p)} = \frac{3}{2}t - \frac{5}{4} - 3 \cdot e^t$

Allgemeine Lösung:

$x_1 = x_{1(0)} + x_{1(p)} = C_1 \cdot e^{-t} + C_2 \cdot e^{2t} + \frac{3}{2}t - \frac{5}{4} - 3 \cdot e^t$

$x_2 = \frac{1}{2}\left(C_1 \cdot e^{-t} + 4C_2 \cdot e^{2t} - 9 \cdot e^t + 2t - 1\right)$

Spezielle Lösung:

$x_1 = \frac{5}{3} \cdot e^{-t} - \frac{5}{12} \cdot e^{2t} + \frac{3}{2}t - \frac{5}{4} - 3 \cdot e^t$

$x_2 = \frac{5}{6} \cdot e^{-t} - \frac{5}{6} \cdot e^{2t} - \frac{9}{2} \cdot e^t + t - \frac{1}{2}$

d) $\det(\mathbf{A} - \lambda \mathbf{E}) = \begin{vmatrix} -3-\lambda & -1 \\ 5 & 1-\lambda \end{vmatrix} = (-3-\lambda)(1-\lambda) + 5 = 0$

$\Rightarrow \lambda^2 + 2\lambda + 2 = 0 \Rightarrow \lambda_{1/2} = -1 \pm \mathrm{j}$

Allgemeine Lösung:

$y_1 = e^{-x}(C_1 \cdot \sin x + C_2 \cdot \cos x)$

$y_2 = -e^{-x}\,[(2C_1 - C_2) \cdot \sin x + (C_1 + 2C_2) \cdot \cos x]$

Spezielle Lösung:

$y_1 = e^{-x} \cdot \sin x, \quad y_2 = -e^{-x} \cdot (2 \cdot \sin x + \cos x)$

e) $\det(\mathbf{A} - \lambda \mathbf{E}) = \begin{vmatrix} 7-\lambda & -1 \\ 5 & 5-\lambda \end{vmatrix} = (7-\lambda)(5-\lambda) + 5 = 0$

$\Rightarrow \lambda^2 - 12\lambda + 40 = 0 \Rightarrow \lambda_{1/2} = 6 \pm 2\mathrm{j}$

Allgemeine Lösung:

$$y_1 = e^{6x}\,[C_1 \cdot \sin(2x) + C_2 \cdot \cos(2x)]$$

$$y_2 = e^{6x}\,[(C_1 + 2C_2) \cdot \sin(2x) - (2C_1 - C_2) \cdot \cos(2x)]$$

Spezielle Lösung:

$$y_1 = e^{6x}\,[\sin(2x) + 2 \cdot \cos(2x)], \quad y_2 = 5 \cdot e^{6x} \cdot \sin(2x)$$

8) a) $\det(\mathbf{A} - \lambda\mathbf{E}) = \begin{vmatrix} 1-\lambda & 4 \\ 1 & 1-\lambda \end{vmatrix} = (1-\lambda)^2 - 4 = 0$

$$\Rightarrow \lambda^2 - 2\lambda - 3 = 0 \Rightarrow \lambda_1 = -1, \quad \lambda_2 = 3$$

$$\left.\begin{aligned} x_{1(0)} &= C_1 \cdot e^{-t} + C_2 \cdot e^{3t} \\ x_{2(0)} &= -\frac{1}{2}\left(C_1 \cdot e^{-t} - C_2 \cdot e^{3t}\right) \end{aligned}\right\} \quad C_1, C_2 \in \mathbb{R}$$

Ansatz: $x_{1(p)} = B \cdot e^t \Rightarrow x_{1(p)} = -2 \cdot e^t$

$x_{2(p)} = C \cdot e^t \Rightarrow x_{2(p)} = \frac{1}{4} \cdot e^t$

Allgemeine Lösung:

$$x_1 = x_{1(0)} + x_{1(p)} = C_1 \cdot e^{-t} + C_2 \cdot e^{3t} - 2 \cdot e^t$$

$$x_2 = x_{2(0)} + x_{2(p)} = -\frac{1}{2}\left(C_1 \cdot e^{-t} - C_2 \cdot e^{3t}\right) + \frac{1}{4} \cdot e^t$$

Spezielle Lösung:

$$x_1 = e^{-t} + \frac{1}{2} \cdot e^{3t} - 2 \cdot e^t, \quad x_2 = -\frac{1}{2} \cdot e^{-t} + \frac{1}{4} \cdot e^{3t} + \frac{1}{4} \cdot e^t$$

b) $a = -\operatorname{Sp}(\mathbf{A}) = -2, \quad b = \det \mathbf{A} = -3$

$$\ddot{x}_1 - 2\dot{x}_1 - 3x_1 = 8 \cdot e^t \Rightarrow \lambda^2 - 2\lambda - 3 = 0 \Rightarrow \lambda_1 = -1, \quad \lambda_2 = 3$$

$$x_{1(0)} = C_1 \cdot e^{-t} + C_2 \cdot e^{3t} \qquad (C_1, C_2 \in \mathbb{R})$$

Ansatz: $x_{1(p)} = C \cdot e^t \Rightarrow x_{1(p)} = -2 \cdot e^t$

Allgemeine Lösung:

$$x_1 = x_{1(0)} + x_{1(p)} = C_1 \cdot e^{-t} + C_2 \cdot e^{3t} - 2 \cdot e^t$$

$$x_2 = \frac{1}{4}\left(-2C_1 \cdot e^{-t} + 2C_2 \cdot e^{3t} + e^t\right)$$

Spezielle Lösung:

$$x_1 = e^{-t} + \frac{1}{2} \cdot e^{3t} - 2 \cdot e^t, \quad x_2 = -\frac{1}{2} \cdot e^{-t} + \frac{1}{4} \cdot e^{3t} + \frac{1}{4} \cdot e^t$$

9) $\ddot{x} = \dot{y}, \quad \ddot{y} = -\dot{x} \Rightarrow \dot{u} = v, \quad \dot{v} = -u$

$$\begin{pmatrix} \dot{u} \\ \dot{v} \end{pmatrix} = \begin{pmatrix} 0 & 1 \\ -1 & 0 \end{pmatrix} \begin{pmatrix} u \\ v \end{pmatrix}$$

$$\det(\mathbf{A} - \lambda \mathbf{E}) = \begin{vmatrix} -\lambda & 1 \\ -1 & -\lambda \end{vmatrix} = \lambda^2 + 1 = 0 \Rightarrow \lambda_{1/2} = \pm \mathrm{j}$$

Allgemeine Lösung:

$u = C_1 \cdot \sin t + C_2 \cdot \cos t, \quad v = C_1 \cdot \cos t - C_2 \cdot \sin t \quad (C_1, C_2 \in \mathbb{R})$

Rücksubstitution:

$x = \int \dot{x}\, dt = \int u\, dt = \int (C_1 \cdot \sin t + C_2 \cdot \cos t)\, dt = -C_1 \cdot \cos t + C_2 \cdot \sin t + K_1$

$y = \int \dot{y}\, dt = \int v\, dt = \int (C_1 \cdot \cos t - C_2 \cdot \sin t)\, dt = C_1 \cdot \sin t + C_2 \cdot \cos t + K_2$

$(K_1, K_2 \in \mathbb{R})$

Spezielle Lösung:

$x = -\cos t + 1, \quad y = \sin t \Rightarrow \cos t = 1 - x, \quad \sin t = y$

Aus $\cos^2 t + \sin^2 t = 1$ folgt dann:

$(1 - x)^2 + y^2 = 1$ oder $(x - 1)^2 + y^2 = 1$

(Kreis um $M = (1;\, 0)$ mit Radius $r = 1$ (Bild A-54))

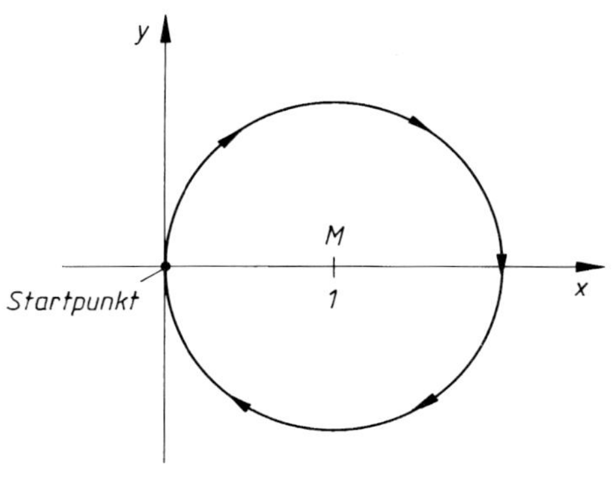

Bild A-54

VI Laplace-Transformation

Abschnitt 1

1) a) $\mathscr{L}\{\cos(\omega t)\} = \int_0^{\infty} \cos(\omega t) \cdot \mathrm{e}^{-st}\, dt = \dfrac{s}{s^2 + \omega^2}$

b) $$\mathscr{L}\{2t \cdot e^{-4t}\} = \int_0^\infty 2t \cdot e^{-4t} \cdot e^{-st}\,dt = 2 \cdot \int_0^\infty t \cdot e^{-(s+4)t}\,dt = \frac{2}{(s+4)^2}$$

c) $$\mathscr{L}\{e^{-\delta t} \cdot \sin(\omega t)\} = \int_0^\infty e^{-\delta t} \cdot \sin(\omega t) \cdot e^{-st}\,dt = \int_0^\infty \sin(\omega t) \cdot e^{-(s+\delta)t}\,dt =$$

$$= \frac{\omega}{(s+\delta)^2 + \omega^2}$$

d) $$\mathscr{L}\{\sinh(at)\} = \int_0^\infty \sinh(at) \cdot e^{-st}\,dt = \frac{a}{s^2 - a^2}$$

e) $$\mathscr{L}\{t^3\} = \int_0^\infty t^3 \cdot e^{-st}\,dt = \frac{6}{s^4}$$

f) $$\mathscr{L}\{\sin^2 t\} = \int_0^\infty \sin^2 t \cdot e^{-st}\,dt = \frac{2}{s(s^2+4)}$$

2) $$\mathscr{L}\{\cos(\omega t)\} = \mathscr{L}\left\{\frac{e^{j\omega t} + e^{-j\omega t}}{2}\right\} = \frac{1}{2}\left[\frac{1}{s - j\omega} + \frac{1}{s + j\omega}\right] = \frac{s}{s^2 + \omega^2}$$

3) a) $$\mathscr{L}\{f(t)\} = \int_0^a A \cdot e^{-st}\,dt + \int_a^{2a} (-A) \cdot e^{-st}\,dt + \int_{2a}^\infty 0 \cdot e^{-st}\,dt = \frac{A(1 - e^{-as})^2}{s}$$

b) $$\mathscr{L}\{f(t)\} = \int_0^a A \cdot \sin\left(\frac{\pi}{a}t\right) \cdot e^{-st}\,dt + \int_a^\infty 0 \cdot e^{-st}\,dt = \frac{\pi a A(1 + e^{-as})}{a^2 s^2 + \pi^2}$$

c) $$\mathscr{L}\{f(t)\} = \int_0^a 0 \cdot e^{-st}\,dt + \int_a^{2a} A \cdot e^{-st}\,dt + \int_{2a}^{3a} 2A \cdot e^{-st}\,dt + \ldots =$$

$$= \frac{A}{s}\left(e^{-as} + e^{-2as} + e^{-3as} + \ldots\right) = \frac{A}{s} \cdot e^{-as} \underbrace{(1 + e^{-as} + e^{-2as} + \ldots)}_{\text{geometrische Reihe } (q = e^{-as})} =$$

$$= \frac{A}{s} \cdot e^{-as}\left(\frac{1}{1 - e^{-as}}\right) = \frac{A}{s(e^{as} - 1)}$$

Abschnitt 2

1) a) $\mathscr{L}\{4t^3 - t^2 + 2t\} = 4 \cdot \mathscr{L}\{t^3\} - \mathscr{L}\{t^2\} + 2 \cdot \mathscr{L}\{t\} = \dfrac{24}{s^4} - \dfrac{2}{s^3} + \dfrac{2}{s^2}$

b) $\mathscr{L}\{C(1 - e^{-\lambda t})\} = C[\mathscr{L}\{1\} - \mathscr{L}\{e^{-\lambda t}\}] = C\left(\dfrac{1}{s} - \dfrac{1}{s+\lambda}\right)$

c) $\mathscr{L}\{A \cdot \sin(\omega t) + B \cdot \cos(\omega t) + C \cdot e^{\lambda t}\} =$

$= A \cdot \mathscr{L}\{\sin(\omega t)\} + B \cdot \mathscr{L}\{\cos(\omega t)\} + C \cdot \mathscr{L}\{e^{\lambda t}\} =$

$= \dfrac{A\omega}{s^2 + \omega^2} + \dfrac{Bs}{s^2 + \omega^2} + \dfrac{C}{s - \lambda} = \dfrac{Bs + A\omega}{s^2 + \omega^2} + \dfrac{C}{s - \lambda}$

2) a) $\mathscr{L}\{(3t)^5\} = \dfrac{1}{3} \cdot F\left(\dfrac{s}{3}\right) = \dfrac{1}{3} \cdot \dfrac{120}{\left(\dfrac{s}{3}\right)^6} = \dfrac{29160}{s^6}$

b) $\mathscr{L}\{\cos(4t)\} = \dfrac{1}{4} \cdot F\left(\dfrac{s}{4}\right) = \dfrac{1}{4} \cdot \dfrac{\left(\dfrac{s}{4}\right)}{\left(\dfrac{s}{4}\right)^2 + 1} = \dfrac{s}{s^2 + 16}$

c) $\mathscr{L}\{e^{\lambda t}\} = \dfrac{1}{\lambda} \cdot F\left(\dfrac{s}{\lambda}\right) = \dfrac{1}{\lambda} \cdot \dfrac{1}{\left(\dfrac{s}{\lambda}\right) - 1} = \dfrac{1}{s - \lambda}$

d) $\mathscr{L}\{\cos^2(\omega t)\} = \dfrac{1}{\omega} \cdot F\left(\dfrac{s}{\omega}\right) = \dfrac{1}{\omega} \cdot \dfrac{\left(\dfrac{s}{\omega}\right)^2 + 2}{\left(\dfrac{s}{\omega}\right)\left[\left(\dfrac{s}{\omega}\right)^2 + 4\right]} = \dfrac{s^2 + 2\omega^2}{s(s^2 + 4\omega^2)}$

3) a) $\mathscr{L}\left\{\sin\left(t + \dfrac{\pi}{2}\right)\right\} = e^{\frac{\pi}{2}s}\left(F(s) - \displaystyle\int_0^{\pi/2} \sin t \cdot e^{-st}\, dt\right) =$

$= e^{\frac{\pi}{2}s}\left(\dfrac{1}{s^2 + 1} - \dfrac{1 - s \cdot e^{-\frac{\pi}{2}s}}{s^2 + 1}\right) = \dfrac{s}{s^2 + 1}$

b) $\mathscr{L}\{(t - 4)^2\} = e^{-4s} \cdot F(s) = e^{-4s} \cdot \dfrac{2}{s^3} = \dfrac{2 \cdot e^{-4s}}{s^3}$

c) $\mathscr{L}\{e^{t-b}\} = e^{-bs} \cdot F(s) = e^{-bs} \cdot \dfrac{1}{s - 1} = \dfrac{e^{-bs}}{s - 1}$

d) $\mathscr{L}\{\cos^2(t - 3)\} = e^{-3s} \cdot F(s) = e^{-3s} \cdot \dfrac{s^2 + 2}{s(s^2 + 4)} = \dfrac{(s^2 + 2) \cdot e^{-3s}}{s(s^2 + 4)}$

4) Die Funktion $f(t) = \sin t$ wird zunächst um die Strecke φ nach *links* verschoben. Aus dem *2. Verschiebungssatz* folgt:

$$\mathscr{L}\{g(t)\} = \mathscr{L}\{f(t+\varphi)\} = \mathscr{L}\{\sin(t+\varphi)\} = e^{\varphi s}\left(\mathscr{L}\{\sin t\} - \int_0^{\varphi} \sin t \cdot e^{-st}\, dt\right) =$$

$$= e^{\varphi s}\left(\frac{1}{s^2+1} + \frac{(s\cdot\sin\varphi + \cos\varphi)\cdot e^{-\varphi s} - 1}{s^2+1}\right) = \frac{s\cdot\sin\varphi+\cos\varphi}{s^2+1} = F_1(s)$$

Jetzt wird die Funktion $g(t) = \sin(t+\varphi)$ der *Ähnlichkeitstransformation* $t \to \omega t$ unterworfen. Dann aber gilt nach dem *Ähnlichkeitssatz*:

$$\mathscr{L}\{g(\omega t)\} = \mathscr{L}\{\sin(\omega t+\varphi)\} = \frac{1}{\omega}\cdot F_1\left(\frac{s}{\omega}\right) = \frac{1}{\omega}\cdot\frac{\left(\frac{s}{\omega}\right)\cdot\sin\varphi+\cos\varphi}{\left(\frac{s}{\omega}\right)^2+1} =$$

$$= \frac{s\cdot\sin\varphi+\omega\cdot\cos\varphi}{s^2+\omega^2}$$

($F_1(s)$ ist die Laplace-Transformierte von $g(t) = \sin(t+\varphi)$).

5) a) $\mathscr{L}\{e^{3t}\cdot\cos(2t)\} = F(s-3) = \dfrac{s-3}{(s-3)^2+4}$

b) $\mathscr{L}\{A\cdot e^{-\delta t}\cdot\sin(\omega t)\} = A\cdot F(s+\delta) = \dfrac{A\omega}{(s+\delta)^2+\omega^2}$

c) $f(t) = 2^{3t} = e^{\ln(2^{3t})} = e^{3t\cdot\ln 2} = e^{(3\cdot\ln 2)t}\cdot 1$

$\mathscr{L}\{2^{3t}\} = \mathscr{L}\{e^{(3\cdot\ln 2)t}\cdot 1\} = F(s-3\cdot\ln 2) = \dfrac{1}{s-3\cdot\ln 2}$

6) a) $f'(t) = a\cdot\cosh(at), \qquad f(0) = \sinh 0 = 0$

$\mathscr{L}\{f'(t)\} = \mathscr{L}\{a\cdot\cosh(at)\} = s\cdot\mathscr{L}\{\sinh(at)\} - 0 = s\cdot\dfrac{a}{s^2-a^2} = \dfrac{as}{s^2-a^2}$

Neues Funktionenpaar: $\mathscr{L}\{\cosh(at)\} = \dfrac{s}{s^2-a^2}$

b) $f'(t) = 3t^2, \qquad f(0) = 0^3 = 0$

$\mathscr{L}\{f'(t)\} = \mathscr{L}\{3t^2\} = s\cdot\mathscr{L}\{t^3\} - 0 = s\cdot\dfrac{6}{s^4} = \dfrac{6}{s^3}$

Neues Funktionenpaar: $\mathscr{L}\{t^2\} = \dfrac{2}{s^3}$

c) $f'(t) = a \cdot \cos(at + b), \qquad f(0) = \sin b$

$$\mathscr{L}\{f'(t)\} = \mathscr{L}\{a \cdot \cos(at+b)\} = s \cdot \mathscr{L}\{\sin(at+b)\} - \sin b =$$

$$= s \cdot \frac{(\sin b) \cdot s + a \cdot \cos b}{s^2 + a^2} - \sin b = \frac{(a \cdot \cos b) \cdot s - a^2 \cdot \sin b}{s^2 + a^2}$$

Neues Funktionenpaar: $\mathscr{L}\{\cos(at+b)\} = \dfrac{(\cos b) \cdot s - a \cdot \sin b}{s^2 + a^2}$

7) $f(0) = \sin 0 = 0, \qquad f'(0) = \omega \cdot \cos 0 = \omega$

$$\mathscr{L}\{f''\} = \mathscr{L}\{-\omega^2 \cdot f\} = -\omega^2 \cdot \mathscr{L}\{f\} = -\omega^2 \cdot F(s)$$

$$\mathscr{L}\{f''\} = s^2 \cdot F(s) - s \cdot 0 - \omega$$

Somit ist

$$s^2 \cdot F(s) - \omega = -\omega^2 \cdot F(s) \quad \text{oder} \quad F(s) = \frac{\omega}{s^2 + \omega^2}$$

8) $\mathscr{L}\{t \cdot \sin(\omega t)\} = -F'(s) = -\dfrac{d}{ds}\left(\dfrac{\omega}{s^2 + \omega^2}\right) = \dfrac{2\omega s}{(s^2 + \omega^2)^2}$

$$\mathscr{L}\{t^2 \cdot \sin(\omega t)\} = F''(s) = \frac{d}{ds}\left(-\frac{2\omega s}{(s^2 + \omega^2)^2}\right) = \frac{6\omega s^2 - 2\omega^3}{(s^2 + \omega^2)^3}$$

9) a) $\mathscr{L}\Bigg\{\underbrace{\int_0^t \cos u \, du}_{\sin t}\Bigg\} = \dfrac{1}{s} \cdot \mathscr{L}\{\cos t\} = \dfrac{1}{s} \cdot \dfrac{s}{s^2 + 1} = \dfrac{1}{s^2 + 1} \quad \Rightarrow \quad \mathscr{L}\{\sin t\} = \dfrac{1}{s^2 + 1}$

b) $\mathscr{L}\Bigg\{\underbrace{\int_0^t u^2 \, du}_{\frac{1}{3} t^3}\Bigg\} = \dfrac{1}{s} \cdot \mathscr{L}\{t^2\} = \dfrac{1}{s} \cdot \dfrac{2}{s^3} = \dfrac{2}{s^4} \quad \Rightarrow \quad \mathscr{L}\{t^3\} = \dfrac{6}{s^4}.$

10) $\mathscr{L}\left\{\dfrac{1}{t} \cdot \sin(\omega t)\right\} = \displaystyle\int_s^\infty F(u)\, du = \int_s^\infty \frac{\omega}{u^2 + \omega^2}\, du = \frac{\pi}{2} - \arctan\left(\frac{s}{\omega}\right) = \arctan\left(\frac{\omega}{s}\right)$

(*Umrechnung*: s. Formelsammlung, Abschnitt III.8.3)

11) a) $t * \mathrm{e}^{-t} = \displaystyle\int_0^t u \cdot \mathrm{e}^{-(t-u)}\, du = \mathrm{e}^{-t} \cdot \int_0^t u \cdot \mathrm{e}^{u}\, du = t - 1 + \mathrm{e}^{-t}$

b) $$e^t * \cos t = \cos t * e^t = \int_0^t \cos u \cdot e^{(t-u)}\, du = e^t \cdot \int_0^t \cos u \cdot e^{-u}\, du =$$

$$= \frac{1}{2}\left(\sin t - \cos t + e^t\right)$$

12) $F(s)$ wird in ein *Produkt* zerlegt, die Originalfunktionen der Faktoren aus der Transformationstabelle VI.4.2 entnommen.

a) $$F(s) = \underbrace{\left(\frac{1}{s-2}\right)}_{F_1(s)} \cdot \underbrace{\left(\frac{1}{s+4}\right)}_{F_2(s)} = F_1(s) \cdot F_2(s)$$

$$f_1(t) = \mathscr{L}^{-1}\left\{\frac{1}{s-2}\right\} = e^{2t}, \qquad f_2(t) = \mathscr{L}^{-1}\left\{\frac{1}{s+4}\right\} = e^{-4t}$$

$$f(t) = \mathscr{L}^{-1}\{F(s)\} = f_1 * f_2 = \int_0^t e^{2u} \cdot e^{-4(t-u)}\, du = e^{-4t} \cdot \int_0^t e^{6u}\, du = \frac{1}{6}\left(e^{2t} - e^{-4t}\right)$$

b) $$F(s) = \underbrace{\left(\frac{2}{s^2+1}\right)}_{F_1(s)} \cdot \underbrace{\left(\frac{s}{s^2+1}\right)}_{F_2(s)} = F_1(s) \cdot F_2(s)$$

$$f_1(t) = \mathscr{L}^{-1}\left\{\frac{2}{s^2+1}\right\} = 2 \cdot \sin t, \qquad f_2(t) = \mathscr{L}^{-1}\left\{\frac{s}{s^2+1}\right\} = \cos t$$

$$f(t) = \mathscr{L}^{-1}\{F(s)\} = f_1 * f_2 = \int_0^t 2 \cdot \sin u \cdot \cos(t-u)\, du$$

Den Faktor $\cos(t-u)$ entwickeln wir nach dem *Additionstheorem* für Kosinusfunktionen:

$$f(t) = 2 \cdot \int_0^t \sin u\,(\cos t \cdot \cos u + \sin t \cdot \sin u)\, du =$$

$$= 2 \cdot \cos t \cdot \int_0^t \sin u \cdot \cos u\, du + 2 \cdot \sin t \cdot \int_0^t \sin^2 u\, du = t \cdot \sin t$$

c) $$F(s) = \underbrace{\left(\frac{1}{s^2+9}\right)}_{F_1(s)} \cdot \underbrace{\left(\frac{1}{s}\right)}_{F_2(s)} = F_1(s) \cdot F_2(s)$$

$$f_1(t) = \mathscr{L}^{-1}\left\{\frac{1}{s^2+9}\right\} = \frac{1}{3} \cdot \sin(3t), \qquad f_2(t) = \mathscr{L}^{-1}\left\{\frac{1}{s}\right\} = 1$$

$$f(t) = \mathscr{L}^{-1}\{F(s)\} = f_1 * f_2 = \int_0^t \frac{1}{3} \cdot \sin(3u) \cdot 1\, du = \frac{1}{9}\left[1 - \cos(3t)\right]$$

13) $$F(s) = \frac{s}{(s^2+a^2)^2} = \underbrace{\left(\frac{1}{s^2+a^2}\right)}_{F_1(s)} \cdot \underbrace{\left(\frac{s}{s^2+a^2}\right)}_{F_2(s)} = F_1(s) \cdot F_2(s)$$

$$f_1(t) = \mathscr{L}^{-1}\left\{\frac{1}{s^2+a^2}\right\} = \frac{\sin(at)}{a}, \qquad f_2(t) = \mathscr{L}^{-1}\left\{\frac{s}{s^2+a^2}\right\} = \cos(at)$$

$$f(t) = \mathscr{L}^{-1}\{F(s)\} = f_1 * f_2 = \int_0^t \frac{\sin(au)}{a} \cdot \cos[a(t-u)]\, du = \frac{1}{a} \cdot \int_0^t \sin(au) \cdot \cos(at - au)\, du$$

Nach dem *Additionstheorem* für Kosinusfunktionen folgt weiter:

$$f(t) = \frac{1}{a} \cdot \int_0^t \sin(au)\left[\cos(at) \cdot \cos(au) + \sin(at) \cdot \sin(au)\right] du =$$

$$= \frac{1}{a}\left[\cos at \cdot \int_0^t \sin(au) \cdot \cos(au)\, du + \sin(at) \cdot \int_0^t \sin^2(au)\, du\right] =$$

$$= \frac{\cos(at) \cdot \sin^2(at)}{2a^2} + \frac{t \cdot \sin(at)}{2a} - \frac{\sin(at) \cdot \sin(2at)}{4a^2} = \frac{t \cdot \sin(at)}{2a}$$

$(\sin(2at) = 2 \cdot \sin(at) \cdot \cos(at))$.

14) a) $$f(0) = \lim_{s \to \infty} s \cdot \left(\frac{3s}{s^2+8} + \frac{1}{s^2}\right) = \lim_{s \to \infty}\left(\frac{3s^2}{s^2+8} + \frac{1}{s}\right) = 3$$

b) $$f(0) = \lim_{s \to \infty} s \cdot \left(\frac{1}{s(s-1)} + \frac{1}{s+4}\right) = \lim_{s \to \infty}\left(\frac{1}{s-1} + \frac{s}{s+4}\right) = 1$$

15) a) $$f(\infty) = \lim_{s \to 0} s \cdot \left(\frac{1}{s(s+4)}\right) = \lim_{s \to 0}\left(\frac{1}{s+4}\right) = \frac{1}{4}$$

b) $$f(\infty) = \lim_{s \to 0} s \cdot \left(\frac{e^s - s - 1}{s^2} \right) = \lim_{s \to 0} \left(\frac{e^s - s - 1}{s} \right) \to \frac{0}{0}$$

Nach der *Regel von Bernoulli-de L'Hospital* folgt weiter:

$$f(\infty) = \lim_{s \to 0} \frac{(e^s - s - 1)'}{(s)'} = \lim_{s \to 0} \left(\frac{e^s - 1}{1} \right) = 0$$

Abschnitt 3

1) a) $$\mathscr{L}\{\sin^2(\omega t)\} = \frac{1}{1 - e^{-\frac{\pi s}{\omega}}} \cdot \int_0^{\pi/\omega} \sin^2(\omega u) \cdot e^{-su}\, du = \frac{2\omega^2}{s(s^2 + 4\omega^2)}$$

b) $$F(s) = \frac{1}{1 - e^{-2as}} \left[\int_0^a A \cdot \sin\left(\frac{\pi}{a} u\right) \cdot e^{-su}\, du + \int_a^{2a} 0 \cdot e^{-su}\, du \right] =$$

$$= \frac{A}{1 - e^{-2as}} \cdot \int_0^a \sin\left(\frac{\pi}{a} u\right) \cdot e^{-su}\, du = \frac{\pi a A}{(a^2 s^2 + \pi^2)(1 - e^{-as})}$$

2) $$F(s) = \frac{1}{1 - e^{-as}} \cdot \int_0^a \left[-\frac{A}{a}\left(u - a\right) \right] \cdot e^{-su}\, du =$$

$$= \frac{A}{a(1 - e^{-as})} \left[a \cdot \int_0^a e^{-su}\, du - \int_0^a u \cdot e^{-su}\, du \right] = \frac{A(e^{-as} + as - 1)}{as^2(1 - e^{-as})}$$

Abschnitt 4

1) a) $$\mathscr{L}^{-1}\left\{\frac{1}{s-8}\right\} = e^{8t}$$

b) $$\mathscr{L}^{-1}\left\{\frac{1}{s^4}\right\} = \frac{t^3}{6}$$

c) $$\mathscr{L}^{-1}\left\{\frac{3}{s^2 + 25}\right\} = \frac{3}{5} \cdot \sin(5t)$$

d) $$\mathscr{L}^{-1}\left\{\frac{4s}{s^2 + 36}\right\} = 4 \cdot \cos(6t)$$

e) $$\mathscr{L}^{-1}\left\{\frac{s-4}{(s-4)^2 + 4}\right\} = e^{4t} \cdot \cos(2t)$$

f) $$\mathscr{L}^{-1}\left\{\frac{1}{s^2 + 25} - \frac{3s}{s^2 - 1}\right\} = \frac{1}{5} \cdot \sin(5t) - 3 \cdot \cosh t$$

2) Die Funktionen werden zunächst in *Partialbrüche* zerlegt, anschließend wird mit Hilfe der Transformationstabelle VI.4.2 *gliedweise* rücktransformiert.

a) $$f(t) = \mathscr{L}^{-1}\left\{\frac{5s+1}{s^2+s-2}\right\} = \mathscr{L}^{-1}\left\{\frac{2}{s-1}+\frac{3}{s+2}\right\} = 2\cdot e^{t} + 3\cdot e^{-2t}$$

b) $$f(t) = \mathscr{L}^{-1}\left\{\frac{s+2}{s^2+2s-3}\right\} = \mathscr{L}^{-1}\left\{\frac{3}{4}\cdot\frac{1}{s-1}+\frac{1}{4}\cdot\frac{1}{s+3}\right\} = \frac{3}{4}\cdot e^{t} + \frac{1}{4}\cdot e^{-3t}$$

c) $$f(t) = \mathscr{L}^{-1}\left\{\frac{-2s^2+18s-3}{s^3-s^2-8s+12}\right\} = \mathscr{L}^{-1}\left\{\frac{1}{s-2}+\frac{5}{(s-2)^2}-\frac{3}{s+3}\right\} =$$

$$= e^{2t} + 5t\cdot e^{2t} - 3\cdot e^{-3t}$$

3) a) $$\mathscr{L}^{-1}\left\{\frac{2}{s}-\frac{3}{s^2}+\frac{4}{s-1}\right\} = 2-3t+4\cdot e^{t}$$

b) $$\mathscr{L}^{-1}\left\{\frac{1}{(s-5)^3}+\frac{2s}{s^2+25}+\frac{5}{(s-3)^2+1}\right\} = \frac{1}{2}t^2\cdot e^{5t} + 2\cdot\cos(5t) + 5\cdot e^{3t}\cdot\sin t$$

Abschnitt 5

1) a) $$3[s\cdot Y(s)-0] + 2\cdot Y(s) = \mathscr{L}\{t\} = \frac{1}{s^2} \Rightarrow Y(s) = \frac{1}{s^2(3s+2)}$$

b) $$[s^2\cdot Y(s) - s\cdot 1 - 0] + 2[s\cdot Y(s) - 1] + Y(s) = \mathscr{L}\{\cos(2t)\} = \frac{s}{s^2+4}$$

$$Y(s) = \frac{s^3+2s^2+5s+8}{(s+1)^2(s^2+4)}$$

2) a) $$[s\cdot Y(s) - 1] - Y(s) = \mathscr{L}\{e^{t}\} = \frac{1}{s-1}$$

$$Y(s) = \frac{s}{(s-1)^2} \Rightarrow y(t) = \mathscr{L}^{-1}\{Y(s)\} = \mathscr{L}^{-1}\left\{\frac{s}{(s-1)^2}\right\} = (1+t)\cdot e^{t}$$

b) $$[s\cdot Y(s) - 5] + 3\cdot Y(s) = \mathscr{L}\{-\cos t\} = -\frac{s}{s^2+1}$$

$$Y(s) = \underbrace{\left(-\frac{s}{s^2+1}\right)}_{F_1(s)}\cdot\underbrace{\left(\frac{1}{s+3}\right)}_{F_2(s)} + \frac{5}{s+3} = F_1(s)\cdot F_2(s) + \frac{5}{s+3}$$

$$y(t) = \mathscr{L}^{-1}\{Y(s)\} = \mathscr{L}^{-1}\{F_1(s)\cdot F_2(s)\} + 5\cdot e^{-3t}$$

$\mathscr{L}^{-1}\{F_1(s) \cdot F_2(s)\}$ wird mit Hilfe des *Faltungssatzes* berechnet:

$$f_1(t) = \mathscr{L}^{-1}\left\{-\frac{s}{s^2+1}\right\} = -\cos t, \qquad f_2(t) = \mathscr{L}^{-1}\left\{\frac{1}{s+3}\right\} = e^{-3t}$$

$$\mathscr{L}^{-1}\{F_1(s) \cdot F_2(s)\} = f_1(t) * f_2(t) = \int_0^t (-\cos u) \cdot e^{-3(t-u)}\,du =$$

$$= -e^{-3t} \cdot \int_0^t \cos u \cdot e^{3u}\,du = -0{,}3 \cdot \cos t - 0{,}1 \cdot \sin t + 0{,}3 \cdot e^{-3t}$$

Lösung: $y(t) = f_1(t) * f_2(t) + 5 \cdot e^{-3t} = -0{,}3 \cdot \cos t - 0{,}1 \cdot \sin t + 5{,}3 \cdot e^{-3t}$

c) $[s \cdot Y(s) - 0] - 5 \cdot Y(s) = \mathscr{L}\{2 \cdot \cos t - \sin(3t)\} = \dfrac{2s}{s^2+1} - \dfrac{3}{s^2+9}$

$$Y(s) = \underbrace{\left(\frac{s}{s^2+1}\right)}_{F_1(s)} \cdot \underbrace{\left(\frac{2}{s-5}\right)}_{F_2(s)} - \underbrace{\left(\frac{3}{s^2+9}\right)}_{F_3(s)} \cdot \underbrace{\left(\frac{1}{s-5}\right)}_{F_4(s)} = F_1(s) \cdot F_2(s) - F_3(s) \cdot F_4(s)$$

Bestimmung der Lösung $y(t) = \mathscr{L}^{-1}\{Y(s)\}$ mit Hilfe des *Faltungssatzes*:

$$f_1(t) = \mathscr{L}^{-1}\left\{\frac{s}{s^2+1}\right\} = \cos t, \qquad f_2(t) = \mathscr{L}^{-1}\left\{\frac{2}{s-5}\right\} = 2 \cdot e^{5t}$$

$$f_3(t) = \mathscr{L}^{-1}\left\{\frac{3}{s^2+9}\right\} = \sin(3t), \qquad f_4(t) = \mathscr{L}^{-1}\left\{\frac{1}{s-5}\right\} = e^{5t}$$

$$\mathscr{L}^{-1}\{F_1(s) \cdot F_2(s)\} = f_1(t) * f_2(t) = \int_0^t \cos u \cdot 2 \cdot e^{5(t-u)}\,du =$$

$$= 2 \cdot e^{5t} \cdot \int_0^t \cos u \cdot e^{-5u}\,du = \frac{1}{13}\left(\sin t - 5 \cdot \cos t + 5 \cdot e^{5t}\right)$$

$$\mathscr{L}^{-1}\{F_3(s) \cdot F_4(s)\} = f_3(t) * f_4(t) = \int_0^t \sin(3u) \cdot e^{5(t-u)}\,du = e^{5t} \cdot \int_0^t \sin(3u) \cdot e^{-5u}\,du =$$

$$= \frac{1}{34}\left(-5 \cdot \sin(3t) - 3 \cdot \cos(3t) + 3 \cdot e^{5t}\right)$$

Lösung: $y(t) = f_1(t) * f_2(t) - f_3(t) * f_4(t) =$

$$= \frac{1}{13}\left(\sin t - 5 \cdot \cos t\right) + \frac{1}{34}\left(5 \cdot \sin(3t) + 3 \cdot \cos(3t)\right) + \frac{131}{442} \cdot e^{5t}$$

3) a) $[s \cdot Y(s) - \alpha] - 3 \cdot Y(s) = \mathscr{L}\{4t \cdot e^{t}\} = \dfrac{4}{(s-1)^2}$

$$Y(s) = \frac{4}{(s-1)^2(s-3)} + \frac{\alpha}{s-3} = -\frac{1}{s-1} - \frac{2}{(s-1)^2} + \frac{1+\alpha}{s-3}$$

(nach Partialbruchzerlegung)

$$y(t) = \mathscr{L}^{-1}\{Y(s)\} = -(1+2t) \cdot e^{t} + (1+\alpha) \cdot e^{3t}$$

b) $[s \cdot Y(s) - \alpha] - 4 \cdot Y(s) = \mathscr{L}\{5 \cdot \sin t\} = \dfrac{5}{s^2+1}$

$$Y(s) = \underbrace{\left(\frac{1}{s^2+1}\right)}_{F_1(s)} \cdot \underbrace{\left(\frac{5}{s-4}\right)}_{F_2(s)} + \frac{\alpha}{s-4}$$

$$y(t) = \mathscr{L}^{-1}\{Y(s)\} = \mathscr{L}^{-1}\{F_1(s) \cdot F_s(s)\} + \alpha \cdot e^{4t}$$

$\mathscr{L}^{-1}\{F_1(s) \cdot F_2(s)\}$ wird mit Hilfe des *Faltungssatzes* berechnet:

$$f_1(t) = \mathscr{L}^{-1}\left\{\frac{1}{s^2+1}\right\} = \sin t, \qquad f_2(t) = \mathscr{L}^{-1}\left\{\frac{5}{s-4}\right\} = 5 \cdot e^{4t}$$

$$\mathscr{L}^{-1}\{F_1(s) \cdot F_2(s)\} = f_1(t) * f_2(t) = \int_0^t \sin u \cdot 5 \cdot e^{4(t-u)}\, du =$$

$$= 5 \cdot e^{4t} \cdot \int_0^t \sin u \cdot e^{-4u}\, du = \frac{5}{17}\left(-4 \cdot \sin t - \cos t + e^{4t}\right)$$

Lösung: $y(t) = -\dfrac{5}{17}\left(4 \cdot \sin t + \cos t\right) + \left(\dfrac{5}{17} + \alpha\right) \cdot e^{4t}$

4) $[s \cdot Y(s) - y(0)] + 4 \cdot Y(s) = \mathscr{L}\{t^3\} = \dfrac{6}{s^4}$

$$Y(s) = \underbrace{\left(\frac{6}{s^4}\right)}_{F_1(s)} \cdot \underbrace{\left(\frac{1}{s+4}\right)}_{F_2(s)} + \frac{y(0)}{s+4}$$

$$y(t) = \mathscr{L}^{-1}\{Y(s)\} = \mathscr{L}^{-1}\{F_1(s) \cdot F_2(s)\} + y(0) \cdot e^{-4t}$$

$\mathscr{L}^{-1}\{F_1(s) \cdot F_2(s)\}$ wird mit Hilfe des *Faltungssatzes* berechnet:

$$f_1(t) = \mathscr{L}^{-1}\left\{\frac{6}{s^4}\right\} = t^3, \qquad f_2(t) = \mathscr{L}^{-1}\left\{\frac{1}{s+4}\right\} = e^{-4t}$$

$$\mathscr{L}^{-1}\{F_1(s)\cdot F_2(s)\} = f_1(t) * f_2(t) = \int_0^t u^3 \cdot \mathrm{e}^{-4(t-u)}\,du = \mathrm{e}^{-4t}\cdot \int_0^t u^3 \cdot \mathrm{e}^{4u}\,du =$$

$$= \frac{1}{128}\left(32t^3 - 24t^2 + 12t - 3 + 3\cdot \mathrm{e}^{-4t}\right)$$

Somit ist

$$y(t) = \frac{1}{128}\left(32t^3 - 24t^2 + 12t - 3 + 3\cdot \mathrm{e}^{-4t}\right) + y(0)\cdot \mathrm{e}^{-4t}$$

Berechnung des *Anfangswertes* $y(0)$:

$y(1) = 2 \Rightarrow y(0) = 101{,}9215$

Lösung: $y(t) = \dfrac{1}{128}\left(32t^3 - 24t^2 + 12t - 3\right) + 101{,}9450 \cdot \mathrm{e}^{-4t}$

5) a) *Ansatz*: $y = K(t)\cdot \mathrm{e}^{3t} \Rightarrow K(t) = -\left(\dfrac{1}{2}t + \dfrac{1}{4}\right)\cdot \mathrm{e}^{-2t} + C \quad (C \in \mathbb{R})$

$$y = -\left(\frac{1}{2}t + \frac{1}{4}\right)\cdot \mathrm{e}^{t} + C\cdot \mathrm{e}^{3t}$$

Lösung: $y = -\left(\dfrac{1}{2}t + \dfrac{1}{4}\right)\cdot \mathrm{e}^{t} + \dfrac{5}{4}\cdot \mathrm{e}^{3t}$

b) $y = y_0 + y_p = C\cdot \mathrm{e}^{3t} + y_p \quad (C \in \mathbb{R})$

Ansatz für y_p: $y_p = (At + B)\cdot \mathrm{e}^{t} \Rightarrow A = -\dfrac{1}{2}, \quad B = -\dfrac{1}{4}$

$$y = y_0 + y_p = C\cdot \mathrm{e}^{3t} - \left(\frac{1}{2}t + \frac{1}{4}\right)\cdot \mathrm{e}^{t}$$

Lösung: wie 5) a)

c) $[s\cdot Y(s) - 1] - 3\cdot Y(s) = \mathscr{L}\{t\cdot \mathrm{e}^{t}\} = \dfrac{1}{(s-1)^2}$

$$Y(s) = \frac{1}{(s-3)(s-1)^2} + \frac{1}{s-3} = \frac{5}{4}\cdot\frac{1}{s-3} - \frac{1}{4}\cdot\frac{1}{s-1} - \frac{1}{2}\cdot\frac{1}{(s-1)^2}$$

(nach Partialbruchzerlegung)

$$y(t) = \mathscr{L}^{-1}\{Y(s)\} = \frac{5}{4}\cdot \mathrm{e}^{3t} - \frac{1}{4}\cdot \mathrm{e}^{t} - \frac{1}{2}t\cdot \mathrm{e}^{t} = \frac{5}{4}\cdot \mathrm{e}^{3t} - \left(\frac{1}{2}t + \frac{1}{4}\right)\cdot \mathrm{e}^{t}$$

6) a) $L[s \cdot I(s) - 0] + R \cdot I(s) = \mathscr{L}\{u_0\} = \dfrac{u_0}{s}$

$$I(s) = \frac{u_0}{L} \cdot \frac{1}{s\left(s + \dfrac{R}{L}\right)} \quad \Rightarrow \quad i(t) = \mathscr{L}^{-1}\{I(s)\} = \frac{u_0}{R}\left(1 - \mathrm{e}^{-\frac{R}{L}t}\right)$$

Kurvenverlauf: s. Bild A-37 (Seite 750)

b) $L[s \cdot I(s) - 0] + R \cdot I(s) = \mathscr{L}\{at\} = \dfrac{a}{s^2}$

$$I(s) = \frac{a}{L} \cdot \frac{1}{s^2\left(s + \dfrac{R}{L}\right)} \quad \Rightarrow \quad i(t) = \mathscr{L}^{-1}\{I(s)\} = \frac{aL}{R^2}\left(\mathrm{e}^{-\frac{R}{L}t} + \frac{R}{L}t - 1\right)$$

7) $m[s \cdot V(s) - v_0] + k \cdot V(s) = \mathscr{L}\{F\} = \dfrac{F}{s}$

$$V(s) = \frac{F}{m} \cdot \frac{1}{s\left(s + \dfrac{k}{m}\right)} + \frac{v_0}{s + \dfrac{k}{m}} \quad \Rightarrow \quad v(t) = \mathscr{L}^{-1}\{V(s)\} = \left(v_0 - \frac{F}{k}\right) \cdot \mathrm{e}^{-\frac{k}{m}t} + \frac{F}{k}$$

Kurvenverlauf: s. Bild A-38 (Seite 750)

8) $[s \cdot I(s) - 0] + 20 \cdot I(s) = \mathscr{L}\{10 \cdot \sin(2t)\} = \dfrac{20}{s^2 + 4}$

$$I(s) = \underbrace{\left(\frac{2}{s^2 + 4}\right)}_{F_1(s)} \cdot \underbrace{\left(\frac{10}{s + 20}\right)}_{F_2(s)} = F_1(s) \cdot F_2(s)$$

$$i(t) = \mathscr{L}^{-1}\{I(s)\} = \mathscr{L}^{-1}\{F_1(s) \cdot F_2(s)\}$$

$\mathscr{L}^{-1}\{F_1(s) \cdot F_2(s)\}$ wird mit Hilfe des *Faltungssatzes* berechnet:

$$f_1(t) = \mathscr{L}^{-1}\left\{\frac{2}{s^2 + 4}\right\} = \sin(2t), \qquad f_2(t) = \mathscr{L}^{-1}\left\{\frac{10}{s + 20}\right\} = 10 \cdot \mathrm{e}^{-20t}$$

$$\mathscr{L}^{-1}\{F_1(s) \cdot F_2(s)\} = f_1(t) * f_2(t) = \int_0^t \sin(2u) \cdot 10 \cdot \mathrm{e}^{-20(t-u)}\,du =$$

$$= 10 \cdot \mathrm{e}^{-20t} \cdot \int_0^t \sin(2u) \cdot \mathrm{e}^{20u}\,du = \frac{5}{101}\left(10 \cdot \sin(2t) - \cos(2t) + \mathrm{e}^{-20t}\right)$$

Lösung: $i(t) = f_1(t) * f_2(t) = \dfrac{5}{101}\left(10 \cdot \sin(2t) - \cos(2t) + \mathrm{e}^{-20t}\right)$

9) a) $[s^2 \cdot Y(s) - 2 \cdot s - 1] + 4 \cdot Y(s) = \mathscr{L}\{0\} = 0$

$$Y(s) = \frac{2s+1}{s^2+4} = \frac{2s}{s^2+4} + \frac{1}{s^2+4} \quad \Rightarrow \quad y(t) = \mathscr{L}^{-1}\{Y(s)\} = 2 \cdot \cos(2t) + \frac{1}{2} \cdot \sin(2t)$$

b) $[s^2 \cdot Y(s) - 0 \cdot s - 4] + 6[s \cdot Y(s) - 0] + 10 \cdot Y(s) = \mathscr{L}\{0\} = 0$

$$Y(s) = \frac{4}{s^2 + 6s + 10} = \frac{4}{(s-\alpha)(s-\beta)} \qquad (\alpha = -3 + \mathrm{j},\ \beta = -3 - \mathrm{j})$$

$$y(t) = \mathscr{L}^{-1}\{Y(s)\} = 4 \cdot \frac{\mathrm{e}^{\alpha t} - \mathrm{e}^{\beta t}}{\alpha - \beta} = 4 \cdot \mathrm{e}^{-3t} \cdot \frac{\mathrm{e}^{\mathrm{j}t} - \mathrm{e}^{-\mathrm{j}t}}{2\mathrm{j}} = 4 \cdot \mathrm{e}^{-3t} \cdot \sin t$$

c) $[s^2 \cdot Y(s) - 0 \cdot s - 1] + [s \cdot Y(s) - 0] = \mathscr{L}\{\mathrm{e}^{-2t}\} = \dfrac{1}{s+2}$

$$Y(s) = \frac{1}{s(s+1)(s+2)} + \frac{1}{s(s+1)} \quad \Rightarrow \quad y(t) = \mathscr{L}^{-1}\{Y(s)\} = \frac{1}{2} \cdot \mathrm{e}^{-2t} - 2 \cdot \mathrm{e}^{-t} + \frac{3}{2}$$

d) $[s^2 \cdot Y(s) - 1 \cdot s - 0] + 2[s \cdot Y(s) - 1] - 3 \cdot Y(s) = \mathscr{L}\{2t\} = \dfrac{2}{s^2}$

$$Y(s) = \frac{s^3 + 2s^2 + 2}{s^2(s-1)(s+3)} = -\frac{4}{9} \cdot \frac{1}{s} - \frac{2}{3} \cdot \frac{1}{s^2} + \frac{5}{4} \cdot \frac{1}{s-1} + \frac{7}{36} \cdot \frac{1}{s+3}$$

(nach Partialbruchzerlegung)

$$y(t) = \mathscr{L}^{-1}\{Y(s)\} = -\frac{4}{9} - \frac{2}{3} \cdot t + \frac{5}{4} \cdot \mathrm{e}^{t} + \frac{7}{36} \cdot \mathrm{e}^{-3t}$$

10) a) $[s^2 \cdot Y(s) - \alpha \cdot s - \beta] + 2[s \cdot Y(s) - \alpha] + Y(s) = \mathscr{L}\{t\} = \dfrac{1}{s^2}$

$$Y(s) = \frac{1}{s^2(s+1)^2} + \frac{\alpha \cdot s}{(s+1)^2} + \frac{2\alpha + \beta}{(s+1)^2} = -\frac{2}{s} + \frac{1}{s^2} + \frac{2}{s+1} + \frac{2\alpha + \beta + 1}{(s+1)^2} + \frac{\alpha \cdot s}{(s+1)^2}$$

(nach Partialbruchzerlegung des 1. Summanden)

$$y(t) = \mathscr{L}^{-1}\{Y(s)\} = -2 + t + 2 \cdot \mathrm{e}^{-t} + (2\alpha + \beta + 1) \cdot t \cdot \mathrm{e}^{-t} + \alpha(1-t) \cdot \mathrm{e}^{-t} =$$

$$= -2 + t + [(\alpha + \beta + 1)t + 2 + \alpha] \cdot \mathrm{e}^{-t}$$

b) $[s^2 \cdot Y(s) - \alpha \cdot s - \beta] - 2[s \cdot Y(s) - \alpha] - 8 \cdot Y(s) = \mathscr{L}\{\mathrm{e}^{2t}\} = \dfrac{1}{s-2}$

$$Y(s) = \frac{1}{(s-4)(s+2)(s-2)} + \frac{\alpha \cdot s}{(s-4)(s+2)} + \frac{\beta - 2\alpha}{(s-4)(s+2)} =$$

$$= \frac{1}{12} \cdot \frac{1}{s-4} + \frac{1}{24} \cdot \frac{1}{s+2} - \frac{1}{8} \cdot \frac{1}{s-2} + \frac{\alpha \cdot s}{(s-4)(s+2)} + \frac{\beta - 2\alpha}{(s-4)(s+2)}$$

$$y(t) = \mathscr{L}^{-1}\{Y(s)\} = \frac{1}{12} \cdot e^{4t} + \frac{1}{24} \cdot e^{-2t} - \frac{1}{8} \cdot e^{2t} + \alpha \cdot \frac{4 \cdot e^{4t} + 2 \cdot e^{-2t}}{6} +$$

$$+ (\beta - 2\alpha) \cdot \frac{e^{4t} - e^{-2t}}{6} =$$

$$= \frac{1}{6}\left(\frac{1}{2} + 2\alpha + \beta\right) \cdot e^{4t} - \frac{1}{8} \cdot e^{2t} + \frac{1}{6}\left(\frac{1}{4} + 4\alpha - \beta\right) \cdot e^{-2t}$$

11) a) $y = y_0 + y_p = (C_1 t + C_2) \cdot e^{-t} + y_p \quad (C_1, C_2 \in \mathbb{R})$

Ansatz für y_p: $y_p = At + B + C \cdot \sin t + D \cdot \cos t \Rightarrow y_p = t - 2 - \frac{1}{2} \cdot \cos t$

Allgemeine Lösung: $y = (C_1 t + C_2) \cdot e^{-t} + t - 2 - \frac{1}{2} \cdot \cos t$

Spezielle Lösung: $y = \frac{1}{2}\left(5t + 7\right) \cdot e^{-t} + t - 2 - \frac{1}{2} \cdot \cos t$

b) $[s^2 \cdot Y(s) - 1 \cdot s - 0] + 2[s \cdot Y(s) - 1] + Y(s) = \mathscr{L}\{t + \sin t\} = \frac{1}{s^2} + \frac{1}{s^2 + 1}$

$$Y(s) = \frac{1}{s^2 (s+1)^2} + \frac{1}{(s^2+1)(s+1)^2} + \frac{s}{(s+1)^2} + \frac{2}{(s+1)^2} =$$

$$= -\frac{2}{s} + \frac{1}{s^2} + \frac{5}{2} \cdot \frac{1}{s+1} + \frac{7}{2} \cdot \frac{1}{(s+1)^2} + \frac{s}{(s+1)^2} - \frac{1}{2} \cdot \frac{s}{s^2+1}$$

(nach Partialbruchzerlegung der ersten beiden Summanden)

$$y(t) = \mathscr{L}^{-1}\{Y(s)\} = -2 + t + \frac{5}{2} \cdot e^{-t} + \frac{7}{2} t \cdot e^{-t} + (1 - t) \cdot e^{-t} - \frac{1}{2} \cdot \cos t =$$

$$= -2 + t + \frac{1}{2}\left(5t + 7\right) \cdot e^{-t} - \frac{1}{2} \cdot \cos t$$

12) a) $[s^2 \cdot X(s) - 0 \cdot s - v_0] + a^2 \cdot X(s) = \mathscr{L}\{0\} = 0$

$$X(s) = \frac{v_0}{s^2 + a^2} \quad \Rightarrow \quad x(t) = \mathscr{L}^{-1}\{X(s)\} = \frac{v_0}{a} \cdot \sin(at)$$

b) $[s^2 \cdot X(s) - 1 \cdot s + 2] + 4[s \cdot X(s) - 1] + 29 \cdot X(s) = \mathscr{L}\{0\} = 0$

$$X(s) = \frac{s+2}{s^2 + 4s + 29} = \frac{s}{(s-\alpha)(s-\beta)} + \frac{2}{(s-\alpha)(s-\beta)}$$

$(\alpha = -2 + 5j, \ \beta = -2 - 5j)$

$$x(t) = \mathscr{L}^{-1}\{X(s)\} = \frac{\alpha \cdot e^{\alpha t} - \beta \cdot e^{\beta t}}{\alpha - \beta} + \frac{2(e^{\alpha t} - e^{\beta t})}{\alpha - \beta} =$$

$$= \frac{(2+\alpha) \cdot e^{\alpha t} - (2+\beta) \cdot e^{\beta t}}{\alpha - \beta} = e^{-2t}\left(\frac{e^{5jt} + e^{-5jt}}{2}\right) = e^{-2t} \cdot \cos(5t)$$

c) $[s^2 \cdot X(s) - 1 \cdot s + 1] + [s \cdot X(s) - 1] + 0{,}25\, X(s) = \mathscr{L}\{0\} = 0$

$$X(s) = \frac{s}{(s + 0{,}5)^2} \quad \Rightarrow \quad x(t) = \mathscr{L}^{-1}\{X(s)\} = (1 - 0{,}5\, t) \cdot \mathrm{e}^{-0{,}5\, t}$$

d) $[s^2 \cdot X(s) - 5\, s - 0] + 7\, [s \cdot X(s) - 5] + 12\, X(s) = \mathscr{L}\{0\} = 0$

$$X(s) = \frac{5\, s}{(s + 3)(s + 4)} + \frac{35}{(s + 3)(s + 4)} \quad \Rightarrow \quad x(t) = \mathscr{L}^{-1}\{X(s)\} = 20 \cdot \mathrm{e}^{-3t} - 15 \cdot \mathrm{e}^{-4t}$$

13) *Anfangswerte*: $x(0) = 0{,}75; \quad \dot{x}(0) = 0$

$[s^2 \cdot X(s) - 0{,}75\, s - 0] - 6{,}54\, X(s) = \mathscr{L}\{0\} = 0$

$$X(s) = \frac{0{,}75\, s}{s^2 - 6{,}54} = \frac{0{,}75\, s}{s^2 - 2{,}5573^2} \quad \Rightarrow \quad x(t) = \mathscr{L}^{-1}\{X(s)\} = 0{,}75 \cdot \cosh(2{,}5573\, t)$$

Lösung: $x(t) = 0{,}75\ \mathrm{m} \cdot \cosh(2{,}5573\ \mathrm{s}^{-1} \cdot t)$

14) $\ddot{x} + 83{,}33\, x = 0, \quad x(0) = 0, \quad \dot{x}(0) = 0{,}5$

$[s^2 \cdot X(s) - 0 \cdot s - 0{,}5] + 83{,}33\, X(s) = \mathscr{L}\{0\} = 0$

$$X(s) = \frac{0{,}5}{s^2 + 83{,}33} = \frac{0{,}5}{s^2 + 9{,}13^2} \quad \Rightarrow \quad x(t) = \mathscr{L}^{-1}\{X(s)\} = 0{,}055 \cdot \sin(9{,}13\, t)$$

Lösung: $x(t) = 0{,}055\ \mathrm{m} \cdot \sin(9{,}13\ \mathrm{s}^{-1} \cdot t)$

15) a) $[s^2 \cdot \phi(s) - \varphi(0) \cdot s - \varphi'(0)] + \frac{g}{l} \cdot \phi(s) = \mathscr{L}\{0\} = 0$

$$\phi(s) = \frac{\varphi(0) \cdot s}{s^2 + \frac{g}{l}} + \frac{\varphi'(0)}{s^2 + \frac{g}{l}} = \frac{\varphi(0) \cdot s}{s^2 + \left(\sqrt{\frac{g}{l}}\right)^2} + \frac{\varphi'(0)}{s^2 + \left(\sqrt{\frac{g}{l}}\right)^2}$$

$$\varphi(t) = \mathscr{L}^{-1}\{\phi(s)\} = \varphi(0) \cdot \cos\left(\sqrt{\frac{g}{l}}\, t\right) + \varphi'(0) \cdot \sqrt{\frac{l}{g}} \cdot \sin\left(\sqrt{\frac{g}{l}}\, t\right)$$

b) $\varphi(t) = \varphi_0 \cdot \cos\left(\sqrt{\frac{g}{l}}\, t\right)$

16) $\ddot{x} + 16\, \dot{x} + 256\, x = 0; \qquad$ *Anfangswerte*: $x(0) = 0{,}2, \quad \dot{x}(0) = 0$

$[s^2 \cdot X(s) - 0{,}2\, s - 0] + 16\, [s \cdot X(s) - 0{,}2] + 256\, X(s) = \mathscr{L}\{0\} = 0$

$$X(s) = \frac{0{,}2\, s + 3{,}2}{s^2 + 16\, s + 256} = \frac{0{,}2\, s}{(s - \alpha)(s - \beta)} + \frac{3{,}2}{(s - \alpha)(s - \beta)}$$

$(\alpha = -8 + 8\sqrt{3}\, \mathrm{j}, \quad \beta = -8 - 8\sqrt{3}\, \mathrm{j})$

$$x(t) = \mathscr{L}^{-1}\{X(s)\} = 0{,}2 \cdot \frac{\alpha \cdot e^{\alpha t} - \beta \cdot e^{\beta t}}{\alpha - \beta} + 3{,}2 \cdot \frac{e^{\alpha t} - e^{\beta t}}{\alpha - \beta} =$$

$$= \frac{(0{,}2\,\alpha + 3{,}2) \cdot e^{\alpha t} - (0{,}2\,\beta + 3{,}2) \cdot e^{\beta t}}{\alpha - \beta} =$$

$$= e^{-8t}\left(0{,}1155 \cdot \sin(8\sqrt{3}\,t) + 0{,}2 \cdot \cos(8\sqrt{3}\,t)\right)$$

Lösung: $x(t) = e^{-8\,s^{-1} \cdot t}\,[0{,}1155\text{ m} \cdot \sin(8\sqrt{3}\,s^{-1} \cdot t) + 0{,}2\text{ m} \cdot \cos(8\sqrt{3}\,s^{-1} \cdot t)]$

17) *Energielos* bedeutet:

$$i(0) = 0 \quad \text{und} \quad q(0) = \int_{-\infty}^{0} i(\tau)\,d\tau = 0$$

Somit:

$$R\,i + \frac{1}{C} \cdot \int_{0}^{t} i(\tau)\,d\tau = u_0 \;\Rightarrow\; R \cdot I(s) + \frac{1}{C} \cdot \frac{I(s)}{s} = \mathscr{L}\{u_0\} = \frac{u_0}{s}$$

$$I(s) = \frac{u_0}{R} \cdot \left(\frac{1}{s + \dfrac{1}{RC}}\right) \;\Rightarrow\; i(t) = \mathscr{L}^{-1}\{I(s)\} = \frac{u_0}{R} \cdot e^{-\frac{t}{RC}}$$

18) $0{,}1 \cdot \dfrac{di}{dt} + 10\,i = 100;$ *Anfangswert*: $i(0) = 0$

$$0{,}1\,[s \cdot I(s) - 0] + 10 \cdot I(s) = \mathscr{L}\{100\} = \frac{100}{s}$$

$$I(s) = \frac{1000}{s(s + 100)} \;\Rightarrow\; i(t) = \mathscr{L}^{-1}\{I(s)\} = 10\,(1 - e^{-100t})$$

Lösung: $i(t) = 10\text{ A}\,(1 - e^{-100\,s^{-1} \cdot t})$

19) *Energielos* bedeutet:

$$i(0) = 0 \quad \text{und} \quad q(0) = \int_{-\infty}^{0} i(\tau)\,d\tau = 0$$

Die *Schwingungsgleichung* lautet somit:

$$L \cdot \frac{di}{dt} + \frac{1}{C} \cdot \int_{0}^{t} i(\tau)\,d\tau = u_0 \cdot \sin(\omega_0\,t)$$

$$L[s \cdot I(s) - 0] + \frac{1}{C} \cdot \frac{I(s)}{s} = \mathscr{L}\{u_0 \cdot \sin(\omega_0 t)\} = \frac{u_0 \omega_0}{s^2 + \omega_0^2}$$

$$I(s) = \frac{u_0 \omega_0}{L} \cdot \frac{s}{(s^2 + \omega_0^2)^2} \qquad \left(\text{mit} \quad \omega_0^2 = \frac{1}{LC}\right)$$

Aus Übungsaufgabe 13, Abschnitt 3 ist bekannt:

$$\mathscr{L}^{-1}\left\{\frac{s}{(s^2 + \omega_0^2)^2}\right\} = \frac{t \cdot \sin(\omega_0 t)}{2\omega_0}$$

Daher ist

$$i(t) = \mathscr{L}^{-1}\{I(s)\} = \frac{u_0 \omega_0}{L} \cdot \frac{t \cdot \sin(\omega_0 t)}{2\omega_0} = \frac{u_0}{2L} \cdot t \cdot \sin(\omega_0 t)$$

Literaturhinweise

Formelsammlungen

1. *Bronstein/Semendjajew:* Taschenbuch der Mathematik. Deutsch, Thun–Frankfurt/M.
2. *Papula:* Mathematische Formelsammlung für Ingenieure und Naturwissenschaftler. Vieweg, Braunschweig/Wiesbaden.

Aufgabensammlungen

1. *Minorski:* Aufgabensammlung der Höheren Mathematik. Vieweg, Braunschweig/Wiesbaden.
2. *Papula:* Mathematik für Ingenieure und Naturwissenschaftler, Übungen. Vieweg, Braunschweig/Wiesbaden.

Weiterführende Literatur

1. *Ameling:* Laplace-Transformation. Vieweg, Braunschweig/Wiesbaden.
2. *Ayres:* Differentialgleichungen. Mc Graw-Hill, New York.
3. *Blatter:* Analysis (Bd. II und III). HTB. Springer, Berlin–Heidelberg–New York.
4. *Braun:* Differentialgleichungen und ihre Anwendungen. Springer, Berlin–Heidelberg–New York.
5. *Collatz:* Differentialgleichungen. Teubner, Stuttgart.
6. *Courant:* Vorlesungen über Differential- und Integralrechnung (Bd. II). Springer, Berlin–Heidelberg–New York.
7. *Dietrich/Stahl:* Matrizen und Determinanten. Deutsch, Thun–Frankfurt/M..
8. *Dirschmid:* Mathematische Grundlagen der Elektrotechnik. Vieweg, Braunschweig/Wiesbaden.
9. *Endl/Luh:* Analysis (Bd. I–III). Aula-Verlag, Wiesbaden.
10. *Fetzer/Fränkel:* Mathematik (Bd. II und III). VDI, Düsseldorf.
11. *Holbrook:* Laplace-Transformation. Vieweg, Braunschweig/Wiesbaden.
12. *Jeffrey:* Mathematik für Naturwissenschaftler und Ingenieure (Bd. II). Verlag Chemie, Weinheim.
13. *Kamke:* Differentialgleichungen (Bd. I und II). Akademische Verlagsgesellschaft, Wiesbaden.
14. *Kamke:* Differentialgleichungen – Lösungsmethoden und Lösungen (Bd. I und II). Teubner, Stuttgart.
15. *Lipschutz:* Lineare Algebra. Mc Graw-Hill, New York.
16. *Madelung:* Die mathematischen Hilfsmittel des Physikers. Springer, Berlin–Heidelberg–New York.
17. *Margenau/Murphy:* Die Mathematik für Physik und Chemie (Bd. I und II). Deutsch, Thun–Frankfurt/M..
18. *Smirnov:* Lehrgang der Höheren Mathematik (5 Bd.). Deutscher Verlag der Wissenschaften, Berlin.
19. *Zurmühl/Falk:* Matrizen und ihre technischen Anwendungen. Springer, Berlin–Heidelberg–New York.
20. *Zurmühl:* Praktische Mathematik für Ingenieure und Physiker. Springer, Berlin–Heidelberg–New York.

Sachwortverzeichnis

abhängige Variable 270
– Veränderliche 270
Abklingkonstante 508, 531
Ableitungen, partielle 287 ff., 296 f.
Ableitungssatz für die Bildfunktion 647 f.
– für die Originalfunktion 644 ff.
Ableitungssätze 644 ff.
Achse, imaginäre 184
–, reelle 184
Addition komplexer Zahlen 204 f.
– von Matrizen 12
adjungierte Matrix 52
Ähnlichkeitssatz 636 ff.
algebraische Form einer komplexen Zahl 191, 196
– Gleichung n-ten Grades 220
algebraisches Komplement 33
Algorithmus, Gaußscher 68 ff.
allgemeine Lösung einer Differentialgleichung 436
– Schwingungsgleichung der Mechanik 501 ff.
Amplitude 177
–, komplexe 229 f.
Amplitudenspektrum 177
analytische Darstellung einer Funktion 272 f.
Anfangswertproblem 439, 576
anti-parallele Vektoren 91
Anwendungen der Laplace-Transformation 668 ff.
aperiodische elektromagnetische Schwingung 534 f.
– Schwingung 511 ff., 534 f.
aperiodischer Grenzfall 515 ff., 534 f.
äquatoriales Flächenmoment 379
äquivalente Umformungen eines linearen Gleichungssystems 70
Arbeitspunkt 323
Argument einer komplexen Zahl 192
arithmetisches Mittel 341
Aufsuchen einer partikulären Lösung 460 f., 491 ff., 548 ff., 582 ff.
Auswertung einer Meßreihe 342
axiales Flächenmoment 379

Basisfunktionen 480, 541, 580
Basislösungen 480, 541, 580
Berechnung einer 2-reihigen Determinante 22
– einer inversen Matrix nach dem Gaußschen Algorithmus (Gauß-Jordan-Verfahren) 89 f.
– einer inversen Matrix unter Verwendung von Unterdeterminanten 52
– einer n-reihigen Determinante 47
– eines Doppelintegrals 352 ff.
– eines Doppelintegrals unter Verwendung kartesischer Koordinaten 356
– eines Doppelintegrals unter Verwendung von Polarkoordinaten 363
– eines Dreifachintegrals 388 ff.
– eines Dreifachintegrals unter Verwendung kartesischer Koordinaten 390
– eines Dreifachintegrals unter Verwendung von Zylinderkoordinaten 394
Bereichsintegral, 2-dimensionales 351
–, 3-dimensionales 387
Betrag einer komplexen Zahl 190
Biegegleichung 441, 554
Biegelinie 441
Bildbereich 629
Bildfunktion 627, 629
Bildraum 629
Blindleitwert 243
Blindwiderstand 238 f.
–, induktiver 242
–, kapazitiver 242

charakteristische Gleichung einer homogenen linearen Differentialgleichung 484, 544
– Gleichung einer Matrix 118, 122
– Gleichung eines homogenen linearen Differentialgleichungssystems 578
– Matrix 117, 122, 128
charakteristisches Polynom einer Matrix 122
Cramersche Regel 86 ff.

Dämpfungsfaktor 508, 531
Dämpfungssatz 643 f.
Darstellung einer Funktion als Fläche im Raum 275 ff.
– einer Sinusschwingung durch einen rotierenden Zeiger 230
Darstellungsformen einer Funktion 272 ff.
– einer komplexen Zahl 191 ff., 196 f.
Definitionsbereich einer Funktion 270
Determinante dritter Ordnung 30
– n-ter Ordnung 37
– zweiter Ordnung 20 f.
–, dreireihige 30
–, Elemente 37 ff.
–, Entwicklung nach Unterdeterminanten 33 ff., 40 f.
–, Entwicklungsformel 40
–, Hauptdiagonale 22, 31
–, Laplacescher Entwicklungssatz 35, 41

–, Multiplikation mit einem Skalar 25, 43
–, Nebendiagonale 22, 31
–, Ordnung 20 f., 29 f., 37
–, Stürzen 23
–, Unter- – 33
–, zweireihige 20 f.
Determinanten 19 ff.
– dritter Ordnung 29 ff.
– höherer Ordnung 37 ff.
– zweiter Ordnung 21 ff.
–, elementare Umformungen 47
–, Multiplikationstheorem 27, 43
–, Rechenregeln 22 ff., 32, 43
Diagonalelemente einer Matrix 7
Diagonalmatrix 7
–, Eigenwerte 135
Differential, totales 303 ff.
–, vollständiges 303 ff.
Differentialgleichung der Biegelinie 441, 554
– des freien Falls 433, 469
– des radioaktiven Zerfalls 468
– einer elektromagnetischen Schwingung 530 ff.
– einer erzwungenen Schwingung 520 ff.
– einer freien gedämpften Schwingung 508
– einer freien ungedämpften Schwingung 503 ff.
– einer mechanischen Schwingung 502 f.
– eines Reihenschwingkreises 531 f.
– eines Wechselstromkreises 531 f.
– n-ter Ordnung 435
–, allgemeine Lösung 436
–, Definition 435
–, explizite 435
–, gewöhnliche 435
–, implizite 435
–, Integration 436
–, Linienelement 444
–, Lösung 436
–, numerische Integration 558 ff.
–, Ordnung 435
–, partielle 435
–, partikuläre Lösung 436
–, Richtungsfeld 444
–, singuläre Lösung 436
–, spezielle Lösung 436
Differentialgleichungen 433 ff.
– 1. Ordnung 442 ff.
– mit trennbaren Variablen 447
–, lineare 1. Ordnung 453 ff.
–, lineare 1. Ordnung mit konstanten Koeffizienten 463 ff.
–, lineare 2. Ordnung mit konstanten Koeffizienten 475 ff., 489 ff.
–, lineare n-ter Ordnung mit konstanten Koeffizienten 540 ff., 546 ff.
–, Systeme 2. Ordnung 573 ff.
–, Systeme 4. Ordnung 599 ff.
Differentialoperator, partieller 291
Differentialquotient, partieller 291
Differentiation, implizite 319
–, partielle 287 ff.
Differenz zweier komplexer Zahlen 204
Differenzmatrix 12
Dirichletsche Bedingungen 165
Division komplexer Zahlen 206 ff., 210, 213
Doppelintegral, Berechnung 352 ff.
–, Berechnung in kartesischen Koordinaten 356
–, Berechnung in Polarkoordinaten 363
Doppelintegrale 349 ff.
Drehstreckung einer komplexen Zahl 212
Drehung eines ebenen Koordinatensystems 126
dreidimensionales Bereichsintegral 387
Dreieckskurve 173
Dreiecksmatrix 8
–, Eigenwerte 135
–, obere 9
–, untere 9
dreifaches Integral 387
Dreifachintegral 387
–, Berechnung 388 ff.
–, Berechnung in kartesischen Koordinaten 390
–, Berechnung in Zylinderkoordinaten 394
Dreifachintegrale 386 ff.
dreireihige Determinante 30
– Determinanten 29 ff.

Ebenen im Raum 276 ff.
– in allgemeiner Lage 278
Effektivwert, komplexer 237
Eigenfunktionen 553
Eigenkreisfrequenz 508, 519, 527, 531 f., 535
Eigenlösungen 553
Eigenschaften einer hermiteschen Matrix 111
– einer orthogonalen Matrix 56
– einer schiefhermiteschen Matrix 113
– einer unitären Matrix 115
Eigenvektoren einer Matrix 118, 128
Eigenwerte der Koeffizientenmatrix 578
– einer Diagonalmatrix 135
– einer Differentialgleichung 553
– einer Dreiecksmatrix 135
– einer Matrix 118, 122, 128
– und Eigenvektoren einer 2-reihigen Matrix 121 ff.
– und Eigenvektoren einer hermiteschen Matrix 138
– und Eigenvektoren einer n-reihigen Matrix 128 ff.
– und Eigenvektoren einer quadratischen Matrix 116 ff.
– und Eigenvektoren einer symmetrischen Matrix 136
– und Eigenvektoren spezieller Matrizen 134 ff.

Eigenwertproblem 122, 128, 553
Einheitsmatrix 8
Einheitswurzeln 222
Einschwingphase 524
Einsetzungsverfahren 586 ff.
elastisches Federpendel 501
elektrischer Leitwert 243 f.
elektromagnetische Schwingungen 530 ff.
elektromagnetischer Reihenschwingkreis 530 ff., 680 ff.
elementare Umformungen einer Determinante 47
– Umformungen einer Matrix 62
– Zeilenumformungen 70
Elemente einer Determinante 37 ff.
– einer Matrix 2
Eliminationsverfahren 586 ff.
Entladung eines Kondensators 626, 675
Entwicklungsformel für eine Determinante 40
Entwicklungssatz, Laplacescher 35, 41
erster Verschiebungssatz 639 ff.
erweiterte Koeffizientenmatrix 66
erzwungene elektromagnetische Schwingung 536 ff.
– mechanische Schwingung 520 ff., 527 f.
– Schwingung eines mechanischen Systems 527 f.
Eulersche Formel 194
– Knickkraft 555
– Knicklast 555
Exponentialansatz 463, 483, 543, 577
Exponentialform einer komplexen Zahl 194 f., 197
Extremwertaufgaben mit Nebenbedingungen 333 ff.
Extremwerte, hinreichende Bedingungen 330
–, lokale 326 ff.
–, notwendige Bedingungen 329
–, relative 326 ff.

Falk-Schema 17
Faltung 651
Faltungsintegral 651
Faltungsprodukt 651
Faltungssatz 651 ff.
Fehler 341
Fehlerfortpflanzung, lineare 340 ff.
Fehlerfortpflanzungsgesetz, lineares 345
Fläche, Inhalt 366 ff.
–, Moment 379 ff.
–, Schwerpunkt 373 ff.
–, Trägheitsmoment 379 ff.
Flächendifferential 351
Flächenelement 351
Flächeninhalt 366 ff.
– einer Ellipse 369 f.
– einer Kardioide 372 f.
Flächenintegral 351
Flächenmoment 379 ff.
–, äquatoriales 379
–, axiales 379
–, polares 379
Flächenträgheitsmoment 379 ff.
Formel von Moivre 217
Fourier-Analyse 159, 172
Fourier-Entwicklung 160 ff.
– der Dreieckskurve 173
– der Kippspannung 173 ff.
– der Rechteckskurve 167 ff., 173
– des Sägezahnimpulses 173
– des Sinusimpulses 174
Fourier-Reihe 159 f.
– einer periodischen Funktion 165
Fourier-Reihen 158 ff.
–, spezielle 173 f.
Fourier-Zerlegung 160
– einer Schwingung 171 f.
Fourierkoeffizienten 160
freie elektromagnetische Schwingung 533 ff.
– gedämpfte Schwingung 508 ff., 519, 535
– gedämpfte Schwingung eines mechanischen Systems 508 ff., 519
– ungedämpfte Schwingung 503 ff., 535
freier Fall unter Berücksichtigung des Luftwiderstandes 468 ff.
Frequenzgang der Amplitude 525
– der Phase 527, 539
– der Phasenverschiebung 527, 539
– des Scheitelwertes 539
Fundamentalbasis einer linearen Differentialgleichung 482, 542
– eines Differentialgleichungssystems 580
Fundamentalsatz der Algebra 220
Fundamentalsystem einer linearen Differentialgleichung 482, 542
– eines Differentialgleichungssystems 580
Funktion, Darstellung als Fläche im Raum 275 ff.
–, Darstellungsformen 272 ff.
–, Definitionsbereich 270
–, Höhenliniendiagramm 281 f.
–, Linearisierung 323
–, Schnittkurvendiagramm 281 ff.
–, Wertebereich 270
–, Wertevorrat 270
Funktionen von mehreren Variablen 269 ff.
– von zwei Variablen 270
Funktionsgleichung einer Rotationsfläche 395
Funktionstabelle 273 f.
Funktionstafel 273 f.

Gauß-Jordan-Verfahren 89 f.
Gaußsche Zahlenebene 184 ff.
Gaußscher Algorithmus 68 ff.
Gebietsintegral, 2-dimensionales 351
–, 3-dimensionales 387
gedämpfte Schwingung 508 ff., 519, 533, 535
gekoppelte Differentialgleichungen 574

gestaffeltes lineares Gleichungssystem 70
– System 72
gewöhnliche Differentialgleichung 435
Gleichheit von Matrizen 11
– zweier komplexer Zahlen 188
Gleichungssystem, lineares 65 ff.
Grenzwertsätze 655 ff.
Grundgesetze für komplexe Zahlen 216
Grundrechenarten für komplexe Zahlen 203 ff.
Grundschwingung 159, 171
harmonische Analyse 172
– Schwingung 228
– Schwingung einer Blattfeder 678 ff.
– Schwingung, Darstellung durch einen rotierenden Zeiger 230

Hauptdiagonale 7, 22, 31
hermitesche Matrix 109
– Matrix, Eigenschaften 111
– Matrix, Eigenwerte und Eigenvektoren 138
hinreichende Bedingungen für einen relativen Extremwert 330
Hochpunkt 326
Höhenkoordinate 275, 281
Höhenlinie 281
Höhenliniendiagramm 281 f.
homogene lineare Differentialgleichung 1. Ordnung 453
– lineare Differentialgleichung 2. Ordnung 476
– lineare Differentialgleichung n-ter Ordnung 540
– Systeme linearer Differentialgleichungen 574
homogenes lineares (n,n)-System 83 f.
– lineares Gleichungssystem 66, 83 f.
hyperbolisches Paraboloid 329

ideales Gas 271
imaginäre Achse 184
– Einheit 182
– Zahl 183
Imaginärteil einer komplexen Zahl 184
Impedanz 238
Implizite Differentiation 319
indirekte Messung einer Größe 343 ff.
induktiver Blindwiderstand 242
inhomogene lineare Differentialgleichung 1. Ordnung 453
– lineare Differentialgleichung 2. Ordnung 476
– lineare Differentialgleichung n-ter Ordnung 540
– Systeme linearer Differentialgleichungen 574
inhomogenes lineares (n,n)-System 79 f.
– lineares Gleichungssystem 66, 79 f.
Integral, Doppel- – 349 ff.
–, dreifaches 387
–, Flächen- – 351
–, Volumen- – 387
–, zweifaches 351

Integralsatz für die Bildfunktion 650
– für die Originalfunktion 648 ff.
Integralsätze 648 ff.
Integraltransformation 630
Integrand 351, 387
Integrandfunktion 351, 387
Integration einer Differentialgleichung 1. Ordnung nach dem Streckenzugverfahren von Euler 560
– einer Differentialgleichung durch Substitution 450 f.
– einer homogenen linearen Differentialgleichung 1. Ordnung 454 f.
– einer homogenen linearen Differentialgleichung 2. Ordnung mit konstanten Koeffizienten 483 ff., 489
– einer homogenen linearen Differentialgleichung n-ter Ordnung mit konstanten Koeffizienten 541 ff., 546 f.
– einer inhomogenen linearen Differentialgleichung 1. Ordnung 456 ff.
– einer inhomogenen linearen Differentialgleichung 2. Ordnung mit konstanten Koeffizienten 490 ff., 493
– einer inhomogenen linearen Differentialgleichung n-ter Ordnung mit konstanten Koeffizienten 548 ff.
– einer linearen Differentialgleichung 1. Ordnung mit konstanten Koeffizienten 463 ff.
– einer linearen Differentialgleichung 1. Ordnung mit konstanten Koeffizienten 670 ff.
– einer linearen Differentialgleichung 2. Ordnung mit konstanten Koeffizienten 672 ff.
– eines homogenen linearen Differentialgleichungssystems 2. Ordnung 577 ff.
– eines inhomogenen linearen Differentialgleichungssystems 2. Ordnung 582 ff.
– eines inhomogenen linearen Differentialgleichungssystems 2. Ordnung durch "Aufsuchen einer partikulären Lösung" 583
– eines inhomogenen linearen Differentialgleichungssystems 2. Ordnung nach dem "Einsetzungs- oder Eliminationsverfahren" 588 f.
Integrationsbereich 351
Integrationsvariable 351, 387
Integro-Differentialgleichung 682
Inverse einer Matrix 51
inverse Laplace-Transformation 634 f.
– Matrix 51
– Matrix, Berechnung mit Hilfe des Gaußschen Algorithmus 89 f.
– Matrix, Berechnung mit Hilfe von Unterdeterminanten 52
inverses Laplace-Integral 634
Inversion einer komplexen Größe 255 f.
– einer komplexen Zahl 255 f.

– einer Ortskurve 255 ff.
– einer Widerstandsortskurve 259 ff.
Inversionsregeln 257
Isokline 445
Isothermen 286

kapazitiver Blindwiderstand 242
kartesische Form einer komplexen Zahl 191, 196
Kegelmantel 396
Kehrmatrix 51
Kennkreisfrequenz 508, 519, 527, 531 f., 535
Kennlinienfeld 284
– eines idealen Gases 286
Kettenleiter 573, 594 ff.
Kettenregel für Funktionen mit einem Parameter 308 f.
– für Funktionen mit zwei Parametern 314
Kippschwingung 158, 173
Kippspannung 158, 174 ff.
Kirchhoffsche Regeln 1, 244
Knotenpunktsregel 1
Koeffizientenmatrix 65
–, erweiterte 66
kollineare Vektoren 91
komplexe Amplitude 229 f.
– Ebene 184
– Matrix 103
– Matrizen 101 ff.
– Matrizen, Rechengesetze 104 f., 106, 108
– Rechnung 203 ff.
– Zahl 183
– Zahl, algebraische Form 191, 196
– Zahl, Argument 192
– Zahl, Betrag 190
– Zahl, Darstellungsformen 191 ff., 196 f.
– Zahl, Exponentialform 194 f., 197
– Zahl, Imaginärteil 184
– Zahl, kartesische Form 191, 196
– Zahl, konjugiert 188
– Zahl, natürlicher Logarithmus 226
– Zahl, Phase 192
– Zahl, Polarformen 197
– Zahl, Potenz 216 f.
– Zahl, Realteil 184
– Zahl, trigonometrische Form 191 f., 197
– Zahl, Winkel 192
– Zahl, Wurzel 221
– Zahl, Zeiger 185
– Zahlen 182 ff.
– Zahlen, Addition 204 f.
– Zahlen, Division 206 ff., 210, 213
– Zahlen, Grundgesetze 216
– Zahlen, Multiplikation 206 ff., 210 ff.
– Zahlen, Potenzieren 217
– Zahlen, Radizieren 219 ff.
– Zahlen, Subtraktion 204 f.
– Zahlen, Wurzelziehen 219 ff.
komplexer Effektivwert 237, 239
– Leitwert 243 f.
– Querwiderstand 102
– Scheitelwert 231, 237
– Wechselstromwiderstand 240 ff.
– Widerstand 238
– Widerstandsoperator 239
– Zeiger 185
– Zeiger, rotierender 227 ff.
komplexwertige Funktion 250
konjugiert komplexe Matrix 106
– komplexe Zahl 188
– transponierte Matrix 107
Koordinatenebenen 276 f.
Korrespondenz 630
Kosinusschwingung 230
Kriechfall 511 ff., 519, 535
Kriterien für die Lösbarkeit eines homogenen linearen (n,n)-Systems 84
– für die Lösbarkeit eines inhomogenen linearen (n,n)-Systems 80
– für die Lösbarkeit eines linearen (m,n)-Systems 76
Kriterium für die lineare Unabhängigkeit von Vektoren 96
Kugeloberfläche 397

Lagrangescher Multiplikator 336
Lagrangesches Multiplikatorverfahren 336 f.
Lambertsches Gesetz 339
Laplace-Integral 629
–, inverses 634
Laplace-Transformation 626 ff.
–, Ableitungssatz für die Bildfunktion 647 f.
–, Ableitungssatz für die Originalfunktion 644 ff.
–, Ableitungssätze 644 ff.
–, Ähnlichkeitssatz 636 ff.
–, Anwendungen auf lineare Differentialgleichungen 668 ff.
–, Anwendungsbeispiele 675 ff.
–, Dämpfungssatz 643 f.
–, Faltungssatz 651 ff.
–, Grenzwertsätze 655 ff.
–, Integralsatz für die Bildfunktion 650
–, Integralsatz für die Originalfunktion 648 ff.
–, Integralsätze 648 ff.
–, inverse 634 f.
–, Linearität 635 f.
–, Verschiebungssätze 638 ff.
Laplace-Transformationen, Tabelle 666 ff.
Laplace-Transformationsoperator 627, 630
Laplace-Transformierte der linearen Funktion 631
– der quadratischen Funktion 632
– der Rechteckskurve 660
– der Sägezahnfunktion 662

– der Sinusfunktion 632
– der Sprungfunktion 630
– einer Funktion 629 ff.
– einer periodischen Funktion 658 ff.
– eines Rechtecksimpulses 633
Laplacescher Entwicklungssatz 35, 41
Leitwertoperatoren 243 f.
linear abhängige Vektoren 93 f., 99
– unabhängige Vektoren 93, 99
lineare Differentialgleichungen 1. Ordnung 453 ff.
– Differentialgleichungen 1. Ordnung mit konstanten Koeffizienten 463 ff.
– Differentialgleichungen 2. Ordnung mit konstanten Koeffizienten 475 ff.
– Differentialgleichungen mit konstanten Koeffizienten 668 ff.
– Differentialgleichungen n-ter Ordnung mit konstanten Koeffizienten 540 ff.
– Fehlerfortpflanzung 340 ff.
– Gleichungssysteme 65 ff.
– Unabhängigkeit von Vektoren 91 ff.
lineares Fehlerfortpflanzungsgesetz 345
– Gleichungssystem 65 ff.
– Gleichungssystem, äquivalente Umformungen 70
– Gleichungssystem, gestaffeltes 72
– Gleichungssystem, homogenes 66, 83 f.
– Gleichungssystem, inhomogenes 66, 79 f.
– Gleichungssystem, Lösbarkeit 74, 76, 80, 84
– Gleichungssystem, Lösungsverhalten 72, 75, 79 ff.
Linearisierung einer Funktion 323
Linearität 635
Linienelement 444
lokale Extremwerte 326 ff.
Lösbarkeit eines linearen (m,n)-Systems 74
Lösung einer Differentialgleichung 436
– eines Systems linearer Differentialgleichungen 574
Lösungsmenge eines linearen (m,n)-Systems 67
Lösungsvektor 65
– eines Systems linearer Differentialgleichungen 575
Lösungsverhalten eines linearen (m,n)-Gleichungssystems 72 ff.
– eines quadratischen linearen Gleichungssystems 79 ff.

Mantel eines Rotationsparaboloids 396
Mantelfläche eines Rotationsparaboloids 280, 282
Maschenregel 1, 102, 573, 626
Massenträgheitsmoment 411 ff.
– eines Rotationskörpers 414
– eines Würfels 414 ff.
Matrix 2
– n-ter Ordnung 3
–, adjungierte 52
–, charakteristische 117, 122, 128
–, charakteristische Gleichung 118, 122
–, charakteristisches Polynom 122
–, Determinante einer quadratischen – 20 f., 30, 37
–, Diagonal- – 7
–, Diagonalelemente 7
–, Differenz- – 12
–, Dreiecks- – 8
–, Eigenvektoren 118, 122, 128
–, Eigenwerte 118, 122, 128
–, Einheits- – 8
–, elementare Umformungen 62
–, erweiterte Koeffizienten- – 66
–, Hauptdiagonale 7, 31
–, hermitesche 109
–, inverse 51
–, Kehr- – 51
–, Koeffizienten- – 65
–, komplexe 103
–, konjugiert komplexe 106
–, konjugiert transponierte 107
–, n-reihige 3
–, Nebendiagonale 7, 31
–, Null- – 4
–, Nullzeilen 63
–, Ordnung 3
–, orthogonale 54
–, quadratische 3
–, Rang 59 ff.
–, Rangbestimmung 61 ff.
–, reguläre 50
–, schiefhermitesche 112
–, schiefsymmetrische 10
–, singuläre 50
–, Spalten 2
–, Spalten- – 4
–, Spur 122
–, Summen- – 12
–, symmetrische 9
–, transponierte 6
–, Trapezform 70
–, Umkehr- – 51
–, unitäre 114
–, Unterdeterminanten 59
–, Zeilen 2
–, Zeilen- – 4
–, Zeilenumformungen 70
Matrixeigenwertproblem 122
Matrixelement 2
Matrizen 1 ff.
–, Addition 12
–, Differenz zweier – 12
–, Eigenwertproblem 122, 128
–, elementare Umformungen 62
–, Gleichheit 11
–, komplexe 101 ff.

–, Multiplikation 14
–, Multiplikation mit einem Skalar 13
–, Produkt zweier – 15
–, Rechengesetze 12 f., 18
–, Rechenoperationen 11 ff.
–, Subtraktion 12
–, Summe zweier – 12
Matrizenaddition 12
Matrizendarstellung eines Systems linearer Differentialgleichungen 575
Matrizenmultiplikation 14
Matrizenprodukt 15
Maximum, relatives 326
mechanische Schwingungen 501 ff.
Mehrfachintegrale 348 ff.
Menge der komplexen Zahlen 184
Meßabweichung 341
Meßergebnis 341
– für eine "indirekte" Meßgröße 345
Meßreihe 341
–, Auswertung 342
Messung 341
–, indirekte 343 ff.
Meßunsicherheit 341
Methode der Lagrangeschen Multiplikatoren 335
Minimum, relatives 326
Mittel, arithmetisches 341
Mittelwert 341
–, arithmetischer 341
–, mittlerer Fehler 341
–, Standardabweichung 341
mittlerer Fehler des Mittelwertes 341
Modell zweier gekoppelter schwingungsfähiger Systeme 599 ff.
Multiplikation einer Determinante mit einem Skalar 24, 43
– einer Matrix mit einem Skalar 13
– komplexer Zahlen 206 ff., 210 ff.
– von Matrizen 14 ff.
Multiplikationstheorem für Determinanten 27, 43

n-dimensionaler Vektor 4
n-dimensionales Eigenwertproblem 128
n-reihige Determinante 37
– Matrix 3
n-te Wurzel 221
Natürlicher Logarithmus einer komplexen Zahl 226
Nebenbedingung 336
Nebendiagonale 7, 22, 31
Netzwerkfunktionen 253 ff.
Normalschwingungen 603 ff.
– gekoppelter mechanischer Systeme 140 ff.
notwendige Bedingung für einen relativen Extremwert 329
Nullmatrix 4
Nullzeile einer Matrix 63

numerische Integration einer Differentialgleichung 1. Ordnung 558 ff.
– Integration einer Differentialgleichung 2. Ordnung 569 ff.
– Integration einer Differentialgleichung 558 ff.

obere Dreiecksmatrix 9
Oberfunktion 629
Oberschwingung 159, 171
ohmscher Widerstand 240
Ohmsches Gesetz 269
– Gesetz der Wechselstromtechnik 239
Ordnung einer Determinante 20 f., 29 f., 37
– einer Matrix 3
– eines Systems linearer Differentialgleichungen 574
Originalbereich 629
Originalfunktion 627, 629
Originalraum 629
orthogonale Matrix 54
– Matrix, Eigenschaften 56
– Vektoren 54
orthonormierte Vektoren 54
Ortskurve einer parameterabhängigen komplexen Zahl 250
Ortskurven 248 ff.

Paraboloid, hyperbolisches 329
parallele Vektoren 91
Parallelebenen 277
Parallelschaltung 254
Partialbruch 663
Partialbruchzerlegung 663
partielle Ableitungen 1. Ordnung 290
– Ableitungen 287 ff.
– Ableitungen höherer Ordnung 296 f.
– Differentialoperatoren 291
– Differentialquotienten 1. Ordnung 291
– Differentiation 287 ff.
partielles Differenzieren 290, 293
partikuläre Lösung einer Differentialgleichung 436
Phase einer komplexen Zahl 192
polares Flächenmoment 379
– Flächenmoment eines Halbkreises 383
Polarformen einer komplexen Zahl 197
Potenz einer komplexen Zahl 216 f.
Potenzieren einer komplexen Zahl 217
Produkt aus einer Matrix und einem Skalar 13
– zweier komplexer Zahlen 206
– zweier Matrizen 15
PT_1-Regelkreisglied 677

quadratische Matrix 3
– Matrix, Eigenwerte und Eigenvektoren 116 ff.
Quotient zweier komplexer Zahlen 208

radioaktiver Zerfall 467 f.
Radizieren im Komplexen 219 ff.
Randwertproblem 440
Rang einer Matrix 59 ff.
Rangbestimmung einer Matrix mit Hilfe elementarer Umformungen 64
– einer Matrix unter Verwendung von Unterdeterminanten 61
Realteil einer komplexen Zahl 184
Rechengesetze für komplexe Matrizen 104 ff., 108
– für Matrizen 12 f., 18
Rechenoperationen für komplexe Matrizen 104 f.
– für Matrizen 11 ff.
Rechenregeln für 2-reihige Determinanten 22 ff.
– für 3-reihige Determinanten 32
– für n-reihige Determinanten 43
Rechteckskurve 167 ff., 173
reelle Achse 184
Regel von Sarrus 31
Regeln für die Matrizenmultiplikation 18
reguläre Matrix 50
Reihenschaltung 244 ff., 248, 253
– von Widerständen 272
relative Extremwerte 326 ff.
relatives Maximum 326
– Minimum 326
Relativkoordinaten 306
Resonanzfall 525, 528, 539
Resonanzfunktion 525
Resonanzkatastrophe 528
Resonanzkreisfrequenz 525
Resonanzkurve 526
Richtungselement 444
Rotationsfläche 279
–, Funktionsgleichung 395
Rotationskörper, Massenträgheitsmoment 414
–, Schwerpunkt 406
–, Volumen 401
Rotationsparaboloid 327
–, Mantelfläche 280, 396
rotierender komplexer Zeiger 227 ff.
Runge-Kutta-Verfahren 4. Ordnung 563 ff., 569 ff.

Sägezahnimpuls 158, 173
Sattelfläche 330
Sattelpunkt 330
Satz über Linearkombinationen 636
– von Schwarz 297
– von Steiner 382, 413
Scheinwiderstand 238
schiefer Wurf 269 f.
schiefhermitesche Matrix 112
–- Matrix, Eigenschaften 113
schiefsymmetrische Matrix 10
Schnittkurvendiagramm 281 ff.
Schwerpunkt einer Fläche 373 ff.
– einer Halbkugel 406
– eines Körpers 405 f.
– eines Rotationskörpers 406
Schwingung eines Federpendels 501 ff.
–, aperiodische 511 ff., 534 f.
–, aperiodischer Grenzfall 515 ff., 534 f.
–, Darstellung im Zeigerdiagramm 230
–, elektromagnetische 530 ff.
–, erzwungene 520 ff., 527 f., 536 ff.
–, gedämpfte 508 ff., 519, 533, 535
–, harmonische 228
–, Kosinus- – 230
–, mechanische 501 ff.
–, Sinus- – 227 ff.
–, ungedämpfte 503 ff., 533
Schwingungsgleichung 437 f., 478, 482, 501 ff.
– eines elektromagnetischen Reihenschwingkreises 530 ff.
– eines mechanischen Systems 501 ff.
– allgemeine 501 ff.
singuläre Lösung einer Differentialgleichung 436
– Matrix 50
Sinusimpuls 158, 174
Sinusschwingung 227 ff.
Skalarprodukt zweier Vektoren 15
Spalten einer Matrix 2
Spaltenindex 2
Spaltenmatrix 4
Spaltenvektor 4
Spaltenzahl 2
spezielle komplexe Matrizen 109 ff.
– Lösung einer Differentialgleichung 436
– Matrizen 4
– quadratische Matrizen 7 ff.
Sprungfunktion 677
Spur einer Matrix 122
Standardabweichung des Mittelwertes 341
stationäre Lösung der Schwingungsgleichung 524, 527 f.
Störfunktion 453, 476, 540
Störglied 453, 476, 540
Störvektor 575
Streckenzugverfahren von Euler 558 ff.
Stürzen einer Determinante 23
Subtraktion komplexer Zahlen 204 f.
– von Matrizen 12
Summe zweier komplexer Zahlen 204
– zweier Matrizen 12
Summenmatrix 12
Superpositionsprinzip 233
symmetrische Matrix 9
– Matrix, Eigenwerte und Eigenvektoren 136
Systeme linearer Differentialgleichung 1. Ordnung mit konstanten Koeffizienten 573 ff.
– linearer Differentialgleichungen 2. Ordnung mit konstanten Koeffizienten 599 ff.

– linearer Differentialgleichungen 573 ff.
Systemmatrix 140

Tabelle spezieller Laplace-Transformationen 666 ff.
Tangentialebene 301 f.
Tiefpunkt 326
totales Differential 303 ff.
Transponieren einer Matrix 6
Transponierte einer Matrix 6
transponierte Matrix 6
Transversalwelle 298 ff.
Trapezform einer Matrix 70
Trennung der Variablen 447
trigonometrische Form einer komplexen Zahl 191 f., 197
triviale Lösung 76

Überlagerung gleichfrequenter sinusförmiger Schwingungen 231 ff.
– gleichfrequenter Wechselspannungen 236 f.
– harmonischer Schwingungen 234 f.
Umkehrmatrix 51
unabhängige Variable 270
– Veränderliche 270
ungedämpfte elektromagnetische Schwingung 533
unitäre Matrix 114
– Matrix, Eigenschaften 115
Unkehrintegral 634
Unterdeterminante 33, 59
–, p-reihige 59
–, p-ter Ordnung 59
Unterdeterminanten einer Matrix 59
untere Dreiecksmatrix 9
Unterfunktion 629

Variable, abhängige 270
–, unabhängige 270
Variation der Konstanten 456 f.
Vektor, n-dimensionaler 4
–, Spalten- – 4
–, Zeilen- – 4
Vektoren, anti-parallele 91
–, kollineare 91
–, linear abhängige 94
–, linear unabhängige 91 ff., 96

–, orthogonale 54
–, orthonormierte 54
–, parallele 91
–, Skalarprodukt zweier – 15
Veränderliche, abhängige 270
–, unabhängige 270
Verschiebungssätze 638 ff.
Vierpol 102
vollständiges Differential 303 ff.
Volumen eines Körpers 397 ff.
– eines Rotationskörpers 401
Volumendifferential 387
Volumenelement 387
Volumenintegral 387

Wechselstromkreis 244 ff., 471 ff.
Wertebereich einer Funktion 270
Wertevorrat einer Funktion 270
Widerstandsmatrix 103
Widerstandsmoment 333, 338
Widerstandsoperatoren 238, 240 ff., 244
Widerstandsortskurve 253
Winkel einer komplexen Zahl 192
Wirkleitwert 243
Wirkwiderstand 238 f.
Wronski-Determinante 480, 541
Wurzel einer komplexen Zahl 221
Wurzelziehen im Komplexen 219 ff.

Zeiger, komplexer 185
Zeigerdiagramm 228
Zeilen einer Matrix 2
Zeilenindex 2
Zeilenmatrix 4
Zeilenumformungen einer Matrix, elementare 70
Zeilenvektor 4
Zeilenzahl 2
Zeitfunktion 229
Zerfallsgesetz 468
zusammengehöriges Funktionenpaar 630
zweidimensionales Bereichsintegral 351
zweifaches Integral 351
zweireihige Determinante 20 f.
– Determinanten 21 ff.
– Matrix, Eigenwerte und Eigenvektoren 121
zweiter Verschiebungssatz 641 ff.
Zweitor 102
Zylinderkoordinaten 392